现代混凝土理论与技术

孙 伟 缪昌文 著

U0287241

科学出版社

北京

内 容 简 介

本书基于国家自然科学基金重点项目"高性能水泥基建筑材料的性能及失效机理研究"的成果,系统介绍了现代混凝土各项关键技术性能及在多场因素耦合作用下不同强度等级混凝土损伤劣化时变特征,初步建立了服役寿命预测模型,揭示了混凝土耐久性评价和服役寿命预测的科学性、可靠性与安全性。采用现代测试技术与方法,描述了高性能混凝土与超高性能纤维增强水泥基材料结构形成与损伤劣化过程中微结构演变的时变特征及其与宏观行为的本构关系。通过理论和试验研究、制备技术、结构形成与损伤劣化机理分析及工程应用,建立了相应的理论模型和模拟方法,为工程应用提供了新理论、新方法与新技术,便于科学高效应用矿物掺合料和化学外加剂,充分发挥其优势,促进工业废渣资源化和节能减排的实施。

本书内容丰富,重点问题突出,具有很好的指导应用价值,并体现了材料与结构必须耦合的互动力,可供混凝土及相关专业的技术人员和大学师生参考。

图书在版编目 CIP 数据

现代混凝土理论与技术 / 孙伟,缪昌文著. —北京:科学出版社
ISBN 978-7-03-030390-5

Ⅰ.①现… Ⅱ.①孙…②缪… Ⅲ.①混凝土 Ⅳ.①TU528

中国版本图书馆 CIP 数据核字(2011)第 030432 号

责任编辑:刘宝莉 牛宇锋 / 责任校对:包志虹
责任印制:赵 博 / 封面设计:王 浩

科 学 出 版 社 出版
北京东黄城根北街 16 号
邮政编码:100717
http://www.sciencep.com

北京华宇信诺印刷有限公司印刷
科学出版社发行 各地新华书店经销

*

2012 年 3 月第 一 版 开本:B5 (720×1000)
2025 年 1 月第七次印刷 印张:45
字数:892 000
定价:398.00 元
(如有印装质量问题,我社负责调换)

前　言

随着我国国民经济的快速发展,现代混凝土材料的需求量日益增大。统计资料显示,2010 年我国年产水泥量已达 18 亿 t,年产熟料量约 13 亿 t。如此大的水泥生产量给我国的资源、能源、环境保护都带来了很大的压力。另外,我国每年又有大量的硅灰、矿渣、粉煤灰等工业废渣排出,如何科学而又高效地利用这些工业废渣,进一步促进废渣资源化,也是一件关系到国计民生和社会可持续发展的大事。

众所周知,现代混凝土与传统混凝土最大的区别在于组成材料的差异。传统混凝土组成材料主要是水泥、细集料、粗集料和水,而现代混凝土除水泥、粗细集料之外,又掺入不同类型与掺量的工业废渣和各种类型与功能的化学外加剂,由此导致了各组分间在混凝土结构形成过程中的物理、化学与力学间的正负效应交互作用,带来了性能形成过程中的极度复杂性和正负效应间的交叉。这就导致了结构和性能形成的极度复杂性。同时,现代混凝土的出现也推动了混凝土理论的发展。

大力发展环保节能型现代高性能混凝土材料,充分利用工业废渣,不仅可以减少水泥熟料的需求量,减少资源和能源的消耗,降低 CO_2 等有害物质的排放,而且可以利用矿渣、粉煤灰等材料来改善与优化混凝土结构与性能,提高混凝土的服役特性,延长混凝土工程服役寿命。为此,国内外许多学者在发展现代混凝土材料理论与技术方面做了大量科学而有效的工作。

为了系统地研究现代混凝土材料的制备技术,提升其各项关键技术性能,如防火性能、变形性能、疲劳性能、动态力学性能及在多场因素耦合作用下的耐久性能,揭示现代混凝土材料及其结构形成过程与损伤失效规律,作者于 2000 年申请到了国家自然科学基金重点项目"高性能水泥基建筑材料的性能及失效机理研究",课题组全体同志经过四年多的共同和不懈努力,于 2004 年 12 月完成该项目所有任务并通过鉴定。参加研究的主要人员有:孙伟、缪昌文、翟建平、余红发、刘加平、张云升、周伟玲、陈惠苏、慕儒、田倩、罗欣、张亚梅、赵素晶等。

本书基于作者及其课题组多年的研究成果撰写而成,全书共 7 章。其中,第 1 章为概述;第 2 章着重介绍了不同层次生态型现代混凝土材料的制备技术;第 3、4 章着重介绍了现代混凝土关键技术性能,防火性能和收缩变形、徐变、抗裂性能;第 5 章介绍了高性能水泥基建筑材料的服役性能,包括现代混凝土材料在多场因素耦合作用下的损伤失效过程、特点和规律,同时对混凝土的寿命预测进行了探索性研究,提出了基于损伤演化方程的混凝土寿命预测理论方法及基于水分迁移重分布混凝土冻融循环劣化理论、冻融寿命定量分析与评估模型；第6章综合介绍了现代混凝土材料结构形成全过程与损伤劣化至失效过程；第7章对近年来国际混凝土学术界比较关注的高性能地-聚合物材料进行了结构形成理论与制备技术分析。

　　本书的研究成果属于国家自然科学基金重点项目研究成果，感谢国家自然科学基金委员会给予的资助。同时也要感谢项目研究过程中，唐明述、赵国藩、陈肇元、吕志涛等院士的悉心指导，感谢参加项目研究的全体课题组成员的支持和帮助。

　　现代混凝土材料的研究仍有许多工作要做，本书的研究成果为今后深化研究和推广应用打下了创新的基础。由于作者水平有限，书中难免存在不妥之处，敬请读者指正。

孙　伟　缪昌文

2012年于南京

目　　录

第1章 概　　述

1.1　现代混凝土材料的定义

早在 1959 年,我国混凝土科学的奠基人吴中伟在其发表的"中心质效应假说"中,就对水泥基复合材料进行了分析。吴中伟认为,水泥基复合材料的每一层次包容了下一个层次,各级中心质是分散相,分散在介质(连续相)中,形成上一级的介质,各层次之间通过界面联系成整体。各层次的行为是相互影响的,例如,混凝土的行为受水泥行为影响,但水泥的行为是在混凝土中产生的,因此应当把水泥放在混凝土中进行研究,把混凝土放在钢筋混凝土构件中研究,钢筋混凝土构件应当放在工程中研究。

水泥是混凝土的胶凝材料,尽管随着混凝土技术的发展,水泥已不是当今社会唯一可使用的胶凝材料,但无论如何,使用量最大的胶凝材料仍是水泥。为了满足混凝土结构设计的要求,为了提高混凝土的抗裂能力和耐久性,在混凝土中掺加一些混合材料,改善混凝土性能,是很必要的。这些混合材料,有的是在水泥生产过程中就加进去了,有的则是在混凝土生产过程中加进去的。因此,除粗集料、细集料、水泥和水之外,凡含有矿物掺合料和化学外加剂的混凝土材料均称为现代混凝土材料。

1.2　混凝土材料的发展简史

混凝土材料的发展可以追溯到水硬性石灰的诞生。希腊和罗马人用煅烧含有泥土夹杂物(黏土质)的石灰石生产出了水硬性石灰。经过中世纪,煅烧石灰的技术几乎失传。到 14 世纪又恢复了火山灰的使用。直到 18 世纪,才有了波特兰水泥。英国学者派克(Parker)在 1796 年提出一项关于天然水硬性胶凝材料(误称为罗马水泥)的专利,该水泥用含有黏土的不纯石灰石岩球煅烧制成。1824 年,英国利兹的一个施工人员亚斯普丁(Aspdin)提出"波特兰"水泥的一个专利,尽管按照这一专利技术未必能制造出真正的波特兰水泥,但后来人们还是沿用了"波特兰"水泥这一术语至今。

波特兰水泥的应用,很快在世界迅速传播,尤其是在欧洲和北美。与此同时,一项项新的改进技术诞生了。对于波特兰水泥的研究,可以说自它问世后就没有停止过。

　　波特兰水泥的应用,为人类进步作出了巨大贡献,因其具有凝结较快、强度高等特点,而被工程界广泛采用。当今建筑,无论是高耸云天的摩天大楼,还是令人惊叹不已的标志性建筑,无论是核电工程还是水利大坝,无论是地上建筑还是地下工程,无处不显波特兰水泥的优势和重要性。

　　水泥产生的水化产物均是自然界中没有的矿物组分,因此它存在耐蚀性差、水化热大等缺陷。水泥的强度主要来自于水泥水化后的水化产物,同时水泥水化又会放出大量的热量。由此引起混凝土内部产生大量的微裂缝,给水泥混凝土带来天生的缺陷。

　　为了降低水泥早期的水化热,提高混凝土的抗裂性能,人们总是试图通过在混凝土中掺矿物细掺料的办法来减少水泥熟料的用量,改善水泥的水化热性能。例如,在混凝土的制备过程中,掺磨细矿渣、粉煤灰、硅灰等,使混凝土的耐蚀性提高,水化热性能也有了明显改善,但随之而来的早期强度发展缓慢、易碳化、混凝土抗冻时表面易剥落等缺陷也给人们带来忧虑。

　　为了提高混凝土的强度,高强度等级的水泥也应运而生了,它满足了建筑施工中缩短工期、加快模板周转、早期强度发展快的要求,但仍存在耐蚀性差、水化热更大的缺陷。

　　20 世纪 90 年代,以耐久性为主要设计指标的高性能混凝土问世了。混凝土要实现高性能化,发展高性能水泥基胶凝材料首当其冲。由东南大学、江苏省建筑科学研究院、南京大学等单位承担的国家自然科学基金重点项目“高性能水泥基建筑材料的性能及失效机理研究”,对高性能水泥基建筑材料的配制,关键技术性能及在使用过程中的损伤劣化失效机理进行了系统的研究,取得了许多令人瞩目的可喜成果,为现代混凝土材料理论与技术的发展与创新奠定了基础。

1.3　现代混凝土材料的高性能化

　　一般混凝土建筑物的服役寿命都要求大于 50 年。一些重点工程(如桥梁、水利大坝等)则要求 100 年或 100 年以上的服役寿命。但在近半个世纪内,混凝土结构因材质劣化造成过早失效或提前退出服役的事故常有发生。据英国 1979 年调查,全国混凝土结构有 36% 需重建或改建;美国公路总局 1969 年用于公路桥梁路面修补的经费达 26 亿美元,1979 年达 63 亿美元。美国 1991 年在提交国会的报告《国家公路和桥梁现状》中指出,美国现存的全部混凝土工程价值约 6 万亿美元,而每年用于维修的费用达 300 亿美元。英国 1980 年的建筑维修费用占建筑总费用的 2/3。在我国,由于正处于建设高峰期,工程维修的问题未引起人们重视。事实上,工程维修的压力相当巨大,有些工程使用不到 10 年就出现了各种各样的病害。

　　延长混凝土的服役寿命是最有效的节能、节材、减少环境污染的途径。近年来,我国水泥产量增长非常迅速。统计资料显示,20 世纪 80 年代我国水泥产量的年平均增长率为 10.2%,90 年代则已上升到 17.5%。2000 年我国共生产水泥 5.97 亿 t,2003 年水泥产量高达 8.63 亿 t,2010 年我国水泥产量已超过18 亿 t,居世界首位,占世界总产量的 50%。有人曾经计算过,像现在这样无限制地生产水泥,我国的水泥资源也只能满足几十年。众所周知,水泥厂历来就是污染源,现代水泥厂虽然采取了密闭和负压等措施以减少粉尘的排放量,但有害气体,如 CO_2、NO_x 和 SO_2,以及部分粉尘仍是通过高烟囱排放到大气中。有关资料表明,每生产 1t 熟料将排放约 1t 的 CO_2。2003 年我国生产的 8.63 亿 t 水泥中,从低估计熟料约 6 亿 t,也就是说,2003 年我国仅水泥生产就为大气增加了超过6 亿 t 的 CO_2。另外,水泥生产中还要排放出大量的 NO_x、SO_2 等有害气体,以及大量粉尘,也将严重污染我们的生存环境,破坏全球生态平衡,使人类的生存受到威胁。执行可持续发展战略是 21 世纪世界各国的重要任务,我国国民经济和社会发展“九五”计划,以及 2010 年远景目标纲要在将建筑业和建材行业列为支柱产业的同时指出,“建材工业应以调整结构、节能、节地、节水、减少污染为重点,大力增加优质产品,发展商品混凝土,积极利用工业废渣,走可持续发展的道路”。显然,如果我国的水泥按照现在的速度生产和发展下去,不仅会消耗大量的资源和能源,而且将给整个地球的环境增加不可想象的负担,这与走可持续发展的道路是严重相悖的。因此,发展现代环保节能型混凝土材料势在必行,迫在眉睫。

　　大力发展环保节能型高性能水泥基建筑材料,充分利用活性掺合料(工业废渣),一方面可以减少水泥熟料的需求量,减少资源和能源的消耗,减少 CO_2 等有害物质的排放;另一方面,如果我们能够充分利用活性掺合料优化混凝土的胶结料化学组分,将混凝土的服役寿命从现在的 50～60 年延长至 100～150 年,乃至更长时间,不仅能化废为宝,从根本上大幅度地减少水泥熟料的需求量,起到保护环境的作用,而且能够因建筑物耐久性的提高、寿命的延长而带来巨大的社会和经济效益。

　　国际上,一些发达国家,如美国、日本、加拿大等对开发环保节能混凝土高度重视,主要采用以下技术:①采用环保型胶凝材料,在水泥中掺入的一种或几种活性掺合料,替代水泥,节约熟料;②研发与使用各种化学外加剂。

　　用于配制环保型胶凝材料的矿物细掺料包括磨细矿渣、硅灰、石英砂粉、粉煤灰和石灰石粉等,目前用得比较多的是硅灰、磨细矿渣和粉煤灰。英国教授 Swany 用细度为 $453m^2/kg$、$786m^2/kg$ 和 $1160m^2/kg$ 的矿渣取代水泥熟料,分别制得强度为 60～100MPa 的环保节能混凝土。俄罗斯水泥科学研究院用磨细矿渣、粉煤灰、石英砂粉等复合取代 50%～70% 的熟料制得环保型胶凝材料,用这种胶凝材料制成的混凝土具有良好的耐久性、优异的工作性、水化热低等优点。日本配制环保节能混凝土时一般从矿渣、硅粉、石英砂粉、粉煤灰、石灰石粉等矿物细掺料中选择 1~3 种,并加入高效减水剂,有时还加入增稠剂、膨胀剂等有机或无机添加剂,由于外加组分多,使用这种方法要求施工部门同时采购多种原材料,在施工现场或混凝土搅拌站多次计量和加料,工艺复杂,成本也较高。另外,为了避免计量和加料的差错,对施工人员的要求也较高。

我国清华大学、同济大学、重庆大学等也对开发利用活性掺合料进行了一些有益的工作。清华大学用掺比表面积 400m²/kg 的磨细矿渣配制的混凝土,3d、7d 强度低于掺比混凝土,用比表面积 800m²/kg 的矿渣配制的混凝土早期强度和后期强度均高于掺比混凝土,但碳化深度比同水胶比的掺比混凝土略大,抗氯离子渗透性,以及对碱-集料反应的抑制能力较普通硅酸盐水泥强。同济大学用 48% 的 P. O42.5 硅酸盐水泥熟料掺 4% 的石膏,与 48% 矿渣分别磨细后,混合配制成环保型胶凝材料,与同标号硅酸盐水泥相比,这种胶凝材料不仅水化热低,而且抗化学侵蚀能力大大提高。天津市建筑材料科学研究所通过磨细技术与复合技术,生产出超细矿物掺合料,等量取代 20%~50% 的水泥,可提高混凝土强度 10%~30%,用它可以配制出流动性好、水化热低的 C50~C80 的高强、环保节能混凝土,但其早期收缩及自收缩较纯水泥大。东南大学孙伟和江苏省建筑科学研究院缪昌文等采用二元激发和多元复合技术,仅用 15%~30% 的水泥熟料,采用 75% 左右的工业废渣,通过功能性改性剂配制出了性能指标达到或超过目前常用的 P. O32.5、P. O42.5、P. O52.5 级水泥的低熟料、低能耗、低收缩、高耐久的现代混凝土材料,并解决了大掺量活性掺合料水泥基材料长期存在的早期强度低、泌水大、收缩大、易碳化和冻害时表面易剥落的技术难题,使我国现代高性能混凝土材料的研究与应用向前迈进了一大步。

参 考 文 献

吴中伟,廉慧珍. 1999. 高性能混凝土[M]. 北京:中国铁道出版社.

阎培渝,姚燕. 1999. 水泥基复合材料科学与技术[M]. 北京:中国建材工业出版社.

Mindess S, Young J F. 1989. 混凝土[M]. 方秋清译. 北京:中国建筑工业出版社.

第2章 现代混凝土材料的制备

2.1 大掺量矿物掺合料现代高性能混凝土材料的制备技术与性能

众所周知,水泥基材料中掺入合适的矿物掺合料后,能有效降低水化热,抑制温差裂缝的产生;矿物掺合料活性效应和微集料效应的综合发挥,可减少水化产物中 CH 的含量、改善界面结构、强化界面黏结、优化与细化孔缝结构,从而提高水泥基材料的服役行为与耐久性。但目前已有研究成果显示,掺入单一的优质粉煤灰,在掺量较大时,混凝土早期强度偏低,抗碳化性能下降;采用单一比表面积的磨细矿渣配制的胶凝材料,在磨细矿渣比表面积小于 600m²/kg 时,混凝土需水量提高,早期强度低,泌水率大,早期自收缩增大;采用比表面积大于 800m²/kg 的磨细矿渣,则能耗太高,而且矿粉磨得越细,掺量越大,低水胶比的混凝土拌合物越黏稠。这些缺陷的存在,限制了大掺量工业废渣胶凝材料的应用,如果能克服这些缺点,那么这种材料的应用前景将是十分广泛的。本章结合以往的研究结果,采用二元激发和多重复合技术,制备矿物掺合料达到 70% 以上的大掺量矿物掺合料高性能混凝土材料,并对其宏观性能和微观结构进行研究。

2.1.1 高性能胶凝材料组分的优选与优配

1. 免烧胶结材的优选

1) 磨细矿渣

大量试验结果表明,当比表面积相差 200~300m²/kg 的两种磨细矿渣混掺时,可以优化颗粒级配,提高水泥石密度,起到增强作用。因此,通过不同比表面积磨细矿渣的混掺试验来选择矿渣的配比与掺量。

(1)原材料。

① 水泥:江南水泥厂产金宁羊 42.5 级 P·Ⅱ 硅酸盐水泥,熟料化学成分见表 2.1。

② 矿渣:马鞍山钢铁股份有限公司生产,化学成分见表 2.1。

表 2.1　原材料化学成分　　　　　　　（单位：%）

原材料	CaO	Al₂O₃	SiO₂	Fe₂O₃	MgO	SO₃	f-CaO	LOI
熟料	66.90	5.32	21.09	4.50	1.07	—	0.53	0.40
矿渣	39.96	12.75	33.99	1.62	8.46	—	—	0.96

　　在进行混凝土试验时，掺入比表面积为 $391m^2/kg(S)$、$574m^2/kg(M1)$、$787m^2/kg(M3)$和 $1013m^2/kg(K)$的磨细矿渣。

　　③ 细集料：中砂，细度模数 2.6。

　　④ 粗集料：5～20mm 玄武岩碎石。

　　（2）试验方法。

　　混凝土强度试验按照 GB/T 50081－2002《普通混凝土力学性能试验方法标准》中"立方体抗压强度试验"进行，试件尺寸 100mm×100mm×100mm，配合比为：胶结料（水泥＋磨细矿渣）：细集料：粗集料＝1：2.2：3.5，坍落度控制在 80mm±10mm。

　　（3）试验结果与分析。

　　混凝土强度试验结果见图 2.1～2.4，表 2.2 为图中各编号配比说明。

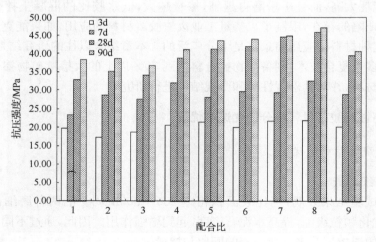

图 2.1　磨细矿渣掺量 15% 混凝土抗压强度

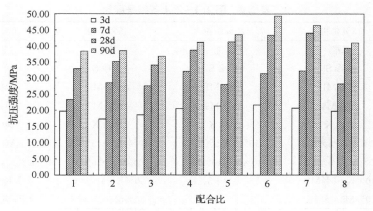

图 2.2　磨细矿渣掺量 20％混凝土抗压强度

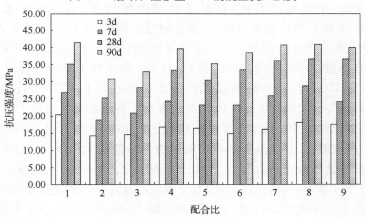

图 2.3　磨细矿渣掺量 45％混凝土抗压强度

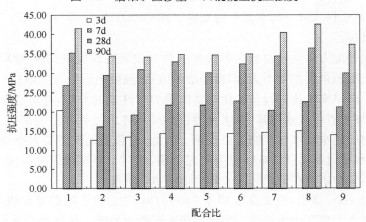

图 2.4　磨细矿渣掺量 60％混凝土抗压强度

表 2.2　图 2.1~2.4 各编号配比

编号	15%矿粉	20%矿粉	45%矿粉	60%矿粉
1	基准	基准	基准	基准
2	单掺 S	单掺 S	单掺 S	单掺 S
3	单掺 M1	单掺 M1	单掺 M1	单掺 M1
4	单掺 M3	单掺 M3	单掺 M3	单掺 M3
5	单掺 K	单掺 K	单掺 K	单掺 K
6	10%M1+5%M3	15%K+5%M3	30%M1+15%M3	40%M1+20%M3
7	10%M3+5%M1	10%K+10%M3	30%M3+15%M1	40%M3+20%M1
8	10%K+5%M3	15%M3+5%K	30%K+15%M3	40%K+20%M3
9	10%M3+5%K	—	30%M3+15%K	40%M3+20%K

由图 2.1~2.4 可以看到,在矿渣单掺的情况下,当矿渣比表面积小于 600m²/kg 时,磨细矿渣活性相对较低,水化较慢。因此,在各个掺量下,混凝土 3d 强度均小于基准混凝土。水化 7d 后,磨细矿渣活性效应开始发挥,浆体密实度增大。因此,在掺量为 15%和 20%时,其 7d 和 28d 强度高于基准混凝土,但当磨细矿渣掺量大于 20%时,其各龄期强度仍低于基准混凝土;当矿渣比表面积大于 600m²/kg 时,矿渣取代量为 15%和 20%的混凝土各龄期强度均高于基准混凝土,这一点与胶砂试验规律一致。当矿渣取代量达到 45%和 60%时,混凝土各龄期强度均低于基准混凝土,且强度下降幅度随矿渣掺量的增大而增大。在矿渣单掺的情况下,当矿渣掺量较小(≤15%)时,由于水泥水化占主导地位,混凝土强度较高,掺入的矿渣细度越大,其活性越大,混凝土强度也越高。当矿渣掺量加大(≥45%)时,矿渣水化占主导地位,而且由于熟料相对减少,矿渣所受的激发作用也相应减弱,所以混凝土各龄期强度均低于基准混凝土,特别是水化早期。后期则由于磨细矿渣中的 SiO_2 和 Al_2O_3 与水泥中的石膏以及 $Ca(OH)_2$ 反应生成 AFt 和 CSH,混凝土强度增加。

比较同种配方水泥基材料在各龄期的强度发展规律发现,28d 龄期与 90d 龄期的混凝土抗压强度相差不大,即掺磨细矿渣后,混凝土后期强度增长率不高。根据对磨细矿渣早期水化进程与水化产物微观力学性能的分析,并综合其他研究结果认为,磨细矿渣掺入水泥基中,水化后将形成比纯水泥更致密的结构,即矿渣颗粒水化产物层比水泥水化产物层更致密。因此,被包裹的矿渣颗粒继续水化比较困难,后期水化速率将受影响。也有研究证明,相对于早期强度提高慢的矿渣,早期强度提高快的矿渣在后期可能表现出低的水化程度。

图 2.1~2.4 显示,比表面积相差 200m²/kg 左右的不同细度矿渣混掺后,混凝土强度基本上都高于单掺某一细度矿渣的混凝土强度。从混凝土强度和增强效果考虑,30%M3+15%M1、30%K+15%M1、10%K+5%M3、10%K+10%M3、

15％K＋5％M3、30％K＋15％M3、40％K＋20％M3 的混掺效果较好。

2) 粉煤灰

球状的粉煤灰颗粒在混合料体系中起着滚珠轴承的作用,可减少颗粒之间的摩擦,使混合料的流动性增加。在一定掺量范围内,粉煤灰"微集料效应"和"火山灰效应"的协同发挥,可提高硬化混凝土的强度,掺量太大,则对混凝土强度等力学性能和抗碳化等耐久性能不利。如果粉煤灰与矿渣混掺,则可起到不同品种矿物细掺料复合使用的"超叠加效应"。例如,磨细矿渣的活性大,对混凝土的强度有利,但自干燥收缩较大,需水量较大,而掺粉煤灰的混凝土自干燥收缩和自收缩都小,且需水量小,但强度低。因此如果两者双掺,则可取长补短,不仅可调节需水量,提高抗压强度,还可减少收缩,提高耐久性。另外,根据以往的试验结果发现,当粉煤灰和矿渣混掺时,若两者比表面积之差合适,颗粒级配合理,则可起到很好的相互促进作用。因此,在胶凝材料中如果将粉煤灰与磨细矿渣双掺,既可充分利用废料,降低成本,又可以提高混凝土的力学性能和耐久性能。

(1) 试验原材料。

试验用水泥和磨细矿渣同前节。粉煤灰磨细后将破坏部分球形颗粒形貌,降低其滚珠轴承的效应,因此本章选用比表面积分别为 337m²/kg、586m²/kg、826m²/kg 的 1#、2#、3# 原状粉煤灰与磨细矿渣混掺进行胶砂强度试验。1#、2# 粉煤灰为南京热电厂粉煤灰,3# 粉煤灰为镇江热电厂生产超细粉煤灰,其化学成分见表 2.3。

表 2.3　3# 粉煤灰化学成分　　　　　　　　　　　(单位：％)

CaO	SiO$_2$	Al$_2$O$_3$	MgO	Fe$_2$O$_3$	SO$_3$
2.38	52.85	32.40	0.86	3.42	0.45

(2) 试验方法。

按照 GB/T 17671—1999《水泥胶砂强度检验方法》进行。试块尺寸 40mm×40mm×160mm,在标准条件下成型、脱模和养护,然后测其 3d、7d 和 28d 强度。

(3) 试验结果与分析。

胶砂强度试验结果见表 2.4。

表 2.4　不同细度粉煤灰与矿渣混掺胶砂强度　　　(单位：MPa)

粉煤灰	抗压强度			抗折强度		
	3d	7d	28d	3d	7d	28d
1#	29.73	41.10	51.35	6.57	8.25	10.84
2#	38.08	49.36	56.45	7.08	8.51	10.78
3#	40.07	46.06	57.58	7.43	8.53	12.01

　　由表 2.4 可知,掺 2#、3# 粉煤灰的胶砂强度较掺 1# 粉煤灰的强度高。选择 3# 粉煤灰做同一品种、同一细度、不同掺量粉煤灰胶砂试验,试验结果见表 2.5。从表中试验结果可以看出,对同一品种、同一细度的粉煤灰,在掺量范围(15%～30%)内,胶砂各龄期强度随粉煤灰掺量的增加而降低。

表 2.5　不同掺量粉煤灰与矿渣混掺胶砂强度

用量	抗压强度/MPa			抗折强度/MPa		
/%	3d	7d	28d	3d	7d	28d
15	40.07	46.06	57.58	7.43	8.53	12.01
20	38.14	44.67	55.25	7.35	9.47	11.19
22	35.92	43.78	54.80	7.05	10.30	11.13
27	32.30	43.18	53.45	6.78	8.87	10.49
32	31.52	42.45	47.75	6.36	8.79	10.35

　　根据胶砂强度大小选择 3# 粉煤灰作为高性能胶凝材料组分之一。粉煤灰的掺量随胶凝材料强度等级的不同而不同。

2. 水泥熟料细度对胶凝材料性能的影响

　　水泥熟料由江南水泥厂提供,其化学成分见表 2.1。

　　资料表明,水泥熟料细度越大,水泥水化反应越快,而且反应也更为完全,水泥早期活性得到提高。但水泥熟料细度加大,粉磨能耗也增大,早期水化放热也相应增高。

　　选择比表面积分别为 291m²/kg(成品)、420.3m²/kg(球磨 1h)、659.6m²/kg (球磨 2h)、765.9m²/kg(球磨 3h)和 994.1m²/kg(球磨 4.5h)的水泥熟料进行试验。胶凝材料配比为:水泥∶矿渣∶粉煤灰＝20∶45∶35,试验结果见图 2.5。

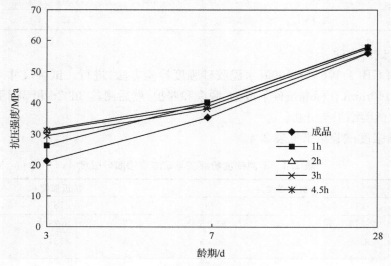

图 2.5　不同细度熟料胶砂强度

由图 2.5 可知,随水泥熟料细度的增加,胶砂各龄期强度也增加,但增加的幅度不大,特别是在水化后期,几乎没什么差别。在五种细度的水泥熟料中,掺球磨4.5h 的胶砂强度最高,但能耗也最大。

从强度、能耗等方面综合考虑,选择比表面积为 420.3m^2/kg 的熟料(一般水泥厂水泥比表面积)作为高性能胶凝材料组分。

表 2.6 为同一细度(比表面积均为 420.3m^2/kg)不同水泥熟料掺量胶砂强度。胶凝材料由不同水泥熟料掺量和矿物掺合料组成。从表中可以看出,随水泥熟料掺量的增加,胶砂强度增加。在高性能胶凝材料中,水泥熟料掺量随强度等级的不同而不同。

表 2.6　不同水泥熟料掺量的胶砂强度

掺量 /%	抗压强度/MPa			抗折强度/MPa		
	3d	7d	28d	3d	7d	28d
15	23.52	34.25	50.67	4.50	6.36	10.02
20	30.32	38.37	55.25	5.36	7.78	10.49
25	32.03	41.28	59.80	5.78	7.97	10.82
30	33.53	43.56	64.15	6.10	8.67	11.13

3. 功能性组分的选择

功能性组分的加入主要是为了改善新拌混凝土的流动性,优化硬化混凝土的孔结构,提高浆体密实度,改善混凝土的耐久性。它是一种无机材料与有机材料的复合物。

1) 激发剂的选择

综上所述,粉煤灰的火山灰反应很慢,特别是水化早期,反应程度很低。磨细矿渣虽然具有微弱的自身水硬性,但当它单独加水拌合时,硬化速率依然缓慢,浆体强度也低,当它与水泥混合使用且掺量较低时,其潜在活性可由水泥来激发,但当其掺量较大时,水泥用量相对较少,则不足以充分激发其活性,从而导致材料的早期强度下降。图 2.1~2.4 和表 2.5 中显示,掺矿渣和粉煤灰的水泥混凝土早期强度较基准低,因此可采用适当的激发技术来提高其早期强度。

通常对粉煤灰或磨细矿渣等矿物掺合料的激发有三种形式:①机械激发,主要通过磨细工艺提高颗粒细度,使其活性得到发挥;②热激发,采用蒸养或蒸压处理的方法促进掺合料的水化反应;③化学激发,主要通过化学作用原理来激发掺合料的活性效应。在这三种方法中,机械激发和化学激发较为常用。在掺合料掺量较大时,单纯的化学或机械激发效果都不是很明显,特别是对于粉煤灰来说,因此常用机械-化学的复合激发法。

在矿渣硅酸盐水泥水化过程中,首先是水泥熟料矿物与水作用,生成水化硅酸钙、水化铝酸钙和氢氧化钙等,然后是生成的氢氧化钙解离矿渣玻璃体的结构,使玻璃体中的 Ca^{2+}、AlO_4^{4-}、Al^{3+}、SiO_4^{4-} 进入溶液,生成水化硅酸盐、水化铝酸钙等,如有石膏存在,还会生成水化硫铝(铁)酸钙等。粉煤灰水泥的水化首先也是水泥熟料矿物的水化,然后是粉煤灰玻璃体中的 SiO_2、Al_2O_3 与 $Ca(OH)_2$ 反应生成水化硅酸钙和水化铝酸钙,但粉煤灰的球形玻璃体比较稳定,表面又相当致密,因此不易水化。由矿渣和粉煤灰的水化过程可知,凡能①促使材料结构解体,②有利于稳定的水化产物形成,③有利于网络结构(水化产物)的形成的物质,均能起到很好的激发作用。基于以上原理,优选出了适用于含大掺量矿物掺合料的胶凝材料的复合激发剂。这种复合激发剂主要由无机材料组成。

2)膨胀组分的选择

在一般情况下,使用与水泥细度相当的磨细矿渣时,混凝土的自收缩可随矿渣掺量的增加而稍有减小。当磨细矿渣细度超过 $400m^2/kg$ 时,在一定范围内,混凝土的自收缩会随着矿渣掺量的增加而增大。在混凝土水胶比不很低的情况下,掺入磨细矿渣后,混凝土的自收缩发生得较早,而且掺量越大,混凝土长期自收缩越大;在水胶比较低的情况下,矿渣细度超过 $400m^2/kg$ 后,混凝土自收缩随矿渣掺量的增加而增大,直到掺量达 75% 以后,混凝土自收缩才会开始减小。收缩的产生,易使混凝土发生较大的体积变形,从而使整体混凝土结构的耐久性受到影响。

在高性能胶凝材料中掺有较多的磨细矿渣和粉煤灰,矿物掺合料有细化孔缝结构的作用,混凝土易产生较大的收缩。为避免这种情况的发生,选用具有短期及长期微膨胀的材料,以补偿收缩变形,使混凝土总的收缩率降低。

采用水泥胶砂限制膨胀率的大小来揭示表现胶凝材料的体积变形情况。限制膨胀率试验按照 JC 476-2000《混凝土膨胀剂》中的方法进行,加水量根据胶砂流动度(130mm±2mm)来控制。表 2.7 为基准水泥(不掺矿物掺合料)与加膨胀组分的高性能胶凝材料(水泥∶磨细矿渣∶粉煤灰=20∶45∶35)一直在水中养护的胶砂限制膨胀率。由表 2.7 可以看出,加入膨胀组分的高性能胶凝材料,其胶砂在水中的限制膨胀率大大高于基准水泥,而且在水化后期也能产生一定的微膨胀。

表 2.7　胶砂水中限制膨胀率

胶砂	3d	7d	14d
基准	0.10×10^{-4}	0.70×10^{-4}	0.76×10^{-4}
掺有膨胀剂	2.16×10^{-4}	3.02×10^{-4}	3.08×10^{-4}

表 2.8 为基准水泥与加膨胀组分的高性能胶凝材料胶砂先在水中养护 7d,然后放入干空气中养护至各龄期的胶砂限制膨胀率。由表 2.8 可以看出,基准水泥在水中养护 7d 后,放置于干空气中可产生较大的体积收缩,高性能胶凝材料则由于加入了具有短期及长期微膨胀的材料,其后期收缩较基准水泥小得多,体积稳定

性较好。

表 2.8　胶砂限制膨胀率

胶砂	7d	28d	90d
基准	$0.70×10^{-4}$	$-2.2×10^{-4}$	$-3.5×10^{-4}$
掺有膨胀剂	$3.02×10^{-4}$	$-0.2×10^{-4}$	$-0.5×10^{-4}$

　　表 2.7 和表 2.8 中的数据说明,加入膨胀组分的高性能胶凝材料,可使水泥混凝土的总收缩率降低,对混凝土的长期稳定性有利。

　　表 2.9 为在胶凝材料中加激发剂后的胶砂强度。比较表 2.6 和表 2.7 可以发现,这种激发剂对含大掺量矿物掺合料的胶凝材料激发效果较好,在水化早期(3d、7d),加入激发剂后可使胶砂抗压强度提高 15%～30%,而且随着水化龄期的增长,强度不断增长。因此这种激发剂能"大幅度提高早期强度而不降低后期强度"。

表 2.9　加激发剂后胶砂强度

掺量/%	抗压强度/MPa				抗折强度/MPa			
	3d	7d	28d	90d	3d	7d	28d	90d
15	33.38	45.40	53.25	61.31	7.90	8.72	10.45	12.07
20	41.64	49.35	58.45	66.60	8.13	9.89	10.87	12.25
25	42.38	51.63	62.24	71.61	8.02	10.10	11.08	12.43
30	43.48	54.45	65.85	76.53	8.48	10.27	11.82	12.27

4. 大掺量矿物掺合料胶凝材料的优配

　　对磨细矿渣、粉煤灰、激发剂、膨胀组分和熟料,以及功能性组分,从胶砂和混凝土强度、耐久性等方面进行了大量的正交复配、优选和验证试验,最终配制出了具有流动性好、凝结时间适中、不泌水、抗冻和抗剥落等耐久性能优异、适用于配制高性能混凝土的不同强度等级的高性能胶凝材料(HDC)。

　　按 GB/T 17671—1999《水泥胶砂强度检验方法》成型,测得 1#、2#、3# 高性能胶凝材料的抗压、抗折强度如表 2.10 所示。其中 HDC-1 中水泥熟料掺量 15%,HDC-2 水泥熟料掺量 20%,HDC-3 水泥熟料掺量 30%。

表 2.10　高性能胶凝材料胶砂强度　　　　　　　　　　(单位:MPa)

编号	抗压强度				抗折强度			
	3d	7d	28d	90d	3d	7d	28d	90d
HDC-1	33.38	45.40	53.25	61.31	7.90	8.72	10.45	12.07
HDC-2	41.64	49.35	58.45	66.60	8.13	9.89	11.08	12.43
HDC-3	43.48	54.45	65.85	76.53	8.48	10.27	11.82	12.27

由表 2.10 可以看到,HDC 后期强度增长明显,90d 胶砂抗压强度比 28d 增长 14%以上,高于单掺磨细矿渣的浆体强度增长率,这主要是由于 HDC 中除磨细矿渣外还掺有大量粉煤灰,随着龄期的增长,其二次水化反应不断进行,使浆体的密实度和强度均一相应提高。HDC 胶砂抗折强度也比一般水泥高。

2.1.2　高性能混凝土的配制及其性能

1. 原材料、配合比与试验方法

1) 原材料

(1) 胶凝材料。

选用表 2.10 配制的高性能胶凝材料,在实际应用中可根据需要选择 HDC-1、HDC-2 或 HDC-3 来配制混凝土。一般 C30 以下强度等级的混凝土,可选择 HDC-1,C30～C50 的混凝土选择 HDC-2,C60 或 C60 以上选择 HDC-3。

(2) 细集料:中砂,细度模数 2.6。

(3) 粗集料:5～20mm 玄武岩碎石。

(4) 外加剂:从新拌混凝土的物理性能,以及硬化混凝土的力学性能及耐久性出发,优选出适用于环保型高耐久混凝土的外加剂,它主要由减水组分和保坍组分组成。

① 减水组分。

引入减水组分,一方面可以使拌合物絮凝结构中的水被释放出来,使浆体中游离水增加,从而使拌合物的流动性提高;另一方面可有效降低水胶比,保证硬化混凝土的力学和耐久性能。

目前常用的高效减水剂主要有萘磺酸盐系列、磺化三聚氰胺系列、氨基磺酸盐系列和聚羧酸系列四大类。本章选择了江苏博特新材料有限公司生产的 JM-B 型萘系高效减水剂作为减水组分。在掺量为水泥质量的 0.5%时,其主要性能指标如表 2.11 所示。

表 2.11　JM-B 主要性能指标　　　　　　　　　(单位:%)

减水率	含气量	氯离子含量	碱含量
21	2.7	0.004	0.8

② 保坍组分。

现代混凝土的生产大多采用预拌方式,混凝土从搅拌至浇注结束,整个时间长达 1～2h。为保证混凝土具有良好的流动性,需加入适当的保坍组分,本章优选出一种低分子齐聚物作为保坍组分。低分子齐聚物中引入了对水泥颗粒优先吸附的基团,可与水泥中的钙离子形成络合物,从而延缓水泥粒子对减水剂的吸附,使液相中残存的减水剂浓度较高,有利于坍落度的保持。

表 2.12 为保坍组分掺量与坍落度损失关系。

表 2.12　保坍组分掺量与坍落度损失关系

	用量/%							
	0.10	0.12	0.15	0.19	0.21	0.3	0.4	0.5
坍落度(0h)/cm	19	19	20	20.5	21.5	21.5	22	22
坍落度(1h)/cm	13	14	19	18	16.5	17	18	18

注:混凝土配合比为:HDC-3:砂:石子=1:1.33:2.27。

从表 2.12 可以看出,保坍组分对 HDC 存在一个最佳掺量(0.15% ~ 0.19%),掺量太高或太低都对保坍能力有影响。另外,从表 2.12 可以看出,保坍组分对改善浆体流动性有利,随保坍组分掺量的增加,混凝土初始坍落度增大。

表 2.13 为不加保坍组分与加入保坍组分后混凝土的坍落度损失和强度的比较。从表 2.13 可以看到,保坍组分不仅保坍能力强,对混凝土强度也有利。

表 2.13　混凝土的坍落度损失和强度

编号	用量/%	坍落度/cm			抗压强度(28d)/MPa
		0h	1h	2h	
HDC-2	—	20	15		49.81
HDC-2	0.15	21	20	17	50.09
HDC-3	—	19	14		62.38
HDC-3	0.15	21	19	18	65.87

注:混凝土配合比为:HDC-2:砂:石子=1:1.33:2.27 和 HDC-3:砂:石子=1:1.33:2.27。

2) 混凝土配合比

制备现代高性能混凝土的胶凝材料虽然含有大量矿物掺合料,但可按常规方法应用,混凝土配合比按 JGJ 55—2000《普通混凝土配合比设计规程》设计即可。以下混凝土性能试验均采用表 2.14 的配合比。

表 2.14　C25~C80 的混凝土配合比　　　　（单位：kg/m³）

强度等级	HDC		细集料	粗集料	水	外加剂
		胶凝材料用量				
C25	HDC-1	330	787	1043	190	—
C30	HDC-2	360	760	1050	180	1.08
C40	HDC-2	425	722	1083	170	1.70
C50	HDC-2	460	677	1104	160	2.30
C60	HDC-3	500	666	1134	150	4.75
C80	HDC-3	560	629	1166	145	6.44

3）试验方法

混凝土坍落度损失、凝结时间、含气量、常压泌水率的测试参照 GB 8076—2008《混凝土外加剂》进行。

混凝土力学性能指标（抗压强度、抗折强度、静力弹性模量、劈拉强度等）的测试参照 GBJ 81—85《普通混凝土力学性能试验方法》进行。

2. 新拌混凝土性能

新拌混凝土性能见表 2.15。

表 2.15　新拌混凝土性能

强度等级	坍落度/cm			凝结时间		含气量/%	泌水率/%
	0h	1h	2h	初凝	终凝		
C25	20.5	20	17	10h50min	13h15min	3.8	0
C30	20	19	17	10h07min	12h10min	2.20	0
C40	21	20	16.5	10h15min	12h10min	2.10	0
C50	21	18.5	16.5	10h17min	12h25min	3.95	0
C60	19	18	16	11h	13h	1.82	0
C80	20	19	16	10h55min	12h40min	1.78	0

由表 2.15 可以看出：

（1）C25～C80 的混凝土流动性好，初始坍落度均在 18cm 以上，1h 坍落度损失最大为 1.5cm，最小为 0.5cm，2h 坍落度损失最大也只有 4cm，因此完全可满足使用预拌混凝土工程的需要。

（2）用 HDC 配制的混凝土，初凝时间比用硅酸盐水泥配制的混凝土的初凝时间长，这主要是因为：①HDC 中含有大量的矿渣和粉煤灰，矿渣与粉煤灰的水化活性较低，水化速率较硅酸盐水泥慢；②保坍组分优先吸附在水泥颗粒表面，延缓了水泥粒子的水化。虽然用 HDC 配制的混凝土初凝时间长，但它的初凝与终凝时间间隔较短，一旦初凝，强度就能迅速增长，因此不会影响其早期强度的发展。

（3）各强度等级的混凝土泌水率均为 0，这表明混凝土混合料具有很好的均质性。

3. 硬化混凝土的力学性能

硬化混凝土的力学性能见表 2.16。

表 2.16　硬化混凝土力学性能

强度等级	抗压强度/MPa			抗折强度/MPa		抗拉强度/MPa		弹性模量/GPa
	3d	7d	28d	7d	28d	7d	28d	28d
C25	21.97	26.98	31.85	6.29	7.32	2.95	3.11	3.49
C30	26.10	29.95	37.88	8.40	8.64	3.02	4.15	4.25
C40	31.94	45.43	51.87	10.74	10.33	3.95	4.37	4.57
C50	39.64	50.61	60.52	10.03	10.54	4.41	4.86	4.93
C60	43.13	57.18	69.40	9.60	11.80	2.47	5.14	5.52
C80	56.72	68.90	82.33	9.25	13.17	1.81	5.84	5.78

由于 HDC 中的矿渣和粉煤灰与水泥水化释放的 $Ca(OH)_2$ 反应生成 CSH 凝胶,一方面可以减少界面处的 $Ca(OH)_2$ 含量,有效限制 $Ca(OH)_2$ 的取向性,使胶体与集料之间的界面微结构得到改善,界面黏结能力也相应增强;另一方面,凝胶和矿物细掺量微细颗粒的填充作用可降低界面过渡区中的孔隙率,使混凝土的密实度大幅提升。因此,由表 2.16 可以看到,用 HDC 配制的各强度等级的混凝土有较好的力学性能。表 2.16 还显示,用 HDC 配制的混凝土抗折强度较高,7d 和 28d 的折/压比在 0.16～0.28 之间,高于普通混凝土。折/压比的提高,对混凝土抵抗外部拉力有利。用 HDC 配制的混凝土的弹性模量则与普通混凝土相差不多。

4. 耐久性能和收缩变形性能

现代混凝土的耐久性倍加关注,当今国内外有关混凝土的学术会议均把耐久性和服役寿命作为众所关注的重大科学问题,国内外有关混凝土领域的核心或权威性期刊均突出了耐久性与服役寿命保证、预测与提升的理论、技术和应用。对于一种新型的混凝土必须具有良好的耐久性,才可以用于工程实际。针对 HDC 材料中水泥熟料少、矿物掺合料比例高的情况,重点进行了掺 HDC 混凝土的抗冻性、碳化、抗渗性和 Cl^- 渗透的试验研究。

1) HDC 混凝土耐久性试验配合比

HDC 混凝土的耐久性系统试验中,采用的混凝土配合比及编号见表 2.17。对强度等级为 C30、C50 和 C80 的混凝土,进行了同配合比的普通硅酸盐水泥混凝土(OPC)的平行试验以便对比分析。所有混凝土采用强制式搅拌机搅拌,机械振动,钢模成型,室温下养护 24h 后脱模,然后标养至规定龄期进行耐久性试验。

表 2.17　耐久性试验用混凝土配合比　　　　　（单位：kg/m³）

编号	强度等级	胶凝材料	水	细集料	粗集料	外加剂
1	HDC30	360	180	760	1050	1.08
2	OPC30	360	180	760	1050	1.08
3	HDC40	425	170	722	1083	1.70
4	HDC50	460	160	676	1104	2.30
5	OPC50	460	160	676	1104	2.30
6	HDC60	500	150	666	1134	4.75
7	HDC80	560	145	629	1166	6.44
8	OPC80	560	145	629	1166	6.44

以上各混凝土的配合比参数分析与基本性能列于表 2.18。

表 2.18　混凝土配合比的参数分析与基本性能

编号	强度等级	w/c	$S_p/\%$	坍落度/cm	含气量/%	28d 抗压强度/MPa
1	HDC30	0.54	0.42	20	2.20	37.88
2	OPC30	0.54	0.42	18	2.35	40.77
3	HDC40	0.40	0.40	21	2.10	51.87
4	HDC50	0.35	0.38	21	3.95	60.52
5	OPC50	0.35	0.38	19	2.00	57.30
6	HDC60	0.30	0.37	19	1.82	64.40
7	HDC80	0.26	0.35	20	1.78	82.33
8	OPC80	0.26	0.35	21	2.60	80.88

2）混凝土的抗冻性

（1）方法。

抗冻性试验采用 GBJ 82—85《普通混凝土长期性能和耐久性能试验方法》中的"快冻法"进行。

GBJ 82—85 规定，冻融达到以下三种情况之一即可停止试验：①已达到 300 次循环；②相对动弹性模量下降到 60%；③质量损失率达 5%。本章试验中以此作为混凝土试件的破坏准则，达到破坏的试件记录其抗冻融循环次数，并计算耐久性系数。动弹性模量采用天津建筑仪器厂生产的 DT-8 型动弹性模量测定仪测定，该仪器测定方法属于"共振法"，测得试件的基频振动频率后，相对动弹性模量根据式（2.1）计算。质量采用感量 5g 的台秤称量，质量损失率用式（2.2）计算。相对耐久性系数用式（2.3）计算。

$$P = (f_n/f_0)^2 \times 100\%　　　　　　　　　　　　（2.1）$$

式中：P 为经过 n 次冻融循环后试件的相对动弹性模量，以三个试件的平均值计算；f_n 为 n 次冻融循环后试件的横向基频（Hz）；f_0 为冻融循环前测得的试件横向基频初始值（Hz）。

试件冻融后的质量损失率按下式计算：

$$\Delta W_n = (G_0 - G_n)/G_0 \times 100\% \tag{2.2}$$

式中：ΔW_n 为 n 次冻融循环后试件的质量损失率；G_0 为冻融循环前试件的质量（kg）；G_n 为 n 次冻融循环后试件的质量（kg）。

相对耐久性系数按下式计算：

$$K_n = P \times N/300 \tag{2.3}$$

式中：K_n 为混凝土耐久性系数；N 为达到破坏时的冻融循环次数；P 为经 n 次冻融循环后试件的相对动弹性模量。

相对动弹性模量反映混凝土内部微裂缝发展情况，质量损失反映混凝土的表面破坏程度，达到一定程度的质量损失，混凝土表面剥落会造成集料或增强材料暴露，故用这两个指标反映混凝土在冻融作用下内部与表面的损伤程度。

（2）试验结果与分析。

抗冻性是最具代表性的混凝土耐久性指标，有研究表明，抗冻性好的混凝土一般具有好的耐久性。冻融循环作用下，混凝土内部形成微裂纹，裂纹逐渐扩展、变宽，导致混凝土疏松、表面剥落，宏观性能表现为强度降低、渗透性增大、动弹性模量下降、质量损失。近年来，有关粉煤灰、矿粉、硅灰等混合材对混凝土抗冻性的影响研究较多，结果表明，粉煤灰、矿粉对混凝土抗冻性不利，尤其在冻融循环作用下表面剥落非常严重。

本章根据抗冻性试验结果，对 HDC 的配方进行了多次改进。加入功能性组分以后的 HDC 混凝土抗冻性显著提高，在冻融循环过程中相对动弹性模量下降速率远低于 OPC 混凝土，质量损失略优或接近于 OPC 混凝土。下面从相对动弹模和质量损失两个方面叙述 HDC 混凝土的抗冻性和对材料的改进过程。

① 相对动弹性模量的变化。

图 2.6(a)、(b)、(c)分别示出各强度等级改进前和和改进定型后 HDC 混凝土的试验结果，并与 OPC 混凝土进行对比。可以看出，在冻融循环过程中用未加功能性组分的 HDC 系列配制的混凝土相对动弹性模量（HDCxx-Ⅰ）的下降与 OPC 混凝土接近或略快，加入功能性组分以后的 HDC 相对动弹性模量（HDCxx-Ⅱ）下降速率大幅度减缓，C30 和 C50 的 HDC 混凝土明显比 OPC 有更好的抗冻性。强度等级达到 C80 时在 300 次冻融循环内 HDC 和 OPC 混凝土的相对动弹性模量都没有明显的下降。

图 2.6(d)示出各强度等级的 HDC 混凝土在冻融循环过程中的相对动弹性模量变化，随着强度等级的提高，水灰比下降，混凝土抗冻性增强，相对动弹性模量下

降减缓。

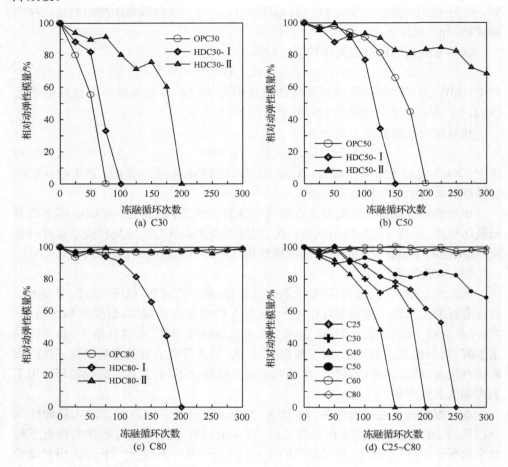

图 2.6　冻融循环过程中混凝土相对动弹性模量的变化

　　试验中观察到,各种水灰比的 OPC 混凝土冻融时,试件中出现较多的裂缝,导致动弹性模量迅速下降,达到破坏标准,而 HDC 混凝土试件在冻融过程中基本没有裂缝出现,原因可能是水泥基材料中大量的矿物掺合料改善了混凝土的抗变形性能,导致混凝土中的原生裂缝减少,使得混凝土的抗冻融能力提高。

　　② 冻融循环过程中的质量损失。

　　混凝土在冻融循环过程中表面剥落,导致质量损失。已有研究表明,掺粉煤灰或磨细矿渣的混凝土,在冻融作用下表面剥落加剧,本章研究结果也证实了这一点。为了改善掺 HDC 混凝土的抗剥落性能,对胶凝材料的组分、级配等进行了多次改进,结合改善冻融过程中的相对动弹性模量,加入了功能性组分,使得 HDC

的抗剥落性能得到显著提高,在冻融循环作用下的质量损失与普通水泥混凝土基本一样或更小。图 2.7 为强度等级为 C30、C50 和 C80 的 HDC 混凝土改进前后(改进前为 HDCxx-Ⅰ,改进后为 HDCxx-Ⅱ)与 OPC 混凝土经过 100 次、250 次冻融循环后的质量损失比较。可以看出,OPC 混凝土的质量损失很小,而改进前的 HDC 混凝土的质量损失最大达到 5.74%,混凝土表面严重剥落,到一定程度后粗集料外露,甚至有粗集料剥落。改进以后 HDC 混凝土的抗剥落能力大大提高,最大质量损失率不超过 1.5%,而且改进后的抗冻融循环次数也有所提高。

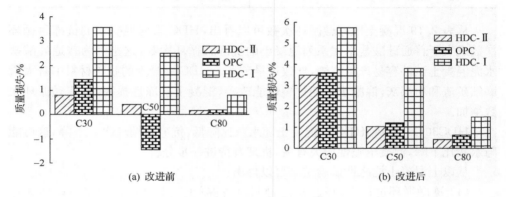

图 2.7　HDC 与 OPC 混凝土的质量损失

图 2.8 为各强度等级 HDC 混凝土经过 100 次冻融循环后的质量损失,随着强度等级的提高,质量损失减小,符合一般规律,与其他的研究结果一致。

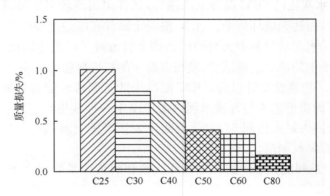

图 2.8　HDC 混凝土经过 100 次冻融循环后的质量损失

③ 抗冻融循环次数与混凝土耐久性系数。

根据破坏准则确定的混凝土抗冻融循环次数和耐久性系数列于表 2.19。

表 2.19　HDC 混凝土的抗冻融循环次数

编号	w/c	抗冻融循环次数	耐久性系数	编号	w/c	抗冻融循环次数	耐久性系数
HDC30	0.50	225	0.41	OPC30	0.50	50	0.09
HDC40	0.40	175	0.24	—			
HDC50	0.35	125	0.68	OPC50	0.35	50	0.33
HDC60	0.32	≥300	0.97				
HDC80	0.28	≥300	0.99	OPC80	0.28	≥300	0.98

　　从表 2.19 混凝土抗冻融循环次数可以看出,HDC 系列混凝土的抗冻融循环次数远大于普通硅酸盐水泥系列混凝土的抗冻融循环次数,这是因为普通硅酸盐水泥混凝土试件容易产生裂缝,导致过早破坏。HDC 混凝土的胶凝材料中有大量磨细矿渣和粉煤灰,混凝土早期抗裂性能改善,混凝土抗冻性提高,抗冻融循环次数增加。

　　HDC30、HDC40、HDC50 混凝土随水灰比降低,抗冻融循环次数下降,这可能与水灰比下降,混凝土脆性增大有关,机理有待进一步分析。

　　从以上混凝土抗冻性试验结果可以得出:

　　(1) 冻融循环过程中,经过改进的 HDC 混凝土相对动弹性模量下降明显比 OPC 混凝土减缓。

　　(2) 随着强度等级的提高,水灰比下降,HDC 混凝土抗冻性增强,相对动弹性模量下降减缓。

　　(3) 各种水灰比的 OPC 混凝土冻融时,试件中出现较多的裂缝,导致动弹性模量迅速下降,而达到破坏标准。HDC 混凝土试件在冻融过程中基本没有裂缝出现,原因可能是水泥基材料中大量的矿物掺合料改善了混凝土的抗裂与抗变形性能,导致混凝土中的原生裂缝减少,使得混凝土的抗冻融能力提高。

　　(4) 加入了功能性组分以后,HDC 混凝土的抗剥落性能得到显著提高,在冻融循环作用下的质量损失与普通水泥混凝土基本一样或更小。对改进前的 HDC 混凝土的质量损失最大达到 5.74%,混凝土表面严重剥落,到一定程度后粗集料外露,甚至有粗集料剥落。

　　(5) HDC 系列混凝土的抗冻融循环次数和耐久性系数远大于普通硅酸盐水泥系列混凝土。

　　3) HDC 混凝土的抗碳化性能

　　(1) 试验方法。

　　HDC 混凝土的碳化试验按照 GBJ 82－85《普通混凝土长期性能和耐久性能试验方法》中"碳化试验"的规定进行,采用全自动化混凝土碳化试验箱对试件进行碳化。所用试件规格为 100mm×100mm×400mm 的棱柱体,成型后标养至 28d

龄期时,在 60℃温度下烘 48h,然后用加热的石蜡密封表面,只留下相对的两个侧面,在二氧化碳浓度 20％±3％、温度 20℃±5℃、相对湿度 70％±5％的环境中碳化,碳化 3d、7d、14d 和 28d 后测定碳化深度。

（2）试验结果。

系列混凝土碳化试验结果见表 2.20。

表 2.20　HDC 混凝土的碳化深度

编号	w/c	碳化深度/mm			
		3d	7d	14d	28d
HDC30	0.50	15.1	17.6	18.3	28.2
OPC30	0.50	6.9	3.3	9.5	7.6
HDC40	0.40	13.0	11.3	12.3	15.1
HDC50	0.35	11.5	13.3	12.6	13.8
OPC50	0.35	4.0	0.9	3.9	1.0
HDC60	0.32	6.8	2.6	0.4	0.3
HDC80	0.28	3.2	1.64	0.9	0
OPC80	0.28	4.1	1.6	4.1	0.7

由表 2.20 可以看出,用含大掺量矿物掺合料的胶凝材料配制的混凝土的碳化深度远大于普通硅酸盐水泥混凝土,0.5 水灰比时 HDC 的碳化深度达到 28.2mm,而相同水灰比的 OPC 混凝土碳化深度为 7.6mm,0.35 水灰比 HDC 和 OPC 混凝土碳化深度分别为 13.8mm、1.0mm,0.28 水灰比时 HDC 和 OPC 混凝土的 28d 碳化深度都很小。混凝土抗碳化能力与硬化混凝土中氢氧化钙的含量成正比,还与混凝土抗二氧化碳气体渗透的能力有关,如果配合比相同,氢氧化钙含量的差异是抗碳化能力不同的决定因素。HDC 混凝土中有大量的磨细矿渣与粉煤灰,水化以后氢氧化钙含量远低于普通水泥混凝土中氢氧化钙的含量。水灰比对混凝土抗碳化的影响符合一般规律,水灰比降低,混凝土抗碳化能力增强。原因是水灰比降低,混凝土抗渗透能力增强,另外在低水灰比的混凝土中胶凝材料用量增加,可能导致最终氢氧化钙含量增大。

要使 HDC 混凝土达到高耐久,必须提高其抗碳化性能。为此进行了大量的试验,对 HDC 混凝土的抗碳化性能进行了改进。混凝土的碳化使空气中的 CO_2 不断向混凝土内部扩散,溶于孔隙水后与水泥碱性水化物 $Ca(OH)_2$ 等反应,生成不溶于水的 $CaCO_3$,使混凝土孔溶液的 pH 降低。当 pH 降到 11.5 时,钢筋的钝化膜开始破坏,降到 10 时,钝化膜完全脱钝。由此可见,混凝土的碳化与 CO_2 的进入及可反应物有关。

结合碳化机理,从两个方面对 HDC 混凝土的抗碳化性能进行了改进。首先是调整胶凝材料的组分,提高材料吸收 CO_2 的能力。为此选择了可调整大掺量磨细矿渣与粉煤灰混凝土碱含量的物质作为功能性组分之一,使 HDC 混凝土的碱含量接近普通水泥混凝土的水平。其次是提高 HDC 混凝土的密实度,改善孔结构,减小 CO_2 的扩散系数,在功能性组分中加入一定量的对密实度和孔结构有利的组分。改进前后 HDC 混凝土碳化试验结果见表 2.21,改进后的 HDC 混凝土(改进前为 HDCxx-Ⅰ,改进后为 HDCxx-Ⅱ)与普通硅酸盐水泥混凝土的碳化试验结果比较见图 2.9。从表 2.21 和图 2.9 可以看到,改进以后的 HDC 抗碳化能力大大提高,达到甚至超过普通硅酸盐水泥混凝土的抗碳化能力。

表 2.21　改进前后 HDC 混凝土的碳化深度

编号	w/c	碳化深度/mm			
		3d	7d	14d	28d
HDC30-Ⅰ	0.50	15.1	17.6	18.3	28.2
HDC30-Ⅱ	0.50	2.5	4.4	7.0	15.6
HDC50-Ⅰ	0.35	11.5	13.3	12.6	13.8
HDC50-Ⅱ	0.35	2.1	3.9	4.0	8.5
HDC80-Ⅰ	0.28	3.21	1.64	0.9	0
HDC80-Ⅱ	0.28	0	0	0	0

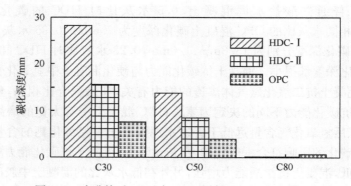

图 2.9　改进前后 HDC 与 OPC 混凝土的 28d 碳化深度

4) HDC 混凝土的抗渗透性

(1) 试验方法。

试验按照 GBJ 82—85《普通混凝土长期性能和耐久性能试验方法》中的"抗渗性能试验"方法进行。抗渗性能试验加压方法有逐级加压和一次加压。逐级加压法适合于普通混凝土的抗渗性测试,一次加压法适用于抗渗能力较高的混凝土。本章的混凝土配合比从 C25~C80,强度范围广,为了使试验结果具有可比较性,必须采用统一的试验方法。本章试验选择采用一次加压法进行试验,即将水压力一次加到 1.2MPa,在此压力下恒压 24h,然后降压,从模套中取出试件,放在压力机上沿底面直径方向劈成两半,用笔标出水痕,即为渗水轮廓。沿底边划十等分,量出各等分点的渗水高度,算出平均值,按照式(2.4)计算出相对渗透系数,比较不同混凝土的抗渗透能力。

$$S_k = mD_m^2/(2TH) \tag{2.4}$$

式中:S_k 为混凝土相对渗透系数(cm/h);D_m 为平均渗水高度(mm);H 为水压力(以水柱高度表示,cm);T 为恒压时间(h);m 为混凝土的吸水率,取 0.03。

(2)试验结果与分析。

各强度等级混凝土抗渗性试验结果列于表 2.22。

表 2.22　HDC 混凝土抗渗试验结果

编号	最大渗透高度/cm	最小渗透高度/cm	平均渗透高度/cm	渗透系数/(10^{-7}cm/h)
HDC25	11.4	4.2	8.92	406
HDC30	10.0	3.6	7.17	263
OPC30	9.3	0.0	7.62	296
HDC40	10.6	2.5	6.11	191
HDC50	6.5	1.7	4.20	90
OPC50	7.7	1.5	4.28	93
HDC60	6.0	0.9	3.01	46
HDC80	5.8	0.3	1.88	18
OPC80	4.6	0.1	1.98	20

由表 2.22 可以看出,各强度等级 HDC 混凝土的平均渗透高度、渗透系数比 OPC 混凝土略低。HDC 混凝土中掺加了大量的粉煤灰与磨细矿渣,矿物掺合料对混凝土抗渗透性的影响可以分为正负两个方面,有利因素是矿物掺合料的加入一方面可以增强混凝土中浆体与集料的界面过渡区,使水分进入的通道更少,混凝土的抗渗性能得到提高,另外由于混凝土细度大,更加密实,也能提高其抗渗透性能。不利的方面在于加入矿物掺合料以后混凝土的水化速率变慢,相同龄期的 HDC 混凝土比 OPC 混凝土水化程度低,对抗渗性能不利。一般说来,矿物掺合料的质量得到保证、掺量在一定范围内时,有利的作用大于不利影响。表 2.22 是在各种因素影响综合作用下的结果。

5）HDC 混凝土的氯离子渗透性

（1）试验方法。

氯离子渗透性能按照 JTJ 270—98《水运工程混凝土试验规程》进行,该方法的基本原理是在直流电压作用下,氯离子能通过混凝土试件向正极方向移动,以测量流过混凝土的电荷量,反映渗透混凝土的氯离子量。

（2）试验结果与分析。

强度等级为 C30、C50 和 C80 的 HDC、OPC 混凝土的氯离子渗透试验结果如表 2.23 所示。可以看出,HDC 混凝土的氯离子扩散系数只有 OPC 混凝土的 25%～35%,所以 HDC 混凝土的抗氯离子渗透性能比 OPC 混凝土有大幅度提高。

表 2.23　混凝土氯离子扩散系数

编号	$T/℃$	平均电阻率 $/Ω$	电导率 $/×10^{-4}S$	20℃电导率 $/×10^{-4}S$	相对氯离子扩散系数/$(×10^{-6}m^2/s)$
HDC30	21.0	3370	2.967	2.897	0.681
HDC50	21.0	5120	1.953	1.905	0.448
HDC80	20.3	9385	1.064	1.056	0.248
OPC30	19.8	860	11.628	11.686	2.746
OPC50	19.8	2333	4.286	4.307	1.012
OPC80	20.3	2785	3.591	3.564	0.838

6）HDC 的收缩变形性能

混凝土收缩是指因内部或外部湿度的变化、化学反应等因素而引起的宏观体积变形。当混凝土处于自由状态时收缩可以通过宏观体积减小来补偿,但实际的混凝土结构总是处于内部约束(如集料)和外部约束(如基础、钢筋或相邻部分)的作用下,因此收缩在约束状态下引起的拉应力一旦超过混凝土自身的抗拉极限时,很容易引起开裂,并加速各种有害介质的侵入,严重影响混凝土的耐久性,甚至危害到结构的安全性。因此,长期以来,如何减小混凝土的收缩,提高混凝土的抗裂性,已成为混凝土工程技术中的一项重大难题。HDC 中掺入了大量的矿物掺合料,而目前国内外关于矿物掺合料对混凝土收缩性能的影响仍存在着较大的争议。为此本章对比研究了这种新型的胶凝材料与纯硅酸盐水泥的收缩性能。

（1）试验方法。

试验参照 GB 751—81《水泥胶砂干缩试验方法》中水泥胶砂的收缩试验方法进行,试件尺寸 25mm×25mm×280mm。试件拆模后首先在 20℃水中养护 6d,测试初长,然后放置在标准的干燥养护室进行养护,测试其长度变化。测试时采用了上海第二光学仪器厂生产的 JDY-2 型万能测长仪,读数显微镜的分度值为 $1μm$,

试验时测量误差小于 8×10^{-6}。

（2）试验结果与分析。

试验结果见表 2.24 和图 2.10。

表 2.24　胶砂干缩试验结果

编号	胶砂比	w/b	干燥收缩/$\times 10^{-6}$				
			1d	3d	7d	14d	28d
G25	0.42	0.54	156	363	521	683	719
G30	0.47	0.50	145	323	411	622	644
P30			114	247	375	643	643
G40	0.59	0.38	116	237	389	664	724
P40			134	295	468	749	751
G50	0.68	0.35	183	381	483	584	614
P50			161	322	508	766	798
G60	0.75	0.30	264	486	652	798	837
P60			260	482	658	878	882
G80	0.92	0.26	197	364	398	590	647
P80			186	351	593	858	862

注：符号"25"～"80"表示胶砂的配合比设计参照了相应强度等级的混凝土的砂浆部分的配比，而符号"P"表示了以硅酸盐水泥为胶凝材料，符号"G"表示以 HDC 为胶凝材料。

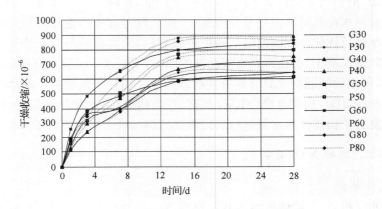

图 2.10　HDC 与硅酸盐水泥收缩对比结果

由表 2.24 和图 2.10 的结果可以看出：

（1）在水胶比和胶砂比相同的情况下，HDC 的收缩值总体而言均较硅酸盐水泥低，尤其在 7d 以后更加明显，28d 后差距有所减小，这表明 HDC 的后期收缩增长幅度较硅酸盐水泥大，但 28d 收缩值仍然较硅酸盐水泥低。例如，胶砂比为

0.68,水胶比为 0.35 时,HDC 的收缩较硅酸盐水泥 14d 减小了 23.8%,28d 减小了 23.1%;胶砂比为 0.92,水胶比为 0.26 时,HDC 的收缩较硅酸盐水泥 14d 减小了 31.2%,28d 减小了 24.9%。这表明 HDC 与传统的硅酸盐水泥相比具有低收缩的优势。这对于提高混凝土的体积稳定性,有效降低其开裂趋势,保障建筑工程的耐久性和结构安全性具有重大的现实意义。

(2) HDC 较硅酸盐水泥低收缩的优势在于水胶比较低(本次试验结果不大于 0.38)的时候表现得较为明显,而这样的水胶比范围正是当今工程界配制高性能混凝土所采用水胶比范围,这表明 HDC 尤其适用于配制高性能混凝土,适应了当代混凝土的发展趋势。

(3) 由于粗集料的约束作用,混凝土的收缩值与胶砂的收缩值存在着较大的差异。因此对于这种新型的胶凝材料,为了更好地服务于结构工程,还需要对 HDC 混凝土的收缩行为进行大量深入的研究和数值模拟,建立收缩的表达式和预测方程。另外,本次试验测试的结果中包括了自收缩和干燥收缩,其中自收缩随水胶比的减小而增加,而干燥收缩则正好相反,因此还有必要深入研究以揭示其自收缩的发展规律。

2.1.3 大掺量复合矿物掺合料水泥基材料硬化浆体显微结构与增强机理

大掺量复合矿物掺合料水泥基材料与一般的混合材水泥有着本质的区别。现行的混合材水泥,如矿渣硅酸盐水泥、粉煤灰硅酸盐水泥等,多出于节省熟料和调节标号考虑,但却以降低性能为代价,如强度降低、矿渣水泥泌水等。而大掺量复合矿物掺合料水泥基材料主要是从流变性、耐久性等方面考虑来对组分进行优选和对配合比进行优化。在前面的试验中可以看到,用大掺量复合矿物掺合料水泥基材料配制的混凝土,可在得到高流动性的同时,不泌水、不离析,有良好的可泵性和填充性,硬化后的混凝土具有较好的物理力学性能和耐久性能。本章通过 X 射线衍射分析(XRD)、扫描电镜(SEM)观察、孔结构分析、水化热测定等多种手段,对大掺量复合矿物掺合料水泥基材料的微观结构与增强机理进行了分析。

1. 水化产物的 XRD 分析

1) 试样制备

将水泥净浆、45%磨细矿渣＋40%粉煤灰＋15%水泥的 1# 样品、45%磨细矿渣＋35%粉煤灰＋20%水泥的 2# 样品和 45%磨细矿渣＋25%粉煤灰＋30%水泥的 3# 样品,按水泥标准稠度用水量方法制成标准稠度净浆,用 20mm×20mm×80mm 的三联模振动成型,拆模后标养至规定龄期,取出敲成黄豆大小颗粒,用无水乙醇浸泡,终止水化。

2）试验结果与分析

图 2.11(a)、(b)、(c)、(d)分别为水泥净浆、1#样品、2#样品和 3#样品硬化浆体试样的 X 射线衍射图。

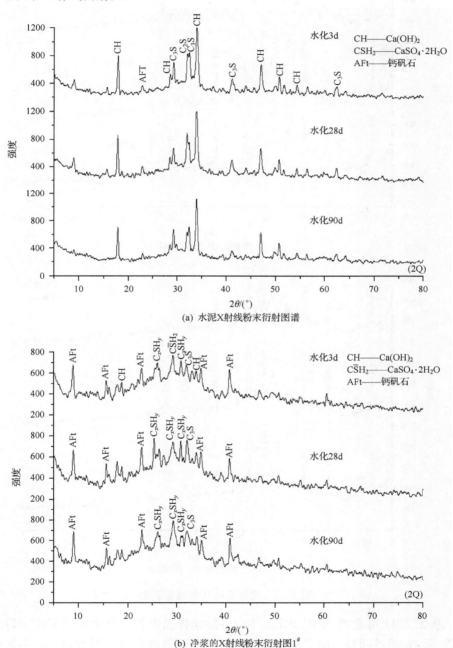

(a) 水泥X射线粉末衍射图谱

(b) 净浆的X射线粉末衍射图1#

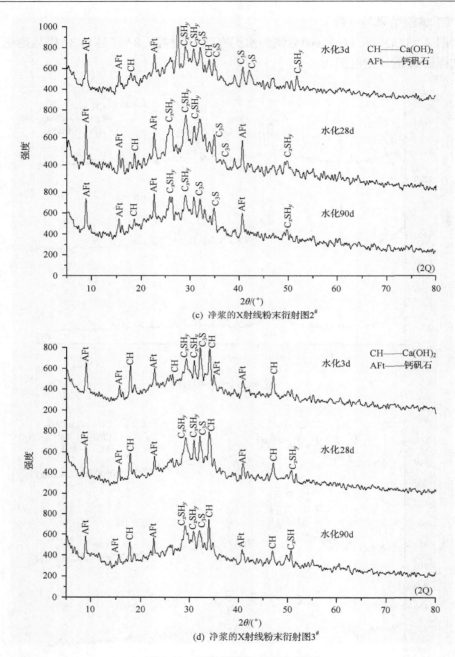

(c) 净浆的X射线粉末衍射图2#

(d) 净浆的X射线粉末衍射图3#

图 2.11　硬化浆体 X 射线衍射图

从图 2.11 可看到,水泥硬化浆体中各龄期样品中都含有大量的 Ca(OH)$_2$ 晶体(2.63,4.90,1.63)。由于 Ca(OH)$_2$ 晶体较多,钙矾石 AFt 特征峰(9.73,5.61,

3.88)相对较弱；随着水化龄期的增长，未水化产物 C_3S(2.76,2.74,2.59)和 C_2S(2.72,2.78,2.79)的特征峰逐渐减弱，$Ca(OH)_2$ 逐渐增多。

图 2.11 显示，含大掺量矿物掺合料的 2# 和 3# 硬化浆体中结晶物质较少，凝胶较多。浆体中 $Ca(OH)_2$ 特征峰明显低于水泥净浆。$Ca(OH)_2$ 相对减少的原因主要为：①大掺量复合矿物掺合料水泥基材料中熟料数量相对较少；②磨细矿渣和粉煤灰发生火山灰反应，吸收部分 $Ca(OH)_2$ 晶体。$Ca(OH)_2$ 晶体的减少对改善浆体界面、提高混凝土强度及耐久性均为有利，因此用大掺量复合矿物掺合料水泥基材料配制的混凝土有较好的力学性能和耐久性能。三个试样中的钙矾石特征峰均高于水泥净浆，这主要是因为除熟料外，胶凝材料中较多的矿渣在有石膏存在的条件下，可水化生成水化硫铝酸钙，即钙矾石，这些钙矾石在硬化浆体中形成网络骨架，对强度有利。1#、2# 和 3# 样品中的 C_3S 和 C_2S 由于水泥熟料用量少，在衍射图上表现出较弱的特征峰。另外，在三个试样中，同时发现有 C_xSH_y 特征峰(3.04,2.92,4.92)存在，表明大掺量复合矿物掺合料水泥基材料硬化浆体中 C_xSH_y 较多，已有晶体析出，水化产物致密且连接点多，黏结性好，从而使硬化浆体有较高的强度和较好的耐久性。

2. 水化产物形貌分析

图 2.12 为水泥净浆硬化浆体中水化产物形貌。纯硅酸盐水泥的研究结果表

(a) 水化3d后的$Ca(OH)_2$

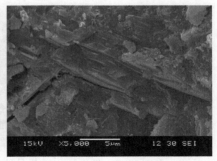

(b) 水化7d后的$Ca(OH)_2$

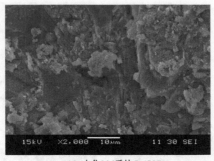

(c) 水化28d后的$Ca(OH)_2$

图 2.12　水泥净浆硬化浆体水化产物形貌

明，Ca(OH)$_2$ 水化前几个小时就形成，此时 Ca(OH)$_2$ 为薄片状，因此在水化 3d、7d 的硬化浆体中可明显看到结晶完整、晶粒粗大的 Ca(OH)$_2$ 晶体，凝胶产物之间的层状 Ca(OH)$_2$ 定向排列形成晶簇，水泥石结构较为疏松，浆体强度不高。继续水化至 28d，此时在硬化浆体中仍能看到结晶良好的 Ca(OH)$_2$，这些 Ca(OH)$_2$ 与凝胶较好地结合在一起，浆体具有较高的强度。

图 2.13～2.15 分别为 1$^\#$、2$^\#$ 和 3$^\#$ 样品不同龄期硬化浆体中水化产物形貌。

(a) 水化3d后的AFt和凝胶

(b) 水化7d后的AFt

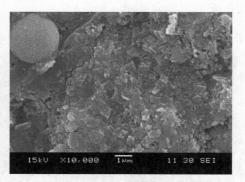

(c) 水化28d后的凝胶

图 2.13　1$^\#$ 样品硬化浆体水化产物形貌

(a) 水化3d后的Ca(OH)$_2$

(b) 水化7d后的AFt和凝胶

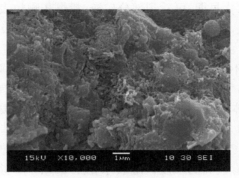

(c) 水化28d后的凝胶

图 2.14　2# 样品硬化浆体水化产物形貌

(a) 水化3d后的Ca(OH)₂

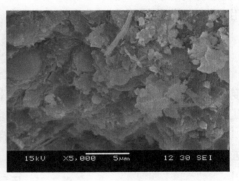

(b) 水化7d后的AFt

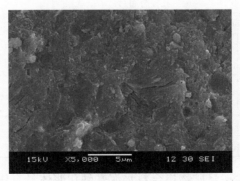

(c) 水化28d后的致密凝胶

图 2.15　3# 样品硬化浆体水化产物形貌

在 1# 试样各龄期浆体中,几乎看不到有结晶状的 $Ca(OH)_2$ 存在,只有少量钙矾石晶体存在。在水化早期,可看到部分矿渣、粉煤灰颗粒表面有凝胶生成。这说明由于激发剂的加入,磨细矿渣在水化早期就开始较快地吸收 $Ca(OH)_2$,使其难以以晶体形式析出。由于矿渣的活性在早期就被激发,即使掺入了较多的矿物掺合料,其早期强度也不降低。水化 28d 的 $1^\#$ 样品浆体,大量凝胶相互叠加,浆体结构十分致密。$2^\#$ 和 $3^\#$ 样品浆体中在水化早期(3d)可看到有少量的 $Ca(OH)_2$ 存在,但 $Ca(OH)_2$ 晶体尺寸小,散布于凝胶之中,钙矾石和凝胶较多,矿渣参与水化。水化 7d 的 $2^\#$ 和 $3^\#$ 样品浆体结构则已经比较致密了,基本上看不到 $Ca(OH)_2$ 晶体,有钙矾石存在,这些钙矾石在浆体中形成支架,凝胶填充于其中,对水泥石起密实作用,使水泥石有较高的强度。继续水化至 28d、90d,浆体中大量凝胶生成,生成的凝胶相互叠加、相互镶嵌,形成非常致密的浆体结构。另外,在 $2^\#$ 和 $3^\#$ 样品各龄期硬化浆体中,均有未水化的圆球形粉煤灰颗粒存在,随着水化龄期的增长,这些粉煤灰颗粒逐渐参与水化,未参与水化的则在浆体结构中起着微集料作用,增加硬化浆体强度。

3. 孔结构分析

孔是硬化浆体的重要组成之一。水泥石中的孔结构不仅对水泥混凝土的强度,而且对密实度有影响,因而也对耐久性有着重要的影响。优良的孔结构,即低孔隙率、小的孔径与适当的级配、圆形孔多等是高强度和高耐久性的必要条件。

对水泥净浆、$1^\#$ 样品、$2^\#$ 样品和 $3^\#$ 样品硬化浆体分别用压汞测孔法对孔分布进行了试验,试验结果见表 2.25。

表 2.25　压汞测孔试验结果

编号	孔径分布/%								总孔隙率/%	
	28d				90d				28d	90d
	<10nm	$10\sim$ 10^2nm	$10^2\sim$ 10^3nm	$>10^3$nm	<10nm	$10\sim$ 10^2nm	$10^2\sim$ 10^3nm	$>10^3$nm		
水泥	20.94	66.29	3.89	8.88	20.22	71.32	3.07	5.38	16.50	14.80
$1^\#$	39.92	56.81	0.77	2.50	41.24	56.45	0.36	1.95	15.08	12.70
$2^\#$	47.10	48.75	1.30	2.84	47.32	49.65	1.08	1.96	15.12	12.32
$3^\#$	51.55	45.44	0.78	2.23	51.83	45.48	0.77	1.92	16.27	13.22

表 2.25 显示,大掺量矿物掺合料水泥基硬化浆体具有优良的孔结构。由于浆体中大量磨细矿渣和粉煤灰发生水化反应生成的水化硅酸钙和水化铝酸钙凝胶,一部分沉积在未水化颗粒表面,填充未水化颗粒与周围水化产物之间的空隙,使界面黏结能力增强,另一部分填充于水泥水化产物孔隙中,起到降低孔隙率,改善孔径分布的作用。因此,在水化 28d 的硬化浆体中,与普通硅酸盐水泥相比,大掺量

矿物掺合料水泥基孔径大于 100nm 的毛细孔和大孔明显减少（1#、2# 和 3# 样品分别减少 74%、68% 和 76%），孔径小于 10nm 的凝胶孔则大幅度增加，增加幅度最小为 91%（1#），最大达到 146%（3#）。随着水化龄期的增长，大掺量矿物掺合料水泥基中的磨细矿渣和粉煤灰继续水化，生成更多的水化硅酸钙和水化铝酸钙凝胶，加上矿渣和粉煤灰的微粉填充效应，使浆体中的孔隙率不断减少，凝胶孔比例进一步增大，毛细孔和大孔减少，孔结构得到进一步优化。从表 2.25 可以看到，在水化 90d 的大掺量矿物掺合料水泥基硬化浆体中，孔径大于 1000nm 的大孔比水泥净浆平均减少 64%，凝胶孔分别增加 104%、134% 和 156%。

综上所述，大掺量矿物掺合料水泥基材料中因磨细矿渣和粉煤灰二次水化反应大量凝胶的生成，加上细小颗粒的微粉填充效应，不仅使浆体的总孔隙率下降，而且使孔径小于 10nm 的凝胶孔成倍增加，毛细孔和大孔减少。大掺量矿物掺合料水泥基材料优良的孔结构，赋予硬化浆体良好的力学性能和较高的耐久性能，从而使硬化浆体具有较高的强度，较好的抗冻、抗渗、抗化学侵蚀等耐久性能。

4. 水化热分析

水化热是影响混凝土耐久性的重要因素之一。表 2.26 为用溶解热法测得的 HDC 与硅酸盐水泥 3d、7d 的水化热。

表 2.26　HDC 混凝土水化热测试　　　　　　　　　（单位：J/g）

编号	3d	7d
水泥	275	321
1# HDC	156	181
2# HDC	160	175
3# HDC	203	222

从测试结果可以看到，HDC 各龄期的水化热明显低于普通硅酸盐水泥。水化热的降低，有助于减少混凝土因内外温差而产生的温度裂缝，这对提高混凝土的耐久性也十分有益。

2.1.4　矿物掺合料对水泥基材料微观力学性能的影响

有研究表明，不同的矿物掺合料对水泥基材料微结构形成过程的影响完全不同。磨细矿渣由于自身较高的水化活性，能够较快地参与水化，而低钙粉煤灰的水化则明显推迟。水化及其产物微观结构的不同导致了胶凝材料宏观性能的变化。本章将通过纳米压痕测试技术来研究含矿物掺合料的水泥基材料微观力学性能的变化，分析材料宏观力学性能形成的微观机制。

水泥基材料是多相、多尺度不均一的材料，目前关于其力学性能的大部分研究都集中在宏观的力学性能。近年来,随着观察设备及表征方法的不断发展,尤其是"纳米压痕"力学测试系统测试技术的不断成熟,使水泥基材料中微米甚至纳米级各相的力学性能评价成为可能。

纳米压痕(nanoindentation)又称深度敏感压痕(depth sensing indentation)技术。它能很好地表征材料微观的各种性能,如弹性模量、硬度、屈服强度、加工硬化指数等,在精度和分辨率方面具有传统的显微硬度测试不可比拟的优势,因而越来越受到材料研究者的重视。目前,纳米压痕测试已经在材料科学领域得到了诸多应用,如用于研究脆性材料的断裂韧性、金属材料的屈服应力和应变硬化特性、聚合物的阻尼和内摩擦参数特性、镀膜材料中薄膜的硬度、弹性模量等。

硬度是材料抵抗(弹性、塑性或残余)变形和破坏的能力,反映固体物质凝聚或结合强弱的程度,弹性模量一般随着材料强度的提高而增大。硬度和弹性模量既是材料的力学性能,又是评价材料性能简单、高效的手段。

近几年,在水泥基材料的研究方面也有了该技术的部分应用,如英国佩斯利大学的 Zhu 等应用显微压痕技术对玻璃纤维与基体间界面过渡区的性能进行了研究,然后又用纳米压痕技术定量地研究了钢筋-混凝土界面过渡区的力学性能。近几年,他又用纳米压痕技术研究了水泥净浆中水化产物的微观力学行为,并对其内部各个区域的硬度、弹性模量分布进行了描绘。Hughes 也利用纳米压痕技术对水泥水化后各个相的力学性能进行了初步的描述,并结合 BSE 图像以及 EDS 分析,研究了水泥水化后微观形貌以及各个相的化学组成等。

Constantinides 运用纳米压痕技术对水泥水化产物结构及力学性能进行了较为详细的研究。通过硬度、弹性模量等测试后认为,水泥水化产物中存在两种不同结构的 C-S-H,并研究了两者对于水泥基材料弹性模量的影响。之后,对两种 C-S-H 的纳米结构特征分别进行了描述和表征。

Velez 等研究了波特兰水泥熟料中主要组成相的弹性模量及硬度,并且指出,C_3S、C_2S、C_3A、C_4AF 的弹性模量非常接近(125～145GPa);C_3S、C_2S、C_4AF 的硬度介于 8～9.5GPa 之间,略低于 C_3A (10.8GPa)。Němeček 则利用纳米压痕技术对碱激发的粉煤灰样品中各个组成相的性能进行了表征,并利用反卷积计算方法对其中的无定形硅铝酸盐凝胶(N-A-S-H)、部分水化粉煤灰颗粒、未水化粉煤灰颗粒进行了区分和量化。

在国内水泥基材料研究领域,也有少量学者对纳米压痕技术的应用进行了初步的探索。例如,赵庆新等利用纳米压痕技术实测了水泥、磨细矿渣和粉煤灰颗粒的弹性模量,为应用计算机模拟掺有矿渣或粉煤灰的水泥基材料的物理力学行为提供了必要的力学参数。郑克仁等研究了矿渣取代水泥的质量分数分别为 0%、30%、50%、80% 时的混凝土中实际界面过渡区及邻近区域的纳米压痕硬度和弹性模量分布,以了解矿渣对混凝土界面过渡区微力学性质的影响。指出了矿渣掺量为 30% 时,距集料表面 25μm 以内区域的弹性模量、纳米压痕硬度明显低于距集料表面 25μm 以外的区域,而当矿渣掺量达到 50% 时,弹性模量和纳米压痕硬度沿界面的变化不显著;随矿渣取代水泥质量分数的增加,基体与界面过渡区之间压痕硬度、弹性模量的差值降低,从而使界面过渡区得到强化。这些有益的尝试使我们了解了纳米压痕技术在水泥基材料领域内的可行性,但是由于测试设备的局限性,这些研究结果最终主要在微米尺度的范围,并没有对纳米尺度上的力学性能进行统计和总结。

大量研究都表明,纳米压痕是一项非常有实际意义的测试技术,对于研究材料微细观力学具有非常实用的价值。但目前在混凝土材料领域的应用还非常有限,未见含矿物掺合料的胶凝材料相关研究报道。

本章运用纳米压痕技术研究了含矿渣、粉煤灰等矿物掺合料的水泥基材料水化不同龄期后所得的各种水化产物的物理力学性能,主要对其硬度、弹性模量等参数进行了表征,分析了矿物掺合料在水泥水化过程中的作用机理、水化行为以及生成凝胶结构的时变性,为胶凝材料水化机理的研究以及相关模型的建立提供了必要的微观力学性能参数。

1. 纳米压痕技术原理

纳米压痕硬度计是一类先进的材料表面力学性能测试仪器,该类仪器装有高分辨率的制动器和传感器,可以控制和监测压头在材料中的压入和退出,能提供高分辨率连续载荷和位移的测量。与传统显微硬度相比,该技术的主要优点是可直接从载荷-位移曲线中实时获得接触面积,把人们从寻找压痕位置和测量残余面积的繁琐劳动中解放出来,这样可以大大地减小误差,非常适合于较浅的压痕深度,能完成多种力学性能的测试,最直接测量的是硬度和弹性模量。这对于结构、组成和尺度非常复杂的胶凝材料具有更实际的意义。

在加载过程中,试样首先发生弹性变形,随着载荷的增加,试样开始发生塑性变形,加载曲线呈非线性卸载曲线,反映了被测物体的弹性恢复过程。通过分析加卸载曲线可以得到材料的硬度和弹性模量等。图 2.16(a)给出了典型的整个加载和卸载过程中的压痕载荷 P 与位移 h 之间关系的曲线。图 2.16(b)为一轴对称压头在加卸载过程中任一压痕剖面的示意图。在压头压入材料的过程中,材料经历了弹性和塑性变形,产生了同压头形状相一致的压痕接触深度 h_c 和接触圆半径 a。在压头退出过程中,仅弹性位移恢复。硬度和弹性模量可从最大压力 P_{max},最大压入深度 h_{max},卸载后的残余深度 h_f 和卸载曲线的端部斜率 $S=dP/dh$(称为弹性接触刚度)中获得。

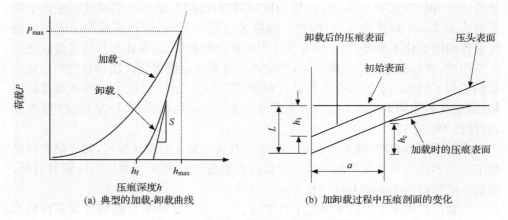

（a）典型的加载-卸载曲线　　　　　　　　（b）加卸载过程中压痕剖面的变化

图 2.16　纳米压痕测试基本原理示意图

假设试样为各向同性材料，其几何尺寸远大于压痕的尺寸，材料表面平整，不存在与时间相关的变形，即无蠕变和黏弹性。定义硬度（hardness）H 和折合模量 E_r，如式（2.5）、式（2.6）所示。

$$H = \frac{P}{A} \tag{2.5}$$

$$E_r = \frac{\sqrt{\pi}}{2\beta} \frac{S}{\sqrt{A}} \tag{2.6}$$

式中：H 为硬度（GPa）；P 为在任意压痕深度的实时载荷（mN）；A 为在 P 作用下接触表面的投影面积（μm^2）；E_r 为复合响应模量（GPa）；β 为与压头形状有关的常数。对不同形状的压头，β 数值不同：圆形压头口 $\beta = 1.000$，Berkovich 三棱锥压头 $\beta = 1.034$，Vickers 压头（四棱锥）$\beta = 1.012$。

$$S = dP/dh$$

为了从载荷-位移数据计算出硬度和弹性模量，必须准确地知道弹性接触刚度和接触面积。目前，Oliver-Pharr 法是计算接触面积最常用的方法。这种方法通过式（2.7）拟合载荷-位移曲线的卸载部分。

$$P = B(h - h_f)^m \tag{2.7}$$

式中：B、m 为通过测量获得的拟合参数，对于某一确定的压头，测试系统中已经确定其数值；h_f 为完全卸载后的位移（μm）。

弹性接触刚度便可以根据式（2.7）的微分计算出

$$S = \left(\frac{dP}{dh}\right)_{h=h_{max}} = Bm(h_{max} - h_f)^{m-1} \tag{2.8}$$

确定接触面积的投影 A，首先必须知道接触深度 h_c。对于弹性接触，接触深度总是小于总的压痕深度 h。Oliver 等研究了抛物体形压针的接触深度，用指数

函数去拟合卸载曲线,从而得到抛物体形压针的接触深度、总的压痕深度和卸载后的残余深度的关系

$$h_{\mathrm{c}} = h - \varepsilon \frac{P_{\max}}{S} \tag{2.9}$$

式中:ε 为与压针形状有关的常数。对于球形或三棱锥形(Berkovich 和 Vickers)压针,$\varepsilon = 0.75$。

接触面积的投影可根据经验公式 $A = f(h_{\mathrm{c}})$ 计算出。对于一个理想的三棱锥压针(Berkovich),$A = 24.56h_{\mathrm{c}}^2$。但实际压针的接触面积往往偏离理想情况,一般表示为一个级数

$$A = 24.56h_{\mathrm{c}}^2 + \sum_{i=0}^{7} C_i h_{\mathrm{c}}^{\frac{1}{2^i}} \tag{2.10}$$

式中:C_i 对不同的压针有不同的值,具体由试验确定。

最后,测试样的弹性模量可由式(2.11)获得

$$\frac{1}{E_{\mathrm{r}}} = \frac{1-\nu^2}{E} + \frac{1-\nu_i^2}{E_i} \tag{2.11}$$

式中:E 为被测材料的弹性模量(GPa);ν 为被测材料的泊松比;E_i 为压头的弹性模量(GPa);ν_i 为压头的泊松比。

对于金刚石压头,$E_i = 1141\mathrm{GPa}$,$\nu_i = 0.07$。这里,要计算出 E,必须先知道 ν。粗略估计一下,当 $\nu = 0.25 \pm 0.1$,对大多数材料的弹性模量仅会产生 5.3% 的不确定度。本章取测试点材料的泊松比 $\nu = 0.25$。

2. 试验原材料及试验方法

1) 试验原材料

本试验所用原材料主要有:小野田 52.5 级 P·Ⅱ 硅酸盐水泥、南京热电厂Ⅰ级粉煤灰、上海宝钢产磨细矿渣(比表面积 741m²/kg),水胶比为 0.5。试验所用原材料配比及编号如表 2.27 所示。

表 2.27　纳米压痕试验所用配比　　　　　　　　　　　　　　(单位:%)

编号	水泥	磨细矿渣	粉煤灰
1	100	—	—
4	70	30	—
6	50	50	—
8	30	70	—
10	80	—	20
13	50	30	20
14	30	50	20

2) 样品制备

纳米压痕硬度测试对试样表面平整度要求很高,样品制备按以下步骤进行:

(1) 将试样按照表 2.27 配合比成型后置于标准养护箱中,养护至一定龄期后,把样品敲碎成 2cm 左右小块,用乙醇浸泡 48h 以上,终止其水化。

(2) 将终止水化的样品用环氧树脂进行冷镶,镶嵌时的模具直径为 25mm。

(3) 待环氧树脂固化后,用切割机将试样切割成 5~10mm 厚的薄片,然后将试样切面在磨样机上进行打磨,依次用 75μm、30μm 的抛光布进行抛光后用 1μm、0.5μm、0.05μm 抛光液在绒布上进一步抛光,得到平整、光滑的表面。切割、打磨过程中,必须保持切片的两个平面平行,以防止因表面不平整造成压入角度的变化而影响最终测试结果。

(4) 抛光后的试样进行超声清洗,以清除可能吸附在表面的抛光剂颗粒以及打磨所得的样品粉末。

整个制样过程中的冷却、润滑剂全部用乙醇,避免用水,以避免胶凝材料遇水后的进一步水化。

3) 试验方法

(1) 纳米压痕试验方法。

纳米压痕测试中压痕深度是非常重要的参数,并且其最佳值会随着所研究材料的组成以及试验目标的不同而变化。这一原则可以通过图 2.17 所示示意图形象地说明。

假设某一材料中存在两种力学性能不同的相。在纳米压痕测试中,压痕深度足够大时,所得的数据为该材料整体的力学性能,是被均匀化后的结果(图 2.17(a));相反,压痕足够小时,如果我们所测点的数量足够,就能够将材料中的两相区分开来,并得到其各自的统计数据(图 2.17(b))。

为了保证压痕结果不依赖于任何特征长度,必须对最大压痕深度 h_{max} 予以合理限定,根据尺度分离条件和 1/10 经验法则,可得

$$d \ll h_{max} < \frac{D}{10} \tag{2.12}$$

式中:d 为压痕试样中颗粒的非均质特征尺寸;D 为微结构代表性体积单元的特征尺寸。对于硬化的水泥基材料而言,d 的大小主要取决于水化产物 C-S-H 中的凝胶单元体或者凝胶孔的尺寸,其值大概在 5nm 左右;而 D 值的大小一般为 1~3μm,因此对于水泥基材料,h_{max} 的一个合适取值范围应在 100~300nm。

研究采用了 MML 公司的 NanoTest 纳米压痕仪测试了各样品中胶凝材料水化后各个微区的纳米压痕硬度及弹性模量。测试时,采用荷载控制模式,当压头接触到样品表面时按照 0.2mN/s 的速率线性加载 10s 至 2mN,恒载 5s,之后按照 0.2mN/s 的速率线性卸载。每个试样截面上采集 10×10 的点阵,相邻点之间的间隔为 20μm,最大荷载为 2mN,如图 2.17(b)所示。依次对每个测试点进行加载-

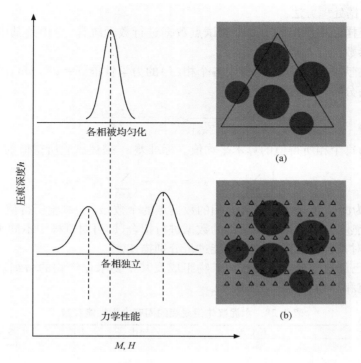

图 2.17　纳米压痕深度与所得统计结果的关系

卸载循环,并记录其荷载-位移曲线,如图 2.18 所示。根据式(2.5)~(2.7)计算可得材料中各个测试点的硬度(H)、弹性模量(E)。

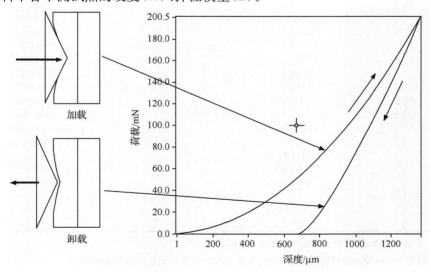

图 2.18　NanoTest 纳米压痕测试的加载-卸载曲线

（2）数据处理方法。

对每个样品中所得的 100 个测试点数据进行数理统计，可得到其中不同相的微观力学参数的分布规律。

根据文献报道，水泥基材料中各个相（J）的力学性能 $x = (E, H)$，满足正态分布或者高斯分布，其密度函数为

$$p_J(x) = \frac{1}{\sqrt{2\pi s_J^2}} \exp\left[-\frac{(x - \mu_J)^2}{2s_J^2}\right] \tag{2.13}$$

式中：μ_J 为每个相所得值的算术平均值。标准差 s_J 描述试验所得值的分散性

$$\mu_J = \frac{1}{N_J} \sum_{k=1}^{N_J} x_k, \quad s_J^2 = \frac{1}{N_J - 1} \sum_{k=1}^{N_J} (x_k - \mu_J)^2 \tag{2.14}$$

式中：N_J 为测试数据中代表第 J 相的数据点的个数；x_k 为试验所得值。

根据上述公式，对试验中所得的数据进行拟合，即可对试样中不同水化产物进行区分，并对其各自的微观力学性能进行分别描述。

目前，已经有部分学者对水泥矿物组成及其主要水化产物的微细观力学性能进行了研究和总结，如表 2.28 所示。

表 2.28　水泥浆体组成相的固有力学性能参数

物质	E/GPa	泊松比 ν	方法	参考者
CH	35.24		E	Beaudoin
	48		E	Wittmann
	$39.77 < E < 44.22$	$0.305 < \nu < 0.325$	B	Monteiro 与 Chang
	36 ± 3		I	Acker
	38 ± 5		I	**
Clinker				
C_3S	137 ± 7	0.3	I	Acker
	147 ± 5	0.3	E	Velez 等
C_2S	140 ± 10	0.3	I	Acker
		0.3	E	Velez 等
C_3A	160 ± 10		I	Acker
	145 ± 10		E	Velez 等
C_4AF	125 ± 25		E	Velez 等
Alite	125 ± 7		I	Velez 等
Belite	127 ± 10		I	Velez 等
C-S-H *	34（包括 2 种）		E	Beaudoin 与 Feldman
α	20 ± 2		I	Acker
	21.7 ± 2.2		I	**
β	31 ± 4		I	Acker
	29.4 ± 2.4		I	**
C-S-H (Leached)				
α	3.0 ± 0.8			**
β	12.0 ± 1.2	41		**

注：E 表示推算；B 表示布里渊光谱；I 表示压痕。

* 对于 C-S-H 凝胶弹性模量的唯一测定来自于尺度在 10^{-6}m 级的纳米压痕测试。

** 本研究的结果。

一般认为,水泥石中的水化产物硬度不高于 2GPa、弹性模量不高于 50GPa,大于该数值的区域可以认为是未水化的部分。由于浆体中存在水泥、粉煤灰、矿渣等未水化的颗粒,并且其硬度及弹性模量数值非常分散,因此本章主要对水化产物所处的范围进行分析,数据中未水化颗粒的部分未做统计。将样品 1-7 纳米压痕测试中各点的弹性模量及硬度进行统计,以频率分布直方图表示,见图 2.19。

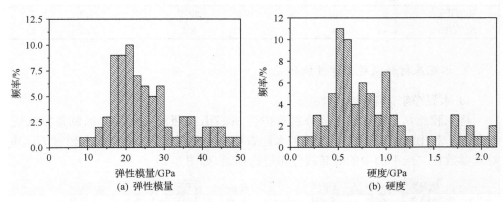

图 2.19　水泥净浆纳米压痕测试结果(1-7 的弹性模量、硬度频率分布直方图)

利用高斯函数对统计所得的频率直方图进行多峰拟合,所得结果如图 2.20 所示。

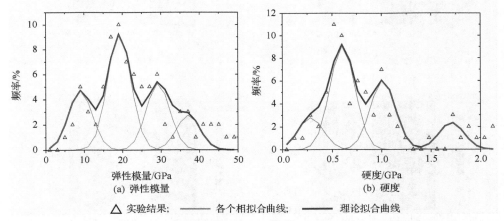

△ 实验结果;　　—— 各个相拟合曲线;　　—— 理论拟合曲线

图 2.20　样品 1-7 弹性模量及硬度的频率分布图及其分峰拟合结果

计算可得每个峰的中心值及其标准差,对应水化产物中孔隙(MP)、低密度(LD)C-S-H、高密度(HD)C-S-H 及氢氧化钙(CH)的弹性模量(E)及硬度(H)。

可以发现,表 2.29 中的拟合结果与文献报道的结果较为接近,证明弹性模量、硬度等参数为材料的固有性质,同时也说明本试验方法的科学性和可靠性。依据此方法,对多种配比、不同龄期的水泥浆体进行了试验和分析,分别研究了掺粉煤灰、磨细矿渣等掺合料的水泥浆体中水化产物的微观力学性能,总结了不同龄期水化产物的发展和演变规律,阐述了矿物掺合料在水化过程中的作用及效果。

表 2.29 水泥净浆纳米压痕测试拟合结果

相	MP		LD C-S-H		HD C-S-H		CH	
	E	H	E	H	E	H	E	H
μ_J/GPa	9.0	0.28	19.1	0.60	29.2	1.01	37.1	1.71
SD/GPa	4.4	0.20	3.8	0.15	4.1	0.29	3.6	0.22

3. 水泥基材料微观力学性能研究

1) 水泥净浆微细观力学性能

将水胶比 0.5 的水泥净浆分别养护至 3d、7d,按照前文所述样品制备方法进行制样。利用纳米压痕技术测试了水泥石中各个相的硬度 H 和折合模量 E_r,并对其参数在二维平面中的等高线分布进行描绘,如图 2.21 所示。

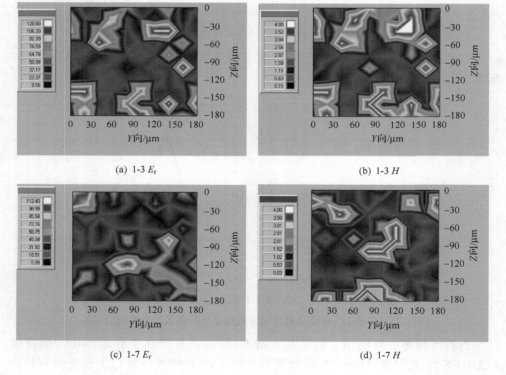

(a) 1-3 E_r

(b) 1-3 H

(c) 1-7 E_r

(d) 1-7 H

图 2.21 水泥净浆试样表面硬度及模量的分布图

从图 2.21 可以发现,水化 3d 后,水泥浆体中仍然存在大量未水化的区域。而水化 7d 后,图中水化产物所占的面积明显增大,说明水化程度显著提高。

根据式(2.11)计算水泥石中所测区域的杨氏弹性模量 E,并绘出 E、H 的频率分布直方图,ν、ν_i 取 0.25,$E_i = 1141$GPa。由于水泥并未完全水化,样品中存在大量未水化的水泥颗粒,其硬度、弹性模量的数值都非常分散,研究认为弹性模量超过 50GPa、硬度大于 2GPa 的区域为未水化颗粒。下面对水化产物的分析主要范围为:弹性模量 0～50GPa、硬度 0～2GPa,如图 2.22、图 2.23 所示。

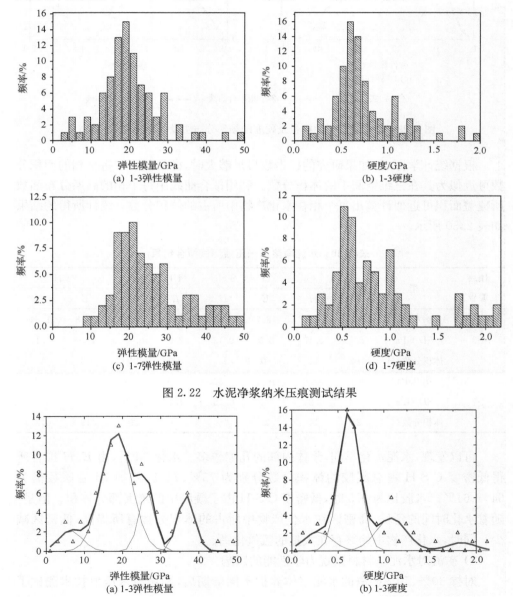

(a) 1-3弹性模量

(b) 1-3硬度

(c) 1-7弹性模量

(d) 1-7硬度

图 2.22　水泥净浆纳米压痕测试结果

(a) 1-3弹性模量

(b) 1-3硬度

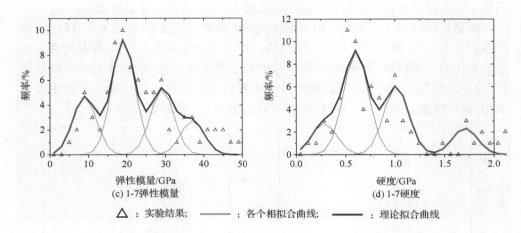

図中图例：△：实验结果;　——：各个相拟合曲线;　——：理论拟合曲线

图 2.23　水泥净浆弹性模量及硬度的频率分布图及其分峰拟合结果

根据统计学原理,如果研究的样本数目足够大时,样品截面中每个相的面积分数可近似为其在三维空间中的体积分数。利用拟合曲线中每个相的高斯分布函数所覆盖面积可近似计算出每个相在水化产物中所占的体积分数。统计所得的结果如表 2.30 所示。

表 2.30　水泥净浆纳米压痕测试拟合结果

样品编号	相	MP		LD C-S-H		HD C-S-H		CH	
		E	H	E	H	E	H	E	H
1-3	μ_J/GPa	8.5	0.28	18.7	0.63	27.3	1.08	34.8	1.84
	SD/GPa	5.4	0.17	3.9	0.13	2.6	0.19	10.0	0.17
	体积分数/%	14	11	50	53	16	21	20	15
1-7	μ_J/GPa	9.0	0.28	19.1	0.60	29.2	1.01	37.1	1.71
	SD/GPa	4.4	0.20	3.8	0.15	4.1	0.29	3.6	0.22
	体积分数/%	21	14	42	45	24	29	13	12

可以发现,水泥水化早期,浆体内部的孔隙较多。水化 3d 后,由 E、H 拟合所得低密度 C-S-H 占总凝胶的体积分数分别为 75%、71%,养护 7d 后该数值为 64%、61%。水胶比为 0.5 时,低密度 C-S-H 占了凝胶中的绝大部分体积。但是,随着水化时间的延长,高密区在水化产物中所占的体积分数有所提高,低密区减少。同时,水化产物中始终存在大量的氢氧化钙。

2) 矿渣对水泥基材料微观力学性能的影响

对掺 30%、50% 矿渣的水泥浆体养护不同龄期后,利用纳米压痕技术测试了水泥石中各个相的硬度 H 和复合响应模量 E_r，并对其参数在二维平面中的等高线分布进行了描绘，如图 2.24 所示。

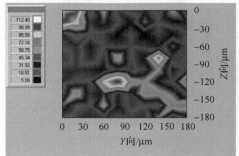

(a) 6-3 E_r

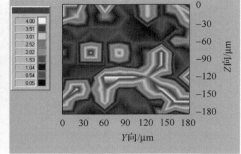

(b) 6-3 H

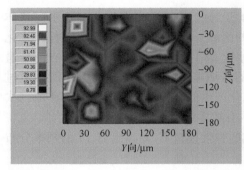

(c) 6-7 E_r

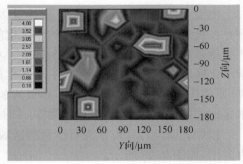

(d) 6-7 H

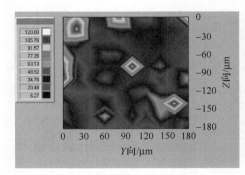

(e) 6-28 E_r

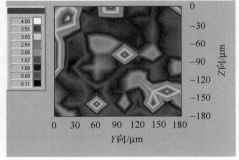

(f) 6-28 H

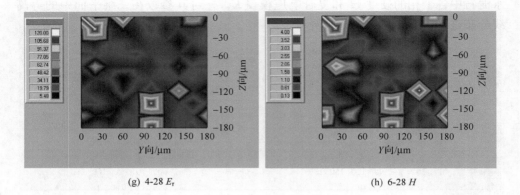

(g) 4-28 E_r　　　　　　　　　　　　　　　(h) 6-28 H

图 2.24　单掺磨细矿渣试样表面硬度及模量的分布图

　　由图 2.24 可以发现,磨细矿渣掺量为 50%(6#)的样品水化 3d 后,水泥浆体中存在大量高弹性模量、高硬度的未水化的区域。养护龄期不断延长,试样中水化产物越来越多,未水化的区域不断减小。水化 28d 后,水泥浆体中仍然存在一定量未水化区域,与 4-28 相比,6-28 中未水化的区域略多。这可能是由于矿渣掺量过高,浆体中水泥熟料的含量太少,导致其水化产生的 CH 不足以满足所有矿渣二次水化的消耗,因而导致矿渣掺量为 50%时,有较多的颗粒未能水化。

　　根据式(2.11)计算水泥石中所测区域的弹性模量 E,并画出 E、H 的频率分布直方图,如图 2.25 所示。

　　对频率分布曲线进行拟合,所得的结果如图 2.26 所示。

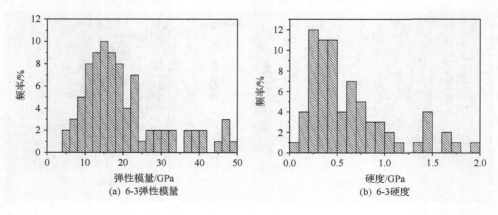

(a) 6-3弹性模量　　　　　　　　　　　　　　(b) 6-3硬度

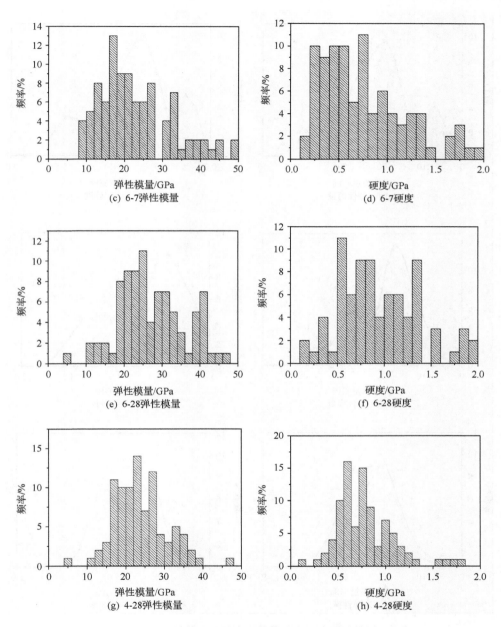

图 2.25　单掺矿渣的水泥浆体纳米压痕测试结果

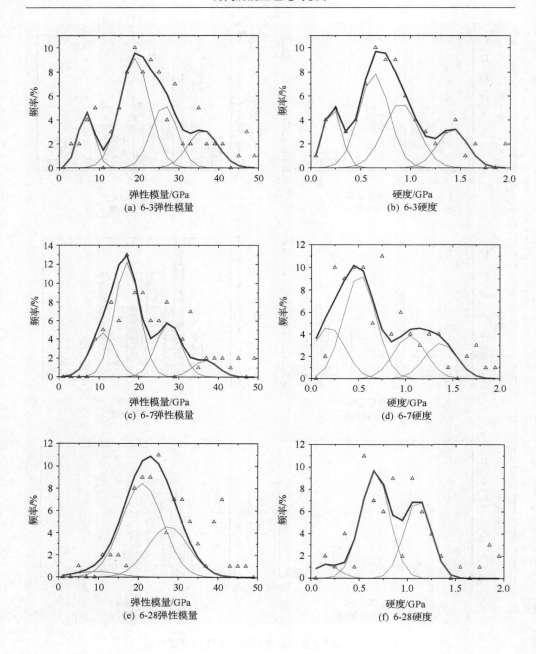

(a) 6-3弹性模量

(b) 6-3硬度

(c) 6-7弹性模量

(d) 6-7硬度

(e) 6-28弹性模量

(f) 6-28硬度

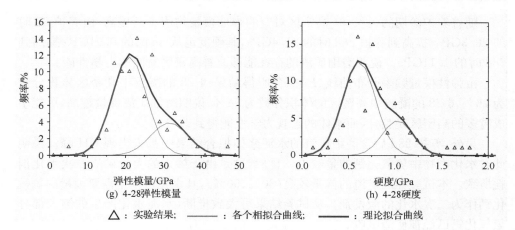

△：实验结果；　——：各个相拟合曲线；　——：理论拟合曲线

图 2.26　单掺矿渣的水泥浆体弹性模量及硬度的频率分布图及其分峰拟合结果

对图 2.26 中拟合曲线数据进行总结和计算,得到矿渣掺量为 30％、50％的水泥浆体中水化产物中各个相的微细观力学参数,如表 2.31 所示。

表 2.31　单掺矿渣的水泥浆体纳米压痕测试拟合结果

编号	相	MP		LD C-S-H		HD C-S-H		CH	
		E	H	E	H	E	H	E	H
6-3	μ_J/GPa	6.75	0.21	19.0	0.64	26.3	0.91	36	1.42
	SD/GPa	2.4	0.11	4.4	0.18	3.8	0.20	4.4	0.18
	体积分数/％	16	18	56	46	28	36	19	19
6-7	μ_J/GPa	10.9	0.19	17.0	0.52	27.5	1.05	36.7	1.37
	SD/GPa	3.7	0.10	4.2	0.20	3.7	0.20	5.7	0.45
	体积分数/％	17	22	50	45	21	18	12	15
6-28	μ_J/GPa	12.2	0.16	22.6	0.67	31.4	1.11	—	—
	SD/GPa	2.0	0.15	4.0	0.17	3.1	0.16	—	—
	体积分数/％	4	6	63	56	33	38	—	—
4-28	μ_J/GPa	—	—	21.0	0.61	31.5	1.03	—	—
	SD/GPa	—	—	5.3	0.20	5.7	0.19	—	—
	体积分数/％	—	—	74	74	26	26	—	—

由表 2.31 可以发现,掺加磨细矿渣的水泥浆体,早期(3d、7d)孔隙率较大,根据弹性模量和硬度计算所得的体积分数都大于 15％,而水化 28d 后,水化产物中孔隙率明显降低,含矿渣 30％的水泥浆体拟合结果中未出现孔隙的分布峰,说明此时水化形成的结构较为致密,孔隙较少。

随着养护龄期的延长,6#高密区对应的弹性模量均值不断提高,由养护 3d 时的 26.3GPa,提高到养护 28d 时的 31.4GPa,其硬度也从 3d 时的 0.91GPa 提高到 28d 时的 1.11GPa。说明磨细矿渣的存在能够改善高密区凝胶的力学性能。

由弹性模量频率分布曲线(E)拟合所得结果:4-28 的凝胶中高密区体积分数为 26%,6-28 的凝胶中高密区的体积分数为 34%,说明磨细矿渣掺量越高,可能生成越多的高密区凝胶,因而浆体的宏观力学性能得到改善。

另外,养护 28d 后含磨细矿渣的水泥浆体拟合结果中都未出现 CH 峰。说明此时水化产物中氢氧化钙的量较少。显然,这是由于掺入的大量矿渣二次水化消耗所致。本试验样品矿渣的掺量较高(30%、50%),其水化过程中需要大量的氢氧化钙作为二次水化的激发剂。从试验结果可大致推断,水泥水化产生的绝大部分氢氧化钙已经被矿渣吸收。

3) 粉煤灰对水泥基材料微观力学性能的影响

为了研究粉煤灰在水化过程中的行为,对含 20%粉煤灰的水泥基材料进行了纳米压痕试验,水泥石中硬度及弹性模量的分布如图 2.27 所示,频率分布直方图如图 2.28 所示。

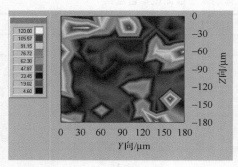

(a) 10-3 E_r

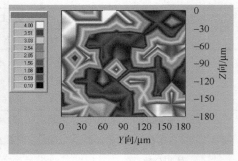

(b) 10-3 H

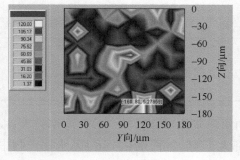

(c) 10-7 E_r

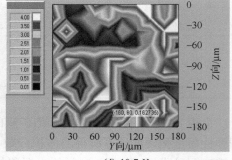

(d) 10-7 H

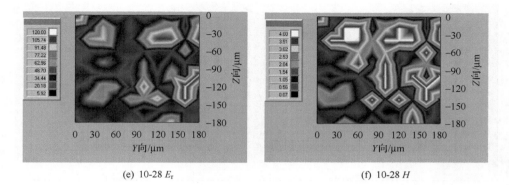

(e) 10-28 E_r　　　　　　　　　　　　　　　　(f) 10-28 H

图 2.27　单掺粉煤灰试样表面硬度及模量的分布图

从图 2.27 中可以直观地发现,掺有粉煤灰的水泥浆体水化程度要低于同龄期的水泥净浆及掺有矿渣的浆体。水化 28d 后,浆体中仍然存在大量硬度及弹性模量都较高的未水化颗粒,说明本试验中的低钙灰活性较低,早期水化较弱。

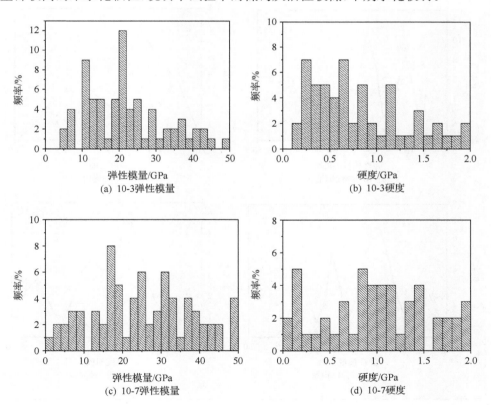

(a) 10-3弹性模量　　　　　　　　　　　　　　(b) 10-3硬度

(c) 10-7弹性模量　　　　　　　　　　　　　　(d) 10-7硬度

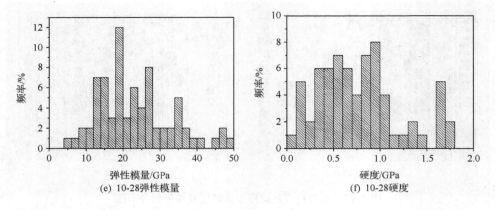

(e) 10-28弹性模量　　　　　　　　　(f) 10-28硬度

图 2.28　单掺粉煤灰试样的纳米压痕测试结果

对频率分布曲线进行拟合,所得的结果如图 2.29 所示。

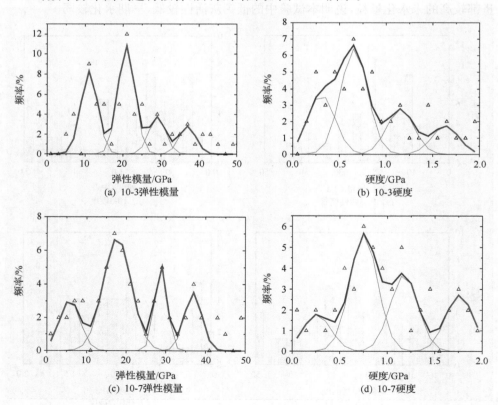

(a) 10-3弹性模量　　　　　　　　　(b) 10-3硬度

(c) 10-7弹性模量　　　　　　　　　(d) 10-7硬度

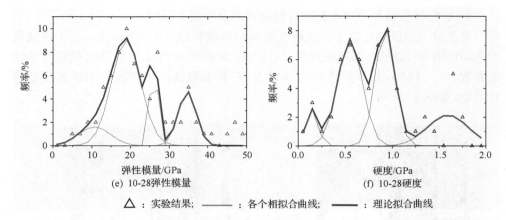

△：实验结果；———：各个相拟合曲线；———：理论拟合曲线

图 2.29　单掺粉煤灰的水泥浆体弹性模量及硬度的频率分布图及其分峰拟合结果

利用前述方法对含粉煤灰 20％的水泥浆体中微区的弹性模量、硬度进行多峰拟合，得到分别养护 3d、7d、28d 后水化产物中各个相的主要力学性能参数及其在水化产物中所占的体积分数，如表 2.32 所示。

表 2.32　单掺粉煤灰的水泥浆体纳米压痕测试拟合结果

样品编号	相 J	MP		LD C-S-H		HD C-S-H		CH	
	x	E	H	E	H	E	H	E	H
10-3	μ_J/GPa	11.1	0.31	20.9	0.66	29.0	1.15	37	1.63
	SD/GPa	2.6	0.17	3.3	0.29	2.7	0.22	4.5	0.35
	体积分数/％	32	25	42	44	15	19	11	12
10-7	μ_J/GPa	5.7	0.26	17.7	0.75	28.7	1.17	36.9	1.76
	SD/GPa	3.0	0.17	4.1	0.17	1.9	0.17	2.6	0.17
	体积分数/％	16	13	50	41	17	27	16	20
10-28	μ_J/GPa	10.7	0.14	18.9	0.55	26.0	0.92	34.7	1.59
	SD/GPa	4.8	0.08	4.5	0.15	1.0	0.12	2.7	0.25
	体积分数/％	11	7	58	40	13	34	18	19

掺粉煤灰的水泥浆体与基准水泥净浆相比，孔隙所占的体积分数有提高的趋势，尤其是在早期（3d），孔隙率增加的幅度非常明显。

与水泥净浆及单掺矿渣的水泥浆体相比，含粉煤灰的水泥浆体低密区体积明显提高，高密区减少。同时，高密区对应的弹性模量均值也明显降低。分析其原因，可能是由于此时粉煤灰未参加水化，浆体中水泥颗粒的真实水灰比要高于试验设定值（0.5），因而形成更多的力学性能较差的低密度凝胶，这也是掺有粉煤灰的水泥浆体早期力学性能受到影响的重要原因。

4）矿物掺合料复合对水泥基材料微观力学性能的影响

为了进一步研究矿物掺合料对水泥基材料微观结构的影响，又研究了粉煤灰20％与矿渣30％混掺，以及粉煤灰20％与矿渣50％混掺水泥浆体的微观力学性能参数（13#、14#），其养护龄期均为28d。对其参数在二维平面中的等高分布进行描绘，如图2.30所示。

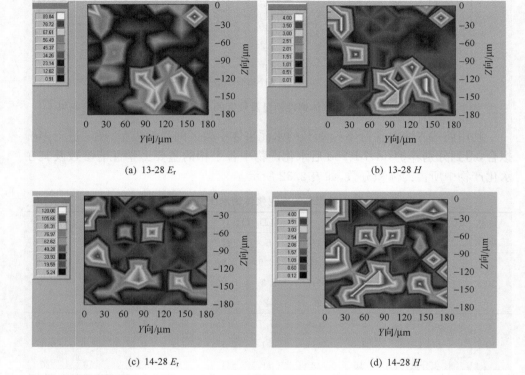

(a) 13-28 E_r 　　　　　　　　　　　　　　(b) 13-28 H

(c) 14-28 E_r 　　　　　　　　　　　　　　(d) 14-28 H

图 2.30　复合矿物掺合料试样表面硬度及模量的分布图

显然，所研究的 13#、14# 样品都有大量的未水化颗粒存在，但矿渣掺量为30％的水泥浆体的总水化程度要高于矿渣掺量为50％的浆体。13#、14# 样品中存在大量未水化的颗粒，且水化产物分布不均匀。14# 样品中存在较多硬度及弹模极低的区域（即孔隙）。图2.31所示为其频率分布直方图。

对其频率分布曲线进行多峰拟合，所得的结果如图2.32。

各个样品的频率分布曲线拟合结果统计于表2.33中。

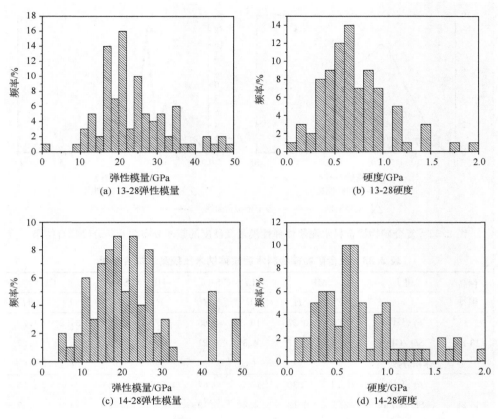

图 2.31　复合矿物掺合料水泥浆体纳米压痕测试结果

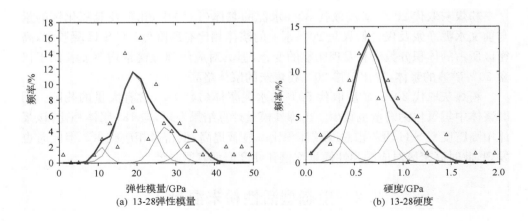

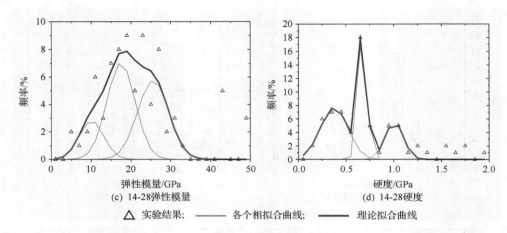

图 2.32　复合矿物掺合料水泥浆体弹性模量及硬度的频率分布图及其分峰拟合结果

表 2.33　复合矿物掺合料水泥浆体纳米压痕测试拟合结果

样品编号	相 J	MP		LD C-S-H		HD C-S-H		CH	
	x	E	H	E	H	E	H	E	H
13-28	μ_J /GPa	10.8	0.27	19.3	0.65	27.3	0.99	34.2	1.22
	SD /GPa	1.9	0.17	4.3	0.21	3.3	0.29	3.5	0.27
	体积分数/%	6	13	64	59	19	19	11	9
14-28	μ_J /GPa	10.1	0.36	17.5	0.67	25.6	0.95	—	1.35
	SD /GPa	3.6	0.12	4.2	0.19	4.6	0.12	—	0.27
	体积分数/%	15	34	45	42	40	24	—	4

　　粉煤灰取代 20%、矿渣取代 30%水泥的浆体(13#)中,孔隙及氢氧化钙的量与前文水泥净浆及仅含粉煤灰 20%水泥的浆体相比有所降低。C-S-H 凝胶中,高密区所占的体积分数没有发现明显的变化,但其对应的弹性模量均值显著低于仅含 30%矿渣的浆体,但比单掺 20%粉煤灰的浆体略高。

　　粉煤灰取代 20%、矿渣取代 50%的水泥浆体(14#)中,含有大量的孔隙。同时浆体中氢氧化钙的量也很少。由弹性模量计算结果发现,与 13#浆体相比,该浆体中高密度 C-S-H 凝胶占总凝胶体积比率显著提高,低密区相应减少。但同时也发现,此时高密区对应的弹性模量均值和硬度值都有所降低。

2.2　生态型活性粉末混凝土

　　活性粉末混凝土 RPC(reactive powder concrete)是一种超高性能水泥基复合材料,是法国 Bouggues 公司 1993 年首次提出的。它是继高致密水泥均匀体系

DSP(densified system containing homogenously arranged ultrafine particle)和无宏观缺陷水泥 MDF(micro defect free cement-based material)之后,并取其长和避其短而发展起来的一种新型超高性能水泥基复合材料。MDF 和 DSP 材料因制备工艺复杂,特别是耐水性很差,为工程转化带来很大困难。如 DSP 材料主要靠高压成型,胶凝材料水化程度很低,不足以通过化学反应使结构形成整体,尽管强度可达 300MPa,但放在水中因水泥继续水化而导致体积增大并引起开裂,致使强度大幅衰减,降低幅度高达 30%～50%。当今在国际上已有三大系列 RPC 材料,即抗压强度达到 170～230MPa 的 RPC200 和抗压强度为 490～810MPa 的 RPC400 和 RPC800。RPC800 因组成材料和工艺问题的复杂性,为向工程转化带来了困难,要用于土木建筑工程几乎难以成为可能。当今比较活跃和令人注目的还是 RPC200。RPC 的主要优点与存在问题是:

(1) RPC200、RPC400 和 RPC800 的形成主要是高效外加剂,尤其是减水剂快速发展的结果。优选与采用超高性能减水剂(减水率大于 30%),降低了水胶比($w/b=0.13～0.15$),提高了新拌 RPC 材料的工作性及自流平密实成型的能力。

(2) 不用粗集料并减少细集料粒径。国外用集料是石英砂经磨细而成,最大粒径为 $600\mu m$,仅为普通细集料最大粒径的 1/8。用它取代粗集料并发挥骨架作用。这样做一方面充分发挥集料的微集料效应,另一方面减少集料自身存在缺陷的概率,从而提高混凝土整体的均匀性和改善整体的结构,达到使不同尺度的微细颗粒均匀分布的目的。但石英砂磨细到最大粒径 $600\mu m$ 同样增加了能耗,且整体骨架作用也未必充分发挥。RPC 限制用粗集料并没有充分的理论依据。

(3) 采用两种化学成分基本相同并以 SiO_2 为主的粉末材料,如制备 RPC 时,则在水泥基中掺入 35%磨细石英粉与 25%的硅灰,还要掺入超磨细的刚玉等粉体材料,经复合取代 60%的水泥。RPC 材料在结构形成过程中充分发挥粉末材料功效,增进结构的致密性,全面改善结构特征。但采用的粉末物质成分单一,不仅对优化水化产物有影响而且价格高、能耗大,为工程化带来难度。

(4) RPC 基体达超高强后,性脆易裂的特性更突出,断裂能仅有 $185J/m^2$ 左右,且强度越高,脆性也越大,断裂能则相应下降,故必须掺入高强度、高弹性模量、小尺度的微细金属纤维,通过细粒与细丝物理与化学多重复合技术,以大幅度提高韧性、延性和阻裂能力。但国内外所采用的纤维均为比利时贝卡尔特公司生产,其价格高达 3 万元/t 以上,甚至还要更高(随着产量增加,价格也相应降低到 1.2 万～1.3 万元/t)。当时,在国内采用 RPC 材料,纤维靠从比利时进口,工程上难以接受。

(5) 制备 RPC 国外常采用的有两种养护方法:一种是蒸压养护;一种是 90℃热水养护。两种方法养护时间均长,影响生产效率,生产难以控制。从已有国外制备 RPC 材料的报道,还没有采用标准养护或自然养护的先例。因此,这种 RPC 材料要有发展前景必须从源头上实现改革与创新。根据作者及其课题组的研究成果,采用大掺量超细活性掺合料,采用普通河沙取代磨细石英砂,采用标准养护和自然养护也能配制出性能优异的超高强 RPC200 材料。

　　国际上已报道两大系列 RPC 材料,即 RPC200 和 RPC800。1994 年在旧金山美国混凝土学会(ACI)春季会上首次公开。此后,Lachemi、Mohamed、Dallire、Fric 等对 RPC 的制备性能与原理又进行了研究,并逐步在工程中应用。法国核电站冷却系统,应用了 2500 根 RPC200 的梁,生产了大量核废料储存容器,取得了良好的效果。加拿大舍布鲁克(Sherbrooke)市成功地建造了一座跨度为 60m 的步行桥,这座桥具有抵抗当地冬季−30℃并反复撒除冰盐的严酷的化学侵蚀双重破坏因素的作用,显示了极高的耐久性能力和有效抑止损伤失效的过程。1998 年 8 月,RPC 在加拿大舍布鲁克市召开了 HPC 和 RPC 国际会议(International Conference on High Performance Concrete and Reactive Powder Concrete),由于这种材料具有超高性能,专家评估为完全可以与金属材料媲美,与高分子材料抗衡的跨世纪新材料。但当时争论极大的是机理问题、应用可能性问题、价格过高的问题。经大量国内外调研和专家来访共同讨论,至今未发现国外将这种高抗力新材料应用到军工上。在民用工程中也未能普及,仅在少数国家的模型工程中试用,以揭示这种材料的优势,如韩国首尔的仙游桥(图 2.33(a))、法国加尔里尔轻轨车站(图 2.33(b))、摩纳哥地铁车站(图 2.33(c))、加拿大新钟楼(图 2.33(d))等。究其原因主要是国外生产的 RPC,其粉末物质主要是硅灰、磨细石英粉和水泥,其中硅灰、磨细石英砂的掺量高,能耗大而导致性价比低,集料采用磨细石英砂,同样要消耗能源,同时 RPC 材料的制备工艺和养护制度也十分复杂,导致生产周期长、效率低。近年来,我国对活性粉末混凝土 RPC 虽也开展了一些研究工作,但均局限于提高其静载力学性能,对 RPC 组成材料和制备工艺也基本沿用国外技术,虽有所进展,但没有根本性突破,其昂贵的成本和工艺的复杂性同样影响到 RPC 材料在我国的推广应用。为充分发挥 RPC 材料独特优势,东南大学等单位结合国家自然科学基金重点项目,重点将活性粉末生态化、绿色化,将 RPC 材料超高性能化。为在国防防护工程、薄壁大跨结构工程中推广应用,采用了与国外不同的制备技术,以最大粒径为 3mm 的天然的细集料或普通砂取代粒径为 $600\mu m$ 的磨细石英砂;为把 RPC 材料绿色化,促进国防工程材料向生态化方向发展,我们充分利用工业废渣(Ⅰ级粉煤灰、磨细矿渣、硅灰)及其按不同比例的复合,并充分发挥了工业废渣复合效应及其潜能。

2.2.1　生态型活性粉末混凝土材料组成的优选与优化

1. ECO-RPC 配合比优选

　　生态型活性粉末混凝土(ECO-RDC)采用了超细混合材二元和三元复合技术,

(a) 韩国首尔仙游桥

(b) 法国加尔里尔轻轨车站

(c) 摩纳哥地铁车站

(d) 加拿大新钟楼

图 2.33　活性粉末混凝土的工程应用

并取代 50%～60% 的水泥,以达到节能、节资、保护生态环境、提高 RPC 材料性能的目的。众所周知,混凝土基体材料强度越高,脆性易裂越严重。因此,伴随 RPC 材料强度的提高,性脆易裂的问题则越突出。为解决这个问题,只有采用纤维增强技术才能发挥活性粉末混凝土基体的独特优势。

生态型活性粉末混凝土粉末材料复合比例列于表 2.34,材料优选配合比例列于表 2.35,组成材料见表 2.36。

表 2.34　生态型活性粉末混凝土粉末材料复合比例　　（单位：%）

复合超细混合材	水泥	硅灰	超细或 I 级粉煤灰	磨细矿渣微粉
M1	50	0	25	25
M2	50	10	—	40
M3	40	10	25	25

表 2.35 ECO-RPC 材料优选的配合比

配合比序号	水泥 /%	复合超细工业 废渣/%	水胶比 /%	灰砂比	减水剂
A	50	50	0.15	1:1.2	1.7
B	50	50	0.15	1:1.2	1.7
C	40	60	0.15	1:1.2	1.7

表 2.36 ECO-RPC 组成材料

序号	水泥 /(kg/m³)	水 /(kg/m³)	集料 /(kg/m³)	硅灰 /(kg/m³)	超细 粉煤灰 /(kg/m³)	磨细矿渣 微粉 /(kg/m³)	减水剂 /(kg/m³)	水胶比	胶集比
M1	577	173	961	0	288	288	19.6	0.15	1:1.2
M2	577	173	961	115	0	462	19.6	0.15	1:1.2
M3	462	173	961	115	288	288	19.6	0.15	1:1.2

在上述 M1、M2、M3 三种基体中分别掺入了 $V_f=0\%$,2%,3%,4%的微细钢纤维,且保持 RPC 三种基体不变,三种不同钢纤维均按相同体积分数掺入,以对比纤维品种的差异。

2. ECO-RPC 材料的制备技术和工艺

ECO-RPC 的制备技术除优化材料组成之外,制备工艺也是保证超高性能的重要方面。其关键技术在于复合超细混合材、水泥的均匀分布和钢纤维在 ECO-RPC 基体中的均匀分布。当今,纤维在 ECO-RPC 基体中均匀分布主要有两种方法,其一是"先干后湿"拌合工艺,其二是在 ECO-RPC 湿拌的同时,将钢纤维均匀撒入。前者 ECO-RPC 制备工艺中易于达到均匀分布的目的,后者如无专用设备,靠人工操作则难以实现。图 2.34 作为 ECO-RPC 工艺流程图。

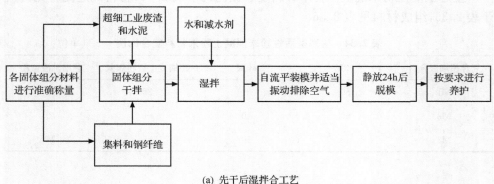

(a) 先干后湿拌合工艺

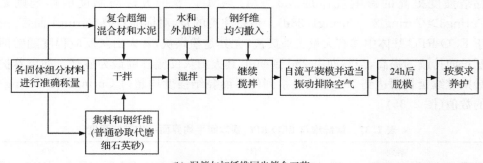

(b) 湿拌与加纤维同步拌合工艺

图 2.34　ECO-RPC 材料的制备工艺

2.2.2　生态型活性粉末混凝土的静载力学行为

1. 基体组成、养护方法、纤维品种对界面黏结强度的影响

界面黏结强度是影响钢纤维对 ECO-RPC 基体的增强、增韧与阻裂的重要因素,是纤维与 ECO-RPC 基体形成一体并协同工作的基础,也是影响 ECO-RPC 材料强度、韧性、阻裂能力和抗爆炸、抗侵彻、抗震塌的关键所在。界面黏结强度与基体强度等级、纤维外形和纤维表面形态密切相关。对一种纤维而言,基体强度越高,界面结构越致密,与纤维间黏结强度越大。但基体与纤维间的黏结力大于或等于纤维自身的抗拉强度,即纤维的应力大于或等于纤维的抗拉强度时,纤维将被拉断,此时纤维的长度大于其临界值 l_{fcrit}($l_{\text{f}} > l_{\text{fcrit}}$),即纤维长度 l_{f} 大于其临界值 l_{fcrit}。在这种情况下,将改变 ECO-RPC 的破坏形态,使纤维由拔出破坏转变成突然脆性断裂,此时纤维的作用仅是增强而达不到增韧的目的。因此,为同时达到和提高纤维对 ECO-RPC 基体的增强、增韧与阻裂效果,在提高界面黏结强度的同时,必须优选纤维的强度和优化纤维的外形和长径比。为此,采用了三种纤维,即进口的钢丝切断平直型微细钢纤维 f1、国产的钢丝切断平直型微细钢纤维 f2 和哑铃型非超细短纤维 f3,用来增强优化的 ECO-RPC 基体。三种纤维选用的长度 l_{f} 均小于其临界值 l_{fcrit},确保了纤维在拉拔过程中是拔出破坏而不是拔断,其试验结果见表 2.37。因 f1、f2 均为钢丝切断平直型纤维,其表面状态相近,均比较光滑,故其界面黏结强度也十分接近,无明显差异。而 f3 与基体间的平均界面黏结强度则与 f1、f2 不同,f1、f2 表面状态相近,无端部异形的影响,而 f3 尽管其中部平直部分也是表面光滑,但其端部呈哑铃形,在纤维从基体中拔出时,不仅有黏结力,还增加了端部哑铃的锚固作用。从而,不论采用了哪种养护方法,反映在黏结强度上,从单根纤维而言,f3 均比 f1、f2 有所提高。按 ECO-RPC 基体组成材料的不同,对界面

黏结强度提高的影响规律是 M3＞M2＞M1。养护方法与制度的影响则是 Curing3＞Curing 2＞Curing1(28d)。值得注意的是,对标准养护 Curing1 而言,由于 ECO-RPC 基体中掺有大量工业废渣,尤其是粉煤灰,其火山灰反应程度随龄期延长而持续的提高,当龄期由 28d 到 90d,其火山灰反应程度最为显著。如果养护龄期继续延长而达到 180d 时,各系列的界面黏结强度均超过 Curing2 和 Curing3 的数值(图 2.35)。

表 2.37　钢纤维与 ECO-RPC 基体间平均界面平均黏结强度

系列		f1	f2	f3
M1	Curing 1	7.35	7.41	7.88
	Curing 2	13.54	13.51	14.25
	Curing 3	14.91	14.85	15.99
M2	Curing 1	8.42	8.25	9.25
	Curing 2	14.52	14.61	15.58
	Curing 3	15.63	15.59	16.59
M3	Curing 1	8.91	8.91	10.49
	Curing 2	14.82	14.91	15.96
	Curing 3	15.65	15.55	16.88

注:上述数据是在试件经蒸压养护之后测试的。

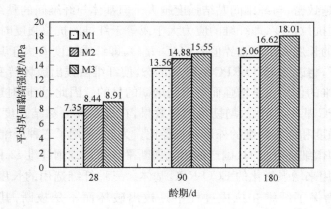

图 2.35　标准养护条件下龄期对于平均界面黏结强度的影响

2. 基体组成、纤维体积分数、养护方法、纤维品种对抗压强度的影响

对于普通钢纤维混凝土(SFRC)而言,因钢纤维的掺入,对抗压强度的提高并不明显,但对混凝土基体为高强的钢纤维混凝土(HSFRC),其抗压强度的提高幅度要大于普通钢纤维混凝土,其提高幅度一般为 15％～25％。钢纤维对抗压强度的影响与基体强度等级、界面黏结性状和纤维体积分数、纤维外形紧密相关。钢纤维对 ECO-RPC 基体抗压强度的影响又有新的规律,如表 2.38 所示。因 ECO-RPC 基体强度和纤维体积分数的提高、界面黏结的增强,其抗压强度的提高幅度也相应而增大。其中,f1、f2 对抗压强度的影响相近,f3 对抗压强度的影响要差一点。其中以 f1 为例,M3f12 抗压强度达 189.6～184.3MPa;M3f13 达 192.7～208.5MPa;当 V_f 提高到 4％时,M3f14 则相应达到 208.5～224.2MPa;当 V_f 相同时,f1 对抗压强度提高幅度最大。尽管 f3 与基体的界面黏结强度高于 f1 和 f2,但由于纤维尺度大,从而纤维间距要小于 f1 和 f2,故对抗压强度的提高幅度却是 f3 小于 f1 和 f2。

表 2.38　基体组成、养护方法、纤维品种与 V_f 对抗压强度的影响

系列	Curing3	Curing2	系列	Cuirng3	Curing2	系列	Cuirng3	Cuirng2
M1f10	148.1	134.4	M1f20	147.9	134.4	M1f30	148.2	134.4
M1f12	177.6	161.2	M1f22	177.2	161.5	M1f32	159.8	146.6
M1f13	195.4	176.8	M1f23	194.9	176.5	M1f33	177.5	159.9
M1f14	207.2	189.7	M1f24	206.9	189.8	M1f34	186.6	172.1
M2f10	155.5	138.4	M2f20	155.6	138.4	M2f30	155.5	138.4
M2f12	186.4	166.0	M2f22	185.4	166.2	M2f32	167.76	150.2
M2f13	205.2	182.2	M2f23	204.8	180.9	M2f33	184.97	163.9
M2f14	210.6	193.6	M2f24	210.5	194.4	M2f34	189.91	175.2
M3f10	158.0	155.0	M3f20	158.1	155.3	M3f30	158.2	155.0
M3f12	189.6	184.3	M3f22	189.5	184.3	M3f32	171.6	166.6
M3f13	208.5	192.7	M3f23	208.2	192.5	M3f33	188.5	174.8
M3f14	224.2	208.5	M3f24	224.3	208.7	M3f34	204.4	189.4

注:f0 表示 $V_f=0％$,f10、f12、f13、f14 分别为第一种微细纤维,体积分数为 0％、2％、3％、4％。其他以此类推。

3. 基体组成、纤维体积分数、养护方法、纤维品种对抗弯强度的影响

ECO-RPC 的抗弯强度是充分发挥其潜能的重要指标,它间接反映了 ECO-RPC 的轴拉性能和纤维的影响规律,仅弯拉与轴拉在强度数值上有差异。以 f1 增强 ECO-RPC 为例,当 $V_f=0％,2％,3％,4％$,养护方法分别采用 Curing1、Curing2、Curing3,不同纤维体积分数对抗弯强度的影响十分明显,如图 2.36 所示。

由图 2.36 可知,当 ECO-RPC 基体中掺有二元和三元复合超细工业废渣时,在任一养护条件下,ECO-RPC 的抗弯强度的提高幅度均随纤维体积分数的增加而增大。其抗弯强度随 ECO-RPC 基体不同,其提高规律是 M3＞M2＞M1,随养

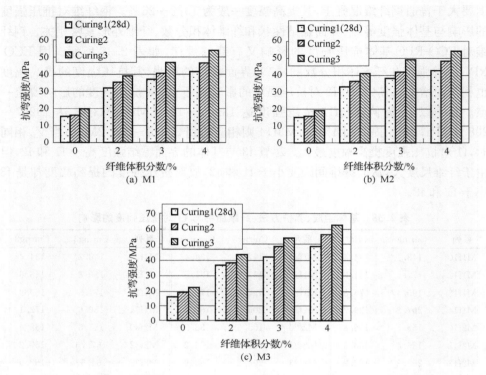

图 2.36　基体组成、养护方法、V_f 对 ECO-RPC 抗弯强度的影响

护制度的变化则是 Cuirng3＞Curing2＞Curing1(28d)。ECO-RPC 基体为 M3 时，其抗弯强度大于 M2 和 M1 的 ECO-RPC。M3f2、M3f3、M3f4 的抗弯强度分别可达到 43.5MPa、55MPa、62.5MPa。值得注意的是，对 M3f2 系列，其抗弯强度与相同纤维体积分数 V_f 为 2％普通纤维增强混凝土相比要提高到 3.5 倍左右，这一结果充分显示了 ECO-RPC 基体、微细纤维和两者之间界面黏结的综合作用效果，且 M3f13 和 M3f14 抗弯强度增长的幅度更大。当用 f1、f2 和 f3 增强 ECO-RPC 基体时，在基体与养护方法相同时，国产 f2 的增强、增韧与阻裂效果与进口 f1 相比十分相近，而 f3 对 ECO-RPC 基体的增强效率则要比 f1 和 f2 低，其试验结果见表 2.39。f3 与 ECO-RPC 基体的界面黏结强度要高于 f1 和 f2，这是因为 f3 与 ECO-RPC 基体黏结除了黏结力以外，还有端部的锚固作用，这就比仅有黏结的 f1 和 f2 要高。但用这两种纤维增强 ECO-RPC 基体时，尽管因界面黏结强度的提高有利于抗弯强度的增大，但实际上有相反的结果，即 f1、f2 对抗弯强度的增强效果要比 f3 高出 20％左右，产生这一现象的原因主要来自纤维根数和纤维间距的影响。f3 的尺度大、根数少，纤维间距也相应增大，故其增强与阻裂效应显示出要比 f1 的低。但用 f3 增强与普通钢纤维混凝土相比，当 $V_f＝2％$ 或 3％时，其抗弯强度

也要提高 2.7～3.1 倍,这同样也显示了 ECO-RPC 的优势。因此,在对纤维的选用可依据工程(包括防护工程)的不同部位和不同要求,选取不同的纤维品种和纤维尺度。试验结果还表明,用国产微细钢纤维完全可以取代进口纤维而达到同样的性能指标,将进口纤维国产化不仅能保证 ECO-RPC 的性能,而且还有利于提高性价比。因此,作者坚持研制国产微细纤维,制备出性能达到甚至超过国际先进水平的 ECO-RPC 材料。

表 2.39　两种不同尺度的纤维对抗弯强度影响的对比

系列	Curing3	Curing2	系列	Curing3	Curing2
M3f0	22.10	18.59	M3f0	22.10	18.59
M3f12	43.60	38.32	M3f32	37.66	32.78
M3f13	54.21	48.80	M3f33	46.56	42.38
M3f14	62.72	59.29	M3f34	54.44	50.68

4. 标准养护条件下养护龄期对 ECO-RPC 抗压、抗弯强度的影响

同抗压强度有同样的规律,因在 ECO-RPC 基体中掺入 50%～60% 超细复合活性掺合料,这些活性掺合料在 28d 龄期时火山灰效应发挥的程度还比较低,尤其是 I 级粉煤灰,其火山灰效应的加速发挥是在 28～90d 之间,90d 已接近高峰,90d 之后虽抗弯强度还在增长,但增长幅度和速率比在 28～90d 之间要低。如图 2.37、图 2.38 所示,各系列 ECO-RPC 基体(M1、M2、M3)的抗压、抗弯强度均随龄期(28d、90d、180d)增长而提高,当采用 f1 时,各系列 ECO-RPC 的强度在 180d 时为最高,尤其当 V_f 为 3%～4% 时,抗弯强度可达 60～65MPa,抗压强度最高可达 228.3MPa,超过蒸压养护和 90℃ 热水养护制度下的强度值。这一结果充分表明,ECO-RPC 的强度与基体组成和养护龄期密切相关,按后期强度发展的潜力排序是 M3>M2>M1。

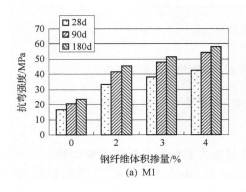
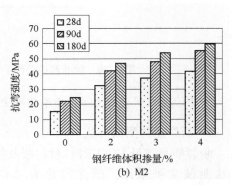

(a) M1　　　　　(b) M2

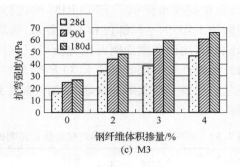

图 2.37　标准养护条件下养护龄期对抗弯强度的影响

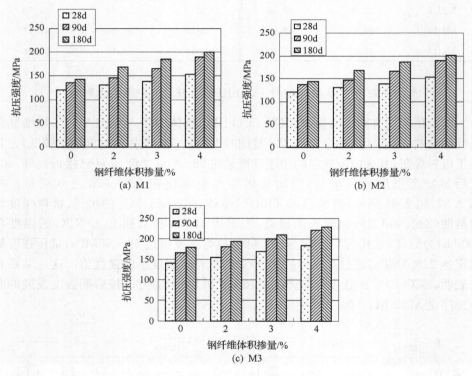

图 2.38　标准养护条件下养护龄期对抗压强度的影响

5. ECO-RPC 基体组成、纤维体积分数、养护条件对断裂能的影响

1) 断裂能的测试方法

断裂能是衡量 ECO-RPC 材料吸收能量能力和韧性高低的重要指标。三点弯曲法测试常被采用。试件尺寸为 40mm×40mm×160mm，试件切口深度为 15mm，试件宽度和高度均为 40mm，跨度 $l=150$mm。切口的制作是在试件成型时在相应部位填入薄钢片,拆模后将钢片轻轻取出。用单点加荷(三点弯曲)法进行抗弯试验并绘制荷载挠度全曲线。为得到可靠的试验与计算结果,确保加载过程的稳定性则十分重要。本试验采用长春试验机厂生产的 CSS44100 型电子万能试验机,加荷速率为 0.16mm/min,加载方式如图 2.39 所示。

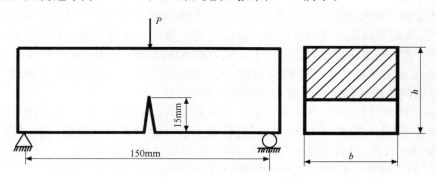

图 2.39　三点弯曲法测 ECO-RPC 断裂能示意图

2) 断裂能的计算方法

共考虑了两种方法:一种是 Hillerbory 提出的方法;另一种是简化的方法。

(1) Hillerbory 提出的断裂能公式考虑了重力的影响,即

$$G_F = \frac{1}{b(d - a_0)} \int_0^{\delta_{\max}} P d\delta + mg \frac{1}{2} \delta_{\max} \qquad (2.15)$$

式中: G_F 为断裂能; m 为试件质量; b 为试件宽度; P 为荷载; d 为试件高度; δ 为挠度; a_0 为切口深度; $mg\delta_{\max}/2$ 为因试件自重做的功。

(2) 简化的计算方法。

简化的断裂能计算公式为

$$G_F = \omega_0 + m \frac{\delta_0}{A} \qquad (2.16)$$

式中: G_F 为断裂能; ω_0 为荷载-挠度全曲线下包围的面积; $m = m_1 + m_2$, m_1 为支点间试件的质量, m_2 为试验机不连在一起的加载装置的质量; δ_0 为三点弯曲试件破坏时的位移值; $A = b(d - a_0)$,为试件预制切口处的截面面积,即韧带面积。

因曲线下降段的后部很平稳,可延续很长,测至荷载降低至零要经历相当时间。因此,该法取挠度值达到一定值时作为试验结束的判断标准,故 δ_0 的取值为 4.5mm。此外,因待测试件尺度较小,质量仅有 600g,可不考虑 m (即试件自重所做的功)的影响,对传统断裂能计算公式进行了如下修正:

$$G_F = \omega_0/A \qquad (2.17)$$

式中: ω_0 为 $\delta \leqslant \delta_0$ 时,荷载-挠度曲线下包络面积; A 为韧带面积。

在对荷载-挠度曲线分析时,用该法发现将不同承载力和不同韧性大小试件的荷载-挠度曲线的终点挠度值均设在 4.5mm,这一处理方法并不符合实际,并将带

来不同程度的误差。其中有两个值得注意的问题:一是由于支座和加载夹具间存有缝隙、压头、与试件不能完全贴合,支座和压头附近试件的压塑变形等因素对挠度量测的不利影响未能采取有效的措施加以消除,因此,挠度测量值并非试件的真实挠度;二是对不同试件,其荷载-挠度曲线差别很大。对承载力高、韧性好的试件,荷载-挠度曲线被截断的尾部曲线下所包括的面积所占比例可能高于韧性较低的试件,因此导致断裂能测量值的可靠度降低。通过对全部试验曲线下降段的综合分析,该法提出在荷载等于 $10\%P_{max}$ 之后的下降段曲线形式是近乎一致的,对被截断的尾部曲线是具有良好的代表性,从而提出采用荷载-挠度曲线下降段 10% P_{max} 以前的曲线所包围的面积来计算断裂能的方法。

对比两种计算方法,在计算结果上无明显差异,均处同一数量级,但在具体数值上有点不同。方法二的计算结果偏高,而方法一的计算结果偏低。取方法一进行断裂能的计算,这样更便于与国外 RPC200 系列的断裂能相对比。

3)ECO-RPC 基体组成、纤维体积分数、养护条件对断裂能的影响

研究系统分析了 90℃热水养护、蒸压养护和 28d 与 90d 标准养护条件下,在水泥基体中掺入 $50\%\sim60\%$ 等量取代水泥的二元或三元复合微细或超细工业废渣的 ECO-RPC 基体,并采用 f1、f2 和 f3 三种纤维增强,纤维体积分数 $V_f=0\%$、$2\%,3\%,4\%,36$ 个系列 ECO-RPC 材料的断裂能。试验与计算结果如表 2.40 和图 2.40~2.43 所示。

表 2.40　各系列 ECO-RPC 的断裂能及养护制度、纤维品种 V_f 的影响规律

系列	断裂能/(J/m^2)				系列				
	Curing1		Curing2	Curing3		Curing1		Curing2	Curing3
	28d	90d				28d	90d		
M1f0	185	188	187	185	M2f0	186	188	187	188
M1f12	16279	27560	27592	27319	M2f32	14243	22621	22721	22492
M1f13	17245	28142	28541	28458	M2f33	14361	23845	23556	22848
M1f14	18772	29553	29512	29210	M2f34	14998	24065	24068	24552
M1f0	185	188	187	185	M3f0	186	188	186	187
M1f22	16313	27490	27589	27311	M3f12	18306	30455	30351	30224
M1f23	16972	28784	28725	28459	M3f13	19062	31855	31770	31310
M1f24	17798	29556	29491	29215	M3f14	19871	33558	34132	33825
M1f0	185	185	185	186	M3f0	185	188	186	187
M1f32	13243	22114	22073	21849	M3f22	18309	30544	30354	30411
M1f33	13748	22989	22993	22766	M3f23	19060	31818	31768	31815
M1f34	14993	23751	23609	23294	M3f24	19448	32489	33441	33215
M2f0	185	188	186	185	M3f0	186	189	187	187
M2f12	17006	28265	28344	28120	M3f32	14548	24362	24753	25634
M2f13	17994	28936	29860	29561	M3f33	15088	25198	25575	26609
M2f14	19165	30012	30412	30505	M3f34	16742	25982	26881	27032
M2f0	186	188	187	188					
M2f22	17001	28335	28411	28311					
M2f23	18292	28996	28890	29154					
M2f24	18993	30403	32010	30941					

注:M1f0, M2f0, M3f0 为 $V_f=0\%$;M1f12, M2f12, M3f12 为 $V_f=2\%$。以此类推。

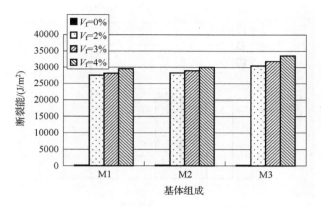

图 2.40　基体组成对 ECO-RPC 断裂能的影响（Curing1（90d），f1）

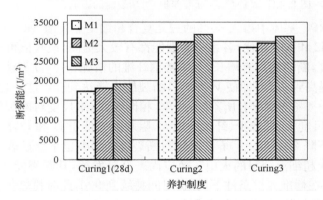

图 2.41　养护方法对 ECO-RPC 断裂能的影响（$V_f = 3\%$）

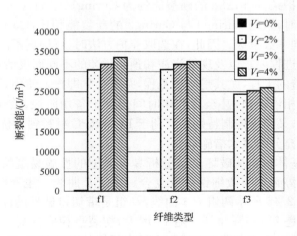

图 2.42　纤维尺度对 ECO-RPC 断裂能的影响（M3，Curing1（90d））

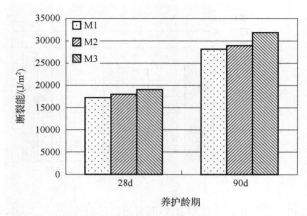

图 2.43　养护龄期(标准养护)对断裂能的影响($V_f = 3\%$)

当 ECO-RPC 基体中掺入 60% 的三元复合超细工业废渣 M3 与掺二元复合超细工业废渣 M2 和 M1 相比,各系列断裂能都有较大提高,最高值可达33825J/m²,且随 V_f 的提高,断裂能均有增长,与不掺钢纤维的情况相比,断裂能可提高两个数量级(由 10^2 提高到 10^4),即使 $V_f = 2\%$,断裂能也能达到 10^4 这一量级,仅在数值上与 $V_f = 3\% \sim 4\%$ 的情况有所不同;当 V_f 相同时,纤维尺度对断裂能的影响也十分明显,因 f3 尺度大、根数少、纤维间距大,阻裂能力低于 f1 和 f2,故与 f2 和 f1 相比,断裂能要下降 20% 以上。养护龄期对断裂能的影响也十分显著,一般 Curing1 (28d)因粉煤灰超细混合材的火山灰效应尚未充分发挥,其断裂能要小于 Curing2 和 Curing3,但在标准养护条件下,养护时间持续到 90d,此时粉煤灰火山灰效应的发挥已经历了高速阶段,此时的断裂能则与 Curing2、Curing3 基本相近或有所提高。而在标准养护条件下,28d 的断裂能约为 Curing1(90d)、Curing2、Curing3 的 50% \sim 60%。同时,采用 Curing3 与 Curing2 的断裂能相比,Curing3 的断裂能略有下降,但处于同一数量级。因此,在选取养护方法时,可根据不同的工程(包括防护工程)的需要、进程要求以及现场浇注和预制拼装的不同而灵活选取。在一般情况下,现阶段建造的工程,尤其是防护工程,并不会立即投入使用,国防防护工程很可能距使用期有相当距离,甚至有数年时间仍处于备用阶段,故选用自然养护制度,既节能、节资,又便于控制特别还有利于 ECO-RPC 材料独特优势的发挥,但保养期必须保证有充分的供水措施。

ECO-RPC 基体材料从破坏形态分析具有典型的性脆易裂特征。因此,要发挥这种材料的优势必须与微细钢纤维复合。从 P-δ 曲线上也充分揭示了这一特性,图 2.44 和图 2.45 所示两组 P-δ 曲线,一组是带切口试件的曲线,另一组是非切口试件,V_f 均是 2%、3%、4%。随 V_f 增大,初裂点相应提高,峰值荷载相应增大,P-δ 曲线包围的面积丰满。在峰值之后有缓慢的下降段,呈现出纤维在拔出过程中不断做功。

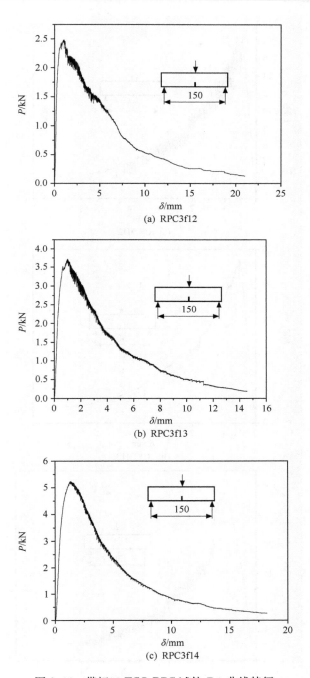

图 2.44　带切口 ECO-RPC 试件 P-δ 曲线特征

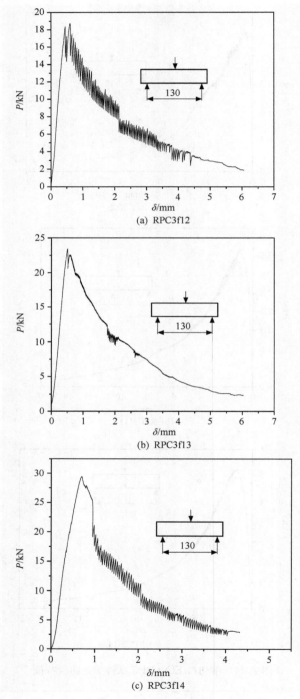

(a) RPC3f12

(b) RPC3f13

(c) RPC3f14

图 2.45 非切口 ECO-RPC 试件 P-δ 曲线特征

6. 不同应变速率下 ECO-RPC 单轴压缩特性

1）试验设备

压缩试验采用微机控制电液伺服万能试验机，该试验机采用 AMSLA 油缸上置主机，电液伺服油源的关键部件、电液伺服阀、油泵电机组与电器控制部分均为进口元件，实现了试验力、试件变形和活塞位移等参量的闭环控制，可用于金属与非金属材料的拉伸、压缩、弯曲和剪切试验。试验时，可进行应力、应变率、位移控制，试验控制系统为全数字化。试验装置如图 2.46 所示，全过程压缩试验原理见图 2.47。其主要技术参数如下：①最大试验力 2000kN；②最大应变率 0.01/s；③压缩面间最大距离 690mm；④活塞最大行程 250mm。

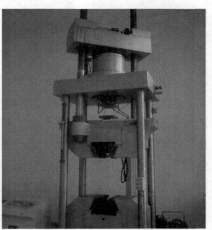

　　　　(a) 控制台　　　　　　　　　　　　　　　(b) 加载装置

图 2.46　WAW-2000 微机控制电液伺服万能试验机

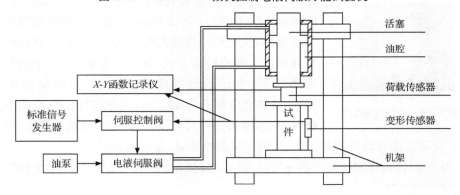

图 2.47　液压伺服试验机原理图

压缩弹性模量与泊松比的测试时,采用直测应变方法,与压缩试验机配合使用的是 YJ-31 静态电阻应变仪,如图 2.48(c)所示。

　　(a) 应变片粘贴方式　　　　　　　(b) 加载　　　　　　(c) YJ-31静态电阻应变仪

图 2.48　弹性模量与泊松比的测试

2) 测试与计算方法

制备了圆柱体试件,尺寸为 ϕ70mm×140mm,用于准静态 $10^{-4}/s$ 和 $10^{-2}/s$ 两种应变率的应力-应变全曲线、应变率为 $10^{-4}/s$ 的抗压弹性模量与泊松比的测试。试件尺寸偏差及外观质量严格按照《混凝土无损检测技术》的规定控制。测弹性模量与泊松比的试件侧面分别粘贴相对的 SZ120-60AA 型应变片,用于直接测量试件纵向应变与横向应变,如图 2.48(a)所示。

图 2.49　单轴压缩试验

（1）等应变率单轴压缩应力-应变全曲线测试与压缩韧度指数计算。

加载情形如图 2.49 所示。首先,启动试验软件,在主功能界面选择采样设置,每采取一个试验信息点的时间间隔可选范围为 50~500ms,一般慢速则可选较小的采点频率,快速则应选较大的采点频率;其次,在试验操作界面设定程控加载方式,有位移控制、应力控制与应变率控制,本试验选择应变率控制,慢速应变率为 $10^{-4}/s$,快速应变率为 $10^{-2}/s$;再在试样信息界面选择试件形状,输入试件尺寸;然后开动试验机按程控加载,应力-应变曲线自动绘制在屏幕上;最后试验结束时,保存数据。

压缩韧性以压缩韧度指数 η_{c5}、η_{c10} 和 η_{c30} 来量化,参照图 2.50。这三个韧度指数计算方法如下:

$$\eta_{c5} = OACD \text{ 面积 }/OAB \text{ 面积} \tag{2.18}$$

$$\eta_{c10} = OAEF \text{ 面积 }/OAB \text{ 面积} \tag{2.19}$$

$$\eta_{c30} = OAGH \text{ 面积 }/OAB \text{ 面积} \tag{2.20}$$

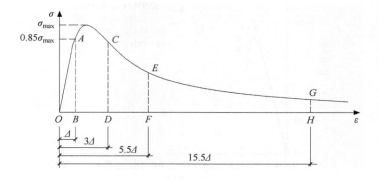

图 2.50　应力-应变曲线及压缩韧度指数计算示意图

（2）弹性模量与泊松比的测试。

弹性模量 $E_{fc,c}$：加载情形如图 2.48(b)所示，按照《钢纤维混凝土试验方法》规定进行至少五次的加、卸载操作，最后按式（2.21）计算

$$E_{fc,c} = \frac{F_{con} - F_i}{A} \times \frac{l}{u} \tag{2.21}$$

式中：$E_{fc,c}$ 为静力受压弹性模量（MPa）；F_{con} 为应力为 40% 轴心抗压强度时的控制荷载（N）；F_i 为应力为 0.5MPa 时的初始荷载（N）；A 为试件承压面积（mm²）；l 为变形测量标距（mm）；u 为最后一次从 F_i 到 F_{con} 时，变形测量标注内的长度变化值（mm）。

泊松比 ν：定义为试件横向应变与轴向应变之比的绝对值。泊松比与弹性模量同时测，按式（2.22）计算

$$\nu = (\varepsilon_2' - \varepsilon_1')/(\varepsilon_2 - \varepsilon_1) \tag{2.22}$$

式中：ε_2'、ε_1' 分别为最后一次从 F_i 到 F_{con} 时试件的横向应变；ε_2、ε_1 分别为最后一次从 F_i 到 F_{con} 时试件的轴向应变。

3）ECO-RPC 单轴受压试验结果

（1）测试与计算结果。

单轴受压应力-应变曲线见图 2.51～图 2.53，图中，A、B、C 应变率为 10^{-4}/s，D、E、F 应变率为 10^{-2}/s，σ_{max} 为峰值应力，ε_0 为峰值应力对应的应变。各系列 ECO-RPC 的测试与计算结果平均值见表 2.41。

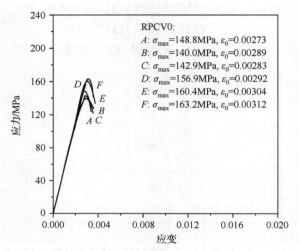

图 2.51　ECO-RPCV0 应力-应变曲线

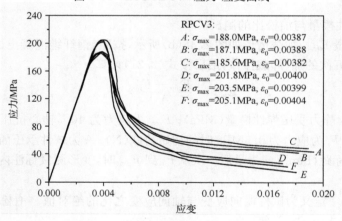

图 2.52　ECO-RPCV3 应力-应变曲线

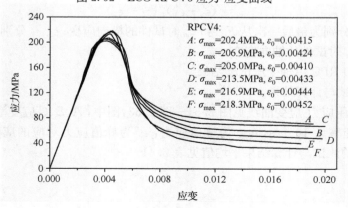

图 2.53　ECO-RPCV4 应力-应变曲线

表 2.41　试验结果平均值

编号	应变率	轴心抗压强度/MPa	曲线峰值应变/×10⁻³	最大应变/×10⁻³	韧度指数			弹性模量/GPa	泊松比
					η_{c5}	η_{c10}	η_{c30}		
ECO-RPCV0	10^{-4}	143.9	2.817	3.513	2.05	2.05	2.05	54.7	0.214
	10^{-2}	160.2	3.027	3.413	1.91	1.91	1.91		
ECO-RPCV3	10^{-4}	186.9	3.857	18.807	4.12	6.07	9.96	57.3	0.2110
	10^{-2}	203.5	4.010	17.487	3.54	4.60	7.72		
ECO-RPCV4	10^{-4}	204.8	4.165	19.533	4.57	9.73	13.10	57.9	0.2060
	10^{-2}	216.2	4.430	18.817	4.11	8.65	10.24		

（2）ECO-RPC 不同应变速率下破坏形态分析。

ECO-RPC 的破坏形态引起混凝土科学界的密切关注。当 $V_f = 0\%$ 时，ECO-RPC 材料具有典型脆性特性，如图 2.54（a）和图 2.55（a）所示。当应变速率为 $10^{-4}/s$ 和 $10^{-2}/s$ 时，前者呈突出的分离式脆性破坏，而后者则呈粉碎性破坏形式。因此，ECO-RPC 材料必与超细纤维复合才能充分发挥其自身的独特优势和超高性能的效果。当在 ECO-RPC 基体中掺入 $V_f = 3\%$ 和 $V_f = 4\%$ 的超细钢纤维后，其破坏形态与 $V_f = 0\%$ 的情况相比则截然不同。如图 2.54（b）和（c）及图 2.55（b）和（c）所示，在 $\dot{\varepsilon} = 10^{-4}/s$ 和 $10^{-2}/s$ 的情况下，因试件受不同应变率的压缩，纤维对变形特别是横向变形的约束和对横向膨胀有抑制作用，故试件出现裂而不散的情景。特别是因超细纤维在 ECO-RPC 基体中的均匀分布和裂后的桥接效应，试件基本上保持整体状态；当 $V_f = 4\%$ 时，在相应应变速率下，试件保持完整，无分离现象，仅局部出现微裂纹，这些微裂纹为间距很小的微细钢纤维桥接而难以引伸和发展，显示出优异的高强度、高韧性和高阻裂特性，充分发挥了 ECO-RPC 独特优势。

　　（a）$V_f = 0\%$　　　　　　　（b）$V_f = 3\%$　　　　　　　（c）$V_f = 4\%$

图 2.54　圆柱体 ECO-RPC3 系列应变率为 $10^{-4}/s$ 加载破坏照片

(a) $V_f=0\%$　　　　　　　(b) $V_f=3\%$　　　　　　(c) $V_f=4\%$

图 2.55　圆柱体 ECO-RPC3 系列应变率为 $10^{-2}/s$ 加载破坏照片

（3）ECO-RPC 的弹性模量和泊松比分析。

分析了不同 V_f 下 ECO-RPC 的泊松比和弹性模量，试验结果如表 2.42 所示。

表 2.42　ECO-RPC 抵抗变形能力及其与 SFRC40 和 SFRC100 的对比

材料类型	立方体抗压强/MPa	泊松比	弹性模量/GPa
C40V0	58.7	0.2390	43.3
C40V3	66.8	0.2273	44.9
C100V0	108.2	0.2395	46.5
C100V3	154.3	0.2202	52.0
ECO-RPC200V0	158	0.2140	54.7
ECO-RPC200V3	208.5	0.2110	55.4
ECO-RPC200V4	224.2	0.2060	56.2

　　泊松比和弹性模量均属不敏感的性能参数，不像强度指标随材料组成结构的变化而有十分敏感的影响。当 $V_f=0\%$ 时，C40V0 和 C100V0 的泊松比值相近，而 ECO-RPC 略有下降；弹性模量的差值也不大，其排序为 RPC200V0＞C100V0＞C40V0。当 $V_f=3\%$ 时，C40V3 与 C100V3 的泊松比相差甚微，此时 RPCV3 最低。另一方面，弹性模量的差异虽不太显著，但 ECO-RPCV3 的弹性模量与 C40V3 和 C100V3 相比也分别提高了 23% 和 6%，表明在 V_f 相同的情况下，ECO-RPC 因基体强度和基体与纤维间界面黏结强度的提高，特别是超细金属纤维的桥接效应，使其抵抗变形的能力也明显增大。因此，各系列 ECO-RPC 材料抵抗变形能力的排序是：ECO-RPCV4 ＞ ECO-RPCV3 ＞ ECO-RPCV0 ＞ C100V3 ＞ C100V0 ＞

C40V3＞C40V0。从排序上来看,混凝土基体强度等级和纤维的掺量对泊松比和弹性模量等抵抗变形的能力的性能指标是有影响的。

7. ECO-RPC 单轴受压应力-应变全曲线方程

1) ECO-RPC 应力-应变曲线的特点分析

从图 2.51～2.53 可大致看出,ECO-RPC 应力-应变全曲线的特点:曲线上升段,斜率单调下降,在峰值应力点,曲线斜率降为 0;曲线下降段,先出现一个拐点,接着出现曲率最大点,然后曲线趋于平缓。为了简便起见,采用无量纲坐标,令 $x = \varepsilon/\varepsilon_0$、$y = \sigma/f_c$,绘制图 2.56。根据前述特点并参照文献,该曲线应满足以下条件:

① 当 $x=0$ 时,$y=0$;

② 当 $x=1$ 时,$y=1$,且 $dy/dx=0$;

③ 当 $0<x<1$ 时,$d^2y/dx^2<0$,即曲线上升段斜率单调减少,无拐点;

④ 当 $d^2y/dx^2=0$ 时,$x_D>1$,即曲线下降段有一拐点;

⑤ 当 $d^3y/dx^3=0$ 时,$x_E>x_D$,即存在曲率最大点,且出现在拐点之后;

⑥ 当 $x\to\infty$ 时,$y=0$,且 $dy/dx=0$;

⑦ x 恒大于 0,$0\leqslant y\leqslant 1$。

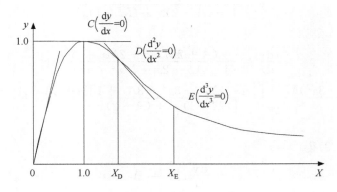

图 2.56　ECO-RPC 单轴压缩应力-应变全曲线

2) 全曲线方程的数学推导

基于上述特点,曲线方程采用如下形式:

$$y = \frac{B_1 x + C_1 x^2}{A_2 + B_2 x + C_2 x^2} \tag{2.23}$$

式中:B_1、C_1、A_2、B_2、C_2 是待定参数。

(1) 曲线上升段。

显然,式(2.23)满足上述条件①。将条件②:当 $x=1$ 时,$y=1$ 代入式(2.23)

中,可得

$$B_1 + C_1 = A_2 + B_2 + C_2 \tag{2.24}$$

对式(2.23)求导数:

$$\frac{\mathrm{d}y}{\mathrm{d}x} = \frac{(B_1 + 2C_1)(A_2 + B_2 x + C_2 x^2) - (B_1 x + C_1 x^2)(B_2 + 2C_2)}{(A_2 + B_2 x + C_2 x^2)^2} \tag{2.25}$$

将条件②:当 $x = 1$ 时,$\mathrm{d}y/\mathrm{d}x = 0$ 代入(2.25)可得

$$(B_1 + 2C_1)(A_2 + B_2 + C_2) - (B_1 + C_1)(B_2 + 2C_2) = 0 \tag{2.26}$$

由式(2.24)可知,$B_1 = A_2 + B_2 + C_2 - C_1$,将之代入式(2.26)得

$$A_2^2 + A_2 B_2 - B_2 C_2 - C_2^2 + C_1 A_2 + C_1 B_2 + C_1 C_2 = 0$$

即

$$(A_2 + B_2 + C_2)(A_2 + C_1 - C_2) = 0$$

如果 $A_2 + B_2 + C_2 = 0$,则会导致条件②:当 $x = 1$ 时,$y = 1$ 不成立,故只有 $A_2 + C_1 - C_2 = 0$,同时结合式(2.24),可得

$$C_1 = C_2 - A_2, B_1 = 2A_2 + B_2 \tag{2.27}$$

将式(2.27)代入式(2.23),并令 $2 + B_2/A_2 = A$,$(C_2/A_2 - 1) = M$,则式(2.23)变为

$$y = \frac{Ax + Mx^2}{1 + (A - 2)x + (M + 1)x^2} \tag{2.28}$$

对其求导数:

$$\frac{\mathrm{d}y}{\mathrm{d}x} = \frac{-(A + 2M)x^2 + 2Mx + A}{(1 + Ax - 2x + Mx^2 + x^2)^2} \tag{2.29}$$

$$\frac{\mathrm{d}^2 y}{\mathrm{d}x^2} = \frac{(2x^3 - 3x^2)M^2 + [(A + 2)x^3 - 3x^2 - 3Ax + 1]M + 2A - A^2 - 3Ax + Ax^3}{[(M + 1)x^2 + (A - 2)x + 1]^3}$$

$$\tag{2.30}$$

由式(2.29)得

$$\frac{\mathrm{d}y}{\mathrm{d}x}\Big|_{x=0} = A \tag{2.31}$$

而根据 $x = \varepsilon/\varepsilon_0$、$y = \sigma/f_c$ 有

$$\frac{\mathrm{d}y}{\mathrm{d}x}\Big|_{x=0} = \frac{\mathrm{d}\sigma/f_c}{\mathrm{d}\varepsilon/\varepsilon_0}\Big|_{x=0} = \frac{E_0}{E_c}$$

式中:E_0、E_c 分别是弹性模量、割线模量。显然,$\dfrac{E_0}{E_c} > 1$,结合式(2.31),便有 $A = \dfrac{E_0}{E_c} > 1$。

为了满足条件③:当 $0 < x < 1$ 时,$\mathrm{d}^2 y/\mathrm{d}x^2 < 0$,对式(2.30)进行如下处理:如果 $M = -1$,则式(2.30)变为

$$\frac{\mathrm{d}^2 y}{\mathrm{d}x^2} = \frac{2A - A^2 - 1}{(Ax - 2x + 1)^3} = -\frac{(A-1)^2}{(Ax - 2x + 1)^3} \tag{2.32}$$

由于 $A > 1$，故当 $0 < x < 1$ 时，$\dfrac{\mathrm{d}^2 y}{\mathrm{d}x^2} = -\dfrac{(A-1)^2}{(Ax - 2x + 1)^3} < 0$ 成立。所以，为了满足条件③，可取 $M = -1$，于是式(2.28)变为

$$y = \frac{Ax - x^2}{1 + (A - 2)x} \qquad 0 < x < 1 \tag{2.33}$$

而当 $x = 0$ 与 $x = 1$ 时，式(2.33)也满足应力-应变曲线的上升段，故曲线上升段方程可写为

$$y = \frac{Ax - x^2}{1 + (A - 2)x} \qquad 0 \leqslant x \leqslant 1 \tag{2.34}$$

显然，式(2.34)还满足曲线上升段条件⑦。

(2) 曲线下降段。

仍针对式(2.23)，将条件②：当 $x = 1$ 时，$y = 1$ 代入式(2.23)中，仍可得式(2.24)，即 $B_1 + C_1 = A_2 + B_2 + C_2$。由条件⑥：当 $x \to \infty$ 时，$y = 0$ 可得 $C_1 = 0$，并且 $C_2 \neq 0$，则式(2.27)变为

$$A_2 = C_2, \quad B_1 = B_2 + 2A_2 \tag{2.35}$$

将式(2.26)与 $C_1 = 0$ 代入式(2.23)，并令 $(2 + B_2/A_2) = B$，得

$$y = \frac{Bx}{1 + (B - 2)x + x^2} \qquad x > 1 \tag{2.36}$$

为了确保条件⑦成立，约定 $B > 0$。

对式(2.36)求二阶与三阶导数

$$\frac{\mathrm{d}^2 y}{\mathrm{d}x^2} = \frac{2B(2 - B - 3x + x^3)}{[1 - (2 - B)x + x^2]^3} \tag{2.37}$$

$$\frac{\mathrm{d}^3 y}{\mathrm{d}x^3} = \frac{-6B[x^4 - 6x^2 + (8 - 4B)x - B^2 + 4B - 3]}{[1 - (2 - B)x + x^2]^4} \tag{2.38}$$

对于条件④，证明如下：

满足 $\mathrm{d}^2 y / \mathrm{d}x^2 = 0$ 时的横坐标值为 x_D，要求证明 $x_D > 1$。

由式(2.37)可知，$\mathrm{d}^2 y / \mathrm{d}x^2 = 0$，即 $-B + 2 - 3x + x^3 = 0$。设一函数

$$f(x) = x^3 - 3x + 2 - B \tag{2.39}$$

易知 $f(x)$ 为增函数，对其求一阶与二阶导数

$$f'(x) = 3x^2 - 3 \tag{2.40}$$

$$f''(x) = 6x \tag{2.41}$$

当 $x = 1$ 时，$f'(x) = 0$，$f''(x) > 0$，也就是，$x = 1$ 时，$f(x)$ 有最小值 $f(1) = -B < 0$，而当 $x \to \infty$ 时，$f(x) > 0$，所以函数 $f(x)$ 在点 $(1, 0)$ 之右与 x 轴的有一个交点，即点 $(x_D, 0)$，从而证明了条件④：当 $\mathrm{d}^2 y / \mathrm{d}x^2 = 0$ 时，$x_D > 1$。

对于条件⑤证明如下：

满足 $d^3y/dx^3=0$ 时的横坐标值为 x_E，要求证明 $x_E > x_D$。

由式(2.38)可知，$d^3y/dx^3=0$，即 $x^4-6x^2+(8-4B)x-B^2+4B-3=0$，设一函数

$$g(x) = x^4 - 6x^2 + (8-4B)x - B^2 + 4B - 3 \tag{2.42}$$

显然，当 $x>0$ 时，$g(x)$ 是增函数。

由刚才 x_D 是 $f(x)=x^3-3x+2-B$ 与 x 轴的交点可知

$$x_D^3 - 3x_D + 2 - B = 0，即 B = x_D^3 - 3x_D + 2$$

那么

$$
\begin{aligned}
g(x_D) &= x_D^4 - 6x_D^2 + (8-4B)x_D - B^2 + 4B - 3 \\
&= x_D^4 - 6x_D^2 + [8 - 4(x_D^3 - 3x_D + 2)]x_D - (x_D^3 - 3x_D + 2)^2 \\
&\quad + 4(x_D^3 - 3x_D + 2) - 3 \\
&= -(x_D^2 - 1)^3 < 0 \quad (因为 x_D > 1)
\end{aligned}
$$

而当 $x \to \infty$ 时，$g(x) > 0$，所以函数 $g(x)$ 在点 $(x_D, 0)$ 之右与 x 轴的有一个交点，即点 $(x_E, 0)$，从而证明了条件⑤：当 $d^3y/dx^3=0$ 时，$x_E > x_D$。

综合上述可知，当 $x>1$ 时，式(2.36)可作为曲线的下降段方程。

由式(2.34)和式(2.36)生成的曲线如图 2.57 所示。结合本章推导的全曲线方程，从图中可以看出 A、B 的明确物理意义。A 值越大，即 E_0/E_c 越大，f_c 与弹性极限应力的差值越大，如果对照 ECO-RPC 的应力-应变曲线，则说明峰值应力与初裂应力的差值越大；反之，A 值越小，材料的线弹性段越长，当 $A=1$ 时，材料受压时的应力-应变呈现完全线性关系。B 值越大，曲线下降段越平缓，当 B 值无穷大时，峰值后的曲线为经过峰值点向右延伸的水平线，即材料呈现完全塑性，当 $B=0$ 时，峰值后的曲线为经过峰值点向下的竖直线，即材料在压应力超过其抗压强度后的剩余强度为 0，呈现完全脆性。

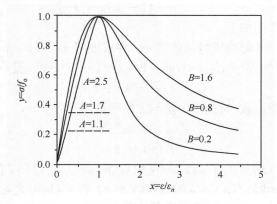

图 2.57　参数对应力-应变曲线的影响

（3）全曲线方程参数的确定。

对 ECO-RPC 应力-应变曲线进行非线性回归，得到的参数 A、B 及相关系数如表 2.43 所示。A 和 B 都随着 V_f 的增加而增大，可见 A 和 B 能够反映出 V_f 对 ECO-RPC 峰值荷载前的增强、增韧与峰值荷载后的增韧影响。A 的相关系数都大于 0.99，说明式（2.34）理论值与实测曲线上升段符合良好，B 的相关系数分布在 0.9～0.999 之间，这主要是因为下降段受试验机刚度影响，导致式（2.36）理论值与实测曲线下降段的一致性相对较弱。

表 2.43　ECO-RPC 单轴受压应力-应变全曲线方程参数

编号	应变率/(10^{-4}/s)				应变率/(10^{-2}/s)			
	A	A 相关系数	B	B 相关系数	A	A 相关系数	B	B 相关系数
ECO-RPCV0	1.0859	0.9999	0.9351	0.9989	1.0577	0.9998	0.8895	0.9715
ECO-RPCV3	1.1864	0.9986	1.3502	0.9298	1.1676	0.9989	1.0897	0.9663
ECO-RPCV4	1.1962	0.9984	1.4509	0.9801	1.2047	0.9992	1.3443	0.9722

2.2.3　ECO-RPC 的动态力学性能

1. ECO-RPC 材料动态力学性能试验原理

抗高速冲击的超高性能混凝土的研制，必然涉及在高速冲击条件下，混凝土的动态响应特征与材料各参数之间的关系。研究材料动态力学性能的试验系列按应变率大小排序有：①中应变率，$d\varepsilon/dt = 10^0 \sim 10^2 \, s^{-1}$；②高应变率，$d\varepsilon/dt = 10^2 \sim 10^4 \, s^{-1}$；③超高应变率，$d\varepsilon/dt = 10^4 \sim 10^6 \, s^{-1}$。过去经常采用的落锤方法适用于中应变率范围，目前应用非常广泛的分离式 Hopkinson 压杆（以下简称为 SHPB），适用于中、高应变率范围，而材料的超高应变率测试，则要采用现场抗爆试验。

首先，混凝土的动态力学性能研究成果大都是在落锤试验装置上取得的。由于落锤试验得不到应力-应变曲线，所得数据只能作些相对意义上的比较。近 20 年来，混凝土的冲击压缩试验的落锤装置逐渐被 SHPB 装置取代。本节使用 SHPB 装置测试了 ECO-RPC 的冲击压缩性能，装置如图 2.58 所示。

试验装置的工作原理为：高压气体推动膛腔中的子弹撞击杆以一定速度撞击弹性输入杆，在杆内产生一个强度及时间间隔一定的应力波脉冲对短试样加载，该应力脉冲传至试件时，在试件的两端面间产生多次反射，并使试件变形均匀化。输入的应力波，一部分通过试件并传到输出杆（即透射波），另一部分则反射回来，信号又为输入杆上的应变片所采集。试验过程中，输入杆与输出杆始终处于弹性范围，故试件所受的是平均应力。平均应力及平均应变率可分别从粘贴于两杆上的应变片所采集的波形信号 $\varepsilon_I(t)$、$\varepsilon_T(t)$ 及 $\varepsilon_R(t)$，根据一维应力波理论得到。改变

(a) SHPB实物整体图

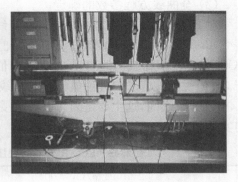
(b) SHPB局部图

(c) SHPB数据处理系统

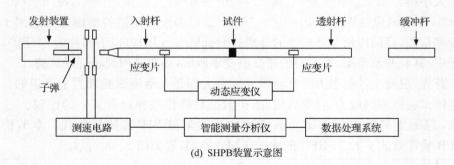
(d) SHPB装置示意图

图 2.58　SHPB 装置

子弹的速度,可控制入射应力(应变)脉冲的幅值和应变率的高低;而改变子弹的长度可以改变应力脉冲的长度(历时)。

测速系统由两对光源-光电管组成,主要测量子弹在撞击前的飞行速度 V_0。应变信号采测装置由贴于两杆上的电阻应变片(传感器)、超动态应变仪(放大电路)和波形存储器(显示记录仪器)所组成。其功能是将杆中的应变信号转换成电信号并将波形存储记录,供计算机进行各种后处理。

若记录的入射波、反射波和透射波分别以 $\varepsilon_I(t)$、$\varepsilon_R(t)$ 及 $\varepsilon_T(t)$ 表示,则据此可如下所述地确定试件与压杆界面处的位移和应力。根据一维弹性波理论有

$$u = c_0 \int_0^t \varepsilon \mathrm{d}t' \tag{2.43}$$

式中:u 为 t 时刻的位移;c_0 为杆的弹性波速;ε 为应变。输入杆端面位移 u_1 是沿杆轴向传播的入射应变脉冲 ε_I 和逆轴向传播的反射应变脉冲 ε_R 共同作用的结果,即

$$u_1 = c_0 \int_0^t \varepsilon_I \mathrm{d}t' + (-c_0) \int_0^t \varepsilon_R \mathrm{d}t' = c_0 \int_0^t (\varepsilon_I - \varepsilon_R) \mathrm{d}t' \tag{2.44}$$

输出杆与试件接触端面的位移为

$$u_2 = c_0 \int_0^t \varepsilon_T \mathrm{d}t' \tag{2.45}$$

以 l_0 表示试件长度,则试件的工程应变率为

$$\dot{\varepsilon} = \frac{\nu_1 - \nu_2}{l_0} = \frac{c_0}{l_0}(\varepsilon_I(t) - \varepsilon_R(t) - \varepsilon_T(t)) \tag{2.46}$$

或试件的工程应变为

$$\varepsilon = \frac{u_1 - u_2}{l_0} = \frac{c_0}{l_0} \int_0^t (\varepsilon_I(t) - \varepsilon_R(t) - \varepsilon_T(t)) \mathrm{d}t' \tag{2.47}$$

以 A 表示压杆截面积,则试件与入射杆及透射杆相接触的二端面的作用力分别为

$$p_1 = EA(\varepsilon_I + \varepsilon_R), \qquad p_2 = EA\varepsilon_T$$

对于截面积为 A_0 的试件,则其平均应力为

$$\sigma = \frac{p_1 + p_2}{2A_0} = \frac{1}{2}E\frac{A}{A_0}(\varepsilon_I + \varepsilon_R + \varepsilon_T) \tag{2.48}$$

假设经过一定时间间隔后,应力脉冲在短试件中多次来回反射后已使试件沿长度的应力均匀化(即试件中的应力波效应已可忽略),则

$$\varepsilon_I + \varepsilon_R = \varepsilon_T \tag{2.49}$$

$$\sigma_1 = \sigma_2 \tag{2.50}$$

将式(2.50)代入式(2.47)和式(2.48)有

$$\varepsilon = -\frac{2c_0}{l_0} \int_0^t \varepsilon_R \mathrm{d}t' \tag{2.51}$$

$$\sigma = E\frac{A}{A_0}\varepsilon_R \tag{2.52}$$

在 SHPB 试验中,只要入射波脉冲长度比短试件长度大得多,则试件应力(应变)是均匀化的,假定成立,于是只需采集到 ε_I、ε_T、ε_R 三个波形中的任何两个就可求得试件的动态应力应变关系。这样,通常可有下列四种计算处理模式。

模式一：用入射波和透射波计算。

$$\sigma_{m1} = E\varepsilon_R(t)\frac{A}{A_0}$$

$$\dot{\varepsilon}_{m1} = -\frac{2c_0}{l_0}[\varepsilon_T(t) - \varepsilon_I(t)]$$

$$\varepsilon_{m1} = \int_0^t \dot{\varepsilon}_{m1}(\tau)d\tau \tag{2.53}$$

模式二：用入射波和反射波计算。

$$\sigma_{m2} = E[\varepsilon_I(t) + \varepsilon_R(t)]\frac{A}{A_0}$$

$$\dot{\varepsilon}_{m2} = -\frac{2c_0}{l_0}\varepsilon_R(t)$$

$$\varepsilon_{m1} = \int_0^t \dot{\varepsilon}_{m2}(\tau)d\tau \tag{2.54}$$

模式三：用反射波和透射波计算。

$$\sigma_{m3} = E\varepsilon_T(t)\frac{A}{A_0}$$

$$\dot{\varepsilon}_{m3} = -\frac{2c_0}{l_0}\varepsilon_R(t)$$

$$\varepsilon_{m3} = \int_0^t \dot{\varepsilon}_{m3}(\tau)d\tau \tag{2.55}$$

模式四：用入射波、反射波、透射波直接计算。

$$\sigma_{m4} = \frac{E}{2}[\varepsilon_I(t) + \varepsilon_R(t) + \varepsilon_T(t)]\frac{A}{A_0}$$

$$\dot{\varepsilon}_{m4} = \frac{c}{l_0}[\varepsilon_I(t) - \varepsilon_R(t) - \varepsilon_T(t)]$$

$$\varepsilon_{m4} = \int_0^t \dot{\varepsilon}_{m4}(\tau)d\tau \tag{2.56}$$

原则上，这四种模式是相互等价的，如采用第一种模式处理。此外与静态试验类似，为减小端面摩擦效应，动态试验中，试样两端均涂以润滑油。

2. ECO-RPC 的冲击轴压性能

1）试验方案

冲击压缩试验采用直径为 70mm、高度为 35mm 的圆柱体试样。对标准养护后的 ECO-RPC 试样在专用的岩石磨床上磨至端面平行度 2 丝的精度要求。试验设备采用解放军总参谋部某所的 ϕ100mm 的大型 Hopkinson 压杆装置。本节对 ECO-RPC 试件均进行了三组动态应变率试验，三组动态试验的应变率分别控制在 30~40/s,50~60/s,70~80/s。冲击压缩试验结果经过数据处理后给出应力-应变曲线,曲线上的最大值点为 ECO-RPC 材料的峰值应力 σ_b,相应的应变为 ε_b。

2) 冲击压缩应力-应变全曲线及分析

冲击压缩应力-应变全曲线如图 2.59~2.61 所示,冲击压缩试验数据(峰值应力、峰值应力下的应变)如表 2.44 所示。

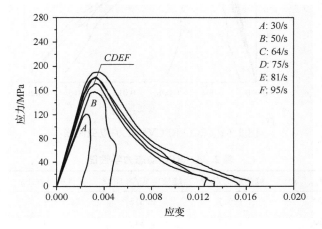

图 2.59　ECO-RPCV0 应力-应变曲线

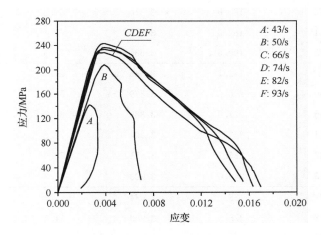

图 2.60　ECO-RPCV3 应力-应变曲线

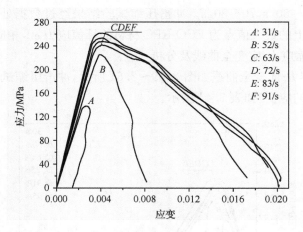

图 2.61　ECO-RPCV4 应力-应变曲线

表 2.44　RPC 动态力学性能

V_f/%	应变率/(1/s)	峰值应力/MPa	峰值应变/×10⁻³	弹性模量/GPa	曲线下的面积
0	30*	120.7	2.515	55.1	0.178
	50	158.1	3.210	57.9	0.480
	64	171.4	3.300	65.8	0.973
	75	180.9	3.310	69.2	1.119
	81	182.5	3.315	71.4	1.105
	95	190.6	3.588	74.5	1.327
3	43*	142.1	2.645	57.4	0.252
	50	208.0	3.879	58.2	0.892
	66	227.8	3.889	68.7	2.195
	74	233.3	3.901	71.2	2.261
	82	236.3	3.911	73.9	2.290
	93	243.0	3.920	77.3	2.421
4	31*	138.2	2.684	57.4	0.164
	52	225.3	3.903	61.3	1.048
	63	241.6	4.091	68.7	2.995
	72	247.6	4.138	71.4	3.079
	83	253.5	4.159	75.9	3.085
	91	261.4	4.166	78.8	3.133

注:标注 * 号的应变率,对应的试件无可见破坏。

图 2.62～2.64 为试件典型的破坏形态。试验结果表明,在同应变率条件下,

ECO-RPC 的破坏程度都要比 ECO-RPC 基体轻得多。对比图 2.63 和图 2.64 可以看出,在同一应变率下,ECO-RPC 基体试件碎成了一堆残渣,而 ECO-RPC 试件还能够基本上保存中间的主体。从图 2.63 的基体试件和图 2.64 的 $V_f = 4\%$ 的 ECO-RPC 试件还可看出,应变率升高过程中,与基体混凝土破坏状况的区别:在应变率敏感性阈值之前,两者基本上都无可见损伤;达到应变率敏感阈值 50/s 时,ECO-RPC 试件边缘脱离,基体混凝土试件则裂开;应变率超过 60/s 时,前者边缘脱落增多,而后者却分裂成大小不等的十多块;应变率超过 70/s 时,前者沿周边环状开裂,但后者却碎成残渣;应变率超过 80/s 时,前者中间裂缝成"X"形,四个裂块由纤维连接,此时后者已成粉末状态。ECO-RPC 在冲击条件下呈现出"微裂而不散,裂而不断"的破坏模式正是防护工程所需要的,它可大大减少爆炸作用下,防护结构碎裂块对人员、设备的冲击伤害。

$V_f = 0\%$　　　　$V_f = 3\%$　　　　$V_f = 4\%$

图 2.62　应变率为 75/s 时 ECO-RPC 冲击轴压的破坏形态

30/s　　　　50/s　　　　64/s　　　　75/s　　　　81/s

图 2.63　应变率增大时 ECO-RPC 基体的破坏形态

31/s　　　　52/s　　　　63/s　　　　72/s　　　　83/s

图 2.64　应变率增大时($V_f = 4\%$)ECO-RPC 的破坏形态

ECO-RPC 破坏形态机理一方面在于钢纤维的阻裂增韧增强,另一方面,还可从应力波的角度分析,那就是在试验中试件可能出现的拉伸破坏。相对而言,混凝土的抗拉强度要远小于其抗压强度,对混凝土试件进行 SHPB 冲击压缩试验时,由于试件侧面为自由面,经侧面反射的波为拉伸波,这个拉伸波的强度虽然不是很强,但由于混凝土的抗拉强度低,它可能使材料过早地破坏。因此可以认为,同应变率时,ECO-RPC 的破坏程度远轻于基体混凝土的原因是由于在试件内部大量的乱向分布的钢纤维形成了一个纵横交错的网状结构,这种网状结构能有效地阻碍混凝土的拉伸破坏。

(1)ECO-RPC 是应变率敏感材料,其应变率阈值为 50/s。当应变率小于该值时,测出试件的动态抗压强度小于其静态值,并且随应变率的改变,峰值应力变化不大,冲击压缩后的试件无可见损伤;当应变率达到阈值时,峰值应力达到或略超过静态强度;当应变率再提高时,峰值应力提高加速,材料应变硬化效应明显。

(2)钢纤维对 ECO-RPC 材料的增韧效果显著。钢纤维的掺入使 ECO-RPC 峰值应力较 ECO-RPC 基体明显提高,其破坏形态也明显不同。当 $V_f = 0\%$ 时,试件呈粉碎性破坏;当 $V_f = 3\%$,4% 时,因纤维的约束与桥接作用,在高应变速率下,试件仍保持原状,无明显裂缝产生,即使出现裂缝,其尺度也十分微小。随着应变率的提高,ECO-RPC 的破坏程度增加,掺入钢纤维的 ECO-RPC 的破坏程度明显小于 ECO-RPC 基体。

(3)硅粉、磨细矿渣微粉和超细粉煤灰的复合加入后,由于它们火山灰效应的发挥,增加了水化硅酸钙凝胶和钙矾石生成数量,减少氢氧化钙晶体的数量及定向排列和富集现象,优化了基体结构,增进了结构的致密性。钢纤维掺入之后,由于纤维与 ECO-RPC 基体间界面的强化和界面黏结强度随龄期增长的不断提高,大大减小了因界面薄弱而带来的不利影响。当试件受冲击荷载时,纵横交错的纤维网络结构约束了试件的横向变形,使其近似于三向受压状态,推迟了裂缝的产生并限制了裂缝的引发和扩展的速率,其结果是材料的强度、应变值与韧性均增大。

3. ECO-RPC 抗冲击本构方程

1)本构方程概述

本构关系广义上是指自然界一作用与由该作用产生的效应两者之间的关系,在力学中则为力与变形之间的关系,材料的力学本构关系就是材料的应力-应变关系,描述它的数学表达式称为本构方程。

混凝土是一种成分复杂的非均质、各向异性材料,组分材料及各相之间的相互作用、配合比、施工工艺(搅拌、成型、养护)、龄期与所处环境的变化都会导致各种性能差异。随着施加于其上荷载的大小与时间的变化,混凝土常表现出弹性、塑性或黏性等性状,而且不同种类的混凝土,表现的性状又不完全一样。

混凝土材料在冲击荷载下的动力响应大致可分为三种情况:

(1)弹性响应。当外荷载产生的应力低于材料的屈服点,应力波的传播不造成材料不可逆的变形,材料表现为弹性行为,线性胡克定律即可适用。

（2）黏塑性响应。当外荷载产生的应力超过材料屈服点后,混凝土材料的塑性变形与经典塑性理论不同,它不仅可以屈服和硬化,而且还可以产生软化,同时屈服、硬化和软化都和荷载大小与时间密切相关,其本构关系应计入材料黏性因素,考虑瞬态的应变率效应。

（3）流体动力响应。当应力超过材料强度几个数量级,达到几吉帕或更高时,材料可作为非黏性可压缩流体处理,其真实结构可不予考虑,其本构关系用状态方程来表示。

对大量试验结果进行拟合,可以得到材料本构方程。在温度变化范围不是很大时,通常给出应力、应变和应变率的关系式,而温度的影响放到本构关系中包含的系数中去考虑。这类本构方程概括说来可分为如下四种:

（1）过应力模型。所谓过应力,即材料在动力作用下所引起的瞬时应力与对应于同一应变时的静态应力之差。过应力模型认为,应变率只是过应力的函数,与应变大小无关。其中有代表性的是 Malvern 方程

$$\sigma = f(\varepsilon) + a\ln(1 + b\dot{\varepsilon}) \tag{2.57}$$

式中:a、b 为参数,通过试验测定;$f(\varepsilon)$ 为准静态屈服应力;$\dot{\varepsilon}$ 为应变率。

（2）黏塑性模型。材料动力学的一个重要特征是,动态强度随应变率的增加而提高,牛顿黏性流动的特征是剪应力与剪应变成正比,其比值为黏性系数。二者相比较有类似之处,因而借助于黏塑性模型建立材料塑性动态本构关系,典型的有宾厄姆（Bingham）模型的本构方程:

$$\sigma = \sigma_0 + \mu\dot{\varepsilon} \tag{2.58}$$

式中:σ_0 为准静态屈服应力;μ 为黏性系数。

（3）无屈服面模型。（1）和（2）两类模型均假定存在静态屈服应力,即假设存在屈服面。Bodner 和 Partom 基于位错理论提出了一个无屈服面的模型。位错是晶体内的晶格缺陷,它造成晶体的实际屈服强度比理论屈服强度低得多。模型表达式为

$$\dot{\varepsilon} = \frac{2\sigma}{\sqrt{3}|\sigma|}D_0\exp\left[-\frac{1}{2}\left(\frac{Z}{\sigma}\right)^{2n}\left(\frac{n+1}{n}\right)\right] \tag{2.59}$$

$$Z = Z_1 - (Z_1 - Z_0)\exp(-mW_P/Z_0) \tag{2.60}$$

式中:Z 为表征流动阻力和应变历史相关的变量;Z_0、Z_1、m、n 和 D_0 为材料参数;W_P 为塑性功。

（4）热激活模型。这是通过从塑性变形过程中微观结构的演化来推导出的本构方程。例如,Harding 在对金属进行大量试验研究的基础上总结出下式:

$$\sigma = \sigma_a + C(\dot{\varepsilon}/\dot{\varepsilon}_0)^{T/D} \tag{2.61}$$

式中:σ_a 是材料在应变率 $\dot{\varepsilon}_0$ 时的应力;T 是热力学温度;C、D 是材料参数。

2）ECO-RPC 动态本构方程

加拿大的 Peter H Bischoff 和爱尔兰的 Simon H Perry 总结了 20 世纪大部分

混凝土强度与应变率方面的研究结果,将 $10^{-8} \sim 10^2/s$ 应变率范围内混凝土强度绘制在同一张图表上,如图 2.65 所示。从图 2.65 的统计结果可知,混凝土强度随应变率升高而提高,当应变率超过 10/s 后,强度提高率明显增大。美国 Ross 采用 SHPB 对 C40 级混凝土研究发现,当应变率超过 60/s 后,混凝土强度随应变率的对数呈线性增长。本节试验结果与 Ross 的研究有类似之处,试验数据(超过应变率敏感性阈值后的应变率与相应强度)与 Ross 的数据的比较见图 2.66。

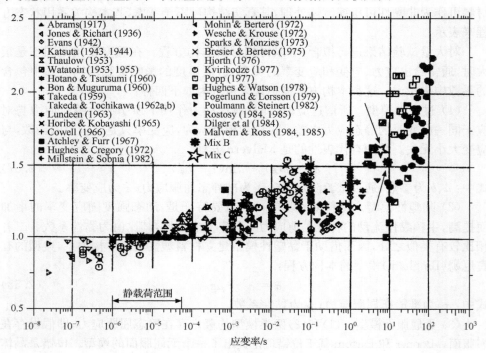

图 2.65　混凝土强度与应变率的关系

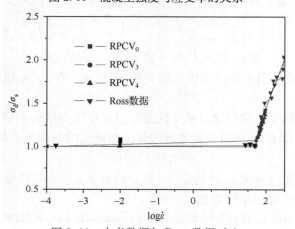

图 2.66　本书数据与 Ross 数据对比

再从图 2.59～2.61 观察,超过应变率敏感值后,ECO-RPC 的冲击动态应力-应变曲线还能够满足图 2.56 的假设。

综合上述,ECO-RPC 本构方程 $\sigma = f(\varepsilon, \dot{\varepsilon})$ 表达式如式(2.62)所示。

$$
\begin{cases}
\sigma_0 = M + N \log(\dot{\varepsilon}/\dot{\varepsilon}_0) & 0 \leqslant x \leqslant 1 \\
y = \dfrac{Ax - x^2}{1 + (A-2)x} & x > 1 \\
y = \dfrac{Bx}{1 + (B-2)x + x^2} & x = \varepsilon/\varepsilon_0 \\
y = \sigma/\sigma_0 &
\end{cases}
\tag{2.62}
$$

式中: σ_0、ε_0 分别是峰值应力和峰值应变; $\dot{\varepsilon}_0$ 是应变率敏感性阈值; M、N、A、B 为待定参数。

对 ECO-RPC 冲击动态应力-应变曲线进行非线性回归,得到的参数 A、B 如表 2.45所示。由表 2.45 可看出,对于同一种材料,A 值随应变率升高而增大,B 值则在大约 2 倍 $\dot{\varepsilon}_0$ 内随应变率升高而递增,超过该应变率后则呈递减趋势。其原因在于: A 主要反映强度与弹性模量,而这两个力学参数随应变率升高而增大;B 反映的是韧性,随着应变率的升高,材料强度增大,曲线下降段覆盖的面积有增大趋势,但脆性的增大,曲线下降越陡峭,使曲线下的面积有减小趋势。当应变率在 2 倍 $\dot{\varepsilon}_0$ 内时,由于材料强度增大对曲线面积的影响大,曲线面积递增,B 值也递增。超过该应变率值后,脆性增大对曲线面积的影响更大,故曲线面积递减,B 值随之递减。由此可见,A、B 分别反映了应变率对材料强度、弹性模量与韧性的影响。

表 2.45　ECO-RPC 的 A、B 值

$V_f/\%$	应变率/(1/s)	A	A 的相关系数	B	B 的相关系数
0	50	1.1431	0.9993	0.9285	0.9806
	64	1.2413	0.9992	0.9332	0.9930
	75	1.274	0.9993	0.9588	0.9958
	81	1.3005	0.9989	1.0208	0.9836
	95	1.4121	0.9969	1.0295	0.9913
3	50	1.1452	0.9998	1.2095	0.9731
	66	1.2473	0.9983	1.2766	0.9695
	74	1.2795	0.9981	1.3332	0.8551
	82	1.3112	0.9990	1.3893	0.8432
	93	1.4308	0.9992	1.4013	0.9541
4	52	1.1561	0.9999	1.4982	0.9940
	63	1.2575	0.9991	1.5145	0.9388
	72	1.2896	0.9983	1.5358	0.8725
	83	1.3549	0.9975	1.5671	0.9174
	91	1.4707	0.9975	1.5841	0.9298

表 2.45 中的拟合结果还表明,在相同或相近应变率下,ECO-RPC 的 A、B 值均随 V_f 的提高而增大,反映了钢纤维对基体的增强与增韧作用。

从以上可知,A、B 具有明确的物理意义。

再通过非线性回归,ECO-RPC 的 A 值与峰值强度 σ_0,以及 B 值与应变率 $\dot{\varepsilon}$ 有如下关系:

$$A = \frac{1}{A_1 + A_2/\sigma_0 - 1} \tag{2.63}$$

$$B = (-B_1 \dot{\varepsilon}^2 + 4\dot{\varepsilon}_0 \dot{\varepsilon} + B_2) \times 10^{-3} \tag{2.64}$$

联立式(2.62)~(2.64)得到本构方程最终形式,通过拟合得到各系列 ECO-RPC 的 A_1、A_2、B_1、B_2、M、N 值如表 2.46 所示。从表 2.46 可看出,材料强度越高,M 和 N 值越大,结合本构方程的第一个式子 $\sigma_0 = M + N \log(\dot{\varepsilon}/\dot{\varepsilon}_0)$ 可知,在冲击条件下,混凝土强度越高,其应变率敏感性更加明显。

表 2.46　ECO-RPC 动态本构参数

类别	A_1	A_2	B_1	B_2	M	N
RPCV0	0.95	147.39	0.0955	80.81	158.67	116.82
RPCV3	0.72	243.47	0.1502	100.53	209.80	128.20
RPCV4	0.52	307.53	0.1612	130.87	224.74	139.80

4. ECO-RPC 材料冲击轴拉和冲击劈拉性能

1) 试验方法与原理

对 ECO-RPC 材料的冲击劈拉和冲击轴拉试验,均采用 SHPB 试验技术,其试验装置如图 2.67 和图 2.68 所示。

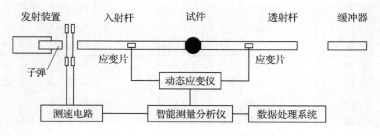

图 2.67　冲击劈拉 SHPB 装置

冲击劈拉试验装置的工作原理为:高压气体推动膛腔中的子弹撞击杆以一定速度撞击弹性输入杆,在杆内产生一个强度及时间间隔一定的应力波脉冲对短试样加载,该应力脉冲传至试件时,在试件的两端面间产生多次反射,并使试件变形均匀化。输入的应力波,一部分通过试件并传到输出杆(即透射波),另一部分则反

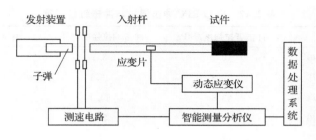

图 2.68　冲击轴拉 SHPB 装置

射回来,信号又为输入杆上的应变片所采集。试验过程中,输入杆与输出杆始终处于弹性范围,故试件所受的是平均应力。平均应力及平均应变率可分别从粘贴于两杆上的应变片所采集的波形信号 $\varepsilon_I(t)$、$\varepsilon_T(t)$ 及 $\varepsilon_R(t)$,根据一维应力波理论得到。改变子弹的速度,可控制入射应力(应变)脉冲的幅值和应变率的高低;而改变子弹的长度可以改变应力脉冲的长度(历时)。测速系统由两对光源-光电管组成,主要测量子弹在撞击前的飞行速度 V_0。应变信号采测装置由贴于两杆上的电阻应变片(传感器)、超动态应变仪(放大电路)和波形存储器(显示记录仪器)所组成。其功能是将杆中的应变信号转换成电信号并将波形存储记录,供计算机进行各种后处理。冲击劈拉的试验原理与冲击压缩基本相同。

　　混凝土冲击轴拉试验基本原理是:压缩波进入试件,在试件中产生压应力,压缩波在杆的自由表面反射后,生成拉伸波,压缩波与拉伸波波幅相同,传播方向相反,在两者相互重叠之处,两者对试件的作用彼此抵消。随着时间推移,当拉伸波独立作用于试件时,会使试件产生拉应力,如果拉应力大于材料动态抗拉强度,就会在该处引起破裂。本试验中,通过调节打击力,使试件只发生出现初始裂缝的破坏,记录这时的拉应力,即所谓动态抗拉强度。

　　2) 材料动态劈拉与轴拉强度试验结果与分析

　　在进行动态劈拉和动态轴拉试验时,主要计算轴拉和劈拉强度,并分析纤维体积分数和基体组成的不同对这两项性能指标的影响及破坏特征的对比。强度计算结果如表 2.47 所示,ECO-RPC 基体组成不同对冲击劈拉和冲击轴拉强度无明显影响,纤维体积分数的影响则十分明显。当 $V_f=3\%,4\%$ 时,对冲击轴拉强度有较大幅度的提高,其冲击轴拉强度分别提高 113% 和 119%(掺入 M2),115% 和 112%(掺入 M3)。轴拉强度与劈拉强度之比也有提高,$V_f=3\%,4\%$ 与 $V_f=0\%$ 的相比,提高的幅度为 96%~106%($V_f=3\%$)和 137%~144%($V_f=4\%$)。

表 2.47　ECO-RPC 冲击劈拉与冲击轴拉强度

试验系列	冲击劈拉强度/MPa	冲击轴拉强度/MPa	轴拉强度/劈拉强度
ECO-RPCM2V0	10.7	3.1	0.29
ECO-RPCM2V3	22.8	13.1	0.57
ECO-RPCM2V4	23.5	14.1	0.60
ECO-RPCM3V0	10.9	2.9	0.27
ECO-RPCM3V3	23.5	15.0	0.64
ECO-RPCM3V4	23.2	15.2	0.66

3）ECO-RPC 材料动态劈拉与轴拉破坏形态的分析

（1）冲击轴拉的破坏形态。

因钢纤维的掺入，ECO-RPC 冲击轴拉的破坏形态有很大的不同。在冲击轴拉时，$V_f = 0\%$，3%，4% 和 ECO-RPC 基体中掺入二元（M2）和三元（M3）复合超细工业废渣后，其破坏形态如图 2.69 和图 2.70 所示。当基体中掺入 M2，纤维体积分数 V_f 由 0% 到 4%，其破坏形态是：当 $V_f = 0\%$ 时出现突然脆断，试件拉断为二段，有的成三段；当 $V_f = 3\%$ 时，在破坏时，试件的 ECO-RPC 基体虽断裂，但在断裂面上有诸多超细纤维桥接，而仍然保持试件为一体，基体裂缝贯通；当 $V_f = 4\%$ 时，因基体开裂后有更多纤维桥接和密布于断裂面，失效时宏观上观察到的断裂面很窄、裂缝很小，其中被间距更小的纤维桥接并控制裂宽。特别当 RPC 基体中掺入 M3 时，因界面黏结力的提高和纤维间距减小的双重作用，破坏时断裂面裂缝的宽度用肉眼已难以判别。

图 2.69　$V_f = 0\%$，3% 和 4% 的 ECO-RPC（M_3）冲击拉伸时的破坏形态

（2）冲击劈拉的破坏形态。

ECO-RPC 冲击劈拉与冲击轴拉虽受拉方式不同，但破坏特征与规律却十分相似。RPC 基体和纤维体积分数的影响规律也十分一致。冲击劈拉的破坏形态

图 2.70　$V_f=0\%$,3％和 4％的 ECO-RPC(M_2)冲击拉伸时的破坏形态

如图 2.71～2.73 所示。当 $V_f=0\%$时,无论 ECO-RPCM2 还是 ECO-RPCM3,在冲击劈拉作用下,其破坏形态均是突然的脆性破裂,并分离成毫无连接的两半或数块;当 $V_f=3\%$时,M2 和 M3 的破坏形态十分相似,在中部断裂面处,因纤维的桥接作用,试件不仅保持整体性无分离现象,虽基体开裂,但在劈裂面上均密布超细纤维而保持整体,不仅裂而不散,且冲击劈裂裂缝宽度也很小。其中 $V_f=3\%$和 $V_f=4\%$的试件冲击劈裂裂缝的宽度,因 $V_f=4\%$时劈裂面上密布纤维的间距更小,桥接与约束作用更大,从而劈裂裂缝宽度又进一步变细。

(a) M2　　　　　　　　　　　　　　　　　　(b) M3

图 2.71　ECO-RPC 基体的冲击劈拉破坏形态

(a) M2　　　　　　　　　　　　　　　　　　(b) M3

图 2.72　$V_f=3\%$时 ECO-RPC 的冲击劈拉破坏形态

(a) M2　　　　　　　　　　(b) M3

图 2.73　$V_f=4\%$ 时 ECO-RPC 的冲击劈拉破坏形态

ECO-RPCM3 与 ECO-RPCM2 相比,因两种 ECO-RPC 基体组成的不同,基体与纤维间界面黏结性状和界面黏结强度也有高低。同样显示了当 V_f 相同时,因 ECO-RPCM3 基体与纤维的界面黏结强度大于 ECO-RPCM2 基体的界面黏结强度,故在冲击劈裂过程中增进抵抗劈裂裂缝左右加宽和上下延伸的能力;当纤维体积分数 V_f 由 3% 增加到 4% 时,不论基体是 ECO-RPCM2,还是 ECO-RPCM3,在冲击劈裂过程中因纤维根数的增加和纤维间距的减小,纤维桥接能力进一步增加,其阻裂能力也相应提高,其结果是劈裂面裂缝又进一步细化。这一现象充分显示了优化的 ECO-RPC 基体材料与高掺量($V_f=4\%$)超细纤维在试件劈裂过程中的复合效应。

综观上述,在冲击压缩、冲击劈拉、冲击轴拉过程中影响 ECO-RPC 材料破坏形态有着共同的规律性。其中基体特性、纤维掺量和界面黏结是影响破坏形态的重要因素。其中纤维间距和界面黏结又是影响其破坏形态的关键。而 ECO-RPC 基体因纤维掺入对破坏形态的转化是这一材料具有优异动力特性的基础。

2.2.4　ECO-RPC 的耐久性能

混凝土结构耐久性与寿命设计是国内外密切关注的重大科学技术难题。绝不能忽视材料的耐久性和服役寿命,对材料耐久性能应是必不可少的指标。

1. ECO-RPC 抗渗性的研究

采用一次加压法对不同纤维体积分数、不同类型和不同养护方法的 ECO-RPC 材料的抗渗性进行了试验研究,在抗渗试验时采用一次加压法,持压 24h,然后量测其渗水高度。试验结果如表 2.48 所示。

表 2.48　ECO-RPC 材料的抗渗性能

试验系列	渗水高度/mm			试验系列	渗水高度/mm		
	最大	最小	平均		最大	最小	平均
M1f0	2.0	0	1.5	M2f0	1.5	0	0.75
M1f12	1.0	0	0.5	M2f32	1.0	0	0.5
M1f13	0	0	0	M2f33	0.4	0	0
M1f14	0	1.0	0	M2f34	0	0	0
M1f0	2.0	0	1.5	M3f0	0	0	0.5
M1f32	1.5	0	0.75	M3f12	1.0	0	0
M1f33	0	0	0	M3f13	0	0	0
M1f34	0	0	0	M3f14	0	0	0
M2f0	1.5	0	0.75	M3f0	1.0	0	0.5
M2f12	1.0	0	0.5	M3f32	0.8	0	0.4
M2f13	0	0	0	M3f33	0	0	0
M2f14	0	0	0	M3f34	0	0	0

注：上述抗渗试验均在蒸压养护后进行。

试验结果充分表明，二元 M2 或三元 M3 超细复合工业废渣的掺入，因改善与细化了孔结构，切断了孔缝的连通性，其抗渗性能得到大幅度提高。其中，当 $V_f = 0\%$ 时的 M1、M2、M3 相比，M3 优于 M2，M2 优于 M1。因钢纤维的掺入，又进一步防止与抑制了 ECO-RPC 微裂纹的引发和扩展，其抗渗性能随 V_f 增大而提高。当 $V_f = 3\%$，4% 时，不论纤维增强 M1、M2 或 M3，其渗水高度均为零。但不同尺度的纤维对抗渗性能的影响是不同的。表 2.48 示出，f1 与 f3 相比，因 ECO-RPC 基体相同，ECO-RPC 的界面黏结强度因 f3 端部锚固作用比 f1 大，但 f1 尺度小、根数多、纤维间距小，从而对限制 ECO-RPC 裂纹引伸发展的能力又有独特优势，从而用 f1 增强的 ECO-RPC 比用 f3 增强的抗渗性能好。由此，M3f0、M3f12、M3f13、M3f14 均渗水高度为零，具有非常优异的抗水渗透能力。而用 f3 增强 ECO-RPC 基体的能力，因纤维尺度和纤维间距变大的影响与 f1 的情况相比抗渗性能略有下降。

2. ECO-RPC 的抗冻融循环的能力

各系列 ECO-RPC 材料的抗冻融试验结果如图 2.74～2.76 所示。

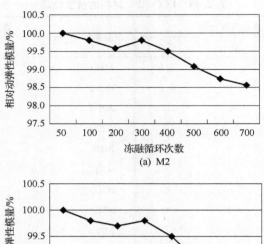

(a) M2

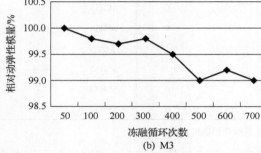

(b) M3

图 2.74　ECO-RPC 基体组成对抗冻性的影响

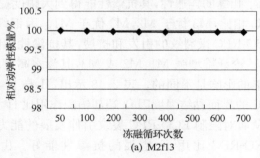

(a) M2f13

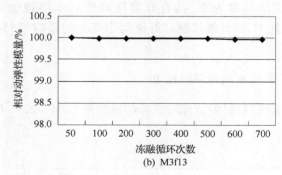

(b) M3f13

图 2.75　钢纤维对 ECO-RPC 基体抗冻性能的影响

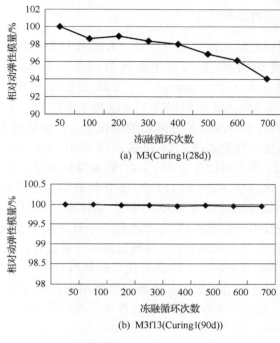

图 2.76　养护龄期对 ECO-RPC 抗冻性的影响

　　当冻融循环次数达 700 次时,因 M3 中掺有三元复合的超细工业废渣,经标准养护 90d 后,大大提高了结构的致密性和抗冻融能力。在 ECO-RPC 中掺入二元复合超细工业废渣时,其抗冻融循环的能力虽略低于 M3,但经 700 次冻融循环后,动弹性模量的损失也小于 1%。当 $V_f = 3\%$ 的 f1 型钢纤维掺入后,其抗冻融损伤的能力又进一步提高,无论 ECO-RPC 基体用 M2 还是 M3,经 700 次冻融循环后,动弹性模量的损失几乎为零。这表明,ECO-RPC 基体及其纤维增强材料均有优异的抗冻融循环的能力。值得注意的是,当养护龄期为 28d 开始冻融时,与 90d 的相比,抗冻融能力还是有大的差异,养护龄期为 28d 的要低于养护龄期为 90d 的冻融循环能力。当冻融循环次数相同时,其动弹性模量下降速率则明显加快。这是因为 Curing1(28d) 的 M3,因粉煤灰的火山灰效应尚未有效发挥,ECO-RPC 的致密性要比 90d 的 M3 差,从而抵抗冻融循环的能力不如 Curing1(90d) 的 M3。尽管如此,从整体上看,不论掺与不掺钢纤维的各系列 ECO-RPC 的抗冻融能力都是十分优异的,尽管 Curing1(28d) 的 M3 抗冻融能力不如 Curing1(90d),但经 700 次冻融循环后,其动弹性模量的损失也仅有 5%～6%,远远低于失效的标准(40%),还有很大的抗冻融潜力。对 Curing1(90d) 的 M3 经 700 次冻融循环后,动弹性模量也基本没有下降,说明其抗冻融的潜力更为突出。

3. ECO-RPC 抗腐蚀的能力

抗有害离子腐蚀是耐久性的又一指标。为揭示 ECO-RPC 抗腐蚀能力,采用西部地区青海的盐湖卤水,有害离子浓度为:68.4g/L Na^+,35.13g/L Mg^+,5.98g/L K^+,4.24g/L Ca^{2+},204g/L Cl^-,22.29g/L SO_4^{2-},0.17g/L CO_2^{2-},0.13g/L HCO_3^-。对 M2、M3 和 M2f13、M3f13 四个系列 ECO-RPC 材料进行了抗腐蚀试验,并用动弹性模量测试了各龄期的变化情况。测试龄期达到 180d,各系列材料动弹性模量变化情况如图 2.77 和图 2.78 所示。经 180d 后,M2 动弹性模量的损失未超过 2%,M3 则仅有 1.5% 左右,距动弹性模量下降为 40% 的失效标准还有很大潜力。这表明,两种 ECO-RPC 基体均有很强的抗腐蚀能力。而掺入 3%f1 纤维时,因超细纤维对致密的 ECO-RPC 基体有很强的阻裂功效,从而又进一步提高了抑制裂纹引发的能力,更有效地阻止了有害离子侵入和由此引起的体积膨胀变形,从而在宏观上反映出动弹性模量基本没有变化。因此,在严酷的腐蚀条件下,M1、M3 和 M1f13、M3f13 均具有优异的抗腐蚀能力,这是其他水泥基材料所不能比拟的。其中复合超细工业废渣与纤维增强复合效应对提高 ECO-RPC 基体的抗腐蚀能力、提高耐久性和服役寿命作出了独特的贡献。

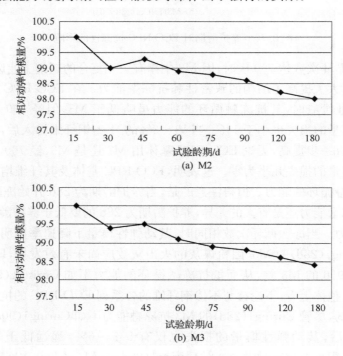

图 2.77　ECO-RPC 基体组成对抗腐蚀能力的影响

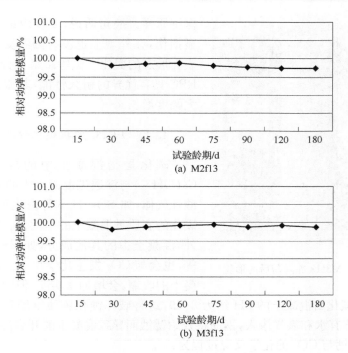

(a) M2f13

(b) M3f13

图 2.78　钢纤维对 ECO-RPC 抗腐蚀能力的影响

ECO-RPC 在冻融前后与腐蚀前后的形貌示如图 2.79 和图 2.80。经 700 次冻融循环和 180d 的高浓度有害离子的腐蚀之后，ECO-RPC 不仅相对动弹性模量降低很少甚至没有变化，而且也未发现试件表面有剥落的迹象，故在形貌上也基本

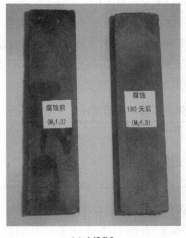

(a) M2f13　　　　　　　　　　　　　　　　　(b) M3f13

图 2.79　M2f13 和 M3f13 腐蚀前后的形貌

图 2.80　M3f13 冻融前后的形貌

保持原样。换句话说，不仅内部结构没有明显损伤，在外观上也没有因经受侵蚀而造成表面形态的变化。试验结果充分表明，ECO-RPC 具有优异的耐久性能，其服役寿命必将大幅度增长。

4. ECO-RPC 的抗碳化性能

碳化是指混凝土中的成分（主要是 $Ca(OH)_2$）与渗透进混凝土中的 CO_2 和其他酸性气体，如 SO_2、H_2S 等发生反应的过程。碳化的实质是混凝土的中性化。除 $Ca(OH)_2$ 外，混凝土中的其他成分，如 CSH、C_3S、C_2S 等，也会与 CO_2 发生化学反应。碳化造成混凝土的收缩，会增加密实度，但同时降低混凝土的 pH。碳化后混凝土的 pH 约为 8～9，这将破坏钝化膜使钢筋失去混凝土的保护作用，若有水和氧气渗入，钢筋将开始锈蚀而导致混凝土的开裂甚至破坏。

氢氧化钙与 CO_2 的化学反应过程为

$$Ca(OH)_2 + CO_2 \longrightarrow CaCO_3 + H_2O$$

CO_2 与水化硅酸钙（CSH）和未水化产物（C_3S、C_2S）的碳化反应过程为

$$3Ca \cdot SiO_2 \cdot 3H_2O + 3CO_2 \longrightarrow 3CaCO_3 \cdot 2SiO_2 \cdot 3H_2O$$

$$3Ca \cdot 2SiO_2 \cdot 3H_2O + 3CO_2 + mH_2O \longrightarrow SiO_2 \cdot mH_2O + 3CaCO_3$$

$$2Ca \cdot SiO_2 + 2CO_2 + mH_2O \longrightarrow SiO_2 \cdot mH_2O + 2CaCO_3$$

作者研究了 ECO-RPC 的抗碳化性能。试件成型尺寸为 $40mm \times 40mm \times 160mm$，采用标准养护 90d 及热水养护 48h 两种养护制度。到龄期后，将试件烘干，放入温度为 $20℃ \pm 5℃$，湿度 $70\% \pm 5\%$，CO_2 浓度为 $20\% \pm 3\%$ 的标准碳化试验箱内，测定 7d、14d、28d、56d、90d 的碳化深度，结果列于表 2.49。

表 2.49　ECO-RPC 基体的碳化深度随龄期的变化　　　　（单位：mm）

	7d	14d	28d	56d	90d
M1	0	0	0	0	0
M2	0	0	0	0	0
M3	0	0	0	0	0

本次试验的结果表明，对于三种基体的 ECO-RPC（M1、M2、M3），不论是标准养护还是热水养护，各测试龄期的碳化情况是试件表面有碳化现象，但碳化深度用现有的一般测量方法均为零，即 ECO-RPC 基体因自身密实度高，CO_2 难以侵入内部，从而 ECO-RPC 内部则几乎不碳化。ECO-RPC 优异的抗碳化性能主要来自于

其非常密实的结构。

ECO-RPC 中掺入了大量的工业废渣,生成的 $Ca(OH)_2$ 较少,碱度较低,但同时 ECO-RPC 的水胶比极低,基体的密实度大大提高,CO_2 及水分很难扩散到 RPC 基体内部。因此,从 7d 开始到 90d 龄期时测得的碳化深度依次接近于零。

5. ECO-RPC 的耐水性

耐水性定义为超高强水泥基材料(如 DSP)经热养护(如蒸气养护或高压养护)后,再置于 20℃水中养护一段时间,其防止强度倒缩的性能。对于 DSP 材料的耐水性表现为其抗压强度大幅度下降,下降幅度分别为:热水养护后再置此类混凝土于 20℃水中 7d,其抗压强度下降幅度为 0%~20%;高压养护后再置此类混凝土于 20℃水中 7d,其下降幅度达 10%~40% 不等。为了检验 ECO-RPC 材料热养护后的耐水性,对 M2 和 M3 系列 ECO-RPC 材料进行了为期 90d 的耐水性试验,结果见表 2.50。浸水 90d 后,高压养护的 ECO-RPC 材料抗压强度最大下降率仅为 0.5% 左右,标准养护和热水养护的 ECO-RPC 的抗压强度反而有所提高,增加率为 5.0%,与 DSP 材料的耐水性相比,ECO-RPC 材料具有优异的耐水性能。

表 2.50 浸水后 ECO-RPC 材料抗压强度降低和提高率　　　(单位:%)

	蒸压养护			热水养护			标准养护		
	30d	60d	90d	30d	60d	90d	30d	60d	90d
M2	0	−0.3	−0.4	0.1	0.3	0.5	1.7	3.4	5.0
M3	0	−0.4	−0.5	1.4	3.5	5.0	1.2	3.2	5.0

2.2.5 RPC200 与 ECO-RPC200 性能对比

ECO-RPC200 与国内外已有的 RPC200 的各项性能指标对比得出,ECO-RPC200 充分利用大掺量复合超细工业废渣取代了超磨细石英粉和大掺量硅灰,改变与增大了集料粒径(增大 5 倍),并用天然砂取代磨细石英砂,部分性能对比列于表 2.51。

表 2.51 ECO-RPC200 与 RPC200 的性能对比

性能	RPC200	ECO-RPC200
抗压强度/MPa	170~230	171~228
抗弯强度/MPa	30~60	38~65
断裂能/(J/m²)	20000~30000	27000~34000
弹性模量/GPa	50~60	52~56
抗冻性	好	更好
抗腐蚀	好	更好
抗渗透	好	更好

ECO-RPC200 与 RPC200 相比,其各项力学性能指标均接近甚至超过。在数值上抗压强度相当,断裂能和抗弯强度指标 ECO-RPC200 要高于 RPC200,其各项主要耐久性指标要优于后者。总体上讲,ECO-RPC200 与 RPC200 的力学性能指标是处于同一水平层次,而耐久性指标却更有优势。值得注意的是,ECO-RPC 采用廉价的二元和三元超细工业废渣复合技术取代 50%～60% 水泥,且有可能用国产超细钢纤维取代进口纤维,用最大粒径为 3mm 的天然砂取代粒径为 600μm 的磨细石英砂,从而在性价比上有优势。由于简化了生产工艺和优化养护制度,不仅提高了生产效率,而且节省了能耗,故 ECO-RPC200 具有明显的节能、节资、保护生态环境、提高各项性能的生态特色,这是与 RPC200 的明显差异。因此,由于 ECO-RPC 的独特之处,有利于在防护工程中推广应用。

2.3　超高性能纤维增强水泥基复合材料的微结构分析

超高性能纤维增强水泥基复合材料(ECO-UHPFRCC)具有优异的力学性能以及耐久性能,因此它具有极其广泛的用途,并且呈现出广阔的发展前景。与普通混凝土以及高性能混凝土相比,UHPFRCC 在配制过程中水胶比极低(一般小于0.20),因此其内部的活性粉体材料不可能完全水化,这似乎与其优异的宏观性能相矛盾。由于材料的宏观性能与其微观结构特性密切相关,为解决这个问题,必须对 UHPFRCC 的微观结构进行研究分析,从而揭示其宏观性能的产生机理,并为制备出高性价比的 UHPFRCC 材料提供理论依据。

本节主要采用 Rietveld XRD 定量测试分析、压汞测试分析(MIP)以及纳米压痕测试分析等方法对 ECO-UHPFRCC 材料的物相组成、孔结构以及微观力学性能进行了研究与分析。

2.3.1　微观试样的配合比及制备方法

ECO-UHPFRCC 材料中集料和钢纤维在结构的形成过程中不参与任何化学反应,因此在对 ECO-UHPFRCC 材料的物相组成及孔结构进行研究时,均采用净浆试件。对于微观力学行为的研究,采用净浆试件研究基体的力学行为,采用掺有纤维的砂浆试件用以研究集料-基体界面区以及纤维-基体界面区的力学性能。

试验用的水泥为 P.Ⅰ 52.5 硅酸盐水泥,粉煤灰为Ⅰ级粉煤灰,硅灰为优质硅灰。微观试样的配合比及养护制度如表 2.52 所示。对于低水胶比的不同基体(C0.2、CF 及 CFS),水胶比的选取依据等稠度原则。

表 2.52　微观试样的配合比及养护制度

编号	水泥/%	粉煤灰/%	硅灰/%	水胶比	养护制度	测试项目
C0.5	100	—	—	0.5	标养	MIP
C0.2	100	—	—	0.2	标养和蒸养	MIP
CF	60	40	—	0.18	标养和蒸养	MIP
CFS	50	35	15	0.16	标养和蒸养	XRD,MIP,纳米压痕

注：标养为在温度 20℃±2℃、相对湿度 95％以上条件下养护至预期龄期；蒸养为 1d 脱模后,在 80℃蒸汽养护箱内养护 2d。

试件养护结束后,采取无水乙醇浸泡 7d 终止水化(期间将无水乙醇更换三次),之后将试样置于 50～60℃的烘箱内 2d,烘干后将试件放置于干燥器中密封保存。

对于 XRD 测试,须将微观试件破碎并粉磨,并将粉磨后的粉状样品经 200 目筛筛分,在此过程中要避免样品长时间与空气接触,以免样品发生碳化等化学变化。

对于纳米压痕测试,制样过程包含以下几个步骤：①采用小型切割机将样品切割至合适大小,至少保留两个相对平行的表面；②采用碳化硅砂纸对样品表面进行打磨；③在自动抛光机上,依次采用不同粒径的金刚石悬浮液(粒径等级由大到小)对样品表面进行抛光,直至样品的均方根表面粗糙度值低于 100nm；④对样品表面进行超声波清洗。

2.3.2　微结构分析及超高性能形成机理

1. 物相分析

材料微结构中物相的种类、含量及分布,是将材料制备过程和其宏观性能联系起来的重要纽带。然而,由于水泥基材料自身的复杂性、非匀质性以及多尺度特性,意味着在水泥基材料中建立"材料制备-微结构-宏观性能"之间的相互关系十分困难。例如,尽管我们对于水泥的水化过程已经有了充分的了解,然而在实际生产过程中,化学外加剂及掺合料的引入,养护制度的改变等因素使得材料的微结构组分和特性呈现出很大的差异。在此过程中,一个关键的问题就是缺乏一种合适的方法用以迅速、准确、可靠及实时地定量表征微结构的物相组成。

Rietveld XRD 定量分析方法的出现有望解决这一难题。这种方法主要是通过修正晶体结构,而不是衍射谱,利用电脑程序对由阶梯扫描所得的多晶衍射强度(即观测值)和理论计算值进行比较,用最小二乘拟合法调节有关参数,使得计算值和观测值的残余为最小,进而计算得到各物相的含量。其实质是利用非线性的最小二乘精修法对实测的 XRD 图谱用软件计算出来的图谱进行拟合,在这个过程中需要保证初始模型的基本正确性。

采用 Rietveld 直接法进行分析,只能得到材料内部各结晶相的相对含量。由于水泥基材料中存在大量的水化凝胶等无定形物质,采用 Rietveld 内标法,不仅可以得到内部结晶相的真实含量,而且可以得到无定形物质的总量。对于 ECO-RPC 和 ECO-UHPFRCC 材料而言,其活性组分中,水泥的晶体含量较高,通常在 80% 以上,主要包含硅酸三钙、硅酸二钙、铝酸盐相、铁酸盐相、二水石膏相及少量的烧石膏、硬石膏、方镁石、氧化钙等物相;粉煤灰中的晶相含量较少,主要为莫来石、磁铁矿、赤铁矿及石英等;硅灰中绝大部分为无定形的二氧化硅。水泥基材料的水化产物中,主要包含无定形的凝胶相,以及氢氧化钙、硫铝酸盐、碳酸盐等晶相。值得注意的是,对于同一种物质,在水泥基材料中可能存在多种晶型,如硅酸三钙存在 C_3S_M3 和 C_3S_M1 等多种晶型,碳酸钙存在方解石、球霰石和文石三种晶型。

研究采用 Rietveld 法定量研究了标准养护 1d、28d 以及蒸汽养护 2d 的 CFS 浆体的物相组成。试验采用化学分析纯 α-氧化铝粉末作为内标,数据分析结果见表 2.53。标准养护条件下,水化反应 1d 后基体中水泥四大矿物的总含量为 35.9%,到 28d 时下降为 23.09%,而蒸汽养护条件下该值为 25.54%,略高于标养 28d 时的值。水泥组分中含有 5% 的二水石膏,若计算时忽略方镁石等微量物相,则原材料组成中水泥熟料的质量分数约为 $0.95 \times 0.5/(1+0.16)=40.9\%$。由此可得,标养 1d、28d 以及蒸汽养护 2d 条件下原材料中水泥的反应程度分别约为 12.3%、43.6% 和 37.6%。

表 2.53　不同养护条件下 CFS 试样的物相组成

矿物	原始数据/%			修正后(扣除内标含量)/%		
	1d	28d	蒸汽养护	1d	28d	蒸汽养护
C_3S_M3	8.23	0.59	6.85	9.14	0.74	7.61
C_3S_M1	13.66	9.57	5.85	15.18	11.96	6.50
C_2S beta (MUMME)	4.88	4.44	5.39	5.42	5.55	5.99
C_3A 立方晶	0.57	0.55	0.26	0.63	0.69	0.29
C_3A Na 斜方晶	0.16	0.00	0.00	0.18	0.00	0.00
钙铁石(Si,Mg)	4.81	3.32	4.64	5.34	4.15	5.16
氢氧钙石	1.31	3.70	0.84	1.46	4.63	0.93
钙矾石	0.00	0.22	0.00	0.00	0.28	0.00
方解石	0.17	1.20	2.10	0.19	1.50	2.33
球霰石	0.21	0.93	2.95	0.23	1.16	3.28
石膏	0.65	1.13	0.93	0.72	1.41	1.03
无水石膏	0.03	0.00	0.00	0.03	0.00	0.00
烧石膏	0.07	0.70	3.07	0.08	0.88	3.41
方镁石	1.10	1.01	0.53	1.22	1.26	0.59
石英石	1.45	1.36	1.67	1.61	1.70	1.86
多铝红柱石 3:2	9.61	10.05	10.48	10.68	12.56	11.64
磁石	0.10	0.06	0.00	0.11	0.08	0.00
钾芒硝 K_2SO_4	0.22	2.00	3.53	0.24	2.50	3.92
无定型	42.78	39.17	40.91	47.53	48.96	45.46
刚玉	10.00	20.00	10.00	—	—	—

　　对于低水胶比的 ECO-UHPFRCC 材料而言,由于硅灰等矿物掺合料的掺加,一般研究表明其基体中难以生成氢氧化钙、钙矾石等对材料性能有害的晶体。然而从表 2.53 可以看出,尽管基体中几乎不存在钙矾石晶体,然而却有少量的氢氧化钙晶体生成,这主要是由于 ECO-UHPFRCC 材料在制备过程中浆体黏度较大,其内部滞留的孔隙难以在成型过程中及时排出,因此为水化过程中氢氧化钙晶体的生长提供了空间,如图 2.81 所示。蒸汽养护条件下,材料内部的氢氧化钙含量较少,然而通过观察材料内部碳酸钙(calcite 和 vaterite)的含量,发现氢氧化钙与碳酸钙的总量与标准养护 28d 的试件相当,因此蒸汽养护试件内部的氢氧化钙可能大部分转化生成了碳酸钙。此外,粉煤灰颗粒中莫来石、磁铁矿及石英等晶相呈现惰性或活性很低,因此其含量几乎保持不变。对于纯水泥浆体的水化而言,其内部的无定形物质大多为水化生成的 C-S-H 凝胶,因此无定形物质的含量变化可以定量反应体系内部生成凝胶的含量变化。然而,对于掺有粉煤灰及硅灰的 CFS 试件,由于原材料中粉煤灰和硅灰自身含有大量的无定形物质,因此通过 Rietveld 定量分析得到的无定形物质的含量无法用于定量反映某种物相的含量变化。

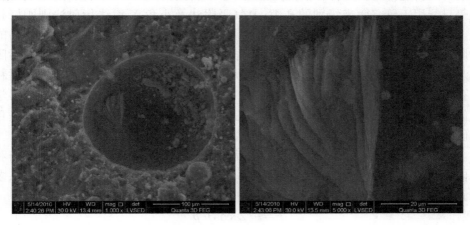

图 2.81　试件 CFS 内部生长在球形大孔中的片状 Ca(OH)$_2$ 晶体簇(左:1000×,右:5000×)

2. 孔结构分析

　　水泥基材料不同于金属材料以及高分子材料等的一个重要方面是,其内部含有大量的孔隙,而且科学界早已公认材料内部的孔隙对其宏观性能,如强度、变形、渗透及耐久性等有重要影响,因此对水泥基材料的孔结构进行分析显得十分重要。

　　水泥基材料是一种典型的多孔介质材料,其内部孔隙分布错综复杂、孔形各异,且孔径尺寸跨度较大,对其宏观性能有重要影响。对于孔的分类,一般根据孔的尺寸,将水泥基材料内部的孔隙由小到大划分为凝胶孔、毛细孔及大孔。大孔主要对应的是材料制备过程中滞留于材料内部的球形孔隙,对于低水胶比的材料而言,材料制备过程中使用的超塑化剂一般都具有一定的引气作用,因此这部分孔的存在往往不可避免。此外,我国著名的混凝土专家吴中伟综合较多资料,将混凝土中孔根据利弊分为四类:无害孔、少害孔、有害孔和多害孔。不同类型的孔相应的尺寸范围如表 2.54 所示。

表 2.54　水泥基材料中孔的划分

Francis Young	凝胶孔		小毛细孔		大毛细孔		球形大孔
吴中伟	无害孔		少害孔		有害孔	多害孔	
孔径范围	<10nm	10~20nm	20~50nm	50~100nm	0.1~0.2μm	0.2~10μm	>10μm

已知的水泥基材料的测孔方法,主要有显微镜观测法、压汞法、等温吸附法及小角 X 射线衍射法等,每种方法都有自身的优势并存在缺陷。光学显微镜观测法只能对大孔进行测试分析;扫描电子显微镜结合图像分析,虽然分辨率大大提高,但仍只能用于研究微米级别的孔隙;氮气吸附法及小角 X 射线衍射法则刚好相反,主要用于研究 30nm 以下的孔隙;压汞法也存在许多问题,如测试前对样品的干燥处理及测试时的高压可能对样品孔结构造成破坏,压汞法不能正确识别封闭孔及墨水瓶状孔隙等。因此一些研究表明,压汞法不宜用于定量表征水泥基材料的孔径分布,然而由压汞法得到的材料的孔隙率及临界孔径仍然具有一定的科学价值。此外,由于压汞法具有较广的测孔范围(2nm 到几百微米),因此它仍是目前研究水泥基材料孔结构最常用的测孔方法。

压汞法假定水泥基材料中的孔隙形状为圆柱形且所有孔隙相互连通。汞与和固体之间的接触角大于 90°,因此汞不能润湿固体,必须在外界压力下才能进入多孔固体中的孔隙内部。外界压力 P 与孔径 r 之间满足 Washburn 方程

$$r = -2\sigma\cos\theta/p$$

式中:σ 为汞的表面张力;θ 为汞对固体的润湿角。

由上式可知,当给出最大外加压力时,就可以计算出测得的最小孔半径。测试过程中,如果压力从 P_1 增加到 P_2,可计算得到相应的孔径 r_1 和 r_2,并可根据试验得到此过程中样品的进汞体积 ΔV。在连续增加测孔压力时,就可以测出不同孔径范围内的进汞量,从而得到试样的孔径分布情况。

本节采用压汞法研究了常温养护 28d 的试件 C0.5、C0.2、CF 及 CFS 的孔结构,以及蒸汽养护 2d 的低水胶比试件 C0.2、CF 以及 CFS 的孔结构。本节试验时采用的最高进汞压力为 35000psi*,对应的最小孔径为 5nm。试验分析得到的累

＊　1psi=6.89477×10³Pa。

积进汞曲线如图 2.82 所示。

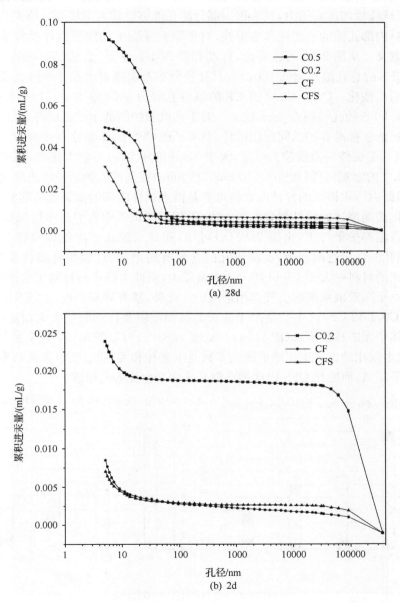

图 2.82　标准养护 28d 和蒸汽养护 2d 的不同配比试件的累积进汞曲线

　　通过累积进汞曲线,可以对比各试样的总孔隙率大小及主要孔径分布范围,并获得各试样的临界孔径。临界孔径对应着压入汞的体积明显增加时的最大孔径,是能将较大的孔隙连接起来的各孔的最大孔径。当压力达到临界孔径对应的进汞压力时,继续增加进汞压力,只有很少部分的孔能够继续被汞填充。临界孔径可以反映材料内部孔隙的连通性和曲折性,对于研究混凝土的渗透性以及传输特性具有重要意义。从图 2.82 可以看出,标准养护 28d 条件下,低水胶比的试件 C0.2、CF 及 CFS 的总孔隙率远低于 C0.5,且孔径分布范围随着水胶比的降低及掺合料的增加明显细化。C0.5、C0.2 及 CF 的临界孔径分别约为 20nm、10 多纳米以及 10nm,而 CFS 的孔径则在 5nm 以下。对于蒸汽养护的低水胶比试件,可以看出总孔隙率远低于标准养护的同配比试件,且 CF 和 CFS 的孔隙分布差异较小。蒸汽养护的 C0.2 试件的曲线较为异常,大于 $30\mu m$ 的孔隙占有较大比例,试验时发现配比 C0.2 的宏观试件($40mm \times 40mm \times 160mm$)在蒸汽养护后整体出现多处开裂现象,因此由压汞得到的异常曲线极可能是微观试样内部的微裂缝引起的。

　　根据前面描述的两种划分孔的方法,得到不同试件中孔的分布情况如图 2.83 所示。常温养护条件下,由图 2.83(a)可知,随着水胶比的降低以及掺合料的加入,毛细孔的含量逐渐减少,而凝胶孔的含量有所增加,这表明孔结构发生细化。高水胶比的材料中大于 $10\mu m$ 的大孔含量较少,而低水胶比的材料中含量较高,这主要是由于高效减水剂的引气作用造成的。此外,掺有硅灰的配比 CFS 的大孔含量高于 C0.2 和 CF,这主要是由于硅灰的掺加使得浆体的黏度大大增加,大孔滞留于浆体中无法排出所致(图 2.84)。从图 2.83(a)可以看出,若不考虑大孔的含量,则低水胶比的试件中生成的绝大多数是少害孔和无害孔,而有害孔和多害孔的数量微乎其微,而配比 CFS 内部的孔隙几乎完全由无害孔组成。

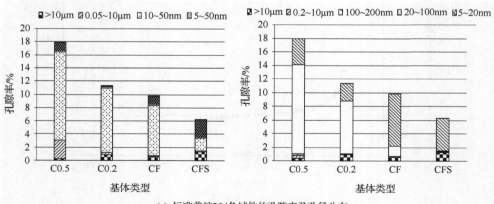

(a) 标准养护28d各试件的孔隙率及孔径分布

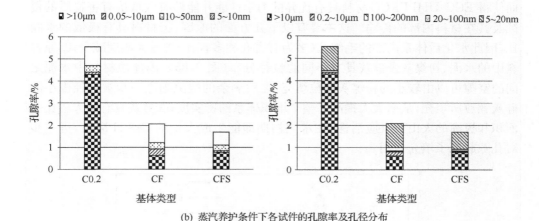

(b) 蒸汽养护条件下各试件的孔隙率及孔径分布

图 2.83　不同养护制度和配比条件下的试件的孔隙率及孔径分布

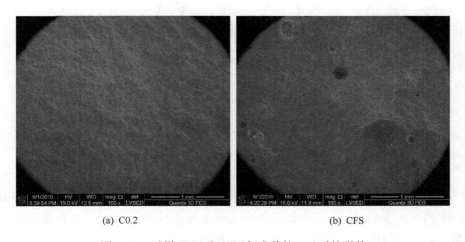

(a) C0.2　　　　　　　　　　　　　　　(b) CFS

图 2.84　试样 C0.2 和 CFS 标准养护 28d 时的形貌

在蒸汽养护条件下,从图 2.83(b)可知,材料的孔隙率大幅度降低,毛细孔的含量也相应地大幅度下降,和标准养护相比,少害孔的数量出现了大幅度的下降。这主要是由于高温养护条件下活性掺合料,尤其是粉煤灰的潜在活性得到大幅度的提高,因此活性掺合料反应生成更多的凝胶体进一步填充了体系内的孔隙。

在低水胶比条件下,材料内部存在一部分球形大孔,这部分孔的存在会对材料的力学性能造成一定的不利影响。然而,材料本身十分密实,且这些孔多为封闭的球形孔,因此它们可以有效阻断有害物质的传输路径,不会对材料的传输行为及耐久性能造成不利影响。

由上可知,ECO-UHPFRCC 材料具有极低的孔隙率及极其密实的微结构,从而使得 ECO-UHPFRCC 材料具有优异的力学性能并能够有效抵抗有害物质的侵蚀及其在材料内部的传输。这主要有以下几方面的原因：①材料具有极低的水胶比，因此水化后体系内部的毛细孔（多为有害孔和多害孔）含量大幅度减少；②原材料中的水泥、粉煤灰及硅灰具有不同的粒径分布（图 2.85），因此原材料中水泥之间的空隙可以由较小的粉煤灰颗粒填充，之后剩余的空隙则进一步被粒径极小的硅灰颗粒所填充，从而大大提高了整个堆积体系的密实度；③硅灰具有极大的比表面积和极高的火山灰反应活性，在水化初期即能生成大量的 C-S-H 凝胶，进一步对孔隙起到了填充作用。

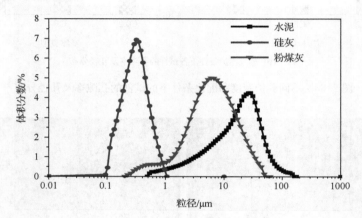

图 2.85　水泥、粉煤灰及硅灰的粒径分布曲线

3. 微观力学性能分析

如前所述，材料的宏观性能和材料的微结构密不可分。近年来纳米材料和纳米科学的兴起表明，材料在纳米尺度的性能及其调控对其宏观行为有重要影响。然而，长久以来，由于试验和测试技术的局限性，人们对于水泥基材料在纳米尺度的结构和力学性能，尤其是对 C-S-H 凝胶这一最为重要且极其复杂的水化产物的认识显得十分有限。20 世纪 80 年代中期出现的纳米压痕技术及其随后在水泥基材料领域的应用，使得我们对于水泥基材料的微观力学性能及结构有了进一步的认识。

如前所述，纳米压痕的基本原理是采用一个较小的尖端压头压入材料内部，进而得到一个荷载-位移曲线（P-h 曲线）并对其进行分析。图 2.86 给出了一个典型的加载卸载 P-h 曲线以及纳米压痕示意图，其中 h_{max} 为最大压痕深度，h_f 为完全卸载后的残余压痕深度，而 h_c 为压痕接触深度，用于分析计算压痕接触面积。通过应用一个连续尺度力学模型，可以从 P-h 曲线中得到被测材料压痕位置处的压痕硬度 H 和压痕模量 M（也称为折算模量）两个力学性能

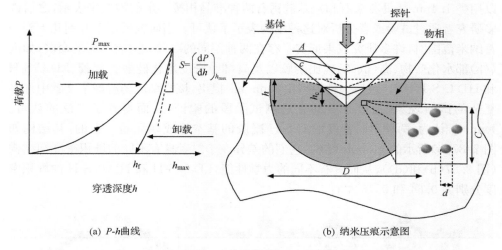

(a) *P-h*曲线   (b) 纳米压痕示意图

图 2.86 典型的纳米压痕加载卸载 *P-h* 曲线纳米压痕示意图

$$H = \frac{P}{A_c} \qquad M = \frac{\sqrt{\pi}}{2\beta} \frac{S}{\sqrt{A_c}}$$

式中：S 为接触刚度，其计算公式为 $S=(dP/dh)_{h=h_{max}}$，通常采用卸载曲线的上半部分弹性段进行拟合分析；β 为压头校正系数，对于常用的 Berkovich 压头，$\beta=1.034$；A_c 为最大荷载处的接触面积。对于各相同性的匀质材料，其压痕模量 M 和弹性模量 E 之间存在下述关系：

$$\frac{1}{M} = \frac{1-\nu^2}{E} + \frac{1-\nu_i^2}{E_i}$$

式中：ν 为测试材料的泊松比；E_i 和 ν_i 分别为压头的弹性模量和泊松比；对于金刚石压头而言，E_i 和 ν_i 分别为 1141GPa 和 0.07。对于水泥基材料而言（$\nu=0.2\sim0.3$），由上式可知，M 和 E 的大小十分接近。

通过纳米压痕只能区分力学性能不同的物相，对于水泥基材料而言，硬化的水泥浆体组分中主要含有水化生成的凝胶、氢氧化钙（CH）及未水化水泥颗粒（clinker）。其他一些物相，如碳酸盐相、硫铝酸盐相等由于其含量较少或其力学性能与其他物相接近等原因，很难通过纳米压痕进行分析。

C-S-H 凝胶相是水泥水化后生成的最为重要的物相，然而在分子尺度上，其化学组成和结构都很复杂，并且随水泥水化反应时间及反应条件的变化而变化。许多研究者提出了大量的结构模型来对 C-S-H 凝胶在原子尺度上的纳米结构进行定量表征，这些模型大多是基于自然界中某些晶体物质的结构而建立的，如 1.4nm 托贝莫来石（Tobermorite，见图 2.87（a））、羟基硅钙石（Jennite）、氢氧化钙等。在这些模型中，Taylor 于 1986 年提出的模型认为 C-S-H 凝胶的纳米结构可以用类 1.4nm 托贝莫来石和羟基硅钙石两种准晶相按一定的构造来表示,之后许多研究者通过试验或者分析对这种结构表示了认可。当研究尺度上升到几十到一百纳米范围时,许多研究成果证实了存在两种不同的凝胶相并有不同的命名,如内(外)部水化产物、高(低)钙硅比凝胶以及高(低)密度水化硅酸钙凝胶(LD C-S-H和 HD C-S-H)等。最后一种模型由 Jennings 提出,该模型成功解释了文献中许多复杂的试验现象,通过了一些先进测试手段的验证,从而得到了广泛的认可。Jennings 认为,两种不同密度的 C-S-H 凝胶的基本组成单元是一致的,其结构如图 2.87(b)所示的 globule 结构,它们的差异在于二者具有不同的堆积密度和结构(图 2.87(b)和(d)),从而具有不同的力学性能,LD C-S-H 和 HD C-S-H 的堆积密度分别为 0.64 和 0.75 左右。

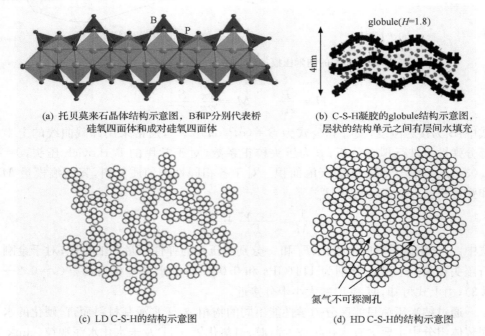

(a) 托贝莫来石晶体结构示意图,B 和 P 分别代表桥硅氧四面体和成对硅氧四面体

(b) C-S-H 凝胶的 globule 结构示意图,层状的结构单元之间有层间水填充

(c) LD C-S-H 的结构示意图

(d) HD C-S-H 的结构示意图

图 2.87　C-S-H 凝胶的微结构模型
图(c)和(d)中由 7 个小圆球组成的枣花状结构等同于图(b)中的凝胶组成单元

表 2.55 给出了不同研究者采用纳米压痕技术测得的各物相的力学性能。从表 2.55 可以看出,尽管测试的样品存在很大的差异,然而测得的各物相的力学性能值十分接近,这表明纳米压痕测得的力学性能是材料的本质属性。LD C-S-H、HD C-S-H、氢氧化钙以及水泥颗粒的压痕模量值分别在 20GPa、30GPa、40GPa 以及 130GPa 左右。相比较而言,压痕硬度值较为离散。

表 2.55　水泥基材料中常见物相的力学性能

物相	M/GPa	H/GPa	备注
LD C-S-H	18.2 ± 4.2	0.45 ± 0.14	wcp[a]，$w/c=0.5$，龄期~0.5a
	19.1 ± 5.0	0.66 ± 0.29	$w/c=0.5$，龄期 28d
	23.4 ± 3.4	0.73 ± 0.15	$w/c=0.35$，龄期 28d
	23.7 ± 0.8[b]	0.93 ± 0.11	$w/c=0.45$，龄期 1 月
	19.7 ± 2.5	0.55 ± 0.03	$w/c=0.2$，90℃2d
HD C-S-H	29.1 ± 4.0	0.83 ± 0.18	wcp[a]，$w/c=0.5$，龄期~0.5a
	32.2 ± 3.0	1.29 ± 0.11	$w/c=0.5$，龄期 28d
	31.4 ± 2.1	1.27 ± 0.18	$w/c=0.35$，龄期 28d
	32.3 ± 2.6[b]	1.22 ± 0.07	$w/c=0.45$，龄期 1 月
	34.2 ± 5.0	1.36 ± 0.35	$w/c=0.2$，90℃2d
氢氧化钙	38 ± 5		$w/c=0.5$，龄期~1a
	40.3 ± 4.2	1.31 ± 0.23	wcp[a]，$w/c=0.5$，龄期~0.5a
	39.7 ± 4.5	1.65 ± 0.17	$w/c=0.5$，龄期 28d
水泥	$125-145\pm25$[b]	$8-10.8\pm3$	clinker
	122.20 ± 7.85[b]	6.67 ± 1.23	$w/c=0.45$，龄期~1 月
	126.3 ± 20.16	8.94 ± 1.65	$w/c=0.2$，90℃2d
	141.1 ± 34.8	9.12 ± 0.90	$w/c=0.2$，90℃2d

a 表示试验选用的是白水泥；b 表示数据为弹性模量而非压痕模量。二者值较接近。

　　研究采用纳米压痕技术测试分析了标准养护 90d 及蒸汽养护 2d 的 CFS 试样的微结构，主要研究了水化后基体的力学性能及界面区的力学性能。对于水泥基材料而言，在压痕试验时为了能够得到某物相准确的力学性能信息，必须选择合适的 h_{max} 值及加卸载制度。作者参考大量文献，选取的加卸载制度为：压头接触样品表面后以 12mN/min 的加载速率匀速加载至最大荷载 2mN，持荷 5s 后以 12mN/min 的卸载速率匀速卸载，采用这个加载制度得到的压痕深度范围为100~400nm。此外，对于水泥基材料而言，在同一个微区进行多点压痕试验时，必须选择合理的压痕间距，以避免压痕点间的相互干扰。

　　1）基体的微观力学性能

　　水泥基材料在微观尺度上具有高度非匀质性，因此对某个特定物相进行多次压痕试验是很困难的。为了解决这个问题，我们可以选取一片微区布置网格点阵压痕试验，之后采用统计方法对压痕结果进行分析。

　　研究在进行网格点阵压痕试验时，每个样品试验 600 个点，点阵间距为 $20\mu m$。经过统计分析，图 2.88 给出了试验得到的频率分布柱状图。从图 2.88 可以看出，力学性能值较低的凝胶相的力学性能分布相对集中,而未水化的水泥和粉煤灰颗粒的力学性能值分布较为分散。

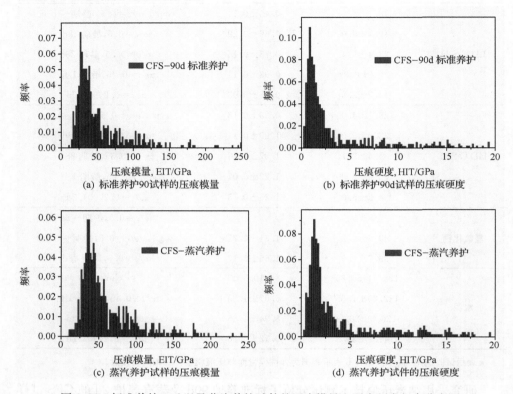

图 2.88　标准养护 90d 以及蒸汽养护试件的压痕模量和压痕硬度频率分布图

　　将试验得到的频率分布曲线进行解卷积分析,可以求得各物相的力学性能及体积含量。解卷积分析计算过程中,假设材料内各物相的力学性能分布满足高斯分布,且相邻物相之间的力学性能平均值之差小于其标准差之和,则采用几个高斯函数对试验得到的频率分布曲线进行拟合并使残差最小化,可以求得各物相的力学性能和体积分数。

　　在本研究工作中,由于粉煤灰颗粒的加入,粉煤灰发生火山灰二次反应后,生成的凝胶相中会含有大量的铝元素,即凝胶相中包含有水化铝硅酸钙凝胶(C-A-S-H)。MIT CSHub 最近研究表明,铝原子可以取代 C-S-H 凝胶硅键中的硅原子。然而,这部分硅原子能够被取代的数量十分有限,因此很容易达到饱和。之后铝原子继续取代 C-S-H 凝胶中的钙原子(图 2.89),取代钙原子后生成了一个复杂的三维结构,这增加了粉煤灰混凝土微结构的强度、刚度及耐久性。因此,粉煤灰的水化反应能够改善材料的微结构。然而,粉煤灰的反应活性较低,材料内部生成的

C-A-S-H 凝胶含量较少,因此在本节后续的分析过程中依然采用C-S-H凝胶来描述材料内部所有的凝胶物质,不再对 C-A-S-H 凝胶作专门区分和阐述。

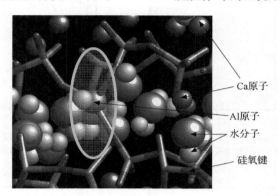

图 2.89　C-A-S-H 凝胶的三维结构示意图

　　有研究表明,对于低水胶比的水泥基材料,生成的水化产物中除了前述两种凝胶相之外,还存在第三相——超高密度相(UHD),它比 HD C-S-H 具有更高的力学性能。之后进一步的研究表明,UHD 相不是一个独立的物相,而是小尺度的氢氧化钙颗粒填充到凝胶相内部从而起到了增强作用。

　　由图 2.88 可知,在压痕模量为 40GPa 左右和压痕硬度值为 1.5GPa 左右(对应着 UHD 相的力学性能),存在着一个明显的峰。尽管根据前述物相分析可知,所研究的材料的基体中几乎不含有氢氧化钙,然而在对数据拟合分析时依旧考虑存在三种水化产物相,即高低密度的 C-S-H 凝胶以及 UHD 相。此外,在压痕模量值为 50GPa 左右和压痕硬度值为 2.5GPa 左右处,也存在着一个明显的峰,该物相难以甄别。在当前的试验条件下,单个纳米压痕的作用区域的线性尺度约为 2μm。从图 2.90 的 ESEM 照片可以看出,基体中到处充斥着不同大小的球形粉煤灰颗粒,因此,该峰极可能是粉煤灰颗粒和凝胶相复合响应的结果,从而使得到的力学性能值高于凝胶相而低于粉煤灰,即由拟合解卷积分析得到的该相为两种物质复合作用所产生的伪相。

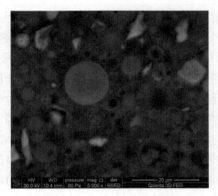

图 2.90　蒸汽养护 CFS 试样的
ESEM-BSE 照片

　　图 2.91 给出了拟合后得到的整体概率密度分布曲线,各高斯分布曲线对应着各物相的概率密度分布,从左到右依次为 LD C-S-H、HD C-S-H、UHD 相、C-S-H 与粉煤灰颗粒或未水化水泥颗粒的混合相、粉煤灰及未水化水泥。表 2.56 给出了各物

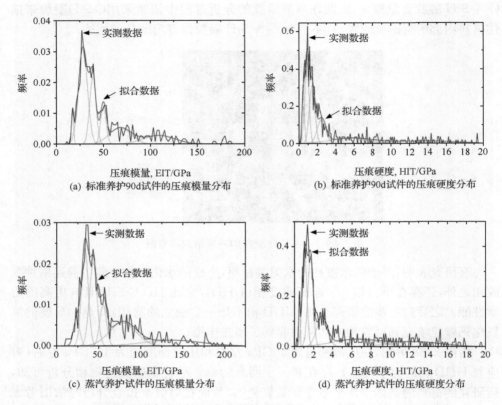

图 2.91　解卷积分析得到的试件微结构内各物相的压痕模量和压痕硬度分布

相对应的力学性能以及体积分数。可以看出,无论是常温养护 90d 的试样还是蒸汽养护试样,其生成的水化产物中,绝大部分为具有较高堆积密实度和力学性能的 HD C-S-H 和 UHD 相,而 LD C-S-H 的生成量很少。蒸汽养护条件下各物相具有更高的力学性能,根据前文孔结构分析,这可能是由于蒸汽养护条件下体系内部的毛细孔含量较少,压痕时各物相的力学性能受毛细孔的影响较小。此外,在两种养护制度下,未水化水泥组分几乎相等,这表明水泥的反应程度十分接近。因此,与前述 XRD 定量分析对比可知,标准养护条件下,水泥在 28d 龄期即已达到最大反应程度,后续养护过程中由于材料内部水分的缺乏以及水分在材料内致密的微结构中难以传输和迁移,使得未水化的水泥颗粒很难进一步发生水化反应。混合相中包含有部分细小的粉煤灰颗粒,因此难以直接判断粉煤灰的反应程度。然而,从表中依然可以发现,和蒸汽养护相比,标准养护 90d 条件下粉煤灰的反应程度显得更高一些。

表 2.56 解卷积分析得到的不同养护条件下 ECO-UHPFRCC 硬化浆体内各物相的力学性能和体积分数

		LD C-S-H		HD C-S-H		UHD C-S-H		混合相		粉煤灰		未水化水泥	
		M	H	M	H	M	H	M	H	M	H	M	H
标养 90d	μ/GPa	17.0	0.48	28.1	0.87	38.6	1.42	49.9	2.44	67.7	5.67	109.2	13.28
	s/GPa	1.3	0.16	5.6	0.26	4.0	0.36	3.5	0.55	13.8	2.70	20.4	4.36
	f/%	2.8	6.9	39.1	24.8	19.6	23.9	9.5	15.3	16.2	16.7	12.8	12.4
蒸汽养护	μ/GPa	23.6	0.52	33.4	1.06	43.4	1.66	55.3	2.86	78.5	6.40	138.3	12.67
	s/GPa	4.3	0.08	4.7	0.28	5.3	0.33	4.7	0.66	18.8	2.88	41.3	3.15
	f/%	6.0	3.4	24.5	23.2	23.8	26.0	10.2	16.6	23.0	18.0	12.5	12.9

表 2.57 给出了 ULM 研究得到的水灰比为 0.5 的硬化白水泥石的微观力学信息。可以看出,材料中水泥已经完全水化,生成的水化产物中 LD C-S-H 的体积分数为 51%,而 HD C-S-H 的含量仅为 LD C-S-H 含量的一半左右。此外,基体中还存在孔隙以及氢氧化钙等对微结构有害的物相。

表 2.57 水灰比为 0.5 的硬化白水泥浆体中各物相的力学性能和体积分数

		毛细孔		LD C-S-H		HD C-S-H		氢氧化钙	
		M	H	M	H	M	H	M	H
ULM	μ/GPa	8.1	0.17	18.2	0.45	29.1	0.83	40.3	1.31
	(s/μ)/%	21	30	23	31	14	21	10	17
	f/%	6	9	51	48	27	26	11	12

因此,与普通水泥基材料相比,ECO-UHPFRCC 材料的水化产物中力学性能较高的水化产物相占有主导地位,因此其表现出了优异的宏观力学行为。此外,在水泥或粉煤灰颗粒的水化反应进程中,未水化颗粒的边界部分,水化产物的生长空间有限,因此生成的水化产物具有很高的堆积密实度和力学性能。因此材料内部未水化颗粒与水化生成的凝胶之间的界面黏结应当属于一种极强的化学黏结,这种结合力不同于集料与基体之间的物理黏结。从研究得到的力学性能结果可以看出,未水化的水泥或粉煤灰颗粒自身具有较高的力学性能,而且与水化产物之间具有较强的黏结力,因此它们对于整个基体具有较好的微集料增强效应。这也从另一个方面解释了低水胶比水泥基材料在较低的水化程度下能够呈现出较高的宏观力学行为。

2）界面区的微观力学性能

在水泥基材料中,当有集料加入时,由于边壁效应的存在,水泥颗粒在平整的集料颗粒表面区域的堆积密实度较低,水分容易在此聚集,因此水化后这部分的结构往往较为疏松。这个区域被称为界面过渡区(ITZ),它的厚度受配合比、龄期及养护制度等许多因素的影响,其大小一般在几十个微米。

界面过渡区作为水泥基材料的重要组成部分,对混凝土力学性能、传输性能以及耐久性能等的影响一直没有明确的研究结论。这一方面归因于其自身的复杂性,另一方面是由于缺乏合适的测试技术。在对界面过渡区的力学性能进行研究时,不同的研究发现界面过渡区的力学性能分布存在很大的差异,如图 2.92 所示。然而,传统的硬度测试方法,如维氏、洛式等方法压痕面积过大,因而不适合用于研究界面微区。因此,采用纳米压痕用以研究界面区的结构具有明显的优势。Mondal 研究了水灰比为 0.5 的砂浆的界面过渡区的微观力学性能,发现在砂粒边缘弹性模量明显较低,随着压痕点到界面距离的增大,弹性模量值逐步提高,如图 2.93 所示。经统计分析,界面区的力学性能约为基体力学性能值的 85%。Wang 系统研究了不同水胶比以及硅灰的掺入对钢纤维增强砂浆中纤维-基体以及纤维-基体-集料两种界面区的力学性能的影响。研究结果得出,$w/c = 0.3$（不掺硅灰）的样品在靠近纤维和集料表面处力学性能均高于基体,而 $w/c = 0.5$ 的样品的界面处力学性能较差。然而在 $w/c = 0.3$ 时,硅灰的掺入却降低了界面区的力学性能,这有悖于其他一些研究结果,这极有可能是由制样过程引起的。本试验的抛光过程一共只用了 12min,时间显得有些过短,采用 AFM 测得的浆体表面粗糙度为 200～500nm,也远远高出了纳米压痕对样品表面粗糙度的要求。

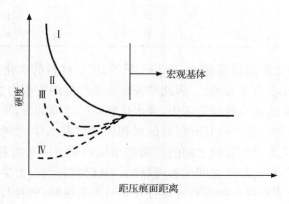

图 2.92　水泥基材料中不同类型的界面区硬度分布图

对蒸汽养护的掺有纤维的砂浆试件的界面区的微观力学性能进行了研究,在此过程中选取了两处微结构区域进行研究,如图 2.94 所示。图 2.94(a)同时包含

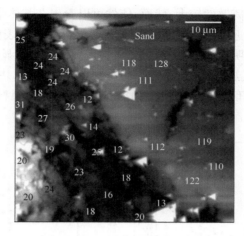

图 2.93　水灰比为 0.5 砂浆的界面过渡区的力学性能

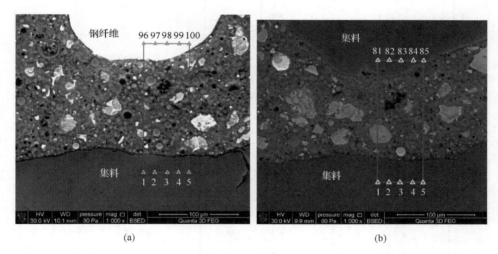

图 2.94　试验选取的用于界面区力学性能测试的代表性微结构区域

了纤维-基体界面区和集料-基体界面区,试验时选取图中矩形区域进行网格点阵压痕试验,可以看出一共有 20 行 5 列,点阵的行间距为 10μm,列间距为 15μm,压痕得到的压痕模量和硬度值如图 2.95 所示。从第 1 行到第 4 行,除了第 4 行的两个压痕点外,其他所有值都是作用在集料上所得。由于集料颗粒主要矿物组分为石英,且具有较好的匀质性,因此压痕得到的集料的压痕模量和硬度值分别在 120GPa 和 20GPa 左右,具有较小的离散型。类似地,除了第 17 行的一个压痕点之外,从第 17 行到第 20 行的所有压痕点都作用在纤维上,钢纤维的压痕模量和硬度值分别在 500GPa 和 25GPa 左右。由于基体的高度多相非匀质性,因此在每行上测得的力学性能值离散性较大,然而,依然可以看出在基体中每行测得的五个数据点的平均值较为接近,因此可以认为,随着到集料或纤维表面距离的增大,基体的力学性能未呈现出明显的波动,纤维或集料表面不存在明显的薄弱区域。

图 2.95(b)同时包含了两个集料-基体界面区,矩形微区共包含 17 行 5 列。压痕得到的力学性能分布图如图 2.96 所示,依然可以看出,集料表面界面区的力学性能值过渡较为平稳。

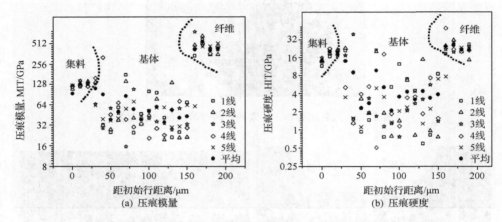

图 2.95　集料-基体-纤维微结构区域的压痕模量和压痕硬度分布图

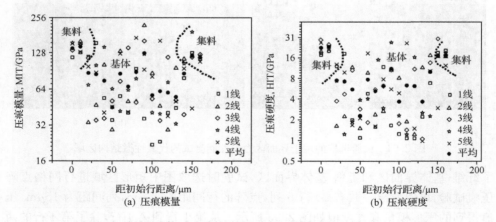

图 2.96　集料-基体-集料微结构区域的压痕模量和压痕硬度分布图

此外,通过观察上述两个微区中硬化浆体的力学性能值可以发现,除去未水化的颗粒,其他所有力学性能值几乎都处于 HD C-S-H 和 UHD 相的范围,而 LD C-S-H 的含量几乎消失。因此,ECO-UHPFRCC 材料的界面区的力学性能不同于普通水泥基材料,其生成的水化产物组分和基体几乎一致。这主要是由于

ECO-UHPFRCC在成型时具有极其优异的工作性能,一方面由于拌合物不存在泌水现象,从而使得水分无法在集料或纤维周围囤积,另一方面由于拌合物具有优异的流动性能,难以在集料或纤维表面形成孔隙。从图 2.97 的 ESEM 照片可以看出,ECO-UHPFRCC 材料中集料和基体之间的界面区十分密实。

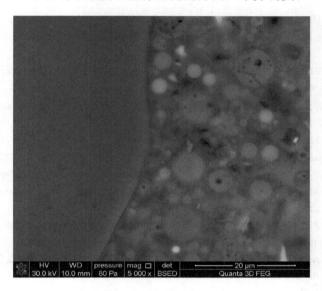

图 2.97　ECO-UHPFRCC 材料中集料表面微区的 ESEM-BSE 照片

综上所述,ECO-UHPFRCC 材料中无论是集料表面还是纤维表面的界面区都具有十分密实的微结构以及优异的力学性能,这对于提高材料的宏观力学性能以及耐久性起到了重要的作用。

参 考 文 献

任明星,李邦盛,杨闯,等. 2008. 纳米压痕法测定微铸件硬度及弹性模量[J]. 中国有色金属学报,18(2):231—236.

吴中伟,廉慧珍. 1999. 高性能混凝土[M]. 北京:中国铁道出版社:24—25.

张泰华,杨业敏. 2002. 纳米硬度技术的发展和应用[J]. 力学进展,32(3):349—364.

张泰华. 2005. 微/纳米力学测试技术及其应用[M]. 北京:机械工业出版社,1:20—23.

赵庆新,孙伟,郑克仁,等. 2005. 水泥、磨细矿渣、粉煤灰颗粒弹性模量的比较[J]. 硅酸盐学报,33(7):837—841.

郑克仁,孙伟,林玮,等. 2008. 矿渣对界面过渡区微力学性质的影响[J]. 南京航空航天大学学报,40(3):407—411.

Chen J, Sorelli L, Vandamme M, et al. 2010. A coupled nanoindentation/SEM-EDX study on low water/cement ratio Portland cement paste: Evidence for C-S-H/CH nanocomposites [J]. Journal of American Ceramic Society,93(5):1484—1493.

Cheyrezy M, Maret V, Frouin L. 1995. Microstructural analysis of RPC [J]. Cement and Concrete Research, 25(7): 1491—1500.

Constantinides G, Chandran K S R, Ulm F J, et al. 2006. Grid indentation analysis of composite microstructure and mechanics: Principles and validation [J]. Materials Science and Engineering: A, 430(1~2): 189—202.

Constantinides G, Ulm F J. 2004. The effect of two types of C-S-H on the elasticity of cement-based materials: Results from nanoindentation and micromechanical modeling [J]. Cement and Concrete Research, 34(1): 67—80.

Constantinides G, Ulm F J. 2007. The nanogranular nature of C-S-H [J]. Journal of Mechanics and Physics of Solids, 55(1): 64—90.

Dejong M J, Ulm F J. 2007. The nanogranular behavior of C-S-H at elevated temperatures (up to 700C) [J]. Cement and Concrete Research, 37(1): 1—12.

Diamond S. 2000. Mercury porosimetry: An inappropriate method for the measurement of pore size distributions in cement-based materials [J]. Cement and Concrete Research, 30(10): 1517—1525.

Hughes J J, Tritik P. 2004. Micro-mechanical properties of cement paste measured by depth-sensing nanoindentation: A preliminary correlation of physical properties with phase type [J]. Materials Characterization, 53(2~4): 223—231.

Igarashi S, Bentur A, Mindess S. 1996. Effect of processing on the bond and interfaces in steel fiber reinforced cement composites [J]. Cement and Concrete Composites, 18(5): 313—322.

Igarashi S, Bentur A, Mindess S. 1996. Microhardness testing of cementitious materials [J]. Advanced Cement Based Materials, 4(2): 48—57.

Jennings H M. 2000. A model for the microstructure of calcium silicate hydrate in cement paste [J]. Cement and Concrete Research, 30(1): 101—116.

Jennings H M. 2008. Refinements to colloid model of C-S-H in cement_CM-II [J]. Cement and Concrete Research, 38(3): 275—289.

Miller M, Bobko C, Vandamme M, et al. 2008. Surface roughness criteria for cement paste nanoindentation [J]. Cement and Concrete Research, 38(4): 467—476.

Mondal P, Shah S P, LMarks L. 2008. Nanoscale characterization of cementitious materials [J]. ACI Materials Journal, 105(2):174—179.

Mondal P, Shah S P, Marks L. 2007. A reliable technique to determine the local mechanical properties at the nanoscale for cementitious materials [J]. Cement and Concrete Research, 37(10): 1440—1444.

Němeek J, Milauer V, Kopecky L. 2009. Characterization of Alkali-Activated Fly-Ash by Nanoindentation, in Nanotechnology in Construction 3[A]. Berlin: Springer: 337—343.

Oliver W C, Pharr G M. 1992. An improved technique for determining hardness and elastic modulus using load and displacement sensing indentation experiments [J]. Materials Research Society, 7(6): 1564—1583.

Qomi M J A. 2010. Fly Ash is Critical for C-A-S-H[EB/OL]. MIT CSHub, sept. http://web. mit. edu/cshub/ news/news. html.

Reda M M, Shrive N G, Gillott J E. 1999. Microstructural investigation of innovative UHPC [J]. Cement and Concrete Research, 29(3): 323—329.

Richardson I G. 2008. The calcium silicate hydrates [J]. Cement and Concrete Research, 38(2): 137—158.

Sorelli L, Constantinides G, Ulm F J, et al. 2008. The nano-mechanical signature of ultra high performance concrete by statistical nanoindentation techniques [J]. Cement and Concrete Research, 38 (12): 1447—1456.

Sun W, Mandel J A, Said S. 1986. Study of the interface strength in steel fiber-reinforced cement-based composites [J]. Journal of American Concrete Institute, 83(4): 597—605.

Taylor H F W. 1986. Proposed structure for calcium silicate hydrate gel [J]. Journal of American Ceramic Society, 69(6): 464—467.

Vandamme M, Ulm F J, Fonollosa P. 2010. Nanogranular packing of C-S-H at substochiometric conditions [J]. Cement and Concrete Research, 40(1): 14—26.

Velez K, Maximilien S, Damidot D, et al. 2001. Determination by nanoindentation of elastic modulus and hardness of pure constituents of Portland cement clinker [J]. Cement and Concrete Research, 31(4): 555—561.

Wang X, Jacobsen S, He J. 2009. Application of nanoindentation testing to study of the interfacial transition zone in steel fiber reinforced mortar [J]. Cement and Concrete Research, 39(8): 701—715.

Young J F. 1988. A review of pore structure of cement paste and concrete and its influence on permeability [J]. ACI SP, 108(1): 1—18.

Zhu W, Bartos P J M. 2000. Application of depth-sensing microindentation testing to study of interfacial transition zone in reinforced concrete [J]. Cement and Concrete Research, 30(8): 1299—1304.

Zhu W, Hughes J J, Bicanic N, et al. 2007. Nanoindentation mapping of mechanical properties of cement paste and natural rocks [J]. Materials Characterization, 58(11~12): 1189—1198.

第 3 章　高性能现代混凝土材料的防火性能

火灾仍然是造成建筑结构破坏潜在的主要因素之一。据统计,世界发达国家每年火灾损失额达几亿甚至几十亿美元,占国民经济总产值的 0.2%～1.0%。我国的火灾次数和损失虽然比发达国家少得多,但损失也相当严重。我国 1986 年的统计资料表明,建筑火灾发生 10048 起,经济损失为 3 亿元。1990～1994 年,我国火灾直接损失分别为 5.4 亿元、5.2 亿元、6.9 亿元、11.2 亿元和 12.4 亿元,火灾损失与日俱增。在所发生的火灾中,发生次数最多,损失最严重的是建筑火灾。

混凝土作为主导的结构材料用于土木工程已有一百多年的历史。随着现代混凝土研究与应用技术的发展,高性能混凝土(high performance concrete,HPC)正逐渐蓬勃兴起,并开始替代传统意义上的普通混凝土(NC)得到日益广泛的应用,特别是应用于暴露在恶劣环境下的各种工程中。同普通混凝土相比,高性能混凝土的高性能来源于自身结构的改善与提高。密实的自身结构和较低的渗透性,是高性能混凝土产生高强度、形成优异抗冻融性和抗有害离子侵蚀(如氯盐、硫酸盐腐蚀)高耐久性的关键,这在已有的研究中得到了充分的验证。然而,值得注意的是,高性能混凝土所具有高密实的内部结构会转变为自身的一种缺点而产生负面的效应。近年来关于混凝土结构的防火性能研究表明,高温下高强混凝土与普通混凝土之间存在相当明显的差异。高性能混凝土中的高强混凝土,通常是通过高效减水剂降低水灰比(w/c)和掺入硅灰等手段来实现。同普通混凝土相比,高强混凝土具有较低的渗透性和湿含量。已有的试验研究和理论分析在一定程度上定性地证实,高强混凝土在高温下的易爆裂特性与高强混凝土的低渗透性有密切的关联。在火灾高温下,混凝土中的水蒸气化从混凝土内部孔隙中逸出受阻,从而导致了孔内混合气体气压逐渐上升产生膨胀应力。当环境温度继续升高,混凝土内的孔压也继续升高,混凝土内部的膨胀应力也在增大,直到混凝土结构发生爆裂。在相同的试验条件下,同一系列高强混凝土试件中往往只有一部分发生爆裂,这种不确定性使高强混凝土的爆裂性能更加难预测。高强、高性能混凝土的高温下容易爆裂的特性,有可能成为限制或阻碍其在工程中的广泛使用的严峻的问题。

3.1　高性能混凝土高温后宏观力学性能的劣化

高温后材料的各项力学性能的变化,是高性能混凝土材料防火性能研究的一个重要组成内容。本节将针对高温后高性能混凝土力学性能变化从如下方面讨论高温后材料各项力学性能的劣化规律;不同材料和不同环境因素对这些力学性能劣化规律的影响;间接验证"热应力机理"对高温下混凝土爆裂性能的影响;对高性能混凝土经高温后潜在的危险展开研究分析。

3.1.1　高温后混凝土的现象观察

对于遭受火灾侵害的混凝土结构,通常首先采用观察其颜色的变化、结构的开裂和爆裂状况等手段来初步评估其受损程度。在升温过程中,往往可以观察到混凝土材料的颜色的转变。1950 年,Bessey 的研究曾经阐述了硅质集料的混凝土在加热过程中颜色变化的一般规律。在历经不同的高温后,所研究的普通混凝土和高性能混凝土试件的颜色变化是有差别的。一般说来,前者试件表面的颜色总是较后者试件表面颜色要浅一些。在经过 400℃高温后,无论是普通混凝土还是高性能混凝土试件表面的颜色与室温下的试件相比几乎没有变化,仅仅因试件表面水分的失去使得颜色有些偏浅。600℃高温后,混凝土试件表面的颜色则略为带有一点红色。经过 800℃高温后,普通混凝土系列的试件表面颜色为浅灰色。高性能混凝土系列的试件中,不掺纤维以及掺聚丙烯纤维的试件颜色转变为较深的灰色,而掺有钢纤维的试件颜色呈深灰色。当经过 1100℃高温后,普通混凝土系列的试件表面颜色变为淡黄色;高性能混凝土系列试件表面颜色转变为较深的褐黄色,而掺有钢纤维的高性能混凝土试件内部局部颜色呈黑色,其主要原因是钢纤维在高温下熔化,其中的碳元素渗透到混凝土基体中。

3.1.2　高温后主要力学性能劣化规律

1. 抗压强度

当温度低于 400℃时,无论普通混凝土还是高性能混凝土抗压强度损失都不超过 5%。对于掺有钢纤维的混凝土来说,强度值还略有上升,升幅为 6% 左右。在 400～600℃,普通混凝土和高性能混凝土的剩余抗压强度明显下降,普通混凝土下降幅度为 33%,高性能混凝土降幅为 35%～54%。在 600℃时,不同系列的混凝土相对剩余抗压强度间的差别较 400℃时增大很多。以往的研究还发现,对于硅酸盐水泥混凝土,在高温环境中其力学性能劣化的主要阶段出现在 300℃以后。而且,大多数关于混凝土高温行为的研究结果表明,高强混凝土的爆裂也多发生在 300～600℃。所以 300～600℃温度区间应作为混凝土高温下性能劣化研究的关注重点。高性能混凝土高温下抗压强度劣化程度大于普通混凝土。例如,在 600℃时,掺有 10% 硅灰的混凝土的下降幅度为 42%,大于普通混凝土的降幅 (33%)。从强度下降的绝对值来看,高性能混凝土抗压强度的下降幅度更是远远大于普通混凝土。对于掺有 1% 钢纤维的混凝土,在经 600℃高温后抗压强度仅下降了35％，因此其抗压强度劣化程度无论是从相对的还是从绝对的数值来看较其他组的高性能混凝土均有明显的改善。对于掺有0.2％聚丙烯纤维的混凝土，经600℃高温后剩余强度为室温下的40％，主要原因在于聚丙烯纤维的燃点为593℃，在600℃时将完全燃烧和气化，混凝土内部留下一定数量的孔缝。在600～900℃，各系列混凝土剩余强度继续迅速下降。在900℃时，普通混凝土剩余抗压强度剩下室温强度的20％，而高性能混凝土的剩余强度只剩下17％左右。普通混凝土和高性能混凝土剩余强度之间的差别较600℃时明显缩小。

2. 抗弯强度

普通混凝土和高性能混凝土，虽在室温下抗压强度相差较明显，但抗弯强度值较为接近。在经历高温后，剩余抗弯强度以近似的规律下降。除个别情况外，在不同温度区间下降的幅度值也较接近。对于高性能混凝土，在经历400℃后剩余抗弯强度性能之间的差别较明显。既没有掺硅灰、粉煤灰，又未掺引气剂的混凝土，下降幅度达50％，而掺有引气剂、10％硅灰和25％粉煤灰的混凝土抗弯强度下降仅为16％，其次为掺引气剂和硅灰的混凝土，下降幅度为27％。

就高温后混凝土材料的抗弯性能劣化程度来看，高性能混凝土中掺入引气剂、硅灰和粉煤灰对其相应剩余抗弯强度的影响主要集中表现在600℃以前；在900℃时，引气剂和矿物外掺料对剩余抗弯强度的影响大大减小。

就不同高温后混凝土材料抗弯性能劣化程度而言，钢纤维和聚丙烯纤维影响的主要差异出现在400～600℃。经400℃后，掺不同纤维及不同纤维体积率的高性能混凝土抗弯强度下降幅度十分接近，相对剩余抗弯强度在60％～75％之间。当经历600℃以后，掺钢纤维的高性能混凝土相对剩余抗弯强度在33％～38％之间，掺聚丙烯纤维的高性能混凝土相对剩余抗弯强度为15％左右。

无论是钢纤维还是聚丙烯纤维，在所采用的纤维体积率范围内，纤维体积率大小对剩余抗弯强度的影响不明显。

900℃以后，掺有钢纤维的高性能混凝土相对剩余抗弯强度降至10％～15％，而掺有聚丙烯纤维的高性能混凝土相对剩余抗弯强度降至5％左右。

3. 抗弯韧性

高温后，无论是普通混凝土还是高性能混凝土的性能均出现了劣化趋势，而且在400～600℃之间，劣化的幅度相当明显。钢纤维对相应的高性能混凝土抗弯性能在400～600℃之间的劣化有明显的抑制作用。

在室温下，从整体上来说，掺钢纤维的混凝土显然较掺聚丙烯纤维的韧性高得多。掺引气剂的混凝土虽然在抗弯强度上与未掺引气剂的相当，但韧性却有所下降。

经过 400℃高温后,对于未掺纤维的素混凝土来说,仅掺有 10％硅灰的高性能混凝土的抗弯韧性最大,没有掺任何外掺料的混凝土韧性最小,而掺有粉煤灰或引气剂的混凝土介于上述两者间,引气剂与粉煤灰对素高性能混凝土的韧性的影响不明显。掺纤维的同时掺有引气剂和粉煤灰的混凝土具有最大的韧性。

4. 劈拉强度

经 400℃后,普通混凝土的劈拉强度下降了 18％,而掺有硅灰的混凝土却略有增长,增幅为 6％左右;掺有钢纤维和硅灰的混凝土的剩余劈拉强度增长最明显,增幅为 25％;掺有聚丙烯纤维的混凝土下降了 16％,与普通混凝土降幅接近。钢纤维在混凝土中的增强和改善作用表现得十分明显。

3.1.3　高温下高性能混凝土爆裂机理的研究

高性能混凝土的爆裂,由于其复杂性和难预见性,已经成为其防火性能研究最受关注的问题之一。影响混凝土爆裂的因素很多,除了材料因素和环境因素以外,还涉及其在实际结构中应用时需考虑的结构性因素,而且这些因素相互影响、相互作用。迄今高温下混凝土的爆裂机理尚未查明,从已有的研究结果来看,有两种观点令人瞩目,即孔压(水蒸气压)机理和热应力机理。然而,究竟哪一种机理对高性能混凝土的爆裂起着更关键,或者说是支配性的作用,这是一个十分令人关注的问题。针对混凝土爆裂的试验研究并不多,主要原因在于开展此项试验研究所需费用大,试验条件要求较高。已有的一些有关高性能混凝土爆裂性能的研究结果,仅仅是在开展混凝土结构单元抗火性能的试验研究时得到的"副产品",而且这些研究多集中在探讨在环境温度急剧上升阶段中混凝土的爆裂特点。近年来有一些探讨和分析高强混凝土爆裂与其内部传热、传质过程关系的理论和试验研究。其中的试验研究主要是通过控制混凝土的湿含量来控制在高温环境下混凝土内部所产生的水蒸气的多少及相应的孔压的大小。1999 年,朋改非等的试验研究发现,在ISO 834 的标准火灾升温过程中,当混凝土强度等级小于 60MPa 时,即便该混凝土处于饱水状态,也没有爆裂发生;当混凝土强度等级大于 60MPa 时,并且湿含量超过相应阈值时,爆裂概率随湿含量增加而增大。所以,湿含量对于高强混凝土爆裂概率有重要的影响。关于混凝土爆裂之热应力机理的研究不多,观点也不尽相同。有学者认为,若将试件置于空气中,即便冷却速率非常快,在混凝土内部也不足以产生很大的热应力而导致破坏;若将试件在水中快速冷却,不仅将对混凝土试件产生明显的热击(thermal shock),而且高温后混凝土的再水化会产生双重的不利影响,加剧混凝土力学性能的劣化。本章通过试验探讨热应力机理是否是影响高性能混凝土在高温下爆裂的主要因素。由于试验条件所限,本研究中采用的是电热高温试验炉,升温速率为 5～7℃/min,尚无法达到 ISO 834 或 ASTM E 119 所给出的标准火灾升温曲线的要求。虽然无法为高性能混凝土试件营造一个因外界温度急剧上升而在试件内部产生足够大热应力的试验环境,但是可以采用急速降温的方法,即当试件经加热至温度峰值及随后的恒温过程后,立即从高温炉中取出放入室温的水中冷却至室温,在试件表面和内部瞬时造成几百甚至上千度的温差,从而可以在试件中营造足够大的热应力,这样就从另一程度来探讨热应力对混凝土爆裂的影响。

　　混凝土爆裂试验采用立方混凝土试件。当试件升温至温度峰值(分别取800℃和1100℃)后,恒温 1h,再从高温炉内取出立即浸入室温(25℃)水中冷却至室温。在本试验中,无论在升温过程还是在急速冷却过程中,高性能混凝土和普通混凝土试件均无爆裂发生,仅在试件表面有少量裂纹。经 1100℃再急冷的试件表面裂纹的数量和开裂程度较经 800℃再急冷的试件要严重些。由此可见,尽管因骤冷产生的热击在高温(800~1100℃)试件表面和内部产生瞬间巨大的温度梯度,并由此形成瞬时较大的热应力,但是这种热应力并不是造成高性能混凝土在高温下发生崩落甚至粉碎性爆裂的主要原因。

　　图 3.1 和图 3.2* 给出了不同的冷却制度对高温后混凝土剩余力学性能的影响。当最高暴露温度为 800℃时,与室温下的抗压强度相比,随炉慢冷试件剩余强度为 26%~34%,水中急冷试件剩余强度为 21%~28%;当最高暴露温度为1100℃时,慢冷试件剩余强度为 8%~12%,急冷试件剩余强度为 8%~10%。由此知道,在经历高温后,高性能混凝土的抗压强度衰减的绝对值较普通混凝土的大,但相对值较接近。无论是普通混凝土还是高性能混凝土,其抗压性能的衰减主要发生在 800℃以前。近来的研究还指出,掺入钢纤维的混凝土暴露于高温条件下表现出较好的高温力学性能。试验结果表明,钢纤维在一定程度上对高性能混凝土高温性能的劣化有缓和作用。比较 HS 和 HF11S 在 800℃后的情况,不掺纤维的 HS 慢冷后剩余抗压强度为室温下的 25.6%,而掺有钢纤维的 HF11S 慢冷后剩余强度为 34.1%。在室温下,HF11S 的抗压强度较 HS 的高出 16.6%;在800℃后,HF11S 的剩余强度较 HS 的高出 55.4%。在高性能混凝土中掺入聚合物纤维,目的是在温度迅速升高的过程中通过聚合物纤维熔化、气化而使得混凝土内部留下微通道,则毛细孔中较大的水蒸气压力能够得以缓解和释放达到避免混凝土爆裂的目的。然而对于掺有聚合物纤维的 HPC,了解并掌握其在高温后力学性能的变化是必要的,因为在高温中聚合物纤维将气化而在混凝土基体中留下一定数量的空隙,对剩余性能的影响不能忽视。本试验结果发现,在高温(800℃)后掺聚丙烯纤维的 HF21S 剩余强度与不掺纤维的 HS 相近,无明显的下降。另外,不同冷却制度造成的差别并不明显。

　　　* 图 3.1 和图 3.2 中,NP 表示掺粉煤灰混凝土;HS 表示粉煤灰＋硅灰混凝土;HF11S 表示 1%钢纤维＋粉煤灰＋硅灰混凝土;HF21S 表示 0.2%聚丙烯纤维＋粉煤灰＋硅灰混凝土。下同。

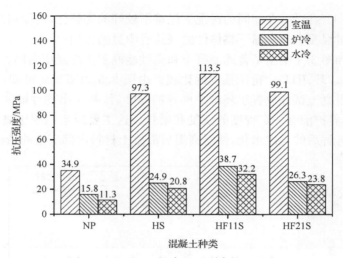

图 3.1　经过 800℃高温后剩余抗压强度

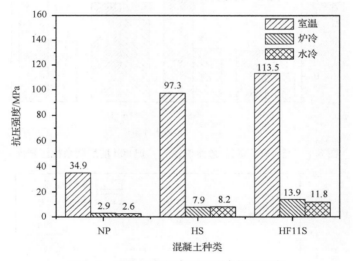

图 3.2　经过 1100℃高温后剩余抗压强度

3.1.4　高温后高性能混凝土的潜在危险

　　经过火灾高温，并非在所有情况下混凝土结构都会立即失效。然而，在历经高温侵害后，混凝土结构，特别是高性能混凝土结构，暴露在复杂的环境下继续使用的过程中，其材料性能和结构行为的变化与未遭受高温侵害时的情况有所不同。因此，其结构在继续使用过程中的安全性需要进一步研究。研究发现，高温后的混凝土试件在环境（25℃、75%RH）中放置前后外观无明显的差异。经过 1100℃的普通混凝土和高性能混凝土试件，表面的裂纹较经过 800℃后的明显。对于掺有钢纤维的 HF11S 试件,在相同的情况下保持了较好的完整性,表面裂纹也不明显。可见钢纤维对混凝土在高温下整体性的保持有明显的作用。

　　图 3.3 和图 3.4 给出了普通混凝土和高性能混凝土在经历高温、急冷,再放置于环境(25℃、75％RH)中抗压强度的比较。由图 3.3 和图 3.4 可知,当普通混凝土和高性能混凝土试件放置于环境中再养护 90d 后,并未出现性能继续劣化的现象,反而较再养护前有一定程度的恢复和增长。这主要应当归因于高温下混凝土中水化产物分解后的再次水化,使得高温后混凝土材料内部疏松的结构变得密实。

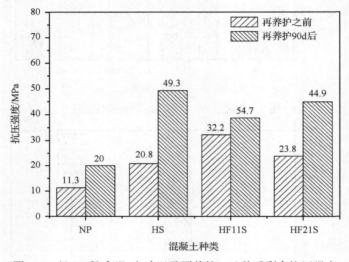

图 3.3　经 800℃高温、急冷以及再养护 90d 前后剩余抗压强度

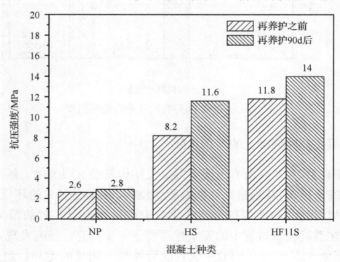

图 3.4　经 1100℃高温、急冷以及再养护 90d 前后剩余抗压强度

经过 800℃ 高温、急冷，并再次经过 90d 湿养护后，混凝土试件的抗压强度可恢复至高温前室温强度的 50% 左右。例如，NP 可恢复至室温下的 57.3%，HS、HF11S、HF21S 分别可恢复至室温强度的 50.7%、48.2% 和 44.5%。经 1100℃ 高温、急冷，并同样再经 90d 湿养护后，抗压强度可恢复的程度与 800℃ 情况相比要小得多。例如，NP 仅可恢复至室温下的 8.3%，HS、HF11S 分别可恢复至室温强度的 11.9%、12.3%。另一方面，试样结果也说明了在经过 800℃ 和 1100℃ 高温后，混凝土材料内部的微观组成和结构存在着显著的差异。这两种不同高温对混凝土材料产生的损伤程度是不一样，因此可恢复的程度也不一样。

3.2　高性能混凝土高温后微观、细观组成和结构的变化

混凝土是一种自身结构极为复杂的多相、多组分、多尺度层次的多孔材料，而且是各向异性的复杂系统，涵盖了从纳米尺度（C-S-H 凝胶）、微米尺度到毫米尺度（集料），故需要采用多级、多层次下的方法来研究混凝土材料组成和结构。另一方面，混凝土材料的宏观性能总是与其内部微、细观结构以及各相、各组分密切相关。因此，为揭示混凝土材料的性能本质，微观、细观层次上的研究必不可少。已有的研究发现，高强混凝土结构单元或小试件在火灾或模拟火灾环境下常发生难以预测的崩落，甚至粉碎性的爆裂，而且高强混凝土和普通混凝土结构单元在火灾下的行为存在显著的差别。Ahmed 和 Hurst 认为这种差别是高强混凝土和普通混凝土高温下不同的力学行性能所造成。但是，力学性能之间的差异不应作为高强混凝土和普通混凝土火灾行为差别的根本原因，最主要的原因还应在于高强混凝土和普通混凝土内部不同的微、细观结构的差别和演变。

3.2.1　高温下混凝土基本的物理、化学性能变化

当温度从室温（25℃）升温至 1000℃ 以上时，硅酸盐混凝土中出现一系列复杂的物理、化学变化。

当温度低于 100℃ 时，混凝土中的水化产物是化学稳定的。对于普通混凝土，温度在 65～80℃ 时混凝土开始失去吸附水，在 80～100℃ 时开始失去层间水。在温度达到 100℃ 时，混凝土内部未水化的水泥颗粒可能由于水热养护作用而继续水化，对混凝土强度是有利的。

当温度高于 100℃ 时，混凝土中的自由水开始变为水蒸气。这些水蒸气并不能立即逸出混凝土内部，因而产生一定的压力，在混凝土内局部形成所谓的蒸汽养护（autoclaving）的条件。100～300℃ 被认为对"蒸养"条件的形成最为有利，因为在这一温度区间中混凝土内部水蒸气形成最为强烈，从而使得未水化的

水泥颗粒会继续水化,这可以从 X 射线衍射分析结果中 C_3S 和 β-C_2S 相的减少及热重(TG)分析结果中 $Ca(OH)_2$ 增加得到证实。这种蒸养效应对混凝土宏观性能的改善是十分有利的,在一定程度上也解释了在所暴露的温度不太高(如不超过 400℃)时混凝土力学性能下降并不明显,甚至某些性能还有较明显的提高。

在 300~500℃阶段,硬化水泥浆体内的水分逐渐完全失去,水化产物 C-S-H 凝胶体系开始破坏和分解。此外,$Ca(OH)_2$ 碳化程度也会随之增加,这可由热重分析及 X 射线衍射试验结果发现,$Ca(OH)_2$ 和 $CaCO_3$ 含量同时增加得到证实。未碳化的 $Ca(OH)_2$ 在 450~500℃温度区间分解。

在 600℃或更高温度下 $CaCO_3$ 开始分解,因此硬化水泥浆体中 CaO 含量升高。C-S-H 凝胶通常在 600~700℃温度范围内形成 β-C_2S,而硬化浆体的熔融阶段发生在 900℃以上。

3.2.2　高温下混凝土的热效应

混凝土暴露在不同的高温环境下,除了会发生复杂的物理、化学反应之外,还会伴随着一系列的吸热、放热效应。

针对混凝土高温下的热效应研究引入"熔蚀热"(heat of ablation)的概念,即"在稳定的腐蚀过程中失去单位质量的物质所消耗的热",数值上等于混凝土的显热(sensible heat)加上失去单位质量混凝土所需的化学反应与交换热。有的研究认为,混凝土的熔蚀热为 6000($\pm$3000)kJ/kg。Chu 的研究指出混凝土的显热为 1.09kJ/(kg·℃)$\times$1330℃,即 1450kJ/kg,而混凝土的有效潜热(latent heat)(包括分解反应热、晶形转化热、熔融热等)在 2560~3600kJ/kg 之间,所以混凝土的熔蚀热约为 4010~5050kJ/kg。Hildenbrand 等计算了含硅质集料混凝土的完全熔融焓为 2227kJ/kg,含钙质集料混凝土的完全熔融焓为 1474 kJ/kg。

有的研究揭示了温度从室温升温至 1200℃左右时,1m^3 硅酸盐矿渣水泥混凝土中因物理、化学变化出现的热效应。混凝土所用集料石英岩和石灰石集料,其配合比(质量比)为:水:水泥:细集料:粗集料=0.5:1:1.9:3.5,试验前处于饱水状态。

(1)在温度为室温至 120℃时,可蒸发水从混凝土中逸出,此时热效应仅是水的蒸发热,约为 2238kJ/kg,又约 130kg 的可蒸发水从饱水状态的混凝土中释放出,故反应热约为 290×10^3 kJ/m^3。

(2)在温度继续升至 300℃时,硬化水泥浆体中的非蒸发水(化学结合水)开始从部分水化产物中分解,其化学反应热与 β-C_2S 的水化反应热相当,约为 250kJ/kg,1m^3 混凝土中有约 78kg 硬化水泥浆体(主要为 C_2S 反应而成)发生了反应,反应热则约为 20×10^3 kJ/m^3。

（3）在 450～550℃区间，$Ca(OH)_2$ 的分解反应热约为 1000kJ/kg，在 $1m^3$ 混凝土中约有 40kg 发生了分解，对于矿渣硅酸盐水泥混凝土来说，$Ca(OH)_2$ 的含量不会超过 40kg，则反应热最多为 $40×10^3kJ/m^3$。另外在 120～600℃区间，有 60kg 蒸发水和化学结合水被释放，反应热约为 $135×10^3kJ/m^3$。

（4）在 500～650℃区间，α 石英晶型转化为 β 石英，并在 570℃出现一个反应热峰值，约为 $5.9kJ/m^3$ 混凝土。假定大约有 1500kg 的集料参与了此项反应，则反应热为 $8.8×10^3kJ/m^3$。

（5）在 600～700℃区间，硬化水泥浆体中 C-S-H 凝胶分解形成 β-C_2S，分解反应热约为 500kJ/kg，$1m^3$ 混凝土中大约有 240kg 的 C-S-H 参与了此项反应，则反应热为 $120×10^3kJ/m^3$。

（6）在 600～900℃区间，$CaCO_3$ 的分解反应热约为 1637kJ/kg，$1m^3$ 混凝土中大约有 1600kg 的石灰石，其中 $CaCO_3$ 含量约 90% 参与了此项分解反应，则反应热为 $2360×10^3kJ/m^3$。

（7）在 1100～1200℃区间，硅质或钙质集料的熔融热介于 500～1000kJ/kg，对于石英岩集料混凝土，石英岩集料含量为 $2100kg/m^3$，对于石灰石集料混凝土，石灰石集料含量为 $1500kg/m^3$，故两种混凝土的熔融反应热分别为 $1575×10^3kJ/m^3$、$1125×10^3kJ/m^3$。

Schneider 和 Diederichs 的研究还发现，当混凝土从室温升温至熔融状态时钙质集料混凝土吸收的热量大约是硅质集料混凝土的两倍。其中前者吸收的约一半的热来源于钙质集料在 600～900℃区间分解吸收的热量，这对于提高混凝土的防火性能是十分有利的。

3.2.3　高温后高性能混凝土内部微、细观形貌与组成分析

运用 SEM 和 EDS 测试分析技术得到，如图 3.5(a)所示，25℃下掺粉煤灰的水泥砂浆基体中集料脱黏部位的形貌中有球状粉煤灰颗粒，其表面被部分水化产物覆盖。在球形颗粒周围还有片状、棒状、针状的水化产物，其中棒状、针状的为钙矾石。

如图 3.5(c)所示，在 400℃高温下，C-S-H 凝胶、水化硅酸钙中的水分被脱去，剩下了蜂窝状的"骨架"。如图 3.5(d)所示，400℃高温后的掺粉煤灰和硅灰水泥砂浆基体的形貌，与仅掺粉煤灰的水泥砂浆基体不同，见不到针状、絮状的水化产物。对该水化产物进行能谱分析发现，其中 Si 元素含量较高，而 Ca 元素的含量很低。这表明在 400℃高温下，C-S-H 凝胶、水化硅酸钙中的水可能并非被完全脱去，而是参与了硅灰细颗粒在此温度下继续发生的水化反应，形成了无定型的水化产物。

(a) 室温下(25℃)掺粉煤灰基体的形貌

(b) 室温下(25℃)掺粉煤灰和硅灰基体的形貌

(c) 经400℃高温后掺粉煤灰基体形貌

(d) 经400℃高温后掺粉煤灰和硅灰基体形貌

(e) 经800℃高温后掺粉煤灰基体的形貌

(f) 经800℃高温后掺粉煤灰和硅灰基体的形貌

(g) 经1100℃高温后掺粉煤灰基体的形貌

(h) 经1100℃高温掺粉煤灰和硅灰基体的形貌

图 3.5　基体形貌扫描电镜图

如图 3.5(f)所示,经过 800℃高温,再放置 90d 后掺粉煤灰和硅灰水泥砂浆基体,在基体与集料的脱黏部位,平板状、六方片状的水化产物清晰可见,具有单硫酸盐型水化硫铝酸钙(AFm)、氢氧化钙六方板状的特点。其中 AFm 为钙矾石(AFt)在高温下分解的产物,而氢氧化钙为高温条件下原水化产物中的氢氧化钙分解后再水化的结果。对上述水化产物进行能谱分析发现,Ca 元素与 Si 元素物质的量比为 1.52。

如图 3.5(h)所示,经过 1100℃高温后掺粉煤灰和硅灰水泥砂浆基体中,可以见到很多带有"卷边"的板状产物,具有某些黏土矿物的特点,这与高温下水泥砂浆出现烧结现象密切相关。

3.2.4　高温后高性能混凝土孔结构的变化

混凝土是一种多孔性材料,内部存在着众多形状各异、尺度大小不一的孔和微裂纹。材料中的孔对于材料中的物理、力学性能,如容重、导热性、强度、变形、渗透性和耐久性等有重要的影响。混凝土中的孔隙特征可用孔结构来描述。孔结构主要包含三大方面内容,即孔形貌、孔隙率、孔径分布。孔形貌指孔的大小、形状、连通性。孔隙率指孔占基体体积的百分比。孔径分布指不同孔径的孔在空间的位置排列、集中程度。混凝土的性能很大程度上由其中水泥水化过程决定,所以许多研究都是针对不同高温环境对混凝土内硬化水泥浆体微结构特性的影响。

高温后,高性能混凝土的孔结构较普通混凝土有更明显的变化,这从累积孔径分布曲线、孔隙率及平均孔径变化可知。

室温(25℃)下高性能混凝土的总孔隙率较普通混凝土低得多,但平均孔径却大于普通混凝土。由累积孔径分布曲线(图 3.6)可以得知,主要原因是高性能混凝土中孔径较小(特别是孔径在 0.2~0.3μm)的微孔体积显著减少。与普通混凝土相比,高性能混凝土基体的孔结构有着明显不同的特点,具有更多非连续的、封闭的孔和更匀质、密实的微观结构,这对利用 MIP 手段来测试分析会产生一定的影响。高性能混凝土孔结构的特点形成,一方面应归因于低的水胶比和超塑化剂。水泥混凝土中用水量的减少,缩短了水泥颗粒之间的距离,水化产物容易迅速聚集,形成较普通混凝土密实得多的结构;另一方面是由于硅灰、粉煤灰等矿物外掺料的加入,其火山灰效应不仅在水泥砂浆与集料间形成更好的连接,而且产物还会填充大的毛细孔,阻断其连通性。另外,矿物外掺料的填充作用对于高性能混凝土的密实性也是有利的。Piasta 的研究曾指出,在温度不太高(如不超过 400℃)时,孔隙率与从凝胶中释放出来的水分多少无关。在这一阶段未出现孔隙率增大的原因有两方面:一是水泥浆体高温下产生收缩;二是水泥浆体内部出现"蒸压养护"环境使得未水化水泥颗粒继续水化,填充了一部分毛细孔。本章的研究发现,如图 3.7(a)和(b)所示,经过 400℃后,普通混凝土(NP)的孔隙率仅有少量增大,然而高性能混凝土(HS)的孔隙率已经出现了明显的增长。与室温下相比,普通混凝土的孔隙率增加了 5%左右,平均孔径增加了 73.9%,而高性能混凝土的孔隙率却增加了近 137%,平均孔径增长了 59.4%。钢纤维的加入,有效抑制了孔结构的粗化效应。高温后 HF11S 的孔隙率为 10.5%,较室温下的仅增长了 17.8%,平均孔

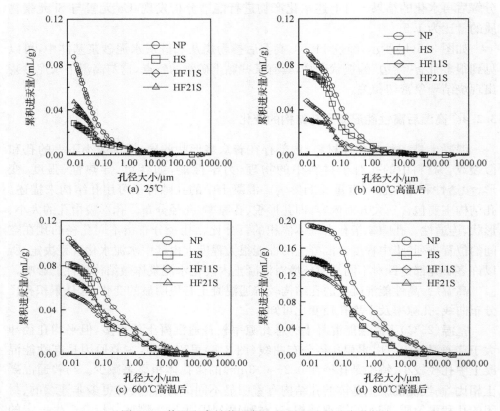

图 3.6　普通和高性能混凝土的累积孔径分布曲线

径还略有降低。掺有聚丙烯纤维的 HF21S 的孔隙率和平均孔径分别较室温下的增长了 24.3％和 32％,表明聚丙烯纤维对粗化效应也有一定缓和作用。温度在 300～500℃,水泥浆体中总孔隙率有较大幅度的增长。Sawicz 和 Rostasy 认为其增长的主要原因是水泥浆体中大于 500nm 孔的比例增加以及微裂纹的形成。如图 3.7(c)所示,经过 600℃高温后,与室温下的情况相比,NP 的孔隙率增加了 15.6％,平均孔径增加了 113％;HS 的孔隙率增加了 157％,平均孔径增加了 78.1％;HF11S 的孔隙率增加了 31.5％,平均孔径却增加了 62.9％,HF21S 的孔隙率和平均孔径分别增加了 39.8％和 121％。由此可知,400～600℃阶段高性能混凝土的孔隙率和平均孔径继续显著增长,尤其对于没有掺任何纤维的高性能混凝土,其孔隙率的增幅最大。钢纤维的掺入则可在一定程度上抑制高温下高性能混凝土孔隙率的迅速增大。如图 3.7(c)和(d)所示,温度在 600～800℃,水泥浆体中孔隙率继续迅速增大。其原因主要是此温度区间内发生的两个化学反应:$Ca(OH)_2$ 的继续分解,水蒸气的逸出;$CaCO_3$ 的分解,CO_2 的逸出。经过 800℃高

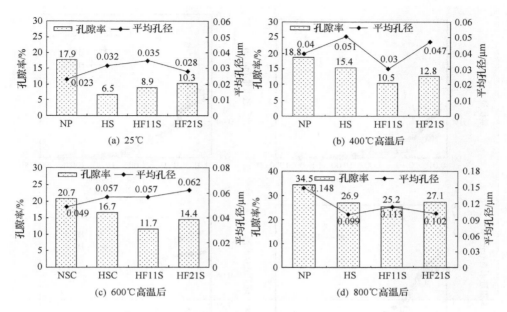

图 3.7 普通和高性能混凝土的孔隙率与平均孔径

温后,与室温下的情况相比,NP 的孔隙率增加了 92.7%,平均孔径增到原来的 6 倍左右;HS 的孔隙率增加到原来的 4 倍,平均孔径增加了 209%;HF11S 的孔隙率增加了 183%,平均孔径却增加了 223%;HF21S 的孔隙率和平均孔径分别增加了 163% 和 292%。由此可知,600~800℃阶段,无论普通混凝土还是高性能混凝土的孔隙率和平均孔径继续保持显著的增长,尤其对于没有掺任何纤维的高性能混凝土,其孔隙率的增幅最大。钢纤维在此阶段对混凝土孔结构粗化的抑制作用也变得不明显。

图 3.8* 和图 3.9 给出了引气剂与粉煤灰对经历不同高温后高性能混凝土孔结构的影响。

无论是否掺有引气剂和粉煤灰的高性能混凝土,在从室温升温至 900℃ 过程中存在着相似的变化规律,即它们的孔隙率和平均孔径均出现了两个陡增的阶段。一个阶段是在 25~400℃ 的温度区间,另一个是 600~900℃ 的温度区间。经历 400℃ 高温后,与室温下结果相比,HAPS 的孔隙率和平均孔径分别增长了 37.6%、44.8%。在 900℃ 高温后,与 600℃ 后的结果相比,HS、HAPS 的孔隙率分别增长了 62.3%、14.6%,平均孔隙率增大了 142%、412%。

---

* 图 3.8 中,HAS 表示引气剂＋硅灰混凝土;HAPS 表示引气剂＋粉煤灰＋硅灰混凝土。下同。

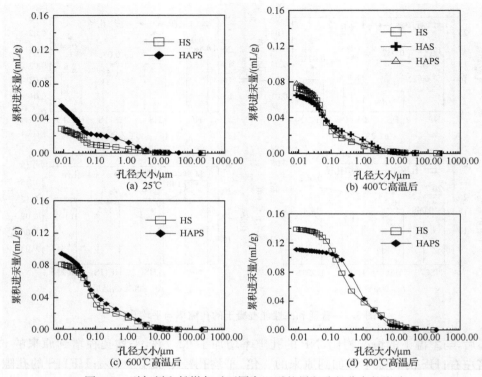

图 3.8　引气剂和粉煤灰对不同高温后的累积孔径分布的影响

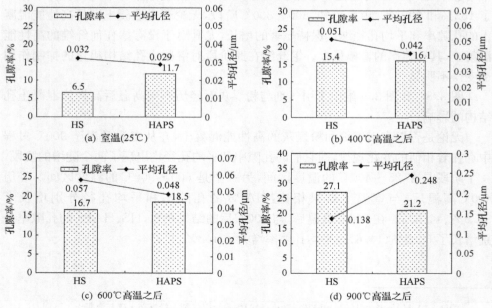

图 3.9　引气剂和粉煤灰对不同高温后的孔隙率和平均孔径的影响

　　图 3.10 和图 3.11 给出了普通和高性能混凝土在经过 800℃、1100℃高温以及不同的冷却制度后,混凝土中水泥砂浆基体孔隙率的变化,其结果与室温下混凝土试件的孔隙率作比较。由图 3.10 和图 3.11 可以看出,与普通混凝土相比,高性能混凝土(HS、HF11S 和 HF21S)的孔隙率明显增大,这也是高性能混凝土的强度较普通混凝土衰减更为严重的原因。在 800℃后,急冷后混凝土基体的孔隙率均小于慢冷的结果。这是因为在升温过程中混凝土材料分解产物(如氢氧化钙在500～550℃脱去结晶水分解为氧化钙)重新水化的结果。与室温下的情况相比,高性能混凝土慢冷、急冷后的孔隙率分别增加 163.1%～313.8%和98.1%～175.4%。

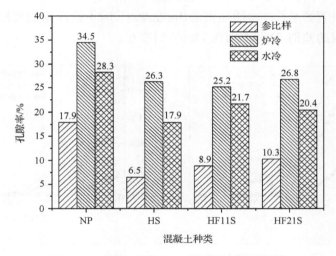

图 3.10　混凝土试件经 800℃高温后的孔隙率

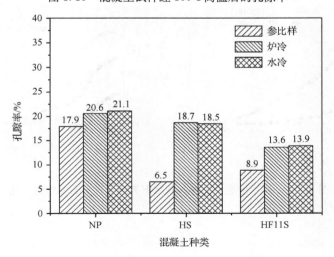

图 3.11　混凝土试件经 1100℃高温的孔隙率

而当温度达到 1100℃时,与室温下的情况相比,高性能混凝土慢冷、急冷后的孔隙率分别增加 52.8%～187.7%和 56.2%～184.6%。此时混凝土材料已经在一定程度上发生了烧结,烧结效应使得孔隙率较 800℃下的小,而且在不同冷却方式下的孔隙率也很接近。

图 3.12 和图 3.13 分别为各系列混凝土经历 800℃和 1100℃高温和不同冷却制度下的累积孔径分布曲线。在室温下,高性能混凝土系列 HS、HF11S、和HF21S 具有相似的累积孔径分布曲线,但同普通混凝土的累积孔径分布曲线的差别较大。高温后高性能混凝土和普通混凝土的孔径较小部分(孔径小于 $10\mu m$)的孔隙体积有显著的增长。由图还可看出,在 800℃时不同冷却制度所带来的累积孔径分布曲线的差别,这种差别在 1100℃时变小。

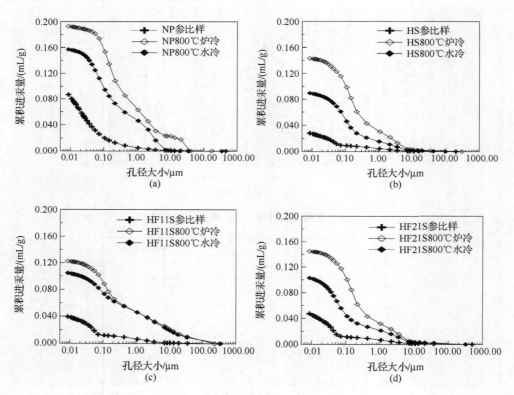

图 3.12　800℃前后不同冷却制度下累积孔径分布曲线的变化

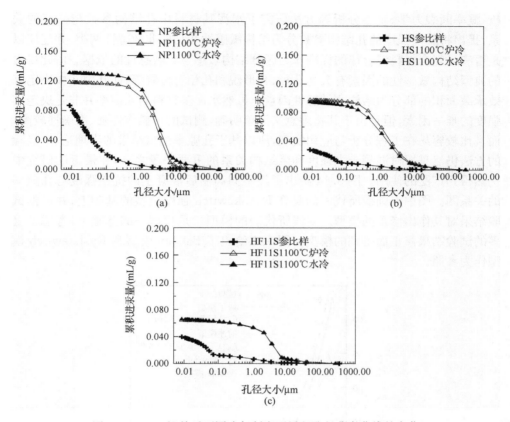

图 3.13　1100℃前后不同冷却制度下累积孔径分布曲线的变化

3.2.5　高性能混凝土微、细观组成结构的变化与宏观性能变化

高温下硬化水泥浆体结合水的失去和水化产物的化学分解会引起水泥浆体微结构的显著改变。其中,当温度在 100℃以上时,分子间结合力和化学结合力的失去造成微结构的改变迄今还未被完全而详尽地揭示,因为水泥浆体中这些结合力不易被测量。迄今为止,在混凝土宏观性能与其内部微、细观结构的定量分析研究中,大多数探讨的是宏观性能与孔结构的关系,还没有一种较为有效的分析方法来建立混凝土宏观性能与其内部微裂纹之间的关系。其主要原因之一是,混凝土中微裂纹开裂、扩展现象难以用定量的方法来测试和描述。

孔结构对水泥混凝土的影响早已为人们重视,并且被认为是影响混凝土宏观物理、力学行为的重要的因素,其中最直接最明显的就是对强度的影响。许多的研究已经发现,孔隙率对强度的影响是非线性的,当孔隙率较低时,其微小的改变也将导致强度明显的改变,结构敏感性表现得尤为突出。有些文献则运用有限元分析、概率断裂力学、逾渗分析等方法研究了水泥基材料中孔结构参数与强度的关系,提出将影响强度的孔结构参数分为结构敏感性和结构非敏感性两类,并建议以是否满足复合材料混合律的标准作为区分结构敏感与非敏感性的依据。由此得出的典型结构敏感性的因素有大孔孔径、孔形貌和孔相对位置等,而孔隙率中决定有效承载面积的部分为结构非敏感性因素。虽然水泥基材料的孔隙率并非是决定其强度的唯一因素,但是由于其物理意义简单明确,测试的可操作性强、准确性较高,而且比较容易在工程分析与应用实现,所以基于孔隙率测试结果的半理论、半经验的方法仍然是探讨混凝土中强度和微结构关系的重要手段之一,在最近的研究中仍然得到广泛的使用。图 3.14 给出了经不同高温后混凝土的抗压强度与孔隙率的关系图。图中点画线所代表的是在 Ryshkewitch 强度模型的基础上,并根据试验结果对其作出修正的模型。实线所代表的模型二是模型一的基础上,考虑了更多的试验结果修正而得到的模型。图中还给出了 Balshin 模型和 Ryshkewitch 模型作为参照。

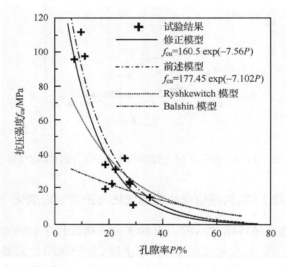

图 3.14　经不同高温后抗压强度与孔隙率关系

　　由图 3.14 可知,经不同高温后高性能混凝土中强度与基体孔隙率之间的关系仍然可以用半理论、半经验的方法来描述。图 3.15 所示为在考虑了高性能混凝土室温下低孔隙率的特点和不同阶段的高温对混凝土基体孔结构的粗化效应,经再次修正后可用于描述高温后高性能混凝土抗压强度与孔隙率关系的模型。值得注意的是,在温度为 1100℃时,虽然孔隙率较在 800℃下的小,但是其抗压强度也远远小于在 800℃时的数值。由此可知,因高温的影响,孔隙率小的混凝土其强度不一定就高,这与室温下混凝土材料的强度主要受孔结构影响的规律不同。其中的原因除了受集料的影响之外,混凝土材料自身的化学组成和物理结构也是影响材料强度的重要因素,这与 Feldman 和 Beaudoin 的研究发现是一致的。他们认为,孔隙率固然是影响水泥基材料强度的一个主要因素,水化产物间晶体的结合与致密性也是一个重要因素。换句话说,水泥基材料的强度除了受孔结构影响外,还取决于水化产物中颗粒固有强度及其结合特征。在 1100℃时,高性能混凝土基体中会发生烧结现象,相应物理化学变化以及组分的物相组成与 800℃时相比较是有差异的,并且该物理化学变化对材料强度的影响超过了孔结构对强度的影响。

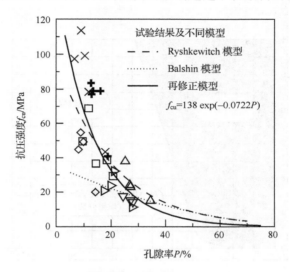

图 3.15　经不同高温后抗压强度与孔隙率关系

3.3　高温下混凝土内部传热、传质过程及其耦合作用

混凝土可以看做是内部含有不同尺度、随机分布、无规则的孔的多孔性材料。在这些孔内,填充和吸附着固态、液态、气态的水分。由于混凝土各组分内比表面积较大,因而混凝土中几乎所有的性能均受到湿含量的影响。尽管从宏观试验的角度,在一定程度上表明了孔压机理是控制混凝土,特别是对于结构较为致密、渗透性相对很小的高性能混凝土在火灾高温下爆裂的最主要的原因,但是在理论分析与试验研究之间似乎还存在着一条难以跨越的“鸿沟”。迄今为止尚没有试验能有效地测出在火灾高温环境下靠近混凝土受火面出现的“湿阻塞”现象,也没有试验来验证诸多文献中所论述的混凝土的爆裂与内部孔压的关系。而且,对于孔压机理所涉及的关键问题,即高温下混凝土内部的孔压的建立和变化,尚没有较为有效的试验与测试手段。

3.3.1　高温下混凝土的热爆裂性能

1. 混凝土结构单元爆裂预测

对于高温下混凝土的爆裂问题预测的研究,RILEM 的研究报告引述了 Myer-Ottens 的研究结果,认为混凝土结构单元爆裂可能性是混凝土中水蒸气压力和该单元厚度的函数,如图 3.16 所示。

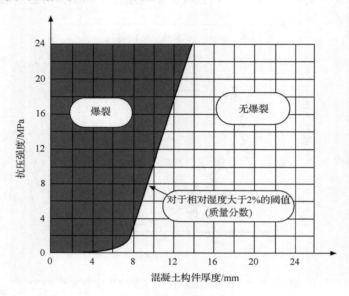

图 3.16　不同厚度混凝土单元爆裂的阈值

从图 3.16 中可以看出:

(1) 湿含量是影响爆裂性的重要因素,湿含量越高,爆裂可能性越大;

(2) 升温速率也是影响爆裂的主要因素,升温速率增大,爆裂概率增大;

(3) 外荷载引起的压应力会增大混凝土的爆裂概率。

然而,实际所表现出来的情况比上述模型描述的要复杂得多,简单地采用该模型已经不能做到较准确预测高性能混凝土高温下的爆裂。在第 3 章中已经论述到,即便在十分相似的试验条件下,混凝土的爆裂的可能性仍具有多变性,较难预测。

Bazant 和 Kaplan 指出,混凝土结构的防火性能取决于相应结构单元的形状、尺寸、增强筋的布置、内部湿含量及其他许多因素。火灾高温会令混凝土内部的不同组分同时产生热膨胀、收缩和因内部水分丧失造成的热徐变。混凝土体积的显著变化将在其内部产生较大的内部应力,导致混凝土开裂。在极端条件下,当升温速率足够快,混凝土将发生较为严重的爆裂。要对此进一步研究,必须首先了解混凝土高温下的热行为,特别是结构单元在高温状态下温度场、孔压场的分布。

2. 混凝土在火灾中的爆裂机理分析

高强混凝土结构在火灾中表层容易产生崩落,结构的整体性除较普通混凝土更容易遭到破坏之外,特别在一些情况下,若升温速率足够快,结构还可能发生粉碎性的爆裂现象。高性能混凝土的爆裂性能受到很多因素的影响,如温升速率、集料的矿物成分、热应力、混凝土的密度和湿含量等。尽管关于混凝土结构爆裂的机理还未被完全揭示,但是迄今为止主要的有三种解释:一是热不相容机理,即在高温环境中混凝土与钢筋热变形不一致造成爆裂;二是热应力机理,即由外界温度急剧变化导致巨大的温度梯度而形成的温度应力使得混凝土爆裂;三是孔压(水蒸气压)机理,即混凝土内部的水分在高温条件下,在混凝土的孔隙中形成巨大的水蒸气压力而使其爆裂。

认为热不相容性或者热应力机理是高温下混凝土爆裂的主要原因的理由不充分。一般来说,高强混凝土(HSC)与普通混凝土(NSC)的传热性能相差不大,而高强混凝土在火灾下爆裂的可能性却远远高于普通混凝土。认为混凝土高温下爆裂应归于外荷载作用的理由也不充分。如果上述理由成立,那么用于高温炉内衬里无外荷载作用的耐火混凝土就不应该发生爆裂,但事实显然不是这样的。认为混凝土爆裂主要取决于受载状态和或热效应,则无法解释已有研究的结果:① 降低混凝土中的湿含量能够降低其高温下的爆裂概率;② 有机纤维的加入能显著降低高强混凝土在火灾中的爆裂现象。

在高温下混凝土内部产生的水蒸气,一方面会产生水热反应,这对于混凝土的性能提高来说是有利的;另一方面由于水蒸气压力的作用,会在混凝土内部形成拉应力。该水蒸气压力的形成取决于众多因素,如升温速率、初始湿含量、渗透性、孔结构等。若在升温过程中由于混凝土内部的水蒸气不能及时从密实的结构中逸出,往往会达到其饱和的状态。由饱和水蒸气物理参数表可知,在300℃时饱和水蒸气的压力理论上可达到 8MPa;370℃ 时饱和水蒸气的压力理论上可达到21MPa,超过大多数混凝土这种脆性材料所能承受的抗拉极限,这对于高性能混凝土的爆裂性能无疑有至关重要的影响。对于暴露于火灾中混凝土结构内部发生的传热与传质过程的可概述如下。

在火灾升温开始时,混凝土结构单元中仅存在较小的内外温差,温度梯度很小。靠近混凝土表面处容易干燥失水,内部混凝土的水化程度应略高于表面,所以内部与表面之间的湿含量也不尽相同。随着外界温度继续升高,混凝土单元表面的水分失去,表面温度迅速升高。对于混凝土中的自由水来说,无论是液态还是气态,均朝着混凝土内部温度较低的方向迁移。初始时,扩散过程机理控制着水分迁移,其驱动力为湿含量梯度。当单元的温度不断上升,接近暴露面区域中的自由水部分被蒸发,部分向温度较低的内部迁移并遇冷凝聚。因为这些凝聚下来的水分受热蒸发时要吸热,所以延缓该局部区域混凝土温度的上升。当水分继续不断地向混凝土内部迁移,并且混凝土内部温度上升超过100℃时,混凝土中未水化水泥颗粒可能再次水化,自由水又将转化为化学结合水,释放出热量。

当温度继续上升超过一定值,水化产物中一些化学结合水又从水化产物中分解出来,吸收热量。混凝土中水化产物的分解将一直持续到温度超过800℃。其中较为重要的水化产物分解反应是发生在400～600℃温度区间 Ca(OH)$_2$ 的分解,其分解释放出来的自由水将继续向温度低的混凝土内部扩散。由于高性能混凝土的渗透性远小于普通混凝土的渗透性,如低2个数量级,液态水分会在靠近受火面的部位逐渐凝聚,形成一水分较为集中的聚集区,并阻碍液态水流、水蒸气流穿过该区,这就是诸多文献所提到的"湿阻塞"(moisture clog)现象。在此情况下,该聚集区以内的水蒸气不能迅速从中释放出来,因而毛细孔内压力迅速形成和增大,最终导致了靠近受火面混凝土的爆裂。

由此提出了减小混凝土在火灾环境中爆裂的措施。一种措施是提高混凝土自身在高温下的性能,可以在混凝土基体中掺入纤维增强相,最常用的为钢纤维。不锈钢纤维增强用于高温条件下(最高达到1500℃)耐火混凝土已被证实是有效的。另一种是在混凝土爆裂的孔压机理的基础上提出的措施,即设法在急速升温过程中舒缓混凝土内部毛细孔中产生的孔压(水蒸气压)。有许多试验研究初步证实,在高强混凝土中掺入有机纤维后,能有效减小火灾高温下高强混凝土爆裂的概率。

尽管从宏观试验的角度,在一定程度上表明了孔压机理是控制混凝土,特别是对于结构较为致密、渗透性相对很小的高性能混凝土在火灾高温下爆裂的最主要的原因,但是在理论分析与试验研究之间似乎还存在着一条难以跨越的"鸿沟"。迄今为止尚没有试验能有效地测出在火灾高温环境下靠近混凝土受火面出现的"湿阻塞"现象,也没有试验来验证诸多文献中所论述的混凝土的爆裂与内部孔压的关系。而且,对于孔压机理所涉及的关键问题,即高温下混凝土内部的孔压的建立和变化,尚没有较为有效的试验与测试手段。虽有文献针对高温下混凝土内部的孔压测试做出了尝试,但对其有效性和正确性尚需要进一步的验证。

3.3.2　高温下混凝土内的传质与传热

当多孔介质中存在不同状态的水分时,由于涉及液态水和水蒸气在介质中的迁移所带来的传质、传热的耦合作用,分析变得非常复杂。混凝土结构单元中的传质指水蒸气与空气的混合气体、液态水分等在混凝土多孔介质中的迁移。其中,水蒸气与空气的混合气体的传质被认为是主要部分。高温下,水蒸气与空气的混合气体在混凝土单元中的主要的传质过程大致可分为如下几个方面:①水蒸气与空气混合气体在混凝土单元内部的对流;②水蒸气与空气混合气体在混凝土结构单元内部的扩散;③液态水、结合水和水蒸气的相变;④水蒸气与空气混合气体在混凝土单元表面向空气中的扩散。混合气体在混凝土单元中不同的传质方式,带来了相应不同的传热过程。主要的传热方式大致也可分为以下几个方面:①水蒸气与空气混合气体在混凝土单元内部的对流传热;②水蒸气与空气混合气体在混凝土单元中的扩散传热;③液态水、化学结合转化为水蒸气的相变换热;④水蒸气与空气混合气体在从混凝土单元表面扩散到环境空气中的换热。

　　热量在混凝土结构单元中的传递可分为两部分,一部分为热量在混凝土固体介质中以热传导方式实现,另一部分为热量通过混凝土孔隙中的液态水、水蒸气和空气的传导、扩散与对流作用来实现。其中,后者将与传质过程耦合作用。混凝土孔隙中的混合气体可简化认为是空气和水蒸气所构成的理想气体的二元混合体系。根据不可逆热力学原理,在多元体系中,浓度梯度、温度梯度、压力梯度对于体系中的每一组元均有相应的影响,称为耦合效应,但是影响的程度不一。具体来说,在混凝土多孔介质中,混合气体的传质过程主要由质量浓度梯度控制,同时温度梯度对传质过程也有影响,称为 Soret 效应。但是,对于理想气体,Soret 效应的影响较小,可忽略。所以,在单位体积的混凝土多孔介质中,混合气体中分子的传质规律由菲克(Fick)定律给出

$$\boldsymbol{J}_{\mathrm{v}} = -\boldsymbol{J}_{\mathrm{a}} = -\rho_{\mathrm{g}}\varepsilon_{\mathrm{g}}D\nabla\eta \tag{3.1}$$

式中:ε_{g} 为多孔固体介质中混合气体体积率,即孔隙率($\mathrm{m}^3/\mathrm{m}^3$);$\rho_{\mathrm{g}}$ 为混合气体密度(kg/m^3);D 为气体扩散系数(m^2/s);η 为混合气体中水蒸气物质的量比($\mathrm{mol}/\mathrm{mol}$);$\boldsymbol{J}_{\mathrm{a}}$ 为干空气相对于混合气体的质量通量($\mathrm{kg}/(\mathrm{m}^2 \cdot \mathrm{s})$)。

　　其中:

$$\boldsymbol{J}_{\mathrm{v}} = w_{\mathrm{v}}(\boldsymbol{u}_{\mathrm{v}} - \boldsymbol{u}_{\mathrm{g}}) \tag{3.2}$$

$$\boldsymbol{J}_{\mathrm{a}} = w_{\mathrm{a}}(\boldsymbol{u}_{\mathrm{a}} - \boldsymbol{u}_{\mathrm{g}}) \tag{3.3}$$

式中:w_{v}、w_{a} 分别为水蒸气、空气的质量浓度(kg/m^3);$\boldsymbol{u}_{\mathrm{v}}$、$\boldsymbol{u}_{\mathrm{a}}$、$\boldsymbol{u}_{\mathrm{g}}$ 分别为水蒸气、空气以及混合气体的速度向量(m/s)。

$$\boldsymbol{u}_{\mathrm{g}} = \frac{w_{\mathrm{v}}\boldsymbol{u}_{\mathrm{v}} + w_{\mathrm{a}}\boldsymbol{u}_{\mathrm{a}}}{w_{\mathrm{v}} + w_{\mathrm{a}}} \tag{3.4}$$

而混合气体分子在混凝土多孔介质中的传质规律由达西(Darcy)定律给出

$$\boldsymbol{u}_{\mathrm{g}} = -\frac{K_{\mathrm{g}}}{g\rho_{\mathrm{g}}}\boldsymbol{\nabla}P \tag{3.5}$$

式中:P 为多孔介质中的孔压(N/m^2);K_{g} 为气体的渗透系数(m/s);ρ_{g} 为气体的密度(kg/m^3);g 为重力加速度($9.8\ \mathrm{m}/\mathrm{s}^2$)。

　　达西定律本来是用来描述流体在均匀、各向同性的多孔介质中的流动。对于稳态或近似稳态、不可压缩的流体,满足了达西定律就满足了宏观意义上的动量守

恒。当流体内部的惯性力相对于黏性力较小可忽略时,也可用达西定律描述。对于多孔介质中的混合气体来说,渗透系数 K_g 很难确定,可以在几个数量级内变化。

由涡流扩散和分子扩散共同作用下紊流的传质称为对流扩散或对流传质,可表示为

$$J_v = -\alpha_c \nabla \varphi \tag{3.6}$$

式中:J_v 为水蒸气相对于混合气体的质量通量(kg/(m² · s));∇ 为哈密顿算子;φ 为混合气体中水蒸气的物质的量浓度(mol/m³);α_c 为对流传质系数(m/s),表示当远离表面单位浓度差时,在单位时间内 通过单位面积水蒸气的摩尔通量,可通过试验得到。

水蒸气在混凝土单元内部迁移到温度较低部位凝结释放出汽化潜热。根据液体润湿表面的能力,冷凝水蒸气可形成膜状凝结或是珠状凝结。两种凝结方式均可能在混凝土中出现,但是膜状凝结更具有普遍性,其换热方程为

$$C_0 = k_1 Re_f^{k_2} \tag{3.7}$$

式中:C_0 为凝结准数;k_1、k_2 为系数,取决于换热表面的位置和形状;Re_f 为冷凝液流动时雷诺准数。

其中:

$$C_0 = \alpha \left[\frac{\mu^2}{k^3 \rho_1 (\rho_1 - \rho_v) g} \right]^{\frac{1}{3}} \tag{3.8}$$

式中:α 为膜状凝结系数(J/(m² · K));μ 为冷凝水黏度(kg/(m · s));k 为冷凝水导热系数(W/(m · K));ρ_1、ρ_v 分别为冷凝水、水蒸气密度(kg/m³)

对于内部无热源的混凝土固体介质,导热规律可由傅里叶(Fourier)方程给出

$$\frac{\partial T}{\partial t} = a \nabla^2 T \tag{3.9}$$

式中:∇^2 为拉普拉斯算子;T 为温度(K);$a = \dfrac{k_s}{C_{ps} \rho_s}$ 为固体介质热扩散系数(m²/s);k_s 为固相介质导热系数(W/(m · K));ρ_s 为固相介质密度(kg/m³);C_{ps} 为固相介质比热容(J/(kg · K));t 为时间(s)。

热扩散系数 a 是材料导热能力与蓄热能力之比,表明材料在升、降温过程中各部分温度趋向一致的能力。a 越大,在同样升、降温条件下物体内部各处温度就越均匀。在非稳定导热过程中,a 是一个重要的物性参数,因此也是混凝土结构单元在高温下内部温度分布计算是否准确的关键参数。

忽略液体水分在混凝土单元内的迁移,则类似可得液体水分的导热微分方程:

$$\rho_1 C_{pl} \frac{\partial T}{\partial t} - k_1 \nabla^2 T = 0 \tag{3.10}$$

式中：k_1 为液态水导热系数（W/(m·K)）；C_{pl} 为液态水比热容（J/(kg·K)）。

若考虑液态水向水蒸气以及水蒸气向液态水之间的转化，则液态水分的导热微分方程为

$$\rho_l C_{pl} \frac{\partial T}{\partial t} - k_1 \boldsymbol{\nabla}^2 T - \Lambda_1 Q_1 = 0 \tag{3.11}$$

式中：Λ_1 为液态水分质量生成速率（kg/(m³·s)）；Q_1 为液态水分的汽化热（J/kg）。

与混凝土固体介质中的导热相比，热量在混凝土孔隙中的液态水、水蒸气、空气中的传递过程要复杂得多。混合气体中的分子传热除了主要受温度梯度控制以外，还受浓度梯度的影响，称为 Dufour 效应。对于理想气体，Dufour 效应的影响较小，可忽略。

在单位体积混凝土多孔介质中，混合气体分子间导热的热流通量由下式给出：

$$\boldsymbol{q} = -\varepsilon_g k_g \nabla T \tag{3.12}$$

式中：k_g 为混合气体导热系数（W/(m·K)）；$\boldsymbol{q}$ 为热流通量（J/m²）。

混合气体的导热微分方程由傅里叶-克希霍夫微分方程给出

$$\rho_g C_{pg} \frac{\partial T}{\partial t} + \rho_g C_{pg} \boldsymbol{u}_g \boldsymbol{\nabla} T - k_g \boldsymbol{\nabla}^2 T = 0 \tag{3.13}$$

式中：C_{pg} 为混合气体比热容（J/(kg·K)）。

若考虑液态水和化学结合水向水蒸气的转化，则混合气体的导热微分方程为

$$\rho_g C_{pg} \frac{\partial T}{\partial t} + \rho_g C_{pg} \boldsymbol{u}_g \boldsymbol{\nabla} T - k_g \boldsymbol{\nabla}^2 T - \Lambda_g Q_g = 0 \tag{3.14}$$

式中：Λ_g 为混合气体质量生成速率（kg/(m³·s)）；Q_g 为液态水和化学结合水转化为水蒸气的生成热（J/kg）。

参 考 文 献

范进，吕志涛. 1999. 混凝土结构抗火研究的主要内容[J]. 建筑技术，30(5)：319—320.

金贤玉，钱在兹，金南国. 1996. 混凝土受火时温度分布的试验研究[J]. 浙江大学学报（自然科学版），30(3)：286—294.

李启云，唐敦余，林方辉. 1988. 热工基础及设备[M]. 第二版. 南京：南京工学院出版社.

路春森，屈立军，薛武平，等. 1995. 建筑结构耐火设计[M]. 北京：中国建筑工业出版社.

罗欣. 1998. HPSFRCC 的制备、力学行为、遮弹特性及其机理的研究[D]. 南京：东南大学.

闵明保，李延和，等. 1994. 建筑物火灾后诊断与处理[M]. 南京：江苏科学技术出版社.

潘钢华. 1997. 水泥基复合材料的组成结构和界面效应与强度关系的研究[D]. 南京：东南大学.

朋改非，陈延年，Anson M. 1999. 高性能硅灰混凝土的高温爆裂与抗火性[J]. 建筑材料学报，2(3)：193—198.

时旭东，过镇海. 1996. 不同混凝土保护层厚度钢筋混凝土梁的耐火性能[J]. 工业建筑，26(9)：12—14.

时旭东，过镇海. 1996. 钢筋混凝土结构的温度场[J]. 工程力学，13(1)：35—44.

时旭东. 1992. 高温下钢筋混凝土杆系结构试验研究和非线性有限元分析[D]. 北京：清华大学.

Abdel-Rahman A K, Ahmed G N. 1996. Computational heat and mass transport in concrete walls exposed to fire [J]. Numerical Heat Transfer, Part A, 29: 373—395.

Abrams M S. 1971. Compressive strength of concrete at temperatures to 1600F[J]. Temperature and Concrete, ACI SP-25, Detroit.

Ahmed G N, Hurst J P. 1997. An analytical approach for investigating the causes of spalling of high strength concrete at elevated temperatures [A]//Phan L T, Carino N J, Duthinh D, et al. Proceedings of International Workshop on Fire Performance of High-Strength Concrete [C]. NIST SP919: National Institute of Standards and Technology, Gaithersburg: 95—108.

Ahmed G N. 1990. Modeling of coupled heat and mass transfer in concrete structures exposed to elevated temperatures [D]. Manhttan: Kansas State University.

Altes J, Breitbach G, Escherich K H, et al. 1987. Experimental study of the behavior of prestressed concrete pressure vessels of high temperature reactors at accident temperatures [A]// Vol H. Transaction of the 9th International Conference On Structural Mechanics in Reactor Technology[C]. Concrete and Concrete Structures: 189—194.

Altes J, Escherich K H, Hahn T. 1989. Behavior of the prestressed concrete pressure vessel of the HTR-500 at severe accident temperatures [A]// Vol H. Transaction of the 10th International Conference on Structural Mechanics in Reactor Technology[C]. Concrete and Concrete Structures: 119—123.

American Concrete Institute. 1989. Guide for Determining the Fire Endurance of Concrete Elements[R]. ACI 216R—89.

American Society for Testing and Materials . 1991. Fundamental Transverse, Longitudinal, and Torsional Frequencies of Concrete Specimens[R]. ASTM C: 215—291.

American Society for Testing and Materials. 1988. Standard Test Methods for Fire Tests of Building Construction and Materials[R]. ASTM E: 119—188.

Anderberg Y. 1997. Spalling phenomena of HPC and OC, Proceedings of International Workshop on Fire Resistance of High-Strength Concrete[A]//Phan L T, Carino N J, Duthinh D, et al. Proceedings of International Workshop on Fire Performance of High-strength Concrete[C]. National Institute of Standard and Technology, Gaithersburg: 69—73.

Bazant Z P, Chern J C, Abrams M S, et al. 1982. Normal and refractory concretes for LMFBR applications [R]. Report EPRI-NP-2437 (Projects 1704-14, 1704-19), Electric Power Research Institute, Palo Alto, California(Vol 1 and 2).

Bazant Z P, Kaplan M F. 1996. Concrete at High Temperatures: Material Properties and Mathematical Models[M]. Essex: Longman Group Limited.

Bazant Z P, Thonguthai W. 1979. Pore pressure in heated concrete walls-theoretical prediction [J]. Magazine of Concrete Research, 31(107): 67—76

Bazant Z P. 1997. Analysis of pore pressure, Thermal stress and fracture in rapidly heated concrete[A]// Phan L T, Carino N J, Duthinh D, et al. Proceedings of International Workshop on Fire Performance of High-strength Concrete[C]. Gaithersburg: National Institute of Standard and Technology: 69—73.

Bessey G E. 1950. The Visible Changes in Concrete or Mortar Exposed to High Temperatures[R]. Investigations on building fires, Part 2, National Building Studies Technical Paper No. 4, HMSO, London: 6—18.

Bird R B, Stewart W E, Lightfoot E N. 1960. Transport Phenomena[M]. Illinois: John Wiley and Sons Inc,

Springfield.

Bouguerra A, Ledhem A, de Barquin F, et al. 1998. Effect of microstructure on the mechanical and thermal properties of lightweight concrete prepared from clay, cement, and wood aggregates [J]. Cement and Concrete Research, 28(8): 1179—1190.

Breitenbücker R. 1996. High strength concrete C105 with increased fire resistance due to polypropylene fibres [A] // Proceedings of 4th International Symposium on Utilization of High Strength/High Performance Concrete [C]. Paris: Presses Ponts et Chausses:571—578.

Chan Y N, Luo X, Sun W. 2000. Compressive strength and pore structure of high performance concrete after exposure to high temperature up to 800℃ [J]. Cement and Concrete Research, 30(2): 247—251.

Chan Y N, Peng G F, Anson M. 1999. Fire behavior of high performance concrete made with silica fume at different moisture contents[J]. ACI Materials Journal, 96(3): 405—409.

Chan Y N, Peng G F, Anson M. 1999. Residual strength and pore structure of high strength concrete and normal strength concrete [J]. Cement and Concrete Composites, 21(1): 23—27.

Chan Y N, Peng G F, Chan K W. 1996. Comparison between high strength concrete and normal strength concrete subjected to high temperature [J]. Materials and Structures, 29(10): 616—619.

Chow W K, Chan Y Y. 1996. Computer simulation of the thermal fire resistance of building materials and structural elements [J]. Construction and Building Materials, 10(2): 131—140.

Collet Y, Tavernier E. 1976. Etude des Proprietes du Beton soumis a des Temperatures Elevees[A] // Comportement du Materiaux Beton en Fonction de la Temperature[C]. Groupe de Travail, Brussels, November.

Comite Europeen de Normalisation (CEN). 1993. prENV 1992-1-2: Eurocode 2: Design of Concrete Structures[R]. Part 1-2: Structural Fire Design, CEN/TC 250/SC 2.

Comite Europeen de Normalisation (CEN). 1994. Eurocode 4: Design of Composite Steel and Concrete Structures[R]. Part 1-2: Genaral Rules-Structural Fire Design, CEN ENV.

Consolazio G R, Mcvay M C, Rish J W III. 1997. Measurement and prediction of pore pressure in cement mortar subjected to elevated temperature[A] // Phan L T, Carino N J, Duthinh D, et al. Proceedings of International Workshop on Fire Performance of High-strength Concrete[C]. National Institute of Standard and Technology, Gaithersburg: 125—148.

Copier W J. 1983. The spalling of normal weight and lightweight concrete exposed to fire [J]. Fire Safety of Concrete Structures, ACI SP-80, American Concrete Institute, Detroit: 219—236.

Dhatt F, Jacquemier M, Kadje C. 1986. Modeling of drying refractory concrete [A] // Proceedings of the 5th International Symposium on Drying [C]. Montreal: McGill University: 94—104.

Diederichs U, Jumppanen U M, Schneider U. 1995. High temperature properties and spalling behavior of high strength concrete [A] // Wittmann F H, Schwesinger P. Proceedings of the 4th Weimar Workshop on High Performance Concrete: Material Properties and Design[C]. Hochschule fur Architektur und Bauwesen (HAB) Weimer, October,4th-5th, AEDIFICATIO Verlag GmbH: 219—235.

Englert G, Wittmann F. 1968. Water in hardened cement paste [J]. Materials and Structures, 1(6): 535—546.

Feldman R F, Beaudoin J. 1976. Microstructure and strength of hydrated cement [J]. Cement and Concrete Research, 6(3): 398—400.

Feldman R F, Ramachandran V S. 1971. Differentiation of interlayer and adsorbed water in hydrated portland cement on thermal analysis [J]. Cement and Concrete Research, 6(1): 607—620.

Flynn D R. 1999. Response of high performance concrete to fire conditions: Review of thermal property data and measurement techniques[R]. NIST GCR 99—767, National Institute of Standards and Technology, Gaithersburg.

Harada T, Takeda J, Yamane S, et al. 1972. Strength, elasticity and thermal properties of concrete subjected to elevated temperatures [A]//International Seminar on Concrete for Nuclear Reactors [C]. ACI SP-34, Vol. 1, American Concrete Institute, Detroit: 377—406.

Harmathy T Z, Allen L W. 1973. Thermal properties of selected masonry unit concretes [J]. Journal of American Concrete Institute, 70(2): 132—142.

Harmathy T Z. 1965. Effect of Moisture on the Fire Endurance of Building Elements[R]. Moisture in Materials in Relation to Fire Tests, ASTM STP 385, American Society for Testing and Materials, Philadelphia: 74.

Harmathy T Z. 1969. Simultaneous moisture and heat transfer in porous systems with particular reference to drying [J]. Industrial & Engineering Chemistry Fundamentals, 8(1):92—103.

Harmathy T Z. 1970. Thermal properties of concrete at elevated temperatures [J]. Journal of Materials, 5(1): 47—74.

Harmathy T Z. 1993. Fire safety design and concrete[M]. Essex: Longman Group UK Ltd.

Hildenbrand G, Peeks M, Skokan A, et al. 1978. Investigations in Germany of the barrier effect of reactor concrete against propagating molten corium in the case of a hypothetical core meltdown accident of an LWR [C]. ENS/ANS International Meeting on Nuclear Power Reactor Safety, Brussels, October, 1: 16—19.

Huang C L. 1978. Governing Differential Equations of Drying in Porous Media [R]. Final Report for NSF.

International Organization for Standardization. 1975. ISO 834-Fire Resistance Tests-Elements of Building Construction[R].

Japan Concrete Institute. 1983. JCI Standards for Test Methods of Fiber Reinforced Concrete[R]. Method of Test for Flexural Strength and Flexural Toughness of Fiber Reinforced Concrete (Standard SF4): 45—51.

Jensen B C, Aarup B. 1996. Fire resistance of fibre reinforced silica fume based concrete [A]//Proceedings of 4th International Symposium on Utilization of High Strength / High Performance Concrete [C]. Paris: Presses Ponts et Chausses:551—560.

Khoury G A. 1992. Compressive strength of concrete at high temperatures: A reassessment [J]. Magazine of Concrete Research, 44(161): 291—309.

Khoylou N, England G. 1996. The Effect of Elevated Temperatures on the Moisture Migration and Spalling Behavior of High-strength and Normal Concrete[R]. High-Strength Concrete: An International Perspective. Montreal:American Concrete Institute:263—290.

Kodur V K R, Lie T T. 1995. Fire resistance of hollow steel columns filled with steel fibre reinforced concrete[A]//Proceedings of the 2nd University-Industry Workshop [C]. Toronto:289—302.

Kodur V K R. 1997. Studies on the fire resistance of figh-strength concrete at the national research council of Canada [A] // Proceedings of International Workshop on Fire Performance of High-Strength Concrete, NIST SP919, National Institute of Standards and Technology, Gaithersburg.

Lankard D R, Birkimer D L, Fondriest F, et al. 1971. Effects of Moisture Content on the Structural Properties of Portland Cement Concrete Exposed to Temperatures up to 500F [R]. Temperature and Concrete, ACI SP-25. Detroit:American Concrete Institute:59—102.

Lankard D R, Sheets H D. 1971. Use of steel wires in refractory castables [J]. Ceramic Bulletin, 50(5):
497—500.

Li X J, Li Z J, Onfrei M, et al. 1999. Microstructural characteristics of HPC under different termo-mechani-
cal and thermo-hydraulic conditions [J]. Materials and Structures, 32(10): 727—733.

Lie T T, Kodur V K R. 1996. Thermal and mechanical properties of steel-fibre-reinforced concrete at elevat-
ed temperatures [J]. Canadian Journal of Civil Engineering, 23(2): 511—517.

Lie T T, Rowe T J, Lin T D. 1986. Residual Strength of Fire-exposed Reinforced Concrete Columns[R].
Evaluation and Repair of Fire Damage to Concrete, American Concrete Institute, SP 92-9:153—174.

Lin T D. 1997. Fire performance of high strength concrete: A report of the state-of-the-Art[A]// Proceed-
ings of International Workshop on Fire Resistance of High-Strength Concrete [C]. Gaithersburg: National
Institute of Standards and Technology:55—58.

Lin W M, Lin T D, Powers-Couche L J. 1996. Microstructures of fire-damaged concrete. [J]. ACI Materials
Journal,93(3): 199—205.

Luo X, Sun W, Chan Y N. 2000. Effect of heating and cooling regimes on the residual strength and micro-
structure of normal strength and high-performance concrete [J]. Cement and Concrete Research, 30(3):
379—383.

Malhotra H L. 1956. Effect of temperature on the compressive strength of concrete [J]. Magazine of Con-
crete Research, 8: 85—94.

Meyer-Ottens C. 1975. Zur Frage der Abplatzungen an Bauteilen bei Brandbeanspruchung (Spalling of struc-
tural concrete under fire)[R]. Heft: Deutscher Ausschub fur Stahlbeton:248.

Milke J A. 1997. Limitation of Current U S Standards and Challenges of Proposed Performance-based Stand-
ards. Proceedings of International Workshop on fire Resistance of High-strength Concrete[R]. Gaithers-
burg:National Institute of Standards and Technology:87—94.

Muir J F. 1977. Response of Concrete Exposed to a High Heat Flux on Surface[R]. Research Paper SAND
77—1467, Sandia Laboratories, Albuquerque, NM.

Nasser K W. 1973. Elevated Temperature Effect on the Structural Properties of Air-entrained Concrete[R].
Behavior of concrete under temperature extremes, ACI SP-39. Detroit: American Concrete Institute:
139—148.

Nishilka K, Kakimi N, Yamakawa S. 1975. Effective applications of steel fibre reinforced concrete[A]//
Proceedings of RILEM Symposium on Fibre-reinforced Cement and Concrete [C]:425—433.

Peng G F. 2000. Evaluation of fire damage to high performance concrete [D]. Hong Kong: Hong Kong Pol-
ytechnic University.

Phan L T. 1996. Fire Performance of High-strength Concrete: A Report of the State-of-the-art [R]. Gaith-
ersburg: National Institute of Standards and Technology.

Piasta J, Sawicz Z, Rudzinski L. 1984. Changes in the structure of hardened cement paste due to high tem-
perature [J]. Materials and Structures, 17(100): 291—296.

Robson T D. 1978. Refractory Concretes, Past, Present and Future[A]. SP57-1. Detroit: American Con-
crete Institute:1—10.

Rostasy F S, Weib R, Wiedemann G. 1980. Changes of pore structure of cement mortars due to temperature
[J]. Cement and Concrete Research, 10(2): 157—164.

Sahota M S, Pagni P G. 1979. Heat and mass transfer in porous media subject to fires [J]. International

Journal of Heat and Mass Transfer, 22(7): 1069—1081.

Sanjayan G, Stocks L J. 1993. Spalling of high-strength silica fume concrete in fire [J]. ACI Materials Journal, 90(2):170—173.

Sarshar R, Khroury G A. 1993. Material and environmental factors influencing the compressive strength of unsealed cement paste and concrete at high temperatures [J]. Magazine of Concrete Research, 45(62): 51—61.

Sawicz Z. 1983. Effect of high temperatures on properties of concrete with carbonate aggregate [M]. Gliwice: Technical University of Gliwice.

Scheidegger A. 1960. The Physics of Flow through Porous media [R]. New York: Macmillan Co.

Schneider U, Diederichs U. 1981. Physical Properties of Concrete from 20C up to Melting[R]. Parts 1 and 2, Betonwerk and Fertigteiltechnik, Heft 3: 141—149.

Schneider U. 1982. Behaviour of Concrete at High Temperatures[R]. Report to RILEM Committee 44-PHT, The Hague: 72.

Schneider U. 1985. Properties of Materials at High Temperatures concrete [R]. RILEM, Kassel, Germany.

Sullivan P J E, Sharshar R. 1992 Performance of concrete at elevated temperatures as measured by the reduction in compressive strength [J]. Fire Technology, 28(3): 240—252.

Taylor H F W. 1997. Cement Chemistry[M]. London:Thomas Telford

Wickstrom U. 1985. Application of the Standard Fire Curve for Expressing Natural Fires for Design Purposes[R]. Harmathy T Z. Fire Safety: Science and Engineering, ASTM STP 882. Philadelphia:American Society for Testing and Materials:145—159.

Zhang B. 1998. Relationship between pore structure and mechanical properties of ordinary concrete under bending fatigue [J]. Cement and Concrete Research, 28(5): 699—711.

第4章 高性能现代混凝土材料收缩的变形、徐变

4.1 水泥基材料几种收缩变形的定义及测量方法

4.1.1 水泥基材料的收缩变形分类及术语

水泥基材料的收缩变形行为总的来说主要包括干燥收缩、自收缩、化学减缩、温度下降引起的冷缩、塑性收缩以及碳化引起的碳化收缩。在约束条件下由于收缩而引起的拉应力是引起混凝土开裂的重要因素。由于温差引起的收缩应力在大体积混凝土里面受到了广泛关注，在大体积混凝土的设计及制造过程中温差的控制已经成为预防开裂的重要措施。尽管如此，Rawhouser 在 1945 年就已经指出，温差的大小仅仅是影响开裂的因素之一，单单考虑温差而忽视其他因素的影响对于开裂而言几乎是毫无意义。在半个世纪后，Emborg 提出，必须意识到早期混凝土的热应力分析异常复杂，仅仅靠控制温度来避免开裂无疑是一种粗糙的方法。随着低水胶比的高强混凝土、高流动性的自密实混凝土在工程中的不断推广应用，收缩引起的开裂更是引起了工程界和研究人员的高度重视。本章重点关注干燥收缩、自收缩、化学减缩及碳化收缩。

1. 干燥收缩的定义

由于水泥基材料所处外部环境湿度低于内部湿度，引起内部水分蒸发所造成的收缩称为干燥收缩。虽然干燥收缩具有非常明确的物理意义，但是对于自身收缩不容忽视的高性能水泥基复合材料，要想准确地测试出绝对意义上的干燥收缩并非容易的事。采用传统干缩测量方式所测出的值事实上包含了部分的自收缩，但又不能是简单的叠加方式，因为干燥条件将会影响水泥的水化，尤其是大掺量矿物掺合料的水化进程。

2. 化学减缩的定义

关于化学减缩(chemical shrinkage)的定义(图 4.1)在文献资料中基本一致，是指水化产物的绝对体积小于水化前水泥和水的总体积，可用下式来表示：

$$S_{hy} = \frac{(V_c + V_w) - V_{hy}}{V_{ci} + V_{wi}} \times 100 \tag{4.1}$$

式中：S_{hy} 为化学收缩比率(%)；V_{ci} 为搅拌前水泥的体积；V_c 为发生水化的水泥的

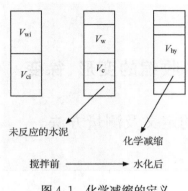

未反应的水泥

化学减缩

搅拌前 —————→ 水化后

图 4.1　化学减缩的定义

体积；V_{wi}为搅拌前水的体积；V_w为参加反应的水的体积；V_{hy}为水化产物体积。

3. 自收缩的定义

迄今为止，国内外关于自收缩的概念仍未完全统一。最早提出自收缩的概念可以追溯述到 20 世纪初，Le Chatelier 对硬化水泥浆的绝对体积变化（absolute volume change）和表观体积变化（apparent volume change）进行了区分，并且提出了自干燥的概念。Lynam 也许是最早对自收缩作出了明确的定义：不因热或水分蒸发而引起的收缩。

日本混凝土协会（Japanese Concrete Institute，JCI）关于自收缩定义是指在初凝以后水泥水化时产生的表观体积减小，它不包括因自身物质的增减、温度变化、外部荷载或约束引起的体积变化。自收缩可以表达为体积减小的百分数，即"自收缩率"，或一维长度变化，即"自收缩应变"。与之相对应的是自膨胀，统称为自身变形。该定义明确"自身"的概念，并且对测试开始的时间进行了明确的划分，为工程实际应用提供了很好的依据。

而在 RILEM TC 181-EAS（专门针对早期开裂而设）技术委员会的报告里，自收缩则涵盖了更为广泛的内容，且进一步明确了自收缩（autogenous shrinkage）与自干燥收缩（self-desiccation shrinkage）的区别：

（1）自收缩是指水泥基材料在密封养护、等温的条件下表观体积或长度的减小。化学减缩是引起自收缩的原因，在塑性阶段二者近似相等，当浆体结构形成以后（粗略地划分为初凝时），自收缩要小于化学减缩。

（2）自干燥收缩则是指在密封的条件下水泥浆结构形成以后，由于水泥进一步水化形成空孔，引起的内部相对湿度的下降所引起的收缩，是自收缩的一部分，也是最重要的一部分。混凝土的结构形成目前尚很难给出明确的判断，因此在自收缩研究里也是从初凝开始，在测试时通过特殊的保温措施以达到绝热的条件。

（3）自干燥收缩相对应的是结构形成以前由于化学减缩而导致的表观体积的减小，称之为凝缩（setting shrinkage），也是自收缩的一部分。

（4）密封条件下由于自收缩、自膨胀及温度变形所引起的表观体积的变化统称为自身变形。

在国内公开发表的文献资料里，多是将自收缩等同于自干燥收缩，认为由于密封的混凝土内部相对湿度随水泥水化而减小，所引起的自干燥造成毛细孔中的水分不饱和，而产生压力差为负值，因而引起混凝土的自收缩。

4. 塑性收缩的定义

在 RILEM TC 181-EAS 的报告里,塑性收缩(plastic shrinkage)是指在结构形成以前的塑性阶段的收缩,粗略地定义为凝结以前的收缩,是引起塑性开裂的原因。塑性收缩可以是因为化学反应、重力作用及塑性阶段的干燥失水所引起,一般都是各向异性,主要表现在重力方向上的收缩。在 JCI 的定义里,垂直方向的塑性收缩定义为沉降收缩。

5. 碳化收缩的定义

水泥水化的产物能够很快与空气中的 CO_2 发生反应,称为碳化。碳化伴随着的体积减小称为碳化收缩。碳化收缩首先发生于 $Ca(OH)_2$,继而其他材料也可能发生碳化反应,伴随着水分的损失和体积的减小。密实度高的混凝土的碳化收缩一般局限于表层,然而掺合料的大量掺入,尤其是粉煤灰的掺入使得碳化的问题不容忽视。干缩和碳化的叠加有可能引起混凝土严重开裂。

4.1.2 收缩的测量

在 2000 年 RILEM 所召开的"Shrinkage of Concrete 2000"国际会议上,一个重要的议题即是:怎样准确地测试收缩? 大会就此问题进行了专题讨论。之后又过去了 3 年之久,关于收缩的测试,尤其是自收缩的测试仍然未能形成统一的标准,各种新的测试方法不断涌现,取得了一定的进展,但仍然不尽如人意。

1. 干缩及长龄期变形测量

相对于自收缩而言,干缩的测量要容易得多,但是传统的测量方式仍然存在着不足:

(1) 因其变化范围大约在 $1 \times 10^{-4} \sim 8 \times 10^{-4}$,对于 GBJ 82—85 规定的 100mm×100mm×515mm 的棱柱体试件,其绝对线性变化量也就是 $51.5 \sim 412\mu m$。对于这种微米级的变化量,目前仍然广泛采用传统的百分表进行测试,精度显然远远达不到要求。

(2) 为了测量一个试样的膨胀和收缩,传统的测量方式需要在不同龄期,将试样搬到测试仪器上进行测量,这样反复搬动试件的测量不仅需要耗费试验人员大量的体力,更加严重的问题是现有的测试仪器的定位和刚度对于微米级的测试存在着先天不足。刚度不足使测试仪器本身就存在不同程度的变形;定位不准使得测试的结果并不能正确反映出试件长时间的相对变形。

此外在实验室,湿度和温度上也存在着较大的差异,表 4.1 列出了不同标准对干缩的测量要求。

表 4.1　几个主要标准所规定的干缩测试的初始时间及试验条件

标准或规程	试件形状及尺寸	初始读数时间	恒温恒湿条件	
			温度/℃	RH/%
GBJ 82—85		成型后带模养护 3d 测初长		
水工砼试验规程 DL/T 5150 2001	100mm×100mm×515mm 棱柱体试件	成型后带模养护 2d 测初长	20±2	60±5
港工砼试验规程		成型后 2d		
轻砼标准 J78-2		拆模后 3d(标养)	20±2	60±5
RILEM	—	拆模后立即测定	20±1	50±3
Г OCT24544	—	拆模后 4h 以内	20±2	50±5
ASTM C157—75	—	成型后 1d	20±1	50±4
日本 JIS1129	—	成型后 1d 初测,水养 7d 为基准	20±1	60±5

2. 早期水泥浆及混凝土的自收缩测量

对于早期的自收缩测量结果在不同的文献资料里面存在着较大的争议,归根到底是由于测试方法的不同而引起。Barcelo 已经证明要想对基于不同测试手段得出的试验结果进行解释有多困难,因此测试方法的不足严重阻碍了自收缩研究的进展。如何提早测量初始时间、降低模具的约束、提高测试的精度、提高密封的有效性及消除温度变形的干扰,一直是研究人员致力于改进的问题。

1) 水泥浆

总结起来,现有的测量方法主要有长度法和体积法两种。体积法以 Yanazaki 等提出的为代表,将水泥浆置于密闭的橡胶袋中,然后整体浸入水中,直接测试或者通过浸入试件质量的改变(浮力)间接测试出水体积的变化,以此来反映浆体体积的改变,如图 4.2(a)所示。而长度测量一般是将水泥浆密闭于内壁尽量光滑的钢性容器内,通过试件顶端的位移传感器记录其线性变化,如图 4.2(b)所示。比较而言这两种方法各有优缺点。

由于水化作用的进行,水泥基复合材料自加水开始即存在着收缩,因而理想的测量方式应当是自加水拌合成型之后立即进行。就这一点而言,体积法测量方式具有明显的优势。在结构形成以前的水泥浆或混凝土采用线性测长的方式不仅仅存在大的误差,而且本质上就是混淆不清的,因为对于流体无法以长度来度量。这种方法的缺点在于搅拌过程中吸入的空气和成型后泌水可能存在于橡胶袋和水泥浆之间,并且由于水化作用的继续进行有可能重新吸入水泥浆内部,因此测试结果并不仅仅是表观体积的减小,还包含了部分由于化学减缩形成的空隙。由于化学

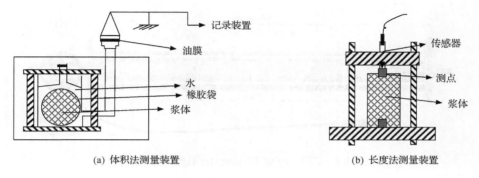

(a) 体积法测量装置　　　　　　　　　　　　(b) 长度法测量装置

图 4.2　水泥浆的自收缩测试方法

减缩要远远高于表观体积的减小，给测量造成了很大的误差。此外，橡胶袋的渗透性也可能是引起测量误差的因素之一。

线性式的测量方式由于测试的点相对固定，对于泌水影响要小得多。但也有文献资料报道泌水后的回吸可能会减小自收缩，甚至导致早期水泥浆（混凝土）膨胀。并且线性测量开始的点应该对应于结构的形成，但是对一个由塑性阶段向弹塑性阶段转变的系统要想作出客观的划分并不是一件容易的事情，通常粗略地以传统的凝结时间（初凝）的测量为基准。更加科学的方法是在初凝之前即测试变形，同时测量相应约束试件内部应力，以约束试件产生内部应力的点作为时间的零点进行校正。这种方法至少可以保证在测试了一个可以承受外部应力的固体体系的变形。此外，早期的水泥浆结构非常脆弱，难以克服试模表面的摩擦而容易受到约束的影响，这种影响可以通过提高模具表面的约束而尽量减小。

尽管这两种方法已经被广泛沿用了超过 50 年，但所给出的结果并非一样，将体积变形转换为长度变形后测试结果要较长度测量结果高出 3～5 倍之多，取决于水泥类型和试验具体条件。而这种巨大的差异很少引起人们的注意，只在几篇有限的文献里给予了关注。通常认为在凝结以前垂直方向的变形与水平方向的变形不一样。一些文献里认为，在凝结以后的自收缩变形也是各向异性的，而 Charron 等的研究结果则认为凝结以后立方体试件在三维方向的变形完全一致。

Jesen 和 Hansen 专门针对水泥浆的自收缩测量发明了一种装置：CT1 Digital Dilatometer（图 4.3），其特点是采用了低密度的聚乙烯塑料波纹管作为模具，起着密封和降低约束的作用。这种模具在凝结以前可以将体积变形转换为线性变形，而在凝结以后则为正常的线性测长的方式，理论上可以在成型后即开始测量。但是由于采用了接触式传感器，也必须在初凝的时候才能开始测量。

2）混凝土

体积法的测量方式显然不适用于混凝土，因为集料可能会损坏橡胶袋。通常是采用线性测长的方式，试件多用棱柱体或是圆柱体。Bjontegaard、Morioka、

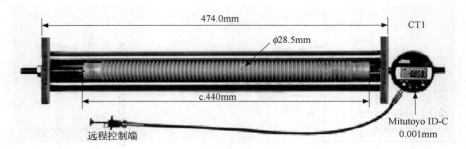

图 4.3　CT1 Digital Dilatometer 自收缩测试装置

Lokhorst、Holt、Leivo、Jensen 和 Hansen 等均在测试方法上进行了改进,总结起来,主要有以下几点:

(1) 传感器。

除了千分表外,通常采用的传感器有埋入式电阻应变计、电位器式传感器 LVDT、电感式传感器、电容式传感器、涡流式传感器、激光位移传感器等,结构型位移传感器内部都包括"固定"部分和"可动"部分。其"可动"部分(如电位器的滑臂、电感传感器的活动衔铁、电容传感器的动极板、涡流式传感器的金属板、霍尔传感器的霍尔片等)随被测运动物体运动,其"固定"部分则与运动参照点保持相对静止。这样,位移传感器内"可动"部分相对于"固定"部分的位移也就是被测物体相对于运动参照点的位移。埋入式电阻应变计必须等混凝土与应变计之间具有一定的黏结强度,才能保证仪器与混凝土之间的协同变形,因此通常也必须等待混凝土硬化以后才可测试。此外,传感器无法反复使用,因此测试成本昂贵。接触式传感器如 LVDT 测试精度高,稳定性好,但是因为是接触式测量,也必须待结构具有一定的强度之后才能进行。近年来,非接触式的传感器,如激光位移传感器和电涡流式位移传感器因为测试点与试件无须接触,使测试时间的提前成为可能,在一些测试方法中得到使用。

(2) 模具。

分为可拆卸式和密封式,通常在硬化以前的测试模具均不拆除,因此模具的作用除了成型之外,还必须考虑密封与内表面的约束。聚四氟乙烯材料在固体材料中具有最小的摩擦系数,因此被用来作为内衬板。柔性的聚氯乙烯塑料薄膜提供最里面的一层密封,同时可以降低混凝土对衬板的吸附,从而减低约束。Jensen 和 Hensen 设计了一种与 CT1 Digital Dilatometer 类似的混凝土自收缩测量装置,采用 $\phi100\text{mm}\times375\text{mm}$ 的柔性塑料波纹管作为模具,与净浆不同的是采用竖向测量,这种方法值得怀疑的一点是材料自重的影响。

(3) 温度的干扰。

如果按照前述的自收缩的定义,要想完全避免温度的干扰几乎是不可能。减小温度干扰的一种方法是在测试变形的同时也测试温度,然后假定一个混凝土的线膨胀系数。硬化混凝土的线膨胀系数只在一个较小的范围内波动,然而塑性阶段的混凝土线膨胀系数无法测得,因此也可能对测试结果带来误差。另一种方法是通过对模具进行夹层保温处理,如 1997 年 Koenders 设计的 Autogenous Deformation Testing Machine(ADTM),模具的夹层有温度可以调节的水流通道,以此来提供一种近乎绝热的环境,但是由于水化引起的温升,有可能促进水化的进程,并且可能引起试件的膨胀。

3. 水泥浆的化学减缩

近年来关于化学减缩的研究已经发表了较多的文献,通常是采用刻度玻璃管液面的变化来测试水泥在饱和水中的体积变化,如图 4.4 所示。所加入的水分远远高于实际水胶比,尽管测试的原理相对简单,但是如果要按照化学减缩严格的定义,即水化前后绝对体积的变化,则所采用的测试方法存在着较大的问题,凝结以后的水泥浆内部形成孔隙,水分向孔隙的渗透给测试带来误差。

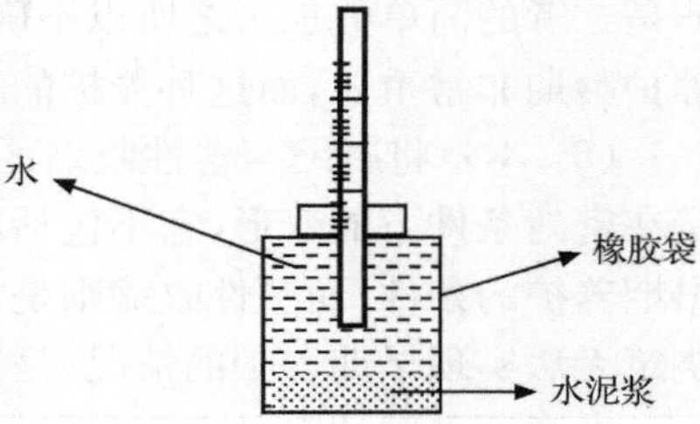

图 4.4　化学减缩的测试方法

综合考虑已有的文献资料,结合工程实际情况,可把收缩定义如下。

(1) 自收缩:浇筑成型以后的水泥基材料由于水化引起的表观体积(长度)减小,不包括因自身物质的增减、温度变化、外部荷载或约束引起的体积(长度)变化。

(2) 化学减缩:由于水泥基材料水化引起的绝对体积(长度)减小。

(3) 凝缩:密封条件下水泥基材料从浇筑成型以后直到凝结开始时(塑性阶段),由于化学反应、沉降等因素所引起的表观体积(长度)减小。

(4) 自干燥收缩:水泥浆结构形成以后,由于化学减缩消耗内部水分,引起的内部相对湿度的下降,所引起的表观体积(长度)减小,同样不包括因自身物质的增减、温度变化、外部荷载或约束引起的体积(长度)变化。

(5) 干燥条件下的收缩:养护至一定龄期的水泥基材料在干燥环境下由于水分蒸发所引起的收缩,本章所采用的外部环境试验条件为 60%±5%,20℃±2℃。

(6) 塑性收缩:浇筑成型的水泥基材料在塑性阶段(凝结以前)由于水分蒸发、自身胶凝材料的化学反应以及沉降等综合因素所造成的收缩。

(7) 碳化收缩:由于水泥基材料碳化反应而引起的收缩。

以上定义具有下述特点:

(1) 与目前我国学者公开发表的文献比较,本章的定义将自收缩与自干燥收缩区别开来,自干燥收缩是在结构形成以后的自收缩。

（2）与 JCI 的自收缩定义比较，本章的自收缩包括了初凝以前的变形。

（3）与欧洲 Jensen 和 Hensen、Bentz 等的自收缩定义比较，本章的定义不包括因自身或外界温度变化引起的变形，即不是在绝热的条件下，而是让混凝土保持在恒温的条件下测试。这样定义的目的一方面可以将温度变形区分开来，同时也避免了温度变化对于水化过程的影响。

（4）化学减缩是指绝对体积的减小，而自收缩是指相对体积的减小，二者在结构形成以前可以等同，在结构形成以后则化学减缩部分以形成内部空孔的形式来补偿，在绝对值上要远远大于自收缩。

（5）与传统的干缩定义相比较，所定义的干燥条件下的收缩不仅有干缩，而且也包含了一部分自收缩，其中自收缩所占的比率随养护龄期的延长而减小，但也并非是二者的简单叠加。之所以不确定养护龄期，是因为高性能混凝土给予一定的养护龄期非常重要，而这种养护的时间可以根据具体工程条件而选定。

（6）本章将凝缩与塑性收缩区别开来，二者均是在塑性阶段的收缩，但是凝缩是在密封条件下的变形，它不包括由于水分蒸发所引起的收缩，对应于工程实践中早期养护的条件；而塑性收缩则是在干燥条件下的变形，对应于工程实践中大面积浇筑无法实现早期养护的情况，是造成早期塑性开裂的主要原因。

本章所采用的定义本着在尽量与文献资料相一致的前提下，主要考虑了所定义的术语与各种收缩的机理、测试的可行性以及工程实践相一致。

4. 新的变形测试方法

1）水泥净浆 1d 以前的自收缩

如图 4.5 所示，将加水拌合好的灌浆料灌入橡胶袋内，排气，并扎紧袋口，称重，然后放入 250mL 的广口瓶中，瓶内空余部分用水填充，再将一个中心嵌有刻度试管的上盖旋紧，密封，管内注上一定高度的水，上端用液体石蜡密封。自加水开始 0.5h 读取初始液面高度，然后每隔 0.5h 观察液面高度的变化。

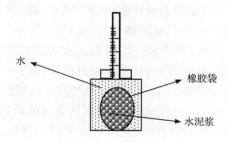

水　　橡胶袋　　水泥浆

图 4.5　1d 以前浆体体积变形的测试方法

2) 水泥浆及砂浆的干燥收缩及 1d 以后的自收缩

采用 25mm×25mm×250mm 的棱柱体试件,干缩试件置于温度 20℃±2℃,相对湿度 60%±5% 的干燥室,水中膨胀试件和自收缩试件均置于 20℃±2℃ 环境下,自收缩试件采用自黏性铝箔密封,采用上海第二光学仪器厂生产的 JDY-2 型万能测长仪(图 4.6)测其长度变形,读数显微镜的分度值为 1μm,试验时测量误差小于 $8×10^{-6}$。

图 4.6　1d 以后净浆及砂浆变形测试仪器

3) 混凝土的凝缩及 1d 以前的自干燥收缩

严格意义上来说,水泥一旦加水即开始了化学反应,水泥的化学减缩将引起水泥基材料的宏观体积的减小。多位学者的研究结果表明,不管水胶比如何,初凝时候的水化程度一般在 20% 左右,反应初期以 C_3A 和 C_3S 的水化反应为主,这两种矿物的化学减缩本身就相对较大,并且这种体积减小的程度在塑性阶段由于没有约束而在数量上更加不能忽视。由于结构仍未形成,塑性阶段的收缩只能以体积减小的形式体现,当模具的横向尺寸一定时,也就是只能以竖向长度的减小来体现。因此塑性阶段的自收缩只能以竖向测长的方式进行。然而塑性阶段的自收缩测试过程中还包含了由于重力的作用而引起的沉降收缩,因此真实测量的塑性阶段的自收缩应当是凝缩。

一旦结构形成,自干燥收缩开始。结构形成以后试件在纵向和横向上均存在收缩,同时结构的形成带来了收缩和约束之间的矛盾。模具的约束,重力的影响对于早期的自干燥收缩的测试而言都是必须考虑的问题。图 4.7 是同样配比条件下不同方向及拆除侧模对自干燥收缩的影响,采用的混凝土配合比(质量比)均为:水泥:磨细矿渣:水:砂:石 = 1.00:2.33:1.01:4.90:8.00;混凝土坍落度

200mm,含气量 2.4%。

　　图 4.7 中"竖向自由"是指混凝土在初凝以后拆除侧模,只保留底模所测出的竖向方向(与重力一致的方向)的长度变形;"竖向约束"是指混凝土在初凝以后保留侧模与底模所测出的竖向方向的长度变形;而"横向 1"表示混凝土在初凝以后拆除侧模,只保留底模所测出的横向方向(与重力垂直的方向)的长度变形。由图 4.7 可见,在去除侧向约束的条件下,竖向收缩大约是横向收缩的 2 倍,因此重力的影响不容忽视;在垂直方向有侧向约束条件下的收缩大约只有无侧向约束时的一半,因此早龄期的模具约束对于收缩测试结果也有很大的影响。

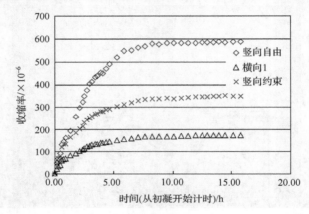

图 4.7　模具的约束以及测试方向对早期自干燥收缩的影响

　　田倩博士自行设计了混凝土早期自收缩的测试系统(图 4.8),该测试系统具有以下特点:

　　(1) 将凝缩和自干燥收缩区分开来。

　　结构形成以前的收缩只能以竖向测试的方式表现出来,因此在初凝以前采用竖向测长的方式来测试混凝土的凝缩,而在初凝以后则以横向测长的方式来测试自干燥收缩,以减轻侧模的约束及重力的影响。

　　(2) 模具独特。

　　对于凝缩试件,采用内衬为 3mm 聚四氟乙烯管材,底座可拆卸的中空圆柱形钢管,内径 $\phi98$mm,净高度 500mm。成型之前在模具内预放双层聚氯乙烯塑料薄膜,底座与钢管之间涂上密封黄油,混凝土拌合好后即可装模,在浇筑好的混凝土顶端预置 2mm 厚的泡沫塑料,在塑料上面装有感应铁片,加水拌合后 0.5h 开始测试初始值。

　　对于 1d 以前的自干燥收缩试件,将传统的 100mm×100mm×515mm 的收缩试模加以改造,底模衬以 2mm 厚聚四氟乙烯板材,两端和侧模在混凝土初凝以后可以拆除,在试件两端中心粘贴 4mm×4mm 的铁片,并通过对角画线的方式找到

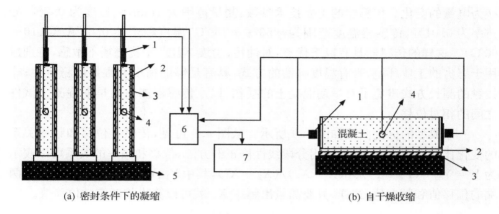

(a) 密封条件下的凝缩　　　　　　　　　　(b) 自干燥收缩

图 4.8　早龄期混凝土收缩测试系统示意图
1—非接触式传感器;2—聚四氟乙烯内环;3—钢管;4—温度传感器;
5—大理石板;6—模数转换器;7—计算机采集分析系统

测试的中心点,初凝后 0.5h 开始测试初始值。

使用了美国 DALLAS 公司的集成一线式温度传感器,其测量分辨率为 0.0625℃,测试时试件内部均预先埋置温度传感器。

综合起来,所采用模具的主要特点为:

① 采用这样的模具凝缩测试时不用拆模,可以避免拆模对早期混凝土的损伤。模具本身具有足够的刚度,在恒温恒湿的条件下,不会因混凝土自重而产生额外变形。

② 具有自润滑特性的特氟隆内衬板与双层聚氯乙烯塑料薄膜复合的技术措施,有效减轻了模具表面对早期混凝土的约束。

③ 试件的顶端与底部采用氯乙烯塑料薄膜与自黏性铝箔复合密封的方式,易于操作且能够有效防止早期水分的蒸发。

④ 凝缩试件采用顶端带泡沫塑料的铁片,有效解决了非接触测试时测试前端的固定问题,避免了在塑性阶段测试前端与被测物件之间的相对位移带来的测试误差。

⑤ 模具置于大理石台面上,有效避免了外界振动带来的干扰误差。

(3) 采用非接触的电涡流传感器。

采用非接触式的传感器(德国米依公司的 multiNCDT 300 精密型传感器),其主要工作原理为:根据电磁感应原理,通过金属导体中的磁通发生变化时,就会在导体中产生感生电流,这样电流的流线在金属体内自行闭合,通常称之为涡电流。涡电流的产生必然要消耗一部分磁场能量,从而使产生磁场线圈阻抗发生变化,电涡流式传感器的原理就是基于这种涡流效应,利用这个涡流效应把距离的变化转

·172· 现代混凝土理论与技术

换为电量的变化。传感器的主要技术参数:测量范围为 1mm,线性度为 0.2%,分辨率为 0.01%,传感器温度范围为 $-50 \sim +150$℃,温度稳定性 0.02%/℃(10~90℃)。这样的传感器具有以下优点:对油污、尘埃、湿度、干扰磁场不敏感,特别适用于恶劣的工业环境,带有温度补偿的方式,具有足够的精度和很好的稳定性;非接触的测长方式避免了对早期混凝土的损伤,以及传感器测头与早期混凝土试件之间的相对位移。

一条典型的标定曲线如图 4.9 所示。从图 4.9 可见,传感器位移和频率关系的变化比较平缓,因此可以采用分段线性修正的方法,位移和频率的关系可以表示为 $Y = Y_1 + (Y_2 - Y_1) \times (X - X_1)/(X_2 - X_1)$,其中 Y_1、Y_2、X_1、X_2 分别为线段两端的位移值和频率值。这样,只要测量出频率 X,就可以算出相对应的位移值。

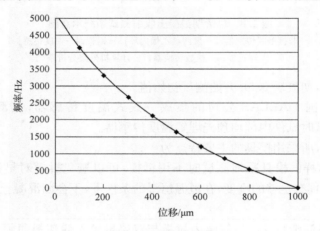

图 4.9 典型的位移传感器的标定曲线

传感器的固定端需要与混凝土连成一体,且与混凝土同步变化,本章根据早期混凝土的特点分别对凝缩试件和自干燥收缩试件的固定端分别处理,设计了不同的形式。如图 4.10 所示,凝缩试件固定端采用带泡沫塑料的铁片,有效避免了在塑性阶段铁片的沉降,消除了固定端与被测物件之间的相对位移带来的测试误差,使得混凝土的测试从浇筑成型后即可开始。

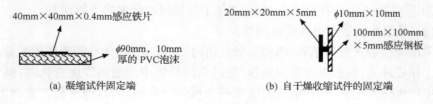

图 4.10 非接触测试传感器固定端示意图

（4）实现了计算机自动控制和多路传感器频率信号的实时采集。

在系统计算机方面编制了专门的通信测量软件，其作用是根据测量的要求，给前端单片计算机发送测量指令，并将测量结果取回来进行分析和计算。分析和计算工作主要是在 Excel 电子表格中完成的，采用 VBA 编制了实现特定任务的"宏"，可以在任何需要的时候分析所测得的数据。另外还编制了任务程序，它能在规定的时间执行所要求的工作，从而实现了全天无人值守式的多点测量。计算机控制与数据采集及处理系统实现了对早期数据的自动采集和计算分析，试件从测试开始后就完全由计算机自动控制，有效避免了人为误差和测试带来的劳动强度，有利于对早龄期混凝土性能迅速变化的及时跟踪。

（5）避免泌水的影响。

高性能水泥基材料的一个重要特征即是高工作性，然而掺合料及超塑化剂的掺入在改善材料的流动性的同时，也增加了泌水的趋势。泌出的水分不管是对水泥浆还是对混凝土早期的自收缩测试均会带来干扰，甚至引起早期的膨胀。本章在查阅现有文献资料的基础之上，采用了一种新型的高分子增稠剂，可以在基本不影响材料流变性的前提下消除水泥基材料的表面泌水。更为重要的是，这种材料的加入在其掺量范围内对于自收缩基本没有影响（图 4.11）。

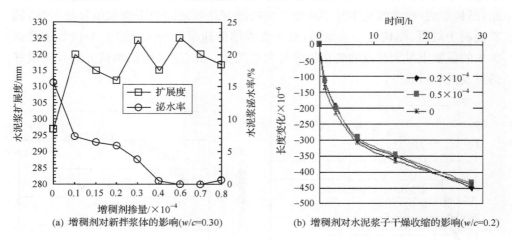

(a) 增稠剂对新拌浆体的影响($w/c=0.30$)　　(b) 增稠剂对水泥浆子干燥收缩的影响($w/c=0.2$)

图 4.11　所用增稠剂对水泥浆流变性及自收缩的影响

（6）采用新方法所测试的试验结果验证。

通过埋入式热电偶温度传感器测试试件中心温度的同步变化，并假定混凝土的温度线膨胀系数为 $10\times10^{-6}/℃$，钢的温度线膨胀系数为 $10\times10^{-6}/℃$，则在龄期 t（加水拌合 0.5h 开始计时）时混凝土的凝缩值

$$\varepsilon_{vt} = 1000000\times[(l_0-l_t)/498+(T_t-T_0)\times10\times10^{-6}] \qquad (4.2)$$

式中：ε_{vt} 为龄期 t 时的凝缩值（$\times 10^{-6}$）；l_0 为测试初始时刻的读数（mm）；l_t 为龄期 t 时的读数（mm）；T_0 为测试初始时刻的温度（℃）；T_t 为龄期 t 时的温度（℃）。

在龄期 t（初凝 0.5h 开始计时）时混凝土的自干燥收缩值

$$\varepsilon_{Ht} = 10^6 \times \{[(l_{01} - l_{t1} + l_{02} - l_{t2}) + 2 \times 15 \times (T_t - T_0) \\ \times 10 \times 10^{-6}]/480 + (T_t - T_0) \times 10 \times 10^{-6}\} \tag{4.3}$$

式中：ε_{Ht} 为龄期 t 时的自干燥收缩值（$\times 10^{-6}$）；l_{01}、l_{02} 为测试初始时刻的读数（mm）；l_{t1}、l_{t2} 为龄期 t 时的读数（mm）；T_0 为测试初始时刻的温度（℃）；T_t 为龄期 t 时的温度（℃）。

每批成型三个试件，测试值如果与平均值的偏差小于 15%，则取三个试件的平均值作为测试结果；如果三个试件中有一个值与平均值的偏差大于 15%，而另外两个测试值相差未超过 15%，则取另外两个值的平均值作为测试结果，否则试验视为失败，需要重新进行。

图 4.12 是采用新系统所测试的一组混凝土的早期自收缩测试结果，A 和 B 是在不同的时间采用了相同的配比所得出的两次试验结果。由图 4.12 可见，采用新系统可以测出浇筑成型开始混凝土的自收缩。测试结果表明，在初凝以前的凝缩速率最快，所用的高性能混凝土配比"凝缩值"超过 7×10^{-4}，随着混凝土的凝结，结构形成，收缩的速率开始减慢。在初凝与终凝之间自干燥收缩发展较快，随着混凝土终凝，结构进一步增强，自干燥收缩的速率进一步减缓。A 和 B 所测试出来的混凝土早期自收缩变化规律与大小完全一致，这表明该测试方法具有很好的重复性和可靠性。

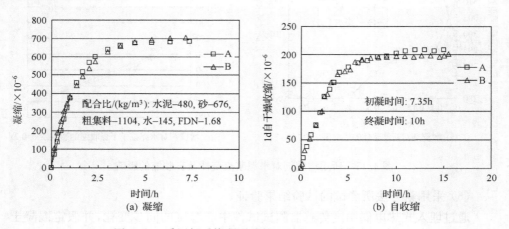

图 4.12　采用新系统所测试的一组配比的早期自收缩

4）1d 以后混凝土的自收缩及干缩

（1）硬化混凝土的干燥收缩。

对于长龄期的收缩测试而言，不管是干缩还是自收缩，保障测试仪器的稳定性和环境温湿度的有效控制是关键。考虑到硬化混凝土长龄期的收缩随时间变化速率相对早期慢，且发展时间长的特点，而传感器的测长方式虽然及时，但是目前已有的电子传感器技术均很难解决长时间的漂移问题，而机械式的千分表就这一点而言具有明显的优势，因此设计了专用的立式千分表架的方式来测量 1d 以后的混凝土长期自收缩及干缩变形，测试环境为 20℃±2℃，相对湿度 60%±5%。测试的表架及测试实验室环境如图 4.13 所示。

（a）测试千分表架　　　　　　　　　　（b）测试环境

图 4.13　1d 以后硬化混凝土的收缩测试系统

（2）自收缩试件的密封。

采用 100mm×100mm×515mm 的收缩试模，试件一端埋有不锈钢钉头，内衬双层 PVC 塑料薄膜，成型后表层覆盖，1d 后拆模，试件表面涂上石蜡，再放入 110mm×110mm×550mm 的方形铁皮桶内，空余部分以液体石蜡密封，如图 4.14 所示。

5）水泥浆的化学减缩

本章所介绍的化学减缩的测试方式，测试时取 10g 样品放入 500mL 的带刻度玻璃管的磨口瓶中，加满水，再在玻璃管上端滴加液体石蜡，待液面稳定后开始读数，同时测试水化程度。

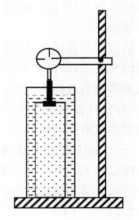

图 4.14　1d 以后自干燥
收缩的测试

4.2　矿物外掺料对高性能水泥基材料
收缩变形行为的影响研究

4.2.1　磨细矿渣

　　磨细矿渣是将水淬粒化高炉矿渣经过粉磨后的粉体材料,由于其本身兼具有胶凝性和火山灰活性,既可以作为水泥掺合材,也可以作为矿物掺合料,近年来在水泥和混凝土中的应用取得了很大的进展。过去在我国矿渣多作为水泥掺合料(通常在 20%～70%的掺量)使用而配制矿渣水泥,在传统的矿渣硅酸盐水泥的生产过程中,水泥熟料与矿渣是在一起混磨的,由于矿渣的易磨性比熟料差,当熟料的粉磨细度达到规定要求时,矿渣的细度通常要较熟料低 $60～80m^2/kg$。因此过去矿渣水泥中矿渣的活性较差,泌水大,在工程使用中普遍反映干缩大,容易开裂。近年来,水泥熟料与矿渣粉磨的技术得到推广,单磨细矿渣作为矿物掺合料也越来越多,目前工程中大量应用的磨细矿渣的细度均超过了 $400m^2/kg$,比水泥还细,与传统应用的磨细矿渣有着很大的区别,然而相关的系统研究还远远不够。

　　有研究显示,采用比表面积大于 $450m^2/kg$ 的磨细矿渣替代水泥后,掺矿渣微粉混凝土的自由收缩值高于基准样,矿渣微粉掺量不大于 45%时,自由收缩值随掺量增加而减小;矿渣微粉掺量达到 65%时,混凝土自由收缩值明显地增大,28d 自由收缩值达到 $313×10^{-6}$。研究结果表明,比表面积为 $391～501m^2/kg$ 的磨细矿渣掺入后,对早龄期混凝土在干燥条件下的总的收缩有增加的趋势,细度越小增加得越多。

　　从公开发表的文献资料来看,磨细矿渣对于自收缩的影响规律也存在争议。有的研究表明,细度为 $338m^2/kg$ 的磨细矿渣粉在 0%～90%的掺量范围内,自收缩随着掺量的提高而减小;对于细度为 $836m^2/kg$ 的磨细矿渣粉在 0%～70%的掺量范围内,自收缩随着掺量的提高而增大。而在 70%～90%的掺量范围内,自收缩随着掺量的提高而减小。有的研究结果表明,当水胶比等于 0.40 时,比表面积为 $568m^2/kg$ 的磨细矿渣掺入后,混凝土的自收缩发展较早,掺量越大,长龄期的自收缩也越大。有的研究结果显示,对于比表面积超过 $400m^2/kg$ 的磨细矿渣,混凝土的自收缩随其掺量的增加而增大,直至掺量超过 75%以后,混凝土的自收缩才开始减小。Tazawa 的研究结果认为,矿渣水泥浆体早期自收缩小,而后期自收缩很大。森本博昭的研究结果则认为,磨细矿渣并不会增加混凝土的自收缩。对于矿渣水泥而言,由于难以确定其组成,试验结果存在着更大的差异。田泽荣一对水胶比为 0.30 的矿渣水泥的试验结果表明,其早期自收缩很小,而后期自收缩增加很快。我国关英俊等的试验结果则表明,用 500 号的矿渣水泥所配制的混凝土不仅不存在自收缩,还表现出体积膨胀的现象。

吴中伟认为,矿渣细度对于自收缩的影响效果来源于对其活性的显著影响,关于目前用作混凝土掺合料的矿渣微粉的最佳细度问题仍然存在着较大的争议。有人认为比表面积在 $400\sim500m^2/kg$ 好,也有人认为在 $600\sim800m^2/kg$ 好。从矿渣的活性来看,磨细矿渣在水淬时除了形成大量玻璃体外,还含有钙铝镁黄长石和少量的硅酸一钙和硅酸二钙,因此具有微弱的自水硬性。但是当其粒径大于 $45\mu m$ 时,矿渣颗粒很难参与到水化反应中。因此从活性的角度而言磨细矿渣的比表面积应当超过 $400m^2/kg$ 好。此外,还要考虑混凝土的温升,磨细矿渣的细度越小,活性越高,掺入混凝土以后,早期水化热越大,不利于降低混凝土的温升。有资料显示,当矿渣掺量为 30% 时,比表面积为 $600\sim800m^2/kg$ 的磨细矿渣混凝土的绝热温升较比表面积为 $400m^2/kg$ 的混凝土明显提高。

4.2.2　粉煤灰

粉煤灰对干燥收缩的影响研究结果存在较大争议。有的研究结果认为,掺入优质粉煤灰的混凝土干缩随其掺量的增加而减小。一份英国的统计资料显示,粉煤灰混凝土的极限收缩值为 $540\times10^{-6}\sim720\times10^{-6}$,低于基准混凝土,也有略高于基准混凝土的。Haque 等的研究结果则显示,在低掺量(10%~15%)下,水泥用量为 $400kg/m^3$ 时,粉煤灰的掺入增加了干燥收缩,而水泥用量为 $500kg/m^3$ 时则正好相反。有的研究结果表明,比表面积大于 $400m^2/kg$ 的粉煤灰的掺入后,使得混凝土的早龄期干燥收缩明显加大,细度越低增加越明显,到 3d 以后掺粉煤灰的混凝土的干燥收缩的发展速率均低于基准混凝土,到 28d 龄期时掺粉煤灰的混凝土的干燥收缩与基准混凝土基本接近。秦鸿根等的研究结果表明,掺入 12%~24% 的 I 级粉煤灰,取代 10%~20% 的硅酸盐水泥,干燥收缩降低。我国水工混凝土的研究成果以及部分国内外研究人员认为,粉煤灰的掺入会降低混凝土的干燥收缩。根据中国建筑材料科学研究院研究的试验结果,火山灰质混合材内比表面积是影响水泥干缩性的主要因素。也有研究结果则认为,粉煤灰的掺入对混凝土的收缩影响不大。

从国内外公开发表的文献资料来看,粉煤灰的大量加入明显地抑制了混凝土的自收缩。有文献显示,水胶比为 0.30 的混凝土在密封条件下,粉煤灰掺量从 15% 增加到 60%,混凝土内部的相对湿度下降的速率相应减小。粉煤灰掺量超过 40% 时,120d 内部相对湿度的下降不超过 13%,而不掺粉煤灰的混凝土内部相对湿度下降超过 20%。当粉煤灰掺量超过 60% 时,7d 以后混凝土的内部相对湿度才开始下降。惠荣炎等测定大坝混凝土的自收缩,使用大坝水泥,粉煤灰掺入 20% 时,自收缩减小约 1/2,掺入 40% 时自收缩只有不掺时的 1/10 左右。粉煤灰在低掺量时并不一定能减少自收缩。有的研究结果显示,掺量为 10% 时,有的粉煤灰减小了自收缩,有的增大了自收缩。有的研究结果显示,比表面积为 $655m^2/kg$ 的粉煤灰掺量在 20％时,对收缩的抑制主要体现在早期,而在后期掺粉煤灰的混凝土收缩发展速率要高于基准混凝土,

上述研究结果表明,在低水胶比条件下矿物掺合料对各种收缩的影响仍然存在着较大争议,这一方面受到测试仪器、方法的制约,并且缺乏在低水胶比下矿物掺合料对收缩的影响规律的系统研究。更为重要的是没有深入研究并揭示这些影响规律之后的机理,也就不能从根本上阐释其影响规律。这些都阻碍了矿物掺合料在工程实际高性能混凝土的进一步大量推广应用。

4.2.3 外加剂对收缩的影响

以往所公开发表的关于自收缩研究的文献资料表明,为保证其他影响因素不变,通常是调整外加剂的掺量,而往往忽略了外加剂对自收缩的影响,本章对此进行了专门的研究。由图 4.15(a)可见,所用的天然高分子增稠剂掺入后对自收缩的发展规律及大小均无影响,因此采用该外加剂可以在不影响收缩规律的情况下,有效防止泌水,改善体系的均匀性。由图 4.15(b)可见,自收缩随着萘系高效减水剂 FDN 掺量的提高而明显增大,目前国内工程和研究中普遍采用萘系高效减水剂,为了配制低水胶比的高性能水泥基材料,增加萘系外加剂的掺量往往是最常用的手段,这也是导致低水胶比水泥基材料自收缩大的原因之一。因此在本章的其他对比研究中为了避免外加剂的影响,保持 FDN(萘系高效减水剂)的掺量相对不变。

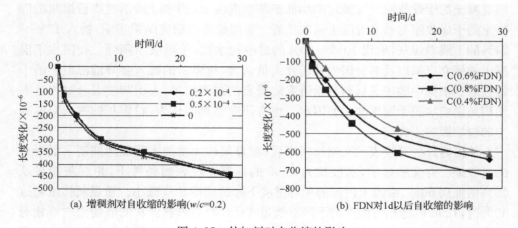

(a) 增稠剂对自收缩的影响(w/c=0.2)　　(b) FDN对1d以后自收缩的影响

图 4.15　外加剂对自收缩的影响

掺聚羧酸类外加剂和萘系高效减水剂的混凝土的干燥收缩和净浆的自收缩,试验结果如图 4.16 所示。试验结果表明,与萘系高效减水剂增加混凝土干燥收缩

和自收缩不同,掺聚羧酸类减水剂的混凝土干缩值低于基准混凝土,在通常的掺量(减水率在 20% 左右)下,掺聚羧酸外加剂的混凝土 60d 干缩值较掺萘系高效减水剂的混凝土约低 40%。对于低水胶比的水泥浆体,掺聚羧酸减水剂其自收缩要明显低于掺萘系减水剂的情况,在相同的配比下 90d 约降低了 30%。这表明这种新一代的高效减水剂在配制高抗裂性高性能混凝土上较传统减水剂具有潜在的优势。

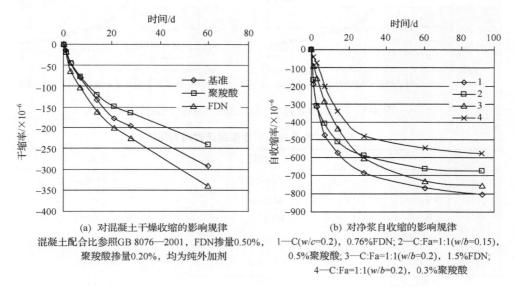

(a) 对混凝土干燥收缩的影响规律
混凝土配合比参照GB 8076—2001,FDN掺量0.50%,
聚羧酸掺量0.20%,均为纯外加剂

(b) 对净浆自收缩的影响规律
1—C(w/c=0.2), 0.76%FDN;2—C:Fa=1:1(w/b=0.15),
0.5%聚羧酸;3—C:Fa=1:1(w/b=0.2), 1.5%FDN;
4—C:Fa=1:1(w/b=0.2), 0.3%聚羧酸

图 4.16　聚羧酸类减水剂和萘系高效减水剂对收缩的影响规律

4.2.4　掺合料品种及掺量对水泥净浆 1d 以前自收缩的影响

试验结果如图 4.17 所示,相应的测试出来的凝结时间见表 4.2。由图 4.17 可见,在塑性阶段,自加水 0.5h 开始,纯水泥浆体的体积在最初的约 2h 左右以较小的速率下降,随着水化反应的继续进行,体积下降的速率加快,以及浆体网络凝聚结构的形成,水泥浆开始凝结。浆体由塑性阶段开始向弹塑性阶段过渡,体积减小逐渐缓慢,24h 的体积自收缩率达到了 2.4%。粉煤灰的加入明显减小了 1d 以前的体积自收缩率,减小的幅度随着粉煤灰掺量的增加而更为显著,并且浆体的凝结时间因粉煤灰的掺入而明显延长,其体积收缩下降变慢的时间也相应延迟。矿渣的掺入也减小了 1d 以前的体积自收缩率,其掺量变化的影响不大。

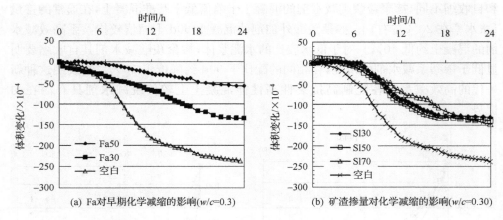

(a) Fa对早期化学减缩的影响(w/c=0.3)　　　(b) 矿渣掺量对化学减缩的影响(w/c=0.30)

图 4.17　矿物掺合料对 1d 以前的净浆自收缩的影响

表 4.2　矿物外掺料对净浆凝结时间的影响

	初凝	终凝
C	5h37min	8h27min
CFa30	6h20min	7h
CFa50	20h20min	22h
CSl30	8h	9h20min
CSl50	9h5min	11h30min
CSl70	11h	13h35min

4.2.5　掺合料品种及掺量对水泥净浆 1d 以后自收缩的影响

掺合料品种及掺量对水泥净浆 1d 以后自收缩的影响如图 4.18 和图 4.19 所示。

当水胶比等于 0.30 时,比表面积为 439m²/kg 的矿渣替代水泥后,明显增加了浆体的自收缩。随着矿渣掺量的增加,不同龄期的自收缩值均增大,70% 的矿渣掺入后 180d 的自收缩值较基准水泥浆提高了 59.6%。当矿渣的掺量达到 90% 时,自收缩值才开始下降,但所测到的 14d 自收缩值依然比基准水泥浆大。矿渣细度对自收缩应变的影响,随着矿渣细度的增加明显增大。目前国内工程实际中普遍采用的是表面积在 400~500m²/kg 之间的磨细矿渣,看来采取有效措施来降低其自收缩应变也是一个必须重视的问题。

随着粉煤灰掺量的增加,自收缩应变明显减小,50% 的粉煤灰掺入后 7d、28d、90d 的自收缩应变分别较基准水泥浆相应的值降低了 78.9%、39.7%、19.2%。从双掺的结果来看,当矿渣掺量在 20%~30% 之间,掺了混合材的浆体在不同水化

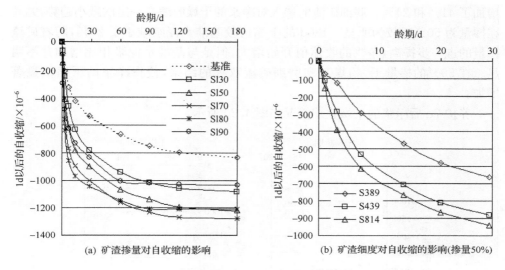

(a) 矿渣掺量对自收缩的影响　　　　(b) 矿渣细度对自收缩的影响(掺量50%)

图 4.18　矿渣掺量及细度对 1d 以后净浆自收缩的影响

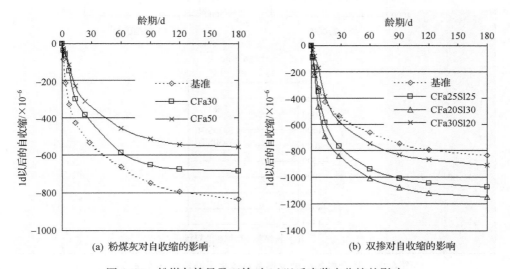

(a) 粉煤灰对自收缩的影响　　　　(b) 双掺对自收缩的影响

图 4.19　粉煤灰掺量及双掺对 1d 以后净浆自收缩的影响

龄期自收缩值依然较基准水泥浆大,提高粉煤灰的比率,自收缩值相应减小。

4.2.6　矿物掺合料种类及掺量对净浆干燥收缩的影响

当水胶比为 0.30 时,Ⅰ级粉煤灰的大量掺入,使得净浆在标准养护 7d 的干燥收缩明显加大,但是随着掺量由 30% 增加到 50% 时,各龄期的干缩值减小,但仍较基准水泥浆大。30% 和 50% 的粉煤灰的掺入使得水泥石的 180d 干燥收缩值分别增加了 41％和 24％。磨细矿渣的掺入对净浆的干燥收缩有一定的减小趋势,尤其在掺量为 50％时较为明显。180d 的干缩值较基准水泥浆减小了 20％,随着矿渣掺量的进一步提高,净浆的收缩值开始增大,但是与基准水泥浆相比增加并不明显。在 50％的掺量下,粉煤灰和磨细矿渣双掺的结果,使得净浆的干缩值显著增加。

　　养护 7d 后净浆的干燥收缩情况如图 4.20 所示。

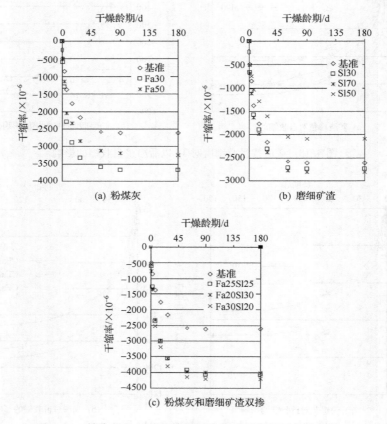

图 4.20　掺合料的品种及掺量对净浆干燥条件下收缩的影响

4.2.7　二次干燥对净浆干燥收缩的影响

　　图 4.21 反映了不同水胶比的纯水泥浆以及大掺量粉煤灰水泥浆(Fa 掺量为 50％)首次干燥和二次干燥的干缩规律。所谓的首次干燥是指成型 1d 后拆模,之后在标准养护条件下养护 7d,再放入温度为 20℃±2℃,相对湿度为 60％±5％的干燥环境下测试其收缩随龄期的变化规律;二次干燥则是指对已经干燥了 180d 的

上述水泥净浆试件,放入温度为 20℃±2℃ 的水中浸泡 7d,吸水饱和后的试件再重新放入标准干燥室中进行干燥,测试试件在干燥条件下的收缩发展规律。

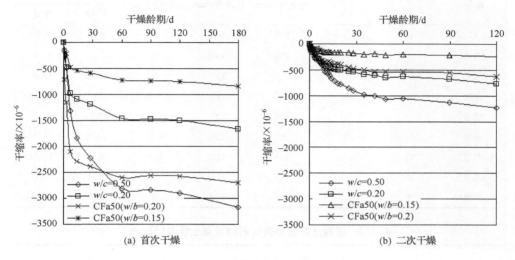

(a) 首次干燥　　　　　　　　　　　(b) 二次干燥

图 4.21　二次干燥对净浆干燥条件下收缩的影响

　　由图可见,在首次干燥过程中,随着水胶比的降低,浆体的干燥收缩明显减小,水胶比为 0.20 的纯水泥浆较水胶比 0.50 的纯水泥浆 180d 干缩值降低了 48%,水胶比为 0.15 的粉煤灰水泥浆较水胶比 0.20 的粉煤灰水泥浆 180d 干缩值降低了 69%。与前面水胶比为 0.30 的规律相似,粉煤灰的大量掺入增加了低水胶比浆体的干缩,50% 的粉煤灰的掺入使得浆体的干燥收缩较同水胶比的纯水泥浆 180d 干缩值增加了 39%。

　　干燥 180d 以后的水泥浆吸水饱和并进行二次干燥的结果表明,二次干燥的收缩值较首次干燥明显减小,不到首次干燥的收缩值的一半,这表明首次干燥的结果中有超过一半的收缩是不可逆的。二次干燥条件下水胶比对干缩的影响规律与首次干燥完全一样,$w/c=0.20$ 的纯水泥浆较 $w/c=0.50$ 的纯水泥浆 120d 干缩值降低了 38%,水胶比为 0.15 的粉煤灰水泥浆较水胶比 0.20 的粉煤灰水泥浆 120d 干缩值降低了 61%,降低的幅度与首次干燥的结果相接近。但是值得注意的是,二次干燥条件下,粉煤灰的大量掺入不仅没有增加水胶比为 0.20 浆体的干缩,而且还明显地降低了长龄期(重新干燥 4d 以后)的干缩,这与首次干燥的结果恰好相反,50% 的粉煤灰的掺入使得浆体的干燥收缩较同水胶比的纯水泥浆 120d 干缩值减小了 17%。

4.2.8　混凝土的物理性能

　　新拌混凝土的物理性能见表 4.3 和表 4.4。

表 4.3　矿物掺合料种类和掺量对新拌混凝土性能的影响

编号	粉煤灰掺量 /%	矿渣掺量 /%	坍落度/mm	扩展度/mm	泌水率/%	凝结时间/h	
						初凝	终凝
C	0	0	185	400	0	6.5	8.5
Fa30	30	—	190	450	0	8.3	10.5
Fa50	50	—	200	510	0	10.8	13.0
Sl30	—	30	185	415	0.1	7.0	9.0
Sl50	—	50	190	420	0.14	7.5	10.5
Sl70	—	70	187	425	0.18	11.8	14.4
Fa25Sl25	25	25	185	410	0.1	8.0	12.5
Fa30Sl20	30	20	187	415	0	8.8	13.0
Fa20Sl30	20	30	185	420	0	7.8	12.2

表 4.4　混凝土配比参数对新拌混凝土性能的影响

编号	水胶比	砂率/%	浆体体积率	坍落度/mm	扩展度/mm	凝结时间/h	
						初凝	终凝
1	0.30	0.40	0.369	22.0	—	7.8	11.0
2	0.30	0.40	0.342	20.0	—	7.2	9.4
3	0.30	0.40	0.316	18.5	—	10.5	12.3
4	0.36	0.40	0.342	18.0	—	7.2	9.4
5	0.42	0.40	0.342	18.4	—	7.1	9.4
6	0.30	0.45	0.342	23.0	550	7.0	9.3
7	0.30	0.50	0.342	24.5	658	8.8	11.2
8	0.30	0.40	0.342	20.0	—	9.0	12.3

在相同的减水剂掺量下,通过调整增稠剂的掺量,使得掺入矿物掺合料的各组配比混凝土的坍落度在 140～160mm 之间,混凝土的工作性基本保持了一致。同时混凝土的泌水率也控制在 2％以内,尽管与其他几组配比相比相对增加了增稠剂的掺量,磨细矿渣的掺入仍然使得混凝土的泌水率增加。粉煤灰的加入使得混凝土的凝结时间有所延长,并随掺量的增加而更加明显,并使得混凝土结构形成的速率减慢。相对而言磨细矿渣的掺入对于结构形成的减慢程度相对粉煤灰小得多,只在 70％的掺量下比较明显。

由表 4.4 中的数据可见,在固定浆体体积为 0.342m³,提高砂率,减小粗集料的用量时,混凝土的流动性有较大的提高,扩展度达到了 658mm,坍落度超过了24mm,此流动性指标已经达到了自密实混凝土的范围。在自密实混凝土的配合比设计中,提高砂率通常是必须采用的手段,自密实混凝土的收缩开裂是其性能研究中的一个关键技术问题。

4.2.9　1d 以前混凝土自收缩发展规律

采用前述所设计的竖向和横向相结合的测试手段所测出的混凝土 1d 以前的自干燥收缩和凝缩结果如下。

1. 混凝土配比参数对 1d 以前的收缩的影响规律

图 4.22～4.24 显示出了水胶比、胶凝材料用量及砂率对凝缩和 1d 以前的自干燥收缩的影响规律。凝缩的数值要远远大于自干燥收缩(图 4.22)。在其他条件相同的情况下,变换水胶比,对混凝土凝缩的影响不大,至初凝时的凝缩值均在 $7×10^{-4}$ 左右。水胶比对 1d 以前的自干燥收缩(ε_{ausld})具有显著的影响,ε_{ausld} 随着水胶比的减小而增大,在初始几个小时内发展速率较快,随着结构的逐渐增强而变化相对平缓。粉煤灰掺量 30％,水胶比为 0.32 的混凝土 1d 以前的自干燥收缩达到了 $2×10^{-4}$。相对而言,水胶比为 0.36 和 0.42 的粉煤灰混凝土相应的值都减小了。

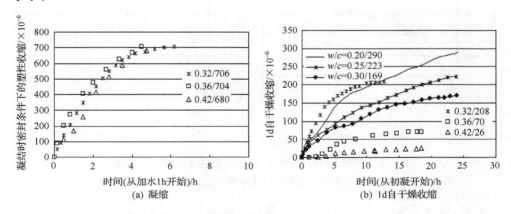

图 4.22　水胶比对密封条件下 1d 以前混凝土收缩的影响规律

图例中"/"前的数值表示水胶比,"/"后的数值表示测试结束时的收缩值,$×10^{-6}$

在其他条件相同的情况下,增加胶凝材料的体积比率,混凝土的凝缩值有加大的趋势,每增加 $40kg/m^3$ 的胶凝材料用量,凝缩值约增加 $1×10^{-4}$ 左右。同样,增加胶凝材料的用量,1d 自干燥收缩也相应增加,当胶凝材料用量从 $480kg/m^3$ →$520kg/m^3$→$560kg/m^3$ 变化时,ε_{ausld} 相应地增加了 26％ 和 42％。

在其他条件相同的情况下,增加含砂率,混凝土的凝缩值明显加大,当砂率增加到 0.50 时,凝缩值已经达到了 $12×10^{-4}$。含砂率对 1d 的自干燥收缩也有明显

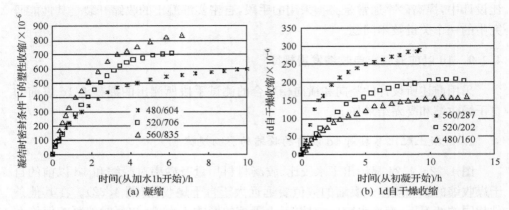

图 4.23　胶凝材料用量对密封条件下 1d 以前混凝土收缩的影响规律

图例中"/"前的数值表示胶凝材料用量,"/"后的数值表示测试结束时的收缩值,×10⁻⁶

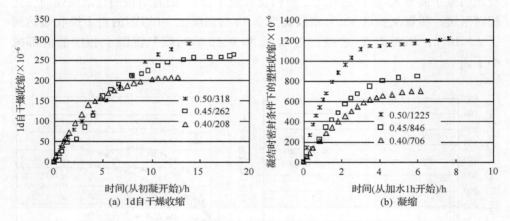

图 4.24　砂率对密封条件下 1d 以前混凝土收缩的影响规律

图例中"/"前的数值表示胶凝材料用量,"/"后的数值表示测试结束时的收缩值,×10⁻⁶

的影响,当砂率从 0.40→0.45→0.50 变化时,ε_{ausld} 相应地增加了 26% 和 21%。

　　从以上试验结果可以看出,胶凝材料用量的提高,砂率的增加,水胶比的减小,这些都是当前高强高性能混凝土(大流动度混凝土)配合比设计中普遍采用的方法。由此而带来早龄期(1d)以前的自收缩(不管是凝缩还是自干燥收缩)增加的趋势,值得在设计和施工中引起重视。

　　2. 矿物掺合料的品种和掺量对 1d 以前收缩的影响规律

　　粉煤灰和磨细矿渣对 1d 以前混凝土在密封条件下的收缩的影响如图 4.25~4.27 所示。当胶凝材料的用量在 480kg/m³ 时,凝缩值约 5×10⁻⁴~7×10⁻⁴,而

1d 的自干燥收缩在 $1 \times 10^{-4} \sim 2 \times 10^{-4}$。掺合料的掺入使得凝缩值增加了 30% 左右，随着掺量的增加而加大，改变粉煤灰和磨细矿渣的比率对凝缩的影响不明显。增加粉煤灰的掺量，混凝土 1d 以前的自干燥收缩略有增加，当粉煤灰掺量从 0%→30%→50% 变化时，ε_{ausld} 相应地增加了 4% 和 27%。1d 以前的自干燥收缩随着磨细矿渣掺量的提高而减小，当掺量超过 50% 时，可能是由于泌水的影响，在曲线上可以看见膨胀的趋势。尽管采用增稠剂来抑制表观泌水，但是在高掺量矿渣的情况下仍然表现出泌水的影响。在 50% 掺量时，改变粉煤灰和磨细矿渣的比率，1d 以前的自干燥收缩均有增加，粉煤灰的比率加大，ε_{ausld} 也相应地增加。

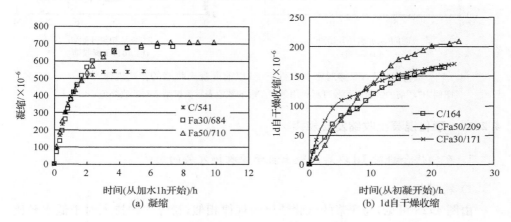

图 4.25　粉煤灰对密封条件下 1d 以前混凝土收缩的影响规律

图例中"/"前的数值表示胶凝材料用量，"/"后的数值表示测试结束时的收缩值，$\times 10^{-6}$

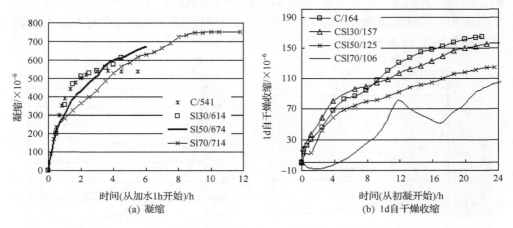

图 4.26　磨细矿渣对密封条件下 1d 以前混凝土收缩的影响规律

图例中"/"前的数值表示胶凝材料用量，"/"后的数值表示测试结束时的收缩值，$\times 10^{-6}$

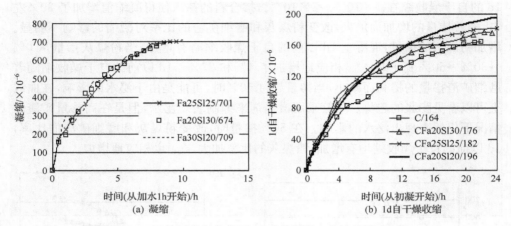

(a) 凝缩 (b) 1d自干燥收缩

图 4.27 双掺对密封条件下 1d 以前混凝土收缩的影响规律

图例中"/"前的数值表示胶凝材料用量,"/"后的数值表示测试结束时的收缩值,×10⁻⁶

4.2.10 硬化混凝土收缩发展规律

1. 矿物掺合料对 1d 以后混凝土自干燥收缩发展的影响

1) 粉煤灰

由图 4.28 可见,与净浆的试验结果的规律相似,粉煤灰的掺入对于低水胶比的高性能混凝土长龄期的自收缩也具有明显的抑制作用,且随着粉煤灰掺量的增加,这种抑制作用增强。从 1d 开始计时,与不掺粉煤灰的混凝土相比较而言,30% 的 Ⅰ 级粉煤灰的掺入使得 28d、180d 的自收缩值分别降低了 33% 和 29%,掺量为 50% 时相应的降低值则分别为 40% 和 36%。磨细矿渣及双掺对硬化混凝土的影响规律如图 4.29 和图 4.30 所示。

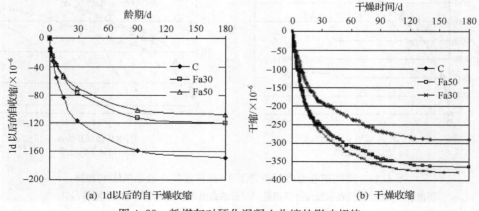

(a) 1d以后的自干燥收缩 (b) 干燥收缩

图 4.28 粉煤灰对硬化混凝土收缩的影响规律

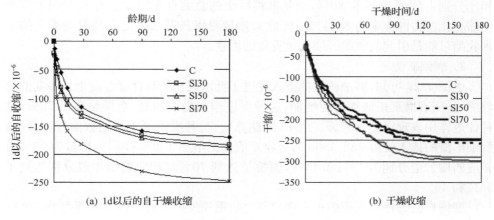

(a) 1d以后的自干燥收缩　　　　　　　(b) 干燥收缩

图 4.29　磨细矿渣对硬化混凝土收缩的影响规律

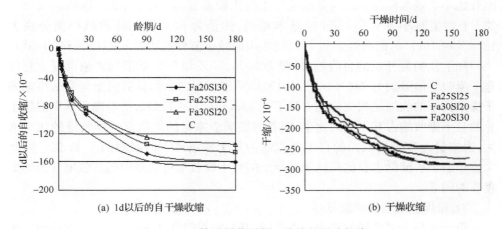

(a) 1d以后的自干燥收缩　　　　　　　(b) 干燥收缩

图 4.30　双掺对硬化混凝土收缩的影响规律

干缩的规律则不然,粉煤灰的掺入增加了硬化混凝土的干燥条件下的收缩,但随着粉煤灰掺量的继续增加,干缩有减小的趋势。与不掺粉煤灰的混凝土相比较而言,30%的Ⅰ级粉煤灰的掺入使得28d、180d的干燥条件下的收缩值分别增加了42%和37.2%,掺量为50%时相应的增加值则分别为33.5%和25.5%。粉煤灰对于混凝土干缩的影响规律,文献显示的结果存在着较大的争议,这可能与当时测试的龄期、配合比以及原材料的具体条件有关。高小建对水胶比为0.30的混凝土从初凝开始的试验结果表明,掺入细度高于水泥的粉煤灰,其干燥条件下的收缩值,尤其是干燥初期的收缩值要远大于基准混凝土。

加上从初凝开始的自收缩,掺量为30%和50%的粉煤灰混凝土总的自干燥收缩值分别为 291×10^{-6} 和 317×10^{-6},其数值上与测试出来的干燥条件下的收缩值相比分别占到了 73％和 80％,而基准混凝土的总的自干燥收缩为 333×10^{-6},与干缩相比所占的比率为 82.4％。因此大掺量粉煤灰低水胶比高性能混凝土的干燥收缩可能是引起其收缩开裂的更重要的因素。

2）磨细矿渣

由图 4.29 可知,磨细矿渣的掺入促进了低水胶比的高性能混凝土长龄期的自收缩,且随着磨细矿渣掺量的增加,这种促进作用更加明显,当掺量高于 70％,这种促进作用表现得尤为显著。从 1d 龄期算起,与基准混凝土相比较而言,30％的磨细矿渣的掺入使得 28d、180d 的自收缩值分别增加了 9％和 8％,掺量为 50％时相应的增加值分别为 13％和 11％,而掺量达到 70％时相应的增加值分别达到了56％和 46％。

磨细矿渣的掺入对干缩也呈现出与自收缩相反的影响规律。随着磨细矿渣掺量的增加,低水胶比混凝土的干燥条件下的收缩逐渐减小,当掺量超过 50％时,干缩开始小于基准混凝土。与基准混凝土相比较而言,30％的磨细矿渣的掺入使得 28d 干缩值减小 9.6％,180d 时基本相当,掺量为 50％时相应的减小值分别为13.3％和 10.7％,而掺量达到 70％时相应的减小值分别达到了 21.8％和 14.5％。

加上从初凝开始的自收缩,掺量为 30％、50％和 70％的磨细矿渣混凝土总的自干燥收缩值分别为 340×10^{-6}、313×10^{-6} 和 353×10^{-6},其数值上与测试出来的干燥条件下的收缩值相比分别占到了 113％、120％和 142％,明显高于基准混凝土总的自干燥收缩占其干缩的比率,随着磨细矿渣掺量的提高自干燥收缩的比率增大,当掺量为 70％时其总的自干燥收缩为其干燥条件下的收缩的 1.42 倍。因此大掺量磨细矿渣低水胶比高性能混凝土的自干燥收缩可能是引起其收缩开裂的更重要的因素。

3）粉煤灰与磨细矿渣复掺

由于混凝土诸性能的影响因素之间,其影响规律往往相互矛盾,不同品种的矿物细掺料在混凝土中的作用各不相同,存在着正负效应。在通常的配合比设计方法中,几种胶凝材料复掺的目的是为了产生各取所长、优势互补的效果,以改善混凝土的综合性能。吴中伟提出,将复合材料的“超叠效应”(synergistic)原理应用于混凝土,即将不同种类的细掺料以适当的复合比率和总掺量掺入混凝土,则可以取长补短,起到调节需水量,提高混凝土的抗压强度、抗折强度,减小收缩,提高耐久性的作用,达到对混凝土综合性能改善的目的。例如,粉煤灰对于后期强度的增长具有促进作用,但是会不利于早期强度的发展,磨细矿渣则可以在较大的掺量范围内不影响早期强度,二者在一定的比率下复合可以获得早期强度与水泥混凝土接近,而后期强度仍有较大增长的大掺量矿物掺合料高性能水泥基材料。

对于自干燥收缩而言,在 50％掺量时,粉煤灰与磨细矿渣以不同比率复掺后均降低了硬化混凝土长龄期的自干燥收缩,且粉煤灰比率高则降低的效果更加明显。从 1d 开始计时,粉煤灰与磨细矿渣的比率分别为 4∶6、5∶5 和 6∶4,28d 自收缩与基准相比分别降低了 21%、27% 和 26%,180d 相应的值分别为 5.0%、13.0% 和 20%。降低的幅度虽然不及单掺 50% 粉煤灰大,但是与单掺 50% 磨细矿渣增加自收缩相比,则体现出复掺的效果。

对于干燥条件下的收缩而言,在 50% 掺量时,粉煤灰与磨细矿渣以一定的比率复掺后可以降低干燥条件下的收缩终值,降低的效果随着磨细矿渣掺量的提高而加大。当粉煤灰与磨细矿渣的比率分别为 5∶5、4∶6 时,28d 干燥条件下的收缩值与基准相比分别降低了 3.5% 和 12.8%,170d 相应的值分别为 1.7% 和 8.6%。降低的幅度虽然不及单掺 50% 磨细矿渣大,但是与单掺 50% 粉煤灰增加干燥收缩相比,则明显降低了干燥收缩,同样体现出复掺的效果。

在 50% 的掺量下,当粉煤灰与磨细矿渣等比率掺入时,可以在不增加干燥收缩的同时,在一定程度上降低自收缩。由于粉煤灰和磨细矿渣对于干缩和自收缩的影响规律存在着矛盾,这种矛盾可以通过复掺比率的调整来协调,粉煤灰与磨细矿渣复掺的技术途径对于低水胶比高性能混凝土而言,可以在较大的掺量范围下综合抑制其自收缩与干燥条件下的失水收缩,充分利用粉煤灰与磨细矿渣的"超叠效应",是提高大掺量矿物掺合料高性能水泥基材料收缩体积稳定性的重要技术途径。

粉煤灰对于自干燥最初始的阶段(初凝至 1d)的收缩并未体现出抑制效果,随着混凝土的进一步硬化(1d 以后),其抑制自干燥收缩的效果明显体现出来。磨细矿渣则相反,在自干燥最初始的阶段收缩随着矿渣掺量的增加而减小,在 1d 以后,自干燥收缩则随其掺量的增加而加大。就开裂的角度而言,在初凝至 1d 的阶段混凝土塑性较强,弹性模量较小,尤其是大掺量粉煤灰混凝土,因此较大的收缩并不一定导致开裂严重。

2. 混凝土配比参数对 1d 以后粉煤灰混凝土自干燥收缩发展的影响

1) 水胶比

采用高效减水剂来降低水胶比是当代配制高性能混凝土所必须采用的技术途径。降低水胶比所带来的系列好处,如降低孔隙率、改善孔结构、提高强度与耐久性等已经被研究人员和工程界公认。然而,水胶比对于各种收缩的正负效应已经开始逐步为人们所认识。

自收缩,尤其是自干燥收缩开始为人们所重视的一个重要原因就是低水胶比高性能混凝土的发展。Jesen 的研究结果表明,水胶比为 0.40 的混凝土在两个月的自收缩值为 100×10^{-6},而水胶比为 0.30 的混凝土在两个月的自收缩值为 200×10^{-6},水胶比为 0.17 的混凝土在两个月的自收缩值为 800×10^{-6}。也即随着水胶比的逐步降低,自收缩增加的速率加快,极低水胶比混凝土的收缩主要是自收缩,即使在水中养护,水胶比极低时也会产生自收缩。当掺入 30％的粉煤灰时,对于自干燥收缩而言,随着水胶比的降低,各龄期的自干燥收缩明显增加。

目前关于高性能混凝土的干缩的资料仍然还很缺乏,采用传统的干缩测试方法仍然有一部分长龄期的自收缩。从传统混凝土来看,影响高性能混凝土的干缩的最主要因素是集料的弹性模量和用量,本章在固定浆体的体积分数(31.6％),也即是固定集料的用量和其他条件相同的情况下研究了水胶比对掺 30％粉煤灰的混凝土在干燥条件下的收缩的影响规律。由图 4.31 可知,随着水胶比的降低,各龄期在干燥条件下的收缩明显减小,由于本章干燥条件下的收缩从混凝土养护 7d 开始测试,这之后仍然可能一部分自收缩还在继续发展,如果考虑到自收缩的影响,则水胶比的降低对于干燥条件下的收缩的降低作用应该更加明显。最终的干缩值随着水胶比的进一步降低而减小的趋势逐渐趋于平缓。

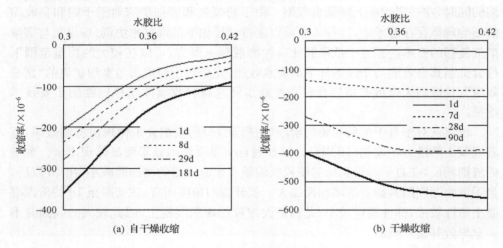

图 4.31　水胶比对硬化混凝土收缩的影响规律

2) 浆体的体积分数

由于集料的弹性模量比浆体要高一个数量级,普通集料的收缩相对于浆体而言一般可以忽略不计。对于普通混凝土的研究结果表明,混凝土的干燥收缩随着集料含量的提高而减小。对于低水胶比的掺矿物掺合料的高性能混凝土,由于浆体与集料之间的界面较普通混凝土得到强化,对于集料的影响规律尚缺乏深入的研究。本章在固定水胶比及其他配合比参数的情况下,改变浆体的含量(每立方米混凝土中胶凝材料与水的体积的总和),相应的集料的含量也随之相应改变。

随着浆体体积含量的增加,自收缩及干燥条件下各龄期的收缩值均随之增大,并与浆体的体积含量呈现出较好的相关性。

180d 龄期时,密封条件下浆体的收缩与混凝土的收缩比值在 3.3～6.2 之间,而干燥条件下的浆体的收缩与混凝土的收缩比值在 8.9～15.2 之间。试验结果表明,低水胶比的高性能混凝土在干燥条件下集料对于收缩的抑制作用要较密封条件下明显。这有可能表明,集料的引入不仅仅是引入了非收缩或收缩相对小得多的材料,还有可能因为界面的强化而影响了水分的迁移过程。

3) 砂率

在不改变集料品种的情况下,采用较大粒径的集料,则等质量掺入混凝土时集料的体积含量相应增加,因此收缩减小。如果忽略石灰岩与石英岩收缩,则变换砂率意味着改变集料的尺寸、形状及级配,即改变集料的体积含量,在水胶比和其他配合比参数不变的条件下,随着砂率的增加,低水胶比高性能混凝土自收缩及干燥条件下各龄期的收缩值均随之而增大。当砂率从 0.40 分别提高到 0.45 和 0.50 时,180d 的密封条件下硬化混凝土的收缩分别增加了 11% 和 22%,相应的干燥条件下的收缩值分别增加了 15% 和 19%。

4) 含气量

引气是改善混凝土抗冻性的最有效的手段,引气对于新拌混凝土和易性的改善作用也逐渐开始为人们所重视。在美国、日本和加拿大等国家普遍使用引气剂和添加了引气剂的引气型减水剂。引气对于混凝土干缩的影响根据资料显示的结果与所用引气剂的种类有关。松香类引气剂的掺入有增加干缩的趋势,而烷基磺酸钠以及高级脂肪醇衍生物类引气剂的掺入在等水胶比条件下不会增加普通混凝土的干缩。本章采用的是三苷皂甙类的引气剂,其特点是引入的气泡比较均匀而细小,引入的孔径大多是小于 $200\mu m$ 的小孔。根据试验结果,在水胶比和其他配合比参数不变的条件下,随着含气量的增加,低水胶比高性能混凝土自收缩及干燥条件下各龄期的收缩值均有增大的趋势。当含气量从 0.20 提高到 0.45 时,180d 的密封条件下硬化混凝土的收缩增加了 5.3%,相应的干燥条件下的收缩值增加了 14%。

4.2.11　硬化混凝土收缩表达式

1. 普通集料混凝土收缩的表达式

混凝土收缩的表达式是根据实验室测试的收缩-龄期的数据,通过回归分析而得出的收缩与龄期的数学方程式,通过回归的方程可以对不同龄期的收缩值及收缩终值进行预测。常用混凝土的收缩表达式有双曲线函数式、指数函数式及对数函数式。黄国兴等对这几类常用的表达式的相关研究进行了总结。

1）双曲线函数式

$$\varepsilon_s(t) = \frac{t}{a + bt} \tag{4.4}$$

式中：$\varepsilon_s(t)$ 为任意时间 t 时刻的收缩变形；a、b 为试验常数。

由中国建筑科学研究院混凝土所负责的"混凝土收缩与徐变的试验研究"专题协作组建议，采用双曲线函数式收缩表达式对普通混凝土和轻集料混凝土收缩试验资料进行回归分析，得出双曲线函数式回归分析结果，表明收缩与龄期具有较好的相关性。

2）对数函数式

$$\varepsilon_s(t) = a + b \ln(t + 1) \tag{4.5}$$

式中：a、b 为试验常数；t 为干燥时间（d）。

中国水利水电科学研究院对粉煤灰混凝土干缩试验资料进行对数函数式回归分析，对于短期（222d）干缩试验资料，用对数函数式的相关系数都大于信度为 1% 的临界相关系数，说明用对数函数式表示收缩与龄期的关系的相关性也是显著的。

3）指数函数式

$$\varepsilon_s(t) = \varepsilon_{s,\infty}(1 - ae^{bt}) \tag{4.6}$$

式中：a、b 为试验常数；t 为收缩时间（d）。

中国水利水电科学研究院对高强混凝土干缩试验结果进行回归分析，得出指数函数的相关系数很高，说明混凝土收缩随龄期变化可用指数曲线来拟合。

2. 大掺量矿物掺合料高性能混凝土收缩的表达式

本章对测试的收缩试验结果采用多系数的指数形式进行拟合，所用的指数函数形式为

$$\varepsilon(t) = \varepsilon_\infty(1 - Ae^{at} + Be^{bt}) \tag{4.7}$$

式中：ε_∞ 为拟合的收缩终值；A、B、a、b 为试验常数。式（4.7）与中国水利水电科学研究院的基本形式完全一致，只是为了提高拟合的精度而增加了试验常数。

拟合的结果见表 4.5～4.8（表中 ε_{AS} 表示自收缩，而 E_{DS} 表示干缩），相关系数均大于 0.988，表明混凝土的干燥条件下的收缩和密封条件下的收缩均与龄期之间具有很好的指数相关性。

表 4.5　大掺量矿物掺合料混凝土自干燥收缩的指数表达式

基准	$\varepsilon_{AS} = -329 + 170\exp(-t/0.389) + 159\exp(-t/23)$	$R^2 = 0.99918$
Fa30	$\varepsilon_{AS} = -117 + 99.3\exp(-t/30) + 178\exp(-t/0.485)$	$R^2 = 0.99853$
Fa50	$\varepsilon_{AS} = -111 + 74.1\exp(-t/48.8) + 28.8\exp(-t/6.06)$	$R^2 = 0.99658$
Sl30	$\varepsilon_{AS} = -186 + 81.7\exp(-t/4.26) + 101\exp(-t/54.2)$	$R^2 = 0.99795$

续表

基准	$\varepsilon_{AS} = -329 + 170\exp(-t/0.389) + 159\exp(-t/23)$	$R^2 = 0.99918$
Sl50	$\varepsilon_{AS} = -194 + 100.6\exp(-t/61) + 94\exp(-t/3.7)$	$R^2 = 0.99844$
Sl70	$\varepsilon_{AS} = -250 + 120\exp(-t/51.8) + 130\exp(-t/2.5)$	$R^2 = 0.99633$
Fa20Sl30	$\varepsilon_{AS} = -167 + 128\exp(-t/46.6) + 39\exp(-t/3.3)$	$R^2 = 0.99712$
Fa25Sl25	$\varepsilon_{AS} = -156 + 41.6\exp(-t/5.8) + 115\exp(-t/57.6)$	$R^2 = 0.99901$
Fa30Sl20	$\varepsilon_{AS} = -138 + 88\exp(-t/51) + 55\exp(-t/5.2)$	$R^2 = 0.99832$

表 4.6　大掺量矿物掺合料混凝土干燥收缩的指数表达式

基准	$E_{DS} = -313 + 188\exp(-t/67) + 125\exp(-t/8.8)$	$R^2 = 0.99797$
Fa30	$E_{DS} = -386 + 187\exp(-t/67) + 205\exp(-t/8.7)$	$R^2 = 0.99777$
Fa50	$E_{DS} = -388 + 214\exp(-t/47) + 174\exp(-t/8.0)$	$R^2 = 0.99799$
Sl30	$E_{DS} = -318 + 242\exp(-t/56) + 78\exp(-t/8.0)$	$R^2 = 0.99737$
Sl50	$E_{DS} = -268 + 181\exp(-t/53) + 80\exp(-t/8.6)$	$R^2 = 0.99785$
Sl70	$E_{DS} = -261 + 195\exp(-t/54) + 64\exp(-t/5.5)$	$R^2 = 0.99822$
Fa20Sl30	$E_{DS} = -283 + 170\exp(-t/72) + 113\exp(-t/9.5)$	$R^2 = 0.99721$
Fa25Sl25	$E_{DS} = -304 + 194\exp(-t/66) + 109\exp(-t/8.4)$	$R^2 = 0.99755$
Fa30Sl20	$E_{DS} = -323 + 192\exp(-t/74) + 131\exp(-t/8.5)$	$R^2 = 0.99696$

表 4.7　不同配合比参数混凝土自干燥收缩的指数表达式

水胶比	砂率/%	浆体体积/(m^3/m^3)	自干燥收缩的指数表达式	
0.30	0.40	0.369	$\varepsilon_{AS} = -162 + 76\exp(-t/49) + 76\exp(-t/49)$	$R^2 = 0.99762$
0.30	0.40	0.342	$\varepsilon_{AS} = -177 + 80\exp(-t/41.8) + 80\exp(-t/41.8)$	$R^2 = 0.99686$
0.30	0.40	0.316	$\varepsilon_{AS} = -127 + 58\exp(-t/52.4) + 58\exp(-t/52.4)$	$R^2 = 0.99723$
0.36	0.40	0.342	$\varepsilon_{AS} = -96.6 + 41\exp(-t/66.5) + 41\exp(-t/66.5)$	$R^2 = 0.99001$
0.42	0.40	0.342	$\varepsilon_{AS} = -71.9 + 53.7\exp(-t/93.6) + 17.9\exp(-t/0.85)$	$R^2 = 0.99364$
0.30	0.45	0.342	$\varepsilon_{AS} = -184 + 152\exp(-t/48.6) + 31\exp(-t/0.46)$	$R^2 = 0.99898$
0.30	0.50	0.342	$\varepsilon_{AS} = -164 + 74.9\exp(-t/51) + 74.9\exp(-t/51)$	$R^2 = 0.99516$
0.30	0.40	0.342	$\varepsilon_{AS} = -169 + 83\exp(-t/62.7) + 83.2\exp(-t/62.7)$	$R^2 = 0.99503$

表 4.8　不同配合比参数混凝土干燥收缩的指数表达式

水胶比	砂率 /%	浆体体积/ (m^3/m^3)	干燥收缩的指数表达式	
0.30	0.40	0.369	$\varepsilon_{AS} = -260 + 152\exp(-t/47) + 113\exp(-t/4.3)$	$R^2 = 0.98932$
0.30	0.40	0.342	$\varepsilon_{DS} = -381 + 288\exp(-t/31) + 91\exp(-t/4.1)$	$R^2 = 0.99817$
0.30	0.40	0.316	$\varepsilon_{DS} = -354 + 280\exp(-t/30) + 70\exp(-t/2.5)$	$R^2 = 0.9975$
0.36	0.40	0.342	$\varepsilon_{DS} = -526 + 101\exp(-t/47) + 419\exp(-t/16.1)$	$R^2 = 0.99821$
0.42	0.40	0.342	$\varepsilon_{DS} = -559 + 505\exp(-t/24) + 53\exp(-t/2.0)$	$R^2 = 0.99774$
0.30	0.45	0.342	$\varepsilon_{DS} = -436 + 349\exp(-t/29) + 92\exp(-t/2.5)$	$R^2 = 0.99827$
0.30	0.50	0.342	$\varepsilon_{DS} = -456 + 376\exp(-t/30) + 86\exp(-t/2.7)$	$R^2 = 0.99849$
0.30	0.40	0.342	$\varepsilon_{DS} = -460 + 407\exp(-t/29) + 53\exp(-t/3.7)$	$R^2 = 0.99925$

4.3　大掺量矿物掺合料高性能水泥基材料收缩模型的建立

4.3.1　基于水泥水化过程和热力学基本理论自收缩模型的建立

1. 模型的几点基本假设

（1）当正在水化的离子（水化产物包覆着未水化水泥的核心）相互接触时，凝结开始，水泥浆开始具有结构强度，不考虑搅拌引入的气体。

（2）水泥与水的混合体系在绝湿恒温的条件下进行。对于一个水化放热的体系而言，要想使体系的温度保持恒温并不容易，但是对于本章研究的 2.5mm×2.5mm×250mm 的细棱柱体试件，试验结果表明，体系内部温度变化可以忽略不计，这样做的目的是为了简化计算。

（3）水化后的体系由未水化水泥及晶体水化产物（弹性）、水泥凝胶（弹塑性）、水（塑性）及毛细管网络结构组成，在任意时刻体系内形成连通的网络孔结构体系，这种假设在纳米级的尺度而言可以认为是合理的。未水化水泥、晶体水化产物一起构成了毛细管的管壁，液相被认为是对管壁润湿的，接触角等于 0°。

（4）分布在水泥石中的孔为圆柱形孔，弯液面的曲率半径就等于孔的半径。

（5）不考虑钙矾石等晶体生成的膨胀效应。

2. 关于毛细管张力理论的讨论

总结已有的自收缩的模型可以发现，除了基于经验的回归模型外，大多建立在毛细管张力理论基础之上，从收缩的机理上建模，模型在一定程度上能够反映自收缩的发展规律。值得注意的是,毛细管张力均被定义为跨过弯液面的压差,由于收缩表现为宏观力学行为,在由微孔的弯液面压力差转换为宏观应力的时候,在定义上存在着明显的区别。绝大多数的模型,如 Jensen-Hansen 模型认为压力差作用在液相中,而 Hua 提出的宏观模型则近似认为压力差作用在孔隙的整个表面,这种差别使得我们有必要仔细考虑毛细管张力理论的物理力学意义。

1) 毛细管张力理论的理论基础

毛细管张力理论最早由 Powers 提出,模型基于表面物理化学的两个基本方程,即 Yang-Laplace 方程和 Kelvin 定律。

2) Yang-Laplace 方程

对于一个圆柱形的孔,假定弯液面为球面有

$$\gamma 2\pi r \cos\theta = -\Delta p \pi r^2 \Rightarrow \Delta p = \frac{2\gamma\cos\theta}{r} \tag{4.8}$$

式中:γ 为气-液界面张力;θ 为接触角;r 为孔半径;ΔP 为附加压力。

3) Kelvin 定律

$$RH = \frac{p_g}{p_{sat}} = \exp\left(-\frac{2\gamma M_1 \cos\theta}{r\rho_1 RT}\right) \tag{4.9}$$

式中:RH 为相对湿度;P_g 为平面水的饱和蒸汽压;P_1 为曲面水的饱和蒸汽压;M_1 为液相的摩尔质量;R 为理想气体常数;T 为热力学温度;ρ_1 为液相的密度。

一些胶体科学家已推出,从 Laplace 和 Kelvin 定律可精确计算出弯液面半径大于 5nm 的弯液面效应,这意味着这些宏观定律至少对相对湿度大于 80% 的情况是适用的。毛细孔应力适用的相对湿度范围为 100%~40%。根据已有的文献资料,所测试低水胶比硬化水泥浆的相对湿度均不低于 70%,因此从相对湿度的范围而言,采用毛细管张力理论可以预测水泥浆体的自收缩。

根据 Laplace 和 Kelvin 定律,对于一个给定的非饱和状态(即相对湿度一定时),有一临界半径 r_0,所有小于或等于 r_0 的毛细孔将被液相充满,而半径大于 r_0 的毛细孔为气相所填充。在临界半径 r_0 的孔中,由于弯液面的存在使得气-液两相的压力差 Δp,此压力差为作用在气、液两相界面上,对管壁产生向内的拉力,并且随着弯液面半径的不断减小,压力差也逐渐增大。根据 Powers 最初提出毛细管张力理论时认为,在定义宏观的收缩应力时,需要将此压力差乘以一个面积作用系数,即单位体积水泥石中液相的体积,其理论依据是液相连续,压力差应该是作用在液相之中。Powers 根据此模型建立了微观孔结构与宏观干缩的关系,理论值较好地接近实测值,但是他也发现预测的结果比实际测试值小,多数学者将其归结为低相对湿度下收缩机理的改变。

4) 毛细管张力理论的讨论

对于一个由塑性向弹塑性阶段的转变,弹性模量和徐变性能随时间迅速变化,多相、多组分且具有复杂孔隙结构的水泥石或混凝土体系,所建立的微观结构与宏观收缩性能之间的关系由于受到诸多因素的复杂影响,很难就其预测的结果给出模型的评价。这里主要探讨的是模型各参数的物理意义。

在毛细管张力理论中,宏观的收缩应力由三个主要参数所决定:临界孔隙半径 r_0、气-液界面张力 γ_{GL}、面积作用系数 S。当体系的组成一定时,界面张力可以认为不再变化,因此 r_0 和 S 的变化决定了宏观收缩应力的发展规律。

随着水分不断地消耗,r_0 不断减小,Δp 不断增加,同时 S 也不断减小。对于图 4.32 中的模型(a),当 Δp 随 r_0 减小而增加的速率高于相应的 S 减小的速率时,宏观收缩应力表现为增加,收缩增大,这与我们实测出来的收缩随时间呈指数增加的规律基本一致。

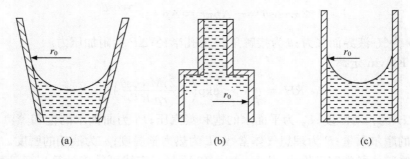

图 4.32　关于毛细管张力理论的讨论

然而在真实的水泥石体系中,更加可能的情况是图 4.32 中的模型(b),即一定孔径的孔隙在水泥石孔隙体系中占一定比率,因此水分的消耗有可能是从大孔到小孔逐步地进行。那么,在某一阶段水分的消耗有可能是在同一孔径的孔隙中进行。在此阶段内随着水分的消耗,r_0 保持不变,故 Δp 不变,S 减小,宏观收缩应力应当减小,也即在收缩的整个历程中存在应力松弛的阶段,其表现出来的收缩(在假定水泥石为弹性的情况下)应当有间隔减小的趋势,这与实际测试出来的情况并不相符。

考虑图 4.32 中的模型(c)的情况,同样假定水泥石为弹性,水泥石内部分布的是均一孔径的孔隙,在最初的弯液面形成之后,随着水分的不断消耗,r_0 保持不变,故 Δp 不变,S 减小,宏观收缩应力应当减小,即在收缩的整个历程中应力不断松弛,其表现出来的收缩曲线在最初弯液面形成之后应当是不断减小,即表现出反向膨胀的趋势。换言之,根据已有的毛细管张力理论,只要使得水泥石内部的孔隙趋向均匀,不管孔隙的大小,在最初的收缩之后,不管水分是由于蒸发还是由于水化消耗,都不会引起进一步的收缩,相反是应当引起水泥石膨胀。

　　尽管这种理论分析的反常情况可能会因为水泥浆的徐变行为而更加接近于实际，但是值得疑惑的是如前所示，已有的模型大多为了简化计算而建立在线弹性力学的基础之上。引起这种反常情况的关键在于面积作用系数 S。

　　S 是一个无量纲的系数，Powers 所定义的 S 使得计算结果与实测值接近，应该说已经是一个非常有意义的进步。然而仔细考虑这种定义的理论基础，他认为液相连续，如果不考虑重力场的作用，表面上看起来液相应当连续，液相中的压力也处处相等。然而，值得注意的是，这里讨论的是跨过弯液面的压力差，是因为界面张力对毛细管中的液相作用所引起的，事实上这种影响应当随着孔径的递减而不断增强，不同孔径的毛细孔壁表面对液相水分子的束缚影响是不同的，也就是在不同的毛细管内水分的势是不一样的，因此本章考虑由于界面张力引起的压力差不能等效地作用于液相中。就算液相连续，但是压力差并不能认为在液相中连续。此外，引起弯液面负压的是气-液两相的界面张力，其作用面积应当是存在气-液两相界面的地方。对于整个液相而言，除了弯液面处以外，其余只是存在液-固界面，用气-液界面张力去乘以存在液-固界面的体积，其物理意义值得商榷。

　　正是在这种深入思考的基础之上，本章从水泥水化的机理和热力学的基本理论出发，提出了水泥浆水化自干燥收缩的模型。

　　3. 基于热力学和水泥水化动力学的水泥浆自收缩模型的建立

　　图 4.33 表示了水泥浆随着水化程度的加深所伴随的内部结构和组成的变化。由图 4.33 可见，随着水化程度的加深，伴随的变化有：

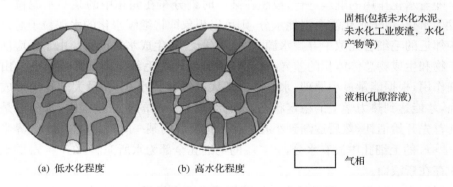

固相(包括未水化水泥，未水化工业废渣，水化产物等)

液相(孔隙溶液)

气相

(a) 低水化程度　　(b) 高水化程度

图 4.33　处于密闭环境下的水泥浆水化过程伴随变化

　　(1) 由于水化产物需要结合部分水分，孔隙中水分减少，即液相体积减小。

　　(2) 水化反应使得固相体积增大，填充了部分原先为液相占有的体积，孔结构得到细化。

　　(3) 由于化学减缩而形成空孔。

（4）毛细管弯液面曲率半径减小。

选择研究的体系为由未水化水泥及水化产物所构成的固相结构，再加上填充在孔隙内部的毛细管水。外部环境为恒温 20℃，恒压 1atm*。

考虑 $t=0$ 初始状态为如图 4.34 所示，毛细管网络结构体系刚刚形成，由一系列不同孔径的连通圆柱管孔组成。由于毛细作用，根据能量最小原理，由于搅拌所引入的气孔必须在最大的孔内形成弯液面，才能达到热力学上的稳定状态。孔内部其余部分完全由液相所充满，液相连续。这在理论上是一个完全可以达到的过程，但在试验过程中要想准确地判别还具有一定的难度，这在后面的内容中进行了专门的研究。

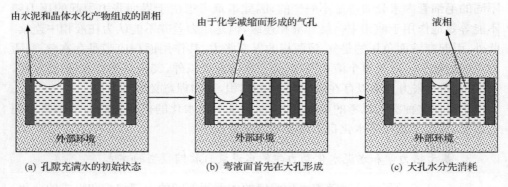

图 4.34　孔隙水随水化过程的变化

随着水化作用的继续进行，设想在某一时刻分布在固相中的某些水泥粒子继续发生水化，由于水化需要消耗水分，则可以想象即将继续水化的水泥粒子总是从最相邻近的毛细管孔隙中寻找水源，发生水化反应，生成水化产物。由于反应前后反应物和生成物总体体积的差异，首先在水分消耗的毛细管内部形成空孔。由于毛细作用，根据能量最小原理，水分必将从大孔迁移到小孔，在最大的孔内形成弯液面，才能达到热力学上的稳定状态。因此，水化反应的整个过程中，水分总是从大孔首先开始消耗，然后逐渐到小孔。在水化反应的某一时刻，存在一个临界半径 r_0，$r>r_0$ 的毛细孔中没有水分，$r<r_0$ 的毛细孔全部为水所充满，在 $r=r_0$ 的毛细孔中存在弯液面。

假定一个时刻 t_0，在半径为 r 的毛细管中存在弯液面，如图 4.35(a)所示，如果孔径足够小，孔壁光滑，则弯液面的曲率半径可以近似等于毛细孔半径，弯液面上部孔的压力为 p_r，饱和蒸汽压为 p_{rsat}，液相与气相达到平衡，体系与环境达到平衡，此时处于一个准静态过程。

---

* 　1atm＝1.01325×10⁵Pa。

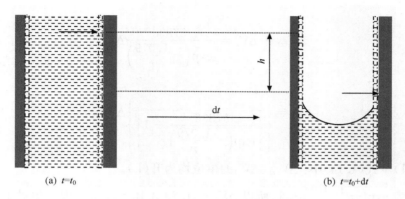

(a) $t=t_0$　　　　　　　　　　　　　(b) $t=t_0+\mathrm{d}t$

图 4.35　$\mathrm{d}t$ 时间内在半径为 r 的孔内由于水化消耗了水分

设想经过一个足够微小的时间 $\mathrm{d}t$，取一个体积单元为研究对象，体系内部发生的变化有：

（1）水泥和水发生反应，生成水泥凝胶，填充原来的充水空间，总体体积减小了 $\Delta V_{(t)}$，放出热量为 $\Delta q_{(t)}$，为了维持体系和环境的温度不变，体系对环境放热 $\Delta q_{(t)}$。

（2）由于毛细作用水分发生迁移，在半径为 r 的毛细孔中弯液面下降，气相增加的体积为 $\Delta V_{(t)}$，曲率半径仍为 r。

（3）液相分子跑到新生成的气相中，存在些微的蒸发以使气相中水蒸气的分压达到饱和蒸汽压 p_{rsat}，气液两相达到平衡，弯液面的位置稳定。

对于过程（3），这种蒸发过程所减小的水的体积相对于 $\Delta V_{(t)}$ 可以忽略不计，具体证明过程如下。

根据 Kelvin 方程，液相的平衡蒸汽压在组成不变、温度不变的条件下仅仅取决于弯液面的半径，在这里简化为孔的半径 r。对于纯水，20℃时半径为 r 的孔弯液面上方水蒸气的平衡蒸汽压

$$p_{\mathrm{rsat}} = \frac{17.54}{760}\exp[-2\times 0.073\times 18.02\times 1000/(293.15\times 8.314\, r)]$$

$$= 0.023\times \exp\left(-\frac{1.079}{r}\right) \tag{4.10}$$

式中：p_{rsat} 单位为大气压；r 的单位为纳米（nm）。

为了使水化所消耗的 $\Delta V_{(t)}$ 体积内气液两相达到平衡，所蒸发的液相体积假定为 ΔV_1，则根据气体状态方程有

$$P_{\mathrm{rsat}}(\Delta V_{(t)} + \Delta V_1) = nRT \tag{4.11}$$

即

$$0.023\exp\left(-\frac{1.079}{r}\right)(\Delta V_{(t)} + \Delta V_1) = \frac{\Delta V_l \times 1000}{18.02}\times 0.08205\times 293.15$$

$$\tag{4.12}$$

即

$$\Delta V_{(t)} + \Delta V_l = \frac{57836}{\exp\left(-\dfrac{1.079}{r}\right)} \Delta V_1 \tag{4.13}$$

即

$$\Delta V_1 = \left\{ \frac{1}{\left[\dfrac{57836}{\exp\left(-\dfrac{1.079}{r}\right)} - 1\right]} \right\} \Delta V_{(t)} \tag{4.14}$$

式(4.11)～式(4.14)中：$\Delta V_{(t)}$、ΔV_1的单位均为升(L)。

因为 $\exp\left(-\dfrac{1.079}{r}\right) < 1$，所以 $\Delta V_1 < 1.73 \times 10^{-5}\, \Delta V_{(t)}$，因此相对于 $\Delta V_{(t)}$，ΔV_1 可以忽略不计。

通过上面的证明，完全可以近似认为达到新的平衡后，界面位置的改变仅仅是由于化学减缩所引起，随着水分的消耗，表面吉布斯自由能的增量

$$\Delta G_s = (\gamma_{SG} - \gamma_{LS}) ds_c \tag{4.15}$$

式中：ds_c 为由于弯液面下降而引起的表面积的改变。由几何关系很容易有

$$ds_c = \frac{2\Delta V_{(t)}}{r} \tag{4.16}$$

根据过程(2)液相对管壁完全润湿，接触角 θ 等于 0°，有

$$\gamma_{GS} - \gamma_{SL} = \gamma_{GL} \tag{4.17}$$

将式(4.16)、式(4.17)代入式(4.15)，有

$$\Delta G_s = \gamma_{GL} \frac{2\Delta V_{(t)}}{r} = \Delta p \Delta V_{(t)} \tag{4.18}$$

在式(4.15)～(4.18)的推导中，随着水化逐渐向更小的孔内消耗水分，孔隙内部的平衡蒸汽压在不断减小，引起固体表面吸附层厚度的变化，由此而造成固-气之间的表面张力 γ_{GS} 的变化。但是只要弯液面还存在，则基于固-液-气三相之间的热力学平衡所推导的方程依旧成立。

一般而言，20℃纯水的表面张力为 0.073N/m，如果在宏观上引起表面积的变化，如 1m² 已经是一个很大的数值。由此而引起的表面能的增加仅仅为 0.073J，这是一个很小的量纲，但这正是由水泥石毛细孔网络结构体系特征所决定。由于水化所引起的体积减小将在毛细孔内造成表面积的巨大增加，由此而造成表面能的巨大增大，这种表面能的巨大增加从热力学上而言是不稳定的，需要通过表面收缩来加以平衡。当体系还处于塑性阶段时，由于流体能够自由地流动，缩小内表面的结果使所形成的孔隙不能稳定存在，而将为固相所填满，因此水化所引起的体积减小将通过整体体积的减小来补偿。当结构形成以后，由于结构的限制，这种微观上的表面收缩应力将在宏观上形成体积收缩应力，引起整体体积的收缩，这也许就

是水泥石产生自干燥收缩的根本原因,也是本章所建立的自干燥收缩的模型的基础。

式(4.18)计算出了由于水化反应所引起的体系的表面自由能的增量。由式(4.11)可以看出,表面自由能的增加在公式中体现为气相体积的增加。要想在微观程度上建立多孔材料在弯液面负压作用下变形的本构关系非常困难,需要复杂的力学分析。本章结合已有的文献资料中的结果,采用 Powers 的方法至少可以使得早期的计算值与实测值之间接近。在以上热力学分析的基础之上,出于简化的考虑,本章假定由于表面张力的作用气液两相在弯液面所引起的压力差 ΔP,在整个体积单元所引起的宏观收缩应力 Σ 为

$$\Sigma = \Delta p V_{\mathrm{G}} = \frac{2\gamma_{\mathrm{GL}}}{r} V_{\mathrm{G}} \tag{4.19}$$

式(4.19)是本章针对毛细管收缩(包括此处的自干燥收缩和后面所研究的标准干燥条件下的干燥收缩)所建立的模型的核心。本章所建立的模型可以说是改进后的毛细管张力理论,它与传统的毛细管张力理论的区别仅仅在于 Δp 的作用面积系数,即单位水泥石中气相的体积,而传统的毛细管张力理论采用了液相的体积。

从式(4.19)还可以看出,引起自干燥收缩的宏观收缩应力的增加,一方面来自于临界半径的不断减小,另一方面来自于气相体积的增加,而这两方面均是由于水化所引起。

计算在宏观收缩应力 Σ 作用之下水泥石(混凝土)的收缩变形首先要确定水泥石多孔结构材料变形的本构关系。从宏观的尺度来说,由硬化水泥浆构成的整个体系在有水存在时可以看成是不断硬化的具有黏弹性行为特征的连续介质,在载荷作用时不仅存在弹性变形,而且还有徐变变形,这种徐变变形在早期可以很大。

在弹性和塑性理论中,描述作用在容积单元上的力普遍采用应力和应变张量,作用在所取的单元体上的应力如图 4.36 所示。图中,σ 表示垂直应力,而 τ 表示平面上切线方向的剪应力,作用在六个面上的六个应力矢量形成一个张量。在三个互相垂直的平面上所有剪应力均为零,只有垂直应力,此时的坐标轴称为主轴,或称为该点的应力张量的主方向,这三个垂直应力称为主应力。

定义在任意一点的平均垂直应力为

$$\sigma_{\mathrm{m}} = \frac{\sigma_x + \sigma_y + \sigma_z}{3} = \frac{\sigma_1 + \sigma_2 + \sigma_3}{3} \tag{4.20}$$

式中:σ_{m} 为平均垂直应力;σ_x、σ_y、σ_z 为任意坐标轴下的垂直应力;σ_1、σ_2、σ_3 为主应力。当每一个垂直应力等于平均垂直应力时就是一般所说的球面应力状态,类似于静止时水的应力状态。总应力减去球面应力剩下一个偏心应力,用矩阵的形式

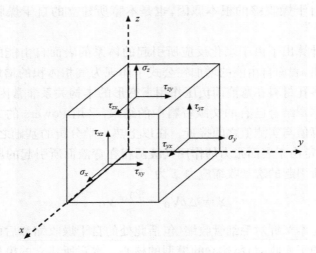

图 4.36　水泥石单元体应力张量的应力组分

可以表示为

$$
\begin{bmatrix}
\sigma_x & \tau_{xy} & \tau_{xz} \\
\tau_{xy} & \sigma_y & \tau_{yz} \\
\tau_{xz} & \tau_{yz} & \sigma_z
\end{bmatrix}
=
\begin{bmatrix}
\sigma_m & 0 & 0 \\
0 & \sigma_m & 0 \\
0 & 0 & \sigma_m
\end{bmatrix}
+
\begin{bmatrix}
\sigma_x - \sigma_m & \tau_{xy} & \tau_{xz} \\
\tau_{xy} & \sigma_y - \sigma_m & \tau_{yz} \\
\tau_{xz} & \tau_{yz} & \sigma_z - \sigma_m
\end{bmatrix}
\tag{4.21}
$$

$\qquad\quad$ 应力张量 $\qquad\qquad$ 球面应力张量 $\qquad\qquad$ 偏应力张量

　　球面应力与体积变化有关,而偏心应力则控制形状的变化。由于水分蒸发而使水泥石气-液两相比表面积增加必将在多孔材料内部形成微观应力,水泥浆被假定为宏观上匀质且各向同性的多孔材料,即 $\sigma_1 = \sigma_2 = \sigma_3$。因此这种微观应力可以等效为均一的宏观球形压应力 Σ(正值表示结构受压),该球形应力

$$
\Sigma = \frac{\sigma_1 + \sigma_2 + \sigma_3}{3} = \sigma_1
\tag{4.22}
$$

而偏应力为

$$
R = \sqrt{(\sigma_1 - \sigma_2)^2 + (\sigma_2 - \sigma_3)^2 + (\sigma_1 - \sigma_3)^2} = 0
\tag{4.23}
$$

　　在球形压应力 Σ 作用下,硬化水泥浆的变形可以用一个一维徐变函数 $J(t,t')$ 来表征,它代表了从时间 t' 开始作用一个单位恒应力在时间 t 时产生的应变。根据 Boltzmann 的叠加原则,材料的线性自身收缩 $\varepsilon_r(t)$ 可以定义为

$$
\varepsilon_r(t) = \int_{t_0}^{t} (1 - 2\nu) J(t,t') \mathrm{d}\Sigma(t')
\tag{4.24}
$$

式中:$J(t,t')$ 为一维徐变函数 $\Sigma(t')$ 为作用在单元体上的宏观压应力;t 和 t_0 为当前时间和初始时间。

（1）ΔP。

确定 ΔP 时，关键在于确定临界半径 r_0，一旦 r_0 确定，则可以很方便地根据 Laplace 方程计算出 ΔP。值得一提的是，Jensen-Hansen 模型和 Hua 等的 ENPC 的宏观模型。前者基于 Kelvin 方程和 Raoult 方程，通过测试密闭水泥石中的相对湿度，然后根据 $r_0 = -\dfrac{2\gamma V_w}{\ln \dfrac{RH}{X_1} RT}$ 计算出 r_0，这种方法的优点是无须知道水泥石的孔径分布，相对湿度的测试比较简单，存在的问题是在使用传感器的时候由于相对湿度的测试需要一定的平衡时间，而水泥浆的性能变化迅速，尤其是在早龄期。因此在测试过程中需要解决的问题是如何及时、准确、有效地测出水泥浆的相对湿度。

后者基于 Kelvin 方程和 Powers 的经验公式，首先通过测试水化程度计算出化学减缩，然后通过 MIP 试验测试出压入同样体积的水银所需压力，最后根据式：$p_c(\Delta V(t_0)) = \dfrac{\gamma_w \cos\theta_w}{\gamma_{Hg} \cos\theta_{Hg}} p_{Hg}(\Delta V(t_0))$ 直接计算出 ΔP，其基本假设是水银一定先要通过较大尺寸的孔才能进入某给定的较小尺寸的孔。采用这种方法的主要问题是存在所谓的"墨水瓶"状孔效应，孔的进口处比孔本身狭窄，压力必须增大到与孔的狭窄进口相对应的数值，水银才能进入孔内填满孔洞。事实上这样的孔在水泥石中占据了一定的比率，从而给测试结果带来误差。

（2）V_G。

V_G 为在某一水化程度时水泥石中气相的体积，起源于水泥水化的化学减缩，气相体积的增加近似等于化学减缩。更加准确的确定方法来源于对水泥浆孔隙结构的准确测定，一旦孔径分布已知，临界半径已知，则气相的体积可以通过计算而得。

（3）在密封条件下一维基本徐变函数 $J(t, t')$ 的确定。

通常可以通过试验确定函数 $J(t, t')$，这里采用 Acker 提出的一个经验函数，一个非常灵活的公式，它可以很方便地对长期有拐点的试验结果进行调整。

$$J(t, t') = \frac{1}{E(t')} + \varepsilon_\infty^0(t') \frac{(t - t')^{\alpha(t')}}{(t - t')^{\alpha(t')} + b(t')} \tag{4.25}$$

对于一个非单位荷载，徐变部分可以写为

$$\varepsilon_{creep}(t, t') = \varepsilon_\infty(t') \frac{(t - t')^{\alpha(t')}}{(t - t')^{\alpha(t')} + b(t')} \tag{4.26}$$

函数 $\varepsilon_\infty(t')$，$\alpha(t')$ 和 $b(t')$ 可以通过对不同龄期的系列试件最小化而求得：

$$\min_{\varepsilon\_a, b}^{\text{fixed } t'} \sum_{j=1}^{m} \left[\varepsilon_\infty(t') \frac{(t_j - t')^{\alpha(t')}}{(t_j - t')^{\alpha(t')} + b(t')} - \varepsilon_{creep}^{exp}(t_j, t') \right] \tag{4.27}$$

因此水泥石材料在收缩应力下的变形的本构关系可以写为

$$\varepsilon_r(t) = \int_{t_0}^{t} (1-2\nu) \left(\frac{1}{E(t')} + \varepsilon_\infty^0(t') \frac{(t-t')^{\alpha(t')}}{(t-t')^{\alpha(t')} + b(t')} \right) d\sum^s(t') \qquad (4.28)$$

4.3.2 干燥收缩

1. 干燥收缩的机理

水泥石在干燥条件下典型的收缩试验曲线如图 4.37 所示。根据水泥石的孔结构及内部含水状态可以将其人为地划分为：干燥的初期(AB 段)，水泥石中的大孔及尺寸较大的毛细孔($r>$100nm)中的水分首先失去，此时水泥石质量减小但并不发生收缩。当半径小于 100nm 的毛细孔失水时，水泥石发生干燥收缩(BC 段)。随着相对湿度的进一步降低，大部分毛细孔已经脱水，吸附水开始蒸发，亚微观晶体相互靠近，收缩进一步加大(CD 段)。同时托贝莫来石凝胶中的层间水也开始蒸发，水泥石收缩进一步加大(DE 段)。最后水化硅酸钙凝胶层间水蒸发，相当于收缩曲线上的最后一段(EF 段)。

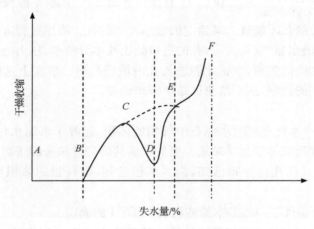

图 4.37 传统水泥石的典型的干缩曲线

水泥基材料干燥收缩是由于材料内部相对湿度低于环境湿度而产生的，相对湿度降低将在不同层次上对基体产生四种应力，相应地有四种解释水泥基材料干燥收缩的机理。

1) 毛细孔压力

根据 Laplace 和 Kelvin 定律，对给定的非饱和状态，有一个接触半径 r_0，所有接触半径小于 r_0 的毛细孔将被水充满，较大接触角的毛细孔是空的。这一接触半径 r_0 在液相中引入相应的张力(压力)，所以固体骨架承受拉应力产生收缩。一些胶体科学家已推出，从 Laplace 和 Kelvin 定律可精确计算出弯液面半径大于 5nm 的弯液面效应，这意味着这些宏观定律对相对湿度大于 80% 的情况是适用的。有的文献则认为,毛细孔应力适用的相对湿度范围为 100%~40%。

2) 拆开压力

主要考虑在有吸附水分子层存在时,两个非常接近的固体表面间的相互作用。在给定温度下,吸附水层的厚度取决于相对湿度,但是大于某一个相对湿度后,吸附水层不再自由发展,因为两个表面的距离太小。如果相对湿度再提高,为了增加吸附层厚度,吸附水趋向于分开两个固体表面,因此两个固体表面承受了一个被称为"拆散压力"的压力。这个压力在饱和状态时达到它的最大值,因此当系统从饱和状态向非饱和状态变化时,因为拆散压力降低产生收缩,两个表面靠得更近。适用的相对湿度范围为 100%~40%,对于水泥基材料,主要来自相邻的 C-S-H 颗粒表面吸附水的蒸发。

3) 胶体颗粒的表面张力

即 Gibbs-Bingham 收缩,认为水泥浆的收缩和膨胀主要来自于固体凝胶颗粒表面张力的变化所引起。表面张力主要来自表面附近对外来原子或分子吸引力的不平衡,一般情况下,外来原子或分子吸附在固体表面造成表面张力的放松,表面张力减小。反之,脱附使得表面张力提高,固体被压缩。

根据 Bangham 与 Fakhouny 等的试验,固体的相对线膨胀(或收缩)率与表面张力的改变成正比

$$\frac{\Delta l}{l} = \lambda \Delta \gamma \tag{4.29}$$

式中:$\frac{\Delta l}{l}$ 为线膨胀(或收缩)率;$\Delta \gamma$ 为表面张力的变化;λ 为常数。

$$\lambda = \frac{\Sigma \rho}{3E} \tag{4.30}$$

式中:Σ 为比表面积;E 为多孔材料的弹性模量;ρ 为水泥凝胶的密度。

但是,这一机理主要适用于低相对湿度(<40%)时,因为高于某一个相对湿度,全部固体表面被吸附水分子覆盖,相对湿度的变化不再改变表面张力。对于水泥基材料来说,随表面吸附水的移走,C-S-H 比表面自由能提高,材料将有减小表面积的趋势,因而产生收缩。

4) 层间水的最后单层水失去

当相对湿度低于 11% 时,随最后吸附水层的移去,在单个 C-S-H 颗粒的层间发生。

前面三个机理起因于水泥浆毛细管网络结构体系特征,也有人认为属于可逆收缩。从上面的四个机理可以看出,随材料相对湿度的降低,应力作用的层次从细观孔深入到 C-S-H 微观结构中,这就为干燥收缩的数学建模带来了很大的困难,迄今为止也只是得出了基于试验结果而模拟出来的经验公式。文献采用微观结构数字图像技术对水泥基体变形的研究结果表明,宏观尺度的变形是基体膨胀部分

和收缩部分竞争的结果,单个的微观变形在幅度上能比平均宏观变形大很多,因此,平均宏观变形的单个收缩值不足以代表收缩过程的微观结构变化进程。

本项目目前的研究工作主要还局限于 60% 的相对湿度,因此后两种机理的影响可以忽略,而相对于毛细管张力的变化,拆开压力的影响也可以忽略。

2. 干燥收缩已有的数值模型简介

干燥收缩的研究历史要远远早于自收缩,长期以来由于干缩引起的开裂更加为研究人员和工程界所重视,研究人员基于一定的环境温湿度条件下大量的试验研究数据,得出了混凝土干缩模型,归纳起来主要有以下几大类。

1) 基于统计的经验模型

通过对材料收缩性能测试的大量数据的回归分析,不同的国家或地区根据自己混凝土原材料和结构计算的需要,提出了各种面向工程的经验或半经验的公式,即根据室内试验的结果。综合考虑了实际工程所处的环境温度、湿度,混凝土配合比的变化,构件尺寸、含钢率,以及工程实际养护龄期的影响,采用多系数的表达式,乘以相应的修正系数,得出混凝土结构的收缩值。这在相关的规范里均能查到,这些规范已经成为结构工程师设计的依据。比较著名的有:欧洲混凝土委员会/国际预应力联合会(CEB/FIP 方法),美国混凝土协会(ACI)方法,Bazant 和 Panula 建议的方法,Parrott 方法,日本土木学会方法,我国《混凝土收缩与徐变的试验研究》专题协作组在 1986 年提出了普通混凝土与轻集料混凝土的相应的公式。这些公式的提出建立在大量的试验基础之上,为工程结构提供了很好的依据。然而,由于当代混凝土的不断发展,原材料和配合比均发生了很大的改变,尤其是外加剂与矿物外掺料的推广应用,当代高性能混凝土的配制以及性能特点均与传统混凝土相比有着较大的区别,虽然实验室的研究已经开展,然而规范依旧滞后,以往的基于传统混凝土经验公式大多仍旧被继续采用,大量基于规范所设计并制造的混凝土结构开裂的现象给结构工程师带来了许多困惑,这方面的工作已经开始被关注。例如,JCI 已经规定要将早期自收缩纳入总的收缩值。基于经验的统计模型由于缺乏对材料微观机理的认知,要想在新的历史条件下得到正确运用还需要大量的试验修正。

2) 基于扩散理论的模型

(1) Bazant 的扩散理论模型。

在 Bazant 的研究中,基于质量守恒定律的湿度扩散通量(J)的表达式为

$$\frac{\partial w}{\partial t} = -\text{div}\boldsymbol{J} \quad \boldsymbol{J} = -C\text{grad}p \text{(一维情况下 div} = \partial/\partial x, \quad \textbf{grad} = \partial/\partial x\text{)}$$

$$(4.31)$$

$$\frac{\partial w}{\partial t} = \frac{\partial w}{\partial p}\frac{\partial p}{\partial t} + \frac{\partial w}{\partial T}\frac{\partial T}{\partial t} - \dot{w}_{\text{h}}$$

$$\dot{w}_h = -\frac{\partial w}{\partial t_e}\frac{\partial t_e}{\partial T} \tag{4.32}$$

式中：J 为湿度扩散通量（kg/(s·m³)）；t 为时间；T 为温度；w 为单位含水量，包含化学结合水；H 为孔隙相对蒸汽压或相对湿度；C 为渗透率；P 为孔隙水的压力，对于未饱和孔隙则为蒸汽压力，对于饱和孔隙则为液态水压力；$\dot{w}_h$ 为由于水化作用所造成的孔隙自由水分的消耗速率；t_e 为等效周期，$t_e = \int \beta_h\beta_T \mathrm{d}t$（其中 β_h、β_T 为 p 和 T 的函数）。

根据式（4.32），等温解吸时，w 可以写成 H 的函数，采用相对湿度描述的非线性扩散方程为

$$\frac{\partial H}{\partial t} = -k\mathrm{div}\boldsymbol{J} + \frac{\partial h_s}{\partial t}, \quad \boldsymbol{J} = -\lambda\mathbf{grad}H \tag{4.33}$$

式中：k 为混凝土吸附或扩散等温线在常温 T 和 t_e 下斜率的倒数，$k = \left(\frac{\partial h}{\partial w}\right)_{T,t_e}$；$\lambda$ 为取决于温度 T 和 t_e 的渗透系数；h_s 为密封试件的湿度。式中的参数需要通过物理简化，采用数值分析的方法通过试验拟合得到。

（2）Shimomura 和 Maekawa 的扩散模型。

该模型忽略了水化所消耗的水分和毛细管孔隙结构的变化，不考虑水汽和热传递之间的耦合作用，将水分的扩散分为水蒸气和液相的扩散，同样基于质量守恒定律，将传湿过程分为水蒸气和液相的扩散，给出相应的扩散方程，通过对扩散方程在时间域与空间域的离散化，采用有限差分法，计算了在二维空间下任意时刻任意位置的混凝土内部的含湿量。同样采用 Laplace 方程和 Kelvin 定律得出相应的临界半径，运用毛细管张力理论，以及水泥石孔径分布函数，基于线弹性力学的理论计算混凝土的收缩，其毛细管张力作用的面积系数取的是液相的体积分数。模型所用的关键参数均由试验结果反演而得，试验结果与模型具有很好的一致性。

3. 新的干燥收缩的数值模型的建立

考虑到本章所采用的标准干燥条件下水泥石以毛细管失水为主，并不能达到完全干燥，因此在模型的建立过程中并没有考虑凝胶水，而只是考虑了毛细管中的水分。模型同样基于改进后的毛细管张力理论（关于对毛细管张力理论的讨论见4.3.1 节），借鉴了 Shimomura 和 Maekawa 模型所采用的对时间域与空间域上离散化的思想，以及对水泥石孔径分布的数值化处理，基于热力学、流体力学、水分迁移机制以及水泥石微观结构的理论基础，建立了标准干燥条件下水泥石收缩的数值模型。

1) 模型的基本假设

（1）气相是由水蒸气和干空气所组成的理想气体。

（2）不考虑化学反应所引起的自收缩。

（3）液相不可压缩。

（4）水化后的体系由未水化水泥及晶体水化产物（弹性）、水泥凝胶（弹塑性）、水（塑性）及毛细管网络结构组成，在任意时刻体系内形成连通的网络孔结构体系，并与周围环境相通，未水化水泥、晶体水化产物一起构成了毛细管的管壁，液相对管壁润湿，接触角等于 0°。

（5）分布在水泥石中的孔为圆柱形孔，弯液面的曲率半径就等于孔的半径。

（6）不考虑钙矾石等晶体生成的膨胀效应。

（7）不考虑由于收缩而引起的孔结构改变。

（8）水泥石为各向同性匀质材料。

2) 标准干燥条件准静态干燥过程下的干缩的数值模拟

所谓准静态干燥过程是指干燥全过程中试件内部和试件表面的湿度差可以忽略不计的情况。潮湿的水泥石（混凝土）的全部或者说最大的毛细管收缩只有在准静态干燥条件下才能实现，此时的收缩变形与水泥石水分变化一致，且沿整个体积均匀发生。由于试件尺寸的影响，真正的准静态干燥过程仅仅通过试验很难达到，但是通过对试件在空间域上的离散化处理，在足够小的单元格里，可以视为准静态干燥过程。

严格意义上而言，真正的干燥收缩是很难测试出来，因为水泥的水化过程可以持续相当长的时间。因此还必须考虑水化的影响，但是为了简化模型的计算，这里暂不考虑在干燥条件下水化引起的自收缩。选择所研究的体系为由未水化水泥及水化产物所构成的固相结构，再加上填充在孔隙内部的毛细管水。外部环境为恒温 20℃，恒压 1atm，相对湿度 60%。可以看出所研究的体系为一个热力学开放体系，体系与环境之间可以有物质和能量的交换。

同样考虑 $t=0$ 初始状态为如图 4.34（a）所示，水泥石由一系列不同孔径的连通圆柱管孔组成，毛细管完全由液相所饱和。

随着水分蒸发作用的继续进行，由于毛细作用，根据能量最小原理，水分必将从大孔蒸发到小孔蒸发，在最大的孔内形成弯液面，才能达到热力学上的稳定状态。因此，水化反应的整个过程中，水分总是从大孔首先开始蒸发，然后逐渐到小孔。在水分蒸发的某一时刻，存在一个临界半径 r_0，$r > r_0$ 的毛细孔中没有水分，$r < r_0$ 的毛细孔全部为水所充满，在 $r = r_0$ 的毛细孔中存在弯液面。

假定一个时刻 t_0，在半径为 r 的毛细管中存在弯液面，如图 4.34（a）所示，弯液面上部孔的压力为 p_r，平衡蒸汽压为 p_{rsat}，气相与液相达到平衡（即 $p_r = p_{rsat}$），体系与环境达到平衡，此时处于一个热力学上的准静态过程。

　　设想经过一个足够微小的时间 dt，取一个体积单元为研究对象，体系内部发生的变化为：由于环境发生了改变，环境与体系之间产生了水分的迁移（包括液相的迁移、水蒸气的迁移以及水蒸气与液相之间的转移），迁移的最终结果使得体系的含水量（水蒸气质量的改变相对于液相质量的改变很小，可以忽略）减小了 $\Delta V_{(t)}$，在半径为 r 的毛细孔中弯液面的液面下降，气相增加的体积为 $\Delta V_{(t)}$，曲率半径仍为 r。

　　类似地根据前面自收缩建模所分析的情况，从半径为 r 的毛细管中迁移了 $\Delta V_{(t)}$ 的水分后体系的吉布斯表面自由能的增量为

$$\Delta G_{\mathrm{s}} = \Delta P \cdot \Delta V_{(t)} = \gamma_{\mathrm{GL}} \frac{2\Delta V_t}{r} \tag{4.34}$$

　　与自收缩不同的是，干燥收缩主要源于水分向环境的迁移（在边界上表现为液相的蒸发），水分的迁移是影响其干缩规律的关键因素。

　　类似地根据前面的分析，采用改进后的毛细管张力理论，单位体积的水泥石由于毛细管负压所引起的宏观的收缩应力为

$$\Sigma = \Delta p V_{\mathrm{G}} = \frac{2\gamma_{\mathrm{GL}}}{r} V_{\mathrm{G}} \tag{4.35}$$

　　在此收缩应力下的干燥收缩为

$$\varepsilon_{\mathrm{r}}(t) = \int_{t_0}^{t} (1-2\nu) \left[\frac{1}{E(t')} + \varepsilon_{\infty}^{0}(t') \frac{(t-t')^{\alpha(t)}}{(t-t')^{\alpha(t)} + b(t')} \right] \mathrm{d}\Sigma^{s}(t') \tag{4.36}$$

　　3）干燥环境下水分的迁移和散失

　　前面给出了准静态干燥条件下水泥石的收缩模型，但是真实的情况是混凝土结构的尺寸通常较大，实际工程中的干燥过程并非是准静态干燥过程，混凝土内部湿度场的传导与温度场的传导相比要小得多，混凝土结构中心的湿度与表层具有较大的区别。为了研究水分在混凝土内部的迁移和与周围环境的交换，借鉴了土壤物理学的概念，其依据是土壤与混凝土相比较共同的特点有以下几点：

　　（1）都是多孔介质材料，在 60% 的湿度条件下，影响收缩性能的主要因素都是毛细管水。

　　（2）都是介于弹性材料和塑性材料之间的弹塑性材料。

　　4）水的能量状态（水势）

　　水泥石中水分的迁移和散失实际上反映了水分"势"的扩散过程。水分由于吸附力和毛细管张力的作用得以存在于多孔水泥石结构中，正是由于受到这些力的束缚，和自然环境中的自由水相比，水泥石结构中的水的能量降低，当水泥石体系的水迁移到环境中时，需要消耗能量，与此同时，它做了功。因此体系的水具有做功的势能，"势"是势能的缩写，这个词被广泛地应用在土壤的研究中。水势的概念是一个相对概念，换言之，一个体系的水势取决于和它相比的另一个体系的水势，定义与水泥石体系温度相同的，处于标准大气压下的纯的自由水的水势为 0。所

谓纯是指不含溶质,而自由是指不受约束。

因此,水泥石孔隙结构中的水势与它所处的热力学状态有关,即与温度、压力、溶质的浓度以及受约束的程度。在等温条件下,水泥石孔隙中的水势可以采用吉布斯方程的修正式来表述:

$$\psi_{\mathrm{w}} = \left(\frac{\delta\psi_{\mathrm{w}}}{\delta P}\right)_{T,n_{\mathrm{w}},n_j}\Delta p + \left(\frac{\delta\psi_{\mathrm{w}}}{\delta n_{\mathrm{w}}}\right)_{T,P,n_j}\Delta n_{\mathrm{w}} + \sum_j\left(\frac{\delta\psi_{\mathrm{w}}}{\delta n_j}\right)_{T,P,n_{\mathrm{w}}}\Delta n_j \qquad (4.37)$$

式中:$\psi_{\mathrm{w}} = \Delta\mu_{\mathrm{w}}$,为水泥石中的水与参比状态下的水在同一温度下的化学势的差,而括号下面的角标 T,P,n_{w} 及 n_j,分别代表温度、压力、含水量及溶质的质量分数。式(4.37)表明在温度不变的情况下,水泥石孔结构中水的水势是压力、含水量及溶质的种类及含量的函数,它们的变化所引起的水势的变化分别称为压力势、基质势和溶质势。

(1) 压力势。

压力势表示为

$$\psi_{\mathrm{p}} = \frac{\delta\psi_{\mathrm{w}}}{\delta P}\Delta p = \upsilon_{\mathrm{w}}\Delta p \qquad (4.38)$$

式中:υ_{w} 为水的偏比容。压力势的定义是,单位水量从一个平衡的水泥石体系迁移到压力为参比压力,其他状态均相同的体系所做的功。当取大气压力为参比压力时,水泥石由于上层水的压力所造成的水头压力导致压力势,也即静水压力。如果假定水泥石中的内部孔隙与外部连通,水分的总压力与大气压力相等,故不存在压力势。压力势不包括弯曲液面的附加压力。

(2) 基质势。

基质势表示为

$$\psi_{\mathrm{m}} = \frac{\delta\psi_{\mathrm{w}}}{\delta n_{\mathrm{w}}}\Delta n_{\mathrm{w}} = \xi_{\mathrm{w}}\Delta n_{\mathrm{w}} \qquad (4.39)$$

式中:ξ_{w} 为水泥石水分特征曲线的斜率。

基质势的定义是,单位水量从平衡的水泥石体系迁移到基质势为 0 的,其他状态均相同的环境中所能做的功。基质势是由于水泥石管壁对水的吸附力和毛细管张力所引起的。水泥石孔隙中的水分由于受到管壁的作用其做功能力低于参比状态的水,即水泥石的基质势恒为负值。

(3) 溶质势。

溶质势表示为

$$\psi_{\mathrm{s}} = \sum_j\frac{\delta\psi_{\mathrm{w}}}{\delta n_j}\Delta n_j = \sum_j\Pi_{\mathrm{w}j}\Delta n_j \qquad (4.40)$$

式中:$\Pi_{\mathrm{w}j}$ 是水分的函数,表示单位浓度的溶质 j 对水势的影响;n_j 为溶质 j 的质量分数。

溶质势的定义是,单位水量从一个平衡的水泥石体系移到没有溶质的,其他状态均相同的体系所做的功。因为溶质对水分子的吸附作用,使水的活性下降,溶液的做功能力要小于纯的水,即溶质势恒为负值,在数量上相当于渗透压,但符号相反。溶质势可以通过测定孔隙水蒸气压力的湿度计法测定,如前面所述的 Raoult 方程,也可以根据电导法测量土壤溶液的电导率来间接求得。

(4) 水势。

在等温条件下水势为

$$\psi_w = (\Delta\mu_w)_T = \psi_p + \psi_m + \psi_j = \upsilon_w\Delta P + \xi_w\Delta n_w + \sum_j\prod_{wj}\Delta n_j$$

$$= \frac{\delta\psi_w}{\delta P}\Delta p + \frac{\delta\psi_w}{\delta n_w}\Delta n_w + \sum_j\frac{\delta\psi_w}{\delta n_j}\Delta n_j \tag{4.41}$$

式中: $\Delta\mu_w$ 为水泥石孔隙中水的化学势与同温度状态下参比状态下水的化学势之差。

水势的定义是,单位水量从一个平衡的水泥石体系移动到同温度下参比状态的水池时所做的功,对于一个准静态过程,可以认为在干缩过程中水泥石体系处于恒温、恒压的条件。根据热力学的定义,吉布斯自由能表征恒温、恒压过程中体系做有用功的那部分能量,而体系中水分的迁移总是自发地从自由能大的方向向小的方向进行,直至平衡。因此采用吉布斯自由能来表征水泥中水的能量。对于一个多组分体系,其吉布斯自由能对其中的某一特定组分而言,就成为偏吉布斯自由能,并称为这种组分的化学势。在水泥石-水体系中,水的偏吉布斯自由能就是水的化学势。

(5) 重力势。

水势表示水泥石体系中水的自由能的变化,这个变化是体系的内力场所造成的。与此同时,体系还处于一个外力场——重力场的作用,取决于体系的垂直位置。由重力场造成的水势变化称为重力势。

重力势表示为

$$\psi_z = \rho_w g Z \tag{4.42}$$

式中: ρ_w 为水的密度; g 为重力加速度; Z 为距参考位置的垂直距离。

重力势的定义是,单位水量从一个位置的平衡的水泥石体系中移动到处于参考位置的,其他状态相同的体系所做的功。

(6) 总势。

总势表示为

$$\psi_i = \psi_w + \psi_z + \cdots = \psi_p + \psi_m + \psi_s + \psi_z + \cdots \tag{4.43}$$

通常,水泥石中不存在半透膜,因此驱动水泥石中水分的运动通常只有重力势、压力势和基质势。对于饱和的水泥石体系,基质势为零,驱动水分运动的通常只有重力势和压力势,这就是水力学中常见的水力势或水头势;对于非饱和状态,压力势为零,驱动水分运动的通常变为重力势和基质势的结合;当水分从饱和区向非饱和区域运动时,其驱动力可以将重力势、压力势和基质势结合起来,这三者的结合又称为水力势。

当一个水泥石体系处于平衡态,也即是内部没有水分的净运动,系统中各点的总势相等,虽然分势可以不等。如果两点间水的总势不等,则水分总趋向是由总势高的地方流向总势低的地方,直至平衡。因此,分析水泥石的总势的情况,对于确定水泥石中水分的迁移是非常有用的。

5) 干燥条件下水分的蒸发和迁移

干燥条件下水分的蒸发过程的物理描述如下:

水分在水泥石孔隙内部的迁移包括三个过程(图 4.38(a)):

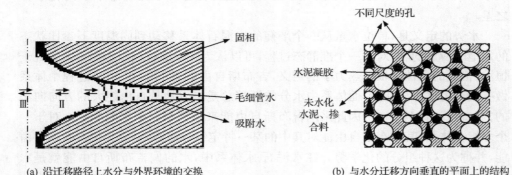

(a) 沿迁移路径上水分与外界环境的交换　　　　(b) 与水分迁移方向垂直的平面上的结构

图 4.38　干燥条件下水泥石水分迁移模型

Ⅰ:毛细孔内部水分前沿水的蒸发与凝结的动态平衡。

Ⅱ:水分在毛细孔结构体系内部的迁移。

Ⅲ:水分在水泥石表面与周围环境之间的迁移。

表层水分向周围环境的迁移(蒸发)需要满足三个条件:

(1) 不断有一定的热量供给,以满足水分汽化所需要的热能。

(2) 在表层与周围环境之间存在湿度梯度。

(3) 水分由水泥石内部不断迁移到表层。

前两个条件取决于环境大气蒸发力,而最后一个则取决于水泥石的含水量、水势的扩散及水泥石本身的导水能力。实际的蒸发速率由两者中较小的控制。

在周围环境条件一定的情况下,水泥石水分的蒸发可以分为三个阶段:①稳定速率阶段;②速率递减阶段;③扩散控制阶段。如图 4.39 所示。

上述的三个阶段并非截然分开,它们之间也会相互关联。

稳定速率阶段是在蒸发刚刚开始阶段,由于水泥石含水量相对较高,导水率也较高,内部水分能够不断迁移到表层以补充表层水分的损失,所以表层蒸发速率不变,蒸发速率受大气蒸发力和水泥石本身的导水能力控制。大气蒸发力强,蒸发量大,水泥石含水量迅速降低;或者水泥石水胶比低,总孔隙率下降,含水量下降,孔隙连通性差,导水能力弱,这些因素都会使得这一阶段持续时间缩短。

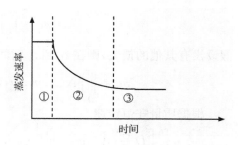

图 4.39　水泥石蒸发的三个阶段

蒸发速率递减阶段受水泥石内部水分迁移到表层的能力所控制,蒸发依然在表层进行,蒸发速率小于大气蒸发力,蒸发过程中表层含水量不断降低,当表层的湿度达到环境相对湿度时,表层接近气干状态,水分不再蒸发。第二阶段不能维持太久,随着蒸发的不断进行,这一层可以向内以相当慢的速率迁移。

第三阶段为扩散控制阶段,表层接近气干状态以后,内部水分向表层的导水率接近于零,内层的液态水分很难直接迁移到表层,而是直接在水分前沿蒸发,然后通过气体扩散进入周围环境,这一阶段的蒸发速率和蒸发量均很小。

6) 干燥条件下水分的蒸发和迁移的数值模拟

如前所述,水分在水泥石内部的迁移及表面的蒸发包含了液相的迁移、水蒸气的迁移以及水与水蒸气之间的转换,这三种过程同时贯穿于干燥收缩的整个过程,相互耦合,给模型的建立带来很大的难度。例如,通常认为蒸发是由表及里地进行,假定孔隙结构在混凝土内部均匀分布,在与水分迁移方向相垂直的平面上,存在着大小不等的孔,大孔水分首先蒸发,之后应当是更里层的大孔水分蒸发,还是同一位置的较小的孔蒸发。如果依据毛细管理论及能量最低原理,就算是小孔水分蒸发,里层的大孔水分也会迁移到外层的大孔中,才能达到热力学上的平衡,也就是说,水分究竟是从大孔到小孔,还是从表层到里层进行? 类似的问题如果从整个收缩过程看来似乎是无法回答。本章借鉴了 Shimomura 和 Maekawa 模型所采用的对时间域与空间域上离散化的思想,将水泥石试件在时间域和空间域上进行离散化处理,在每一个单元格的微小时间段里,获得热力学上的准静态过程。在这个过程中液相的迁移和水蒸气的迁移可以当做两个独立的过程进行处理,水与水蒸气达到热力学上的平衡,采用有限差分的方法,建立了水泥石在干燥条件下水分迁移的数学模型。

模型建立在以下两个定律基础之上:

(1) 质量守恒定律。

设封闭曲面 Γ 所包围的区域为 Ω,则从 t_1 到 t_2 时间内通过该封闭曲面的物质的量为

$$m = \int_{t_1}^{t_2} \iint_{\Gamma} D \, \frac{\partial N}{\partial n} \mathrm{d}S \, \mathrm{d}t \tag{4.44}$$

假设没有其他的损失,则在 t_1 到 t_2 时间内 Ω 区域内物质的变化为

$$m = \iiint_{\Omega} [N(x, y, z, t_2) - N(x, y, z, t_1)] \mathrm{d}x \mathrm{d}y \mathrm{d}z \tag{4.45}$$

根据质量守恒定律

$$\int_{t_1}^{t_2} \iint_{\Gamma} D \, \frac{\partial N}{\partial n} \mathrm{d}S \, \mathrm{d}t = \iiint_{\Omega} [N(x, y, z, t_2) - N(x, y, z, t_1)] \mathrm{d}x \mathrm{d}y \mathrm{d}z \tag{4.46}$$

利用积分变换公式可以得到扩散方程的积分形式

$$\frac{\partial}{\partial x} \left(Dx \, \frac{\partial N}{\partial x} \right) + \frac{\partial}{\partial y} \left(Dy \, \frac{\partial N}{\partial y} \right) + \frac{\partial}{\partial z} \left(Dz \, \frac{\partial N}{\partial z} \right) = \frac{\partial N}{\partial t} \tag{4.47}$$

(2) 扩散定律。

在空间域 Ω 中,在 $\mathrm{d}t$ 时间内通过单元面积 $\mathrm{d}S$ 扩散的物质质量与物质浓度 $N(x, y, z, t)$ 沿该曲面法线方向的导数成正比

$$\mathrm{d}m = -D(x, y, z) \, \frac{\partial N}{\partial n} \mathrm{d}S \, \mathrm{d}t \tag{4.48}$$

式中: $\mathrm{d}m$ 为在 $\mathrm{d}t$ 时间内通过微元面积 $\mathrm{d}S$ 的扩散物质的量; $N(x, y, z, t)$ 为空间域 Ω 中任意点 (x, y, z) 在时刻 t 的扩散物质的浓度; $D(x, y, z)$ 为扩散系数。

根据质量守恒定律,水泥石内部的液相和水蒸气必须满足:

$$\frac{\partial w_v}{\partial t} = -\operatorname{div} \boldsymbol{J}_v + v$$

$$\frac{\partial w_1}{\partial t} = -\operatorname{div} \boldsymbol{J}_1 - v \tag{4.49}$$

式中: t 为时间(s); w_v 为单位体积中液态水含量 $(\mathrm{kg/m^3})$; w_1 为单位体积中水蒸气含量 $(\mathrm{kg/m^3})$; $\boldsymbol{J}_v$ 为水蒸气的扩散通量,即单位时间内通过单位截面积的水蒸气量 $(\mathrm{kg/(s \cdot m^2)})$; $\boldsymbol{J}_1$ 为液相的扩散通量,即单位时间内通过单位截面积的液相质量 $(\mathrm{kg/(s \cdot m^2)})$; v 为水的蒸发或凝结速率 $(\mathrm{kg/(s \cdot m^3)})$,定义蒸发率为正值。

假定水蒸气的质量变化与液相相比可以忽略不计,则水泥石内部水分质量守恒的连续性方程为

$$\frac{\partial w_1}{\partial t} = -\operatorname{div}(\boldsymbol{J}_v + \boldsymbol{J}_1) \tag{4.50}$$

根据方程(4.50),如果知道了液相和水蒸气的扩散通量,就可以计算出任意时刻任意位置的水泥石内部的含水量变化,也就是建立起水泥石内部的湿度场。

① 水蒸气的扩散。

水蒸气的运动是一个分子扩散过程,由于毛细管结构的复杂性,气体在毛细管孔隙中的扩散要较在自由空间中困难,取决于扩散通道的大小、弯曲程度、水蒸气

的密度梯度也即蒸气压梯度。稳态的水蒸气运动可以用扩散方程来描述：

$$\boldsymbol{J}_\mathrm{v} = -K_\mathrm{v} V_\mathrm{g} D_\mathrm{v0} \, \mathbf{grad}\rho_\mathrm{v} \tag{4.51}$$

式中：$\boldsymbol{J}_\mathrm{v}$ 表示水蒸气的扩散通量；K_v 为扩散系数；V_g 为单位体积中的气体含量；D_v0 为气体的扩散系数（$\mathrm{m^2/s}$，在 $0\,℃$ 和 $1\mathrm{atm}$ 下为 $0.198\mathrm{cm^2/s}$）；ρ_v 为气体密度。

在式（4.51）中，K_v 为无量纲的系数，与试件的尺寸无关，其物理意义为水蒸气在水泥石（混凝土）内部与自由空间扩散速率的比值，表征了材料本身的组织结构特性（如内部孔的尺寸、连通性和曲折性等）对水蒸气迁移的影响，$0<K_\mathrm{v}<1$；V_g 则表征了气体传输的有效通道，是一个取决于孔隙湿度与孔径分布的状态变量，假定所有的气孔都可以用于水蒸气的传输。

假定孔隙中的气体是由水蒸气和干燥空气所组成的理想气体，根据理想气体的状态方程

$$p_\mathrm{v} = \rho_\mathrm{v} \frac{RT}{M_\mathrm{W}} \tag{4.52}$$

以及 Kelvin 方程

$$\ln \frac{p_\mathrm{v}}{p_\mathrm{sat}} = -\frac{2\gamma M_\mathrm{W}}{\rho_\mathrm{l} RT} \frac{1}{r_0} \tag{4.53}$$

式中：p_v 为孔隙的水蒸气的分压；p_sat 为平面水的饱和蒸汽压；M_W 为水分子的摩尔质量。其他符号的含义同前。

水蒸气的密度可以表达为临界半径的函数，即

$$\rho_\mathrm{v} = \ln \frac{p_\mathrm{v}}{p_\mathrm{sat}} = \frac{M_\mathrm{W}}{RT} p_\mathrm{sat} \mathrm{e}^{-\frac{2\gamma M_\mathrm{W}}{\rho_\mathrm{l} RT} \frac{1}{r_0}} \tag{4.54}$$

将式（4.54）代入式（4.51），可以得出以基质势表示的水蒸气的扩散方程

$$\boldsymbol{J}_\mathrm{v} = -K_\mathrm{v} V_\mathrm{g} D_\mathrm{v0} \, \mathbf{grad}\left(\frac{M_\mathrm{W}}{RT} p_\mathrm{sat} \mathrm{e}^{\frac{M_\mathrm{W}}{\rho_\mathrm{l} RT} \psi_\mathrm{m}} \right) \tag{4.55}$$

通常认为，水蒸气在水泥石中的扩散的驱动力是湿度梯度，由式（4.55）可以看出，在恒温的环境条件下，造成水泥石内部水蒸气密度梯度的原因是两点之间基质势的不同，因此可以说水蒸气在水泥石内部扩散的驱动力是基质势梯度。

② 液相的扩散。

在干燥条件下液相在水泥石内部的迁移属于非饱和水的运动，其驱动力是重力势梯度和基质势梯度，忽略重力势的影响就是基质势梯度。假定液相在水泥石内部的流动方式属于层流，根据 Poiseuille 定律，黏度为 η 的流体在半径为 r 的细管中发生层状流动的速率方程为

$$v_{\mathrm{l}(r)} = -\frac{r^2}{8\eta} \, \mathbf{grad}\psi_\mathrm{m} \tag{4.56}$$

式中：$v_{\mathrm{l}(r)}$ 为液相的流速（$\mathrm{m/s}$）；η 为液相的黏度（$\mathrm{Pa \cdot s}$）；r 为细管半径；ψ_m 为基质势。

故单位时间内,通过单位面积的截面上的流体通量 $g(\mathrm{kg}/(\mathrm{s} \cdot \mathrm{m}^2))$ 为

$$g = -\frac{\rho r^2}{8\eta}\mathbf{grad}\psi_\mathrm{m} \tag{4.57}$$

假定上面的两个方程对于液相所填充的所有毛细管均能成立,也就是说所有充水的毛细管均能进行液相的传输。对于孔径从纳米级到微米级分布的水泥石毛细管网络体系而言,这只是一种理想的假定,因为水分子本身就有 $3\sim 5$Å 的直径,对于纳米级的孔,水分子本身的运动将由于管壁的阻碍而非常困难。事实上,有资料显示,水分在 100nm 以内的孔的迁移已经受到很大阻力。但是,上述两个方程中也反映了半径的影响,因此假设对于最终的计算结果的影响会大大减小。故液相的扩散通量 $\boldsymbol{J}_1$ 可以通过将方程(4.57)与孔径分布的体积密度函数相乘,并在整个充水的毛细管体积内积分得到

$$\boldsymbol{J}_1 = K_\mathrm{L}\int_{r_{c0}}^{r_0}\frac{\mathrm{d}V_{(r)}}{\mathrm{d}r}g\,\mathrm{d}r \tag{4.58}$$

式中: $V_{(r)}$ 为单位体积的水泥石中半径小于或等于 r 的毛细孔的体积($\mathrm{m}^3/\mathrm{m}^3$),表示为孔径分布的连续函数; $\dfrac{\mathrm{d}V_{(r)}}{\mathrm{d}r}$ 为单位体积的水泥石中半径小于或等于 r 的毛细孔的体积密度($\mathrm{m}^2/\mathrm{m}^3$); r_{c0} 为毛细管的最小半径(m); K_L 为无量纲的系数,与试件的尺寸无关,其物理意义为液相在水泥石(混凝土)内部与自由的管道内流动速率的比值,表征了材料本身的组织结构特性(如内部孔的连通性和曲折性等)对液相迁移的影响,$0 < K_\mathrm{L} < 1$。

式(4.55)与式(4.58)给出了瞬态流动和迁移下水蒸气和液相的扩散通量的连续性方程,通过对水泥石在时间和空间域上的离散化处理,就可以对每一个单元格使用这两个方程,从而给出在任意时刻,任意位置的水蒸气和液相的扩散通量。方程中所引入的两个材料参数 K_L、K_v,都是表征孔隙连通性对传输性能影响的无量纲参数。然而,现代测试技术关于孔隙连通性很难给出明确的定义和测试方法,由孔径分布函数也无法提供定量的分析结果,因此在本章的研究中通过试验拟合的办法获得。

(3) 水分的传输方程

将式(4.55)和式(4.58)代入式(4.50),可以得出水泥石内部水分质量守恒的连续性方程。

由式(4.55)和式(4.58)可以看出,$\boldsymbol{J}_1$、$\boldsymbol{J}_\mathrm{v}$ 均表达为临界半径 r_0 的函数。当孔径分布已知时,一定的 r_0 对应了一定的水泥石含水量,因此 $\boldsymbol{J}_1$、$\boldsymbol{J}_\mathrm{v}$ 也可以表达为含水量的梯度函数,即

$$\boldsymbol{J}_\mathrm{v} = -D_{\mathrm{v}(w_1)}\mathbf{grad}w_1$$
$$\boldsymbol{J}_1 = -D_{1(w_1)}\mathbf{grad}w_1 \tag{4.59}$$

式中：$D_{v(w_1)}$ 和 $D_{1(w_1)}$ 分别为水蒸气和液相的扩散系数（m^2/s）。可得

$$\frac{\partial w_1}{\partial t} = -\operatorname{div}(D_{(w_1)}\,\mathbf{grad}\,w_1) \tag{4.60}$$

式中：$D_{(w_1)}$ 为合并后的水分扩散系数（m^2/s）。

$$D_{(w_1)} = D_{v(w_1)} + D_{1(w_1)} \tag{4.61}$$

式（4.61）与菲克扩散方程相类似，但是值得注意的是，尽管方程表达为湿度梯度的函数，水泥石水分运动的驱动力是水力势梯度而不是湿度梯度。式（4.61）给出了水泥石内部水分质量传输的连续性方程，采用该方程可以计算出任意时刻、任意位置上的水泥石的含水量，从而进一步计算出水泥石的收缩。在使用该方程进行实际计算时，除了 K_L、K_v 都是通过试验结果回归而得外，还需要确定两个关键问题，即孔径分布的定量化描述以及边界条件的确定。

7）孔径分布的数值模拟

孔隙在水泥石（混凝土）内部乱向分布，其大小和形状复杂多变，要想采用数学方法对其进行真实的模拟非常困难。在传统的水泥石的孔隙研究中，通常是在大量试验结果的基础之上回归之后得到结果，模型的参数依赖于简化的孔结构模型，最常用的是圆柱形孔结构模型。这里采用了累积孔径的分布函数形式，定义的 $V_{(r)}$ 是单位体积内孔径小于或等于 r 的孔的累积体积（m^3/m^3）：

$$V_{(r)} = V_0\left[1 - \exp(-Br^C)\right] \tag{4.62}$$

式中：V_0 为单位体积内的孔的总体积，也就是传统意义上的孔隙率（m^3/m^3）；B、C 为由孔累积分布曲线形状所决定参数。

将式（4.62）对 r 求导数之后可以得出孔径的微分分布函数：

$$\frac{\mathrm{d}V_{(r)}}{\mathrm{d}r} = V_0 BCr^{C-1}\exp(-Br^C) \tag{4.63}$$

通过试验测定出毛细管孔径分布，就可以通过试验回归确定出孔径分布的积分函数和微分函数。

边界条件：假定在边界上有

$$\mathbf{J}_b = \alpha_b(w_1 - w_{1b})$$

式中：$\mathbf{J}_b$ 为边界上的水分流量（$kg/(s \cdot m^2)$）；w_1 为表面水分的含量（kg/m^3）；w_{1b} 为平衡时环境中水分的含量（kg/m^3）；α_b 为边界上的湿度传导系数（m/s），受混凝土表面上空气流速、混凝土内部微观孔结构以及表面处的水分含量等因素的影响。

假定

$$\alpha_b = \frac{D_{w(l)}}{h} \tag{4.64}$$

式中：h 为表面附近环境湿度分布系数。

4.3.3　从水泥石到混凝土收缩模型的建立

前面部分分别建立了水泥石的自干燥收缩模型和干燥收缩模型,在由水泥石的收缩向混凝土的收缩的推导时,采用了复合材料的本构关系,而没有考虑界面的影响,这本身是一种简化考虑。此外,本章研究的主要是低水胶比的大掺量矿物掺合料高性能水泥基材料。根据已有的研究结果,水胶比的降低和火山灰反应的结果均有助于界面的强化,与传统的普通混凝土相比,界面的效应相对较弱。

不同集料体积含量的混凝土的收缩可以由 Hobb 复合材料模型来进行预测

$$\varepsilon_c / \varepsilon_p = 1 - V_a \tag{4.65}$$

$$\varepsilon_c / \varepsilon_p = (1 - V_a) / [(E_a / E_p - 1) V_a + 1] \tag{4.66}$$

$$\varepsilon_c / \varepsilon_p = \frac{(1 - V_a)(K_a / K_p + 1)}{1 + K_a / K_p + V_a (K_a / K_p - 1)} \tag{4.67}$$

式中:ε_c 为混凝土的自收缩;ε_p 为水泥净浆的自收缩;V_a 为集料的体积比率;E_a 为集料的弹性模量;E_p 为水泥净浆的弹性模量;K_a 为集料的体积弹性模量,$K_a = E_a / 3(1 - 2\mu)$;K_p 为水泥浆的体积弹性模量,$K_p = E_p / 3(1 - 2\mu)$;μ 为泊松比。

4.3.4　自干燥收缩和干燥收缩的影响因素及关系——基于模型的讨论

本章花费了大量的精力建立了基于机理的自干燥收缩和干燥收缩的数学模型,尽管其中的部分参数还要依赖于试验结果的回归,但是模型将水泥石的孔隙结构、水化动力学特征等微观的结构性能与宏观的收缩行为有机地联系起来。这种模型的基础源于对水泥石微观结构性能的认知,而不是像传统的基于宏观行为经验回归的唯像模型。实际工程中混凝土的原材料、配合比及环境条件复杂多变,但是只要认知到这些变化对水泥石(混凝土)微观结构的影响规律,就能通过模型在这些复杂的变化背后抽象出收缩变化的规律,因此模型具有更好的普适性。

1. 影响自干燥收缩的因素

从自干燥收缩的数学模型可以看出,水泥石孔隙结构的细化使得临界半径减小的速率加快;化学减缩的增加使得毛细管张力作用面积系数增加的速率加大;表面张力的增加使得毛细管张力增大。以上三方面的作用使得宏观的收缩应力增加。

弹性模量的减小、徐变和松弛行为的加大使得宏观收缩应力作用之后引起的水泥石的收缩加大。

水泥石体积比率的提高使得混凝土的自干燥收缩加大。

以上是基于所建立的自干燥收缩模型所推出的水泥石自干燥收缩加大的各种机理,反之则是抑制自干燥收缩的机理。原材料及配合比的变化对于自干燥收缩的影响规律可以从根本上归结于以上分析的机理。

2. 影响干燥收缩的因素

从干燥收缩的数学模型可以看出，水泥石孔隙结构的细化对于干燥收缩的影响具有正负效应：一方面使得临界半径减小的速率加快，收缩加快；另一方面又使得水分迁移的速率减小，收缩减慢。因此在干缩的最初阶段，收缩增加的速率加大，但是当收缩受水分迁移的速率控制时，收缩减慢。事实上，从水分蒸发的曲线也可以看出，表层的水分蒸发很快，之后的进一步蒸发更多地受到水分迁移速率的控制。因此对于受表层水分蒸发控制的构件（构件的暴露面积与其体积比相比很大），孔隙结构的细化将有可能使得干缩的数值和速率均增加。而对于以内部水分迁移控制的构件（厚尺寸的构件），孔隙结构的细化将使得干缩的速率减小。

对于已经成熟的水泥石结构，孔隙率的增加意味着可蒸发的毛细管水体积的增大，使得毛细管张力作用面积系数增大，因此干缩的终值增加，同时孔隙率的增加也使得水分迁移可能的渠道增加，干缩的速率也可能加快。

与自干燥收缩同样的有，表面张力的增加使得宏观收缩应力增加，弹性模量的减小、徐变和松弛行为的加大使得宏观收缩应力作用之后引起的水泥石的干燥收缩加大。水泥石体积比率的提高使得混凝土的干燥收缩加大。

以上是基于所建立的干燥收缩模型所推出的水泥石干燥收缩加大的各种机理，反之则是抑制干燥收缩的机理。原材料及配合比的变化对于干燥收缩的影响规律可以从根本上归结于以上分析的机理。

3. 自干燥收缩与干燥收缩的关系

这里所讨论的关系是指二者在本质上的关系，而不是通常所关心的在数值上的比率关系。从前述的讨论中可以看出，就影响机理而言，二者存在矛盾和对立的统一辩证关系。

矛盾的方面主要在于，孔隙结构的细化使得临界半径减小的速率加快，自干燥收缩加大，却减缓了水分的迁移速率，使得受水分迁移控制的干燥收缩减小。因此孔隙结构对于这两种收缩具有矛盾的影响；而统一的方面在于，表面张力的增加，弹性模量的减小，徐变和松弛行为的加大使得水泥石的自干燥收缩和干燥收缩都增加，反之亦然。

自干燥收缩和干燥收缩这种对立统一的辩证关系是水泥石（混凝土）这种矛盾统一体的固有特征，要想在工程实践中获得矛盾的和谐统一，从总体上把握控制混凝土结构收缩开裂的有效技术途径，需要对这种宏观的深刻认知和正确把握。

4.4　高性能混凝土各种收缩产生的细观与微观机理及矿物掺合料类型和掺量对各种收缩的正负效应

4.4.1　在密封条件及干燥条件下水泥浆水分的消耗、迁移

根据前面的理论分析的结果可知,在 60% 的相对湿度以上,影响水泥基材料收缩的主要因素是毛细管水。在密封条件下毛细管水会不断由于水化而被消耗变成结合水;在干燥的条件下毛细管水会向低湿度的外部环境迁移而蒸发。水分的不断消耗过程实质上是临界半径不断减小的过程,也就是内部相对湿度下降、弯液面负压增加和收缩不断增大的过程,因此了解毛细管孔隙中水分的运动规律,对于收缩的机理研究具有重要意义。

1. 密封条件下毛细管网络结构体系的初始形成与最早期水分的消耗

1) Time-zero 的确定

这里的最早期是指从初凝开始到终凝之后几个小时时间。在初凝到终凝之间的几个小时内,也是最早期自干燥收缩发展最迅速的一个时期,临界半径变化迅速,但仍然较大,表现在相对湿度的下降很小,一般都在 98% 以上,传统的湿度计很难反映出这种高湿环境下相对湿度的变化。在前述定义的自干燥收缩起始于初凝,而在模型的建立过程中自干燥收缩起始于结构形成的初始。定义、测试与模型之间是否一致,其本质的问题是如何描述毛细管网络结构体系的初始形成,也就是水泥浆初始结构形成:"time-zero"的确定。从开裂的角度而言,在"time-zero"之前测试的收缩没有力学意义,而在"time-zero"之后测试的收缩则不完全。相关的研究才刚刚开始进行,更未能形成统一的标准,为此很难对不同类型的材料的收缩进行比较,并且也很难将所建立的模型与文献中的试验结果进行对比。

在 JCI 的报告里,"time-zero"就是初凝;在 RILEM TC181 的报告里,"time-zero"定义为,在标准养护温度下,从水泥与水接触开始到混凝土内部结构足以传递拉应力的时间。凝结意味着混凝土失去了流动性(工作性),而硬化则是指混凝土开始能够承受荷载,Mindess 和 Young 指出强度的发展开始或者要滞后于初凝时间。

2) Time-zero 的确定方法及最早期水分的消耗规律

在查阅大量文献资料的基础之上,借助于土壤物理学的研究方法,引进了土壤研究中的张力计原理。通过毛细管负压的测试,不仅可以明确地测试出本章所定义的自干燥收缩开始的"time-zero"点,而且通过 Laplace 方程的毛细管弯液面负压和孔隙半径的关系,可以直接求出结构形成初始龄期临界半径的变化规律,反映出最早期水泥石(混凝土)毛细管网络结构体系的初始形成和形成之后最早期水

分的运动规律,有效解决了采用湿度传感器无法测试研究最早期仍处于高湿度环境下(>98%)的混凝土内部水分变化问题,为前面所建立的自干燥收缩模型的验证奠定了很好的基础。

田倩等将中国科学院南京土壤研究所研制,中国科学院跨克科技有限责任公司制造的 SM-1 型土壤水势监测仪进行适当改造,开发出水泥(混凝土)毛细管负压自动测试系统,如图 4.40 所示,由装于测筒中的传感器、水势探头及自动采集系统部分组成。仪器量程为 0~100kPa,精度为±1kPa。

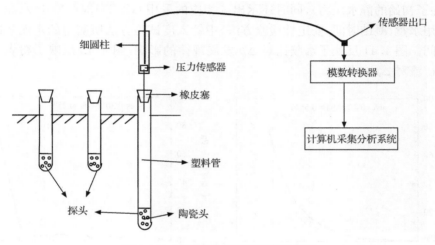

图 4.40　毛细管负压测试系统示意图

使用前需要开启集气管的盖子和橡皮塞,并将仪器倾斜,用塑料瓶徐徐注入无气水(将自来水煮沸 20min 后,放置冷却),直到加满为止,仪器直立 10~20min(不要加塞子),让水把陶土管湿润,并见水从陶土头表面滴出。使用前水势探头(陶瓷头)应在无气水中浸泡 3h 以上。

毛细管负压自动测试系统由陶土头、腔体、集气室、计算机采集系统等部件组成。陶土头是仪器的感应部件,具有许多微小的孔隙,陶土管可以视为一片没有弹性的多孔膜,陶土头被水浸润后,在孔隙中形成一层水膜。当陶土头中的孔隙全部充水后,孔隙中的水就具有张力,这种张力能保证水在一定压力下通过陶土头,但阻止空气通过。当充满水且密封的陶土头插入新拌水泥浆(混凝土)时,水膜就与水泥浆(混凝土)内水分连接起来,产生水力上的联系,达到最初的平衡。随着水泥等胶凝材料的进一步水化,一旦水泥浆(混凝土)水分出现不饱和(即自干燥现象开始),与仪器的水势不相等时,水便由水势高处通过陶土头向水势低处流动,直至两个系统的水势平衡为止。当忽略了重力势、温度势、溶质势后,系统的水势即为压力势和基质势之和,水泥石(混凝土)的压力势(以大气压力参考)为零,仪器的基质势为零,水泥石(混凝土)的水的基质势便可由仪器所示的压力(差)来量度。自干燥的水泥石(混凝土)的基质势低于仪器里水的压力势,水泥石(混凝土)就透过陶土头向仪器吸水,直到平衡为止。因为仪器是密封的,仪器中就产生真空度或吸力(低于大气参照压力的压力)。

3) 试验研究结果与讨论

图 4.41 和图 4.42 是采用自行设计的方法测试出来的自加水拌合后 0.5h 开始的水泥浆的毛细管负压(Δp)发展规律,图中的数据均由计算机自动采集而得(扣除了初始的静水压力),同时还示出了相应的采用 GB/T 1346-2001《水泥标准稠度用水量、凝结时间、安定性检验方法》中针入度试验方法所测得的水泥浆的凝结时间。图 4.41 反映了水胶比对 Δp 发展规律的影响,图 4.42 反映了粉煤灰和磨细矿渣对 Δp 的影响。

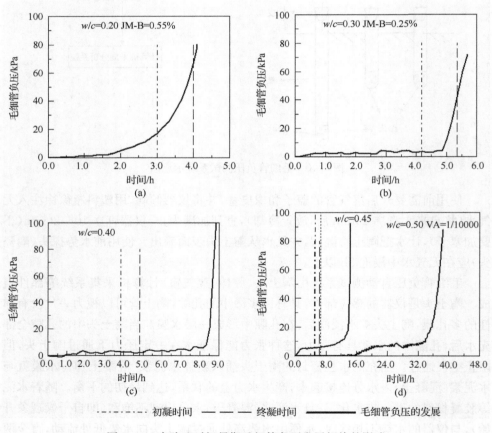

图 4.41　水胶比对极早期毛细管负压发展规律的影响

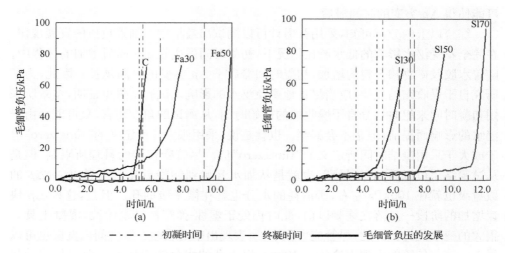

- - - - 初凝时间　———— 终凝时间　———— 毛细管负压的发展

图 4.42　矿物外掺料对极早期毛细管负压发展规律的影响

总体而言,水泥浆的 Δp 自加水开始,即水化的初始阶段,初凝以前,也就是至少在放热速率的第一和第二阶段,浆体由于仍然主要处于悬浮体系,增长速率非常缓慢。随着水化反应的进一步进行,水泥-水悬浮体系中液相的浓度达到一定的极限值,开始生成许多新相的初始晶胚,水泥浆结构凝聚结构逐渐形成,其结构强度逐渐开始能够稳定所形成的空孔及弯液面,Δp 开始迅速增加,很快达到了 85kPa,此时对应的临界半径约为 $1 \sim 2 \mu m$。

从测试结果来看,Δp 迅速增加的时间普遍要滞后于采用 GB 1346-2001 针入度试验方法所测试出来的初凝时间。滞后的时间随着水胶比的增加而延长。当水胶比为 0.20 时,初凝时间与 Δp 迅速增加的时间基本一致,Δp 在初凝向终凝转变的同时迅速增加。当水胶比为 0.30 时,Δp 的突变较水胶比 0.2 时更为明显,初凝时间要略滞后于 Δp 突变的时间,而终凝时间仍然落在 Δp 快速增加的阶段。当水胶比开始超过 0.40 以后,初凝和终凝时间均要明显地提前于 Δp 突变的时间。这种趋势一方面受到泌水的影响,泌水率随着水胶比的增加而增加,泌出水分的回吸影响了弯液面的形成;另一方面,随着水胶比的增加,在水泥浆内部形成大孔的比率也可能提高。这里的大孔是指那些孔径远大于微米级的孔,在这些大孔里面水分的首先消耗也可能使得 Δp 突变的时间滞后。

随着粉煤灰和磨细矿渣掺量的增加,水泥浆的凝结时间延长,表观泌水的情况也更加明显。在 0.30 的水胶比下,Δp 突变的时间相对初凝时间滞后的时间随着矿物外掺料掺量的增加而延长,尤其是掺量达到 50% 以后,这种趋势更加明显。这种掺合料的影响除受到泌水回吸的影响外,还随着掺合料掺量的增加,在水泥浆内部形成大于微米级的孔的比率也可能提高,在这些大孔里面水分的首先消耗也

可能使得 Δp 突变的时间滞后。

综合以上的分析可知,采用张力计可以测试出最早期毛细管负压的发展规律。在完全不受泌水影响的低水胶比情况下,初凝时间发生在 Δp 逐渐增加的过程中。随着水胶及矿物掺合料的增加,初凝时间滞后于 Δp 突变的时间延长。因此,为了研究自干燥收缩的规律,应当尽量地避免泌水的影响。试验结果也证明,本章所采用初凝时间来粗略划分自干燥收缩的初始时间,从测试的角度而言,只可能会由于泌水的影响而提前,但是不会漏测。也就是说,采用张力计所定义的"time-zero"等于或大于采用凝结时间所定义的"time-zero"值。尽管受仪器的量程所限制,但是从试验结果可以看到,最早期,也就是从加水开始到终凝后几个小时以内,Δp 的数量级也就在 100kPa 左右,所消耗的水分也就在微米级的孔。但是,这种 Δp 快速增加的阶段一旦落在终凝以前,此时仍处于塑性-弹塑性转变阶段,混凝土具有很大的变形能力。因此,尽管应力很小,所表现出来的收缩在短时间内发展也可以很大。这与传统的干缩理论认为 100nm 以上孔的水分的消耗不会引起收缩看起来似乎矛盾,这种表现出来的矛盾主要是由于最早期水泥石(混凝土)变形能力与硬化水泥石(混凝土)变形能力的差异所引起。如果泌水影响太大,泌出水分完全回吸时间相对较长,或者由于水胶比或矿物掺合料的增加,大于微米级的大孔比率增加,造成 Δp 滞后凝结时间太长。此时结构的其他性能(如弹性模量、刚度等)已经完成了塑性-弹塑性转变阶段的转变,进入了硬化时期,因此 100kPa 数量级的负压所能引起的收缩可能已经无法测出。这一阶段的自收缩变得很小以至于无法测试出来,这可能是影响最早期自收缩发展规律的主要原因。

2. 密封条件下硬化水泥石(混凝土)长龄期水分的消耗

对于高性能混凝土长龄期水分运动规律的研究,比较多的是采用测试内部相对湿度(internal relative humidity,简称 IRH)的办法。蒋正武等采用带杆式探头的湿度传感器测试了水胶比为 0.25 时矿物掺合料的种类、掺量和组合对混凝土等温条件下和密封条件下 IRH 的影响,其中密封试件测试时探头在混凝土终凝以后再埋入,平衡以后开始测试,试验用比表面积 642m^2/g 的磨细矿渣(GBFS)和比表面积为 397m^2/g 的普通细度矿渣(OBFS),硅灰(SF)的比表面积为 1960m^2/g,粉煤灰(Fa)的比表面积为 356m^2/g。试验结果表明,随着水胶比的减小,由水泥浆体自干燥效应所引起的 IRH 下降,尤其在早期,硅灰使得水泥浆体早期的相对湿度下降,自收缩增大,而磨细矿渣使得后期的相对湿度下降,自收缩增大,不同水胶比与掺入掺合料的水泥浆体自收缩大小与 IRH 变化具有较好的线性相关性。硅灰的掺入使得干燥条件下水分扩散引起的混凝土 IRH 下降减小,尤其是复掺硅灰和磨细矿渣,而掺入粉煤灰及普通细度矿渣使得水分扩散引起的混凝土 IRH 下降幅度增大,且随掺量的增大而增大。

田倩等经过试验得到,水胶比对于密封条件下硬化水泥浆内部相对湿度的变化有着较大的影响。当水胶比小于或等于0.30时,在最初的阶段IRH在达到峰值后,随着龄期的增长而迅速下降。在龄期为60d(1440h)时,IRH减小到75%左右,其相应的Kelvin半径已达到4nm左右,弯液面负压达到40MPa以上。当水胶比从0.30降到0.25、0.20时,IRH在早龄期下降的速率加快,其早龄期的自干燥效应更加显著。但是随着龄期的进一步增长,水胶比为0.25的水泥浆IRH的降低速率最快,而水胶比为0.20的水泥浆的IRH降低速率并不比水胶比为0.30的快。在一定的龄期后(约42d左右),其IRH与0.30的水泥浆已经接近。这表明长龄期的自干燥效应并非随着水胶比的降低而无限减小,极低水胶比的水泥浆中由于用水量很少而使进一步的水化受到限制,其内部自干燥程度并不会随水胶比的降低而无限减小。而对于水胶比增加到0.35和0.40的水泥浆,其内部相对湿度一开始在较长的时间内都维持在99%以上,随着水胶比的提高,这一段时期延长。之后随着龄期的继续增长和水化作用的进一步进行,IRH开始下降,其后期IRH下降的速率并不比低水胶比的水泥浆慢。

当水胶比固定在0.30时,粉煤灰的掺入明显减缓了水泥浆IRH下降的速率,随着粉煤灰掺量的增加,这种趋势愈加明显。当掺量达到50%时,IRH在5d龄期以前基本维持不变,在98%以上,此时相应的Kelvin半径在50nm以上,弯液面负压小于4MPa,之后才开始下降。如果按照传统的毛细管张力理论,则难以对这一时期自干燥收缩增长的趋势作出解释。但是在更长的龄期(7d)以后,掺粉煤灰的水泥浆IRH下降的速率并不比纯水泥浆慢(从曲线的斜率可以看出)。

当水胶比固定在0.30时,磨细矿渣的掺入降低了初始IRH的降低速率,这种极早期(4d以前)的抑制作用随着矿渣掺量的提高而更加明显,与水泥浆以及掺粉煤灰水泥浆不同的是,在极早期矿渣水泥浆体的IRH达到了100%,而其他水泥浆初始值并非是100%,这可能是因为水泥的初始水化,所离解的金属离子以及外加剂所引入的盐离子使得孔隙溶液的溶质势的初始值并不为0,而矿渣的掺入加大了浆体的泌水。值得注意的是,随着水化的继续进行,掺磨细矿渣水泥浆体的IRH下降速率明显高于纯的水泥浆,当掺量达到50%时下降的速率最快,在12d左右掺磨细矿渣水泥浆的IRH开始接近纯水泥浆,并逐渐低于纯水泥浆。

3. 干燥条件下硬化水泥石水分的蒸发

磨细矿渣的大量掺入显著降低了水泥石在干燥条件下水分的蒸发,这种降低的趋势在干燥的早期(28d以前)随着掺量的增加而减弱,但是随着干燥龄期的进一步延长,矿渣掺量为50%的水泥石单位体积的水分蒸发率最小。3d龄期时,矿渣掺量为30%、50%和70%的水泥石单位体积水分蒸发率相对于纯水泥浆分别降低了24%、11%和5%,60d龄期时相应的值分别为29%、38%和-3%。本章所用的磨细矿渣掺量达到70％后标养7d的水泥石与纯水泥浆在干燥条件下的水分蒸发规律基本上相同。

Ⅰ级粉煤灰的大量掺入显著增加了水泥石在干燥条件下水分的蒸发，这种增加的趋势随着掺量的增加而越加明显，随着龄期的延长而减小。3d龄期时，粉煤灰掺量为30％和50％的水泥石单位体积水分蒸发率相对于纯水泥浆分别增加了83％和294％，60d龄期时相应的值分别为20％和75％。

在50％的掺量下，复掺的结果介于单掺50％的粉煤灰和矿渣效果之间，基本上与纯水泥浆单位体积的水分蒸发率相接近，其中等比率掺入（粉煤灰与磨细矿渣各25％）的水泥石水分蒸发率在三者之中相对更大一些，粉煤灰∶矿渣＝3∶2的相对最小。试验结果表明，粉煤灰和磨细矿渣的复合可以改善单一掺入大掺量粉煤灰所带来的水分蒸发快的问题。

干燥180d龄期的试件重新放入水中后在初始3d内吸水很快，在7d时吸水速率明显降低，并开始趋于饱和。随着水胶比的降低，水泥石的吸水率减小，纯水泥浆当水胶比从0.50降低到0.20时，体积吸水率（单位体积的水泥石吸入的水的体积，m^3/m^3）由27.8％降低到4.44％，掺50％粉煤灰的浆体水胶比从0.20降低到0.15时，体积吸水率从7.53％降低到1.34％。相同水胶比下（0.20）掺50％的粉煤灰的试件吸水率较纯水泥浆增加了69.6％。干燥后试件的吸水的驱动力主要来自于毛细管负压，达到饱和时理论上水泥石中的毛细管均应该充满水分，因此吸水率的大小主要取决于毛细管孔隙率的大小。

吸水后的试件在干燥的环境下水分开始蒸发，蒸发的速率在开始几天很快，尤其是$w/c＝0.50$试件，在干燥14d龄期时已有61.2％（占吸入水分的比率）的水分蒸发掉。蒸发速率随着干燥龄期的增加而逐渐下降，相对于吸水过程而言，蒸发过程要缓慢得多。在干燥90d龄期时，与吸入的水分相比仍然有相当的水分残余，$w/c＝0.50$试件残余水分的比率为20.2％，$w/c＝0.20$试件相应比率为49.29％，CFa50($w/b＝0.15$)试件为40.4％，而CFa50($w/b＝0.20$)为39.8％。由此可见，蒸发的速率随着水胶比的降低而减小，随着50％粉煤灰的掺入而加大。在恒温恒湿的标准干燥条件下，毛细管水分的蒸发主要取决于环境压力和饱和蒸汽压差，以及水分的迁移，这两者又由水泥石孔径大小和孔隙连通程度有关。

干燥之后重新吸水的水泥浆的干燥收缩试验结果如图4.43和图4.44所示。

比较水胶比不同的两个水泥浆试件可以发现，在初始的7d干燥龄期以内，高水灰比试件收缩小，但是随着干燥龄期的增加，收缩增加速率较低水胶比试件明显增大，7d龄期以后其收缩值开始超过$w/c＝0.20$的试件，随着干燥龄期的增加这种差距不断加大。对于掺50％粉煤灰的两个极低水胶比的试件情况有些不同，当水胶比从0.20进一步降低到0.15时，收缩始终是0.20水胶比试件大，但是二者之间的差距仍然表现为在干燥初期较小，随龄期的延长而增加。在水胶比都为

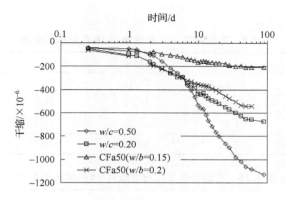

图 4.43　重新干燥的水泥石的干燥收缩

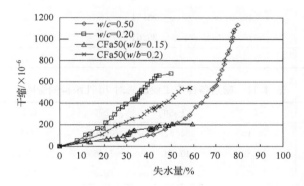

图 4.44　重新干燥的水泥石的干燥收缩与水分蒸发的关系

0.20 时,50％粉煤灰的掺入使得干燥 3d 龄期以前的收缩增加,之后随着干燥继续进行,掺粉煤灰的试件收缩反而要低于纯水泥净浆试件,随着干燥龄期的加大这种差距也更加明显。

　　大约在 50％的相对失水率以内,w/c=0.20 试件收缩随相对失水率增加的速率最快,其次是 CFa50(w/b=0.20),然后是 CFa50(w/b=0.15),w/c=0.50 试件最慢。但是随着相对失水率的进一步增加,其他三个低水胶比试件的收缩开始趋于稳定,w/c=0.50 试件的收缩速率明显加快,达到大约 70％以后曲线的斜率明显增加,从图中可以看出收缩速率高于另外三组试件一开始的收缩速率。

4.4.2　硬化水泥浆毛细管孔隙结构的演变

1. 密封条件下矿物掺合料对孔结构演变规律的影响

　　密封条件下粉煤灰及磨细矿渣种类及掺量对水泥浆孔隙结构的影响见

表 4.9～4.13。

表 4.9 密封条件下工业废渣对 1d 孔结构的影响 （单位：%）

1d 龄期	C	CFa50	CSl50	CSl90
>50nm	53.32	77.14	72.11	60.49
20～50nm	24.86	12.06	14.87	19.26
<20nm	21.82	10.80	13.02	20.25
总孔隙率	31.00	36.54	35.47	35.67

表 4.10 密封条件下工业废渣对 3d 孔结构的影响 （单位：%）

3d 龄期	C	CFa50	CSl50	CSl70
>50nm	22.15	41.45	34.64	20.96
20～50nm	49.43	28.94	31.64	35.52
<20nm	28.43	29.61	33.72	43.52
总孔隙率	24.07	30.73	29.27	30.84

表 4.11 密封条件下工业废渣对 7d 孔结构的影响 （单位：%）

7d 龄期	C	CFa50	CSl50	CSl70	CSl90
>50nm	23.15	22.51	30.08	9.83	16.75
20～50nm	53.32	40.28	31.58	35.55	33.77
<20nm	23.53	37.21	38.35	54.62	49.48
总孔隙率	20	25.44	26.72	34.62	28.58

表 4.12 密封条件下工业废渣对 28d 孔结构的影响 （单位：%）

28d 龄期	C	CFa50	CSl50	CSl70	CFa25Sl25
>50nm	36.43	21.1	20.92	14.05	17.2
20～50nm	46.03	22.93	40.37	26.17	22.64
<20nm	17.53	55.97	38.71	59.78	60.16
总孔隙率	19.32	25.98	18.98	25.1	19.54

表 4.13 密封条件下工业废渣对 90d 孔结构的影响 （单位：%）

90d 龄期	C	CSl70
>50nm	44.92	8.32
20～50nm	42.91	26.94
<20nm	12.16	64.74
总孔隙率	18.82	20.91

相对于纯水泥浆而言,50％粉煤灰掺入后,浆体不同龄期的总孔隙率均有增加,早期(3d 以前)大于 20nm 的孔占总孔体积的相对比率加大,到 7d 龄期时,孔径小于 20nm 的孔相对比率较纯水泥浆高。大掺量粉煤灰的掺入增加了浆体的总孔隙率以及早期大孔的比率,但是随着粉煤灰后期水化反应的进一步进行,粉煤灰对孔径分布的改善效应逐渐发挥出来,改善了浆体中小孔的相对比率。根据本章所建立的模型可知,硬化水泥石的干燥收缩的大小取决于水分迁移以及半径小于 20nm 孔径的绝对体积比率。在其他条件相同的情况下,孔径分布决定了水分迁移的速率,增加大孔比率,减小小孔的比率必将使得迁移速率加大,水分蒸发速率也相应加快。半径小于 20nm 的毛细孔的绝对体积比率提高,则当这些孔里的水分蒸发以后,标准干燥条件下收缩(这里是指毛细水分蒸发引起的收缩)的终值必然加大。磨细矿渣水泥浆体具有更加细化的孔结构,凝胶孔的比率较高,毛细孔的比率相对较少。

2. 干燥 180d 后试件的孔结构

如表 4.14 和表 4.15 所示,对于 $w/c=0.50$ 试件,半径大于 50nm 的孔占其总孔体积的比率超过 50％。根据 3.2.3 节中的模型分析,在这样的毛细孔中的水分相对容易蒸发,但是蒸发所引起的干缩并不大,因此在水分蒸发率低于 50％时,水泥石的收缩仍然较小。随着水分的进一步蒸发,临界半径开始低于 50nm,此时收缩随水分蒸发增加的速率迅速增大。尽管这一部分较小的毛细孔在水泥石中总孔体积所占的比率相对较小,但是由于该试件的总孔隙率最大,这一部分较小的毛细孔所占的绝对比率仍然是最高,干燥收缩的终值最大。

表 4.14　干燥 180d 孔径分布(占总孔体积的百分比)　　(单位:％)

	CFa50(w/b=0.15)	w/c=0.20	w/c=0.50
>50nm	18	21	52
20~50nm	31	56	36
<20nm	51	22	11

表 4.15　干燥 180d 孔隙率　　(单位:％)

	CFa50(w/b=0.15)	w/c=0.20	w/c=0.50
>50nm	2.33	2.39	13.92
20~50nm	4.01	6.36	9.63
<20nm	6.59	2.50	2.94
总孔隙率	12.92	11.36	26.76

4.4.3 水化程度与化学减缩

由自收缩的模型可知,由于水泥石毛细孔网络结构体系特征所决定,以及水化所引起的体积减小将在毛细孔内造成表面能的增大,从而引起水泥石产生自干燥收缩。在水化反应的过程中,毛细管水分被不断消耗,其消耗或者说反应的速率,以及由此而引起的化学减缩是决定自干燥速率的关键因素。

1. 基于 Powers 模型水泥石中的水和各相组成

Powers 和 Brownyard 在 1948 年所提出的基于试验的硬化水泥浆各相组成与分布的经验模型,使得水泥基材料的各相体积分布的数值计算成为可能,该模型的提出曾对水泥基材料的渗透性、强度及抗冻性研究产生过深远影响,直到今天,对于收缩尤其是自收缩的研究仍然具有重要意义。根据上述模型作出了不同水胶比的水泥浆各相组成与水化程度的关系图,如图 4.45 所示。

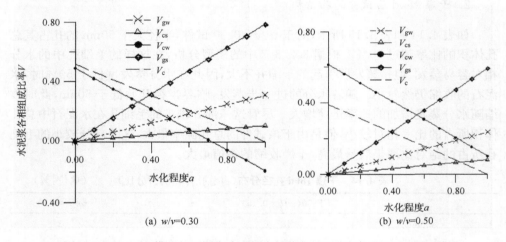

图 4.45 Powers 模型的不同水胶比的水泥浆各相组成与水化程度的关系

根据上述模型,我们可以建立水泥水化所产生的化学减缩与水化程度的近似关系。随着水胶比的降低,初始毛细孔水占的体积比率相对减小,水化过程中毛细孔水消耗速率加剧,自干燥速率加快。在完全密封的条件下,水灰比为 0.42 的纯水泥浆体完全水化后毛细管水消耗殆尽,无法为水泥水化提供进一步的水源。而水灰比低于 0.42 的水泥浆体水泥达不到完全水化,水化作用就会因为缺少水分供给而终止,即自干燥作用终止。

2. 水化程度

本章采用非蒸发水含量结合化学分析的方法,对不同掺量的大掺量矿物掺合料在密封条件下随着水化龄期的反应程度进行了分析。

以时间(d)为单位,取自然对数,$\ln(t)$ 与矿渣的反应程度 α_B 呈现线性关系,见图 4.46。对 $\ln(t)$ 和 $\alpha_{B,(t)}$ 进行线性拟合,得到掺量不同的水泥-矿渣体系中矿渣的表观反应动力学方程,不同掺量条件下矿渣反应的反应常数 K_B 及方程参数 b 可查表 4.16 取值。

$$\alpha_{B,(t)} = K_B \ln(t) + b \tag{4.68}$$

对式(4.68)求导得在 t 时刻矿渣的反应速率:

$$\frac{\mathrm{d}\alpha_{B,(t)}}{\mathrm{d}t} = \frac{K_B}{t} \tag{4.69}$$

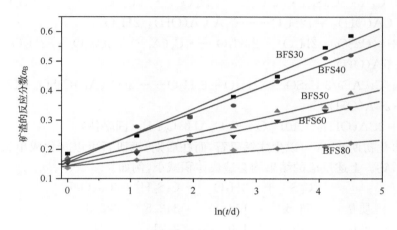

图 4.46　不同水化龄期矿渣的反应程度

表 4.16　不同矿渣掺量水泥-矿渣体系中矿渣反应的表观动力学常数 K_B 与 b

	试验浆体			
	BFS30	BFS50	BFS60	BFS80
表观反应常数	0.0917	0.0498	0.0444	0.0179
b	0.1557	0.155	0.1444	0.1431
相关系数	0.9813	0.9738	0.9851	0.9654

矿渣本身具有一定的自硬性,相对于粉煤灰而言,矿渣参与水化反应的程度与速率要高得多。文献显示,矿渣掺量为 50% 的水泥浆 30℃下 28d 参与反应的比率超过了 20%。Hinrichs 和 Odler 的研究结果表明,在 30%～60% 的掺量范围内,矿渣反应活性基本不受影响,在掺量高于 80% 的时候才开始下降。而粉煤灰的火山灰反应必须依靠水泥水化析出的氢氧化钙来激发,反应活性与速率则要低得多,并且掺量越高反应活性越低。文献显示,粉煤灰掺量为 45%～55% 的浆体 90d 时仍有超过 80% 的粉煤灰未发生反应。而后期的水泥石弹性模量较高,因此同样的

水化引起自干燥所造成的自干燥收缩应变也较小。

3. 化学减缩

1) 基于水化反应式的计算

波特兰水泥在常温且有石膏共存的条件下,其主要矿物的水化反应可假定为

$$2C_2S + 6H_2O \longrightarrow C_3S_2H_3 + 3Ca(OH)_2$$

$$2C_2S + 4H_2O \longrightarrow C_3S_2H_3 + Ca(OH)_2$$

$$C_3A + 3(CaSO_4 \cdot 2H_2O) + 26H_2O \longrightarrow C_3A \cdot 3CaSO_4 \cdot 32H_2O$$

$$2C_3A + C_3A \cdot 3CaSO_4 \cdot 32\ H_2O + 4\ H_2O \longrightarrow 3(C_3A \cdot CaSO_4 \cdot 12H_2O)$$

$$C_3A + CA(OH)_2 + 12H_2O \longrightarrow C_3A\ CA(OH)_2\ 12H_2O$$

$$C_4AF + 3(CaSO_4 \cdot 2H_2O) + 27H_2O \longrightarrow C_3(A.F) \cdot 3CaSO_4 \cdot 32H_2O$$
$$+ CA(OH)_2$$

$$C_4AF + C_3(AF)\ 3\ CaSO_4 \cdot 32H_2O + 6\ H_2O \longrightarrow 3[C_3(AF)CaSO_4 \cdot 12\ H_2O]$$
$$+ 2CA(OH)_2$$

$$C_4AF + 2CA(OH)_2 + 10H_2O \longrightarrow C_3AH_6\text{-}C_3FH_6（固融体）$$

在水化初期,C_3A 可以生成钙矾石,而在后期,钙矾石可以转化成单硫型的水化硫铝酸钙。上述反应的结果均会造成体积减小,例如:

	$2C_2S$	$+$	$6H_2O \longrightarrow$	$C_3S_2H_3 +$	$3Ca(OH)_2$
质量	456.6		108.1	342.5	222.3
密度	3.15		1.0	2.71	2.24
体积	145.0		108.1	126.4	99.2

由上述反应计算出的化学减缩为 $\dfrac{145.0 + 108.1 - 126.4 - 99.2}{145.0 + 108.1}$。

简单的计算方法可以采用 Powers 的经验公式,即化学收缩 $V_{cs} = 0.20(1 - p)\alpha$。采用该式计算的化学减缩取决于初始时刻水泥浆中水与水泥的体积比以及水化程度。但是,采用该式计算时需要假定水泥中各矿物的水化速率及化学减缩均相同,真实的情况是,C_3A 的化学减缩及水化速率相对较大。各种单矿物的水化的化学减缩见表 4.17 所示。

表 4.17　水泥中主要单矿物的收缩率

水泥矿物名称	收缩率
C_3A	0.00234 ± 0.000100
C_3S	0.00079 ± 0.000036
C_2S	0.00077 ± 0.000036
C_4AF	0.00049 ± 0.000114

由表 4.17 可见，C_3A 的化学减缩约为 C_3S 和 C_2S 的 3 倍，约为 C_4AF 的 4.5 倍，C_3A 的含量越高，水泥的化学减缩也越大。由于 C_3A 的水化主要集中在早期，故早期的化学减缩的速率也应该较大。

2）试验测试结果

图 4.47 是实际测出的水泥与矿渣的化学减缩值，在相同的水化反应程度下，矿渣的化学减缩要大大高于水泥。Bentz 的研究结果表明，矿渣的化学减缩为 0.26mL/g，而水泥的化学减缩为 0.06mL/g，而 Jensen 测出的硅灰的化学减缩为 0.22mL/g。

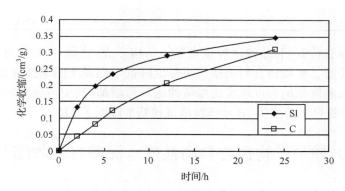

图 4.47　水泥与矿渣的化学减缩（与时间的关系）

4.4.4　掺合料品种及掺量对弹性模量的影响

由前面建立的模型可知，收缩时水泥石骨架承受宏观压应力，当宏观收缩应力一定时，决定其变形行为的主要指标是弹性模量和徐变，弹性模量越高则收缩值越小。与其他性能一样，弹性模量也会随着水化的进行而不断增长。通常采用在压力荷载下的静弹性模量来描述水泥石或混凝土的弹性性质，然而早龄期的水泥石或混凝土结构脆弱，很难测试其荷载作用下的静压弹性模量。众所周知，硬化水泥浆或混凝土本身并非严格意义上的弹性材料，只在很小的应力范围内为弹性，从应力应变曲线上所取得的真正的弹性模量是经过原点的初始切线模量，该值为原点到曲线切线的斜率，动弹性模量测试时仅包含材料的很小的变位，因此更加接近于初始弹性模量。此外，动弹性模量采用非破损检测方式，简便易行。因此为了研究更早龄期的变形行为以及弹性模量随时间的增长规律，本章采用了测试动弹性模量的方法。

采用 DT-8W 型共振测试仪测试水泥净浆的动弹性模量，尺寸为 10mm×10mm×300mm 的棱柱体试件，拆模后即开始测试。试验所用的配比和开始测试的时间（从加水开始计算）及测试值列于表 4.18。

表 4.18　动弹性模量试验配比、起始时间(从加水开始计算)及测试结果

	编　　号					
	C	CFa30	CFa50	CSl30	CSl50	CSl70
粉煤灰掺量/%	0	30	50	0	0	0
矿粉掺量/%	0	0	0	30	50	70
终凝时间/h	5.17	5.37	19.67	9.33	12.75	18.08
初始测试时间/h	7.17	18.17	26.67	12.66	14.75	20.58
1d	13.06	9.70	3.59	10.98	10.44	6.95
28d	20.86	19.56	16.91	19.41	20.44	21.18

测试结果告诉我们,动弹性模量在浆体结构形成(终凝)以后迅速增长,7d 以后变化趋于平缓。矿物掺合料的掺入明显地降低了混凝土的动弹性模量,尤其表现在早期。这种降低的程度随废渣掺量的提高而增加,其中粉煤灰的掺入更为明显,掺 50% 的粉煤灰的浆体 7d 动弹性模量较基准降低了 41%。

4.5　大掺量矿物掺合料高性能水泥基材料收缩的抑制

对于工程实践来说,如何采取有效措施减小甚至消除各种收缩,从源头上避免开裂,一直是工程师努力探索的问题。最为常用的是采用钙矾石类的膨胀剂来补偿收缩,在早期高水胶比($w/c=0.50$ 左右)的普通混凝土中的应用由于具有较好的研究基础,在工程中也取得了不少成功应用的实例。钙矾石类的膨胀剂在我国的产量和使用量发展非常迅速,已经成为混凝土外加剂行业中的支柱产业。然而近年来随着低水胶比高性能混凝土的发展,这一类型的膨胀剂面临了许多新的情况和条件,相应的研究并未及时跟上。但是传统的理念仍然简单地沿用下来,为此而导致的工程事故屡见不鲜。目前我国工程界困惑最大也最有争议的问题之一就是,对于高性能混凝土究竟应不应该掺用膨胀剂？以降低表面张力为原理的减缩剂似乎更受到工程界的欢迎。通过引入内部水源的自养护方式在国外受到了重视,但在国内的研究还刚刚起步。

4.5.1　膨胀剂与减缩剂对收缩的影响

对钙矾石产生的膨胀机理,主要存在两种理论,即结晶膨胀和胶体吸水肿胀。膨胀源的钙矾石 $C_3A \cdot 3CaSO_4 \cdot 32H_2O$ 的生成必须要有充足的水分提供保证,这在过去的高水胶比低强度等级混凝土比较容易满足,然而在低水胶比的高性能混凝土,水分不能完全依赖于内部提供,还必须从外部加以满足,因此加强养护对于掺此类膨胀剂的高性能混凝土具有极其重要的意义。

　　必须注意的是，不管是结晶膨胀还是吸水肿胀，均要在钙矾石的生长受到限制的条件下才能产生表观的膨胀，因此在塑性阶段的膨胀并不能够补偿宏观的收缩。

　　图 4.48 是掺 12％膨胀剂的自密实混凝土的凝缩，由于该自密实混凝土初凝时间较长，凝缩值较普通混凝土明显增大，达到了 0.2％，是普通混凝土的 4～5 倍，处理不当将给某些结构（如钢管拱）等带来浇筑空隙，引起空管等工程隐患。由于浆体仍处于塑性阶段，钙矾石的生成本身也是化学减缩的过程，因此并不能抑制凝缩。采用发气组分（AE），在早期引入微量的气泡，会有效地抑制了凝缩。

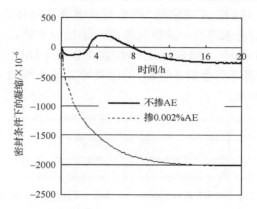

图 4.48　发气膨胀组分对 PE 自密实混凝土凝缩的影响

　　图 4.49 是掺 15％PE 的混凝土在早期产生的自身变形，在初凝之后最初的 2h 左右，由于结构还很脆弱，孔隙粗大，PE 引入的膨胀源所生成的钙矾石主要起着细化孔隙，增强结构的作用。此时混凝土仍然表现为收缩，但是，随着结构的进一步增强以及孔隙结构的细化，钙矾石的膨胀作用在初凝 2h 之后逐渐表现出来，在

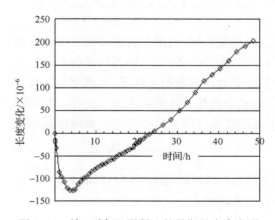

图 4.49　掺 15％PE 混凝土的早期的自身变形

密封条件下起到了膨胀的作用,有效控制了混凝土早期的自干燥收缩。这与通过膨胀来补偿收缩的膨胀剂在原理上完全不同,有机化学减缩剂主要依靠降低孔隙溶液的表面张力来抑制混凝土的收缩,由于其减缩过程并不依赖于水源,对于干燥环境下的收缩具有更好的抑制作用,使其一经面世就受到了工程界的高度关注。世界上第一批减缩剂(SRA)是 1982 年在日本,由桑约(Sanyo)化学工业有限公司和日本水泥有限公司合作开发出来的。其主要成分为聚醚或聚醇类有机物。减缩剂都是低黏滞度的水溶性液体。在混凝土的孔隙中起到了减少表面张力的作用。

　　图 4.50 示出了 JM-SRA 减缩剂*掺量与水溶液表面张力的关系,由图可见,水溶液的表面张力随着水溶液中减缩剂浓度的增加而下降,20℃下纯的减缩剂的表面张力只有纯水的 40%。掺量在 2% 时,表面张力下降约 34% 左右,掺量超过10% 后,表面张力降低率开始趋于饱和,即继续增加减缩剂的比率,降低表面张力的效果不再有显著改变。

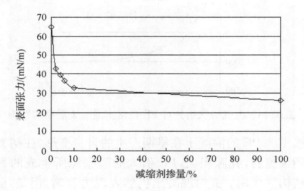

图 4.50　减缩剂浓度与水溶液表面张力的关系

采用 Sigma 703 型数字表面张力仪,试验环境温度为 20℃±2℃

　　根据前面所建立的模型可知,表面张力的降低意味着毛细管负压的下降,因此在蒸发或者是消耗相同的水分的条件下,引起收缩的宏观应力下降,收缩降低。

　　假定在不改变其他配合比参数的条件下,且减缩剂不改变水化进程、水泥石的孔结构,也就是不影响水分消耗的速率和水分的迁移,则收缩与表面张力下降应当成比例,并且降低干缩的效果与降低自收缩的效果应该基本相当,即

$$\varepsilon_{SRA} = \varepsilon_0 \frac{\gamma_{SRA}}{\gamma_0} \tag{4.70}$$

式中:ε_{SRA}、ε_0 分别为掺与不掺减缩剂的水泥石的收缩;γ_{SRA}、γ_0 分别为掺与不掺减缩剂的水泥石孔溶液的表面张力。

---

　　* 江苏省建筑科学研究院研制开发。

　　水胶比为 0.30,掺 70％磨细矿渣及 50％粉煤灰的水泥浆体,掺入占胶凝材料用量 2％(即用水量的 15％)JM-SRA 减缩剂,对自收缩和干缩的抑制效果如表 4.19所示。由表 4.19 的数据可见,2％减缩剂的掺入使得自收缩和干缩最终降低的幅度均在 35％左右,减缩的效果都表现出在早期更加明显,而随着龄期的增加在 14d 以后趋于稳定。

表 4.19　减缩剂对大掺量矿物掺合料水泥基材料收缩的抑制效果

| | | 龄期/d | | | | | | | | |
		1	3	7	14	28	60	90	120	180
自收缩/×10⁻⁶	Sl70	−136	−558	−768	−894	−1004	−1160	−1233	−1267	—
	Sl70SRA2	−54	−290	−476	−590	−673	−784	−818	−836	—
自收缩减缩率/%		61	48	38	34	33	32	34	34	—
干缩/×10⁻⁶	Fa50	−495	−1137	−2050	−2340	−2840	−3120	−3190	—	−3249
	CFa50SRA2	−106	−318	−796	−1554	−1841	−2043	−2065	—	−2080
干缩减缩率/%		79	72	61	34	35	35	35	—	36

　　从测试的结果看,减缩的效果要小于降低水溶液表面张力的效果,这是因为作为高效表面活性剂范畴的减缩剂对于水泥的水化和水分的蒸发均有一定的影响。减缩剂对自收缩和干缩抑制效果基本一致,也间接表明采用毛细管张力理论来解释收缩机理具有一定的合理性。

　　减缩剂的加入降低了表面张力,根据 Kelvin 方程,也相应增加了孔溶液的平衡饱和蒸汽压。当环境蒸汽压低于孔溶液的饱和蒸汽压时,在相同的环境相对湿度下,由于蒸汽压差增加,蒸发的驱动力加大,使得水分的蒸发变得更加容易。因此减缩剂的掺入应当会加剧水分的蒸发。对于由水分蒸发速率所控制的干缩而言,减缩剂的掺入似乎应当具有增加收缩的趋势。然而,试验结果表明,减缩剂的掺入确实加速了平面水分的蒸发,但是对于水泥石而言,反倒降低了内部水分在干燥环境下的蒸发速率。

　　图 4.51 是水胶比为 0.32,粉煤灰掺量为 50％的混凝土,使用钙矾石膨胀剂(PE)、有机减缩剂(SRA)对干燥条件下和密封条件下变形影响规律。掺钙矾石膨胀剂的粉煤灰混凝土拆模后的自身体积变形表现出膨胀,在 14d 左右达到最大值,之后渐趋稳定,这表明钙矾石类的膨胀剂在密封的条件下仍然能够表现出较好的膨胀效果,膨胀率超过 $2×10^{-4}$,可以消除自收缩,产生自膨胀。掺减缩剂的粉煤灰混凝土虽没有自身体积膨胀,但整个过程自收缩很小,54d 自收缩小于 $50×10^{-6}$。但是在养护 7d 之后再干燥的条件下,掺 15％PE 混凝土其干缩值最大,而掺减缩剂的混凝土表现出明显的优点,即在密封条件下虽然不能够膨胀,但是也可以显著降低自收缩,并且更为重要的是在干燥条件下仍然具有明显的减缩能力,其抑制干

燥收缩的能力相对较强。

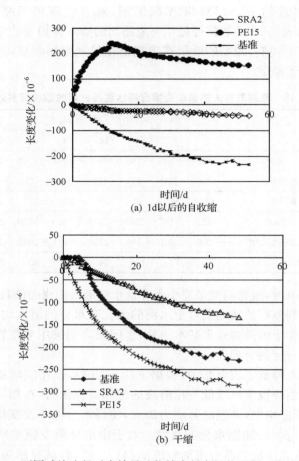

(a) 1d以后的自收缩

(b) 干缩

图 4.51　不同减缩途径对大掺量矿物掺合料高性能混凝土收缩的影响

　　通过以上的分析与比较可以看出,膨胀与减缩两种技术途径在减缩的原理和使用效果上均有着很大的不同,掺膨胀剂的混凝土在密封或者是养护充分的条件下有效的膨胀可以消除自收缩,而产生自膨胀现象,但是继续在干燥的环境条件养护下,其膨胀之后的收缩落差较不掺膨胀剂的混凝土更大;而减缩剂在其通常的掺量范围内虽然不能完全消除自收缩,但是在干燥条件下的减缩效果对于工程实际而言具有非常重要的意义。对这两种技术途径的科学和客观的认识将极大地有助于在工程实践中有效地减小和避免收缩,防止收缩引起的开裂;反之不仅不会达到预期的效果,甚至在工程实践中引起重大的工程事故。

4.5.2　养护对收缩的影响

浇筑成型的混凝土一个非常重要的质量控制程序即是养护,养护不仅仅是为了给混凝土提供一个饱水的水化空间,保障水泥的有效水化,同时也能避免早期水分的快速散失,防止开裂。对于实验室研究而言,养护是一件容易做到的事,然而在工程实践中,要想保障充足的养护时间,必须引起工程技术人员的关注。在工程实践中因为养护不足而引起的早期开裂现象屡见不鲜。

1. 表面饱湿养护对收缩的影响

作为传统的养护方式,在当代混凝土科学研究的今天仍然具有重要的意义,表面饱湿养护对于混凝土收缩的抑制作用主要表现在以下几个方面:

(1) 由于早期混凝土孔隙结构的主要特点是大孔比率高,孔隙连通性强,水分迁移阻力小,容易蒸发,且混凝土早期弹性模量发展还未成熟,抵抗变形的能力较弱,这些都有可能导致收缩加大。通过表面饱湿的措施,可以避免早期混凝土水分的过快蒸发,延缓收缩的速率。

(2) 对于高性能水泥基材料而言,表面饱湿养护可能对更早龄期(尤其是塑性阶段)具有更加重要的意义。随着泵送混凝土、免振自密实混凝土(SCC)的推广应用,流动度的增加所表现出来的一个不可忽视的问题就是塑性阶段表层水分蒸发更快,而超磨细矿物掺合料大量掺入,往往降低了泌水。当内部水分泌出的速率低于表层水分蒸发速率时,表层混凝土收缩,这种不均匀收缩所引起的塑性开裂已经成为影响高流态混凝土大面积推广使用的一个重要因素。因此,对于高性能水泥基材料而言,养护开始的时间需要提前。

由图 4.52 可见,对于水胶比 0.32,粉煤灰掺量为 30% 的硬化混凝土而言,养护龄期的延长对于干缩的终值并没有太大的影响。养护 3d 和 7d 的试件,在干燥 28d 龄期以前的干缩规律几乎相同,只是在最终的收缩值上养护 3d 的试件要稍稍高一些,而养护 28d 的试件,则表现出在早期的收缩发展速率相对较快,而后期的收缩终值则与养护 3d 龄期的试件几乎相当。这种养护龄期延长早期收缩较大的原因,有可能是养护促进了孔结构的进一步细化。因此根据本章所建立的干缩模型,小孔水分的蒸发会引起更大的收缩应力。养护促进了水泥和掺合料的水化,细化孔结构,养护龄期的延长有可能加大初期水分蒸发所引起的收缩应力;同时养护龄期的延长使得干缩开始时弹性模量增加,抵抗收缩变形的能力增强;孔结构的细化和改善作用又可以降低孔隙的连通性,增加里层水分向外表面迁移的难度,减小收缩。以上三方面矛盾作用的最终结果,使得表现出来的养护对于收缩终值的抑制作用并不明显。

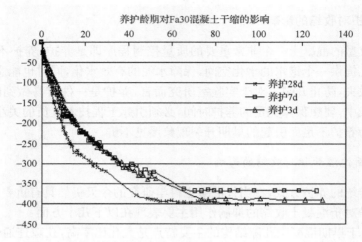

图 4.52　养护龄期对含 30％Fa(水胶比 0.32)混凝土干缩的影响

2. 自养护对收缩的影响

1) 自养护的机理

自养护作为一种减缩,尤其是抑制自收缩的新的技术途径,在提出之初尽管具有很好的概念,但是应用于水泥基材料中仍然缺乏一个科学的模型作为依据。比较一致的观念认为饱水轻细集料(LWFA)的替代比率和在水泥浆中的分布是决定其自养护效果的关键因素。本章的研究结合前面所建立的自收缩的理论力学模型,对自养护的理论模型进行了初步的探讨。如图 4.53 所示,假定 LWFA 在水泥石内部分布均匀,R_1 为 LWFA 里面的最大充水孔径,由于水泥或矿物外掺料的进一步水化,在相距为 x 的距离处首先消耗水泥浆中临界半径孔 R_2 里面的水分,临界半径的孔水分变空而形成弯液面。如果 $R_1 > R_2$,则由于毛细管张力的作用和能量最低原理,水分将会从饱和细轻集料内部向水泥浆中的 R_2 孔迁移,此时水分的迁移属于非饱和水的流动。在忽略重力势的条件下,迁移的驱动力为 R_1 和 R_2 之

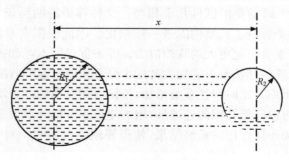

图 4.53　自养护抑制自收缩的模型

间的基质势梯度,在一维的情况下,即

$$\frac{\mathrm{d}P}{\mathrm{d}x} = -\frac{\mathrm{d}\Delta P}{\mathrm{d}x} = 2\frac{\gamma}{x}\left(\frac{1}{R_2} - \frac{1}{R_1}\right) \tag{4.71}$$

式中: $\frac{\mathrm{d}P}{\mathrm{d}x}$ 为距离为 x 的两孔之间水分迁移的驱动力;其他符号的含义同前。

在温度均匀的条件下,水分由饱水轻细集料中的大孔向水泥石的小孔迁移的速率则还要取决于水泥石本身的性质,即水泥石自身的导水能力。由于水分只能在孔道内迁移,导水能力的大小主要取决于孔隙的大小、几何形状和数量,以 k 值表示。因此,水分迁移的速率可以表示为

$$g = -k\frac{\mathrm{d}P}{\mathrm{d}x} = -\frac{\mathrm{d}\Delta P}{\mathrm{d}x} = 2\frac{\gamma}{x}k\left(\frac{1}{R_2} - \frac{1}{R_1}\right) \tag{4.72}$$

式中: g 为单位时间内通过垂直于水流方向的单位截面积的水量(kg/m³); k 为水泥石的渗透系数,与流体性质无关,即反映水泥石渗透性的指标;其他符号的含义同前。

由式(4.72)可以看出,要想抑制水泥石的自干燥收缩,必须在 LWFA 与水泥石之间存在着基质势梯度。从第 4 章和第 5 章中的分析可知,硬化水泥石半径大于 100nm 的孔水分消耗所引起的收缩可以忽略,对于多孔轻细集料而言临界半径的进一步降低同样可以引起收缩。因此理论上可以近似认为能够抑制自干燥收缩的轻细集料的有效水分应当是孔径大于 100nm 的孔里面的水分。

另外一个必须考虑的问题是 LWFA 的作用范围问题,轻集料中所预先吸入的水分必须要迁移到发生自干燥的水泥石孔隙中,也就是饱和细轻集料中相对较大的孔隙中的水分能够被周围多大范围的水泥浆有效地吸收。由式(4.72)可以看出,水分渗透的速率随着距离的增加而减小,因此在相同的掺量下,降低轻集料的粒径应当是提高其自养护效果的有效技术途径。尤其是对于低水胶比的高性能水泥基材料,由于水胶比的降低和矿物细掺料的火山灰反应,水泥石的渗透性大大降低。因此更应当减小 LWFA-水泥浆之间的距离。

综上所述,基于理论分析的结果表明,提高轻集料的弹性模量,控制轻集料的孔隙结构,并且在尽量不影响工作性的前提下,尽可能地减小轻集料的粒径,缩小水分迁移的传输半径,应当是提高其自养护效果的关键。

2) 自养护所需内部水源 w_e 的理论计算

由于 LWFA 或者是 SAP 的加入可能会降低水泥基材料的强度和弹性模量,确定合适的 LWFA 的替代比率,使之既能起到抑制自收缩的效果,又要兼顾对其他性能的影响,是自养护研究过程中一个首要解决的关键技术问题。为此研究人员已经开展的相关的研究工作,取得了一定的进展。Jensen-Hansen、Bentz 等针对纯水泥浆和掺硅灰的水泥浆进行了理论计算。

Bentz 等的研究认为所谓的"充分"的自养护需要保证水泥达到其可能达到的最大水化程度。也就是说,要保障低水胶比体系里形成水化产物的所需要的间距。在水化过程中由于化学减缩 CS 所消耗的水分 V_{wat} 为

$$V_{wat}(\text{m}^3 \text{ 水 }/\text{m}^3 \text{ 混凝土}) = \frac{C_f CS\alpha_{max}}{\rho} \tag{4.73}$$

式中:C_f 为单位水泥用量(kg/m^3);ρ 为水的密度(1000kg/m^3)。轻集料的孔隙率为 ϕ,饱和程度为 $S(0\text{-}1)$,则细轻集料的体积比率 V_{LWFA}(在配合比设计时,需要用预吸水的饱和细轻集料替代普通砂的比率)为

$$V_{LWFA} = \frac{V_{wat}}{S\phi} \tag{4.74}$$

该方程假定轻细集料里面所有的水分均能够为周围的水泥浆提供自养护。

3)自养护对水泥砂浆变形性能的影响

对于纯的水泥浆,LWFA 的掺入有效抑制了自收缩,抑制效果随其替代比率的增加而增强(图 4.54)。当引入的内部水源超过 15kg/m^3 时,则达到了较为理想的抑制效果。10kg/m^3 的内部水源使得水泥胶砂 3d、28d、180d 龄期的自收缩较纯的水泥浆分别降低了 66%、28% 和 30%。当引入的内部水源超过 15kg/m^3 时,相应龄期的自收缩降低值分别为 91%、77% 和 81%。自收缩值在 90d 之后趋于稳定,在 180d 几乎已经不再变化,15kg/m^3 的内部水源使得水泥胶砂的自收缩终值低于 1×10^{-4},大大低于基体的极限延伸率,这对于有效避免由于自收缩而引起的内部裂缝的衍生应当具有很好的效果。相应的干缩值要远远大于自收缩(大于 3倍的关系),从胶砂试件的结果看来,LWFA 对纯水泥浆干缩的抑制效果看不出来,掺与不掺 LWFA 对于干缩而言基本上没有影响。

50% 粉煤灰胶砂试件的干燥条件下的收缩值及密封条件下的自收缩要较纯水泥胶砂试件分别降低了 25% 左右(图 4.55),同样体现出大掺量粉煤灰对于干燥条件下收缩及自收缩的抑制效果。对于掺 50% 粉煤灰的密封胶砂试件,14d 龄期以前表现出膨胀,这种膨胀可能来源于钙矾石的生成,膨胀值随着 LWFA 替代比率的提高而增大,同时也使达到最大膨胀值的时间延迟到 28d,20kg/m^3 的内部水源使得水泥胶砂的 14d 膨胀值增加了 270%,之后由于进一步的水化开始收缩。LWFA 的掺入不仅有效抑制了掺粉煤灰胶砂最终的自收缩值,而且大大降低了膨胀之后的收缩落差(最大的膨胀值与最终的变形值之间的差距),这种效果同样随着 LWFA 的掺量的提高而明显加大。20kg/m^3 的内部水源使得密封条件下水泥胶砂最终表现为膨胀(18×10^{-6}),膨胀之后的收缩落差较不掺 LWFA 的降低了 57.5%。与纯的水泥胶砂相似的是,对于本次试验的胶砂试件,LWFA 的掺入对于干燥收缩几乎没有影响。

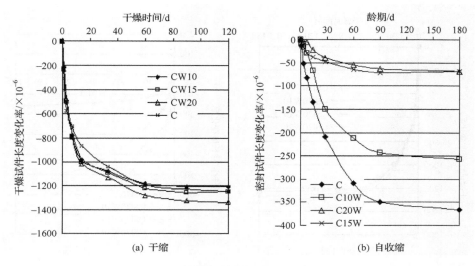

图 4.54　自养护对纯水泥胶砂变形的影响

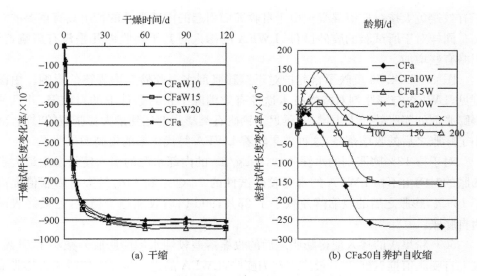

图 4.55　自养护对掺 50％Fa 水泥胶砂变形的影响

对于掺 70％磨细矿渣的密封胶砂试件，其密封条件下的自收缩终值较纯的水泥胶砂增加了 90％（图 4.56）。采用饱和细轻集料的技术途径有效降低了自收缩值，这种抑制的效果随着 LWFA 替代比率的提高而加强。与纯的水泥胶砂和掺 50％粉煤灰胶砂不同的是，引入的内部水源需要增加到 20kg/m³ 才能达到理想的效果。此时 3d、28d、180d 龄期的自收缩较不掺 LWFA 的胶砂分别降低了 72％、71％和 77％，自收缩终值低于 2×10⁻⁴，控制在基体的极限延伸率范围以内，这对

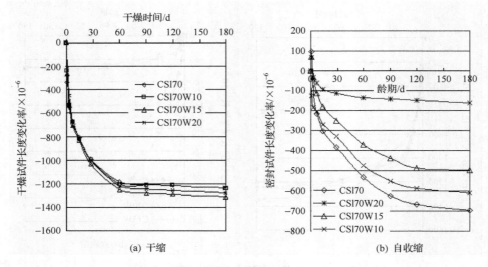

图 4.56 自养护对掺 70％矿渣水泥胶砂变形的影响

于有效避免大掺量矿渣混凝土由于自收缩而引起的内部裂缝的衍生具有重要的意义。同样对于所试验的胶砂试件，LWFA 的掺入对其干燥收缩几乎没有影响，甚至略有些增加。

图 4.57～4.59 反映了自养护对于掺膨胀剂水泥胶砂变形规律的影响。由图可见，LWFA 与膨胀剂双掺的技术途径有效消除了密封条件下的自收缩，并且使得膨胀剂的膨胀效能大大增加，延迟了钙矾石类膨胀剂达到最大膨胀值的时间，减小了膨胀之后的收缩落差，这种效果随着 LWFA 替代比率的提高而更明显。

对于掺 12％膨胀剂的水泥胶砂，$20kg/m^3$ 的内部水源的引入使得发生最大自膨胀的时间由不掺 LWFA 的水泥胶砂试件的 7d 延迟到 14d，最大自膨胀值提高了 169％，膨胀之后的收缩落差减小了 25％，90d 以后收缩趋于稳定，且最终表现为自膨胀。

50％粉煤灰的掺入使得膨胀之后的收缩落差较纯水泥膨胀胶砂减小了 51％，最大自膨胀值推迟到 28d，最终表现为膨胀，LWFA 的进一步掺入使得最大膨胀值推迟到 60d，$10kg/m^3$、$15kg/m^3$、$20kg/m^3$ 的内部水源的引入分别使得最大自膨胀值较不掺 LWFA 的胶砂试件提高了 87％、113％、127％，收缩之后的落差分别减小了 59％、52％、62％。这充分表明，大掺量粉煤灰与膨胀剂及 LWFA 的三重复合的技术措施，不仅可以增加钙矾石类膨胀剂的自膨胀效能，在保证相同膨胀率的前提下降低膨胀剂的掺量，延迟出现最大自膨胀的时间，减小自膨胀之后的收缩落差，提高混凝土的体积稳定性，对于抑制混凝土收缩裂缝和温度裂缝均能有较好的效果。

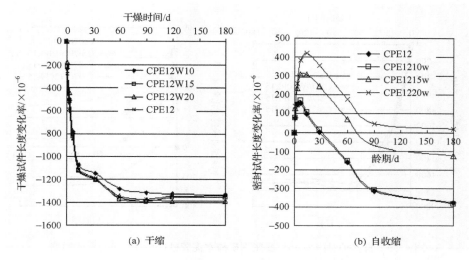

图 4.57　自养护对内掺 12％膨胀剂纯水泥胶砂变形的影响

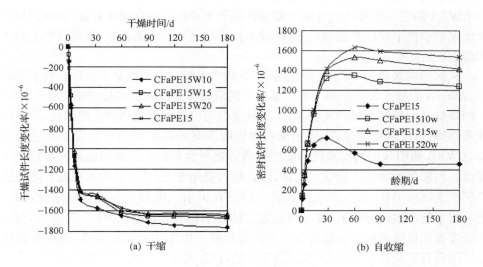

图 4.58　自养护对内掺 15％膨胀剂粉煤灰水泥胶砂(Fa＝30％)变形的影响

　　70％磨细矿渣的掺入使得自膨胀之后的收缩落差较纯水泥浆体的膨胀胶砂增加了 10％,最大自膨胀值提前到 3d。对于掺 70％的磨细矿渣的膨胀水泥胶砂(膨胀剂的掺量同样为 15％),10kg/m³、15kg/m³、20kg/m³ 的内部水源的引入分别使得最大自膨胀值较不掺 LWFA 的胶砂试件提高了 72％、107％、102％,收缩之后的落差分别减小了 59％、52％、62％。

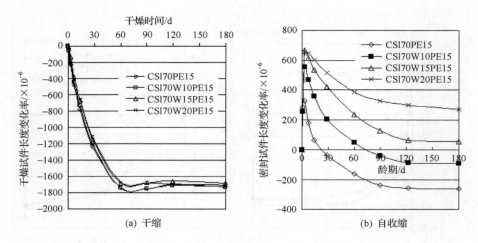

图 4.59　自养护对内掺 15％膨胀剂矿渣水泥胶砂（Sl＝70％）变形的影响

　　以上结果表明，磨细矿渣与膨胀剂双掺的效果可能会增大裂缝出现的可能性，而 LWFA 的进一步掺入则可能会增加钙矾石类膨胀剂的自膨胀效能，在保证相同膨胀率的前提下降低膨胀剂的掺量，减小自膨胀之后的收缩落差，提高混凝土的体积稳定性。

　　从试验结果看来，对于水胶比为 0.30 的水泥胶砂及大掺量矿物掺合料水泥胶砂，LWFA 的掺入大大提高了密封条件下钙矾石类膨胀剂的膨胀效能。由于水胶比的降低及矿物掺合料的大量掺入，其结果都使得混凝土基体的孔隙细化，孔隙的连通性降低，结构更加致密，而钙矾石类的膨胀剂的膨胀源的产生需要充足的水源，LWFA 所引入的内部水源为膨胀源的有效产生和膨胀后期的稳定发展提供了保障。而膨胀的水化产物填充孔隙，使孔结构更加细化，膨胀之后水泥或矿物外掺料仍然会继续消耗水分，产生自收缩。LWFA 的引入能够进一步提供水分，减小进一步水化产生的自收缩，减小膨胀之后的收缩落差。因此 LWFA 的掺入，对于充分发挥和保障钙矾石类膨胀剂在高性能混凝土中应用的膨胀效能，提高其膨胀之后的自身体积稳定性，真正起到膨胀补偿收缩，避免开裂具有重要的意义。

　　由于此处采用的是 25mm×25mm×280mm 的细棱柱体胶砂试件，且干燥收缩是由表及里逐渐干燥的过程，在持续干燥的外部条件下，细棱柱体试件的整个断面上都有可能完全干燥。也就是说，LWFA 里面吸入的水分也可能会部分蒸发，从而影响其抑制干燥收缩的效果。此外根据复合材料的理论，LWFA 多孔集料替代普通砂本身对弹性模量也有降低，在蒸发相同的水分和增加相同的表面能的情况下引起的干缩值也可能加大。因此对于这种小尺寸的试件，LWFA 抑制干燥条件下收缩的效果不明显是可以理解的。试验结果还表明，LWFA 的引入并未增加干缩。关于试件尺寸对 LWFA 抑制收缩效果的影响，可以在后面混凝土试验结果显示出来。

4）自养护对水泥砂浆强度的影响

如图 4.60 和图 4.61 所示为 LWFA 的掺入对于胶砂抗压强度和抗折强度的影响规律。通常限制 LWFA 应用的一个关键技术难题就是会降低强度。从试验结果来看，在保证相同初始水胶比的前提下，在试验的掺量范围内，总体而言，LWFA的掺入降低了标准养护条件下试件的强度。随着 LWFA 掺量的提高，强度降低更加明显，降低的最大幅度未超过 20% 的范围。然而情况并非完全如此，如掺膨胀剂的胶砂试件，强度尤其是抗折强度还有所增加，10kg/m³ 的内部水源的引入在某些情况下还增加了胶砂强度。对于纯的水泥胶砂，10kg/m³ 的内部水源的引入使得抗压强度增加了 7.1%，抗折强度提高了 13.6%。但是为了达到理想的自养护效果，根据前面的试验结果来看，需要 15kg/m³ 的内部水源，此时抗压强度提高了 3.1%，抗折强度降低了 21%。对于掺膨胀剂的水泥胶砂，20kg/m³ 的内部水源的引入使得水泥胶砂抗压强度仅提高了 1.2%，而抗折强度增加了 7.0%。

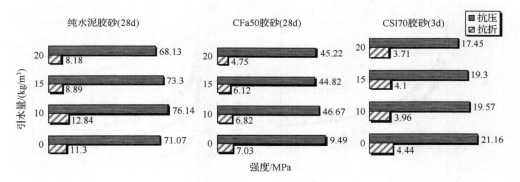

图 4.60　自养护对水泥胶砂强度的影响

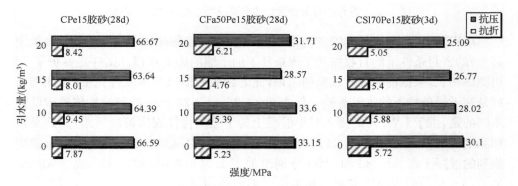

图 4.61　自养护对掺膨胀剂水泥胶砂强度的影响

　　这里显示的是标准养护条件下的试验结果。研究结果表明,为了尽可能低地降低 LWFA 对于力学性能的不利影响,必须控制 LWFA 的掺量,或者是采取有效技术途径(如增加减水剂的掺量降低水胶比)来适当弥补由于 LWFA 对于强度的负面效应。膨胀剂与 LWFA 复掺也可能是一种方法,已有的研究结果表明,约束条件下膨胀效能的增大会明显提高试件的力学强度。标准养护的试验结果是在养护充分的条件下得到的。值得一提的是,在工程使用环境中,这种充分的养护条件很难达到,因此此时自养护的优势更能发挥。因此更进一步的研究有必要对比在干燥条件下养护 LWFA 对力学性能的影响规律。

　　5) 自养护对大掺量磨细矿渣混凝土性能的影响

　　根据前面的试验结果,磨细矿渣的掺入明显增加了混凝土的自收缩。因此在水泥胶砂试验结果的基础上,进一步研究了 LWFA 对于大掺量磨细矿渣混凝土变形性能的影响规律,试验结果如图 4.62 所示。

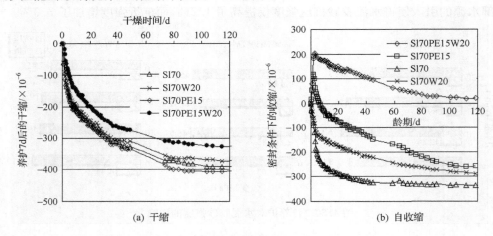

图 4.62　自养护对大掺量磨细矿渣混凝土变形性能的影响

　　LWFA 对于掺 70% 磨细矿渣混凝土和磨细矿渣膨胀混凝土(膨胀剂掺量为15%)的密封条件下的自收缩和干燥条件下的干缩的影响规律。试件是养护了 7d 再测试初长,根据前面胶砂试验的结果,此时膨胀效能已基本发挥完全,因此测出的是在干燥条件下的收缩落差。与 25mm×25mm×280mm 的细棱柱体胶砂试件不同的是,由于 LWFA 的掺入对于混凝土的干缩同样体现出抑制效果,尤其是掺膨胀剂的混凝土尤为明显,15% 的膨胀剂的掺入使得混凝土的收缩落差较未掺膨胀剂的混凝土在 3d、28d 和 120d 分别增加了 2.5%、2.0% 和 3.8%,而 20kg/m³ 的内部水源的引入使得其相应龄期的干缩值分别降低了 53%、18%、16.7%。因此,尽管 LWFA 的掺入有可能降低弹性模量从而有增加干缩的趋势,但是在大掺量磨细矿渣混凝土里面更加显著地发挥了提供内部水源的作用。磨细矿渣的大量掺入本身就降低了孔隙的连通性，使得水分由外及里的迁移速率降低，LWFA 所引入的内部水源更多地用来保障膨胀源效能的稳定发挥，因此对干燥收缩落差起到了更好的抑制效果。由此也可以看出试件的尺寸效应，如果内层水分向外迁移的速率不小于外层水分向周围环境的蒸发速率，对干缩的抑制效果就更能得到保障。对于厚尺寸试件，在大气环境中的干湿循环作用下，LWFA 还可以起到微小的储水池的作用。在雨水季节储存水分，在干燥季节再逐渐释放出来，这种自动调节的功能类似于智能混凝土，对于提高混凝土的体积稳定性应当具有积极的意义。

由图 4.62 可以看出，自养护对于大掺量磨细矿渣混凝土自收缩的影响规律。由图 4.62 还可见，70% 的磨细矿渣混凝土测出的自收缩值接近于其干燥条件下的收缩落差的 86%，20kg/m³ 的内部水源的引入使其 120d 的自收缩值降低了 13.6%。15% 的膨胀剂的掺入使其自收缩值降低了 23.7%，但是达到最大自膨胀值后的收缩落差增加了 10.7%。LWFA 与膨胀剂双掺的结果有效消除了大掺量磨细矿渣混凝土的密封条件下的自收缩，使得膨胀剂的膨胀效能增大，最大膨胀值较不掺 LWFA 的混凝土增加了 84.4%，膨胀之后的收缩落差降低了 51.5%。试验结果进一步证实了 LWFA 与膨胀剂双掺的技术途径相互促进，优势互补，有效控制了大掺量磨细矿渣混凝土的自身体积稳定性。

4.6 大掺量活性掺合料高性能混凝土徐变特性及机理

徐变是混凝土材料的一个重要特性，20 世纪 30 年代人们发现了普通低强度等级水泥混凝土的徐变特性。很多研究者进行了大量系统的研究，得到了大量翔实的试验数据和徐变机理，提出了黏性流动理论、渗流理论、黏弹性理论、微裂纹理论、固化理论、微预应力理论等多种理论解释混凝土的徐变现象。但由于徐变问题的复杂性，以往提出的种种徐变机理，没有一种能普遍适用的理论，即使是同一理论，也存在很大的分歧。一些学者认为，徐变和收缩可以看做同一种现象来考虑，只不过徐变受到外载荷作用而收缩不受载荷作用，他们均和相对湿度、试件尺寸、载荷和温度等几个因素相关。一些研究者发现，部分或者全部除掉水泥浆中的水后，净浆的徐变会减小，没有蒸发水的试件没有徐变。Powers 强调载荷方向上水的扩散，附加的载荷改变了吸附水的自由能导致混凝土徐变。Mullen 和 Dolch 研究发现，烘干的水泥石试件没有任何徐变，因此认为水的运动是徐变的主要机理。Feldman 却认为，逐渐的结晶化或层状的硅酸盐材料的熟化导致分层程度增加产生了徐变，水的运动不是主要机理。Wittmann 指出，按照 Powers 和 Feldman 的模型，如果试件充分干燥徐变为零，但他自己的试验数据与此矛盾，即使充分干燥的试件也会有明显的徐变。Day 等认为，第一次干燥使混凝土的结构产生重大的变化，加载前的干燥程度直接影响徐变值的大小。Tamtsia 指出，水的运动不是徐变产生的主要原因,硬化水泥浆的徐变主要是由相邻的 C-S-H 粒子的微滑移造成的。综上所述,不仅在研究结果和学术观点上不统一,特别对掺有活性掺合料的高性能混凝土其徐变规律、机理尚未见报道。

建立可靠的徐变方程对预应力混凝土结构工程施工及结构分析具有很强的指导作用和科学依据,因此一些研究者在大量试验的基础上建立了用于预测混凝土徐变的数学模型。其中在国际上影响较大的有 ACI209 模型、CEB90 模型及 B3 模型。ACI209 模型是美国混凝土协会的现行标准,它被美国、加拿大、新西兰、澳大利亚等国家的建筑规范广泛采纳。ACI209 模型是一个纯经验模型,以 Branson 等的试验数据为基础,试验中所用的试件为 150mm×300mm 的标准圆柱体试件,通过大量的试验数据拟合而成,收缩率和徐变率表示为时间的函数。在该模型中,考虑了以下参数:相对湿度、混凝土构件尺寸、加载时混凝土抗压强度、水泥类型、粗细集料比例和加载龄期。该模型适合于 Ⅰ 型水泥(普通或快硬水泥)和 Ⅲ 型水泥(快硬高强水泥),相对湿度范围为 40%～100%。CEB90 模型是欧洲国际混凝土委员会和国际预应力联合会采用的混凝土收缩徐变预测模型。在该模型中考虑了下列影响收缩和徐变的因素:相对湿度、混凝土构件暴露情况、混凝土构件尺寸、水泥品种、水泥模量和混凝土加载龄期。在该模型中养护方法和持续时间不予考虑。该模型适用于混凝土养护湿度在 40%～100%,平均温度在 5～30℃,混凝土 28d 抗压强度为 20～90MPa,常温养护不超过 14d。B3 模型是混凝土收缩徐变较新的一个预测模型,由美国西北大学 Bazant 和 Baweja 教授开发的,它的前身是 1978 年的 BP 预测模型和 1991 年的 BP-KX 模型。B3 模型基本上是对 BP-KX 模型的扩展。该模型中预测收缩和徐变考虑了以下因素:相对湿度、混凝土构件暴露情况、混凝土构件尺寸、混凝土试件形状、混凝土试件 28d 强度、水灰比、水泥用量、水泥品种、混凝土试件 28d 弹性模量、粗细集料含量、混凝土开始干燥的龄期、混凝土加载龄期。该模型适用条件为:抗压强度从 17.2～69MPa,相对湿度为 40%～100%,水灰比为 0.3～0.85,水泥用量为 160～719kg/m³,集料与水泥的比例为 2.5～13.5,混凝土加载龄期不小于混凝土养护结束龄期。在上述模型中,考虑的影响徐变的因素基本类似,但均没有考虑活性掺合料掺量对徐变的影响。有的模型只是简单地考虑了水泥品种的影响,把水泥划分为三种类型,其中 Ⅱ 型水泥类似我国加入活性掺合料的水泥,因此无法体现不同品种、不同掺量活性掺合料对混凝土徐变的影响,也无法准确预测掺有活性掺合料的混凝土的徐变性能。

目前,纯水泥材料的徐变机理尚存在很大争议,加入活性掺合料后,混凝土的徐变机理将变得更为复杂,国内外对于大掺量活性掺合料对混凝土徐变机理研究极少。混凝土的徐变是重要和重大土木工程,尤其是预应力结构极为关键的性能之一。因此,研究活性掺合料对高性能混凝土徐变性能的影响、剖析其影响机理并建立可用于预测掺有磨细矿渣或粉煤灰混凝土徐变的数学模型具有重大的战略意义,也为预应力混凝土工程提高理论依据。水灰比、集灰比、温湿度、加载龄期和载荷水平对混凝土的徐变均有很大影响,但考虑到本研究的关键问题是揭示粉煤灰及磨细矿渣对高性能混凝土徐变的影响,研究的重点放在不同掺量的粉煤灰、磨细矿渣及其复合对混凝土徐变的影响。其他因素则作为固定值考虑。

4.6.1 磨细矿渣掺量对混凝土徐变的影响规律

按照国家规范 GBJ 81—85 测试混凝土的徐变度,不同磨细矿渣(GGBS)掺量的高性能混凝土徐变度随加载龄期的变化规律如图 4.63 所示。当磨细矿渣掺量为 30% 和 50% 时,其对混凝土徐变性能的影响不大,掺量为 0%、30% 和 50% 的三条曲线比较接近,磨细矿渣掺量为 30% 时的徐变比空白混凝土稍大,磨细矿渣掺量为 50% 时的徐变比空白混凝土稍小,并且这三条曲线均出现了收敛的趋势;矿渣掺量为 80% 时,混凝土的徐变度大幅度增大,并且没有出现收敛的趋势,其 1a 的徐变度达到了空白混凝土的 1.74 倍。

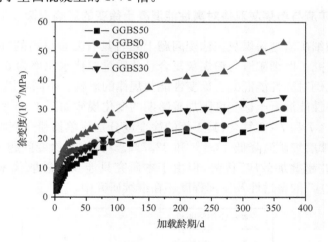

图 4.63 不同磨细矿渣掺量下混凝土的徐变度

4.6.2 粉煤灰掺量对高性能混凝土徐变规律的影响

不同粉煤灰掺量的高性能混凝土徐变度随加载龄期的变化规律如图 4.64 所示,当粉煤灰掺量为 30% 时,混凝土抵抗徐变的能力得到大幅度提升,其 1a 的徐变度仅为不掺粉煤灰混凝土的 46.5%;粉煤灰掺量为 50% 时,混凝土的徐变与不掺粉煤灰的混凝土非常接近,在这两个掺量下混凝土的徐变度曲线均出现了收敛趋势。

上述试验结果充分表明,总体上粉煤灰的掺入能有效减小混凝土的徐变值,但减小的程度和粉煤灰掺量密切相关。

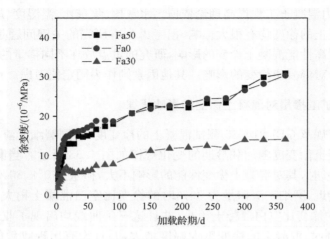

图 4.64　不同粉煤灰掺量下混凝土的徐变度

4.6.3　磨细矿渣与粉煤灰双掺对高性能混凝土徐变的影响规律

　　为探索磨细矿渣与粉煤灰在徐变问题上是否具有复合材料的"超叠加效应"，作者还特别研究了磨细矿渣与粉煤灰复合且总质量取代水泥率为 50%，矿渣和粉煤灰的复合比例对高性能混凝土徐变性能与规律的影响。不同粉煤灰与磨细矿渣取代比例的高性能混凝土徐变度随加载龄期的变化规律如图 4.65 所示，粉煤灰与磨细矿渣以 3∶7 和 7∶3 复合，其 1 年的徐变度分别比单掺粉煤灰降低 24.9% 和 33.3%，比单掺磨细矿渣降低 13.1% 和 22.7%。可见，在徐变问题上也存在因双掺而反映出的"超叠加效应"优势，但由于本研究只涉及了总取代率为 50% 的情况，"超叠加效应"的普适性及发挥程度还在继续研究中。

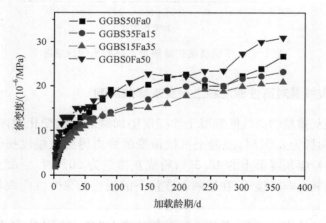

图 4.65　粉煤灰与磨细矿渣双掺混凝土的徐变度

4.6.4　活性掺合料对高性能混凝土徐变的影响机理

1. 磨细矿渣掺量对高性能混凝土徐变的影响机理

为了揭示磨细矿渣掺量对高性能混凝土徐变的影响机理,对水泥-磨细矿渣体系的水化产物数量进行了研究,并应用 SEM 观测未水化矿渣颗粒与基体的界面区结合情况。

1) 磨细矿渣掺量对磨细矿渣-水泥体系非蒸发水量的影响规律

经过 D-干燥后大部分存在于 C-S-H 凝胶、AFm 相及水滑石类物相层间结构中的水,以及大部分存在于 AFt 晶体结构中的化学结合水被脱出,而仍保留在水化产物结构中的水则称为非蒸发水。在研究中往往采用与 D-干燥相当的干燥方法,即将试样在 105℃、无 CO_2、湿度不控制的条件下干燥至恒重。经 105℃ 干燥的试样于 950℃ 下灼烧至恒重,测得试样的烧失量,校正干基物料在相同灼烧温度下的烧失量,换算成单位质量干基物料的烧失量即得非蒸发水量(图 4.66)。

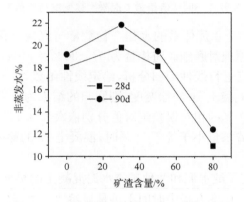

图 4.66　不同磨细矿渣掺量的非蒸发水含量

磨细矿渣-水泥体系在不同磨细矿渣掺量下的非蒸发水,因其含量间接反映水化产物的数量,说明矿渣掺量为 30% 时体系的水化产物最多,之后随磨细矿渣掺量增加而减小。当磨细矿渣掺量为 80% 时,体系的水化产物已降到相当低的水平。

2) 磨细矿渣-水泥体系非蒸发水量与混凝土徐变度的相关性分析

对不同磨细矿渣掺量下高性能混凝土加载 1a 后的徐变度与磨细矿渣-水泥体系养护 28d 的非蒸发水量进行相关性分析,如图 4.67 所示。磨细矿渣掺量为 0%、30% 和 50% 时,混凝土的徐变度和体系的非蒸发水量存在很强的相关性,两条曲线的变化规律很相近。磨细矿渣掺量为 30% 时的水化产物数量最多,其徐变度也最大,掺量为 50% 时体系的水化产物与不掺矿渣相近,其徐变度也很接近。

由于非蒸发水量间接反映水化产物数量,说明当磨细矿渣掺量小于等于 50%时,混凝土的徐变度与磨细矿渣-水泥体系的水化产物数量存在较好的线性相关关系,体系的水化产物数量越多,混凝土徐变度越大。

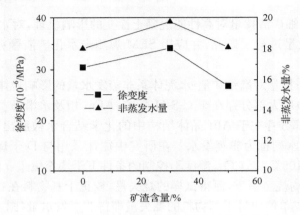

图 4.67　不同矿渣掺量下混凝土徐变度与非蒸发水

为了证明磨细矿渣-水泥体系的水化产物数量与混凝土徐变度间的线性相关性,应用最小二乘法原理对磨细矿渣掺量为 0%、30%及 50%时体系的非蒸发水量和混凝土 1a 的徐变度进行线性回归分析,给定线性函数为:$y = kx$,其中 x 代表非蒸发水量,y 代表混凝土 1a 的徐变度,则回归的结果为 $y = 1.636x$,磨细矿渣掺量为 0%、30%及 50%的相对误差绝对值分别依次为 3.1%、5.6%和 9.7%。因此,可认为当磨细矿渣掺量小于等于 50%时,混凝土 1a 的徐变度与体系非蒸发水量呈线性关系。

de Schutter 研究了纯水泥和两种矿渣水泥混凝土的早期基本徐变,发现徐变与水化程度直接相关,徐变方程中时间不再是显参数。根据分析可知,当磨细矿渣掺量小于等于 50%时,混凝土 1a 的徐变度与体系非蒸发水量呈线性关系,水化程度与非蒸发水量存在一致性。

3) 磨细矿渣掺量对高性能混凝土徐变影响机理

固定水胶比(0.35)、集料品种(破碎石灰石和河沙)、浆集比(0.35)、环境湿度(RH=60%±5%)、环境温度(20℃±1℃)等因素,只考虑磨细矿渣掺量对高性能混凝土徐变性能的影响时,可以理解为矿渣-水泥体系的水化产物数量和矿渣与基体的界面结合情况是决定高性能混凝土徐变性能的两大主要因素。在水泥-磨细矿渣体系中,磨细矿渣存在一临界掺量,使得水化产物数量刚好可以填充未水化颗粒的空隙。当磨细矿渣掺量小于临界值时,界面结合情况良好,可忽略其对徐变性能的影响,混凝土的徐变度与体系的非蒸发水量呈线性关系;当矿渣掺量超过临界值时,混凝土的徐变性能受到体系水化产物数量和磨细矿渣界面结合情况这两大因素的共同作用,并且随着矿渣掺量的继续提高,界面结合情况对混凝土徐变性能的负面影响显著增强。

磨细矿渣掺量对高性能混凝土徐变的影响规律简图如图 4.68 所示,$F_1(x)$ 代表体系水化产物对混凝土徐变的影响,$F_2(x)$ 代表磨细矿渣与基体的界面结合状况对混凝土徐变的负面效应,$F(x)$ 代表磨细矿渣掺量对高性能混凝土徐变度的影响规律,$F(x) = F_1(x) + F_2(x)$。这里给出的只是示意图,对于其具体的函数关系,$F_1(x)$ 可以通过非蒸发水量拟合得到,$F_2(x)$ 还需要进一步深入研究。

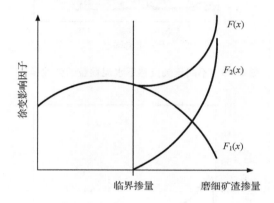

图 4.68 磨细矿渣掺量对高性能混凝土徐变度影响

2. 粉煤灰掺量对高性能混凝土徐变的影响机理

为了揭示粉煤灰掺量对高性能混凝土徐变的影响机理,本节应用纳米压痕技术测试了水泥、磨细矿渣及粉煤灰微颗粒的弹性模量。

1) 应用纳米压痕力学测试系统测试水泥、磨细矿渣及粉煤灰颗粒的弹性模量

由于纳米硬度仪对颗粒表面光洁度要求较高,当颗粒表面的光洁度达不到仪器测试要求时,仪器自动退出工作,在各种材料的 9 个测点中,均有 6 个测试点表明状况良好,测试结果才较为理想,其余测点表面状况较差。虽然在试验过程中均需严格操作才能测得了弹性模量,但却无法测得颗粒的纳米硬度,因此某些测试点的弹性模量不能代表颗粒的真实弹性模量。取状态良好的测试点的弹性模量结果来评价水泥、磨细矿渣及粉煤灰颗粒的弹性模量,这些测试点在加载过程中不同压头位移下的弹性模量如图 4.69～4.71 所示。

在压头与水泥、磨细矿渣或粉煤灰颗粒表面刚刚接触时的弹性模量波动较大,但 500～1500nm 间弹性模量曲线趋于平直。因此取该段的平均值作为每个颗粒的加载弹性模量,仪器直接计算出了每个测点的卸载弹性模量,各测试点的加载模量和卸载模量、样本均值 $\overline{X}$、样本标准差 S 及变异系数 C_v,如表 4.20 所示。

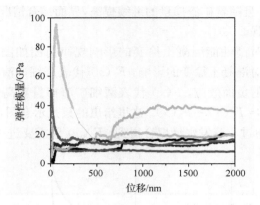

图 4.69　不同压头位移下水泥颗粒的弹性模量

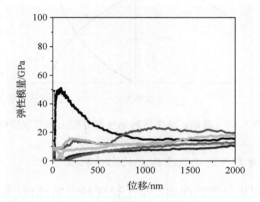

图 4.70　不同压头位移下磨细矿渣颗粒的弹性模量

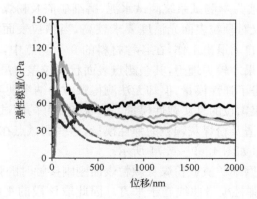

图 4.71　不同压头位移下粉煤灰颗粒的弹性模量

表 4.20　水泥、磨细矿渣及粉煤灰颗粒的加载模量与卸载模量　　（单位：GPa）

材料		测试号								
		1	2	3	4	5	6	$\overline{X}$	S	C_v
水泥	加载	14.139	30.728	8.925	13.858	13.725	20.045	16.903	7.637	0.452
	卸载	14.548	33.592	8.043	19.000	17.492	19.436	18.685	8.422	0.451
矿粉	加载	8.559	11.727	7.386	11.395	19.164	17.385	12.603	4.727	0.375
	卸载	12.348	17.766	10.927	10.928	19.217	15.083	14.378	3.559	0.248
粉煤灰	加载	58.941	19.469	45.946	45.248	36.252	17.220	37.179	16.300	0.438
	卸载	55.254	19.256	35.630	40.464	39.795	17.924	34.721	14.160	0.408

加载模量与卸载模量相差不大，由于卸载模量能更加真实地反映材料的弹性性能，本书采用卸载模量评价水泥、磨细矿渣及粉煤灰颗粒的弹性模量。假定各种颗粒的弹性模量均服从正态分布，根据数理统计知识可知，各种颗粒的弹性模量具有 95% 保证概率的置信区间为

$$\left[\overline{X} - \frac{S}{\sqrt{n}} t_{\frac{\alpha}{2}}(n-1), \overline{X} + \frac{S}{\sqrt{n}} t_{\frac{\alpha}{2}}(n-1) \right] \tag{4.75}$$

把各种颗粒的 $\overline{X}$ 和 S，$n = 6$，$t_{0.025}(5) = 2.5706$ 代入式(4.75)，可计算出水泥、磨细矿渣和粉煤灰颗粒的弹性模量具有 95% 保证概率的置信区间分别为：[9.847GPa，27.523GPa]、[10.643GPa，18.113GPa] 和 [19.861GPa，49.580GPa]。

通过比较样本均值可知，磨细矿渣颗粒的弹性模量略小于水泥颗粒，粉煤灰颗粒弹性模量大约为水泥颗粒弹性模量的 2 倍。比较变异系数可知，水泥与粉煤灰颗粒弹性模量的离散度较大，磨细矿渣的离散度较小。

2）粉煤灰掺量对高性能混凝土徐变的影响机理

固定水胶比（0.35）、集料品种（破碎石灰石和河沙）、浆集比（0.35）、环境湿度（RH＝60%±5%）、环境温度（20℃±1℃）等因素，只考虑粉煤灰掺量对高性能混凝土徐变性能的影响时，可以理解为粉煤灰具有高弹高强特性，与水泥水化产物发生二次水化反应。在改善混凝土中基体与粗集料界面的同时，也使得未水化粉煤灰颗粒深深锚固于水泥石之中发挥"高弹、高强的微集料效应"，因此对混凝土的变形，尤其是徐变变形有较强的抑制和抵抗作用。未水化粉煤灰颗粒越多，"微集料"越大，这种"微集料效应"对徐变抑制作用的发挥程度受到化学结合程度的影响，粉煤灰反应程度越大，其化学结合就越强，"微集料效应"发挥程度就越高。随着粉煤灰掺量的增加，未水化粉煤灰颗粒越多，"微集料"也越多，对徐变抑制作用不断增强，但随着粉煤灰掺量的增大，粉煤灰水化程度越低，其化学结合不断减弱，"微集料效应"发挥程度减小，抑制徐变的能力随之降低。这二者的贡献之和体现了粉煤

灰对混凝土徐变性能的影响,如图 4.72 所示。

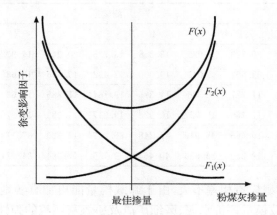

图 4.72　粉煤灰掺量对高性能混凝土徐变度影响规律简图

$F_1(x)$ 代表"微集料效应"对混凝土徐变的抑制作用,$F_2(x)$ 粉煤灰与基体的界面结合状况对"微集料效应"发挥的负面效应,$F(x)$ 代表粉煤灰掺量对高性能混凝土徐变度的影响规律,$F(x) = F_1(x) + F_2(x)$。

3. 不同掺量活性掺合料高性能混凝土的徐变方程

对掺有不同品种(磨细矿渣和粉煤灰)及不同掺量的活性掺合料高性能混凝土徐变度进行拟合,拟合方程为

$$C(t,28) = A[\ln(t+1)]^{1.55} \tag{4.76}$$

式中:$C(t,28)$ 为 28d 龄期加载混凝土徐变度;t 为加载持续时间(d);A 为与活性掺合料品种和掺量有关的系数。试验数据和拟合曲线如图 4.73~4.80 所示,拟合系数 A 及其误差如表 4.21 所示。

表 4.21　不同活性掺合料掺量及品种高性能混凝土的徐变度拟合系数

	S0F0	S30F0	S50F0	S80F0	S0F30	S0F50	S35F15	S15F35
A	1.97009	2.14053	1.60472	3.05442	0.90155	1.87694	1.46294	1.33547
误差	0.07128	0.01796	0.02205	0.04868	0.02458	0.04371	0.0222	0.01405

对于掺有磨细矿渣的高性能混凝土,拟合后徐变度方程中的系数 A 与磨细矿渣掺量间的关系再次进行拟合,数据 A 和拟合曲线如图 4.81 和图 4.82 所示。可得拟合方程如下:

$$C_{GGBS}(t,28) = (1.97 + 2.88x - 8x^2 + 0.00131e^{10x})[\ln(t+1)]^{1.55} \tag{4.77}$$

式中:$C_{GGBS}(t,28)$ 为 28d 龄期加载掺有磨细矿渣高性能混凝土徐变度;x 为矿渣占胶凝材料的质量分数;t 为加载持续时间(d)。

对于掺有粉煤灰的高性能混凝土,对拟合后徐变度方程中的系数 A 与粉煤灰掺量间的关系再次进行拟合,可得拟合方程如下:

$$C_{\mathrm{GGBS}}(t,28) = (1.97 - 8.625x + 16.878x^2)[\ln(t+1)]^{1.55} \qquad (4.78)$$

式中: $C_{\mathrm{GGBS}}(t,28)$ 为 28d 龄期加载掺有 Ⅰ 级粉煤灰高性能混凝土徐变度; x 为粉煤灰占胶凝材料的质量分数; t 为加载持续时间(d)。

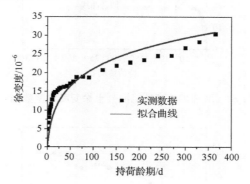

图 4.73　不掺磨细矿渣及粉煤灰时高性能混凝土徐变度试验数据与拟合曲线

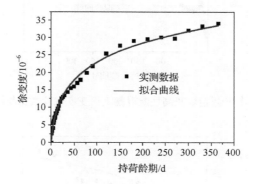

图 4.74　掺 30% 磨细矿渣高性能混凝土徐变度试验数据与拟合曲线

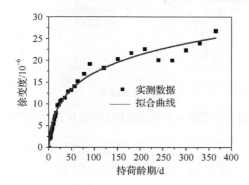

图 4.75　掺 50% 磨细矿渣高性能混凝土徐变度试验数据与拟合曲线

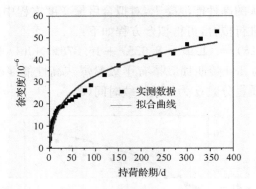

图 4.76　掺 80％磨细矿渣高性能混凝土徐变度试验数据与拟合曲线

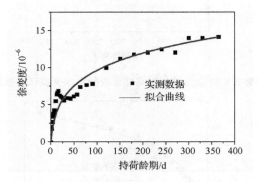

图 4.77　掺 30％粉煤灰高性能混凝土徐变度试验数据与拟合曲线

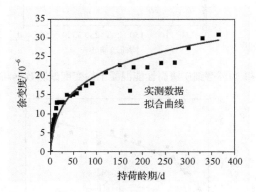

图 4.78　掺 50％粉煤灰高性能混凝土徐变度试验数据与拟合曲线

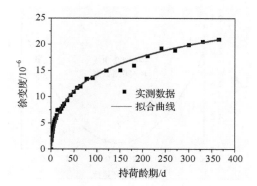

图 4.79　掺 35％粉煤灰及 15％磨细矿渣高性能混凝土徐变度试验数据与拟合曲线

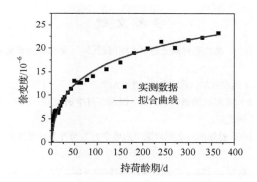

图 4.80　掺 15％粉煤灰及 35％磨细矿渣高性能混凝土徐变度试验数据与拟合曲线

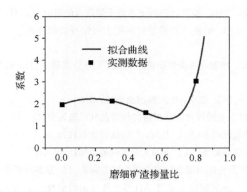

图 4.81　掺有磨细矿渣高性能混凝土徐变度方程系数 A 的拟合曲线

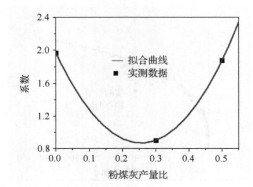

图 4.82　掺有粉煤灰高性能混凝土徐变度方程系数 A 的拟合曲线

参 考 文 献

安明喆，朱金铨，覃维祖. 2002. 高性能混凝土的自收缩问题[M]. 矿渣微粉研究和应用论文集. 上海：远东出版社：154—159.

安明喆. 1999. 高性能混凝土的自收缩[D]. 北京：清华大学.

关英俊. 1992. 混凝土自身体积变形试验研究[C]//中国水电科学研究院. 水利水电科学研究论文集（第9集）. 北京：中国水电科学研究院.

何真，祝雯，张丽君，等. 2005. 粉煤灰对水泥砂浆早期电学行为与开裂敏感性影响研究[J]. 长江科学院院报，22(2)：43—46.

黄国兴. 1990. 混凝土的收缩[M]. 北京：中国铁道出版社：21—23.

惠荣炎，黄国兴，易冰若. 1985. 安康工程粉煤灰混凝土依时性变形的试验研究[C]. 水利水电科学研究院论文集.

蒋正武，孙振平，王培铭，等. 2004. 高性能混凝土中自干燥效应的研究[J]. 建筑材料学报，7(1)：19—24.

梁文泉，王信刚，何真，等. 2004. 矿渣微粉掺量对混凝土收缩开裂的影响[J]. 武汉大学学报（工学版），37(1)：77—81.

秦鸿根，潘刚华，孙伟. 2002. 掺粉煤灰高性能桥用混凝土变形性能研究[J]. 东南大学学报（自然科学版），32(5)：779—782.

沈旦申. 1989. 粉煤灰混凝土[M]. 北京：中国铁道出版社：210.

田倩. 2006. 低水胶比大掺量工业废渣水泥基材料的收缩及其机理研究[D]. 南京：东南大学.

吴中伟，廉慧珍. 1992. 高性能混凝土[M]. 北京：中国铁道出版社：279.

吴中伟，廉慧珍. 1999. 高性能混凝土[M]. 北京：中国铁道出版社：270.

杨全兵. 1998. 水中养护两年高性能混凝土的自干燥问题的研究[J]. 建筑材料学报，1(3)：215—222.

叶华，赵建青，张宇. 2003. 吸水树脂水泥基材料自养护外加剂的研究[J]. 华南理工大学学报（自然科学版），31(11)：41—44.

赵庆新，孙伟，郑克仁，等. 2005. 水泥、矿粉、粉煤灰颗粒弹性模量的比较[J]. 硅酸盐学报，33(7)：837—841.

郑克仁，孙伟，贾艳涛，等. 2004. 水泥矿渣粉煤灰体系中矿渣和粉煤灰反应程度测定方法[J]. 东南大学学报（自然科学版），34(3)：361—365.

森本博昭，高井茂信，棚桥和夫，等. 1995 高炉スラダ微粉末を混入したコンクリートの自己収缩[C]. セメント. コンクリート论文集，49：600—603.

Barcelo L, Boivin S, Rigaud S, et al. 1997. Linear vs. volumetric autogenous shrinkage measurement: Material behaviour or experimental artefact [C]//Persson B, Fagerlund G. Proceedings of the Second International Research Seminar on Self-desiccation and its Importance in Concrete Technology. Lund: Lund Institute of Technology: 109—125.

Bent D P. 2002. On the mitigation of early age cracking[C]//Proleedings. 3rd International Seminar on Self-desiccation and its Importance in Concrete Technology, Lund, Sweden: 195—204.

Bentur A, Igarashi S, Kovler K. 2001. Prevention of autogenous shrinkage in high strength concrete by internal curing using wet lightweight aggregates [J]. Cement and Concrete Research, 31 (11): 1587—1591.

Bentur A. 2002. Terminologys and definitions[C]//Kovler K, Bentur A. International RILEM Conference on Early Age Cracking in Cementitious Systems-EAC01. Haifa: RILEM TC 181-EAS: 13—15.

Bentz D P, Snyder K A. 1999. Protected paste volume in concrete extension to internal curing using saturated lightweight fine aggregate [J]. Cement and Concrete Research, 29(11): 1863—1867.

Brooks J J, Wainwright P J, Boukendakji M. 1992. Influence of slag type and replacement level on strength, elasticity, shrinkage, and creep of concrete[C]//ACI SP 132: Fly Ash, Silica Fume, Slag and Natural Pozzolans in Concrete, Proceedings Fourth International Conference, Istanbul, Turkey: 1325—1366.

Chan Y W, Liu C Y, Lu Y S. 1999. Effects of slag and fly ash on the autogenous shrinkage of high performance concrete[C]// Tazawa E. Autogenous Shrinkage of Concrete, E&FN Spon, London: 221—228.

Chern J C, Chan Y W. 1989. Deformations of concrete made with blast-furnace slag cement and ordinary Portland cement [J]. ACI Materials Journal, 86(4): 372—382.

Cook D J, Hinczak I, Duggan R. 1986. Volume changes in Portland-Blast furnace slag cement concrete[C]//ACI SP-91, Second International Conference on the Use of Fly Ash, Silica Fume, Slag and Natural Pozzolans in Concrete, Madrid, Spain - Volume of Supplementary Papers:1—14.

Escalantea J I, Go'meza L Y, Johal K K, et al. 2001. Reactivity of blast-furnace slag in Portland cement blends hydrated under different conditions [J]. Cement and Concrete Research, 31(10): 1403—1409.

Gebler S H , Klieger P. 1986. Effect of Fly Ash on Some of the Physical Properties of Concrete[M]. Madrid: Portland Cement Assocition.

Geiker M, Bentz D P, Jensen O M. 2002. Mitigating Autogenous Shrinkage by Internal Curing [EB/OL]. http://ciks. cbt. nist. gov/— garbocz/acif2002/ACIF2002. htm. 2002.

Haque M N, Kayali O. 1998. Properties of high-strength concrete using fine fly ash [J]. Cement and Concrete Research, 28(10): 1445—1452.

Hinrichs W, Odler I. 1989. Investigation of the hydration of Portland blast furnace slag cement: Hydration kinetics [J], Advanced Cement Research, 2: 9—13.

Hogan F J, Meusel J W. 1981. Evaluation for durability and strength development of a ground granulated blast furnace slag [J]. Cement, Concrete and Aggregates, 3(1): 40—52.

Hooton R D, Stanish K, Prusinski. 2004. The effect of granulated blast furnace slag (slag cement) on the drying shrinkage of concrete-a critical review of the literature[C]//Eighth CANMENT/ACI international conference on fly ash, silica fume, slag and natural pozzolans in concrete.

Jensen O M, Hansen P F. 1995. A dilatometer for measuring autogenous deformation in hardening Portland cement paste [J]. Materials and Structures, 28(181): 406—409.

Jensen O M, Hansen P F. 2001. Water-entrained cement-based materials I. Principles and theoretical background [J]. Cement and Concrete Research, 31(4): 647—654.

Jensen O M, Hansen P F. 2002. Water-entrained cement-based materials II. Implementation and Experimental Results [J]. Cement and Concrete Research, 32(6): 973—978.

Jesen O M. 1997. HETEK-Control of early age cracking in concrete-phase 2: Shrinkage of mortar and concrete[R]. Demark: Danish Road Directorate.

Khatri R P, Sirivivatnanon V, Gross W. 1995. Effect of different supplementary cementitious materials on mechanical properties of high performance Concrete [J]. Cement and Concrete Research, 25 (1): 209—220.

Kleiger P, Isberner A W. 1967. Laboratory studies of blended cements—Portland blast-furnace slag cements [J]. Journal of the PCA Research and Development Laboratories, 9(3): 2—22.

Kolluru V S, Roman G, Shah S P, et al. 2005. Influence of ultrafine fly ash on the early age response and the shrinkage cracking potential of concrete [J]. Journal of Materials in Civil Engineering, 17(1): 45—53.

Lam L, Wong Y L, Poon C S. 2000. Degree of hydration and gel/space ratio of high-volume fly ash/cement systems[J]. Cement and Concrete Research, 30(5): 747—756.

Le Chatelier. 1900. Sur les changements de volume qui accompagnent le durcissement des ciments[J]. Bulletin de la Societe d'Encouragement pour l'Industrie Nationale: 54—57.

Lee H K, Lee K M, Kimy B G. 2005. Autogenous shrinkage of high-performance concrete containing fly ash [J]. Magazine of Concrete Research, 55(6): 507—515.

Lokhorst S J. 1998. Deformational behaviour of concrete influenced by hydration related changes of the microstructure[R]. Research Report, Delft: Delft University of Technology, The Netherlands.

Lura P, Breugel K V, Maruyama I. 2001. Effect of curing temperature and type of cement on early-age shrinkage of high-performance concrete [J]. Cement and Concrete Research, 31(12): 1867—1872.

Lynam C G. 1934. Growth and Movement in Portland Cement Concrete [M]. London: Oxford University: 26—27.

Malhotra V M. 1987. Mechanical properties and freezing and thawing durability of concrete incorporating A Ground Granulated Blast-Furnace Slag[C]//Proceedings, International Workshop on Granulated Blast-Furnace Slag in Concrete, Toronto: 231—274.

Malhotra, V M. 2002. High-performance, high-volume fly ash concrete [J]. Concrete International, 24(7): 30—34.

Mehta P K. 2004. High-Performance, high-volume fly ash concrete for sustainable development [C]//International Workshop on Sustainable Development and Concrete Technology. Beijing, China.

Morioka M, Hori A, Hagiwara, et al. 1999. Measurement of autogenous length changes by laser sensors equipped with digital computer systems [C]// Tazawa E I. Proceedings International Workshop Autoshrink'98, Hiroshima, Japan: E & FN SPON, London: 191—200.

Naik T R, Ramme B W, Kraus R N, et al. 2003. Long term performance of high-volume fly ash concrete pavements [J]. ACI Materials Journal, 100(2): 150—155.

Philleo R. 1991. Concrete science and reality[C]// Skalny J P, Mindess S. Materials Science of Concrete II, American Ceramic Society, Westerville, OH: 1—8.

Powers T C, Brownyard T L. 1948. Studies of the physical properties of hardened portland cement paste

[R]. Michigan：Research Laboratories of the Portland Cement Association，PCA Bulletin 22.

Baroghel-Bouny V，Aïtcin P C. 2000. International RILEM Workshop on Shrinkage of Concrete-"Shrinkage 2000"[M]. Paris：The Publishing Company of RILEM：1.

Ravindrarajah R S，Mercer C M，Toth J. 1994. Moisture Induced Volume Changes in High-Strength Concrete [C]//Proceedings ACI International Conference on High Performance Concrete(ACI SP-149)，Singapore：475—490.

Ryan W G，Hinczak I，Cook D J. 1989. Engineering properties of slag concretes in Australia，evolution over twenty years[C]//Supplemental Paper Volume，Fly Ash，Silica Fume，Slag and Natural Pozzolans in Concrete，Third International Conference，Trondheim，Norway：667—681.

Tazawa E，Yonekura A，Tanaka S. 1989. Drying shrinkage and creep of concrete containing granulated blast furnace slag[C]//ACI SP-114 Fly Ash，Silica Fume，Slag and Natural Pozzolans in Concrete：Proceedings Third International Conference，Trondheim，Norway：1325—1368.

Tazawa E，Miyazawas. 1995. Influence of cement and admixture on autogenous shrinkage of cement paste [J]. Cement and Concrete Research，25(2)：281—287.

Tazawa E. 1992. Autogenous shrinkage by self-desiccation in cementitious material [C]//Proceedings of 9th international conference on chemistry of cement，New Delhi.

Tazawa E. 1999. Autogenous Shrinkage of Concrete [M]. London：Taylor & Francis Books Ltd：1—67.

Weber S，Reinhardt H W. 1997. A new generation of high performance concrete：Concrete with autogenous curing [J]. Advanced Cement Based Materials，6(2)：59—68.

Yamazaki Y，Monji T，Sugiura K. 1974. Early age expanding behaviour of mortars and concretes using expansive additives of CaO-CaSO$_4$-4CaO-3Al$_2$O$_3$-SO$_3$ system [A]. 6th International Conference on the Chemistry of Cement，Moscow，September 1974，Stroyizdat，Moscow Ⅲ-5：192—195.

第5章　现代混凝土材料的耐久性与服役寿命

5.1　多场因素耦合作用下现代混凝土损伤劣化试验体系的建立

多场因素耦合作用下混凝土的损伤失效机理与服役寿命预测的新理论与新方法,是混凝土学科发展中的重大科学技术与理论问题,在国际混凝土科学与工程界已引起广泛关注与高度重视。半个世纪以来,混凝土结构很少因强度不足而影响使用,但由于耐久性差而导致结构失效与破坏、寿命缩短的事故却不断增多,尤其是大坝、道路、桥梁、港口等重大工程以及高层建筑物未达到设计年限就过早失效或提前退出服役的事故逐年增多。虽然混凝土耐久性的研究工作有几十年的历史,但是这些研究基本上都是考虑单一环境因素的室内损伤劣化试验,并以此为据得到了各种因素单独作用下的服役寿命预测模型,如碳化模型、Cl$^-$扩散模型、冻融寿命预测模型等,这些模型不能反映工程实际的应力或非应力与不同化学腐蚀和物理疲劳等的复合作用。因此,用这些模型来预测混凝土的服役寿命往往与实际偏离太大,既不安全又不可靠,与实情严重脱节。混凝土科学发展到今天,要准确、可靠、科学地来评价结构混凝土和混凝土结构的耐久性高低和服役寿命长短,应该是多重破坏因素,至少是双重破坏因素共同作用的结果。材料内部损伤劣化程度也绝不是各破坏因素单独作用引起损伤的简单加和值,而是诸因素相互影响、交互叠加,从而加剧了材料的损伤和劣化程度。通常多重破坏因素作用下材料的劣化程度大于各损伤因素单独作用下引起损伤的总和,即产生 $1+1>2$,$1+2>3$ 的损伤叠加规律和超叠加效应,并导致混凝土工程性能进一步降低和寿命缩短。另一方面,损伤因素的交互作用既有正影响,也有负影响,如冻融和除冰盐,两者均会引起混凝土膨胀,有损伤负效应,同时除冰盐降低水的冰点能缓解冻融破坏,又有正效应。实际环境同时影响耐久性的因素可能多于 2 个,情况就更加复杂,如三重破坏因素作用下混凝土的损伤复合效应,既有 3 个破坏因素单独作用的损伤叠加效应,也有任意 2 个破坏因素同时作用再加上另 1 个因素单独作用的损伤叠加效应。

因此,研究混凝土在双重或多重破坏因素耦合作用下的耐久性问题,首要任务就是要建立能够进行同时考虑 2 个以上破坏因素的试验方法体系。其中,有 2 个关键技术问题必须解决:①设计能够对混凝土试件施加荷载的试验加载系统;②建立能够对加载的混凝土试件进行快速的、连续的和非破损的数据采集系统。

5.1.1　考虑多场因素耦合作用下混凝土损伤失效过程的试验方案设计

在实际工作中,首先要确定实际工程在荷载、环境和气候等损伤因素作用下的微结构时变特性及损伤劣化机理。当考虑环境中有腐蚀作用时,为了加快损伤失效过程,得到完整的损伤曲线,必须提高腐蚀介质的浓度,常用 5％Na_2SO_4 溶液或硫酸盐与氯盐的混合溶液。为此,在研究过程中,必须针对我国不同地区的环境气候特点,设计混凝土的多重破坏因素试验方案。

1. 北方地区

一般大气暴露条件可选择进行(荷载＋冻融)双重破坏因素试验。

地下结构如没有腐蚀性,可进行(荷载＋冻融)双重破坏因素试验,如有腐蚀性可进行(荷载＋腐蚀)双重破坏因素或(荷载＋腐蚀＋冻融)多重破坏因素试验。腐蚀介质可选用实际环境水。

对于冬季撒除冰盐的高速公路或城市立交桥,可进行(荷载＋3％NaCl 溶液腐蚀＋冻融)多重破坏因素试验。

2. 南方地区

对于考虑冻融破坏的工程,可进行(荷载＋冻融)双重破坏因素试验。

对于不考虑冻融的工程或地下结构,可进行(荷载＋腐蚀)双重破坏因素试验。

3. 对于集料存在碱活性或潜在碱活性的情况

可选择进行(荷载＋碱集料反应)、(冻融＋碱集料反应)和(硫酸盐腐蚀＋碱集料反应)双重破坏因素试验,以及(荷载＋碱集料反应＋冻融)和(冻融＋碱集料反应＋硫酸盐腐蚀)多重破坏因素试验。

总之,损伤因素的选取与耦合必须与工程所处的实际环境协调一致。

5.1.2　混凝土在多重破坏因素作用下损伤失效过程的试验加载系统

1. 小型加载装置

考虑快速冻融试验机的容量有限,在研究混凝土与冻融有关的多重破坏因素作用下的耐久性时,慕儒和严安等设计了小型双弹簧加载架,装置示意图见图 5.1。每个加载架可加一组 3 个 40mm×40mm×160mm 的棱柱体试件。

2. 中型加载装置

对于与腐蚀有关的多重破坏因素试验,余红发等新近设计了一种中型千斤顶

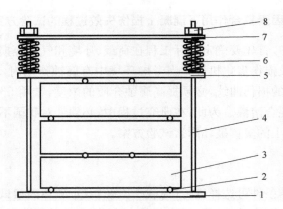

图 5.1　混凝土试件抗冻耐久性试验所用的单组加载装置示意图

1—底板；2—支座（8 个）；3—试件（3 块）；4—立柱（2 根）；

5—加载横梁；6—压簧（2 个）；7—加压梁；8—螺母（2 个）

加载装置。该装置由刚性框架、千斤顶和弹簧测力计等组成，每个加载装置可加
4～5 组共 12～15 个 100mm×100mm×400mm 的棱柱体试件，其装置示意图如
图 5.2所示。

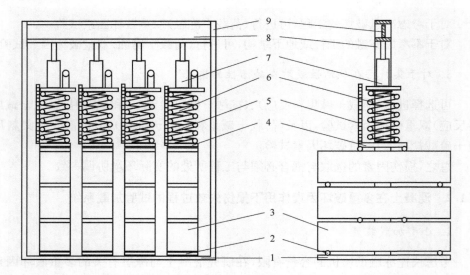

图 5.2　混凝土试件抗腐蚀耐久性试验所用的多组加载装置示意图

1—底板；2—支座（4×8 个）；3—试件（4×3 块）；4—加载梁；

5—弹簧测力计的刻度尺（4×1 把）；6—弹簧测力计的压簧（4×1 个）；

7—千斤顶（4×1 个）；8—立柱（2 个）；9—工字钢梁

5.1.3　混凝土在多重破坏因素作用下损伤失效过程的数据采集系统

1. 数据采集与分析问题

对于非加载的多重破坏因素试验,可以用混凝土动弹性模量测定仪直接测定。

对于加载的多重破坏因素试验,为了实现加载测试(即不卸载),可以选用非金属超声波仪测定混凝土的超声波声速(简称声速),然后按照下述方法转换成动弹性模量。材料的动弹性模量与声速具有如下理论关系[*]:

$$E = \frac{\rho(1+\gamma)(1-2\gamma)}{1-\nu}V^2 \tag{5.1}$$

式中:E 为材料的动弹性模量;ρ 为材料密度;ν 为材料泊松比;V 为材料的声速。由于混凝土材料的泊松比和密度变化幅度不大,可以认为,在试验过程中混凝土的泊松比不变,因此,混凝土的相对动弹性模量可用下式计算:

$$E_r = \frac{E_t}{E_0} = \frac{V_t^2}{V_0^2} \tag{5.2}$$

为了描述混凝土的损伤失效过程,根据损伤力学的知识,引进损伤变量

$$D = 1 - \frac{E_t}{E_0} \tag{5.3}$$

式中:D 为混凝土的损伤;E_0 和 E_t 分别为混凝土在损伤前后的动弹性模量。在混凝土的耐久性试验中,混凝土的耐久性指标常用相对动弹性模量 $E_r = \dfrac{E_t}{E_0}$ 表示。可见,混凝土的损伤与相对动弹性模量之间的关系为

$$D = 1 - E_r \tag{5.4}$$

2. 数据修正与测试方向

对于大试件的中型加载系统,由于加载装置对超声波的传播速率和途径没有影响,可以直接利用测试的数据。

对于小试件的小型加载系统,尤其应该注意的是,加载装置对超声波传播速率和途径的影响,在不卸载的情况下测定试件的声速时,必须对结果进行加载架修正。

此外,由于不能测定混凝土试件长度方向的声速,只能测定混凝土试件的横向声速,必须研究混凝土试件不同方向的声速之间的关系。两者测距相差 3 倍,前者测距为 160mm,后者为 40mm。为了探索测试方向对混凝土的声速和相对动弹性

---

[*] 引自:罗骐先,Bungey J H. 用纵波超声换能器测量砼表面波速和动弹性模量[J]. 水利水运科学研究,1996(3):264—270

模量的影响,文献进行了不同混凝土的对比试验,结果见图 5.3。由图 5.3 可见,混凝土试件的纵向声速 V_{160} 与横向声速 V_{40} 具有显著的相关性

$$\frac{V_{40}}{V_{160}} = 0.0393V_{40}^2 - 0.1817V_{40} + 1.0994 \tag{5.5}$$

式中:样本 $n=60$;相关系数 $r=0.7206$,取显著性水平 0.01 和 0.001 时的临界相关系数分别为 $r_{0.01}=0.3307$ 和 $r_{0.001}=0.4149$。不同测试方向的相对动弹性模量之间的关系更加显著,而且在混凝土冻融试验过程中相对动弹性模量的常见范围在 $50\%\sim100\%$,两者几乎相等。因此,在加载条件下的冻融试验过程中,即使不卸载也可以通过测定试件的横向声速来实现对混凝土冻融损伤的实时监控。

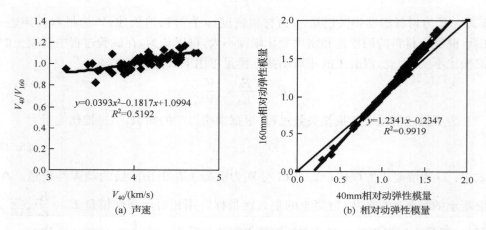

图 5.3　混凝土在冻融过程中不同测试方向的声速和相对动弹性模量的相关关系

5.2　高性能水泥基材料在单一破坏因素作用下损伤失效过程的规律和特点

5.2.1　高性能混凝土在单一冻融因素作用下的损伤失效过程、特点与规律

　　为了弄清双重、多重破坏因素作用下损伤与单一破坏因素作用下损伤的关系,在双重与多重破坏因素试验的同时进行了单一破坏因素试验。单一破坏因素损伤可以看做双重和多重破坏因素损伤的特例。单一破坏因素损伤作用的试验与双重或多重破坏因素作用的试验同时进行,以保证两者所有外部环境全部相同,使它们之间具有可比性,包括原材料、配合比、成型过程、试件的养护、开始试验时的龄期、试验过程中的测试时间、测试方法等都保持一致。

1. 高性能混凝土的冻融损伤规律与抗冻融循环次数

1）相对动弹性模量

图 5.4 示出 C40、C60 和 C80 混凝土在冻融循环过程中相对动弹性模量和质量损失。随着水灰比的降低和强度等级的提高，相对动弹性模量的下降明显减缓，质量损失减小，抗冻融循环次数显著增加，混凝土的抗冻融能力提高。水灰比降低，改善了混凝土的宏观性能，如密实度增加、抗渗透性提高；微观方面，混凝土的孔隙率减小、平均孔径减小，这些性能的改善都使混凝土的抗冻性得到增强。

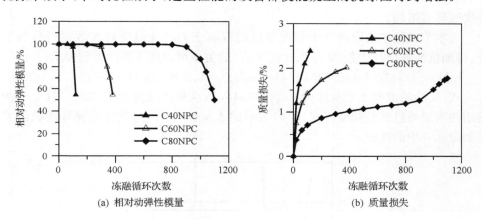

(a) 相对动弹性模量　　　　　　　　　　(b) 质量损失

图 5.4　单一冻融因素作用下混凝土的相对动弹性模量和质量损失

混凝土的冻融劣化是一个由致密到疏松的物理过程，动弹性模量的下降便是这种疏松过程的外在反映。混凝土内部本身存在一定量的原始微裂缝或缺陷，冻融过程中这些微裂缝逐渐生长开展，并有新的微裂缝或缺陷不断产生，从而导致混凝土的动弹性模量下降。

2）质量损失

质量损失主要是混凝土表面剥落所致，随着冻融循环次数的增加，混凝土试件表面呈层状剥落(图 5.5)。剥落较多时，粗集料外露，最严重的情况可以使整个试件解体。随水灰比减小，混凝土的抗剥落性能增强。试验中观察到一个较为普遍的现象，即混凝土试件接近破坏时如果表面剥落很小，则破坏前质量稍有增加（由于增加非常小，没有在图 5.4 中得到体现）。为保证不是测试误差引起，对此进行了反复试验，测试各种规格各种强度的试件，都存在这种情况。分析原因主

图 5.5　表面层状剥落的混凝土试件

要是破坏前试件中有大量的微裂缝,这些微裂缝吸水饱和引起质量增加所致。如果试件表面剥落较多时则观察不到这种现象,因为这时微裂缝吸水增重与剥落失重相互抵消,结果表现为质量下降。Cohen 等和 Foy 等也注意到冻融过程中混凝土试件吸水而引起质量增加的现象。

3) 抗冻融循环次数

按照 GBJ 82—85(或 ASTM C666A)标准规定的混凝土冻融循环破坏标准,各种混凝土的抗冻融循环次数如图 5.6 中柱状图所示。混凝土水灰比对抗冻融循环次数的影响一目了然,随着水灰比的降低和强度等级的提高,混凝土的抗冻融循环次数显著增加。

对本节试验中选取的三个强度等级的混凝土的抗冻融循环次数进行分析拟合,得到抗冻融循环次数 N 与水灰比(w/c)的关系可以用下面的方程表示:

$$\ln N = 4.7875 + 169.54[(0.44 - w/c)^3 + 0.0396(0.44 - w/c)] \qquad (5.6)$$

式(5.6)的混凝土水灰比为 $0.26 \sim 0.44$,当水灰比超过此范围时,式(5.6)的适用性需要通过试验验证。式(5.6)表示的水灰比(w/c)与抗冻融循环次数的关系如图 5.6 中曲线所示。

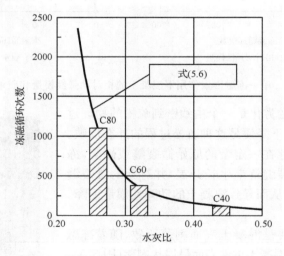

图 5.6　混凝土水灰比与抗冻融循环次数的关系

2. 引气高性能凝土的冻融损伤与抗冻融循环次数

1) 相对动弹性模量

图 5.7 示出各水灰比引气混凝土(APC)在冻融循环过程中相对动弹性模量变化,非引气混凝土(NPC)的相对动弹性模量变化也在图中一起示出以便于比较。可以看出,APC 的相对动弹性模量迅速下降的时间明显比 NPC 晚,经过较多次数

的冻融循环才有明显的快速损伤,如 C40APC、C60APC、C80APC 的相对动弹性模量快速下降时的冻融次数分别为 180 次、400 次和 1100 次,而 NPC 的相应次数为100 次、300 次和 900 次。快速下降阶段,APC 与 NPC 似乎有相同的损伤速率,相对动弹性模量曲线斜率基本一样。

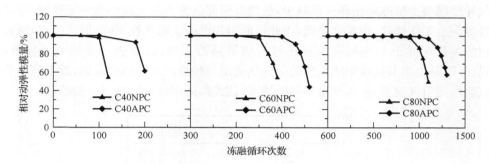

图 5.7　引气对单一冻融因素作用下混凝土相对动弹性模量的影响

　　水灰比对引气混凝土冻融过程中相对动弹性模量的影响与非引气混凝土一致,水灰比减小,相对动弹性模量下降速率变慢,混凝土的抗冻融循环次数增加。

　　2）质量损失

　　冻融循环过程中引气混凝土的质量损失如图 5.8 所示。引气混凝土的质量损失远远小于非引起混凝土的质量损失,只有非引气混凝土的 30％～40％。可见,引气可以有效抑制冻融循环过程中混凝土试件表面剥落,极大改善质量损失。水灰比对冻融循环过程中 APC 质量损失的影响,与对 NPC 中质量损失的影响一致。

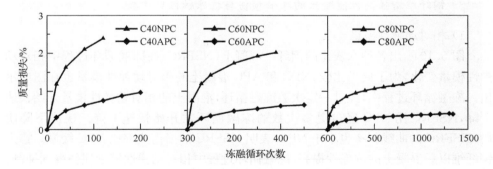

图 5.8　引气对单一冻融因素作用下混凝土质量损失的影响

　　3）抗冻融循环次数

　　引气对混凝土抗冻融循环次数的影响如图 5.9 所示,各强度等级的混凝土,APC 的抗冻融循环次数明显大于 NPC 的抗冻融循环次数,引气使混凝土的抗冻融循环次数增加 30％～60％。经过分析发现,APC 的抗冻融循环次数 $N^{\triangle}$ 与相同

水灰比 NPC 的抗冻融循环次数 N 的关系可以表示为

$$N^\triangle/N = 1.5 - 46.30\left[(0.44 - w/c)^3 + 0.0036(0.44 - w/c)\right] \quad (5.7)$$

式(5.7)是根据三种水灰比的引气混凝土试验结果拟合得到的,对于水灰比超出 0.26～0.44 的情况,需要通过试验验证。式(5.7)显示水灰比小于 0.224 时引气导致混凝土抗冻融循环次数减少,虽然有研究认为水灰比减小到一定程度,会导致混凝土工作性差,密实度降低,由此可能引起混凝土耐久性下降,但式(5.7)所表达的关系在低于上述相应水灰比时的结果是否正确,需要进一步研究。另外,式(5.7)是由本节试验中所采用的引气剂类型与掺量的试验结果得到,对于与本节试验所用引气剂类型、含气量不同的情况,该式的适用性也须进行试验验证。

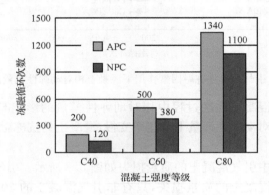

图 5.9　引气对混凝土抗冻融循环次数的影响

3. 钢纤维增强高性能凝土的冻融损伤与抗冻融循环次数

1) 相对动弹性模量

图 5.10 示出各种水灰比的钢纤维混凝土(NSFRC)在冻融循环过程中相对动弹性模量变化,为了便于比较,NPC 和 APC 混凝土的相对动弹性模量也在图中示出。冻融循环过程中,经过一定次数冻融循环,混凝土的相对动弹性模量开始快速下降,NSFRC 比 NPC 经过更多次数的冻融循环才开始快速下降。快速下降阶段,NSFRC 的曲线斜率也小于 NPC,表明 NSFRC 的损伤速率比 NPC 缓慢。掺入钢纤维以后混凝土的抗冻性提高,冻融循环过程中相对动弹性模量损伤得到抑制。与 APC 混凝土的相对动弹性模量变化过程相比,钢纤维对混凝土抗冻性的提高,或者说对冻融损伤的抑制效果优于引气。水灰比以同样的方式影响 NPC、APC 和 NSFRC 的抗冻性。

2) 抗冻融循环次数

NSFRC 混凝土的抗冻融循环次数如图 5.11 所示,掺入钢纤维之后,NSFRC 能承受的冻融循环次数是以前(NPC)的 1.5～2.0 倍,引气使混凝土的抗冻融循环次数增加 30%～60%，也说明钢纤维对混凝土抗冻性的增强效果优于引气。

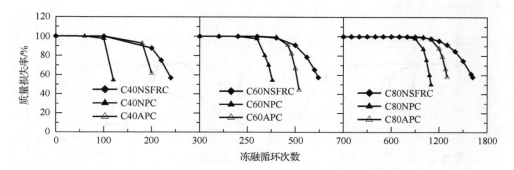

图 5.10　钢纤维对单一冻融因素作用下混凝土相对动弹性模量的影响

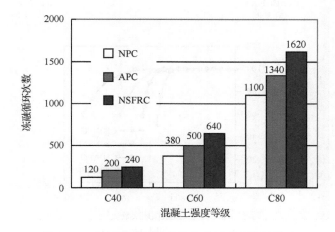

图 5.11　钢纤维对混凝土抗冻融循环次数的影响

4. 钢纤维增强引气高性能凝土的冻融损伤与抗冻融循环次数

1) 相对动弹性模量

图 5.12 示出各强度等级的 NPC、APC、NSFRC 和 ASFRC 混凝土在冻融循环过程中相对动弹性模量的变化，ASFRC 的相对动弹性模量下降最为缓慢，其增强与抑制损伤的效果远优于引气或钢纤维单一措施的效果。

2) 质量损失

ASFRC 与 NPC、APC、NSFRC 在冻融循环过程中质量损失的比较如图 5.13 所示。与 NPC 相比，钢纤维与引气双掺对质量损失有很大的改善作用，但这种作用主要是引气以后的效果，钢纤维影响不大，因为 ASFCR 比 APC 的质量损失非常接近。可见，ASFRC 对于冻融循环过程中的质量损失，没有产生与相对动弹性模量同样的复合效应。

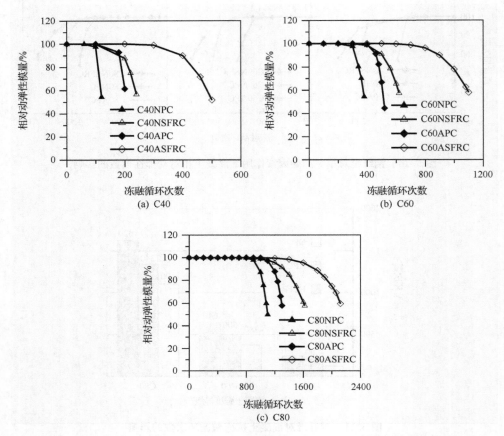

图 5.12　不同混凝土在单一冻融因素作用下相对动弹性模量的变化

3）抗冻融循环次数

　　各种混凝土的抗冻融循环次数如图 5.14 所示，水灰比、引气及钢纤维对抗冻融循环次数的改善作用一目了然。表 5.1 列出各种增强措施使混凝土抗冻融循环次数的提高，即 APC、NSFRC、ASFRC 的抗冻融循环次数与 NPC 相比提高的次数，表中数据表明，钢纤维与引气双掺以后，混凝土抗冻融循环次数的增加量远远超过两种措施分别增加的抗冻融循环次数之和，说明引气与掺加钢纤维两种措施同时使用，产生显著的增强复合效应。

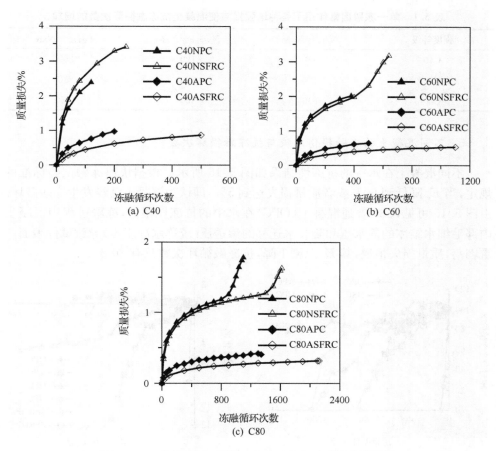

图 5.13　不同混凝土在单一冻融因素作用下的质量变化

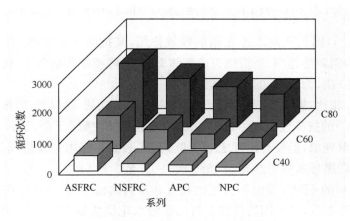

图 5.14　不同混凝土的抗冻融循环次数

表 5.1　单一冻融因素作用下各种增强措施使混凝土抗冻融循环次数的增加

强度等级	$N_{APC} - N_{NPC}$	$N_{NSFRC} - N_{NPC}$	$N_{ASFRC} - N_{NPC}$
C40	80	120	380
C60	120	260	820
C80	240	520	1020

5. 不同混凝土的冻融损伤比较与抗冻融循环次数

不同混凝土在水中的抗冻性结果如图 5.15 所示。根据快速冻融试验标准的规定,当 E_r 降低到 60% 或者质量损失达到 5%,即认为混凝土已经发生冻融破坏。由图 5.15 可见,C30 普通混凝土(OPC)在水中的抗冻性很差,冻融过程中混凝土内部毛细水结冰的静水压和凝胶水迁移的渗透压(统称水冻胀压)导致试件表面严重剥落,质量损失很快,其 E_r 急剧下降,抗冻融循环次数只有 20 次。

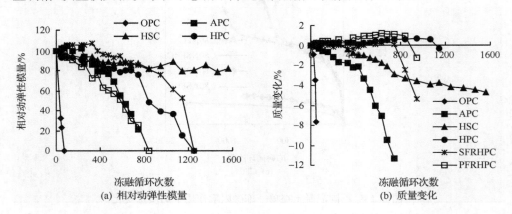

图 5.15　不同混凝土在水中冻融过程中的相对动弹性模量与质量变化

APC(C25)因气孔对水冻胀压的释放作用,其抗冻性比 OPC 有了明显的改善,试件的表面剥落速率、质量损失速率和 E_r 的下降速率均减慢了,抗冻融循环次数可达到 550 次,为 OPC 的 27.5 倍。

与 OPC 相比,掺引气剂的混凝土(HSC)和掺有硅灰、粉煤灰、磨细矿渣的 C70 混凝土(HPC)的抗冻性更好。HSC 在冻融过程中 E_r 缓慢下降,试件表面存在缓慢的冻融剥落现象,但没有出现宏观裂缝,其冻融破坏标志是质量损失达到 5%。此时的抗冻融循环次数仍然高达 1550 次以上,至少是 OPC 的 77.5 倍,这说明不掺活性掺合料的 HSC,即使不引气也具有非常高的抗冻性。HPC 在冻融过程中试件表面并不剥落,甚至因活性掺合料的缓慢水化使质量有所增加,但是其 E_r 的降低速率却比 HSC 要快得多。在经过 750 次冻融循环后其降低速率显著加快,到

800 次循环时 E_r 下降到 60%,其抗冻融循环次数仅 800 次(比同强度等级 HSC 缩短 47%)。说明此时混凝土已经破坏,但是试件表面并没有出现剥落现象,质量也没有损失,在 950 次循环时质量还增加了 0.74%,到 1150 次时试件出现质量损失。由此可见,HPC 发生破坏的冻融循环次数比出现宏观裂纹和表面剥落产生质量损失的次数要早得多,说明混凝土内部存在大量的微裂纹,其冻融破坏起因于内部微裂纹的扩展,而非表面剥落。这表明 HPC 的冻融破坏机理与 OPC、APC 和 HSC 有一定的区别,活性掺合料严重降低了非引气 HPC 的抗冻性,这与国际上应用 HPC 时普遍采用引气技术是一致的,其具体机理将在第六章中讨论。

对于掺加 2% 钢纤维又同时掺有混合体的 C70 混凝土(SFRHPC),冻融时 E_r 下降速率比 HPC 要慢,说明钢纤维延缓了冻融过程中混凝土内部裂纹的形成与扩展。在 800 次循环时试件的 E_r 高达 80% 以上,表面无剥落开裂,继续冻融则混凝土的冻融损伤增大,表面存在一定程度的剥落。当冻融 1050 次循环后 E_r 降低到 61%,质量损失超过 5%,表明混凝土已经破坏,其抗冻融循环次数由 HPC 的 800 次提高到 1050 次,延长了 31%。

对于掺加 0.1% 聚丙烯纤维又同时掺有混合体的 C65 混凝土(PFRHPC),单方混凝土中分布了 5344 万根纤维,比 SFRHPC 多 2800 倍,纤维间距也小至 1.23~1.38mm,比 SFRHPC 减小了 76%,其抗冻性理应比 SFRHPC 还要好。但是与 SFRHPC 和 HPC 相比,冻融时 PFRHPC 的 E_r 下降速率是最快的,纤维的阻裂效应因受自身弹性模量低的限制,其抗冻融循环次数仅 475 次,比 HPC 降低了 40%。此外,PFRHPC 试件即使进行了 800 次冻融循环,其质量也没有损失,但在表面同时存在宏观裂纹和剥落现象。当继续冻融至 1000 次时试件则完全开裂、疏松,只不过大量均匀分布的纤维将混凝土碎块联系在一起而没有崩溃,但质量仍然没有损失。这充分表明,PFRHPC 的冻融破坏起因于内部微裂纹的扩展,表明 PF 的阻裂效应没有发挥出来。PFRHPC 抗冻性降低的原因有两个方面:一是掺入聚丙烯纤维后带入一定数量的空气,使混凝土的密实度降低,强度下降了 15%;二是与国产聚丙烯纤维存在表面微裂纹有关。由图 5.15 可以看出,PFRHPC 的质量损失-冻融循环的关系曲线位于 SFRHPC 之上,其质量损失速率明显小于 SFRHPC,在 1050 次的质量损失率不超过 2%。因此,根据质量损失与冻融循环次数的发展规律,可以肯定以下推论:当采用表面没有裂缝的聚丙烯纤维增强掺活性混合体的引气混凝土时,其抗冻性将大大提高,决不会低于钢纤维增强混凝土。

5.2.2　高性能混凝土在单一硫酸盐腐蚀因素作用下的损伤失效过程、特点与规律

图 5.16 和图 5.17 分别是在单一的硫酸铵溶液腐蚀条件及水溶液作用下高强混凝土的相对动弹性模量和质量损失与浸泡时间的关系。其中,混凝土种类编号后缀"h"代表受到水溶液的浸泡作用,编号后缀"s"代表受到硫酸盐溶液侵蚀的作

用。结果表明,对于水溶液浸泡试验,自成型 28d 以后高强混凝土的相对动弹及质量还在继续增加,这说明混凝土的水化反应仍在继续进行。另外,水灰比的降低,使高强混凝土的后期水化潜力也越大,C80h 后期相对动弹性模量增加速率比较大,甚至有超越其他水灰比混凝土的趋势。到了 150d,在水中浸泡的相对动弹性模量增加幅度为 10.65%,此时质量增加了 0.38%。

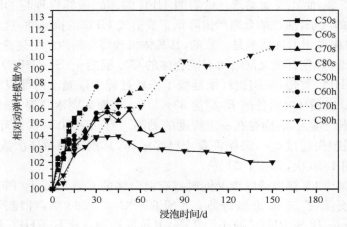

图 5.16　硫酸铵溶液及水溶液作用下高强混凝土相对动弹性模量与浸泡时间的关系

　　对于硫酸铵侵蚀试验,根据侵蚀的破坏机理可知,其试验结果是正负效应相互作用的结果。其中正面效应主要为未水化水泥颗粒的继续水化、硫酸根离子的早期适当增强作用等;负面效应主要为铵根离子的侵蚀以及硫酸根离子的侵蚀破坏作用等。图 5.16 和图 5.17 表明,在硫酸铵溶液侵蚀的初期,高强混凝土的相对动

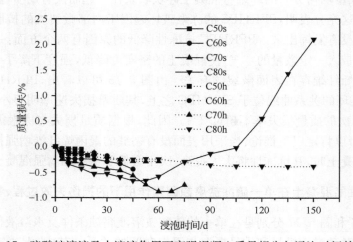

图 5.17　硫酸铵溶液及水溶液作用下高强混凝土质量损失与浸泡时间的关系

弹性模量增加幅度与水溶液中的差别不大,这说明单一的硫酸铵因素侵蚀的正负效应早期作用结果对于高强混凝土的动弹性模量贡献不大。但是在达到 22d,硫酸铵侵蚀试验的相对动弹性模量增加幅度明显低于同期的水溶液浸泡试验,甚至到了 30～40d,相对动弹性模量曲线开始呈缓慢下降趋势,这说明硫酸铵的侵蚀试验经历了一个正面效应起主要作用而负面效应逐渐发挥作用的过程。与此同时,随着龄期的延长,质量损失也由负值转为正值,试验达到 150d,可明显地看到表面侵蚀现象,此时质量损失为 2.1%。

5.2.3　高性能混凝土在单一盐湖卤水腐蚀因素作用下的损伤失效过程、特点与规律

1. 盐湖卤水种类的影响

在单一腐蚀因素作用下,由于腐蚀初期时形成的腐蚀产物在混凝土内部孔隙中结晶对结构起到一定程度的密实作用,使其初期腐蚀强度提高,之后的继续腐蚀才会导致混凝土的结构破坏、强度下降。根据混凝土在腐蚀介质条件下的强度和在水中养护相同龄期时强度的比值,计算得到的抗腐蚀系数见表 5.2。其中,按照抗压强度计算的抗腐蚀系数称为抗压腐蚀系数,按照抗折强度计算的称为抗折腐蚀系数。图 5.18 是所有混凝土在不同盐湖卤水中的抗折腐蚀系数与抗压腐蚀系数之间的关系,可见绝大多数数据点位于 45°斜线之上,证明抗折腐蚀系数比抗压腐蚀系数要高。因此,这里主要以抗压腐蚀系数反映混凝土的抗卤水腐蚀性。

表 5.2　不同混凝土在盐湖卤水中侵蚀 600d 的抗腐蚀系数(标准养护 28d 试件)

		编号					
		OPC	APC[1]	HSC	HPC	SFRHPC	PFRHPC
新疆卤水	抗压	0.91	0.66	0.56	0.68	0.59	0.47
	抗折	1.20	0.57	1.06	0.75	0.77	1.16
青海卤水	抗压	0.65	0.53	0.81	0.95	0.82	0.85
	抗折	1.05	0.86	1.06	1.28	0.90	1.03
内蒙古卤水	抗压	0.67	0.96	0.82	0.90	1.02	0.95
	抗折	1.21	0.90	1.17	1.22	0.90	1.21
西藏卤水	抗压	0.93	0.69	0.81	0.98	0.89	0.66
	抗折	1.13	0.87	1.24	1.35	0.90	1.11

1) 浸泡 405d。

由表 5.2 可见,OPC 除了在新疆和西藏盐湖卤水中侵蚀 600d 的抗压腐蚀系数达到 0.91～0.93 以外,在青海和内蒙古盐湖卤水中的抗压腐蚀系数只有0.65～

0.67。根据混凝土的抗硫酸盐腐蚀试验方法,一般认为抗腐蚀系数小于0.80时表示混凝土的抗腐蚀性差,因此,OPC在青海和内蒙古盐湖地区的抗卤水腐蚀性很差。

APC除在内蒙古盐湖卤水中侵蚀405d的抗压腐蚀系数达到0.96以外,在新疆、青海和西藏盐湖卤水中的抗压腐蚀系数分别为0.66、0.53和0.69,均比OPC侵蚀600d的抗压腐蚀系数要低。说明引气对于腐蚀条件的大量腐蚀产物结晶形成时盐结晶压的缓解作用是有限的。

HSC在新疆盐湖卤水中侵蚀600d后的抗压腐蚀系数只有0.56,在青海、内蒙古和西藏盐湖卤水中的抗压腐蚀系数也仅有0.81~0.82,刚达到抗腐蚀的标准,而且与OPC相比,在新疆和西藏盐湖地区的抗压腐蚀系数反而降低了。说明HSC的抗腐蚀性不尽如人意,较好地印证了"高强不一定耐久"的学术观点。

当掺加活性掺合料以后,HPC在青海、内蒙古和西藏盐湖的抗卤水腐蚀性大大提高,抗压腐蚀系数高达0.90~0.98,可见掺加活性掺合料确能提高高强度等级混凝土的抗腐蚀性。但是在新疆盐湖,HPC经过卤水侵蚀600d后抗压腐蚀系数只有0.68(仍然高于HSC的0.56),进一步掺加增强纤维,其抗卤水腐蚀性并没有明显提高。这表明混凝土在新疆盐湖地区的腐蚀破坏机理可能与其他盐湖地区有很大的不同。图5.19是不同混凝土在新疆盐湖卤水中侵蚀600d后的表面形态,可见HPC的表面腐蚀爆裂坑已经连成了一片,PFRHPC则有所改善,OPC和HSC的表面剥落现象相对较轻。

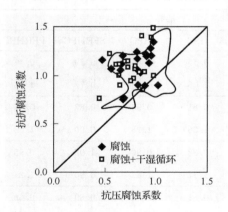

图5.18　混凝土在不同盐湖卤水中的抗折腐蚀系数与抗压腐蚀系数之间的关系

图5.19　OPC、HSC、HPC和PFRHPC在新疆盐湖卤水中侵蚀600d后的表面形态

2. 混凝土龄期的影响

标准养护 90d 的不同混凝土在 4 种盐湖卤水中腐蚀 500d 的抗腐蚀系数如表 5.3 所示。由表 5.3 同样可见,混凝土的抗压腐蚀系数明显低于抗折腐蚀系数。对比表 5.2 的数据可见,延长混凝土的标准养护龄期,可以提高混凝土在单一腐蚀因素作用下的抗卤水腐蚀性。在混凝土抗腐蚀能力低的新疆盐湖卤水中,延长标准养护龄期对于 OPC 的抗卤水腐蚀性的提高作用并不显著,其抗压腐蚀系数从 28d 的 0.91 提高到 90d 的 0.94(仅提高了 3.2%),但是加强养护确能大大改善了 HSC-HPC 的抗腐蚀性,标准养护 90d 以后 HSC、HPC、SFRHPC 和 PFRHPC 的抗压腐蚀系数分别达到 1.11、0.95、1.16 和 1.03,比标准养护 28d 时分别提高了 98%、40%、97% 和 119%。因此,对于新疆盐湖地区使用的 HSC-HPC,一方面应该加强混凝土的潮湿养护,另一方面还需要考虑将混凝土应用于具有干湿交替的环境中。

表 5.3　不同混凝土在盐湖卤水中侵蚀 500d 的抗腐蚀系数(标准养护 90d 试件)

		编号				
		OPC	HSC	HPC	SFRHPC	PFRHPC
新疆卤水	抗压	0.94	1.11	0.95	1.16	1.03
	抗折	1.26	1.26	1.27	0.97	1.17
青海卤水	抗压	0.76	0.77	0.84	1.01	0.77
	抗折	1.03	1.12	1.32	1.05	1.20
内蒙古卤水	抗压	1.11	0.79	0.85	1.10	0.95
	抗折	1.09	1.17	1.33	0.86	1.05
西藏卤水	抗压	0.94	0.80	0.74	0.99	0.78
	抗折	0.87	1.28	1.23	0.88	1.20

5.3　高性能水泥基材料在双重破坏因素作用下损伤失效过程的规律和特点

5.3.1　高性能混凝土在冻融循环与应力双重因素作用下的损伤失效过程、特点与规律

1. 高性能混凝土的冻融循环-应力双因素损伤规律与抗冻融循环次数

1) 相对动弹性模量

冻融循环过程中对混凝土施加相当于其抗弯破坏强度的 0%、10%、25%、

50％的弯曲应力。图 5.20 示出在不同应力比作用下各种混凝土相对动弹性模量的变化,图中控制试件为不加载的与冻融试件配合比、龄期都相同,在 20℃左右水中养护的试件,测定冻融循环试件性能的同时测定控制试件的性能。

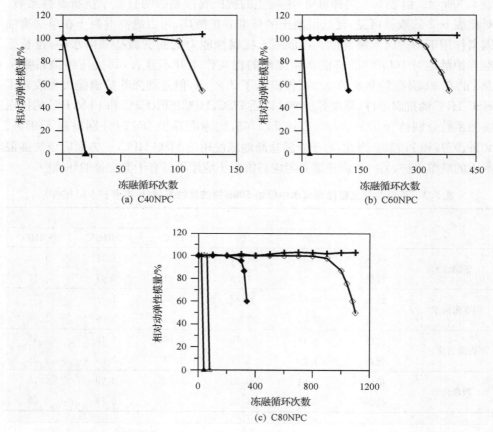

◇应力比 SL＝0％;◆应力比 SL＝10％;△应力比 SL＝25％;▲应力比 SL＝50％;＋对比试件

图 5.20　应力对混凝土冻融循环过程中相对动弹性模量的影响

　　由图 5.20 可以看出,外部应力和冻融循环同时作用下,应力比越大,破坏力越强,相应的试件相对动弹性模量下降越快,混凝土能承受的冻融循环次数越少。应力作用下混凝土的破坏一般为相对动弹性模量下降达到破坏标准,造成混凝土破坏失效。无论混凝土的强度多高,其本身抗冻性多好,应力比为 50％时,所有配合比的混凝土一般经过 20～40 次冻融循环,动弹性模量便下降为 0,发生破坏,表明此时混凝土呈不稳定状态。

　　外部应力与冻融循环同时作用下,混凝土的破坏形态与冻融循环单独作用有很大不同。50％外部应力作用下所有混凝土的破坏都是试件从中间断裂,表现出突然的脆性破坏,破坏前的相对动弹性模量一般都在 90% 以上,突然断裂后相对动弹性模量下降为 0。估计有部分试件尚未达到 20 次冻融循环就已经断裂,限于试验中的测试间隔,未能及时发现。可以认为在这种情况下,50% 的应力对试件的破坏起主导作用。虽然由于测试间隔部分混凝土在 50% 应力比下的抗冻融循环次数带来误差,但是该应力水平对混凝土抗冻的影响在试验结果中已经得到充分反映。应力比为 25% 时,大部分混凝土试件的破坏形态也是经过一定次数的冻融循环后突然断裂,相对动弹性模量下降为 0,过早达到破坏,抗冻融循环次数只有冻融循环单独作用时的 8% 左右。少量试件在破坏前相对动弹性模量有一定程度的下降。应力比较小时,对混凝土的劣化影响相对减弱,10% 应力比下混凝土破坏时相对动弹性模量一般有较多的下降,大部分试件破坏时的相对动弹性模量下降到 60% 以下,与 50% 和 25% 应力比下试件断裂动弹性模量突然下降为 0 的脆性破坏形态有很大区别。

2) 质量损失

应力与冻融循环同时作用下混凝土的质量损失如图 5.21 所示。由图 5.21 可以看出,应力对冻融循环过程中的质量损失影响不大,这与应力作用下的破坏机理有关。应力主要在混凝土试件由于冻融循环引起的裂缝或微裂缝处产生应力集中,加速裂缝的开展而引起破坏。应力也可以促使冻融循环引发的微裂缝提前出现。所以应力对混凝土冻融循环过程中的质量损失基本无关。这样,各应力比情况下,冻融循环过程中混凝土试件质量的变化规律与冻融循环单独作用时非常接近,除了有应力作用时混凝土由于相对动弹性模量的损失而提前破坏之外,各应力水平下混凝土的质量损失无明显差异。

3) 抗冻融循环次数

图 5.22 示出冻融循环与应力同时作用下混凝土破坏时经过的冻融循环次数。由图 5.22 可以看出,外部弯曲应力对混凝土的冻融循环次数影响极大,当应力比为 50% 时各水灰比的混凝土经过 20~40 次冻融循环便发生破坏,各水灰比混凝土的抗冻融次数的差异并不明显。与 50% 应力比时所有配比混凝土几乎同时破坏的情况相比,25% 应力比下混凝土的抗冻融循环次数表现出一定的规律性,混凝土强度越高,能承受的冻融循环次数越多,抗冻融能力越强,与应力比为 0% 时的抗冻融循环次数之比为 8% 左右。10% 应力比的素混凝土试件与应力比为 0% 时的冻融循环次数之比达到 32% 左右。根据这些现象可以看出,即使 10% 的应力比对混凝土的抗冻性也有很大的影响,充分表明在荷载作用下加速了混凝土的损伤与劣化过程,且应力比越高混凝土损伤程度越大。

外部弯曲应力和冻融循环同时作用下,应力对混凝土抗冻融循环次数的影响可以用式(5.8)表示:

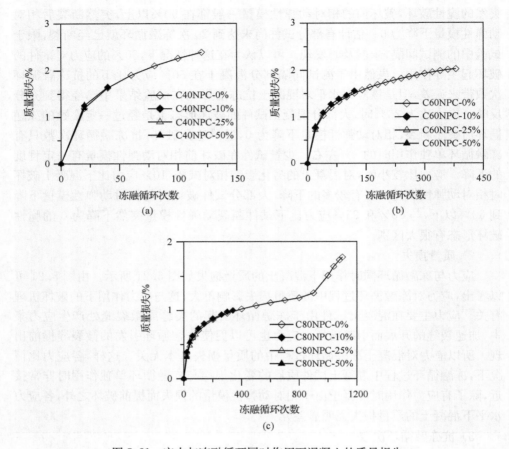

图 5.21　应力与冻融循环同时作用下混凝土的质量损失

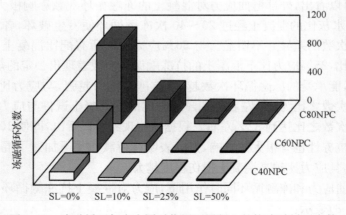

图 5.22　冻融循环与应力同时作用下混凝土的抗冻融循环次数

$$N_{SL}/N_0 = k \tag{5.8}$$

式中：N_{SL} 为外部应力作用下混凝土的抗冻融循环次数；N_0 为外部应力为 0 时混凝土的抗冻融循环次数；k 为比例常数。对于 NPC 混凝土，应力水平为 0%、10%、25% 和 50% 时的值分别为 1.00、0.32、0.08 和 0.04。应力比为 50% 时式(5.8)的结果与试验有较大的差异，原因在于 50% 应力比下混凝土处于不稳定状态，破坏具有很大的偶然性，而且由于试验过程中测试不连续，使得试验结果大于实际抗冻融循环次数。

60% 左右的外部弯曲应力作用下混凝土有可能处于裂缝主动扩展阶段，但是试验中应力单独作用下，应力比为 50% 的试件经过一年时间的持荷，没有一块混凝土发生破坏，也没有观察到有裂缝产生。动弹性模量测试结果显示，在整个试验过程中只受到外部应力作用的混凝土相对动弹性模量与控制试件(20℃下水中养护)性能保持同步增长，说明应力比不超过 50% 的外部弯曲应力作用时混凝土尚未达到初裂应力。这样，双重因素作用下(应力比不为 0)混凝土性能与冻融循环单独作用(应力比等于 0)的差异，就是两种因素的损伤复合效应。

显然，外部应力和冻融循环双重因素作用下混凝土的损伤速率，远远大于单一破坏因素作用的情况。应力比为 10%、25% 和 50% 时混凝土的抗冻融循环次数分别只有单一破坏因素作用下的 32%、8% 和 4% 左右，可见两种因素的复合作用极大加速了混凝土的损伤与失效速率。

2. 引气高性能混凝土的冻融循环-应力双因素损伤规律与抗冻融循环次数

1) 相对动弹性模量

应力与冻融循环双因素作用下 APC 的相对动弹性模量变化如图 5.23 所示。与图 5.20 进行比较，引气从整体上改善了混凝土的抗冻性，无论应力大小，引气之后混凝土的抗冻性都得到一定程度的改善。从图 5.23 可以看出，相同应力比下，

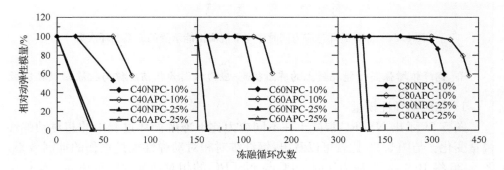

图 5.23　10%、25% 应力比时 NPC 与 APC 相对动弹性模量的冻融-应力双因素损伤

各强度等级的引气混凝土（APC）相对动弹性模量下降比非引气混凝土（NPC）稍为缓慢,不过两条曲线距离较近,说明引气对冻融循环-应力双因素损伤的抑制效果有限。

2）质量损失

引气以后混凝土的质量损失得到显著改善,相同强度等级的引气混凝土只有非引气混凝土的 30%～40%。由于应力对冻融循环过程中的质量损失几乎没有影响,引气对各种应力比时的质量损失的改善与抑制效果基本一样,具有与图 5.21 相似的规律。

3）抗冻融循环次数

图 5.24 示出冻融循环与应力同时作用下 APC 与 NPC 混凝土的抗冻融循环次数。相同强度等级、相同应力比时 APC 混凝土比 NPC 的抗冻融循环次数多 30%～60%。根据试验结果分析,由式(5.8)可以得到应力比为 0%时 APC 的抗冻融循环次数,各种应力状态下 APC 混凝土的抗冻融循环次数仍然可以用式(5.8)表示。

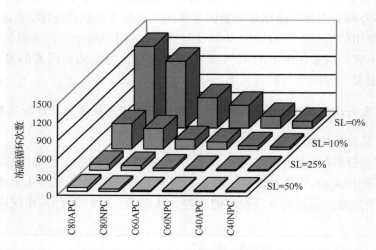

图 5.24　冻融循环与应力同时作用下混凝土能承受的冻融循环次数

3. 钢纤维增强高性能混凝土的冻融循环-应力双因素损伤规律与抗冻融循环次数

1）相对动弹性模量

图 5.25 示出 NSFRC 混凝土在不同应力比下冻融循环过程中的相对动弹性模量变化。与图 5.20 比较可以看出,钢纤维对相对动弹性模量损伤的抑制效果。图 5.26 将 10%、25%应力比时 NPC 与 NSFRC 的相对动弹性模量在同一坐标中示出,钢纤维的影响更加清楚。钢纤维的掺入改变了混凝土在冻融-应力双重破坏

因素作用下的破坏形态,除应力比为 50% 时的破坏仍然以脆性突然破坏为主外,25% 和 10% 应力比情况下,试件的破坏过程都较为温和,裂缝出现之后,混凝土仍然能承受一定次数的冻融循环,相对动弹性模量才达到破坏标准。尤其应力比为 10% 时,即使试件中出现裂缝,混凝土仍然能承受较多次数的冻融循环,这与 NPC 和 APC 混凝土在应力与冻融循环双重破坏因素作用下裂缝一经出现便迅速破坏对比非常明显。钢纤维混凝土在整个损伤过程中,相对动弹性模量的下降较素混凝土缓慢,这是因为钢纤维抑制或延迟了混凝土在冻融过程中裂缝的引发与扩展,也是钢纤维混凝土比普通混凝土能承受更多次数冻融循环的原因。所以钢纤维混凝土抵抗应力与冻融循环双重破坏因素作用的能力大大增强。

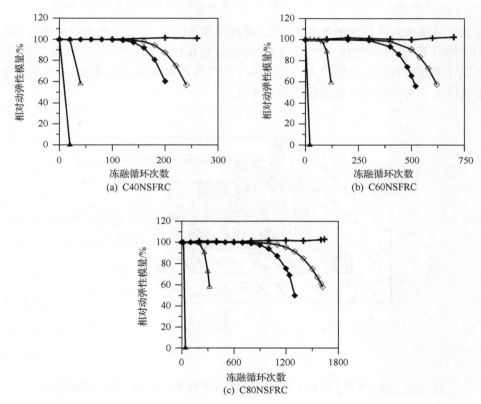

◇应力比 SL=0%;◆应力比 SL=10%;△应力比 SL=25%;▲应力比 SL=50%;+对比试件

图 5.25　钢纤维对应力-冻融循环双重破坏因素作用下混凝土相对动弹性模量的影响

2) 抗冻融循环次数

图 5.27 示出各应力比下 NSFRC 与 NPC 的抗冻融循环次数。掺入钢纤维之后,混凝土在所能承受的应力作用下的冻融循环次数显著提高,从原来的几十次提

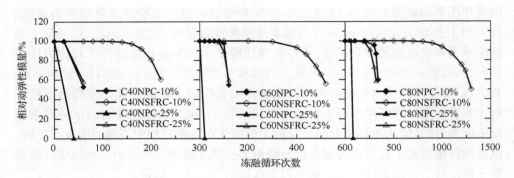

图 5.26　钢纤维对 10%、25% 应力比时冻融过程中相对动弹性模量的影响

高到上百次或从几百次增加到上千次，提高到原来的 3～5 倍。而没有外部应力作用的情况下，钢纤维混凝土的抗冻融循环次数是相应素混凝土的 1.5～2.5 倍，说明钢纤维能有效抑制外部应力与冻融循环同时作用对混凝土的损伤，对改善混凝土在应力作用下的抗冻性的效果非常显著。

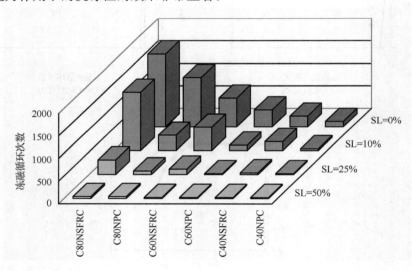

图 5.27　钢纤维对冻融循环与应力同时作用下混凝土抗冻融循环次数的影响

　　4. 钢纤维增强引气高性能混凝土的冻融循环-应力双因素损伤规律与抗冻融循环次数

　　1) 相对动弹性模量
　　图 5.28 示出 ASFRC 在冻融循环-应力同时作用下相对动弹性模量的变化过程。与图 5.20、图 5.23、图 5.25 对比，可以看出钢纤维与引气双掺抑制混凝土损

伤与单独作用的异同。图 5.29 示出应力比 10％、25％时 ASFRC、NPC、APC 和 NSFRC 的相对动弹性模量,冻融循环-应力双重破坏因素作用下,钢纤维与引气双掺对损伤的抑制作用非常显著,相对动弹性模量损失速率延缓很多,混凝土抗损伤能力得到极大提高。钢纤维引气复合对冻融循环-应力双因素损伤的抑制效果,远比对冻融单因素损伤的抑制效果显著,钢纤维与引气的复合效应得到充分发挥。

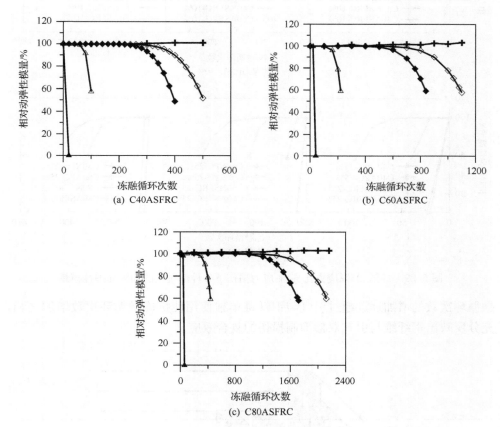

◇应力比 SL＝0％;◆应力比 SL＝10％;△应力比 SL＝25％;▲应力比 SL＝50％;＋对比试件

图 5.28　ASFRC 在冻融循环-应力损伤过程中的相对动弹性模量

2) 抗冻融循环次数

各种水灰比的 ASFRC、NPC 混凝土在冻融循环-应力双因素损伤下的抗冻融循环次数如图 5.30 所示。由图 5.30 可以看出,水灰比相同,应力比为 10％、25％时,ASFRC 的抗冻融循环次数是 NPC 的 5～10 倍。表 5.4 列出不同应力比的冻融-应力双因素损伤下,ASFRC、APC、NSFRC 与 NPC 的抗冻融循环次数之差,除了 50％应力比时由于应力过大使混凝土破坏偶然性较大,ASFRC 对混凝土抗冻

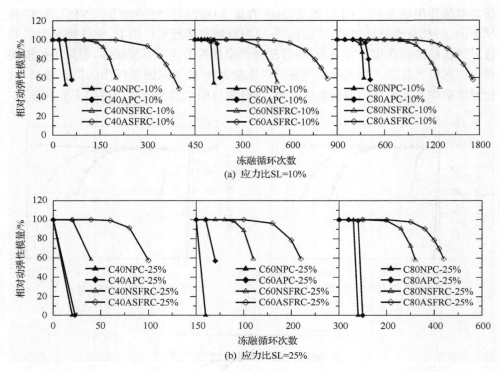

图 5.29　10％、25％应力比冻融-应力损伤下各种混凝土的相对动弹性模量

融循环次数的增加远远超过引气与钢纤维单独使用使抗冻融循环次数增加之和，充分反映出钢纤维与引气双掺抑制损伤的复合效应。

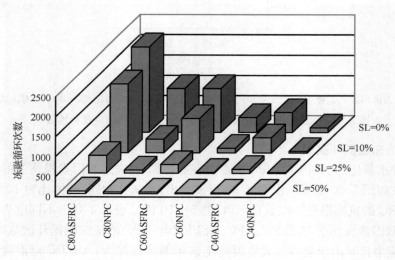

图 5.30　ASFRC、NPC 在冻融循环-应力双因素损伤下的抗冻融循环次数

表 5.4　冻融循环-应力双因素损伤下 ASFRC、APC、NSFRC 与 NPC 的抗冻融循环次数之差

混凝土强度等级	应力比 SL/%	$N_{APC} - N_{NPC}$	$N_{NSFRC} - N_{NPC}$	$N_{ASFRC} - N_{NPC}$
	0	80	120	380
C40	10	20	160	340
	25	0	20	80
	50	0	0	0
	0	120	260	820
C60	10	40	400	740
	25	20	100	200
	50	0	0	20
	0	240	520	1020
C80	10	80	960	1380
	25	20	240	360
	50	20	0	20

5.3.2　高性能混凝土在冻融循环与除冰盐双重因素作用下的损伤失效过程、特点与规律

1. 高性能混凝土的冻融循环-除冰盐双因素损伤规律与抗冻融循环次数

1) 质量损失

氯盐普遍存在于混凝土服役环境中,如海水、除冰盐、临近海面的空气等都是氯盐的丰富来源。混凝土在氯化钠溶液中吸水饱和时的抗冻性与在淡水中饱和时的抗冻性差别很大。普通情况下抗冻性很好的混凝土,在氯化钠溶液中冻融有可能发生表面大量剥落,使得质量损失也可能达到破坏标准。在淡水中冻融的混凝土一般是动弹性模量先于质量损失达到破坏标准。混凝土中的增强钢筋或钢纤维要发生氯离子腐蚀,必须满足两个条件:一是钢筋或钢纤维表面的氯离子浓度达到发生腐蚀的临界值;二是钢筋或钢纤维环境中有足够的氧。混凝土在氯化钠溶液中快速冻融时,虽然混凝土内部的氯离子含量有可能远远超过导致钢筋腐蚀的临界浓度,但是由于浸泡试件的氯化钠溶液中氧的含量极低,使得混凝土中不能发生氯离子腐蚀。整个试验过程中混凝土内部钢纤维始终保持青亮无锈,毫无腐蚀。

图 5.31(a)示出各强度等级混凝土在 3.5% 氯化钠溶液中冻融循环过程中的质量损失规律。在纯水中混凝土冻融循环时,没有试件因为质量损失超过标准规定的极限而达到破坏,而在氯化钠溶液中冻融时的情况则完全不同。本试验中水灰比为 0.44 和 0.32 的混凝土在氯化钠溶液中冻融时,都因为质量损失超过

GBJ 82—85规定的5％而破坏。混凝土的质量损失由表面剥落引起,可以想象,实际工程中的混凝土,在浓度很低的除冰盐作用下,受自然界温度变化引起的冻结和融化,尚且可以使混凝土表面严重剥落。实验室的冻结与融化速率是自然环境的数十倍,而且实验室所采用的氯化钠溶液浓度对混凝土抵抗盐剥落最不利,这种情况下混凝土的剥落速率显然要快得多。剥落严重的试件表面起砂变酥,达到一定程度后粗集料外露,甚至有粗集料剥落,剥落深度最严重的可达到5mm以上。如图5.32所示,在氯化钠溶液中冻融表面严重剥落的试件。由此可见,在氯化钠溶液中遭受冻融循环的混凝土质量损失决不能忽视。

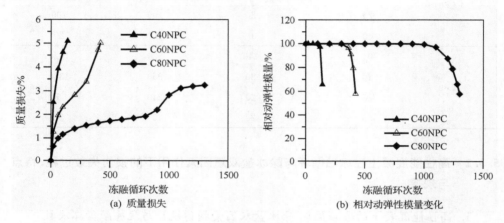

图 5.31　混凝土在 NaCl 溶液中冻融循环过程中质量损失与相对动弹性模量变化

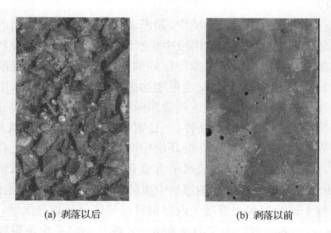

(a) 剥落以后　　　　　　　　　(b) 剥落以前

图 5.32　在氯化钠溶液中冻融时的表面严重剥落的混凝土试件

　　混凝土在快速冻融过程中的剥落与其渗透性和表面饱和程度有关。氯化钠的存在使混凝土的渗透性增加,表面层饱和度提高,导致剥落加剧,质量损失增大。

与水中冻融时的质量损失相比,氯化钠溶液中冻融时的质量损失增加 50% 左右。

水灰比对混凝土在盐冻条件下的质量损失影响较大。从图 5.31 可以看出,冻融循环次数相同时,C60 混凝土的质量损失明显小于 C40,C80 的质量损失又显著小于 C60。从 C40、C60 到 C80,质量损失几乎是以几何速率递减。在氯化钠溶液中水灰比影响混凝土冻融时的质量损失的原因与在水中冻融一样,水灰比下降混凝土的抗渗透性能相应提高,表面饱和程度显著降低。另外,混凝土强度提高后,当发生同样剥落程度时,则需要更大的破坏力。试验结果显示,C80NPC 有很好的抗剥落能力,在氯化钠溶液中经过 1000 次以上冻融循环质量损失只有 2.5%。

在氯化钠溶液和冻融双重破坏因素作用下,混凝土产生严重的表面剥落,但由于混凝土自身的不均匀性,各个面的剥落是不均匀的。要达到 5% 的质量损失,混凝土平均剥落厚度为 0.5mm 左右。实际试验中,成型面的剥落比其他面严重,剥落速率可能是其他面的数倍。同一个面的剥落程度也不是处处均匀,在缺陷或有孔部位产生集中剥落,试验中观察到的剥落深度最严重的部位超过 5mm。

2)相对动弹性模量

混凝土在氯化钠溶液中冻融循环过程中相对动弹性模量的变化如图 5.31(b)所示。虽然盐冻造成混凝土表面严重剥落,但是相对动弹性模量的下降比在水中时稍缓。由于盐的存在,使得混凝土的饱和程度提高,而高饱和度不利于混凝土抗冻,但是盐溶液同时使冰点降低,宏观状态浓度 3.5% 的氯化钠溶液冰点为 −2.03℃,混凝土中孔隙溶液的冰点可能远远低于宏观状态的冰点,因为孔径越小,孔隙中溶液结冰的温度越低,这是对混凝土抗冻有利的方面。实际上浸于溶液中的混凝土只有表面层高度饱和,各种孔径的孔都有可能充满水,表面层以下的混凝土即使在盐溶液中经过长期浸泡,其饱和度依然很低。这时由于孔隙和溶液的共同作用,使得在冻结温度时混凝土内部孔隙中的溶液可能没有结冰,对混凝土内部造成的破坏程度明显低于在纯水中时的情况。根据这个结果,混凝土在氯化钠溶液中快速冻融时动弹性模量下降较慢是很正常的。

水灰比对相对动弹性模量的影响规律与在水中冻融时一致,水灰比下降,混凝土强度提高,抗破坏能力增强,同时水灰比下降使混凝土密实度提高,混凝土中可冻结水含量减少,导致动弹性模量的下降速率变慢。

3)抗冻融循环次数

水灰比减小,混凝土的抗冻融循环次数增加,各种混凝土在 3.5% 氯化钠溶液中的抗冻融循环次数如图 5.33 所示。盐溶液中混凝土的抗冻融循环次数一般高于在水中的抗冻融循环次数,这是由于盐对于相对动弹性模量损伤的有利作用造成的。经过对比分析,各种配合比的混凝土在 3.5% 的氯化钠溶液中的抗冻融循环次数大约为其在水中时的 1.2 倍。

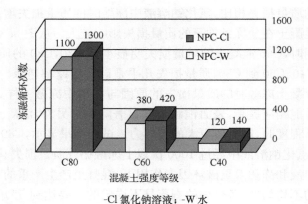

-Cl 氯化钠溶液；-W 水

图 5.33　混凝土在氯化钠溶液中的抗冻融循环次数

4）氯化钠溶液与冻融循环同时损伤的复合效应

该复合效应主要体现在质量损失上。单独浸泡在氯化钠溶液中的试件质量没有损失且略有增加，水中冻融时的质量损失比在氯化钠溶液中冻融时小 30％～40％。图 5.34 示出在水中冻融达到破坏时刻（此时在溶液中冻融的试件尚未破坏）混凝土在两种介质中冻融的质量损失比较。说明两种损伤因素共同作用的结果绝非单一作用结果的叠加，产生这种现象的原因在于两种因素之间有交互作用，盐的存在使得混凝土表面层饱和度大大增加，冻融时表面损伤加剧。

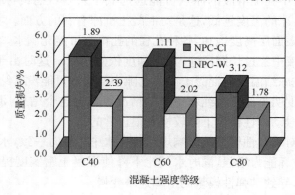

图 5.34　氯化钠溶液中冻融试验质量损失与水中冻融质量损失的比较

图中数据为各种混凝土经过以下次数的冻融循环后的质量损失：

C40：NPC-120；C60：NPC-380；C80：NPC-1100

ASTM C672 是专门测试混凝土在盐溶液中冻融时表面抗剥落能力的试验方法，但是该标准没有规定混凝土的剥落量限值，只要求根据观察对混凝土的抗剥落性进行判断。有的国家标准对此进行修正，规定按 ASTM C672 的试验方法，经过一定次数的循环剥落量不得超过 $1.0kg/m^2$。根据这个标准达到破坏时，相应的质量损失为 4.11%～4.43%，即本试验中质量损失达到 4.1% 以上。按照 ASTM C672 就认为破坏，依此计算将有较多的试件因为剥落而破坏。虽然 ASTM C672 标准的质量损失指标比 ASTM C666 严格，但 ASTM C672 试验中规定采用非成型面的进行剥落试验，成型面的剥落比非成型面的剥落严重得多。

2. 引气高性能混凝土的冻融循环-除冰盐双因素损伤规律与抗冻融循环次数

1）质量损失

与普通素混凝土（NPC）相比，引气混凝土（APC）的质量损失显著减小，抗剥落的性能大为提高。引气改善了混凝土内部的孔结构，使混凝土抗渗透性能提高，饱和程度降低，即使在同样的饱和程度下由于孔径分布的改变，引气混凝土中可引起破坏的冻结水大幅度减少，对混凝土的质量损失和动弹性模量都有很大贡献。图 5.35 表明引气混凝土的质量损失只有相应非引气混凝土质量损失的 30%～40%，试验过程中 APC 混凝土没有因为质量损失超过 5% 而破坏，试件表面的剥落程度明显比 NPC 轻微，可见引气以后有效抑制了混凝土在盐冻状态下的质量损失，也说明 5% 的质量损失对于引气混凝土是一个非常宽松的指标。水灰比对 APC 与 NPC 混凝土在盐冻条件下的质量损失影响有相似的规律。

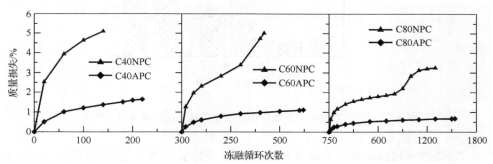

图 5.35　引气对混凝土在氯化钠溶液-冻融作用下的质量损失的影响

2）相对动弹性模量

引气对相对动弹性模量的影响规律与在水中冻融时一致。图 5.36 显示，冻融初期，各种混凝土的相对动弹性模量变化不大，经过一定次数的冻融循环，相对动弹性模量加速下降，APC 加速下降的时间明显比 NPC 晚，经过较多次数的冻融循环才开始快速损伤，快速下降阶段 APC 与 NPC 有相同的损伤速率。

3）抗冻融循环次数

引气混凝土的抗冻融循环次数一般取决于相对动弹性模量的下降，而相对动弹性模量在盐冻过程中的损伤较在水中时慢，所以在盐溶液中混凝土的抗冻融循环次数一般高于在水中的抗冻融循环次数。各种混凝土在 3.5% 氯化钠溶液中的抗冻融循环次数如图 5.37 所示。

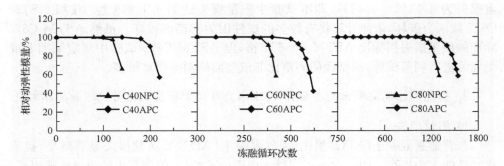

图 5.36　引气对混凝土在氯化钠溶液-冻融循环双重破坏因素作用下相对动弹性模量的影响

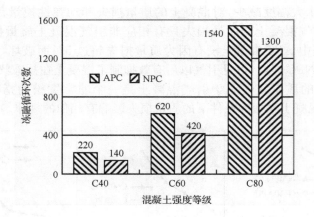

图 5.37　引气对混凝土在氯化钠溶液中的抗冻融循环次数的影响

3. 钢纤维增强高性能混凝土的冻融循环-除冰盐双因素损伤规律与抗冻融循环次数

1) 相对动弹性模量和质量损失

图 5.38 显示钢纤维对混凝土盐冻双因素损伤相对动弹性模量的影响规律，与对冻融循环单因素损伤的影响一致。NSFRC 的相对动弹性模量随冻融循环次数的下降比 NPC 和 APC 更为缓慢，说明钢纤维对冻融循环-除冰盐双因素损伤的抑制效果比引气的效果更加明显。盐冻造成混凝土表面严重剥落，钢纤维对此几乎没有影响，NPC 与 NSFRC 的质量损失基本相同。

2) 抗冻融循环次数

图 5.39 的试验结果表明，NSFRC 在氯化钠溶液中的抗冻融循环次数为 NPC 的 1.5～2.0 倍，钢纤维显著抑制了冻融循环-氯化钠溶液对混凝土的损伤。

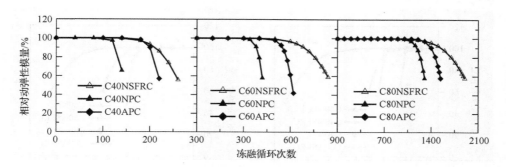

图 5.38　钢纤维对混凝土盐冻相对动弹性模量的影响

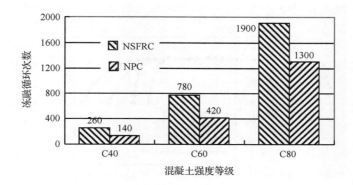

图 5.39　混凝土在氯化钠溶液中的抗冻融循环次数

4. 钢纤维增强引气高性能混凝土的冻融循环-除冰盐双因素损伤规律与抗冻融循环次数

1）相对动弹性模量

图 5.40 显示，四种类型的混凝土中，ASFRC 的相对动弹性模量下降速率最慢。比较不同强度等级的混凝土，钢纤维引气复合对 C40 的增强作用最为显著，C60 的增强显著性次之，对 C80 也有很好的增强效果，但是增强幅度不如对 C40、C60 大，原因可能是 C80NPC 混凝土自身的抗冻性较好，使得各种措施的增强潜力不如 C40、C60 的大。

2）抗冻融循环次数

图 5.41 示出引气钢纤维混凝土与 NSFRC、APC、NPC 在盐冻与水冻条件下抗冻融循环次数的关系，可以看出，ASFRC 的抗冻融循环次数比 NPC 有较大增加，比 NSFRC 的增加较小。表 5.5 列出盐冻损伤下，ASFRC、NSFRC、APC 的抗冻融循环次数与 NPC 抗冻融循环次数之差，与前述试验结果一样，ASFRC 增加的抗冻融循环次数远大于引气与钢纤维单独增强时增加的抗冻融循环次数之和。

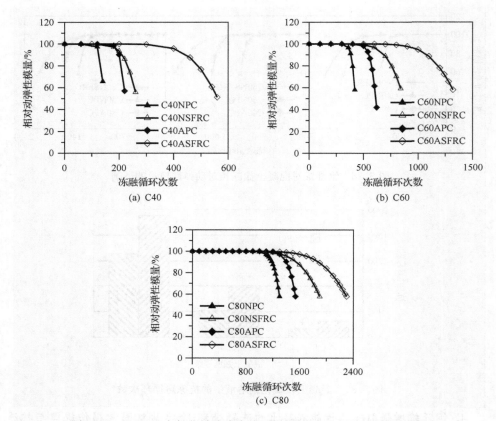

图 5.40　ASFRC 在氯化钠溶液中冻融循环时相对动弹性模量的变化

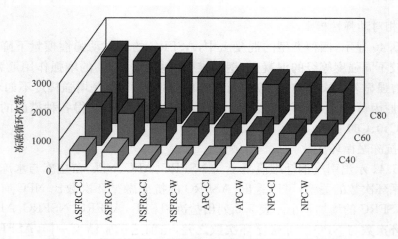

图 5.41　钢纤维引气对混凝土盐冻抗冻融循环次数的影响

表 5.5　盐冻双因素损伤下 ASFRC、APC、NSFRC 与 NPC 的抗冻融循环次数之差

强度等级	$N_{APC} - N_{NPC}$	$N_{NSFRC} - N_{NPC}$	$N_{ASFRC} - N_{NPC}$
C40	80	120	400
C60	200	360	900
C80	240	600	1000

5.3.3　高性能混凝土在冻融循环与硫酸盐双重因素作用下的损伤失效过程、特点与规律

1. 高性能混凝土的冻融循环-硫酸钠双因素损伤规律与抗冻融循环次数

1）相对动弹性模量

混凝土的抗冻性主要取决于其抗渗透性能、水泥浆体的饱水程度、混凝土中可冻结水的含量、冻结速率及平均气泡间距系数等因素。一般情况下，在相同的最低温度下，冰点越低，可冻水的量越少，相应的抗冻性能应该越好。按照这个观点，混凝土在质量浓度为 5% 的硫酸钠溶液中的抗冻性能应该优于在水中的抗冻性，因为盐溶液的冰点明显低于水的冰点。试验结果表明，实际情况要复杂得多。混凝土自身抗冻性（在水中的抗冻性）不同，硫酸钠的影响也不相同，图 5.42(a)示出各种混凝土在硫酸钠溶液中相对动弹性模量随冻融循环次数的变化。与混凝土在单一冻融破坏因素作用时相比，强度较低的混凝土（C40），在硫酸钠溶液中相对动弹性模量的下降稍为缓慢，抗冻融循环次数比在水中时略多。对于强度较高的混凝土（C80），结果正好相反，在硫酸钠溶液中冻融时的动弹性模量损失比在水中时的速率快。由此可见，硫酸钠溶液对相对动弹性模量的影响明显不同于氯化钠溶液，原因在于硫酸钠溶液的影响机理有所不同。与氯化钠溶液一样，硫酸钠也使混凝土孔隙水的冰点降低，对混凝土的抗冻性有利。但是硫酸钠本身可以对混凝土造成侵蚀，当混凝土浸于硫酸钠溶液中的时间足够长，硫酸钠侵蚀效果便发挥出来，使混凝土损伤劣化加速。强度较低的混凝土由于其本身抗冻性差，经过较少次数的冻融循环便达到冻融破坏，而此时硫酸钠侵蚀的化学反应尚未发生或刚刚开始，侵蚀效果尚未得到发挥。这种情况下硫酸钠溶液对混凝土抗冻性的影响与氯化钠相同，使混凝土的抗冻融循环次数略有增加。对于高强混凝土，由于其本身抗冻性好，有充分的时间使硫酸钠发挥对混凝土的侵蚀作用。硫酸钠侵蚀的结果使混凝土发生膨胀，形成与外部相通的裂缝，对试件的动弹性模量造成很大损伤。试验中混凝土的相对动弹性模量变化和破坏形态都证实这一点。冻融初期硫酸钠溶液中混凝土的动弹性模量损失比在水中缓慢，经过一定次数的冻融循环以后，硫酸钠溶液中混凝土的损伤明显加速，比在水中更早达到破坏。

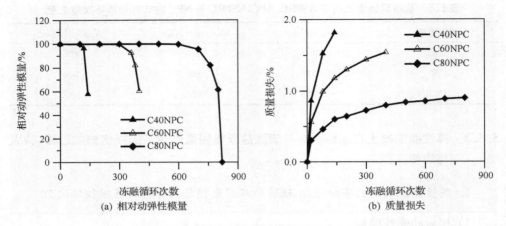

图 5.42　混凝土在硫酸钠溶液与冻融同时作用下相对动弹性模量和质量损失

　　受硫酸钠侵蚀和冻融循环同时作用的试件,其破坏形态与普通的冻融循环破坏不同,尤其是水灰比较低的高强混凝土,几乎所有的试件都是从中部开裂,一条主裂缝贯穿整个试件截面,达到破坏。而在水中冻融的试件其破坏要温和得多,很少有混凝土试件在冻融循环过程中出现较大的裂缝。

　　2) 质量损失

　　混凝土在 5.0% 硫酸钠溶液中冻融循环过程中的质量损失如图 5.42(b) 所示。结果显示,混凝土的质量损失比在水中冻融时小很多。硫酸钠溶液对冻融过程中的质量损失影响与氯化钠溶液完全不同,可见盐的种类对混凝土的抗冻性也有影响。根据以前的分析,硫酸钠溶液也使混凝土孔隙水的冰点降低,实测浓度 5.0% 的大体积硫酸钠溶液的冰点为 −1.07℃。冻融循环过程中混凝土的剥落主要受到渗透性、孔隙率和表面层饱和度的影响。这里,氯化钠和硫酸钠溶液两种介质中冻融试验所采用的试件情况完全相同(原材料、配合比、成型工艺、养护制度、冻融循环制度等),确保试件的渗透性和孔隙率相同,冻融前的浸泡时间完全一样,这样两种介质不同的作用只能归因于溶液的低温性能不同。

　　3) 抗冻融循环次数

　　图 5.43 示出混凝土在 5.0% 硫酸钠溶液中的抗冻融循环次数和在水中的抗冻融循环次数,上述硫酸钠对混凝土抗冻性的影响结果由抗冻融循环次数也得到反映。水灰比减小,混凝土的抗冻融循环次数增加。C40、C60 混凝土在硫酸钠溶液中的抗冻融循环次数高于在水中的抗冻融循环次数,而 C80 混凝土在硫酸钠溶液中的抗冻融循环次数即低于在水中的抗冻融循环次数。

　　硫酸钠侵蚀混凝土的速率与盐的种类、水泥中硫酸钠的含量有关。有研究表明,硫酸钠溶液的侵蚀明显比硫酸铵、硫酸镁温和,富硫酸钠水泥的抗侵蚀能力较

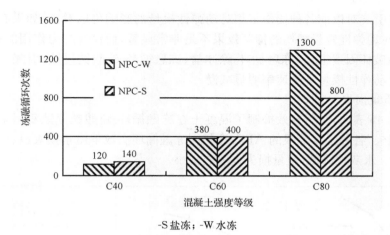

-S 盐冻；-W 水冻

图 5.43　混凝土在硫酸钠溶液中的抗冻融循环次数

强。浸泡于 5.0% 硫酸钠溶液中的混凝土的侵蚀效果在一年以后才能明显反映出来。将混凝土在硫酸钠溶液中冻融循环的试验结果与两种因素分别单独作用时的单一破坏因素损伤进行比较,显然存在交互作用。对于低强度的混凝土硫酸钠溶液使混凝土的冻融损伤速率稍微变慢,而对高强混凝土硫酸钠侵蚀使混凝土提前破坏。同样,冻融循环增加了混凝土的渗透性,使得进入混凝土内部的硫酸钠浓度增大,可以使侵蚀速率增大,而冻融过程中的低温不利于硫酸钠侵蚀化学反应的进行,使侵蚀速率下降。

2. 引气高性能混凝土的冻融循环-硫酸钠双因素损伤规律与抗冻融循环次数

1）相对动弹性模量

APC 和 NPC 在硫酸钠溶液中冻融时相对动弹性模量的变化如图 5.44 所示。显然,APC 的相对动弹性模量损失比 NPC 慢,达到破坏标准时需要经过更多次数的冻融循环。

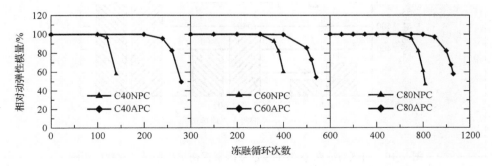

图 5.44　引气对混凝土在硫酸钠溶液中冻融时相对动弹性模量的影响

　　比较引气对以前各种损伤下相对动弹性模量的影响可以看出,如果有应力作用,引气对动弹性模量损伤的抑制效果不是非常显著,而没有应力作用的情况,如单一冻融破坏因素损伤、冻融循环-除冰盐、冻融循环-硫酸钠侵蚀,引气以后混凝土的相对动弹性模量下降速率明显减慢。

　　2) 质量损失

　　图 5.45 表明,引气有效抑制了混凝土在冻融循环-硫酸钠侵蚀双因素作用下的质量损失,各种强度等级的 APC,在相同冻融循环次数下质量损失只有 NPC 的 1/3 左右。水灰比降低,质量损失也随之减小。

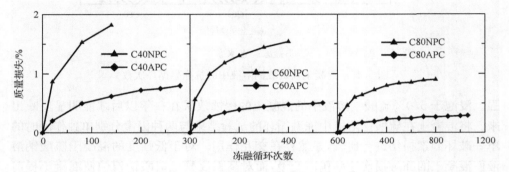

图 5.45　引气对混凝土在硫酸钠溶液中冻融时质量损失的影响

　　从前面叙述的各种损伤试验可以看出,各种损伤情况下,引气以后混凝土试件表面剥落大大减少,质量损失减小 50% 以上,剥落损伤得到有效抑制。

　　3) 抗冻融循环次数

　　图 5.46 示出混凝土在 5.0% 硫酸钠溶液中冻融时的抗冻融循环次数,引气以后混凝土的抗冻融循环次数得到明显增加。

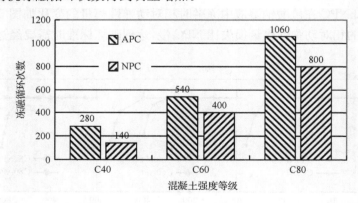

图 5.46　引气对冻融-硫酸钠侵蚀双因素损伤抗冻融循环次数的影响

3. 钢纤维增强高性能混凝土与钢纤维增强引气高性能混凝土的冻融循环-硫酸钠双因素损伤规律与抗冻融循环次数

NSFRC、ASFRC 与 NPC 和 APC 在冻融循环与硫酸钠腐蚀双重因素作用下的试验典型结果如图 5.47 所示。结果表明,钢纤维增强高性能混凝土(NSFRC)在硫酸钠溶液中的抗冻融循环次数比相应非引气混凝土和引气混凝土多,证明钢纤维对此双重因素作用下混凝土损伤的抑制效果优于引气的抑制效果。

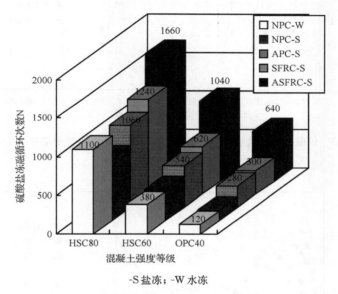

图 5.47　不同混凝土在冻融循环与硫酸钠腐蚀双重因素作用下的冻融循环次数

与 APC 和 NSFRC 相比,引气钢纤维混凝土(ASFRC)对冻融循环与硫酸钠腐蚀双重因素作用下混凝土损伤的抑制效果最好,其抗冻融循环次数的增加值远大于引气和钢纤维单独提高混凝土抗冻融循环次数之和,表现出对混凝土损伤的复合抑制效应。

4. 高强混凝土的冻融循环-硫酸铵双因素损伤规律与抗冻融循环次数

图 5.48 和图 5.49 为高强混凝土在单一冻融和在硫酸铵溶液侵蚀作用下的快冻试验结果。混凝土种类编号后缀“h”代表受到水溶液的浸泡作用,编号后缀“s”代表受到硫酸盐溶液侵蚀的作用。从图中可看出,水灰比的减少大大增强了混凝土的抗冻能力。另外,当各配比混凝土的相对动弹性模量达到规范规定的破坏标准(60%)时,它们相应的质量损失均还远没有达到规定的破坏标准(5%)。通过样条插值计算得到破坏时的冻融循环次数及质量损失如表 5.6 所示,最大的质量损

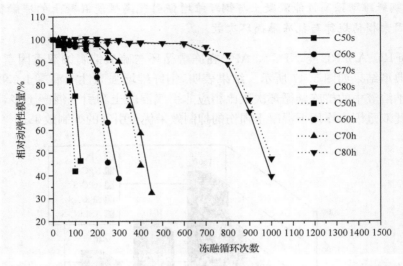

图 5.48　硫酸铵溶液及水溶液快速冻融作用下的高强混凝土相对动弹性模量
与冻融循环次数的关系

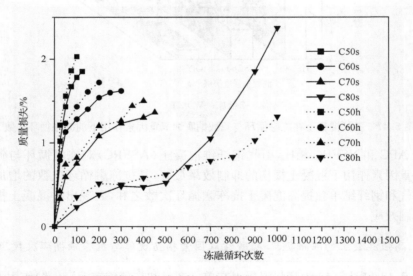

图 5.49　硫酸铵溶液及水溶液快速冻融作用下的高强混凝土质量损失
与冻融循环次数的关系

失值才 2.0%。通过对他人的试验结果分析也同样发现类似的结论。也就是说，高强混凝土的抗冻性对动弹性模量的敏感程度要大于质量。因此，对于高强混凝土，动弹性模量对冻融的敏感性要大于质量损失的敏感性。值得注意的是，高强混凝土在水和硫酸铵这两种溶液作用下冻融试验的比较对于不同强度等级其反映出的规律是不同的。C50、C60 在水溶液中的抗冻能力要低于硫酸铵中的抗冻能力，从表 5.6 中数据可得出，硫酸铵溶液进行冻融破坏的 C50s、C60s 循环次数均要比单一冻融时的次数高，增加幅度分别为 29.8%、11.2%，水灰比越高，增加的幅度也越大，同期的质量损失也低于单一冻融试验。C70、C80 对两者试验相对动弹性模量的比较则不明显，硫酸铵溶液进行冻融破坏循环次数比单一冻融时的次数增加幅度分别为 0.7%、−2.8%。但是从质量损失曲线可明显看出，C80 约 600 次循环后，硫酸铵冻融试验的质量损失开始由低于单一冻融试验值而转向高于单一冻融试验值，到达破坏时，其质量损失比单一冻融时增加幅度为 69%。

表 5.6　各配比高强混凝土相对动弹 60% 时相应的冻融次数及质量损失

编号	单一冻融		冻融-硫酸铵侵蚀	
	冻融次数	质量损失/%	冻融次数	质量损失/%
C50	84	1.92	109	1.80
C60	231	1.77	257	1.60
C70	370	1.46	396	1.30
C80	955	1.18	928	2.00

以上事实均说明，对于高强混凝土，硫酸铵对冻融所起的作用经历了一个由有利因素转变为不利因素的过程。这可能是硫酸铵的加入降低了混凝土内部孔隙水的冰点，对于提高混凝土的抗冻性是有利的，但是随着龄期的延长，硫酸铵的后期侵蚀负面效果开始显现出来。冻融下的侵蚀效果增加了表面的剥落，同时密实度的降低，又促进了冻融的破坏，如此反复交互影响的结果降低了 C80 的抗冻性。

5.4　高性能水泥基材料在多重破坏因素作用下损伤失效过程的规律和特点

与双因素损伤相比，三个因素同时作用的情况要复杂得多，很难严格区分各种因素同时作用过程中的相互影响。而且损伤复合效应也比双因素的情况复杂，既有两个因子同时作用再加上一个因素单独作用的复合效应，也有三个损伤因子分别单独作用的损伤复合效应，两个因子同时作用再加一个因子单独作用三种情况组合。本节主要研究在弯曲荷载与冻融和除冰盐腐蚀、弯曲荷载与冻融和盐湖卤水腐蚀等多重破坏因素作用下不同混凝土的损伤失效过程，总结其损伤规律和特点。

三种因素同时作用于混凝土，结合了各因素对混凝土性能不利的影响，使混凝土不但动弹性模量迅速下降，试件表面剥落也很严重。

5.4.1　高性能混凝土在弯曲荷载-冻融-除冰盐腐蚀三因素作用下的损伤

1. 相对动弹性模量

各种混凝土在弯曲荷载、氯化钠溶液和冻融循环三重破坏因素作用下的相对动弹性模量变化过程如图 5.50 所示。比较三因素与双因素、单因素作用下混凝土的相对动弹性模量变化过程可以看出,各因素以不同的方式影响混凝土的性能。

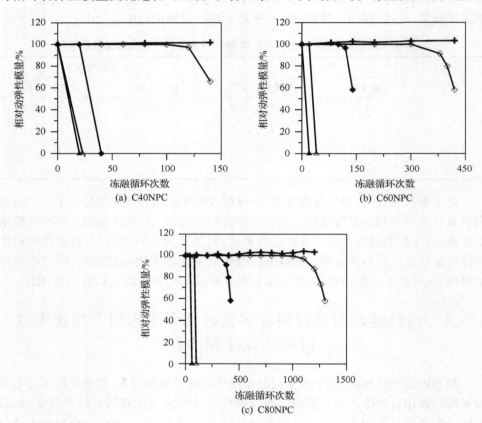

◇应力比 SL=0％;◆应力比 SL=10％;△应力比 SL=25％;▲应力比 SL=50％;＋对比试件

图 5.50　三重因素作用下混凝土的相对动弹性模量

1) 应力对三因素损伤时相对动弹性模量的影响

三因素作用下混凝土的相对动弹性模量受弯曲荷载的影响最大,随着应力比的增大,相对动弹性模量下降速率增加。与应力-冻融双因素作用时类似,应力比为 50％时,混凝土表现为不稳定状态,经过很少次数的冻融循环,混凝土便发生断裂,相对动弹性模量下降到零,达到破坏,破坏形态为突然的脆性破坏,破坏前相对动弹性模量下降幅度很小。应力比为 25％时,混凝土依然表现为脆性破坏为主。10％应力比对相对动弹性模量也有较大的影响。

2) 氯化钠溶液对三因素损伤时相对动弹性模量的影响

质量浓度为 3.5％的氯化钠溶液降低冰点的作用使混凝土在三因素作用下的相对动弹性模量下降速率比在应力与冻融作用时稍为缓慢,应力比较低时抗冻融循环次数增加。但当应力比较大时,这种有利的作用对混凝土损伤的影响却很小,如 50％应力比时的抗冻融循环次数几乎与应力和冻融双因素作用一样,25％应力比时,混凝土的抗冻融循环次数比应力-冻融循环双因素损伤增加20 次左右。

平行试验表明,应力作用下混凝土在水中和氯化钠溶液中都没有观察到动弹性模量的下降,说明在这三种损伤因素中,冻融循环是引起混凝土破坏的动力。

2. 质量损失

混凝土在三因素损伤下不仅相对动弹性模量加速下降,由于氯化钠溶液的存在,质量损失也远大于应力与冻融循环同时作用的双因素损伤。本节所有的三因素损伤试验中,有一组混凝土由于质量损失达到 5％而破坏。弯曲荷载对质量损失影响很小,三因素作用下的质量损失与混凝土在氯化钠溶液中冻融时的情况几乎一样,而且各应力比时的质量损失有相同的规律。可见与混凝土在氯化钠溶液中冻融相比,三因素损伤对混凝土的质量损失没有产生复合效应。

水灰比对三因素作用下的质量损失影响也有与冻融循环-氯化钠溶液双因素损伤相同的规律,随水灰比的减小,质量损失随之减小。

3. 冻融循环次数

应力使混凝土在冻融过程中的动弹性模量下降更加迅速,氯化钠溶液使混凝土在冻融过程中严重剥落,质量损失增加,应力、氯化钠溶液与冻融循环同时作用将两种不利于混凝土抗冻性指标的破坏因素结合在一起,混凝土在冻融循环过程中不仅动弹性模量快速下降,而且质量损失也很严重。影响抗冻融循环次数的主要因素是应力,原因在于冻融过程中的表面剥落是一个渐进的过程,需要经过一定次数的冻融循环,而应力加速动弹性模量的下降,使质量损失远未达到 5％之前便因为动弹性模量下降而被破坏。各种混凝土在三因素损伤下的抗冻融循环次数如图 5.51 所示。从图 5.51 中可以清楚看到,应力比、水灰比对混凝土在三因素损伤下抗冻融循环次数的影响。

三因素损伤下混凝土发生严重的表面剥落,尤其是强度较低的混凝土,剥落导致混凝土试件截面减小,有的部位剥落深度超过 5mm。试验中没有观察到截面变化对混凝土抵抗弯曲荷载的造成影响,没有因为截面减小抵抗应力能力降低导致三因素作损伤下的混凝土过早破坏。原因可能是,一般情况下,成型面的剥落较为

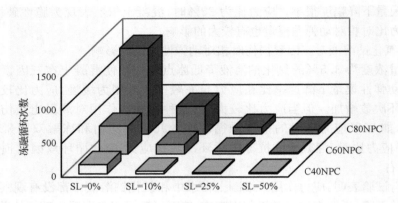

图 5.51　三因素作用下混凝土的抗冻融循环次数

比非成型面严重得多,而弯曲应力的受拉面为非成型面,对成型面的严重剥落不敏感。另外,应力比较高时混凝土过早破坏,表面剥落尚未得到充分发展,应力比较小时对于截面的变化不敏感。

混凝土在三因素作用下的抗冻融循环次数与应力比的关系仍可以用式(5.9)所示的关系来表示

$$N_{SL}/N_0 = k \tag{5.9}$$

式中:N_{SL} 为三因素作用下混凝土的抗冻融循环次数;N_0 为应力比为 0%时混凝土在氯化钠溶液中的抗冻融循环次数;k 为比例常数。应力水平为 0%、10%、25% 和 50%时 k 值分别为 1.00、0.32、0.08 和 0.04。当应力比为 50%时式(5.9)与试验结果有较大的差异,原因在于 50%的弯曲应力作用下,混凝土试件呈不稳定状态,破坏具有很大的随机性,而且可能因为试验测试间隔,50%应力比时的抗冻融循环次数误差较大。

4. 三因素作用下混凝土的损伤复合效应

1) 三因素损伤与单一冻融损伤的比较

与单一冻融破坏因素损伤相比,三因素作用下应力的存在加速了冻融过程中动弹性模量的下降,氯化钠溶液加速了混凝土的质量损失,混凝土的损伤程度比冻融单一破坏因素作用严重得多,抗冻融循环次数显著少于冻融循环单一破坏因素作用的抗冻融循环次数。例如,三因素损伤 25%应力比时,C40、C60、C80NPC 混凝土的抗冻融循环次数为冻融单一作用时的 10%左右。

2) 三因素损伤与双因素损伤的关系

(1) 三因素损伤与冻融-应力双因素的比较。

应力对冻融-应力双因素损伤、冻融-除冰盐-应力三因素损伤两种情况有相同的影响规律,随着应力比增大,动弹性模量下降速率加快,混凝土损伤加速,抗冻融循环次数减少。两种情况下混凝土性能的区别有两方面:一是双因素作用下质量损失相对较小,混凝土的破坏全部因为相对动弹性模量下降到 60% 以下,而三因素作用下混凝土的质量损失较多,大约为双因素作用时的 1.5 倍,有可能因为质量损失而导致混凝土破坏,所以在三因素作用下必须考虑质量损失对混凝土造成的破坏,而冻融与应力双因素作用下质量损失一般不会先于动弹性模量达到破坏。二是由于盐溶液降低冰点的作用,使三因素作用下混凝土的动弹性模量下降较双因素稍为缓慢,导致在相同的应力比下,三因素作用下混凝土的抗冻融循环次数比双因素多 20% 左右。

(2) 三因素损伤与冻融-除冰盐双因素损伤的比较。

两种情况下混凝土的质量损失有相同的规律,试件都产生严重的表面剥落,都可能因为质量损失超过 5% 而破坏。因为应力的存在,三因素损伤时混凝土的动弹性模量下降更加迅速,损伤速率显著加快,抗冻融循环次数远远少于双因素的情况,如在 10% 应力比时,各水灰比混凝土的抗冻融循环次数只有双因素作用的 30% 左右。

5. 损伤的抑制

虽然降低水灰比可以使混凝土抵抗外部因素破坏的能力得到增强与提高,但是在多因素损伤下,C80 混凝土的破坏仍然非常迅速,如 50% 的弯曲荷载与冻融循环同时作用下,C80NPC 经过 40 次冻融循环便破坏,25% 应力比时能承受的冻融循环次数也只有 80 次。有除冰盐作用时各种水灰比的混凝土剥落都很严重。可见多因素损伤下,低水灰比的高强混凝土不一定耐久,要使混凝土能有效抵抗各种损伤,必须采取增强措施。

针对选取的损伤因子的多因素损伤机理,可采取引气(APC)、掺加钢纤维(NSFRC)及引气与钢纤维双掺(ASFRC)三种措施提高混凝土抵抗多因素损伤的能力,抑制多因素复合作用对混凝土的损伤。

5.4.2　引气高性能混凝土在弯曲荷载-冻融-除冰盐腐蚀三因素作用下的损伤

1. 相对动弹性模量

各强度等级 APC 混凝土在弯曲荷载、氯化钠溶液和冻融循环三因素作用下的相对动弹性模量变化过程如图 5.52 所示。图 5.53 示出应力比为 10%、25% 时,NPC 与 APC 混凝土三因素损伤下相对动弹性模量的比较,相同应力比下,各强度等级的引气混凝土(APC)相对动弹性模量下降比非引气混凝土(NPC)稍为缓慢。

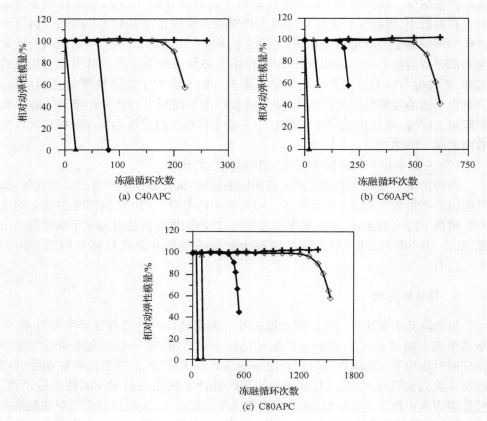

◇应力比 SL=0%；◆应力比 SL=10%；△应力比 SL=25%；▲应力比 SL=50%；＋对比试件

图 5.52　引气对三因素作用下混凝土的相对动弹性模量的影响

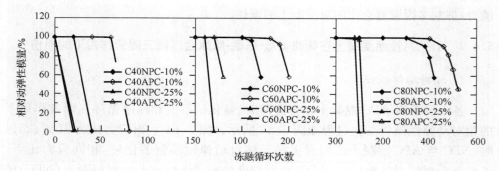

图 5.53　10%、25%应力比 NPC 与 APC 在三因素损伤下相对动弹性模量

2. 质量损失

根据前述的研究结果,应力、氯化钠溶液与冻融循环同时作用将两种不利于混凝土抗冻性指标的破坏因素结合在一起,混凝土在冻融循环过程中不仅动弹性模量快速下降,而且质量损失也很严重。引气以后混凝土的质量损失得到有效抑制。由于应力对质量损失几乎没有影响,引气对三因素作用下的质量损失影响与对冻融循环-除冰盐双因素损伤的影响规律基本一致。

3. 抗冻融循环次数

引气混凝土(APC)有效抑制了混凝土的质量损失,这样三因素损伤下混凝土的抗冻融循环次数取决于相对动弹性模量的损伤,应力对相对动弹性模量影响非常大,所以混凝土的抗冻融循环次数主要受应力的影响。APC 和 NPC 混凝土在三因素损伤下的抗冻融循环次数如图 5.54 所示。从图 5.54 看出,引气混凝土的抗冻融循环次数略高于非引气混凝土。

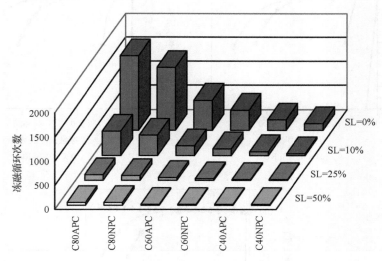

图 5.54　引气对三因素作用下混凝土抗冻融循环次数的影响

5.4.3　钢纤维增强高性能混凝土在弯曲荷载-冻融-除冰盐腐蚀三因素作用下的损伤

钢纤维对遭受各种损伤的混凝土质量损失的改善作用不如引气和水灰比的效果明显,原因在于质量损失主要是试件表面浆体剥落所致,表面剥落一般是表面浆体层解体,质地酥软,呈细小的砂粒或浆体颗粒脱离试件表面,在混凝土中乱向分布的钢纤维,对这种颗粒起不到约束作用。试验结果显示,各种损伤作用下钢纤维混凝土(NSFRC)的质量损失与非引气混凝土(NPC)非常接近。

　　钢纤维的作用主要体现在各种损伤作用下混凝土相对动弹性模量的下降得到抑制,因为相对动弹性模量下降而最终破坏的混凝土寿命(抗冻融循环次数)大幅提高。

　　1. 相对动弹性模量

　　NSFRC 混凝土在弯曲荷载、氯化钠溶液和冻融循环三破坏因素作用下的相对动弹性模量变化过程如图 5.55 所示。图 5.56 示出 10%、25% 应力比时,NSFRC、NPC 和 APC 混凝土在三因素损伤下的相对动弹性模量。钢纤维有效改善了混凝土三破坏因素复合作用下对应力的敏感性,除 50% 应力比时由于应力比过大使混凝土过早破坏,25% 和 10% 应力比时都比 NPC 有很大改善,与 NPC 相比,NSFRC 破坏前相对动弹性模量有一定的下降过程,而素混凝土破坏时相对动弹性模量曲线陡降至 60% 以下,达到破坏。应力比较小的 NSFRC 试件,即使外观

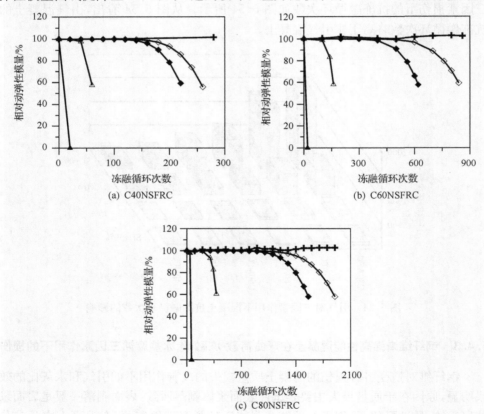

◇应力比 SL=0%；◆应力比 SL=10%；△应力比 SL=25%；◆应力比 SL=50%；＋对比试件

图 5.55　钢纤维对三因素损伤下混凝土相对动弹性模量的影响

出现可见的裂纹,相对动弹性模量仍然可以在 60% 以上,混凝土还能承受相当多次数的冻融循环。NPC 试件只要表面有裂纹出现,动弹性模量立即达到破坏标准。可见钢纤维的桥接作用对混凝土抵抗三破坏因素作用下的损伤发挥了极大的作用。

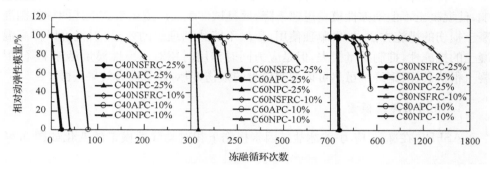

图 5.56　钢纤维对 10%、25% 应力比时三因素损伤下相对动弹性模量的影响

2. 抗冻融循环次数

各种水灰比的 NSFRC 与 NPC 混凝土在三因素损伤下的抗冻融循环次数如图 5.57 所示。从图 5.57 可以清楚看到,钢纤维对混凝土在三因素损伤下抗冻融循环次数的影响,钢纤维抑制了混凝土在弯曲荷载作用下的过早破坏,使混凝土的抗冻融循环次数大幅度提高,如 25% 和 10% 应力比时各强度等级的 NSFRC 抗冻融循环次数是 NPC 的 3~5 倍。

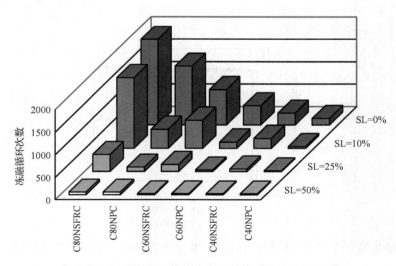

图 5.57　钢纤维对三因素损伤下混凝土抗冻融循环次数的影响

5.4.4 钢纤维增强引气高性能混凝土在弯曲荷载-冻融-除冰盐腐蚀三因素作用下的损伤

　　三种破坏因素同时作用于混凝土,结合了各破坏因素对混凝土性能不利的影响,使混凝土不但动弹性模量迅速下降,而且试件表面严重剥落。上述两种抑制混凝土损伤的措施方法,如果单独使用,显然不能达到理想的效果,引气可以提高混凝土的抗冻性,抑制质量损失,但是应力同时作用时相对动弹性模量迅速下降,混凝土很快破坏;钢纤维虽然可以抑制应力的损伤,但对质量损失效果甚微。

1. 相对动弹性模量

　　ASFRC 在冻融-应力-除冰盐三因素损伤下相对动弹性模量的变化如图 5.58

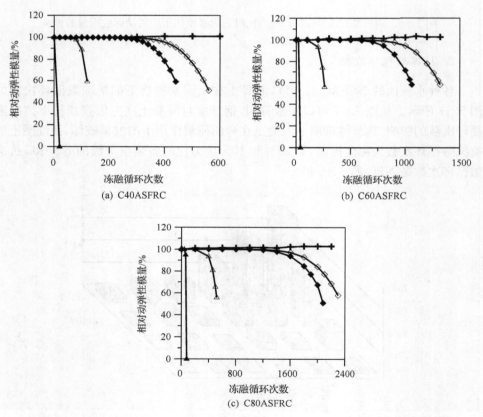

(a) C40ASFRC　　　　　(b) C60ASFRC

(c) C80ASFRC

◇应力比 SL＝0%;◆应力比 SL＝10%;△应力比 SL＝25%;▲应力比 SL＝50%;＋对比试件

图 5.58　三破坏因素作用下混凝土的相对动弹性模量

所示,ASFRC 混凝土表现出最强的抗损伤能力,应力比越大,ASFRC 相对动弹性模量曲线与 NPC 曲线的距离越远,表明钢纤维与引气双掺对抵抗三因素损伤的效果更加显著。引气与钢纤维双掺对三因素损伤质量损失的影响,与对其他类型损伤质量损失有相同的影响规律。

2. 抗冻融循环次数及钢纤维与引气双掺的增强复合效应

应力比不为 0% 时,钢纤维与引气双掺增强以后,混凝土的抗冻融循环次数得到极大提高,当施加 10%～25% 弯曲荷载时,ASFRC 的抗冻融循环次数与 NPC 相比约提高 5～10 倍。钢纤维与引气抑制损伤的复合效应可以从表 5.7 看出,钢纤维与引气双掺以后混凝土抗冻融循环次数的增加 ΔN_{ASFRC},远远大于 $\Delta N_{APC} + \Delta N_{NSFRC}$($\Delta N_{ASFRC} = N_{ASFRC} - N_{NPC}$, $\Delta N_{APC} = N_{APC} - N_{NPC}$, $\Delta N_{NSFRC} = N_{NSFRC} - N_{NPC}$),$\Delta N_{ASFRC}$ 与($\Delta N_{APC} + \Delta N_{NSFRC}$)之差可以看做钢纤维与引气抑制损伤复合效应的定量化。

表 5.7　三因素损伤下 ASFRC、APC、NSFRC 与 NPC 的抗冻融循环次数之差

混凝土强度等级	应力比 SL/%	ΔN_{APC}	ΔN_{NSFRC}	ΔN_{ASFRC}	ΔN^*
	0	80	120	400	200
C40	10	40	180	400	180
	25	0	40	100	60
	50	0	0	0	0
	0	200	360	900	440
C60	10	60	480	920	380
	25	20	120	220	80
	50	0	0	20	20
	0	240	600	1000	160
C80	10	80	1140	1660	340
	25	20	280	420	120
	50	0	0	20	20

　* $\Delta N = \Delta N_{ASFRC} - (\Delta N_{APC} + \Delta N_{NSFRC})$。

5.5　单一、双重和多重破坏因素作用下混凝土寿命预测

重大土木工程按照服役寿命设计是当前结构工程设计的重要发展方向,国际上许多重大工程逐步实现了以服役寿命为主要目标的耐久性设计。我国为了真正体现"百年大计"思想,近几年设计建造的长江三峡大坝、南京地下铁道工程(简称

南京地铁)、江苏润扬长江公路大桥(简称润扬大桥)和杭州湾跨海大桥等许多重大工程服役寿命都要求满足 100a 的设计要求。但是,混凝土的耐久性问题十分复杂。2000 年 Mehta 在总结 50 年来混凝土耐久性的研究进展时指出:影响混凝土耐久性的破坏因素按照重要性程度依次是钢筋锈蚀、冻融破坏和腐蚀作用。在这些破坏因素的作用下,混凝土结构的服役寿命大为缩短。其中,将混凝土结构的破坏过程与时间建立起可靠的理论联系并用于寿命设计的,只有碳化理论和氯离子扩散理论。陈肇元院士在 2002 年"工程科技论坛"上介绍:当前西方发达国家的混凝土服役寿命预测方法都是建立在钢筋锈蚀基础上的,2000 年欧洲 DuraCrete 项目出版了《混凝土结构耐久性设计指南》,针对海洋环境和大气碳化环境中混凝土结构的服役寿命设计问题,提出了一套完整的设计体系。

　　然而,对于我国的三峡大坝、南京地铁和润扬大桥这类工程,环境的氯离子浓度很低,氯盐引起的钢筋锈蚀并非主要耐久性破坏因素,不能应用氯离子扩散理论预测服役寿命;另一方面,由于设计采用较高强度等级的混凝土,碳化引起钢筋锈蚀的速率很慢,运用碳化理论预测结构的服役寿命都在几千年甚至几万年以上,严重脱离实际。其实,对于一般条件下的混凝土结构,其功能失效的标志并非钢筋锈蚀,而是冻融或腐蚀等引起混凝土自身的耐久性下降,对这类混凝土结构工程进行服役寿命预测和耐久性设计,需要探索新的方法。早在 1993 年,Clifton 就归纳出五种预测混凝土服役寿命的方法:经验方法、比较方法、加速试验方法、数学模型方法和随机方法等。其中,根据氯离子扩散理论和碳化理论建立的数学模型方法已经得到成功应用。对于冻融或腐蚀条件下混凝土结构服役寿命的预测问题,加速试验方法最有发展前途,是当前国内外学术界面临的重要课题之一。在利用加速试验方法预测混凝土服役寿命的研究领域,作者及其课题组根据不同的工程环境条件、从不同的角度提出了三种新方法:基于损伤理论和韦布尔(Weibull)分布的混凝土寿命预测方法、基于损伤演化方程的混凝土寿命预测的理论和方法、基于水分迁移重分布的混凝土冻融循环劣化新理论及冻融寿命定量分析与评估模型。

5.5.1　基于损伤理论和韦布尔分布的混凝土寿命预测理论和模型

　　能够对混凝土进行寿命预测与评估一直是工程和研究人员很感兴趣的问题,也是至今为止国际上尚未解决的重大科技难题。但是,目前在混凝土寿命预测的定量方面工作还远远不够,主要工作集中在氯离子的侵蚀方面,并且混凝土寿命定量评估工作进行的比较零散,其评估还没有形成一个框架体系。尤其需要提出的是,损伤条件(包括多重破坏因素的耦合)作用下混凝土的损伤机理束缚了人们的思维,从细观甚至微观的机理角度去构筑混凝土寿命评估体系,从而建模难度很大,其前景堪忧。而一般工程均处在各种破坏因素共同作用下的环境中,这样就导致了目前实际工程应用还缺少既可靠又方便的相关理论,要实现这一步困难很多。

在对混凝土材料耐久性失效机理进行研究的过程中,人们发现混凝土材料在与周围环境进行交互作用时,其失效机理是非常复杂的。为了建立一个相应的耐久失效数学模型,那些试图从细微观物理化学角度去构筑混凝土耐久特性理论的做法,必然会牵涉到诸如数学、细微观参数定量化等问题而不得不作出许多理想化的假设,导致建模难度较大,而且经常会出现与实际不符的结果,不是由于假设的原因理论值与实际结果偏差较大,就是数学上难以实现或细微观参数较难确定而理论不能够进一步推广应用。当对多场因素耦合作用下的混凝土实际应用进行探讨时,这种方法的实施就更加艰难。

所幸的是,混凝土在内外界环境因素作用下的一般失效过程实质上是一个材料内部损伤劣化的过程,不管其失效的机理如何,其损伤总是分为均匀损伤、有损伤梯度的不均匀损伤两大损伤类型。这样就可以从损伤的角度去探讨混凝土的寿命,从而为能够建立一个混凝土寿命评估的理论框架提供基础。一般而言,混凝土在多因素作用下其损伤特点为均匀损伤叠加梯度损伤的复合损伤。

针对不同的损伤机理,这里对常规的耐久性问题作了以下的归类。

1) 外生型化学侵蚀

这类耐久性问题的损伤特点一般为存在由外向内损伤梯度的不均匀损伤:

(1) 溶解侵蚀。主要是将硬化的水泥浆体固体成分逐渐溶解流失,造成溶析性破坏,如流水的侵蚀。

(2) 离子交换。侵蚀性介质与硬化水泥浆体组分发生离子交换,生成易溶解或没有胶结能力的产物,如酸性水的作用。

(3) 形成膨胀组分。形成盐类,结晶长大时体积增加导致膨胀性破坏,如硫酸盐侵蚀。

2) 内生型化学损伤

其特点主要为内部的均匀损伤,如内生型的碱集料反应问题,尽管其损伤主要发生在集料与水泥砂浆间的界面处,但是如果考虑的试件或构件,当其尺寸相对于石子最大粒径较大时,从整体上看就可以把它们的损伤特点看成是内部均匀的。

3) 物理损伤

(1) 拉压加荷作用下的混凝土徐变损伤及混凝土的蠕变损伤,其损伤特点可认为是均匀损伤。

(2) 弯曲受荷或复合加载情况下的混凝土的徐变问题,其损伤特点可认为损伤截面存在损伤梯度。

(3) 干湿变化以及冻融循环下的混凝土损伤问题。此时以试验过程中的循环次数 N 为时间尺度,可认为这些损伤应为由外向内存在损伤梯度的损伤过程。

(4) 对于高强度混凝土,由于其水胶比较小,水泥用量偏高,而随着水泥的水化,导致孔隙中湿度的降低,从而产生混凝土内部自收缩损伤。这种损伤可认为是均匀损伤。

尽管研究混凝土的失效机理对于进一步了解材料的性能是必需的,深入到细微观层次的研究能够带来最本质的结论,但是宏观性能的研究却能够得到最直接且最有效的结果。毫无疑问,经典的宏观力学就是一个生动的例子,但它却应用于工程设计的方方面面而经久不衰。在对受荷情况下混凝土的失效分析过程中,人们通常采用损伤和断裂理论进行材料的应力、应变分析,但是对于像牵涉到冻融循环、硫酸盐腐蚀、碱集料反应等单因素甚至多因素共同作用之下混凝土材料的耐久性问题,利用传统的损伤应力应变理论显然是困难的。由于该问题的复杂性及特殊性,很自然人们会想到利用试验统计模型来得出寿命预测的回归经验公式甚至采用模糊聚类分析、神经元等理论进行预测,但随之带来的问题是回归公式受人为主观因素影响很大,不同的人对相同的问题会得出不同的表达形式,聚类分析结果缺乏灵活性,神经元方法的训练样点的选取对分析的权值、阈值影响很大,并且聚类、神经元等数值分析方法只有结果,没有过程分析,都需要大量的原始数据,工作量很大,不便于实际应用。另外,经验公式分析和神经元等方法都缺乏对材料物理性能及损伤机制的进一步阐述。因此,这里采用寿命统计理论,抛开了混凝土具体的失效机理这一层研究,而试图在宏观表象层次上建立混凝土的一般耐久性损伤演变模型。为了建立一个宏观意义上混凝土一般损伤失效模型框架,这就需要建立混凝土内部单元点失效与时间的函数关系。经典的韦布尔寿命可靠统计理论就能满足这一要求。

正是在以上思路的指导下,为了构筑一个混凝土一般寿命评估理论框架,本节在结合了损伤与寿命统计理论的基础上初步建立了混凝土的一般损伤演变的多元韦布尔寿命预测模型。

1. 混凝土一般耐久性损伤模型的建立

1) 模型假设及相关说明

为方便起见,先讨论一个边界条件为四边受到等损伤梯度 G 影响的正方面模型(图 5.59),其他一些常遇边界情况将在后面提到。

假设 1:混凝土内部是连续且均匀的。从宏观方面研究,因空隙大小比物体尺寸小得很多,可不考虑空隙的存在。混凝土材料内部组成物质大小与物体尺寸相比很小且随机排列,因此宏观上看可将物体性质看做各组成部分性质的统计平均量,混凝土性质是均匀的。

假设 2:现由于混凝土四周边界条件为同一侵蚀条件,假设混凝土内部到边界最短距离相同的所有点均服从同一种损伤演变规律。

假设 3:为了描述混凝土内部单元点失效与时间之间的关系,这里采用韦布尔寿命分布族(图 5.60)。根据韦布尔分布的理论可知,该分布是基于串联单元构筑的数学模型,正因为这种特性,决定其在寿命评估中的特殊地位,可以代表大量的与元件失效有关的问题。韦布尔分布的包容性很广,曲线形状丰富,通过调节相关参数可得到大量的不同特征,许多有关寿命的其他分布,如正态分布、伽玛分布等均可用该分布来近似模拟,这本身给各种不同宏观损伤特性的模拟带来了极大的方便。混凝土失效损伤过程表明,混凝土的损伤随龄期而逐步积累,内部的微缺陷也逐步增多,材料内部各"元件"的失效率此时必然增大,混凝土内部元件的失效率肯定是递增函数,而韦布尔分布函数当形状因子大于 1 时,其失效率函数正是递增函数。因此本节采用能够描述该特征的韦布尔寿命分布族,相关公式如下所示,认为针对混凝土这一复杂系统,混凝土内部"元件"(微元件)均服从该分布(韦布尔分布函数)。

$$F(t) = 1 - \exp\{-[\lambda(t-t_0)_+]^\alpha\} \tag{5.10}$$

式中: t 为时间; t_0 为阈值; λ 为尺度因子, $\lambda > 0$; α 为形状因子, $\alpha > 1.0$。另外,下标"+"代表括号中数值为负时,其括号值取 0,否则值不变。

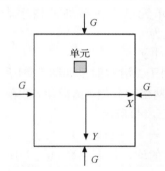

图 5.59　四边受到等损伤梯度 G 的简化模型

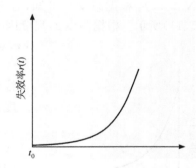

图 5.60　韦布尔分布失效率函数

假设 4: 混凝土内部单元点受到周边有限个点单元破坏状况的影响,每一个点单元的破坏只对其上、下、左、右单元的破坏概率产生影响,而远处的影响忽略不计,并且每一个点单元在某一时刻的破坏概率和周边有限个单元的破坏数目之间的关系表示如下式:

$$p(x,y,t) = p_0(x,y,t) + \sum_{i=1}^{n}[\nu(1-p_0)]^n \tag{5.11}$$

式中: $p(x,y,t)$ 为考虑周边点单元破坏状况影响时在坐标为 (x,y) 处该点单元已破坏的概率; $p_0(x,y,t)$ 为不考虑周边单元影响时 (x,y) 处点单元已破坏的概率,由假设 3 可知,该值即表示为式(5.10); n 为四周破坏的点单元数, $n \leqslant 4$; ν 为破坏单元影响系数。

假设 5: 混凝土内部每一点都是均匀的,且均受到同类型内外不利因素的影响,因此根据韦布尔分布特性,可认为混凝土内部每一点失效曲线形状大致相同,即形状因子 α 一致。尺度因子 λ 综合体现了混凝土内部的点对于不利条件的抵抗能力,其大小由内外因素条件共同所决定。λ 越大,表明材料抗力越弱,阈值 t_0 出现得越早;反之,阈值 t_0 出现得越晚。因此,可假设 λ 与 t_0 成反比例关系,如式(5.12)所示,其中 k_0 为比例系数($k_0 > 0$)。

$$t_0 = k_0 \lambda^{-1} \tag{5.12}$$

2) 模型的求解

显而易见,即使作出了以上的几点假设,由于点单元之间的互相影响,获得问题的解形式也是极其困难的。那么,如何获得前面模型结构的结果呢? 这里拟采用概率图的手段,通过图解方法来得到问题的数值解。

其数学上实现的基本思想是,如果考察截面中存在大量的点单元,尽管每次图解计算时由于模型的随机性在截面的局部会产生结果的差异,但是随着考察点数目的增多,这种局部解差异对整体解带来的影响也逐渐被"湮没"了。

这样,我们就可以通过把截面划分成大量的点单元,每一个边划分 N 等分($N > 70$)。根据假设 3 可知,在时刻 t,该点单元已发生破坏的概率表示如式(5.11)所示。根据假设 2,尺度因子 λ 的表达式为

$$\lambda(x,y) = \lambda(|x|,|y|) \tag{5.13}$$

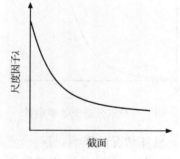

图 5.61　尺度因子 λ 随
截面的变化

如果尺度因子 λ 沿截面呈如图 5.61 所示的非线性变化,由于网格剖分使 λ 离散化,其第 i 层的尺度因子 λ_i 如式(5.14)所示。

$$\lambda_i = \lambda_0 + \nu (i - 0.5)^{-1} \tag{5.14}$$

式中:λ_0 为待定的均匀尺度参数,$\lambda_0 > 0$;ν 为待定的梯度因子,$\nu > 0$;i 为自然数序列,取值为 $1, 2, \cdots, N/2$。

那么,根据式(5.11)只能得到时刻 t 点各个单元的破坏概率,但是又如何确定一个点单元是否破坏了呢? 很简单,只要我们在[0,1]区间内随机地均匀选取一个数,只要该数值小于破坏概率,则认为该点单元发生了破坏(表示为式(5.15)),随即该破坏点单元的位置坐标存储到程序中的"记忆"矩阵中,从而退出整体破坏概率矩阵的重组,并且对原程序中各点单元的破坏概率矩阵进行调整,以得到下一个采样时间的破坏概率矩阵。点单元破坏条件

$$p(x,y,t) \geqslant p(0,1) \tag{5.15}$$

式中:$p(0,1)$ 为[0,1]区间内的均匀随机数;$p(x,y,t)$ 为时刻 t,在点 (x,y) 处点单元发生破坏的概率。

2. 一般损伤寿命预测模型的简化处理

从第 5.5.1 节的讨论中可看到,利用概率图的手段来计算损伤寿命的预测模型是得不到解析解的,而且计算量较大,每一次循环重组整体破坏矩阵时,都针对于每一个未破坏单元产生一次随机数。可以预见,如果结合试验数据进行参数优化计算的话则计算的时间是相当长的,因此,提出更加方便实用的计算方法是必需的。

根据第 5.5.1 节的假设可知,由于考虑了微单元之间的相互影响,以至于所讨论问题的复杂程度也大大增加了。因此为了简化问题,必须对微单元之间的关系进行相应的简化。这样,把假设 4 更换为如下简化假设 4,从而使我们对混凝土一般损伤过程的计算能大大简化。

假设 6:针对混凝土这一复杂系统,系统的逻辑关系比较简单,即除了需满足分布连续性以外,微元件之间是相互独立的,元件之间的实际影响所带来的具体表象结果则隐含在韦布尔分布里,细微观的局部影响经统计平均后被相关的微元件所均摊了。

1) 模型的数学推导

计算截面 (x,y) 处取一微单元(图 5.62),由于微单元很小,可认为其内部点元件发生破坏的时刻 t 这一随机变量的分布函数一致,该分布的密度为 $f(x,y,t)$。由假设 4 可知,由于截面上的点互相独立(尽管实际上点元件并不独立,但是非独立性的影响已经均摊到了韦布尔分布中),这样对于空间尺度来讲,就是其他区域片段的发生事件不影响该区域事件,即满足空间尺度上的无记忆性;对于微单元,显然

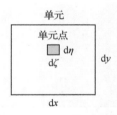

图 5.62　分离出的微单元

其内部任何部位的点元件均会产生破坏这一随机事件。另外,对于点元件这一空间片段,由于其区域很微小,在空间片段事件发生两次或两次以上的机会可忽略。这样,(x,y) 处微单元在时刻 t 破坏的面积这一随机变量 $S(x,y,t)$ 满足空间的泊松分布要求而服从该分布,进而使点元件与微单元之间建立了联系。在时刻 t,各点元件已发生破坏的概率,即泊松分布的平均发生率 P 为

$$P = f(x,y,t)\mathrm{d}\zeta\mathrm{d}\eta \tag{5.16}$$

则由泊松分布的期望性质可得到 $S(x,y,t)$ 的数学期望为

$$E(S) = nP = \mathrm{d}x\mathrm{d}y\zeta^{-1}\mathrm{d}\eta^{-1}f(x,y,t)\mathrm{d}\zeta\mathrm{d}\eta = f(x,y,t)\mathrm{d}x\mathrm{d}y \tag{5.17}$$

式中:n 为空间区域中样本点的数量。整个截面的受损面积

$$A = \int_{A_0} E(S) \tag{5.18}$$

通过损伤理论可知

$$D = AA_0^{-1} \tag{5.19}$$

式中：D 为损伤度；A、A_0 为分别为受损面积和原截面面积。

把式(5.16)～(5.18)代入式(5.19)并结合式(5.10)～(5.13)可得出混凝土的一般损伤演变方程为

$$D = A_0^{-1}\int_{A_0} f(x,y,t)\mathrm{d}x\mathrm{d}y = A_0^{-1}\int_{A_0} \alpha[\lambda(|x|,|y|)(t-k_0\lambda^{-1})_+]^{\alpha-1}$$

$$\exp\{-[\lambda(t-k_0\lambda^{-1})_+]^\alpha\}\mathrm{d}x\mathrm{d}y \tag{5.20}$$

式(5.20)可通过试验结果确定其参数,进而验证模型的适用性。直接计算难度比较大,因此必须要构造出适当的数值算法使之可行。

2) 损伤模型的数值算法

为了实现式(5.20)的可解性,这里对计算截面进行了离散化处理(图 5.62),这样,一般的损伤模型就近似等效转化为以单元格逐步推出工作为破坏特征的简化模型(图 5.63(b))。显然,网格剖分得越细,得到的参数越接近真实值。

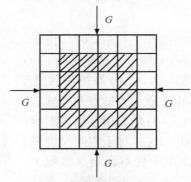

(a) 计算截面的网格剖分

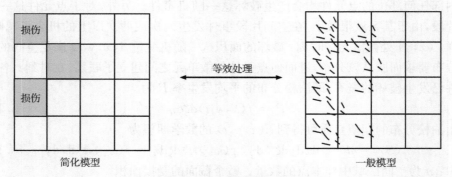

(b) 简化模型与一般模型对应关系(单向损伤)

图 5.63　计算截面的网格剖分及简化模型与一般模型的对应关系

　　截面每边平均划分为 N 份,令 N 为偶数。由假设 2 可知,分布相同的第 i 层单元数(图 5.63(b)的阴影部分)如式(5.21)所示,单元发生破坏的时刻 t 这一随机变量的分布函数为 $F_i(t)$。

$$N_i = 4(N - 2i + 1) \tag{5.21}$$

式中:$i = 1, 2, \cdots, N/2$。

　　由于采用了网格剖分处理,这样,空间区域中的样本点就变为有限个网格。结合假设 4,由泊松分布和伯努利(Bernoulli)分布的关系可知,当样本点数目较少时,泊松分布就转化为伯努利分布。因此,第 i 层单元破坏 n_i 块这一事件服从伯努利分布。由该分布的期望性质,在时刻 t 这一事件 ϕ_i 的数学期望为

$$E(\phi_i) = N_i F_i(t) \tag{5.22}$$

由假设 5 得

$$F_i(t) = 1 - \exp\{-[\lambda_i(t - k_0\lambda_i^{-1})_+]^\alpha\} \tag{5.23}$$

尺度因子 λ_i 可采用线性或非线性公式来模拟。如果其沿截面近似呈线性变化,则可得

$$\lambda_i = \lambda_0 + \nu(i \times N^{-1} - 0.5) \tag{5.24}$$

式中:λ_0 为待定的均匀尺度参数;ν 为待定的梯度因子;i 为自然数,取值为 1,2,$\cdots$,$N/2$。

　　故时刻 t 总截面单元破坏这一事件 ω 的数学期望为

$$E(\omega) = \sum_{i=1}^{\frac{N}{2}} E(\phi_i) = \sum_{i=1}^{\frac{N}{2}} N_i F_i \tag{5.25}$$

由式(5.19)可得截面损伤度 D 的期望值为

$$E(D) = E(\omega)N^{-2} \tag{5.26}$$

　　当混凝土内部只受到均匀损伤时,把 $\nu = 0$ 代入式(5.19)并且由式(5.21)、式(5.23)、式(5.25)、式(5.26)可得

$$E(D) = F(t) = 1 - \exp\{-[\lambda_0(t - k_0\lambda_0^{-1})_+]^\alpha\} \tag{5.27}$$

由式(5.27)可看出,均匀损伤时其损伤演变方程即为韦布尔分布函数。

　　数值算法的思想是对截面进行每边 N 等分的剖分,N 初值取为 4。然后按式(5.21)进行有约束的最小二乘优化(约束条件为各待定参数均大于 0,且形状因子大于 1.0),拟合试验结果,得到下次拟合计算的参数初始值。令 $N = N + 2$,进一步细分网格,重复上一步骤,周而复始,直至相邻步骤拟合得到的参数值基本稳定为止,计算程序框图如图 5.64 所示。

　　3) 有关简化模型的几点补充

　　(1) 划分网格数对计算可信度的影响。

　　根据伯努利分布的特性,第 i 层单元破坏 n_i 块这一事件其方差为

$$\varepsilon(n_i) = E(n_i^2) - (E(n_i))^2 = N_i F_i(t)(1 - F_i(t)) \tag{5.28}$$

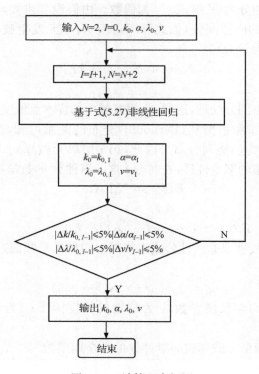

图 5.64　计算程序框图

式中：N_i 为第 i 层单元总数，如式(5.21)所示。

那么，根据式(5.19)，考察截面总损伤度的方差为

$$\varepsilon(D) = \frac{1}{N^4} \sum_{i=1}^{\frac{N}{2}} \varepsilon(n_i) \tag{5.29}$$

由式(5.29)可看出，当截面总划分单元数 N 趋向于∞时，模型的计算结果方差趋向于 0。因此，在保持假设的前提下，计算单元划分数越多，其结果的可信程度越高。

（2）考虑裂纹闭合影响时失效方程的建立。

由于某种原因（如局部产生压应力、胶凝材料的进一步水化等），混凝土的内部缺陷会发生愈合现象。下面的分析就考虑了裂纹的闭合对损伤的影响。

补充假设 1：考察截面中的单元至多只能开裂两次，开裂两次以上的情况可忽略不计。

补充假设 2：单元第一次开裂、闭合均服从韦布尔分布，单元的再次开裂则服从指数分布，单元发生初次破坏、闭合、再开裂时刻 t 分布函数分别为 $F_1(t)$、$F_2(t)$、$F_3(t)$（图 5.65）。

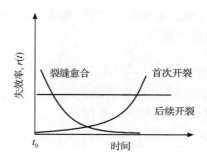

图 5.65 初裂、闭合和再裂的失效率函数

n_0 块单元初裂破坏 n_1 块、n_1 块单元闭合 n_2 块、n_2 块单元再次破坏 n_3 块的概率如式(5.30)所示。

$$P_j = C_{n_{j-1}}^{n_j} F_j^{n_j} (1 - F_j)^{n_{j-1} - n_j} \tag{5.30}$$

式中：j 为自然数,取为 1,2,3；$F_1(t)$、$F_2(t)$、$F_3(t)$ 为单元发生初次破坏、闭合、再开裂时刻 t 分布函数。

因此,在时刻 t 有 $n = n_1 + n_3 - n_2$ 块已破坏的概率为

$$P = P_1 P_2 P_3 = \prod_{i=1}^{3} C_{n_{i-1}}^{n_i} F_i^{n_i} (1 - F_i)^{n_{i-1} - n_i} \tag{5.31}$$

此时,破坏单元数的数学期望为

$$E(n) = \sum_{n_i=0}^{n_0} n_i P = \sum_{n_1=0}^{n_0} \sum_{n_2=0}^{n_1} \sum_{n_3=0}^{n_2} (n_1 + n_3 - n_2) P = n_0 F_1 (1 + F_2 F_3 - F_2) \tag{5.32}$$

由式(5.19)并联合式(5.27)可得式(5.33),其中 $\nu = 1 + F_2 F_3 - F_2$,为考虑愈合影响的修正因子

$$E(D) = \nu F_1 = \nu E(D_0) \tag{5.33}$$

结合式(5.25)可得到考虑裂纹闭合影响后四边等损伤梯度混凝土在时刻 t 截面单元破坏数 ω 的数学期望为

$$E(\omega) = \sum_{i=1}^{\frac{N}{2}} E(\phi_i) = \sum_{i=1}^{\frac{N}{2}} \nu_i N_i F_i \tag{5.34}$$

式中：$\nu_i = 1 + F_{2i} F_{3i} - F_{2i}$,为第 i 层考虑愈合影响的修正因子；N_i 如式(5.21)所示。

其他情况同前,此处也就不再叙述。

(3) 其他边界条件演变方程的建立。

从假设 1~5 可看出,当问题的边界条件变化时,只影响假设 2 而其他假设不变。因此,只要改动以上推导的相应部分而基本的框架不变。

针对单边存在损伤梯度的边界条件,当每边划分单元数为 N 时,根据前面的推导和阐述,其相应的损伤方程为

$$E(D) = N^{-2}E(\omega) = N^{-1}\sum_{i=1}^{N}\{1-\exp\{-[\lambda_i(t-k_0\lambda_i^{-1})_+]^\alpha\}\} \quad (5.35)$$

对于更一般的面损伤问题,其计算模型如图 5.66 所示,当每边划分单元数为 N 时,根据前面的推导过程,相应的损伤方程为

$$E(D) = N^{-2}E(\omega) = N^{-2}\sum_{i=1}^{N/2}\frac{N_i}{4}\sum_{j=1}^{4}\{1-\exp\{-[\lambda_{ij}(t-k_0\lambda_{ij}^{-1})_+]^\alpha\}\} \quad (5.36)$$

式中:λ_{ij} 为第 i 层 j 方向的梯度因子;N_i 如式(5.21)所示。

针对三轴等损伤梯度的体模型(图 5.67),每边划分单元数仍为 N,这时第 i 层分布相同的单元数如式(5.37)所示。

$$N_i = 6N^2 - 24iN + 12N + 24i - 16 \quad (5.37)$$

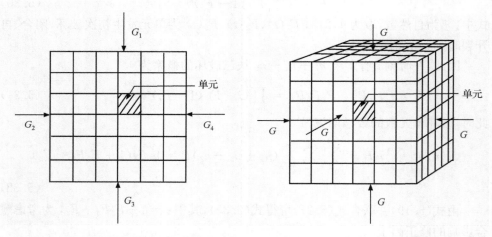

图 5.66　存在不等损伤梯度时计算模型　　　图 5.67　等损伤梯度三轴模型

按照类似的推导,相应的损伤期望为

$$E(D) = N^{-3}\sum_{i=1}^{\frac{N}{2}}(6N^2 - 24iN + 12N + 24i - 16)$$
$$\{1-\exp\{-[\lambda_i(t-k_0\lambda_i^{-1})_+]^\alpha\}\} \quad (5.38)$$

同理,对于更一般的体损伤问题,当每边划分单元数为 N,相应的损伤期望为

$$E(D) = N^{-3}\sum_{i=1}^{\frac{N}{2}}\frac{N_i}{6}\sum_{j=1}^{6}\{1-\exp\{-[\lambda_{ij}(t-k_0\lambda_{ij}^{-1})_+]^\alpha\}\} \quad (5.39)$$

式中:λ_{ij} 为第 i 层 j 方向的梯度因子;N_i 如式(5.37)表示。

文中的模型是经过除以各边边长尺度标准化后的平方面和立方体模型,因此,该理论仍适用于长边形、园、长方体、圆柱体等规则形状的几何面和几何体。对于

圆形和其他多边形截面仍可用类似的方法推导得出损伤方程。因为推导过程基本一致,故在此略去。

（4）体模型损伤度的定义。

根据式(5.19),当计算模型为体模型时

$$E(V_d) = A_0 E\Big[\int_0^l \Big(1 - \frac{A}{A_0}\Big) d\delta\Big] = A_0 \int_0^l E(D) d\delta = \frac{\int_0^l E(D) d\delta}{l} V_0 \quad (5.40)$$

式中：V_d 为"损伤空隙"体积（具体定义如后所示）；V_0 为材料的总体积。

这样可得

$$E\Big(\int_0^l D d\delta / l\Big) = E(\nu_d) \quad (5.41)$$

其中,$\nu_d = \dfrac{V_d}{V_t}$,是"损伤空隙"体积分数。

由以上讨论可知,当假设单元体内部面之间的孔径分布为均匀分布时,即 $E(D)$ 为常量,此时体模型"损伤体积分数"的期望等效于传统的损伤度所定义的期望。否则,体模型"损伤体积分数"的期望为经过平均化后的"等效"传统损伤度的期望。

下一步就需要对 ν_d 进行定义。通过对混凝土材料的孔隙学的研究,目前关于孔级配的划分有多种方法。综合比较了前人的分类方法,认为以下分孔比较合理：层间孔小于 0.6nm;凝胶孔 0.6~3.2nm;无害过渡孔 3.2~50nm;有害过渡孔 50~132nm;毛细孔大于 132nm;大孔大于 10μm。曾有试验表明,小于 1320nm 的孔对混凝土的强度和渗透性没有什么影响,可以认为损伤主要集中体现在毛细孔和大孔上,因此这里就定义"损伤孔隙率"为孔径大于 1μm 的孔相对于初始损伤时增加的体积分数。可以通过测孔装置（如 MIP、图像分析等）得以直接获得此值。如果采用某些假设,如损伤力学中的等效应变假设等,该值还可通过间接手段得到。

3. 与冻融相关的理论公式

1）冻融作用下混凝土损伤度的定义

混凝土在冻融与疲劳耦合作用下,随着内部微缺陷的增多,一些基本物理特性就会发生相应的变化,动弹性模量就包括在这些特性之中。因此,可以通过测定材料的动弹性模量来推测混凝土内部的劣化程度。另外,静弹性模量应用于损伤度的定义早已成为损伤研究中常规的手段。由损伤力学理论可知,当采用等应变假设时,损伤度如式(5.42)所示。

$$D = 1 - EE_0^{-1} \quad (5.42)$$

式中：D 为损伤度;E、E_0 分别为材料的剩余静弹模、初始静弹模。

综合以上因素,这里拟采用以下损伤度的定义：

$$D = 1 - E_d E_{d0}^{-1} \tag{5.43}$$

式中：D 为损伤度；E_d、E_{d0} 分别为材料的剩余动弹模、初始动弹模。

2）一般损伤演变方程的确定

针对冻融循环试验及硫酸铵侵蚀的快冻试验，由于混凝土试件尺寸为 100mm $\times$ 100mm $\times$ 400mm，长宽比比较大，并且动弹测试的是试件截面中部的横向基频。因此，损伤计算模型可以采用面模型。此外，冻融时试件浸入溶液中，截面四周均受到边界条件相同的冻融作用，因此，最终计算采用如图 5.68 所示的模型图。由公式(5.25)和式(5.26)经适当调整后决定采用以下公式进行计算：

$$E(D) = m^{-2} \sum_{i=1}^{\frac{m}{2}} 4(m - 2i + 1)\{1 - \exp\{-\left[\lambda_i (0.001 N_c - k_0 \lambda_i^{-1})_+\right]^\alpha\}\}$$

$$\tag{5.44}$$

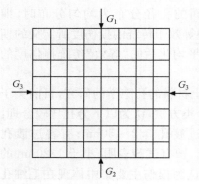

图 5.68　冻融复合加载情况下的
模型计算简图

式中：m 为计算截面每边划分的等分数且取为偶数；i 为自然数，取为 $1, 2, \cdots, m/2$；N_c 为与时间尺度有关的冻融循环数；k_0 为待定比例常数，$k_0 > 0$；α 为韦布尔的形状因子，且 $\alpha > 1$；λ_i 为韦布尔分布的尺度因子，$\lambda_i > 0$；下标"+"代表括号中数值为负时，其括号值取为 0，否则值不变。另外，尺度因子采用更一般的非线性形式，表示为式(5.14)。

除此之外，为了体现该模型的灵活程度以说明不同边界条件对模型的影响，本节采用慕儒研究的数据，对冻融与加载双因素作用下的混凝土的劣化过程进行了模拟。

混凝土试件在加载条件下，四周除了受到冻融作用外，还受到了表现为由上至下损伤梯度的荷载项的作用。考虑到试验的测试指标仍为试件中部的横向频率并且其中部为损伤最不利截面，现取中部截面为考察对象，其计算简图如图 5.68 所示。

设每一单元格在时刻 t 的受损面积为随机变量 $S_{i,j}$，则总体受损面积 S 的数学期望为

$$E(S) = E\left(\sum_{i,j} S_{i,j}\right) = \sum_{i,j} E(S_{i,j}) \tag{5.45}$$

根据简化假设 4，由泊松分布的期望性质可知，单元格的受损面积 $S_{i,j}$ 的数学期望为

$$E(S_{i,j}) = f(i,j,t) \times 1 = f(i,j,t) \tag{5.46}$$

由假设和对称性并结合式(5.20)，在荷载以及冻融双因素作用下，时刻 t 混凝

土的损伤度 D 的数学期望如式(5.47)所示。

$$E(D)=\frac{2}{m^2}\sum_{i=1}^{\frac{m}{2}}\sum_{j=1}^{m}f(i,j;t)=\frac{2\alpha}{m^2}\sum_{i=1}^{\frac{m}{2}}\sum_{j=1}^{m}\left[\lambda(i,j)(0.001N_c-k_0\lambda^{-1})_+\right]^{\alpha-1}$$

$$\exp\{-\left[\lambda(0.001N_c-k_0\lambda^{-1})_+\right]^{\alpha}\}\qquad(5.47)$$

式中：m 为计算截面每边划分的等分数，且取为偶数；$i=1,2,\cdots,m/2$；$j=1,2,\cdots,m$；N_c 为与时间尺度有关的冻融循环数；k_0 为待定比例常数；α 为韦布尔的形状因子，且 $\alpha>1$；λ_i 为韦布尔分布的尺度因子，$\lambda_i>0$；下标"+"代表括号中数值为负时，其括号值取为 0，否则值不变。

根据边界条件的特点，取 $\lambda(i,j)$ 有如下的形式：

$$\lambda(i,j)=\nu_1(i-0.5)^{-1}+\nu_2(j-0.5)^{-1}+\lambda_0\qquad(5.48)$$

式中：i 为取 $1,2,\cdots,m/2$；j 为取 $1,2,\cdots,m$；ν_1 为横向损伤梯度尺度因子；ν_2 为纵向损伤梯度尺度因子；λ_0 为均匀损伤尺度因子。

4. 试验结果分析

根据快冻及硫酸铵复合快冻试验结果，采用式(5.39)可得到各配比混凝土相应损伤度随循环次数的变化图(图 5.69)，其中混凝土种类编号后缀"h"代表受到水溶液浸泡作用，编号后缀"s"代表受到硫酸盐溶液侵蚀作用。

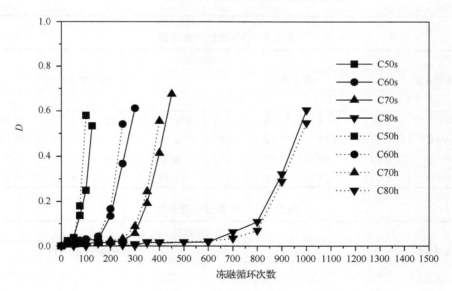

图 5.69　损伤度随冻融循环次数的变化图

采用式(5.14)和式(5.44)对试验结果进行有约束的最小二乘优化计算发现，对于各配比混凝土，其形状参数 α 基本一致，如表 5.8 所示(网格剖分 64 格)。因

此具体计算时 α 可以取平均值,对于快冻的单因素试验 α 值取为 4.90,对于硫酸铵溶液侵蚀下的快冻双因素试验 α 值取为 4.83。这也验证了前面的假设 5,即同种类型混凝土经受同种不利条件作用时,由于其破坏机理基本一致,该类型混凝土的韦布尔形状参数可取为相同值。

根据框图 5.64 的算法固定 α 值为 4.90、4.83,分别对快冻的单因素试验及硫酸铵溶液侵蚀下的快冻双因素试验进行计算,计算结果示如表 5.9～5.12 所示。从表中可看出,随着网格剖分的加密,各待定系数开始趋向于稳定值。当网格剖分超过 100 个($m \geqslant 10$)时,各配比的参数值已经变动不大。对于其他配比的混凝土同样如此,只不过达到计算要求时的网格数量有所差别而已。这说明该算法对模型参数的确定是可行的,其计算结果是趋向于收敛和稳定的。

表 5.8　单因素和双因素作用下各配比混凝土的参数(64 格)

| 编号 | 试验类型 | | | | | | | |
| | 一般冻融 | | | | 复合硫酸铵的冻融 | | | |
	α	λ_0	ν	κ_0	α	λ_0	ν	κ_0
C50	4.937	9.716	0.087	0.011	4.856	7.692	0.11	0.017
C60	4.908	4.526	0.124	0.219	4.849	3.892	0.144	0.197
C70	4.881	3.317	0.245	0.487	4.812	2.827	0.267	0.383
C80	4.874	2.237	0.378	1.694	4.803	2.187	0.381	1.602

表 5.9　C50 数值计算过程

| 网格剖分数 | 试验类型 | | | | | | | |
| | 一般冻融 | | | | 复合硫酸铵的冻融 | | | |
	α	λ_0	ν	κ_0	α	λ_0	ν	κ_0
$m=6$	4.90	9.53	0.08	0.01	4.83	6.82	0.11	0.01
$m=8$	4.90	9.77	0.09	0.02	4.83	7.72	0.10	0.02
$m=10$	4.90	9.80	0.09	0.02	4.83	7.93	0.10	0.02
$m=12$	4.90	9.79	0.09	0.02	4.83	7.95	0.10	0.02

表 5.10　C60 数值计算过程

| 网格剖分数 | 试验类型 | | | | | | | |
| | 一般冻融 | | | | 复合硫酸铵的冻融 | | | |
	α	λ_0	ν	κ_0	α	λ_0	ν	κ_0
$m=6$	4.90	1.72	0.09	0.14	4.83	2.75	0.24	0.11
$m=8$	4.90	2.50	0.12	0.26	4.83	3.89	0.15	0.19
$m=10$	4.90	2.48	0.12	0.27	4.83	3.42	0.14	0.20
$m=12$	4.90	2.50	0.12	0.27	4.83	3.43	0.15	0.20

表 5.11　C70 数值计算过程

网格剖分数	试验类型							
	一般冻融				复合硫酸铵的冻融			
	α	λ_0	ν	κ_0	α	λ_0	ν	κ_0
$m=6$	4.90	3.19	0.23	0.33	4.83	3.11	0.28	0.21
$m=8$	4.90	3.21	0.24	0.45	4.83	3.18	0.30	0.35
$m=10$	4.90	3.33	0.25	0.48	4.83	3.28	0.29	0.40
$m=12$	4.90	3.34	0.25	0.50	4.83	3.30	0.30	0.40
$m=14$	4.90	2.34	0.26	0.50	4.83	3.31	0.30	0.41

表 5.12　C80 数值计算过程

网格剖分数	试验类型							
	一般冻融				复合硫酸铵的冻融			
	α	λ_0	ν	κ_0	α	λ_0	ν	κ_0
$m=6$	4.90	1.71	0.37	1.30	4.83	1.75	0.38	1.28
$m=8$	4.90	2.20	0.38	1.66	4.83	2.16	0.39	1.58
$m=10$	4.90	2.48	0.38	1.86	4.83	2.37	0.39	1.72
$m=12$	4.90	2.54	0.38	1.88	4.83	2.41	0.40	1.70
$m=14$	4.90	2.55	0.38	1.88	4.83	2.46	0.40	1.72

　　最终数值计算结果如表 5.13 所示,其相关系数在 0.966~0.994 之间,损伤模型的计算精度是较高的。另外,对一般快冻的理论计算结果跟双层 4-1 构型(BP网)的神经元训练结果进行了比较(图 5.70、图 5.71),神经元训练样本点(即试验点)总共为 35 个,输入向量元素包括循环数与水灰比,输出值为损伤度。图中的散点为试验点,通过本节的损伤理论及神经元对试验点的逼近程度看,由于模型人为规定了损伤阈值导致了损伤初期计算结果与试验点的吻合程度与神经元计算的情况有出入外,损伤的中期及后期已基本达到了神经元对数据点训练

表 5.13　一般简化损伤模型待定参数计算结果

编号	试验类型									
	一般冻融					复合硫酸铵的冻融				
	α	λ_0	ν	κ_0	网格数	α	λ_0	ν	κ_0	网格数
C50	4.90	9.77	0.09	0.02	64	4.83	7.72	0.10	0.02	64
C60	4.90	4.31	0.12	0.26	64	4.83	3.89	0.15	0.19	64
C70	4.90	3.33	0.25	0.48	100	4.83	3.28	0.29	0.40	100
C80	4.90	2.48	0.38	1.86	100	4.83	2.37	0.39	1.72	100

的精度,从整体上看,两种方法的计算结果与试验结果是相吻合的,但损伤模型不仅可对其结果进行性能分析,而且其对原始数据(训练点)的要求也大大低于神经元的要求。因此,损伤模型更符合工程的要求。

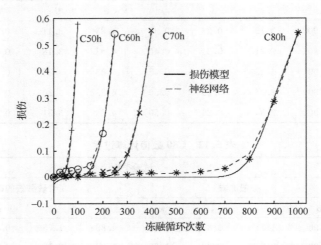

图 5.70　单因素试验中采用损伤模型和 BP 神经网络方法的计算比较

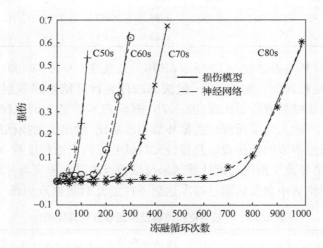

图 5.71　双因素试验中采用损伤模型和 BP 神经网络方法的计算比较

假设 5 指出,尺度因子 λ_0 主要体现了混凝土对不利条件作用的抵抗能力大小,该值越大,则材料抗力越小,反之则抗力越大。从表 5.13 可看出,随着混凝土强度等级的提高,λ_0 减少趋势明显,这说明混凝土的抗力随着水灰比的降低而显著增加,这是符合实际情况的。另外,通过单、双因素作用下的 λ_0 值比较还可发现,混凝土在水和硫酸铵溶液作用下冻融试验的比较对于不同的水灰比其反映出的规律是不同的。对于 C50、C60,在硫酸铵中的抗冻能力要明显高于水溶液中的抗冻能力,但是 C70、C80 比较却不明显,两种试验的 λ_0 值差别不大。对 60% 相对动弹点进行插值计算发现,C50、C60 在硫酸铵中的冻融破坏次数比水溶液中的增幅分别为 29.8%、11.2%,但 C70、C80 增幅绝对值均小于 5%。这与前述的冻融作用下高强混凝土劣化特性的定量分析结果相一致的,本节认为硫酸铵的加入降低了混凝土内部孔隙水的冰点,对于提高抗冻性是有利的,但随着龄期的延长,硫酸铵溶液的后期侵蚀负面效果显现出来,正负效应抵消以致出现比较不明显的现象。

梯度因子 ν 体现了混凝土内部不同部位之间损伤发展的差异,其值越大则说明差异越大,同时也进一步暗示同步损伤推进的速率越慢。表 5.13 计算结果表明,随着水灰比的降低,损伤梯度越大,同步损伤推进的速率越慢,考虑水灰比降低带来混凝土内部密实度的增大,其计算结果也是不难理解的。

采用式(5.47)、式(5.48)计算的 10% 弯曲荷载与冻融双重因素作用下的结果如图 5.72 和表 5.14 所示。通过与试验数据点的比较可明显看出,数值模拟仍然是成功的。表 5.14 计算的剖分网格数为 100,形状系数取为 3.52。从表中的 ν_1 和 ν_2 的比值可看出,混凝土的强度越高(NPC60 相当于这里的 C60,以此类推),荷载的影响就越弱,而冻融的影响就越强。

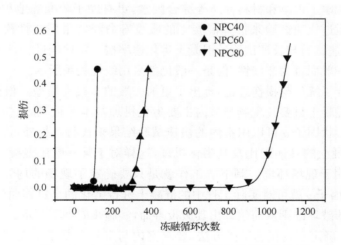

图 5.72　加载复合冻融情况下的损伤模型计算结果

如上所述,该简化耐久性损伤演变模型是在一定的物理背景下建立起来的,具有解析形式,只要适当进行调整,就可对不同的破坏机理(包括现场条件多因素作用下的机理)以及不同的边界条件进行损伤演变的全曲线模拟。因此,该损伤简化模型具有较大的灵活性,并且其参数具有一定的实际意义,能够体现出材料性能的优劣。因此,该简化模型具有较好的应用背景和前途。

表 5.14　加载复合冻融试验情况下的损伤模型计算结果

编号	试验类型					
	冻融循环复合 10%的抗折强度加荷					
	α	λ_0	ν_1	ν_2	κ_0	$\nu_1 : \nu_2$
NPC40	3.52	8.04	1.43	0.89	1.06	1.61
NPC60	3.52	2.03	0.93	0.36	1.06	2.58
NPC80	3.52	0.99	1.00	0.21	2.80	4.76

5. 实际环境中混凝土寿命的估算

由上面的讨论可知,该损伤简化模型并不涉及具体的劣化机理,因此,该模型对于损伤机理极其复杂的现场条件下的混凝土劣化也可以进行模拟。那么就可以利用该模型直接进行工程中混凝土的寿命评估,从而对于混凝土的寿命预测起到一定的指导作用,为实现混凝土的寿命设计提供了一个新思路和新方法。

对各种寿命评估方法的探讨指出,快速试验方法可以为混凝土的性能评估提供很好的基础,从合理性的角度来说,在快速试验的基础上并结合现场条件测试,由于综合地考虑了现场和材料性质等综合因素,更有助于较准确地预测混凝土的服役寿命。通过快速试验来估算混凝土的服役寿命经常采用线性模型来进行预测,其假设快速试验与长期试验的混凝土劣化速率按一定比例进行,尽管两种速率之间的关系一般而言为非线性,但是一般仍然采用线性关系所示。

这里结合了统计与损伤理论,提出了更加一般的非线性模型。根据假设 5,对于某一类型混凝土只要其现场与室内主要劣化机理基本一致,那么损伤模型在现场应用中的形状因子 α 可以用室内的快速试验结果来代替。另外,待定比例系数 κ_0 决定于混凝土的具体配比及其劣化机理,这样对于某一配比混凝土,其室内的 κ_0 同样可应用于现场环境。剩下的工作就是只要确定了现场的均匀尺度参数因子 λ_0 及梯度因子 ν 就可对实际工程中的混凝土进行劣化的全过程曲线模拟,再配合以其相应的破坏准则从而估算出其服役寿命,实施步骤如下所示。

步骤一:确定室内快速试验方法,要求室内与室外混凝土主要劣化机理基本一致。

步骤二:测定现场与室内早期损伤速率之间的比例关系,要求现场数据应具有代表性,且所取的点距离要拉开(一般至少两个点比例值)。

步骤三:确定模型中各待定参数。通过室内快速试验计算出现场的 α 及 κ_0,再通过室内外比例关系计算出现场的均匀尺度参数因子 λ_0 以及梯度因子 ν,这样就可得出现场损伤过程全曲线图。

　　步骤四：确定破坏准则。本项目推荐采用拟合曲率极值计算的方法，计算得到的最大曲率点对应于技术服役寿命，尽管偏向于保守，但是对于工程而言该寿命是保障构筑物正常技术使用的年限，超过此年限后，由于混凝土的服役性能急剧退化而使建筑物处于非常危险的状态。因此，陡劣点对应的年限具有比较重要的意义。

　　下面根据相关资料，以北京十三陵抽水蓄能电站这一现场环境为例，代表性地针对 C70 混凝土来介绍该模型在实际工程中的具体应用。

　　根据室内外主要劣化机理基本一致的要求，采用室内一般快冻试验来确定 C70 的形状因子 α 和比例系数 κ_o 分别为 4.90 和 0.48。接下来，测定现场与室内早期损伤速率之间的比例关系，从而得出初期损伤时比例系数大约为 11.3。线性模型只要求一个室内外比例值即可模拟出全过程，但是非线性模型要求至少两个实测点。因此，从理论上来讲，非线性模型的预测精度要高于线性模型。尽管本节第二个点没有测试，但为了说明模型的应用，现就取对应于 0.1 损伤值时第二个室内外损伤比例值分别为 10.8%、11.3%、11.8%。从而根据这两点值按式（5.45）计算出现场的均匀尺度参数因子 λ_o 及梯度因子 ν，得出现场损伤过程的全曲线图（图 5.73 所示，曲线上的数值为第二点比例值）。通过计算发现，λ_o 室外比室内降低的比例比 ν 多许多，如对于第二点室内外比例取 11.3% 的情况，室外的梯度因子 ν 为 0.028，是室内的 11.2%，均匀尺度参数因子 λ_o 为 0.293，是室内的 6%。这说明了现场环境下同步损伤推进的速率比室内快速试验要慢许多，实际情况也确实如此。最后本节分别取 60% 相对动弹模对应的点和陡然劣化点作为破坏标志，估算出该配比混凝土的现场服役寿命。按目前运行状况，十三陵抽水蓄能电站一年平均冻融循环为 100 次左右，根据 60% 相对动弹点，线性模型计算破坏时达到

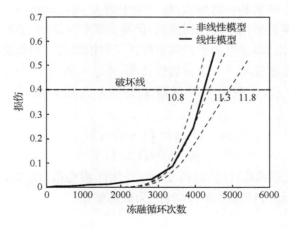

图 5.73　C70 混凝土线性和非线性模型的损伤全曲线比较

4254 次循环,因此,该配比混凝土的服役寿命为 42.5 年,本模型当第二点室内外比例 10.8％、11.3％、11.8％时服役寿命分别为 40a、44a、49a。从中也可看出,非线性损伤模型其结果的适应性要比线性模型强得多。当按照这里推荐的陡然劣化点确定的破坏准则来计算时(相对动弹为 0.48),线性模型得到的服役寿命为 43.8 年,本模型当第二点室内外比例 10.8％、11.3％、11.8％时服役寿命分别为 42a、48a、54a。

　　但是,由于现场环境异常复杂,室内试验不可能对各种破坏因素都考虑到。另外,施工工艺、原材料的波动、现场数据的采集、年平均冻融循环次数的变化、由于室内外损伤速率的不同从而带来的损伤机理变化等因素或多或少会对预测结果产生间接或直接的影响。因此,采用可靠度的设计方法是解决各种波动的有效办法。下面将对以上问题结合可靠度方法,针对第二点损伤比例值为 11.3％的情况来进行进一步预测服役寿命。

　　假设实际工程中的随机变量均匀损伤因子 λ_0、梯度因子 ν 相互独立,且均服从正态分布,$\lambda_0 \rightarrow \mathrm{Norm}[0.293, 2.25 \times 10^{-4}]$,$\nu \rightarrow \mathrm{Norm}[0.028, 4 \times 10^{-6}]$。

　　根据正态分布的特性,由式(5.10)可得到 λ_i 也服从正态分布,$\lambda_i \rightarrow \mathrm{Norm}\left[0.293 + \dfrac{0.028}{(i-0.5)}, 2.25 \times 10^{-4} + \dfrac{4 \times 10^{-6}}{(i-0.5)^2}\right]$,即

$$p_{\lambda_i} = \frac{1}{\sqrt{2\pi\left[2.25 \times 10^{-4} + \dfrac{4 \times 10^{-6}}{(i-0.5)^2}\right]}} \exp\left\{-\frac{\left[\lambda_i - 0.293 - \dfrac{0.028}{(i-0.5)}\right]^2}{2\left[2.25 \times 10^{-4} + \dfrac{4 \times 10^{-6}}{(i-0.5)^2}\right]}\right\}$$

(5.49)

　　由式(5.44)中的求和项的形式,每一项中的 λ_i 均可表示为 D 的显式,单个求和项的密度函数解析形式是可以得到的,但是由于各项之间的联系,要想得到总体损伤值(整体各项求和)密度函数的解析形式是很困难的。因此这里采用蒙特卡罗方法针对极限状态函数(5.50)进行数值计算,每点取样为 10000,得到的破坏概率曲线如图 5.74 所示,当取发生破坏概率为 0.8 为临界值时,这时对应的寿命为 45.9a。

$$Z(t) = D_c - D(t) \tag{5.50}$$

$$p_f = P(D > D_c) \tag{5.51}$$

式中:Z 为极限状态函数;D 为随机变量——实际损伤值;D_c 为破坏标准值,此处取为陡然劣化值,经过计算可得 0.52;p_f 为破坏概率。

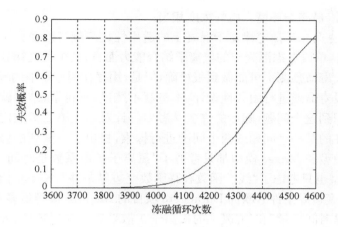

图 5.74　损伤模型的可靠度计算结果

5.5.2　考虑多种因素作用下的氯离子扩散理论和寿命预测模型

氯离子进入混凝土内部的方式可能存在吸附、扩散、结合、渗透、毛细作用和弥散六种迁移机制。但是，因氯离子浓度梯度引起的扩散作用则是最主要的迁移方式，因而扩散理论是预测钢筋混凝土结构在盐湖、海洋和除冰盐等氯盐环境中服役寿命的理论基础。Collepardi 等最早采用菲克第二扩散定律描述氯离子在混凝土中的扩散行为。菲克第二扩散定律是基于 1 维的半无限大物体，考虑了三个简化或理想化条件（氯离子扩散系数为常数、混凝土的氯离子结合能力为 0、暴露表面的氯离子浓度即边界条件为常数），对混凝土的普适意义不大。其实，实际混凝土的氯离子扩散过程是难以用理想化模型描述的，它并不满足菲克第二扩散定律的模型条件，主要存在以下八个方面的问题：

（1）混凝土是非均质材料，它在形成和使用过程中存在结构微缺陷或损伤。

（2）混凝土结构通常是有限大体。

（3）实际结构一般有多个暴露面，即氯离子的扩散不是 1 维的，往往是 2 维或 3 维。

（4）氯离子扩散系数是随龄期而减小的。

（5）混凝土在与荷载、环境和气候等条件作用下产生的结构微缺陷对氯离子扩散有加速作用。

（6）氯离子与混凝土间发生了结合和吸附，即混凝土具有一定的氯离子结合能力。

（7）在较高的自由氯离子浓度范围，混凝土的氯离子结合能力具有典型的非线性特征。

（8）混凝土表面的氯离子浓度（即边界条件）是随着时间的推移而逐渐增加的

动态变化过程,最终与环境介质的浓度相当。

　　因此,菲克第二扩散定律对于混凝土的适用性越来越多地受到了怀疑。正如 Verbeck 指出,单就考虑混凝土的氯离子结合能力而言,其扩散规律就具有重大差异! 虽然服役寿命预测不可能做到很精确,但是,用存在明显缺陷的理论模型预测混凝土的服役寿命或进行耐久性设计,本身就不严谨、不科学,结果就更加不可靠了。正是认识到这个问题,随后的许多学者专门针对菲克第二扩散定律在混凝土中应用时存在的某一个问题或两个问题进行探索,提出了一些新的修正模型。例如,Mangat 模型和 Maage 模型都只考虑了"氯离子扩散系数是时间变量"一个问题,Amey 模型也只考虑了"线性函数和幂函数变边界条件",Kassir 模型则仅考虑了"指数函数变边界条件",欧洲 DuraCrete 项目的 Mejlbro 模型最多考虑了"氯离子扩散系数是时间变量"和"混凝土的氯离子扩散系数与使用环境、养护条件和胶凝材料有关"这两个方面的问题。其中,只有 Mejlbro 模型设置的"养护系数、环境系数和材料系数"隐含了混凝土材料在使用过程中内部微裂纹等结构缺陷的影响,其他模型均没有考虑这个关键问题。虽然经过国外学者对菲克第二扩散定律的上述改进,但是他们提出的相应模型仍然没有完全解决在混凝土中应用菲克定律时存在的全部问题。

　　关于在理论模型中考虑"将无限大体扩展到有限大体"、"将 1 维模型拓展到多维模型"和"考虑氯离子结合能力"等三个方面问题,还未见文献报道。这同混凝土材料的复杂性和扩散理论的复杂性是有密切关系的。在自然科学体系中,扩散理论本身就是一门很复杂的学科:根据扩散方程是否含有时间变量,扩散问题有稳态扩散(与时间无关)和非稳态扩散(与时间有关)之分,混凝土的氯离子扩散属于非稳定扩散问题;根据扩散方程是否含有常数项和边界条件能否转换成零,又有齐次问题(无常数项、边界条件为常数)与非齐次问题(有常数项或者边界条件为时间变量)之分。非稳态非齐次扩散方程的求解过程比稳定齐次扩散方程要复杂得多,许多应用方面的具体问题在理论上至今也没有完全解决,一些根据具体情况提出的实际问题——修正后的扩散方程在理论上并不一定有解析解。实际混凝土的氯离子扩散规律是难度最大的非稳态非齐次扩散问题。因此,在理论上完全解决混凝土氯离子扩散时存在的诸多问题,需要研究者具有很深的物理、化学和数学等多学科知识。在考虑氯离子扩散系数相同的时间函数时,仔细分析国际上的一些理论模型,就不难发现:Maage 模型和 Mejlbro 模型在数学上存在原则性的积分错误,只有 Mangat 模型的积分结果是正确的! 就是很好的佐证。

　　本节试图针对混凝土氯离子扩散存在的八个问题,在试验研究的基础上,进行全方位的探索性工作,在理论上首先修正了混凝土的氯离子扩散基准方程,结合不同的初始条件和边界条件,推导出了适用于各种实际混凝土结构体型和暴露条件的多个氯离子扩散理论新模型,提出了模型参数的测定方法,并结合大量的试验数据,得出模型中主要参数的基本数据库。利用试验数据,在理论上对比研究了有限大体与无限大体、1 维与 2 维或 3 维、边界条件的非齐次问题与齐次问题、氯离子结合时的线性与非线性、单一因素与多重因素及腐蚀时表面存在剥落现象等不同情形时钢筋混凝土结构的服役寿命的差异,并探讨了混凝土的构造要求、材料特性和暴露条件对钢筋混凝土结构寿命影响的规律性。最后,得到了新模型用于盐湖地区钢筋混凝土结构的服役寿命预测和耐久性设计。

1. 试验部分

1) 试验

对普通混凝土(OPC)、引气混凝土(APC)、微膨胀混凝土(ESC)、掺混合材混凝土(HPC)、掺混合材钢纤维混凝土(SFRHPC)和掺混合材和化学纤维的混凝土(PFRHPC)试件进行了新疆、青海、内蒙古和西藏盐湖卤水中的单一腐蚀因素、冻融与腐蚀、干湿循环与腐蚀、弯曲荷载与腐蚀等双重破坏因素、弯曲荷载与冻融和腐蚀多重破坏因素的耐久性试验后,分别测定试件不同深度的氯离子浓度。

在盐湖地区进行 OPC 和 HPC1-1(掺加 10％SF 和 20％Fa)的现场暴露试验和抗腐蚀混凝土电杆的现场工程试验。采用了青海水泥股份有限公司生产 P.Ⅱ42.5 硅酸盐水泥、西宁市北川产的细度模数为 3.2 的河沙(Ⅰ区级配)、青海省乐都县产最大粒径 25mm 的碎石灰石(5~20 连续级配)和萘系高效减水剂,混合材为粉煤灰(Fa)及磨细矿渣(SG)。混凝土试件采用截面边长 150mm 或 100mm 的立方体或棱柱体,机械搅拌,振动成型,经过 28d 标准养护后,分别进行实验室浸泡和现场暴露试验。实验室浸泡采用青海盐湖的天然卤水。现场暴露试验地点选在青海察尔汗盐湖的轻盐渍土区(青藏公路 618km 处)、盐湖中心区(青海盐湖钾肥二期工程变电所)和天然卤水池(青海盐湖钾肥二期工程)中进行。天然卤水的化学成分见表 5.15,盐渍土的含盐成分见表 5.16。

表 5.15　青海盐湖钾肥集团公司附近盐湖卤水的化学成分(单位：g/L)

阳离子				阴离子				总量	pH
Na^+	K^+	Mg^{2+}	Ca^{2+}	Cl^-	SO_4^{2-}	CO_3^{2-}	HCO_3^-		
23.117	12.568	63.65	0.7181	229.8	4.733	<0.36	1.224	235.36	5.80

表 5.16　青海察尔汗盐湖盐渍土表土化学成分　　　　(单位：％)

取样地点	K^+	Na^+	Mg^{2+}	Ca^{2+}	Cl^-	SO_4^{2-}	CO_3^{2-}	总量
青海盐湖钾肥公司	0.64	1.85	1.99	4.81	12.86	0.48	3.84	26.47
格-察电力线路 185# 铁塔	0.08	10.04	0.50	3.66	17.88	0.70	4.31	37.17
青藏公路 618km	0.25	10.40	0.64	4.63	10.42	9.70	7.40	43.66

2) 取样方法

为了测定混凝土中自由氯离子浓度,既可以通过压取混凝土的孔隙溶液(压滤法)来分析,也可以通过将混凝土碾成粉末用水萃的萃取溶液(萃取法)来分析。压滤法需要专用设备,一般用得较少,而萃取法因方便、快捷受到广泛的应用。这里采用的是萃取法。首先用钻孔法从试件的两个侧面采集粉末样品。钻孔设备为小型钻床,合金钻头直径为 6mm,孔与孔之间的距离约 10～20mm。每个试件依据坐标定位至少要钻 16～24 个孔,采样深度依次为 0～5mm、5～10mm、10～15mm、15～20mm、20～25mm 等,保证从每层混凝土试件中收集约 5g 样品,并用孔径 0.15mm 的筛子过筛。

3) 分析方法

混凝土的 C_t 采用酸溶萃取法,C_f 采用水溶萃取法,其详细的操作与分析步骤主要参照交通部标准 JTJ 270—98《水运工程混凝土试验规程》的第 7.16 节"混凝土中砂浆的水溶性氯离子含量测定"和第 7.17 节"混凝土中砂浆的氯离子总含量测定"进行。两者氯离子浓度均用占混凝土质量分数表示。在分析过程中,由于原标准与国外同类标准相比存在许多不足之处,本节应用时对标准的部分内容进行了调整,主要改变是:①提高了混凝土粉末样品的细度,将筛孔由 0.63mm 改为 0.15mm;②提高了分析天平的精度,原标准称样时采用感量 0.01g 的天平,这里采用感量 0.0001g 的分析天平;③减少了样品的数量,原标准的混凝土粉末样品数量为 10～20g,现改为 2g;④减少了萃取溶液的体积,自由氯离子浓度分析时萃取溶液(蒸馏水)由 200mL 改为 40～50mL,总氯离子浓度分析时萃取溶液(体积比 15:85 的硝酸溶液)由 100mL 改为 40～50mL;⑤减少了滴定时分析滤液的体积,分析时每次移取的滤液均由 20mL 改为 10mL,总氯离子浓度分析时每次移取的滤液中加入的硝酸银溶液体积也由 20mL 改为 10mL。

2. 混凝土服役寿命的构成

混凝土的服役寿命是指混凝土结构从建成使用开始到结构失效的时间历程。许多文献将混凝土的服役寿命划分为2～4 阶段,这里取 3 个阶段,如图 5.75 所示,即混凝土的服役寿命公式为

$$t = t_1 + t_2 + t_3 \qquad (5.52)$$

式中:t 为混凝土的服役寿命;t_1、t_2 和 t_3 分别为诱导期、发展期和失效期。所谓诱导期是指暴露一侧混凝土内钢筋表面氯离子浓度达到临界氯离子浓度所需的时间,发展期是指从钢筋表面钝化膜破坏到

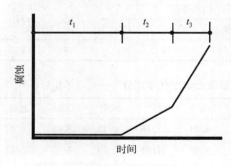

图 5.75　混凝土的服役寿命构成

混凝土保护层发生开裂所需的时间,失效期是指从混凝土保护层开裂到混凝土结构失效所需的时间。自 20 世纪 80 年代以来,国内外关于混凝土服役寿命的研究主要集中于诱导期的预测,对发展期和失效期的研究报道很少,一般是将发展期和失效期作为服役寿命的安全储备对待。本节的研究重点也是诱导期寿命。

3. 氯离子扩散方程的建立

1) 混凝土非均匀性问题的处理——引进劣化效应系数

混凝土是一种典型的非均匀性材料,但是在扩散理论体系中,要求材料必须满足均匀性假设。当混凝土在制造和使用过程中,一旦内部产生微裂纹和缺陷等结构损伤劣化现象,必然会加速氯离子向混凝土的扩散作用。例如,黄玉龙等测定了混凝土受高温作用后的氯离子扩散性能提高了 29%～256%;Gérard 等发现冻融混凝土产生微裂纹以后氯离子扩散系数将提高 1.5～7 倍;Saito 等和 Lim 等发现,当受压荷载超过临界应力(约 80%～85%破坏荷载),混凝土的氯离子扩散速率明显加快 15%～30%,反复抗压疲劳荷载对混凝土氯离子扩散性能的影响随着应力水平和疲劳循环次数的增加而提高;Gowripalan 等发现混凝土在弯曲荷载作用下,其受拉区混凝土的氯离子扩散系数增加 7%～10%,受拉裂缝处增加 19%～22%,受压区则减小 5%～24%,受压区的跨中减小 24%～38%。

混凝土结构产生内部缺陷的原因主要来自三个方面:①环境和气候作用,如温度裂缝、干燥收缩、碳化收缩、冻融破坏、腐蚀膨胀与开裂等;②荷载作用;③混凝土自身的劣化作用,如碱集料反应和自收缩产生的裂缝,对于 HPC,其干燥收缩和自收缩更加明显。Pigeon 等认为,干燥对混凝土渗透性的影响是不容忽视的,其氯离子扩散时库仑电量甚至会提高 1～25 倍。在运用菲克扩散定律描述实际使用过程中含结构缺陷的非均匀性混凝土的氯离子扩散现象时,为了保证材料的均匀性假设,必须采用一个等效于均匀性假设的等效氯离子扩散系数 D_e 代替原有的扩散系数 D_f。这种处理含有裂纹等缺陷材料的氯离子扩散系数的方法,与损伤力学中等效应力的方法是一致的。因此,在理论建模时,为了统一地描述各种因素对混凝土氯离子扩散性能的影响,引进了一个综合的劣化效应系数 K,非均匀性混凝土的等效扩散系数 D_e 可用以下公式表示:

$$D_f = D_e = KD_t \qquad (5.53)$$

这样就将混凝土应用菲克第二扩散定律时存在的第一个和第五个问题同时解决了。由式(5.53)可以看出,K 值表明了混凝土的氯离子扩散系数在实际使用过程中的数值与在实验室标准条件下的数值之比,反映的是实际使用环境中氯离子扩散性能的放大倍数。为同时反映环境、荷载和混凝土自身劣化作用的影响,采用分项系数法进一步得到公式

$$K = K_e K_y K_m \qquad (5.54)$$

式中：K_e、K_y 和 K_m 分别代表混凝土氯离子扩散性能的环境劣化系数、荷载劣化系数和材料劣化系数。

2）混凝土氯离子扩散系数的时间依赖性问题——引进时间依赖性常数

在氯离子向混凝土内部扩散的过程中，一方面混凝土本身的胶凝材料，如未水化水泥及活性掺合料也在继续进行后期水化作用，导致混凝土内部孔隙不断被新的水化产物填充、结构逐渐密实；另一方面，氯离子扩散进入混凝土内部的化学结合作用产生的 Friedels 盐也使得混凝土的孔径分布向小孔方向移动。因此，混凝土的氯离子扩散系数是随着扩散时间而减小的。最早报道这一规律的文献可能是 Tang 等 1992 年发表的论文。1994 年 Mangat 等开始采用下式表示混凝土的氯离子扩散系数与时间的关系：

$$D = D_i t^{-m} \tag{5.55}$$

式中：D_i 为时间等于 1s 时的有效氯离子扩散系数；m 是时间依赖性常数。该公式有一个致命的缺点：D_i 不是一个可测定值。因此，1999 年 Thomas 等改用下式表示上述关系：

$$D_t = D_0 \left(\frac{t_0}{t} \right)^m \tag{5.56}$$

式中：D_0 是时间 t_0 时的混凝土氯离子扩散系数；D_t 为时间 t 时的混凝土氯离子扩散系数。式（5.55）和式（5.56）实质上是一样的，其 m 的意义相同。这样就解决了混凝土应用菲克第二扩散定律时存在的第四个问题。相比较而言，Thomas 公式由于考虑了"t_0 时测定混凝土的氯离子扩散系数为 D_0"的明确概念，而 Mangat 公式中"D_i 不是一个可测定值，没有通常情况下测定的氯离子扩散系数作为计算基准或依据"，因而 Thomas 公式更加实用。

3）混凝土氯离子结合能力及其非线性问题的处理——引进线性氯离子结合能力和非线性系数

考虑到混凝土对氯离子具有一定的结合能力，1994 年 Nilsson 等定义了混凝土的氯离子结合能力定义

$$R = \frac{\partial C_b}{\partial C_f} \tag{5.57}$$

式中：C_f 和 C_b 分别是混凝土的自由氯离子浓度和结合氯离子浓度。可见，混凝土的氯离子结合能力取决于结合氯离子浓度与自由氯离子浓度之间的关系（表面物理化学中的等温吸附曲线），鉴于混凝土的氯离子吸附关系在较低自由氯离子浓度范围内表现为线性吸附关系，此时的氯离子结合能力为常数，有利于获得扩散方程的解析解。这里将常数氯离子结合能力定义为线性氯离子结合能力，即

$$R = \partial C_b / \partial C_f = \alpha_1$$

大量试验表明，在更高的自由氯离子浓度范围内，混凝土的氯离子吸附关系属

于非线性关系,这里同时规定了混凝土的非线性氯离子结合能力。为了便于求解扩散方程,必须将混凝土的非线性氯离子结合能力转换成线性氯离子结合能力,同时引进一个非线性系数 p,根据混凝土对氯离子结合的非线性关系的差异,混凝土的非线性系数具有不同的形式。所幸的是,混凝土在更高的自由氯离子浓度范围内的非线性氯离子吸附关系最为符合朗缪尔(Langmuir)吸附,这样就不至于使问题复杂化。混凝土氯离子结合的朗缪尔非线性系数 p_L 公式为

$$p_L = \frac{R_L}{R} = \frac{\alpha_4}{\alpha_1 (1 + \beta_4 C_f)^2}$$

4) 氯离子扩散方程的修正问题——建立新扩散方程

混凝土的氯离子扩散方程的基本形式为

$$\frac{\partial c_t}{\partial t} = \frac{\partial}{\partial x} D_f \frac{\partial c_f}{\partial x} \tag{5.58}$$

式中:t 是时间;x 是距混凝土表面的距离;D_f 是自由氯离子扩散系数;c_t 是距混凝土表面 x 处的总氯离子浓度。

混凝土的总氯离子浓度 c_t 与结合氯离子浓度 c_b 和自由氯离子浓度 c_f 之间的关系为

$$c_t = c_b + c_f \tag{5.59}$$

对式(5.59)对 t 求导,得

$$\frac{\partial c_t}{\partial t} = \frac{\partial c_f}{\partial t} \left(1 + \frac{\partial c_b}{\partial c_f} \right) \tag{5.60}$$

将式(5.60)代入式(5.58),经过整理,得

$$\frac{\partial c_f}{\partial t} = \frac{D_f}{1 + \frac{\partial c_b}{\partial c_f}} \frac{\partial^2 c_f}{\partial x^2} \tag{5.61}$$

Nilsson 等将表观氯离子扩散系数 D_f^* 定义为

$$D_f^* = \frac{D_f}{1 + \frac{\partial c_b}{\partial c_f}} \tag{5.62}$$

对于线性氯离子结合能力,式(5.57)是常数,式(5.62)也是常数,式(5.61)就可以求解。为了书写方便,将混凝土的线性氯离子结合能力仍然用 R 表示,式(5.62)可以写成

$$D_f^* = \frac{D_f}{1 + R} \tag{5.63}$$

对于朗缪尔非线性氯离子结合能力,只需在式(5.63)中将"R"换成"$p_L R$",即得

$$D_f^* = \frac{D_f}{1 + p_L R} \tag{5.64}$$

这样就解决了混凝土应用菲克第二扩散定律时存在的第六和第七个问题。

将式(5.53)、式(5.56)和式(5.57)代入式(5.61),得到综合考虑氯离子结合能力、氯离子扩散系数的时间依赖性和混凝土结构微缺陷影响的实际混凝土的氯离子扩散新方程

$$\frac{\partial c_f}{\partial t} = \frac{KD_0 t_0^m}{1+R} t^{-m} \frac{\partial^2 c_f}{\partial x^2} \tag{5.65}$$

为了求解式(5.65),作如下变换:

$$\frac{\partial c_f}{t^{-m}\partial t} = \frac{KD_0 t_0^m}{1+R} \frac{\partial^2 c_f}{\partial x^2} \tag{5.66}$$

令

$$\partial T = t^{-m}\partial t \tag{5.67}$$

求解式(5.67),即

$$T = \int_0^t t^{-m}\mathrm{d}t \tag{5.68}$$

对式(5.68)积分,得到代换参数 T 与时间 t 之间的关系

$$T = \frac{t^{1-m}}{1-m} \tag{5.69}$$

同时令

$$D_{ee} = \frac{KD_0 t_0^m}{1+R} \tag{5.70}$$

将式(5.67)和式(5.70)代入式(5.65),得到简单的氯离子扩散方程式

$$\frac{\partial c_f}{\partial T} = D_{ee} \frac{\partial^2 c_f}{\partial x^2} \tag{5.71}$$

因此,只要对简单的扩散方程(5.71)进行求解以后,通过式(5.69)和式(5.70)进行变量回代,就很容易得到混凝土的新氯离子扩散方程(5.65)在各种体型、初始条件和边界条件下的解析解,即氯离子扩散理论模型。这样,在混凝土的氯离子扩散理论新模型中就综合考虑了混凝土的氯离子结合能力、氯离子扩散系数的时间依赖性和混凝土结构微缺陷等因素的影响。

5) 变边界条件问题的处理——引进不同的时间边界函数

在实际氯盐环境的暴露过程中,混凝土暴露表面的自由氯离子浓度 c_s 并非一成不变,而是一个浓度由低到高、逐渐达到饱和的时间过程。将扩散方程的边界条件由常数更换为时间函数,扩散方程的性质就发生质的变化,由齐次问题变成了非齐次问题,扩散方程的解析难度也大大增加。因此,并不是所有形式的时间函数边界条件都有解析解的。为了套用扩散理论中现成的解析解,1998 年 Amey 等建议采用线性函数和幂函数的时间边界条件,2002 年 Kassir 等根据试验得到了指数函数的时间变边界条件。这三种时间边界函数分别是:

（1）线性函数 $c_s = kt$（k 是时间常数）；　　　　　　　　　　　　（5.72）

（2）幂函数 $c_s = kt^{1/2}$（k 是时间常数）；　　　　　　　　　　　（5.73）

（3）指数函数 $c_s = c_{s0}(1 - e^{-kt})$（$c_{s0}$ 和 k 是时间常数）。　　　（5.74）

图 5.76 是根据 Weyers 等测定 15 座高速公路桥梁混凝土的结果描述了表面氯离子浓度在 15a 内的变化规律。其中，Kassir 等拟合的公式（5.74）的参数分别为：$c_{s0} = 5.3431\text{kg/m}^3$，$k = 0.25\text{a}^{-1}$。这里按照 Amey 等建议的拟合公式（5.72）和式（5.74）的参数分别是 $k=0.4336$ 和 $k=1.4879$，其复相关系数分别为 $r = 0.6595$ 和 $r = 0.9695$，$n = 17$ 时取显著性水平 $\alpha = 0.001$ 的临界相关系数为 $r_{0.001} = 0.7246$，可见采用幂函

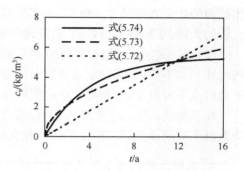

图 5.76　根据文献实测结果拟合的时间边界函数

数边界条件的公式（5.73）的拟合精度很高。图 5.76 中曲线的变化趋势也与原指数边界条件曲线比较接近，而线性边界条件曲线则存在比较大的差异。因此，我们认为采用幂函数和指数函数的时间边界条件是比较符合实际的。这样就解决了混凝土应用菲克第二扩散定律时存在的第八个问题。

6）混凝土结构的体型和暴露维数问题——针对有限大的长方体和增加暴露表面数

在扩散理论体系中，材料的体型和暴露程度对扩散方程的边界条件、解析的难易程度和最终的解析解都有非常大的影响。以前的氯离子扩散理论模型采用的假设是将混凝土看成只有一个暴露面的 1 维半无限大均匀体，其实这是扩散理论中最简单的一个问题。在实际的混凝土结构中，无限大体是不可能存在的，只有一些特殊的结构，如混凝土大坝才可以简化成 1 维的半无限大体，在混凝土大坝的垂直棱边附近区域则可以看成是 2 维的 1/4 无限大体，如果存在 3 维直角区域，则可简化为 3 维的 1/8 无限大体。这里需要指出的是，目前国内外在实验室进行混凝土的暴露试验时通常用沥青或树脂密封试件的 4 个或 5 个面，只留 1 个或 2 个相对表面暴露到氯盐溶液中，认为这样就能够代表 1 维的半无限大体，并应用简单的氯离子扩散理论模型公式（5.75）计算混凝土的扩散系数，这与真实的半无限大体是有差异的。

通常情况下，一些重大混凝土结构工程的关键部位不能看成是无限大的，都应该属于有限大体的范畴。不同的结构部位，其体型和维数是有显著差别的，在求解氯离子扩散方程时应该分别对待。常见的混凝土结构体型和暴露维数主要有三种：

（1）有两个相对平行暴露面的 1 维大平板，如盐湖地区和滨海盐渍地区的地下防渗墙、海洋钻井平台的大板等。

（2）有两组正交、相对平行的 4 个暴露面的 2 维长方柱体，其 1 个方向的长度比截面的 2 个方向尺寸大得多，如实验室没有密封的棱柱体试件的跨中部位、跨海大桥的大梁、矩形截面的桥墩、盐湖地区建筑的混凝土独立柱基础等。

（3）有三组正交、相对平行的 6 个暴露面的 3 维长方体或正方体，其 3 个方向的尺寸相差不大，如实验室没有密封的立方体试件、棱柱体试件的端部、海洋钻井平台的水下方形油罐、跨海大桥的索塔顶部、盐湖地区设备基础等。

在求解新的氯离子扩散方程时，结合以上几种结构体型和暴露情况，就可以解决混凝土应用菲克第二扩散定律时存在的第二和第三个问题。

4. 混凝土的氯离子扩散理论模型与服役寿命预测理论体系

1）无限区域内的非稳态齐次扩散问题（常数边界条件）

（1）1 维半无限大体的氯离子扩散理论模型及其与其他理论模型的比较。

① 1 维半无限大体的氯离子扩散理论模型。

假定混凝土是半无限等效均匀体，氯离子在混凝土中的扩散过程是 1 维扩散，扩散方程如式（5.67）所示。当初始条件为 $T=0, x>0$ 时，$c_f=c_0$；边界条件为 $x=0, T>0$ 时，$c_f=c_s$（常数）。扩散方程最基本的解析解——通常情况下的氯离子扩散理论模型如下：

$$c_f = c_0 + (c_s - c_0)\left(1 - \mathrm{erf}\,\frac{x}{2\sqrt{D_{ee}T}}\right) \tag{5.75}$$

式中：c_0 是混凝土内的初始自由氯离子浓度；c_s 是混凝土暴露表面的自由氯离子浓度；erf 为误差函数，$\mathrm{erf}(u) = \frac{2}{\sqrt{\pi}}\int_0^u e^{-t^2}\mathrm{d}t$。当同时考虑混凝土的线性氯离子结合能力、氯离子扩散系数的时间依赖性和劣化系数时，在式（5.75）中，用 $\frac{KD_0 t_0^m}{1+R}$ 代替 D_{ee}，用 $\frac{t^{1-m}}{1-m}$ 代替 T，即得混凝土氯离子扩散的 1 维基准理论模型为

$$c_f = c_0 + (c_s - c_0)\left[1 - \mathrm{erf}\,\frac{x}{2\sqrt{\dfrac{KD_0 t_0^m}{(1+R)(1-m)}t^{1-m}}}\right] \tag{5.76}$$

② 1 维半无限大体的氯离子扩散基准理论模型的公式探讨。

以上所建立的理论模型是对菲克扩散定律的推广和修正，采用不同的假设便得到不同的模型公式。当不考虑混凝土的氯离子结合能力、氯离子扩散系数的时间依赖性和结构缺陷的影响，即 $K=1, c_0=0, R=0, m=0$ 时，模型简化为常见的简单形式

$$c_{\text{f}} = c_{\text{s}} \left(1 - \text{erf} \frac{x}{2 \sqrt{D_0 t}} \right) \tag{5.77}$$

当仅考虑混凝土的氯离子结合能力（$K=1, c_0=0, m=0$）、氯离子扩散系数的时间依赖性（$K=1, c_0=0, R=0$）或混凝土结构缺陷（$c_0=0, m=0, R=0$）的影响时，模型分别简化为式（5.78）、式（5.79）或式（5.80）。

$$c_{\text{f}} = c_{\text{s}} \left[1 - \text{erf} \frac{x}{2 \sqrt{\dfrac{D_0 t}{1+R}}} \right] \tag{5.78}$$

$$c_{\text{f}} = c_{\text{s}} \left[1 - \text{erf} \frac{x}{2 \sqrt{\dfrac{D_0 t_0^m}{1-m} t^{1-m}}} \right] \tag{5.79}$$

$$c_{\text{f}} = c_{\text{s}} \left(1 - \text{erf} \frac{x}{2 \sqrt{K D_0 t}} \right) \tag{5.80}$$

当同时考虑混凝土的氯离子结合能力和氯离子扩散系数的时间依赖性（$K=1, c_0=0$），氯离子结合能力和结构缺陷（$c_0=0, m=0$）的影响或氯离子扩散系数的时间依赖性和结构缺陷的影响（$c_0=0, R=0$）时，模型分别简化为式（5.81）、式（5.82）或式（5.83）。

$$c_{\text{f}} = c_{\text{s}} \left[1 - \text{erf} \frac{x}{2 \sqrt{\dfrac{D_0 t_0^m}{(1+R)(1-m)} t^{1-m}}} \right] \tag{5.81}$$

$$c_{\text{f}} = c_{\text{s}} \left[1 - \text{erf} \frac{x}{2 \sqrt{\dfrac{K D_0 t}{1+R}}} \right] \tag{5.82}$$

$$c_{\text{f}} = c_{\text{s}} \left[1 - \text{erf} \frac{x}{2 \sqrt{\dfrac{K D_0 t_0^m}{1-m} t^{1-m}}} \right] \tag{5.83}$$

③ 所提出的基准理论模型与 Clear 经验模型的比较。

Clear 在 1976 年根据试验和工程应用发展了一个计算混凝土中钢筋开始腐蚀时间的经验模型

$$t = \frac{129 x^{1.22}}{c_{\text{s}}^{0.42} m_{\text{w}}/m_{\text{c}}} \tag{5.84}$$

式中：t 是混凝土中钢筋开始锈蚀的时间（a）；x 是混凝土的保护层厚度（in*）；c_{s} 是暴露环境介质的氯离子浓度（ppm**）；$m_{\text{w}}/m_{\text{c}}$ 是混凝土的水灰比。该经验模型曾成功地用于海洋油罐和河堤等大型混凝土工程服役寿命的设计和验证，取得了

　＊　1in＝2.54cm。

＊＊　1ppm＝10^{-6}。

理想的效果。

　　图 5.77 示出了用式(5.76)～(5.84)计算 OPC 和 HPC 在海洋环境中不同深度断面的相对氯离子浓度分布。计算时,暴露表面的氯离子浓度 $c_s = 1.938\%$,混凝土的临界氯离子浓度 $c_{cr} = 0.05\%$(占混凝土质量)。结果表明,在常规的保护层厚度范围内,只有同时考虑混凝土的氯离子结合能力、氯离子扩散系数的时间依赖性和混凝土结构微缺陷影响的理论公式(5.76)与 Clear 实际经验公式完全相符。

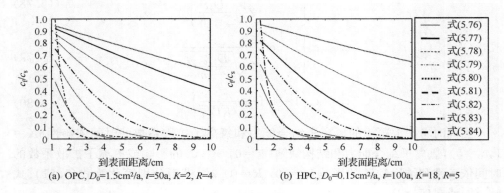

(a) OPC, D_0=1.5cm²/a, t=50a, K=2, R=4　　　　(b) HPC, D_0=0.15cm²/a, t=100a, K=18, R=5

图 5.77　在海洋环境中 OPC ($m_w/m_c = 0.53$) 和 HPC ($m_w/m_c = 0.27$, Fa 掺量 30%)
不同深度断面的相对氯离子浓度分布(m=0.64,取值依据参见后续章节)

　　④ 基准理论模型与 Maage 理论模型和 Mejlbro 理论模型的关系。

Maage 理论模型经过整理后的等价公式为

$$c_{cr} = c_0 + (c_s - c_0)\left(1 - \mathrm{erf}\,\frac{x}{2\sqrt{D_0 t_0^m t^{1-m}}}\right) \tag{5.85}$$

DuraCrete 项目的 Mejlbro 理论模型经过整理为

$$c_f = c_s\left(1 - \mathrm{erf}\,\frac{x}{2\sqrt{K_e K_c K_m D_0 t_0^m t^{1-m}}}\right) \tag{5.86}$$

式中:K_c、K_e 和 K_m 分别是影响混凝土氯离子扩散系数的养护系数(主要与养护龄期有关)、环境系数和材料系数。DuraCrete 项目制订的混凝土耐久性设计指南中,详细列出了这些参数的数值。

　　根据已有的不同水胶比硅灰混凝土的氯离子扩散系数值,在保护层厚度 15mm 的条件下,用本节基准理论模型*、Maage 理论模型和 Mejlbro 理论模型分别计算这些混凝土结构在海洋环境中的服役寿命有较好的相关性,其中本模型与

---

　　* 参数分别为 $m_w/m_c = 0.70$, SF=0%, $D_0 = 3.95$cm²/a, $K = 1.6$, $R = 3.5$; $m_w/m_c = 0.32$, SF=0%, $D_0 = 1.00$cm²/a, $K = 1.8$, $R = 4.0$; $m_w/m_c = 0.32$, SF=6%, $D_0 = 0.3$cm²/a, $K = 2.0$, $R = 4.5$; $m_w/m_c = 0.32$, SF=12%, $D_0 = 0.13$cm²/a, $K = 2.2$, $R = 5.0$; $m_w/m_c = 0.32$, SF=24%, $D_0 = 0.06$cm²/a, $K = 2.5$, $R = 6$。

Maage 模型更加接近一些,如图 5.78 所示。应用 Mejlbro 模型时的参数 K_c、K_e、K_m 和 m 均按照 DuraCrete 项目制订的混凝土耐久性设计指南取值。但是,用 Maage 模型和 Mejlbro 模型分别预测保护层厚度 45mm 的 HPC 结构的服役寿命都能达到几万年以上,这明显是过于乐观了,难以令人信服。而用本节基准理论模型则不存在这个问题,其寿命仅有几百年,这充分说明本节理论模型更加切合实际。

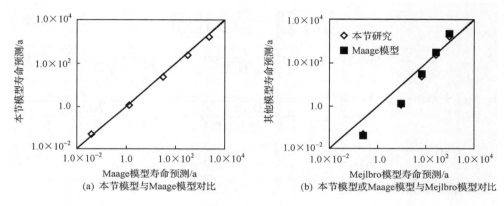

(a) 本节模型与 Maage 模型对比　　　　(b) 本节模型或 Maage 模型与 Mejlbro 模型对比

图 5.78　本节理论模型与 Maage 模型和 Mejlbro 模型预测混凝土寿命的比较($x=15$mm)

(2) 2 维 1/4 无限大体的氯离子扩散理论模型。

假定混凝土是 1/4 无限大等效均匀体,氯离子在混凝土中的扩散过程是 2 维扩散,如图 5.79 所示,坐标原点在棱边上。其扩散方程如式(5.87)所示,其初始条件为 $T=0,x>0,y>0$ 时,$c_f=c_0$;边界条件为 $x=0,y=0,T>0$ 时,$c_f=c_s$(常数)。根据扩散理论中的 Newman 乘积解定理,求得解析解如式(5.88)所示。

$$\frac{\partial^2 c_f}{\partial x^2} + \frac{\partial^2 c_f}{\partial y^2} = \frac{1}{D_{ee}} \frac{\partial c_f}{\partial T} \tag{5.87}$$

$$c_f = c_0 + (c_s - c_0)\left(1 - \text{erf}\frac{x}{2\sqrt{D_{ee}T}}\text{erf}\frac{y}{2\sqrt{D_{ee}T}}\right) \tag{5.88}$$

当同时考虑混凝土的线性氯离子结合能力、氯离子扩散系数的时间依赖性和劣化系数时,在式(5.88)中,用 $\dfrac{KD_0 t_0^m}{1+R}$ 代替 D_{ee},用 $\dfrac{t^{1-m}}{1-m}$ 代替 T,即得 2 维 1/4 无限大体的氯离子扩散理论模型为

$$c_f = c_0 + (c_s - c_0)\left[1 - \text{erf}\frac{x}{2\sqrt{\dfrac{KD_0 t_0^m}{(1+R)(1-m)}t^{1-m}}}\text{erf}\frac{y}{2\sqrt{\dfrac{KD_0 t_0^m}{(1+R)(1-m)}t^{1-m}}}\right] \tag{5.89}$$

（3）3 维 1/8 无限大体的氯离子扩散理论模型。

当混凝土是 1/8 无限大等效均匀体，氯离子在混凝土中的扩散过程是 3 维扩散，如图 5.80 所示，坐标原点在角点。其扩散方程如式（5.90）所示，其初始条件为 $T=0,x>0,y>0,z>0$ 时，$c_f=c_0$；边界条件为 $x=0,y=0,z=0,T>0$ 时，$c_f=c_s$（常数）。同理，根据扩散理论中的 Newman 乘积解定理，并进行变量回代，得到 3 维 1/8 无限大体的氯离子扩散理论模型如式（5.91）和式（5.92）所示。

$$\frac{\partial^2 c_f}{\partial x^2}+\frac{\partial^2 c_f}{\partial y^2}+\frac{\partial^2 c_f}{\partial z^2}=\frac{1}{D_{ee}}\frac{\partial c_f}{\partial T} \tag{5.90}$$

$$c_f=c_0+(c_s-c_0)\left(1-\mathrm{erf}\frac{x}{2\sqrt{D_{ee}T}}\mathrm{erf}\frac{y}{2\sqrt{D_{ee}T}}\mathrm{erf}\frac{z}{2\sqrt{D_{ee}T}}\right) \tag{5.91}$$

$$c_f=c_0+(c_s-c_0)\left[1-\mathrm{erf}\frac{x}{2\sqrt{\dfrac{KD_0t_0^m}{(1+R)(1-m)}t^{1-m}}}\mathrm{erf}\frac{y}{2\sqrt{\dfrac{KD_0t_0^m}{(1+R)(1-m)}t^{1-m}}}\right.$$

$$\left.\times\mathrm{erf}\frac{z}{2\sqrt{\dfrac{KD_0t_0^m}{(1+R)(1-m)}t^{1-m}}}\right] \tag{5.92}$$

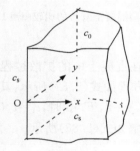　　　　　　　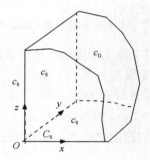

图 5.79　2 维 1/4 无限大均匀体的示意图　　　图 5.80　3 维 1/8 无限大均匀体的示意图

（4）1 维、2 维和 3 维无限大体扩散时氯离子浓度的比较。

图 5.81 是 1 维、2 维和 3 维扩散理论模型计算的自由氯离子浓度曲线与 1 维简单叠加曲线的比较。结果表明，自由氯离子浓度的多维扩散理论曲线与 1 维曲线明显不同。在相同的条件下，自由氯离子浓度大小顺序为：3 维＞2 维＞1 维。此外，多维扩散时氯离子浓度曲线与由 1 维的简单数值叠加曲线相差很大。因此，对于实际混凝土结构边角区域的多维扩散氯离子浓度，并不能按照简单的"算数加和"来处理。

（5）考虑非线性氯离子结合能力时的氯离子扩散模型。

当考虑到混凝土的非线性氯离子结合能力时，将式（5.76）、式（5.89）和式（5.92）中的 R 更换成 $p_L R$ 即可，对于 1 维半无限大体的氯离子扩散理论模型，

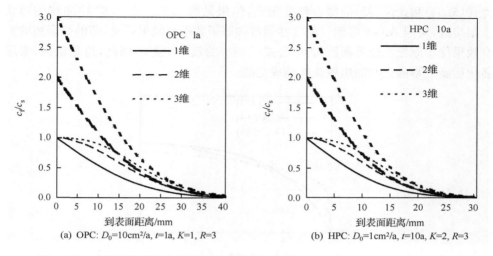

(a) OPC: $D_0=10\mathrm{cm^2/a}$, $t=1\mathrm{a}$, $K=1$, $R=3$　　　　(b) HPC: $D_0=1\mathrm{cm^2/a}$, $t=10\mathrm{a}$, $K=2$, $R=3$

图 5.81　多维扩散时氯离子浓度与 1 维叠加值的比较($c_0=0$, $t_0=28\mathrm{d}$, $m=0.64$)

可以表示为式(5.93)。同理能够写出考虑混凝土的非线性氯离子结合能力时 2 维 1/4 无限大体和 3 维 1/8 无限大体的公式,这里不再列出。

$$c_{\mathrm{f}} = c_0 + (c_{\mathrm{s}} - c_0)\left[1 - \mathrm{erf}\ \frac{x}{2\sqrt{\dfrac{KD_0 t_0^m}{(1+p_{\mathrm{L}}R)(1-m)}t^{1-m}}}\right] \tag{5.93}$$

2) 无限区域内的非稳态非齐次扩散问题(幂函数边界条件)

对于无限大体的氯离子扩散,不能考虑式(5.74)的指数时间边界条件,因为涉及一个复杂积分的求解问题*,但是可以考虑与实际比较接近的幂函数或线性函数的时间边界条件。对于考虑混凝土氯离子扩散系数的时间依赖性的扩散问题,时间变量已经按照式(5.69)发生了变化,所以对于原公式(5.72)和式(5.73)描述的时间边界函数都相应地发生了变化,即使原来的线性函数边界条件也已经转化成幂函数边界条件了,见式(5.94)和式(5.95)。

$$c_{\mathrm{f}} = kt^{1-m} + c_0 \tag{5.94}$$

$$c_{\mathrm{f}} = kt^{\frac{1-m}{2}} + c_0 \tag{5.95}$$

为了与 Kassir 等得到的实际公式相比较,取 $m=0.64$ 和 $c_0=0$(混凝土的初始氯离子浓度),并按照式(5.94)和式(5.95)对原公式进行拟合,其参数分别是 $k=2.0287$ 和 $k=2.8988$,其复相关系数分别为 $r=0.9718$ 和 $r=0.8694$, $n=17$ 时取显著性水平 $\alpha=0.001$ 的临界相关系数为 $r_{0.001}=0.7246$,可见新的幂函数边界条

---

* 该积分形式为 $\displaystyle\int_{\frac{x}{\sqrt{4Dt}}}^{\infty} \mathrm{e}^{\frac{kx^2}{4\xi^2}}\,\mathrm{e}^{-\xi^2}\,\mathrm{d}\xi$。

件式(5.94)和式(5.95)的拟合精度很高,结果见图 5.82。图 5.82 中曲线的形状也很接近,对照 Amey 等建议的线性函数和幂函数拟合结果可见,新的幂函数的拟合效果优于原先的边界函数,其中公式(5.94)的效果更好。因此,这里认为,采用转化后新的幂函数时间边界条件是成功的。

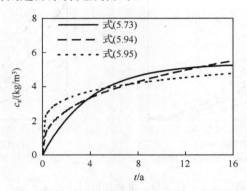

图 5.82 新的幂函数边界函数与文献[32]的指数边界函数的比较

  由于无限区域内的非稳态非齐次扩散问题非常复杂,并不是短时内就能解决的数学问题,本节主要针对 1 维半无限大体的非稳态非齐次氯离子扩散的情形,这里仅列出求解结果,具体的推导过程从略。

  (1) 对于幂函数 $c_f = kt^{1-m} + c_0$ 的时间边界条件。

  当混凝土的边界条件为 $x=0, t>0$, $c_f = kt^{1-m} + c_0$,初始条件不变时,解得混凝土的氯离子扩散理论模型为

$$c_f = c_0 + kt^{1-m}\left\{\left[1 + \frac{x^2}{\dfrac{2KD_0 t_0^m t^{1-m}}{(1+R)(1-m)}}\right]\mathrm{erfc}\left[\frac{x}{2\sqrt{\dfrac{KD_0 t_0^m t^{1-m}}{(1+R)(1-m)}}}\right]\right.$$

$$\left. - \frac{x}{\sqrt{\dfrac{\pi K D_0 t_0^m t^{1-m}}{(1+R)(1-m)}}}\exp\left[-\frac{x^2}{\dfrac{4KD_0 t_0^m t^{1-m}}{(1+R)(1-m)}}\right]\right\} \tag{5.96}$$

  (2) 对于幂函数 $c_f = kt^{\frac{1-m}{2}} + c_0$ 的时间边界条件。

  当混凝土的边界条件为 $x=0, t>0$, $c_f = kt^{\frac{1-m}{2}} + c_0$,初始条件不变时,解得混凝土的氯离子扩散理论模型为

$$c_f = c_0 + kt^{\frac{1-m}{2}}\left\{\exp\left[-\frac{x^2}{\dfrac{4KD_0 t_0^m t^{1-m}}{(1+R)(1-m)}}\right] - \frac{x\sqrt{\pi}}{2\sqrt{\dfrac{KD_0 t_0^m t^{1-m}}{(1+R)(1-m)}}}\right.$$

$$\left. \times \mathrm{erfc}\left[\frac{x}{2\sqrt{\dfrac{KD_0 t_0^m t^{1-m}}{(1+R)(1-m)}}}\right]\right\} \tag{5.97}$$

（3）对于分段函数（第一段为 $c_f = kt^{1-m} + c_0$，第二段为 $c_f = c_s$）的复杂时间边界条件。

当边界条件函数为分段函数

$$c_f = \begin{cases} kt^{1-m} + c_0 & t < t_c \\ c_s & t > t_c \end{cases} \tag{5.98}$$

式中：$t_c = \left(\dfrac{c_s - c_0}{k} \right)^{\frac{1}{1-m}}$。解得混凝土的氯离子扩散理论模型为

$$c_f = c_0 + (c_s - c_0) \left\{ \left[1 + \frac{k(1-m)(1+R)x^2}{2KD_0 t_0^m (c_s - c_0)} \right] \mathrm{erfc} \left[\frac{x}{2\sqrt{\dfrac{KD_0 t_0^m (c_s - c_0)}{k(1-m)(1+R)}}} \right] \right.$$

$$\left. - \frac{x}{\sqrt{\dfrac{\pi KD_0 t_0^m (c_s - c_0)}{k(1-m)(1+R)}}} \exp \left[-\frac{k(1-m)(1+R)x^2}{4KD_0 t_0^m (c_s - c_0)} \right] \right\} + (c_s - c_0)$$

$$\times \mathrm{erfc} \left[\frac{x}{2\sqrt{\dfrac{KD_0 t_0^m}{(1-m)(1+R)} \left(t^{1-m} - \dfrac{c_s - c_0}{k} \right)}} \right] \tag{5.99}$$

（4）对于分段函数（第一段为 $c_f = kt^{\frac{1-m}{2}} + c_0$，第二段为 $c_f = c_s$）的复杂时间边界条件。

当边界条件函数为分段函数

$$c_f = \begin{cases} kt^{\frac{1-m}{2}} + c_0 & t < t_c \\ c_s & t > t_c \end{cases} \tag{5.100}$$

式中：$t_c = \left(\dfrac{c_s - c_0}{k} \right)^{\frac{2}{1-m}}$。解得混凝土的氯离子扩散理论模型为

$$c_f = c_0 + (c_s - c_0) \left\{ \exp \left[-\frac{k^2(1-m)(1+R)x^2}{4KD_0 t_0^m (c_s - c_0)^2} \right] - \frac{kx\sqrt{\pi}}{2(c_s - c_0)\sqrt{\dfrac{KD_0 t_0^m}{(1-m)(1+R)}}} \right.$$

$$\left. \times \mathrm{erfc} \left[\frac{kx}{2(c_s - c_0)\sqrt{\dfrac{KD_0 t_0^m}{(1-m)(1+R)}}} \right] \right\}$$

$$+ (c_s - c_0) \mathrm{erfc} \left\{ \frac{x}{2\sqrt{\dfrac{KD_0 t_0^m}{(1-m)(1+R)} \left[t^{1-m} - \dfrac{(c_s - c_0)^2}{k^2} \right]}} \right\}$$

$$\tag{5.101}$$

3) 有限区域内的非稳态齐次扩散问题(常数边界条件)

(1) 1 维大平板的氯离子扩散理论模型。

1 维大平板的扩散问题如图 5.83 所示,板的厚度为 L。在同时考虑混凝土的氯离子结合能力、劣化系数和时间依赖性时,解得 1 维大平板的氯离子扩散理论模型(求解过程从略)为式(5.102),为了便于区分两个 m,将时间依赖性常数记为 m_0。

$$c_f = c_s + \sum_{m=1,3,5}^{\infty} \frac{4}{m\pi}(c_0 - c_s)\sin\left(\frac{m\pi}{L}x\right)\exp\left[-\frac{m^2\pi^2 KD_0 t_0^{m_0} t^{1-m_0}}{(1+R)(1-m_0)L^2}\right]$$

(5.102)

(2) 2 维长方柱体的氯离子扩散理论模型。

2 维长方柱体的示意图见图 5.84。其中,沿 x 方向的厚度为 L_1,沿 y 方向的厚度为 L_2。在同时考虑混凝土的氯离子结合能力、劣化系数和时间依赖性的情况下,混凝土 2 维长方柱体的氯离子扩散理论模型为

$$c_f = c_s + \sum_{m=1,3,5}^{\infty} \sum_{n=1,3,5}^{\infty} \frac{16}{mn\pi^2}(c_0 - c_s)\sin\left(\frac{m\pi}{L_1}x\right)\sin\left(\frac{n\pi}{L_2}y\right)$$
$$\times \exp\left[-\frac{KD_0 t_0^{m_0} t^{1-m_0}}{(1+R)(1-m_0)}\left(\frac{m^2\pi^2}{L_1^2} + \frac{n^2\pi^2}{L_2^2}\right)\right]$$

(5.103)

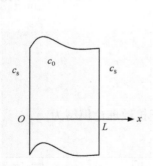

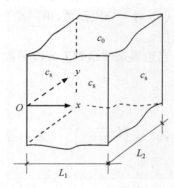

图 5.83 1 维大平板的示意图   图 5.84 2 维长方柱体的示意图

(3) 3 维长方体的氯离子扩散理论模型。

3 维长方体的示意图见图 5.85。沿 x 方向的厚度为 L_1,沿 y 方向的厚度为 L_2,沿 z 方向的厚度为 L_3。同理,在同时考虑混凝土的氯离子结合能力、劣化系数和时间依赖性的情况下,混凝土 3 维长方体的氯离子扩散理论模型为

$$c_f = c_s + \sum_{m=1,3,5}^{\infty} \sum_{n=1,3,5}^{\infty} \sum_{p=1,3,5}^{\infty} \frac{64}{mnp\pi^3}(c_0 - c_s)\sin\left(\frac{m\pi}{L_1}x\right)\sin\left(\frac{n\pi}{L_2}y\right)\sin\left(\frac{p\pi}{L_3}z\right)$$
$$\times \exp\left[-\frac{KD_0 t_0^{m_0} t^{1-m_0}}{(1+R)(1-m_0)}\left(\frac{m^2\pi^2}{L_1^2} + \frac{n^2\pi^2}{L_2^2} + \frac{p^2\pi^2}{L_3^2}\right)\right]$$

(5.104)

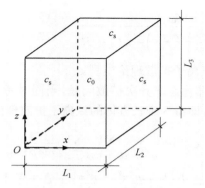

图 5.85　3 维长方体的示意图

4) 有限区域内的非稳态非齐次扩散问题(指数边界条件)

(1) 1 维大平板的氯离子扩散理论模型。

对于 1 维大平板的非稳态非齐次扩散问题,设暴露表面的氯离子浓度随着时间呈现如式(5.74)所示的指数变化,即 $c_s = c_{s0}(1-e^{-kt})$。在这种情形下,不能同时考虑混凝土的氯离子结合能力、劣化系数和时间依赖性的影响,因为有一项积分无法求解*。但是,可以同时考虑混凝土的氯离子结合能力和劣化系数的影响,即得 1 维大平板的氯离子扩散理论模型(求解过程从略)

$$c_f = c_{s0}(1-e^{-kt}) + \sum_{m=1,3,5}^{\infty} \frac{4}{m\pi}\left\{\left[c_0 + \frac{kC_{s0}}{KD_0\dfrac{m^2\pi^2}{L^2} - k(1+R)}\right]\right.$$

$$\times \exp\left(-\frac{KD_0}{(1+R)}\frac{m^2\pi^2}{L^2}t\right) - \left[\frac{kc_{s0}}{KD_0\dfrac{m^2\pi^2}{L^2} - k(1+R)}\right]\exp(-kt)\left.\right\}\sin\left(\frac{m\pi}{L}x\right)$$

$$(5.105)$$

(2) 2 维长方柱体的氯离子扩散理论模型。

对于 2 维长方柱体的非稳态非齐次扩散问题,同时考虑混凝土的氯离子结合能力和劣化系数的影响以后,同理可以得到 2 维长方柱体的氯离子扩散理论模型

$$c_f = c_{s0}(1-e^{-kt}) + \sum_{m=1,3,5}^{\infty}\sum_{n=1,3,5}^{\infty}\frac{16}{mn\pi^2}\left\{(C_0 + H_{mn})\exp\left[-\frac{KD_0}{1+R}\left(\frac{m^2\pi^2}{L_1^2} + \frac{n^2\pi^2}{L_2^2}\right)t\right]\right.$$

$$\left. - H_{mn}\exp(-kt)\right\}\sin\left(\frac{m\pi}{L_1}x\right)\sin\left(\frac{n\pi}{L_2}y\right)$$

$$(5.106)$$

---

* 该积分为 $Q(T) = -\displaystyle\int_0^T \frac{4kc_s(1-m_0)}{n\pi(1+R)}T^{\frac{m_0}{1-m_0}}\,e^{D\frac{n^2\pi^2}{L^2}T^{\frac{m_0}{1-m_0}}-k(1-m_0)\frac{1}{1-m_0}}T^{\frac{1}{1-m_0}}\,dT$,其中,$m_0$ 是时间依赖性常数。

式中：$H_{mn} = \dfrac{kc_{s0}}{KD_0\left(\dfrac{m^2\pi^2}{L_1^2} + \dfrac{n^2\pi^2}{L_2^2}\right) - k(1+R)}$。

（3）3 维长方体的氯离子扩散理论模型。

对于 3 维长方体的非稳态非齐次扩散问题，当同时考虑混凝土的氯离子结合能力和劣化系数的影响，即得 3 维长方体的氯离子扩散理论模型

$$
c_f = c_{s0}(1-e^{-kt}) + \sum_{m=1,3,5}^{\infty} \sum_{n=1,3,5}^{\infty} \sum_{p=1,3,5}^{\infty} \frac{64}{mnp\pi^3} \Big\{ (c_0 + H_{mnp})
$$

$$
\times \exp\Big[-\frac{KD_0}{1+R}\Big(\frac{m^2\pi^2}{L_1^2} + \frac{n^2\pi^2}{L_2^2} + \frac{p^2\pi^2}{L_3^2}\Big)t\Big]
$$

$$
- H_{mnp}\exp(-kt) \Big\} \sin\Big(\frac{m\pi}{L_1}x\Big)\sin\Big(\frac{n\pi}{L_2}y\Big)\sin\Big(\frac{p\pi}{L_3}z\Big)\Big\} \tag{5.107}
$$

式中：$H_{mnp} = \dfrac{kc_{s0}}{KD_0\left(\dfrac{m^2\pi^2}{L_1^2} + \dfrac{n^2\pi^2}{L_2^2} + \dfrac{p^2\pi^2}{L_3^2}\right) - k(1+R)}$。

（4）正交各向异性 3 维长方体的氯离子扩散理论模型。

在混凝土的氯离子扩散过程中，一般把试件按照各向同性材料来处理。但是，在加载条件下混凝土试件某个方向由于受到荷载的影响，试件在不同方向的氯离子扩散系数是不同的，已经不能把试件当成各向同性材料了，这时按照正交异性材料来描述混凝土试件的扩散行为是非常必要的。假设 3 维长方体沿 x、y 和 z 方向的厚度分别为 L_1、L_2 和 L_3，氯离子扩散系数分别为 D_{10}、D_{20} 和 D_{30}，暴露表面的氯离子浓度随着时间而成指数变化规律 $c_s = c_{s0}(1-e^{-kt})$。本节已经求出正交各向异性长方体的解析解，当同时考虑混凝土的氯离子结合能力和劣化系数的影响时，氯离子扩散理论模型为

$$
c_f = c_{s0}(1-e^{-kt}) + \sum_{m=1,3,5}^{\infty} \sum_{n=1,3,5}^{\infty} \sum_{p=1,3,5}^{\infty} \frac{64}{mnp\pi^3} \Big\{ (c_0 + H_{mnp})\exp\Big[-\frac{K}{1+R}\Big(D_{10}\frac{m^2\pi^2}{L_1^2}
$$

$$
+ D_{20}\frac{n^2\pi^2}{L_2^2} + D_{30}\frac{p^2\pi^2}{L_3^2}\Big)t\Big] - H_{mnp}\exp(-kt) \Big\} \sin\Big(\frac{m\pi}{L_1}x\Big)\sin\Big(\frac{n\pi}{L_2}y\Big)\sin\Big(\frac{p\pi}{L_3}z\Big)
$$

$$
\tag{5.108}
$$

式中：$H_{mnp} = \dfrac{kc_{s0}}{K\left(D_{10}\dfrac{m^2\pi^2}{L_1^2} + D_{20}\dfrac{n^2\pi^2}{L_2^2} + D_{30}\dfrac{p^2\pi^2}{L_3^2}\right) - k(1+R)}$。

5）模型参数的测定方法

在上述理论模型中，R、c_s、k、D_0、m 和 K 是六个关键参数。为了准确地预测和评价混凝土结构在恶劣的盐湖、海洋和除冰盐等环境条件下的服役寿命，必须建立这些参数的相应测试方法，借鉴欧洲 DuraCrete 项目的成功经验，制订适合我国国

情的混凝土服役寿命预测基本参数数据库,意义重大。

(1) 混凝土的氯离子结合能力 R。

在实验室条件下,将混凝土试件浸泡在盐湖卤水或 3.5%NaCl 溶液中一定时间后,钻孔取样并进行化学分析。混凝土的氯离子总浓度通常采用酸溶法或荧光 X 射线法测定,自由氯离子浓度采用水溶法测定,然后采用 5.4 节的方法研究混凝土对氯离子的吸附与结合规律,并按照相关公式计算混凝土的线性氯离子结合能力及其非线性系数。

(2) 混凝土暴露表面的自由氯离子浓度 c_s 及其时间参数 k。

关于混凝土暴露表面的自由氯离子浓度的测定方法,目前有两种观点:一种是实测值——将混凝土近表面($x=13$mm 和 $x=6.35$mm)的实测自由氯离子浓度作为暴露表面的 c_s 值;另一种是拟合值——因为表面的氯离子浓度是不可测定的,只能根据实测的自由氯离子浓度与混凝土深度之间的关系来拟合 c_s 值。拟合方法也有两种——按照扩散模型拟合和按照回归公式拟合。根据氯离子扩散理论分析,c_s 应该是 $x=0$ 时的"表面混凝土"氯离子浓度,不是一个可以直接测定的值。因此,这里采用试验拟合值,至于具体的拟合方法,如果采用扩散理论同时拟合 c_s 值和扩散系数 D 这两个参数,会有很大的人为误差,这里采用回归拟合方法。将成型养护好的混凝土试件浸泡在常温的 3.5%NaCl 溶液或其他氯盐溶液中,在不同浸泡时间取出,根据测定的混凝土自由氯离子浓度与扩散深度之间的关系,通过回归分析拟合两者之间的一元二次关系的效果最佳。在得到的回归关系式中,令深度 $x=0$ 时便可以计算 c_s 值。

根据以上不同情形下混凝土的多种非齐次氯离子扩散理论模型,混凝土暴露表面自由氯离子浓度与时间之间最为实用的关系式是式(5.74)、式(5.94)和式(5.95)。因此,根据以上得到的 c_s 值与扩散时间之间的关系,分别按照式(5.74)、式(5.94)和式(5.95)进行回归分析,就能计算得到不同时间边界函数的 k 值。

(3) 氯离子扩散系数 D_0 及其时间依赖性常数 m。

将成型养护好的混凝土试件浸泡在常温的 3.5%NaCl 溶液中,在不同浸泡时间取出,测定不同深度的自由氯离子浓度和总氯离子浓度,在较低的自由氯离子浓度范围内,按照得到的线性氯离子结合能力,然后按照下式运用 SAS 软件计算出不同扩散时间 t 对应的 $D_{t,m} = \dfrac{D_t}{(1-m)}$ 值,计算时由于在实验室条件下,3.5%NaCl 溶液对混凝土没有腐蚀等破坏作用,取 $K = 1$。

$$c_f = c_0 + (c_s - c_0)\left[1 - \mathrm{erf}\, \frac{x}{2\sqrt{\dfrac{D_t t}{(1+R)(1-m)}}} \right] \tag{5.109}$$

然后,根据不同 t 对应的 $D_{t,m}$ 值按照下式求出 D_0 值和 m 值。

$$D_{t,m} = (1-m)D_0\left(\frac{t_0}{t}\right)^m \tag{5.110}$$

(4) 氯离子扩散性能的劣化效应系数 K。

① 环境劣化系数 K_e。

在现场环境和实验室条件下同时进行混凝土试件的自然扩散法浸泡试验,在相同的浸泡龄期测定混凝土不同深度的自由氯离子浓度和总氯离子浓度,根据式(5.78)计算混凝土在实验室条件($K=1$)下的自由氯离子扩散系数,结合现场环境条件下的试验数据就能够进一步计算出混凝土的 K_e 值。如果在试验同时进行氯盐溶液浸泡、冻融与氯盐溶液浸泡、干湿循环与冻融双重因素试验,则可以得到影响混凝土氯离子扩散性能的冻融劣化系数和干湿循环劣化系数。

② 荷载劣化系数 K_y。

在实验室条件下,对混凝土试件同时进行加载和不加载的自然扩散法浸泡试验,就能计算出混凝土在不同加载方式和荷载比条件下的 K_y 值。

③ 材料劣化系数 K_m。

在实验室条件下,对于不同浸泡龄期的混凝土试件,采用与测定 m 值类似的方法,按照式(5.107)可以计算混凝土自身的 K_m 值。对于 3.5%NaCl 溶液或者 OPC 试件,研究发现其 $K_m=1$,但是对于 HPC 试件,在青海盐湖卤水腐蚀的条件下,$K_m>1$。

$$D_{t,m} = K_m(1-m)D_0\left(\frac{t_0}{t}\right)^m \tag{5.111}$$

6) 服役寿命预测时模型参数的基本取值规律与数据

混凝土的氯离子扩散理论模型中含有许多参数,这些参数的取值关系到预测结果的正确性,在新建结构的耐久性设计中,更加与结构的耐久性和安全性直接相关。尤其应该引起注意的是,在混凝土服役寿命的预测过程中,对于含有时间变量的参数的取值问题,应该慎之又慎,因为时间与结构的服役寿命相连系,稍有疏漏,将会导致错误的预测结果。

(1) 自由氯离子扩散系数 D_0。

表 5.17 是根据试验得到的标准养护 28d 的不同混凝土在典型盐湖卤水中的自由氯离子扩散系数 D_0 值。结果表明,混凝土的自由氯离子扩散系数与盐湖卤水的种类有关,不同混凝土之间有一定差异。在试验的所有混凝土中,以 HPC 的 D_0 值最小,HSC 次之,OPC 和 APC 比较大,说明 HPC 抗氯离子扩散渗透的能力最强,采用 HPC 对于提高钢筋混凝土结构在盐湖地区的服役寿命是非常有利的。比较 HPC 与 SFRHPC 和 PFRHPC 的 D_0 值,发现掺加纤维以后,HPC 的 D_0 值均有不同程度的增加,尤其是在新疆盐湖卤水中增加得更多,这可能与纤维增强

HPC 的界面增多有一定的关系。

表 5.17　不同混凝土在盐湖卤水中的自由氯离子扩散系数（标准养护 28d）

卤水种类	自由氯离子扩散系数/（cm²/s）					
	OPC	APC	HSC	HPC	SFRHPC	PFRHPC
新疆盐湖	4.282×10^{-7}	2.249×10^{-7}	1.291×10^{-7}	2.988×10^{-8}	6.376×10^{-7}	3.791×10^{-7}
青海盐湖	2.811×10^{-7}	3.104×10^{-7}	2.074×10^{-7}	3.167×10^{-8}	3.798×10^{-7}	1.263×10^{-7}
内蒙古盐湖	5.602×10^{-7}	5.169×10^{-7}	1.238×10^{-7}	3.320×10^{-8}	2.281×10^{-7}	7.898×10^{-8}
西藏盐湖	4.165×10^{-7}	2.032×10^{-7}	8.763×10^{-8}	3.194×10^{-8}	2.998×10^{-7}	6.816×10^{-8}

在试验过程中，还进行了八组重复试验，统计出氯离子扩散系数的平均变异系数为 5.31%，为今后在混凝土的服役寿命预测和耐久性设计中引进可靠度的概念打下了基础。

（2）临界氯离子浓度 c_{cr}。

无论混凝土中的氯离子是来自于海洋环境，还是来自于盐湖或除冰盐环境，引起混凝土内部钢筋锈蚀的临界氯离子浓度（自由氯离子）是一样的。美国 ACI 规定的混凝土自由氯离子临界浓度 c_{cr} 值见表 5.18。可见，ACI201 委员会的规定最严格，已被世界许多国家的设计规范参照采纳。但是，Browne 提出的混凝土 c_{cr} 值与钢筋锈蚀危险性之间的关系似乎表明，ACI 规范的取值过于严格（见表 5.19）。挪威对处于海洋环境的 Gimsøystraumen 等 36 座桥梁进行的调查结果（见图 5.86）与 Browne 的建议基本一致。由表 5.19 和图 5.86 可见，混凝土的 c_{cr} 值在 0.4%～1.0%（占水泥质量）或 0.07%～0.18%（占混凝土质量）范围内变化，因为混凝土中钢筋是否锈蚀与混凝土的质量和环境条件有很密切的关系。Bamforth 认为，占胶凝材料质量 0.4% 的临界浓度对于干湿交替情况下的高水灰比混凝土是比较合适的，但是对于饱水状态下的低水灰比混凝土，其临界浓度可以提高到 1.5%。临界氯离子浓度与混凝土质量和环境条件之间的典型关系如图 5.87 所示。DuraCrete 项目指南就按照不同的混凝土水灰比和暴露条件给出不同的 c_{cr} 值，见表 5.20。不过，DuraCrete 项目指南针对的只是 OPC，没有规定掺加活性掺合料的

表 5.18　混凝土中允许氯离子含量的限定值（在水泥中质量分数）

混凝土的种类		ACI201	ACI318	ACI222
预应力混凝土		0.06	0.06	0.08
普通混凝土	湿环境、有氯盐	0.10	0.15	0.20
	一般环境、无氯盐	0.15	0.30	0.20
	干燥环境或有外防护层	无规定	1.0	0.20

表 5.19　钢筋锈蚀危险性与混凝土氯离子含量之间的关系

氯离子含量 /%		钢筋锈蚀
占水泥质量	占混凝土质量(水泥用量 440kg/m³)	危险性
>2.0	>0.36	肯定
1.0~2.0	0.18~0.36	很可能
0.4~1.0	0.07~0.18	可能
<0.4	<0.07	可忽略

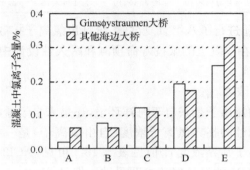

A—无锈蚀；B—开始脱钝；C—锈蚀；D—严重锈蚀；E—严重锈蚀和坑蚀

图 5.86　挪威 36 座桥梁混凝土中钢筋部位的氯离子含量与钢筋锈蚀状况

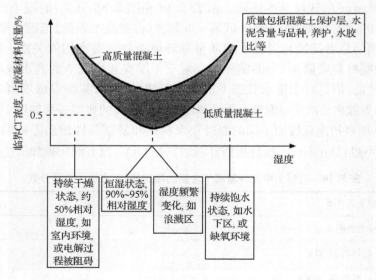

图 5.87　临界氯离子浓度与环境条件和混凝土质量之间的关系

表 5.20　DuraCrete 项目指南的 c_{cr} 值（针对OPC）

水灰比	氯离子含量（占水泥质量）/%	
	水上区	水下区
0.3	2.3	0.9
0.4	2.1	0.8
0.5	1.6	0.6

HPC 以及大气区的情形。为了安全起见，Funahashi 在预测混凝土服役寿命时采用的 c_{cr} 值是偏于保守的 0.05%（占混凝土质量）。

根据对混凝土氯离子结合能力的研究结果，在较低的自由氯离子浓度范围内，氯离子结合能力是线性的，前述的一系列氯离子扩散方程才能得到解析解。当自由氯离子浓度较高时，混凝土的氯离子结合能力已经转化为非线性的，氯离子扩散方程无解，虽然可以采用变通的非线性系数修正，但是毕竟在理论上不严密。因此，这里基于理论上的需要和偏于安全的考虑，建议统一采用较低的临界氯离子浓度，c_{cr} 值取 0.05%（占混凝土质量）是合适的。

此外，c_{cr} 值还与钢筋是否采用防护措施有关，当提高混凝土的碱度、掺加阻锈剂或采用防腐钢筋等措施后，混凝土的 c_{cr} 值可提高 4～5 倍。

（3）混凝土的氯离子结合能力 R 的取值规律与非线性系数。

混凝土的氯离子结合能力主要受水泥品种、水灰比、掺合料品种和掺量等因素的影响，水泥中 C_3A 和 C_4AF 含量越高，水灰比越小混凝土的氯离子结合能力越强。同时，掺活性掺合料的混凝土氯离子结合能力高，其大小依次是硅灰混凝土、矿渣混凝土、粉煤灰混凝土。掺合料掺量越大混凝土的氯离子结合能力也越强，HSC-HPC 的氯离子结合能力大于 OPC。线性氯离子结合能力可以用于钢筋混凝土结构的服役寿命预测和耐久性设计，非线性系数针对的是较高的自由氯离子浓度范围，主要应用于混凝土结构的长期氯离子浓度预测和评价。

（4）混凝土暴露表面的自由氯离子浓度 c_s 及其时间参数 k。

一般认为，混凝土暴露表面的自由氯离子浓度与环境介质的浓度、混凝土表层孔隙率（混凝土质量）和暴露条件（部位、风向、时间）等因素有关。DuraCrete 项目指南按照 OPC、掺加 SG、Fa 和 Sf 的混凝土依据不同的水胶比划分 c_s 值。这些文献都是将 c_s 值认为是与时间无关的固定值，其实，新近的研究（2002 年 Kassir 等）表明，混凝土暴露表面的 c_s 值与时间有关，常见的拟合关系是指数或幂函数。采用现场试验测定了 OPC 和 HPC 在青海盐湖地区的不同环境中暴露表面氯离子浓度的时间参数值。

不同混凝土在典型盐湖卤水的单一腐蚀、干湿循环与腐蚀、冻融与腐蚀、弯曲荷载与腐蚀、弯曲荷载与冻融和腐蚀等单一、双重和多重因素作用下的实测 c_s 值参见图 5.88～5.93。图 5.88 和图 5.89 分别比较了标准养护 28d 和 90d 龄期不同混凝土的 c_s 值。结果发现,不同混凝土的 c_s 值存在显著的差异,盐湖卤水的影响也是非常明显的。图 5.90～5.93 的综合分析表明:

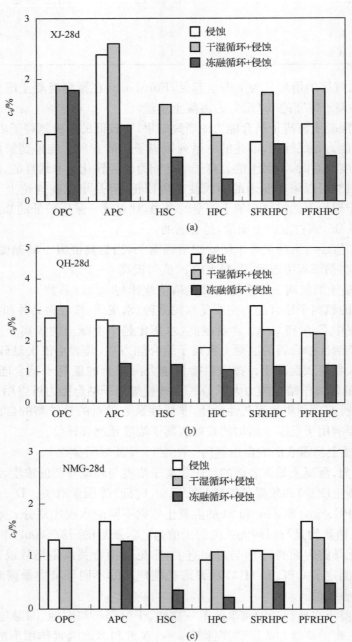

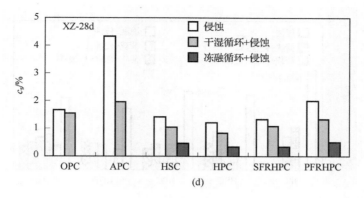

(d)

图 5.88　混凝土在不同盐湖卤水中的 c_s 值

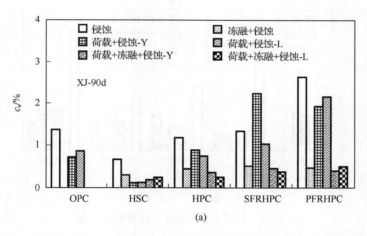

(a)

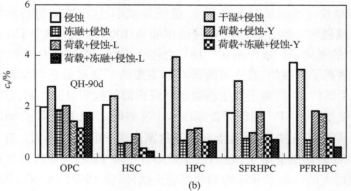

(b)

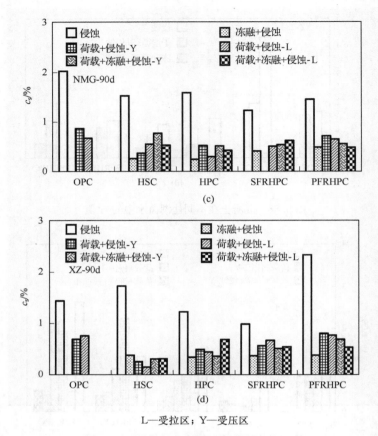

L—受拉区；Y—受压区

图 5.89　混凝土在不同盐湖卤水中的 c_s 值

　　① 在标准快速冻融试验条件下，c_s 值明显减小，这与冻融过程的负温时氯离子扩散速率减慢和冻融试验时间比腐蚀试验短 100d 左右有关。Hong 等甚至认为，混凝土中的氯离子扩散作用在 $-18℃$ 会停止，他们就是利用 $-18℃$ 冻结来终止混凝土内部氯离子扩散的，看来负温影响是主要的。这里分析的是没有发生冻融破坏的混凝土试件，相信对于发生冻融破坏或内部结构明显损伤的混凝土，表面氯离子浓度必然很高。OPC 在新疆盐湖卤水中冻融时 c_s 值就提高了 65%。

　　② 在干湿循环条件下，混凝土在新疆盐湖卤水中的 c_s 值增大。在青海盐湖卤水中，对于 28d 龄期的混凝土，除 APC、SFRHPC 和 PFRHPC 以外，OPC 和 HSC 的 c_s 值也是增大的。对于 90d 龄期的混凝土试件，除 PFRHPC 外，其余混凝土的 c_s 值都增加。这与 Hong 等的试验结果相同，干湿循环通过干燥作用，使混凝土在随后的湿润期间加快了氯离子对混凝土的毛细管迁移速率，尤其是对于表面 10mm 以内的所谓暴露表面氯离子浓度的影响最为显著。在内蒙古和西藏盐湖卤

水中,干湿循环使混凝土的 c_s 值略有减小,可能与这两种卤水中 CO_3^{2-} 浓度比较高,碳酸盐腐蚀产物(参见第 6 章有关内容)对表面孔隙的淤塞作用一定的关系。

③ 当混凝土在 30%(OPC)～40%(HSC、HPC、SFRHPC 和 PFRHPC)的弯曲荷载作用下,混凝土受压区与受拉区的 c_s 值都有不同程度的减小。对于受压区,只要混凝土的压应力不超过混凝土抗压破坏荷载的 40%～60%,混凝土的氯离子扩散速率反而会减小 8%～25%, c_s 值自然也就减小了;对于受拉区,即使拉应力达到抗拉破坏荷载 70% 时,其氯离子扩散速率也不过增加 7%。可见,只要受拉区混凝土没有产生因荷载和腐蚀引起的微裂纹,氯离子扩散速率没有显著的增大,因而不会增大 c_s 值。但是,大量的试验数据(图 5.91 与图 5.92)表明,混凝土受拉区的 c_s 值与受压区除个别数据以外,大多数数据点位于等值线附近,说明两者之间几乎没有差别,最典型的就是 HSC 在 0%～60% 弯曲荷载范围内,受压区与受拉区的 c_s 值的趋势线几乎重合。这可能与第 6 章研究的混凝土在盐湖卤水中复杂的物理化学腐蚀有关,具体原因有待于继续研究。

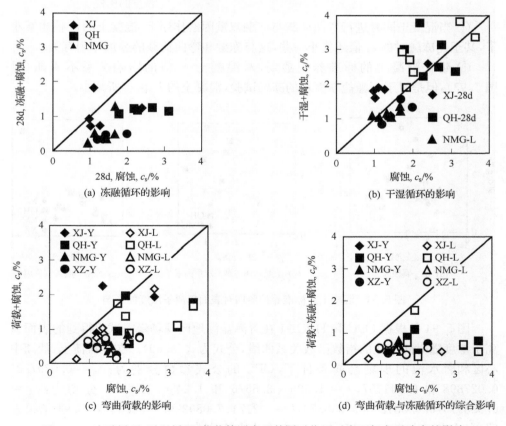

(a) 冻融循环的影响　　　　　　　(b) 干湿循环的影响

(c) 弯曲荷载的影响　　　　(d) 弯曲荷载与冻融循环的综合影响

图 5.90　冻融循环、干湿循环、荷载等因素及其同时作用对表面氯离子浓度的影响

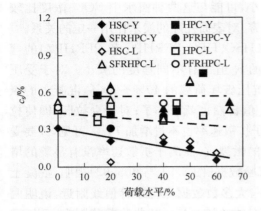

图 5.91　弯曲荷载比例对荷载、冻融和腐蚀
三重因素作用下混凝土表面的氯离子浓度
的影响

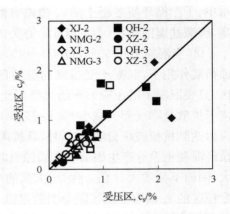

2—荷载与腐蚀双重因素；3—荷载与冻融和
腐蚀三重因素
图 5.92　受压区与受拉区的表面氯离子
浓度的比较

④ 当混凝土同时进行弯曲荷载与冻融双重因素作用下,混凝土的 c_s 值也减小了,甚至比冻融时的 c_s 值还要小一些,这与冻融和弯曲荷载的叠加作用有关。

⑤ 延长混凝土的标准养护龄期,对混凝土 c_s 值的影响关系不明朗(见图 5.93),但是对于新疆盐湖卤水的冻融试验,混凝土的 c_s 值有所减小。

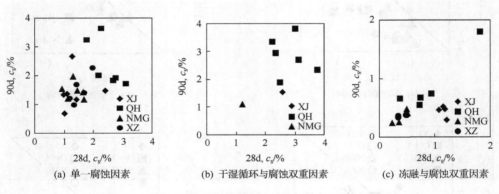

(a) 单一腐蚀因素　　　　　(b) 干湿循环与腐蚀双重因素　　　　　(c) 冻融与腐蚀双重因素

图 5.93　混凝土的标准养护龄期对表面氯离子浓度的影响

图 5.94 是根据 OPC 和 HPC1-1 在青海盐湖地区现场暴露试验得到的表面氯离子浓度随时间变化的指数函数关系曲线,公式为式(5.69)。在轻盐渍土、盐湖中心区和卤水池的现场暴露条件下,OPC 的公式参数分别为:$c_{s0} = 0.039722$、0.027898 和 0.041257,$k = 1.5964$、3.5576 和 1.2486;HPC1-1 分别为:$c_{s0} = 0.028979$、0.023842 和 0.058379,$k = 1.2171$、7.0892 和 1.3288。图 5.94 结果表明,浸泡在卤水池中的混凝土 c_s 值高于其他暴露地点。

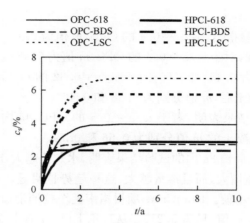

618—青藏公路 618km 通信杆处；BDS—青海盐湖钾肥二期变电所；LSC—青海盐湖钾肥二期卤水池

图 5.94　OPC 和 HPC1-1 在青海盐湖地区不同地点暴露时的表面氯离子浓度
与时间的指数关系

（5）氯离子扩散系数的时间依赖性常数 m 的取值规律。

关于混凝土氯离子扩散系数的时间依赖性常数 m，大量文献依据短期测试得到的结果不尽统一，为了便于今后分析不同混凝土 m 值的规律性，这里将能够检索到的相关结果汇集如下：

① Tang 等测定了 OPC。当 $w/c = 0.7$ 时，m 值为 0.25；当 $w/c = 0.32$ 时，m 值为 0.32。

② Mangat 等测定了 $w/c = 0.56$ 的 OPC。当在初始养护期为带模养护 24h 时，180d 内 m 值为 0.92；当初始养护期为空气（20℃和 55%RH）养护 28d 时，180d 内 m 值为 0.60；当初始养护期为水（20℃）养护 28d 时，180d 内 m 值为 0.52。

③ Thomas 等的结果表明，$w/c = 0.66$ 的 OPC 在 8a 内 m 值为 0.10；$w/c = 0.54$ 的掺加 30%Fa 混凝土 8a 内 m 值为 0.70；$w/c = 0.48$ 的掺加 70%SG 混凝土 8a 内 m 值为 1.20。

④ Mangat 等测定初始养护期为空气养护 14d 的不同混凝土的情况是，对于 OPC，当 $w/c = 0.4$ 时，3a 内 m 值为 0.44；当 $w/c = 0.45$ 时，270d 内 m 值为 0.47；当 $w/c = 0.58$ 时，270d 内 m 值为 0.53（水泥用量 430kg/m³）和 0.74（水泥用量 530kg/m³）。对于粉煤灰混凝土，当掺加 26%Fa、水胶比 $w/b = 0.4$ 时 3a 内 m 值为 0.86；当掺加 25%Fa、$w/b = 0.58$ 时，270d 内 m 值为 1.34。对于矿渣混凝土，当掺加 60%SG，$w/b = 0.58$ 时，270d 内 m 值为 1.23。对于硅灰混凝土，当掺加 15%SF，$w/b = 0.58$ 时，270d 内 m 值为 1.13。并且认为 m 值与混凝土的水灰比有线性关系（而非水胶比）$m = 2.5w/c - 0.6$。

⑤ Helland 进行的暴露试验表明，对于低水胶比的掺加 SF 混凝土，在 1.5a 内

m 值为 0.70。

⑥ Bamforth 试验指出：$w/c = 0.4$ 的 OPC，m 值为 0.17。

⑦ Boddy 等发现，对于 $w/c = 0.4$ 的 OPC，m 值为 0.43；当掺加 8％和 12％偏高龄土后，m 值分别为 0.44 和 0.50；对于 $w/c = 0.32$ 的 OPC，m 值为 0.30；当掺加 8％和 12％偏高龄土后，m 值分别为 0.38 和 0.46。

⑧ Stanish 等的结果表明，对于 $w/c = 0.5$ 的 OPC，4a 内 m 值为 0.32；掺加 25％和 56％ Fa 后混凝土的 m 值分别为 0.66 和 0.79。

上述众多文献的最长 8a 内的试验结果表明，水灰比越大，m 值越大；混凝土掺加活性掺合料后 m 值增大，而且掺量越大，这种趋势越明显。不同混凝土 m 值的多变性对于应用十分不便。DuraCrete 项目指南甚至按照混凝土的掺合料种类和海洋暴露位置来确定 m 值（见表 5.21）。从理论上讲，m 值主要是混凝土内水泥和活性掺合料的长期水化作用对于结构的密实效应在氯离子扩散性能上的综合反映，按照水泥品种或活性掺合料种类分别确定 m 值是合理的。但是，DuraCrete 项目认为，m 值还与海洋暴露位置有关，其理论依据是什么？这里未能查到相关的文献。

表 5.21　DuraCrete 项目指南的 m 值 *

环境条件	OPC	FAPC	SGPC	SFPC
水下区	0.30	0.69	0.71	0.62
潮汐区和浪溅区	0.37	0.93	0.60	0.39
大气区	0.65	0.66	0.85	0.79

* FAPC—掺加 Fa 的混凝土；SGPC—掺加 SG 的混凝土；SFPC—掺加 SF 的混凝土。

在混凝土的服役寿命预测或耐久性设计中，我们应该认识到混凝土的服役寿命是一个很长的时间过程，仅根据短期的试验数据来反映长期的 m 值，必然存在一个可靠性的问题。正如陈肇元院士在"第二届工程科技论坛"上指出："这些变化规律只是根据短期的测试数据得出，因此具体应用时对 m 的取值必须十分小心。"

Bamforth 结合自己的研究结果，综合分析了文献中发表的 30 多项研究数据（图 5.95(a)～(c)），其中 OPC 的最长时间接近 60a，掺加 Fa 的混凝土最长时间为 20a，掺加 SG 的混凝土最长时间 60a。结果表明，对于现场暴露的较长的时间过程，混凝土的 m 值可以依据不同的混凝土种类用一个统一的数值来描述，建议 OPC、掺加 30％～50％Fa 混凝土和掺加 50％～70％SG 的 m 值分别取 0.264、0.70 和 0.62。无独有偶，Maage 等也进行了类似研究（图 5.95(d)），所不同的是，后者全部采用自己测定的实验室数据和调查的现场数据（现场混凝土的最长时间为 60a），他们发现，无论混凝土的种类如何，m 都可以用一个统一的数值，在 100a 内混凝土 m 值为 0.64，并且原作者还采用该数值成功地对北海石油钻井平台的服役寿命进行了预测。Maage 等提供的数据有非常广泛的代表性,至少包含了 38 个不同配合比混凝土、9 个丹麦和瑞典的海洋工程,总共 143 组以上的测试数据。仔细分析 Bamforth 提供的扩散系数与时间的关系图(图 5.95(a)~(c)),也发现掺加 Fa 和 SG 的混凝土的数据点趋势实际上并没有多大的差异,对数线性相关直线几乎与 Maage 提供的图中直线平行,说明长期混凝土的 m 值确实能够统一。

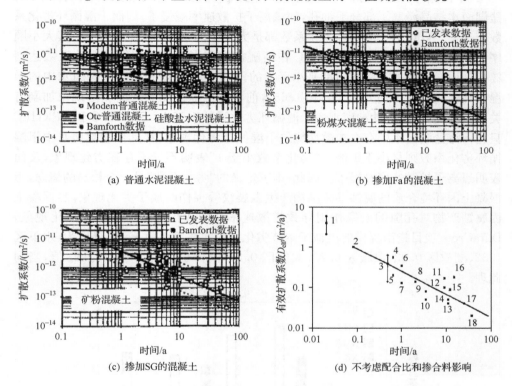

图 5.95　时间对混凝土的氯离子扩散系数的影响(对数直线的斜率即为$-m$)

在当前的技术条件下,鉴于长寿命的钢筋混凝土结构已经不可能是 OPC 的,采用掺加活性掺合料的 HPC 是必然的选择,因为只有 HPC 才有可能要达到 100a 或更长的服役寿命。因此,建议用氯离子扩散理论模型预测混凝土的服役寿命时取 $m=0.64$,是比较合理的。

(6)氯离子扩散性能的劣化效应系数 K 。

在干燥条件、温度应力、冻融循环和化学腐蚀等外界损伤条件下,或者在混凝土内部发生碱集料反应以及 HSC-HPC 发生后期湿胀或自收缩等内在损伤条件下,混凝土会产生微裂纹等缺陷,使其渗透性提高,从而使其氯离子扩散速率加快。混凝土氯离子扩散性能的劣化效应系数 K 主要受水胶比、集料品种、掺合料、暴露环境条件和龄期等因素的影响。式(5.54)按照分项系数法将 K 值划分为环境劣

化系数 K_e、荷载劣化系数 K_y 和材料劣化系数 K_m。经过对八组重复测定数据的处理分析,统计出劣化系数的平均变异系数为 5.38%。

① 在实验室标准条件下的干湿循环劣化系数。

在干湿循环条件下,不同混凝土的劣化系数如图 5.96 所示。结果表明,对于 OPC,干湿循环作用一方面缩短了浸泡时间,另一方面干燥时混凝土表面孔隙中的盐湖卤水结晶淤塞了部分毛细孔,使氯离子扩散速率减慢了,因而干湿循环劣化系数小于 1。APC 的干湿循环劣化系数都是大于 1 的,在不同盐湖卤水中其大小顺序为 XZ>XJ>QH>NMG。HSC 在新疆盐湖卤水中的干湿循环劣化系数达到 2.489,而在其他盐湖卤水中都是小于 1 的。HPC 在新疆和西藏盐湖卤水中的干湿循环劣化系数分别为 2.298 和 1.637,前者大的原因同其表面剥落现象加剧有关,在青海和内蒙古盐湖卤水中干湿循环劣化系数小于 1。SFRHPC 和 PFRHPC 只在青海盐湖卤水中存在扩散性能的干湿循环劣化现象,在其他盐湖卤水中干湿循环劣化系数则是小于 1 的。"劣化系数小于 1"表明不仅不存在劣化现象,反而表明氯离子扩散速率减慢了。因此,本节定义的"劣化系数"是一个相对的概念,当混凝土因环境介质的腐蚀导致结构产生微裂纹等损伤时属于劣化现象,当混凝土因腐蚀产物对孔隙的淤塞作用导致扩散速率减慢或扩散受阻时属于强化现象。DuraCrete 项目指南提供的类似于本节劣化系数的环境系数 K_e 值分别为:水下区 1.32、潮汐区 0.92、浪溅区 0.27、大气区 0.68,同样也出现小于 1 的 K_e 值,当同此理。

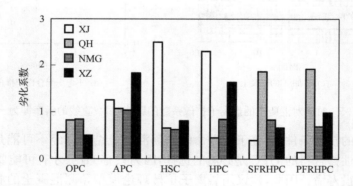

XJ—新疆盐湖卤水;QH—青海盐湖卤水;NMG—内蒙古盐湖卤水;XZ—西藏盐湖卤水

图 5.96　不同混凝土在典型盐湖卤水中的干湿循环劣化系数(标准养护龄期为 28d)

② 在实验室标准条件下的冻融循环劣化系数。

在冻融循环条件下,不同混凝土的劣化系数如图 5.97 所示。结果表明,对于 28d 龄期的混凝土,OPC、APC、HSC 和 SFRHPC 的冻融循环劣化系数均小于 1,HPC 和 PFRHPC 除后者在青海盐湖卤水中的冻融循环劣化系数小于 1 以外,其余情形的冻融循环劣化系数大于 1,其大小顺序均为 NMG>XZ>XJ>QH。比较

HPC、SFRHPC 和 PFRHPC 的冻融循环劣化系数大小发现，掺加钢纤维十分有利于降低氯离子扩散性能的劣化系数，PF 的效果虽然不如钢纤维，但仍然具有明显的减小劣化系数的作用，在新疆、内蒙古和西藏盐湖卤水中冻融循环劣化系数只有 HPC 的 37%～41%。

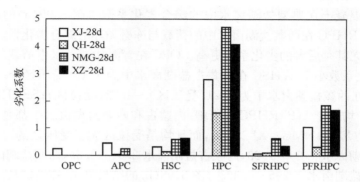

图 5.97　不同混凝土在典型盐湖卤水中的冻融循环劣化系数（标准养护龄期为 28d）

③ 弯曲荷载的劣化系数 K_y。

图 5.98 是在弯曲荷载比为 30%（OPC）～40%（其他混凝土）的情形下，不同混凝土在典型盐湖卤水中的荷载劣化系数。结果表明，除内蒙古盐湖卤水外，整体上看 PFRHPC 的荷载劣化系数最大，可能与 PF 纤维表面的微裂纹有关，OPC 次之，SFRHPC 最小。无论受压区和受拉区，OPC 在四种盐湖卤水中的 K_y 值都是大于 1 的，主要在 1.2～2.7 之间。在新疆和内蒙古盐湖卤水中受拉区 K_y 值比受压区高 47%～92%，在青海和西藏盐湖卤水则是受拉区 K_y 值比受压区小 36%～45%。HSC 仅在西藏盐湖卤水中的受拉区 K_y 值为 1.544，HPC 仅在西藏盐湖卤水中的受拉区和受压区 K_y 值分别为 2.726 和 2.678。SFRHPC 在四种盐湖卤水中的受拉区和受压区 K_y 值都是小于 1 的。在新疆、青海、内蒙古和西藏盐湖卤水

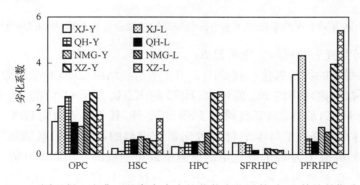

图 5.98　不同混凝土在典型盐湖卤水中的荷载劣化系数（标准养护龄期为 90d）

中,PFRHPC 的受拉区 K_y 值分别 4.302、0.5572、0.976 和 5.413,受压区 K_y 值分别为 3.500、0.6683、1.189 和 3.947。

④ 弯曲荷载与冻融循环的综合劣化系数。

图 5.99 是在 30%(OPC)～40%(其他混凝土)弯曲荷载和冻融循环的耦合作用下,不同混凝土在典型盐湖卤水中的综合劣化系数。图 5.99(a)的结果表明,HPC 和 PFRHPC 在西藏盐湖卤水中的荷载与冻融循环的综合劣化系数明显高于其他情形,尤其是后者的劣化系数更高。OPC 在青海盐湖卤水中荷载与冻融循环的综合劣化系数小于 1;HSC 在内蒙古盐湖卤水中为 1.15(受压区)～1.29(受拉区);HPC 在西藏盐湖卤水中为 4.21(受压区)～4.92(受拉区);SFRHPC 在四种盐湖卤水中均小于 1;PFRHPC 在新疆、内蒙古和西藏盐湖卤水中都是大于 1 的,大小顺序是 XZ> NMG>XJ >QH,而且均是受拉区大于受压区的,其数值分别为:新疆盐湖卤水 1.20～1.23,内蒙古盐湖卤水 2.01～2.35,西藏盐湖卤水 9.01～9.19,青海盐湖卤水 0.295～0.303。图 5.98(b)的结果显示,在新疆盐湖卤水中的 15%～65%弯曲荷载比与冻融双重因素作用下,只有 PFRHPC 的劣化系数大于 1,其余混凝土都小于 1。

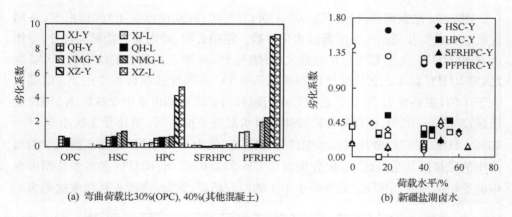

(a) 弯曲荷载比30%(OPC), 40%(其他混凝土)　　　　(b) 新疆盐湖卤水

图 5.99　不同混凝土在典型盐湖卤水中荷载与冻融的综合劣化系数(标准养护龄期为 90d)

⑤ 不同混凝土的材料劣化系数 K_m。

不同混凝土的材料劣化系数如图 5.100 所示。结果表明,除个别数据以外,混凝土在新疆盐湖卤水中的 K_m 值最大,HSC 的 K_m 值大于 OPC 的 K_m 值,掺加活性掺合料的 HPC,除掺加 PF 纤维的 PFRHPC 外,其 K_m 值均比 OPC 的大。DuraCrete 项目指南提供了与本节材料劣化系数类似的材料系数取值规律:OPC 为 1,掺加 SG 的混凝土为 2.9,与这里的研究结果是一致的。图 5.100 的具体分析情况如下:OPC 在新疆和青海盐湖卤水中 K_m 值接近 1,说明不存在材料劣化现象,在内蒙古和西藏盐湖卤水中的 K_m 值分别为 1.53 和 1.30;APC、HSC 和 HPC 的

K_m 值分别在 2.67～6.99、1.49～19.52 和 2.57～35.83 之间；SFRHPC 在新疆盐湖卤水中 K_m 值为 1.64，在其他盐湖卤水中为 8.14～9.12。PFRHPC 的 K_m 值只有在青海和内蒙古盐湖卤水中大于 1（数值分别为 3.61 和 1.63），但在新疆和西藏盐湖卤水中都小于 1。K_m 值小于 1，一方面说明不存在材料劣化现象，另一方面可能与计算时采用了统一的 m 值有关，如果在短期内实际混凝土的 m 值大于 0.64，就会导致计算时 K_m 值小于 1。例如，对于 $K_m = 1$ 的混凝土，当 $m = 0.7$、0.8 和 0.9 时，重新计算的 K_m 值就分别等于 0.93、0.83 和 0.74。从这里还可以发现，设置材料劣化系数的另外一个优点是，可以弥补 m 统一取值时有可能带来的少量误差，但是发生这种情形的情况是很少的，在这里研究的 24 种组合中仅有 2 组的 K_m 值小于 1。

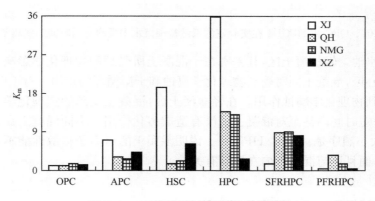

图 5.100　不同混凝土的材料劣化系数

图 5.101 是在实验室条件下 OPC 和 HPC1-1 试件在天然的青海盐湖卤水中浸泡 150～270d 后氯离子浓度分布。对于 OPC 试件，其初始氯离子浓度 $c_0 = 0$，对于 HPC1-1 试件，$c_0 = 0.5\%$。经过计算，浸泡 150d 的 OPC 和 HPC1-1 的氯离子扩散系数 D_0 分别为 $16.648 \times 10^{-8} \text{cm}^2/\text{s}$ 和 $6.849 \times 10^{-8} \text{cm}^2/\text{s}$。当浸泡时间延长至 270d 时，根据试验结果，分别计算出 OPC 的材料劣化系数 $K_m = 1$，与图 5.100 中的接近 1 的结果相当，说明 OPC 的扩散性能并没有劣化。但是 HPC1-1 由于具有较低的水胶比，并掺有 Fa 和 SF，使混凝土内部存在自干燥现象导致形成自收缩微裂纹，从而加快了氯离子的扩散，即扩散性能发生劣化，其材料劣化系数 $K_m = 3$，而图 5.100 中 HPC 的 $K_m = 4.87$，但后者比前者多掺加了 20%SG。

⑥ 混凝土暴露在盐湖地区盐渍土和卤水池中的环境劣化系数 K_e。

图 5.102 是混凝土在盐湖地区不同暴露环境中氯离子扩散性能的环境劣化系数。结果表明，混凝土暴露在盐湖地区存在不同程度的劣化现象，K_e 值随着现场暴露时间的延长而增大，在经历 365d 暴露后趋于稳定，在服役寿命预测时建议采用现场暴露 365d 的 K_e 值。混凝土在盐湖地区不同环境中 K_e 值的大小顺序为：

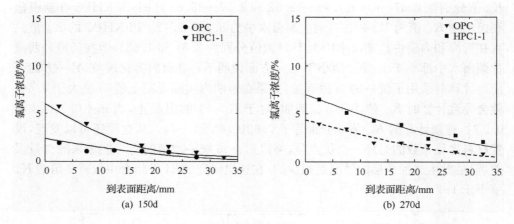

(a) 150d　　　　　　　　　　(b) 270d

图 5.101　OPC 和 HPC1-1 在实验室的天然盐湖卤水中浸泡不同时间的氯离子分布

湖区＞卤水池＞轻盐渍土区，其差别在于混凝土所受到的物理化学影响不同。对于盐湖中心区，混凝土同时受到物理化学腐蚀和干湿循环的作用。对于卤水池，混凝土仅受到物理化学腐蚀作用。在轻盐渍土区，混凝土受到的物理化学作用要缓和一些，在短时间内甚至对混凝土还没有造成劣化作用。不同混凝土在盐湖地区的 K_e 值大小顺序是：OPC＞HPC1-1。说明混凝土的氯离子扩散性能不仅取决于暴露环境，而且还与混凝土内在质量有关。

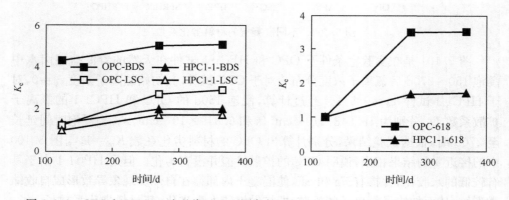

图 5.102　OPC 和 HPC1-1 在盐湖地区不同条件下的环境劣化系数（代号含义同图 5.93）

⑦ 混凝土暴露在盐湖地区大气条件下的环境劣化系数 K_e。

图 5.103 是混凝土在盐湖地区大气环境条件下暴露 270d 的环境劣化系数。为了便于对比，同时还示出了相应盐渍土中的 K_e 值。结果表明，在盐湖地区，大气条件下混凝土的环境劣化系数要小于盐渍土条件，其原因可能与两种条件下混凝土受到不同的物理化学作用有关。由于湖区暴露条件更加恶劣，混凝土受到的

劣化作用比盐湖边沿的轻盐渍土区要严重得多,因此,混凝土在湖区大气中的环境劣化系数比在轻盐渍土区大气中要大。OPC 和 HPC1-1 在湖区大气中的 K_e 值分别为 4.4 和 1.67,在轻盐渍土大气中则分别为 2.7 和 1。

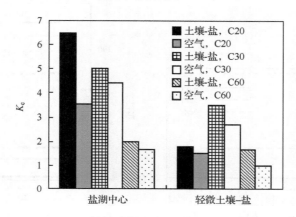

图 5.103　混凝土在盐湖地区大气环境条件下暴露 270d 的环境劣化系数

由于现场暴露条件的试验数据太少,HPC 配合比也有一定差别,暂时还不能建立实验室的快速干湿循环和冻融循环劣化系数与现场暴露时劣化系数之间的关系。在实际应用时,应该考虑的分项劣化系数是环境劣化系数、荷载劣化系数和材料劣化系数。其中环境劣化系数应该针对不同环境条件,通过现场长期暴露试验确定。

5. 混凝土在氯离子环境中影响服役寿命的因素和影响规律

余红发教授等以标准养护 28d 的 OPC、APC、HSC 和 HPC 在新疆盐湖卤水的单一腐蚀因素试验时氯离子扩散过程中的有关参数为计算依据,研究了钢筋混凝土结构有限大体与无限大体的寿命之间的关系。有限大体的寿命采用齐次的氯离子扩散模型计算,分别是:1 维采用式(5.102),2 维采用式(5.103),3 维采用式(5.104);计算无限大体寿命的齐次氯离子扩散模型依次为:1 维采用式(5.75),2 维采用式(5.79),3 维采用式(5.92)。计算时混凝土的保护层厚度分别为 4cm、5cm 和 6cm。对于 2 维和 3 维有限大体,不同方向采用等保护层厚度,即 $x = y$ 和 $x = y = z$。计算选用 Mathematica 5.0 数学软件。

1) 有限大与无限大扩散对服役寿命的影响(齐次)

图 5.104 是有限大体尺寸与保护层厚度之比 L/x 与钢筋混凝土结构寿命之间的关系。对于 2 维扩散,分两种情况计算寿命:等截面尺寸($L_1 = L_2$)的长方柱体和不等截面尺寸($L_1 = 100$cm)的长方柱体。对于 3 维扩散,采用等边长($L_1 = L_2 = L_3$)的正方体计算寿命。结果表明,1 维、2 维和 3 维有限大体的寿命与 L/x

的关系具有相同的规律,当 $L/x<2.5$ 时,有限大体的寿命随着 L/x 的增大而延长,当 $L/x>2.5$ 时,有限大体的寿命与 L/x 无关。

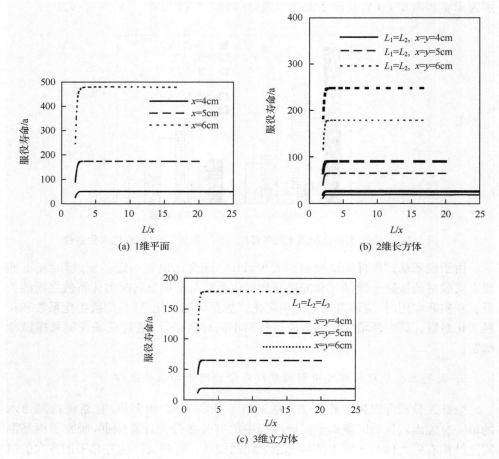

图 5.104　有限大体厚度与保护层厚度之比 L/x 与混凝土寿命之间的关系

图 5.105 是钢筋混凝土结构有限大体($L/x>2.5$)与无限大体的寿命之间的关系。结果发现,1 维、2 维和 3 维钢筋混凝土结构有限大体的寿命与相应的无限大体寿命没有差别。其实,实际混凝土结构的 L/x 比都是大于 2.5 的。因此,对于氯离子环境中钢筋混凝土结构的寿命预测和耐久性设计,可以按照简单的无限大体来考虑。

2) 1 维、2 维与 3 维扩散对服役寿命的影响(齐次)

扩散维数对钢筋混凝土结构寿命的影响如图 5.106 所示。结果表明,不同扩散维数时钢筋混凝土结构的寿命大小顺序为:1 维>2 维>3 维。2 维和 3 维扩散时寿命与 1 维寿命的比例分别是:OPC 为 49% 和 34.5%,APC 为 57% 和 42%,

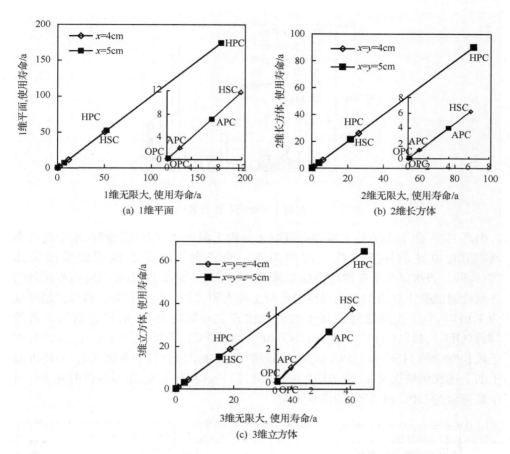

(a) 1维平面　　　　(b) 2维长方体

(c) 3维立方体

图 5.105　1 维平板与半无限大体、2 维长方柱体与 1/4 无限大体、3 维长方体
与 3 维 1/8 无限大体的寿命比较

HSC 为 53％和 36％，HPC 为 52％和 37％。可见，2 维扩散寿命为 1 维寿命的
49％～57％，3 维扩散寿命为 1 维寿命的 34.5％～42％。因此，一般认为的"2 维
扩散寿命为 1 维扩散寿命的 1/2，3 维扩散寿命为 1 维扩散寿命的 1/3"观点并不
准确。

3）边界条件齐次性对服役寿命的影响

为了研究扩散时边界条件的非齐次问题和齐次问题对钢筋混凝土结构寿命的
影响规律，首先必须建立混凝土暴露表面氯离子浓度的时间函数。针对无限大体
结构，根据不同混凝土暴露表面的氯离子浓度数值，按照式(5.94)计算得到的不同
混凝土在新疆盐湖卤水中变边界条件的幂函数 $c_s = kt$，对于 OPC、APC、HSC 和
HPC，公式中对应于 $t(a)$ 的 k 值分别为 0.009688449、0.024467、0.008941087 和

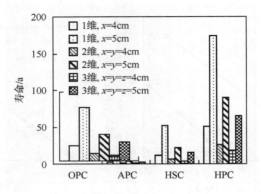

图 5.106　混凝土寿命与扩散维数的关系

0.0125072。图 5.107 是 1 维钢筋混凝土结构无限大体在新疆盐湖卤水中的寿命与扩散时边界条件齐次性之间的关系。非齐次氯离子扩散理论模型采用式(5.96),齐次氯离子扩散理论模型采用式(5.76)。结果表明,扩散时边界条件的齐次性对混凝土寿命的影响规律与混凝土种类和保护层厚度有关。当保护层厚度为 4cm 时,非齐次问题时混凝土的寿命比齐次问题时要短,前者分别为后者的 13%(OPC)、44%(APC)、60%(HSC)和 91%(HPC);当保护层厚度为 5cm 时,对于较长寿命的 HSC 和 HPC,非齐次问题时的寿命反而要长于齐次问题,不同混凝土的上述比例依次是 21%、60%、108% 和 121%。相对来说,边界条件的齐次性对于低寿命的 OPC 和 APC 的影响更大。

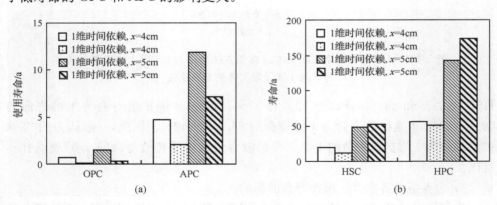

图 5.107　混凝土寿命与边界条件齐次性之间的关系

4）氯离子在混凝土内扩散过程中的非线性结合问题对服役寿命的影响

本书第 6 章的研究指出,混凝土对氯离子的结合能力存在线性与非线性之分,图 5.108 是保护层厚度分别为 5cm 和 6cm 时,线性结合与非线性结合能力对 1 维半无限大钢筋混凝土结构寿命的影响规律。混凝土的种类包括 OPC、APC、HSC

和 HPC。非线性结合时寿命的计算采用式(5.93),线性结合时则采用式(5.76)。结果表明,当考虑混凝土对氯离子的非线性结合时,钢筋混凝土结构的寿命比线性结合时有所缩短。由于氯离子结合能力和非线性系数的差异,不同混凝土的规律性差别较大,考虑非线性结合时 OPC、APC、HSC 和 HPC 的寿命分别为线性结合时寿命的 87%、15%、9% 和 97%。可见,氯离子结合能力的非线性问题对于 HPC 寿命的影响是最小的。

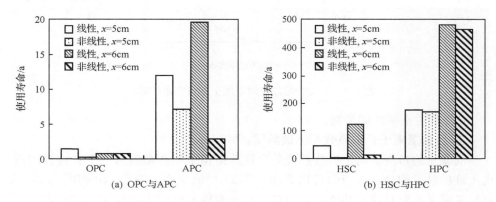

图 5.108　氯离子的线性结合与非线性结合对混凝土寿命的影响(1 维半无限大体)

5) 不同因素与技术措施对混凝土结构寿命的影响规律

根据前述推导的不同氯离子扩散理论模型公式,混凝土结构的服役寿命主要取决于结构构造要求、混凝土特性和暴露条件。混凝土结构构造要求主要指保护层厚度;混凝土特性包括氯离子扩散系数及其时间依赖性、氯离子结合能力及其非线性、临界氯离子浓度、混凝土内部初始氯离子浓度和混凝土氯离子扩散性能的劣化效应系数;暴露条件包括暴露表面的氯离子浓度和环境温度等。下面依据考虑非线性结合能力的齐次 1 维与 2 维无限大体的氯离子扩散理论模型,研究不同因素与技术措施对混凝土服役寿命的影响规律。基本计算参数如下:对于 OPC,$D_0 = 10\text{cm}^2/\text{a}$,$K=1$;对于 HPC,$D_0 = 1\text{cm}^2/\text{a}$,$K=2$。其他参数:$c_0 = 0$,$c_s = 2.5\%$,$c_{cr} = 0.05\%$,$m = 0.64$,$R=3$,$p_L = 1$,$T = 293\text{K}$,$t_0 = 28\text{d}$,$x = 5\text{cm}$。

(1) 混凝土结构构造要求——保护层厚度的影响。

混凝土结构中钢筋的保护层厚度是决定混凝土结构服役寿命的关键性因素,由 1 维扩散模型公式(5.76)可见,t 与 $x^{5.6}$ 成正比。图 5.109 是保护层厚度对混凝土服役寿命的影响规律。结果表明,随着保护层厚度的增加,混凝土服役寿命增长很快。而且,保护层厚度对混凝土寿命的影响规律与混凝土种类和扩散维数无关。在给定的计算条件下,与保护层厚度 7cm 时混凝土的寿命相比,常规保护层厚度(2.5cm 左右)时寿命不及其 1%。因此,当混凝土的保护层厚度不足时,即使使用 HPC 也不能保证结构在氯离子环境中经久耐用。由此可见,保护层厚度要求在结构耐久性设计中的重要作用。

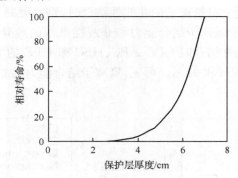

图 5.109　保护层厚度对混凝土服役寿命的影响

（2）混凝土特性的影响。

① 自由氯离子扩散系数与测试龄期。

混凝土的自由氯离子扩散系数是决定其结构服役寿命的另一个关键性因素，由 1 维扩散模型公式（5.76）可以看出，t 与 $D_0^{2.8}$ 成反比。图 5.110 和图 5.111 分别是氯离子扩散系数及其测试龄期对混凝土服役寿命的影响规律。结果表明，无论保护层厚度如何，扩散维数多少，混凝土服役寿命均随着氯离子扩散系数的减小而急剧增长。在给定的计算条件下，采用低氯离子扩散系数的 HPC 后，结构寿命比 OPC 延长了几十倍。在相同自由氯离子扩散系数的条件下，测试扩散系数时混凝土龄期对其服役寿命也有明显的影响，以 28d 龄期为基准，60d、91d 和 182d 测试时混凝土服役寿命分别仅有 25.8%、12.3% 和 3.6%。其原因在于在较长龄期测定出与较短龄期相同的氯离子扩散系数，依据扩散系数的时间依赖性规律，相当于该混凝土的 28d 扩散系数分别增大了 1.6 倍、2.1 倍和 3.3 倍。

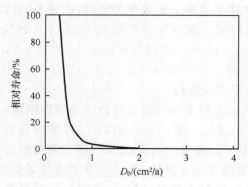

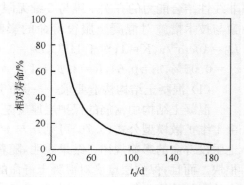

图 5.110　氯离子扩散系数对混凝土
服役寿命的影响

图 5.111　氯离子扩散系数的测定龄期对
混凝土服役寿命的影响

② 氯离子扩散系数的时间依赖性。

混凝土材料在使用过程中,由于水泥的水化作用,使混凝土结构不断密实,其渗透性随时间的延长而逐渐降低。图 5.112 是氯离子扩散系数的时间依赖性常数 m 对混凝土服役寿命的影响。由图 5.112 可见,m 值对混凝土寿命的影响规律与混凝土种类和扩散维数有关,而且在不同情形下,m 都存在一个临界值 m_{cr}。对于 OPC 的 1 维扩散,$m_{cr}=0.72$,2 维扩散时 $m_{cr}=0.77$;对于 HPC 的 1 维扩散,$m_{cr}=0.95$,2 维扩散时 $m_{cr}=0.94$。当 $m<m_{cr}$ 时,混凝土服役寿命随着 m 值增加而延长,OPC 的 2 维扩散时寿命小于 1 维扩散,HPC 的规律与此相反;当 $m>m_{cr}$ 时,随着 m 值的增大,混凝土寿命急剧缩短,不同维数时 OPC 和 HPC 的寿命规律与 $m<m_{cr}$ 时的情形相反。实际寿命预测时,$m=0.64$,即 $m<m_{cr}$,因此 m 值对混凝土寿命影响规律的研究重点应该是"$m<m_{cr}$ 的情形"。在给定的计算条件下,当 m 值由 0 增加到 0.64 时,1 维扩散时 OPC 的寿命增加了 2.4 倍,HPC 的寿命增加了 58.6 倍;2 维扩散时 OPC 的寿命增加了 3.9 倍,HPC 则增加了 84.4 倍。

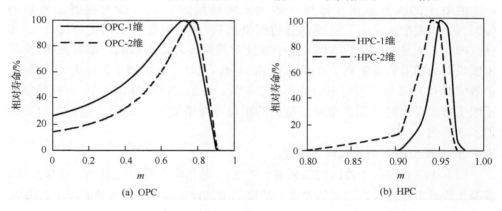

图 5.112　混凝土的氯离子扩散系数的时间依赖性对其服役寿命的影响

③ 混凝土氯离子结合能力及其非线性系数。

在混凝土中只有自由氯离子才能导致钢筋锈蚀,混凝土的氯离子结合能力决定了渗入结构中的自由氯离子浓度,它对混凝土服役寿命有非常显著的影响。依据 1 维扩散模型公式(5.76),t 与 $(1+R)^{2.8}$ 成正比。图 5.113 是氯离子结合能力及其非线性系数对混凝土服役寿命的影响。结果表明,混凝土的氯离子结合能力和非线性系数越大,其服役寿命越长,而且其影响规律与混凝土种类和扩散维数无关。在给定的计算条件下,当 R 值由 0 增加到 3 时,混凝土的服役寿命延长了 46 倍;当 R 值由 3 增加到 6 时,混凝土的服役寿命又在 $R=3$ 的基础上延长了 3.7 倍。在 $R=3$ 的条件下,当 p_L 由 0.1 增加到 1 时,混凝土的服役寿命延长了 21.7 倍。

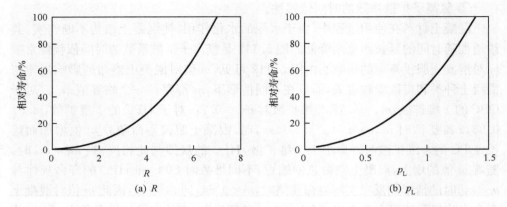

(a) R　　　　　　　　　　(b) p_L

图 5.113　混凝土的氯离子结合能力及其非线性系数对其服役寿命的影响

④ 混凝土的临界氯离子浓度。

混凝土的临界氯离子浓度一般为水泥质量的 0.4％，或为混凝土质量的 0.05％。当混凝土采用不同的钢筋防腐措施后，其临界氯离子浓度可提高 4～5 倍。图 5.114 是混凝土的临界氯离子浓度对其服役寿命的影响。结果表明，混凝土服役寿命随着临界氯离子浓度的增加而延长，该规律与混凝土的种类无关，但与扩散维数有关，2 维扩散时寿命低于 1 维扩散。在给定的计算条件下，当临界氯离子浓度增加 5 倍时，1 维扩散时混凝土的服役寿命增加了 3.7 倍，2 维扩散时则增加了 5.9 倍。

⑤ 混凝土内部初始氯离子浓度。

图 5.115 是混凝土内部初始氯离子浓度 c_0 对其服役寿命的影响。结果表明，混凝土服役寿命随着内部初始氯离子浓度的增加而缩短，如 c_0 达到混凝土的临界

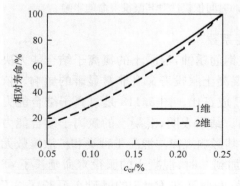

图 5.114　混凝土临界氯离子浓度
对其服役寿命的影响

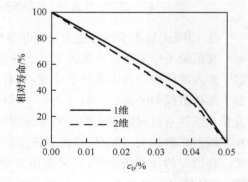

图 5.115　混凝土内部初始氯离子浓度
对其服役寿命的影响

氯离子浓度,则混凝土的服役寿命(诱导期寿命)为零。与不含氯离子的混凝土寿命相比,当 $c_0 = 0.03\%$ 时混凝土的 1 维扩散相对寿命降低到 54%,2 维扩散时则降低到 49%。可见,在混凝土冬期施工中常掺加氯盐早强剂、防冻剂或者使用其他含氯盐原材料,这对混凝土的耐久性极为不利。

⑥ 混凝土劣化效应系数的影响——结构密实效应与内部微缺陷效应。

在本节提出"劣化效应系数 K"概念时,主要依据的是,$K > 1$ 时混凝土内部缺陷对氯离子扩散速率的加速作用。但是另一个方面,当 $K < 1$ 时则表明氯离子扩散系数减小,说明混凝土的内部结构不但没有形成缺陷,反而发生了密实强化作用。由 1 维扩散模型公式(5.76)可以看出,t 与 $K^{2.8}$ 成反比。图 5.116 是 K 对混凝土服役寿命的影响。由图 5.116 可见,K 值影响混凝土服役寿命的规律与混凝土种类和扩散维数无关。当 K 值增大时,混凝土的服役寿命急剧缩短。与 $K = 1$ 时基准混凝土的寿命相比,对于 $K < 1$ 的结构密实效应,当 $K = 0.2$、0.4、0.6 和 0.8 时混凝土寿命分别延长了 86.4 倍、11.7 倍、3.1 倍和 0.9 倍;对于 $K > 1$ 的结构微缺陷效应,当 $K = 2$、3 和 4 时混凝土的寿命分别缩短了 15%、5% 和 2%。由此可见,以减少混凝土结构缺陷为主要目的的防裂措施对于提高混凝土结构的服役寿命是至关重要的。

(3) 暴露条件的影响。

① 暴露表面氯离子浓度。

图 5.117 是暴露表面氯离子浓度对混凝土服役寿命的影响规律。结果表明,暴露表面氯离子浓度 c_s 对混凝土结构服役寿命有决定性的影响,c_s 值越高,混凝土服役寿命越短,相对来说,c_s 值对 2 维扩散时混凝土寿命的影响更大一些。当暴露表面氯离子浓度超过 4% 时,混凝土服役寿命趋于稳定。这表明混凝土结构在解决耐久性问题后完全可以使用于高氯离子浓度环境中。

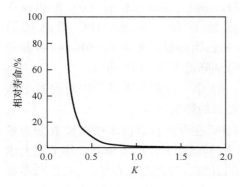

图 5.116　混凝土内部微缺陷对
混凝土服役寿命的影响

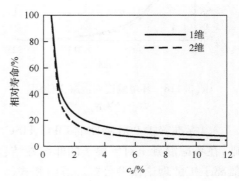

图 5.117　暴露表面氯离子浓度对
混凝土服役寿命的影响

② 环境温度。

暴露环境温度对氯离子在混凝土中的扩散渗透有显著的影响,提高温度将加快氯离子的渗透速率。Zhang 等建立了如下关系:

$$D = D_0 \frac{T}{T_0} e^{q\left(\frac{1}{T_0} - \frac{1}{T}\right)} \tag{5.112}$$

式中:D 是温度 T(K)时的氯离子扩散系数;D_0 是温度 T_0(K)时的氯离子扩散系数;q 是活化常数,与水灰比有关,当 $w/c = 0.4$ 时,$q = 6000$K,当 $w/c = 0.5$ 时,$q = 5450$K,当 $w/c = 0.6$ 时,$q = 3850$K。将式(5.112)代入式(5.76)和式(5.89),得到包括温度影响的 1 维和 2 维无限大氯离子扩散理论模型公式

$$c_f = c_0 + (c_s - c_0)\left[1 - \mathrm{erf} \frac{x}{2\sqrt{\dfrac{KD_0 T t_0^m}{(1+R)(1-m)T_0} e^{q\left(\frac{1}{T_0} - \frac{1}{T}\right)} t^{1-m}}}\right] \tag{5.113}$$

$$c_f = c_0 + (c_s - c_0)\left[1 - \mathrm{erf} \frac{x}{2\sqrt{\dfrac{KD_0 T t_0^m}{(1+R)(1-m)T_0} e^{q\left(\frac{1}{T_0} - \frac{1}{T}\right)} t^{1-m}}}\right.$$
$$\left. \times \mathrm{erf} \frac{y}{2\sqrt{\dfrac{KD_0 T t_0^m}{(1+R)(1-m)T_0} e^{q\left(\frac{1}{T_0} - \frac{1}{T}\right)} t^{1-m}}}\right] \tag{5.114}$$

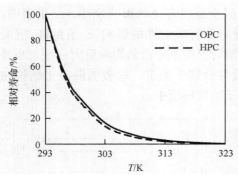

图 5.118 环境温度对混凝土使用寿命的影响

图 5.118 是环境温度对混凝土服役寿命的影响。结果表明,随着环境温度的提高,混凝土服役寿命迅速降低,而且 HPC 服役寿命比 OPC 降低得稍快一些。在给定的计算条件下,当环境温度在 293K 基础上提高 10K 后,OPC 的服役寿命缩短了 83.5%,而 HPC 则缩短了 86.1%;当环境温度提高 20K 时,两者寿命分别降低了 97% 和 98%。

6) 单一与多重因素作用对混凝土结构寿命的影响规律

以标准养护 90d 龄期的 OPC、HSC 和 HPC 在青海盐湖卤水中试验数据为基础,在考虑混凝土对氯离子的非线性结合能力时,运用齐次的 1 维和 2 维无限大体氯离子扩散理论模型公式(5.76)和式(5.89),计算三种混凝土在单一、双重和多重因素条件下服役寿命,如图 5.119 所示。图 5.119 中,A、B、C、D 和 E 分别代表单一腐蚀因素、干湿循环与腐蚀、冻融循环与腐蚀、弯曲荷载与腐蚀双重因素、弯曲荷载与冻融循环和腐蚀三重因素。施加弯曲荷载的比例为 30%(OPC)和 40%(HSC

和 HPC),混凝土寿命按照受压区和受拉区的试验数据分别计算,选择小值作为寿命的计算结果。由图 5.119 可见,1 维扩散和 2 维扩散时混凝土的寿命具有相似的规律。以 2 维扩散为例,与单一腐蚀因素作用相比,双重和多重因素作用下不同混凝土表现出不同的寿命规律。在青海盐湖环境,对于 OPC,不同条件下寿命长短顺序为:C>E>A>D>B,说明 OPC 在弯曲荷载与腐蚀、干湿循环与腐蚀双重因素作用下的服役寿命比单一腐蚀因素条件缩短了 88% 和 54%,在冻融循环与腐蚀双重因素、弯曲荷载与冻融循环和腐蚀三重因素条件下的服役寿命则分别延长了 3.5 倍和 31%;HSC 的寿命长短顺序是:D>E>C>A>B,说明干湿循环与腐蚀双重因素条件同样使 HSC 寿命降低了 26%,在冻融循环与腐蚀双重因素、弯曲荷载与冻融循环和腐蚀三重因素、弯曲荷载与腐蚀双重因素条件下可使 HSC 的寿命分别延长 4.3 倍、11.9 倍和 14.2 倍;对于 HPC,其寿命长短顺序为:D>E>C>B>A,在干湿循环与腐蚀和冻融循环与腐蚀双重因素、弯曲荷载与冻融循环和腐蚀三重因素、弯曲荷载与腐蚀双重因素条件下,HPC 的寿命分别延长了 1.8 倍、2.0 倍、2.9 倍和 12.6 倍。可见,HPC 在多因素条件下的寿命要长于单一腐蚀因素,这充分体现出在盐湖地区应用 HPC 确实具有明显的技术优势。

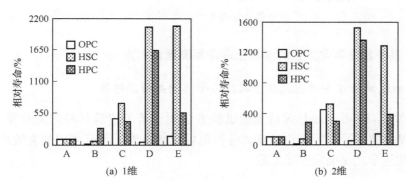

A—单一腐蚀因素;B—干湿循环与腐蚀双重因素;C—冻融循环与腐蚀双重因素;
D—弯曲荷载与腐蚀双重因素;E—弯曲荷载与冻融循环和腐蚀三重因素
图 5.119　单一、双重与多重因素条件对混凝土在青海盐湖卤水中服役寿命的影响

7) 混凝土表面剥落层厚度对混凝土寿命的影响

当钢筋混凝土结构使用于氯盐环境的过程中,不单单是钢筋受到扩散渗入到混凝土内部的氯离子锈蚀影响,更为严重的是混凝土往往同时受到诸如冻融和腐蚀等其他耐久性因素的叠加破坏作用时,结构表面的混凝土将发生剥落现象。对于 1 维和 2 维扩散理论模型的式(5.76)和式(5.89),实际混凝土的氯离子扩散深度 x 要减去表面剥落层的厚度 x_0,即能得到同时考虑多种耐久性因素共同作用下的混凝土表面剥落——氯离子扩散理论模型。

根据以往的试验研究,HPC 在新疆盐湖卤水腐蚀时存在严重的表面剥落现象。图5.120是标准养护28d的HPC在此条件下表面剥落层厚度与保护层厚度之比x_0/x对其寿命的影响。在计算寿命时,考虑了混凝土对氯离子的非线性结合能力。图5.120中结果表明,随着混凝土表面剥落层厚度即x_0/x比的增大,钢筋混凝土结构的寿命逐渐缩短,这种关系与扩散维数和保护层厚度无关。当x_0/x比由0增加到0.1、0.2和0.3时,混凝土的寿命分别降低了44.3%、71.1%和86.2%。

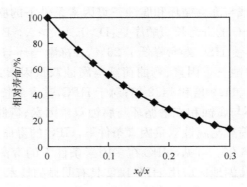

图5.120　　HPC在新疆盐湖卤水中表面剥落对混凝土寿命的影响

5.5.3　基于损伤演化方程的混凝土寿命预测理论和方法

1. 加速试验方法预测混凝土服役寿命的相关研究进展

1980年,Frohnsdorff等将加速试验方法用于若干建筑材料的寿命预测。该方法的基本假定是混凝土在加速试验和现场暴露条件下具有相同的失效机理,根据其劣化速率之比确定加速系数

$$K = R_{AT}/R_{LT} \tag{5.115}$$

式中:R_{AT}和R_{LT}分别是混凝土在加速试验和现场暴露条件下的劣化速率。如果两种劣化速率之间属于非线性关系,可以用数学模型来描述。1986年,Vesikari提出混凝土的加速试验寿命t^*与结构服役寿命t之间具有以下关系:

$$t = Kt^* \tag{5.116}$$

1) 混凝土在冻融条件下的服役寿命预测

(1) 单一冻融因素作用。

Vesikari根据快速冻融试验,得到混凝土在规定冻融损伤水平时的快速冻融寿命,并且假定处于环境中的实际结构每年所遭受的冻融循环次数是固定的,则混凝土结构的服役寿命t为

$$t = K_e N \tag{5.117}$$

式中:K_e是与环境条件有关的系数;N是混凝土在快速冻融试验条件下的冻融寿

命(次)。

李金玉等和林宝玉等调查了我国不同地区混凝土室内外冻融循环次数之间关系,并将式(5.117)进一步明确为

$$t = \frac{kN}{M} \tag{5.118}$$

式中:t 为混凝土结构的服役寿命(a);k 为冻融试验系数,即室内 1 次快速冻融循环相当于室外自然冻融循环次数的比例,平均值一般可取 12;M 为混凝土结构在实际环境中 1a 可能经受的冻融循环次数(次/a)。

(2) 冻融与除冰盐腐蚀双重因素作用。

Vesikari 还根据德国混凝土协会(DBV)的除冰盐冻融试验方法(比 ASTM C672 更严格),得到混凝土的抗冻性指数,按照下式计算混凝土在冻融与除冰盐腐蚀双重因素作用下的服役寿命

$$t = k_f P \tag{5.119}$$

式中:P 是混凝土在 DBV 快速冻融试验条件下的抗冻性指数;k_f 是环境系数,取决于现场结构的损伤程度、龄期和混凝土抗冻性。

2) 混凝土在硫酸盐腐蚀条件下的寿命预测

(1) 单一硫酸盐腐蚀因素作用。

1998 年,Schneider 等在研究混凝土的硫酸盐腐蚀时,建立了混凝土相对强度与腐蚀时间之间的半经验半理论模型,可以用于寿命预测

$$\frac{\beta}{\beta_0} = a_1 + a_2 t^{\frac{1}{3}} + a_3 t^{\frac{2}{3}} \tag{5.120}$$

式中:β_0 为混凝土的初始强度;β 为混凝土在腐蚀时间 t 后的强度;t 为腐蚀时间;a_1、a_2、a_3 为试验常数。

(2) 弯曲荷载与硫酸盐腐蚀双重因素作用。

在弯曲荷载与硫酸盐腐蚀双重因素作用下,Schneider 等还得到以下半经验半理论模型:

$$\frac{\beta}{\beta_0} = b_1 + b_2 t^{\frac{1}{3}} + b_3 t \tag{5.121}$$

式中:β_0、β、t 的意义同式(5.113);b_1、b_2、b_3 为试验常数。

(3) 干湿循环与硫酸盐腐蚀双重因素作用。

1972 年,Kalousek 等进行了混凝土在浓度为 2.1% 的 Na_2SO_4 溶液腐蚀的加速试验和长期浸泡试验。加速试验条件为干湿循环与腐蚀双重因素,混凝土试件先在 Na_2SO_4 溶液浸泡 16h,然后取出在 54℃ 干燥 8h 为 1 次干湿循环。试件的破坏标准是膨胀率达到 0.5%。结果表明,混凝土在此条件下的加速系数 $K = 8$。这样就能够运用式(5.116)对混凝土在硫酸盐腐蚀条件下的服役寿命进行预测。由于没有建立硫酸盐溶液浓度与加速系数 K 之间的关系,对于实际的硫酸盐腐蚀环

境,只能采用类比的方法推测混凝土寿命,即如果环境的 Na_2SO_4 浓度低于 2.1%,实际寿命就长于预测寿命,否则短于预测寿命。

3) 基于损伤理论的混凝土寿命预测

前述文献的探索性工作表明,预测冻融或腐蚀条件下混凝土服役寿命的关键就在于获得快速冻融寿命 N、抗冻性指数 P、腐蚀加速系数 K 和腐蚀试验常数 $(\alpha_1, \alpha_2, \alpha_3, b_1, b_2, b_3)$,这也正是这方面研究至今没有取得突破进展的证据之所在。2001 年,关宇刚等提出在混凝土的耐久性研究中引进损伤变量的新思路。从目前损伤力学的研究趋势来看,力学工作者更加注重于材料在荷载作用下损伤场的演化规律及其对材料力学性能的影响。其实,混凝土材料在腐蚀、冻融和荷载等单一、双重和多重破坏因素作用下的耐久性问题,反映了混凝土的结构随着冻融循环或腐蚀时间的破坏过程,实际就是其承载能力的衰减过程,亦即损伤失效过程,这同样是损伤力学的重要研究内容之一,只是目前被力学工作者所忽视。根据损伤力学的原理,描述混凝土结构失效的损伤变量 D 可用下式表示:

$$D = 1 - E_t/E_0 \tag{5.122}$$

式中:E_0 和 E_t 分别为混凝土在损伤前后的动弹性模量。在混凝土的冻融或腐蚀等耐久性试验中,常用的评价指标并不是相对强度 β/β_0,而是相对动弹性模量 $E_r = E_t/E_0$。可见,混凝土的损伤变量与相对动弹性模量之间的关系为

$$D = 1 - E_r \tag{5.123}$$

这样,就可以将混凝土在冻融和腐蚀条件下的损伤失效过程用一个统一的数学模型描述。在损伤力学中,一般所说的损伤演化方程主要是指损伤变量随着应力或应变的连续变化规律,常用的建模方法是对试验数据进行回归拟合,然后确定方程中的试验参数。借助损伤力学的研究方法,通过系统的耐久性试验,完全能够建立混凝土在冻融或腐蚀等破坏因素作用下损伤变量随着冻融循环次数或腐蚀时间的连续变化规律,从而拟合出能够预测混凝土服役寿命的损伤演化方程。

本节基于大量的试验结果,首先运用简单的数学模型描述混凝土在冻融或腐蚀条件下的损伤失效过程,建立了具有普适意义的混凝土损伤演化方程;然后在理论上进一步明确了损伤演化方程中参数的物理意义,提出了混凝土结构在耐久性破坏因素作用下具有损伤速度和损伤加速度的新概念;对混凝土的损伤失效模式进行了分类,运用判别分析方法导出了混凝土损伤模式的判别函数,并利用大量的抗冻性试验数据,对损伤模式进行了很好的验证。

2. 试验部分

设计了 19 组不同配合比的系列混凝土,包括 1 组强度等级 C30 的普通混凝土(水灰比为 0.6,代号 OPC)、6 组强度等级为 C70 的不掺活性掺合料的高强混凝土系列(水灰比为 0.25,代号 HSC)、6 组强度等级 C70 的双掺(10%SF+20%Fa)的

高性能混凝土系列(水胶比为 0.29,代号 HPC1)、6 组强度等级 C65 的三掺(10%SF20%Fa+20%SG)的高性能混凝土系列(水胶比为 0.29,代号 HPC2),具体配合比和物理力学性能见表 5.22。其中,膨胀剂 AEA 的掺量占总胶凝材料质量的 10%,钢纤维和 PF 纤维的掺量分别占混凝土总体积的 2% 和 0.1%。HSC-1 是基准 HSC,HPC1-1 是基准双掺 HPC,HPC2-1 是基准三掺 HPC。验证试验时,采用 OPC、HSC(配合比同 HSC-2)、HPC(配合比同 HPC2-2)、SFRHPC(配合比同 HPC2-5)和 PFRHPC(配合比同 HPC2-6)。

表 5.22 混凝土的配合比与性能

| 编号 | 单方材料用量/(kg/m³) | | | | | | | | | | | | 坍落度 /mm | 含气量 /% | 180d 抗折强度 /MPa |
	水泥	硅灰 (SF)	粉煤灰 (Fa)	磨细矿渣 (SG)	膨胀剂 (AEA)	砂	石	水	JM-B 高校减水剂	钢纤维	PF			
OPC	325	0	0	0	0	647	1150	195	0	0	0	45	1.4	8.06
HSC-1	600	0	0	0	0	610	1134	150	3.9	0	0	50	1.9	9.26
HSC-2	540	0	0	0	60	610	1134	150	3.9	0	0	45	1.8	14.85
HSC-3	600	0	0	0	0	785	957	150	5.0	156	0	40	2.3	19.46
HSC-4	600	0	0	0	0	785	957	150	6.5	0	1	50	3.1	13.54
HSC-5	540	0	0	0	60	785	957	150	5.0	156	0	45	2.2	26.33
HSC-6	540	0	0	0	60	785	957	150	6.5	0	1	45	3.2	12.04
HPC1-1	420	60	120	0	0	610	1134	172	3.9	0	0	45	1.8	12.0
HPC1-2	378	54	108	0	60	610	1134	172	3.9	0	0	50	1.7	12.52
HPC1-3	420	60	120	0	0	785	957	172	5.0	156	0	45	2.0	20.85
HPC1-4	420	60	120	0	0	785	957	172	6.5	0	1	40	2.8	10.0
HPC1-5	378	54	108	0	60	785	957	172	5.0	156	0	50	2.1	21.9
HPC1-6	378	54	108	0	60	785	957	172	6.5	0	1	45	3.0	9.99
HPC2-1	300	60	120	120	0	610	1134	172	3.9	0	0	40	1.9	14.52
HPC2-2	270	54	108	108	60	610	1134	172	3.9	0	0	45	13.06	
HPC2-3	300	60	120	120	0	785	957	172	5.0	156	0	45	2.2	26.92
HPC2-4	300	60	120	120	0	785	957	172	6.5	0	1	40	3.1	11.58
HPC2-5	270	54	108	108	60	785	957	172	5.0	156	0	35	2.1	24.51
HPC2-6	270	54	108	108	60	785	957	172	6.5	0	1	45	3.0	10.57

注:1—基准混凝土;2—掺加 AEA;3—掺加钢纤维;4—掺加 PF 纤维;5—复合掺加 AEA 和钢纤维;6—复合掺加 AEA 和 PF 纤维。

3. 在冻融或腐蚀条件下混凝土损伤演化方程的建立

1) 混凝土的典型损伤失效规律

在不同的混凝土耐久性试验中,共得到 228 条相对动弹性模量与冻融循环次数或腐蚀时间之间的变化曲线。通过对众多曲线的分析研究发现,这些损伤曲线主要分为三种类型:直线型、抛物线型和直线-抛物线复合型。图 5.121 示出了混凝土在单一冻融因素或冻融与腐蚀双重因素作用下相对动弹性模量的三种类型变化曲线。由图 5.121(a)可见,在单一冻融因素作用下混凝土的损伤失效过程,OPC 表现为直线型,HPC2-4 均为斜上抛物线型。更多的试验表明,混凝土在冻融过程中的抛物线型损伤规律包括斜上抛物线型、水平抛物线型和斜下抛物线型。从图 5.121(b)看出,在冻融与腐蚀双重因素作用下,在 30%～50%RH 环境中养护的 HSC-2 和 HPC1 均表现为复合型的损伤规律。根据直线段的斜率,HSC-2 为下倾复合型损伤规律,HPC1-2 和 HPC1-5 都是上倾复合型损伤规律,而 HPC1-1 接近水平复合型损伤规律。

在冻融过程中,混凝土的损伤失效过程出现斜上抛物线型或上倾复合型损伤曲线,说明在冻融过程的初期,混凝土结构不但没有损伤,反而得到强化,这是掺有活性掺合料的低水胶比 HSC 与 HPC 的特有现象。其原因主要有两个:一是内部缺少水分的 HSC-HPC 在开始冻融时未水化水泥或活性掺合料的继续水化;二是在冻融与腐蚀双重因素作用下混凝土毛细孔内存在腐蚀介质或腐蚀产物的盐类结晶作用。

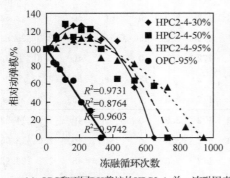

(a) OPC和不同RH养护的HPC2-4,单一冻融因素

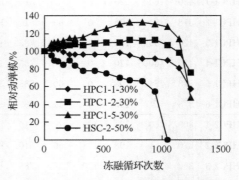

(b) 不同RH养护的HSC-2, HPC1-1, HPC1-2和
HPC1-5,冻融与内蒙古盐湖卤水腐蚀双重因素

图 5.121　混凝土在单一冻融因素或冻融与腐蚀双重因素作用下损伤失效过程的典型曲线

根据 Tumidajski 等的报道,在盐湖卤水的单一腐蚀因素作用下,单掺 Fa、双掺(SG＋SF)的引气 HPC 在 2a 内的弹性模量与腐蚀时间的变化规律属于斜上抛物线型曲线。在单一冻融因素作用下,OPC、APC、SFRC 和 ASFRC 的损伤曲线

主要属于斜下抛物线型,掺加 SG 和 SF 的 HPC 则存在斜下抛物线型和水平直线-抛物线复合型。在弯曲荷载与冻融和除冰盐腐蚀多重因素作用下,孙伟等测定 OPC、HSC、SFRC 和 SFRHSC 的损伤曲线属于水平直线-抛物线复合型。余红发测定了 OPC、APC、HSC、HPC、SFRHPC 和 PFRHPC 在青海、新疆、内蒙古和西藏等盐湖卤水中的单一腐蚀因素、干湿循环与腐蚀、弯曲荷载与腐蚀双重因素、弯曲荷载与冻融和腐蚀多重因素作用下的 126 条损伤曲线,同样符合上述规律。

因此,混凝土在冻融或腐蚀条件表现出的三种损伤曲线,具有很强的代表性,属于一种普遍的规律。

2) 混凝土损伤失效过程的数学模型——损伤演化方程

基于混凝土在冻融或腐蚀因素作用下损伤失效过程的特点与共性,采用简单的数学模型就能够很好地描述混凝土的损伤规律。根据描述时需要的数学函数的数量,将混凝土的损伤失效模式分为两种类型:单段损伤模式——用 1 个数学函数描述的直线型损伤和抛物线型损伤;双段损伤模式——用两个数学函数描述的直线-抛物线复合型损伤。这里以冻融条件为例,引出混凝土的损伤演化方程,对于腐蚀条件,只需要将方程中的"冻融循环"换成"腐蚀时间"即可。

(1) 单段损伤模式的损伤演化方程及其物理意义。

用一元二次多项式描述混凝土相对动弹性模量 E_r 与冻融循环次数 N 之间的抛物线型损伤演化方程

$$E_r = 1 + bN + \frac{1}{2}cN^2 \qquad (5.124)$$

由于混凝土的损伤抛物线总是开口向下的,即 $c < 0$,当系数 $c = 0$ 时,也能描述直线型损伤演化方程

$$E_r = 1 + bN \qquad (5.125)$$

为了探讨式(5.125)的物理意义,对式(5.123)和式(5.124)进行联立并积分,分别得到混凝土单段损伤模式时的损伤速度和损伤加速度如下。

① 损伤速度:

$$V_n = \frac{\mathrm{d}D}{\mathrm{d}N} = -\frac{\mathrm{d}E_r}{\mathrm{d}N} = -(b + cN) \qquad (5.126)$$

当 $N = 0$ 时,损伤初速度(initial damage velocity,IDV)为

$$V_0 = \frac{\mathrm{d}D}{\mathrm{d}N}\bigg|_{N=0} = -\frac{\mathrm{d}E_r}{\mathrm{d}N}\bigg|_{N=0} = -b \qquad (5.127)$$

② 损伤加速度(damage acceleration,DA):

$$A = \frac{\mathrm{d}^2 D}{\mathrm{d}N^2} = -\frac{\mathrm{d}^2 E_r}{\mathrm{d}N^2} = -c \qquad (5.128)$$

由此可见,在混凝土损伤演化方程(5.124)和(5.125)中,各个参数都有明确的物理意义,系数 b 反映了混凝土的损伤初速度,系数 c 反映了混凝土的损伤加速

度。对照普通物理学上的物体抛物线运动规律,有利于我们在理论上进一步明确了混凝土单段损伤演化方程的物理意义,即在开始时混凝土的损伤以初速度 $-b$ 产生,之后则以加速度 $-c$ 发展。当损伤参数 $c = 0$ 时,混凝土的损伤是一种匀速损伤;当 $-c > 0$ 时,混凝土的损伤是一种加速损伤。

（2）双段损伤模式的损伤演化方程及其物理意义。

混凝土双段损伤模式的第 1 段为直线,第 2 段为抛物线,直线和抛物线只有一个切点,经过严密的数学推导,在此条件下描述混凝土相对动弹性模量 E_r 与冻融循环次数 N 之间的直线-抛物线型损伤演化方程如下。

第 1 段——直线:

$$E_{r1} = 1 + aN \tag{5.129}$$

第 2 段——抛物线:

$$E_{r2} = 1 + \frac{(b-a)^2}{2c} + bN + \frac{1}{2}cN^2 \tag{5.130}$$

直线与抛物线的切点,用冻融循环次数表示

$$N_{12} = \frac{a-b}{c} \tag{5.131}$$

由于描述混凝土损伤过程的抛物线是开口向下的,即 $c < 0$,而 $N_{12} > 0$,所以必然存在 $a < b$ 的关系。联立式（5.123）和式（5.129）、式（5.130）并积分,分别得到双段损伤模式时的损伤速度和损伤加速度如下。

第 1 段,当 N 从 0 到 N_{12} 时,混凝土的损伤速度恒定,即其损伤初速度为

$$V_{01} = \frac{\mathrm{d}D}{\mathrm{d}N}\Big|_{N < N_{12}} = -\frac{\mathrm{d}E_r}{\mathrm{d}N}\Big|_{N < N_{12}} = -a \tag{5.132}$$

此时,损伤加速度为零,即 $A = \dfrac{\mathrm{d}^2 D}{\mathrm{d}N^2}\Big|_{N < N_{12}} = -\dfrac{\mathrm{d}^2 E_r}{\mathrm{d}N^2}\Big|_{N < N_{12}} = 0$,可见双段损伤模式的第 1 段属于匀速损伤。

第 2 段,任一冻融循环次数时的损伤速度和损伤加速度分别为

$$V_n = \frac{\mathrm{d}D}{\mathrm{d}N}\Big|_{N > N_{12}} = -\frac{\mathrm{d}E_r}{\mathrm{d}N}\Big|_{N > N_{12}} = -(b + cN) \tag{5.133}$$

$$A = \frac{\mathrm{d}^2 D}{\mathrm{d}N^2}\Big|_{N > N_{12}} = -\frac{\mathrm{d}^2 E_r}{\mathrm{d}N^2}\Big|_{N > N_{12}} = -c \tag{5.134}$$

在第 2 段冻融损伤开始时（即切点）,混凝土的损伤速度为 $V_{01} = \dfrac{\mathrm{d}D}{\mathrm{d}N}\Big|_{N = N_{12}}$ $= -\dfrac{\mathrm{d}E_r}{\mathrm{d}N}\Big|_{N = N_{12}} = -(b + cN_{12}) = -a$,仍为损伤初速度;当冻融过程刚刚超过切点 N_{12} 时,混凝土的冻融损伤开始以初速度 $-b$ 和加速度 $-c$ 发展。可见,在直线与抛物线切点处,混凝土的损伤初速度发生"突变",由 $V_{01} = -a$ 变成了 $V_{02} = -b$,因此,这里作如下规定:切点 N_{12} 称为损伤变速点,$V_{02} = -b$ 称为二次损伤初速

度。与第 1 段的匀速损伤对应,第 2 段属于加速损伤,从整个损伤过程来看,混凝土的双段损伤模式是一种匀加速损伤。

与单段损伤演化方程(5.124)的参数物理意义相对应,双段损伤演化方程(5.129)和(5.130)中,各个参数的物理意义归纳如下:系数 a 和 b 分别反映了混凝土的损伤初速度和二次损伤初速度,系数 c 反映了混凝土的损伤加速度。因此,混凝土双段损伤演化方程的物理意义是,在开始时混凝土的匀速损伤以初速度 $-a$ 产生,当达到损伤变速点 N_{12} 以后其损伤初速度发生"突变",由 $-a$ 加速为 $-b$,之后损伤以加速度 $-c$ 快速发展。

4. 混凝土损伤模式的判别

根据混凝土的原材料、配合比、养护条件等特征和损伤模式类别,引进判别分析方法优化出混凝土在冻融或腐蚀条件下损伤模式的判别函数,即不同类型损伤模式的分类规则。在判别分析时,选择损伤模式作为因变量,有两个水平:"1"代表单段损伤模式,"2"代表双段损伤模式,同时选择 SF、Fa、SG 等活性掺合料掺量、AEA 用量、钢纤维与 PF 纤维掺量、水胶比和养护环境的 RH 为自变量,运用 SPSS10.0 软件的"聚类与判别分析"模块进行分析。由于篇幅所限,以下主要探讨单一冻融因素和冻融与腐蚀双重因素作用下的判别函数。

1) 单一冻融因素作用下混凝土损伤模式的判别函数

在单一冻融因素作用下,57 组混凝土中有 49 组的损伤失效过程表现为单段损伤模式,有 8 组为双段损伤模式,HSC 同时存在单段损伤模式和双段损伤模式,OPC 和 HPC 只存在单段损伤模式。经过运算,得到在单一冻融因素作用下混凝土损伤模式的费希尔(Fisher's)线性判别函数如下。

(1) 单段损伤模式:

$$y_1 = 5.932RH + 71.704m_{sf}/m_b + 1.193 \times 10^{-13} m_{sg}/m_b + 39.582m_{aea}/m_b$$
$$+ 18.009m_{sfr}/m_b + 3777.527m_{pfr}/m_b + 80.914m_w/m_b - 19.642$$

$$(5.135)$$

(2) 双段损伤模式:

$$y_2 = 8.289RH + 15.628m_{sf}/m_b + 6.989 \times 10^{-14} m_{sg}/m_b + 35.837m_{aea}/m_b$$
$$+ 20.898m_{sfr}/m_b + 2874.382m_{pfr}/m_b + 62.477m_w/m_b - 13.854$$

$$(5.136)$$

式中:下标 sf、sg、aea、w、b、sfr、pfr 分别代表 SF、SG、AEA、水、胶凝材料、钢纤维和 PF 纤维。上述判别函数不含 Fa 掺量,说明 Fa 对混凝土冻融损伤模式的影响可以忽略。将判别函数(5.135)和(5.136)对原始的混凝土损伤模式进行回判,结果发现,单段损伤模式和双段损伤模式的判断正确率分别为 79.4% 和 100%。可见,上述判别函数的综合判断正确率高达 82.5%,成功率很高,因为在其他学科中判别函数的正确率一般只有 $50\% \sim 60\%$。因此,判别函数(5.135)和(5.136)对于今后的研究和实际应用具有较好的指导作用。

2) 冻融与内蒙古盐湖卤水腐蚀双重因素作用下损伤模式的判别函数

在冻融与内蒙古盐湖卤水腐蚀双重因素作用下,57 组混凝土中有 40 组属于单段损伤模式,17 组属于双段损伤模式。根据判别分析,其损伤模式的判别函数如下。

(1) 单段损伤模式:

$$
\begin{aligned}
y_1 = &\ 7.154RH + 27.428m_{sf}/m_b + 2.377m_{sg}/m_b + 34.577m_{aea}/m_b \\
&+ 20.075m_{sfr}/m_b + 3396.471m_{pfr}/m_b + 69.394m_w/m_b - 16.419
\end{aligned}
$$

$$(5.137)$$

(2) 双段损伤模式:

$$
\begin{aligned}
y_2 = &\ 8.418RH + 38.817m_{sf}/m_b - 4.106m_{sg}/m_b + 40.922m_{aea}/m_b \\
&+ 20.075m_{sfr}/m_b + 2674.431m_{pfr}/m_b + 64.856m_w/m_b - 16.211
\end{aligned}
$$

$$(5.138)$$

在判别函数(5.137)和(5.138)中,Fa 的影响不显著,在回归时自动消除。上述判别函数的回判正确率比较高,单段损伤模式和双段损伤模式的判断正确率分别为 65% 和 70.6%,其综合判断正确率达到 66.7%。

5. 混凝土的损伤初速度和损伤加速度及其对混凝土冻融寿命的影响

以上根据混凝土在冻融或腐蚀条件的典型损伤失效规律,建立了混凝土在单段和双段损伤模式时的损伤演化方程。该损伤演化方程含有损伤初速度(IDV)、二次损伤初速度(2th initial damage velocity,SDV)、损伤加速度(DA)等三个重要参数。在应用损伤演化方程预测混凝土的服役寿命之前,必须系统地测定不同混凝土在冻融和腐蚀等单一、双重和多重破坏因素作用下的损伤参数。主要内容有:①耐久性破坏因素与混凝土损伤参数之间的关系;②不同混凝土的损伤参数规律;③混凝土损伤参数与其原材料、配合比和养护条件等因素之间的关系;④损伤参数对混凝土的快速试验寿命的影响规律等。

本节根据第 5.5.3 节试验获得的大量损伤曲线,首先通过 SPSS10.0 软件的回归拟合得到不同耐久性试验条件下混凝土的损伤参数和快速试验寿命的基本数据库,然后以单一冻融因素和冻融与内蒙古盐湖卤水腐蚀双重因素作用下的数据库为基础,重点探讨与混凝土服役寿命预测有关的损伤参数问题。为了描述方便,这里作如下规定:混凝土在单一冻融因素作用下的 IDV、SDV、DA 和抗冻融循环次数分别称为单因素 IDV、单因素 SDV、单因素 DA 和单因素冻融寿命;相应地,在冻融与内蒙古盐湖卤水腐蚀双重因素作用下就分别称为双因素 IDV、双因素 SDV、双因素 DA 和双因素冻融寿命;在多重因素作用下,以此类推。

1) 混凝土损伤参数与快速试验寿命的基本数据库

在前述的耐久性试验中,测定了在 30%～95% RH 环境中养护的 OPC、HSC 系列高强混凝土、HPC1 系列和 HPC2 系列高性能混凝土,在单一冻融因素、内蒙古盐湖卤水的单一腐蚀因素、冻融与内蒙古盐湖卤水腐蚀双重因素、先碳化后冻融与内蒙古盐湖卤水腐蚀多重因素作用下的 228 条损伤曲线,按照损伤演化方程通过参数拟合,获得了 228 组成对的 IDV、SDV、DA 和损伤变速点等参数。损伤参数的拟合精度比较高,其相关系数在 0.9～1.0 之间。已经获得了不同混凝土在单一、双重和多重因素作用下的 171 组损伤参数及其对应的快速试验寿命数据库,后者是对应于相对动弹性模量 $E_r = 60\%$ 时混凝土的冻融循环次数或腐蚀时间,按照条形插值法求得。

2) 混凝土的损伤初速度和损伤加速度及其规律性

(1) 混凝土的损伤初速度和损伤加速度。

图 5.122 是不同混凝土在单一冻融因素和冻融与腐蚀双重因素作用下的 IDV (V_0) 和 DA (A)。其中,HSC-1 是不含活性掺合料的基准 HSC(简称 HSC),HPC1-1 是双掺(10%SF+20%Fa)的基准 HPC(简称双掺 HPC),HPC2-1 是三掺 (10%SF+20%Fa+20%SG)的基准 HPC(简称三掺 HPC)。结果表明,混凝土的损伤参数不仅与冻融等气候条件有关,而且不同混凝土之间的差别也很明显。同混凝土的强度和耐久性一样,在一定条件下的损伤参数也是混凝土的一种新的性能指标。由图 5.122(a)可见,OPC 具有很高的单因素和双因素 IDV,其中后者比前者提高了 48%,而 HSC 与 HPC 的单因素和双因素 IDV 均为负值,说明 HSC-HPC 在冻融开始时存在强化效应。图 5.122(b)结果表明,不同混凝土的单因素 DA 规律是 HSC>OPC>双掺 HPC>三掺 HPC,可见,尽管 HSC 的单因素 IDV 为负值,但是损伤一经形成,则其单因素 DA 比 OPC 要高 2 倍。掺加活性掺合料以后,混凝土的单因素 DA 显著降低,双掺和三掺 HPC 分别比 HSC 降低 85%和

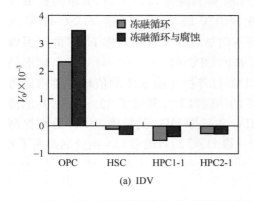

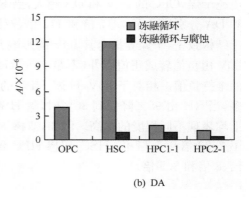

(a) IDV

(b) DA

图 5.122　不同混凝土在单一冻融因素和冻融与腐蚀双重因素作用下的损伤参数

90%,而且也明显低于 OPC,仅有 OPC 的 45% 和 30%。在冻融与腐蚀双重因素作用下,由于卤水的冰点降低效应,混凝土的双因素 DA 与单一冻融因素相比,都有不同程度的下降,OPC 的双因素 DA 为零,HSC、双掺 HPC 和三掺 HPC 分别降低了 92%、44% 和 67%。

(2) 环境介质和应力状态对混凝土损伤参数的影响。

图 5.123 是测定的冻融介质种类和弯曲荷载对 OPC 匀速损伤时 IDV 的影响。环境介质包括水和新疆、青海、内蒙古与西藏盐湖卤水。结果表明,混凝土的损伤参数与耐久性破坏的环境介质种类和应力状态有关。OPC 在不同环境条件下的 IDV 大小顺序是 XZ>NMG>W>XJ>QH。当混凝土施加 30% 弯曲荷载时,OPC 在新疆、青海、内蒙古和西藏盐湖卤水中进行弯曲荷载与冻融和腐蚀多重因素作用时的多因素 IDV 分别比双因素 IDV 增大了 66%、137%、66% 和 49%。

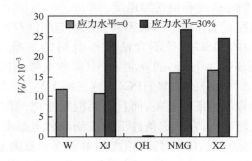

W—水;XJ—新疆盐湖卤水;QH—青海盐湖卤水;NMG—内蒙古盐湖卤水;XZ—西藏盐湖卤水

图 5.123　冻融介质种类和弯曲荷载对 OPC 匀速损伤时 IDV 的影响

(3) 养护环境 RH 对混凝土损伤初速度和损伤加速度的影响。

表 5.23 是养护环境的 RH 对混凝土 IDV 和 DA 的影响。结果表明,养护环境越干燥,OPC 的 IDV 和 DA 越大,当 RH 由 95% 降低到 30% 时,其单因素 IDV 和 DA 分别增大了 4.47 倍和 112 倍,双因素 IDV 增大了 3.77 倍。HSC-HPC 由于结构致密,干燥养护对其 IDV 的影响并不明显,仅 HSC 和双掺 HPC 的双因素 IDV 由负值转成正值以外(不足 95%RH 养护 OPC 的 1/36～1/41),其余情形仍然维持负值。相对于 IDV,HSC-HPC 的 DA 对养护环境 RH 的依赖性要明显得多,当 RH 由 95% 降低到 30% 时,除 HSC 的单因素 DA 降低了 83% 以外,其他情形均表现不同程度的提高。例如,双掺 HPC 和三掺 HPC 的单因素 DA 分别提高了 2.33 倍和 5.67 倍,HSC、双掺 HPC 和三掺 HPC 的双因素 DA 则分别提高了 6 倍、8 倍和 3.5 倍。

表 5.23　养护环境 RH 对混凝土的 IDV 和 DA 的影响

损伤参数	试验条件	养护 RH/%	OPC	HSC	HPC1	HPC2
$V_0/\times10^{-3}$	单一冻融因素	95	2.337	−0.126	−0.518	−0.272
		30	12.785	−0.262	−0.268	−1.069
	冻融与腐蚀双重因素	95	3.461	−0.316	−0.375	−0.285
		30	16.522	0.084	0.097	−1.012
$A/\times10^{-6}$	单一冻融因素	95	4	12	1.8	1.2
		30	452	2	6	8
	冻融与腐蚀双重因素	95	0	1	1	0.4
		30	0	6	8	1.4

（4）不同技术措施对 HSC-HPC 的损伤加速度的影响。

鉴于 HSC-HPC 的 IDV 是负值，在冻融或腐蚀等破坏因素的长期作用下，损伤一旦形成，其 DA 越大时对混凝土结构的破坏过程就越快，因而 DA 的重要性就更显著了。图 5.124 是采用不同的技术措施时 HSC-HPC 的 DA。其中，技术措施包括：单掺 10%AEA（膨胀剂）、单掺 2%SFR（钢纤维）、单掺 0.1%PFR（PF 纤维）、复合掺加（10%AEA＋2%SFR）和（10%AEA＋0.1%PFR）。结果表明，不同技术措施时，HSC、双掺 HPC 和三掺 HPC 的单因素 DA 大小依次是：AEA＋PFR＞基准＝AEA＞AEA＋SFR＞PFR＞SFR、AEA＞PFR＝AEA＋PFR＞基准＞AEA＋SFR＞SFR 和 AEA＝PFR＝AEA＋PFR＞AEA＋SFR＞SFR＞基准，可见掺加钢纤维对于降低 HSC-HPC 的单因素 DA 十分有利，AEA 单掺时效果并不好，它只有与钢纤维复合使用时才能有效降低单因素 DA。HSC 采取不同的技术措施以后，其双因素 DA 规律是：SFR＝AEA＋SFR＞基准＞PFR＞AEA＞AEA＋PFR。对于双掺 HPC，规律为：SFR＞AEA＋SFR1—基准混凝土；2—10%

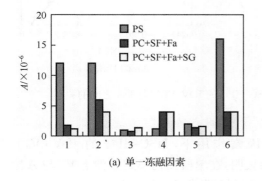

(a) 单一冻融因素

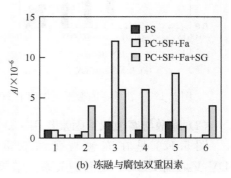

(b) 冻融与腐蚀双重因素

图 5.124　不同技术措施对 HSC-HPC 的 DA 的影响

AEA;3—2%SFR;4—0.1%PFR;5—10%AEA+2%SFR;6—10%AEA+0.1%PFR>PFR>基准>AEA>AEA+PFR。三掺 HPC 则是:SFR=AEA=AEA+PFR>AEA+SFR>基准>PFR。因此,掺加 PF 纤维能够降低 HSC-HPC 的双因素 DA,尤其是与 AEA 复合时的效果更好。

　　3) 损伤初速度与损伤加速度之间的关系

　　(1) 单一冻融因素作用。

　　图 5.125 是在单一冻融因素作用下,HSC-HPC 的 IDV(V_0)、SDV(V_{02})与DA(A)之间的关系。对于双段损伤模式,采用 SDV(V_{02})。经过 SPSS10.0 软件的回归分析,单段损伤模式时混凝土的 V_0 与 A 之间具有线性关系,双段损伤模式时 V_{02} 与 A 之间存在二次多项式关系

$$V_0 = -155.69A - 0.47 \quad (n = 46, r = 0.7785) \tag{5.139}$$

$$V_{02} = 2872.99A^2 - 1464.7A + 17.52 \quad (n = 8, r = 0.9802) \tag{5.140}$$

　　在回归分析中,一般认为相关系数 r 超过 0.90 以上才有意义,其实这是一种误解,"回归公式的 r 能否达到 0.90"并不重要,关键问题是其 r 值必须大于一定显著性水平条件下的临界相关系数(r_a),后者与试验样本的数量(n)直接相关,n 越小时则达到同样显著性的临界相关系数就要求越高。因而,在显著性水平 $\alpha=0.01$ 情况下,$n=8$ 时临界相关系数 $r_{0.001}=0.9249$ 和 $n=46$ 时 $r_{0.001}=0.4898$ 的统计意义是一样的。由于式(5.139)和式(5.140)都符合 $r>r_{0.001}$ 的关系,说明它们都是高度显著的。

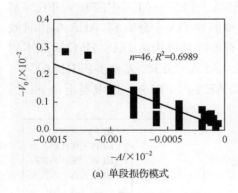
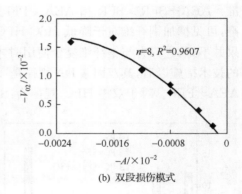

(a) 单段损伤模式　　　　　　　　　　　(b) 双段损伤模式

图 5.125　在单一冻融因素作用下 HSC-HPC 的 IDV、SDV 与 DA 之间的关系

　　(2) 冻融与腐蚀双重因素作用。

　　图 5.126 是在冻融与腐蚀双重因素作用下,HSC-HPC 的 IDV(V_0)、SDV(V_{02})与 DA(A)之间的关系。结果表明,在单段损伤模式条件下 V_0 与 A 之间、在双段损伤模式条件下 V_{02} 与 A 之间均存在非常显著的线性关系

$$V_0 = -709.7A + 1.35 \quad (n = 40, r = 0.8933) \tag{5.141}$$

$$V_{02} = -896.526A + 2.73 \quad (n = 17, r = 0.9877) \tag{5.142}$$

式中：$r_{0.001}$分别为 0.5013 和 0.7246。

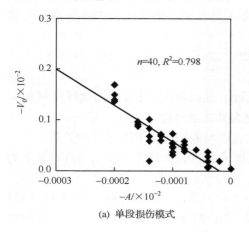

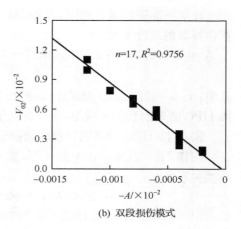

$$\text{(a) 单段损伤模式} \qquad\qquad\qquad \text{(b) 双段损伤模式}$$

图 5.126　在冻融与腐蚀双重因素作用下 HSC-HPC 的 IDV、SDV 与 DA 之间的关系

6. 混凝土的损伤参数与其原材料、配合比和养护条件之间的关系

1）单一冻融因素作用

（1）单段损伤模式。

① 混凝土的损伤初速度、损伤加速度与水胶比的关系。

经过对单段损伤模式的 49 组 OPC、HSC、HPC1 和 HPC2 系列混凝土的相关分析发现，在单一冻融因素作用下，混凝土的 V_0 和 A 与水胶比（w/b）之间具有高度显著的相关关系

$$V_0 = 0.01882w/b - 0.00609 \quad (n = 49, r = 0.6611) \tag{5.143}$$

$$A = 0.0007773w/b - 0.0002109 \quad (n = 49, r = 0.7436) \tag{5.144}$$

式中：$r_{0.001} = 0.4562$。可见，采用高效减水剂降低 HSC-HPC 的水胶比，其单因素 IDV 和 DA 降低，必将延长混凝土的冻融寿命。进一步的分析发现，混凝土的冻融损伤参数不仅与水胶比有关，而且与膨胀剂、钢纤维、PF 纤维和养护环境 RH 等因素有关，以下分别进行探讨。

② HSC 的损伤加速度与原材料、配合比和养护条件之间的关系。

在单一冻融因素作用下，HSC 的 A 与 AEA 掺量（m_{aea}/m_b）、钢纤维掺量（m_{sfr}/m_b）和 PF 纤维掺量（m_{pfr}/m_b）与养护环境 RH 之间具有显著的线性关系

$$A = 0.02398 + 0.009456RH + 0.08836m_{aea}/m_b - 0.1048m_{sfr}/m_b - 11m_{pfr}/m_b \tag{5.145}$$

式中：$n=10$，相关系数 $r=0.935$。由此可见，掺加 AEA 将提高 HSC 的单因素

DA,掺加钢纤维和 PF 纤维对于降低其单因素 DA 非常有效。

③ 双掺 HPC 的损伤加速度与原材料、配合比和养护条件之间的关系。

在单一冻融因素作用下,双掺 HPC 的 A 与养护环境 RH 和钢纤维掺量之间存在显著的线性关系

$$A = 0.0009615 - 0.000594RH - 0.0009423m_{sfr}/m_b \quad (n = 18, r = 0.835) \tag{5.146}$$

式中:$r_{0.001} = 0.7082$。由式(5.146)可以看出,加强潮湿养护、掺加钢纤维将使双掺 HPC 的单因素 DA 减小,从而有利于提高其冻融寿命。

④ 三掺 HPC 的损伤初速度和损伤加速度与养护环境 RH 之间的关系。

三掺 HPC 在单一冻融条件下,其 V_0 和 A 都与养护环境 RH 之间具有显著的线性关系

$$V_0 = 19.51RH - 24.44 \quad (n = 18, r = 0.7272) \tag{5.147}$$

$$A = 0.1352 - 0.1097RH \quad (n = 18, r = 0.822) \tag{5.148}$$

式(5.147)和(5.148)中:$r_{0.001} = 0.7082$。可见,养护环境越干燥,三掺 HPC 的单因素 IDV 越负,单因素 DA 越大。

(2) 双段损伤模式。

对于双段损伤模式,HSC 在单一冻融因素作用下的 V_{02}、A 均与钢纤维掺量有非常显著的线性关系

$$V_{02} = 0.03248m_{sfr}/m_b - 0.01363 \quad (n = 8, r = 0.9192) \tag{5.149}$$

$$A = 0.0000155 - 0.00003846m_{sfr}/m_b \quad (n = 8, r = 0.9083) \tag{5.150}$$

式中:$r_{0.01} = 0.8343$,都有 $r > r_{0.01}$。可见,掺加钢纤维以后,虽然 HSC 的单因素 SDV 增大,但是其单因素 DA 减小了。

2) 冻融腐蚀双重因素作用

(1) 损伤初速度与原材料和配合比之间的关系。

在单段损伤模式时,OPC、HSC、双掺 HPC 和三掺 HPC 在冻融与腐蚀双重因素作用下的损伤参数与原材料、配合比和养护条件之间的相关分析结果如表 5.24 所示。由表 5.24 可知,混凝土的 V_0 与其水胶比具有非常显著的正相关关系,与 SF 和 FA 的掺量之间存在显著的负相关关系,这说明当采用低水胶比、掺加 SF 和 FA 时,混凝土的双因素 IDV 将减小。可见,HPC 用于恶劣的盐湖环境具有明显的技术优势。经过回归分析,混凝土的双因素 IDV 与水胶比和 SF 掺量(m_{sf}/m_b)之间的关系式为

$$V_0 = 276.7w/b - 144.9m_{sf}/m_b - 73.3 \quad (n = 40, r = 0.863) \tag{5.151}$$

式中:$r_{0.001} = 0.5013$。这说明式(5.151)非常显著。

(2) 损伤加速度与原材料、配合比和养护环境 RH 之间的关系。

表 5.24 的分析结果还表明,OPC、HSC、双掺 HPC 和三掺 HPC 在冻融与腐

蚀双重因素作用下的 A 与钢纤维掺量和水胶比之间的相关关系非常显著,与养护环境 RH 和 SG 掺量(m_{sg}/m_b)等之间也有显著的相关关系,其关系式为

$$A = 0.0002164 + 0.0001248m_{sfr}/m_b + 0.0002089m_{sg}/m_b$$
$$- 0.0002866w/b - 0.0000689RH - 0.01982m_{pfr}/m_b \qquad (5.152)$$

式中: $n=40$; $r=0.798$。存在 $r \gg r_{0.001}$,说明式(5.152)非常显著。由此可见,当混凝土中掺加钢纤维和 SG 以后,其双因素 DA 将增加,当降低水胶比、掺加 PF 纤维、加强潮湿养护,则其双因素 DA 将减小。

表 5.24　混凝土在冻融与腐蚀双重因素作用下损伤参数的相关分析(单段损伤模式)

损伤参数		RH	SF	FA	SG	AEA	钢纤维	PF 纤维	w/b
V_0	Pearson 相关性	−0.058	−0.353*	−0.353*	−0.248	−0.197	−0.203	−0.145	0.834**
	Sig. (2-tailed)	0.721	0.026	0.026	0.123	0.222	0.208	0.370	0.000
	n	40	40	40	40	40	40	40	40
A	Pearson 相关性	−0.382*	0.369*	0.369*	0.401*	0.059	0.515**	−0.300	−0.444**
	Sig. (2-tailed)	0.015	0.019	0.019	0.010	0.719	0.001	0.060	0.004
	n	40	40	40	40	40	40	40	40

* 0.05 水平时(2-tailed)的相关性显著;** 0.01 水平时(2-tailed)的相关性显著。

7. 混凝土的快速冻融寿命与损伤参数之间的相关性

混凝土在冻融或腐蚀条件下的快速试验寿命与其损伤失效过程息息相关。在其损伤演化方程中,令 $E_r=60\%$ 即可计算混凝土的快速试验寿命。这是混凝土寿命与损伤参数之间的直接理论关系。通过分析大量的试验数据发现,混凝土的快速冻融寿命与损伤参数之间的相关性是非常明显的。

1) 单一冻融因素作用

(1) 单段损伤模式。

① HSC 的单因素冻融寿命与损伤初速度和损伤加速度的关系。

单段损伤模式时 HSC 的单因素冻融寿命与其损伤参数之间的相互关系见图 5.127。可见,除了在 30%RH 养护时的 3 个异常数据以外,对于其余养护条件和配合比的 HSC,其单因素冻融寿命均随着 IDV 的减小而缩短。图 5.127(b)显示,HSC 的单因素冻融寿命随着 DA 的增大而大大减小。经过回归分析,在单段损伤模式条件下,HSC 的单因素冻融寿命(N_W)与 V_0 具有非常显著的线性关系, N_W 与 A 之间具有非常显著的指数函数关系:

$$N_W = 89.138V_0 + 1647.1 \quad (n=7, r=0.8906) \qquad (5.153)$$
$$N_W = 1452.7e^{-21.658A} \quad (n=10, r=0.8376) \qquad (5.154)$$

式中: $r_{0.01}$ 分别为 0.8745 和 0.7646。

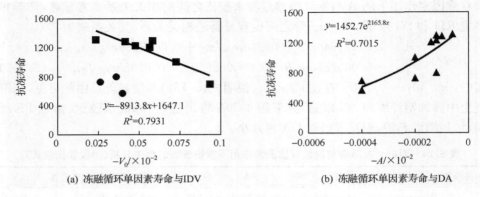

(a) 冻融循环单因素寿命与IDV　　　　　　(b) 冻融循环单因素寿命与DA

●为 30%RH 养护的基准 HSC、掺 AEA 和掺 PF 纤维 HSC

图 5.127　在单段损伤模式条件下 HSC 的单因素冻融寿命与 IDV 和 DA 的关系

② 双掺 HPC 的单因素冻融寿命与损伤初速度和损伤加速度的关系。

图 5.128 是双掺 HPC 在单段损伤模式时的单因素冻融寿命与其损伤参数之间的关系。可见,当双掺 HPC 的 IDV 越负、DA 越大时,其单因素冻融寿命越短。根据相关系数的显著性检验结果,在单段损伤模式条件下,N_{w} 与 V_0 之间的相关关系不显著,而 N_{w} 与 A 之间具有很显著的指数函数关系

$$N_{\mathrm{w}} = 1007.1e^{-11.496A} \quad (n = 18, r = 0.8257) \tag{5.155}$$

式中,$r_{0.001} = 0.7084$。

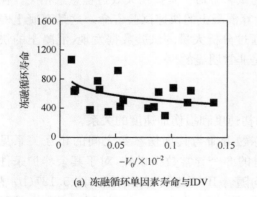
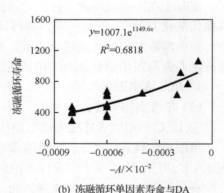

(a) 冻融循环单因素寿命与IDV　　　　　　(b) 冻融循环单因素寿命与DA

图 5.128　在单段损伤模式条件下双掺 HPC 的单因素冻融寿命与 IDV 和 DA 的关系

③ 三掺 HPC 的单因素冻融寿命与损伤初速度和损伤加速度的关系。

在单段损伤模式时三掺 HPC 的单因素冻融寿命与 IDV 和 DA 之间的关系见图 5.129。可见,与 HSC 和双掺 HPC 类似,三掺 HPC 的 IDV 越负,DA 越大,其单因素冻融寿命也越短。回归分析表明,在单段损伤模式条件下,三掺 HPC 的

N_W 与 V_0 之间具有高度显著的对数函数关系，N_W 与 A 之间的指数函数也极其显著

$$N_W = -270.51\ln(-V_0) + 1258.24 \quad (n = 18, r = 0.8305) \quad (5.156)$$

$$N_W = 937.37e^{-6.6376A} \quad (n = 18, r = 0.8209) \quad (5.157)$$

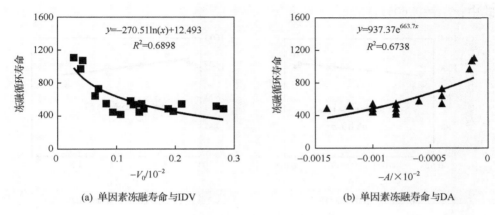

(a) 单因素冻融寿命与IDV　　　　　　　(b) 单因素冻融寿命与DA

图 5.129　在单段损伤模式条件下三掺 HPC 的单因素冻融寿命与 IDV 和 DA 的关系

（2）双段损伤模式。

当 HSC 的单一冻融损伤规律表现为双段损伤模式时，其单因素冻融寿命与损伤参数之间的关系如图 5.130 所示。结果表明，HSC 的 IDV 越大、SDV 越负、DA 越大时，其单因素冻融寿命越短。经过回归分析，在双段损伤模式条件下 HSC 的 N_W 与 IDV(V_{01}) 和 V_{02} 之间具有一定的线性关系，而 N_W 与 A 之间则具有比较显著的线性关系。

2）冻融与腐蚀双重因素作用

（1）单段损伤模式。

在冻融与腐蚀双重因素作用下，当 HSC-HPC 的损伤失效过程表现为单段损伤模式时，其双因素冻融寿命与损伤参数之间的关系见图 5.131。其中，掺加 PF 纤维的双掺合三掺 HPC 在 30%～50%RH 条件养护的 3 个数据偏离数据群（用■表示）。可见，在单段损伤模式下，根据 37 个数据点的趋势，HSC-HPC 的双因素冻融寿命与 IDV 之间的相关性不明显，但是它与 DA 之间的关系是非常明确的，基本规律是混凝土的 DA 越大，其双因素冻融寿命越短。

（2）双段损伤模式。

当 HSC-HPC 在冻融与腐蚀双重因素作用下的损伤失效过程表现为双段损伤模式时，其双因素冻融寿命与损伤参数之间的关系如图 5.132 所示。可见，在双段损伤模式时，HSC-HPC 的 IDV 越大、SDV 越负、DA 越大，其双因素冻融寿命越短。回归分析表明，在双段损伤模式条件下，HSC-HPC 的双因素冻融寿命（N_B）

与 V_{01} 之间的关系不是很密切,但是,N_B 与 V_{02} 之间存在显著的对数函数关系,N_B 与 A 之间则存在显著的指数关系。其关系式如下:

$$N_B = -212.13\ln(-V_{02}) + 2184.29 \quad (n = 17, r = 0.6117) \quad (5.158)$$

$$N_B = 1587.9\mathrm{e}^{-2.32A} \quad (n = 17, r = 0.6464) \quad (5.159)$$

式中:$r_{0.01} = 0.6055$。

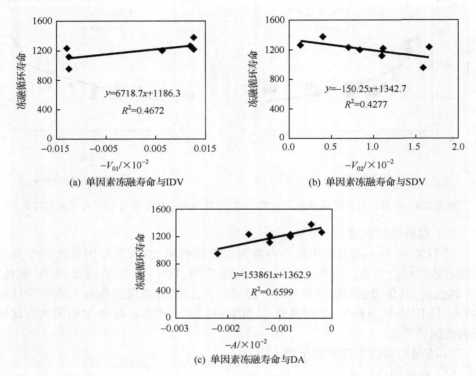

(a) 单因素冻融寿命与IDV

(b) 单因素冻融寿命与SDV

(c) 单因素冻融寿命与DA

图 5.130　在双段损伤模式条件下 HSC 的单因素冻融寿命与 IDV、SDV 和 DA 之间的关系

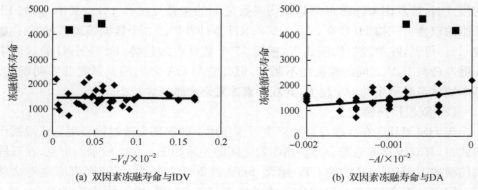

(a) 双因素冻融寿命与IDV

(b) 双因素冻融寿命与DA

图 5.131　在单段损伤模式条件下 HSC-HPC 的双因素冻融寿命与 IDV 和 DA 之间的关系

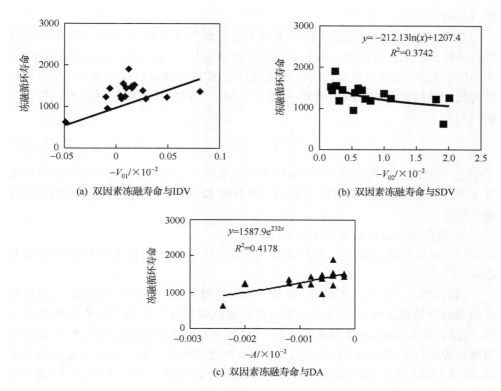

图 5.132　在双段损伤模式条件下 HSC-HPC 的双因素冻融寿命与 IDV、SDV 和 DA 之间的关系

8. 基于损伤演化方程的混凝土服役寿命的设计与预测方法、试验体系

1) 混凝土服役寿命的计算方法

混凝土的寿命与其损伤失效过程息息相关,在描述混凝土损伤过程的式(5.124)、式(5.129)和式(5.130)中,当相对动弹性模量等于 60% 时,即可得到混凝土在一定耐久性试验条件下的加速试验寿命。

当冻融破坏是影响混凝土结构失效的主要耐久性因素时,可以借助中国水利科学院和南京水利科学院调查的全国不同地区混凝土室内外冻融循环次数之间关系,计算混凝土结构的服役寿命

$$t = \frac{kN}{M} \tag{5.160}$$

式中:t 为混凝土结构的服役寿命(a);k 为冻融试验系数,即室内一次快速冻融循环相当于室外自然冻融循环次数的比例,平均值一般可取 12;N 为混凝土在实验室的快速冻融寿命(次);M 为混凝土结构在实际环境中 1a 可能经受的冻融循次

数（次/a）。

当腐蚀破坏是影响混凝土结构失效的主要耐久性因素时，混凝土的腐蚀过程受侵蚀性离子的扩散控制。根据菲克第一扩散定律，扩散时间与环境的侵蚀性离子浓度成反比，如果忽略腐蚀的化学反应时间，扩散时间就可以近似于化学腐蚀导致混凝土结构失效的时间。因此，借助菲克第一扩散定律能够计算混凝土结构的服役寿命

$$t = \frac{c_0}{c}t_0 \tag{5.161}$$

式中：t 为混凝土结构的服役寿命；t_0 为实验室快速试验时混凝土相对动弹性模量等于 60% 的腐蚀时间；c 和 c_0 分别为实际环境水和快速试验时腐蚀溶液的侵蚀性离子浓度。

2）服役寿命设计的前期准备工作

（1）建立不同混凝土在各种腐蚀、冻融条件下损伤演化方程的基本参数数据库。

目前，根据大量的试验结果，获得了强度等级 C30～C80 的素混凝土、钢纤维和高强高弹模聚乙烯纤维增强混凝土在冻融或腐蚀条件下的单因素损伤演化方程，弯曲荷载与冻融、在盐湖卤水或 NaCl、Na_2SO_4 溶液中的冻融与腐蚀、干湿循环与腐蚀等条件下的双因素损伤演化方程，以及先碳化后冻融与内蒙古盐湖卤水腐蚀、弯曲荷载与冻融和盐湖卤水或 NaCl、Na_2SO_4 溶液腐蚀等条件下的三因素损伤演化方程，建立损伤初速度和损伤加速度的数据库。

（2）研究不同混凝土在冻融或腐蚀条件下损伤参数与其原材料、配合比和养护条件之间的相关关系。

通过混凝土在单一冻融、单一的盐湖卤水或 NaCl 及 Na_2SO_4 溶液腐蚀、冻融与盐湖卤水腐蚀、先碳化后冻融与内蒙古盐湖卤水腐蚀等条件下的大量试验，根据相关分析和回归分析，初步建立混凝土冻融或腐蚀的损伤初速度和损伤加速度等参数与其原材料、配合比和养护条件之间的关系式，确立影响混凝土冻融或腐蚀损伤的因素规律性。

（3）建立混凝土的单因素、双因素和多因素损伤失效模式的线性判别函数。

根据混凝土的原材料、配合比和养护条件等特征，运用判别分析方法建立了混凝土在各种复杂的腐蚀或冻融条件下损伤失效模式的判别函数。

3）服役寿命设计的基本步骤

第一步，根据工程当地的气候、水文地质条件及结构用途，确定实际工程可能遭受的主要耐久性破坏因素，尤其应该注意荷载因素的影响。

第二步，根据混凝土的原材料、配合比和养护条件等初始条件，由损伤模式判别函数确定混凝土的冻融或腐蚀损伤失效模式。

第三步,根据已经建立的混凝土损伤参数与其原材料、配合比和养护条件之间的相关公式,进一步确定损伤初速度和损伤加速度等参数,得到混凝土的损伤演化方程。

第四步,根据损伤演化方程,计算当相对动弹性模量等于 60% 时混凝土在快速试验条件的寿命。

第五步,依据式(5.160)或式(5.161)计算混凝土结构在实际服役条件下的服役寿命。

4) 服役寿命预测的试验工作和基本思路

(1) 与服役寿命设计的第一步相同,首先要确定实际工程在荷载、环境和气候等因素作用下的主要耐久性破坏因素。

(2) 考虑工程的服役条件下,优选在实验室进行的快速耐久性试验方案。

对于北方地区:一般大气暴露条件可选择进行荷载与冻融双重因素试验,地下结构如没有腐蚀性可进行荷载与冻融双重因素试验,如有腐蚀性可进行荷载与腐蚀双重因素或荷载与腐蚀和冻融三重因素试验,腐蚀介质可选用实际环境水;对于冬季撒除冰盐的高速公路或城市立交桥,可进行荷载与冻融和 3% NaCl 溶液腐蚀三重因素试验。

对于南方地区:考虑冻融破坏的工程可进行荷载与冻融双重因素试验,不考虑冻融的工程或地下结构可进行荷载与腐蚀双重因素试验。为了加快损伤失效过程,得到完整的损伤曲线,必须提高腐蚀介质的浓度,常用 5% Na_2SO_4 溶液或硫酸盐与氯盐的混合溶液。

(3) 根据实际原材料、配合比和养护条件,设计制作混凝土试件,进行上述的多因素耐久性加速试验,得到混凝土在快速试验条件下的损伤演化方程。

(4) 最后两步与服役寿命设计第四步和第五步相同,预测出混凝土结构的服役寿命。

9. 损伤演化方程在重大土木工程混凝土结构服役寿命预测中的应用

这里通过试验探讨了损伤演化方程在预测青海盐湖某工程、南京地铁和润扬大桥等国家重大工程服役寿命中的应用问题。

1) 原料与试验方案设计

(1) 南京地铁的原材料和配合比。

南京地铁工程采用的主要原材料分别为:天宝 32.5P.O 水泥,华能 I 级粉煤灰,江南 S95 磨细矿渣,中砂,5～31.5mm 碎石,江苏省建筑科学研究院专为南京地铁工程特供的 JM-Ⅲ 复合外加剂。混凝土的设计强度等级为 C30,抗渗标号 P8,其配合比见表 5.25,基本性能见表 5.26。在实验室进行快速耐久性试验时,采用的粗集料为 5～10mm 碎石。

表 5.25　南京地铁 C30P8 高性能混凝土配合比

编号	Fa	Sl	w/b	配合比/(kg/m³)						
				C	Fa	Sl	JM-Ⅲ	S	G	W
C30R	0	0	0.408	350	0	0	30	760	1140	155
C30F35	35	0	0.385	240	133	0	30	716	1121	155
C30S50	0	50	0.408	160	0	190	30	752	1128	155
C30F30S20	30	20	0.388	179	114	76	30	718	1123	155

表 5.26　南京地铁 C30P8 高性能混凝土基本性能

编号	坍落度/mm	含气量/%	抗压强度/MPa			
			3d	7d	28d	90d
C30R	200	4.9	14.2	35.8	47.8	58.0
C30F35	230	5.5	6.7	23.7	36.9	51.6
C30S50	210	4.6	—	30.9	39.5	48.8
C30F30S20	230	6.2	—	23.7	37.1	42.8

（2）润扬大桥的原材料和配合比。

润扬大桥采用的主要原材料见表 5.27,采用南京江南水泥厂生产 P.O 42.5R 水泥,Ⅰ级粉煤灰,江苏江南粉磨公司的 S95 级磨细矿渣,比表面积 461m²/kg,江苏省建筑科学研究院生产的 JM-Ⅷ型萘系高效减水剂,南京河沙,中砂,花岗岩的最大粒径为 16mm,5～16 连续级配。配合比见表 5.28,混凝土的基本性能见表 5.29。其中,XL 代表箱梁,ST 代表索塔,DS 代表墩身,MD 代表锚碇,H1、F1 和 F2 代表工程不同标段的原始配比,KY 代表科研项目组提出的配比。

表 5.27　试验用原材料

编号	水泥	粉煤灰	砂	碎石	外加剂
XLH1	江南 42.5P.O	—	赣江中砂	花岗岩	JM-Ⅷ
XLKY	江南 42.5P.O	华能Ⅰ级灰	赣江中砂	花岗岩	JM-Ⅷ
STF1	江南 42.5P.O	谏壁Ⅰ级灰	赣江中砂	花岗岩	JM-Ⅷ
STKY	江南 42.5P.O	谏壁Ⅰ级灰	赣江中砂	花岗岩	JM-Ⅷ
DSH1	华新 42.5P.O	—	赣江中砂	花岗岩	JM-Ⅷ
DSKY	华新 42.5P.O	华能Ⅰ级灰	赣江中砂	花岗岩	JM-Ⅷ
MDF2	中国 32.5P.O	谏壁Ⅱ级灰	赣江中砂	石灰岩	JM-Ⅷ

表 5.28 润扬大桥的混凝土配合比

编号	Fa/%	混凝土配合比/(kg/m³)						备注
		水泥	粉煤灰	砂	碎石	水	外加剂	
XLH1	0	500	0	649	1104	151	7.0	H1 标用
XLKY	12	450	60	626	1112	151	7.2	科研组提
STF1	10	470	52	645	1030	155	7.83	F1 标用
STKY	18	425	90	650	1072	155	7.73	科研组提
DSH1	0	420	0	692	1127	150	5.04	H1 标用
DSKY	20	344	84	644	1128	150	5.14	科研组提
MDF2	37	226	134	751	1147	148	3.60	F2 标用

表 5.29 润扬大桥的混凝土抗压强度

编号	抗压强度/MPa			
	3d	7d	28d	90d
XLH1	41.5	68.8	75.1	87.4
XLKY	40.5	68.0	73.2	82.0
STF1	39.0	65.1	71.3	87.8
STKY	35.2	55.7	63.2	73.7
DSH1	42.1	66.3	70.1	78.2
DSKY	33.9	60.5	70.1	84.2
MDF2	13.5	29.3	42.6	53.8

（3）南京地铁和润扬大桥服役寿命预测时的试验方案。

① 南京地铁的多因素耐久性试验。

南京地铁工程钢筋混凝土管片外围的环境水和土壤中含有轻微的氯离子和硫酸根离子，其浓度分别为 160ppm 和 142ppm，不足以导致钢筋锈蚀破坏，其寿命预测不能应用氯离子扩散理论。运用混凝土的损伤演化方程进行寿命预测时，必须提高环境介质的浓度以加速混凝土的损伤过程。由于南京地铁工程基本上不存在冻融问题，腐蚀可能是将来导致混凝土结构失效的主要耐久性因素。因此，快速耐久性试验以腐蚀为基础。鉴于氯盐能够缓解硫酸盐对混凝土的腐蚀作用，为了可靠地预测结构的服役寿命，试验可以不必考虑氯盐对混凝土腐蚀的影响，最终确定 5%Na_2SO_4 溶液为腐蚀介质，进行了不同混凝土的弯曲荷载与硫酸盐腐蚀双重因素试验，加载比例为 35%弯曲破坏荷载。

② 润扬大桥的多因素耐久性试验。

润扬大桥不同的混凝土结构部位，所受到的耐久性破坏因素有很大的差异，对于箱梁和索塔,其保护层厚度分别为 25mm 和 75mm,箱梁的关键部位的保护层厚度也达到 75mm。根据同期进行的加载＋碳化试验结果,预测其碳化寿命高达几千年以上,这说明箱梁和索塔混凝土的主要耐久性破坏因素决不是碳化。根据江苏的气候条件,在使用过程中影响混凝土耐久性破坏的主要因素是冻融,考虑到荷载对冻融的影响,进行了 35％弯曲荷载与冻融双因素耐久性试验。混凝土的配合比包括工程指挥部原来的配合比和科研组提出的新配合比。

对于大桥的墩身和锚碇部位的混凝土,靠近地表附近同时受到冻融、干湿等因素的作用,这部分混凝土的耐久性问题最大。由于地下水土含有轻微 Cl^- 和 SO_4^{2-},因此墩身和锚碇混凝土的主要耐久性破坏因素是在实际服役条件下的腐蚀与冻融破坏。为了加快混凝土的损伤速度,试验采用含 3.5％NaCl 与 5％Na_2SO_4 的复合溶液,对不同配比混凝土进行 35％弯曲荷载与冻融和腐蚀多因素耐久性试验。这样,实际工程寿命在理论上不会低于在高浓度复合溶液的多重因素作用下的寿命。可见,对于大桥的墩身和锚碇,按这种方法预测的服役寿命是偏于保守的。

2) 用损伤演化方程预测西部盐湖地区重点工程混凝土结构的服役寿命——青海盐湖某工程

青海盐湖某工程分两期建设,在 20 世纪 90 年代初建成的 I 期工程中采用的是强度等级 C30 的 OPC,在 2003 年底建成的 II 期工程中主要采用油毡隔离的方法,对与地面接触的交界面处 OPC 进行防护,适用了部分强度等级 C40~C50 的 HSC。混凝土在青海盐湖卤水的单一腐蚀因素、干湿循环与腐蚀双重因素作用下,通过试验确定 OPC(强度等级 C30)和 HSC(强度等级 C70)的损伤失效模式均为单段损伤模式,测定的损伤初速度和损伤加速度如表 5.30 所示。结果表明,当考虑实际环境每 2 天发生 1 次干湿循环,则青海盐湖某 I 期工程 OPC 的实际寿命只有 1.29~2.19a,这与本书前面讲到的抗压腐蚀系数低(0.44~0.65)是非常吻合的。在 II 期工程试用的 HSC,其服役寿命有所延长,但是即使强度等级达到 C70,如果不采取防护措施也仅 2.4~3.33a 的寿命,其抗压腐蚀系数不高(0.65~0.81)也表明,HSC 在青海盐湖地区是不耐久的,青海盐湖某工程 II 期在设计时仍然存在诸多不足。

表 5.30　青海盐湖某工程混凝土的损伤参数及其预期服役寿命

工程	编号	条件	损伤参数/$\times 10^{-4}$		试验寿命	预测使用寿命/a
			b	c		
一期	OPC	腐蚀	−5	0	800d	2.19
	OPC	干湿循环与腐蚀	−17	0	235 次	1.29
二期	HSC	腐蚀	4	−0.012	1215d	3.33
	HSC	干湿循环与腐蚀	4	−0.06	438 次	2.4

3) 用损伤演化方程预测东部地区重大土木工程混凝土结构的服役寿命——南京地铁和润扬大桥。

(1) 南京地铁工程的预期服役寿命。

图 5.133 是南京地铁混凝土在 35% 弯曲荷载与 5% Na_2SO_4 溶液腐蚀的双因素损伤失效过程。根据回归分析,得到的损伤演化方程见表 5.31。在寿命预测时,首先将 $E_r = 60\%$ 代入损伤演化方程中,得到不同混凝土在实验室快速试验条件下的加载腐蚀寿命,然后根据式(5.156)就可以算出南京地铁工程不同配合比混凝土的预期服役寿命。结果表明,不掺工业废渣的 C30R 混凝土,其服役寿命仅有70a,当采用掺加 35% Ⅰ 级粉煤灰、50% 磨细矿渣或者复合掺加 30% Ⅰ 级粉煤灰和20% 磨细矿渣的高性能混凝土时,地铁工程的服役寿命均能达到 100a 的设计要求。

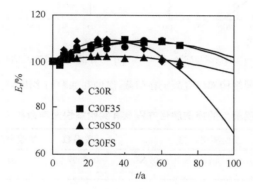

图 5.133 南京地铁混凝土在 35% 弯曲荷载与 5% Na_2SO_4 溶液腐蚀双重因素作用下的损伤失效过程

表 5.31 南京地铁工程混凝土的损伤演化方程及其实验室快速寿命和工程的预期服役寿命

配比编号	损伤演化方程	相关系数	快速寿命/d	工程寿命/a
C30R	$E_r = 100 + 0.5588t - 0.0087t^2$	0.9291	107	70
C30F35	$E_r = 100 + 0.3548t - 0.0036t^2$	0.9337	166	108
C30S50	$E_r = 100 + 0.1116t - 0.0017t^2$	0.8974	190	124
C30F30S20	$E_r = 100 + 0.3156t - 0.003t^2$	0.9101	179	117

(2) 润扬大桥的预期服役寿命。

图 5.134 是润扬大桥箱梁、索塔、墩身和锚碇混凝土在 35% 弯曲荷载与冻融双重因素,以及 35% 弯曲荷载与冻融和 3.5% NaCl、5% Na_2SO_4 复合溶液腐蚀三重因素条件下的损伤失效过程。回归得到的损伤失效演化方程见表 5.32。在损伤演化方程中令 $E_r = 60\%$,即可求得不同结构部位混凝土在实验室加速试验条件

下的快速冻融寿命。南京地区每年的自然冻融循环次数约为 20 次,混凝土在实验室快速冻融 1 次循环相当于自然条件下 12 次循环。因此,依据式(5.160)预测润扬大桥箱梁、索塔、墩身和锚碇混凝土的预期服役寿命均能够超过 100 年设计要求(见表 5.32)。

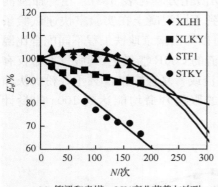 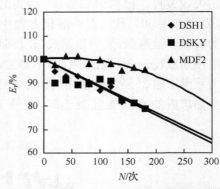

(a) 箱梁和索塔,35%弯曲荷载与冻融　　(b) 墩身和锚碇,35%弯曲荷载与冻融和复合溶液腐蚀

图 5.134　润扬大桥不同结构部位混凝土在荷载、腐蚀和冻融的多因素条件下的损伤失效过程

表 5.32　润扬大桥混凝土的损伤演化方程及其实验室快速寿命和工程的预期服役寿命

配比编号	损伤演化方程	相关系数	快速寿命/次	工程寿命/a
XLH1	$E_r = 100 + 0.0975N - 0.0007N^2$	0.9097	319	191
XLKY	$E_r = 100 - 0.0675N$	0.9522	593	356
STF1	$E_r = 100 + 0.0915N - 0.0007N^2$	0.9090	313	188
STKY	$E_r = 100 - 0.1971N$	0.9721	203	122
DSH1	$E_r = 100 - 0.1202N$	0.9679	333	200
DSKY	$E_r = 100 - 0.1145N$	0.8949	349	209
MDF2	$E_r = 100 + 0.0229N - 0.0003N^2$	0.9108	405	243

5.5.4　基于水分迁移重分布的混凝土冻融循环劣化理论、冻融寿命定量分析与评估模型

1. 混凝土冻融循环劣化机理分析

1) 混凝土的冻融劣化过程分析

抗冻性一直是混凝土耐久性研究的一个热点。经过几十年的研究,提出了很多种混凝土的冻融破坏机理,比较有影响的有水压力理论、渗透压理论、热膨胀理论、极限饱水值理论、孔结构理论以及微冰晶(micro-ice-lens)理论等。每个理论都

有一定的理论基础,但至今尚未达成共识,实际情况很有可能是各种理论综合作用于混凝土,导致冻融劣化。其实混凝土的冻融劣化是一个复杂的物理疲劳过程,要全面理解这个过程,必须对每个细节进行分析。综合已有的各种理论,对混凝土的冻融循环劣化过程描述如下。

(1) 描述对象。

实际工程和试验研究中遭受冻融的混凝土结构或试件,一般情况下一个或多个外表面(以下称该面为冻融面)接触冷(热)源,温度变化从该外表面开始,随热量向内部传递,在试件或构件中发生冻融。显然,由于热量传递需要一定的时间,远离冻融面处的温度变化总是滞后于靠近冻融面处的温度变化,并且远离冻融面处的冻融极限温度低(高)于靠近冻融面处极限温度。由于温度变化的滞后作用,随着到冻融面的距离不同,试件或构件中存在一个温度梯度。有些构件可能四周全部暴露在外,都接触热源,但是从构件表面至核心依然存在温度差或者温度梯度。温差是热量传递的充要条件,可以认为,冻融过程中的热量传递是从冻融面到远离冻融处单向传热。所以,如图 5.135 所示,描述的冻融过程可以简化为单向热传导过程。

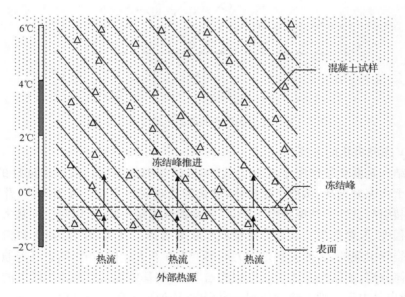

图 5.135　混凝土试件受冻融作用示意图

按照 GBJ 82—1985"快冻法"或最常用的 ASTM C666A 方法进行冻融循环试验时,试件浸泡于水中,外表面与水接触,冻融过程中热量传递的方向是从外表面到试件中心。实际工程中容易遭受冻融破坏的构件,一般也是冻融面与水接触,如冬天积雪或结冰桥梁、公路路面、大坝的迎水面、涵洞等,热量传递方向是从冻融面到结构内部或相对的非冻融面。

孔和缝隙是孔溶液中各种腐蚀、劣化介质侵入混凝土的通道,造成混凝土冻融劣化的水分也是通过孔隙存在、迁移和作用于混凝土基体的。以下主要考虑孔隙和其中水分的简化冻融单元如图 5.136 所示。混凝土试件下表面浸于水中,同时水也是冻融循环的热源,热源与试件内部存在温度差,发生热量传递,形成温度梯度,试件中存在各种孔隙,并且孔隙中有孔溶液。

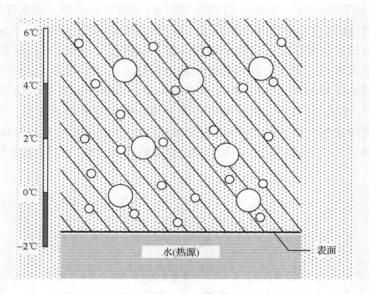

图 5.136 受冻融作用的混凝土试件单元示意图

(2) 冻融劣化的表征。

冻结和融解交替作用于混凝土试件时,试件中的温度场发生周期性的变化。经过若干次冻融循环,试件产生劣化,劣化的宏观表现主要有表面剥落、开裂和膨胀。开裂引起试件的共振频率下降,导致动弹性模量下降,所以对于冻融劣化一般用剥落程度(质量损失)、动弹性模量或膨胀率表征。其实,开裂、剥落和膨胀都是由于微裂缝引起的,表面剥落是因为局部严重存在大量微裂缝,微裂缝连通导致局部与基体分离;膨胀是基体中微细裂缝增多,导致基体疏松宏观体积增大的一种表现;开裂也是由于微细裂缝增加到一定程度,连通形成较大的裂缝导致的。虽然表面剥落、动弹性模量变化和膨胀都是由于微裂缝引起的,但这三个指标反映不同特征的微裂缝:表面剥落反映的是冻融过程中试件表面微裂缝开展的情况;动弹性模量反映的是试件的整体性和微裂缝的最大连通性;膨胀率则反映试件的平均开裂程度。实际工程和实验室测试中混凝土试件发生表面剥落表明,遭受冻融作用的混凝土中微裂缝开展并不均匀,差别很大,表面的微裂缝开展程度要比内部剧烈得多。剥落是剧烈开裂的表现,发生剥落说明剥落体已经由于微裂缝相互贯通,剥落部分与基体完全分离,该部分的微裂缝远远多于未剥落部分。如果试件中的裂缝开展基本均匀,那么试件中的裂缝发展到表面开始剥落时,冻融继续作用试件应该解体而不仅仅是表面剥落。

所以,冻融过程中混凝土试件表面的劣化比内部严重得多,这一点从层状剥落、层层推进的现象也得到证实。冻融劣化的一个必要条件是试件中有水分存在,试验证明,干燥的试件在冻融作用下不会劣化。冻融过程中的交替温度场作用下,试件内外水分进行重分布,向表层迁移,在表面形成高饱和度,导致表面剥落。这一点从以下的冻融过程分析可以得到证明。

(3) 冻融过程分析。

冻融循环过程可以分为冻结和融解两个阶段,即降温阶段和升温阶段。这两个阶段中,由于温度梯度、化学能差等原因,混凝土孔隙中的水分发生迁移,迁移的原理、方向初步分析如下。

① 初始状态。

按照 GBJ 82—85“快冻法”或 ASTM C666A 或者 CDF,冻融循环开始以前,试件浸泡于水中或溶液中饱和,对应的冻融分析单元状态为,表面浸于水中,单元中的温度均匀,处处相等,与水的温度相同,不存在温度梯度。单元内的孔隙吸水,小孔趋于饱和,大孔充水程度较低。即孔径越小,充水程度越高,孔径越大,充水程度越低,并且距离表面越近,充水程度越高,反之距离表面越远,充水程度越低。

② 降温阶段。

冻融循环开始以后,首先是降温冻结阶段,试件温度开始下降,由于热源在试件外部,其温度总是低于内外部温度,在试件中形成温度梯度。如果温度下降到0℃以下或者溶液冰点以下时,外部的环境水或溶液开始结冰。环境介质完全结冰以后,温度进一步降低,结冰面开始向单元内部推进,此时单元中形成冻结区和非冻结区,冻结区的孔隙溶液结冰,而非冻结区的孔隙溶液未结冰,或者冰点较高的大孔结冰而冰点较低的小孔未结冰,形成冰水共存的状态,如图 5.137 所示。

冰的化学能低于水的化学能,由于这个化学能差,非冻结区的水分会向冻结区迁移,其原理如同水从高处流向低处一样,生活中我们经常看到冰柜内水蒸气在靠近冷冻管部位冷凝结冰也是这个道理。在图 5.136 中所示的温度梯度作用下,靠近试件底部温度较低,结冰孔较多,上部结冰孔较少。水分的迁移趋势是从上部向下迁移,即从试件内部向表面迁移,但是水分并不能逸出试件,因为冻结区的通道和表面已经被冰堵塞,所以水分在冻结区聚集,即冻结区孔隙的充水程度提高,而非冻结区孔隙的充水程度下降。

试验和理论分析都证明,微细孔隙中水的冰点随孔径的减小而下降。同时试验也发现,混凝土中的孔隙孔径分布为从纳米级到毫米级,冰点变化范围也较大。

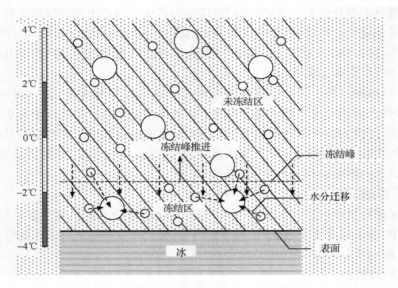

图 5.137　试件部分冻结时的水分迁移示意图

所以在降温过程中,大孔中的水分先结冰,小孔中的水分后结冰。当某一较大孔隙结冰以后,临近的小孔尚未冻冰,此时小孔中的水分会向结冰大孔迁移,原因和上述从非冻结区向冻结区迁移一样,是由于冰与水的化学能差所引起的。

　　这一迁移从热学原理也可以得到解释。众所周知,结冰是放热过程,融解是吸热过程。环境温度低于水的温度时,反应会向放热的方向进行,反之环境温度高时,反应会向吸热的方向进行。降温过程中未结冰小孔周围的温度较低,其中的水分有结冰的趋势,但不能马上结冰,所以可能向可结冰地点迁移。

　　水结冰以后体积会膨胀,所以先结冰部分的孔隙中压力会增大,大于未结冰孔的孔压,但是这个压力差并不能驱动水分从结冰孔向非结冰孔迁移,因为结冰以后水分相对被固定,不能逸出结冰孔。

　　温度继续下降,冻结面继续推进,直至冻融单元(包括试件和外部水分)全部处于结冰状态,如果温度足够低,所有孔隙中的水分(溶液)全部结冰,即使有温度梯度,也不会有水分迁移。

　　由以上分析可以看出,在降温冻结阶段,混凝土试件内部的水分迁移方向是:从非冻结区向冻结区(即从试件内部向表层)、从小孔向大孔。小孔失水引起干燥,有可能产生干燥收缩,进而导致干燥微裂缝。

　　③ 升温阶段。

　　假设温度达到最低点时,冻融单元处于完全冻结状态,然后开始升温融解。温度梯度发生变化,经过一定时间,温度梯度方向与降温时完全相反。当温度达到0℃或溶液冰点时,环境介质融解,然后融解面开始从试件表面向内逐渐推进,形成融解区和冻结区,如图 5.138 所示。

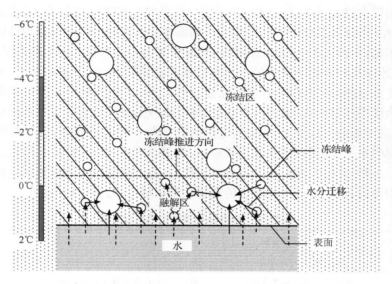

图 5.138　试件部分融解时的水分迁移示意图

　　融解的顺序是:试件外部的冰首先融解,离表面近的孔隙水比距离远的孔隙水先融解,小孔中的水比大孔中水先融解。冰融解以后体积会缩小,在孔中形成负压,从周围吸水。小孔最先融解,但是其融解负压不能从周围的大孔和冻结去吸取水分,因为周围的大孔和冻结区的结冰水尚未融解,其中的水分被固定而无法迁移。但是这时外部环境介质已经完全融解,靠近表面的小孔的融解负压可以从外部吸水,距离表面很近的孔隙依靠融解负压从外部吸水作用很强;离表面较远的孔融解后只能从相邻的离表面较近的孔吸水(图 5.137 中虚线箭头方向),平衡融解负压。从外部吸水以后,孔隙的充水程度会提高。

　　孔径较小的孔中结冰水先融解,从外部吸水,孔径较大的孔中结冰水后融解,融解负压不仅从外部吸水,同时从临近的先融解的小孔吸水(图 5.137 中实线箭头所示),充水程度提高。

　　与冻结过程类似,如果冰水共存,由于化学能的差异,水会从融解的孔向冻结孔迁移。但是水分由融解区向未融解区迁移非常有限,原因在于通向未融解区的迁移通道被冰晶堵塞。

　　温度继续上升,融解面向前推进,直至冻融单元全部融解,所有孔隙中的水分(溶液)全部融解,此时即使有温度梯度,也不存在水分迁移。当温度达到最高时,融解过程结束,开始下次冻融循环的降温冻结。

　　可见,升温融解过程中水分的迁移方向是从试件外部到内部,从小孔到大孔。

（4）冻融过程小结。

总结以上过程分析，冻融循环过程中，水分的迁移规律如表5.32所示。降温阶段，未结冰区向结冰区的迁移时，与冻结面相邻的孔隙中的水分穿越冻结面或向冻结面聚集，所经过的孔缝尚未冻结，通道数量多而且畅通，所以迁移作用强；同样，与结冰大孔相邻的小孔中的水分向结冰大孔距离近，化学能梯度大，大孔充水（冰）程度低，迁移通道畅通，迁移作用强；相对于相邻孔隙间水分迁移，水分从中心部位向表面层迁移距离"遥远"，平均化学能梯度小，所以迁移效应较孔间弱。升温阶段，当融解面向内推进时，表面层已融解孔隙与外界通道畅通，融解后的负压很快从外部吸水平衡，所以迁移作用很强；与降温阶段相同，已融解小孔向未融解大孔的水分迁移效应相当强；与降温阶段相比，升温时融解区与未融解区之间的水分迁移作用更弱，因为进入未融解区的通道被结冰堵塞，通道不畅通。

表 5.33 冻融循环过程中的水分迁移

项目	迁移方向		备注
降温阶段	未结冰区→结冰区	强	表层孔隙充水程度提高
	未结冰小孔→结冰大孔	强	大孔充水程度提高，小孔失水干燥，可能开裂
	中心→表面层	较弱	表层孔隙充水程度提高
升温阶段	试件外部→已融解孔	很强	总充水程度提高，表层孔隙充水程度提高
	已融解小孔→未融解大孔	强	大孔充水程度提高
	融解区→未融解区	弱	内部充水程度部分恢复

经过若干次冻融循环，以上过程重复多次以后，冻融单元的整体充水程度提高，尤其是表面层孔隙充水程度大幅度增加，中心部位充水程度有可能略有下降或变化不大。

（5）冻融劣化分析。

如前所述，混凝土冻融循环劣化的宏观表现主要是表面剥落、开裂和膨胀，一般用剥落程度、动弹性模量、膨胀率表征，开裂、剥落和膨胀都是由于微裂缝引起。冻融循环过程引起混凝土产生微裂缝的可能原因有：温度变化导致的不均匀膨胀、温度梯度、水分迁移压力、结冰膨胀压力、失水干燥等。各种冻融机理给出了不同的解释，如直观分析，混凝土中产生裂缝的原因只有两种：一是混凝土内部产生拉力作用导致开裂，二是自身产生不均匀变形。根据冻融循环作用下混凝土表层开裂异常严重导致剥落和干燥的混凝土试件受冻融作用下不劣化的情况分析（温度变化导致的不均匀膨胀、温度梯度等引起的），不均匀变形显然不是冻融劣化的主要原因，而且冻融劣化肯定与水分的存在有直接关系。所以，混凝土的冻融劣化是由于在混凝土内部产生拉应力，造成混凝土开裂所致。结合混凝土冻融循环过程分析，混凝土的冻融劣化过程可以从以下几个方面描述。

① 小孔失水干燥开裂。

冻融循环过程中,由于冰水之间的化学能差,未结冰小孔中的水分会向相邻的结冰的大孔迁移,使小孔失水,导致小孔部位局部干燥,进而导致局部收缩,受到周围混凝土的约束,产生拉应力,在小孔处形成微裂缝。这种干燥微裂缝可能非常细小,一是因为孔隙之间水分迁移速率缓慢,虽然相邻的孔隙之间的水分迁移作用强,但是在一个冻融循环内的有效迁移时间有限,尤其是在实验室条件下,冻结面的推进速率较快,未结冰孔在较短时间内就达到结冰状态,化学能差消失,迁移停止;二是因为失水的孔隙孔径很小,干燥区域极小,绝对收缩微乎其微,低于产生开裂所需要的收缩值。

小孔失水干燥收缩引起的裂缝非常有限,温度梯度引起的不均匀变形也不能对混凝土造成明显损伤,所以导致混凝土的开裂的主要因素是在混凝土中产生了拉应力。

② 大孔饱和冻结膨胀开裂。

由于冰点受到孔径的影响,相同位置的大小孔隙并不在同一时间冻结(融解),形成冰水共存的状态,冰水之间化学能差导致水分迁移,大孔充水程度提高,尤其是表面层的大孔,经过若干次冻融循环,由于外部有足够的水分来源,内部水分也向表面层集中,有可能充水程度很高甚至达到饱和。这时冻结结冰会对孔壁产生压力,在基体中产生拉应力,当结冰压力达到一定程度,基体中的拉应力超过抗拉极限,就可能产生裂缝,对混凝土造成劣化和破坏。

虽然表面层产生裂缝的可能性最大,如果混凝土内部存在较大孔隙,其冰点降低很少,经过冻融也可能在其周围形成裂缝。在一个冻融周期内,大孔结冰以后相当长时间内其周围小孔都未冻结,小孔内水分不断向大孔迁移,大孔也可能达到饱和,下次冻结时对孔壁产生压力,在基体中形成拉应力,最终导致混凝土劣化或破坏。

冻融循环过程中由此产生的裂缝使混凝土试件的有效截面面积减少,导致横向刚度下降,动弹性模量降低。如果裂缝相互连通,形成封闭的开裂面,则被开裂面所包围的部分会与试件分离。如果试件中的裂缝均匀分布,那么当裂缝形成封闭曲面时,试件会发生解体,而不仅仅是表面剥落。经过冻融循环,表面形成层状剥落,说明表面层开裂非常剧烈,裂缝大部分连通,其原因分析如下。

③ 表面剥落的原因。

前面已经提到,冻融循环过程中的水分迁移趋势是向大孔迁移,向表面层迁移,表面层孔隙融解形成负压吸水时由于外部水源充分,很容易达到饱和,导致冻融时产生裂缝,形成破坏。可见,表面层孔隙冻融时导致周围基体的开裂,比内部孔隙容易得多,这是导致表面剥落的一个重要原因。同时应该注意到,外部水分来源是影响冻融循环表面剥落的一个关键因素。

另外,冻融时大孔内形成孔压时,表面层大孔与内部大孔受到周围的约束不同。对于内部孔隙,孔压增大产生变形时受到三向约束,因为相对于孔径,周围基体可看做无限大,对孔隙变形的约束很强,达到开裂需要的孔压可能远大于没有约束时需要的孔压。对于表层孔隙而言,情况大不相同,在与表面平行的两个方向上周围基体也可看做无限大,约束很强,但是在与表面垂直的方向上,表面一侧几乎没有约束,在该方向产生变形要容易得多,所以冻结时如果孔隙压力增大。首先在该方向上发生垂直于表面方向,该方向的变形会产生平行于表面的裂缝,裂缝容易产生而且方向一致,使得裂缝很容易连通,如果处于同一深度的裂缝连通,就会导致如试验中观察到的层状剥落。

表面层孔隙容易达到吸水饱和,垂直于表面方向表面层孔隙受到的约束小。这两个特点都是内部孔隙所不具备的,也正是这两个特点导致经受冻融循环时表面开裂非常剧烈而内部开裂比较温和,所以会产生严重的表面剥落而混凝土并不解体。

④ 表层与内部开裂分析。

相对于表面层而言,向内部大孔迁移的水源要少得多,内部孔隙周围的约束也强得多,所以冻融循环引起的内部裂缝远少于表面层。内部裂缝的方向是随机的,而表面层裂缝的方向有平行于表面的趋势。这两种裂缝对动弹性模量有不同的影响,根据其测试方法,动弹性模量由试件的横向振动频率计算得到,显然横向振动频率主要受到横截面积的影响。如果认为与横截面方向一致的开裂面积对动弹性模量没有贡献,为无效横截面积,那么平行于表面的表层裂缝对有效横截面积影响较小,而随机发展内部裂缝对有效横截面积影响很大。所以表层剥落对混凝土动弹性模量变化影响较小,而内部开裂对动弹性模量变化影响很大。虽然表面剥落也会使横截面积减小,但是一般情况下剥落层很薄,横截面积减小有限,而内部开裂有可能造成开裂面与横截面方向一致,对动弹性模量形成关键性影响。这也解释了虽然内部开裂较少,但是试验中很多情况下混凝土都是因为内部开裂导致动弹性模量下降而劣化破坏。

另外,内部孔隙由于受到周围的约束非常强,达到开裂时基体中由孔隙冻结结冰导致的应力远大于基体本身的强度,很大部分应力被周围的约束平衡。随着应力积累,一旦达到开裂,周围的约束瞬间失效,裂缝会急速发展,形成类似于脆性破坏的劣化。如果在相距不远的位置发生几个这样的脆性开裂,则有可能导致试件断裂,试验中也发现了混凝土试件在冻融循环作用下突然横向断裂的现象,证明了这种内部脆性开裂的可能性。相对于内部开裂的脆性而言,表面层混凝土的开裂是延性的,因为有一个方向几乎没有约束,容易开裂,孔隙中的压力可以得到及时释放,虽然导致表面剥落,但不能形成脆性开裂。

分析混凝土冻融循环劣化的过程,实际上是混凝土孔隙水发生迁移重分布的过程,迁移的驱动力是冰水之间的化学能差,迁移的方向是从小孔向大孔、从内部向表层、从试件外部向表层迁移,迁移的结果是大孔饱和度提高,表层孔隙饱和度提高。冻融循环劣化是由于小孔失水干燥开裂、大孔饱和冻结开裂,表层孔隙易于开裂和充足的外部水分来源是冻融循环表面剥落的主要原因,冻融循环过程中的动弹性模量下降是由于内部开裂引起,内部孔隙受到周围基体约束导致应力积累是脆性开裂劣化的原因。

2. 混凝土冻融循环劣化模型的建立

在充分理解混凝土性能变化规律的基础上,用数学方法将这些规律归纳总结,即建立损伤劣化模型,以便于实践应用。因为模型对于工程的指导意义重大,同时有助于理解混凝土性能变化规律,所以对于模型的研究一直是个热点,众多专家学者建立了各种混凝土性能变化规律的模型。根据其建立方法的不同,这些模型可以分为两类:第一类是基于混凝土性能劣化机理建立的模型,如基于菲克第二定律建立的氯离子扩散模型,基于气体渗透规律建立的碳化模型;第二类是基于试验结果的统计模型,这类模型各种各样,不同的试验方法,不同的混凝土使用环境,或者不同的混凝土配比或材料,可以建立不同的模型。这两类方法各有优劣,第一类方法的优点是与机理直接相关,对混凝土性能演变有好的解释性,条件变化时调整模型依据充分;缺点是必须对机理有正确的认识,对性能变化各个环节的细节了解充分,所以建立模型的难度较大,且有可能模型形式复杂,不便应用。统计模型形式简单易用,但用于建立模型的统计数据是特定的工程或试验条件下获得的混凝土性能演变数据,如果条件变化,原来建立的模型则不一定适用,即模型的适用条件较为苛刻。

从模型的准确性方面考虑,第一类模型更有价值。文献综述中已经提到,目前研究较多、相对比较完善的基于机理的模型是氯离子扩散模型和碳化模型。而对于混凝土抗冻性,本节将建立基于机理分析的试验条件下劣化迭代模型,以后可以根据试验制度与实际环境差异,将模型推广到实际混凝土应用环境。

1) 混凝土冻融循环劣化模型的建立

与氯离子扩散、碳化等劣化不同,冻融循环是一个"循环"过程,混凝土达到破坏要经历很多个循环,相对于正常条件下的混凝土环境,每个循环内混凝土所处环境变化巨大。按照 GBJ 82-85 或 ASTM C666 A 试验方法,短时间内温度从+7℃下降到-17℃或从-17℃升温至+7℃,如果用一个表达式描述在这种条件下的经过多次冻融循环后混凝土的性能,显然不能完整描述整个过程。为此,根据前面对冻融循环过程的分析,建立基于冻融循环损伤的迭代模型,即分析每个循环的各个阶段混凝土内孔隙中水分的迁移,根据孔隙充水程度判断冻结时是否对基体造成压力及压力大小,进而分析开裂情况和损伤程度,每经过一个冻融循环,这些参数都会有所变化,模型迭代即进行一次,直至混凝土劣化达到破坏。

(1) 水分迁移模型。

水分迁移模型是建立冻融损伤迭代模型的基础。水分存在于混凝土孔隙中,水分迁移是孔隙之间的迁移。假设孔径分别为 R_1、R_2($R_1 > R_2$),距离为 S 的两个孔(图 5.139),其中含水率分别为 A_1、A_2。

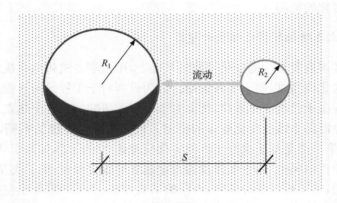

图 5.139　孔间水分迁移单元

由于冰点不同,冻结时大孔中的水先结冰,小孔中的水后结冰,融解时小孔中的结冰水先融解,大孔中的结冰水后融解。当大孔中为冰,小孔中为水时,水分从小孔向大孔迁移,即小孔为水源孔,大孔为目标孔。迁移速率受距离、充水程度、两孔的连通性、温度、温差、迁移通道等因素影响。显然,距离越远,迁移越慢;水源孔水越多(即小孔充水程度越高),迁移越快;温度越高,迁移越快;连通性越高,迁移越快;温差越高,迁移越快;迁移通道越大,迁移越快。距离、温差、水源孔充水程度、连通性等的影响易于理解。温度影响水的黏度,黏度影响迁移速率,黏度越大,迁移越慢;迁移通道的影响主要考虑通道壁对迁移水的吸附,如果通道足够细小,那么通道壁对水分的吸附作用显然不能忽略,这种吸附作用类似于阻尼(以下称为迁移阻尼),当通道非常细小时,迁移阻力很大,即迁移阻尼越大,迁移速率越慢。

根据以上分析,可以假设孔间水分迁移速率 F_r 与水源孔充水程度 A、连通性 C、孔间温差 ΔT 成正比,与距离 S、黏度 V、迁移阻尼 D 成反比,可以用下式表示:

$$F_r = k_1 \frac{AC\Delta T}{SVD} \tag{5.162}$$

式中: k_1 为系数。

根据流体力学理论,水的黏度可以表示为

$$V = \exp\left(\frac{100}{T+273} - 0.37\right) \tag{5.163}$$

这里,连通性的定义如图 5.140 所示。

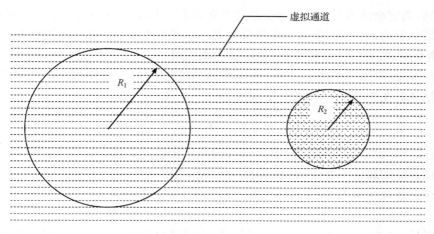

图 5.140 孔隙连通性定义

假设在混凝土基体中存在虚拟的管道,这些密布的虚拟管道将不同的孔隙连接起来,孔间物质迁移就是通过这些管道迁移的,那么连接两个孔隙的管道越多,物质迁移速率就越快,可认为其连通性越高,所以可定义两个孔隙的连通性为连接虚拟管道的多少。假设这些虚拟管道在水泥基中是均匀分布的,那么连接两孔隙的管道数量与小孔的最大截面积成正比,即

$$C = k_2 R_2{}^2 \tag{5.164}$$

当迁移通道非常细小时,迁移阻尼随通道截面减小迅速增大,由此可以假设迁移阻尼与迁移通道直径的平方成反比。假设迁移通道直径和其所连通的两个孔隙中小孔的孔径成正比,那么可以得到

$$D = k_3 R_2{}^{-2} \tag{5.165}$$

综合上述分析,孔隙之间水分的迁移速率为

$$F_r = k \frac{A \Delta T R_2^4}{S \exp\left(\dfrac{100}{T+273}\right)} \tag{5.166}$$

式中: k 为系数。

A、ΔT、S 为混凝土中孔隙参数,A 根据试件的含湿量确定,ΔT 根据冻融试验过程确定,S 根据混凝土试件孔结构或气泡参数确定。

(2) 高充水孔结冰时的压力分析与开裂。

试验结果和混凝土抗冻机理都证明,当孔隙中的充水程度(或者饱和度)达到一定值时,冻结会对孔壁造成压力,压力超过一定值导致基体开裂,混凝土产生劣化。Fagerlund 给出了造成破坏的临界饱水值经验值,一般介于 0.80～0.95 之间。对于一个特定的混凝土,目前尚无法测定确切的临界饱水值。关于临界饱水值最直观的解释是水结冰以后体积膨胀达 9.0%,如果孔隙的充水程度超过

91.7%,则完全结冰以后的体积会超过孔隙体积。试验发现混凝土水灰比对临界饱水值有影响,水灰比越小,该临界值越高。为了定量分析,假设水灰比从 0.5 到 0.3 变化时,临界饱水值从 0.80 到 0.95 线性变化。

Scherer 用热力学理论证明了冻结时冰晶对孔壁的压力。对于球形孔,冻结时孔中结晶对孔壁的最大压力为

$$P_A{}^{max} = P_L + 2\gamma_{CL}\left(\frac{1}{R_E} - \frac{1}{R_P}\right) \tag{5.167}$$

式中:$P_A{}^{max}$ 为结晶对孔壁最大压力;P_L 为液体中的压力;R_P 为结冰孔的半径;R_E 为连接孔隙的通道的半径;γ_{CL} 为晶体/液体界面能。

根据物理化学理论,冰水体系的界面能按下式计算:

$$\gamma_{CL} = 0.0409 + 3.9 \times 10^{-4}(T - 273) \tag{5.168}$$

可见,结冰时的孔隙压力与介质类型(水泥基材料中一般为冰水体系)、孔径、结冰时液体中的压力及与孔隙相通的通道大小有关。孔径、介质类型、结晶前的压力是孔的参数,可以唯一确定或假定,但是一个孔可能有多个通道与其他孔或外部相通,影响孔隙压力的是尺寸最小的通道半径,这一点可以用热力学理论证明。

需要说明的是,以上确定孔隙压力的方法没有涉及孔隙充水程度,可以理解为当孔隙充水程度较低时,有足够的空间容纳迁移进来的水分和结冰时的膨胀,这时对孔壁产生的压力很小而可以忽略,当充水程度达到临界值时,结冰造成的压力即由式(5.167)确定。

孔内结晶对孔壁的压力为 P_A 时,根据弹性力学理论,孔隙附近基体中的应力可按下式计算:

$$\sigma_\theta(a) = -\sigma_r(a) = \frac{R^2}{a^2}P_A \tag{5.169}$$

式中:$\sigma_\theta(a)$ 为孔周围基体中到球心距离为 a 的点环向应力;$\sigma_r(a)$ 为孔周围基体中到球心距离为 a 的点径向应力;P_A 为孔隙中的压力;R 为孔隙半径;a 为到球形孔到球心的距离。

孔隙周围基体中的应力分布如图 5.141 所示,一般情况下,环向应力 σ_θ 为拉应力,径向应力 σ_r 为压应力,所以前面有负号。可见,距离孔隙中心越远,应力越小,孔壁处的应力最大。

在孔压力 P_A 作用下,孔周围的基体中产生环向拉应力 σ_θ 和径向压应力 σ_r。根据材料力学理论,如果周围没有约束,当拉应力达到材料抗拉极限强度 $[\sigma_t]$ 时(水泥基材料的抗压强度远高于抗拉强度,一般不会因为受压开裂),基体开裂,裂缝方向垂直于拉应力方向。相对于试件,孔径尺寸很小,这种情况下位于内部的孔隙,受到周围混凝土的约束非常强,即使孔壁基体中的拉应力达到抗拉强度,也不会立即开裂,很可能拉应力数倍于抗拉强度时才会开裂。表层的情况则不尽相同,靠近

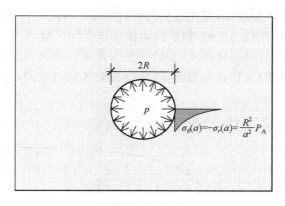

图 5.141　孔隙周围基体中的应力分布

表面一侧对孔壁的约束很小,一旦基体中的拉应力达到抗拉强度,立即导致开裂。可见,到表面的距离越近,开裂时的应力越小,反之距离表面越远,开裂时的应力越大。如果将基体开裂时所需的应力定义为开裂强度(用$[\theta_t]$表示),则开裂强度是基体抗拉强度和到表面距离 z 的函数,即

$$[\theta_t] = f([\sigma_t], z) \tag{5.170}$$

开裂强度受到周围约束的影响,而抗拉强度是材料的性能参数,不受周围约束影响。根据材料力学理论和弹性力学理论,对于宏观尺寸的孔隙,到表面距离大于大约三倍孔径时,周围的约束与到表面距离无关,且约束较强。反之如果到表面的距离小于三倍孔径,则到表面距离的影响较大。对于水泥基材料,到表面距离对微观尺寸孔隙开裂的影响尚无研究报道。本节研究中取偏于保守的影响范围,即假设五倍孔径的距离内,距离对开裂极限强度影响较大,并且进一步假设其影响关系为

$$[\theta_t]/[\sigma_t] = 2\frac{\arctan\left[\left(\dfrac{z}{R}\right)^{c_1/c_2}\right]}{\pi/2} + 1 \tag{5.171}$$

则相对开裂极限强度$[\theta_t]/[\sigma_t]$与孔隙到表面相对距离(z/R)的关系如图 5.142所示。

至此,已经建立了冻融循环过程中水分的迁移、临界饱水程度、结冰孔隙压力、开裂极限强度模型,利用这些模型,可以判定或预测混凝土的开裂。

(3) 表面剥落的判定与量化分析。

混凝土遭受冻融循环劣化的表现之一是表面剥落(质量损失),产生剥落的充要条件是裂缝相互连通,开裂曲面与表面相交形成封闭的体积,则被曲面包围的部分剥落(图 5.143)。

按照以上剥落原则,仅仅判断开裂还不能确定是否发生剥落,必须考虑裂缝的长度和连通情况,以及与表面相交的曲面是否封闭,然后才能确定是否剥落。这个

判定的数学原理并不复杂,但是要得到其解析解却非常困难。首先,由于混凝土材料的不均匀性,目前尚没有好的理论(或者限于作者知识面,尚未发现好的方法)确定裂缝开展的部位、计算裂缝长度、裂缝发展方向等。解决这些问题以后,结合图像分析技术,即可定量分析剥落情况,图像分析的要求也很高,必须具有很强的专业知识。

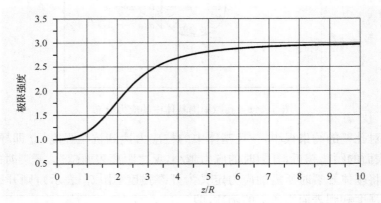

图 5.142　极限强度 $[\theta_t]/[\sigma_t]$ 与孔隙到表面距离(z/R)的关系

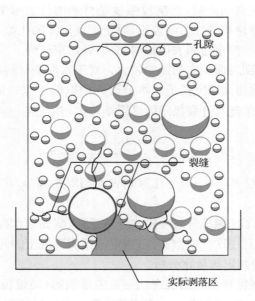

图 5.143　裂缝连通导致表面剥落示意图

　　鉴于上述情况,结合试验情况,进行假设简化,分析混凝土试件遭受冻融作用时的表面剥落。由于目前没有好的方法判定混凝土冻融裂缝的位置、发展方向、长度及在基体中造成的开裂面积,以及裂缝的连通情况,假设表面层的孔隙一旦开裂即造成剥落,如图 5.144 所示。

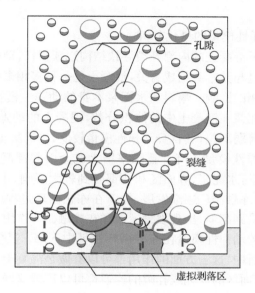

图 5.144　虚拟简化的开裂剥落示意图

应用这个假设需要确定表面层的厚度,即在多大范围内的孔隙开裂立即导致剥落。以单位面积剥落量度量混凝土的表面剥落程度,目前还没有公认的剥落破坏极限,有些标准规定的破坏极限为 $1000g/m^2$,相应的剥落厚度为大约 0.416mm;GBJ 82—85 和 ASTM C666 A 规定的标准抗冻试件的极限剥落质量损失为 5.0%。如果各个面的剥落程度一致,对应的平均剥落厚度为 1.157mm。试验观察表明,当平均剥落厚度达到 0.5mm 时,混凝土的损伤非常严重。结合各种标准和试验情况,可以定义孔隙开裂直接导致剥落的表层厚度为 1.50mm。

这个假设似乎太过简化,其实简化后的方法基本能反映实际剥落情况。首先,由前节可知,表层部位孔隙的开裂取向有平行于试件表面的趋势,这些具有同向的裂缝很容易连通,因此可以认为开裂以后立即连通导致剥落;其次,位于相同深度、孔径相同的孔隙,其各种参数相同或相近,基本同时开裂,因此可以认为开裂以后很快连通导致剥落;最后,即使开裂以后没有立即连通,但是开裂使得孔隙与外部或其他孔隙连通性增大,水分更容易进入,而孔隙自身抗力下降,裂缝发展迅速,所以开裂以后会很快连通,形成剥落。

这样,根据式(5.165)计算表层孔隙之间及孔隙与外部环境的水分迁移,确定充水程度。当达到或超过临界饱水程度时,按照式(5.167)和式(5.169)计算冻结时孔隙中冰晶对孔壁的压力和基体中的应力。当基体中的拉应力超过式(5.171)

的开裂强度时,该孔周围的基体开裂。根据假设,表层的孔隙一旦开裂立即导致剥落,试件内部的孔隙开裂以后,导致试件有效截面减小,刚度下降,动弹性模量降低。

(4) 开裂与动弹性模量的量化分析。

冻融循环作用下混凝土的内部开裂导致结构逐渐损伤,动弹性模量逐渐下降。混凝土的动弹性模量与其本身组成有关,混凝土是一种多相多孔材料,混凝土的弹性模量受到各组成相的影响。集料和水泥浆本身的动弹性模量一般较高,如果增加混凝土集料和水泥浆在混凝土中的体积分数,混凝土的动弹性模量会增大。而界面区是混凝土的薄弱部位,其自身动弹性模量较低,当混凝土中的界面区体积分数增加时会引起动弹性模量下降。孔隙率增大也会引起混凝土的动弹性模量下降。冻融循环作用下,水泥浆、界面区和孔都受到较大影响,水泥浆中会出现大量的微裂缝,并且随着冻融循环逐渐发展,孔隙在冻融循环过程中逐渐连通,界面区也会在冻融过程中受到削弱,出现裂缝。这样在冻融循环作用下,三方面综合作用的结果使得混凝土的动弹性模量在冻融循环过程中下降。其实,在混凝土动弹性模量下降的定量分析中,这三方面的作用都可以看做是混凝土裂缝的增加,水泥浆中的微裂缝增加、界面区的弱化或孔隙的连通都可以用裂缝增加、试件有效截面减小来描述。这与混凝土的冻融循环破坏是一个由致密到疏松的物理过程的观点一致。试验和机理研究都表明,冻融作用使混凝土中孔缝的数量增加,尤其是大尺度孔缝数量远大于冻融以前。

混凝土是一种脆性多孔材料,考虑混凝土试件的某一截面,受到冻融损伤以后有效面积会发生变化,假设冻融以前混凝土试件截面的有效面积为 A_{sum},损伤以后有效的面积为 A,则损伤前后动弹性模量 E、E_0,与截面面积的关系可以近似表示为

$$\frac{E}{E_0} = \frac{A}{A_{sum}} \tag{5.172}$$

显然,损伤后的有效面积 A 小于损伤前的有效面积 A_{sum},截面积的减少可以看做是由于损伤作用在混凝土中引起的裂缝或微裂缝所造成,裂缝的形状、方向、面积等对截面都有影响。假设试件内部某一孔隙充水程度很高,冻结导致基体开裂裂缝与试件横截面的夹角为 ϕ,裂缝的面积为 A_c,则截面面积的减少为 $A_c\cos\phi$,即裂缝在横截面上投影的面积。内部孔隙周围各个方向的约束完全相同,因此其裂缝开展方向完全是随机的。由于孔隙数量巨大,用积分的方法得到面积为 A_c 的裂缝在横截面上平均投影面积 A_{ac} 为

$$A_{ac} = \frac{2}{\pi} A_c \tag{5.173}$$

开裂以后,裂缝是随冻融循环的进行而发展的,裂缝自身面积 A_c 不断增加,

目前的技术尚没有可行的方法检测或计算这个过程。但是有一点可以肯定，在同样条件下，裂缝面积与导致开裂的孔隙大小有关，孔隙越大，导致的裂缝面积也越大，可以近似认为裂缝面积 A_c 与导致开裂的孔隙孔径 R 成正比，即

$$A_{ac} = \frac{2}{\pi}A_c = k\frac{2}{\pi}R \qquad (5.174)$$

式中：k 为系数，根据试验确定；A_c 为孔隙周围基体开裂以后的裂缝面积；R 为孔隙半径。

与某一横截面相交的孔缝数量为 i，则动弹性模量为

$$\frac{E}{E_0} = \frac{A}{A_{sum}} = 1 - \sum_i \frac{A_{ac,i}}{A_{sum}} = 1 - k\sum_i \frac{R_i}{A_{sum}} \qquad (5.175)$$

式中：$A_{ac,i}$ 为第 i 个孔开裂以后的裂缝在横截面上投影面积；A_{sum} 为横截面的有效总面积；R_i 为第 i 个孔的半径。

R_i 是混凝土的孔隙参数，可通过试验测定，A_{sum} 是试件的几何参数，系数 k 可通过比较试验结果与模型结果确定。

这样，根据式(5.162)计算内部孔隙之间的水分迁移和孔隙的充水程度，当达到或超过临界饱水程度时，按照式(5.167)和式(5.169)计算冻结时孔隙中冰晶对孔壁的压力和基体中的应力，当基体中的拉应力超过式(5.171)的开裂强度时，该孔周围的基体开裂。根据式(5.172)和式(5.174)确定裂缝面积及截面面积损失，通过式(5.175)确定动弹性模量的变化。

(5) 混凝土冻融劣化的迭代模型。

综合上述研究，可以建立模拟混凝土冻融循环劣化的迭代模型，模型的流程图如图 5.145 和图 5.146 所示。以下各小节对模型中的细节进行必要的说明。

① 模型中孔隙系统的建立。

本节建立的冻融劣化模型是混凝土的冻融循环开裂劣化模型，开裂单元是孔隙。混凝土中实际的孔隙数量巨大，分布位置杂乱无章，形状千变万化，方向无规律可循，尺寸大小跨越五六个数量级，这些因素交织在一起，如果不进行简化根本不可能用程序进行描述。假设混凝土中的孔隙形状为球形，在基体中均匀分布。根据混凝土抗冻机理，将孔隙大小简化为四种，即孔径为 $200\mu m$ 的毛细孔、孔径为 $2\mu m$ 的有害大孔、孔径为 $0.2\mu m$ 的少害孔和孔径为 $0.04\mu m$ 的无害孔。孔隙的数量和间距与混凝土水灰比有关，水灰比越低，总孔隙率越小，大孔数量越少(平均孔径越小)，可根据孔结构试验测定或统计规律确定。这种简化可以看做是大量不规则孔隙的统计平均。根据确定的孔径、分布建立孔隙系统、确定孔隙初始状态及变化过程的方法流程图见图 5.147。

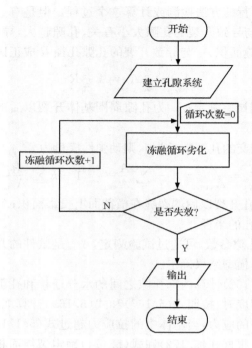

图 5.145　冻融劣化模型程序流程图

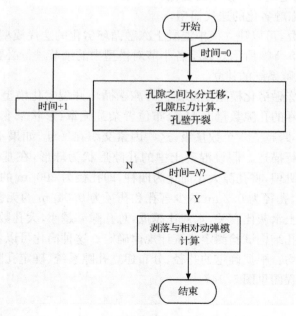

图 5.146　一个冻融循环内的劣化模型流程图

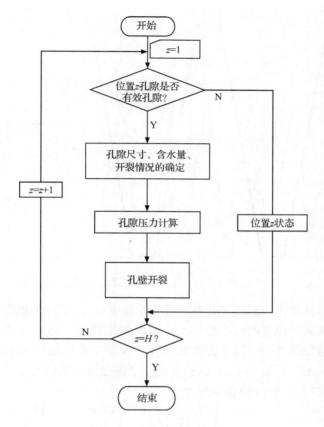

图 5.147　孔隙系统的建立

　　孔隙的状态包括充水程度、温度、开裂情况等。初始充水程度与混凝土水灰比、龄期、所处环境、孔径、到表面距离等因素有关,充水程度随水灰比下降、龄期增长、到表面距离增加而减小,随孔径增大、环境湿度增加而增加。单个孔隙的充水程度迄今没有理论或试验方法可以测定。按照 GBJ 82−85(或 ASTM)试验方法,冻融循环之前将试件浸水饱和,这种条件下模型中假设孔隙的充水程度按下式计算:

$$W(z,d,w/c) = k_1 - k_2 z \tag{5.176}$$

　　② 冻融循环过程中的温度场。

　　试件的温度随环境温度变化而变化,GBJ 82−85(或 ASTM C666A)及其他试验条件下的温度变化规律如图 5.148 所示,其中 ASTM C672 与 CDF 的温度是环境温度,而 ASTM C666A 是试件中心温度。

　　实际试验过程中试件的温度变化不一定是如图 5.148 所示的完全线性规律,现有试验方法中的冻融条件下,温度会有一定滞后和衰减,即试件温度变化落后与

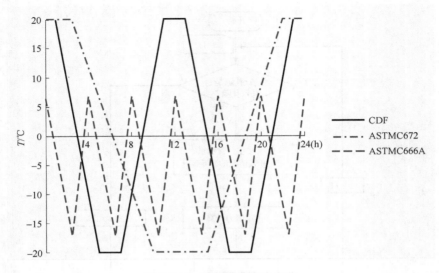

图 5.148　冻融试验温度变化

环境温度变化,试件中心温度变化落后于表层温度变化,试件的温度极值小于环境温度极值,远离表面位置的温度极值小于表面温度极值。而且试件的温度变化是连续的,并不是如图 5.148 所示的存在突变。模型中考虑滞后和衰减效应的 GBJ 82—85(ASTM C666 A)和 CDF 试验方法一个冻融周期的温度变化过程可近似用式(5.177)和式(5.178)分别表示为

$$T(z,\text{time}) = \left(12 + k_1 \frac{H-z}{H}\right) \times \cos\left(\frac{\text{time}}{k_2}\pi + k_3 \frac{H-z}{H}\right) - 5 \quad (5.177)$$

$$T(z,\text{time}) = \left(20 - k_1 \frac{z}{H}\right) \times \cos\left(\frac{\text{time}}{k_2}\pi - k_3 \frac{z}{H}\right) \quad (5.178)$$

式中：$T(z,\text{time})$ 为时间 time 时到热源表面距离为 z 处的温度；H 为试件的高度(从热源面到离热源面最远点的距离)；z 为到热源面的距离。

式(5.177)和式(5.178)建立了试验制度下冻融循环过程中试件各处的动态温度场。对于实际工程混凝土,可以根据环境条件,用其他温度模型。

③ 时间单元内的水分迁移。

将一个冻融循环过程按照时间划分为若干时间段(即时间单元),一个时间段内水分的迁移、孔隙压力、开裂情况模拟过程如图 5.149 所示。

根据前面对冻融过程的分析,冻融循环劣化过程是基于冰点不同使孔隙状态差异导致水分迁移的过程,冻融过程中的温度在不断变化,孔隙状态也在随之不断变化,时间间隔的长短直接影响孔隙状态的判断。就模型模拟结果的准确性而言,时间间隔单元越短越好,但是模拟过程需要的时间会大幅度增加,效率降低。如果时间间隔长,则孔隙之间水分迁移有效时间不准确,遗漏孔隙中水分状态差异,导

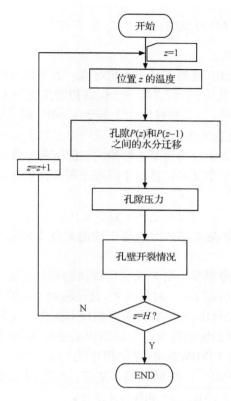

图 5.149 一个时间单元内的冻融劣化模型流程图

致误差。其实时间间隔与温度间隔相对应,对比试验结果与模型模拟结果,温度间隔以不大于 1℃ 为宜。

水分迁移是孔间迁移,理论上讲,任意两个孔隙之间都可能存在水分迁移,按照以前叙述的过程机理,只要存在状态差异,水分迁移就可能发生。实际上,有效的迁移只能在相邻的孔隙之间,因为如果存在中间孔隙,则中间孔隙要么阻挡迁移通道,要么穿过中间孔的迁移微乎其微。例如,假如孔隙 A 冻结,C 未冻结,这两个孔隙之间有存在孔隙 B,如果 B 已经冻结,则切断了 AC 之间的通道,C 中的水分无法通过必经之路 B 到达 A;如果 C 未冻结,则相对于 AB 之间的迁移,AC 之间的迁移可忽略不计。所以有效水分迁移发生在相邻孔隙之间,非相邻孔隙之间的迁移忽略不计。

按照以上机理、假设和过程,本节建立了基于水分迁移的冻融循环劣化迭代模型,用 MATLAB 编制了计算机模拟程序(以后可能改为其他程序语言以提高运行效率),用来模拟冻融循环作用下的表面剥落和动弹性模量损失。

3. 混凝土抗冻性评估与预测

1) 劣化程度的定义

如果将劣化程度量化,显然它是一个相对值。当劣化导致结构失效时,劣化程度为 100%。以强度劣化为例,假设某一结构的初始强度为 45MPa,如果强度小于等于 30MPa 时结构失效,当实测强度大于等于 45MPa 时,劣化程度为零,当实测强度为 36MPa 时,劣化程度为 (45−36)/(45−30)×100%=60%。

所以,劣化程度可以定义为混凝土性能的实际下降幅度与容许下降幅度之比,如式(5.179)所示。这个定义不仅适用于混凝土耐久性劣化,而可以用来评定各种性能的劣化程度。

$$D_{\mathrm{d}} = \Delta P / [\Delta P] \times 100\% \tag{5.179}$$

式中:D_{d} 为混凝土劣化程度;ΔP 为混凝土性能实际下降幅度;$[\Delta P]$ 为混凝土性能容许下降幅度。

可见,劣化程度就是混凝土耐久性量化评估的指标。如果建立劣化程度与时间的关系,当劣化程度达到 100% 时的时间,就是混凝土的服役寿命。

从劣化程度的定义看出,性能容许下降幅度对劣化程度影响较大。换言之,即性能临界值对劣化程度的影响很大。仍以前面的强度为例,如果结构破坏强度为 20MPa,则实际强度为 36MPa 时的劣化程度为 (45−36)/(45−20)×100%=36%,与破坏强度为 30MPa 时的 60% 相去甚远。可见,判断结构失效破坏的临界值,即破坏准则对于耐久性评估与预测非常重要。

2) 破坏准则

虽然各种耐久性劣化的机理与过程至今尚未完全弄清,但经过许多年的研究,混凝土冻融循环、氯离子腐蚀及碳化破坏的临界值已经积累了相当的经验,有的已经写入标准规范。

GBJ 82−85 和 ASTM C666 A 皆以相对动弹性模量下降到 60% 或质量损失达到 5.0% 为混凝土试件的冻融循环破坏准则。本节暂时不怀疑这个准则是否合理,即以这两个指标为混凝土冻融循环劣化的破坏准则。

有关混凝土抗冻性的其他两个重要试验方法 CDF 与 ASTM C672,没有给出明确的破坏指标,有报道以 1000g/m² 为极限剥落量。还有试验方法以连续两次冻融循环导致的膨胀超过一定值为冻融破坏指标。

3) 应用模型评估与预测的方法

有了混凝土耐久性劣化模型或模拟方法,确定了劣化极限状态即破坏准则,结合劣化程度定义,对混凝土耐久性进行评估或预测就是模型的应用问题。对于老混凝土而言,所谓评估就是确定其劣化程度,预测是确定其剩余寿命;对新混凝土而言,如果没有新的定义,评估和预测都是确定其服役寿命。

前面给出了详细的混凝土冻融循环劣化过程及迭代模拟量化分析。确定混凝土的初始状态及冻融循环制度(主要是温度变化制度及冻融过程中混凝土所处的水环境或湿度条件),根据图 5.145 的过程,结合 GBJ 82－85 规定的极限条件,计算所评估预测的混凝土能承受的冻融循环次数或者确定若干次冻融循环以后混凝土的动弹性模量劣化与质量损失。根据冻融循环制度,可确定冻融循环次数与时间的关系,得到混凝土的剩余寿命或服役寿命;根据若干次冻融循环后的质量损失和相对动弹性模量,可以确定混凝土的劣化程度。

4. 评估与预测方法的验证

1) 冻融循环劣化模拟结果的试验验证

将第 5.5.4 节建立的冻融循环劣化迭代模型与实验室试验结果进行对比分析,验证模型的正确性和预测的准确性。

(1) 冻融循环试验情况。

① 原材料与混凝土力学性能。

试验中所用水泥均为金宁羊牌 42.5P Ⅱ(R)型硅酸盐水泥。细集料采用天然河沙中砂,细度模数 $M_x=2.36$。粗集料采用玄武岩碎石,颗粒级配良好,压碎指标为 3.79%,最大粒径 26.5mm。减水剂采用 JM-B 型高效减水剂,用量根据新拌混凝土的坍落度进行调整。

试验中,设计了水灰比为 0.40、0.35、0.31 的三种素混凝土,配合比及其抗压强度如表 5.34 所示。所有混凝土都采用强制型搅拌机搅拌,机械振动,钢模成型。新拌混凝土都具有较好的和易性,素混凝土的坍落度控制在 70～110mm。成型 100mm×100mm×400mm 的棱柱体冻融循环试件和 100mm×100mm×100mm 的立方体抗压强度试件,振动密实以后在试件表面覆盖塑料薄膜,24h 后脱模,标准养护。

表 5.34　混凝土配合比

编号	w/c	$c/(\mathrm{kg/m^3})$	$S_p/\%$	含气量/%	R_{28}/MPa
1	0.40	410	36	2.4	45.1
2	0.35	470	35	1.9	56.3
3	0.31	520	34	2.1	68.8

② 冻融循环试验方法。

混凝土的冻融循环试验按照 GBJ 82—85 中抗冻性能试验的"快冻法"进行。GBJ 82—85 规定,养护至 24d 时将试件浸泡在温度为 15～20℃的水中,至 28d 龄期时测试动弹性模量和质量,然后开始冻融循环。在冻结和融化终了时,试件中心温度应分别控制在 −17℃±2℃和 ＋8℃±2℃。每隔 25 次循环测定一次动弹性模量测试。动弹性模量用共振法测试,所用仪器为 DT-8 型动弹性模量测定仪。质量采用感量 0.1g 的电子天平测定,试件破坏后记录混凝土的抗冻融循环次数。

（2）试验结果与模型。

图 5.150 和图 5.151 分别是冻融过程中相对动弹性模量和质量损失的试验结果与第 5.5.4 节所述方法的模拟结果。

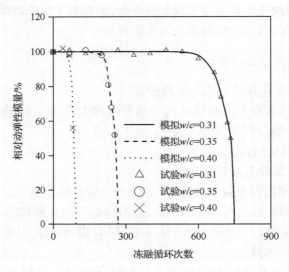

图 5.150　冻融过程中相对动弹性模量试验与模拟结果

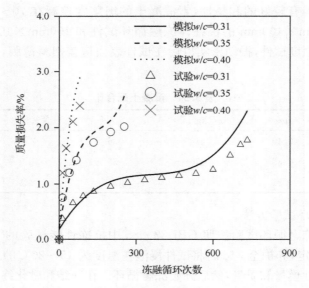

图 5.151　冻融过程中质量损失率试验与模拟结果

　　从图 5.151 中可以看出,相对动弹性模量的模拟结果与试验结果一致性较好,表明模拟方法中的机理与过程分析是正确的。质量损失模拟结果与试验结果基本一致,略有差异,这是因为冻融过程中各混凝土试件各表面的剥落不均匀,成型面剥落严重得多,而 GBJ 82—85(ASTM C666 A)方法得到的质量损失相当于混凝土试件所有表面剥落的平均值,并未反映实际情况,而模拟结果代表的是某一表面的剥落情况。

参 考 文 献

蔡忠龙,冼杏娟.1997. 超高模聚乙烯纤维增强复合材料[M]. 北京:科学出版社.

曹建国,李金玉,林莉,等.1999. 高强混凝土抗冻性的研究[J]. 建筑材料学报,2(4):292—297.

陈肇元,陈志鹏,江见鲸,等.2002. 混凝土结构耐久性及耐久性设计论文集[M]. 北京:清华大学出版社.

陈肇元.2002. 混凝土结构的耐久性设计[A]//陈肇元,陈志鹏,江见鲸,等. 第二届工程科技论坛——混凝土结构耐久性及耐久性设计论文集[C]. 北京:清华大学:59—79.

程侃.1999. 寿命分布类与可靠性数学理论[M]. 北京:科学出版社.

冯乃谦.1992. 高强混凝土技术. 北京:中国建材工业出版社.

高建明,王边,朱亚菲,等.2002. 掺矿渣微粉混凝土的抗冻性试验研究[J]. 混凝土与水泥制品,(5):3—5.

关宇刚,孙伟,缪昌文.2001. 基于可靠度与损伤理论的混凝土寿命预测模型 I:模型阐述和建立[J]. 硅酸盐学报,29(6):509—513.

关宇刚,孙伟,缪昌文.2001. 基于可靠度与损伤理论的混凝土寿命预测模型 II:模型验证和应用[J]. 硅酸盐学报,29(6):514—519.

关宇刚.2002. 单一和多重破坏因素作用下高强混凝土的寿命评估[D]. 南京:东南大学.

洪定海.1998. 大掺量矿渣微粉高性能混凝土应用范例[J]. 建筑材料学报,1(1):82.

洪定海.1998. 混凝土中钢筋腐蚀与保护[M]. 北京:中国铁道出版社:144—236,344.

黄海,罗友丰,陈志英,等.2001. SPSS10.0 for Windows 统计分析[M]. 北京:人民邮电出版社.

黄士元.1994. 按服务年限设计混凝土的方法[J]. 混凝土,(6):24—32.

黄孝蘅.2002. 高性能混凝土的抗冻性[J]. 中国港湾建设,(5):1—2.

黄兴棣.1989. 工程结构可靠性设计[M]. 北京:人民交通出版社.

黄玉龙,潘智生,胥亦刚,等. 火灾高温对 PFA 混凝土强度及耐久性的影响[A]//阎培渝,姚燕. 水泥基复合材料科学与技术[M]. 北京:中国建材工业出版社:87—90.

惠云玲.1997. 混凝土结构钢筋锈蚀耐久性损伤评估及寿命预测方法[J]. 工业建筑,27(6):19—22.

蒋仁言.1998. 威布尔模型族:特性、参数估计和应用[M]. 北京:科学出版社.

冷发光,冯乃谦.2000. 高性能混凝土渗透性和耐久性及评价方法研究[J]. 低温建筑技术,(4):14—16.

李金玉,邓正刚,曹建国等.2001. 混凝土抗冻性的定量化设计[A]//王媛俐,姚燕. 重点工程混凝土耐久性的研究与工程应用[C]. 北京:中国建材工业出版社:265—272.

李田,刘西拉.1994. 混凝土结构的耐久性设计[J]. 土木工程学报,27(2):47—55.

李兆霞.2002. 损伤力学[M]. 北京:科学出版社.

廉惠珍,童良,陈恩义.1996. 建筑材料物相研究基础[M]. 北京:清华大学出版社.

林宝玉,蔡跃波,单国良.1999. 保证和提高我国港工混凝土耐久性措施的研究与实践[A]//阎培渝,姚燕. 水泥基复合材料科学与技术[C]. 北京:中国建材工业出版社:16—23.

林宝玉,单国良.1998. 南方海港浪溅区钢筋混凝土耐久性研究[J]. 水运工程,(1):1—5.

林宝玉,吴绍章.1998.混凝土工程新材料设计与施工[M].北京:北京中国水利水电出版社:113,125—127.

刘惠兰,黄艳,韩云屏.1997.环境水对砂浆、混凝土的侵蚀性研究[J].混凝土与水泥制品,(6):12—15.

刘西拉,苗柯.1990.混凝土结构中的钢筋腐蚀及其耐久性计算[J].土木工程学报,23(4):69—78.

刘撰伯,魏金照.1990.胶凝材料[M].上海:同济大学出版社.

楼志文.1991.损伤力学基础[M].西安:西安交通大学出版社.

罗骐先,Bungey J H.1996.用纵波超声换能器测量砼表面波速和动弹性量[J].水利水运科学研究.3:264—270.

慕儒,缪昌文,刘加平,等.2001.氯化钠、硫酸钠溶液对混凝土抗冻性的影响及其机理[J].硅酸盐学报,29(6):523—529.

慕儒,严安,孙伟.1998.荷载与冻融同时作用下 HSC 和 SFRHSC 的耐久性[J].工业建筑,28(8):11—14.

慕儒.2000.冻融循环与外部弯曲应力、盐溶液复合作用下混凝土的耐久性与寿命预测[D].南京:东南大学.

牛荻涛.2003.混凝土结构耐久性与寿命预测[M].北京:科学出版社.

孙训方,方孝淑,关来泰.1987.材料力学[M].北京:高等教育出版社.

王永逵,陆吉祥.1990.材料试验和质量分析的数学方法[M].北京:中国铁道出版社:162—168.

王媛俐,姚燕.2001.重点工程混凝土耐久性的研究与工程应用[M].北京:中国建材工业出版社.

徐芝纶.1982.弹性力学简明教程[M].北京:高等教育出版社.

余红发,华普校,屈武,等.2003.抗腐蚀混凝土电杆在西北盐湖地区的野外暴露试验[J].混凝土与水泥制品,(6):23—26.

余红发,孙伟,刘连新,等.2007.在盐湖卤水环境中混凝土的应力腐蚀行为[J].哈尔滨工业大学学报,39(12):1965—1968.

余红发,孙伟,麻海燕,等.2002.混凝土服役寿命预测方法的研究 II:模型验证与应用[J].硅酸盐学报,30(6):691—695.

余红发,孙伟,麻海燕,等.2002.混凝土服役寿命预测方法的研究 III:混凝土服役寿命的影响因素及混凝土寿命评价[J].硅酸盐学报,30(6):696—701.

余红发,孙伟,屈武,等.2003.盐湖环境条件下抗腐蚀混凝土电杆的研究与开发[J].混凝土与水泥制品,(1):23—26.

余红发,孙伟,鄢良慧,等.2002.混凝土服役寿命预测方法的研究 I:理论模型[J].硅酸盐学报,30(6):686—690.

余红发,孙伟,鄢良慧,等.2004.在盐湖环境中高强与高性能混凝土的抗冻性[J].硅酸盐学报,32(7):842—848.

余红发.2004.盐湖地区高性能混凝土的耐久性、机理与服役寿命预测方法[D].南京:东南大学.

余寿文,冯西桥.1997.损伤力学[M].北京:清华大学出版社.

袁承斌,张德峰,刘荣桂,等.2003.不同应力状态下混凝土抗氯离子侵蚀的研究[J].河海大学学报,31(1):50—54.

詹炳根,孙伟,沙建芳,等.2005.冻融循环对混凝土碱硅酸反应二次损伤的影响[J].东南大学学报,35(4):598—601.

詹炳根,孙伟,许仲梓,等.2005.氯离子腐蚀与碱集料反应双重破坏因素作用下混凝土膨胀行为的研究[J].工业建筑,35(2):77—80.

张彭熹,张保珍,唐渊,等.1999.中国盐湖自然资源及其开发利用[M].北京:科学出版社:3—251.

赵筠.2004.钢筋混凝土结构的工作寿命设计——针对氯盐污染环境[J].混凝土,11(1):3—16.

郑喜玉,李秉孝,高章洪,等 . 1995. 新疆盐湖[M]. 北京:科学出版社:26—140.

郑喜玉,唐渊,徐昶,等 . 1988. 西藏盐湖[M]. 北京:科学出版社:16—17.

郑喜玉,张明刚,董继和,等 . 1992. 内蒙古盐湖[M]. 北京:科学出版社:137—194,219—285.

中华人民共和国国家标准 . 1984. 建筑结构设计通用符号计量单位和基本术语(GBJ 83—85)[S]. 北京:中国计划出版社 .

中华人民共和国国家标准 . 2001. 建筑结构可靠度设计统一标准(GB 50068—2001)[S]. 北京:中国建筑工业出版社 .

中华人民共和国交通部标准 . 1998. 水运工程混凝土试验规程(JTJ 270-98)[S]. 202—207.

莫斯克文 B M,伊万诺夫 Φ M,阿列克谢耶夫 C H,等 . 1988. 混凝土和钢筋混凝土的腐蚀及其防护方法[M]. 倪志淼,何进源,孙昌宝,等译 . 北京:化学工业出版社:160—161,112—123,208—392.

Maage M,Helland S T,Carlsen J E. 1998. 暴露于海洋环境的高性能混凝土中的氯化物渗透[A]∥Sommer H. 高性能混凝土的耐久性[M]. 冯乃谦,丁建彤,张新华,等译 . 北京:科学出版社:118—127.

Mihashi H,Yan X,Arikawa S,et al. 1998. 掺矿渣和硅粉的高性能混凝土强度及抗冻性[A]∥冯乃谦译 . 高性能混凝土——材料特性与设计[M]. 北京:中国建筑工业出版社:99—105.

Neville A M. 1983. 混凝土的性能[M]. 李国泮,马贞勇译 . 北京:中国建筑工业出版社 .

Ozisik M N. 1983. 热传导[M]. 俞昌铭译 . 北京:高等教育出版社 .

Aïtcin P C,Pigeon M,Pleau R,et al. 1998. Freezing and thawing durability of high performance concrete [A] ∥ Proceedings of the International Symposium on High-Performance Concrete and Reactive Powder Concretes[C]Canada,Apric,4:383—391.

Aitcin P C. 2003. The durability characteristics of high performance concrete:A review[J]. Cement and Concrete Composites,25(4—5):409—420.

Aldea C,Shah S,Karr A. 1999. Effect of cracking on water and chloride permeability of concrete[J]. Journal of Civil Engineering Material,11(3):181—187.

Al-Hussaini M J,Sangha C M,Plunkett B A,et al. 1990. The Effect of chloride ion source on the free Chloride ion percentages in OPC mortars[J]. Cement and Concrete Research,20:739—745.

Amey S L,Johnson D A,Miltenberger M A,et al. 1998. Predicting the service life of concrete marine structures:an environmental methodology[J]. ACI Structure Journal,95(1):27—36.

Arya C,Buenfeld N R,Newman J B. 1990. Factors influencing chloride-binding in concrete[J]. Cement and Concrete Research,20:291—300.

Arya C,Newman J B. 1990. An assessment of four methods of determining the free chloride content of concrete[J]. Material and Structure,Research and Testing,23:319—330.

Ausloos M,Salmon E,Vandewalle N. 1999. Water invasion,freezing,and thawing in cementitious materials [J]. Cement and Concrete Research,29(2):209—213.

Bager D H,Sellevold E J. 1986. Ice formation in hardened cement paste-Part Ⅰ:room temperature cured pastes with variable moisture contents[J]. Cement and Concrete Research,1986,16(5):709—720.

Bager D H,Sellevold E J. 1986. Ice formation in hardened cement paste-Part Ⅱ:drying and desaturation on room temperature cured pastes[J]. Cement and Concrete Research,16(6):835—844.

Bamforth P B. 1996. Predicting the risk of reinforcement corrosion in marine structures[R]. Corrosion Prevention Control,August.

Bamforth P B. 1995. A new approach to the analysis of time-dependent changes in chloride profiles to determine effective diffusion coefficients for use in modelling chloride ingress[A]∥Proceedings of International

RILEM Workshop: Chloride Penetration Into Conrete[C]. Saint-Remy-Les-Chevreuse, October 15—18: 195—205.

Berman H A. 1972. Determination of chloride in hardened cement paste, mortar and concrete[J]. Journal of Materials, 7: 330—335.

Boddy A, Hooton R D, Gruber K A. 2001. Long-term testing of the chloride-penetration resistance of concrete containing high-reactivity metakaolin[J]. Cement and Concrete Research, 31(5): 759—765.

Breitenbücher R. 1999. Service life design for the Western Scheldt tunnel[A]//Workshop on Design of Durability of Concrete[C], German, June.

Brown S D, Biddulph R B, Wilcox P D. 1964. A strength-porosity relation involving different pore geometry and orientation[J]. Journal of The American Ceramic Society, 47(7): 320—322.

Chatterji S. 1999. Aspect of the freezing process in a porous materials-water system-Part I: freezing and the properties of water and ice[J]. Cement and Concrete Research, 29(4): 627—630.

Chatterji S. 1999. Aspect of the freezing process in a porous materials-water system-Part II: freezing and the properties of frozen porous materials[J]. Cement and Concrete Research, 29(6): 781—784.

Clear K C. 1976. Time-to-corrosion of reinforcing steel in concrete slabs[A]//Performance after 830 daily salt applications[C]. Report No. FHWA/RD-76/70, Federal Highway Administration, Washington, D C: 59.

Clifton J R, Naus D J, Amey S L, et al. 2000. Service-life prediction: State-of-the-art report[R]. ACI Committee 365, ACI 365. 1R-00, January 10.

Clifton J R. 1993. Prediction the service life of concrete[J]. ACI Material Journal, 90(6): 611—617.

Cohen M D, Zhou Y, Dolch W L. 1992. Non-air-entrained concrete—is it frost resistant? [J]. ACI Material Journal, 89(2): 406—415.

Collepardi M, Marcialis A, Turrizzani R. 1972. Penetration of chloride ions into cement pastes and concretes [J]. Journal of American Ceramic Society, (55): 534—535.

Collepardi M, Marcialis A, Turrizzani R. 1970. The kinetics of penetration of chloride ions into the concrete [J]. Il Cemento (Italy), (4): 157—164.

Crank J. 1975. The Mathematics of Diffusion[M]. 2nd edition. London: Oxford University Press.

Dhir R K, Jones M R, Ahmed H E H. 1990. Determination of total and soluble chloride in concrete[J]. Cement and Concrete Research, 20(4): 579—590.

DuraCrete BE95-1347. 2000. General guidelines for durability design and redesign[R]. The European Union-Brite EuRam, February.

Fagerlund G. 1977. The critical degree of saturation method of assessing the freeze/thaw durability of concrete [J]. Materials and Structures, 10(10): 58.

Fluge F. 1997. Environmental loads on coastal bridges[A]//Proceedings of International Conference on Repair of Concrete Structure[C], Norway, May.

Fluge F. 2001. Marine chlorides—A probabilistic approach to derive provisions for EN 206-1[A]//3rd Workshop on Service Life Design of Concrete Structure-from Theory to Standardization[C], Norway, June.

Foy C, Pigeon M, Banthia N. 1998. Freeze-thaw durability and deicer salt scaling resistance of a 0. 25 water-cement ratio concrete[J]. Cement and Concrete Research, 18(4): 604—614.

Frohnsdorff G, Masters L W, Martin J W. 1980. An approach to improved durability test for building materials and components[R]. NBS Technical Note 1120, Gaithersburg: National Bureau of Standards.

Funahashi M. 1990. Predicting corrosion-free service life of a concrete structure in a chloride environment [J].

ACI Material Journal,87(6):581—587.

Gérard B,Marchand J. 2000. Influence of cracking on the diffusion properties of cement-based materials-Part I:Influence of continuous cracks on the steady-state regime[J]. Cement and Concrete Research,30(1): 37—43.

Gowripalan N,Sirivivatnanon V,Lim C C. 2000. Chloride diffusivity of concrete cracked in flexure[J]. Cement and Concrete Research,30(5):725—730.

Helland S. 1999. Assessment and predication of service life of marine structures—A tool for performance based requirement[A]//Workshop on Design of Durability of Concrete[C],German,June.

Hong K,Hooton R D. 1999. Effects of cyclic chloride exposure on penetration of concrete cover[J]. Cement and Concrete Research,29(9):1379—1386.

Hookham C J. 1992. Service life prediction of concrete structure-case histories and research needs[J]. Concrete International,(11):50—53.

Jacobsen S,Sellevold E J,Matala S. 1996. Frost durability of high strength concrete:effect of internal cracking on ice formation[J]. Cement and Concrete Research,26(6):919—931.

Jensen H U,Pratt P L. 1989. The binding of chloride Ions by pozzolanic product in fly ash cement blends [J]. Advanced Cement Research,2(7):121—129.

Kalousek G L,Porter E C,Benton E J. 1972. Concrete for long-term service in sulfate environment[J]. Cement and Concrete Research,2(1):79—90.

Kassir M K,Ghosn M. 2002. Chloride-induced corrosion of reinforced concrete bridge decks[J]. Cement and Concrete. Research,32(1):139—143.

Lambert P,Page C L,Short N R. 1985. Pore solution chemistry of the hydrated system tricalcium silicate/sodium chloride/water[J]. Cement Concrete Research,15:675—680.

Lamond J F. 1997. Designing for durability[J]. Concrete International,(11):34—36.

Li G,Zhao Y,Pang S,et al. 1999. Effective Young's modulus estimation of concrete[J]. Cement and Concrete Research,29(10):1455—1462.

Li G,Zhao Y,Pang S. 1999. Four-phase sphere modeling of effective bulk modulus of concrete[J]. Cement and Concrete Research,29(6):839—845.

Lim C C,Gowripalan N,Sirivivatnanon V. 2000. Microcracking and chloride permeability of concrete under niaxial compression[J]. Cement and Concrete Composites,22(5):353—360.

Litvan G G. 1972. Phase transitions of adsorbates-Part Ⅳ:mechanism of frost action in hardened cement paste [J]. Journal of American Ceramic Society,55(1):38—42.

Maage M,Helland S,Poulsen E,et al. 1996. Service life prediction of existing concrete structures exposed to marine environment[J]. ACI Material Journal,93(6):602—608.

Mangat P S,Limbachiya M C. 1999. Effect of initial curing on chloride diffusion in concrete repair materials [J]. Cement and Concrete Research,29(9):1475—1485.

Mangat P S,Molloy B T. 1994. Prediction of long term chloride concentration in concrete[J]. Material and Structure,27:338—346.

Mangat P S. Limbachiya M C. 1999. Effect of initial curing on chloride diffusion in concrete repair materials [J]. Cement and Concrete Research,29(9):1475—1485.

Martin P B,Zibara H,Hooton R D,et al. 2000. A study of the effect of chloride binding on service life predictions[J]. Cement and Concrete Research,30(8):1215—1223.

Mejlbro L. 1996. The complete solution of Fick's second law of diffusion with time-dependent diffusion coeffi-cient and surface concentration[A]//Proceedings of Durability of Concrete in Saline Environment[C], Swe-den, 127—158.

Midgley H G, Illston J M. 1986. Effect of chloride penetration on the properties of hardened cement Pastes[A]//Proceedings of 8th International Symposium on Chemistry of Cement[C], Brazil, Part VII: 101—103.

Nilsson L O, Massat M, Tang L. 1994. The effect of non-linear chloride binding on the prediction of chloride penetration into concrete structures[A]//Malhotra V M. Durability of Concrete[C], ACI SP-145, Detroit: 469—486.

Pigeon M, Garnier F, Pleau R, et al. 1993. Influence of drying on the chloride ion permeability of HPC [J]. Concrete International, 15(2): 65—69.

Pigeon M, Marchand J, Pleau R. 1996. Frost resistant concrete[J]. Construction and Building Materials, 10 (5): 339—348.

Pigeon M, Pleau R. 1994. Durability of Concrete in Cold Climates[M]. London: Chapman & Hall.

Pigeon M, Talbot C, Marchand J, et al. 1996. Surface microstructure and scaling resistance of concrete [J]. Ce-ment and Concrete Research, 26(10): 1555—1566.

Powers T C, Helmuth R A. 1953. Theory of volume change s in hardened Portland cement paste during freez-ing[A]//Proceedings of Highway Research Board[C], 32: 285—297.

Rostam S. 1993. Service life design: The European approach[J]. Concrete International, 15(7): 24—32.

Sagüés. 2001. Corrosion forecasting 75-year durability design of reinforces concrete[A]//Final Report to Flor-ida Department of Transportation, December.

Saito M, Ishimori H. 1995. Chloride permeability of concrete under static and repeated compressive loading [J]. Cement and Concrete Research, 25(4): 803—808.

Scherer G W. 1993. Freezing gels[J]. Journal of Non-Crystalline Solids, 155(1): 1—25.

Scherer G W. 1999. Crystallization in pores[J]. Cement and Concrete Research, 29(10): 1347—1358.

Schneider U, Chen S W. 1983. Modeling and empirical formulas for chemical corrosion and stress corrosion of cementitious materials[J]. Material and Structure, 31(10): 662—668.

Setzer M J. 1976. A new approach to describe frost action in hardened cement paste and concrete[A]//Pro-ceedings of Conference on Hydraulic Cement paste-Their Structure and Properties[C]. British Cement and Concrete Association, Sheffield, UK, 313—325.

Somerville G. 1986. The design life of concrete structures[J]. The Structure Engineering, 64A(2): 60—71.

Stanish K, Thomas M. 2003. The use of bulk diffusion tests to establish time-dependent concrete chloride dif-fusion coefficients[J]. Cement and Concrete Research, 33(1): 55—62.

Sun W, Mu R, Luo X, et. al. 2002. Effect of chloride salt, freeze-thaw cycling and externally applied load on the performance of the concrete[J]. Cement and Concrete Research, 32(12): 1859—1864.

Suryavanshi A K, Scantlebury J D, Lyon S B. 1995. The binding of chloride ions by sulphate resistant Cement [J]. Cement and Concrete Research, 25(3): 581—592.

Suryavashi A K. 1994. Pore solution analysis of normal portland cement and sulphate resistance portland cement mortars and other influence on corrosion behaviour of embedded steel [A]//Smamy R N. Proceedings on Corrosion and Corrosion Protection of Steel in Concrete[C]. Shellield: University of Shellield: 482—490.

Tang L, Nilsson L O. 1992. Chloride diffusivity in high strength concrete at different ages[J]. Nordic Concrete Research, 11: 162—170.

Thomas M D A, Bamforth P B. 1999. Modelling chloride diffusion in concrete-effect of fly ash and Slag [J]. Cement and Concrete Research, 29(4): 487—495.

Tritthart J. 1989. Chloride binding in cement[J]. Cement and Concrete Research, 19(5): 683—691.

Tumidajski P J, Chan G W. 1996. Durability of high performance concrete in magnesium brine[J]. Cement and Concrete Research, 26(4): 557—565.

Tuutti K. 1982. Corrosion of steel in concrete[R]. Stockholm: Swedish Cement and Concrete Institute, (4): 469—478.

Usherov M A, Zlatkovski O, Sopov V. 2002. Regularities of ice formation and estimation of frost attack danger [A]//Setzer M J, Auberg R. RILEM Proceeding PRO24, Frost resistance of concrete[C], Essen, Germany, 18—19 April: 213—221.

Verbeck G J. 1987. Mechanisms of corrosion of steel in concrete-Corrosion of Metals in Concrete[R]. ACI SP-49, 1987: 211—219.

Vesikari E. 1986. Service life design of concrete structure with regard to frost resistance of concrete [R]. Nordic Concrete Research, Publication No. 5, Norske Betongforening, Oslo, Norway: 215—228.

Volkl J J, Beddoe R E, Setzer M J. 1987. The specific surface of hardened cement paste by small-angle X-ray scattering effect of moisture content and chlorides[J]. Cement and Concrete Research, 17(1): 81—88.

Wang K, Igusa T, Shah S. 1998. Permeability of concrete-relationships to its mix proportion, microstructure and microcracks[A]//Cohen M, Mindess S, Skalny I. Materials Science of Concrete, Sidney Diamond Symposium[C]: 45—54.

Wee T H, Wong S F, Swaddiwudhipong S, et al. 1997. A prediction method for long-term chloride concentration profiles in hardened cement matrix materials[J]. ACI Material Journal, 94(6): 565—576.

Weyers R E, Fitch M G, Larsen EP, et. al. 1994. Concrete bridge protection and rehabilitation: chemical and physical techniques[A]//Service Life Estimates, Strategic Highway Research Program, National Research Council[R]. Washington, DC, SHRP-S-668.

Zhang T, Gjorv O E. 1995. Effect of ionic interaction in migration testing of chloride diffusivity in concrete [J]. Cement and Concrete Research, 25(7): 1535—1542.

第 6 章　高性能水泥基材料结构形成全过程
与损伤失效全过程

6.1　高性能水泥基材料早期结构形成的特点与机理

6.1.1　高性能水泥基材料早期结构形成的连续观察与分析

近年来有许多新技术,如 SEM(扫描电镜)、XRD(X 射线衍射分析)、热致发光、ζ 电位、ESCA(X 射线光电子能谱)、ESEM(环境扫描电镜)和 SIMS(二次离子质谱)等被运用于硅酸盐水泥或 C_3S(硅酸三钙)的水化过程的研究,使人们对水泥水化过程和微区结构形成过程有了进一步的认识。本章采用 ESEM 为主要研究手段对水泥基材料早期水化和水化产物形成过程及微区结构变化进行了连续观察,并尝试采用 AFM(原子力显微镜)研究水泥基材料的结构形成过程。

1. 水化反应机理

1) 硅酸盐水泥水化反应的机理

水泥水化过程是一个复杂的化学反应过程,许多学者对水泥水化过程进行了系统的研究,并提出了一系列理论模型。近年来由于现代分析仪器的应用,人们对水化过程的认识有了很大的进展。C_3S 是硅酸盐水泥的最重要组成部分,因为它控制硅酸盐水泥浆体、砂浆和混凝土的正常凝结和早期强度的发展,故对 C_3S 水化进行的研究比对其他主要熟料矿物的研究要多。对 C_3S 水化机理的研究为人们掌握硅酸盐水泥总的水化特性提供了很有价值的基础。虽然现在普遍认为 C_3S 水化和水泥的水化有一些差别,但就 C_3S 而论,这种差别可看做仅仅是对这个系统的一点干扰,而并不改变水化机理。

水化反应动力学是很复杂的,包括了几种反应过程。通常早期反应的研究通过用半等温传导热仪检测放热速率的方法进行。理想的量热曲线示于图 6.1。从图中可划分成五个不同的阶段,每个阶段所发生的简略过程列于表 6.1。

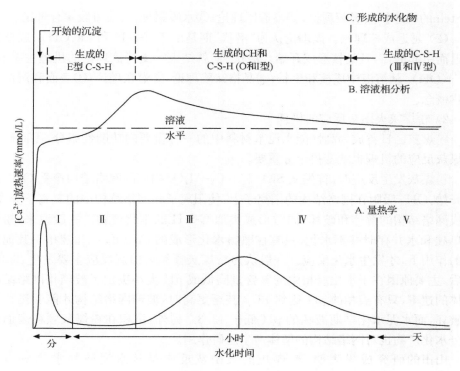

图 6.1　C_3S-水系统中发生的变化示意图（水/固比小于 1.0）

表 6.1　C_3S 的水化次序

时期	反应阶段	化学过程	总的动力学行为
早期	Ⅰ. 预诱导期 （15min 之内）	开始水解， 释放出离子	很快 化学控制
	Ⅱ. 诱导期 （1~4h）	继续分解 早期 C-S-H 的形成	慢 核化或扩散控制
中期	Ⅲ. 加速期 （诱导后期）(4~8h)	永久性水化产物开始生长	快 化学控制
	Ⅳ. 减速期（12~24h）	水化产物继续生长， 显微结构的发展	适中 化学和扩散控制
后期	Ⅴ. 扩散期 （稳定态时期）(1d~)	显微结构逐渐致密化	很慢 扩散控制

　　目前人们提出了两大理论来解释所观察到的 C_3S 或硅酸盐水泥的水化特性，即①保护层理论；②延迟成核理论。

　　(1) 保护层理论。已经提出了几种不同的机理，都是将"潜伏"期归因于保护层的生成。当保护层破裂时，"潜伏"期就终止。支持该理论的机理主要有：

①Stein 的物理扩散屏蔽理论；②渗透压理论；③水吸附理论；④凝胶聚合理论。

（2）延迟成核理论。该理论认为"潜伏"期是由于 C-S-H 和 Ca(OH)$_2$ 成核的延迟而引起的，一旦晶核形成开始，"潜伏"期就结束。支持该理论的机理主要有：①Ca(OH)$_2$ 从溶液中成核和生长；②晶格缺陷理论；③潜在理论；④表面和沉淀水化物概念。

2）粉煤灰火山灰反应的机理

粉煤灰已日益成为高性能水泥基材料中的一种重要的功能性组分，因而研究粉煤灰反应的机理也就变得十分重要。

粉煤灰发生反应时，首先从 SiO$_2$ 和 SiO$_2$-Al$_2$O$_3$ 构成的网络结构遭受 OH$^-$ 侵蚀开始，OH$^-$ 吸附在网络结构的阳离子上，使阳离子和网络结构中的氧离子分离，造成网络结构的解体和破坏，同时形成类似 C-S-H 的水化产物。一般说来，粉煤灰单独和水并存时并不水化，只有在熟料水化形成的 Ca(OH)$_2$ 和液相中其他离子的作用下，才发生水化反应。一般认为粉煤灰颗粒火山灰反应主要发生在 28d 以后，主要原因在于水化液相中的碱含量高低或 pH 大小决定了玻璃相网络结构解体的速率，只有液相的 pH 达到 13.3 甚至更高时，玻璃网络结构才能够迅速解体破坏，而水泥水化早期液相的 pH 低于 13.3。另外，沉积在粉煤灰颗粒表面的部分水化产物也对网络结构的解体产生阻碍作用。

山田的研究成果表明，粉煤灰的火山灰反应是从水泥熟料水化析出的 Ca(OH)$_2$ 吸附在粉煤灰颗粒表面开始的，一般在 24h 内 Ca(OH)$_2$ 在粉煤灰颗粒表面形成一层薄膜，后发展成水化产物的薄壳，薄壳与粉煤灰颗粒之间有一层 0.5~1μm 的水解层，Ca^{2+} 从水解层向内迁移，使粉煤灰颗粒表面逐渐受蚀，形成凹面，于是火山灰反应的产物在此沉淀下来，当水解层被产物充满时，粉煤灰颗粒与水化产物之间形成牢固联系，水泥基材料强度得以增长。

Fraay 在其博士论文中提出了水化模型：由于玻璃体结构被打破，硅和铝进入孔隙水，但水泥水化产生的 Ca(OH)$_2$ 和 C-S-H 凝胶的沉淀层对这个过程的进行具有一定的阻碍作用，因而在水化早期碱对粉煤灰的侵蚀是个很慢的过程。由于在水泥水化的早期阶段孔隙水中的 Ca 含量较高，粉煤灰火山灰反应的产物将沉淀在粉煤灰颗粒附近的孔隙内，而粉煤灰颗粒表面则黏附了水泥水化产生的 C-S-H 凝胶（这将阻碍玻璃结构的进一步打破）。随时间的推移，pH 增加（而 Ca^{2+} 浓度降低）致使粉煤灰颗粒的溶解速率增大，C-S-H 状产物（粉煤灰火山灰反应的产物）将沉淀在远离粉煤灰颗粒的地方。

2. 水泥基材料水化过程及微区结构形成过程的连续观察

采用 ESEM 对水泥基材料水化过程和微区结构形成过程进行了连续观察。

制备的水泥净浆、掺低钙粉煤灰、高钙粉煤灰、磨细矿渣和混掺等各种水泥浆，样品配比如表 6.2 所示。采用 Phillips Electronscan ESEM2020 对高性能水泥基材料早期的水化产物生成过程及微区结构形成过程进行了连续观察，并对水泥熟料、磨细矿渣、高钙粉煤灰和低钙粉煤灰等各种不同的颗粒从开始水化至水化 3d 的水化产物和微结构形成过程分别进行了系统研究。分析两个结构层次的界面，未水化及未完全水化废渣（粉煤灰、磨细矿渣、粉煤灰与磨细矿渣复合）颗粒与水泥基的界面和未水化或未完全水化废渣颗粒与 C-S-H 凝胶间的界面结构、特征及其随时间的变化规律。

表 6.2　ESEM 试验配比

样号	水胶比	水泥/%	H_3/%	H_1/%	高钙灰/%	矿渣/%	硅灰/%	外加剂
1	0.26	50	—	25		25		
2	0.26	50	25	—		25		
3	0.26	50	—		25	25		
4	0.26	75	—	25				
5	0.26	55	—	45				
6	0.3	55			45			
7	0.34	30	25	—		45	—	膨胀剂、激发剂
8	0.27	100	—				—	
9	0.28	55	—			45		膨胀剂、激发剂
10	0.15	50	—			40	10	高效减水剂
11	0.15	40	25			25	10	高效减水剂
12	0.16	90	—				10	高效减水剂

注：H_1、H_3 为华能南京电厂第一和第三静电场所收集的低钙粉煤灰。

1）水泥净浆的水化

环境扫描电镜（ESEM）采用了多级真空系统、气体二次电子信号探测器等独特设计，观察不导电样品不需要镀导电膜，可以在控制温度、压力、相对湿度和低真空度的条件下进行观察，减少了样品的干燥损伤和真空损伤，这些新技术使之显著区别于传统的电子显微手段。ESEM 能够对湿度非常敏感的水泥水化早期阶段进行观察，该仪器可以通过计算机程序"记忆"观察位置，实现多点连续观察，很适合于连续观察水泥水化进程。

图 6.2 是从连续记录中截取的相同水泥净浆在不同水化龄期的形貌特征片断。水化约 15min 时，水泥熟料颗粒间和熟料表面形成了针状的或空心管状水化产物（图 6.2(b)、(c)），同时 C_3S 颗粒表面出现了一个低 Ca/Si 层。由于试验时 ESEM 系统未安装能谱仪，无法对空心针状水化产物进行成分的分析，该水化产物到底是什么目前仍不清楚，有待于进一步的研究。Jennings 和 Pratt 发现这些空心针状物中包含 Ca、Si、Al 和 S，推测它们是钙矾石。这些水化产物出现的时间

可能更早，曾有报道在石膏存在的条件下，硅酸盐水泥水化 5min 即可出现钙矾石。

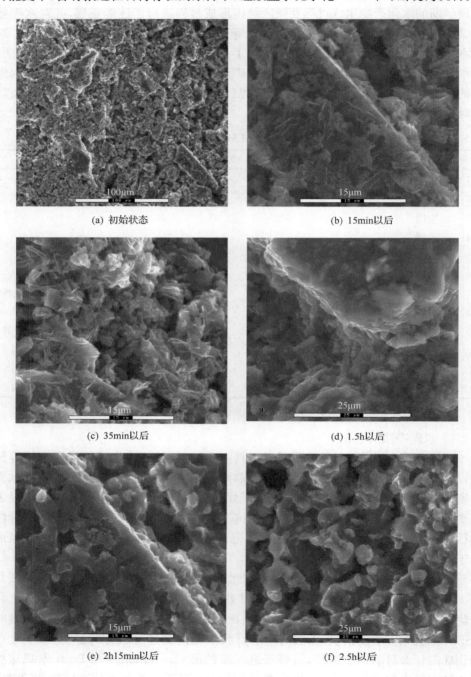

(a) 初始状态

(b) 15min以后

(c) 35min以后

(d) 1.5h以后

(e) 2h15min以后

(f) 2.5h以后

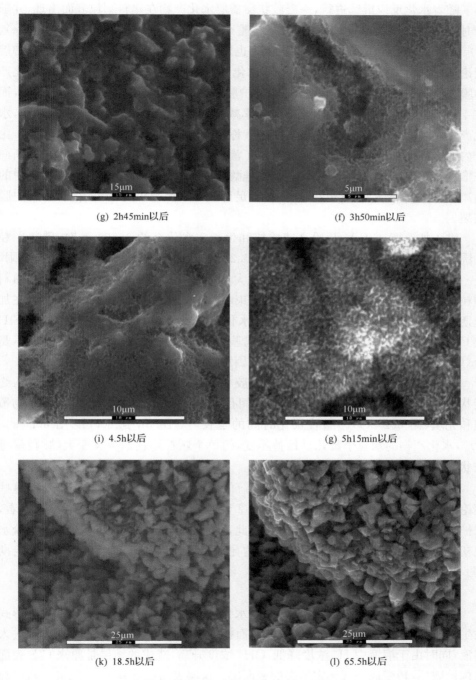

(g) 2h45min以后　　　　　　　　　　　(f) 3h50min以后

(i) 4.5h以后　　　　　　　　　　　(g) 5h15min以后

(k) 18.5h以后　　　　　　　　　　　(l) 65.5h以后

图 6.2　水泥净浆早期水化产物和结构形成过程连续观察的 ESEM 照片

随着水化反应继续进行,一凝胶状覆盖层水化产物在熟料颗粒表面出现,并随着时间的推移而逐渐生长蔓延,最终将整个熟料颗粒覆盖起来(图 6.2(d)、(e)、(f)、(g))。Meredith、Sujata 和 Thomas 也发现了同样的现象,这一发现为保护层理论提供了有力的证据。Fujii 等也于水化 20min 后,在 C_3S 表面上检测到水化产物膜。量热法测试的结果表明,这层保护膜可能在水化 20min 时就已经形成,而在 4h 左右消失。此膜导致水化反应速率减缓,即诱导期开始。由于水的进入,水化产物膜与无水物分离,薄膜以内的溶液称内部溶液,其外的溶液称外部溶液。由于内部溶液的浓度高于外部溶液,产生了渗透压力差,水被吸入,这样薄膜不断向外推进。钙离子可以顺利穿过薄膜,而硅酸盐离子则相当困难。当外部溶液中的钙离子及内部溶液中硅酸盐离子浓度足够高时,渗透压力的作用导致保护膜破裂。

进入加速期,C-S-H 开始高速成核和生长。水化至约 3h50min 时,熟料颗粒外围出现大量树枝分叉状的 C-S-H(图 6.2(h)、(i)),这些 C-S-H 互相交叉攀附,呈一种网状的结构。水化 5h15min 出现大量 C-S-H 凝胶(图 6.2(j)),充填了熟料颗粒间的孔隙。这些水化产物先形成麦束状结构,并最终形成近球状形貌。在加速期内,水化速率与时间呈指数相关。水化过程被认为与一种产物相(即 C-S-H 或 $Ca(OH)_2$)的成核和生长有关。试验结果表明,在加速期 C-S-H 而不是 $Ca(OH)_2$ 的生长是水化反应速率控制的因素,这和 Gartner 的结论相一致。

随着水化产物由无定形的富水的凝胶状转变为无定形的颗粒状,水泥进入终凝状态。18.5h 水泥熟料的表面和颗粒间孔隙的大部分均已被粒状的水化产物覆盖和充填(图 6.2(k))。随着水化时间的延长,从 18.5h 到 65.5h(图 6.2(k)、(l)),水化产物的颗粒个数几乎保持不变,但单个颗粒均逐渐生长变大(颗粒呈等粒状),使显微结构变得越来越致密。

许多学者对水泥水化过程进行了系统的研究,并提出了一系列理论模型,这些理论大致可以分为两类:①保护层理论;②延迟成核理论。从实验观察结果来看,保护层理论与我们的研究比较相符。据此,我们可以按传统水化理论将硅酸盐水泥初期水化过程分为五个阶段,即预诱导期、诱导期、加速期、减速期和稳定期(图 6.3)。

(1)预诱导期。

水泥颗粒与水相互接触后立即发生水化,固相和液相之间就开始以离子形式发生物质交换。首先由水分子向物质表面提供 H^+,为保持电价平衡,钙离子进入溶液,同时由于溶液中 H^+ 浓度降低,OH^- 浓度升高,造成的结果是原来 C_3S 表面结构被破坏,转变成一层无定形态的表面层。这层表面层含有钙离子、硅酸盐阴离子及水分子,是一种固液混合相。由于熟料中某些溶解度高的组分溶解以后,特别

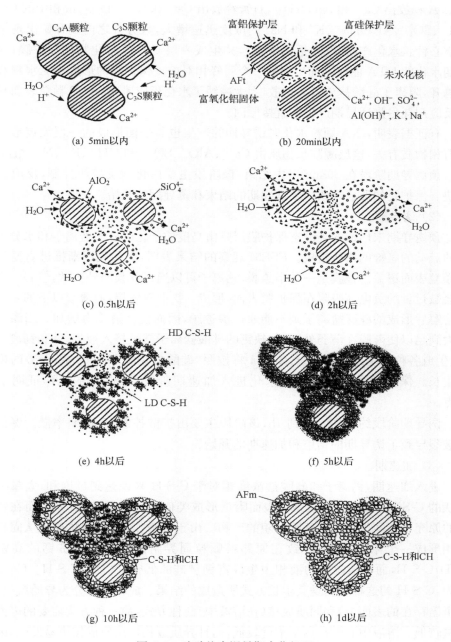

图 6.3　硅酸盐水泥早期水化机理

(a)、(b) 预诱导期；(c)、(d) 诱导期；(e)、(f) 加速期；(g) 减速期；(h) 稳定期

是 C_3A 释放出 Ca^{2+} 和 $Al(OH)_4^-$，石膏释放出 Ca^{2+} 和 SO_4^{2-} 以后，液相中的 Ca^{2+}、OH^-、SO_4^{2-}、$Al(OH)_4^-$、K^+ 和 Na^+ 的浓度迅速增大，数分钟之内就开始出现第一批空心针状水化产物（可能是钙矾石），并生成一层 C-S-H 水化物的保护膜，这和早期水化的 DTA 曲线上的出现的一个弱峰相对应。保护膜的形成将无水物和液相隔开，阻碍了硅酸盐离子的扩散，大大减缓了水化反应速率。C_3S 颗粒表面易溶的反应剂耗尽是诱导期产生的直接原因。

有证据表明，C_3A 颗粒水化时诱导期的产生也与表面形成的一层无定形的钙矾石相物质有关，这层凝胶状物质由 Ca^{2+}、AlO_2^-、SO_4^{2-} 和 OH^-、K^+、Na^+ 组成。

预诱导期阶段在 20min 以内结束，该阶段主要由化学反应所控制，反应速率很快。保护膜的形成导致了预诱导期的结束和诱导期的开始。

（2）诱导期。

预诱导期末形成的半液态保护膜层是由高度质子化的硅酸盐离子和水分子组成的流动的氢键网络所组成。ESEM 观察的结果表明，保护膜逐渐推进直至将整个颗粒表面覆盖。该膜是一种半透膜，钙离子可以通过此膜向外扩散，但有一部分又会被过量的负电荷吸附在保护膜表面，形成一扩散双电层，而薄膜以下的未水化物溶解后形成的硅酸盐离子则不能通过渗透膜，因而使渗透压力增加。当渗透压力大到足以使薄膜在薄弱处破裂，缺钙的硅酸盐离子就被挤入液相，并和钙离子结合，生成各种无定形的 C-S-H，C-S-H 将按照"硅酸盐花园"（silica garden）的模式而生长。保护膜的破裂标志着水化进入加速期阶段，Mollah 的工作证明了这一点。

诱导期阶段约从 20min 到 4h，该阶段主要由扩散控制，反应速率慢。保护膜的破裂导致了诱导期的结束和加速期的开始。

（3）加速期。

进入加速期，钙离子和硅酸盐浓度相对于 C-S-H 来说达到过饱和，大量树分叉状的 C-S-H 高速生长，在颗粒表面附近形成类似于网状形貌的产物，而在颗粒间的原充水空间里形成近球状形貌的产物。由于扩散作用，硅酸盐离子从固相至液相形成一个浓差梯度，导致在原熟料颗粒周界附近生成富硅贫钙的高密度（HD）C-S-H，而在颗粒间的液相中生成富钙贫硅的低密度（LD）C-S-H。Gartner 认为，C-S-H 的这种结构是其生长方式所造成的结果。成核过程分为异质成核（在一个已存在的表面上）和同质成核（在溶液中）两种方式，前一种方式需要的表面能位垒较低。溶液中硅酸盐离子浓度较低，而且异质成核比同质成核更易发生，因而 C-S-H 首先在颗粒表面形成。C-S-H 一般生长成弯曲状、扭曲的薄片状或条带状，新的生长点主要出现在薄片状产物的边缘或者条带状产物的两端。按此方式生长，C-S-H 生长成网络状的形貌，具有较低的 $n(Ca)/n(Si)$。而在颗粒间产物的生成方式类似于微小的硅颗粒在过饱和加速期阶段约从 4h 到 10h,该阶段主要由化学反应控制的,反应速率快。加速期内水化产物在空间生长受到明显的阻碍之前,生长速率呈指数增长。C-S-H 的生长速率是加速期水化反应速率控制的主要因素。

（4）减速期。

随着熟料颗粒周围水化物厚度增加,水化反应速率减缓,对应于放热曲线的减速段。水化物层不断增厚,并继续向颗粒间的空间扩充及填充水化产物层内的间隙。这样水化体越来越致密,水的渗透越来越困难,水化进入慢速稳定发展阶段——稳定期。

减速期阶段约从 10h 到 1d,该阶段主要由化学和扩散控制,反应速率适中。

（5）稳定期。

1d 以后水化产物颗粒数目几乎保持不变,但单个颗粒均逐渐生长变大,显微结构逐渐致密化。该阶段水化主要是通过离子在固体中的移动和重新排列来实现的。

稳定期开始于 1d 以后,该阶段主要由扩散控制,反应速率很慢。

2）掺低钙粉煤灰后水泥熟料颗粒的水化

图 6.4 是从连续记录中所截取的相同水泥熟料颗粒在掺低钙粉煤灰后不同水化时期的形貌特征片断。加水 2h 后,在水泥熟料颗粒间和水泥颗粒表面就形成了一些水化产物的晶芽或雏晶（图 6.4(c)）,19h 时熟料的表面和颗粒间孔隙的大部分均被水化产物（微晶）覆盖和充填（图 6.4(d)）。随着水化时间的延长,水化产物的颗粒数几乎保持不变,但单个颗粒均逐渐生长变大,而且是呈近似于三维均等地生长（颗粒呈等粒状）,使得熟料颗粒表面和孔隙充填变得越来越致密（图 6.4(e)～(f)）。与水泥净浆相比,掺低钙粉煤灰后水泥熟料颗粒的水化产物出现略晚。

3）低钙粉煤灰颗粒的水化

初始加水后,粉煤灰颗粒周围有较大的孔隙（图 6.5(b)）,水化 19h 后,熟料颗粒表面布满了水化产物的微晶（图 6.4(d)）,但仍未见有 C-S-H 水化产物的颗粒在低钙粉煤灰颗粒表面出现,粉煤灰颗粒表面仍很光洁。但 20h 时可见一些水化产物已开始填充粉煤灰周围的孔隙（图 6.5(c)）,水化至 65h,粉煤灰颗粒周围的结构和水化产物与 42h 时的没有显著变化,粉煤灰颗粒表面仍没有被水化产物包裹,颗粒孔隙间也没有完全被充填（图 6.5(d)和(e)）。特别要注意的是,在水化早期,粗颗粒与细颗粒粉煤灰的水化程度也没有明显差别。

(a) 粉煤灰和水泥加入水后的初始状态　　　　(b) 水泥熟料的初始状态(图(a)方框放大)

(c) 方框区2h时的水化状态　　　　　　(d) 方框区右上角19h时的水化状态

(e) 方框区43h时的水化状态　　　　　　(f) 方框区65h时的水化状态

图 6.4　掺入粉煤灰后水泥熟料颗粒水化产物和结构形成过程的 ESEM 照片

(a) 粉煤灰和水泥加入水后的初始状态

(b) 低钙粉煤灰颗粒的初始状态(图(a)方框区放大)

(c) 方框区20h时的水化状态

(d) 方框区42h时的水化状态

(e) 方框区65h时的水化状态

(f) 图(e)的局部放大

图 6.5　超细低钙粉煤灰水化产物和结构形成过程的 ESEM 照片

4）高钙粉煤灰颗粒的水化

高钙粉煤灰颗粒周围和颗粒表面水化产物的变化与低钙粉煤灰的有很大不同。加水不久，尽管高钙粉煤灰颗粒周围也有一些孔隙存在，但颗粒的某些部位已与水化产物间连接起来，表明已有 C-S-H 水化产物黏附在高钙灰颗粒上生长（图 6.6(a)）。水化 19h 时，高钙灰颗粒表面水化产物略有增多，但颗粒周围结构变化不明显（图 6.6(c)）。水化至 43h 时，水化产物已几乎把高钙粉煤灰颗粒包裹起来了（图 6.6(e)）。在连续观察过程中还发现，高钙粉煤灰在早期水化阶段（0～43h），其颗粒表面并不发生明显的变化，始终保持光滑，其表面覆盖的 C-S-H 水化颗粒均是由凝胶中析出黏附上去的，而不是其颗粒本身生长出来的（图 6.6(f)）。

5）磨细矿渣颗粒的水化

图 6.7 反映了磨细矿渣颗粒表面和颗粒周围水化产物的形成情况。该观察区域共有三个矿渣颗粒，在图右上角处还有两颗高钙粉煤灰颗粒作为对比，其粒径分别约为 $7\mu m$ 和 $4\mu m$ 左右（图 6.7(a)）。水化至 19h 时（图 6.7(b)和(c)），在磨细矿渣表面出现零星的水化产物，而在其颗粒周围的孔隙中，水化产物则有较多的出现。随水化时间的延长，水化产物逐渐增多，至 43h 时（图 6.7(d)～(f)），水化产物已经把矿渣颗粒包裹起来，但与磨细矿渣同处一个区域的高钙粉煤灰，尽管其颗粒的粒径远比磨细矿渣的小（比表面积则远大于磨细矿渣），但不论是大颗粒还是小颗粒，均未在其表面发现有水化产物的生成（图 6.7(d)）。与此不同的是，当高钙粉煤灰单独与水泥熟料颗粒进行水化时，至 43h 时（图 6.7(e)）其颗粒表面已接近于全面被水化颗粒包裹。

6）微区结构形成过程

图 6.8 反映了掺低钙粉煤灰、磨细矿渣水泥基材料微区结构的形成过程。随着水化时间的推移，C-S-H 凝胶变得越来越稠，直至呈果冻状（图 6.8(a)）；凝胶的黏度达到最大值（胶/固转换的临界值）时，在凝胶中出现水化产物针状的晶芽（图 6.8(b)），也见到沿磨细矿渣表面有零星针状晶芽析出（图 6.8(c)）；晶芽逐渐增多呈交织状互连，导致一些呈二维扩展的雏晶出现（图 6.8(d)），雏晶呈板片状，外观仍然与凝胶相似，并可见其中包裹的针状晶芽。在雏晶阶段，水化产物逐步从胶体演变为真正的晶体（固体），雏晶的生长也由二维延展为主逐渐变为晶体生长的三维扩展，雏晶逐渐演化至出现清晰的晶面，则进入了微晶阶段（图 6.8(e)和(f)）。在微晶阶段，水化矿物的颗粒数量不再增加，各个微晶颗粒逐渐增大，导致水化矿物的总量增加。

图 6.8(g)（图中箭头所指区域）记录了水泥基材料水化早期（约 20min），C-S-H 凝胶充填微孔隙的连续过程。水泥熟料颗粒水化形成的 C-S-H 凝胶沿着其表面一层一层地向外扩展，逐渐使得其与粉煤灰颗粒间的孔隙得以充填密实。

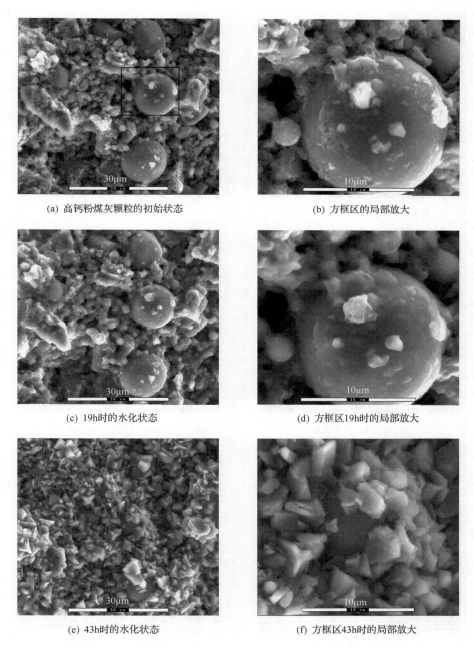

(a) 高钙粉煤灰颗粒的初始状态　　　　　　　　(b) 方框区的局部放大

(c) 19h时的水化状态　　　　　　　　　　　(d) 方框区19h时的局部放大

(e) 43h时的水化状态　　　　　　　　　　　(f) 方框区43h时的局部放大

图 6.6　高钙粉煤灰颗粒水化产物和结构形成过程的 ESEM 照片

(a) 磨细矿粉和高钙灰颗粒的初始状态　　　　　　(b) 19h时的水化状态

(c) 方框区的局部放大　　　　　　　　　　(d) 43h时的水化状态

(e) 43h时的水化晶体　　　　　　　　　　(f) 图(e)方框区的放大

图 6.7　磨细矿渣和高钙灰颗粒水化产物和结构形成过程的 ESEM 照片

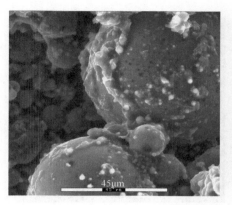

(a) C-S-H凝胶

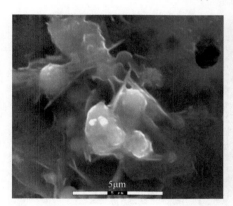

(b) 水化产物晶芽

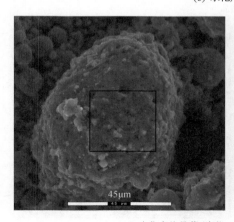

(c) 水化产物晶芽(说明：右图为左图方框区域的放大)

(d) 雏晶

(e) 微晶

(f) 微晶

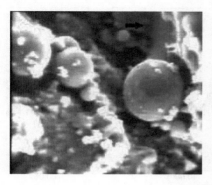 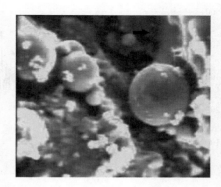

(g) 微区结构充填

图 6.8　高性能水泥基材料微区结构形成过程的连续观察

本次对微结构形成的观察仍然还有一些不明了之处,特别是雏晶演化至微晶阶段的记录不够完善,有待进一步的工作。

3. 高性能水泥基材料的形成机理

1) 活性掺合料在水泥基材料水化过程中的差异

低钙粉煤灰、高钙粉煤灰和磨细矿渣在水泥基浆体中的水化过程观察表明,C-S-H 水化产物除了在水泥颗粒表面生成外,也将首先出现在磨细矿渣颗粒表面并包裹磨细矿渣颗粒,其次是高钙粉煤灰颗粒,最后是低钙粉煤灰颗粒(本次观察的时限内未见有水化产物在其表面生成)。造成这种差异的原因主要在于上述三种颗粒的矿物相不同。

粉晶 X 衍射分析表明,虽然低钙粉煤灰、高钙粉煤灰和磨细矿渣的主要物相均以玻璃质为主,结晶相比例均较低,但三者的结晶相存在着明显的差别。低钙粉煤灰出现的最强结晶相峰是莫来石,其次是石英、方镁石、磁铁矿和赤铁矿(图 6.9D)。高钙粉煤灰出现最强结晶相峰是生石灰,其次是莫来石、硫酸钙、赤铁矿、磁铁矿,此外,还生成了水泥熟料中的矿物,如 β-C_2S、C_4AF 和 C_6A_2F(图 6.9B)。磨细矿渣中的晶体相主要有硅钙石(C_3S_2)、透辉石(CMS_2)、碳酸钙、尖晶石(MA)、β-C_2S、C_4AF 和硫酸钙(图 6.9K)。当水化发生时,磨细矿渣和高钙粉煤灰所含有的一些与水泥熟料矿物相似的物相将起晶芽的作用,导致水化矿物结晶、析出时的能垒大大降低,水化矿物将优先在其颗粒表面析出。由于矿渣比高钙粉煤灰更接近于水泥熟料,水化产物在矿渣表面将更先析出。而低钙粉煤灰颗粒仅含有一些惰性矿物,水化矿物较难克服结晶能垒在其表面析出。

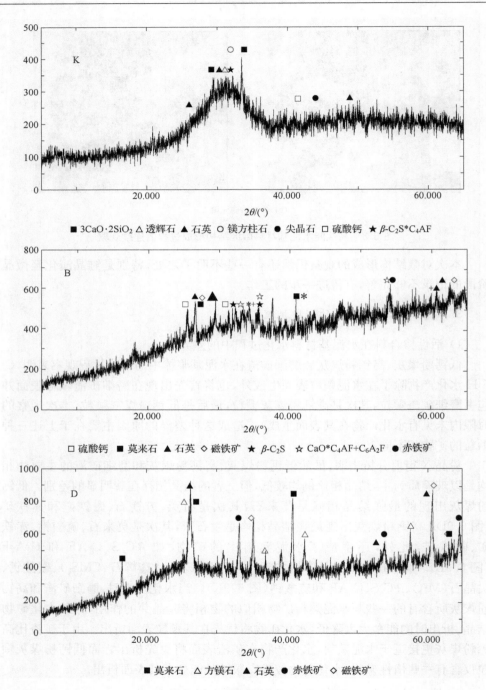

K—磨细矿渣；B—高钙粉煤灰；D—低钙粉煤灰

图 6.9　矿物掺合料的 X 射线衍射图谱

若将火山灰活性定义为:活性掺合料参与水化反应并在单位面积形成水化产物的速率,那么可以发现,在水化早期,掺合料的细度与火山灰活性没有明显关系,参与水化反应的粉煤灰颗粒尺度相差悬殊,如图 6.5 所示,但并没有发现在细粒径粉煤灰颗粒表面出现水化产物而粗粒径粉煤灰颗粒表面无水化产物的现象,即在早期,水化产物(水化反应的标志)出现先后与粉煤灰颗粒的粒径无直接关系。相对而言,较细的低钙粉煤灰确实能比较粗的增加水泥基材料的早期强度,这可能主要与其填充效应有关。

水化过程连续观察还表明,磨细矿渣的水化过程与水泥熟料颗粒的水化过程相类似。若将水泥熟料水化定义为一次水化,C-S-H 凝浆中的 $Ca(OH)_2$ 对粉煤灰等玻璃体腐蚀反应后再产生类似于 C-S-H 水化相为二次水化,那么,磨细矿渣的水化相当于水泥熟料水化,基本上属于一次水化,或者是由于磨细矿渣的一次水化较强烈,相应的水化产物较密实地覆盖了其表面,使其颗粒内部的二次水化比较困难。那么"磨细矿渣的早期强度好,后期强度较弱"的性质也就在情理之中了。

2) 水胶比对水泥基材料水化的影响

水泥净浆水化的过程表明水化反应是以未水化颗粒为结晶中心,倾向于在其表面生长,这将导致其颗粒内部的水化比较缓慢,有的混凝土在建后几十年仍可以在其中心发现未完全水化的熟料颗粒。粉煤灰等工业废渣在混凝土中可充当结晶中心,替代未水化熟料的角色,而且粉煤灰抗压强度要比水泥熟料颗粒大得多,这就可以解释为什么混凝土中水泥的含量并不是越高越好。混凝土中水泥含量达到某一定适当程度后,如果再高,不但是一种浪费,而且反而会使混凝土的强度有所下降。用粉煤灰取代部分熟料后,不但有着优良的填充效应,而且可以增加大量结晶中心,并能发生"二次水化",后期强度大大提高。

通过微区结构形成过程的连续观察还可以发现,晶芽出现的先决条件是水化凝胶必须达到足够大的黏度,所以降低水胶比则有助于水化矿物及早出现。水胶比对早期水化产物、水化程度、硬化浆体的显微结构也有着很大的影响。

采用水泥-粉煤灰复合胶凝材料与高效减水剂协同作用研制出的活性细粒混凝土,在低水胶比条件下能获得较好的力学性能。孔隙率对水泥基材料的强度影响很大。在通常的水泥浆体中,水泥颗粒间的分子间作用力导致颗粒有相当量的团聚,这相当于降低了熟料的比表面积,进而影响到水泥熟料的水化效率。另一方面,水泥颗粒的不规则形状使得颗粒之间会产生拱桥效应(无法达到紧密堆积),最终也会增大硬化浆体内的孔隙率。对于普通的水泥基体系而言,细的熟料颗粒充填大颗粒间孔隙的效果不佳。高性能水泥基材料由于粉煤灰和高效减水剂协同作用,可以大大降低孔隙率。其原因在于的珠状粉煤灰具有优良的形态效应,充填孔隙的效果良好。另外,高效减水剂的使用使拌合用水减少,从而降低了浆体的体积,提高了密实性。

　　由于水胶比的差异,水化早期,低水胶比的 RPC 水泥(水胶比 0.15)与高水胶比的水泥净浆(水胶比 0.27)相比要致密得多(图 6.10)。水泥净浆体内部固相(水泥颗粒)间的孔隙大(水胶比大),水化空间则大,水化产物可以自由生长,在电镜下一般可以辨认单个水化物;而 PRC 水泥浆体内部固相间的孔隙小(水胶比小),水化产物受水化空间的限制,无法自由生长,倾向于交织或胶结在一起,很快形成牢固的浆体结构,电镜下甚至无法辨认清单个水化物。

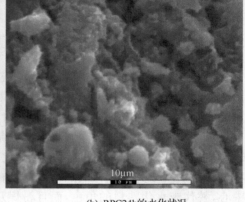

(a) 净浆 24h 的水化状况   (b) RPC24h 的水化状况

图 6.10　净浆和 RPC 材料 24h 水化状况比较

　　粉煤灰通过粉体对新拌水泥浆体的润滑作用和填充解絮作用来提高浆体的流动性。润滑作用指的是粉煤灰的球形颗粒在新拌浆体中具有滚珠轴承的作用,可以减少水泥颗粒间的摩擦阻力,提高新拌浆体的流动性,这是粉煤灰所特有的性质;填充解絮作用指的是较细的粉煤灰颗粒与较粗的熟料颗粒形成良好的颗粒级配,实现颗粒间的紧密堆积,粉煤灰可以填充在原本由水充填的水泥熟料颗粒间隙中,有助于打散水泥熟料颗粒的团聚结构,并使间隙中的水分得以释放,提高了浆体的流动性。这两种作用显然受到粉煤灰自身的颗粒形貌和细度的影响,这些影响因素有正有负,需作具体的分析。

　　新拌浆体中的水可分为两种:一种是填充水,它存在于固体颗粒间的孔隙,这部分水是新拌浆体的一个组成部分,对浆体流动性是不起作用的;另一种是颗粒表面水,这部分水由两部分组成,即颗粒表面的吸附水和吸附水外部的水膜层水。吸附水对流动性也不起作用,只有颗粒外表面的水膜层水对流动性起作用,水膜层越厚,流动性越好。严捍东认为,新拌浆体中的水应由三部分组成,即填充水、表面吸附水和自由水,水膜层水也应包含在自由水中,自由水将会改善新拌浆体的黏稠性,提高浆体流动性。除因比表面积增加会向表面吸附水转化外,自由水和填充水间也会发生转化,这取决于粉煤灰取代水泥后是增加还是降低复合材料的孔隙率,如孔隙率增加,则自由水转化为填充水,这将降低流动性。研究表明,如果保持水胶比不变,用优质粉煤灰取代部分水泥后,新拌浆体中表面填充水的比例将降低,而自由水的比例将提高,即浆体流动性增加。

　　3）成核速率和晶面生长速率与材料界面结构的关系

　　本研究证实,在水化的早期阶段,水化产物由雏晶向微晶转变后,微晶晶体的数量和形状就基本确定。这说明水泥基材料的水化早期阶段非常重要,几乎对水泥基材料的力学性能和耐久性起决定性的影响。

　　水泥熟料矿物硅酸钙(或铝酸钙)在水化时,其水化产物的成核速率和晶面生长速率控制了水化产物的晶体数量和晶粒大小(图 6.11)。当水化产物具有较大的成核速率和较小的晶面生长速率时,趋向于形成颗粒较多、较细、分布较均匀,近似成等粒状(三维近乎均等)的水化产物晶体(第一种情况);反之,若具有较大的晶面生长速率和较小的成核速率,那么就趋向于形成颗粒较少、较大、分布不均匀、二维延伸(三维不均等)的水化产物晶体(第二种情况)。

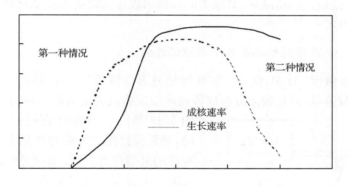

图 6.11　晶体成核速率和晶面生长速率曲线示意图

　　C-S-H 凝胶与集料之间的有效界面面积、水化凝胶的浓度、水化时的温度、晶种多寡等是控制水化矿物成核速率和晶面生长速率的重要因素。由于水泥基材料的强度(耐久性)主要受其强度最弱的区域的限制(水桶原理),若水化产物分布不均匀,则强度就会降低。显然第一种情况形成的材料力学性能要优于第二种情况。

　　图 6.12 为纯水泥浆体和含粉煤灰水泥浆体水化产物的 SEM 照片,粉煤灰水泥浆体中粉煤灰与水泥的混合比为 3∶7。掺入粉煤灰后,水泥浆体水化产物的显微形貌有了很大改变,在水化早期尤其是这样。在无粉煤灰的水泥浆体中,纤维状、棒状水化产物生长良好,晶体数量较多,趋向于二维延长(图 6.12(a));而在同样龄期的掺粉煤灰的水泥浆体,水化产物的形状不太一样(图 6.12(b)),水化产物二维延伸不明显,呈细粒状的为主。这从一个侧面论证了上述的理论推断。

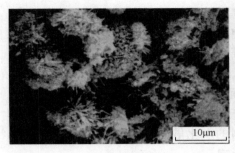

(a) 纯水泥浆体

(b) 含粉煤灰水泥浆体

图 6.12　纯水泥浆体和含粉煤灰水泥浆体水化产物的 SEM 照片

4）水泥基材料高性能产生的原因

在水泥基材料中掺入优质粉煤灰相当于增加了晶芽附生的有效界面；磨细矿渣通常本身水化产生较多的水化硅酸钙，相当于提供了附加的晶种；低水胶比则相当于提供了足够的水化凝胶浓度。这些均会导致水泥基材料水化时趋向于形成第一种情况，这也是优质粉煤灰、磨细矿渣和低水胶比能改善水泥基材料力学强度和耐久性的原因之一。

4. 采用 AFM 研究水泥浆体早期演化过程

原子力显微镜（AFM）作为一种在扫描隧道显微镜（STM）基础上出现的新型扫描探针显微镜，是新兴表面分析成像技术中发展较为显著的一种，其工作原理如图 6.13 所示。当探针在样品的表面扫描时，如果保持探针尖端和样品表面的原子间存在的微弱斥力恒定，则微悬臂将随着样品表面原子分布的变化而在垂直于样品表面的方向上起伏变化。这时如果把 STM 的探针固定在微悬臂的上方，当微悬臂上下变动时就会引起微悬臂和 STM 探针间隧道电流的变化，利用隧道电流检测法和计算机图像处理技术就可以获得样品表面的精细图像。

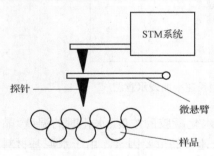

图 6.13　AFM 工作原理示意图

原子力显微镜的工作模式主要可分为准静态模式（又称接触模式）和动态模式（又称轻敲模式）两种。在准静态模式下，仪器达到原子级的分辨率，这种模式一般适于观察具有硬质表面的样品；在动态模式下分辨率相对较低，达不到原子水平，一般为纳米量级。动态模式探针由于探针不接触样品表面，因而可以用来观察未硬化的水泥浆体。

各种显微手段的比较如表 6.3 所示。原子力显微镜突出的优点是：不仅适用于导体、半导体、绝缘体样品，还可应用于各种环境，特别是各种液体环境下。

表 6.3　各种显微手段的比较

显微手段	解析度	工作环境	工作温度	对试样的影响	探测深度
AFM	原子水平	空气、溶液、真空	室温	无影响	1～2 个原子层
TEM	0.1～0.2nm	高真空	室温	很小	<1000nm
SEM	6.10nm	高真空	室温	很小	微米水平
FIM	原子水平	超高真空	30～80K	有影响	原子水平
ESEM	4nm	低真空	−15～1000℃	很小	微米水平

　　试验所用仪器为美国产 Nannoscope Ⅲ Digital Instructment, Inc. 系统,在室温、大气条件下,以接触恒力方式工作,扫描速率 1～4Hz,扫描区域变化范围为: 852nm×852nm～5μm×5μm,每幅图像的扫描区域和扫描速率根据设置的参数大小确定。表面高低起伏在 AFM 图像中是按不同的灰度等级表示的,浅色的为高,深色的为低。观察结果如图 6.14～6.16 所示。

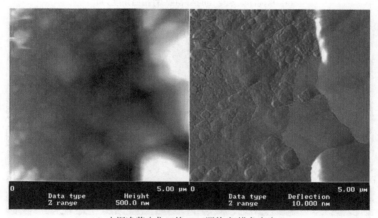

(a) 水泥净浆水化1d的AFM照片(扫描角度为0°)

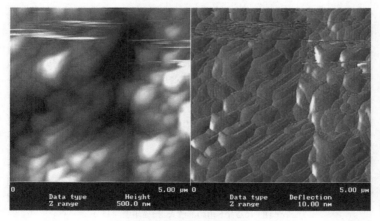

(b) 45°方向扫描图(扫描角度为45°)

图 6.14　水化 1d 水泥净浆的 AFM 照片(w/c=0.20)

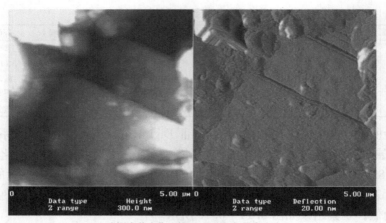

(a) 水泥净浆水化1d的AFM照片(扫描角度为0°)

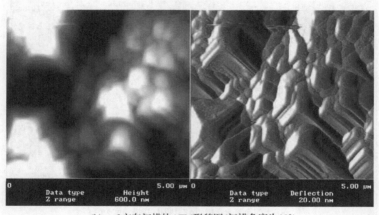

(b) 45°方向扫描的AFM形貌图(扫描角度为45°)

(c) 图3.10.2右下角局部放大(扫描角度为45°)

图 6.15　水化 1d 水泥净浆的 AFM 照片(w/c＝0.28)

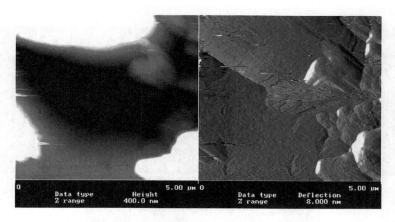

图 6.16　水化 1d 水泥净浆的 AFM 照片($w/c=0.32$)

图 6.14 是水灰比为 0.20 的水泥净浆样品的 AFM 照片,水化龄期为 1d。图 6.14(a)采用 1Hz、$5\mu m\times 5\mu m$ 扫描参数进行扫描,左图是样品表面三维的实际形貌,右图是对左图 Z 方向上求一阶导数所得到的形貌图,突出了 X、Y 方向二维的平面信息。通过该图可以更清楚地了解颗粒 X、Y 二维的形貌特征。图 6.14(b)是对该样品表面以 45°角扫描的结果,扫描参数为 1Hz、$5\mu m\times 5\mu m$、45°,这种扫描方式可以更清楚地观察到样品表面 Z 方向的特征。

图 6.15 是水灰比为 0.28 的水泥净浆样品的 AFM 照片,水化龄期为 1d。图 6.15(a)的扫描参数为 1Hz、$5\mu m\times 5\mu m$、0°,图 6.15(b)是对该样品表面以 45°角扫描的结果,扫描参数为 1Hz、$5\mu m\times 5\mu m$、45°,图 6.15(c)是图 6.15(b)右下角区域的局部放大,扫描参数为 3Hz、$1.92\mu m\times 1.92\mu m$、45°。

图 6.16 是水灰比为 0.32 的水泥净浆样品的 AFM 照片,水化龄期为 1d,扫描参数为 1Hz、$5\mu m\times 5\mu m$、0°。

从上述图中可以看出,水灰比为 0.20 的水泥净浆样品水化产物细小而密集,而水灰比为 0.28 和 0.32 的样品水化产物颗粒逐渐增大,分布越来越稀疏。

为了进行对比研究,本部分采用 JSM-5900 扫描电镜对上述三种样品进行照相(图 6.17)。

SEM 用聚焦的电子束作为探针,通过接收表面激发出的二次电子,得到放大的扫描电子图像,其垂直分辨率和水平分辨率分别为 10nm 和 2nm。因存在着垂直分辨率低,需在真空环境下工作等缺点,故目前该仪器主要用于对样品表面形貌的定性分析。另外,对于硅酸盐等不导电的材料,需要在其表面喷一层碳或金(一般为几百埃(Å)厚)才能观察,这样做会掩盖样品表面的精细结构。

(a) 净浆SEM照片(w/c=0.20)　　　　　　　　(b) 净浆SEM照片(w/c=0.28)

(c) 净浆SEM照片(w/c=0.32)

图 6.17　水泥净浆水化 1d 的 SEM 照片

AFM 纵向分辨率为 0.1nm,横向分辨率为 10nm,故它能分辨被测表面具有亚微米量级横向尺度的峰和谷。而且用 AFM 实施观察样品无须任何预处理,且能在常温常压下提供高分辨率的形貌特征,它的缺点在于易受灰尘干扰。具有亚微米尺度的尘埃由于分子间作用力的作用而易吸附于样品表面,AFM 的探针不能像机械触针式轮廓仪那样划开它们,故它们对测量结果产生较大的影响。另外,AFM 要求超静环境,当进行高分辨率扫描时,一些微小的振动(如人说话或走路等)都会影响观察的效果(图 6.14(b)上的干扰波痕就是人说话的声波振动造成的)。但总的来说,AFM 被公认是一种理想的超光滑表面形貌分析仪。

长期以来一直是以二维参数来评定表面形貌,即以扫描获得的轮廓线作为评定的基础,但随着表面分析研究的深入和对表面性能要求的提高,二维参数评定已不能满足工程界的需求。目前,国际上包括 ISO 在内的许多组织正积极探索三维评定参数。虽然三维评定参数还没有最终确定,但用三维评定参数取代二维参数已是大势所趋。借助 AFM,可以观察水化产物颗粒的三维形貌并测量颗粒的尺寸。从图 6.14 中清楚地看到水化产物颗粒的三维形貌,颗粒尺寸可以直接从图中读出,典型颗粒的高度和宽度均为几百纳米,这与 SEM 观察的结果相吻合。AFM 照片提供了比 SEM 照片更为丰富的信息,对形貌的反映也更为精细。

对于目前的 AFM 仪器而言,由其所提供的信息很难确定所研究的颗粒到底是哪一种水化产物。这可能有待于改进仪器(如配附辅助分析仪等)或借助于其他手段进行补充研究来解决。

6.1.2　Ca(OH)$_2$ 晶体在水泥水化早期形成的影响因素及其对硬化浆体性能的影响

1. 水灰比对水泥水化早期 Ca(OH)$_2$ 晶体形成的影响研究

1) 概念

结晶过程可以被看做是一个晶体成核和生长的过程。液态结构从长程(整体)来说,原子排列是不规则的,而在短程(局部)范围内存在着接近于规则排列的原子集团,这些原子集团可相互结合形成微细的结晶粒子。但这种微晶粒需要吸收一定的能量(称为成核能,可自体系内部的能量起伏获得)才能长大,直至达到一定的临界尺寸。超过临界尺寸大小的微晶粒称为晶核。成核是一种生成物的一系列超过临界尺寸的微晶在过饱和溶液中同时形成。如果成核是自发产生的,而不是靠外来的质点或基底的诱发,这样的成核称为均匀成核;相反,如果成核是靠外来的质点或基底的诱发而产生的,这样的成核称为非均匀成核。在溶液过饱和度较低的情况下,非均匀成核过程更容易发生。

对于均匀成核的情况,整个结晶过程受两个相互影响的速率所支配,即晶体成核速率(V_N)和生长速率(V_G)。晶核形成的速率与出现新相(晶相)之前溶液能够达到的相对过饱和程度有关,即

$$V_N = k \frac{c-s}{s} \tag{6.1}$$

式中:c 为晶核析出前为实现新相生成所需的过饱和溶液的浓度;s 为溶液在温度 T 时的溶解度;$c-s$ 为过饱和程度;k 为特性常数,随物性和温度而异。此式表明单位时间内形成晶核的数目与溶液的初始相对过饱和程度 $(c-s)/s$ 成正比。

一般说来,晶体生长速率随过饱和程度的升高而增加,随分散介质黏度的增加而降低。降低温度不但增高了过饱和程度,同时也增加了介质的黏度,后者又决定粒子在介质中的扩散速率,所以通常在某一适当温度下晶体生长速率为极大。因此,晶体生长速率可由下式给出:

$$V_G = \frac{D-d}{\delta}(c-s) \tag{6.2}$$

式中:D 为溶质的扩散系数;d 为晶核粒子的表面积;δ 为粒子的扩散层厚度。式(6.2)表明,晶体生长速率与溶质的扩散系数成正比,也与过饱和程度成正比。

由以上两式可知,假定初始$(c-s)/s$值较大,形成的晶核很多,则$c-s$值就会迅速减小,使晶体生长速率变慢,这就有利于生成数量众多但颗粒较小的晶体。当初始$(c-s)/s$值较小时,晶核形成得较少,$c-s$值也相应地降低较慢,但相对来说,晶体生长就快了,有利于大颗粒晶体的生成。

在这里,溶液中各种离子的初始浓度是确定的,即初始相对过饱和程度是确定的,但实际情况要复杂得多。因为当水泥与水拌合后就立即发生化学反应,水泥的各个组分开始溶解,所以经过一个极短的瞬间,填充在颗粒之间的液相将由纯水转变为含有各种离子的溶液,即溶液中各种离子的初始浓度是一个动态变化的值。Ca^{2+}(和OH^-)的浓度以非线性方式继续增大,在达到最大值之前,液相中Ca^{2+}浓度相对于$Ca(OH)_2$而言已经有很大程度的过饱和。Ca^{2+}达到最大值的时间,很大程度上取决于水灰比的大小,而且可以达到的相对过饱和程度的高低也取决于水灰比的大小。当水灰比很大时,溶液将不能达到过饱和,水化过程将按另一条路线进行。

有证据表明,硅酸盐离子会延缓$Ca(OH)_2$晶体的生长或可能抑制$Ca(OH)_2$晶体的成核,富硅酸盐的表面也会起到同样的效果。因此$Ca(OH)_2$晶体的成核主要发生在溶液中而不是发生在富硅酸盐的熟料矿物表面上,即可以将其看做一个均匀成核的过程。

2）试样制备与实验方法

制备了水灰比分别为0.20、0.24、0.28、0.32、0.36、0.40的六个水泥净浆样品（其中水灰比为0.20和0.24的两个水泥净浆样品拌制过程中加入了高效减水剂）,将其分别编号为1#、2#、3#、4#、5#和6#,在40mm×40mm×160mm的标准试模中成型,置于标准养护箱内养护24h,脱模后切片并磨制成20mm×20mm×2mm的片状样品,用无水乙醇使样品停止水化。

运用日本产的D/MAX-RA旋转阳极X射线衍射仪进行分析。XRD图谱的不同特征反映了水化产物晶体结晶结构的差别,图中的峰高（衍射强度）和半高宽（衍射角）与晶粒的大小和形状有关,晶粒越大,衍射峰越高,半高宽越小。XRD线宽法可用于测定20～1000Å的微晶颗粒的尺寸。由X射线衍射峰宽度数据根据Scherrer方法可计算出垂直该晶面晶粒的平均尺寸,计算公式为

$$D_{hkl} = \frac{K\lambda}{\beta\cos\theta} \tag{6.3}$$

式中：D_{hkl}为垂直于晶面指数为(hkl)晶面晶粒的平均尺寸；λ为所用X射线波长（1.5405Å）；θ为对应于晶面指数(hkl)的布拉格（Bragg）角；β是由于晶粒细化引起的衍射峰(hkl)的宽化,用弧度来表示；K为常数,具体数值与宽化度β的定义有关。若β取为衍射峰的半高宽$\beta_{1/2}$,则$K=0.89$,若β取衍射峰的积分宽度β_i,则$K=1$。本研究中β取为半高宽$\beta_{1/2}$。

一般认为,晶体在某一晶面法线方向的平均尺寸即为该晶体在这一晶面法线方向的生长量。晶体生长的速率可以由晶体生长量除以晶体生长的时间而求得。当然这种计算方法存在着一定的误差,首先晶体生长的时间影响着晶体生长的速率,如虽然从水泥净浆加水搅拌开始到样品用无水乙醇停止水化为止的时间可以严格控制在 24h,但是由于并不清楚 $Ca(OH)_2$ 晶体生长的真正起始时间,所以将 24h 等同为晶体生长的时间存在着一定的误差;其次以晶体的平均尺寸代表晶体的生长量本身存在着一定的误差,如由于对晶体生长的过程不甚清楚,并不知道晶体是从一端开始生长的,还是从中心开始生长的,若是从中心开始生长的,则应以水化产物晶体的平均尺寸的一半作为晶体的生长量。

XRD 测试过的样品经表面喷金后使用日本产的 JSM-5900 型 SEM 观察形貌。所有的样品均以相同的放大倍数(×20000)进行照相,每个样品拍摄 5 次。对每张照片上的 $Ca(OH)_2$ 晶体的个数进行计数,取 5 次的平均值作为该样品在等大视域中($6.3\mu m \times 4.1\mu m$) $Ca(OH)_2$ 晶体的平均个数。由计数所得的晶体平均个数可求得晶体的平均成核速率(平均成核速率＝晶体平均个数/(视域面积×时间))。当然这种计算方法精度有限,只能得到 $Ca(OH)_2$ 晶体成核速率的粗略数据。因为首先选取的区域具有很大的随机性,不同区域微区浆体条件有很大的差异,导致随机选取到的区域内晶体个数有很大的波动性;其次,计数过程存在着主观因素的干扰,如能否准确鉴别出 $Ca(OH)_2$ 晶体;再次,由于仪器分辨率的限制,无法观察到更微小的 $Ca(OH)_2$ 晶体,导致所计数目小于实际晶体数目;最后,成核的时间也是一个不确定的值。

3) X 射线衍射研究

C-S-H 是水泥水化早期最重要的水化产物。近年来的研究表明,C-S-H 的加速成核和生长可以解释潜伏期和早期水化的结束。根据 Gartner 的理论,C-S-H 的结构可以被看做是 C-S-H 生长方式而造成的结果。假定 C-S-H 生长成弯曲状、扭曲的薄片状或条带状。除了在某些有序的平坦区域新的薄片状产物在已存在的薄片状产物顶端成核,其他情况的生长主要发生在薄片状产物的边缘或者条带状产物的两端。这将导致在薄片状产物空间生长受到明显的阻碍之前的加速期内,生长速率呈指数增长。考虑到作为生长过程中溶液成分的函数,产物的 Ca/Si 变化范围很大,这个机理也可以用来解释水化产物结构上的其他异常特征,尤其是可能产生不同组分的微晶区域(如雪硅钙石状、羟硅钠钙石状及平坦的羟钙石状微晶)。前人 X 射线衍射研究数据表明,衍射图谱中水化 C-S-H 在 2.6～3.2Å 处有一个弱的宽峰,另一小峰是在 1.82Å 处。这些结果可解释为由 30～40Å 厚,在其他方向伸展到 $1\mu m$ 或更大的片状结构所造成。由于 C-S-H 主要呈无定形的凝胶状,结晶程度很差,不适合用 XRD 线宽法来计算其晶体平均尺寸。

对 XRD 图谱的特征峰进行矿物相的鉴定(衍射图见图 6.18),从 XRD 图谱中可以看出,水泥净浆水化产物的矿物相比较复杂,其中 Ca(OH)₂、C₂S 和 AFm(单硫型水化硫铝酸钙)等晶体的特征峰非常明显。由于 C₂S 水化速率很慢,需几十小时才达到加速期,故这些 C₂S 并不是水化产物,而是未水化的水泥熟料矿物。对于 AFm 而言,熟料矿物中 C₃A(铝酸三钙)含量本身较低,导致浆体中总的 Al 含量较低,而且大多数的 AFm 是由更早生成的 AFt(钙矾石)转变而来的,因此 AFm 晶体受水灰比的影响较小。

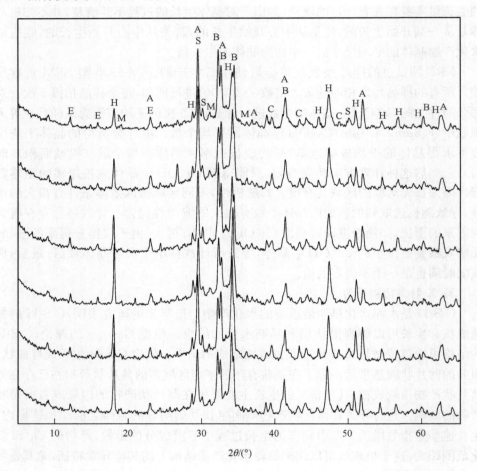

E—AFt;H—Ca(OH)₂;M—AFm;S—C-S-H;C—CaCO₃;A—C₃S;B—C₂S

图 6.18　水泥净浆水化 1d 的 X 射线衍射物相图

由于上述原因,本部分的研究仅限于 Ca(OH)₂ 这一种水化产物。XRD 线宽法的测试结果如表 6.4 所示。

表 6.4　X 射线衍射线宽法的测试结果

参数	样品号					
	1#	2#	3#	4#	5#	6#
w/c	0.20	0.24	0.28	0.32	0.36	0.40
半峰宽度	0.32	0.26	0.24	0.22	0.22	0.20
$2\theta/(°)$	18.04	18.1	18.04	18.1	18.02	18.06
平均尺寸/Å	248.56	305.94	331.41	361.57	361.53	397.70
生长速率/(10^{-3}Å/s)	2.88	3.54	3.83	4.18	4.18	4.60

$Ca(OH)_2$ 晶体的生长速率和水灰比的关系如图 6.19 所示。拟合可以得到下列回归方程：$y=0.0078x+0.0015$，相关系数 $r=0.9637$，回归方程在图中用虚线表示。由此可见，$Ca(OH)_2$ 晶体的生长速率和水灰比之间的关系十分显著，随水灰比的增大晶体生长速率呈线性增长的趋势。水灰比的大小决定着溶液的初始相对过饱和度的大小，水灰比越大溶液的初始相对过饱和度越低。也就是说，随着初始相对过饱和度的降低，晶体生长速率有线性增长的趋势。

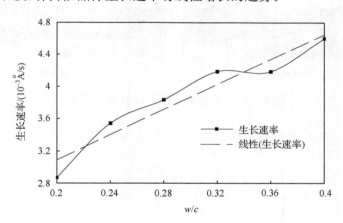

图 6.19　$Ca(OH)_2$ 晶体生长速率和水灰比的关系

4）SEM 的研究

SEM 照片中发现有许多微小的粒状晶体（图 6.20(a)），用 EDS 对其中一个晶体进行点分析（图 6.21）得 Ca、K、Si、Al 质量比约为 17：1：4：3。晶粒的尺寸小于 EDS 电子束斑尺寸，因此分析得到的应为以该晶粒为中心、电子束斑尺寸为直径的一个圆形区域的成分，而不是该晶粒的精确成分。根据 EDS 分析结果及晶体形貌判断，这些晶体应为 $Ca(OH)_2$。样品中 $Ca(OH)_2$ 晶体主要以这种形式存在，但也发现有结晶完好，尺寸较大的 $Ca(OH)_2$ 晶体（图 6.20(b)）。同时还发现了 AFm 晶体（图 6.20(c)）、AFt 晶体（图 6.20(d)）和 C-S-H，其中 C-S-H 主要以无定形相存在。这些现象和 XRD 矿物物相分析得到的结果基本一致。

(a) 水化1d时Ca(OH)₂的形貌　　　　　　　　　　(b) 水化1d时Ca(OH)₂的形貌

(c) 水化1d时AFm的形貌　　　　　　　　　　　　(d) 水化1d时AFt的形貌

图 6.20　硅酸盐水泥水化 1d 的 SEM 照片

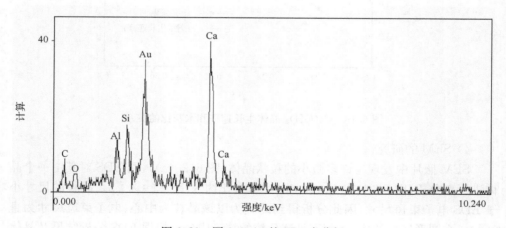

图 6.21　图 6.20(a)的 EDS 点分析

　　各样品 SEM 照片计数的结果如表 6.5 所示。根据表 6.5 结果计算了 Ca(OH)₂ 晶体成核速率(计算结果如表 6.6 所示)。水灰比对 Ca(OH)₂ 晶体成核速率的影响如图 6.22 所示。拟合可以得到下列回归方程：$y = -19.486x + 11.549$，相关系数 $r = 0.9980$，回归曲线在图中用虚线表示。由此可见，$Ca(OH)_2$ 晶体的成核速率和水灰比之间的关系十分显著；随水灰比的增大，晶体成核速率有线性降低的趋势，而水灰比越大溶液的初始相对过饱和度越低。也就是说，随着初始相对过饱和度的降低，晶体成核速率有线性降低的趋势。

表 6.5　SEM 等大视域（$6.3\mu m \times 4.1\mu m$）**中 $Ca(OH)_2$ 晶体个数**

序号	样品号					
	1#	2#	3#	4#	5#	6#
1	142	166	140	104	99	97
2	196	164	144	118	89	79
3	177	154	151	116	102	91
4	168	157	124	146	114	72
5	169	142	107	104	98	88
平均	170.4	156.6	133.2	117.6	100.4	85.4

表 6.6　$Ca(OH)_2$ 晶体成核速率

参数	样品号					
	1#	2#	3#	4#	5#	6#
w/c	0.20	0.24	0.28	0.32	0.36	0.40
成核密度/(个/μm^2)	6.6	6.06	5.16	4.55	3.89	3.31
成核速率/(10^{-5}个/($\mu m^2 \cdot s$))	7.64	7.01	5.97	5.27	4.5	3.83

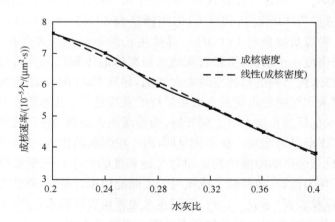

图 6.22　$Ca(OH)_2$ 晶体成核速率和水灰比的关系

研究结果表明，初始相对过饱和度是影响晶体成核速率和生长速率的主要因素之一,而水灰比的大小反映了初始相对过饱和度的高低。硅酸盐水泥水化早期阶段在水灰比较大的情况下(初始相对过饱和度较低),Ca(OH)₂结晶产生了相对较少的成核点和相对较大的晶体,而在水灰比较小的情况下(初始相对过饱和度较高),产生了相对较多的成核点和相对较小的晶体。

2. 粉煤灰掺量对水化早期 Ca(OH)₂ 晶体形成的影响

制备了粉煤灰掺量分别为 0%、10%、20%、30%、40%、50% 的六个粉煤灰水泥样品(水胶比为 0.32),编号分别为 1#、2#、3#、4#、5# 和 6#,24h 脱模,切片制成 20mm×20mm×2mm 的片状样品并用无水乙醇停止水化。试验所用粉煤灰样品为华能南京电厂三电场的低钙粉煤灰 H_3,采用 XRD 线宽法对 Ca(OH)₂ 的晶体生长速率进行了初步的定量化的研究。

对 XRD 图谱中的特征峰进行矿物相的鉴定(衍射图见图 6.23),从 XRD 图中可以看出,掺粉煤灰水泥的浆体水化 1d 主要有 Ca(OH)₂ 和 AFm 等水泥熟料水化产物以及 C_2S 等未水化熟料矿物,这与水泥净浆水化 1d 浆体的晶相基本一致,但也有 α 石英、β 石英和莫来石等粉煤灰的特征晶相,而且随着粉煤灰掺量的增加,这些晶相含量越来越高。这时粉煤灰的火山灰反应还未大量发生,水化产物主要是水泥熟料矿物发生水化反应而产生的。Ca(OH)₂ 晶体生长速率的计算结果如表 6.7 所示。

粉煤灰掺量对 Ca(OH)₂ 晶体的生长速率的影响如图 6.24 所示。拟合可以得到下列回归方程:$y=0.0346x+2.397$,相关系数 $r=0.7435$,回归方程在图中用虚线表示。由图 6.24 可见,随粉煤灰掺量的增大,Ca(OH)₂ 晶体生长速率有微弱的线性增长的趋势。当粉煤灰掺量从 0% 增加到 40% 时,Ca(OH)₂ 晶体生长速率不断增加,并在掺量为 40% 时达到最大,但当掺量为 50% 时,Ca(OH)₂ 晶体生长速率反而降低。粉煤灰掺量对 Ca(OH)₂ 晶体生长的影响主要表现在三个方面:一是由于粉煤灰密度小于水泥,掺粉煤灰的水泥浆体的体积较同等质量的水泥净浆为大,这就使得水化产物的水化空间大大增加,导致 Ca(OH)₂ 晶体的平均尺寸增大。二是粉煤灰水泥中粉煤灰的火山灰活性的发挥是一个比水泥水化反应慢得多的过程,水泥水化反应在加水后立刻开始,而粉煤灰火山灰活性的发挥只有在大约一个月之后才逐渐显著起来。在水化早期,由于粉煤灰的掺入,使得有效水灰比高于水泥净浆,也就会影响溶液的初始相对过饱和度的大小。三是粉煤灰的加入增加了系统的不均匀性,有效降低了成核时的表面能位垒,晶核也就优先在这些不均匀处(粉煤灰颗粒表面)形成。这样,沉积在水泥颗粒表面的水化产物相对较少,因此可以不断有新鲜的水泥熟料矿物表面处露出来并与水接触,水泥水化速率提高,水化程度也有相应的提高。

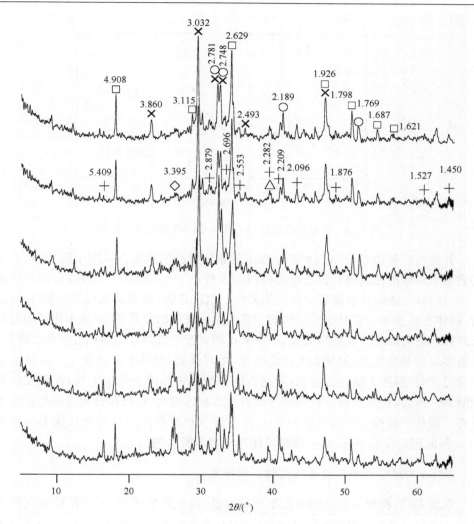

□Ca(OH)₂ ×C₂S；○AFm；◇β石英；△α石英＋莫来石

图 6.23　掺粉煤灰水泥水化 1d 的 X 射线衍射物相图

表 6.7　粉煤灰掺量对 Ca(OH)₂ 晶体平均尺寸的影响的测试结果

	样品号					
	1#	2#	3#	4#	5#	6#
粉煤灰含量/%	0	10	20	30	40	50
半峰宽度	0.22	0.16	0.16	0.12	0.10	0.14
2θ/(°)	18.1	18.07	18.3	18.06	18.1	18.06
平均尺寸/Å	361.53	497.13	497.30	622.85	795.45	568.14
生长速率/(10⁻³Å/s)	2.09	2.88	2.88	3.84	4.60	3.29

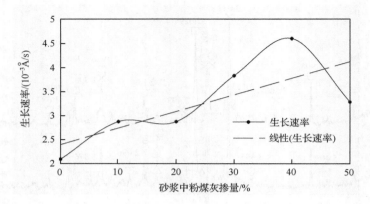

图 6.24　粉煤灰掺量对 Ca(OH)$_2$ 晶体生长速率的影响

若将粉煤灰掺量为 50% 的粉煤灰水泥浆体样品的数据点从图中除去,对余下的数据点形成的曲线进行拟合可得到回归方程:$y=0.00006x+0.0021$,相关系数 $r=0.9433$,该曲线具有显著的线性相关性。也就是说,在粉煤灰掺量达到 40% 之前,晶体生长速率一直是线性增加的。造成这一现象的原因是:水泥水化早期粉煤灰的掺入使有效水灰比得以提高,而水灰比增大会造成溶液初始相过饱和度降低,导致形成的晶核较少,过饱和度降低较慢,相对来说,晶体生长就快了。但是当水灰比过大时,溶液无法达到饱和,而在不饱和溶液中晶体会停止生长,甚至发生重新溶解。因而,粉煤灰掺量过大将导致有效水灰比过大,这反而会使晶体生长速率下降。翟建平教授等推测掺量为 50% 的粉煤灰水泥浆体的晶体生长速率与掺量为 40% 的相比反而下降,这一现象可能与上述因素有关。

3. Ca(OH)$_2$ 对硬化浆体性能的影响研究

众所周知,粉煤灰水泥的水化硬化过程是:首先熟料矿物水化,然后水化产生的 Ca(OH)$_2$,再与粉煤灰的活性组分发生反应,生成水化硅酸钙、水化铝酸钙等水化产物。与此同时,火山灰反应降低了液相 Ca(OH)$_2$ 的浓度,从而促进了水泥熟料的水化。可见 Ca(OH)$_2$ 是连接粉煤灰火山灰反应和熟料水化反应的桥梁。

硅酸盐水泥硬化浆体中,在 1d、7d、28d 和 360d 龄期经推算分别约有 3%~6%、9%~12%、14%~17% 和 17%~25% 的 Ca(OH)$_2$ 存在。Ca(OH)$_2$ 使水泥硬化浆体呈碱性(pH 为 12~13),提高了水泥和混凝土在空气中的抗碳化能力,并能有效地保护钢筋免受锈蚀。它使以水化硅酸钙凝胶为主的水泥硬化浆体中的结晶体比例增加,即提高了晶胶比,同时 Ca(OH)$_2$ 还存在于水化硅酸钙凝胶层间并与之结合,从而使得水泥硬化浆体的强度有所提高,徐变下降。但其不利因素也很多,Ca(OH)$_2$ 使水泥混凝土的抗水性和抗化学腐蚀能力降低,它易在水泥硬化浆体和集料界面处厚度约 $20\mu m$ 的范围内以粗大的晶粒存在,并具有一定的取向性,从而降低了界面的黏结强度。1966 年,Buck 等发现了在水泥与石灰石集料接触处 $Ca(OH)_2$ 晶体的 C 轴垂直于集料表面。为了制得高强混凝土,必须改善界面结构,以增加界面的黏结力。在这方面,目前国内外的研究主要为:①掺入具有火山灰活性的掺合料进行改性,如硅粉、粉煤灰、磨细矿渣和沸石粉等;②加入纤维材料进行改性,如钢纤维、碳纤维和聚合物纤维等;③加入聚合物溶液进行改性,特别是水溶性聚合物;④掺入粉末矿物与纤维或聚合物进行复合改性,其中粉体掺合料是最常用的。蒋林华用 X 射线衍射法测定了不同浆体-集料界面区的 $Ca(OH)_2$ 晶体取向指数,发现硅酸盐水泥浆体-集料界面区 $Ca(OH)_2$ 晶体有明显的取向性,而粉煤灰水泥浆体-集料界面区 $Ca(OH)_2$ 晶体取向性极低,即已几乎不再产生取向。

如前所述,$Ca(OH)_2$ 晶体在水化 1d 的浆体中主要以两种形式存在:微小的粒状晶体(图 6.20(a))以及大尺寸的板状晶体(图 6.20(b))。以微小的粒状晶体形式存在的 $Ca(OH)_2$ 晶体对早强有一定的贡献。数量众多、颗粒分布均匀的 $Ca(OH)_2$ 晶体被 C-S-H 凝胶所包围(图 6.17(a)),就像混凝土中的集料被浆体包围一样,有一种微混凝土效应。而大尺寸的板状晶体则对早期强度不利,因为这些晶体会造成应力的集中并降低界面的黏结强度。

掺入粉煤灰和硅灰后,大量细小分散的粉煤灰和硅灰颗粒起着结晶中心作用,为 $Ca(OH)_2$ 的结晶提供了均匀分布的成核点,使 $Ca(OH)_2$ 附着于其表面生长。随着水化的进行,粉煤灰和硅灰中的活性 SiO_2 与 $Ca(OH)_2$ 反应生成 C-S-H 凝胶,加上掺入粉煤灰和硅灰后水泥熟料矿物的总量减少导致水化产生的 $Ca(OH)_2$ 量的减少,使得 $Ca(OH)_2$ 晶体的生长、排列受到粉煤灰的制约和干扰,避免其在集料表面的定向排列,$Ca(OH)_2$ 晶体的取向指数下降,由此而使混凝土结构趋于密实和高强化。

当然,大量掺入粉煤灰也会引起混凝土抗碳化能力下降的问题。混凝土碳化通常是指空气中二氧化碳与水泥石中 $Ca(OH)_2$ 作用,在有水存在的条件下生成碳酸钙与水。随碳化过程混凝土中 Ca^{2+} 浓度降低,为了维持平衡,$Ca(OH)_2$ 就会不断溶解。上述过程反复进行,结果使液相碱度及碱储备降低。当 pH 或 $Ca(OH)_2$ 降低到一定程度时,周围其他含钙水化产物还会分解、碳化而影响混凝土的性能。粉煤灰取代部分水泥后,首先水泥熟料水化生成 $Ca(OH)_2$,pH 到达一定值(13.3)后,$Ca(OH)_2$ 将与粉煤灰玻璃体中的活性 SiO_2、Al_2O_3 反应生成水化硅酸钙及水化铝酸钙。因此粉煤灰混凝土,特别是大掺量粉煤灰混凝土的二次反应将消耗大量的 $Ca(OH)_2$,将使碱储备、液相碱度降低。很明显,粉煤灰混凝土碱储备减少,碳化中和作用过程缩短,导致粉煤灰混凝土抗碳化性能的降低。从内部化学因素来看,能与 CO_2 反应的物质主要是 $Ca(OH)_2$。由于粉煤灰混凝土中粉煤灰的二次水化,混凝土中 $Ca(OH)_2$ 的数量是很少的,$NaOH$、KOH 等碱性物质也相应较小,混凝土中这些碱性物质的浓度,特别是 $Ca(OH)_2$ 的浓度越小,混凝土碳化越快。

由上述分析可以看出,掺入粉煤灰对混凝土早强有一定的贡献,但若掺量过大则会对抗碳化能力产生了不利的影响。因此粉煤灰掺量并不是越高越好,这里就有一个最佳掺量的问题。对于不同的情况,需要进行专门的研究,具体问题具体分析。

6.1.3　粉煤灰对高性能水泥基材料增强效应的机理分析

粉煤灰在混凝土中的行为和作用被称为"粉煤灰效应"。粉煤灰效应可归结为:颗粒形态及微珠效应、火山灰效应和微集料效应。这三个效应使得粉煤灰可以从以下几个方面改善混凝土的性能:

(1) 形态效应。

粉煤灰的颗粒特征赋予了粉煤灰许多优良的性质。当细小的煤粉掠过炉膛高温区时会立即燃烧,到炉膛外面受到骤冷,保留了熔融时因表面张力作用形成的圆珠形态。粉煤灰的这种球形颗粒在新拌的混凝土中具有滚珠轴承的作用,在保证混凝土坍落度相同的前提下,用水量减少,赋予粉煤灰以独有的形态减水效应。

(2) 火山灰效应。

粉煤灰中的 SiO_2、Al_2O_3 等硅酸盐玻璃体在水泥水化后产生的碱性溶液中溶解出来,并与 $Ca(OH)_2$ 发生化学反应,生成水化硅酸钙等凝胶,对硬化水泥浆体起到增强作用。粉煤灰的活性效应就是指粉煤灰活性成分所产生的这种化学效应。如将粉煤灰用作胶凝组分,则这种效应自然就是最重要的基本效应。粉煤灰水化反应的产物在粉煤灰玻璃微珠表层交叉连接,对促进水泥或混凝土强度增长起了重要的作用。

粉煤灰的活性效应早期是不显著的,仅对水泥水化反应起辅助作用,只有到水泥硬化后期才能比较明显地显示出来。若能为粉煤灰的火山灰反应提供特殊的环境和条件(如提高养护温度、水热处理、外加剂化学激发等),粉煤灰活性效应的影响就会得到强化。

(3) 微集料效应。

粉煤灰的微集料效应是指粉煤灰高弹高强微细颗粒均匀分布于水泥浆体的基相之中,就像微细的集料一样,这样的硬化浆体,也可以看做"微混凝土"。砂浆或混凝土的硬化过程及其结构和性质的形成,不仅取决于水泥,而且还取决于微集料。水泥的水化作用,往往往局限于水泥颗粒的面层,水泥颗粒的核心或水泥颗粒相互接触处是不发生水化作用的,因此在水泥浆体中掺加矿物质粉料,使水泥露出更大的表面积以进行水化作用,获得更完全的利用,即粉煤灰颗粒相当于取代了部分不发生水化作用的水泥熟料颗粒，这样就节约了水泥，也就节约了建设资金。粉煤灰的微集料效应明显地增强了硬化浆体的结构强度。对粉煤灰颗粒和水泥净浆间的显微结构研究证明，随着水化反应的进展，粉煤灰和水泥浆体的界面接触越趋紧密，在界面上形成的粉煤灰水化凝胶的显微硬度大于水泥凝胶的显微硬度。粉煤灰微粒在水泥浆体中分散状态良好，有助于新拌砂浆和硬化砂浆均匀性的改善，粉煤灰微集料填充效应，也有助于砂浆中孔隙和毛细孔的充填和细化。

　　粉煤灰的上述三种基本效应是互相联系和互相影响的，粉煤灰效应则是在一定条件下三种基本效应共同作用的总和。粉煤灰在混凝土中合理使用，其性能都要受到粉煤灰效应的控制。

　　用粉煤灰效应来解释粉煤灰对水泥基材料增强作用是目前比较公认的观点。本节从粉煤灰效应入手对微集料效应和活性效应这两大效应进行研究，并对粉煤灰的增强机理提出了一些新的理解。

　　1. 漂珠抗压强度的测定及其影响因素研究

　　优质粉煤灰中玻璃微珠是主要的，而玻璃微珠主要可分为漂珠和沉珠。粉煤灰中所含的一些密度小于 $1g/cm^3$ 的空心玻璃微珠，因其可漂浮于水上，故称为"漂珠"。漂珠虽然只占粉煤灰总量的 $0.2\% \sim 2\%$，但由于其特殊的性质，如质轻、隔热、隔声、耐高温等，使其在低密度油井水泥、耐火砖及保温帽口等许多方面有着重要的应用。漂珠在应用于各种材料时，其抗压强度将直接影响到所在物料的强度及其他方面的性能，即漂珠的抗压强度值，是表征其材料学特性的一个重要参数。但由于漂珠是松散微细的球形颗粒，利用常规方法很难对其进行抗压强度测定。如果添加其他的物料并与漂珠制成试块，那么测出的值就不能完全反映漂珠的抗压强度。这些也是导致有关漂珠抗压强度测定值报道较少的一个主要原因。随着材料科学的研究进展，当今采用的纳米压痕力系测试系统，粉煤（灰微珠力系行为的测试已成为可能。

　　1) 化学成分的影响

　　利用 X 荧光法（XRF）对 A、B 两种漂珠的化学成分进行了分析，结果（表 6.8 和图 6.25）表明，A、B 两种漂珠的化学成分存在一些差异。根据元素的地球化学性质可知，由碱土金属（CaO）和碱金属（Na_2O 和 K_2O）组成的物质通常较软，力学强度也就较差；而由 SiO_2、Al_2O_3、TiO_2、Fe_2O_3 和 MgO 组成的物质则较硬，力学强度也就较高。本次测试的两种漂珠，恰恰是 B 漂珠的 SiO_2、Al_2O_3、Fe_2O_3、TiO_2 和 MgO 均高于 A 漂珠的（图 6.25），A 漂珠的 CaO、Na_2O、K_2O 和烧失量均比 B 漂珠的高。显然，从化学成分特点上分析，B 漂珠的抗压强度要优于 A 漂珠，实际测试结果也确实如此。也就是说，化学成分的差异是导致 B 漂珠的抗压强度特性要优于 A 漂珠的主要原因之一。

表 6.8　A、B 两种漂珠的化学成分　　　　　　　（单位：%）

漂珠	SiO$_2$	Al$_2$O$_3$	Fe$_2$O$_3$	TiO$_2$	MgO	CaO	Na$_2$O	K$_2$O	MnO$_2$	P$_2$O$_5$	SO$_3$	烧失
A	56.82	32.72	1.95	0.76	0.52	2.01	1.05	2.33	0.04	0.11	0.015	1.24
B	57.24	33.93	2.78	0.96	0.76	0.61	0.75	2.18	0.04	0.11	0.015	0.26

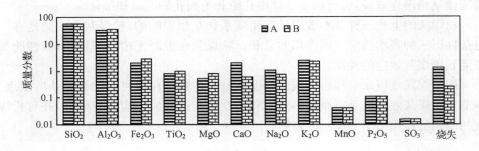

图 6.25　A、B 漂珠化学成分含量直方图

2）矿物相成分

粉晶 X 衍射分析表明，A、B 两种漂珠的矿物相均以玻璃体为主（图 6.26 和图 6.27）。A、B 两种漂珠含有的结晶相主要为莫来石，但 A 漂珠还含有少量的 CaCO$_3$（图 6.26 中"♯"所示的衍射峰）。这是由于 A 漂珠的 CaO 比 B 漂珠的要高一些所致（表 6.8）。结晶相 CaCO$_3$ 的力学强度要比玻璃和莫来石的低，因此这也是导致 A 漂珠的抗压强度低于 B 漂珠的原因之一。但 A 漂珠中的 CaCO$_3$ 含量较低（图 6.26 中 CaCO$_3$ 的衍射峰较弱），即 CaCO$_3$ 对 A 漂珠抗压强度的影响是较次要的因素。

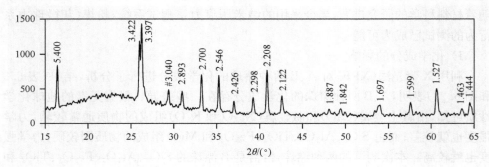

图 6.26　A 漂珠的 X 射线衍射曲线（除了带有 ♯ 的衍射峰为 CaCO$_3$ 外
其余均为莫来石的衍射峰）

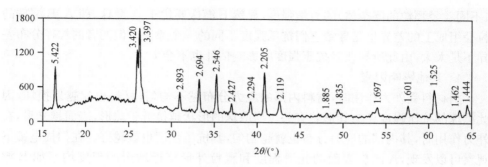

图 6.27　B 漂珠的 X 射线衍射曲线（均为莫来石的衍射峰）

3）颗粒粒径分布

本次试验所用的 A、B 两种漂珠的粒级均小于 155μm。利用激光粒径分析仪对 A、B 两种漂珠的粒径分布进行了分析，结果（表 6.9 和图 6.28）表明，A 漂珠的平均粒径为 85.00μm，B 漂珠的平均粒径为 81.51μm，两者的差异小于 4%，不是很大。两者的粒径分布也略有差异（图 6.28）。大于 100μm 颗粒的含量，A 漂珠高于 B 漂珠的，而小于 100μm 颗粒的含量 B 漂珠高于 A 漂珠的。

表 6.9　A、B 两种漂珠的粒径分布特征　　　　　　（单位：%）

样号	$<20\mu m$	$20\sim40\mu m$	$40\sim60\mu m$	$60\sim100\mu m$	$100\sim140\mu m$	$>140\mu m$
A	3.96	12.49	10.84	37.93	22.90	11.88
B	3.63	11.92	12.16	44.30	17.92	10.07

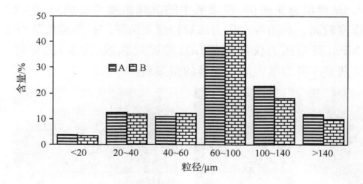

图 6.28　A、B 漂珠不同粒径颗粒的含量

空心球形颗粒材料的力学强度分析表明，当壳壁厚度相等时，随着其粒径变小，抗压强度明显增加。由扫描电镜详细观察可发现，各种不同粒径的 A、B 漂珠，其壳壁厚度近乎相等。虽然 A、B 漂珠的粒径均小于 155μm，但两者相比，B 漂珠以细粒径（<100μm）略占优势，而 A 漂珠以粗粒径（>100μm）略占优势，作为整体

（不同粒径颗粒的混杂体）的力学强度，显然 B 漂珠要优于 A 漂珠，即 A、B 漂珠的粒径组成上的差异也是导致它们抗压强度不同的一个原因。但两者的粒径分布差异不是太大，由此所导致对抗压强度的影响估计也不会太大。

4）其他影响因素

当材料受外力作用时，材料内部的应力分布越不均匀，材料也就越易损坏，因此漂珠的抗压强度还与其形貌有关。当漂珠的形状越接近于球形，表面越光滑，在外力作用时，其内部的应力分布也就越均匀，其抗压强度也就越好。在扫描电镜下观察可以发现，A 漂珠表面的光滑程度和颗粒外形接近球形的程度均不如 B 漂珠，这就使 A 漂珠在外力作用时易产生局部应力集中，球体易碎裂，相应的抗压强度也就不如 B 漂珠的了。

2. 优质粉煤灰的锚桩效应

高性能水泥基材料往往掺有较多的各种活性材料，这些活性材料的颗粒细小，其力学性质很难测得。例如，粉煤灰颗粒的抗压强度指标，对判断其"微集料"效应有很重要的意义，但国内尚未见到有关这方面的测定结果。本节采用静水压力仪对粉煤灰的抗压强度进行测试。前面已经介绍了使用静水压力仪测试漂珠的抗压强度，然而漂珠在粉煤灰中所占比例甚低，一般都小于 0.5%，因此其对粉煤灰整体的力学性能的影响并不太大。

粉煤灰中绝大多数玻璃微珠在水中是下沉的，故通常称其为沉珠。翟建平教授通过 SEM 观察发现，绝大部分沉珠颗粒的中心或多或少也是空的（图 6.29），实心沉珠极少。从严格意义来讲，粉煤灰中的沉珠也属空心微珠，但沉珠的壳壁较厚，其抗压强度较高。利用静水压力法对粉煤灰沉珠的抗压强度进行了测定，当压力高达 250MPa（目前压力仪的限值）时，粉煤灰颗粒（沉珠）的完好率仍然大于98%，即粉煤灰是一种力学性能较优异的微集料。

 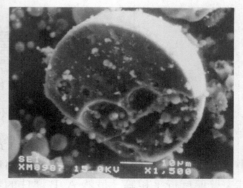

　　　　(a) 碎壳　　　　　　　　　　　　　　　(b) 横切面

图 6.29　破碎沉珠颗粒

　　在保证集料质量的前提下，水泥基材料的力学性质主要取决于浆体(C-S-H 凝胶)与集料界面的黏结性能，在外力作用下产生的裂缝大多首先是沿着水泥-集料间的界面延伸。水泥水化产物与集料表面之间的黏附力与界面空间有关，即界面距(集料颗粒间的平均孔隙)较小时，水化产物能很快地形成搭接牢固的浆体结构，其力学性能则较高。

　　研究表明，粉煤灰的二次水化是在其表面不均匀溶出的基础上进行的，二次水化产物的不均匀溶出从而导致粉煤灰的表面不均匀，两者形成一定的交叉过度层，就像铁锚(水化产物)扎进了泥土(粉煤灰凹凸不平的表面)里。

　　图 6.30 显示了粉煤灰二次水化在其表面形成的凹坑，表面原有的水化产物已用弱酸去除。二次水化产物与粉煤灰表面黏结的有效面积相对比一次水化的大得多，二次水化完全的 C-S-H 浆体与粉煤灰界面间的力学性能良好，并很难使其裂开。

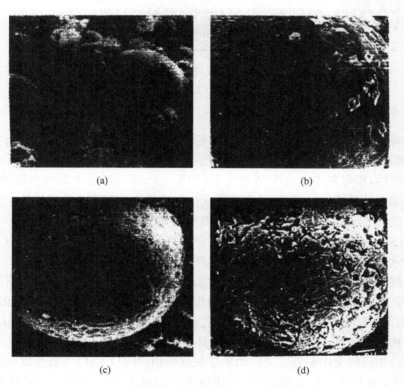

(a)　　　　　　　　(b)

(c)　　　　　　　　(d)

图 6.30　粉煤灰水化物去掉后表面留下的凹坑

　　优质粉煤灰加入到水泥基材料中，首先可使浆体与集料之间的界面细化，其次粉煤灰颗粒本身具有优异的力学性能，加之二次水化形成附加的有效界面，这些粉煤灰颗粒从微观上相当于在浆体与粗集料界面中形成了一个个的锚桩(图 6.31),改善了界面的力学性能,从而使水泥基材料整体力学性能得以优化。

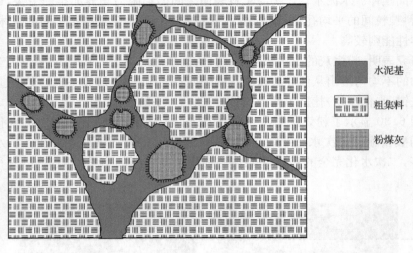

水泥基

粗集料

粉煤灰

图 6.31　粉煤灰锚桩效应示意图(详见文中说明)

3. 粉煤灰活性的检测试验

粉煤灰的结构决定了其活性特征。粉煤灰是含有少量碳、晶体(石英、莫来石)和大量铝硅酸盐玻璃体的细粉状工业废渣。由于碳和晶体(石英、莫来石)在常温下没有活性,粉煤灰中也含有纳米粒子(小于 100nm),不必考虑因表面效应而产生的超细粉体的活性。因此,粉煤灰的火山灰活性主要取决于玻璃体的化学活性。粉煤灰的化学活性的本质是基于硅铝质玻璃体在碱性介质中,OH^- 打破了 Al—O、Si—O 键的网络结构,并使其聚合度降低成为活性状态并与 $Ca(OH)_2$ 反应生成水化铝酸钙和水化硅酸钙亲水化产物,从而产生强度。

粉煤灰是由煤的灰粉在高温熔融状态下骤冷而成,快速冷却阻碍了析晶过程,使粉煤灰颗粒主要由高温液态玻璃相结构组成。火山灰在其形成过程中因成分挥发、体积突然膨胀等因素造成内部多微孔、多断键和多可溶活性 SiO_2、Al_2O_3,因粉煤灰结构较为致密,除表面外断键很少外,可溶活性 SiO_2、Al_2O_3 也较少,因而活性比成分相近的火山灰低。又因为粉煤灰玻璃相,Na_2O、CaO 等碱金属、碱土金属氧化物少,SiO_2、Al_2O_3 含量高,在玻璃体表面形成富 SiO_2 和富 SiO_2-Al_2O_3 的双层玻璃保护层。保护层的阻碍作用,使颗粒内部本来含量不多的可溶性 SiO_2、Al_2O_3 很难溶出,活性难以发挥。所以,粉煤灰早期活性是以物理活性(颗粒形态效应、微集料效应等)为主。经过较长时间的激发,粉煤灰的火山灰化学活性才逐渐表现出来,并赋予制品优良的性能(如后期强度高、抗渗性能好等)。决定粉煤灰潜在化学活性的因素主要是其中玻璃体含量,即玻璃体中可溶性 SiO_2 和 Al_2O_3 含量,以及玻璃体解聚能力。

粉煤灰与 $Ca(OH)_2$ 反应生成 C-S-H、C-A-H 等胶凝物,包括粉煤灰玻璃聚集体解聚成低聚合物(如〔SiO_4〕单体、〔SiO_4〕双聚体)及低聚物与 $Ca(OH)_2$ 反应生成 C-S-H、C-A-H 等胶凝物两个反应过程,这两个反应相互影响同时进行。由于 Si—O、Al—O 键能很大,玻璃体网络连接程度高(三维连续的架状、层状混合结构),聚合度很高,常温下解聚能力低,解聚速率慢,故早期胶凝过程只是粉煤灰中少量可溶性 SiO_2(不超过 10%)、Al_2O_3(如〔SiO_4〕、〔AlO_4〕等)与 $Ca(OH)_2$ 反应。后期强度不断增加是由于随时间延长和激发剂的作用,由粉煤灰解聚成的〔SiO_4〕、〔AlO_4〕等低聚体逐渐增加,再与 $Ca(OH)_2$ 反应生成水化胶凝物增多的结果。故粉煤灰早期化学活性是由粉煤灰中可溶出的活性 SiO_2、Al_2O_3 的量决定的,而最终的潜在活性是由粉煤灰玻璃解聚能力决定的。

若玻璃体的比表面积大,也就是粉煤灰的细度较高,那么在火山灰反应中,因玻璃体与 $Ca(OH)_2$ 浆体的接触面积较大,而使火山灰反应速率提高。因此,粉煤灰越细,含玻璃体越多,作为建筑砂浆的掺合料就越好。

目前主要有两种方法检测火山灰活性:化学方法和力学方法。化学检测方法包括测定玻璃体在碱溶液中的溶解速率的间接试验,以及用直接试验测定粉煤灰的石灰消耗或在水泥浆体中参加反应的粉煤灰的质量。间接的试验方法是依据玻璃的溶解度高则火山灰活性也高这样一个原理而进行的。

粉煤灰蚀刻试验所用粉煤灰样品为华能南京电厂二电场所收集的低钙粉煤灰,其主要化学成分如表 6.10 所示。粉煤灰分别被分散在 10% 的 NaOH 溶液和饱和 $Ca(OH)_2$ 溶液(25℃)中,密封在塑料瓶中在常温下存放一周。浸泡过的粉煤灰经过滤与溶液分离,对其进行清洗后进行 SEM 研究。

表 6.10　粉煤灰的常量化学成分　　　(单位:%)

编号	SiO_2	Al_2O_3	Fe_2O_3	TiO_2	MgO	CaO	K_2O	SO_3	损失
H_2	50.28	31.98	4.02	1.23	0.92	6.03	0.91	0.27	2.18

将粉煤灰均匀地分散在双面胶上,用洗耳球吹去松动的粉煤灰颗粒,然后使用 SEM 进行照相。图 6.32 和图 6.33 分别是用 NaOH 溶液和饱和 $Ca(OH)_2$ 溶液浸泡过的粉煤灰颗粒的形貌。在碱性溶液中粉煤灰玻璃体的反应可以以两种形式发生:一是 Na^+、K^+、Ca^{2+},Mg^{2+} 被溶出,玻璃体的表面层逐渐变得多孔;二是玻璃体的表面层在 SiO_4^{4-} 四面体键断裂之后溶解(Si、Al 等四面体被溶解出来),在没有反应沉淀产物保护的情况下将发生新鲜表面层连续的溶解。于是在 NaOH 溶液中浸泡过的粉煤灰壳体变薄,局部甚至被蚀穿(图 6.32(b)),原来被包裹在

玻璃体以内的惰性莫来石暴露出来。而在饱和 Ca(OH)₂ 溶液中浸泡过的粉煤灰颗粒则有一些水化产物在其表面生成(图 6.33),推测这是火山灰反应的结果。

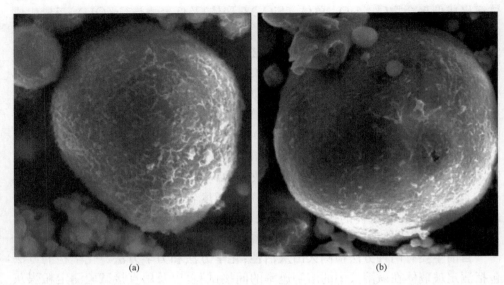

(a)　　　　　　　　　　　　　(b)

图 6.32　用 10‰NaOH 溶液浸泡一周的粉煤灰 SEM 形貌(×5000)

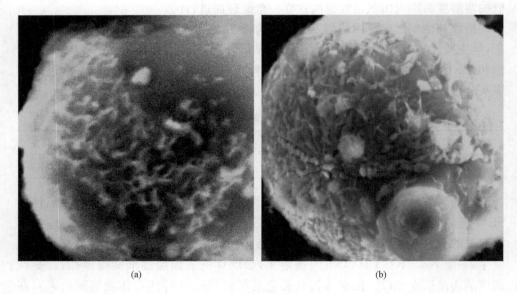

(a)　　　　　　　　　　　　　(b)

图 6.33　用饱和 Ca(OH)₂ 溶液浸泡一周的粉煤灰 SEM 形貌

　　Fraay 的研究表明,随 pH 的升高,被 NaOH 溶液浸泡过的粉煤灰样品上的清液中 Si 的含量升高很快;而被 NaOH＋Ca(OH)$_2$ 溶液浸泡过的粉煤灰样品上的清液中 Si 的含量没有明显上升的趋势。这是由于粉煤灰颗粒上溶解出来的 Si 与 Ca(OH)$_2$ 发生反应,降低了溶液中 Si 的浓度而造成的。

　　溶液 pH 对粉煤灰火山灰活性的发挥有着很强的影响,即粉煤灰玻璃体结构的打破强烈依赖于孔隙液的碱性。水泥浆体中的 Ca(OH)$_2$ 是提供孔隙水碱性的主要来源。水泥浆体的水化过程是一个长期的过程,而粉煤灰火山灰反应也是一个长期的过程。粉煤灰的火山灰反应对水泥浆体存在一种碱性调节器的作用,当孔隙水碱性较高时,粉煤灰颗粒 Si-Al 玻璃体溶解速度很快,孔隙水中 Si、Al 浓度升高很快,导致粉煤灰火山灰反应加快。该反应消耗了浆体中过多的 Ca(OH)$_2$,使孔隙水的 pH 下降,直接导致了粉煤灰颗粒 Si-Al 玻璃体溶解速率的下降,造成孔隙水中 Si、Al 浓度的降低,进而导致火山灰反应速率下降。依次不断重复,浆体的碱性被控制在某一范围内上下波动,正如化学平衡了一样,因此掺量适当的粉煤灰对于浆体孔隙水的碱度有着明显的调节作用。

6.1.4　粉煤灰火山灰反应残渣的形貌和成分特征

　　粉煤灰和水泥水化产生的氢氧化钙反应,生成 C-S-H 和富铝的水化硅酸钙(C-A-S-H),称为火山灰反应,或二次水化反应。Puertas 等研究 NaOH 激活粉煤灰/矿渣浆体的水化产物,发现 28d 时主要的水化产物类似于 C-S-H 凝胶,结构中含有高含量四配位铝的水化硅酸钙以及有三维结构的碱铝硅酸盐水化物。吕鹏等研究火山灰反应产物发现,粉煤灰-石灰体系中粉煤灰水化反应很慢。28d 时生成少量钙矾石和 C-S-H,而含 NaOH 的粉煤灰-石灰体系 pH 较高,粉煤灰水化反应因此而加速。28d 时生成 Na-X 型沸石、C-A-S-H 和水滑石类矿物等物相。虽然前人对水泥中的粉煤灰和碱激活粉煤灰的水化产物和显微结构研究较多,但对粉煤灰火山灰反应残渣的形貌及化学成分研究较少。本节采用扫描电镜(SEM)对粉煤灰残渣颗粒形貌进行了研究,采用 X 射线荧光(XRF)分析粉煤灰的元素含量,并用电子探针(EPMA)定量分析粉煤灰残渣颗粒的化学成分。

　　图 6.34 和图 6.35 分别是粉煤灰-石灰体系和含 NaOH 的粉煤灰-石灰体系的火山灰产物形貌。由于在粉煤灰-石灰体系中氢氧化钙在常温下对粉煤灰激活能力较低,水化 28d 后粉煤灰火山灰反应程度仍很低。在粉煤灰颗粒表面仅见少量水化产物(图 6.34)。由于 NaOH 的存在,使得溶液的 pH 超过了 13.3 这个阈值,粉煤灰火山灰反应因此而大大加速,粉煤灰颗粒完全被火山灰反应产物所包裹(图 6.35)。

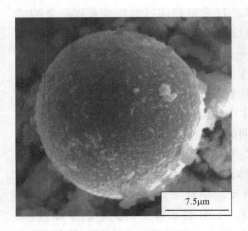

图 6.34　粉煤灰-石灰体系火山灰
反应产物形貌

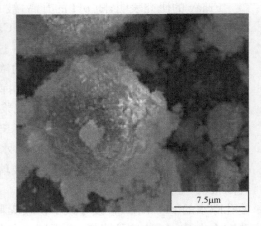

图 6.35　含 NaOH 粉煤灰-石灰体系
火山灰反应产物形貌

　　来自粉煤灰-石灰体系和含 NaOH 的粉煤灰-石灰体系的粉煤灰火山灰反应残渣（2# 和 3#）形貌表现出很大的不同。2# 样品的颗粒虽仍保持粉煤灰颗粒的形状，但其表面分布着大量不规则的凹坑，表明其表面遭受了不均匀溶出（图 6.36）。而 3# 样品粉煤灰壳体变薄，局部甚至被蚀穿（图 6.37），原来被包裹在外层玻璃体内的惰性莫来石骨架显露出来（图 6.37 和图 6.38），表明粉煤灰的玻璃相和部分的晶相参与了火山灰反应。

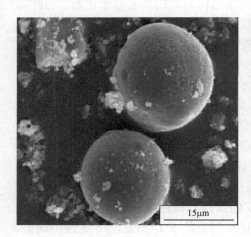

图 6.36　来自粉煤灰-石灰体系的
粉煤灰残渣形貌

图 6.37　来自含 NaOH 粉煤灰-石灰
体系的粉煤灰残渣形貌

2.5μm

图 6.38　包裹在粉煤灰外层玻璃体内的莫来石骨架

用电子探针分析样品颗粒，获得颗粒的二次电子像、背散射电子像及 X 射线波谱分析数据。二次电子像反映颗粒的形貌，背散射电子像又称为成分像（Comp像），除提供有关样品表面形貌信息外，还提供了表面成分信息，可以定性说明表面成分的分布。若表面亮度均一，则其成分就分布均匀，其原理是利用原子序数的反差，一般原子序数高的元素在背散射电子像照片上表现为较明亮；反之，原子序数较低的元素较灰暗。在本次实验所涉及的元素范围内，若某个颗粒主要由 Si、Al组成，则该颗粒较灰暗；若某个颗粒含有较多的 Ca、Fe 等原子序数较高的颗粒，则该颗粒较为明亮。图 6.38 中最明亮的一些小亮点是未能清除的抛光剂（铬粉）。X 射线波谱分析数据则反映颗粒表面微区成分含量。

对 $1^{\#}$、$2^{\#}$、$3^{\#}$ 三个样品进行了微区常量成分分析，每个样品各选择了五个点采用 X 射线波谱仪进行成分的定量分析，分析结果见表 6.11。图 6.39～6.43 是 $1^{\#}$ 样品的 EPMA 相片。图 6.39 是原状粉煤灰的概貌照片。粉煤灰是由漂珠、沉珠、磁珠、残余矿物和未燃尽碳等各类颗粒组成的集合体，由照片可以看出，原状粉煤灰主要由玻璃微珠组成，总体含珠率高（90%），有一些小的珠粒粘连在一起。图 6.40 和图 6.41 分别是 $1^{\#}$ 样品粉煤灰颗粒群 1 的二次电子像和背散射电子像。在图 6.41上分析点 $1^{\#}$-2 所在的颗粒硅元素含量高达 79.455%，表明该颗粒为一富硅颗粒。$1^{\#}$-3 所在的颗粒较为明亮，从波谱分析数据看，该颗粒铁元素含量（18.408%）和钙元素含量（8.377%）较高，FeO（全铁）含量如此之高，可以推知此颗粒为磁珠。图 6.44～6.49 是 $2^{\#}$ 样品的 EPMA 相片。图 6.44 和图 6.45 中的大颗粒是渣状物，波谱分析数据来看，点 $2^{\#}$-5 所在颗粒钙元素含量较高（10.349%）。图 6.50～6.58 是 $3^{\#}$ 样品的 EPMA 相片。从波谱分析数据来看，点 $3^{\#}$-1 所在颗粒钙元素含量（8.993%）和铁元素含量（20.334%）较高，该颗粒是一个粉煤灰磁珠反应残渣；点 $3^{\#}$-3 所在颗粒钙元素含量（7.529%）较高；$3^{\#}$-5 所在颗粒钙元素含量

（12.018％）和铁元素含量（11.319％）较高，可能是一个粉煤灰磁珠反应残渣。

表 6.11　1#、2#、3# 常量元素的微区成分含量　　　　（单位：％）

	元素	1	2	3	4	5	最小	最大	平均	均方差
1#	Na_2O	0.603	0.740	0.521	1.089	0.643	0.521	1.089	0.719	0.221
	K_2O	0.911	1.432	0.032	1.328	0.443	0.032	1.432	0.829	0.592
	CaO	7.797	0.766	8.377	0.282	7.787	0.282	8.377	5.002	4.098
	MgO	2.588	0.413	7.701	0.599	0.602	0.413	7.701	2.381	3.105
	TiO_2	1.314	0.253	0.177	0.036	0.341	0.036	1.314	0.424	0.510
	Al_2O_3	31.563	13.953	24.432	46.053	39.331	13.953	46.053	31.066	12.550
	SiO_2	53.676	79.455	39.679	47.685	47.222	39.679	79.455	53.543	15.313
	SO_3	0.041	0.037	——	——	0.077	——	0.077	0.052	0.022
	FeO	1.528	1.131	18.408	2.265	3.499	1.131	18.408	5.366	7.346
	总计	100.021	98.18	99.327	99.337	99.945	98.18	100.021	99.362	0.737
2#	Na_2O	0.745	0.731	0.662	0.519	0.408	0.319	0.745	0.613	0.145
	K_2O	3.228	0.634	1.997	0.299	0.340	0.299	3.228	1.300	1.282
	CaO	1.804	4.243	3.406	2.455	10.349	1.804	10.349	4.451	3.425
	MgO	0.937	0.571	2.073	1.497	0.879	0.571	2.037	1.191	0.595
	TiO_2	0.454	10.456	1.028	0.442	0.425	0.425	10.456	2.561	4.421
	Al_2O_3	31.483	35.592	34.922	32.649	33.061	31.483	35.592	33.541	1.686
	SiO_2	57.631	43.465	52.756	58.599	52.071	43.465	58.599	52.904	6.012
	SO_3	0.030	0.064	0.125	0.043	——		0.125	0.066	0.042
	FeO	2.849	3.629	2.409	2.607	1.848	1.848	3.629	2.668	0.652
	总计	99.161	99.385	99.378	99.110	99.381	99.110	99.385	99.283	0.136
3#	Na_2O	0.278	0.568	0.478	0.435	0.405	0.278	0.568	0.433	0.106
	K_2O	0.166	0.883	0.920	1.283	0.383	0.166	1.283	0.727	0.448
	CaO	8.993	2.803	7.529	4.35	12.018	2.803	12.018	7.139	3.673
	MgO	2.932	0.329	0.138	0.473	0.358	0.138	2.932	0.782	1.214
	TiO_2	0.283	0.852	0.091	0.192	0.663	0.091	0.852	0.416	0.326
	Al_2O_3	17.519	37.277	36.277	34.739	30.984	17.519	37.277	31.359	8.098
	SiO_2	49.626	53.232	50.543	53.266	43.569	43.569	53.266	50.047	3.965
	SO_3	——	——	0.069		0.049		0.069	0.059	0.014
	FeO	20.334	4.027	2.784	4.765	11.319	2.784	20.334	8.646	7.323
	总计	100.131	99.971	98.829	99.503	99.430	98.829	100.131	99.573	0.512

注：——指含量低于仪器检出限，FeO 包括二价铁和三价铁。

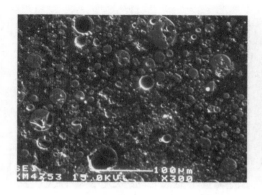

图 6.39　1#样品粉煤灰的概貌

各种不同粒径的微珠混杂在一起,总体含珠率高

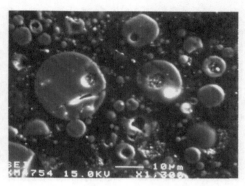

图 6.40　1#样品粉煤灰颗粒群 1 的
二次电子像

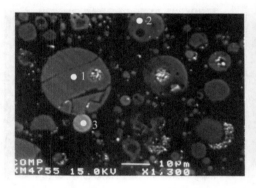

图 6.41　1#样品粉煤灰颗粒群 1 的背散射电子像

点 1、2 和 3 分别是微区成分分析的点位 1#-1、1#-2、1#-3

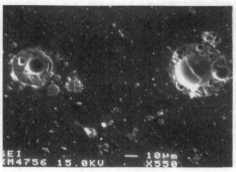

图 6.42　1#样品粉煤灰颗粒群 2 的
二次电子像

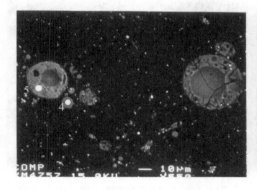

图 6.43　1#样品粉煤灰颗粒群 2 的背散射电子像

点 4 和 5 分别是微区成分分析的点位 1#-4 和 1#-5

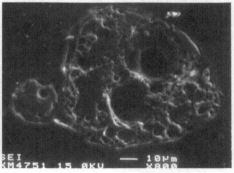

图 6.44　2#样品颗粒群 1 的二次电子像

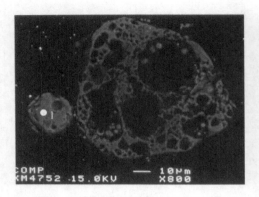

图 6.45　2#样品颗粒群 1 的背散射电子像

点 1 是微区成分分析的点位 2#-1

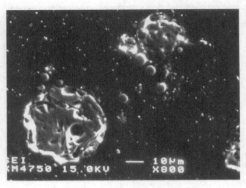

图 6.46　2#样品颗粒群 2 的二次电子像

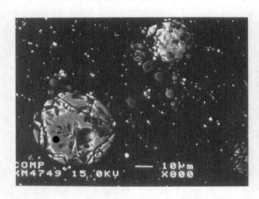

图 6.47　2#样品颗粒群 2 的背散射电子像

点 2 是微区成分分析的点位 2#-2

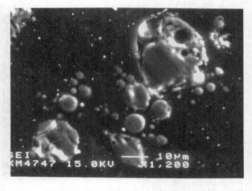

图 6.48　2#样品颗粒群 3 的二次电子像

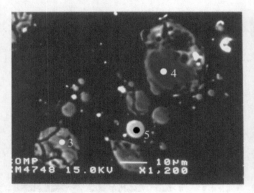

图 6.49　2#样品颗粒群 3 的背散射电子像

点 4 和 5 分别是微区成分分析的点位 2#-4 和 2#-5

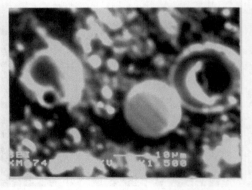

图 6.50　3#样品颗粒群 1 的二次电子像

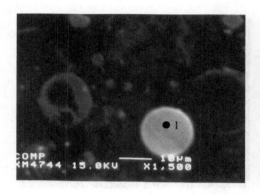

图 6.51　3[#]样品颗粒群 1 的背散射电子像
点 1 是微区成分分析的点位 3[#]-1

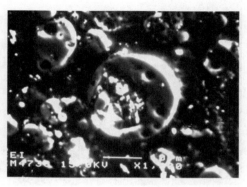

图 6.52　3[#]样品颗粒群 2 的二次电子像

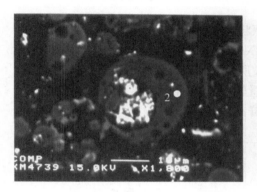

图 6.53　3[#]样品颗粒群 2 的背散射电子像
点 2 是微区成分分析的点位 3[#]-2

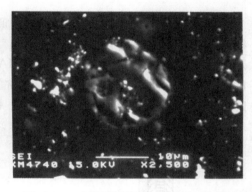

图 6.54　3[#]样品颗粒群 3 的二次电子像

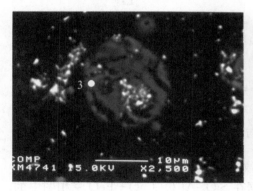

图 6.55　3[#]样品颗粒群 3 的背散射电子像
点 3 是微区成分分析的点位 3[#]-3

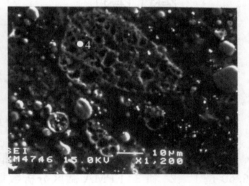

图 6.56　3[#]样品反应残渣颗粒的二次电子像
点 4 是微区成分分析的点位 3[#]-4

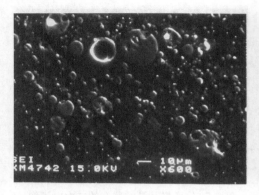 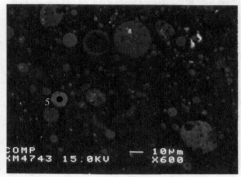

图 6.57 3[#]样品颗粒群 4 的二次电子像

图 6.58 3[#]样品颗粒群 4 的背散射电子像
点 5 是微区成分分析的点位 3[#]-5

图 6.59 对比了采用 XRF 法测定的原状粉煤灰的各元素含量与 1[#]、2[#] 和 3[#] 样品 EPMA 所测成分点的平均含量。1[#] XRF 可以代表粉煤灰元素的平均含量。从图 6.59 可以看出,1[#] 和 2[#] 样品 EPMA 所测成分点的平均含量和 1[#] 样品 XRF 的值较为相近;3[#] 样品的 FeO 和 CaO 含量较高,其他常量元素含量有一定程度的降低。表明 2[#] 样品反应程度较低,而 3[#] 样品反应程度较高。

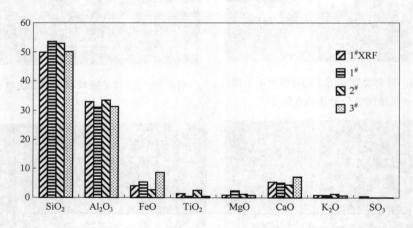

图 6.59 原状粉煤灰 XRF 法所测元素含量与 1[#]、2[#] 和 3[#] 所测成分点平均含量的对比

一般来说,粉煤灰的常量化学组分都处于 $CaO\text{-}SiO_2\text{-}Al_2O_3$ 三元系统中。图 6.60 是 1[#]、2[#] 和 3[#] EPMA 微区分析数据在 $SiO_2\text{-}Al_2O_3\text{-}CaO+FeO$ 三相图中的投影。1[#]、2[#] 和 3[#] 在该三相图中主要落在椭圆形区域内,说明 1[#]、2[#] 和 3[#] SiO_2 和 Al_2O_3、CaO(+FeO)含量较低。溶液中 Ca^{2+} 处于饱和状态(氢氧化钙过量),粉

煤灰中的 CaO 溶出量很少,因此 3# 样品中 CaO 含量可以代表粉煤灰原样中 CaO 的含量;而粉煤灰中 FeO 主要富集在磁珠中,在本试验的碱性条件下,磁珠中的 FeO 较难溶出,因此 3# 样品中 FeO 的含量可以代表粉煤灰原样中 FeO 的含量。 K_2O、Na_2O 和 MgO 三种元素有着比较特殊的含义,K 和 Na 是碱金属元素,在 C-S-H 三节四面体结构(dreierketten)的四面体桥中 Al 取代 Si,形成 C-A-S-H,碱金属离子参与补偿电荷差。另外,Na_2O 还参与形成 Na-X 型沸石,而 MgO 则参与形成水滑石类矿物。图 6.61 是 1#、2# 和 3# EPMA 微区分析数据在 K_2O+Na_2O+MgO-CaO-FeO 三相图中的投影。1# 和 2# 样品的数据点主要落在圆形区域内,而 3# 样品的数据点主要落在椭圆形区域内,表明在 3# 样品中 K_2O+Na_2O+MgO 含量有明显降低的趋势,这些元素进入溶液中并参与了 C-A-S-H、Na-X 型沸石和水滑石类等矿物的形成。

　　若认为 FeO+CaO 基本残留在粉煤灰反应的残渣内,以 FeO+CaO 的含量为标准大致可以推算出 3# 样品粉煤灰反应的残渣中,残余 SiO_2 含量约占原状粉煤灰 SiO_2 含量的 64.41%,残余 Al_2O_3 约占原状粉煤灰 Al_2O_3 含量的 66.32%,残余 K_2O+Na_2O+MgO 含量约占原状粉煤灰 K_2O+Na_2O+MgO 含量的 32.47%。

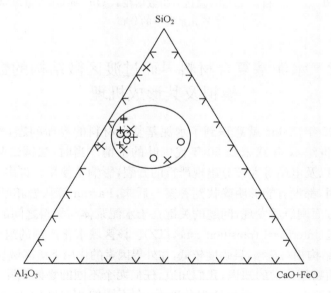

×代表1#;+代表2#;○代表3#

图 6.60　1#、2# 和 3# EPMA 微区分析数据在 SiO_2-Al_2O_3-CaO+FeO 三元系统中的分布

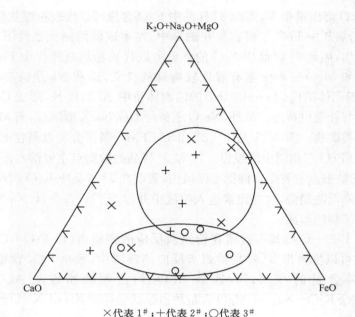

×代表 1#；＋代表 2#；○代表 3#

图 6.61　1#、2# 和 3# EPMA 微区分析数据在 $K_2O＋Na_2O＋MgO$-CaO-FeO
三元系统中的分布

6.2　水泥基复合材料界面过渡区微结构的数值
模拟及其形成机理

　　早在 1905 年，Sabin 就意识到了水泥基复合材料的界面问题，然而真正引起关注却是 20 世纪 40 年代末到 50 年代中叶的事情。当时，法国二战后建起的大坝、地下结构以及电站等大部分出现严重的开裂，影响了使用。许多专家学者从多方面寻找原因，都没有能够明确找到答案。后来，Farran 等从岩相学、矿物学以及晶体学等多方面调研后发现，问题的关键在于水泥浆体与集料之间的区域，即所谓的界面过渡区（interfacial transition zone，ITZ）。该区域水化产物的组成及形貌与基体部分不同，结构相对疏松，且强度较低，在外界因素的作用下该区域易出现裂纹。

　　根据表面物理化学的知识，我们知道，任何两个不同的物体或同一物体内部的不同相之间都存在界面。而从微观角度看，在不同的相之间由于表面层粒子（原子、粒子、分子等）的扩散作用，导致不同相之间并没有明显的分界线，这样界面部分是一个不同物相之间的三维过渡区，称之为界面过渡区。尽管界面过渡区没有明显的分界线，但为了表征各种因素对界面过渡区微观结构的定量或者定性的影响，人们还是引入了界面过渡区厚度这一参数。

这样,就确认了水泥基复合材料中界面过渡区的存在,而该界面过渡区被区分为不同的层次,其中包括:①水泥浆体各相之间的界面;②水化产物与未水化水泥颗粒之间的界面;③水泥浆体与惰性、潜在活性及活性矿物混合材之间的界面;④水泥浆体与集料颗粒之间的界面;⑤水泥浆体或砂浆与纤维之间的界面;⑥混凝土与钢筋或预应力钢绞线之间的界面等。所有这些层次的界面都是非常重要的。

6.2.1　截面分析法对任意凸形集料粒子周围界面过渡区厚度放大倍数的通解

1. 基本假设与问题的数学描述

为方便起见,首先做如下假设:①整个复合材料体系是由粒子相、界面、基体三部分构成,即粒子相周围被一层厚度均匀的界面所包裹,界面以外是复合材料的基体部分;②粒子相之间的距离足够远,它们之间不存在交互影响;③粒子本身所占区域是一个凸形区域(convex region),一般的复合材料中所采用的粒子形状基本满足这个要求;④截面在任一位置和方向上是等概率出现。

这时,采用截面分析法求取界面的厚度,实际上就相当于用任意截线(对于 2 维凸形粒子)或截面(对于 3 维凸形粒子)去截一个假定在各个方向上厚度相同的一个凸环(对于 2 维情况而言)或凸面体壳(对于 3 维情况而言),然后求取截线与凸环(或截面与凸面体壳)相交部分厚度的统计平均值与凸环(或凸面体壳)实际厚度之间比例关系。因此,我们可以将采用截面分析法求取界面厚度的问题分 2 维问题和 3 维问题转化为数学问题进行求解。

根据高等数学的知识,有界闭凸集的定义为:连接集合内任意两点之间的连线上的所有点都属于该集合,这样的集合称为有界闭凸集。

因为已知粒子是凸形区域,而粒子的尺度是有限的,所以可以将每个粒子看做是一个有界闭凸集 K_1(closed convex set,简称为集合 K_1);将有界闭凸集 K_1 沿各个方向均匀放大实际界面厚度(t)后所得到的有界闭凸集称为 K_2(简称为集合 K_2),这样集合(K_1-K_2)就是界面本身所占的集合。另外,可以把任一截面看做是一系列的无限长的采样直线。由于随机穿过粒子的截面在任意位置和方向上是等概率的,因而可以认为无限长的采样直线在穿过集合 K_1 和 K_2 时,在任意位置和方向上是等概率的。这样由截面分析法求界面厚度的问题就可以根据 2 维和 3 维情况的不同,采用不同的计算方法。

初步思路如下:①求取任一无限长直线与集合 K_1 相交部分线段的统计平均长度;②求取任一无限长直线与集合 K_2 相交部分线段的统计平均值;③考虑采样过程中的合理性,对第②步所得的相交线段的长度的统计平均值结果进行修正处理(具体原因见下文);④计算表观界面厚度的统计平均值;⑤获得表面界面厚度与实际界面厚度之间的定量关系。这里,为方便起见,定义无限长直线与任意有界闭凸集之间相交部分的线段称之为截线段,其长度称为截线段长度。

2. 二维凸形粒子

1) 通解公式的推导

对于由 2 维粒子自身所占空间构成的任意平面闭凸集 K_1 而言,我们可以将闭凸集 K_1 放在直角坐标系中,令闭凸集 K_1 的面积为 A_1,闭凸集 K_1 的周长为 C_1。

首先让一组与 y 轴相平行的无限长的平行线穿过凸集 K_1,这时就会得到一系列的无限长直线与凸集 K_1 相交的截线段,根据高等数学里面的柯西(Cauchy)定理知:

平行于 y 轴方向的截线段的统计平均值＝(凸集 K_1 的面积)/(凸集 K_1 在 x 轴上的投影长度)　　　　　　　　　(6.4)

显然,这一结果与采用积分方式得到的结果是一致的。但是,由于无限长直线的取向不仅仅是沿与 y 轴平行的方向,而是沿任意方向以等概率随机出现。那么就要求统计平均值是沿所有方向的截线段的。显然,沿任一特定方向都可以按照上述方法进行计算。于是,问题最终转化成了求取凸集 K_1 在任意方向投影长度的统计平均值(T_1)的问题。而根据 Crofton 均值定理可知:

任意平面凸集 K_1 沿任意方向投影长度的统计平均 $T_1 =$ 凸集 K_1 的周长 C_1/π
　　　　　　　　　　　　　　　　　　　　　　　　(6.5)

将式(6.5)代入式(6.4)可得,无限长直线与平面凸集 K_1 相交所得截线段的统计平均值为

$$L_1 = \pi \times 凸集\ K_1\ 的面积\ A_1 / 凸集\ K_1\ 的周长\ C_1 \qquad (6.6)$$

同理,可以求得无限长直线与平面凸集 K_2 相交所得截线段的统计平均值为

$$L_2 = \pi \times 凸集\ K_2\ 的面积\ A_2 / 凸集\ K_2\ 的周长\ C_2 \qquad (6.7)$$

很明显,上述公式对任意形状的粒子而言,只要其边界曲线是凸曲线(convex curve),都是成立的。于是,对任意形状的 2 维粒子而言,似乎由 $0.5(L_2 - L_1)$ 就可以直接获得截面分析法所得到的表观界面厚度的统计平均值。但实际情况并非如此,原因说明如下:

众所周知,复合材料(如混凝土)中粒子与基体间的界面在微观结构上与基体部分有相似性。因此,在采用截面分析法研究界面的微观结构时,只有当截平面开始切到了粒子,才开始进行微观结构的分析。如果截平面只切到了基体部分和界面部分,而并没有切到粒子的话,那么我们仍会把本来属于界面部分的浆体看做是属于基体部分的。考虑到这一因素后,在计算无限长直线与平面凸集 K_2 相交部分线段的统计平均值时就要将凸集 K_1 的边界考虑进来。

根据式(6.4)的推导思路,与凸集 K_2 相交的合理的平行线是限定在集合 K_1 的宽度范围内的,所以在求合理无限长直线与平面凸集 K_2 相交所得截线段的统

计平均值时,在类似式(6.4)的公式中分母应该是凸集 K_1 的周长 C_1。因为只有与凸集 K_1 相交的平行线才是合理的平行线,不合理的平行线始终被限定在 $K_2 - K_1$ 的范围内,所以与凸集 K_2 相交的合理的平行线积分所得的统计平均面积应为 $A_2' = A_2 - k(A_2 - A_1)$,这里的系数 k 应该小于 1。

于是,修正后的无限长直线与平面凸集 K_2 相交所得截线段的统计平均值为

$$L_2' = \pi \times [A_2 - k \times (A_2 - A_1)]/C_1 \tag{6.8}$$

从而,截面分析法所得到的表观界面厚度的统计平均值为

$$t' = 0.5(L_2' - L_1) = 0.5\pi(1 - k)(A_2 - A_1)/C_1 \tag{6.9}$$

显然,式(6.9)的推导过程只要求粒子的边界曲线为凸曲线(convex curve),而对粒子的形状没有任何限制,所以是二维粒子的一个通解公式。

2) 表观界面厚度的统计平均值与实际界面厚度之间的关系

现在,我们要求解 t' 与 t 之间的关系问题。

由于凸集 K_2 是由凸集 K_1 各向均匀膨胀厚度 t 得到,所以 Santaló 得出如下结论:

假定凸集 K_1 的面积为 A_1 和周长为 C_1,那么,对于由凸集 K_1 各向均匀膨胀 t 后得到的凸集 K_2 的面积 A_2 的公式为

$$A_2 = A_1 + C_1 t + \pi t^2 \tag{6.10}$$

结合式(6.9)和式(6.10)得

$$t' = \frac{\pi}{2}(1 - k)\left(t + \frac{\pi}{C_1}t^2\right) \mathop{\approx}_{\substack{\text{if } t^2 \ll C_1 \\ \text{then } k \to 0}} \frac{\pi}{2}t \tag{6.11}$$

即对于平面粒子而言,如果实际界面的厚度与粒子的尺寸相比不能忽略的话,那么采用截面分析法所得到的表观界面厚度的统计平均值与粒子的形状有关。如果实际界面的厚度远小于粒子尺寸的话,即 $t^2 \ll C_1$,这样 $k \to 0$,于是采用截面分析法所得到的表观界面厚度的统计平均值是实际界面厚度的 $\pi/2$ 倍。另外,众所周知,在面积一定的条件下,周长最小的是圆。因此,如果实际界面的厚度与粒子的尺寸相比不能忽略的话,那么对圆形粒子而言,采用截面分析法所得到的表观界面厚度的统计平均值放大倍数最大。当粒子为宽度无限小长度无限大的带状粒子时,截面分析法所得到的界面厚度的放大倍数最小,其值与实际界面厚度相同。这时,式(6.11)已经不适用,因为式(6.11)的适用条件是有界闭凸集,即粒子必须是尺寸有限的凸表面粒子。

3. 三维凸形粒子

1) 通解公式的推导

我们仍旧可以把有限尺寸任意形状的 3 维粒子看做是一个 3 维有界闭凸集 K_1,凸集 K_1 的表面积为 S_1。把由 K_1 经各向均匀膨胀后得到的有界闭凸集称为

K_2，凸集 K_1 的表面积为 S_2，则有界凸壳 $K_2 - K_1$ 就是界面所占据的部分。

于是，在直角坐标系中，对于 3 维任意凸集 K_1 而言，我们仍然可以让一系列平行于某一坐标轴（如 z 轴）的无限长直线穿过凸集 K_1，这些平行线与凸集 K_1 相交所形成的截线段的积分就是整个凸集 K_1 的体积 V_1。由于要求解的是沿 z 轴方向上截线段长度的平均值，根据柯西定理，需要求解凸集 K_1 在 x-y 平面上的投影面积。由此可以得到一系列平行于 z 轴方向上与凸集 K_1 相交所形成的截线段的平均值为

平行于 z 轴方向上与凸集 K_1 相交的平均截线段长度＝（凸集 K_1 的体积 V_1）/（凸集 K_1 在 x-y 平面上的投影面积）　　　　　　(6.12)

现在要求的是沿所有方向的与凸集 K_1 相交的平均截线段长度，而不仅仅是平行于某一特定方向的平均截线段长度。实际上就是要求解凸集 K_1 在任意方向上投影面积的平均值。那么根据柯西公式，有

凸集 K_1 在任意方向上的投影面积 ＝ 凸集 K_1 的面积 $S_1/4$　　　(6.13)

结合式(6.12)和式(6.13)得，任一无限长直线与凸集 K_1 相交所得截线段的统计平均值为

$$L_1 = 4 \times 凸集 K_1 的体积 V_1 / 凸集 K_1 的面积 S_1 \qquad (6.14)$$

同理，可得任一无限长直线与凸集 K_2 相交所得截线段的统计平均值为

$$L_2 = 4 \times 凸集 K_2 的体积 V_2 / 凸集 K_2 的面积 S_2 \qquad (6.15)$$

根据式(6.14)的推导思路，与凸集 K_2 相交的合理的平行线是限定在集合 K_1 的宽度范围内的，所以在求合理无限长直线与平面凸集 K_2 相交所得截线段的统计平均值的时候，在类似式(6.15)的公式中分母应该是凸集 K_1 的表面积 S_1。因为只有与凸集 K_1 相交的平行线才是合理的平行线，不合理的平行线始终被限定在 $K_2 - K_1$ 的范围内，所以与凸集 K_2 相交的合理的平行线积分所得的统计平均体积 ＝ $V_2 - k(V_2 - V_1)$，这里的系数 k 应该小于 1。

于是，修正后的无限长直线与平面凸集 K_2 相交所得截线段的统计平均值为

$$L_2' = 4 \times [V_2 - k \times (V_2 - V_1)] / S_1 \qquad (6.16)$$

结合式(6.14)和式(6.17)得截面分析法所得到的表观界面厚度的统计平均值为

$$t' = 0.5(L_2' - L_1) = 2(1 - k)(V_2 - V_1)/S_1 \qquad (6.17)$$

显然，公式(6.17)的推导过程只要求粒子的边界曲面为凸表面（convex surface），而对粒子的形状没有任何限制。所以式(6.17)是 3 维粒子的一个通解公式。

2) 表观界面厚度的统计平均值与实际界面厚度之间的关系

凸集 K_2 的体积 V_2 与凸集 K_1 的体积 V_1 之间的关系：

对 3 维有界闭凸集而言,根据平行凸集的 Steiner 公式得

$$V_2 = V_1 + S_1 t + 2\pi B_1 t^2 + \frac{4}{3}\pi t^3 \tag{6.18}$$

式中: V_1 为有界闭凸集 $\mathbf{K}_1$ 的体积(m^3); S_1 为有界闭凸集 $\mathbf{K}_1$ 的表面积(m^2); B_1 为有界闭凸集 $\mathbf{K}_1$ 的平均宽度(mean breadth or mean caliper diameter)(m)。平均宽度与粒子的积分平均曲率(H_1)的关系为 $H_1 = 2\pi B_1$。

于是将式(6.18)代入式(6.17)得采用截面分析法所得到的表观界面厚度的统计平均厚度(t')与实际界面厚度(t)之间的关系为

$$t' = 2(1-k)\left(t + 2\pi\frac{B_1}{S_1}t^2 + \frac{4\pi}{3S_1}t^3\right) \underset{\text{then}}{\overset{\text{if } t \ll S_1}{\underset{k\to 0}{\approx}}} 2t \tag{6.19}$$

即对于 3 维粒子而言,如果实际界面的厚度与粒子的尺寸相比不能忽略的话,则采用截面分析法所得到的表观界面厚度的统计平均值与粒子的形状有关;如果实际界面的厚度远小于粒子尺寸的话,即 $t \ll S_1$,则 $k \to 0$。于是采用截面分析法所得到的表观界面厚度的统计平均值是实际界面厚度的 2 倍。

另外,众所周知,在体积一定的条件下,表面积最小的是球。因此,如果实际界面的厚度与粒子的尺寸相比不能忽略的话,对球形粒子而言,采用截面分析法所得到的表观界面厚度的统计平均值放大倍数最大。当粒子为宽度无限小长度无限大的条状粒子时,截面分析法所得到的界面厚度的放大倍数最小,其值与实际界面厚度相同。这时,式(6.19)已经不适用,因为式(6.19)的适用条件是有界闭凸集,即粒子必须是尺寸有限的凸表面粒子。

6.2.2　水泥基复合材料邻近集料表面最近间距分布的通解

由中心质假说我们知道,各种层次的中心质都存在一个效应圈。这样,水泥基复合材料中的集料也可看做是某种层次上的中心质。当集料间距足够远时,邻近集料之间不会产生交互作用,但随着集料间距的减小,集料间的交互作用就会发生,体现在:①邻近集料之间裂纹的交互贯通;②集料与水泥浆体之间的界面过渡区重叠;③邻近集料间形成多孔的浆体区域。因为与基体部分相比,界面过渡区是薄弱环节,所以由于集料体积分数增加导致的邻近集料间界面过渡区重叠,进而在整个砂浆或混凝土中形成的界面过渡区的连通结构可能对侵蚀性介质在材料中的传输造成影响,从而影响整个材料的耐久性。同样,在纤维混凝土中邻近纤维间以及邻近集料间界面效应的叠加程度等,无一不涉及各种层次及各种类型的中心质之间表面间距分布的问题。因此,有必要研究水泥基复合材料中邻近中心质的表面间距分布问题。另外,随着计算机技术的快速发展,计算机模拟技术在水泥基复合材料的结构与性能模拟中的应用得到不断加强。然而,就目前的计算机性能水平而言,还无法将尺度跨越超过 10^4 这样一个数量级的信息(如从微米量级的微观

结构到毫米量级,甚至米量级的宏观力学性能)集成在一个模型当中。目前采用的解决问题的方法还是多尺度模型,如将从微观模型所得到的关于材料微观结构的信息作为参数输入到细观模型中,然后将细观模型中得到的参数输入到宏观模型中,从而将材料的微观结构与宏观性能挂钩。但是每一级模型的尺度都必须根据问题的需要选在合理的范围。在模拟水泥基复合材料的微观结构时,特别是在模拟集料-浆体界面过渡区对材料微观结构影响时,含界面过渡区浆体的模型也必须选择在合理的尺度范围内,这时就需要了解混凝土中邻近集料表面间距分布的信息。

然而,由于水泥基复合材料中的各固相组分是不透明的,这样,借助常规试验方法是无法给出邻近中心质表面间距分布的 3 维信息。因此,很多研究人员采用退而求其次的思路来研究各种类型中心质的平均表面间距(各种类型粒子间距的定义参见附录)。例如,在纤维混凝土中,研究人员推导出各种类型的平均纤维间距的经验公式;Diamond 等将抛光的混凝土样品在 SEM 下观测,然后用统计方法计算平均集料表面间距;也有研究人员采用解析解的方式研究集料体积分数以及集料粒径分布对混凝土中邻近集料表面平均间距或平均最近表面间距的影响。但这些方法都无法给出相应层次邻近中心质(如粒子)之间的分布信息。而采用计算机模拟方法却可以给出粒子分布的空间信息。于是,作为尝试,在假定所有集料粒子为球形粒子的基础上,有的人利用集成了动态混合算法的 SPACE 系统软件研究了模型混凝土中邻近集料表面最近间距分布随集料的粒径分布和集料的体积分数的变化情况。但是,所研究的模型混凝土中集料的粒径都大于 1mm,集料的总数量也小于 5 万个粒子。作者及其课题组也曾试图利用装在 SGI Orgin200 工作站的 SPACE 系统,将约含有 35 万个集料粒子的模型结构从集料体积约为 60% 密实到集料体积达 70%(实际混凝土中集料的体积分数在 60%~80% 之间变化),耗时约 200h 才完成。但该模型结构中的集料数量是否达到了实际水泥基复合材料中集料的数量呢?

如果假定实际混凝土中集料的最小粒径为 $D_{\min}$,最大粒径为 $D_{\max}$,集料的粒径分布符合 Fuller 分布函数(见式(6.20)),那么按照下述过程就可以计算出混凝土样品中集料的体积分数,从而可以对比实际混凝土样品中集料的数量和含 35 万个集料粒子的模型混凝土中集料的数量的差别。

$$F_{\mathrm{V}}(D) = \frac{D^{\frac{1}{2}} - D_{\min}^{\frac{1}{2}}}{D_{\max}^{\frac{1}{2}} - D_{\min}^{\frac{1}{2}}} \tag{6.20}$$

式中:$F_{\mathrm{V}}(D)$代表集料的体积累计分布函数;D 为集料的直径(mm);$D_{\max}$ 和 $D_{\min}$ 分别表示集料的最大和最小粒径(mm)。

于是,Fuller 分布的体积概率密度函数为

$$f_V(D) = \frac{D^{-\frac{1}{2}}}{2(D_{max}^{\frac{1}{2}} - D_{min}^{\frac{1}{2}})} \tag{6.21}$$

假定单位体积混凝土中集料的体积分数为 φ，那么尺寸为 $D \pm 0.5\mathrm{d}D$ 的粒子的体积分数为

$$\mathrm{d}V = \varphi f_V(D)\mathrm{d}D = \frac{\varphi D^{-\frac{1}{2}}}{2(D_{max}^{\frac{1}{2}} - D_{min}^{\frac{1}{2}})}\mathrm{d}D \tag{6.22}$$

这样，单位体积混凝土中粒子的总数量为

$$N_{agg} = \int_{D_{min}}^{D_{max}} \frac{\mathrm{d}V}{\frac{\pi}{6}D^3} = \int_{D_{min}}^{D_{max}} \frac{3\varphi}{\pi(D_{max}^{\frac{1}{2}} - D_{min}^{\frac{1}{2}})} D^{-\frac{5}{2}} \mathrm{d}D = \frac{6\varphi(D_{min}^{-\frac{5}{2}} - D_{max}^{-\frac{5}{2}})}{5\pi(D_{max}^{\frac{1}{2}} - D_{min}^{\frac{1}{2}})}$$

$$\tag{6.23}$$

根据代表性混凝土立方体体积单元边长尺寸至少是最大集料粒径 4～5 倍的要求，很容易根据混凝土中集料的体积分数 φ 计算出代表性混凝土立方体单元中集料的数量。假定集料的最小粒径为 0.125mm，代表性混凝土立方体样品的边长是最大集料粒径的 5 倍，则根据式 (6.23) 计算出的混凝土样品中集料的数量如表 6.12 所示。

表 6.12　混凝土立方体样品中集料的数量

D_{min}/mm	D_{max}/mm	φ	立方体试件边长/mm	集料颗粒数量/×10⁶
0.125	5	0.6	25	～0.34
0.125	5	0.75	25	～0.43
0.125	10	0.6	50	～1.84
0.125	10	0.75	50	～2.31
0.125	30	0.6	150	～27.33
0.125	30	0.75	150	～34.16

由表 6.12 看出，除了第一个样品的集料数量与 35 万个集料粒子模型结构中集料的数量相接近外，其他模型结构中集料数量都高于 35 万个粒子。这样用计算机模拟方法生成表 6.12 其他几个结构所要耗费的时间将是非常长的，这是计算机模拟方法的耗时问题。

而 Torquato 在研究多尺度平衡硬球体系时提出的最邻近函数公式（nearest neighbor functions），为我们获得混凝土中邻近集料表面间距的理论解提供了思路。我们在假定混凝土中所有集料粒子为球形粒子的前提下，推导出邻近集料表面最近间距分布的解析解公式。

1. 理论解推导

Torquato 提出了四种类型的最邻近函数，对本研究有用的是 $h_P(r)$，其定义为：$h_P(r)\mathrm{d}r$ 表示从半径为 R 的参考粒子的中心出发，在距离为 $[r, r+\mathrm{d}r]$ 区间内

发现一个最近粒子表面的概率。其解析解形式为

$$h_{\mathrm{P}}(r) = \frac{2\varphi S}{D_{\mathrm{N}}}\left[3a_0\left(\frac{r}{D_{\mathrm{N}}}\right)^2 + 2a_1\left(\frac{r}{D_{\mathrm{N}}}\right) + a_2\right]$$

$$\times \exp\left\{-2\varphi S\left[a_0\,\frac{r^3 - R^3}{(\overline{D_{\mathrm{N}}})^3} + a_1\,\frac{r^2 - R^2}{(\overline{D_{\mathrm{N}}})^2} + a_2\,\frac{r - R}{D_{\mathrm{N}}}\right]\right\}, \quad r \geqslant R \quad (6.24)$$

式中：φ 为混凝土中集料的体积分数；$\overline{D_{\mathrm{N}}}$ 为集料的数量平均直径；$S = \dfrac{\overline{D_{\mathrm{N}}^2}}{\overline{D_{\mathrm{N}}^3}}\overline{D_{\mathrm{N}}}$，其中，$\overline{D_{\mathrm{N}}^2}$ 为集料数量平均直径的二阶原点矩，$\overline{D_{\mathrm{N}}^3}$ 为集料数量平均直径的 3 阶原点

矩；$a_0 = \dfrac{4\left[\dfrac{(\overline{D_{\mathrm{N}}})^2}{(\overline{D_{\mathrm{N}}^2})}\right](1-\varphi)(1-\varphi+3\varphi S) + 4A\varphi^2 S^2}{(1-\varphi)^3}$（$A = 0$ 时为 Percus-Yevick（P-Y）近似，$A = 2$ 时为 Carnahan-Starling（C-S）近似，$A = 3$ 时为 Scaled-Particle（S-P）

近似）；$a_1 = \dfrac{6\,\dfrac{(\overline{D_{\mathrm{N}}})^2}{(\overline{D_{\mathrm{N}}^2})}(1-\varphi) + 9\varphi S}{(1-\varphi)^2}$；$a_2 = \dfrac{3}{1-\varphi}$。

根据上述定义，显然只有在满足 $r \geqslant R$ 的条件下，粒子间才不会出现重叠现象。如果假定参考粒子与邻近粒子表面的最近间距为 x，则 $r = R + x$。显然在固定的邻近粒子表面最近间距下，当选取不同直径的参考粒子时，r 的值是不同的。于是，可以将式（6.24）改写为

$$h_{\mathrm{P}}(x + R) = \frac{2\varphi S}{D_{\mathrm{N}}}\left[3a_0\left(\frac{x+R}{D_{\mathrm{N}}}\right)^2 + 2a_1\left(\frac{x+R}{D_{\mathrm{N}}}\right) + a_2\right]$$

$$\times \exp\left\{-2\varphi S\left[a_0\,\frac{(x+R)^3 - R^3}{(\overline{D_{\mathrm{N}}})^3} + a_1\,\frac{(x+R)^2 - R^2}{(\overline{D_{\mathrm{N}}})^2} + a_2\,\frac{x}{D_{\mathrm{N}}}\right]\right\}, \quad x \geqslant 0$$

$$(6.25)$$

式（6.25）就是本研究所需要的针对半径为 R 的参考粒子而言的表面最近间距密度函数。

但是对混凝土这种多尺度分布的集料体系而言，我们关心的是对所有不同直径的集料粒子而言，式（6.25）中 x 的分布情况。因此只有知道集料粒径的数量概率密度函数，我们才能获得邻近粒子表面最近间距的密度分布函数。于是可以根据集料的粒径分布函数是符合某一连续分布函数，还是离散型函数进行区别对待：

（1）对连续多尺度的集料体系而言，邻近集料表面最近间距的密度函数 $f_{\mathrm{P}}(x)$ 为

$$f_{\mathrm{P}}(x) = \int_{R_{\min}}^{R_{\max}} h_{\mathrm{P}}(x + R) f_{\mathrm{N}}(R)\,\mathrm{d}R \quad (6.26)$$

式中：$f_{\mathrm{N}}(R)$ 为多尺度硬球体系中硬球粒子尺寸分布的数量基概率密度函数；R 为集料的半径。

这样可以计算邻近集料表面最近间距的平均值

$$\overline{l_P} = \int_0^{x_{max}} x f_P(x)\,\mathrm{d}x \tag{6.27}$$

式中：x_{max}为可能的最大集料表面间距

（2）对离散多尺度集料体系而言，邻近集料表面最近间距的密度函数为

$$f_P(x) = \sum_{i=1}^{n} F_i(R_i) h_P(x + R_i) \tag{6.28}$$

式中：$F_i(R_i)$表示直径为$R_i \pm 0.5\Delta R_i$的集料粒子的数量基区间概率；n为整个集料粒径分布尺度范围被划分的子区间的数量。

将式(6.28)代入式(6.27)同样可以获得体系中邻近集料表面最近间距的平均值。

2. 试验验证

为了验证所得到的理论解是否合理，作者及其课题组用 SPACE 系统采用随机方式生成了两个周期边界的立方体模型结构，其粒径分布见图6.62。模型结构的尺寸，模型结构中集料体积分数以及集料数量信息见表6.13。之所以选择两个不同的集料体系分数模型，是为了验证上述公式对高低两个不同粒子体积分数的适用性。

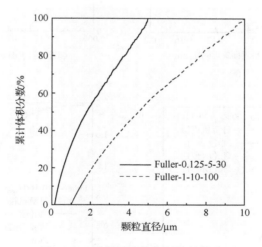

图6.62　模型结构的集料粒径分布

表6.13　模型结构的物理参数

编号	直径/mm	立方体结构边长/mm	$\varphi/\%$	颗粒数量
Fuller-0.125-5-30	0.125～5	30	58.7976	348589
Fuller-1-10-100	1～10	100	20.0017	34254

　　因为理论公式给出邻近集料表面最近间距的概率密度分布,所以本研究打算从"邻近集料表面最近间距的概率密度分布曲线"、"邻近集料表面最近间距的累计概率分布曲线"和"邻近集料表面最近间距平均值"三个参数,来验证理论计算结果与计算机模拟结果是否相吻合。采用计算机模拟方法求解邻近集料表面最近间距分布的算法是,对结构中每个粒子都找到其相应的邻近粒子的表面最近间距,然后对结构中所有的粒子的表面最近间距进行统计获得。而理论概率密度分布曲线和理论累计概率分布曲线则可以根据所生成结构的数据文件,代入到式(6.28)进行计算获得。概率密度和累计概率曲线的模拟结果和理论计算曲线见图 6.63 和图 6.64,其邻近集料表面最近间距的平均值结果见表 6.14。

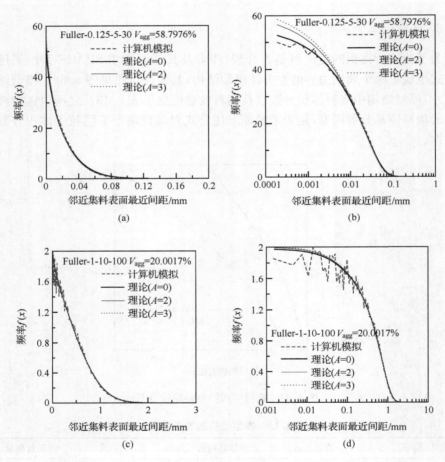

图 6.63　邻近集料表面最近间距概率密度曲线的模拟结果与理论计算结果

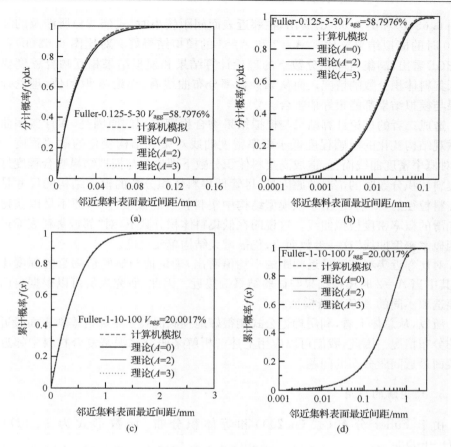

图 6.64　邻近集料表面最近间距累计概率曲线的模拟结果与理论计算结果

表 6.14　模型混凝土中邻近集料表面最近间距平均值的的理论结果与模拟结果

编号	计算机模拟结果/μm	理论结果/μm		
		$A=0$	$A=2$	$A=3$
Fuller-0.125-5-30	19.5	20.5	19.4	18.9
Fuller-1-10-100	399	400.5	397.5	396.1

　　图 6.63 是概率密度曲线,图 6.64 是累计概率曲线。图 6.63(a)、图 6.63(b)、图 6.64(a)、图 6.64(b)是同一个结构,其差别在横坐标上,图 6.63(a)和图 6.64(a)的横坐标是正常状态,图 6.63(b)和图 6.64(b)的横坐标是 Log10 为底。给出图 6.63(b)和图 6.64(b)的目的是为了反映曲线在小表面间距值时的差别。以此类推另外一个结构。

　　从概率密度分布曲线看,理论计算结果与模拟结果吻合得还是比较好的。结合图 6.63(b)和图 6.63(d)看出,在邻近表面间距较小时,式(6.24)所涉及的参数 $A=0$ 时的模拟结果要比其 $A=2$ 和 $A=3$ 的模拟结果好。对比图 6.63(b)和图 6.63(d)看出,高集料体积分数下的理论计算结果和模拟结果相互吻合程度要好于低集料体积分数的情况。而从累计概率分布曲线看,无论 A 取何值,理论计算结果与模拟结果都能很好地吻合。

造成二者的理论计算结果与模拟结果吻合程度差别的原因是,累计概率曲线对微观结构变化的敏感程度低于概率密度曲线对微观结构变化的敏感程度。另外,对概率密度曲线而言,造成高集料体积分数下理论解与模拟结果吻合程度好于低集料体积分数时的情况的原因是,尽管低集料体积分数的模型结构的尺寸是最大集料粒径的 10 倍,但由于该模型结构中集料粒子的数量过少,还不足以获得比较光滑的概率密度模拟曲线。这说明在低集料体积分数下,对"邻近集料表面最近间距概率密度曲线"这一参数而言,仍需增大结构单元尺度。

对比邻近集料表面最近间距的平均值看出,理论值与试验值吻合的程度比较好,其中当 $A=2$ 时模拟结果与试验结果最接近。因此,研究人员可以根据自己的需要选取不同的 A 值进行模拟。

所以,从总体上看,利用理论公式能很好地预测混凝土中邻近集料表面最近间距的分布情况。因此,我们可以应用上述解析解来研究水泥基复合材料中邻近粒子表面最近间距分布的问题。

3. 理论解的应用

由于 Fuller 分布(式(6.20))和等体积分布(函数形式为 $F_V(D) = \dfrac{\ln D - \ln D_{\min}}{\ln D_{\max} - \ln D_{\min}}$)分别与规范规定的集料分布的下限和上限相近,这里我们就以 Fuller 分布为例,研究一下砂浆和混凝土中邻近集料表面最近间距的分布情况。

根据式(6.20)可得集料的数量基概率密度函数为

$$f_N(D) = \frac{5 D_{\max}^{\frac{5}{2}} D_{\min}^{\frac{5}{2}}}{2(D_{\max}^{\frac{5}{2}} - D_{\min}^{\frac{5}{2}})} D^{-\frac{7}{2}} \tag{6.29}$$

这样数量基平均粒径的 n 阶矩为

$$\overline{D_N^n} = \int_{D_{\min}}^{D_{\max}} D^n f_N(D)\,\mathrm{d}D = \int_{D_{\min}}^{D_{\max}} \frac{5 D_{\max}^{\frac{5}{2}} D_{\min}^{\frac{5}{2}}}{2(D_{\max}^{\frac{5}{2}} - D_{\min}^{\frac{5}{2}})} D^{n-\frac{7}{2}}\,\mathrm{d}D \tag{6.30}$$

于是可得式(6.24)所需要的数量基平均粒径的前 3 阶矩分别为

$$\overline{D_N} = \frac{5 D_{\max}^{\frac{5}{2}} D_{\min}^{\frac{5}{2}}}{3(D_{\max}^{\frac{5}{2}} - D_{\min}^{\frac{5}{2}})} (D_{\min}^{-\frac{3}{2}} - D_{\max}^{-\frac{3}{2}})$$

$$\overline{D_N^2} = \frac{5 D_{\max}^{\frac{5}{2}} D_{\min}^{\frac{5}{2}}}{(D_{\max}^{\frac{5}{2}} - D_{\min}^{\frac{5}{2}})} (D_{\min}^{-\frac{1}{2}} - D_{\max}^{-\frac{1}{2}})$$

$$\overline{D_N^3} = \frac{5D_{max}^{\frac{5}{2}}D_{min}^{\frac{5}{2}}}{(D_{max}^{\frac{5}{2}} - D_{min}^{\frac{5}{2}})}(D_{max}^{\frac{1}{2}} - D_{min}^{\frac{1}{2}})$$

尽管混凝土中集料的粒径可能很小，但为说明问题方便，这里仍旧假定混凝土中集料的最小粒径为 0.125mm。由于常用砂浆的集料体积分数在 40%～70%，而常用混凝土的集料体积分数在 60%～80%，于是可以结合式（6.24）、式（6.27）和式（6.29）计算出在集料体积分数下，集料分布符合 Fuller 分布的模型砂浆和混凝土中邻近集料表面最近间距的分布情况。这里设定 $A=0$，研究的集料尺度范围分别为 0.125～5mm，0.125～10mm，0.125～20mm，0.125～30mm。这四种类型的集料尺度范围中，第一个用来模拟砂浆，后面三个用来模拟不同集料细度的混凝土。这样，邻近集料表面最近间距的累计分布曲线结果见图 6.65。由式（6.27）得到的模型砂浆和混凝土中邻近集料表面最近间距的平均值见图 6.66。

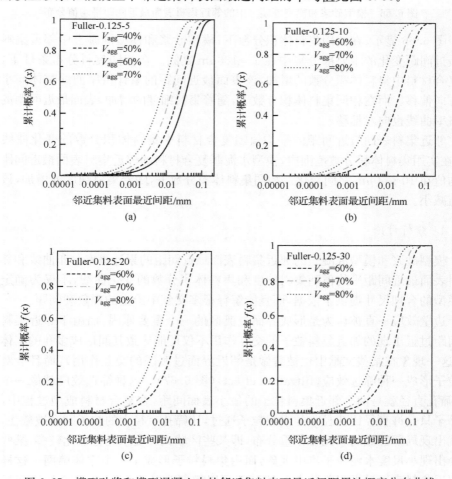

图 6.65　模型砂浆和模型混凝土中的邻近集料表面最近间距累计概率分布曲线

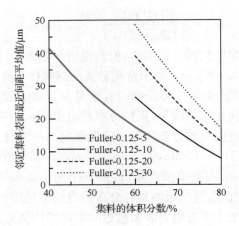

图 6.66　模型砂浆和模型混凝土中的邻近集料表面最近间距平均值分布

图 6.66 显示,在实用集料体积分数下,模型砂浆和模型混凝土中邻近集料表面最近间距变化的主要部分集中在 $1\sim100\mu m$ 之间。在相同集料分布条件下,随着复合材料中集料体积分数的增加,该表面最近间距的累计概率曲线整体向小间距方向偏移。而在相同集料体积分数下,随着集料细度的增加,表面最近间距的累计概率曲线也向左偏移。

邻近集料表面最近间距的平均值随复合材料中集料体积分数的变化曲线显示,在实用集料体积分数范围内,模型水泥基复合材料的邻近集料表面最近间距的平均值在 $10\sim50\mu m$ 之间变化。相同集料体积分数下,随着集料细度的增加,该平均值减小。

4. 分析讨论

模型砂浆和模型混凝土的邻近集料表面最近间距的累计概率分布曲线和邻近集料表面最近间距平均值随集料细度和集料体积分数的变化曲线,不仅为确定微观模型的合理尺寸提供了依据,而且能解释很多文献中给出的现象和问题。

边壁效应一直被认为是形成界面过渡区的一个重要原因,而由于邻近集料表面间距过近出现的邻近集料粒子的交互作用不仅可能导致其间形成多孔的浆体区域(这一现象在某些文献中也被看做是邻近界面过渡区的交互作用),而且会对水泥粒子形成一种筛选效应(filtration effect)(图 6.67)。这种筛选效应就像一个筛子,筛孔直径就是两个邻近集料粒子的最小表面间距,在复合材料成型过程中,这个筛子只允许直径比孔径小的水泥粒子通过,比筛孔直径大的粒子则会被截住,于是就出现局部区域的水泥粒径重分布,即某些区域大尺度水泥粒子比较多,某些区域会出现小尺度水泥粒子集中现象,而由集料粒子形成了一个立体筛网。这样根据邻近集料表面最近间距分布的信息就可以解释为什么 Diamond 说的界面过渡区的多孔现象也可能在基体部分出现。

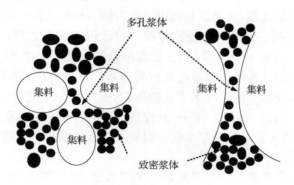

图 6.67   边壁效应与筛选效应

另外,根据文献记载,水泥基复合材料集料-浆体界面过渡区的厚度在 $10 \sim 50 \mu m$ 之间变化,而邻近集料表面最近间距分布信息从一个侧面证明了实际水泥基复合材料中邻近界面交互作用的存在,同时也从一个侧面反映了在不同界面厚度情况下邻近界面交互作用的程度。

6.2.3   水化前集料与浆体界面过渡区微观结构的模拟

Grandet 根据试验结果认为,界面过渡区的厚度在水化以前就被决定,水泥水化的作用只是改善界面以及基体内部的微观结构,这一观点与 Alexander 等和 Massaza 等经试验后的看法以及 Garboczi 等经对模拟结果分析后的看法是一致的。由上述说法看来,研究水化前的微观结构将是非常有意义的。然而,常规的试验手段是无法实现对水化前界面过渡区微观结构的观测,原因很简单,就是无法阻止胶凝材料的水化。而计算机模拟技术的引入使了解水化前界面过渡区的微观结构成为可能。

现有的能够模拟水泥基复合材料界面过渡区微观结构的计算机模拟方法大多采用的随机分布(sequential random distribution)的方法将粒子从大到小放置在给定结构的空间里,如 NIST 早期的连续基模型和数字图像基模型、van Breugel 的 HYMOSTRUC 软件以及 Navi 的模型采用的都是随机分布的方式。随机分布方式的一个最主要的缺点就是,无法将粒子间的交互影响考虑进来。因为采用随机分布方式来放置粒子的时候,后放的粒子并不会影响先前放入的粒子的位置,这就可能导致模拟得到的微观结构与实际情况有很大的出入。随机分布方式的另一个缺点是,很难使三维结构中固体粒子达到较高的堆积密度。因为随着堆积密度的增高,放入下一个小粒子的成功的概率急剧降低。而粒子动态混合算法的引入,除了能将结构中粒子之间的交互作用考虑进来外,还能够实现相对较高的粒子堆积密度,如英国 Oxford Materials 公司开发的 MacroPoc 软件模拟 3 维纤维混合的最高密实度,但数值过低,美国伊利诺伊大学香槟分校的先进火箭模拟中心开发的 Pocpack 算法在模拟三种单一粒径球体按一定比例在周期边界的盒子内混合时,得到的密实度高达 76.98%。实际上,动态混合算法在粉体工程、医药领域、粉末冶金、选矿等领域的计算机模拟试验都有着非常广泛的应用,它涉及粒子堆积、过程模拟、传输性能及粒子流等许多方面的问题,但在水泥基复合材料领域,根据所收集到的资料看,目前只有 Stroeven 开发的 SPACE 系统能够模拟粒子的动态密实过程。因此,SPACE 系统模拟水化前混凝土中浆体与集料之间界面过渡区的微观结构。

SPACE 系统本身是一个非常复杂的软件系统,关于 SPACE 系统的详细情况可以参见文献,这里只作概括介绍。

SPACE 系统是以经典物理学中的牛顿运动定律为基础,同时将体视学(stereology)方法及水泥水化动力学方法结合进来的一个模拟水泥基复合材料微观结构的计算机软件系统。在 SPACE 系统中,动态混合算法是通过牛顿运动定律实现的,它实质上是经典物理学中由多尺度粒子所组成系统(可以看做是刚体系统)的动量守恒问题(包括线动量和角动量),同时考虑了体系内部粒子之间非弹性碰撞引起的能量耗散(用恢复系数表示)以及粒子间摩擦力引起的能量耗散对动态混合过程中体系内各粒子动量变化的影响,还将体系的坐标变化问题结合进来。SPACE 系统中所采用的体视学方法不仅是控制动态密实进程的手段(A_A/P_P),还是对由计算机生成的微观结构模型进行分析的一个不可缺少的方法,因此体视学方法在 SPACE 系统中也占有着重要的地位。SPACE 系统中所采用的水泥水化动力学方法与 HYMOSTRUC 所采用的水化模型相似,但由于采用 SPACE 进行水化模拟时所消耗的时间过长,而早期由 van Breguel 开发的 HYMOSTRUC 水化模型又经过了进一步的完善,因而下一节中关于水化部分的模拟分析工作将采用完善后的 HYMOSTRUC 3D 进行模拟。就本研究所要研究的问题而言,SPACE 系统是将所有的粒子放入一个立方体的盒子内,盒子的尺寸随着动态混合的进行而变化,盒子的边界可以是周期边界也可以是刚性边界。所谓周期边界是指球心不能超出立方体的边界,而球的表面可以超出立方体的边界,但要满足图 6.68 的要求,即对 2 维情况而言,"0"单元与其余 8 个单元是完全相同的;对 3 维情况而言,"0"单元与其余 26 个单元是完全相同的,周期边界的单元可以用来模拟基体的微观结构。所谓刚性边界,指的是盒子内的球的任何一部分都不能超出立方体的边界,刚性边界可以用来模拟集料与浆体的界面。

SPACE 系统对材料微观结构的模拟可以分如下几个步骤来进行:

(1) 根据给定体系的初始尺寸、材料粒径范围和粒径分布函数、边界条件(固定边界-模拟界面、周期边界-模拟基体)及固体的初始体积分数(指固体粒子占整个体系的体积分数),采用顺序随机分布的方式将所有粒子按照从大到小随机分布到给定体系的空间中。

(2) 在设定的参数(初始速度、随机速度、恢复系数、摩擦系数、重力作用)下,将初始结构采用动态混合算法密实至相应体积分数的目标结构(图 6.69)。

(3) 采用体视学方法对目标结构进行测试,获得与材料微观结构相关的一些参数。

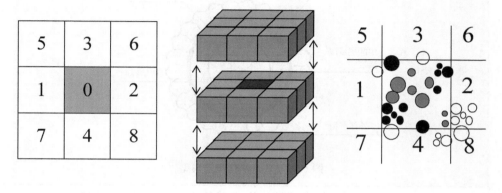

图 6.68　2 维与 3 维周期边界结构的示意图

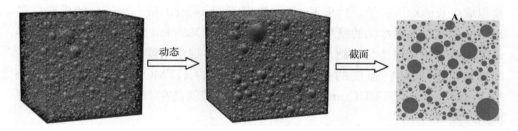

图 6.69　SPACE 系统模拟过程简图

6.2.4　硬化混凝土中界面过渡区微观结构的模拟

硬化混凝土微观结构的计算机模拟是以胶凝材料的水化模型为基础。鉴于水泥矿物组成以及水化过程的复杂性,早期的水泥水化模型的研究都是以水泥单矿物相的水化作为研究对象。最早的水化模型是 20 世纪 60 年代末由 Kondo 等提出的关于 C_3S 的水化数学模型,与此同时,Frohnsdorff 等提出了采用计算机模拟 C_3S 水化的概念。70 年代末,Pommersheim 和 Clifton 提出了模拟 C_3S 水化的动力学模型,他们将水化过程中的球形 C_3S 颗粒分为未水化内核、内层水化产物、中间层(或屏蔽层)和外层水化产物四个部分(图 6.70)。此前,Pommersheim 也给出

了 C_3A 和 C_4AF 的水化模型。鉴于水泥水化模型的重要性,在 80 年代中期,由 RILEM 发起,并分别由 Taylor、Young 以及 Brown 具体负责主持研究了 C_3S、C_2S、C_3A 和 C_4AF 的水化模型。这些水泥矿物相的水化模型都是后来发展的水泥基复合材料微观结构模型的基础。

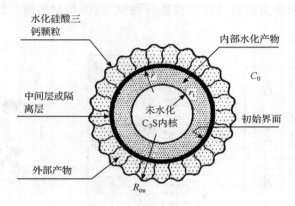

图 6.70　C_3S 水化概念模型

最早的水泥基复合材料的微观结构模型则是关于 C_3S 的,它是基于 Pommersheim 等提出的 C_3S 水化模型,由 Jennings 等首先提出。在该模型中,水泥粒子被模拟成生长的球形粒子。后来 Berlage 依据 Frohnsdorff 和 Jennings 的思路也提出了一个模拟水泥水化的模型"HYDRASIM(HYDRAtion SIMulation)",它同样是以 C_3S 的水化模型为基础,不过开始更多地从体视学角度考虑水化过程中粒子间接触面积与材料强度的关系问题。而随后的 HYMOSTRUC(HYdration MOrphology and STRUCture formation)软件系统就是在 HYDRASIM 模型的基础上开发的。

20 世纪 90 年代初,随着计算机技术的快速发展,模拟水泥基复合材料微观结构演化的计算机模拟技术也产生出了许多分支。

Bentz 和 Garboczi 等开发了数字图像基多尺度模型。该模型将所有胶凝材料粒子(C_3S,C_2S、C_3A、C_4AF 以及活性和非活性矿物掺合料)用像素来表示,并根据胶凝材料的矿物组成比例为各像素分配不同的矿物相,每个像素的反应严格按照给定的化学反应方程式进行,且采用细胞自动机算法模拟水泥的溶解-扩散-成核过程,从而实现对由多相不规则的(非球形)水泥粒子组成体系的微观结构演化过程的模拟。但该模型也存在缺点,它不考虑胶凝材料水化反应的动力学过程,且到目前为止它还不能用来研究在 3 维空间中水化产物以及孔结构的一些关系。

在 20 世纪 90 年代中期,根据 HYMOSTRUC 模型,Navi 提出了一个集成粒子动力学模型(integrated particle kinetic model)来模拟 C_3S 水化过程中微观结构的演化过程,它考虑了粒径分布以及非活性矿物掺合料对水化进程的影响。此外该模型采用数学形貌学(mathematical morphology)的相关技术手段可以研究水化 C_3S 和孔相的连通性问题。但存在的问题是,作者并没有说明该模型是否考虑了养护条件的影响,另外也没有说明 C_3S 粒子间交互作用对水化进程的影响。

在 20 世纪 90 年代末,Maekawa 开发了 DuCOM(Durability of COncrete Model)有限元软件系统,该软件的主要目的是模拟混凝土的耐久性问题。从微观结构角度而言,它是在将所有胶凝材料粒子看做是等径 C_3S 球体粒子按给定的水胶比随机分布在结构中的基础上研究孔结构随水化过程的变化,但单粒径粒子的假设过于简化。另外,整个水化进程的发展只是从单一粒子的水化来考虑,并没有将粒子间的交互作用包括进来。

1. HYMOSTRUC 系统简介

早期的 HYMOSTRUC 系统能够模拟不同矿物组成以及粒径分布的波特兰水泥,在不同水胶比及不同温度条件下材料的水化热、水化程度、孔隙率及强度的演化过程,经检验发现模拟结果同试验结果相吻合。此后,经 Koenders 和 Lokhorst 的完善,它可以模拟水泥基材料因水化引起的变形问题。Ye 为 HYMOSTRUC 加入模拟水泥基复合材料渗透性能模块,形成了 HYMOSTRUC 3D。鉴于 HYMOSTRUC 系统的复杂性,这里只作简单介绍,详细内容可以参见文献。

在 HYMOSTRUC 系统中,所有水泥粒子以球形粒子表示,并采用随机分布的方式从大到小将它们分布到预先给定的 3 维球形结构中,相同尺度的粒子以相同的速率参与水化反应。水化反应开始是相边界反应控制阶段,当反应产物层的厚度达到预先给定的值后,反应转入扩散控制阶段,反应前端向未水化内核侵入的速率遵循方程(6.31)。水泥粒子的溶解及水化产物的膨胀在各阶段都是沿各自粒子的中心径向发展。水化过程中,粒径较小的粒子可能会嵌入到大粒子的水化产物中,我们将这些嵌入到大粒子水化产物中的小粒子称为嵌入粒子(embedded particles),它们与大粒子一起形成簇(cluster),当然这些粒径较小的粒子由于会与进入的水分进行水化反应而影响大粒子的水化进程,从而也影响到水化产物的膨胀(图 6.71)。至于那些簇之间的粒子则随着水泥水化反应的进行可能会与不同的簇搭接,从而起到桥连簇的作用,我们将这些粒子称为桥接粒子(bridging particles)(图 6.72)。随着水化程度的提高,越来越多的粒子相互搭接接触,从而形成固相的连通结构,而孔隙的连通性逐渐降低。在 HYMOSTRUC 系统中,强度以及材料变形性能的模拟都是同固相的连通结构相关联的,扩散与渗透性能与孔结构特征相关联。

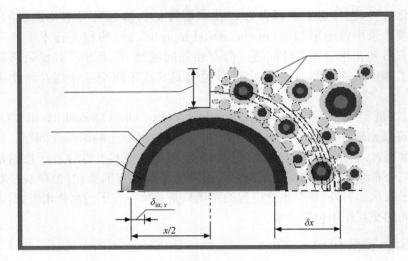

图 6.71　水化膨胀引起的粒子间交互作用

左边是单个粒子水化反应的结果;右边是邻近小粒子嵌入的结果;x 为粒子的初始直径

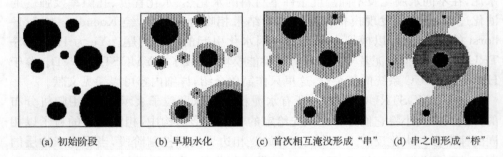

　(a) 初始阶段　　　　(b) 早期水化　　　(c) 首次相互淹没形成"串"　(d) 串之间形成"桥"

图 6.72　硬化水泥浆体微观结构的形成

$$\frac{\Delta\delta_{\text{in};x,j+1}}{\Delta t_{j+1}} = K_0(C_3S)\Omega(w/c,\alpha)F_1(T)\left\{F_2(T,\beta_2)\left[\frac{\delta_{\text{tr}}(C_2S)}{\delta_{x,j}}\right]^{\beta_1}\right\}^{\lambda} \quad (6.31)$$

式中:$\Delta\delta_{\text{in};x,j+1}$ 是在 Δt_{j+1} 时间段的反应前端向水泥粒子未水化内核方向侵蚀的厚度(μm);$K_0(C_3S)$ 是反应速率因子(μm/h),它是 C_3S 含量的函数;$\delta_{\text{tr}}(C_2S)$ 是反应由边界反应阶段进入扩散控制阶段的过渡层的厚度(μm),它是 C_2S 含量的函数;β_1 和 β_2 是两个经验常数;$\Omega(w/c,\alpha)$ 是一个算子,它反映了水胶比、粒子间交互作用(包括小粒子嵌入大粒子的水化产物中对大粒子水化反应的影响粒子嵌入)以及水化程度对反应速率的影响;$F_1(T)$ 是类阿伦尼乌斯(Arrhenius)公式,它考虑了温度对反应速率的影响;$F_2(T,\beta_2)$ 是一个函数,它考虑了温度对水化产物密度影响;$\delta_{x,j}$ 表示在 t_j 时刻初始直径为 x 的粒子的内外水化产物层的总厚度;在边界反应控制阶段,$\lambda = 0$,当进入到扩散反应控制阶段后,$\lambda = 1$。

2. 水化微观结构分析的方法与相关问题描述

1) 微观结构水化的实现方法与相关算法

鉴于 HYMOSTRUC 只能采用随机方法分布粒子,但在水化模型上有优势,而 SPACE 系统在动态混合模拟上有优势,因此本部分将前面由 SPACE 系统生成的初始结构输入到 HYMOSTRUC 系统中来,这样就避免了随机分布方式所带来的缺点,同时也实现了水化程度对界面过渡区微观结构演变影响的模拟。

值得注意的是,尽管 SPACE 系统和 HYMOSTRUC 所采用的都是右手坐标系,但在 SPACE 系统中截面是垂直于 z 轴,而在 HYMOSTRUC 系统中截面则是垂直于 y 轴,因此如果要想在 HYMOSTRUC 系统中截面的位置也是沿 z 轴方向,则需要将由 SPACE 系统生成结构的数据文件中每个粒子的 z 坐标乘以 -1,然后将其与 y 坐标对调,这样 HYMOSTRUC 系统与 SPACE 系统就是在相同的基础上进行分析了。

于是,采用 HYMOSTRUC 系统模拟不同水化阶段界面过渡区微观结构的变化可以按如下步骤进行:

(1) 将 SPACE 系统所得到结构的数据文件转化成 HYMOSTRUC 系统所能识别的文件格式。

(2) 设定结构的目标水化程度或水化时间,开始进行水化模拟。

(3) 对达到目标水化程度的结构(3 维图像)采用逐层截面分析法进行参数分析,如计算每一层切片上固相(未水化水泥＋水化产物)或孔的含量(图 6.73)。绘出固相(或孔)沿集料表面分布的变化曲线,或计算每一层切片上的水化程度,绘出水化程度沿集料表面的分布曲线,或将逐层界面分析法与层间重叠算法(图 6.74)结合计算孔结构的连通性以及固相的连通性。

逐层截面分析法的基本思路是,对所得到的 3 维模拟结构进行逐层连续扫描。扫描过程中,每一层切片上的任一点根据其特征,确定该点是属于固相子集还是属于毛细孔相子集,然后检查该点附近区域内的其他点,看其是否与该点具有相同的属性,对在一定邻域内属于同一类型的点被认为是一个独立的单一物相(孔或固相),并进行重新编号,一层的所有点经过这一扫描过程后,分布在本层所有各物相的坐标位置、面积以及周长等信息就可以获得,那么结合该层厚度信息就可以计算各物相在该层的体积分数。

层间重叠算法基本思路:用一根垂直于上、下两个相邻截面的垂线,让该垂线沿上一层某一编号的物相(孔或固相)面上进行扫描,在扫描过程中,如果该垂线恰好碰到相邻下面一层的相同相时,则认为这两层的该物相是连通的,并分配与上一层该物相相同的编号;若下一层的相同物相与上一层的同类物相并不连通,则保持其编号不变。

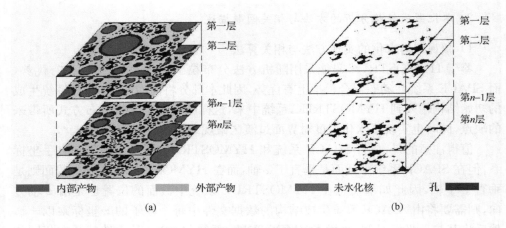

图 6.73　微观结构逐层截面分析法

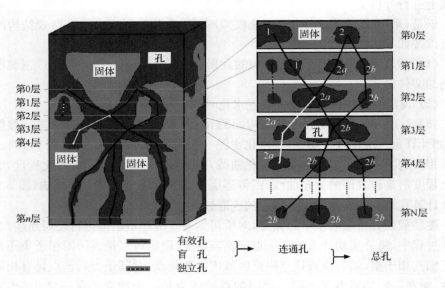

图 6.74　计算孔的连通性的层间重叠算法

显然,在第(3)步中的参数计算与图像的分辨率有关,图像的分辨率越高,计算精度越高,当然计算量也越大。特别是固相以及孔的连通性的计算上,分辨率大小以及每层厚度的设置将关系到计算结果的可靠性。在这里,我们是通过设定每一层切片的厚度来控制图像的精度,如取切片的厚度为 $0.25\mu m$,则其最大分辨率为 $0.25\mu m$。本研究考虑到计算精度以及计算所消耗时间之间的平衡问题,因此所有结构采取的切片厚度均为 $1.0\mu m$。

此外,在研究材料的孔结构特征的时候我们通常采用的是 MIP 方法,这种方法是基于圆柱形孔的假设。那么显然直接由水化 3 维结构得到的孔结构特征与通常采用的 MIP 方法得到的孔结构特征是不同的,且即使我们可以通过假定孔的形状(如球形孔或管状孔等)由 3 维结构得到材料的孔结构分布情况,但这些数据对研究水化结构的扩散及渗透性能并没有多大帮助。因此,本研究不打算研究各水化结构的孔径分布情况。

2) 水化微观结构的可视化

直观的水化微观结构 3 维图像有助于对材料微观结构变化的了解,但采用常规方法是无法实现的,只有借助于计算机技术。采用计算机技术可视化水泥基复合材料的微观结构有两种方式:一种是根据水化微观结构的 2 维数字图像(如背散射模式的 SEM 图像或 X 射线 mapping 图像)进行 3 维重构;另一种是直接由 3 维水化微观结构的信息构造水化微观结构的可视化图像。因为在 HYMOSTRUC 系统中可以直接给出水化微观结构的 3 维信息,所以采用第二种方式比较合适。这里我们只给出水化材料孔结构特征的可视化图像。

水化材料孔结构特征的可视化的基本思路:假定由 HYMOSTRUC 系统得到的水化微观结构的固相部分组成的集合为 A,而相应尺度的纯固相立方体组成的集合为 B,$A-B$ 即为所得到的相应尺度水化材料的孔结构特征,所有孔结构的可视化图像都是由自由软件 PovRay 渲染得到的。

3) 水化过程基准的确定

在以往的研究中,人们通常采用龄期作为衡量不同配比材料之间性能以及微观结构差异的标准。但采用这种标准有其缺点,原因是即使在相同养护龄期条件下,由于原材料、配合比及养护条件等的差异,胶凝材料水化程度的差别可能很大。如果我们以胶凝材料的水化程度作为衡量基准时,结果可能完全不同。如 Locher 等发现,在相同水化程度下,由三种不同细度水泥制备的同水胶比材料的抗压强度是相同的,这显然与采用龄期作为衡量基准得到的结果是不同的。推而广之,如果以水化程度作为衡量基准而不是以龄期作为基准来研究水泥基复合材料的其他性能时,可能会有些结论与我们现在的看法并不相同。针对本书研究的问题而言,结合上述分析,采用水化程度作为衡量基准更为合适。

在以往文献中对水泥水化程度的定义并不相同(有采用水化放热量、化学结合水量、化学收缩、CH 含量、水泥的介电性能及水泥浆体的比表面积等),因此需要明确水泥水化程度的定义。这里我们结合计算机模拟方法的特点,以从水化反应开始到任一时刻 t 截止时参与水化反应的水泥的质量同水化前水泥总量的比值作为该时间段水泥的水化程度的度量,记为 $\alpha(t)$。

3. 含界面过渡区浆体微观结构随水化过程的演化

本节以前面研究过的 C160-1-45 这一模型水泥为例,研究水化程度及水胶比

对界面过渡区以及基体部分微观结构的影响。水化程度的影响包括对界面过渡区
以及邻近基体部分固含量分布、局部水化程度分布、含界面区浆体和基体部分孔结
构的比较和极限水化程度时孔结构的分布。而水胶比的影响主要集中在极限水化
程度时孔隙的连通率上。

　　模型水泥的化学组成见表 6.15 所示，所有结构的模拟养护温度为 20℃，这
样，不同水胶比浆体的水化程度与养护时间的关系曲线见图 6.75 所示。

表 6.15　模拟水泥"C160-1-45"的化学组成

最大热量/(kJ/kg)	C_3S 含量/%	C_2S 含量/%	C_3A 含量/%	C_4AF 含量/%
530	63.0	13.0	8.43	9.0

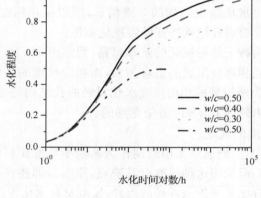

图 6.75　不同水胶比浆体水化时间与水化程度之间的关系

1）水化程度对浆体的微观结构的影响

　　本节所有情况是以水胶比为 0.30 的 C160-1-45 结构为例，分析了含界面过渡
区浆体的微观结构随水化进程的演化。

（1）固相分布以及局部水化程度分布。

　　首先，模拟了三种不同水化程度（$\alpha=0.274,0.523,0.748$）下界面过渡区浆体
微观结构，结果见图 6.76。

　　若按照前面章节中将界面过渡区的厚度定义为堆积密度曲线第一个上升段的
最高点作为界面过渡区的终点的话，由图 6.76 看出，随着水泥水化程度的提高，界
面过渡区的厚度基本保持不变，然而沿界面过渡区的固相含量梯度随着水化程度
的提高明显增加，同时邻近界面过渡区的基体部分的微观结构随着水化程度的提
高变得更加均匀。

　　图 6.76 中给出了含界面过渡区浆体固含量随水化程度的变化情况，那么采用
分层计算法可以求得在不同龄期下（整个含界面过渡区浆体的总体水化程度分别

为 $\alpha=0.274,0.532$ 和 0.748），从集料表面到浆体内部各层浆体局部区域水化程度的分布情况，结果见图 6.77。显然，尽管随着养护时间的增长，界面过渡区的浆体和基体部分的浆体都在发生水化反应，但位于界面过渡区部分浆体的水化程度要比基体部分的要高，且随着养护时间的增长，集料表面浆体的水化程度与邻近基体部分的水化程度的差别越来越明显。

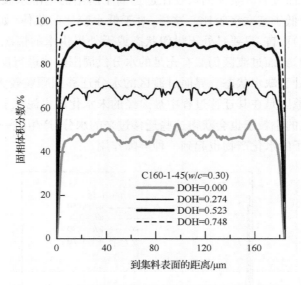

图 6.76　水化程度对邻近集料间浆体微观结构的影响

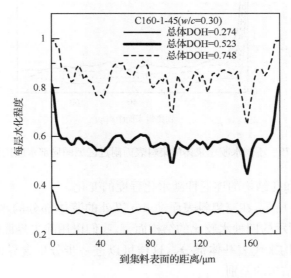

图 6.77　不同养护龄期邻近集料间浆体水化程度分布

直径较小的粒子易于在集料表面堆积,而粒径较大的粒子趋向于远离集料表面。另外,根据体视学原理($A_A = V_V$)采用分层计算的方式,我们可以由初始结构沿集料表面堆积密度的分布曲线计算出不同水胶比结构的界面过渡区浆体及邻近基体部分浆体的局部水胶比分布情况(图 6.78)。可以看出,由边壁效应引起的水分再分配导致界面过渡区浆体的水胶比远远高于所给的基准水胶比,而基体部分浆体的水胶比却低于基准水胶比。这样,对于低水胶比的浆体(如水胶比为 0.30甚至更小的情况)而言,只要是处于封闭状态或无外界供水的情况而言,尽管随着水化时间的延续,界面过渡区仍然有充足的水分供周围浆体进行反应,但对于基体部分而言,可能处于缺水状态。界面过渡区的水分迁移到颗粒较大的水泥粒子周围是很困难的,原因是在其迁移过程中被途经的未水化的水泥粒子所吸收。另外,大粒子周围嵌入的小粒子也会获得这些迁移过来的水分,产生进一步的水化反应。还有,包裹大粒子的水化产物也起到一种屏障作用。

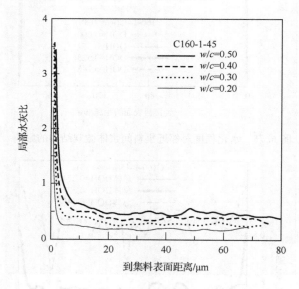

图 6.78　不同水胶比浆体的集料表面附近区域的局部水胶比分布

(2) 孔隙率和孔结构的连通性随水化程度的变化。

根据图 6.78 所示,在离集料表面 20μm 以外的浆体部分的水胶比基本稳定,因此对图 6.78 所示的四种水胶比的结构而言,我们以用除去界面过渡区的边长为100μm 的内部结构来代表基体部分。这样可以进一步分析含界面过渡区浆体以及基体部分的孔结构的差别。

这里我们采用逐层分析法及层间重叠算法研究了水化程度对含界面过渡区浆

体(立方体边长为 $184\mu m$)和基体(立方体边长为 $100\mu m$)两者孔隙率及孔结构连通性的影响,结果见图 6.79。

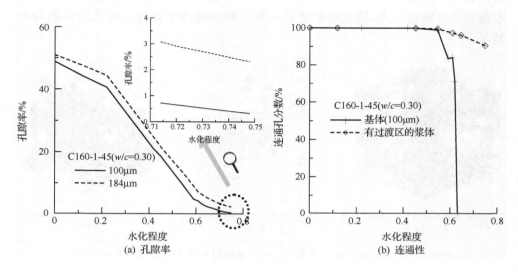

图 6.79　含界面过渡区浆体以及基体部分孔结构随水化程度的演化

图 6.79(a)显示,在整个水化过程中,含界面过渡区浆体及对应基体部分浆体的孔隙率随着水化程度的提高成同比降低,但在极限水化程度时,含界面过渡区浆体的孔隙率与基体部分的孔隙率有数倍的差别。图 6.79(b)中的孔结构连通性数据显示,对含界面过渡区的浆体而言,即使是在极限水化程度时,连通孔所占的比例仍然很高,约在 90% 左右。但是对基体部分而言,当水化程度达到 $0.5\sim0.6$ 时,开始出现不连通孔,且孔隙的连通性随着水化程度的提高急剧降低,导致在一定水化程度以后基体部分的孔基本上是不连通的,且孔隙连通率为零时基体部分($100\mu m$)总孔隙率的位置出现在 $2.995\%\sim3.64\%$ 之间,该结果与 Elam 等给出的数值范围相近。另外,图 6.79(b)也说明含界面过渡区浆体结构的孔隙的大部分是通过界面过渡区形成连通结构的。

图 6.80(a)和(b)给出了水胶比为 0.30 的结构"C160-1-45"在极限水化程度下($\alpha=0.748$)的含界面过渡区浆体(立方体边长为 $184\mu m$)以及基体部分(由上述边长为 $184\mu m$ 立方体结构从中间截出的边长为 $100\mu m$ 立方体结构得到)的孔结构图像。

(3) 极限水化程度时孔结构的分布。

尽管随着水化程度的提高含界面过渡区浆体与基体部分浆体孔隙率成同比减小,但在极限水化程度(图 6.79(a)右上角的放大图)时,二者的孔隙率却有着数倍的差别。图 6.80(a)与(b)在孔结构上的巨大反差是否表明了连通孔隙集中在集料的表面,而孔隙率的绝大部分是否也是集中在集料的表面呢?图 6.80(b)还不能完全反映这一点,因此有必要进一步了解在极限水化程度时孔结构的分布情况。

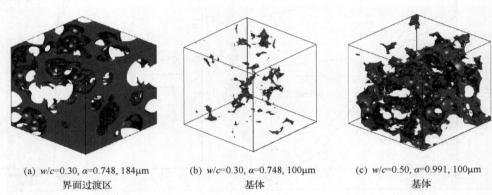

(a) w/c=0.30, α=0.748, 184μm
界面过渡区

(b) w/c=0.30, α=0.748, 100μm
基体

(c) w/c=0.50, α=0.991, 100μm
基体

图 6.80　极限水化程度下含界面过渡区浆体以及基体部分孔结构的可视化

为此,我们对在极限水化程度下的含界面过渡区的立方体浆体采取逐层向内减小立方体尺寸的办法分析了孔隙率以及孔结构的连通性的变化情况,结果见表 6.16 所示。

表 6.16　水胶比为 0.30 的含界面过渡区浆体结构"C160-1-45"在极限水化程度
$(\alpha=0.748)$下的孔结构分布

立方体边长/μm	总孔隙率 ϕ_t/%	连通孔隙率 ϕ_c/%	ϕ_c/ϕ_t/%
184	2.29	2.08	90.8
182	1.50	0	0
180	0.86	0	0
170	0.28	0	0
160	0.22	0	0
140	0.29	0	0

表 6.16 的数据显示,在极限水化程度时,含界面过渡区浆体的绝大部分孔集中在集料表面附近几微米($<10\mu m$)的区域内,且在邻近集料表面几微米区域内的孔都是通过集料表面的孔隙形成连通结构的,如果没有集料表面作为媒介,在极限水化程度时这些孔隙的连通率(ϕ_c/ϕ_t)为零。

另外,要注意的一点是,表 6.16 中总孔隙的计算都是以相应尺度的立方体为依据的,因此总孔隙率会出现一定程度的波动。

2) 水胶比对浆体微观结构的影响

对比图 6.80(b)和(c),二者都是在各自极限水化程度下的孔结构图像,其差别非常明显,因此有必要分析一下水胶比对浆体微观结构的影响。分析结果参见表 6.17。

表 6.17　极限水化程度下水胶比对含界面过渡区浆体及基体部分浆体孔隙连通率的影响

| w/c | 有界面过渡区的净浆 | | 宏观净浆 | | 极限水化程度 |
	总孔隙率/%	连通孔隙分数/%	总孔隙率/%	连通孔隙分数/%	
0.20	0.93	44.1	—	—	0.498
0.30	2.29	90.8	0.33	0	0.748
0.40	5.17	97.3	1.35	0	0.990
0.50	12.15	99.8	7.32	98.1	0.991
0.45	—	—	3.58	97.5	0.992

在极限水化程度下,含界面过渡浆体的总孔隙率及孔隙连通率随着水胶比的降低而减小,但即使是对水胶比为 0.20 的含界面过渡区浆体而言,连通孔所占的比例仍然很高(44.1%),这些孔都是通过集料表面的孔隙形成连通路径的。对于基体部分而言,水胶比为 0.50 的浆体在极限水化程度时孔隙的连通率高达 98%,而水胶比为 0.4~0.2 的浆体其在极限水化程度时孔隙的连通率为零。可以推断,对基体部分而言,孔结构的连通性与水胶比和水化程度有关。对小于某一水胶比的浆体(如水胶比为 0.20~0.40 的浆体)而言,在水化前及水化早期,所有的孔隙都是连通的,但随着水化程度的增加不连通孔所占的比例迅速增加,在水化程度达到一定值以后,孔隙的连通率为零。

上述关于基体部分水胶比与水化程度对孔隙连通性的描述只是一种表面现象。事实上,水胶比及水化程度对孔结构连通性的影响都是通过改变整个结构的孔隙率来实现的。根据 Elam 的描述,孔隙不连通的阈值在 2.7%~4.1%,且孔隙的连通性在某一很窄的孔隙范围内存在一个急剧的变化,图 6.69(b)和由 SPACE 系统额外生成的水胶比为 0.45 的结构在极限水化程度时基体部分的总孔隙率以及孔隙连通率的结果就说明了这一点。在逾渗理论中,我们知道,逾渗阈值的大小与模型的形式有关,那么在本研究中基体部分孔隙连通阈值的具体数值大小则体现在孔隙的分布以及分辨率的选取。

关于分辨率问题,我们可以将其同压汞试验测试样品的孔结构进行类比。我们知道,样品的孔隙率随着汞压力的提高而增加,那么如果忽略汞压力对材料的破坏作用的话,显然只有这些孔形成了连通路径才能测得孔隙率随汞压力的提高而增加(这里我们也忽略了墨水瓶孔的现象)。那么在微米量级上我们认为孔隙不连通的材料,很可能在纳米量级上所有的孔隙都是连通的。分辨率问题也是这样的,本研究所有结构关于孔结构的连通性问题的结构都是在分辨率为 $1\mu m$ 条件下得到的,如果提高分辨率,各水胶比浆体在不同水化程度下的总孔隙率以及孔隙的连通率会与上述结论有差别,但总的规律是一致的。

　　4. 集料间距对其间浆体水化微观结构的影响

　　在前面我们讨论了集料间距对其间新拌浆体固含量分布的影响问题,那么水化以后的情况是怎样的呢?

　　模拟的养护温度为 20℃,模型水泥的矿物组成与 C160-1-45 的相同(表6.15),但由于细度的变化,C330 和 C190 两种模型水化的水化速率都要比 C160的快。它们的水化程度与时间的关系见图 6.81。

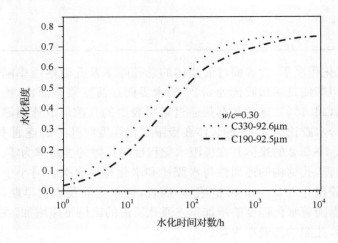

图 6.81　不同细度水泥水化时间与水化程度之间的关系

1) 孔隙率分布随水化程度的演化

　　这里我们分集料间距的影响和相同集料间距下水泥细度的影响两种情况进行讨论。

　　在不同集料间距条件下,由同种水泥构成的水胶比为 0.30 的含界面过渡区浆体结构在各水化程度时孔隙率的分布的结果见图 6.82。

　　从固含量分布的角度看,整个结构的均匀性随着水化程度的提高而得到改善,而从孔隙率的差异角度看(图 6.82),所有浆体内部结构的均匀性随着水化程度的提高而得到改善,且因集料间距减小造成其间浆体不均匀性的差异也随着水化程度的提高而降低。但如果我们对比一下图 6.83(d)和图 6.76 就会发现,尽管都是相同水胶比且在极限水化程度下,但由集料间距减小引起的浆体结构不均匀性还是存在的。

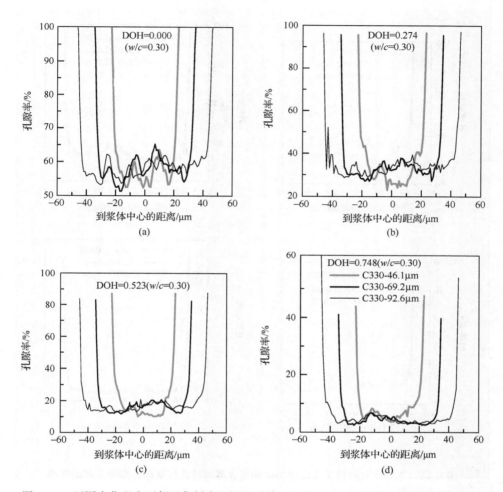

图 6.82　不同水化程度下邻近集料表面间距对其间含界面过渡区浆体孔隙率分布的影响

此外,我们还研究了在各水化程度下由两种不同细度水泥构成浆体(C330-92.6μm 和 C190-92.5μm)孔隙率的分布情况,结果见图 6.83。

对比图 6.83(a)和(b)、(c)、(d)看出,水化前单纯由水泥细度引起的含界面过渡区浆体微观结构的差异却因水化程度的提高而减小。

2) 孔结构连通性以及总孔隙率的演化

为了进一步了解集料间距对浆体微观结构的影响,我们计算了各含界面过渡区浆体结构在极限水化程度下的总孔隙率以及孔隙连通性情况,结果见表 6.18所示。

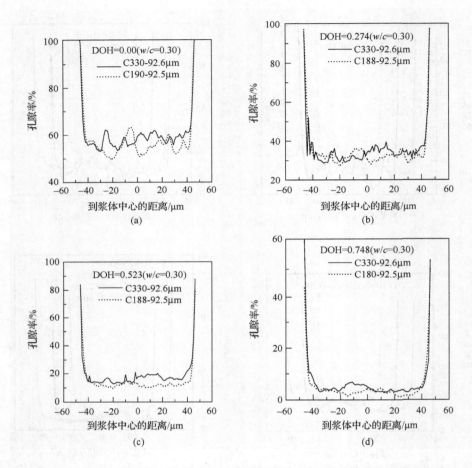

图 6.83　不同水化程度下水泥比表面积对含界面过渡区浆体孔隙率分布的影响

**表 6.18　在极限水化程度($\alpha=0.748$)下,水泥细度及集料间距对水胶比为 0.30 的
含界面过渡区浆体孔隙率与孔结构连通性的影响**

编号	有界面过渡区的净浆	
	总孔隙率 ϕ_1/%	连通孔分数/%
C330-92.6μm	2.54	71.7
C330-46.1μm	4.67	92.1
C190-92.5μm	2.74	90.1

　　在水泥细度保持不变的条件下,集料间距减小导致其间浆体的总孔隙率和孔隙的连通率增加。在相同集料间距条件下,水泥细度的降低导致其间浆体的总孔

隙率略有增加,孔隙的连通率出现明显增加。但集料间距减小对总孔隙率和孔结构连通性带来的影响要高于水泥细度变化带来的影响。根据 2.6.4 节的内容可知,产生这种情况的原因是孔隙的大部分集中在集料表面附近,且孔隙主要是通过集料表面的孔隙形成连通结构的。

6.2.5 混凝土中界面过渡区的体积

界面过渡区对材料整个性能的影响问题一直是个备受关注的问题,它涉及定位界面过渡区对整个材料性能影响所占的比例问题。但是在混凝土中,集料的体积分数比较高,这样因集料间距很小导致的邻近界面浆体相互重叠的概率很高,这就给计算界面过渡区浆体的体积带来了困难。另外,由于实际混凝土中集料形状的不规则性,也为界面过渡区浆体体积的计算带来困难。但 Lu 和 Torquato 给出的方法能够考虑到界面过渡区的重叠问题,而混凝土中集料粒子分布的信息可以由集料的筛分结果(或者模拟结构的数据文件,或者筛分曲线的回归方程)得到,于是二者结合就能够计算出各种情况下界面过渡区浆体占混凝土中浆体总体积的比例。因此,本研究将给出集料粒径范围、集料的体积分数及界面过渡区厚度三者对 ITZ 浆体体积与混凝土中浆体总体积比例的影响。

1. 理论依据

根据 Lu 等和 Garboczi 等的描述,我们可以采用如下公式计算不同集料体积分数条件下混凝土中的界面过渡区的体积分数:

$$V_{ITZ} = 1 - V_{agg} - (1 - V_{agg})\exp[-\pi\rho(cr + dr^2 + gr^3)] \tag{6.32}$$

式中:ρ 为单位体积混凝土中集料粒子总的数量,令单位集料体积时,集料的总数量为 N,则集料体积累计为 V_{agg} 的混凝土中集料的总数量为 $\rho = NV_{agg}$;r 为界面过渡区的厚度;

$$c = \frac{4\langle R^2 \rangle}{1 - V_{agg}} \tag{6.33}$$

$$d = \frac{4\langle R \rangle}{1 - V_{agg}} + \frac{12z_2\langle R^2 \rangle}{(1 - V_{agg})^2} \tag{6.34}$$

$$g = \frac{4}{3(1 - V_{agg})} + \frac{8z_2\langle R \rangle}{(1 - V_{agg})^2} + \frac{16Az_2^2\langle R^2 \rangle}{3(1 - V_{agg})^3} \tag{6.35}$$

$$z_2 = 2\pi\rho\langle R^2 \rangle/3 \tag{6.36}$$

R 为粒子半径。

根据所选择的近似公式的不同,A 可以等于 0 或 2 或 3。对混凝土而言,$A=0$ 最合适。$\langle R^2 \rangle$ 是在整个集料粒径分布函数上的数量基平均值。

这样针对 Fuller 分布,可以求得符合 Fuller 分布函数集料的数量密度函数的形式为

$$p_N(x) = \frac{n(x)}{N dx} = \frac{5}{2(D_{\min}^{-\frac{5}{2}} - D_{\max}^{-\frac{5}{2}})} x^{-\frac{7}{2}} \tag{6.37}$$

而单位集料体积下集料粒子的总的数量为

$$N = \int_{D_{\min}}^{D_{\max}} \frac{dV}{\frac{\pi}{6} x^3} = \int_{D_{\min}}^{D_{\max}} \frac{3}{\pi \sqrt{D_{\max}}} x^{-\frac{7}{2}} dx = \frac{6}{5\pi \sqrt{D_{\max}}} (D_{\min}^{-\frac{5}{2}} - D_{\max}^{-\frac{5}{2}}) \tag{6.38}$$

$$\langle R^n \rangle = \int_{D_{\min}}^{D_{\max}} \left(\frac{x}{2}\right)^n p_N(x) dx = \frac{5}{2^{(n+1)}(D_{\min}^{-\frac{5}{2}} - D_{\max}^{-\frac{5}{2}})} \int_{D_{\min}}^{D_{\max}} x^{n-\frac{7}{2}} dx \tag{6.39}$$

这样根据式(6.39)可得

$$\langle R \rangle = \frac{5(D_{\min}^{-\frac{3}{2}} - D_{\max}^{-\frac{3}{2}})}{6(D_{\min}^{-\frac{5}{2}} - D_{\max}^{-\frac{5}{2}})} \tag{6.39a}$$

$$\langle R^2 \rangle = \frac{5(D_{\min}^{-\frac{1}{2}} - D_{\max}^{-\frac{1}{2}})}{4(D_{\min}^{-\frac{5}{2}} - D_{\max}^{-\frac{5}{2}})} \tag{6.39b}$$

由式(6.36)和式(6.39b)得

$$z_2 = V_{\text{agg}} \left(\sqrt{\frac{1}{D_{\max} D_{\min}}} - \frac{1}{D_{\max}}\right) \tag{6.40}$$

因而可以直接用式(6.32)~(6.40)计算混凝土中各种集料体积分数用量条件下的界面过渡区的体积分数。

2. 影响界面过渡区体积的因素及规律

影响界面过渡区厚度的因素很多,包括材料组成、材料制备工艺及表征界面过渡区厚度所采用的参数等。对由相同原材料制备出的样品,用不同参数来表征界面过渡区厚度时,结果可能不完全相同,且影响界面过渡区厚度的因素及程度大小也可能不同。所以,这里我们只讨论界面过渡区厚度变化对界面过渡区体积的影响规律,而不讨论引起界面过渡区厚度变化的原因。这样我们将影响界面过渡区体积的因素归结为一下三个方面:①集料的体积分数;②集料的粒径分布;③界面过渡区的厚度。

假定最小集料粒径为 0.125mm,我们仍以符合 Fuller 分布的集料为例研究集料体积分数、最大集料粒径及界面过渡区厚度对界面过渡区浆体体积占整个浆体体积的比例(结果见表 6.19)。

表 6.19　不同集料体积分数、最大集料粒径及界面过渡区的厚度下界面过渡区体积与浆体总体积的比值

V_{agg}	$t_{ITZ}/\mu m$	D_{max}/mm			
		10	15	20	32
0.60	10	0.076	0.063	0.055	0.044
	20	0.158	0.132	0.116	0.094
	30	0.246	0.194	0.182	0.147
	50	0.428	0.365	0.324	0.264
	100	0.806	0.730	0.672	0.577
0.70	10	0.117	0.098	0.086	0.069
	20	0.242	0.204	0.179	0.145
	30	0.370	0.313	0.277	0.225
	50	0.607	0.528	0.475	0.394
	100	0.943	0.894	0.850	0.764
0.80	10	0.199	0.166	0.146	0.118
	20	0.399	0.338	0.300	0.244
	30	0.580	0.502	0.450	0.371
	50	0.840	0.765	0.706	0.608
	100	0.997	0.990	0.978	0.942

　　表 6.19 很好地反映了模型混凝土中界面过渡区体积所占的比率随混凝土中集料的体积分数、最大集料尺寸及界面过渡区厚度的变化，这从一个侧面反映出界面过渡区对整个材料性能所带来的影响。由表 6.19 看出，在集料细度和界面过渡区厚度保持不变的条件下，集料体积分数的增大，导致界面过渡区体积的增加；在集料体积分数及界面过渡区厚度保持不变的条件下，随着最大集料粒径的减小，界面过渡区所占体积增大。但与集料体积和集料细度变化相比，界面过渡区厚度变化带来的影响是最大的。针对模型混凝土所采用的集料尺寸范围和集料用量范围，当界面过渡区的厚度为 100μm 时，视集料细度以及混凝土中集料量的不同，界面过渡区体积与整个浆体体积比值($V_{ITZ}/V_{total\ paste}$)的变化范围为 0.8～1.0；当界面过渡区的厚度为 50μm 时，$V_{ITZ}/V_{total\ paste}$ 的变化范围为 0.264～0.84；当界面过渡区的厚度为 20μm 时，$V_{ITZ}/V_{total\ paste}$ 的变化范围为 0.094～0.399。界面过渡区体积与浆体总体积变化范围之大，是以往文献中所不能反映的。也就是说，界面过渡区性能变化对整个材料性能的影响程度变化很大，小则不足 10%，大则 100%，视混凝土中集料的体积分数、集料的粒径分布及界面过渡区厚度的具体情况而定，其中界面过渡区厚度变化带来的影响最大。

6.3 活性掺合料对水泥基材料产生高性能的细观与微观机理

6.3.1 试验材料及试验浆体组成

试验用硅酸盐水泥熟料及二水石膏均来源于江南水泥厂,粉煤灰采用南京热电厂Ⅰ级粉煤灰,矿渣由江南粉磨公司提供。水泥熟料与石膏按 95∶5 的质量比混合,采用实验室球磨机粉磨一定时间,配制成水泥。试验材料的化学组成及有关物理性能见表 6.20～6.22,粒径分布见图 6.84。

表 6.20　试验材料化学组分分析结果　　　　（单位:%）

测定元素	粉煤灰	矿渣	水泥熟料
SiO_2	47.86	32.07	21.68
TiO_2	1.25	1.52	0.28
Al_2O_3	32.50	14.68	5.64
Fe_2O_3	4.52	0.97	4.22
MnO	0.06	0.22	0.12
MgO	1.05	9.30	0.81
CaO	4.09	35.81	64.89
Na_2O	0.55	0.64	0.20
K_2O	1.62	0.53	0.76
P_2O_5	0.61	0.00	0.03
L.O.I.	6.34	0.86	0.54
SO_3	0.20	2.51	0.00
合计	100.65	99.11	99.17

表 6.21　水泥熟料矿物组成　　　　（单位:%）

C_3S	C_2S	C_3A	C_4AF	Σ
55.479	20.303	7.140	12.841	95.763

表 6.22　材料的密度及比表面积

	粉煤灰	水泥	磨细矿渣
比表面积/(m^2/kg)	665.0	309.0	372.0
密度/(kg/m^3)	2380.0	3115.0	2860.0

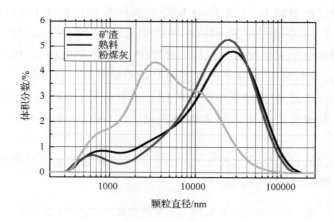

图 6.84　试验材料的粒径分布

试验浆体组成见表 6.23。

表 6.23　试验浆体组成　　　　　　（单位：%）

浆体编号	水泥	矿渣	粉煤灰
PC	100	0	0
BFS30	70	30	0
BFS40	60	40	0
BFS50	50	50	0
BFS60	40	60	0
BFS80	20	80	0
Fa30	70	0	30
Fa40	60	0	40
Fa50	50	0	50

6.3.2　矿渣对水泥基材料结构形成的贡献及影响

1. 矿渣反应程度的影响因素

矿渣反应程度可按以下公式计算：

$$\alpha_B = \frac{\dfrac{R_{ED}}{1-W_L} - (M_{B,0}R_{B,ED} + M_{C,0}R_{P,ED})}{2.36M_{B,0}\gamma Mg - M_{B,0}R_{B,ED}} \tag{6.41}$$

式中：R_{ED}为单位质量经 105℃干燥的水泥-矿渣体系水化浆体中 EDTA 不溶物质量；$R_{B,ED}$为经 105℃烘干的矿渣 EDTA 不溶物的质量分数；$R_{P,ED}$为经 105℃烘干的单位质量水泥水化形成的纯水泥浆体的 EDTA 不溶解物的质量分数；α_B 为矿渣的反应程度；$M_{C,0}$为水泥-矿渣体系中水泥的原始质量分数（换算成 105℃烘干后的质量分数）；$M_{B,0}$为水泥-矿渣体系中矿渣的原始质量分数（换算成 105℃烘干后的质量分数）；W_L 为水化二元体系浆体的烧失量；γ 为存在于玻璃体中 MgO 的质量分数。

根据式(6.41)计算得到水胶比为 0.50、不同矿渣浆体中各龄期矿渣反应程度见表 6.24，计算中假定 $\gamma = 0.95$。

表 6.24　水胶比为 0.50 不同矿渣掺量时矿渣的反应程度　（单位：%）

试样	1d	3d	7d	14d	28d	60d	90d	180d
BFS30	0.18525	0.24658	0.31152	0.38036	0.44824	0.54633	0.56699	0.58225
BFS40	0.16309	0.27796	0.31029	0.35066	0.43105	0.51141	0.5206	0.49177
BFS50	0.17085	0.19432	0.24735	0.27805	0.33236	0.34643	0.3929	0.42124
BFS60	0.15324	0.18756	0.23035	0.24534	0.29844	0.33393	0.34367	0.34176
BFS80	0.13648	0.16374	0.1837	0.19762	0.20359	0.20947	0.22238	0.24356

时间以 d 为单位，取对数，则 $\log(t)$ 与矿渣的反应程度 α_B 呈式(6.42)形式的线性关系，见图 6.85。对 $\ln(t)$ 和 $\alpha_{B,(t)}$ 进行线性拟合，得到掺量不同的水泥-矿渣体系中矿渣的表观反应动力学方程，不同掺量条件下矿渣反应的反应常数 K_B 以及方程参数 b 见表 6.25。

$$\alpha_{B,(t)} = K_B \ln(t) + b \tag{6.42}$$

表 6.25　不同矿渣掺量水泥-矿渣体系中矿渣反应的反应常数 K_B 与 b

试验浆体	BFS30	BFS40	BFS50	BFS60	BFS80
K_B	0.16629	0.18193	0.15362	0.15026	0.14176
b	0.08495	0.07023	0.05063	0.04088	0.0187
相关系数 R	0.99055	0.97111	0.99049	0.98461	0.98627

图 6.86 是体系中矿渣的原始质量分数 f_B 对 K_B 和 b 的关系，f_B 与 K_B 和 b 呈反比关系，即随矿渣掺量的增加，矿渣的反应速率降低。

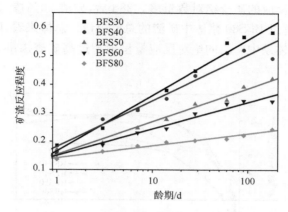

图 6.85　不同水化龄期矿渣的反应程度

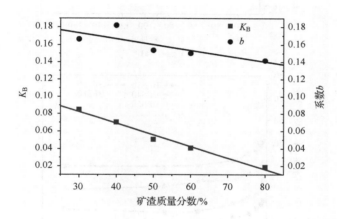

图 6.86　二元体系中矿渣的表观反应常数与矿渣原始质量分数的关系

　　一般认为,在矿渣-水泥体系中,水泥水化释放出 CH,CH 激发矿渣发生反应,体系最终水化产物为 C-S-H 凝胶、CH、AFm 及含 MgO 的水滑石类物相。当来自矿渣的 CaO 不足以形成 C-S-H 以及 AFm,需要消耗水泥水化生成的 CH 或者通过降低水泥水化生成的 C-S-H 的 Ca/Si 比来补偿。体系中水泥量越多,在相同的水化程度下,能够产生越多的 CH,促进矿渣的反应,表现在随体系中水泥相对数量的增加,矿渣的反应程度增大、反应速率加快。

　　由图 6.87 可见,在体系水化早期,体系中矿渣的量越多,其绝对反应量也越大。一方面这是由于水化早期水泥熟料经过诱导期后,水化反应加速,释放大量 Ca^{2+} 迅速进入到溶液,矿渣颗粒的表面为 CH 晶体的非均态成核提供了场所;另一方面,尽管体系中的矿渣的质量分数大,其反应速率受影响,但其总的反应界面面积大,因而参与反应的矿渣绝对数量多。28d 后,矿渣 60% 掺量的体系中,矿渣总的反应量已经超过 BFS80 浆体中矿渣的总反应量。总体来看,随水化龄期的增长,低矿渣掺量的体系中矿渣的绝对反应量呈现超过高矿渣掺量体系中矿渣的绝对反应量的趋势。

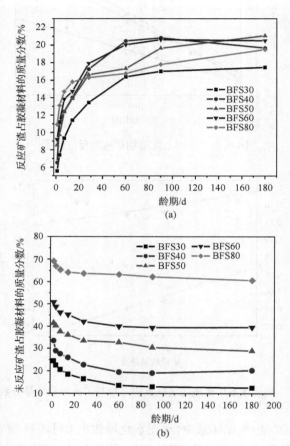

图 6.87　不同掺量条件下反应矿渣与未反应矿渣占胶凝材料的质量分数

从图 6.88 可知,从不同水胶比条件下矿渣反应程度的测试结果看,随水胶比的降低,矿渣的反应程度相应降低。因此,除矿渣与水泥质量比例外,水胶比也是影响矿渣反应程度的因素。根据 Powers 理论,水泥水化后体积增加,因此当初始水灰比低于某临界水灰比时,由于受水化空间的限制,水泥不能完全水化。根据不同研究者的试验结果,此临界水灰比在 0.38~0.42 之间取值。当水胶比低于临界水胶比时,不仅水泥的反应受到限制,矿渣的反应程度同样受水胶比的制约。曾有人提出有效水灰比(effective ratio of water to cement)的概念来描述存在矿物掺

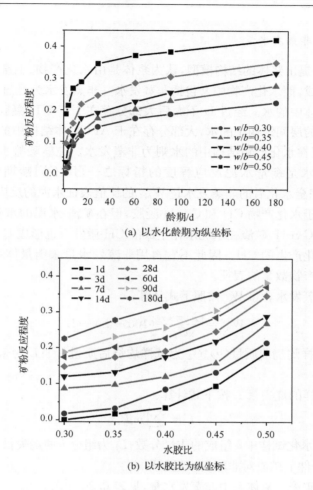

(a) 以水化龄期为纵坐标

(b) 以水胶比为纵坐标

图 6.88　BFS50 在不同水胶比条件下的反应程度

合料时水泥水化空间

$$(w/c)_e = \frac{w}{c + kf} \tag{6.43}$$

式中：c 和 f 分别为水泥和掺合料的质量分数；k 为掺合料的胶凝效率系数，常用掺合料的反应程度 α 代替。由式(6.43)可见，在掺有矿渣的浆体中，由于矿渣参与水化反应的速率低于水泥的水化速率，水泥可以获得相对大的有效水化空间，因此水泥可以到达较高的水化程度。水泥水化的产物占据更多的空间，限制了随矿渣反应，使矿渣的反应程度降低。

2. 体系中非蒸发水量

Powers 等提出浆体的结构模型,认为浆体是由水化产物、毛细孔水及未水化水泥三部分组成,而水化产物中又包括非蒸发水。非蒸发水为经过 D-干燥后仍然保留在硬化浆体中的水。经过 D-干燥后大部分存在于 C-S-H 凝胶、AFm 相及水滑石类型物相的层间结构中的水,大部分存在于 AFt 晶体结构中的化学结合水被脱出,仍然保留在水化产物结构中的水则为非蒸发水。纯硅酸盐水泥氧化浆体体系中的非蒸发水是衡量水泥反应程度的指标之一,用不同龄期的非蒸发水量 $W_{n,(t)}$ 与水泥完全水化后的非蒸发水量 $W_{n,0}$ 的比值表征水泥的反应程度。非蒸发水量主要来源于水化产物 CH 和 C-S-H 凝胶,但在矿渣-水泥的水化体系中,不仅水泥水化产生 C-S-H,矿渣在水泥水化生成的 CH 激发下也形成 C-S-H,而且还会消耗由水泥水化产生的 CH。因此不宜再用非蒸发水量来衡量体系的反应程度,但仍然是水化产物数量的表征。

体系中非蒸发水含量 W_n 按照下式计算:

$$W_n = \frac{G_1 - G_2}{G_2}(100 - L) - L \tag{6.44}$$

式中: G_1 为试样灼烧前质量(g); G_2 为试样灼烧后质量(g); L 为未水化试样的烧失量(%)。

未水化试样的烧失量 L 按下式计算:

$$L = \sum m_i L_i \tag{6.45}$$

式中: m_i 为未水化试样中 i 组成的质量分数; L_i 为组分 i 的烧失量(%)。

1) 不同条件下矿渣对非蒸发水量的影响

测得不同矿渣掺量体系中非蒸发水量,见表 6.26 和图 6.89。

表 6.26　不同龄期矿渣-水泥体系中非蒸发水量　　　　　(单位:%)

水化龄/d	PC	BFS30	BFS40	BFS50	BFS60	BFS80
1	11.8068	11.93195	10.2779	8.49517	8.20169	5.86492
3	15.40681	16.15751	13.7527	12.44799	12.13277	11.02476
7	19.0703	20.12012	19.01928	17.17835	15.00863	12.24604
14	21.642	23.83901	21.918	19.48859	16.97275	12.29646
28	22.699	24.7972	23.33498	21.25621	18.17537	13.04544
60	23.6	25.37613	24.73494	21.86205	19.9904	13.63636
90	24.474	25.84948	24.95314	23.51779	21.24151	15.03509
180	25.20346	26.292	25.482	23.677	22.059	16.05

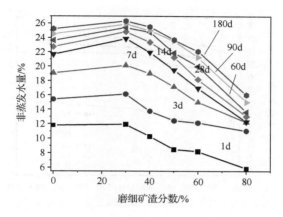

图 6.89　磨细矿渣掺量对体系非蒸发水量的影响

由图 6.89 中可见,随体系中磨细矿渣掺量的增加,体系的各龄期的非蒸发水量 $W_{n,(t)}$ 下降。当矿渣掺量低于 40% 时,其后期非蒸发水量比纯水泥硬化浆体的高,而水化早期,则矿渣掺量 30% 的浆体中的 W_n 和纯水泥浆体中相当。

1d 龄期时,除掺 30% 矿渣浆体的非蒸发水量稍高于纯水泥浆体外,非蒸发水量基本上随矿渣掺量的增加而递减,非蒸发水量-矿渣掺量曲线呈现平直状。7d 龄期时,40% 矿渣掺量的浆体非蒸发水量也接近纯水泥浆体,而到 14d 时,非蒸发水量已超过纯水泥浆体,曲线的弯曲程度不断加大。随后各浆体的非蒸发水量随龄期的增幅变小,60d 龄期后,非蒸发水量的增长十分缓慢,且掺 30% 矿渣浆体的非蒸发水量始终最大。掺矿渣的浆体中,非蒸发水来源于水泥水化和矿渣的反应。矿渣对非蒸发水量的影响可以归结为两个方面:一方面矿渣消耗水泥的水化产物 CH,形成 C-S-H 凝胶,且矿渣颗粒对新拌浆体中水泥颗粒的分散、解聚作用能够促进水泥的水化,增加非蒸发水的数量,即正效应;另一方面,水泥的量随矿渣掺量的增加而降低,水泥水化的结合非蒸发水量也相应减少,即负效应。由图 6.89 可见,30% 矿渣掺量时非蒸发水量达到最大值,随后随矿渣掺量的增加,非蒸发水量下降。这种现象可以从矿渣掺量对非蒸发水量的正、负效应得到解释:矿渣掺量较低时,矿渣对非蒸发水量的正效应大于其负效应,表现为非蒸发水量随矿渣掺量增加而增加;随矿渣掺量的增加,对非蒸发水数量的正效应等于其负效应作用时,浆体中非蒸发水量达到最大值;继续增加矿渣掺量,则非蒸发水量随矿渣掺量的增加而降低。在水化早期,矿渣的反应程度低,对非蒸发水量的贡献非常有限,矿渣对非蒸发水量的正效应主要归结于其在新拌浆体中的分散效应促进水泥水化,因此 1d、3d 龄期的非蒸发水量基本上随矿渣的掺量增加而降低。随矿渣反应程度的增大,对非蒸发水量的影响越显著,因而非蒸发水量-矿渣掺量曲线的弯曲程度不断增大。

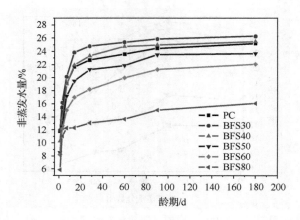

图 6.90　不同掺量条件下矿渣-水泥体系的非蒸发水含量

2) 矿渣掺量与非蒸发水量的关系及模型

非蒸发水量常用来衡量纯水泥浆体中水泥的水化程度。水化的水泥-矿渣体系中,由于矿渣反应消耗水泥的水化产物 $Ca(OH)_2$ 形成 C-S-H,即所谓二次水化产物,非蒸发水量已不能用来衡量体系中水泥的反应程度,但仍然是体系水化产物数量的表征。

非蒸发水量 $W_{n,t}$ 与矿渣掺量 x 的数学模型。

掺矿渣的浆体中,非蒸发水来源于水泥水化和矿渣的火山灰反应,因此可以采用以下关系式表示:

$$W_{n,t} = A\alpha_{c,t}(1-x) + B\alpha_{B,t}x \tag{6.46}$$

式中:A、B 分别为单位质量水泥和矿渣水化对非蒸发水的贡献系数;$\alpha_{c,t}$、$\alpha_{B,t}$ 分别为水泥和矿渣在龄期 t 时的反应程度。当矿渣掺量 $x=0$ 时,此时浆体的非蒸发水 $W_{n,t}$ 等于纯水泥浆体的非蒸发水量。

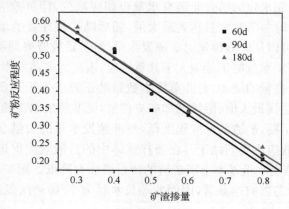

图 6.91　60d、90d 及 180d 龄期时矿渣的反应程度与其掺量的关系

由图 6.90 及图 6.91 可知,在给定龄期 t,矿渣的反应程度 $\alpha_{B,t}$ 与其掺量 x 的关系可以用以下经验式确定:

$$\alpha_{B,t} = c + \mathrm{d}x \qquad (6.47)$$

式中:c、d 为常数。

$$\alpha_{B,60} = 0.75185 - 0.69679x \quad R = -0.9672 \qquad (6.48)$$
$$\alpha_{B,90} = 0.77931 - 0.71154x \quad R = -0.98795 \qquad (6.49)$$
$$\alpha_{B,180} = 0.76754 - 0.67564x \quad R = -0.992 \qquad (6.50)$$

随体系水化的进行,矿渣程度不断增大,其对非蒸发水数量的影响越显著,此时将式(6.47)代入式(6.46)得

$$W_{n,t} = A\alpha_{c,t} + (Bc - A\alpha_{c,t})x + Bdx^2 \qquad (6.51)$$

将不同矿渣掺量浆体 60d、90d、180d 的非蒸发水量用二次曲线拟合得到以下关系式:

$$W_{n,60d} = 0.23731 + 0.15127x - 0.3501x^2 \qquad R^2 = 0.98998 \qquad (6.52)$$
$$W_{n,90d} = 0.2448 + 0.143x - 0.32658x^2 \qquad R^2 = 0.9999 \qquad (6.53)$$
$$W_{n,180d} = 0.25219 + 0.12305x - 0.29695x^2 \qquad R^2 = 0.99851 \qquad (6.54)$$

由表 6.26 可知,60d、90d 和 180d 纯水泥浆体的非蒸发水量分别为 0.236、0.2447、0.25203,与上述公式中 $A\alpha_{c,60d}$、$A\alpha_{c,90d}$ 及 $A\alpha_{c,180d}$ 项非常接近。将 $A\alpha_{c,60d}$、$A\alpha_{c,90d}$、$A\alpha_{c,180d}$ 以及相应龄期矿渣反应程度与其掺量拟合关系式中的 c、d 分别代入到式(6.52)、式(6.53)、式(6.54)中,则可以得到六个单位矿渣反应对非蒸发水量的贡献系数 B 的值,取其平均值则为 0.484。

从图 6.92 可见,在水化后期,非蒸发水数量 $W_{n,t}$ 与矿渣掺量 x 的关系为开口向下的抛物线,曲线顶点对应的矿渣掺量 x 即为使体系非蒸发水数量最多的掺量。

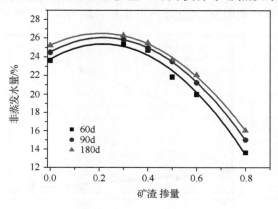

图 6.92　不同掺量情况下后期非蒸发水量的实测值和预测值

　　从图 6.93 可见,非蒸发水量同样受水胶比的影响,水化后期,非蒸发水量随水胶比的降低基本上呈线性降低。但在 7d 前,水胶比为 0.30 时非蒸发水数量反而较高,这可能是低水胶比时,液相数量少,Ca^{2+} 容易达到过饱和,从而缩短水泥的水化诱导期,促进水泥的水化,从而增加了早期非蒸发水的数量。

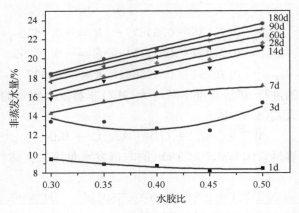

图 6.93　不同水胶比条件 BFS50 浆体中非蒸发水量(曲线拟合)

　　图 6.94 是不同水胶比的 PC 和 BFS50 浆体不同龄期时的非蒸发水量。在水化早期,不同水胶比下,掺矿渣的浆体各非蒸发水量低于纯水泥浆体。随龄期的增长,低水胶比的浆体中,BFS50 与纯水泥浆体 PC 非蒸发水量的差距越小,到 180d 龄期时两者的非常接近,而高水胶比时,两者之间的仍然有一定差距。这是因为低水胶比时,纯水泥浆体中水泥的水化受到水化空间的限制,非蒸发水量增加到一定程度后其增长幅度很小。在掺有矿渣的浆体中,由于矿渣参与水化反应的速率低于水泥的水化速率,此时水泥可以获得相对大的有效水化空间,因此水泥可以达到较高的水化程度,增加非蒸发水的数量。随矿渣反应程度的增大,有效水灰比降低,水泥和矿渣的水化均受空间限制,因此非蒸发水量也就与同水灰比的纯水泥浆体接近。

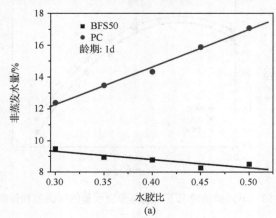

(a)

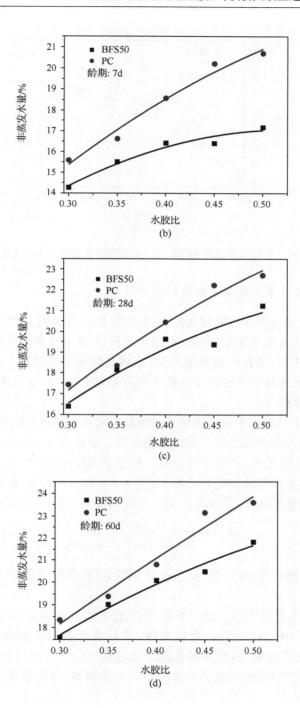

(b)

(c)

(d)

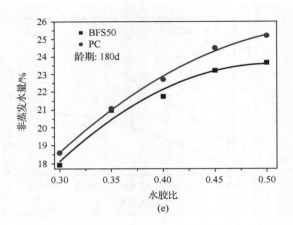

图 6.94　不同水胶比的 BFS50 与 PC 非蒸发水量随龄期的变化趋势

3. 矿渣对孔隙率及孔径分布的影响

水泥基材料的密实性与其耐久性密切相关,而水泥基材料的密实性除与孔隙率有关外,孔结构也具有重要影响。在水化进程中,水化产物填充原来由水占据的空间,随水化的进行,水化产物数量增加,浆体孔隙率不断降低。图 6.95(a)显示了这一趋势,并且浆体中孔径向小孔径方向发展,即大孔数量不断减少,小孔数量增加(图 6.95(b)和(c))。

矿渣、水泥水化形成水化产物体积的增加引起硬化浆体孔隙率的降低,因此浆体孔隙率与初始孔隙率及水化产物的数量有关。根据式(6.55)计算得水胶比水灰比为 0.50,矿渣掺量为 30%、50%、80% 时浆体初始孔隙率 P_0 分别为 60.27、59.86、59.24,纯水泥浆体的初始孔隙率 P_0 为 60.90%。可见,矿渣的掺量对浆体的初始孔隙率的影响较小,影响孔隙率的主要因素为水化产物的数量。

$$P_0 = \frac{w/b}{\dfrac{1-f_{\text{BFS}}}{\rho_c} + \dfrac{f_{\text{BFS}}}{\rho_{\text{BFS}}} + w/b} \tag{6.55}$$

式中:f_{BFS} 为矿渣的质量分数;ρ_c、ρ_{BFS} 分别为水泥和矿渣的密度;水的密度取 1 g/cm³。

将 180d 纯水泥浆体和上述三种矿渣掺量浆体的孔隙率和非蒸发水量绘制在同一坐标体系中(图 6.96)。可以发现,非蒸发水量与孔隙率是基本对应的,即浆体中非蒸发水量越高,浆体的孔隙率就越低,这是因为在初始孔隙率基本相同的情况下,水化产物越多,被其填充的空间也就越多,导致浆体孔隙率降低。而且从图中可以看出,30% 矿渣掺量时浆体的非蒸发水量最大,其孔隙率也接近最低。

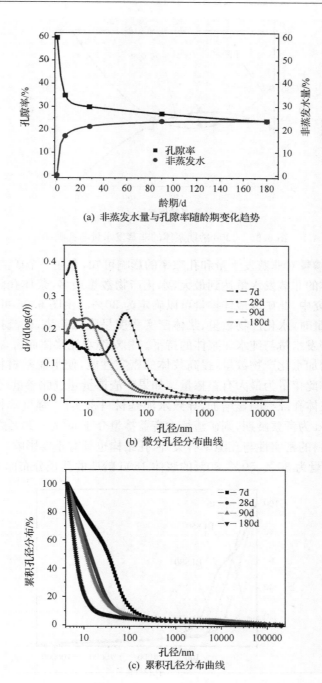

(a) 非蒸发水量与孔隙率随龄期变化趋势

(b) 微分孔径分布曲线

(c) 累积孔径分布曲线

图 6.95　BFS50(w/b＝0.50)在不同龄期时孔隙率与孔径分布情况

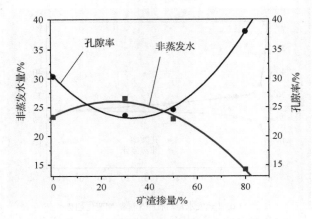

图 6.96　180d 龄期浆体的非蒸发水量与孔隙率

　　根据矿渣掺量对非蒸发水量和孔隙率的影响可知,存在一个矿渣最佳掺量,在此掺量时,浆体的非蒸发水量达到最大,水化产物数量最多,浆体孔隙率及平均孔径最小。本研究中,此矿渣最佳掺量可以确定为 30%。由图 6.96 可知,当矿渣掺量超过最佳掺量时,水化产物数量、浆体密实程度呈降低趋势,矿渣掺量增加到某个水平时,非蒸发水量与纯水泥浆体的持平。相对纯水泥浆体而言,矿渣掺量低于此掺量时,能增加水化产物数量,提高浆体的密实性能,使水泥基材料性能得以改善,因此我们称此掺量为最大有益掺量。如果矿渣掺量超过此掺量,会引起水化产物数量下降,浆体孔隙率明显增加,导致水泥基材料密实性、强度等性能劣化。本研究中,以 180d 为考察龄期,则矿渣最大有益掺量介于 40%~50% 之间。

　　水泥基材料的密实性与孔隙率有关外,孔结构也具有重要影响。图 6.97 和图 6.98 是矿渣掺量为 30%、50%、80% 的浆体 180d 龄期的孔径分布曲线。由浆体的

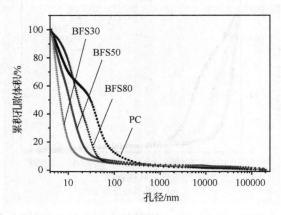

图 6.97　180 龄期浆体累积孔径分布曲线

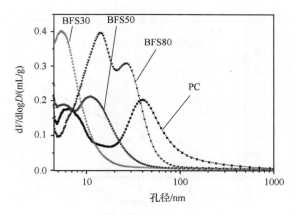

图 6.98　180d 龄期浆体微分孔径分布曲线

微分孔径分布曲线可知,矿渣的掺入使微分分布曲线上的主峰向小孔径方向偏移,减少孔径大于等于 50nm 的所谓"有害孔"的数量,而且可以发现,浆体的孔隙率越低,主峰所对应的孔径越小。这是因为矿渣反应及其对水泥水化的促进,使水化产物数量增加,更多毛细孔被填充,而增加凝胶孔数量,使得浆体的平均孔径减少;在小掺量情况下,较小的矿渣颗粒填充在较大的水泥颗粒之间的紧密堆积效应也能够起到降低浆体孔隙率及减少平均孔径的作用。此外,试验结果表明,即使是在大矿渣掺量情况下也能够对浆体的孔隙起到细化作用。

　　图 6.99 是矿渣掺量为 50%BFS50 和 PC 在不同水胶比条件下孔隙率对比图,可见随水胶比的降低,BFS50 和纯水泥浆体 PC 的孔隙率越接近。产生这种现象的原因是低水胶比时组分反应程度受水化空间的限制,从而导致低水胶比时 PC 和 BFS50 浆体孔隙率的接近,理论上浆体中不存在毛细孔,只有凝胶中存在凝胶孔,属于无害孔的范畴。图 6.100 为 BFS50 浆体孔径随水胶比的降低而变化的趋势,随水胶比的降低,浆体中大孔数量减少而小孔数量不断增加。图 6.101 则为水胶比同为 0.30 的 PC 浆体和 BFS50 浆体 180d 时孔径分布曲线,可见在低水胶比情况下,二者的孔径分布十分相似,说明低水胶比条件下,水胶比是影响孔径分布的主导因素,可以通过控制水胶比达到控制浆体孔径分布的目的。而根据 Powers 的理论,凝胶的固有孔隙率为 28%,由此产生的浆体孔隙率是无法避免的,从对材料性能影响的角度看,此时的孔隙率是可以接受的,因此定义这个孔隙率为可接受孔隙率。以非蒸发水量为指标来衡量水化产物的数量,则当水胶比足够低时,浆体的孔隙率与非蒸发水量的比值应该为一定值。将不同水胶比下 180d 龄期的 BFS50 和 PC 浆体的孔隙率 P 与非蒸发水量 W_n 的比值绘于图 6.102 中,从 P/W_n 曲线的变化趋势看,与上述分析是一致的。因此,可以取 0.30 水胶比条件下的 P/W_n 值用以计算单位数量的非蒸发水代表的水化产物给浆体带来的孔隙率。

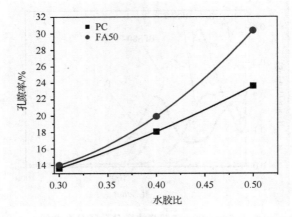

图 6.99　PC 和 BFS50 浆体孔隙率随水胶比的变化趋势

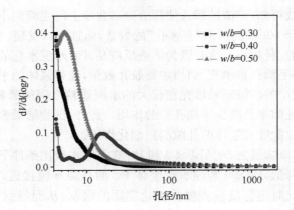

图 6.100　不同水胶比的 180d 龄期 BFS50 浆体孔径分布

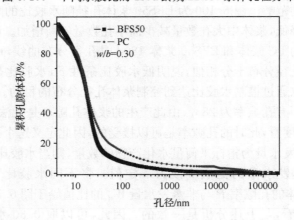

图 6.101　水胶比为 0.30 的 PC 和 BFS 浆体 180d 龄期时累积孔径分布

在水化过程中,水化产物不断填充原来由水占据的空间,使浆体中孔隙率不断下降,因此浆体初始孔隙率 P_0 与某龄期孔隙率 P 之差就是被水化产物所填充的空间。图 6.103 是水胶比为 0.50 的 BFS50 浆体中非蒸发量和 $P_0 - P$ 随龄期的变化,可见二者具有相同的变化趋势。同样以非蒸发水量表示水化产物的数量,则定义 $(P_0 - P)/W_n$ 为填充效率系数以表示单位非蒸发水量对填充浆体孔隙的能力。图 6.104 是根据图结果计算得到的不同龄期时 $(P_0 - P)/W_n$ 值,可知填充效率系数 $(P_0 - P)/W_n$ 可以视为一常数,为 1.543。

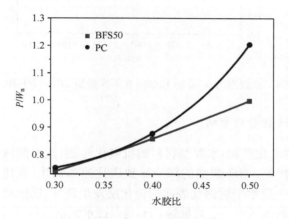

图 6.102　180d 龄期的 BFS50 和 PC 浆体孔隙率 P 与非蒸发水量
W_n 的比值随水胶比的变化趋势

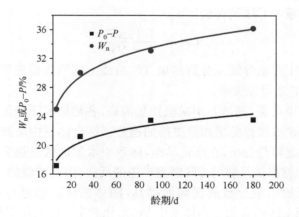

图 6.103　水胶比为 0.50 的 BFS50 浆体 $(P_0 - P)$ 与非蒸发水
W_n 随龄期的变化趋势

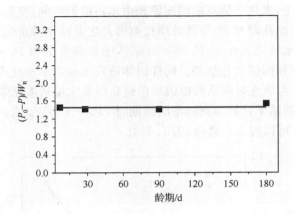

图 6.104　水胶比为 0.50 的 BFS50 在不同龄期 $(P_0 - P)/W_n$ 比值

4. 矿渣对 CH 数量的影响

CH 是重要的水化产物,水泥基材料的抗碳化性能、抗水溶蚀能力及体系的碱度等性能与 CH 有关。CH 数量的降低导致碳化速率加快,碳化又引起 pH 的降低,而 pH 降低到一定水平后钢筋表面的钝化层发生破坏,锈蚀就容易发生了。因此,保持水泥基材料体系中一定数量的 CH,是保证水泥基材料耐久性的必要条件。

体系 CH 的测定:根据 TG-DTA 曲线上 450～550℃之间的吸热峰的起始出峰温度(拐点两边做切线之交点)与结束点温度之间的 TG 曲线上的质量损失,有以下公式计算体系中 CH 的含量:

$$CH = \frac{4.11\Delta G_1}{1 - \Delta G_2} \tag{6.56}$$

式中:ΔG_1 为 CH 开始分解至分解结束 TG 曲线上的质量损失率;ΔG_2 为 TG 曲线上 145℃点上的质量损失率。

从图 6.105 中可见,随体系中矿渣掺量提高,各龄期 CH 降低,而且 CH 的峰值出现的时间随矿渣掺量的增加呈提前的趋势。结合体系中矿渣的反应速率、反应程度及反应的绝对量分析,在水化早期,体系中水泥的数量越多,其水化产生的 CH 数量越多,能够提供足够的 CH 激发矿渣的反应,因此矿渣的反应速率及反应程度随水泥的原始质量分数的提高而提高,随体系反应的进行,矿渣反应形成 C-S-H,需要消耗 CH 的含量。当体系中 PC 水化产生 CH 的速率低于矿渣反应消耗 CH 的速率时,体系中的 CH 数量达到峰值,此后 CH 含量下降。在矿渣掺量为 80% 的体系中,90d 龄期时,在 TG-DTA 曲线上 CH 的峰已经消失,表明体系中 CH 含量已经降低到差热分析手段检测不到的水平,因此,需要降低 C-S-H 的 Ca/Si比和 AFm 的数量,维持矿渣的进一步反应。

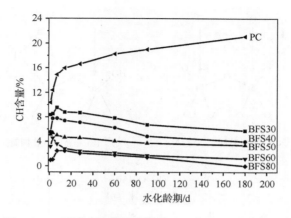

图 6.105　不同矿渣掺量浆体的 CH 含量（干基物料比）

5. 水泥-矿渣体系中水化产物及结构

硅酸盐水泥水化产物中 70% 左右是水化硅酸钙凝胶（C-S-H 凝胶），它对水泥石和混凝土的性能起重要作用。长期以来，水泥科学工作者对 C-S-H 凝胶的形貌、组成和结构作了大量的研究，尤其是随着研究工具的发展和更新，多种研究手段的综合使用，对 C-S-H 凝胶结构的认识和了解也逐步加深，有了新的认识。关于 C-H-S 结构，目前主要有两相模型及单相模型假说。两相模型认为，C-S-H 凝胶是 1.4nm 的托贝莫来石和六水硅钙石的混合结构，在单相模型中把 C-S-H 看做托贝莫来石和 CH 的固溶体，此两种结构模型均有试验事实的支持。近年来，Richardson 和 Groves 提出了以下通式表述 C-S-H 凝胶的结构模型，试图将两种结构模型进行协调和统一，式中 $R^{[4]}$ 为位于四面体中心的三价阳离子，主要为 Al^{3+}，Al^{3+} 取代 Si^{4+} 后引起的电荷不平衡则由位于层间的 I^{c+}（单价碱金属离子或 Ca^{2+}）来补偿。最近 Richardson 又专门撰文阐述 C-S-H 的结构。

$$\{Ca_{2n}H_w(Si_{1-a}R_a^{[4]})_{3n-1}O_{(9n-2)}\} \cdot I_{a/c(3n-1)}^{c+}(OH)_{w+n(y-2)} \cdot Ca_{ny/2} \cdot mH_2O$$

围绕矿渣对水化产物的影响，人们开展了大量的研究。一般认为，在矿渣-水泥体系中，体系的水化产物为 C-S-H 凝胶、CH、AFt 及含 MgO 的水滑石类物相。也有研究者认为水泥-矿渣体系的水化产物存在 Katoite（$C_3AS_aH_\beta,\alpha<1.5$）。而矿渣参与水化进程对水化产物构成及结构的影响主要为以下方面：①减少 CH 的数量；②降低 C-S-H 凝胶的钙硅比；③水化产物中有一定数量含 MgO 的水滑石类物相；④更多 Al^{3+} 取代 Si^{4+}，Al^{3+} 既可取代起搭桥作用的 $[SiO_4]^{4-}$ 四面体中 Si，也可取代非搭桥 $[SiO_4]^{4-}$ 四面体中 Si（图 6.106），Al^{3+} 取代 Si^{4+} 的数量与 Ca/Si 有关（图 6.107）。诸多研究发现，进入 C-S-H 结构中的 Al 和 Ca 满足以下关系式：

$$Si/Ca = a + (b \times Al/Ca) \tag{6.57}$$

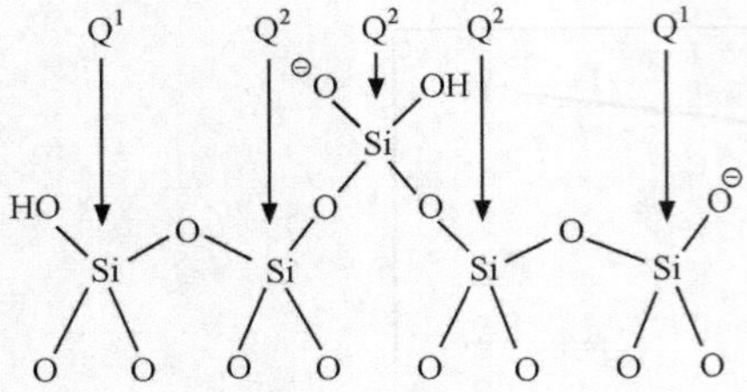

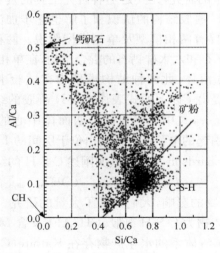

(a) 未被Al取代的C-S-H五聚体结构 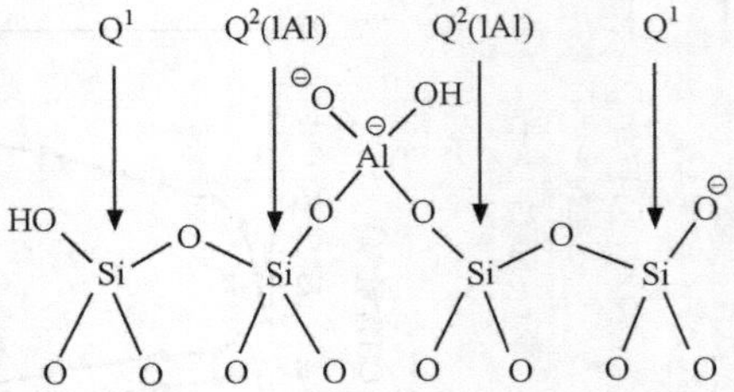　　　　　　(b) 搭桥[SiO₄]⁴⁻四面体中Si被Al取代

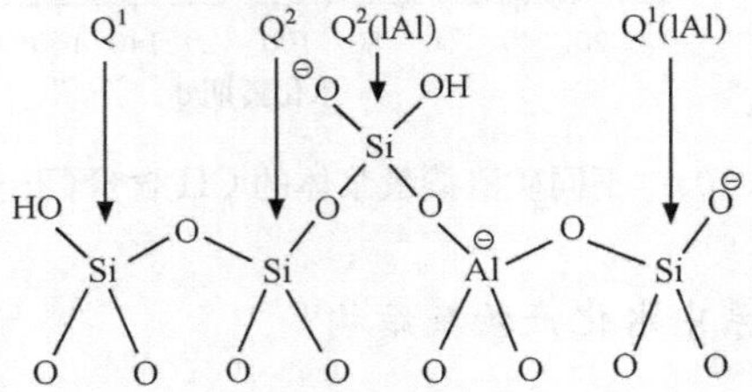

(c) 非搭桥[SiO₄]⁴⁻四面体中Si被Al取代

图 6.106　Al 对 C-S-H 结构中[SiO₄]⁴⁻四面体中 Si 的取代

图 6.107　14 月龄期矿渣掺量为 50% 的浆体中 Al/Ca 比与 Si/Ca 比的关系

　　Richardson 的研究表明,纯 PC 水化 1d~3.5a 的浆体中,C-S-H 凝胶中的 Ca/Si 在 1.2~2.3 之间,如图 6.108 所示,Ca/Si 为 1.8 时的频率最大,平均值约为 1.7。Rodger 研究了 C_3S、C_2S 及 PC 水化产生的 C-S-H 凝胶,发现这个比值基本 上恒定在 1.7~1.8 之间,如图 6.109 所示。还有研究发现,C-S-H 的聚合度随龄 期的增长而提高,但 Ca/Si 基本维持不变,如图 6.110 所示。

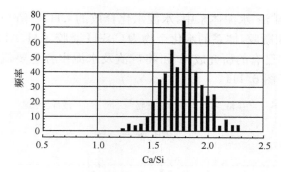

图 6.108　3.5a 龄期的水泥浆体中 C-S-H 钙硅比的频率分布图

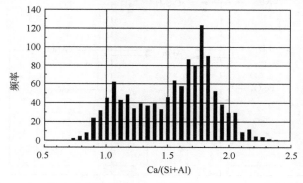

图 6.109　掺矿渣的浆体 C-S-H 结构中 Ca/(Si＋Al)的频率分布

（1186 测试数据，矿渣掺量 0%～100%）

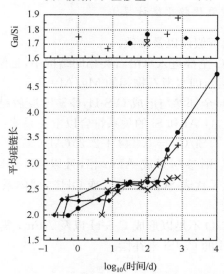

◆代表 C_3S；×代表 β-C_2S，＋代表硅酸盐水泥

图 6.110　不同浆体中 C-S-H 链长度及钙硅比随龄期的变化

一般认为,在矿渣-水泥体系中,水泥水化释放的 CH,矿渣与 CH 反应形成二次水化产物 C-S-H 凝胶,体系的水化产物为 C-S-H 凝胶、CH、AFt 及含 MgO 的水滑石类物相。根据已有的研究成果,可将矿渣及水泥中各主要氧化物的在水化反应后的归属总结于图 6.111。

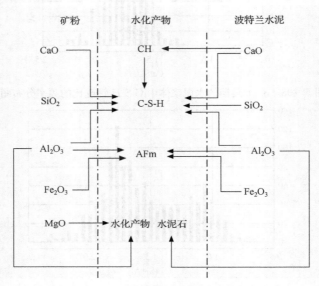

图 6.111　矿渣及水泥中氧化物的归属

6. PC-BFS 体系中氧化物平衡计算

Taylor 等[*] 采用以下假设以及参数:

(1) 矿渣中的 MgO 全部进入水滑石类相的结构中,且假定水滑石的化学组成为 $Mg_5Al_2(OH)_{14}(CO_3)$,即水滑石物相的 Mg/Al=2.5。

(2) 矿渣中的 SiO_2 全部参与形成 C-S-H,C-S-H 凝胶结构中部分桥 $[SiO_4]$ 中 Si 的位置为 Al 所取代,且 Al 和 Si 的关系符合以下关系式:

$$Si/Ca = 0.444 + 2.25(Al/Ca) \tag{6.58}$$

(3) 其余的 Al_2O_3 则参与形成 AFm 相,且以 $[Ca_2(Al,Fe)(OH)_6] \cdot X \cdot xH_2O$ 表示其组成式。X 代表 SO_4^{2-}、CO_3^{2-} 或 OH^-,即体系中 SO_4^{2-} 不够时,可以由 CO_3^{2-} 或 OH^- 代替。

(4) 来自矿渣的 CaO 不足以形成 C-S-H 以及 AFm,需要降低 CH 的含量和水泥水化产生的 C-S-H 的 Ca/Si 来补偿。[*]

---

[*]　Taylor H F W. Cement Chemistry. 2nd Edition [M]. London:Thomas Telford Publishing,1997:208,270,276.

设 100g 矿渣中存在于玻璃体中的 CaO、Al_2O_3、SiO_2、Fe_2O_3 和 MgO 的摩尔数分别为 $mol_{C,S}$、$mol_{A,S}$、$mol_{S,S}$、$mol_{F,S}$ 及 $mol_{M,S}$，则 100g 中水泥中 CaO、Al_2O_3、SiO_2、Fe_2O_3 和 MgO 的摩尔数分别为 $mol_{C,C}$、$mol_{A,C}$、$mol_{S,C}$、$mol_{F,C}$ 及 $mol_{M,C}$，100g 胶凝材料水化后浆体中 CH 的摩尔数为 mol_{CH}。

100g 矿渣完全反应时：

（1）形成 C-S-H 需要消耗的 CaO 的摩尔数为

$$mol_{C,1} = (Ca/Si)_{C\text{-}S\text{-}H} \times mol_{S,S} \tag{6.59}$$

（2）形成 C-S-H 需要消耗的 Al_2O_3 的摩尔数为

$$mol_{A,1} = \frac{1}{2}(Al/Ca)_{C\text{-}S\text{-}H} mol_{C,1} = \frac{(Si/Ca)_{C\text{-}S\text{-}H} - 0.444}{4.5}(Ca/Si)_{C\text{-}S\text{-}H} mol_{S,S} \tag{6.60}$$

（3）形成水滑石需要消耗的 Al_2O_3 的摩尔数为

$$mol_{A,2} = \frac{mol_{M,S}}{5} \tag{6.61}$$

（4）剩余的 Al_2O_3 的摩尔数为

$$mol_{A,3} = mol_{A,S} - \left[\frac{(Si/Ca)_{C\text{-}S\text{-}H} - 0.444}{4.5}(Ca/Si)_{C\text{-}S\text{-}H} mol_{S,S} + \frac{mol_{M,S}}{5} \right] \tag{6.62}$$

（5）由剩余的 Al_2O_3 和 Fe_2O_3 形成 AFm 需要的 CaO 的摩尔数为

$$mol_{C,2} = 4\left\{ mol_{A,S} - \left[\frac{(Si/Ca)_{C\text{-}S\text{-}H} - 0.444}{4.5}(Ca/Si)_{C\text{-}S\text{-}H} mol_{S,S} + \frac{mol_{M,S}}{5} \right] + mol_{F,S} \right\} \tag{6.63}$$

（6）100g 矿渣完全反应需要的总 CaO 的摩尔数为

$$mol_{C,3} = mol_{C,1} + mol_{C,2}$$

$$= (Ca/Si)_{C\text{-}S\text{-}H} mol_{S,S} + 4\left\{ mol_{A,S} - \left[\frac{(Si/Ca)_{C\text{-}S\text{-}H} - 0.444}{4.5}(Ca/Si)_{C\text{-}S\text{-}H} mol_{S,S} + \frac{mol_{M,S}}{5} \right] + mol_{F,S} \right\}$$

$$= (Ca/Si)_{C\text{-}S\text{-}H} mol_{S,S} + 4 mol_{A,S} - [0.889 - 0.395(Ca/Si)_{C\text{-}S\text{-}H}] mol_{S,S} - 0.8 mol_{M,S} + 4 mol_{F,S} \tag{6.64}$$

（7）100g 矿渣完全反应需要从水泥的水化产物中获得 CaO 的摩尔数为

$$mol_{C,4} = mol_{C,S} - mol_{C,3} = mol_{C,S} - \{(Ca/Si)_{C\text{-}S\text{-}H} mol_{S,S} + 4 mol_{A,S}$$

$$- [0.889 - 0.395(Ca/Si)_{C\text{-}S\text{-}H}] mol_{S,S} - 0.8 mol_{M,S} + 4 mol_{F,S}\} \tag{6.65}$$

100g 水泥完全反应时：

（1）形成 C-S-H 需要消耗的 CaO 的摩尔数为

$$mol'_{C,1} = (Ca/Si)_{C\text{-}S\text{-}H} mol_{S,C} \tag{6.66}$$

（2）形成 C-S-H 需要消耗的 Al_2O_3 的摩尔数为

$$mol'_{A,1} = \frac{1}{2}(Al/Ca)_{C\text{-}S\text{-}H} mol_{C,1} = \frac{(Si/Ca)_{C\text{-}S\text{-}H} - 0.444}{4.5}(Ca/Si)_{C\text{-}S\text{-}H} mol_{s,c}$$

$$(6.67)$$

（3）剩余的 Al_2O_3 的摩尔数为

$$mol'_{A,2} = mol_{A,C} - mol'_{A,1}$$
$$= mol_{A,C} - \frac{(Si/Ca)_{C\text{-}S\text{-}H} - 0.444}{4.5}(Ca/Si)_{C\text{-}S\text{-}H} mol_{s,c}$$

$$(6.68)$$

（4）由剩余的 Al_2O_3 和 Fe_2O_3 形成 AFm 需要的 CaO 的摩尔数为

$$mol'_{C,2} = 4(mol_{A,2} + mol_{F,C}) = 4mol_{A,S}$$
$$- [0.889 - 0.395(Ca/Si)_{C\text{-}S\text{-}H}]mol_{s,c} + 4mol_{F,C}$$

$$(6.69)$$

（5）100 g 水泥完全反应需要的总 CaO 摩尔数为

$$mol'_{C,3} = mol'_{C,1} + mol'_{C,2}$$
$$= (Ca/Si)_{C\text{-}S\text{-}H} mol_{s,c} + 4mol_{A,C} - [0.889 - 0.395(Ca/Si)_{C\text{-}S\text{-}H}]mol_{s,c} + 4mol_{F,C}$$

$$(6.70)$$

（6）100g 水泥完全反应释放的 CaO 摩尔数为

$$mol'_{C,4} = mol'_{C,c} - mol'_{C,3} = mol_{C,c} - \{(Ca/Si)_{C\text{-}S\text{-}H} mol_{s,c}$$
$$+ 4mol_{A,C} - [0.889 - 0.395(Ca/Si)_{C\text{-}S\text{-}H}]mol_{s,c} + 4mol_{F,C}\}$$

$$(6.71)$$

在没有矿渣等矿物掺合料存在的情况下，剩余的 CaO 将会以 $Ca(OH)_2$ 的形式存在。矿渣的质量分数为 f_B，设要使矿渣达到理论上的完全水化，则必须满足以下条件：

$$(1 - f_B)mol'_{C,4} \geqslant f_B mol_{C,4} + mol_{CH}$$

$$(6.72)$$

当式（6.72）取等号时，可由式（6.73）计算矿渣到达理论上完全水化时矿渣最大质量分数。

$$f_{max,B} = \frac{mol'_{C,4} - mol_{CH}}{mol'_{C,4} + mol_{C,4}}$$

$$(6.73)$$

由式（6.73）可知，影响矿渣最大掺量 f_B 的因素由矿渣及水泥的化学组成、凝胶 C-S-H 的 Ca/Si 比及浆体中 CH 数量。

根据本研究中试验材料的化学组成，计算得到 $mol'_{C,4}$、$mol_{C,4}$（见图 6.112）及浆体中 CH 含量为零时水泥与矿渣质量比及 $f_{max,B}$（图 6.113）。浆体中不同 CH 摩尔数时矿渣达到理论完全水化的水泥与矿渣质量比及 $f_{max,B}$ 见图 6.114 和图 6.115。

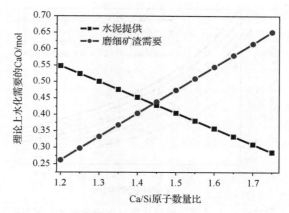

图 6.112　100g 胶凝材料达到理论上完全水化对 CaO 的需求平衡

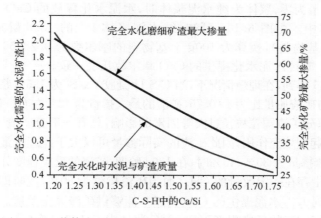

图 6.113　浆体中 CH 含量为零时水泥与矿渣质量比及 $f_{max,B}$

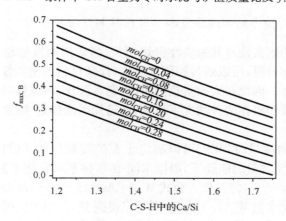

图 6.114　不同钙硅比、CH 摩尔数时达到理论完全水化的矿渣最大质量分数

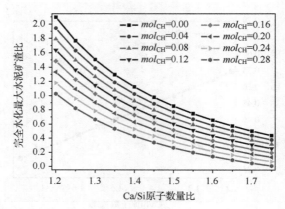

图 6.115　不同钙硅比、CH 摩尔数时达到理论完全水化水泥与矿渣的质量比

当矿渣掺量为零,浆体为纯水泥浆体时,水泥水化释放的 CaO 全部以 CH 形式存在于浆体中。由图 6.105 可知,纯水泥浆体 PC 的 180d 龄期 CH 含量为 21.13%(占干基物料),换算为 100g 干基物料的摩尔数为 0.2855,与图 6.112 中 C-S-H 为 1.75 时纯水泥水化提供的 CaO 摩尔数几乎一致。

由图 6.115 得到,在理想情况下,当 C-S-H 凝胶 Ca/Si 为 1.55,浆体 CH 摩尔数为零时,水泥与矿渣质量比为 1∶0.75,矿渣的最大掺量为 42% 左右。但实际上,由于水胶比限制,部分矿渣颗粒粒径过大等因素的影响,总有一部分矿渣不能完全水化,它们在浆体中起到填充作用,因此矿渣的实际掺量可以大于此理论最大掺量。由图 6.85 可见,矿渣掺量为 30%、40% 时,在 180d 龄期,矿渣的反应程度分别为 58.22%、49.18%,浆体中存在一定数量的 CH。而当矿渣掺量为 80%,此时即使凝胶 C-S-H 的 Ca/Si 降低到 1.2,水泥提供的 CaO 仍然不能够供矿渣完全反应。从图 6.105 可见,180d 时尽管矿渣的反应程度不到 22%,浆体中 CH 已经降低到非常低的水平。

7. 基于材料孔隙率的矿渣掺量和水胶比控制方法与原则

水泥基材料的耐久性与其密实性密切相关,当矿渣的掺量超过一定水胶比条件下的最大有益掺量时,可以通过控制水胶比、提高材料的密实性能确保掺矿渣水泥基材料的耐久性。因此在大掺量范围时,控制水胶比,将浆体的孔隙率控制为可接受程度。下面我们将在两种情况下讨论,即已知矿渣掺量-控制水胶比和已知水胶比-控制掺量。

当给定矿渣的掺量时,我们可以确定水泥的质量分数。设定 C-S-H 凝胶的 Ca/Si 及浆体中 CH 数量的前提下,根据水泥-矿渣体系氧化物平衡,可以唯一确定矿渣的理想反应程度 α_B,将其代入公式 $W_n = A\alpha_{c,t}(1-x) + B\alpha_B x$ 中,$A\alpha_{c,t}$ 用水泥完全水化时非蒸发水量 $W_n(t_\infty)$ 代替,则可以得到 W_n。由 W_n 可以计算得到被水化产物所填充的空间 P_f 及水化产物所固有的孔隙 P_h,控制浆体中不出现毛细孔,则应满足如下关系:

$$P_0 - P_h \leqslant P_f \tag{6.74}$$

式(6.74)取等号,则可以确定初始孔隙率,根据初始孔隙率与水胶比的关系就可以确定出水胶比。

当水胶比确定后,则可以依据上述孔隙率控制原则来控制矿渣的掺量。首先确定 C-S-H 凝胶的 Ca/Si 及浆体中 CH 数量,然后选取一个矿渣掺量,根据水泥-矿渣体系氧化物平衡,可以确定矿渣的理想反应程度 α_B,将其代入公式 $W_n = A\alpha_{c,t}(1-x) + B\alpha_B x$ 中,$A\alpha_{c,t}$ 同样用水泥完全水化时非蒸发水量 $W_n(t_\infty)$ 代替,则可以得到 W_n。由 W_n 可以计算得到被水化物所填充的空间 P_f 及水化产物所固有的孔隙 P_h,控制浆体中不出现毛细孔,则应验算 $P_0 \leqslant P_h + P_f$ 是否成立。如果成立,该掺量即可确定,如不满足,调整矿渣掺量,重复上述步骤直至满足 $P_0 \leqslant P_h + P_f$。

需要补偿说明的是,浆体中 CH 含量确定问题,为了维持保证钢筋表面钝化膜不被破坏所需要的浆体孔溶液 pH,浆体中 CH 的数量必须大于足以使孔溶液达到过饱和时所需要的 CH 数量。因此在确定浆体中 CH 数量时,可以假定浆体中所有孔隙均被水填充,根据 P_h 计算使孔溶液达到过饱和时所需要的 Ca(OH) 数量 mol'_{CH},验证 $mol_{CH} > mol'_{CH}$。

8. 控制原则的初步验证

矿渣掺量 80%,水胶比为 0.35,选择 C-S-H 凝胶 Ca/Si 为 1.45,CH 数量为 0.0(mol/100g 干基物料),由图 6.113 查得单位质量的水泥提供的 CaO 可以供 0.97682 单位矿渣水化,由此计算得到矿渣的理论反应程度为 $\alpha_B = 24.42\%$。根据式 $W_n = A\alpha_{c,t}(1-x) + B\alpha_B x$ 计算得到非蒸发水量为 16.52%,填充效率系数 $(P_0 - P)/W_n$ 取 1.543,并取 0.30 水胶比条件下的 P/W_n 值(0.74046)用以计算单位数量的非蒸发水代表的水化产物给浆体带来的孔隙率,由此计算水化产物的填充孔隙率 $P_f = 1.543W_n = 0.255$,$P_h = 0.74W_n = 0.1223$,由水胶比与矿渣掺量计算得到 $P_0 = 0.50438$,可见不满足 $P_0 \leqslant P_h + P_f$,需要降低水胶比或矿渣质量分数使浆体孔隙率处于可接受孔隙率范围。图 6.116 是水胶比为 0.35,矿渣掺量 80% 的浆体 180d 的 SEM 图,在进行 SEM 观察前,样品表面进行了研磨抛光处理。从图 6.116 可见,矿渣掺量为 80% 时,尽管水胶比为 0.35,但水化产物数量少,矿渣颗粒之间存在大量孔隙。

我们将矿渣掺量降低到 50%,选择 C-S-H 凝胶 Ca/Si 为 1.45,CH 数量为 0.0 (mol/100g 干基物料),计算矿渣的理论反应程度为 $\alpha_B = 0.9768$,计算理论非蒸发水量为 0.3643,$P_f = 0.5621$,$P_h = 0.2696$,$P_0 = 0.5107$,$P_h + P_f$ 远大于 P_0,可见浆体可以获得非常致密的结构。图 6.117 是 0.35 水胶比 180d 浆体的 SEM 图,为了更好地暴露矿渣颗粒与基体之间的界面结合情况,同样对试样进行研磨和抛光处理。从图 6.117 中可以看到,矿渣颗粒与基体结合良好,界面过渡区结构致密。

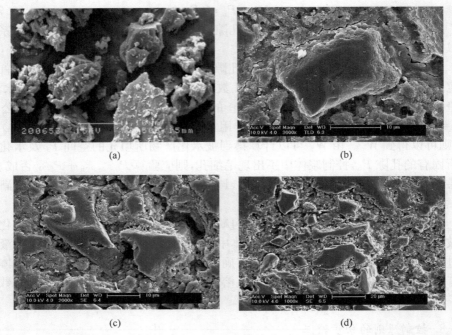

图 6.116 矿渣掺量为 80％水胶比为 0.35 浆体的矿渣 SEM 图((a)为未反应的矿渣颗粒)

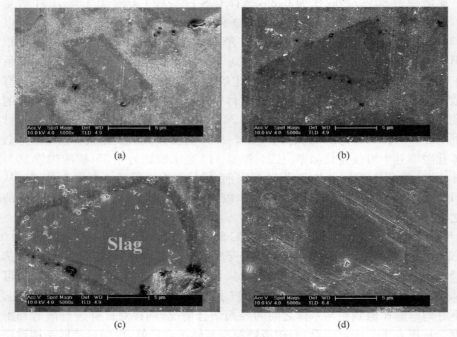

图 6.117 BFS50 水胶比为 0.35 浆体 180d 龄期微观结果

6.3.3　粉煤灰对水泥基材料结构形成的贡献及影响

1. 对非蒸发水的影响规律

掺粉煤灰的浆体中,非蒸发水仍然可分为来源于水泥水化和粉煤灰的反应这两部分。粉煤灰对非蒸发水量的影响可以归结为两个方面:一方面,粉煤灰消耗水泥的水化产物 CH,形成 C-S-H 凝胶,增加非蒸发水的数量,即正效应;另一方面,水泥的量随粉煤灰掺量的增加而降低,水泥水化的结合非蒸发水量也相应减少,即冲淡效应,也就是负效应。粉煤灰对非蒸发水数量的影响取决于这两个效应的总和。

由图 6.118 可见,在水化早期,尽管粉煤灰的反应程度低,但掺 30%、40% 粉煤灰的浆体非蒸发水量反而比纯水泥浆体的高。由图 6.84 可知,粉煤灰颗粒粒径

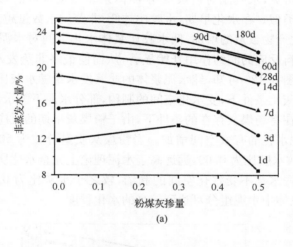

(a)

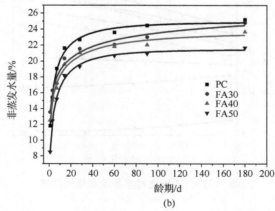

(b)

图 6.118　粉煤灰掺量对非蒸发水量影响

分布曲线上体积分数最大点对应的颗粒粒径约为 2500nm,远远小于水泥颗粒的平均粒径,大量细微的粉煤灰颗粒促进了 CH 的成核与结晶,从而促进了水泥的水化。在一定的掺量范围内,粉煤灰促进水泥水化的效应超过其冲淡效应时,浆体非蒸发水量较 PC 浆体增加。Langan 等通过对掺有 20% 粉煤灰的水泥与纯水泥在水胶比分别为 0.35、0.40 和 0.50 时的研究得到粉煤灰提高了水泥早期水化速率的类似结果。王爱勤等也对粉煤灰对水泥水化的促进作用进行了动力学分析。

在 7d 龄期时,体系中非蒸发水量均随粉煤灰质量分数的增加而下降,这是因为粉煤灰的反应程度低,反映了粉煤灰增加的非蒸发水量不足以补偿因其冲淡效应所降低的非蒸发水量,粉煤灰-水泥体系中,后期非蒸发水量并没有出现像矿渣对非蒸发水量的影响规律。

从图 6.119 可见,水胶比对粉煤灰-水泥体系非蒸发水量的影响与其对矿渣-水泥体系的影响类似。在水化早期,水胶比越低,非蒸发水数量越多。但随着体系反应的进行,水化产物数量的增加,低水胶比浆体水化空间对水泥水化和粉煤灰、矿渣等矿物掺合料反应的制约作用开始显著,从而使最终非蒸发水数量低于高水胶比的浆体。由图 6.120 可知,纯水泥浆体的非蒸发水量随水灰比的降低而降低,这是因为在低水灰比条件下,受水化空间的制约,部分水泥不能水化而引起非蒸发水量的降低。而在有粉煤灰存在的条件下,由于粉煤灰早期的反应程度低,有效水胶比增大,供水泥水化的有效空间增加。当粉煤灰质量分数为 50%,浆体的水胶比为 0.30,其有效水胶比为 0.60,远远高于水泥理论上完全水化所需要的水灰比,此时可以认为水泥水化不受水化空间的制约,较之于水灰比为 0.30 的纯水泥浆体,掺粉煤灰的浆体中水泥组分可达到较高的水化程度。

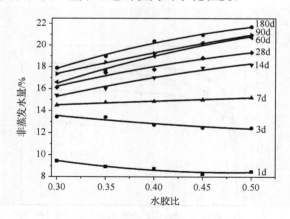

图 6.119　水胶比对非蒸发水量的影响

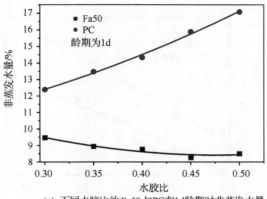

(a) 不同水胶比的 Fa50 与 PC 在 1d 龄期时非蒸发水量

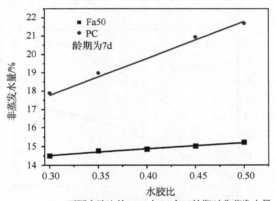

(b) 不同水胶比的 Fa50 与 PC 在 7d 龄期时非蒸发水量

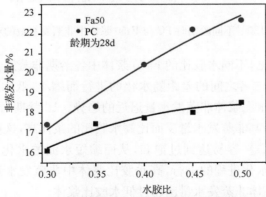

(c) 不同水胶比的 Fa50 与 PC 在 28d 龄期时非蒸发水量

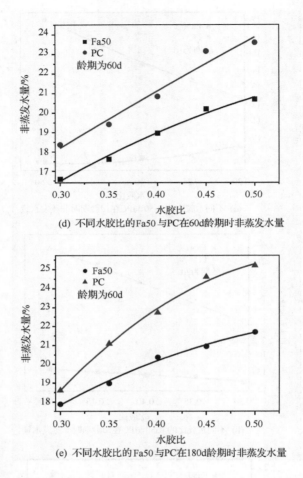

(d) 不同水胶比的Fa50与PC在60d龄期时非蒸发水量

(e) 不同水胶比的Fa50与PC在180d龄期时非蒸发水量

图 6.120　不同龄期时 PC 与 Fa50 浆体中非蒸发水量的对比

由图 6.120 可见,不同水胶比的 Fa50 浆体中各龄期非蒸发水量均低于不掺粉煤灰的 PC 浆体,但二者之间的差距随水化的进行而缩小,低水胶比 Fa50 浆体中非蒸发水量有向纯水泥浆体非蒸发水量逼近的趋势。1d 龄期时,掺粉煤灰的浆体在低水胶比条件下,其非蒸发水量反而比高水胶比的浆体高,这可能是因为低水胶比时,液相数量少,Ca^{2+} 容易达到过饱和,从而缩短水泥的水化诱导期,增加了非蒸发水的数量。随水化进程的进行,高水胶比浆体中非蒸发水量增长迅速,到 7d 龄期时,高水胶比浆体非蒸发水量已超过低水胶比浆体。

2. 粉煤灰的反应程度

由图 6.121 和图 6.122 可知,粉煤灰反应程度随其掺量的增加而降低,表现出与矿渣相同的规律,而且水胶比的降低同样使粉煤灰的反应程度降低。对比相同掺量、相同水胶比的 Fa30 与 BFS30 浆体中粉煤灰与矿渣的反应程度,尽管粉煤灰的比表面积大于矿渣(表 6.22),粉煤灰颗粒体积平均粒径约为矿渣颗粒平均粒径的 1/10(图 6.84),但 180d 的反应程度为 42.5%,而矿渣的反应程度约为 58%,矿渣的反应活性明显大于粉煤灰。

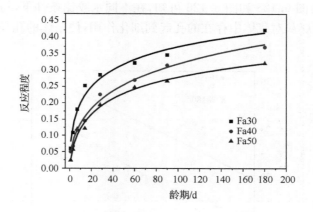

图 6.121　粉煤灰掺量与其反应程度的关系

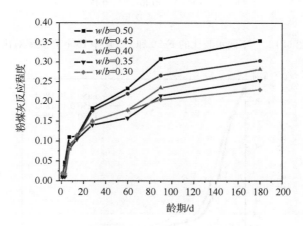

图 6.122　水胶比对粉煤灰反应程度的影响

3. 粉煤灰对孔结构的影响

水泥水化过程中,单位体积的水泥水化后体积增加约 1.2 倍,使得原来由水占据空间为水化产物所填充,而引起浆体孔隙率的降低。同样,粉煤灰的火山灰反应形成水化产物体积超过反应前的体积,也会对减少浆体孔隙率起作用。图 6.123 是不同水胶比的 Fa50 浆体与 PC 浆体 180d 孔隙率的比较,尽管 Fa50 与 PC 的孔隙率随水胶比的降低而降低,但水胶比相同的情况下,掺粉煤灰的浆体孔隙率仍然高于纯水泥浆体的孔隙率,但随水胶比降低,浆体中大孔数量减少,小孔数量增加(图 6.124)。由图 6.125 和图 6.126 可知,在不同水胶比条件下,粉煤灰增加了浆体孔隙率,但粉煤灰对浆体中存在的孔起到细化作用,使浆体的孔径分布优于纯水泥浆体。

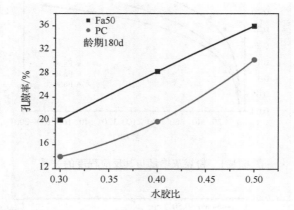

图 6.123　不同水胶比的 Fa50 和 PC 浆体 180d 孔隙率对比

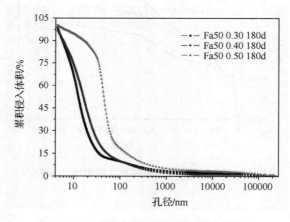

图 6.124　不同水胶比 Fa50 浆体孔径分布

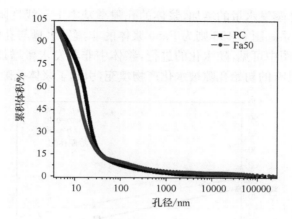

图 6.125　水胶比为 0.30 的 PC 和 Fa50 在 180d 龄期时孔径分布图

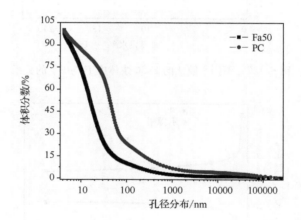

图 6.126　水胶比为 0.40 的 PC 和 Fa50 在 180d 龄期时孔径分布图

　　水泥的水化及粉煤灰的火山灰反应均可以使浆体的孔隙率降低,因此浆体孔隙率与初始孔隙率及水化产物的数量有关。同样根据胶凝材料水泥与粉煤灰的质量比及水胶比可以计算浆体的初始孔隙率。

$$P_0 = \frac{w/b}{\dfrac{1-f_{Fa}}{\rho_c} + \dfrac{f_{Fa}}{\rho_{Fa}} + w/b} \tag{6.75}$$

式中:f_{Fa} 为粉煤灰占胶凝材料的质量分数;ρ_c、ρ_{Fa} 分别为水泥和粉煤灰的密度;水的密度取 $1.0\mathrm{g/cm^3}$。

　　根据式(6.75)计算得到 Fa50 在 $w/b=0.30$、$w/b=0.40$、$w/b=0.50$ 时初始孔隙率分别为 44.74%、51.91% 和 57.43%。图 6.127 是 Fa50 浆体在不同水胶比条件下 180d 非蒸发水量 W_n 与孔隙率 P 的关系。从图 6.127 中可见,在不同水

胶比条件下,随非蒸发水量的增加,浆体的孔隙率基本上呈线性降低,二者之间具有良好的对应关系。图 6.128 则为 Fa50 浆体的非蒸发水量与孔隙率随水化龄期的变化趋势。从图中可见,随水化的进行,浆体中非蒸发水量增加,水化产物数量不断增多,浆体具有的初始孔隙被水化产物填充,引起了浆体孔隙率的下降。

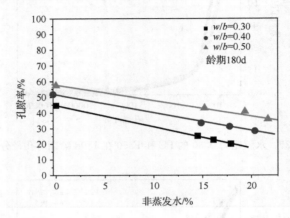

图 6.127　不同水胶比的 Fa50 浆体中 P 与 W_n 的关系

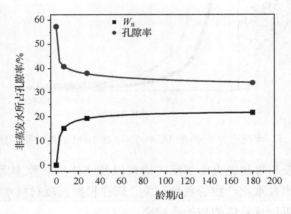

图 6.128　Fa50 非蒸发水量与浆体孔隙率随龄期的变化趋势

　　水化过程中浆体孔隙率不断降低的过程实际上是水化产物不断填充原来由水占据的空间的过程,浆体初始孔隙率 P_0 与某龄期孔隙率 P 之差就是被水化产物所填充的空间。同样以非蒸发水量表示水化产物的数量,则定义为填充效率系数以表示单位非蒸发水量对填充浆体孔隙的能力。图 6.129 是不同水胶比的 Fa50 浆体初始孔隙率与某龄期孔隙率之差与该龄期非蒸发水量比值 $(P_0 - P)/W_n$。由图 6.129 可见,$(P_0 - P)/W_n$ 随龄期变化很小,但不同水胶比下,这个比值有一定差别。由图 6.103 和图 6.129 可见,无论是掺粉煤灰还是掺矿渣的浆体,用非蒸发水量表征体系中水化产物的数量具有合理性和科学性。

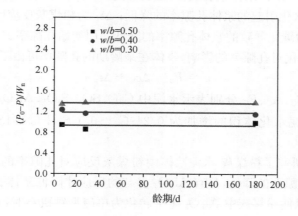

图 6.129　不同水胶比时 $(P_0 - P)$ 与 W_n 比值

4. 粉煤灰对浆体孔隙率影响的机理分析

水化形成的凝胶 C-S-H，一般采用 $1.7CaO \cdot SiO_2 \cdot xH_2O$ 表示其组成，即凝胶中 Ca 与 Si 的物质的量比为 1.7。低钙粉煤灰中，Ca 与 Si 的物质的量比远低于这个比例，本研究采用粉煤灰的这个比值为 0.092。粉煤灰的火山灰反应需要消耗水泥的水化产物 CH，降低 C-S-H 凝胶 Ca 与 Si 的物质的量比，因此在粉煤灰-水泥体系中，除水化空间外，粉煤灰与水泥之间的质量比（即粉煤灰的掺量）也是影响粉煤灰反应程度的因素。Young 和 Hansen 提出了以下火山灰质材料与 CH 反应的近似反应式：

$$SiO_2 + 1.5Ca(OH)_2 + 2.5H_2O \longrightarrow C_{1.5}SH_{3.8} \qquad (6.76)$$

大量研究结果表明，粉煤灰中含 Fe 相主要以赤铁矿（Fe_2O_3）和磁铁矿（Fe_3O_4）等晶体形式存在，因此认为粉煤灰的含 Fe 相不参与其火山灰反应。

在掺低钙粉煤灰的体系中水化产物除 C-S-H 外，最终水化产物还有钙矾石及 C_4AH_{13}，可以采用以下简化的反应形式表示粉煤灰的火山灰反应：

$$2S + 3CH \longrightarrow C_3S_2H_{13} \qquad (6.77)$$

$$A + C\bar{S}H_2 + 3CH + 7H \longrightarrow C_4A\bar{S}H_{12} \qquad (6.78)$$

$$A + 4CH + 9H \longrightarrow C_4AH_{13} \qquad (6.79)$$

一般情况下，粉煤灰-水泥体系中石膏不足以使粉煤灰中全部 Al_2O_3 全部转化为单硫型钙矾石，此时可以根据上述反应方程对粉煤灰-水泥体系的孔隙率进行计算。

Papadakis 提出了以下含粉煤灰的浆体中孔隙率的计算公式

$$\varepsilon = \varepsilon_{air} + w/\rho_w - \Delta\varepsilon_h - \Delta\varepsilon_p - \Delta\varepsilon_c \qquad (6.80)$$

式中：ε 为孔隙率；ε_{air} 为浆体中引气导致的孔隙；w 与 ρ_w 分别为拌合水的质量及密度；$\Delta\varepsilon_h$ 为水泥水化引起的浆体孔隙率的降低；$\Delta\varepsilon_p$ 为粉煤灰反应引起的浆体孔隙率的降低；$\Delta\varepsilon_c$ 为碳化导致的浆体孔隙率的降低。用初始孔隙率 P_0 取代 w/ρ_w，且不考虑引气和碳化对孔隙率的影响，浆体在某龄期的孔隙率可由下式计算：

$$\varepsilon = P_0 - \Delta\varepsilon_h - \Delta\varepsilon_p \tag{6.81}$$

以 C_C、$\overline{S_C}$、S_C、A_C、F_C 分别表示水泥中 CaO、SO_3、SiO_2、Al_2O_3、Fe_2O_3 的质量分数，则 1kg 水泥水化体积的增加为 $0.249C_C - 0.1\overline{S_C} + 0.191S_C + 1.059A_C - 0.319F_C (10^{-6}m^3)$。

Papadakis 研究了粉煤灰-水泥浆体中粉煤灰反应对孔隙率的影响，认为反应不会引起浆体孔隙率的降低，只有 Al_2O_3 参与的反应才降低浆体孔隙率。当体系中 $CaSO_4$ 不足以使粉煤灰中 Al_2O_3 全部转化为单硫型钙矾石时，1kg 粉煤灰反应体积增加为 $1.121\gamma_A A_{Fa} (10^{-6}m^3)$。其中，$\gamma_A$ 为以玻璃体形式存在的 Al_2O_3 占全部 Al_2O_3 的质量分数，A_{Fa} 为粉煤灰中 Al_2O_3 的质量分数。

设 1kg 胶凝材料中粉煤灰的质量分数为 f_{Fa}，则某龄期浆体的孔隙率可用下式表示：

$$P' = P_0 - \alpha'_C(1 - f_{Fa})\Delta\varepsilon_h - \alpha_{Fa} f_{Fa} \gamma_A \Delta\varepsilon_P \tag{6.82}$$

纯水泥浆体的孔隙率为

$$P = P_0 - \alpha_C \Delta\varepsilon_h \tag{6.83}$$

忽略粉煤灰对初始孔隙率 P_0 的影响，式(6.83)除以式(6.82)得

$$\frac{P'}{P} = \frac{P_0 - \alpha'_C(1 - f_{Fa})\Delta\varepsilon_h - \alpha_{Fa} f_{Fa} \gamma_A \Delta\varepsilon_P}{P_0 - \alpha_C \Delta\varepsilon_h} \tag{6.84}$$

前面已经分析到，水胶比相同的纯水泥浆体和粉煤灰-水泥复合浆体，由于粉煤灰对水泥水化的促进作用及有效水灰比的提高，掺粉煤灰的浆体中水泥的水化程度不小于纯水泥浆体中水泥的水化程度，即 $\alpha'_C \geqslant \alpha_C$，因此可以得以下不等式：

$$\frac{P'}{P} \geqslant 1 + \frac{f_{Fa}(\alpha_C \Delta\varepsilon_h - \alpha_{Fa} \gamma_A \Delta\varepsilon_P)}{P_0 - \alpha_C \Delta\varepsilon_h} \tag{6.85}$$

当式中 $\dfrac{f_{Fa}(\alpha_C \Delta\varepsilon_h - \alpha_{Fa} \gamma_A \Delta\varepsilon_P)}{P_0 - \alpha_C \Delta\varepsilon_h} \geqslant 0$ 时，则可以得到 $P' \geqslant P$，即掺粉煤灰的浆体中孔隙率大于纯水泥浆体的孔隙率。根据式中各项的物理意义，$f_{Fa} \geqslant 0$ 和 $P_0 - \alpha_C \Delta\varepsilon_h \geqslant 0$ 恒满足，因此只要 $\alpha_C \Delta\varepsilon_h - \alpha_{Fa} \gamma_A \Delta\varepsilon_P \geqslant 0$，则 $P' \geqslant P$。由图 6.120 可知，Fa30 在水胶比为 0.50 的条件下，粉煤灰的反应程度约为 40%，一般情况下粉煤灰的反应程度远小于水泥水化程度，且粉煤灰中还有部分晶体的存在，使得 $\alpha_C \Delta\varepsilon_h - \alpha_{Fa} \gamma_A \Delta\varepsilon_P \geqslant 0$，因此掺粉煤灰得的浆体孔隙率大于纯水泥浆体的孔隙率。当粉煤灰掺量较低，且粉煤灰玻璃体数量多，粉煤灰活性高，其反应程度高时，才可能使 $\alpha_C \Delta\varepsilon_h - \alpha_{Fa} \gamma_A \Delta\varepsilon_P < 0$，使掺粉煤灰的浆体孔隙率低于纯水泥浆体孔隙率。

图 6.130 是水胶比为 0.30 的 Fa50 浆体 180d 龄期时 SEM 图,粉煤灰颗粒表面出现明显的反应层。尽管浆体的初始水胶比比较低,但有的粉煤灰颗粒周围仍然存在孔隙,总孔隙率比相同水胶比的纯水泥浆体高,体系中非蒸发水数量也较纯水泥浆体低。由于粉煤灰的反应程度较低(约为 23％,见图 6.121),且浆体中仍有相当数量的 CH(图 6.130),在有充分水分供给的条件下,粉煤灰反应程度可进一步提高,增加水化产物数量和降低浆体的孔隙率。因此可见,合适的养护、提供充分的水分供给对改善掺粉煤灰的混凝土及水泥基材料的性能十分重要。

图 6.130　0.30 的 Fa50 浆体 180d 龄期时 SEM 图((a)为未反应粉煤灰颗粒的形貌)

6.4　普通混凝土、引气混凝土和高强混凝土在盐湖环境单一、双重和多重因素作用下的损伤失效机理

6.4.1　普通混凝土、引气混凝土和高强混凝土在单一冻融因素作用下的冻融破坏机理

1. 普通混凝土、引气混凝土和高强混凝土在水中的冻融破坏形态特征

不同混凝土试件在水中的冻融破坏形态如图 6.131 所示。由图 6.131 可见,在冻融过程中,普通混凝土(OPC)、引气混凝土(APC)和高强混凝土(HSC)试件

的破坏特征是表面砂浆逐层剥落,即使在 E_r 低于 60%或者质量损失超过 5%的破坏标志时,试件表面也不会出现裂缝。例如,图 6.131(a)显示 OPC 冻融 50 次循环(冻融寿命 20 次)和图 6.131(c)显示 APC 冻融 620 次循环(冻融寿命 550 次)时,试件表面均无裂缝。

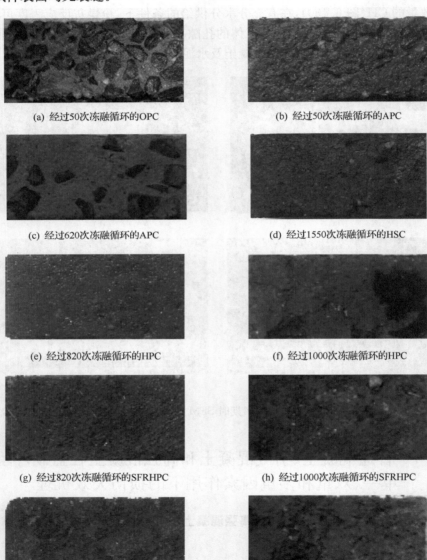

(a) 经过50次冻融循环的OPC　　　　　　　(b) 经过50次冻融循环的APC

(c) 经过620次冻融循环的APC　　　　　　(d) 经过1550次冻融循环的HSC

(e) 经过820次冻融循环的HPC　　　　　　(f) 经过1000次冻融循环的HPC

(g) 经过820次冻融循环的SFRHPC　　　　(h) 经过1000次冻融循环的SFRHPC

(i) 经过820次冻融循环的PFRHPC　　　　(j) 经过1000次冻融循环的PFRHPC

图 6.131　不同混凝土试件在水中冻融的破坏形态

对于掺加活性掺合料的 HPC 试件,其冻融破坏特征与未掺活性掺合料的 HSC 完全不同,在冻融过程中试件表面并不产生逐层剥落现象,而是内部产生微裂纹导致试件的 E_r 快速降低并达到冻融破坏标准。如果继续冻融将使混凝土内部的微裂纹进一步扩展,从而在试件表面形成宏观裂缝。例如,HPC 的冻融寿命仅 800 次,此时试件表面既无宏观裂缝,又无表面剥落,证明其内部确实存在大量的微裂纹;当冻融到 1000 次循环时,试件表面产生了许多宏观裂纹,继续冻融时表面裂纹附近的混凝土才开始发生剥落现象。这表明高性能混凝土(HPC)的冻融破坏机理与 OPC、APC 和 HSC 有一定的区别,前者的冻融破坏起因于混凝土内部的微裂纹,后三者的冻融破坏则由表面剥落引起。但是,活性掺合料极大地降低了非引气 HPC 的抗冻性。

对于掺加钢纤维的高性能混凝土(SFRHPC)试件,钢纤维对混凝土增韧与阻裂效应有效延缓了冻融过程中 HPC 内部微裂纹的形成与扩展,在 820 次循环时试件表面无剥落开裂(图 6.131(g)),继续冻融至 1050 次循环时试件达到冻融破坏标准。图 6.131(h)显示此时 SFRHPC 试件表面严重剥落,但并无宏观裂缝出现,这足以证明 SFRHPC 的冻融破坏起因于表面剥落,而非内部微裂纹的扩展,这与钢纤维在 HPC 中发挥的阻裂效应密切相关。

对于掺加有机纤维 PF 的 PFRHPC 试件,由于纤维的弹性模量比较低,而且表面存在大量的横向微裂纹,在冻融过程中混凝土内部微裂纹的扩展导致抗冻性降低。在冻融 820 次循环时试件表面同时存在宏观裂纹和局部剥落现象,图 6.131(j)是 PFRHPC 试件继续冻融至 1000 次时的破坏状态,此时试件完全开裂、剥落,但因大量均匀分布的纤维联系而没有松散。

2. 高性能混凝土在水中的冻融破坏机理——水化产物转化机制

Stark 等在研究 HPC 抗冻性时发现,掺加 SF 的非引气 HPC 在冻融过程中其水化产物存在 AFm 向 AFt 的转化现象,AFt 形成时的膨胀压会导致混凝土的开裂。HSC 的水化硫铝酸钙只有 AFt,HPC 除 AFt 外,还有较多的 AFm。图 6.132 示出了 HSC 与 HPC 在冻融前后 AFt 与 AFm 的 XRD 衍射峰相对强度的变化规律。结果表明,HPC 在冻融过程中确实发生了 AFm 向 AFt 的转变。众所周知,AFt 含有 32 个 H_2O,而 AFm 只有 12 个 H_2O,在发生 AFm 向 AFt 的转变反应过程中需要大量的水分,HPC 结构很致密,正是因为冻融时在表层首先引发的微裂纹,为水分进入 HPC 内部提供了通道,促进了 AFm 向 AFt 的转化,AFt 形成又进一步推动了微裂纹的扩展,如图 6.133 所示。图 6.134 的 SEM 形貌显示 HPC 在冻融 1600 次以后微裂纹中形成的针状 AFt 推动微裂纹扩展,裂纹的最大宽度达到 $7.1\mu m$,是图 6.132(c)显示的 1200 次冻融循环时表层裂缝宽度的 10 倍! 这足以说明冻融循环和水化产物转化两者是相互促进的,最终导致 HPC 很快发生冻融崩溃。由此可见,在对强度和抗冻性有较高要求的场合,采用高效减水剂和活性掺合料配制的非引气 HPC 并非"万能混凝土"。我国可借鉴国外的成功经验,对目前大量使用的 HPC 进行引气。

(a) 1250次冻融循环后的APC　　　(b) 1550次冻融循环后的HSC　　　(c) 1220次冻融循环后的HPC

图 6.132　APC、HSC 和 HPC 在冻融过程中表层冻结区的微裂纹与微裂纹网

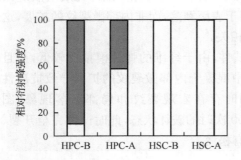

■AFm;□AFt;A 冻融前;B 冻融后

图 6.133　HSC 与 HPC 的 AFt 与 AFm 的
XRD 衍射峰相对强度在冻融前后的变化

图 6.134　HPC 冻融 1600 次后微裂纹
中的针状 AFt 晶体推动裂纹扩展的
SEM 形貌

6.4.2　普通混凝土和引气混凝土在冻融＋盐湖卤水腐蚀双重因素作用下的冻蚀破坏机理

1. 普通混凝土的冻蚀破坏机理与损伤叠加效应分析

1) 普通混凝土在不同盐湖卤水中的冻融破坏特征

如前所述,普通混凝土在新疆、内蒙古和西藏盐湖地区的抗卤水冻蚀性很差。图 6.135 是 OPC 在不同盐湖卤水中的冻融破坏形貌,明显可见,OPC 在新疆、内蒙古和西藏盐湖卤水中的冻融破坏形态与水中冻融(图 6.131(a))有显著的差异,试件表面并无剥落现象,而是产生大量的宏观裂纹,同时伴随着膨胀现象

（图 6.136，用卡尺测定）。其质量不但不损失，反而因吸收盐湖卤水而增加了，在表面裂纹内可看见许多白色的结晶体。可见，混凝土的冻融破坏机理除了静水压机理和渗透压机理以外，必然存在其他破坏机理。

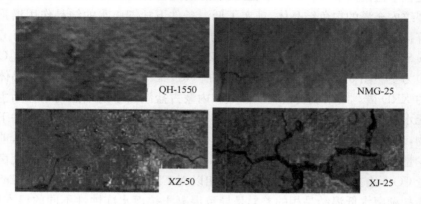

图 6.135　OPC 试件的冻融破坏形态（图中编号分别代表卤水种类和冻融循环次数）

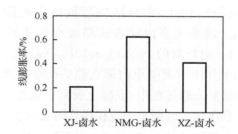

图 6.136　OPC 试件在新疆、内蒙古和西藏盐湖卤水中冻融 25 次后的线膨胀率

与其他卤水完全不同，OPC 在青海盐湖卤水中的抗卤水冻蚀性大大提高，即使经过 1550 次冻融循环，试件表面既无剥落也无裂纹，其质量也因吸收卤水而增加。说明 OPC 在青海盐湖卤水中的冻融破坏机制与在其他盐湖卤水中又有显著的不同。

2）混凝土在新疆、内蒙古和西藏盐湖卤水条件下的冻蚀破坏机理——盐结晶压机制

鉴于静水压机理和渗透压机理无法解释混凝土在盐湖卤水中的冻蚀破坏特征，下面提出混凝土在盐湖卤水中冻蚀破坏的盐结晶压机制。

众所周知，快速冻融实验过程中，试件的冷冻和融化温度分别为 $-(17\pm2)℃$ 和 $+(8\pm2)℃$，盐湖卤水为饱和或过饱和溶液，其冰点很低，在 $-(17\pm2)℃$ 冷冻温度下青海和新疆盐湖卤水实际上是不结冰的。因此，冻融介质渗进混凝土内部孔隙后，由于没有水结冰时产生的静水压或渗透压，试件表面不可能发生剥落现象。

但是,当温度由+(8±2)℃降低到-(17±2)℃时,卤水中各种盐类,尤其是硫酸盐和碳酸盐的溶解度要发生显著的变化,从而导致盐湖卤水的过饱和度增大。冻融实验过程中盐湖卤水存在的大量盐类结晶,混凝土破坏试件的内部孔隙以及试件表面裂纹内充满的白色结晶体,证实了低温条件下盐湖卤水的结晶作用增强。郑喜玉等指出,内蒙古盐湖卤水在-10℃的盐类结晶以泡碱($Na_2CO_3 \cdot 10H_2O$)、芒硝($Na_2SO_4 \cdot 10H_2O$)、水石盐($NaCl \cdot 2H_2O$)和天然碱($NaHCO_3 \cdot Na_2CO_3 \cdot 2H_2O$)为主。图6.137是不同盐湖卤水在-(17±2)℃冻结过程中析出晶体粉末样品的XRD谱。结果表明,新疆、西藏和内蒙古盐湖卤水的结晶粉末样品主要显示出无水芒硝(Na_2SO_4)的特征峰,它是$Na_2SO_4 \cdot 10H_2O$晶体在大气条件下的风化产物,表明这三种盐湖卤水的负温结晶相都是以$Na_2SO_4 \cdot 10H_2O$为主,前两者含有少量食盐($NaCl$),后者含有少量的$Na_2CO_3 \cdot 10H_2O$,这与内蒙古盐湖卤水含有大量CO_3^{2-}有关;青海盐湖卤水的结晶相以$NaCl$为主,同时有极少量的$CaSO_4 \cdot 2H_2O$,盐湖卤水低温结晶相的差异是导致混凝土抗卤水冻蚀性不同的根本原因。对于新疆和西藏盐湖卤水的混凝土冻融试验,正是由于混凝土内部孔隙吸收了盐湖卤水,不仅使试件质量增加了,而且冷冻时混凝土孔隙中的盐湖卤水产生$Na_2SO_4 \cdot 10H_2O$结晶。混凝土在内蒙古盐湖卤水中冻融时除形成$Na_2SO_4 \cdot 10H_2O$晶体外,还析出一定数量的$Na_2CO_3 \cdot 10H_2O$晶体。$Na_2SO_4 \cdot 10H_2O$和$Na_2CO_3 \cdot 10H_2O$的结晶作用对混凝土内部孔隙的孔壁形成很大的结晶压力(本书简称盐结晶压)。在反复冻融过程中,混凝土受到了盐结晶压的疲劳作用,导致试件发生膨胀,当盐结晶压超过混凝土的抗拉强度时必然发生开裂,最终导致混凝土破坏。这充分说明,在低温条件下,盐湖卤水对混凝土的破坏作用包含了物理腐蚀和化学腐蚀,温度变化对这种腐蚀存在重大的影响。

根据以上分析可见,混凝土在盐湖卤水中冻融时的表面开裂是盐结晶压的破坏特征。以此类推,混凝土在水中冻融时的表面逐层剥落则正是水冻胀压的破坏特征。

当混凝土在青海盐湖卤水中冻融时,卤水的负温结晶相$NaCl$形成时是没有膨胀性的,它对混凝土的孔隙只有填充作用,而且由于卤水不结冰又不存在水冻胀压,所以OPC试件既不会像在其他盐湖卤水中冻融一样很快发生表面开裂破坏作用,也不会像在水中冻融一样很快发生表面剥落破坏作用。

3) 混凝土在冻融和卤水腐蚀条件下的冻融损伤速度与卤水化学成分之间的关系

上述分析表明,混凝土在盐湖卤水的冻融过程中,盐结晶作用加速了混凝土的破坏,而卤水的冰点降低效应则又减小了水冻胀压,延缓了混凝土的破坏。可见,混凝土在盐湖卤水中的冻融损伤存在两种效应:盐结晶压引起损伤的负效应和冰

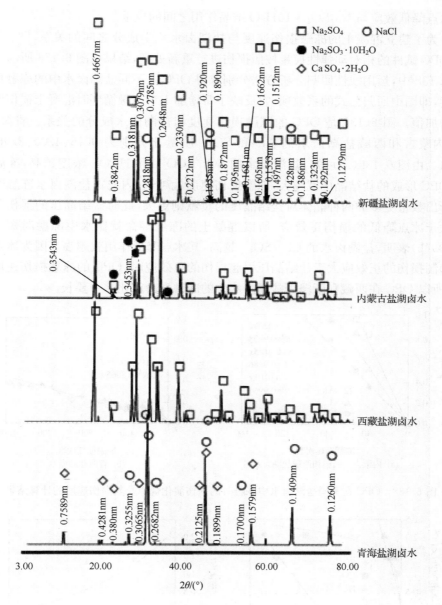

图 6.137　不同盐湖卤水在$-(17\pm2)$℃冻结过程中析晶体 XRD 谱

点降低抑制损伤的正效应,前者取决于盐类结晶的种类和数量,后者则取决于冻融介质的冰点。基于混凝土在盐湖卤水中的冻融破坏以表面裂纹为特征,可以确定影响 OPC 在盐湖卤水中冻融损伤的主导因素是盐结晶压。盐湖卤水的 SO_4^{2-}、CO_3^{2-} 和 HCO_3^- 浓度与其负温结晶相密切相关,而 Cl^-/SO_4^{2-} 质量比则间接反映

了冰点降低效应与 $Na_2SO_4 \cdot 10H_2O$ 结晶作用之间的权重。

　　为了建立混凝土的冻融损伤速度与盐湖卤水化学成分之间的关系,图 6.135 中 OPC 试件的相对动弹性模量按照损伤进行重新处理,结果如图 6.138 所示。在图 6.138 中,运用线性回归分析方法分别求得 OPC 在不同盐湖卤水中的冻融损伤速度,即图中回归公式的系数项,它反映了每增加 1 个冻融循环时混凝土损伤变量的增加值。图 6.139 是 OPC 的冻融损伤速度与盐湖卤水成分的关系。青海、新疆、内蒙古和西藏盐湖卤水的 Cl^- 和 SO_4^{2-} 质量比分别为 9.16、4.00、2.96 和 3.24。由图 6.139(a)可知,盐湖卤水的 SO_4^{2-}、CO_3^{2-} 和 HCO_3^- 浓度越高,冻融时对 OPC 形成的盐结晶压就越大,冻融损伤速度就越快,内蒙古盐湖卤水冻融时同时析出数量更多的两种晶体对盐结晶压的贡献则更大,此时盐结晶压的损伤负效应大于冰点降低的损伤正效应,所以混凝土的冻融寿命就比水中冻融时短。图 6.139(b)表明,盐湖卤水的 Cl^-/SO_4^{2-} 越高,其冰点降低作用就越强。因为冰点降低抑制损伤的正效应大于盐结晶压引起损伤的负效应时,OPC 的冻融损伤速度下降,所以 OPC 在西藏和新疆等盐湖卤水中的冻融寿命就比水中要长。

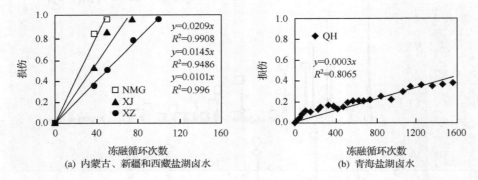

图 6.138　OPC 在不同盐湖卤水中冻融时的损伤演化规律及其损伤速度的计算结果

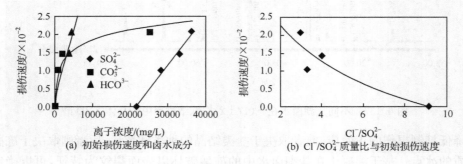

图 6.139　OPC 的冻融损伤速度与卤水成分的关系

　　与其他三种盐湖卤水不同,青海盐湖卤水的 Cl^-/SO_4^{2-} 最高(9.16),冰点低于 $-(17\pm2)$℃,负温结晶相以非膨胀性的 NaCl 为主,$CaSO_4 \cdot 2H_2O$ 的数量非常少。因此,冻融时不足以对 OPC 产生破坏作用,即使冻融 1550 次循环(图 6.138(b)),试件表面完好无损(图 6.135)。可见,青海盐湖卤水对混凝土并不存在冻融破坏问题。

　　4) 混凝土在青海盐湖卤水条件下的破坏机理——低温化学腐蚀机制

　　OPC 在青海盐湖卤水中冻融 1550 次以后的 XRD、DTA-TG 和 IR 分析谱如图 6.140 所示,其 SEM 形貌见图 6.141。XRD 分析表明,经过青海盐湖卤水冻融 1550 次以后,OPC 的结晶相除来自沙子的 SiO_2 以外,含有大量的 $CaSO_4 \cdot 2H_2O$(特征峰 0.7638nm)和 KCl(特征峰 0.3191nm),少量的 NaCl(特征峰 0.3249nm)和 $CaCO_3$(特征峰 0.3041nm)。DTA 分析主要显示出 $CaSO_4 \cdot 2H_2O$ 的吸热效应(111℃和 152℃)、SiO_2 的相变吸热(573℃),此外还有 1 个 378℃的 MH 小吸热峰、1 个 500℃的 CH 微弱吸热峰和 1 个 730~750℃的 $CaCO_3$ 分解的小吸热峰,在 TG 曲线有 2 个对应于 $CaSO_4 \cdot 2H_2O$、MH 和 CH 脱水的明显失重。IR 分析与 XRD 和 DTA-TG 分析结果是对应的,分别出现了 SiO_2(1056 cm^{-1}、776cm^{-1})、$CaSO_4 \cdot 2H_2O$(3523cm^{-1}、3395cm^{-1}、1623cm^{-1}、1002cm^{-1})和 $CaCO_3$(1418cm^{-1}、874cm^{-1})等的振动吸收带。其中,$CaSO_4 \cdot 2H_2O$ 和 MH 是盐湖卤水对混凝土的化学腐蚀产物,KCl 和 NaCl 是盐湖卤水的结晶产物,$CaCO_3$ 为混凝土在冻融前原本存在的少量碳化产物。在图 6.141(a)所示的 SEM 照片中,发现混凝土内部的大毛细孔被大量的 KCl 和 NaCl 晶体所填充,图 6.141(b)的 SEM 形貌显示,原本被 C-S-H 凝胶包裹的 CH 和 AFt 等晶体水化产物已经被腐蚀、分解或者流失进入盐湖卤水中,只剩下少量 C-S-H 凝胶的网络骨架,在其骨架的孔隙中生长有大量的腐蚀产物 $CaSO_4 \cdot 2H_2O$。由于 KCl 和 NaCl 晶体在形成时不具备膨胀性,棒状 $CaSO_4 \cdot 2H_2O$ 晶体只在 C-S-H 网络状骨架的孔隙中形成,并没有对骨架形成结晶压力,因而混凝土中不可能产生微观裂纹,其外观体积也没有发生膨胀或者剥落现象。为了分析其中的氯离子含量,作者曾试图在试件上钻孔收集不同深度的粉末样品,但是因强度低,在钻取深度不到 2mm 时就发生崩溃,这证明混凝土受到的低温物理化学腐蚀作用是比较严重的。

　　OPC 在青海盐湖卤水中冻融时的低温物理化学腐蚀机理与现场长期腐蚀机理有很大的差异,主要不同之处有两点:①腐蚀产物不同,室内快速冻融时的腐蚀产物不存在水化氯铝酸钙和氯氧化镁;②腐蚀反应的膨胀性不同,室内快速冻融时的物理结晶产物和化学腐蚀产物都不具备膨胀性。因此可以认为,OPC 在低温条件下的青海盐湖卤水中,其物理结晶作用主要是 KCl 和 NaCl 结晶性腐蚀,其主要化学腐蚀反应包括

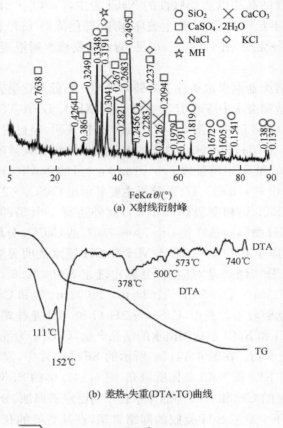

(a) X射线衍射峰

(b) 差热-失重(DTA-TG)曲线

(c) 红外光谱

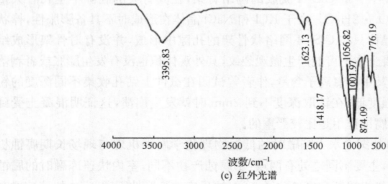

图 6.140　OPC 在青海盐湖卤水中冻融 1550 次以后的 XRD、DTA-TG 和 IR 分析谱

(a)　　　　　　　　　　　　(b)

图 6.141　OPC 在青海盐湖卤水中冻融 1550 次以后的 SEM 形貌

$$Ca(OH)_2 + MgSO_4 + 2H_2O \longrightarrow CaSO_4 \cdot 2H_2O + Mg(OH)_2 \tag{6.86}$$

$$MgCl_2 + Ca(OH)_2 \longrightarrow CaCl_2 + Mg(OH)_2 \tag{6.87}$$

$$C_3S_2H_3 + 3MgSO_4 + 8H_2O \longrightarrow 3(CaSO_4 \cdot 2H_2O) + 3Mg(OH)_2 + 2(SiO_2 \cdot H_2O) \tag{6.88}$$

反应形成的 $CaCl_2$ 溶入了盐湖卤水。此外，AFt 在低 pH 的盐湖卤水作用下不稳定，受镁盐作用发生分解。Mindess 等认为，AFm 可以受 $MgSO_4$ 分解成 $CaSO_4 \cdot 2H_2O$、MH 和 $Al_2O_3 \cdot 3H_2O$。在本书中，AFt 同样受到 $MgSO_4$ 和 $MgCl_2$ 作用而分解

$$C_3A \cdot 3CaSO_4 \cdot 32H_2O + 3MgSO_4 \longrightarrow 3Mg(OH)_2 + 6[CaSO_4 \cdot 2H_2O]$$
$$+ Al_2O_3 \cdot 3H_2O + 13H_2O \tag{6.89}$$

$$C_3A \cdot 3CaSO_4 \cdot 32H_2O + 3MgCl_2 \longrightarrow 3Mg(OH)_2 + 3[CaSO_4 \cdot 2H_2O] + 3CaCl_2$$
$$+ Al_2O_3 \cdot 3H_2O + 19H_2O \tag{6.90}$$

5）混凝土在盐湖卤水条件下冻融损伤的叠加效应分析

OPC 在水中的冻融损伤变量 D_1、在盐湖卤水中的腐蚀损伤变量 D_2 及其在盐湖卤水中的冻融损伤变量 D 如图 6.142 所示。由图 6.142 可见，混凝土在盐湖卤水中的冻融损伤规律与盐湖卤水的种类和冻融循环次数有关。

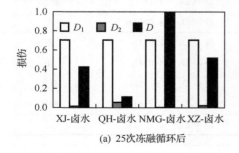

(a) 25次冻融循环后

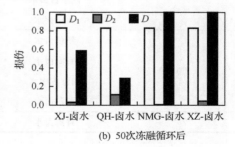

(b) 50次冻融循环后

图 6.142　OPC 在盐湖卤水中冻融时的损伤变量

根据叠加原理,混凝土在多重因素条件下的内部损伤劣化程度,绝不是各因素单独作用引起损伤的简单加和值,而是诸因素相互影响、交互叠加,从而加剧了混凝土的损伤和劣化程度。通常多因素作用下材料的劣化程度大于各因素单独作用下引起损伤的总和,即产生 1+1>2、1+2>3 的损伤超叠效应,并导致混凝土性能进一步降低和工程服役寿命缩短。混凝土在盐湖卤水中的冻融损伤叠加效应可以用下式表示:

$$D = D_1 + kD_2 \tag{6.91}$$

式中:k 为混凝土在盐湖卤水中的腐蚀损伤效应系数。当 $k>1$ 时,表示损伤因素之间的交互作用存在损伤负效应;当 $k<1$ 时,表示损伤因素之间的交互作用存在损伤正效应。根据前文分析认为,盐湖卤水对于混凝土冻融的损伤交互作用,既有损伤正效应,也有损伤负效应。损伤正效应体现在盐湖卤水的冰点降低作用,能够缓解混凝土的冻融损伤过程;损伤负效应体现在盐湖卤水在低温条件下的盐结晶压作用,导致混凝土发生膨胀性破坏,从而增加混凝土的冻融损伤。当损伤正效应大于负效应时,混凝土在盐湖卤水中的冻融损伤不存在损伤超叠效应;反之,则存在损伤超叠效应。

表 6.27 是混凝土在不同盐湖卤水中的冻融损伤叠加规律。由表 6.27 可见,混凝土在新疆和青海盐湖卤水中冻融的损伤正效应大于损伤负效应,在内蒙古盐湖卤水混凝土的冻融损伤效应与此相反,存在损伤超叠加效应。在西藏盐湖卤水中,混凝土冻融的损伤效应并非一成不变,而是与冻融循环次数有关,在 25 次循环时损伤正效应大于负效应,到 50 次循环时出现了明显的损伤超叠加效应。

表 6.27　混凝土在盐湖卤水中冻融时的损伤叠加规律

冻融次数	卤水类型	公式形式	卤水影响
25	新疆卤水	$D = D_1 - 17.56D_2$	正
	青海卤水	$D = D_1 - 10.607D_2$	正
	内蒙古卤水	$D = D_1 + 84D_2$	叠加
	西藏卤水	$D = D_1 - 8.609D_2$	正
50	新疆卤水	$D = D_1 - 7.66D_2$	正
	青海卤水	$D = D_1 - 4.85D_2$	正
	内蒙古卤水	$D = D_1 + 24.143D_2$	叠加
	西藏卤水	$D = D_1 + 3.756D_2$	叠加
75	青海卤水	$D = D_1 - 3.704D_2$	正

图 6.143 显示了腐蚀损伤效应系数 k 随冻融循环次数的变化规律。可见,混

凝土在盐湖卤水中的冻融损伤是一个此
消彼长的变化过程。一方面,盐湖卤水的
冰点降低作用取决于卤水的成分,而与冻
融循环次数无关,即混凝土冻融的损伤正
效应并不随着冻融循环次数而变化;另一
方面,盐结晶压对混凝土孔壁的疲劳作
用,强烈地依赖于冻融循环次数,即混凝
土的损伤负效应随着冻融循环次数的增
加而增强。当超过一定冻融循环次数以
后,必将导致损伤负效应大于正效应,使
混凝土的冻融破坏发生损伤超叠效应。

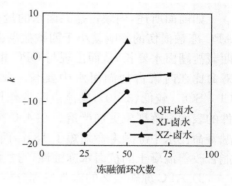

图 6.143　混凝土的腐蚀损伤效应
系数 k 与冻融循环次数的关系

2. 引气混凝土的冻融破坏形态与机理探讨

1) APC 的冻融破坏形态

图 6.144 是 APC 在不同盐湖卤水中冻融后的表面形态。由图 6.144 可见,
APC 在四种盐湖卤水的冻融过程中均没有出现表面宏观裂纹,在青海和新疆盐湖
卤水中冻融 1250 次后表面也没有剥落,在西藏和内蒙古盐湖卤水中冻融到一定循
环次数以后出现了表面剥落现象。这说明,在盐湖卤水中冻融时,APC 内部的气
孔切断了水分和侵蚀性离子往内渗透的毛细孔通道,极大地缓解了盐结晶压,这与
朱蓓蓉等报道的引气能够延缓干湿循环作用下混凝土内部的盐结晶压机理是一致
的。根据 APC 在西藏和内蒙古盐湖卤水中的冻融破坏仅体现水冻胀压的表面剥
落特征,充分说明两点:①在混凝土中引气确能缓解冻融时的盐结晶压;②引气对
水冻胀压的释放作用小于对盐结晶压的缓解作用。可见,影响 APC 在盐湖卤水中
冻融损伤的主导因素是水冻胀压,这与 OPC 存在重大差异。由于引气降低了混凝
土冻融时盐结晶压的损伤负效应,使混凝土的质量变化速率和 E_r 下降速率放慢,
APC 在内蒙古、新疆和青海盐湖卤水中的冻融寿命分别达到 1160 次、1250 次和
1250 次以上,比水中冻融寿命至少延长了 1 倍多。

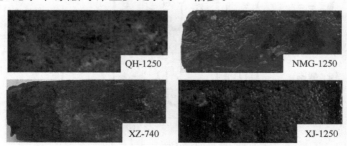

图 6.144　APC 试件的冻融破坏与表面剥落(图中编号分别代表卤水种类和冻融循环次数)

　　如前面所述,内蒙古盐湖卤水的盐类结晶作用比西藏盐湖卤水强,因此,它对APC冻融损伤的影响就小于西藏盐湖卤水,其冻融寿命在内蒙古盐湖卤水中就比西藏盐湖卤水要长,从而出现与OPC相反的规律,OPC在西藏盐湖卤水中的冻融寿命比在内蒙古盐湖卤水中要长。此外,在四种盐湖卤水中,西藏盐湖卤水的Cl^-/SO_4^{2-}较低(3.30),其冰点降低作用不如其他卤水显著,所以冻融时APC试件的表面剥落现象更加严重。在450次循环时质量损失率就达到5%,导致其冻融寿命比水中冻融寿命缩短了18%,而此时试件的E_r仍然高达82%。可见,引气能否改善混凝土的抗卤水冻蚀性,与盐湖卤水的成分具有密切的关系。

　　2) APC冻融破坏的微观机理分析

　　(1) 在青海和新疆盐湖卤水冻融时的低温腐蚀机理。

　　APC在不同盐湖卤水中冻融1250次后的XRD谱和DTA-TG曲线分别如图6.145和图6.146所示,图6.147是其对应的SEM照片。

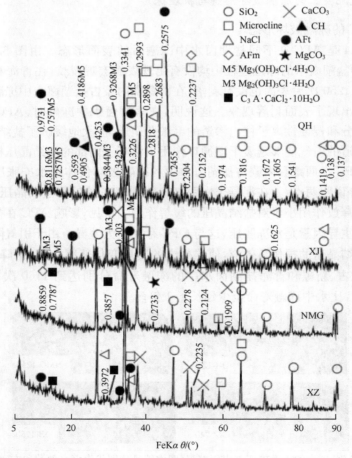

图 6.145　APC在不同盐湖卤水中冻融1250次后的XRD谱

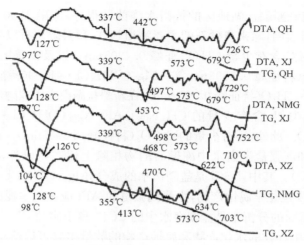

图 6.146　APC 在不同盐湖卤水中冻融 1250 次后的 DTA-TG 曲线

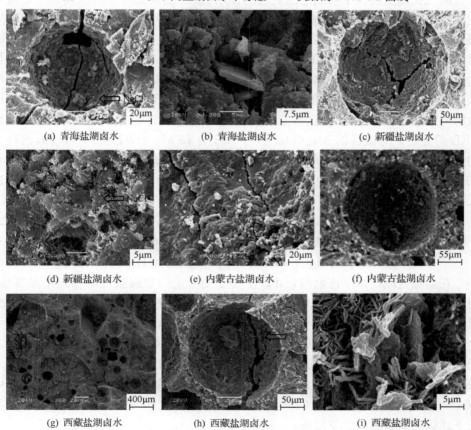

图 6.147　APC 在不同盐湖卤水中冻融 1250 次后的 SEM 形貌

　　APC 在青海和新疆盐湖地区的抗卤水冻蚀性很好，冻融 1250 次试件也没有破坏。XRD 结果表明，除来自砂石的主要物相 SiO_2 和斜微长石以外，在青海盐湖卤水中冻融后 APC 含有少量 CH（特征峰 0.4905nm），以及微量的 NaCl（特征峰 0.3231nm）、AFt（特征峰 0.5593nm 等）、$Mg_2(OH)_3Cl \cdot 4H_2O$（特征峰 0.8116nm）和 $Mg_3(OH)_5Cl \cdot 4H_2O$（特征峰 0.7257nm）；在新疆盐湖卤水中冻融后，APC 的物相与青海盐湖卤水类似，含有少量的 CH、NaCl、AFt、$Mg_2(OH)_3Cl \cdot 4H_2O$ 和 $Mg_3(OH)_5Cl \cdot 4H_2O$。此外，还有少量的 $CaCO_3$（特征峰 0.3045nm）。由 DTA-TG 分析可知，在青海和新疆盐湖卤水中冻融后的物相除上述产物以外，还存在大量的 C-S-H 凝胶（97℃）。其中，NaCl 是盐湖卤水的成分，$Mg_2(OH)_3Cl \cdot 4H_2O$ 和 $Mg_3(OH)_5Cl \cdot 4H_2O$ 是化学腐蚀产物，少量到微量的 AFt 应该是水泥的水化产物，少量 $CaCO_3$ 根据后面的分析也是盐湖卤水中的 CO_3^{2-} 离子腐蚀 CH 的产物。

　　根据混凝土中存在的水化产物和腐蚀产物的数量多寡可以看出，APC 中的球形封闭气孔确实起到了切断毛细效应的作用，渗入混凝土内部的盐湖卤水数量大大减少了，所以青海和新疆盐湖卤水对 APC 的低温腐蚀是非常轻微的。相对来说，青海盐湖卤水对 APC 的低温腐蚀作用要比新疆盐湖卤水轻一些，在青海盐湖卤水中 APC 主要受到轻微的物理结晶腐蚀，而且还是非膨胀性的，图 6.147(a) 显示 1 个球形气孔内部只有微量 NaCl 晶体，根本不可能完全填充气孔。由于青海盐湖卤水不结冰，穿过气孔的微裂纹应该是取样时的打击裂纹，而非水冻胀裂纹或盐结晶膨胀裂纹。此外，镁盐和氯盐对 CH 的化学腐蚀也是很轻的，因为一方面 XRD 等鉴定只有微量的 $Mg_2(OH)_3Cl \cdot 4H_2O$ 和 $Mg_3(OH)_5Cl \cdot 4H_2O$，而存在的 CH 数量相对是比较多的。另一方面，图 6.147(b) 显示在大部分区域的板状 CH 晶体并没有受到明显的腐蚀痕迹。这些化学腐蚀反应如下（形成的 $CaCl_2$ 进入盐湖卤水中）：

$$MgCl_2 + Ca(OH)_2 \longrightarrow CaCl_2 + Mg(OH)_2 \tag{6.92}$$

$$5Mg(OH)_2 + MgCl_2 + 8H_2O \longrightarrow 2[Mg_3(OH)_5Cl \cdot 4H_2O] \tag{6.93}$$

$$3Mg(OH)_2 + MgCl_2 + 8H_2O \longrightarrow 2[Mg_2(OH)_3Cl \cdot 4H_2O] \tag{6.94}$$

　　在新疆盐湖卤水中冻融时，APC 主要受到一定的非膨胀性的物理结晶腐蚀，但图 6.147(c) 显示封闭气孔中的 NaCl 晶体很少，在图 6.147(d) 的水化产物 C-S-H 凝胶之间局部区域充填了少量 NaCl 晶体，大部分 C-S-H 凝胶之间的毛细孔中生成了一些针状 $Mg_2(OH)_3Cl \cdot 4H_2O$ 和 $Mg_3(OH)_5Cl \cdot 4H_2O$ 等晶体，说明 CH 受到了镁盐和氯盐一定程度的化学腐蚀。此外，XRD 等分析存在 $CaCO_3$ 以及 SEM 形貌中很少观察到完整的 CH 晶体，足以表明 CH 还受到了盐湖卤水中 CO_3^{2-} 一定程度的化学腐蚀。其化学腐蚀反应除了式(6.92)～(6.94)以外，还存在下述碳酸盐腐蚀的化学反应：

$$Ca(OH)_2 + Na_2CO_3 \longrightarrow CaCO_3 + 2NaOH \qquad (6.95)$$

$$2NaOH + MgCl_2 \longrightarrow 2NaCl + Mg(OH)_2 \qquad (6.96)$$

(2) 在西藏和内蒙古盐湖卤水冻融时的低温冻蚀机理。

西藏和内蒙古盐湖卤水在冻融过程中是结冰的，APC 在西藏盐湖地区的抗卤水冻蚀性较差（冻融寿命 450 次），在内蒙古盐湖卤水中经过 1160 次冻融循环以后也发生了破坏。尽管这种破坏主要由水冻胀压引起，但是在融化时的正温条件下还是要受到一定程度的盐湖卤水的腐蚀。XRD 分析结果表明，APC 的物相除主要杂质 SiO_2 和微量斜微长石（来自砂石）以外，在西藏盐湖卤水中冻融后含有较多的 $CaCO_3$（特征峰 0.3034nm）及少量的 AFt（特征峰 0.973nm）和 $C_3A \cdot CaCl_2 \cdot 10H_2O$（特征峰 0.7787nm）；在内蒙古盐湖卤水中冻融后含有较多的 $CaCO_3$（特征峰 0.303nm）和少量的 $C_3A \cdot CaCl_2 \cdot 10H_2O$（特征峰 0.7831nm），以及微量的 AFm（特征峰 0.8859nm）和 $MgCO_3$（特征峰 0.2733nm），但没有 AFt。DTA-TG 分析结果与 XRD 基本一致，此外，104℃的较大吸热峰来自于 C-S-H 凝胶的脱水。根据 Taylor 最新数据，AFm 主要有 135℃、200℃、290℃、440℃ 和 480℃ 等吸热峰，在内蒙古盐湖卤水中冻融试样的 DTA 曲线上出现了 137℃、285℃、420℃ 和 498℃，基本与此对应，证明确实存在少量 AFm。在所有物相中，AFt、$C_3A \cdot CaCl_2 \cdot 10H_2O$ 和 AFm 是 APC 的腐蚀产物。至于 $CaCO_3$ 则有两个来源：一是冻融前的碳化产物；二是冻融时的腐蚀产物。比较 $CaCO_3$ 的 XRD 特征峰（0.303nm）强度发现，APC 在青海、新疆、西藏和内蒙古盐湖卤水中冻融后依次为 0、272、306 和 330，这与几种盐湖卤水的 CO_3^{2-} 浓度大小顺序是一致的，说明 $CaCO_3$ 确实是冻融时 CH 与 CO_3^{2-} 的反应产物，因为在冻融前的标准养护时混凝土几乎不碳化。

结合前面分析的 APC 试件的外观破坏特征是水冻胀压引起的表面剥落破坏，可以认为，正是由于水冻胀压引起 APC 微裂纹（图 6.147(e)、(g)和(h)）加速了盐湖卤水的渗入，才使其化学腐蚀产物比青海和新疆盐湖卤水要多，化学腐蚀反应生成的 $CaCO_3$ 可能在一定程度上密实了原来填充 CH 的位置，对结构有利。但是，在西藏盐湖卤水冻融时针棒状 AFt 和 $C_3A \cdot CaCl_2 \cdot 10H_2O$（图 6.147(i)）具有膨胀作用，反过来又促进了冻融微裂纹的扩展。内蒙古盐湖卤水冻融时的水化硫铝酸钙是 AFm，它是六方片状的，没有膨胀作用，它对 APC 结构的腐蚀破坏作用要比针棒状 AFt 小得多，所以仍能观察到完好的气孔存在（图 6.147(f)）。由此可见，APC 在西藏和内蒙古盐湖卤水冻融时，冻融与腐蚀是相互促进的，但以冻融破坏为主，其化学腐蚀包括下列氯盐和硫酸盐腐蚀反应：

$$C_3AH_6 + CaCl_2 + 4H_2O \longrightarrow C_3A \cdot CaCl_2 \cdot 10H_2O \qquad (6.97)$$

$$C_3AH_6 + 3Ca(OH)_2 + 3MgSO_4 + 24H_2O \longrightarrow C_3A \cdot 3CaSO_4 \cdot 32H_2O + 3Mg(OH)_2$$
$$\qquad (6.98)$$

其碳酸盐腐蚀反应除了式(6.97)和式(6.98)以外,还有 MH 被 CO_3^{2-} 腐蚀的化学反应式(6.99),而且式(6.100)与式(6.98)构成了一个 MH 的腐蚀循环:

$$Mg(OH)_2 + Na_2CO_3 \longrightarrow MgCO_3 + 2NaOH \tag{6.99}$$

对于内蒙古盐湖卤水冻融,可能存在以下 AFt 向 AFm 的转化反应:

$$C_3A \cdot 3CaSO_4 \cdot 32H_2O \longrightarrow C_3A \cdot CaSO_4 \cdot 12H_2O + 2[CaSO_4 \cdot 2H_2O] + 16H_2O \tag{6.100}$$

或者存在 AFt 被氯盐腐蚀向 $C_3A \cdot CaCl_2 \cdot 10H_2O$ 的转化反应:

$$C_3A \cdot 3CaSO_4 \cdot 32H_2O + CaCl_2 \longrightarrow C_3A \cdot CaCl_2 \cdot 10H_2O + 3[CaSO_4 \cdot 2H_2O]$$
$$+ 16H_2O \tag{6.101}$$

6.4.3 普通混凝土、引气混凝土和高强混凝土在干湿循环＋盐湖卤水腐蚀双重因素作用下的腐蚀产物、微观结构和腐蚀破坏机理

1. 混凝土在新疆、内蒙古和西藏盐湖卤水中的腐蚀破坏机理

1) 普通混凝土的腐蚀产物

普通混凝土(OPC)在 200 次干湿循环＋盐湖卤水腐蚀双重因素作用下表层混凝土(5mm 以内)的 XRD 谱和 DTA-TG 曲线分别如图 6.148 和图 6.149 所示。XRD 结果表明,除来自砂石的 SiO_2(特征峰 0.3341nm 等)和斜微长石(特征峰 0.3244nm 等)以外,在 200 次(干湿循环＋新疆盐湖卤水腐蚀)后,OPC 含有少量 $C_3A \cdot CaCl_2 \cdot 10H_2O$(特征峰 0.7859nm)、CH(特征峰 0.4914nm)和 $CaCO_3$(特征峰 0.3031nm),微量 NaCl(特征峰 0.2819nm、0.1994nm、0.3244nm 和 0.1628nm)和 KCl(特征峰 0.3195nm、0.2235nm、0.1817nm 和 0.1573nm);在 200 次(干湿循环＋青海盐湖卤水腐蚀)后则存在少量 $C_3A \cdot CaCl_2 \cdot 10H_2O$ 和 $CaCO_3$ 以及微量 NaCl 和 KCl,但没有 CH,说明在青海盐湖卤水中 CH 已经完全被腐蚀了,在干湿循环条件下没有出现如第 2 章所示的氯氧化镁,可能与氯氧化镁在 50℃发生分解有关;当 OPC 在 200 次(干湿循环＋内蒙古盐湖卤水腐蚀)以后含有较多的 $CaCO_3$ 和少量的 AFt(特征峰 0.973nm 等),以及微量 NaCl 和 KCl,还出现了 1 个明显的 0.7078nm 特征峰,具体物相名称待定;当 OPC 处于 200 次双重因素(干湿循环＋西藏盐湖卤水腐蚀)作用下,其物相组成中含有较多 $CaCO_3$、少量 AFt 和 $C_3A \cdot CaCl_2 \cdot 10H_2O$ 以及微量 $C_3A \cdot CaCO_3 \cdot 11H_2O$(特征峰 0.7612nm、0.3769nm、0.2869nm 等)、AFm(含有 10 个 H_2O,特征峰 0.8229nm)、NaCl 和 KCl。DTA-TG 分析可知,OPC 除了上述产物以外,还存在少量的 C-S-H 凝胶(104～117℃),其 DTA 吸热峰比较小,相应的 TG 失重也很小,少量 AFt 的热效应峰也在此范围内,与 C-S-H 凝胶重合。在 DTA-TG 曲线上,245℃、392～398℃和 600℃吸热效

应是 $C_3A \cdot CaCl_2 \cdot 10H_2O$ 的分步脱水,很小的 440～460℃吸热峰是少量 CH 的脱水,681～698℃为 $CaCO_3$ 的分解。对于 200 次干湿循环＋新疆或西藏盐湖卤水腐蚀的情形,在 392～398℃之间较大的 TG 失重不可能完全由少量 $C_3A \cdot CaCl_2 \cdot 10H_2O$ 脱去 5 个 H_2O 引起,应该叠加了少量 $Mg(OH)_2$ 的分解脱水热效应,因为 MH 结晶非常小,接近凝胶的尺度范围,XRD 上有时会反映不出特征衍射峰。此外,在 200 次(干湿循环＋内蒙古盐湖卤水腐蚀)的 OPC 试样中,存在一个明显的吸热失重效应(507℃)和一个很陡的吸热峰(636℃),没有找到对应的物相,应是 XRD 分析中待定物相的热效应特征。

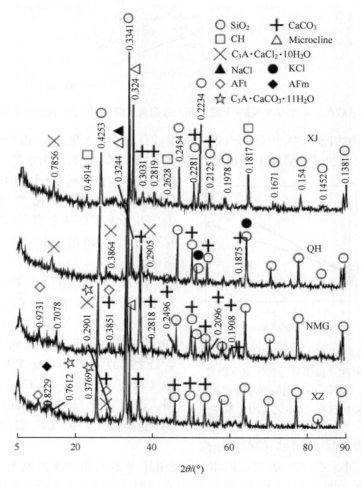

图 6.148　OPC 在 200 次干湿循环＋盐湖卤水腐蚀双重因素作用下表层的 XRD 谱

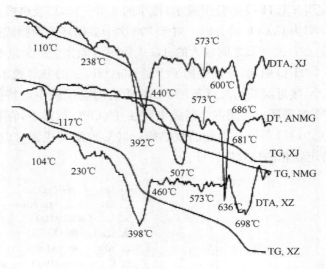

图 6.149　OPC 在 200 次双重因素(干湿循环+盐湖卤水腐蚀)作用下表层的 DTA-TG 曲线

在以上物相分析中,少量 AFt 和 CH 是残存的水泥水化产物,微量 AFm 可能是 AFt 受到腐蚀时分解的中间过渡产物,NaCl 和 KCl 是盐湖卤水的物理结晶腐蚀产物,$C_3A \cdot CaCl_2 \cdot 10H_2O$ 和 $C_3A \cdot CaCO_3 \cdot 11H_2O$ 是化学腐蚀产物。$CaCO_3$ 应该存在两个来源:①CH 的碳化产物;②盐湖卤水中 CO_3^{2-} 对 CH 的腐蚀产物。

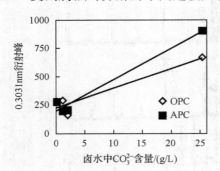

图 6.150　混凝土在不同盐湖卤水中进行 200 次干湿循环+腐蚀双重因素实验时 $CaCO_3$ 的衍射峰强度与盐湖卤水中 CO_3^{2-} 含量之间的关系

图 6.150 是 OPC 在 200 次干湿循环+不同盐湖卤水腐蚀双重因素作用下,$CaCO_3$ 的 XRD 特征衍射峰(0.3031nm)强度与盐湖卤水的 CO_3^{2-} 含量之间的关系,可见盐湖卤水中 CO_3^{2-} 浓度越高,OPC 中 $CaCO_3$ 的衍射峰越强。说明在此条件下,$CaCO_3$ 主要是 CH 受盐湖卤水中 CO_3^{2-} 腐蚀的产物。

2) 普通混凝土腐蚀后的微观结构

普通混凝土在 200 次双重因素(干湿循环+不同盐湖卤水腐蚀)作用下的 SEM 形貌示于图 6.151。SEM 观察发现,在新疆盐湖卤水中进行 200 次干湿循环以后,OPC 内部的部分毛细孔中存在 NaCl 和 KCl 晶体的结晶作用(见图 6.151 (a)),同时一些局部区域存在针状 $C_3A \cdot CaCl_2 \cdot 10H_2O$ 等化学腐蚀产物

（图 6.151（b））。图 6.151（c）显示纤维状 C-S-H 凝胶之间的 CH 已经被溶解留下较大尺寸的毛细孔通道，这样会加速盐湖卤水的渗入和腐蚀反应。

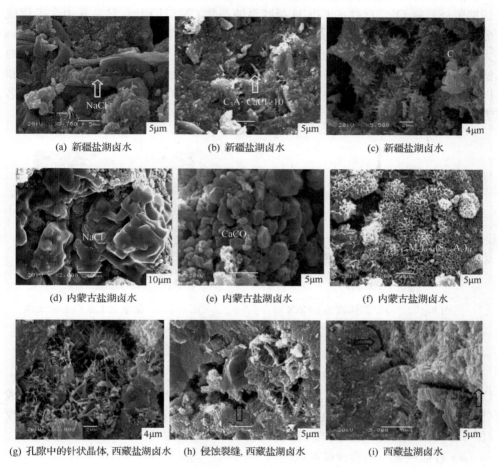

(a) 新疆盐湖卤水　　　　　(b) 新疆盐湖卤水　　　　　(c) 新疆盐湖卤水

(d) 内蒙古盐湖卤水　　　　(e) 内蒙古盐湖卤水　　　　(f) 内蒙古盐湖卤水

(g) 孔隙中的针状晶体, 西藏盐湖卤水　　(h) 侵蚀裂缝, 西藏盐湖卤水　　(i) 西藏盐湖卤水

图 6.151　OPC 在 200 次（干湿循环＋盐湖卤水腐蚀）双重因素作用下表层的 SEM 形貌

　　OPC 在内蒙古盐湖卤水中进行 200 次干湿循环以后，腐蚀非常严重。图 6.151（d）显示出盐湖卤水的物理结晶性腐蚀产物 NaCl 晶体，在图 6.151（e）中则出现大量的 CH 被盐湖卤水中 CO_3^{2-} 腐蚀的规则 $CaCO_3$ 结晶体，在图 6.151（f）中出现许多由长度约 $1.5\mu m$、厚度约 $0.2\mu m$ 的细小叶片状晶体组成的三维网状的球形晶体族（直径约 $6\mu m$），正是 XRD 和 DTA-TG 分析中的待定物相。经过 DE-AX 分析（图 6.152），该球形晶体族的 Mg^{2+}、Na^+、K^+ 和 Cl^- 含量分别为 11.38%、1.93%、0.56% 和 2.63%，此外还含有 4.40% 的 Al，其钙硅比较低（0.65），镁钙比较高（0.65），铝硅比达到 0.15。如果忽略次要成分，可以计算出其化学式能够写

成 $(C_{1-x}M_x)_{0.94}(S_{1-y}A_y)H(x=0.4,y=0.13)$，它可能是 C-S-H 凝胶同时发生 Mg 取代 Ca 和 Al 取代 Si 的腐蚀产物，属于一种固溶现象，这与在青海盐湖地区长期野外暴露 OPC 试件的 C-S-H 凝胶腐蚀产物 CMSH 相似，只是其中含有铝成分。这种球形的含镁硅酸盐晶体在 1986 年 Regourd 等报道的加拿大 Les Cedres 大坝混凝土碱-白云石反应的生成物中也有发现(图 6.153)，其中必然含有较多的镁。遗憾的是当时没有进一步地研究并合成纯相，也没有提供相应的 XRD 和 DTA-TG 特征。因此，本书中也不能准确确定该晶体的名称，暂时根据成分命名为水化硅铝酸钙镁。

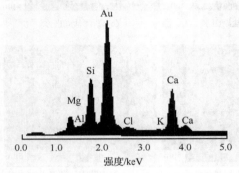

图 6.152　球形晶体族的 DEAX 谱

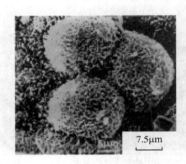

图 6.153　加拿大 Les Cedres 大坝混凝土中碱-白云石反应生成球+状硅酸盐晶体产物的 SEM 形貌

　　OPC 在西藏盐湖卤水中进行 200 次干湿循环以后，其针状腐蚀产物 $C_3A \cdot CaCl_2 \cdot 10H_2O$ 和 $C_3A \cdot CaCO_3 \cdot 11H_2O$ 在混凝土的孔洞内大量形成(图 6.151(g))，并且由此在混凝土的 C-S-H 凝胶结构中引发了微观裂纹(图 6.151(h))及其扩展(图 6.151(i))。

　　3) 普通混凝土的腐蚀破坏机理

　　根据上述腐蚀产物和微观结构的分析，可以归纳 OPC 在双重因素(干湿循环+不同盐湖卤水腐蚀)作用下的腐蚀机理包括：盐湖卤水对混凝土的 NaCl 和 KCl 物理结晶腐蚀以及化学腐蚀。

　　(1) 在新疆和青海盐湖卤水中干湿循环时的化学腐蚀属于氯盐、碳酸盐、硫酸盐和镁盐腐蚀反应，其主要化学反应如下：

$$C_3AH_6 + CaCl_2 + 4H_2O \longrightarrow C_3A \cdot CaCl_2 \cdot 10H_2O \tag{6.102}$$

$$C_3A \cdot 3CaSO_4 \cdot 32H_2O + CaCl_2 \longrightarrow C_3A \cdot CaCl_2 \cdot 10H_2O + 3[CaSO_4 \cdot 2H_2O] + 16H_2O \tag{6.103}$$

$$Ca(OH)_2 + Na_2CO_3 \longrightarrow CaCO_3 + 2NaOH \tag{6.104}$$

$$C_3S_2H_3 + 3MgSO_4 + 8H_2O \longrightarrow 3(CaSO_4 \cdot 2H_2O) + 3Mg(OH)_2 + 2(SiO_2 \cdot H_2O)$$
$$(6.105)$$

(2) 在内蒙古盐湖卤水中干湿循环时的化学腐蚀属于氯盐、碳酸盐、硫酸盐和镁盐腐蚀反应,主要的化学反应除式(6.105)以外,还有 AFt 的碳酸化分解和 C-S-H 的腐蚀

$$C_3A \cdot 3CaSO_4 \cdot 32H_2O + 3Na_2CO_3 \longrightarrow 3CaCO_3 + 3[CaSO_4 \cdot 2H_2O]$$
$$+ Al_2O_3 \cdot 3H_2O + 6NaOH + 20H_2O \quad (6.106)$$

$$C\text{-}S\text{-}H + MgSO_4 + Al_2O_3 \cdot 3H_2O + H_2O \longrightarrow (C_{1-x}M_x)_{0.94}(S_{1-y}A_y)H$$
$$(x = 0.4, y = 0.13) + CaSO_4 \cdot 2H_2O + SiO_2 \cdot H_2O \quad (6.107)$$

$$C\text{-}S\text{-}H + MgCl_2 + Al_2O_3 \cdot 3H_2O + H_2O \longrightarrow (C_{1-x}M_x)_{0.94}(S_{1-y}A_y)H$$
$$(x = 0.4, y = 0.13) + CaCl_2 + SiO_2 \cdot H_2O \quad (6.108)$$

(3) 在西藏盐湖卤水中干湿循环时的化学腐蚀与新疆和青海盐湖卤水的相同,只是主要的化学反应除式(6.102)~(6.105)以外,还包括下列反应:

$$C_3A \cdot 3CaSO_4 \cdot 32H_2O + Ca(OH)_2 + Na_2CO_3 \longrightarrow C_3A \cdot CaCO_3 \cdot 11H_2O$$
$$+ 3[CaSO_4 \cdot 2H_2O] + 2NaOH + 15H_2O \quad (6.109)$$

$$C_3A \cdot 3CaSO_4 \cdot 32H_2O \longrightarrow C_3A \cdot CaSO_4 \cdot 10H_2O + 2[CaSO_4 \cdot 2H_2O] + 18H_2O$$
$$(6.110)$$

在以上腐蚀反应中,腐蚀产物 NaOH 还要与镁盐发生反应

$$2NaOH + MgCl_2 \longrightarrow 2NaCl + Mg(OH)_2 \quad (6.111)$$

$$2NaOH + MgSO_4 \longrightarrow Na_2SO_4 + Mg(OH)_2 \quad (6.112)$$

因为形成的 $CaSO_4 \cdot 2H_2O$ 进入了盐湖卤水中,所以 XRD 有时会检测不到。

2. 引气混凝土在新疆、青海、内蒙古和西藏盐湖卤水中的腐蚀破坏机理

1) 引气混凝土的腐蚀产物

图 6.154 是引气混凝土(APC)在 135 次干湿循环+不同盐湖卤水腐蚀双重因素作用下的 XRD 谱。结果表明,在新疆盐湖卤水中进行干湿循环以后,APC 的主要物相除来自砂子的 SiO_2(特征峰 0.3336nm 等)以外,存在少量 $C_3A \cdot CaCl_2 \cdot 10H_2O$(特征峰 0.7793nm)和硅灰石膏(Thaumasite,为了论述方便,本书简称为 THa,化学式为 $CaCO_3 \cdot CaSiO_3 \cdot CaSO_4 \cdot 15H_2O$,一般简写为 $C_3S \, C\text{-}S\text{-}H_{15}$,特征峰 0.9562nm),以及微量 AFt(特征峰 0.973nm)、CH(特征峰 0.4901nm)、$CaCO_3$(特征峰 0.3033nm)和 $C_3A \cdot CaCO_3 \cdot 11H_2O$(特征峰 0.7582nm、0.3772nm、0.2866nm 等)。

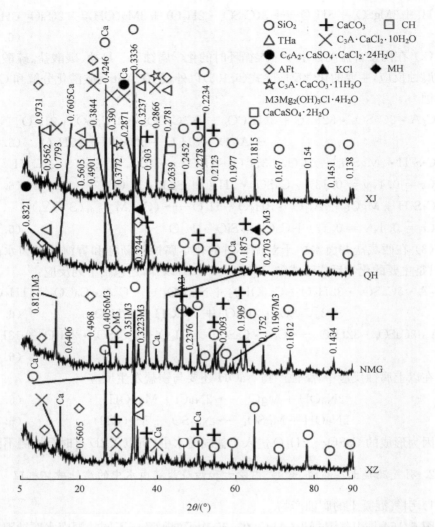

图 6.154　APC 在 135 次干湿循环＋盐湖卤水腐蚀双重因素作用下表层的 XRD 谱

　　在青海盐湖卤水中进行干湿循环以后,APC 存在少量 $CaCO_3$ 和 $CaSO_4 \cdot 2H_2O$(特征峰 0.7607nm、0.4258nm、0.3068nm 等),还有微量 AFt、$C_3A \cdot CaCl_2 \cdot 10H_2O$、水化硫氯铝酸钙($C_3A \cdot CaSO_4 \cdot C_3A \cdot CaCl_2 \cdot 24H_2O$,特征峰 0.8321nm)和 THa,此外还有极其少量 KCl(特征峰 0.3212nm 等)。其中,$C_3A \cdot CaSO_4 \cdot C_3A \cdot CaCl_2 \cdot 24H_2O$ 是 AFm($C_3A \cdot CaSO_4 \cdot 12H_2O$)中 SO_4^{2-} 被 Cl^- 部分取代的介于 $C_3A \cdot CaSO_4 \cdot 12H_2O$ 和 $C_3A \cdot CaCl_2 \cdot 10H_2O$ 之间的过渡产物。

　　在内蒙古盐湖卤水中进行干湿循环以后,APC 的物相存在大量 $CaCO_3$ 和较多 $Mg_2(OH)_3Cl \cdot 4H_2O$(特征峰 0.8121nm、0.4056nm、0.3851nm、0.2483nm

等),以及微量 AFt 和 MH。出现大量 $CaCO_3$ 与内蒙古盐湖卤水中存在较高浓度的 CO_3^{2-} 有直接的关系(图 6.150)。

在西藏盐湖卤水中进行干湿循环以后,APC 存在少量的 AFt、$CaCO_3$、$C_3A \cdot CaCl_2 \cdot 10H_2O$ 和 $CaSO_4 \cdot 2H_2O$。

在上述腐蚀产物中,出现了一个与第2章的长期腐蚀和第5章的低温腐蚀存在重大差异的新腐蚀产物——硅灰石膏(THa)。根据文献报道,THa 是一种结构与 AFt 相似的晶体,其 XRD 衍射峰除 0.9562nm 的特征峰与 AFt 的 0.973nm 不同以外,其他衍射峰基本相同。Bensted 认为,在热分析中不可能分别检测到 AFt 和 Tha 的热效应峰,因为根据 Barnett 等研究,THa 作为一种 C-S-H 的腐蚀产物,它较少呈现结晶形态,也有可能是与 AFt 形成固溶体。THa 一般在低于 15℃ 的湿冷环境条件下形成,当温度高于 20℃ 时会逐渐减少,但是也有研究发现,在温度直到 25℃ 时仍然有 THa 形成,只是其生成速率比较缓慢而已。综合国外近期发表的大量文献发现,THa 的形成主要有以下两种方式。

(1) 由 C-S-H 凝胶在硫酸盐和碳酸盐或 CO_2 存在的条件下直接形成,如含石灰石混合材的波特兰水泥混凝土在硫酸镁溶液中,或者当腐蚀介质中存在 $CaSO_4 \cdot 2H_2O$ 和 CO_2 时发生的腐蚀反应

$$C_3S_2H_3 + Ca(OH)_2 + 2CaCO_3 + 2MgSO_4 + 28H_2O \longrightarrow$$
$$2(CaCO_3 \cdot CaSiO_3 \cdot CaSO_4 \cdot 15H_2O) + 2Mg(OH)_2 \quad (6.113)$$
$$C_3S_2H_3 + CaCO_3 + 2(CaSO_4 \cdot 2H_2O) + CO_2 + 23H_2O \longrightarrow$$
$$2(CaCO_3 \cdot CaSiO_3 \cdot CaSO_4 \cdot 15H_2O) \quad (6.114)$$

(2) 由 C-S-H 凝胶在碳酸盐或 CO_2 存在的条件下与硫酸盐腐蚀产物 AFt 发生二次腐蚀反应形成,如含石灰石混合材的波特兰水泥混凝土在硫酸盐溶液中发生的腐蚀反应

$$C_3A \cdot 3CaSO_4 \cdot 32H_2O + C_3S_2H_3 + 2CaCO_3 \longrightarrow$$
$$2(CaCO_3 \cdot CaSiO_3 \cdot CaSO_4 \cdot 15H_2O) + CaSO_4 \cdot 2H_2O + Al_2O_3 \cdot 3H_2O$$
$$(6.115)$$

从上述 THa 的形成方式可以看出,THa 一般是掺有石灰石混合材的波特兰水泥混凝土在硫酸盐腐蚀条件下的腐蚀产物。在此条件下,水泥提供碳酸盐源和硅酸盐源,腐蚀介质提供硫酸盐源。在本书研究的范围内,混凝土在盐湖卤水中腐蚀时形成的 THa,其硅酸盐源只能由普通波特兰水泥提供,而盐湖卤水则同时提供了碳酸盐源和硫酸盐源。

2) 引气混凝土腐蚀后的微观结构

用 SEM 观察 APC 在 135 次干湿循环+内蒙古盐湖卤水腐蚀双重因素作用下的微观结构形貌如图 6.155 所示。由图 6.155 可见,在一些球形气孔边缘存在少量 NaCl 和 KCl 结晶体。在图 6.155(a)所示的气孔中内部已经被腐蚀产物填充,

图 6.155(b)显示有一条腐蚀裂纹穿过气孔,在气孔内壁的毛细孔中经过放大发现形成了针状 $Mg_2(OH)_3Cl \cdot 4H_2O$ 晶体,在图 6.155(c)中处于 C-S-H 凝胶之间的 CH 已经被碳化成了 $CaCO_3$。与图 6.151(d)~(f)的 OPC 形貌相比,APC 的腐蚀确实要轻一些,说明 APC 结构中的封闭球形气孔对盐湖卤水的渗入起到了一定的阻止作用。但是,根据抗腐蚀系数的测定结果,发现仅靠引气提高混凝土在干湿循环+盐湖卤水腐蚀双重因素作用下的抗腐蚀性能,显然是不够的。

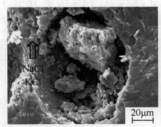 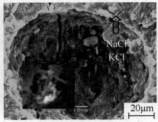 

(a) 部分填充孔　　　　　(b) 穿过孔隙的裂缝　　　　(c) CSH凝胶中的CaCO₃

图 6.155　APC 在 135 次双重因素(干湿循环+内蒙古盐湖卤水腐蚀)作用下表层的 SEM 形貌

3) 引气混凝土的腐蚀破坏机理

综合腐蚀产物分析和微观结构观察,归纳 APC 在干湿循环+不同盐湖卤水腐蚀双重因素作用下的腐蚀机理以化学腐蚀为主,盐湖卤水对混凝土的 NaCl 和 KCl 物理结晶腐蚀占次要地位。下面主要探讨其化学腐蚀反应机理。

(1) APC 在干湿循环+新疆盐湖卤水腐蚀双重因素作用下的化学腐蚀属于氯盐、碳酸盐、硫酸盐和镁盐腐蚀反应,其主要化学反应如下:

$$C_3AH_6 + CaCl_2 + 4H_2O \longrightarrow C_3A \cdot CaCl_2 \cdot 10H_2O \tag{6.116}$$

$$C_3A \cdot 3CaSO_4 \cdot 32H_2O + CaCl_2 \longrightarrow C_3A \cdot CaCl_2 \cdot 10H_2O$$
$$+ 3(CaSO_4 \cdot 2H_2O) + 16H_2O \tag{6.117}$$

$$Ca(OH)_2 + Na_2CO_3 \longrightarrow CaCO_3 + 2NaOH \tag{6.118}$$

$$C_3AH_6 + Ca(OH)_2 + Na_2CO_3 + 5H_2O \longrightarrow C_3A \cdot CaCO_3 \cdot 11H_2O + 2NaOH \tag{6.119}$$

$$C_3A \cdot 3CaSO_4 \cdot 32H_2O + Ca(OH)_2 + Na_2CO_3 \longrightarrow$$
$$C_3A \cdot CaCO_3 \cdot 11H_2O + 3(CaSO_4 \cdot 2H_2O) + 2NaOH + 15H_2O \tag{6.120}$$

$$C_3S_2H_3 + Ca(OH)_2 + 2CaCO_3 + 2MgSO_4 + 28H_2O \longrightarrow$$
$$2(CaCO_3 \cdot CaSiO_3 \cdot CaSO_4 \cdot 15H_2O) + 2Mg(OH)_2 \tag{6.121}$$

$$C_3S_2H_3 + Ca(OH)_2 + 2CaSO_4 \cdot 2H_2O + 2Na_2CO_3 + 24H_2O \longrightarrow$$

$$2(CaCO_3 \cdot CaSiO_3 \cdot CaSO_4 \cdot 15H_2O) + 4NaOH \qquad (6.122)$$

$$C_3A \cdot 3CaSO_4 \cdot 32H_2O + C_3S_2H_3 + 2CaCO_3 \longrightarrow$$

$$2(CaCO_3 \cdot CaSiO_3 \cdot CaSO_4 \cdot 15H_2O) + CaSO_4 \cdot 2H_2O + Al_2O_3 \cdot 3H_2O$$
$$(6.123)$$

$$C_3A \cdot 3CaSO_4 \cdot 32H_2O + C_3S_2H_3 + 2Ca(OH)_2 + 2Na_2CO_3 \longrightarrow$$

$$2(CaCO_3 \cdot CaSiO_3 \cdot CaSO_4 \cdot 15H_2O) + CaSO_4 \cdot 2H_2O + Al_2O_3 \cdot 3H_2O + 4NaOH$$
$$(6.124)$$

在上述化学腐蚀反应中，$C_3A \cdot CaCl_2 \cdot 10H_2O$ 可能按照式(6.116)和式(6.117)方式形成，$C_3A \cdot CaCO_3 \cdot 11H_2O$ 可能按照式(6.119)和式(6.120)方式形成，THa 可能的形成方式有式(6.121)～(6.124)等四种。

(2) APC 在干湿循环＋青海盐湖卤水腐蚀双重因素作用下的化学腐蚀类型与新疆盐湖卤水相同，其主要化学反应除式(6.116)～(6.124)以外，还存在以下化学腐蚀反应：

$$2C_3AH_6 + CaCl_2 + Ca(OH)_2 + Na_2SO_4 + 12H_2O \longrightarrow$$
$$C_3A \cdot CaSO_4 \cdot C_3A \cdot CaCl_2 \cdot 24H_2O + 2NaOH$$
$$(6.125)$$

$$2(C_3A \cdot 3CaSO_4 \cdot 32H_2O) + Ca(OH)_2 + CaCl_2 + Na_2SO_4 \longrightarrow$$
$$C_3A \cdot CaSO_4 \cdot C_3A \cdot CaCl_2 \cdot 24H_2O + 6(CaSO_4 \cdot 2H_2O)$$
$$+ 2NaOH + 28H_2O \qquad (6.126)$$

(3) APC 在干湿循环＋内蒙古盐湖卤水腐蚀双重因素作用下的化学腐蚀属于碳酸盐、氯盐和镁盐腐蚀反应，主要的化学反应除式(6.119)以外，还有以下腐蚀反应：

$$Ca(OH)_2 + MgSO_4 + 2H_2O \longrightarrow CaSO_4 \cdot 2H_2O + Mg(OH)_2 \qquad (6.127)$$

$$Ca(OH)_2 + MgCl_2 \longrightarrow CaCl_2 + Mg(OH)_2 \qquad (6.128)$$

$$C_3A \cdot 3CaSO_4 \cdot 32H_2O + 3Na_2CO_3 \longrightarrow$$
$$3CaCO_3 + 3(CaSO_4 \cdot 2H_2O) + Al_2O_3 \cdot 3H_2O + 6NaOH + 20H_2O$$
$$(6.129)$$

$$3Mg(OH)_2 + MgCl_2 + 8H_2O \longrightarrow 2[Mg_2(OH)_3Cl \cdot 4H_2O] \qquad (6.130)$$

(4) APC 在干湿循环＋西藏盐湖卤水腐蚀双重因素作用下的化学腐蚀属于碳酸盐、氯盐和硫酸盐腐蚀反应，主要的化学反应除式(6.116)～(6.118)以外，还包括下列反应：

$$Ca(OH)_2 + Na_2SO_4 + 2H_2O \longrightarrow CaSO_4 \cdot 2H_2O + 2NaOH \qquad (6.131)$$

$$Ca(OH)_2 + K_2SO_4 + 2H_2O \longrightarrow CaSO_4 \cdot 2H_2O + 2KOH \qquad (6.132)$$

3. 高强混凝土在新疆、青海、内蒙古和西藏盐湖卤水中的腐蚀破坏机理

1) 高强混凝土的腐蚀产物

图 6.156 是高强混凝土（HSC）在 200 次干湿循环＋盐湖卤水腐蚀双重因素作用下的 XRD 谱。结果表明，HSC 除来自沙子的 SiO_2（特征峰 0.3338nm 等）和斜微长石（特征峰 0.3256nm 等）以外，在新疆盐湖卤水中进行 200 次干湿循环以后的物相存在较多 THa（特征峰 0.9554nm）、$CaSO_4 \cdot 2H_2O$（特征峰 0.7592nm、0.4261nm、0.3055nm 等）和 $CaCO_3$（特征峰 0.3029nm），少量 AFt（特征峰 0.973nm）、$C_3A \cdot CaCl_2 \cdot 10H_2O$（特征峰 0.781nm）和 NaCl（特征峰 0.2816nm、

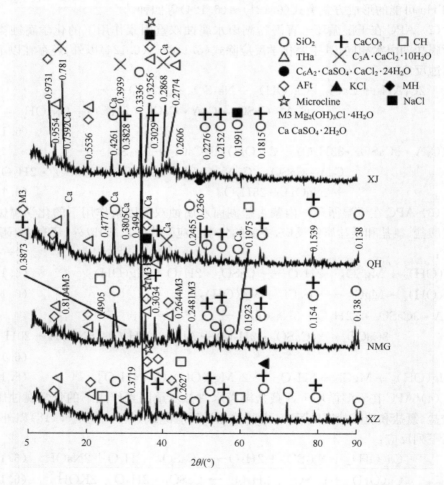

图 6.156　HSC 在 200 次干湿循环＋盐湖卤水腐蚀双重因素作用下表层的 XRD 谱

0.1991nm)。HSC 在青海盐湖卤水中进行 200 次干湿循环以后,其物相中含有较多 CaSO$_4$·2H$_2$O,少量的 THa、MH(特征峰 0.4777nm、0.2366nm)、CaCO$_3$ 和 NaCl,还存在微量 AFt。在新疆和青海盐湖卤水中腐蚀时原本应该存在的较多 CH 已经完全消失,说明它受到了盐湖卤水的严重腐蚀作用。

　　HSC 在内蒙古和西藏盐湖卤水中进行 200 次干湿循环以后,其相组成含有少量 THa、CH 和 CaCO$_3$,还有微量 AFt 和 KCl(特征峰 0.319nm 等),对于内蒙古盐湖卤水还存在少量的 Mg$_2$(OH)$_3$Cl·4H$_2$O(特征峰 0.8104nm、0.3873nm、0.2481nm 等)。HSC 在内蒙古和西藏盐湖卤水中腐蚀还残存 CH,说明其腐蚀作用比在新疆和青海盐湖卤水中要轻一些。

　　在上述 XRD 鉴定的物相中,除 CH 和 AFt 外,都可以认为是腐蚀产物。

　　2) 高强混凝土腐蚀后的微观结构

　　图 6.157 是高强混凝土(HSC)在 200 次干湿循环+不同盐湖卤水腐蚀双重因素作用下表层的 SEM 形貌。经过大范围的 SEM 观察发现,HSC 在盐湖卤水中进行 200 次干湿循环以后,其表层微观结构中产生了大量的网络状微裂纹(图 6.157(b)、(d)、(g) 和 (j)),这些微裂纹显然不同于 HSC 的后期湿胀裂纹,而是腐蚀产物膨胀引起的腐蚀裂纹。正如文献指出,THa 和 AFt 一样,均能对混凝土产生很大的膨胀作用而导致混凝土开裂、崩溃。HSC 在新疆盐湖卤水中进行干湿循环+腐蚀后,由于形成了较多的膨胀性 THa 等腐蚀产物,导致图 6.157(a) 和 (c) 所示的微裂纹。在图 6.157(b) 所示的局部 CH 晶体周围,因形成了膨胀性的 CaSO$_4$·2H$_2$O 晶体,在 C-S-H 凝胶与晶体的交界面引发了一条贯通的微裂纹(宽度约 0.45μm),混凝土表层的腐蚀微裂纹最大宽度可达到 1.09μm。

　　HSC 在青海盐湖卤水中进行干湿循环+腐蚀双重因素试验后,膨胀性腐蚀产物(即 CaSO$_4$·2H$_2$O、THa 和 MH)的形成促使混凝土表层结构解体(图 6.157(f)),图 6.157(d) 所示的 C-S-H 凝胶中起因于 THa 膨胀形成的表层腐蚀裂纹的最大宽度可以达到 1.04μm。由图 6.157(e) 可见,孔洞内的 CH 晶体受到盐湖卤水的 CO$_3^{2-}$ 的腐蚀作用,形成了 CaCO$_3$ 晶体,在此穿过 CH 晶体族的一道腐蚀微裂纹显然成了盐湖卤水内渗的通道。

　　HSC 在内蒙古盐湖卤水中进行干湿循环+腐蚀双重因素试验后,腐蚀产物膨胀的一道主裂纹穿过一个大气孔。对照图 6.157(g) 中箭头"1"所指的孤立短小的湿胀裂纹(宽度为 0.58μm),该主裂纹的最大宽度可达 4.73μm,其宽度是 HSC 湿胀裂纹的 8 倍多。这不仅与 C-S-H 凝胶内部的 THa 形成有关,而且还与图中箭头"2"所指的孔隙中大量针状 Mg$_2$(OH)$_3$Cl·4H$_2$O 晶体形成时推动裂纹扩展也有一定的关系。在将 C-S-H 凝胶放大到 8000 倍的图 6.157(i) 中明显可见,C-S-H 凝胶的微裂纹中形成了许多小纤维状晶体。DEAX 分析发现,它主要由 Ca、Si、C

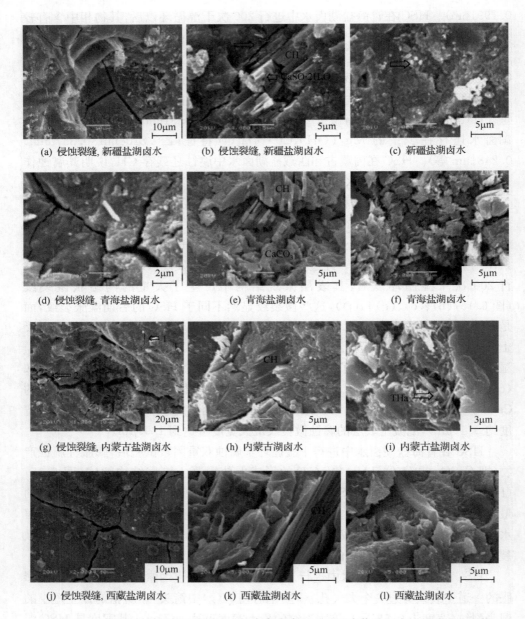

图 6.157　HSC 在 200 次干湿循环＋盐湖卤水腐蚀双重因素作用下表层的 SEM 形貌

和 S 元素组成,证明是 THa 晶体。这与 Torres 等在掺石灰石的水泥砂浆经过硫酸镁溶液腐蚀以后试件表面裂纹中的 THa 晶体完全一致(图 6.158)。

图 6.158　纤维状硅灰石膏的 SEM 形貌

　　HSC 在西藏盐湖卤水中进行双重因素(干湿循环+腐蚀)试验后,微观结构中出现大量的地图状微裂纹,其最大宽度可达到 $1.62\mu m$(图 6.157(j))。在图 6.157(k)所示的 CH 周围的 C-S-H 凝胶已经支离破碎,图 6.157(l)中凝胶的破坏更加严重。

　　3) 高强混凝土的腐蚀破坏机理

　　上述分析表明,HSC 在盐湖地区正温条件下的抗卤水腐蚀性与在正负温度交替条件下的抗卤水冻蚀性存在很大的区别,前者在腐蚀过程中生成了大量的腐蚀产物,微观结构也发生了很大的变化。HSC 的抗卤水冻蚀性很好,在正负温度交替条件下几乎不发生化学腐蚀作用。这里根据腐蚀产物和微观结构的研究提出,HSC 在干湿循环+不同盐湖卤水腐蚀双重因素作用下的腐蚀机理以化学腐蚀为主,由于 XRD 和 SEM-DEAX 等分析发现的 NaCl 和 KCl 晶体很少,作者认为,在干湿循环条件下,相对于化学腐蚀来说,盐湖卤水对 HSC 的物理结晶腐蚀几乎可以忽略。

　　(1) HSC 在双重因素(干湿循环+新疆盐湖卤水腐蚀)作用下的化学腐蚀属于碳酸盐、硫酸盐和氯盐腐蚀反应,其主要化学反应如下:

$$Ca(OH)_2 + Na_2CO_3 \longrightarrow CaCO_3 + 2NaOH \tag{6.133}$$

$$Ca(OH)_2 + Na_2SO_4 + 2H_2O \longrightarrow CaSO_4 \cdot 2H_2O + 2NaOH \tag{6.134}$$

$$Ca(OH)_2 + K_2SO_4 + 2H_2O \longrightarrow CaSO_4 \cdot 2H_2O + 2KOH \tag{6.135}$$

$$C_3S_2H_3 + Ca(OH)_2 + 2CaSO_4 \cdot 2H_2O + 2Na_2CO_3 + 24H_2O \longrightarrow$$
$$2(CaCO_3 \cdot CaSiO_3 \cdot CaSO_4 \cdot 15H_2O) + 4NaOH \tag{6.136}$$

$$C_3A \cdot 3CaSO_4 \cdot 32H_2O + C_3S_2H_3 + 2CaCO_3 \longrightarrow$$
$$2(CaCO_3 \cdot CaSiO_3 \cdot CaSO_4 \cdot 15H_2O) + CaSO_4 \cdot 2H_2O + Al_2O_3 \cdot 3H_2O \tag{6.137}$$

$$C_3A \cdot 3CaSO_4 \cdot 32H_2O + C_3S_2H_3 + 2Ca(OH)_2 + 2Na_2CO_3 \longrightarrow$$

$$2(CaCO_3 \cdot CaSiO_3 \cdot CaSO_4 \cdot 15H_2O) + CaSO_4 \cdot 2H_2O + Al_2O_3 \cdot 3H_2O + 4NaOH \tag{6.138}$$

$$C_3AH_6 + CaCl_2 + 4H_2O \longrightarrow C_3A \cdot CaCl_2 \cdot 10H_2O \tag{6.139}$$

$$C_3A \cdot 3CaSO_4 \cdot 32H_2O + CaCl_2 \longrightarrow$$
$$C_3A \cdot CaCl_2 \cdot 10H_2O + 3(CaSO_4 \cdot 2H_2O) + 16H_2O \tag{6.140}$$

其中,$CaSO_4 \cdot 2H_2O$ 可以由式(6.134)和式(6.135)形成,在由 AFt 形成 THa 的式(6.137)和式(6.138)中也会伴生 $CaSO_4 \cdot 2H_2O$;THa 主要由式(6.136)~(6.138)形成;$C_3A \cdot CaCl_2 \cdot 10H_2O$ 可以由式(6.139)和式(6.140)形成。

(2) HSC 在干湿循环+青海盐湖卤水腐蚀双重因素作用下的化学腐蚀反应与新疆盐湖卤水有所不同,属于碳酸盐、硫酸盐和镁盐腐蚀反应,其主要化学反应除式(6.133)~(6.138)以外,还存在形成 MH 的化学腐蚀反应:

$$Ca(OH)_2 + MgSO_4 + 2H_2O \longrightarrow CaSO_4 \cdot 2H_2O + Mg(OH)_2 \tag{6.141}$$

$$Ca(OH)_2 + MgCl_2 \longrightarrow CaCl_2 + Mg(OH)_2 \tag{6.142}$$

(3) HSC 在干湿循环+内蒙古盐湖卤水腐蚀双重因素作用下的化学腐蚀属于碳酸盐、硫酸盐、氯盐和镁盐腐蚀反应,主要的化学反应除式(6.133)~(6.138)、式(6.141)和式(6.142)以外,还存在形成 $Mg_2(OH)_3Cl \cdot 4H_2O$ 的化学腐蚀反应:

$$3Mg(OH)_2 + MgCl_2 + 8H_2O \longrightarrow 2[Mg_2(OH)_3Cl \cdot 4H_2O] \tag{6.143}$$

可能还有形成 THa 的另一种化学反应:

$$C_3S_2H_3 + Ca(OH)_2 + 2CaCO_3 + 2MgSO_4 + 28H_2O \longrightarrow$$
$$2(CaCO_3 \cdot CaSiO_3 \cdot CaSO_4 \cdot 15H_2O) + 2Mg(OH)_2 \tag{6.144}$$

(4) HSC 在干湿循环+西藏盐湖卤水腐蚀双重因素作用下的化学腐蚀属于碳酸盐和硫酸盐腐蚀反应,主要的化学反应除式(6.133)、式(6.136)、式(6.137)和式(6.138)以外,可能还包括下列反应:

$$C_3A \cdot 3CaSO_4 \cdot 32H_2O + 3Na_2CO_3 \longrightarrow$$
$$3CaCO_3 + 3(CaSO_4 \cdot 2H_2O) + Al_2O_3 \cdot 3H_2O + 6NaOH + 20H_2O \tag{6.145}$$

6.4.4　普通混凝土在弯曲荷载+冻融+盐湖卤水腐蚀三重因素作用下的失效机理

1. 破坏特征

当 OPC 试件施加 30%弯曲荷载后,在新疆、内蒙古和西藏盐湖卤水中的加载冻融寿命比非加载寿命平均缩短了 40%,试件表现为突然断裂的破坏特征,此时除断口外并没有其他可见的宏观裂纹。

2. 在荷载作用的多重因素条件下破坏机理分析

当 OPC 施加一定的弯曲荷载时,试件受拉区就会产生一定大小的初始外部拉应力。随着混凝土在新疆、内蒙古和西藏盐湖卤水中冻融循环次数的增加,膨胀性 $Na_2SO_4 \cdot 10H_2O$ 等晶体在混凝土孔隙内部结晶、定向生长,产生盐结晶压,使混凝土结构受到内部拉应力作用。此时内部拉应力与外部拉应力叠加在一起,使混凝土结构受到的总拉应力大于单纯的盐结晶压产生的内部拉应力。

根据加载 OPC 试件在青海盐湖卤水中冻融时并不发生开裂或断裂的破坏现象,可以推测在其他三种盐湖卤水中冻融时 $Na_2SO_4 \cdot 10H_2O$ 等晶体的盐结晶压要大于 30% 弯曲荷载产生的受拉区拉应力。因此,在新疆、内蒙古和西藏盐湖卤水中冻融时,就相当于放大了加载 OPC 试件的盐结晶压,最高有可能放大 2 倍,这样不仅使混凝土中产生初始微裂纹的时间提前,而且还加快了初裂以后混凝土受拉区微裂纹的扩展速度,从而使混凝土的破坏表现为盐结晶压和荷载共同作用下的突然断裂,导致 OPC 寿命进一步缩短。

6.5　高性能混凝土在盐湖环境单一、双重和多重因素耦合作用下损伤劣化机理分析

作者及其课题组运用 XRD、DTA-TG、SEM-EDAX、IR 和 MIP 等测试技术进行了三个方面的研究工作:①在单一盐湖卤水腐蚀作用下,HPC 在新疆盐湖的腐蚀失效机理及其在青海、内蒙古和西藏盐湖的抗卤水腐蚀机理;②HPC 在干湿循环+盐湖卤水腐蚀双重因素作用下的抗卤水腐蚀机理;③HSC-HPC 在冻融+盐湖卤水腐蚀双重因素作用下的高抗冻蚀机理。

6.5.1　高性能混凝土在新疆盐湖的单一腐蚀因素作用下的腐蚀破坏机理

1. 腐蚀产物

HPC 和 PFRHPC(掺化学纤维的高性能混凝土)在新疆盐湖卤水中腐蚀 600d 后表层的 XRD 谱如图 6.159 所示。结果表明,除来自沙子的 SiO_2(特征峰 0.3344nm 等)和斜微长石(特征峰 0.3246nm 等)以外,在新疆盐湖卤水的单一腐蚀因素作用下 HPC 有少量 THa(特征峰 0.9554nm 等)、$CaCO_3$(特征峰 0.3037nm)和 KCl(特征峰 0.319nm 等),PFRHPC 因结构密实度低于 HPC,其物相除少量 THa、$CaCO_3$ 和 KCl 以外,还存在较多 $CaSO_4 \cdot 2H_2O$(特征峰 0.7607nm、0.4256nm、0.3061nm 等)和微量 AFt(特征峰 0.973nm)。此外,其 XRD 谱也出现了微量球形水化硅铝酸钙镁晶体(特征峰 0.7082nm)。其中,HPC

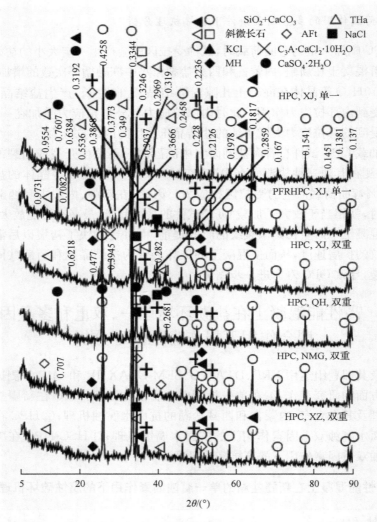

图 6.159　HPC 或 PFRHPC 在卤水中腐蚀 600d 或 200 次干湿循环＋腐蚀
双重因素作用下表层 XRD

本身存在的 AFm 已经完全被腐蚀了，AFt 的数量也消耗殆尽，而且 HPC 中原本
存在的 CH 就非常少，在腐蚀后形成的 $CaCO_3$ 不可能是 CH 的碳酸盐腐蚀产物。
根据 Mindess 等研究，C-S-H 凝胶与 CH 一样，也可以被 CO_2 碳化，并且导致 C-S-
H 凝胶的 Ca/Si 减小，同时还伴随着 C-S-H 凝胶的水分流失。其反应式可表示为

$$C\text{-}S\text{-}H + CO_2 \longrightarrow C\text{-}S\text{-}H(低\ Ca/Si) + CaCO_3 + H_2O \qquad (6.146)$$

因此，这里出现的 $CaCO_3$ 应该是 C-S-H 凝胶受到盐湖卤水中 CO_3^{2-} 腐蚀的产
物之一。

2. 腐蚀破坏机理

HPC 在新疆盐湖卤水的单一腐蚀因素作用下,发生了严重的物理化学腐蚀,在腐蚀 600d 后的抗腐蚀系数只有 0.68(抗压)~0.75(抗折)。当 HPC 的标准养护龄期从 28d 延长 90d 可以显著提高其单因素抗腐蚀性,在腐蚀 500d 后的抗腐蚀系数分别提高到 0.95(抗压)~1.27(抗折)。可见,加强 HPC 的潮湿养护对于提高抗卤水腐蚀性是有利的。对于 28d 龄期的 HPC,在新疆盐湖卤水中的腐蚀破坏机理除 KCl 等的物理结晶性腐蚀以外,还存在下列严重的化学腐蚀反应,其化学腐蚀机理属于碳酸盐和硫酸盐腐蚀,主要反应式如下:

$$C\text{-}S\text{-}H + Na_2CO_3 \longrightarrow C\text{-}S\text{-}H(低\ Ca/Si) + CaCO_3 + 2NaOH + H_2O \qquad (6.147)$$

$$C_3A \cdot 3CaSO_4 \cdot 32H_2O + 3Na_2CO_3 \longrightarrow$$
$$3CaCO_3 + 3(CaSO_4 \cdot 2H_2O) + Al_2O_3 \cdot 3H_2O + 6NaOH + 20H_2O \qquad (6.148)$$

$$C_3A \cdot CaSO_4 \cdot (7 \sim 8)H_2O + 3Na_2CO_3 + (0 \sim 1)H_2O \longrightarrow$$
$$3CaCO_3 + CaSO_4 \cdot 2H_2O + Al_2O_3 \cdot 3H_2O + 6NaOH \qquad (6.149)$$

$$C_3S_2H_3 + CaCO_3 + 2(CaSO_4 \cdot 2H_2O) + Na_2CO_3 + 24H_2O \longrightarrow$$
$$2(CaCO_3 \cdot CaSiO_3 \cdot CaSO_4 \cdot 15H_2O) + 2NaOH \qquad (6.150)$$

$$C_3A \cdot 3CaSO_4 \cdot 32H_2O + C_3S_2H_3 + 2CaCO_3 \longrightarrow$$
$$2(CaCO_3 \cdot CaSiO_3 \cdot CaSO_4 \cdot 15H_2O) + CaSO_4 \cdot 2H_2O + Al_2O_3 \cdot 3H_2O \qquad (6.151)$$

在上述化学反应中,$CaCO_3$ 可以通过式(6.147)~(6.149)形成,$CaSO_4 \cdot 2H_2O$ 的形成可以通过式(6.148)、式(6.149)和式(6.151)形成,THa 的形成除了 C-S-H 直接受到碳酸盐-硫酸盐腐蚀的式(6.150)以及 C-S-H 与 AFt 同时受碳酸盐腐蚀的式(6.151)以外,可能还存在 C-S-H 与 AFm 同时受到碳酸盐腐蚀的方式

$$C_3A \cdot CaSO_4 \cdot (7 \sim 8)H_2O + C_3S_2H_3 + CaSO_4 \cdot 2H_2O + 4Na_2CO_3 + (24 \sim 25)H_2O \longrightarrow$$
$$2(CaCO_3 \cdot CaSiO_3 \cdot CaSO_4 \cdot 15H_2O) + 2CaCO_3 + 8NaOH + Al_2O_3 \cdot 3H_2O \qquad (6.152)$$

6.5.2 高性能混凝土在干湿循环+盐湖卤水腐蚀双重因素作用下的抗卤水腐蚀机理——结构的腐蚀优化机理

1. HPC 在新疆盐湖的腐蚀产物和微观结构

1) 腐蚀产物

在图 6.159 中,列出了 HPC 在新疆盐湖卤水进行 200 次干湿循环以后的 XRD 谱。图 6.160 是 HPC 在 200 次干湿循环+新疆盐湖卤水腐蚀双重因素作用

下的 DTA-TG 曲线。XRD 分析表明,在 200 次干湿循环＋新疆盐湖卤水腐蚀双重因素作用下,HPC 物相组成中 CaCO$_3$(特征峰 0.3037nm)和 THa(特征峰 0.9554nm 等)的数量很少,还有很少量的 C$_3$A · CaCl$_2$ · 10H$_2$O(特征峰 0.7793nm)及微量 KCl(特征峰 0.319nm 等)、NaCl(特征峰 0.282nm、0.1993nm)和 MH(特征峰 0.4777nm)。总的来看,HPC 在新疆盐湖卤水中进行干湿循环时的腐蚀产物数量比单因素腐蚀要少得多,这也正是其双重因素抗腐蚀系数高于单因素抗腐蚀系数的根本原因。

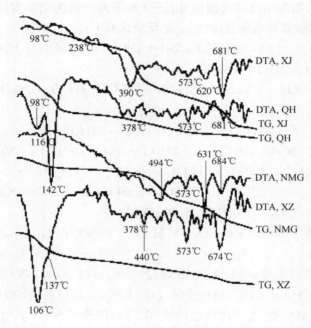

图 6.160　HPC 在 200 次干湿循环＋盐湖卤水腐蚀双重因素作用下表层的 DTA-TG 曲线

在相应的 DTA-TG 曲线中,出现了 C$_3$A · CaCl$_2$ · 10H$_2$O 的分步脱水吸热效应峰(238℃、390℃和 620℃)和 CaCO$_3$ 的分解热效应峰(681℃),390℃吸热峰还同时叠加了少量 MH 的脱水效应。此外,在 98℃还显示出 C-S-H 凝胶一个小吸热效应峰,但是没有出现 THa 脱水的吸热效应峰(145℃左右),说明尽管 C-S-H 凝胶发生了一定程度的腐蚀,但是形成的 THa 数量并不多,C-S-H 凝胶的腐蚀产物可能主要是 CaCO$_3$ 和一些无定型的 SiO$_2$ 或低含水量的硅胶。这里,CaCO$_3$ 的主要来源不应该是 CH 的腐蚀,因为 HPC 内的 CH 非常少,来自于 C-S-H 凝胶腐蚀的可能性更大。根据 Mindess 等的研究,C-S-H 凝胶受到碳化时伴随着较多的水分流失,因此 DTA-TG 曲线的 98℃吸热效应就很小;另一方面,在图中 DTA 曲线上的 681℃峰比较宽,TG 失重也比较大,正好说明形成 CaCO$_3$ 的数量相对多一些。由 C-S-H 凝胶腐蚀形成的 $CaCO_3$ 晶体在结构中的作用如何,以及 C-S-H 凝胶受碳酸盐影响失去的水分对 HPC 中未水化活性掺合料是否有再水化的影响,将在后面讨论。

2) 腐蚀后的微观结构

HPC 在 200 次干湿循环＋新疆盐湖卤水腐蚀双重因素作用下表层的 SEM 形貌如图 6.161 所示。与图 6.157 的 HSC 的 SEM 形貌相比,HPC 结构没有受到明显的腐蚀影响,HPC 原本存在的自收缩裂纹在试件表层也非常少(图 6.161(a))。因此,HPC 试件内部的自收缩裂纹发生愈合的可能性很大。在放大到 10000 倍的 SEM 照片中,发现 HPC 内部的球形 Fa 颗粒正在继续水化,在 Fa 球形颗粒的原始边界内形成了大量的凝胶状水化产物(图 6.161(b)),类似于水泥的内部水化产物。在 HPC 水化后期,很难观察到 SG 颗粒,可能是 SG 火山灰活性高,其表面被大量水化产物覆盖。将一些致密的 C-S-H 凝胶放大到 10000 倍以后,发现 C-S-H 凝胶的局部区域存在少量的 $CaCO_3$ 晶粒,可见少量 $CaCO_3$ 的形成对于 C-S-H 凝胶结构起到的破坏作用不大,因为凝胶并没有产生微裂纹现象。可以认为,C-S-H 凝胶受到盐湖卤水中通过扩散进入结构内部的 CO_3^{2-} 腐蚀以后,一方面形成 $CaCO_3$ 的不利影响还没有发挥;另一方面,C-S-H 凝胶在碳酸盐化腐蚀时的水分排出,正是导致 Fa 颗粒继续水化形成 Fa 内部水化产物的根本原因,因而完全有可能促进 HPC 的自收缩裂纹的愈合。

因此,作者认为,HPC 在新疆盐湖卤水中进行干湿循环的腐蚀过程中,存在表层结构腐蚀破坏和内部结构强化的辩证关系,C-S-H 凝胶发生少量的、轻微的腐蚀作用导致凝胶结构的失水,是诱发 HPC 致密结构中的 Fa 继续水化形成内部水化产物的必要前提条件,这样以少的代价换取更大的回报,促使了 HPC 抗卤水腐蚀性的提高。

(a) 小收缩裂缝　　　　　(b) 粉煤灰颗粒内部水化产物　　　　(c) C-S-H凝胶碳化

图 6.161　HPC 在 200 次干湿循环＋新疆盐湖卤水腐蚀双重因素作用下表层的 SEM 形貌

2. HPC 在青海、内蒙古和西藏盐湖的腐蚀产物和微观结构

1) 腐蚀产物

图 6.159 和图 6.160 分别列出了 HPC 在青海、内蒙古和西藏盐湖卤水中分别进行 200 次干湿循环以后试件表层的 XRD 谱和 DTA-TG 曲线。XRD 分析表明，HPC 在不同盐湖卤水中进行干湿循环腐蚀以后，其物相组成除来自砂石的 SiO_2（特征峰 0.3344nm 等）和斜微长石（特征峰 0.3244nm 等）以外，分别分析如下。

青海盐湖：较多的 $CaSO_4 \cdot 2H_2O$（特征峰 0.7612nm、0.4256nm、0.3064nm 等），很少量的 $CaCO_3$（特征峰 0.3039nm）和 NaCl（特征峰 0.2819nm、0.1993nm）。

内蒙古盐湖：很少量的 AFt（特征峰 0.9737nm）和 $CaCO_3$，微量的 MH（特征峰 0.4777nm），还存在少量的球形晶体产物（特征峰 0.707nm），该晶体产物与图 6.149 中 OPC 在 200 次（干湿循环＋内蒙古盐湖卤水腐蚀）时产生的球形晶体产物相同。

西藏盐湖：很少量的 $CaCO_3$、THa（特征峰 0.9554nm 等）、KCl（特征峰 0.3188nm、0.2236nm、0.1817nm 等）和 NaCl，微量 MH。

同时进行的 DTA-TG 分析表明，其物相分析结果与 XRD 是对应的。为了排除混凝土中砂石杂质的影响，对 TG 曲线进行处理得到 DTG 曲线如图 6.162 所示，图中还列出了 HPC 在标准养护 90d 的 DTG 曲线。明显可见，经过盐湖卤水腐蚀后 HPC 表层的 DTG 曲线存在较大的差异。在青海盐湖卤水中，HPC 表层除存在 C-S-H 凝胶脱水反应的 DTA 峰（98℃）和 DTG 峰（89℃）以外，还出现了较强的 $CaSO_4 \cdot 2H_2O$ 脱水反应的 DTA 峰（142℃）和 DTG 峰（137℃），$CaCO_3$ 量很少，没有出现相应的 DTA 峰与 DTG 峰。在内蒙古盐湖卤水中，HPC 表层存在 C-S-H 凝胶的很弱的 DTA 峰（98℃）和 DTG 峰（78℃），同时出现球形水化硅铝酸钙

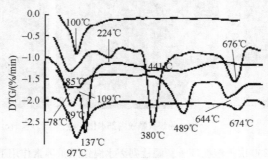

图 6.162　HPC 在腐蚀前（标准养护 90d）和新疆、青海、内蒙古和西藏盐湖卤水中进行 200 次干湿循环以后表层 DTG 曲线

镁晶体的 DTA 峰(494℃、631℃)和 DTG 峰(489℃、644℃),684℃的 DTA 峰起因于少量 $CaCO_3$ 的分解,在 TG 和 DTG 曲线中都有对应的失重效应。在西藏盐湖卤水中,HPC 表层存在较强的 C-S-H 凝胶的 DTA 峰(106℃)和 DTG 峰(97℃),在 138℃的 DTA 峰属于 THa 的脱水吸热效应,由于与 C-S-H 凝胶的 106℃热效应峰靠得很近,其 TG 曲线连在一起,DTG 曲线中存在一个明显的叠加宽化现象。此外,360℃的微弱 DTG 峰对应于微量 MH 的脱水效应,674℃的 DTA 峰和 DTG 峰则是 $CaCO_3$ 脱去 CO_2 气体而分解。

综上所述,HPC 在不同盐湖卤水中的腐蚀产物无论是 $CaSO_4 \cdot 2H_2O$,还是 $CaCO_3$,其组成中需要的 SO_4^{2-} 或 CO_3^{2-} 都来源于盐湖卤水的成分,但是 Ca^{2+} 必然来自于混凝土的水泥水化产物。根据混凝土化学腐蚀的有关知识,Ca^{2+} 的来源不外乎四种:CH、C-S-H 凝胶、AFt 和 AFm。结合第 4 章的研究结论,HPC 水化后期的 CH 含量非常少,在青海盐湖卤水中腐蚀时显然不足在表层以形成较多的 $CaSO_4 \cdot 2H_2O$。此外,HPC 经过长期水化以后 AFm 的数量比 AFt 相对增多,但是在所有腐蚀的 HPC 中均未能检测到 AFm 存在的痕迹。因此,可以认为,这些腐蚀产物主要是 C-S-H 凝胶和 AFm 的腐蚀产物。

2) HPC 腐蚀后的微观结构

图 6.163 示出了 HPC 在 200 次干湿循环＋青海、内蒙古和西藏盐湖卤水腐蚀双重因素作用下表层的 SEM 形貌。结果表明,在腐蚀前原本光滑的 Fa 球(没有水化)已经不存在了,取而代之的是少数表面包裹 C-S-H 凝胶状水化产物的球形 Fa 颗粒,证明活性掺合料的水化程度提高了。比较 HSC 在相同腐蚀条件下表层的 SEM 形貌(图 6.157)发现,HPC 的微观裂纹很少,即使在更大的 SEM 视场中也很难找到微裂纹的存在,说明在此条件下 HPC 内部的自收缩裂纹确实发生了像在新疆盐湖卤水中进行干湿循环时的愈合现象,该现象的出现与 HPC 受到盐湖卤水适当程度的腐蚀密不可分。对于在青海盐湖卤水中进行 200 次干湿循环的 HPC 表层样品,图 6.163(a)可见在 C-S-H 凝胶与纤维棒状 $CaSO_4 \cdot 2H_2O$ 相互连生;图 6.163(b)的 10000 倍 SEM 照片明显看出在一个 $3.5\mu m$ 的 Fa 球表面形成了大量的凝胶产物,其周围的 C-S-H 凝胶也极其致密;图 6.163(c)(放大 10000 倍)显示一个水泥水化产物 C-S-H 凝胶的腐蚀坑周围的 Fa 颗粒水化程度很高,表面覆盖异常致密的 C-S-H 凝胶,整个颗粒的尺度约 $2.5\mu m$,已经看不出 Fa 球形特征,Fa 中含铝成分在水泥 C-S-H 凝胶的腐蚀坑内已经水化产生了大量六方片状 AFm 晶体($2\mu m \times 0.14\mu m$),对腐蚀坑具有很好的填充与修补作用,因而 HPC 的微观结构完整、无裂纹。SG 颗粒已经观察不到了,应该是其活性比较高,表面被大量水化产物覆盖,并与水泥的 C-S-H 凝胶等基体水化产物相互融合,以至无法区分。

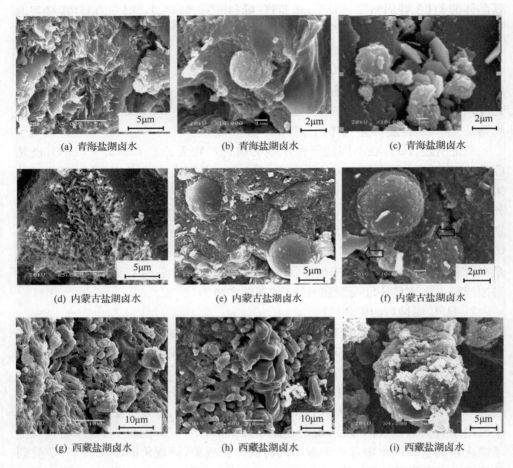

(a) 青海盐湖卤水　　　　　　(b) 青海盐湖卤水　　　　　　(c) 青海盐湖卤水

(d) 内蒙古盐湖卤水　　　　　(e) 内蒙古盐湖卤水　　　　　(f) 内蒙古盐湖卤水

(g) 西藏盐湖卤水　　　　　　(h) 西藏盐湖卤水　　　　　　(i) 西藏盐湖卤水

图 6.163　HPC 在 200 次干湿循环＋盐湖卤水腐蚀双重因素作用下表层的 SEM 形貌

对于在内蒙古盐湖卤水中进行 200 次干湿循环的 HPC 表层试样,图 6.163(d) 显示 C-S-H 凝胶之间生长有少量的针状 AFt 晶体;在图 6.163(e) 中发现 C-S-H 凝胶基体与表面沉淀有大量水化产物的 FA 球形颗粒牢固结合在一起,不过 C-S-H凝胶基体存在的一些孤立的小腐蚀坑(尺度约 1μm)中分布着相同尺度的 CaCO₃ 小晶粒;图 6.163(f)是一张非常有趣的 SEM 照片,该照片至少提供了四个重要的信息:

(1) 水泥水化产物的基体 C-S-H 凝胶与 Fa 表面 C-S-H 凝胶非常紧密地连生成一个整体,其中表面覆盖 C-S-H 凝胶的两大一小 Fa 球与水泥 C-S-H 凝胶之间没有任何裂纹或明显的边界。

(2) 水泥水化产物凝胶与 Fa 水化产物凝胶的密实度是不同的,后者在水化后期形成时受到 HPC 密实结构的限制与约束,其结构更加致密,在 10000 倍的视场中也看不到孔隙,而前者的凝胶粒子之间则存在最大孔径约 $0.035\sim0.072\mu m$ 的凝胶孔。

(3) 水泥水化 C-S-H 凝胶的 Ca/Si 要高于 Fa 水化 C-S-H 凝胶,其抗腐蚀能力存在的差异是非常明显的。在水泥水化的 C-S-H 凝胶中可以看到两个腐蚀坑(箭头"1"所指,尺度范围为 $0.20\sim0.36\mu m$),而且腐蚀坑中分布有 $CaCO_3$ 晶粒,证明这部分 C-S-H 凝胶受到了盐湖卤水中碳酸盐成分的腐蚀作用。由于 HPC 基体结构很致密,又没有形成微裂纹,盐湖卤水的 CO_3^{2-} 进入 HPC 内部的方式只能以扩散为主,随水渗透的可能性比较小。

(4) 在 Fa 颗粒附近的水泥 C-S-H 凝胶中发现的六方片状晶体(箭头"2"所指,大小为 $1.64\mu m\times0.18\mu m$),它不可能是 CH。EDAX 分析证实为 AFm,同第 3 章的分析一样,这些 AFm 是 Fa 颗粒铝硅玻璃体中铝的水化产物,形成 AFm 的硫酸盐成分无疑来自于盐湖卤水。

对于在西藏盐湖卤水中进行 200 次干湿循环的 HPC 试样表层,图 6.163(g)显示了 C-S-H 凝胶的腐蚀坑中存在 $CaCO_3$ 晶粒和纤维状 THa;图 6.163(h)的局部区域出现了 NaCl 晶体和 $CaCO_3$ 晶粒;图 6.163(i)则示出了一个水化程度很高的 Fa 颗粒,其表面生成大量的 C-S-H 凝胶产物,内部的水化作用也是非常明显的。这同样证实 HPC 在受到盐湖卤水成分的有限程度腐蚀的同时,Fa 等未水化活性掺合料颗粒发生了继续水化,对 HPC 结构又起到了强化的作用,因而 HPC 表现出较高的抗卤水腐蚀性。

3. 高性能混凝土的抗卤水腐蚀机理——结构的腐蚀优化机理

致密的微观结构是获得混凝土在常温条件下具有高抗卤水腐蚀性的必要条件,但并非充分条件,只有 HPC 的致密结构才能保证其高抗卤水腐蚀性,而 HSC 则不能。下面从水化产物的轻微腐蚀效应、基体 C-S-H 凝胶的腐蚀转化效应、Fa 等未水化活性掺合料颗粒的腐蚀诱导水化效应(形成更低 Ca/Si 的 C-S-H 凝胶),以及微裂纹愈合效应等四个方面,探讨 HPC 的高抗卤水腐蚀性机理——结构的腐蚀优化机理。

(1) 水化产物的轻微腐蚀效应——本书第 3 章的研究指出,HSC 的主要水化产物是 CH、高 Ca/Si 的 C-S-H 凝胶(Ca/Si=1.4)和 AFt,HPC 则主要是低 Ca/Si 的 C-S-H 凝胶(Ca/Si=0.97)、AFt 和部分 AFm。在 HSC 中,CH 和高 Ca/Si 的 C-S-H 凝胶容易受到盐湖卤水的腐蚀破坏,在 HPC 中,低 Ca/Si 的 C-S-H 凝胶结构密实度高,腐蚀速率也比较缓慢。所以,HPC 在不同盐湖卤水的腐蚀作用相对于 C-S-H 是比较轻微的(在新疆盐湖的单一腐蚀因素除外),根据其腐蚀产物种类,可以认为 HPC 的轻微盐湖卤水腐蚀包括物理结晶腐蚀和化学腐蚀,由于其 C-

S-H 凝胶的 Ca/Si 比较低,对于 Cl^-、K^+ 和 Na^+ 的结合能力比较强,因而 NaCl 等的物理结晶性腐蚀得以缓解,在青海和内蒙古盐湖卤水腐蚀的 HPC 中用 SEM 很难发现结晶良好的 NaCl 晶体。在新疆、内蒙古和西藏盐湖卤水中,HPC 可能发生的轻微的化学腐蚀反应以形成 $CaCO_3$ 的反应为主,在青海盐湖卤水中以形成 $CaSO_4 \cdot 2H_2O$ 的反应为主,对于所有盐湖卤水的腐蚀,HPC 中形成 THa 的反应都是次要的。这些可能的腐蚀反应包括:

$$C\text{-}S\text{-}H + Na_2CO_3 \longrightarrow C\text{-}S\text{-}H(低\ Ca/Si) + CaCO_3 + 2NaOH + H_2O \tag{6.153}$$

$$C_3S_2H_3 + 3MgSO_4 + 8H_2O \longrightarrow 3(CaSO_4 \cdot 2H_2O) + 3Mg(OH)_2 + 2(SiO_2 \cdot H_2O) \tag{6.154}$$

$$C_3A \cdot 3CaSO_4 \cdot 32H_2O + 3Na_2CO_3 \longrightarrow$$
$$3CaCO_3 + 3(CaSO_4 \cdot 2H_2O) + Al_2O_3 \cdot 3H_2O + 6NaOH + 20H_2O \tag{6.155}$$

$$C_3A \cdot CaSO_4 \cdot (7 \sim 8)H_2O + 3Na_2CO_3 \longrightarrow$$
$$3CaCO_3 + CaSO_4 \cdot 2H_2O + Al_2O_3 \cdot 3H_2O + 6NaOH + (1 \sim 2)H_2O \tag{6.156}$$

对于青海盐湖卤水,上述腐蚀反应都可能发生。对于新疆盐湖卤水,腐蚀反应以式(6.153)为主,同时还发生形成 $C_3A \cdot CaCl_2 \cdot 10H_2O$ 和 THa 的下列化学腐蚀反应:

$$C_3A \cdot 3CaSO_4 \cdot 32H_2O + CaCl_2 \longrightarrow$$
$$C_3A \cdot CaCl_2 \cdot 10H_2O + 3(CaSO_4 \cdot 2H_2O) + 16H_2O \tag{6.157}$$

$$C_3A \cdot CaSO_4 \cdot (7 \sim 8)H_2O + CaCl_2 + (4 \sim 5)H_2O \longrightarrow$$
$$C_3A \cdot CaCl_2 \cdot 10H_2O + CaSO_4 \cdot 2H_2O \tag{6.158}$$

$$C_3S_2H_3 + CaCO_3 + 2(CaSO_4 \cdot 2H_2O) + Na_2CO_3 + 24H_2O \longrightarrow$$
$$2(CaCO_3 \cdot CaSiO_3 \cdot CaSO_4 \cdot 15H_2O) + 2NaOH \tag{6.159}$$

$$C_3A \cdot 3CaSO_4 \cdot 32H_2O + C_3S_2H_3 + 2CaCO_3 \longrightarrow$$
$$2(CaCO_3 \cdot CaSiO_3 \cdot CaSO_4 \cdot 15H_2O) + CaSO_4 \cdot 2H_2O + Al_2O_3 \cdot 3H_2O \tag{6.160}$$

$$C_3A \cdot CaSO_4 \cdot (7 \sim 8)H_2O + C_3S_2H_3 + CaSO_4 \cdot 2H_2O + 4Na_2CO_3 + (24 \sim 25)H_2O \longrightarrow$$
$$2(CaCO_3 \cdot CaSiO_3 \cdot CaSO_4 \cdot 15H_2O) + 2CaCO_3 + 8NaOH + Al_2O_3 \cdot 3H_2O \tag{6.161}$$

对于内蒙古盐湖卤水,主要反应除了式(6.153)~(6.156)以外,可能会发生少量的下述反应:

$$C\text{-}S\text{-}H + MgSO_4 + Al_2O_3 \cdot 3H_2O + H_2O \longrightarrow$$

$$(C_{1-x}M_x)_{0.94}(S_{1-y}A_y)H(x=0.4, y=0.13)+CaSO_4 \cdot 2H_2O+SiO_2 \cdot H_2O$$
$$(6.162)$$

$$C\text{-}S\text{-}H+MgCl_2+Al_2O_3 \cdot 3H_2O+H_2O \longrightarrow$$
$$(C_{1-x}M_x)_{0.94}(S_{1-y}A_y)H(x=0.4, y=0.13)+CaCl_2+SiO_2 \cdot H_2O$$
$$(6.163)$$

对于西藏盐湖卤水，主要发生的腐蚀反应可能是式(6.153)～(6.156)和式(6.159)～(6.161)。

在上述所有的化学腐蚀反应中，最重要的反应是水泥水化产物 C-S-H 凝胶受到碳酸盐化腐蚀的式(6.153)。该反应的发生将产生两个方面的有利作用：①导致水泥水化的基体 C-S-H 凝胶的腐蚀转化；②诱导 Fa 等未水化活性掺合料颗粒的水化。

(2) 基体 C-S-H 凝胶的腐蚀转化效应——当水泥的主要水化产物 C-S-H 凝胶受到扩散进入 HPC 内部，盐湖卤水中 CO_3^{2-} 起腐蚀作用后，伴随着 $CaCO_3$ 形成的一个重要腐蚀产物就是在结构原位保留下来低 Ca/Si 的 C-S-H 凝胶，HPC 的盐湖卤水腐蚀除了导致结构的轻微破坏以外，还带来一个对于提高 HPC 抗腐蚀性极其有利的水化产物转变，即高 Ca/Si 的 C-S-H 凝胶转化成了低 Ca/Si 的 C-S-H 凝胶。本书将这种 C-S-H 凝胶 Ca/Si 的有利变化称为"腐蚀转化效应"。低 Ca/Si 的 C-S-H 凝胶的优点将在下面的第(3)部分讨论。

(3) Fa 等未水化活性掺合料颗粒的腐蚀诱导水化效应——当水泥 C-S-H 凝胶发生式(6.149)的碳酸盐化腐蚀时，除了形成 $CaCO_3$ 和低 Ca/Si 的 C-S-H 凝胶以外，还将形成 NaOH 和排出多余的水分。正是这些排出的水分诱导和碱激发条件下，促进了 C-S-H 凝胶附近的 Fa 等未水化活性掺合料颗粒的继续水化。对于青海盐湖卤水腐蚀，由 AFt 和 AFm 腐蚀形成 $CaSO_4 \cdot 2H_2O$ 的化学反应式(6.155)和式(6.156)也排出较多的水分，对于未水化活性掺合料的水化促进作用是毫无疑问的。本书将这种未水化活性掺合料的继续水化称为"腐蚀诱导水化效应"。因为 HPC 在水化后期内部的自干燥现象使其结构内部的 RH 很低，Fa 等未水化活性掺合料颗粒要想发生水化作用，必须有外来水分的进入或内部水分的生成。外来水分进入结构致密的 HPC 内部的可能性非常小，因此此时 Fa 等颗粒的水化作用只能依靠从内部其他水化产物中争夺水分，C-S-H 凝胶的腐蚀为 Fa 颗粒创造了继续水化的碱性溶液条件。这些水化反应主要有两种：

$$CaCl_2 + 活性 SiO_2 + nH_2O + 2NaOH \longrightarrow$$
$$C\text{-}S\text{-}H(低 Ca/Si) + 2NaCl \qquad (6.164)$$
$$3CaCl_2 + 6NaOH + 活性 Al_2O_3 + CaSO_4 \cdot 2H_2O + (2\sim3)H_2O \longrightarrow$$
$$C_3A \cdot CaSO_4 \cdot (7\sim8)H_2O + 6NaCl \qquad (6.165)$$

此时由未水化活性掺合料继续水化形成的低 Ca/Si 的 C-S-H 凝胶中可能含有较多的 Na 和 K 成分。可见，HPC 在盐湖卤水的腐蚀过程中，以牺牲部分水泥水化产物的高 Ca/Si 的 C-S-H 凝胶为代价，但是却换来了基体低 Ca/Si 的 C-S-H 凝胶和 Fa 等未水化活性掺合料颗粒继续水化形成低 Ca/Si 的 C-S-H 凝胶。图 6.162 所示的 DTG 曲线显示，HPC 腐蚀以后，C-S-H 凝胶的数量并没有明显的减少，有力地支持了上述观点。低 Ca/Si 的 C-S-H 凝胶具有密实性好、强度高、抗腐蚀，以及结合外来的 Cl^-、K^+ 和 Na^+ 能力强等诸多优点。此所谓"失之东隅、收之桑榆"，正是 HPC 具有较好的抗卤水腐蚀性的重要原因。

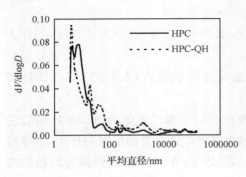

图 6.164　HPC 在标准养护 28d 和在青海盐湖卤水中腐蚀 365d 的积分孔径分布曲线（MIP 法）

（4）微裂纹愈合效应——HPC 中 Fa 等未水化活性掺合料颗粒的"腐蚀诱导水化效应"形成的更低 Ca/Si 的 C-S-H 凝胶和 AFm 等水化产物，对 HPC 结构的腐蚀缺陷起到了及时的修补作用和强化效果，不仅阻止了 HPC 中 C-S-H 凝胶的继续腐蚀，甚至促使 HPC 结构中原本存在的自收缩裂纹发生了愈合效应（图 6.163（c）和图 6.163（f））。图 6.164 是用 MIP 法测定的 HPC 在标准养护 28d 和在青海盐湖卤水中腐蚀 365d 的孔结构变化。结果表明，HPC 经过青海盐湖卤水腐蚀 365d 以后，因盐湖卤水的化学腐蚀导致在过渡孔孔径范围（10~100nm）内出现了两个小的的最可几孔径（19.9nm 和 39.5nm），但是原本在凝胶孔孔径范围（<10nm）内的两个最可几孔径（4.2nm 和 8.2nm）已经合并成一个更尖锐的最可几孔径（4.2nm）。证明腐蚀以后，C-S-H 凝胶的孔结构和数量发生了变化，较大尺度的凝胶孔（8.2nm）已经被新的水化产物 C-S-H 凝胶和 AFm 等填充，在毛细孔孔径范围（100~1000nm）内的孔体积增加不多，大孔（>1000nm）没有任何变化。SEM 观察已经很难发现 HPC 结构中原本存在的孤立的自收缩裂纹，说明盐湖卤水的"腐蚀诱导水化效应"确实引起了 HPC 内部的微裂纹的愈合效应。分析认为，在已经很密实的 HPC 结构中形成新的水化产物需要占据一定的生存空间，从而对 HPC 结构起到了挤压作用，这个过程非常类似于不掺活性掺合料的 HSC 在后期水化时的"湿胀作用"，促使 HPC 内自收缩裂纹的愈合是必然的结果。图 6.163（c）显示新水化产物在水泥基体 C-S-H 凝胶的腐蚀坑中形成就是很好的佐证，或许还存在 C-S-H 凝胶直接在自收缩裂纹内形成，对裂纹起修补或"缝合"的作用，只是 SEM 很难观察到这种现象罢了。

6.5.3　高强混凝土和高性能混凝土在冻融＋盐湖卤水腐蚀双重因素作用下的高抗冻融机理

1. 水化产物的变化

如前所述,高强混凝土(HSC)和高性能混凝土(HPC)及其纤维增强 HPC 在不同盐湖卤水具有很高的抗卤水冻蚀性,为了揭示其高抗冻融机理,对不同冻融试件的表层(厚度不超过 5mm)水化产物和结构进行了 XRD、DTA-TG、IR 和 SEM-DEAX 分析。图 6.165~图 6.167 分别是 HSC 与 HPC 在四种盐湖卤水中冻融 1550 次循环以后的 XRD、DTA-TG 和 IR 谱。结果表明,HSC 表层的主要物相除了 SiO_2 和未水化 C_3S 以外,存在较多的 C-S-H 凝胶和 AFt,以及少量的 $CaCO_3$ 和 CH。

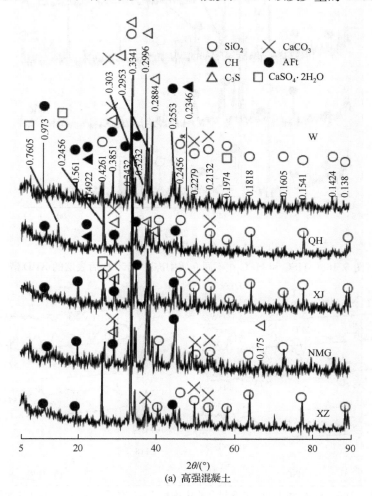

(a) 高强混凝土

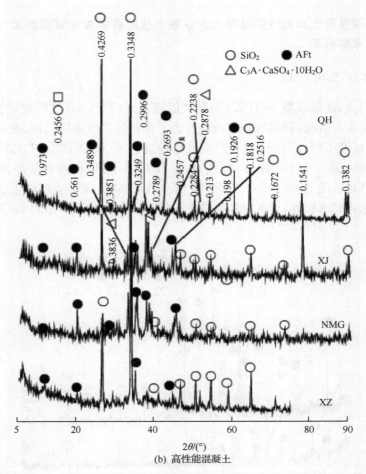

(b) 高性能混凝土

图 6.165　HSC 和 HPC 在不同介质中冻融 1550 次后表层的 XRD 谱

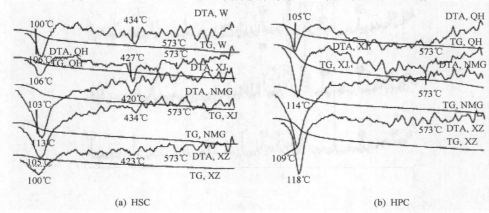

(a) HSC　　　　　　　　　　　　　　　　　　(b) HPC

图 6.166　HSC 和 HPC 在不同介质中冻融 1550 次后表层的 DTA-TG 曲线

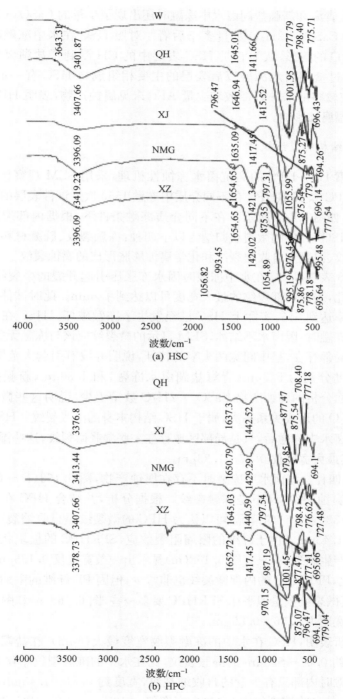

图 6.167　HSC 和 HPC 在不同介质中冻融 1550 次后表层的 IR 谱

另外,HSC 在青海和新疆盐湖卤水中冻融时还出现了少量的 $CaSO_4 \cdot 2H_2O$,相对来说,前者的 $CaSO_4 \cdot 2H_2O$ 数量多于后者。对照 HSC 在水中冻融时并不出现 $CaSO_4 \cdot 2H_2O$ 的情形,认为它是 HSC 表层中的 CH 受到了盐湖卤水腐蚀的产物。HPC 经过盐湖卤水冻融以后表层的主要相组成与 HSC 有一定的差别,除 SiO_2 外,存在较多的 C-S-H 凝胶和少量 AFt,未见腐蚀产物,表明 HPC 未受到盐湖卤水的低温腐蚀影响。

2. 微观结构的裂纹规律

为了探索 HSC-HPC 的高抗卤水冻蚀性机理,采用 SEM 观察比较了 HSC、HPC、SFRHPC 和 PFRHPC 在不同介质中冻融 1550 次后试件表层的微裂纹形态与扩展规律,如图 6.168 所示。在不同介质冻融条件下,根据内部裂纹产生的原因,可以把 HSC-HPC 的微裂纹归纳为以下四种:冻融裂纹、胶凝材料后期水化引起的湿胀裂纹、混凝土自收缩裂纹和化学腐蚀膨胀形成的腐蚀裂纹。

图 6.168 表明,HSC 在水中冻融时因水冻胀压引起开裂的微裂纹继续扩展,并穿过毛细孔,表面局部裂纹的最大宽度可以达到了 $6\mu m$。此时试件表面剥落导致质量损失率达到 5%,实际上 HSC 已经发生了冻融破坏。HSC 在青海和新疆盐湖卤水中冻融时,因卤水不结冰,SEM 显示的微裂纹应该与冻融无关,而且这些微裂纹只在局部存在,呈中间宽两头窄的特征,说明并没有引起大范围的扩展,其中间最大宽度分别为 $5.3\mu m$(青海盐湖卤水冻融)和 $1.36\mu m$(新疆盐湖卤水冻融),根据前面分析的腐蚀产物 $CaSO_4 \cdot 2H_2O$ 数量很少,说明这些微裂纹与少量 $CaSO_4 \cdot 2H_2O$ 的形成关系不大,属于 HSC 结构本身的湿胀裂纹。HSC 在内蒙古和西藏盐湖卤水中冻融后,只是局部区域存在一些湿胀微裂纹,这些湿胀裂纹没有连成网络,其最大宽度仅 $0.67\sim1.33\mu m$。

HPC 在四种盐湖卤水中冻融时不存在腐蚀产物,图 6.168(f)~(i)显示的微裂纹既不是腐蚀裂纹,又不是冻融裂纹。根据分析,并结合 HPC 在 95%RH 的 180d 收缩为 339×10^{-6} 的情况,可以认为 HPC 的微裂纹是自收缩裂纹,其最大宽度为 $0.71\sim1.43\mu m$。由于纤维的限缩阻裂效应,SFRHPC 的板块状凝胶结构内部几乎没有产生微裂纹,只有图 6.168(m)显示出一条宽度仅 $0.135\mu m$ 的微裂纹。与 HPC 相比,PFRHPC 的内部微裂纹也非常少,但因 PF 纤维的限缩阻裂效应不如钢纤维,其微裂纹数量似乎比 SFRHPC 要多一些,图 6.168(n)和图 6.168(o)的微裂纹最大宽度为 $0.36\sim0.89\mu m$。

上述分析表明,HSC 在水中的冻融裂纹宽度最大($6\mu m$),在盐湖卤水中冻融时只有宽度约 $0.67\sim5.3\mu m$ 的湿胀裂纹,比在水中的冻融裂纹小得多。HPC 在盐湖卤水冻融时内部只有少量的自收缩裂纹,宽度约 $0.71\sim1.43\mu m$,当掺加 2% 钢纤维以后,其自收缩裂纹大为减少,宽度仅 $0.135\mu m$,只有 HPC 自收缩裂纹宽度的 1/5～1/10；当掺加 0.1％PF 纤维后其自收缩裂纹也很少，宽度在 0.36～0.89μm 的范围内，仅 HPC 的 1/1.6～1/4。从试验结果看，HSC 内部的湿胀裂纹和 HPC 内部的自收缩裂纹都没有扩展形成裂纹网络，因而对其抗卤水冻蚀性并无不利的影响。

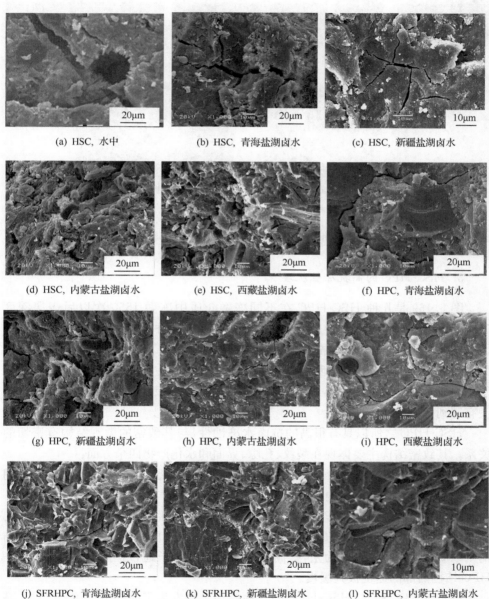

(a) HSC, 水中　　　　(b) HSC, 青海盐湖卤水　　　　(c) HSC, 新疆盐湖卤水

(d) HSC, 内蒙古盐湖卤水　　(e) HSC, 西藏盐湖卤水　　(f) HPC, 青海盐湖卤水

(g) HPC, 新疆盐湖卤水　　(h) HPC, 内蒙古盐湖卤水　　(i) HPC, 西藏盐湖卤水

(j) SFRHPC, 青海盐湖卤水　　(k) SFRHPC, 新疆盐湖卤水　　(l) SFRHPC, 内蒙古盐湖卤水

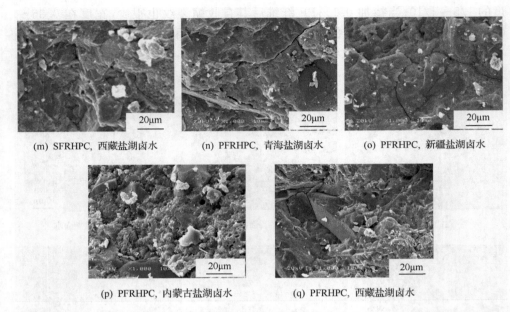

(m) SFRHPC, 西藏盐湖卤水　　　(n) PFRHPC, 青海盐湖卤水　　　(o) PFRHPC, 新疆盐湖卤水

(p) PFRHPC, 内蒙古盐湖卤水　　　　　　(q) PFRHPC, 西藏盐湖卤水

图 6.168　HSC、HPC、SFRHPC 和 PFRHPC 在不同介质中冻融 1550 次后表层微裂纹的形貌对比

3. HSC-HPC 的高抗冻蚀机理

图 6.169 是几种 HSC-HPC 在不同冻融介质中冻融 1550 次以后表层深度 5mm 以内混凝土的 SEM 形貌。可见,HSC-HPC 在四种盐湖的冻融＋腐蚀双重因素作用下经过 1550 次冻融循环,其水化产物 AFt 和 C-S-H 凝胶依然存在,即使是表层的孔隙中也没有发现卤水的成分 NaCl 和 $Na_2SO_4 \cdot 10H_2O$,更不存在 $CaSO_4 \cdot 2H_2O$ 等腐蚀产物,SFRHPC 和 PFRHPC 的板块状致密结构完好无损,没有遭到任何破坏。

HSC-HPC 之所以具有很高的抗卤水冻蚀性,与其致密的微观结构有密切的关系。其致密结构主要体现在裂纹、孔隙、界面和水化产物四个方面:

(1) 内部微裂纹数量少,宽度窄,不连通,没有形成裂纹网络,也就不存在盐湖卤水沿着微裂纹进入结构内部的通道。

(2) 根据第 3 章的 MIP 研究,OPC 的孔结构以过渡孔(10～100nm)与毛细孔(100～1000nm)为主,HSC 的孔结构以过渡孔(10～100nm)为主,而 HPC 的孔结构则以凝胶孔(＜10 nm)为主,盐湖卤水中侵蚀性离子通过扩散作用进入 HSC-HPC 结构内部的速度极其缓慢。

(3) 与 OPC 相比,HSC-HPC 的界面结构已经发生了明显的改变——CH 晶体尺寸减小,取向性减弱(对于 HPC 还存在数量减少),孔结构细化,基本与基体的孔结构相同,反映性能与基体具有显著差异的界面过渡区基本消失,从而切断了侵蚀性离子沿界面渗透的通道。

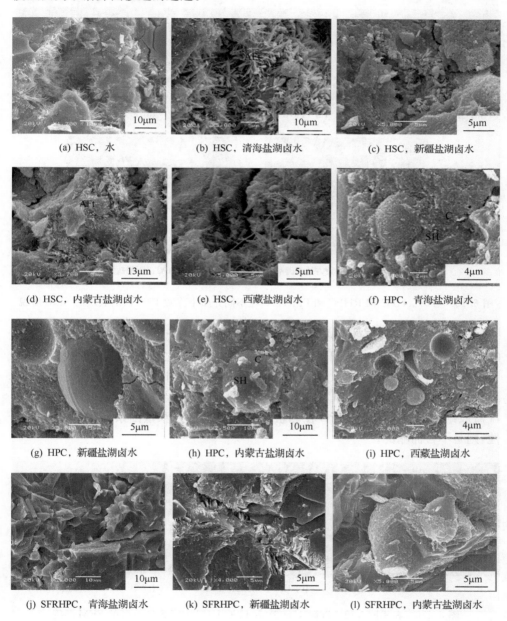

(a) HSC,水　　　　　　　(b) HSC,清海盐湖卤水　　　　　(c) HSC,新疆盐湖卤水

(d) HSC,内蒙古盐湖卤水　　　(e) HSC,西藏盐湖卤水　　　　(f) HPC,青海盐湖卤水

(g) HPC,新疆盐湖卤水　　　(h) HPC,内蒙古盐湖卤水　　　(i) HPC,西藏盐湖卤水

(j) SFRHPC,青海盐湖卤水　　(k) SFRHPC,新疆盐湖卤水　　(l) SFRHPC,内蒙古盐湖卤水

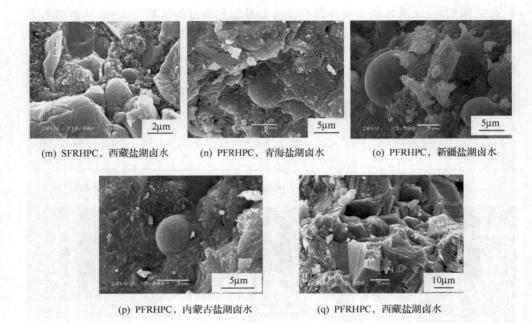

(m) SFRHPC, 西藏盐湖卤水　　　(n) PFRHPC, 青海盐湖卤水　　　(o) PFRHPC, 新疆盐湖卤水

(p) PFRHPC, 内蒙古盐湖卤水　　　　　　(q) PFRHPC, 西藏盐湖卤水

图 6.169　HSC、HPC、SFRHPC 和 PFRHPC 在不同介质中冻融 1550 次后表层的 SEM 形貌

（4）在 HSC-HPC 的微观结构中占绝大多数的水化产物是 C-S-H 凝胶, 在图 6.170 中发现 HSC 的 C-S-H 凝胶非常密实, 凝胶粒子之间的孔隙比较少, 而掺加大量活性掺合料的 HPC 中, 低 Ca/Si 的 C-S-H 凝胶则比 HSC 的还要密实得多。当掺加 2% 钢纤维以后, HPC 的凝胶粒子之间几乎看不到孔隙。如此致密的 C-S-H 凝胶结构造就了 HSC-HPC 在冻融＋盐湖卤水腐蚀双重因素作用下的高耐久性, 则是不言而喻的。

(a) HSC, 水　　　　　(b) HPC, 新疆盐湖卤水　　　　　(c) SFRHPC, 青海盐湖卤水

图 6.170　在不同介质中冻融 1550 次后 HSC-HPC 中 C-S-H 凝胶的 SEM 形貌

参 考 文 献

蔡舒,姚康德,关勇辉. 2003. 羟基磷灰石晶种对 α-磷酸钙骨水泥水化的影响[J]. 硅酸盐学报,31(1):108—112.

陈荣升,叶青. 2002. 掺纳米 SiO_2 与掺硅粉的水泥硬化浆体的性能比较[J]. 混凝土,1:7—10.

冯乃谦. 2001. 实用混凝土大全[M]. 北京:科学出版社:16—46.

符芳. 1995. 建筑材料[M]. 南京:东南大学出版社.

郭宁,秦紫瑞. 1998. 原子力显微镜的发展与表面成像技术[J]. 理化检验——物理分册,34(10):13—16.

侯贵华,钟白茜,杨南如. 2002. 掺煅烧石膏水泥早期水化过程的研究[J]. 硅酸盐学报,30(6):675—680.

蒋林华. 1998. 高掺量粉煤灰(HVFA)混凝土的水化、微结构和机理研究[D]. 南京:河海大学.

李华彬. 1986. 漂珠耐压强度的测定[J]. 电力环境保护,2:28—29.

梁嵘,李达成,曹芒,等. 1998. 表面微观形貌测量及其参数评定的发展趋势[J]. 光学技术,(6):66—68.

罗乐,刘东,廖本强. 2001. 扫描隧道显微镜和原子力显微镜[J]. 现代物理知识,13:25—26.

马建新,舒翔,孙振平,等. 1997. 用减水型粉煤灰配制塑性大流动性混凝土及塌落度损失的控制[J]. 混凝土,1:14—22.

申爱琴. 2000. 水泥与水泥混凝土[M]. 北京:人民交通出版社:48—86.

沈旦申,张荫济. 1980. 粉煤灰效应的探讨[J]. 硅酸盐学报,9(1):57—63.

沈旦申. 1989. 粉煤灰混凝土[M]. 北京:中国铁道出版社.

沈威,黄文熙,闵盘荣. 1991. 水泥工艺学[M]. 武汉:武汉工业大学出版社:188—189.

宋存义. 1999. 粉煤灰砌筑抹灰水泥的生产与应用[M]. 北京:中国建材工业出版社.

孙伟,高建明. 1995. 路面钢纤维混凝土特性及路面结构形式的研究[J]. 中国公路学报,8(1):30—37.

孙伟,严云. 1994. 钢纤维高强水泥基复合材料的界面效应及其疲劳特性的研究[J]. 硅酸盐学报,22(2):107—116.

王爱琴,张承志,唐明述. 1995. 火山灰质材料的填充作用[J]. 混凝土与水泥制品,(5):19—21.

王爱勤. 1997. 粉煤灰水泥的水化动力学[J]. 硅酸盐学报,25(2):123—129.

王福元,吴正严. 1997. 粉煤灰利用手册[M]. 北京:中国电力出版社.

王培铭,陈志源,Scholz H. 1997. 粉煤灰与水泥浆体间界面的形貌特征[J]. 硅酸盐学报,25(4):475—479.

吴季怀,黄金陵,陈耐生,等. 1999. 矿物种类和粉体性质与增强性能的关系[J]. 矿物岩石化学通报,18(4).

严捍东. 2001. 废渣特性及其多元复合对水泥基材料高性能的贡献与机理[D]. 南京:东南大学.

阎培渝,杨文言,崔路,等. 1998. 低水胶比时水泥-粉煤灰复合胶结材的水化性能[J]. 建筑材料学报,1(1):68—71.

杨克锐,张彩文,郭永辉,等. 2002. 延缓硫铝酸盐水泥凝结的研究[J]. 硅酸盐学报,30(2):155—160.

余红发. 1999. 抗盐卤腐蚀的水泥混凝土的研究现状与发展方向[J]. 硅酸盐学报,27(4):237—245.

中国建材研究院水泥所. 1994. 水泥性能及其检验[M]. 北京:中国建材工业出版社:194—198.

周公度. 1981. 晶体结构测定[M]. 北京:科学出版社:242—243.

国分山田. 1980. 粉煤灰水泥[A]//任子明译. 第六届国际水泥化学会议论文集(第三卷)——水泥及其性能[C]. 北京:中国建筑工业出版社:111—135.

Barnes P,等. 1991. 水泥的结构和性能[M]. 吴兆琦,汪瑞芬,等译. 北京:中国建筑工业出版社.

Ghosh S N. 1986. 水泥技术进展[M]. 杨南如,闵盘荣译. 北京:中国建筑工业出版社:203—303.

Hillemeier B,Schröder M. 1998. 水灰比≤0.3 的高性能混凝土的耐久性差吗？[A]//Sommer H. 高性能混凝土的耐久性[M]. 冯乃谦,丁建彤,张新华,等译. 北京:科学出版社:40—43.

Jawed I, Skalny J, Young J F. 1991. 波特兰水泥的水化[A]//Barnes P, 等. 水泥的结构和性能[M]. 吴兆琦, 汪瑞芬, 等译. 北京:中国建筑工业出版社:227—306.

Kukko H. 1998. 冰冻对高强混凝土微结构的影响[A]//Sommer H. 高性能混凝土的耐久性[M]. 冯乃谦, 丁建彤, 张新华, 等译. 北京:科学出版社:59—64.

Skalny J, Young J F. 1985. 波特兰水泥水化的机理[A]//第七届国际水泥化学会议论文选集[C]. 北京:中国建筑工业出版社:169—214.

Taylor H F W. 1983. 波特兰水泥的水化机理[J]. 硅酸盐通报,2(2):33—38.

Antonio P, Pietro L, Klaas V B, et al. 2003. Early development of properties in a cement paste:A numerical and experimental study [J]. Cement and Concrete Research,33(7):1013—1020.

Bensted J. 1977. Problems arising in the identification of thaumasite [J]. Il Cement,74:81—90.

Birchall J D, Howard A J, Double D D. 1980. Some general considerations of a membrane/osmosis model for Portland cement hydration [J]. Cement and Concrete Research,10:145—155.

Double D D, Hellawell A. 1976. The hydration of Portland cement [J]. Nature,216,10:486—488.

Fitzgerrald S A, Thomas J J, Neumann D A, et al. 2002. A neutron scattering study of the role of diffusion in the hydration of tricalcium silicate [J]. Cement and Concrete Research,32(3):409—413.

Fraay A L A. 1990. Fly ash-A pozzolan in concrete[D]. Delft:Delft University of Technology.

Fujii K, Kondo W. 1974. Kinetics of the hydration of tricalcium silicate [J]. Journal of American Ceramic Society,57:492.

Gartner E M, Kurtis K E, Monteriro P J M. 2000. Proposed mechanism of C-S-H growth tested by soft X-ray microscopy [J]. Cement and Concrete Research,30(5):817—822.

Gartner E M. 1997. A proposed mechanism for the growth of C-S-H during the hydration of tricalcium silicate [J]. Cement and Concrete Research,27(5):665—672.

Gerhard W, Nagele E. 1983. The hydration of cement studied by secondary ion mass spectrometry (SIMS) [J]. Cement Concrete Research,13(6):849—859.

Glasser F P, Marr J. 1985. The alkali binding potential of OPC and blended cements [J]. Il Cement,(2):85.

Gu P, Beaudoin J J. 1997. A conduction calorimetric study of early hydration of ordinary Portland cement/high alumina cement pastes [J]. Journal of Material Science,32:3875—3881.

Igarashi S, Kubo H R, Kawamura M. 2000. Long-term volume changes and microcracks formation in high strength mortars [J]. Cement and Concrete Research,30(6):943—951.

Jennings H M. 2000. A model for the microstructure of calcium silicate hydrate in cement paste [J]. Cement and Concrete Research,30(1):101—116.

Li Z, Ma B, Peng J, et al. 2000. The microstructure and sulfate resistance mechanism of high-performance concrete containing CNI [J]. Cement and Concrete Composites,22(5):369—377.

Long S, Liu C, Wu Y. 1998. ESCA study on the early C3S hydration in NaOH solution and pure water [J]. Cement and Concrete Research,28(2):245—249.

Maltis Y, Marched J. 1997. Influence of curing temperature on the cement hydration and mechanical strength development of fly ash mortars [J]. Cement and Concrete Research,27(7):1009—1020.

Maria L G, Santiago A, Maria T B, et al. 2002. Alkaline activation of metakaolin:effect of calcium hydroxide in the products of reaction [J]. Journal of American Ceramic Society,85(1):225—231.

Meredith P, Donnald A M, Luke K. 1995. Pre-induction and induction hydration of tricalcium silicate:An environmental scanning electron microscopy study [J]. Journal of Material Science,39:1921—1930.

Mindess S, Young J F, Darwin D. 2003. Concrete [M]. 2nd ed. New Jersey: Pearson Education Inc: 70, 431, 487—488.

Mollah M Y A. 2000. A fourier transform infrared spectroscopic investigation of the early hydration of Portland cement and the influence of sodium lignosulfonate [J]. Cement and Concrete Research, 30 (2): 267—273.

Nagele E, Knittel T. 1983. A note on early hydration of cement [J]. Cement and Concrete Research, 13(1): 141—145.

Odler I, Cordes S. 2002. Initial hydration of tricalcium silicate as studied by secondary neutrals mass spectrometry II. Results and discussion [J]. Cement and Concrete Research, 32(7): 1077—1085.

Odler I, Dorr H. 1979. Early hydration of tricalcium silicate I. Kinetics of the hydration process and the stoichiometry of the hydration products [J]. Cement and Concrete Research, 9(2): 239—248.

Odler I, Dorr H. 1979. Early hydration of tricalcium silicate II. The induction period [J]. Cement and Concrete Research, 9(3): 277—284.

Puertas F, Fernández J A. 2003. Mineralogical and microstructural characterisation of alkali-activated fly ash/slag pastes [J]. Cement and Concrete Composites, 25(3): 287—292.

Puertas F, Martínez R S, Alonso S. 2000. Alkali-activated fly ash/slag cements: Strength behaviour and hydration products [J]. Cement and Concrete Research, 30(10): 1625—1632.

Rayment P L. 1982. The effect of pulverized-fuel ash on the Ca/Si molar ratio and alkali content of calcium silicate hydrates in cement [J]. Cement and Concrete Research, 12: 133—140.

Scrivener K L, Bentur A, Pratt P L. 1988. Quantitative characterization of the transition zone in high strength concretes [J]. Advanced Cement Research, 1(2): 230—237.

Shehata M H, Thoms M D A, Bleszynski R F. 1999. The effect of fly ash composition on the chemistry of pore solution in hydrated cement pastes [J]. Cement and Concrete Research, 29(12): 1915—1920.

Su Z, Sujata K, Bijen J M, et al. 1996. The evolution of the microstructure in styrene acrylate polymer-modified cement pastes at the early stage of cement hydration [J]. Advanced Cement Based Materials, (3): 87—93.

Sujata K, Jennings H M. 1992. Formation of a protective layer during the hydration of cement [J]. Journal of American Ceramic Society, 75(6): 1669—1673.

Taylor H F W. 1990. Chemistry of Cements [M]. London: Academic Press: 123.

Tennisa P D, Jennings H M. 2000. A model for two types of calcium silicate hydrate in the microstructure of Portland cement pastes [J]. Cement and Concrete Research, 30(6): 855—863.

Thomas N L, Double D D. 1981. Calcium and silicon concentrations in solution during the early hydration of Portland cement and tricalcium silicate[J]. Cement and Concrete Research, 11: 675—687.

Tritthart J, HauBler F. 2003. Pore solution analysis of cement pastes and nanostructural investigations of hydrated C3S [J]. Cement and Concrete Research, 35(7): 1063—1070.

Vuk T, Gabrovšek R, Kaučič V. 2002. The influence of mineral admixtures on sulfate resistance of limestone cement pastes aged in cold $MgSO_4$ solution [J]. Cement and Concrete Research, 32(6): 943—948.

Walk L B, Bornemann R, Knöfel D, et al. 2002. In situ observation of hydrating cement-clincer-phases by means of confocal scanning microscopy-first results [A]//24th International Congress on Cement Microscopy[C]. San Diego, USA: 95—106.

Xie P, Beaudoin J, Brousseau R. 1999. Flat aggregate-Portland cement paste interfaces part I: Electrical conductivity models [J]. Cement and Concrete Research, 21(4): 515—522.

Yang C C, Su J K. 2002. Approximate migration coefficient of interfacial transition zone and the effect of aggregate content on the migration coefficient of mortar [J]. Cement and Concrete Research, 32 (10): 1559—1565.

Yu H, Zeng Y, Yu D. 2000. Mechanism of bittern resistance of high-density cement concrete containing silica fume [A]//Leung C, Li Z, Ding J T. High Performance Concrete-Workability, Strength and Durability [C]. Proceedings of the International Symposium, Hong Kong and Shenzhen, China, December 10—15: 325—330.

第7章　高性能地聚合物材料

地聚合物(Geopolymer)是一种新型的无机聚合物材料。古代混凝土建筑物(如埃及的金字塔、罗马的大竞技场)具有非常优异的耐久性能,它能在比较恶劣的环境中保持几千年而不破坏。而与之相较的硅酸盐水泥混凝土,在相同的服役条件下,其寿命平均仅有 40～50 年,最长的也不超过 100 年,短的仅几年就遭受严重的破坏。究其原因是由于在古代的混凝土建筑中存在一种现代硅酸盐水泥中所没有的无定形物质,其结构类似于有机高聚物,但其骨架结构是由无机的 SiO_4 和 AlO_4 四面体相连而成,法国科学家 Davidovits 称之为地聚合物。地聚合物制备工艺简单,无须采用水泥生产的"两磨一烧"工艺,仅将适量偏高岭土和其他硅铝校正料混磨后在一定碱液激发下,采用一定温度蒸养或常温养护后即可得到不同强度等级的无水泥熟料的地聚合物建筑制品。地聚合物的主要构成元素 Si、Al、O 是地壳中最主要的三种元素,故其原材料来源广泛;地聚合物仅需低温煅烧,材料易磨性良好,生产过程中排放废气少,能耗仅为水泥生产的 1/10～1/5;地聚合物水化最终产物是以离子键及共价键为主,故其快硬、早强,且长期强度高,一般的聚合物 4h 就可获得最终强度的 70%,后期强度可达 100MPa;地聚合物与水泥最终水化产物不同的是其不生成引起耐久性不良的片层状$Ca(OH)_2$,因此地聚合物水化产物在各种酸碱化学物质侵蚀下呈现惰性,表现出优异的耐酸腐蚀性能。与硅酸盐水泥相比,地聚合物的耐酸腐蚀性能可提高一个数量级。地聚合物水化产物中几乎不引进其他难溶物质,当其废弃使用后仍可作为原材料循环使用,因此具有良好的再生性能。

7.1　高性能地聚合物材料的制备和性能

地聚合物及其混凝土的生产工艺与硅酸盐水泥混凝土相似,设备基本相同,无须特殊的养护条件,制备起来比较简单,技术容易掌握。但地聚合物的溶解-单体重构-聚缩反应机理与硅酸盐水泥的水化、硬化机制毕竟有很大的区别,生成的三维网状无定形产物与硅酸盐水泥水化形成的短链状 C-S-H 及 CH、C_3AH_4 等晶体也有显著差异,这就使得地聚合物制备工艺、配合比设计原则与传统硅酸盐水泥有相当的差别,具有自身特点。

综合已有的文献资料发现,目前许多研究者制备地聚合物所采用的配合比有较大区别,没有一个统一的设计原则可供参考,造成制备的地聚合物之间没有可比性,在评价地聚合物的性能特征时也出现了一些矛盾之处,这就为科学、正确地了解和掌握地聚合物自身特点、规律及大规模推广、应用带来很大困难。

为此,作者及其课题组基于地聚合物形成机理及其组成、结构本质,提出地聚合物配合比设计三原则,将已有的地聚合物配合比统一起来,并在此设计原则的指导下,对原材料和配合比进行了优选和优化,配制出了力学性能较高的三类地聚合物(PS、PSS、PSDS)。

7.1.1　原材料

1. 偏高岭土

制备地聚合物使用的主要原材料是活性的低钙 Si-Al 材料,要求这种材料中必须包含碱溶液中易于溶解的 Al 和 Si,最为常用的是偏高岭土。

偏高岭土是将高岭土经适合温度煅烧一定时间得到的一种活性较高的 Si-Al 质材料,它已成为制备地聚合物首选材料,但其本身的化学活性的高低由煅烧工艺决定。因此,获得最佳煅烧工艺条件是制备优异性能地聚合物的前提。目前有大量文献报道高岭土在加热过程中所涉及的结构变化,以及不同的煅烧制度对偏高岭土化学活性的影响。总结这些文献不难看出,尽管不同研究者采用的高岭土的矿物和化学组成不同,但是最佳的煅烧温度均集中在 $600 \sim 800℃$ 之间,在此温度范围内高岭土结构中的六配位 Al 绝大部分转化为具有高反应活性的四配位 Al。

使用的偏高岭土有两种:一种用于制备各类纯地聚合物及相应的微观结构研究;另外一种用来制备各种地聚合物混凝土。第一种偏高岭土是在实验室内利用高温炉将纯高岭土在 $700℃$ 下煅烧 12h 得到,这个煅烧制度是通过与高温炉相连的计算机进行控制的,测试煅烧后偏高岭土的 Al MAS-NMR 谱线发现,95% 左右的六配位 Al 已转化为四配位。之所以采用如此严格的煅烧制度及很高纯度的高岭土,目的就是为了获得纯度较高的偏高岭土,以保证微观结构测试的结果具有代表性,总结的规律具有通用性。至于第二种偏高岭土是通过工业化方法得到,采用的煅烧制度为:将中等品质的高岭土在 $700 \sim 900℃$ 下煅烧大约 12h。上述煅烧制度是在大量实验基础上得到,并已在工程实践中大量应用。之所以采用中等偏高岭土,是由于制备地聚合混凝土试件需要大量的偏高岭土,如此多的偏高岭土通过实验室内高温炉煅烧是不太现实的。另一方面,考虑到目前我国的绝大部分中劣等高岭土矿没有被充分利用,有巨大的中劣等高岭土亟待开发。这两种偏高岭土的化学组成和物理性能见表 7.1 所示。

表 7.1 偏高岭土的化学组成和物理性能

	SiO$_2$	Al$_2$O$_3$	Fe$_2$O$_3$	CaO	TiO$_2$	MnO	K$_2$O	P$_2$O$_5$	L.O.I	$\sum$	粒度/% +45μm	粒度/% −2μm
纯 MK	53.46	43.66	0.34	0.25	0.18	0.101	0.19	0.31	1.19	99.59	≤0.3	≥60
中等 MK	62.97	26.91	2.62	0.60	1.24	0.01	0.18	0.74	4.44	99.71	≤20	≥30

2. 硅铝校正料

由于偏高岭土中 Si/Al 是固定的,要想得到 PS、PSS、PSDS 结构的地聚合物还需加入硅、铝质校正料。这些硅、铝质校正料中 Si 和 Al 最终要进入地聚合物的三维键接结构中,参与空间网状结构的构筑,因此如果这些硅、铝质校正料中 Si 和 Al 的存在形态与地聚合物形成过程的二单体或三单体的重构体性质相同或相近,那么它们就可直接参加地聚合物三维键接结构的构筑,能迅速生成地聚合物胶凝体,而不会出现"排异"现象。基于此,通常是选用分析纯的 Na$_2$SiO$_3$ 作为 Si 质校正料,Na$_2$AlO$_3$ 作为 Al 质校正料。

3. 高碱物质

高碱物质是制备地聚合物不可缺少的关键组分,它决定着活性 Si-Al 质材料的溶解、单体重构、聚缩这三个过程能否进行及进行的程度如何。

7.1.2 地聚合物配合比设计原则的建立

根据已有文献资料来看,关于地聚合物的配合比设计还没有一个统一的认识,不同的研究者由于所使用的原材料不同,对地聚合物的性能要求也不同,各自设计的配合比也不尽相同,主要有:

(1) 地聚合物创始人 Davidovits 认为,要想获得理想的地聚合物,要求 Si-Al 质原材料中的 Al 必须在高碱溶液作用下能快速溶解,其中以偏高岭土作为 Si-Al 原材料制备的地聚合物性能最好,并且在 PS、PSS 及 PSDS 三类地聚合物中以 PSS 结构最为理想。他在制备 K-PSS 型地聚合物时,采用的配合比为

$$\frac{\text{SiO}_2 \text{ 摩尔数}}{\text{Al}_2\text{O}_3 \text{ 摩尔数}} = 4.5 \sim 5.5, \frac{\text{SiO}_2 \text{ 摩尔数}}{\text{M}_2\text{O 摩尔数}} = 4.0 \sim 6.6,$$

$$\frac{\text{K}_2\text{O 摩尔数}}{\text{Al}_2\text{O}_3 \text{ 摩尔数}} = 1.11, \text{K}_2\text{O} = 5\% \sim 10\%(\text{质量分数})$$

(2) van Jaarsveld 采用粉煤灰和偏高岭土作为活性 Si-Al 质材料,制备出粉煤灰基地聚合物,其配合比为

粉煤灰:偏高岭土:Na$_2$SiO$_3$:KOH:H$_2$O=57:15~17:3.5:4

（3）Palomo 采用偏高岭土作为活性 Si-Al 质材料，合成了具有优异力学性能和高耐久性能的 Na 型地聚合物材料，其配合比为

$$\frac{H_2O\ 摩尔数}{M_2O\ 摩尔数} = 9.0, \quad NaOH\ 的浓度在 7 \sim 12M$$

（4）Valerria 也采用高活性的偏高岭土作为 Si-Al 质材料成功制备出一种 Na 型高性能地聚合物材料，其配合比为

$$\frac{SiO_2\ 摩尔数}{Al_2O_3\ 摩尔数} = 3.3 \sim 4.5, \frac{Na_2O\ 摩尔数}{Si_2O\ 摩尔数} = 0.2 \sim 0.48, \frac{H_2O\ 摩尔数}{Na_2O\ 摩尔数} = 10 \sim 25$$

尽管上面不同研究者采用的配合比之间差别比较大，其间似乎没有任何联系，无规律可言，似乎无法把它们统一起来，但考虑到既然这些配合比均能制备出性能优异的地聚合物，那么它们之间肯定存在一定的内在联系。如何把这些纷繁复杂的配合比联系起来，形成一个统一的配合比设计原则，东南大学张云升教授做了大量的研究。

1. 地聚合物配合比设计原则的构造

首先，我们知道，地聚合物的主体组成为 Al_2O_3、SiO_2，它们之间的物质的量比直接决定着地聚合物的组成结构是 PS，PSS 还是 PSDS。不同结构种类的地聚合物性能差别较大，因此 Al_2O_3、SiO_2 之间的物质的量比是配合比设计时需考虑的重要参数之一。

其次，根据前面关于地聚合物形成机理和反应过程可知，碱性介质在合成地聚合物时主要充当两个作用：①产生高浓度碱性环境，使 Si-Al 质材料发生溶解，释出可自由移动的 Si、Al 离子单体；②作为平衡电荷来平衡由于四配位 Al^{3+} 造成的过剩负电荷，使体系始终处于平衡、稳定状态。因此，M_2O（M 代表 Na、K）多少直接关系到地聚合化反应能否发生，形成速度如何以及生成的地聚合物能否稳定存在，所以 M_2O 也是配合比设计时需考虑的重要参数之一。

另外，从地聚合物形成过程可知，H_2O 在其中起至关重要的作用：①传质介质；②反应媒介；③地聚合物凝结、硬化时作为结构水存在于产物中，即充当反应物；④保证反应混合物具有良好的工作性。因此，H_2O 也应该是配合比设计时需考虑的重要参数之一。

2. 地聚合物配合比设计三原则的提出

基于上述考虑，结合前面的地聚合物形成机理、反应本质、最终产物的组成和结构，借鉴水泥混凝土配合比设计思想，张云升博士等提出了通过确定三个关键参数进行地聚合物配合比设计的方法。

具体步骤如下：

（1）首先确定要制备的地聚合物结构种类，是 PS 型结构，还是 PSS 型结构，亦或 PSDS 型结构。

（2）其次根据地聚合物的结构种类和组成结构计算出三个关键参数 $\left(\dfrac{SiO_2 \text{摩尔数}}{Al_2O_3 \text{摩尔数}}, \dfrac{M_2O \text{摩尔数}}{Al_2O_3 \text{摩尔数}}, \dfrac{H_2O \text{摩尔数}}{M_2O \text{摩尔数}}\right)$ 的理论值。三种结构类型地聚合物的化学式及相应关键参数的理论值如表 7.2 所示。

表 7.2　PS、PSS 和 PSDS 型地聚合物的化学式及相应关键参数的理论值

地聚合物的种类	理论化学式	三个关键参数的理论值		
		$\dfrac{SiO_2 \text{摩尔数}}{Al_2O_3 \text{摩尔数}}$	$\dfrac{M_2O \text{摩尔数}}{Al_2O_3 \text{摩尔数}}$	$\dfrac{H_2O \text{摩尔数}}{M_2O \text{摩尔数}}$
PS	$M_2Si_2Al_2O_8 \cdot (6\sim7)H_2O$	2.0	1.0	6～7
PSS	$M_2Si_4Al_2O_{12} \cdot (2\sim3)H_2O$	4.0	1.0	2～3
PSDS	$M_2Si_6Al_2O_{16} \cdot 2H_2O$	6.0	1.0	2

注：M 代表 Na 或 K。

（3）最后确定实际配合比。由于原材料的不同，成分波动及反应不完全等原因，致使实际地聚合物配合比应在理论配合比的基础上进行适当调整，并进行试配，然后优选出最佳配合比：

① 对于 $\dfrac{SiO_2 \text{摩尔数}}{Al_2O_3 \text{摩尔数}}$，理论值为 ±1.0；

② 对于 $\dfrac{M_2O \text{摩尔数}}{Al_2O_3 \text{摩尔数}}$，理论值为 ±0.5；

③ 对于 $\dfrac{H_2O \text{摩尔数}}{M_2O \text{摩尔数}}$，则在保证拌合物具有良好的流动性的前提下，尽可能降低用水量，以提高地聚合物及其混凝土的力学性能和耐久性能。

3. 地聚合物配合比的统一

按上述配合比设计原则来衡量不同研究者采用的配合比，当我们把他们采用的配合比折算成上面提出的三个关键参数后，发现它们之间存在着内在的联系，可以将它们统一起来，如表 7.3 所示。通过上面的折算可以看出，不同研究者所采用的配合比之所以存在较大差异，本质上是由于他们采用的原材料和合成地聚合物的结构种类不同，若将这些配合比统一到相应种类的地聚合物上，可发现它们均在三个理论参数左右摆动，因此有理由相信上述关于地聚合物的配合比设计方法在理论上有一定的可行性，当然还需要进一步实验来检验。

表 7.3　根据三参数设计原则计算不同研究者的配合比及所属结构种类

地聚合物研究者	三个关键参数的折算值			对应的地聚合种类
	$\dfrac{SiO_2\ 摩尔数}{Al_2O_3\ 摩尔数}$	$\dfrac{M_2O\ 摩尔数}{Al_2O_3\ 摩尔数}$	$\dfrac{H_2O\ 摩尔数}{M_2O\ 摩尔数}$	
Davidivotist	4.5～5.5	0.8～1.6	—	PSS
van Jaarsveld	2.4～2.5	1.2～1.25	12.5	PS
Palomo	1.11	1.15	9.0	PS
Valerria	3.3～4.5	0.8～2.0	10～25	PSS

7.1.3　合成工艺与养护

　　地聚合物的制备工艺相对比较简单,其使用设备与生产硅酸盐水泥混凝土相似,无须引入大型合成设备,仅将现有的硅酸盐水泥混凝土设备进行适当改造即可。其具体制备工艺如图 7.1 所示。

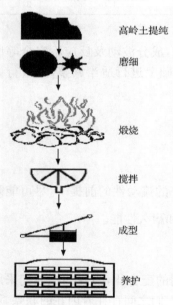

高岭土提纯

磨细

煅烧

搅拌

成型

养护

图 7.1　地聚合物的制备
工艺流程图

　　首先将高岭土进行提纯,剔除伴生的有机杂质;之后进行破碎并磨细;磨细后的高岭土在适当的温度下煅烧,生成具有较高活性偏高岭土;然后将偏高岭土和适量高碱溶液(NaOH、KOH等)相混合,在常规搅拌机中进行充分搅拌;最后将拌合均匀的地聚合物浆体注模、养护,在较短时间内就可得到性能优良的地聚合物材料。为了充分利用工业废渣,保护环境,也可将粉煤灰、建筑垃圾等作为原材料加入到地聚合物。地聚合物的制备一般不需采用压力,当要求最终产品的孔隙率较低或加入纤维时,可以使用压力。当制备短纤维增强地聚合物挤压板时,在成型中采用比较高的挤压和剪切力。

　　对于地聚合物的养护,其温度一般控制在 25～85℃,超过 85℃容易造成沸石(Zeolite)化。根据已有的文献报道,将几种典型的养护温度分述如下:

　(1) 室温养护,温度范围为 15～30℃;

　(2) 中等温度养护,温度范围为 40～60℃;

　(3) 高温养护,温度范围为 70～80℃。

为了节约能源,降低成本,便于在实际工程中推广应用,多采用室温养护。

7.2　地聚合物混凝土的力学性能

7.2.1　抗压强度

地聚合物混凝土和硅酸盐水泥混凝土的抗压强度实验结果如图 7.2 所示。

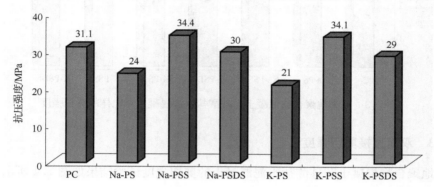

图 7.2　三类地聚合物混凝土与硅酸盐水泥混凝土对比样的抗压强度
PC—硅酸盐水泥混凝土；Na—用 NaOH 作为激发剂；K—用 KOH 作为激发剂

在三类地聚合物混凝土中,以 PSS 型地聚物的抗压强度最高,其次是 PSDS型,PS 型最低。从各类地聚合物混凝土的抗压强度来看,地聚合物混凝土并没有显示出非常优异的力学性能,这可能与下面几个因素有关:

(1) 为了保证地聚合物具有良好的工作性以便于成型,我们采用的用水量较高,这在很大程度上限制了地聚合物混凝土强度进一步提高。

(2) 到目前为止,我们还没有找到一种适合于地聚合物胶凝材料的减水剂,造成配制地聚合物混凝土时单方用水量很难降低,这与硅酸盐水泥减水剂发明以前,水泥混凝土的强度很难超过 40MPa 相类似。

7.2.2　劈拉强度

地聚合物混凝土和硅酸盐水泥混凝土的劈拉强度试验结果如图 7.3 所示。

在三类地聚合物混凝土中以 PSS 型地聚物的劈拉强度最高,其次是 PSDS型,PS 型最差。由上面的抗压强度试验我们知道,地聚合物混凝土并没有显示出比硅酸盐水泥混凝土更高的强度,但是基于劈拉试验可知,PSS 型和 PSDS 型地聚合物混凝土的劈拉强度比同强度等级硅酸盐水泥混凝土的劈拉强度要高多。如Na-PSS 型地聚合物混凝土的劈拉强度为 4.13MPa,它比硅酸盐水泥混凝土高出44.4%,这表明地聚合物混凝土的脆性较硅酸盐水泥混凝土要小。

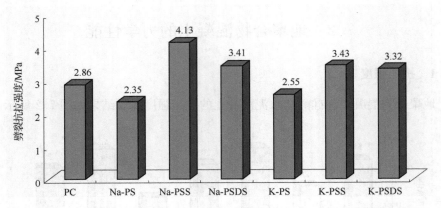

图 7.3　三类地聚合物混凝土与硅酸盐水泥混凝土对比样的劈拉强度

7.2.3　双面直接剪切强度

地聚合物混凝土和硅酸盐水泥混凝土的剪切强度试验结果如图 7.4 所示。

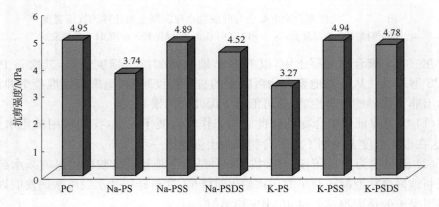

图 7.4　三类地聚合物混凝土与硅酸盐水泥混凝土对比样的剪切强度

在三类地聚合物混凝土中,以 PSS 型地聚物的剪切强度最高,其次是 PSDS 型,PS 型最差。与同强度等级的硅酸盐水泥混凝土相比,PSS 型和 PSDS 型地聚合物混凝土的剪切强度与硅酸盐水泥混凝土的剪切强度基本接近。

7.2.4　弯曲强度

地聚合物混凝土和硅酸盐水泥混凝土的弯曲强度试验结果如图 7.5 所示。

在三类地聚合物混凝土中,以 PSDS 型地聚物的弯曲强度最高,其次是 PSS 型,PS 型最小。PSDS 型和 PSS 型地聚合物混凝土的弯曲强度比同强度等级的硅酸盐水泥混凝土稍有提高。

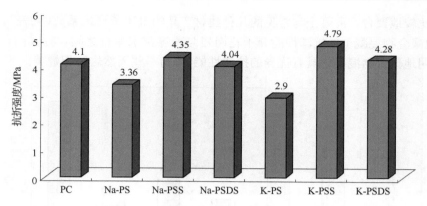

图 7.5　三类地聚合物混凝土与硅酸盐水泥混凝土对比样的弯曲强度

7.3　地聚合物混凝土的耐久性

　　混凝土建筑物的耐久性是由混凝土材料本身的耐久特性决定的。耐久性好的混凝土是指在预期的使用时间内能够在安全使用的条件和可预见的使用环境下，保持其原设计的良好行为和功能的能力。造成混凝土质量变坏的因素有来自外部的，如风化、废水、废气及化学侵蚀等；也有来自自身内部的，如碱集料反应、体积的不稳定性等。耐久性好的水泥混凝土，既能避免自身内部结构的恶化，同时对外部的侵蚀破坏作用也具有坚强的抵抗能力。

　　利用资源丰富的天然或人工低钙 Si-Al 质材料制备出的低耗能、低 CO_2 排放量，并且力学性能优异的地聚合物混凝土是一种新型的节能环保无机胶结材料，对其耐久性能进行研究能促进人们进一步认识其本质，从而为在建筑结构领域大规模推广、应用地聚合物混凝土奠定一定的基础。

7.3.1　抗氯离子渗透性能

　　混凝土是一种多孔材料，它的许多耐久性能，如抗冻性、抗钢筋锈蚀性、抗化学侵蚀性、抗碳化性等无不与混凝土的渗透性密切相关。抗渗性好的混凝土，外部离子和分子等侵蚀介质不易渗透到它的内部，因而不易在其内部发生使混凝土劣变的物理及化学变化，从而保证混凝土具有较好的耐久性能。因此我们把抗渗性称为混凝土耐久性的第一道防线，是评价混凝土耐久性的首要性能指标。

　　在三类地聚合物混凝土中，PSS 型地聚合物混凝土的渗透系数最小，即抗渗性能最佳，PSDS 和 PS 次之(K-PSDS 除外)，如图 7.6 所示。比较同类型的 Na 型与 K 型地聚合物混凝土，发现 Na 型地聚合物混凝土抗渗性均比 K 型地聚合物混凝土要高。

　　比较地聚合物混凝土与常见的几种建材产品的氯离子渗透系数(见表 7.4)可知,地聚合物混凝土的抗渗性能介于花岗岩与粉煤灰水泥石之间,与高岭石相近,这表明地聚合物混凝土具有优异的抗渗性能,可与一些天然岩石相媲美。

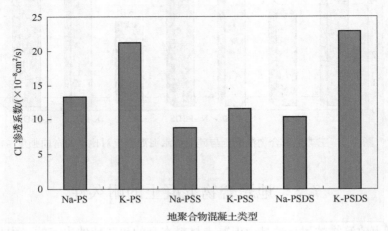

图 7.6　三类地聚合物混凝土氯离子渗透系数

表 7.4　地聚合物混凝土与常见的几种建材产品的氯离子渗透系数

种　　类	渗透系数/(cm²/s)
Na-PS 型地聚合物混凝土	1.3341×10^{-8}
K-PS 型地聚合物混凝土	2.1175×10^{-8}
Na-PSS 型地聚合物混凝土	0.88149×10^{-8}
K-PSS 型地聚合物混凝土	1.1531×10^{-8}
Na-PSDS 型地聚合物混凝土	1.0330×10^{-8}
K-PSDS 型地聚合物混凝土	2.2885×10^{-8}
硅酸盐水泥混凝土	2.800×10^{-8}
花岗岩	10^{-10} *
粉煤灰水泥石	10^{-6} *
高岭石	10^{-7} *
砂	$10^{-1} \sim 10^{-3}$ *

　　* 对应的数据选自 J. Davidovits. Properties of geopolymer cements. Alkaline Cements and Concretes, KIEV Ukraine,1994：9。

7.3.2　抗冻融性能

　　混凝土的冻融劣化是一个由致密到疏松的物理过程,质量损失、声时增长和声波振幅衰减便是这种疏松的外在反映。混凝土内部本身存在一定量的原始微裂缝或缺陷,冻融过程中这些微裂缝生长开展,并有新的微裂缝或缺陷不断产生,从而导致混凝土的质量损失、声时增长和声波振幅衰减。图 7.7 为地聚合物混凝土和同强度等级硅酸盐混凝土试件经 100 次冻融循环后的表观外貌。硅酸盐混凝土经 100 次冻融循环后,其表面和边角剥落比较严重,粗集料裸露在外。相比而言,地聚合物混凝土试件的表观基本完好,没有出现明显剥落。

(a) 地–聚合物混凝土　　　　　　　　　　　　　(b) 硅酸盐混凝土

图 7.7　地聚合物混凝土和同强度等级硅酸盐混凝土经 100 次冻融循环后试件的外貌

图 7.8～7.10 给出了三类地聚合物混凝土和硅酸盐水泥混凝土在冻融循环过程中质量损失、声时增长及声波振幅衰减曲线,由这些试验结果得到的回归方程列于表 7.5～7.7 中。

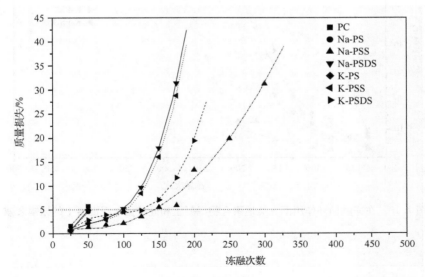

图 7.8　在冻融循环作用下三类地聚合物混凝土和硅酸盐水泥混凝土的质量损失

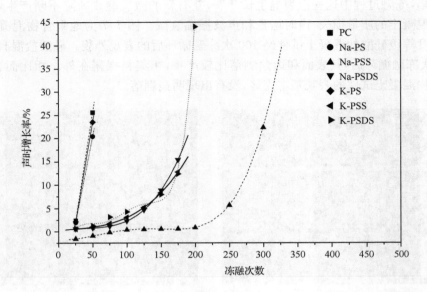

图 7.9　在冻融循环作用下三类地聚合物混凝土和硅酸盐水泥混凝土的声时增长

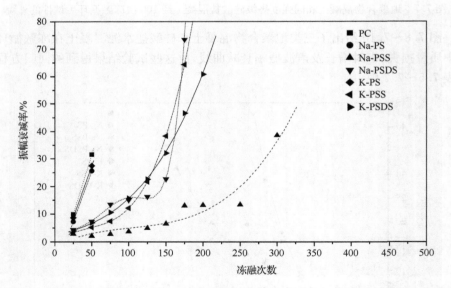

图 7.10　在冻融循环作用下三类地聚合物混凝土和硅酸盐水泥混凝土的振幅衰减

表 7.5　冻融循次数-质量损失回归方程及相应的极限冻融次数

类型	回归方程	相关系数	极限冻融次数（临界质量损失率为 5.0%）
PC	$y = 0.1659x - 2.5180$	100	45
Na-PS	$y = 0.1588x - 3.3180$	100	52
Na-PSS	$y = 1.73438 - 0.03342x + 3.44159 \times 10^{-4} x^2$ $+ 3.21732 \times 10^{-7} x^3$	0.98945	144
Na-PSDS	$y = -2.45391 + 0.17531x - 0.00244x^2$ $+ 1.45301 \times 10^{-5} x^3$	0.9999	98
K-PS	$y = 0.1692x - 3.5090$	100	50
K-PSS	$y = -2.8356 + 0.19826x - 0.00277x^2$ $+ 1.52441 \times 10^{-5} x^3$	0.9999	104
K-PSDS	$y = -4.13185 + 0.25522x - 0.00274x^2$ $+ 1.02754 \times 10^{-5} x^3$	0.99911	124

表 7.6　冻融循次数-声时增长率回归方程

类型	回归方程	相关系数
PC	$y = 0.9273x - 20.8360$	100
Na-PS	$y = 0.7368x - 16.4980$	100
Na-PSS	$y = -1.66936 - 0.01835x + 0.00101x^2 - 8.30704 \times 10^{-6} x^3 + 2.00503 \times 10^{-8} x^4$	0.99995
Na-PSDS	$y = 0.07253 + 0.03388x - 6.84651 \times 10^{-4} x^2 + 5.65369 \times 10^{-6} x^3$	0.9999
K-PS	$y = 0.8532x - 19.2000$	100
K-PSS	$y = 0.29274 + 0.01019x - 6.06686 \times 10^{-5} x^2 + 2.33084 \times 10^{-6} x^3$	0.9999
K-PSDS	$y = -12.2942 + 1.03543x - 0.02875x^2 + 3.68327 \times 10^{-4} x^3$ $- 2.13748 \times 10^{-6} x^4 + 4.60074 \times 10^{-9} x^5$	0.99716

表 7.7　冻融循次数-振幅衰减率回归方程

类型	回归方程	相关系数
PC	$y = 0.8641x - 11.6750$	100
Na-PS	$y = 0.7360x - 11.1700$	100
Na-PSS	$y = -1.58436 + 0.13467x - 0.00103x^2 + 3.35111 \times 10^{-6} x^3$	0.92448
Na-PSDS	$y = -2.43293 + 0.57842x - 0.02049x^2 + 3.99032 \times 10^{-4} x^3$ $- 3.26585 \times 10^{-6} x^4 + 9.30112 \times 10^{-9} x^5$	0.99941
K-PS	$y = 0.7552x - 10.2390$	100
K-PSS	$y = -0.69313 + 0.22608x - 0.00339x^2 + 2.41253 \times 10^{-5} x^3$	0.9999
K-PSDS	$y = 2.26046 + 0.06474x + 2.29381 \times 10^{-4} x^2 + 4.61826 \times 10^{-6} x^3$	0.99912

比较三类地聚合物混凝土和硅酸盐水泥混凝土的抗冻融性可知,PSS 型和 PSDS 型地聚合物混凝土抗冻融性能优于 PS 型地聚合物,更优于硅酸盐水泥混凝土。若以质量损失率达到 5.0% 作为极限冻融次数的评价标准,则可计算出各种混凝土的极限冻融次数,见表 7.5。从表 7.5 中可知,Na-PSS 型地聚合物混凝土的极限冻融次数为相同强度等级硅酸盐水泥混凝土的 3.2 倍。

7.3.3 地聚合物的收缩

地聚合物由于其形成过程、产物组成结构与硅酸盐水泥有质的不同,致使地聚合物的收缩过程区别于硅酸盐水泥。

三类地聚合物和同强度等级的混凝土试件的收缩试验结果如图 7.11 所示。三类地聚合物混凝土的收缩率在初期增长很快,但随龄期的发展其增长速率变缓,并逐渐平稳。硅酸盐水泥混凝土也表现出同样的规律,只是其收缩率在各龄期都比三类地聚合物混凝土高,Na-PS、Na-PSS、Na-PSDS 型地聚合物混凝土 120d 收缩率为硅酸盐水泥混凝土的 57.2%、53.6%、91.9%,K-PS、K-PSS、K-PSDS 型地聚合物混凝土 120d 收缩率为硅酸盐水泥混凝土的 84.2%、62.4%、86.4%。

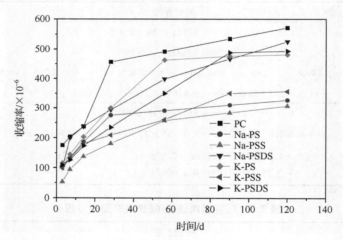

图 7.11　三类地聚合物和同强度等级的混凝土的收缩

比较不同种类的地聚合物混凝土可看出,在三类地聚合物混凝土中,PS 型和 PSS 型收缩较小(K-PS 除外),PSDS 型的收缩较大。从试验结果来看,PS 型和 PSS 型的收缩率比 PSDS 型低 27.8%~41.7%。碱性激发剂的阳离子种类对地聚合物混凝土的收缩性能也有一定的影响,K 型比 Na 型的收缩大(PSDS 型除外),从试验结果来看收缩高 14%~32%。

7.3.4　地聚合物浆体的早期开裂

地聚合物是一种新型的无机 Si-Al 质胶凝材料,具有非常优异的抗渗、抗冻融和抗化学侵蚀等耐久性能,但这些优异的性能只有在地聚合物硬化体的结构保持良好完整性(即不开裂)前提下才能得以保证。若地聚合物硬化体发生开裂,其优异耐久性能将迅速衰减、丧失。因此研究地聚合物的收缩过程和开裂性能对于大规模推广、应用地聚合物胶凝材料,尤其是在道路、桥面板、机场路面及大面积工业地板等领域具有十分重要的意义。

前面已测试了各类地聚合物在非限制条件下棱柱体试件自由收缩率,初步了解了地聚合物在干燥条件下收缩变化的规律,但是仍不能提供足够的信息来预测地聚合物硬化体在实际条件下是否发生开裂以及初裂的时间。其原因有二:①在现实情况下,几乎所有的建筑结构都是在约束条件下工作的,而不是自由收缩;②开裂与否及时间的早晚不仅与自由收缩率大小有关,而且还受地聚合物本身的徐变、弹性模量、抗拉强度及断裂韧性等因素的影响。因此,研究受限条件下地聚合物的开裂情况是掌握其收缩开裂性能规律的一个必不可少部分。

1. 五路裂缝监视仪

基于上面的考虑,采用香港科技大学李宗津教授研发的“五路裂缝监视仪”(见图 7.12),该仪器能同时监测五个椭圆形地聚合物试件的初裂时间,并将其自动记录在计算机的硬盘上;该仪器还能预测裂纹出现的大体位置,便于测量者容易地找到初始裂纹并进行宽度测量。另外,椭圆形构型可以提供比圆形构型更大的应力发展,导致该仪器具有更高的开裂敏感性。

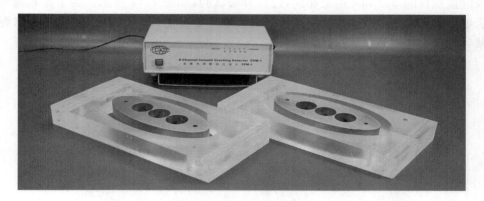

图 7.12　五路开裂监测仪

2. 试样的制作

考虑到 K 型地聚合物与 Na 型地聚合物除了阳离子半径存在差异外,其结构是相似的,本节仅研究三类 Na 型地聚合物(Na-PS、Na-PSS 和 Na-PSDS)的收缩开裂。按表 7.8 配制三类 Na 型地聚合物(Na-PS、Na-PSS、Na-PSDS)。

表 7.8　各类 Na 型地聚合物和同强度等级的硅酸盐水泥的净浆配合比及相应的抗压强度

通道号		摩尔配合比(mol/mol)			3d 抗压强度/MPa
		SiO_2/Al_2O_3	K_2O/Al_2O_3	H_2O/K_2O	
通道 1	PC	—	—	—	31.4
通道 2	Na-PS	2.5	0.8	8.0	11.8
通道 3	Na-PSS	4.5	0.8	5.0	32.3
通道 4	NaPSDS	5.5	1.0	7.0	31.8

注:PC 指的是硅酸盐水泥浆体,其水灰比为 0.51。

试验时首先将片状 NaOH 溶到 Na_2SiO_3 溶液中,然后冷却至室温,而后徐徐加入偏高岭土,充分混合 3min,之后迅速将新鲜的地聚合物浆体迅速浇到椭圆环模具中(模具与木制基板之间放一层特氟纶),用振动台将其振实,之后在表面铺一层塑料薄膜以阻止水分的蒸发。24h 后将外模脱去,并用环氧树脂将试件的上表面密封好,仅外表面暴露在环境中,然后用 6B 铅笔在地聚合物表面均匀地画一条导电石墨带,如图 7.13 所示,并用万用表测量使其电阻小于 $200k\Omega$。把处理好的试件放在温度为 $28℃\pm1℃$,相对湿度为 $50\%\pm5\%$ 干燥室内,并将其分别与五路裂缝监视仪的 2、3 和 4 通道相连,进行开裂试验,如图 7.14 所示。为了比较地聚合物与硅酸盐水泥浆体在干燥条件下的收缩开裂性能,同强度等级的硅酸盐水泥浆体的也被同时测试,与通道 1 相连。

图 7.13　表面涂有石墨导电带的椭圆形地聚合物试件

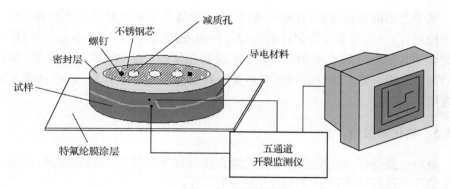

图 7.14　五通道开裂仪监测地聚合物试件的开裂时间

三类 Na 型地聚合物浆体和相同强度等级硅酸盐水泥浆体的开裂监测曲线示于图 7.15。从图 7.15 可以看出，在 365min 曲线出现了第一个跳变，其跳变电压为 0.5V；接着在 513min 曲线出现了第二个跳变，其跳变电压为 2.0V；第三个跳变出现在 578min，跳变电压为 1.0V；直至 603min 才出现了第四个跳变，跳变电压为 1.5V。试验中通过跳变电压值的大小，确定出每一个跳变对应的信道号，而已知信道号所连接的浆体种类，从而可获知各个浆体的初裂时间，其具体分析过程列于表 7.9。

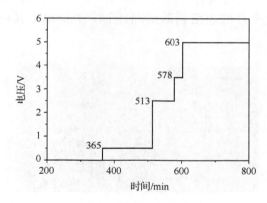

图 7.15　各种浆体的开裂监测曲线

表 7.9　各类 Na 型地聚合物和同强度等级硅酸盐水泥净浆的开裂曲线分析结果

跳变点	跳变时间 （如初始开裂时间）/min	跳变电压/V	通道号	浆体类型
第一	365	0.5	1	PC
第二	513	2.0	4	Na-PSDS
第三	578	1.5	2	Na-PS
第四	603	1.0	3	Na-PSS

　　基于上面的分析可知,在限缩条件下,硅酸盐水泥浆体最早产生开裂(约 6h)。相比较而言,三类地聚合物浆体的初裂时间出现的较晚(8.5~10h)。不同种类的地聚合物其初裂时间也不相同,在三种地聚合物中,Na-PSDS 最先开裂,接着是 Na-PS 型地聚合物浆体,Na-PSS 型地聚合物浆体最不容易开裂,需经过约 10h 才出现第一条裂纹。

7.3.5　抗化学侵蚀

　　混凝土遭受侵蚀介质的侵害方式随介质的化学性质的不同而差异,但根据所发生的化学反应可将化学侵蚀的方式分为三种:
　　(1)混凝土中某些溶解度较高的组分被介质溶解;
　　(2)混凝土中的组分与介质发生化学反应,生成易溶于水的产物;
　　(3)混凝土中的组分与介质发生化学反应,生成固相体积膨胀的产物。
　　硫酸盐、酸性水是混凝土最常遭受到的几种化学侵蚀。下面就着重介绍地聚合物混凝土在这几种化学侵蚀介质中遭受侵蚀的情况。

1. 盐酸侵蚀

　　图 7.16 给出了三类地聚合物混凝土和同强度等级硅酸盐混凝土在 pH＝1 的盐酸溶液中侵蚀 7 个月的表面剥落情况,图 7.17 给出了其声时和振幅的变化情况。

图 7.16　三类地聚合物混凝土和同强度等级硅酸盐混凝土
在 pH＝1 的盐酸溶液中侵蚀 7 个月后外貌

　　从图 7.16 可以看到,经 pH＝1 的盐酸溶液侵蚀 7 个月后,硅酸盐水泥混凝土发生棱角脱掉、表面软化起砂等破坏特征,而三类地聚合物混凝土试件表面完好无缺,没有遭受明显侵蚀破坏的迹象。
　　图 7.17(a)所示的声时变化表明,在侵蚀早期,三类地聚合物混凝土和硅酸盐水泥混凝土的声时增长速率很快,但随侵蚀时间的延长其增长速率变缓,并逐渐平

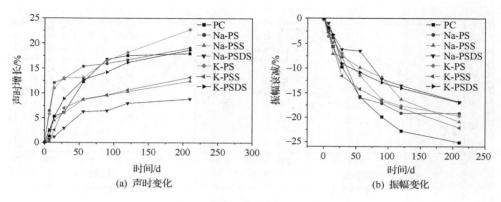

(a) 声时变化　　　　　　　(b) 振幅变化

图 7.17　三类地聚合物混凝土和硅酸盐混凝土试件在遭受 pH＝1
盐酸溶液侵蚀的声时和振幅变化

稳。比较地聚合物混凝土和硅酸盐混凝土的声时发现,起始时地聚合物混凝土声时增长速率比硅酸盐水泥混凝土快,但到了后期却出现了相反的现象。振幅衰减过程也表现出与声时相似的规律(见图 7.17(b)),早期振幅衰减速率快,后期衰减逐渐平稳,并且地聚合物混凝土在起始时振幅衰减比硅酸盐混凝土大,但最终振幅衰减程度却小于硅酸盐混凝土。

2. 硫酸侵蚀

图 7.18 给出了三类地聚合物混凝土和同强度等级硅酸盐混凝土在 pH＝1 的硫酸溶液中侵蚀 7 个月的表面剥落情况,图 7.19 给出了其声时和振幅的变化情况。

图 7.18　三类地聚合物混凝土和同强度等级硅酸盐混凝土
在 pH＝1 的硫酸溶液中侵蚀 7 个月后外貌

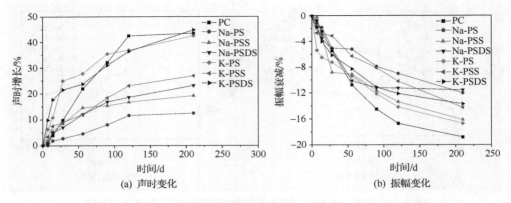

(a) 声时变化　　　　　　　　　(b) 振幅变化

图 7.19　三类地聚合物混凝土和硅酸盐混凝土试件在遭受 pH＝1
的硫酸溶液侵蚀的声时和振幅变化

从图 7.18 可以看到，经 pH＝1 的硫酸溶液侵蚀 7 个月后，硅酸盐水泥混凝土表面也出现了软化起砂、粗集料裸露的现象，而三类地聚合物混凝土试件表面没有遭受明显侵蚀破坏的迹象。由图 7.19 可知，混凝土试件经硫酸侵蚀后声时增加、振幅减小，所以我们可以判定所有混凝土试件均发生了不同程度的损伤，其损伤变化规律与 HCl 侵蚀相似，早期损伤速率快，后期变缓并逐渐平稳。

3. 硫酸钠侵蚀

图 7.20 给出了三类地聚合物混凝土和同强度等级硅酸盐混凝土在 5% 的硫酸钠溶液中侵蚀 7 个月的表面剥落情况，图 7.21 给出了其声时和振幅的变化情况。

图 7.20　三类地聚合物混凝土和同强度等级硅酸盐混凝土
在 5%Na₂SO₄ 溶液中侵蚀 7 个月后外貌

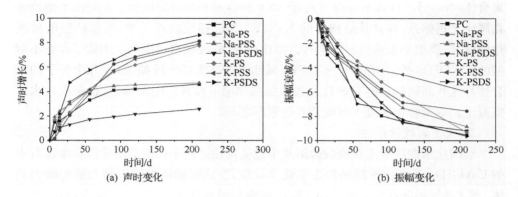

图 7.21 三类地聚合物混凝土和硅酸盐混凝土试件在遭受 5%硫酸钠
溶液侵蚀的声时和振幅变化

从图 7.20 可以看到,经 5%硫酸钠溶液侵蚀 7 个月后,硅酸盐水泥混凝土和三类地聚合物混凝土试件表面均没有遭受侵蚀破坏的迹象。尽管外观没有可见损伤,但由图 7.21 可知,地聚合物混凝土试件的超声性能还是发生了某种程度的改变,声时增长、振幅衰减。其变化规律与盐酸和硫酸侵蚀相似,早期变化快,后期逐渐减小并趋于平稳,但对于同类混凝土、同一侵蚀龄期下,5%硫酸钠侵蚀程度远比盐酸和硫酸小。

4. 分析与讨论

1) 关于酸溶液的侵蚀

混凝土中的许多胶凝物质必须在一定碱度条件下才能稳定存在。具有这种碱度的混凝土在酸性溶液中可以发生酸碱中和离子交换型化学反应,生成易溶于水或无胶结能力的物质,使混凝土结构发生破坏。

硅酸盐水泥混凝土中含有大量的氢氧化钙及高碱性的水化 C-S-H 凝胶、水化铝酸钙等水化产物。在酸性环境(pH<6.5)下,所有水化产物在热力学上都是不稳定的,其中最不稳定的是氢氧化钙。氢氧化钙在酸性溶液中生成水和几乎呈中性的钙盐,使水泥石碱度急剧降低,进而造成高碱性水化硅酸钙和水化铝酸钙等水化产物分解,转变成低碱性水化产物,最后变成无胶结能力的 $SiO_2 \cdot nH_2O$ 及 $Al(OH)_3$ 等物质,从而使水泥混凝土遭受严重破坏。前面介绍硅酸盐混凝土试件在 pH=1 的盐酸和硫酸溶液中遭受侵蚀破坏试验结果证实了上述硅酸盐水泥混凝土遭受酸性侵蚀破坏作用机理。

对于地聚合物混凝土,其产物为 SiO_4 和 AlO_4 键接成的空间三维网状的无钙聚合体，Na^+、K^+ 以离子键的方式与 AlO_4 结合来平衡剩余电荷。正是由于地聚合物属于无钙体系，并且其结构内的 Na^+、K^+ 为强键能的离子键，所以抗强酸侵蚀性能优异，类似于天然长石和沸石。相比而言，硅酸盐水泥混凝土中除了存在不耐酸的 $Ca(OH)_2$ 外，还存在许多高钙高碱性的短链状 C-S-H 凝胶（仅几个分子的聚合体），这些高钙的短链 C-S-H 凝胶在强酸作用下极易发生解体，这也是硅酸水泥混凝土比地聚合物混凝土耐酸性差的原因之一。

2）关于硫酸盐侵蚀

硅酸盐水泥混凝土在硫酸盐溶液中遭受侵蚀是由于硫酸盐溶液能和水泥石中的 $Ca(OH)_2$ 及水化铝酸钙等发生化学反应，生成有膨胀性的石膏和硫铝酸钙晶体，当这些结晶体在水泥石毛细孔隙中逐渐积累和长大，产生孔内应力，当应力大于临界破坏应力时，造成混凝土破坏。

在稀的硫酸盐溶液中，水泥混凝土主要遭受硫铝酸钙腐蚀。其典型的化学反应可由下式表示：

$$Ca(OH)_2 + Na_2SO_4 \longrightarrow CaSO_4 + 2NaOH$$

$$2(3CaO \cdot Al_2O_3 \cdot 12H_2O) + 3Na_2SO_4 + 14H_2O \longrightarrow 3CaO \cdot Al_2O_3 \cdot 3CaSO_4 \cdot 32H_2O \downarrow + 6NaOH + 2Al(OH)_3$$

$$3CaO \cdot Al_2O_3 \cdot 12H_2O + 3CaSO_4 + 20H_2O \longrightarrow 3CaO \cdot Al_2O_3 \cdot 3CaSO_4 \cdot 32H_2O \downarrow$$

在高浓度的硫酸盐溶液中，不仅发生上述化学反应，使水泥混凝土遭受硫铝酸钙型腐蚀，而且会产生石膏结晶，形成石膏型腐蚀。这是由于

$$Ca(OH)_2 + Na_2SO_4 + 2H_2O \longrightarrow CaSO_4 \cdot 2H_2O \downarrow + 2NaOH$$

从氢氧化钙转变为二水石膏，体积几乎增加为原来的 2 倍。

当硫酸盐溶液浓度很高时，除了发生上面两个反应外，还有可能在混凝土孔隙中产生 $Na_2SO_4 \cdot 10H_2O$ 盐结晶膨胀。

表 7.10 列出了硅酸盐水泥主要产物在水中的溶解度资料。可以看出，硅酸盐水泥混凝土中，水泥水化生成了大量溶解度较高的产物，如氢氧化钙、水化铝酸钙等。因而一般说来，硅酸盐水泥混凝土不耐硫酸盐溶液长期侵蚀。当硅酸盐水泥混凝土遭受硫酸盐溶液侵蚀时，生成高硫型硫铝酸钙或石膏结晶产生显著内应力，使其遭受开裂或起鼓剥落等膨胀性破坏。同时，水化产物中氢氧化钙、水化铝酸钙和水化硅酸钙等继续参与腐蚀反应，一直不断地被溶蚀，生成的是没有胶结能力的硅胶、铝胶和盐类物质，从而又使硅酸盐水泥混凝土遭受表层软化等溶蚀性破坏。

表 7.10　硅酸盐水泥主要水化产物的溶解度

水化产物名称	化学计算式	溶解度	
		(kg/m³)	(mol/L)
氢氧化钙	$Ca(OH)_2$	1.3	1.8×10^{-2}
C-S-H(Ⅱ)凝胶	$2CaO \cdot SiO_2 \cdot nH_2O$	0.20	9.7×10^{-4}
十三水铝酸四钙	$4CaO \cdot Al_2O_3 \cdot 13H_2O$	1.08	1.9×10^{-3}
水化铝酸三钙	$3CaO \cdot Al_2O_3 \cdot 6H_2O$	0.56	1.5×10^{-3}
钙矾石	$3CaO \cdot Al_2O_3 \cdot 3CaSO_4 \cdot 31H_2O$	0.004	3.3×10^{-6}

　　地聚合物水泥的水化产物主要是溶解度极低的三维网状的无钙—SiO_4—AlO_4—聚合体,而没有极易遭受硫酸盐侵蚀的氢氧化钙、水化铝酸钙等水化产物存在,因而当地聚合物水泥混凝土遭受硫酸盐侵蚀时,不会产生钙矾石和石膏结晶膨胀开裂。

　　前面试验可以看出,地聚合物混凝土和硅酸盐水泥混凝土 5％硫酸钠溶液侵蚀 7 个月后,试件表观完好无缺,没有膨胀破坏的迹象。这可能是由于侵蚀时间太短,仅 7 个月,并且侵蚀条件不够苛刻。至于地聚合物混凝土试件在 5％硫酸钠溶液中,何时才开始遭受明显膨胀性侵蚀破坏,还有待于做进一步的研究。尽管从外观上,地聚合物混凝土试件没有明显侵蚀迹象,但是其声学参数还是发生了小范围的变化,声时增长、振幅衰减。这可能由于硫酸钠在混凝土孔隙内结晶产生结晶应力造成的。

7.3.6　抗碳化性能

　　大气中含有一定浓度的 CO_2,在合适的湿度下,它将快速地腐蚀呈碱性的水泥混凝土。尽管地聚合物基胶凝材料与硅酸盐水泥有着本质的区别,但考虑到在合成地聚合物混凝土时,引入了较多碱性激发剂,致使地聚合物混凝土呈碱性。因此,在 CO_2 作用下其表层的地聚合物有可能被碳化。

　　根据地聚合物和硅酸盐水泥混凝土不同碳化龄期时所测定的碳化深度,描绘出碳化时间与碳化深度关系曲线见图 7.22。

　　从相同强度等级的三类地聚合物混凝土和硅酸盐水泥混凝土在碳化作用下,碳化深度随碳化时间的变化规律中可以发现,相同强度等级的地聚合物和硅酸盐水泥混凝土试件随碳化龄期的延长,碳化深度不断增加。比较三类地聚合物混凝土和硅酸盐水泥混凝土的抗碳化能力可知,经受相同的碳化时间,PS 型地聚合物混凝土的碳化深度比硅酸盐水泥混凝土的碳化深度要大,表明 PS 型地聚合物混凝土的抗碳化能力可能不如硅酸盐水泥混凝土,当然也可能由于 PS 型地聚合物混凝土的抗压强度比硅酸盐水泥混凝土低,使得 PS 型地聚合物混凝土中有较多

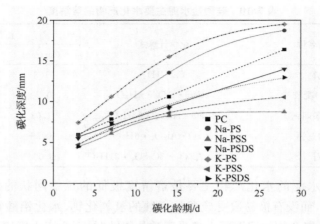

图 7.22　三类地聚合物混凝土和硅酸盐混凝土碳化时间与碳化深度关系曲线

的孔隙；PSS 型和 PSDS 型地聚合物混凝土抗碳化能力要优于硅酸盐水泥混凝土，其中 PSS 型地聚合物混凝土的抗碳化性能最优。

混凝土试件抗碳化能力的大小，反映它们吸收或缓冲 CO_2 作用的能力。硅酸盐水泥混凝土有较强的抗碳化能力是由于其水化产物中含有大量的高碱性 $Ca(OH)_2$ 晶体（约占水泥水化产物的 25%），当孔液中的 $Ca(OH)_2$ 被 CO_2 消耗掉时，大量 $Ca(OH)_2$ 晶体可作为吸收 CO_2 的储备库，能源源不断地向孔隙液中补充输送 $Ca(OH)_2$。

对于地聚合物混凝土，我们通常认为，由于地聚合物制备过程中使用了强碱激发剂，其孔隙液中具有比硅酸盐水泥混凝土更高的碱度环境，因此抗碳化能力优于硅酸盐水泥混凝土。但是实测结果表明，三类地聚合物基体的 pH 在 10.47～11.63 之间，既低于碱矿渣水泥体系也低于硅酸盐水泥体系碱度和熟石灰体系碱度。这表明 NaOH 和 KOH 绝大部分参与了地聚合化反应，并且 Na 和 K 被牢固地结合在地聚合物产物中，很难溶释出来。

究竟是何种原因造成 PSS 型和 PSDS 型地聚合物混凝土具有如此优异的抗碳化性能呢？考虑到地聚合化产物为 SiO_4 和 AlO_4 键接成空间三维网状的无钙聚合体，Na^+、K^+ 以离子键的方式（pH 可以间接验证）结合于四配位 Al^{3+} 处来平衡剩余电荷。正是由于地聚合物属于无钙体系，并且其结构内的 Na^+、K^+ 为强键能的离子键，完全地聚合化的产物抗碳化性能理论上应该比较优异，至于 PS 型地聚合物混凝土的抗碳化能力较差，可能与自身强度较低，结构致密性较差有关。

综上所述，PSS 和 PSDS 型地聚合物具有优异的抗碳化性能，可以应用于建筑工程。当然对于地聚合物混凝土应用在特殊场合，需提高它的抗碳化能力，则可对其表面进行处理，如涂上硅酸钠、氟硅酸钠等无机化合物或有机高分子聚合物涂层，使地聚合物混凝土表面孔隙浸渍密实，从而阻止外界侵蚀性介质包括碳酸气的侵入,提高地聚合化物混凝土抗碳化性能。

7.3.7　碱集料反应

地聚合物混凝土中,含碱量约为 $1.0\%\sim2.9\%$(或 $1.8\%\sim4.0\%$,以 $Na_2O\%$ 计),属高碱性混凝土。我们知道,对于硅酸盐水泥混凝土来说,一方面要求水泥厂家尽可能地减少碱的引入,以避免碱集料反应,另一方面,Mehat、Davis、Mindess、Young、Roy 等的试验表明,加入天然的 K 型或 Na 型火山灰物质可以明显地降低碱集料反应。Sersale 和 Frigione 进一步发现用沸石(K 或 Na 型铝硅酸盐物质,例如菱沸石钙和十字沸石)也可以抑制碱集料反应。后来,Haekkinen、Metso、Talling 和 Brandstetr 通过大量试验认为,碱矿渣水泥并不产生碱集料反应。考虑到地聚合物混凝土中含有大量活性较高的 Si-Al 质材料,可抑制地聚合物混凝土中碱与活性集料发生碱集料反应的程度,减轻或消除地聚合物混凝土发生碱集料反应破坏的可能性。至于地聚合物混凝土在含有活性集料且处在潮湿环境中到底会不会遭受碱集料反应破坏? 其原因为何? 有待于通过试验进行考察。

地聚合物和硅酸盐水泥砂浆的时间与膨胀率曲线见图 7.23。

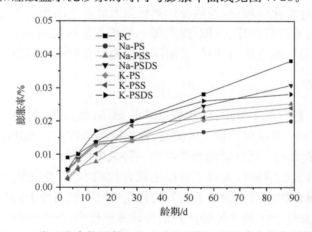

图 7.23　三类地聚合物混凝土和硅酸盐混凝土膨胀率与龄期关系曲线

无论是地聚合物还是硅酸盐水泥,其膨胀率均随着龄期的增加而增长。不过在早期增加速率较快,到后期基本稳定下来,并且在同一龄期硅酸盐水泥砂浆的膨胀率比地聚合物砂浆要大。比较三类地聚合物砂浆,我们发现,在各龄期 PS 型地聚合物砂浆膨胀率最低,PSDS 型地聚合物砂浆膨胀率最高,但对于 3 个月膨胀率来讲,三类地聚合物砂浆的均小于评定界限值 0.05%,所以三类地聚合物均不会存在危害性碱集料反应膨胀。同时比较地聚合物与硅酸盐水泥砂浆砂浆膨胀率的大小,发现在各龄期地聚合物水泥砂浆膨胀率均小于硅酸盐水泥砂浆。

7.4　地聚合物材料形成过程的分子模拟、反应机理及其结构本质

7.4.1　地聚合物材料形成过程的分子模拟、反应机理

　　了解、研究地聚合物的形成过程,尤其是量化地聚合物的形成历程、反应本质,对于掌握地聚合物及其混凝土的性能特点及进一步研制、开发、改进地聚合物至关重要。目前,一般将地聚合物形成过程分成三个阶段:溶解、单体重构及聚缩。具体说来,就是具有较高活性的低钙 Si-Al 质材料与高碱溶液一接触,其表面迅速溶解释出可自由移动的 Si、Al 单体,然后这些溶解下来的单体会发生重构、自组织,随着溶释出的单体数量逐渐增多,相互间碰撞概率急剧增加,从而迅速发生似于有机高分子聚合物形成时的聚缩反应,凝结、硬化即刻完成。

　　由于地聚合物生成速率非常快,造成地聚合物形成的三个阶段相互叠加,很难分别独立出来,致使对每一阶段的直接试验研究极为困难。考虑到上述困难,本节利用量子化学、计算化学理论,并结合计算机强大计算功能和三维可视化的优点对地聚合物形成过程进行计算、模拟,探索每一阶段发展可能方向,并根据能量最小原理,确定最终进行的方向与途径,进而展示出地聚合物的形成历程。

1. 溶解过程

　　高岭土是一种资源十分丰富、价格低廉的 Si-Al 酸盐材料,经过适合温度煅烧后形成的偏高岭土,其反应活性大大提高,在高碱溶液作用下迅速溶解释出大量的 Si、Al 单体,已成为制备高性能地聚合物的一种关键原材料。

　　了解偏高岭土的溶解行为对于掌握地聚合物的本质、性能特点及改进、发展、开拓现阶段地聚合物极为关键。下面我们首先选取了偏高岭土的分子结构代表模型,然后利用计算化学中的半经验法并结合计算机技术,研究和探讨偏高岭土在高碱溶液环境下的溶解行为。

1) 偏高岭土分子结构代表模型的确定

　　对偏高岭土的结构状态研究结果表明,偏高岭土不是 Al_2O_3 和 SiO_2 的机械混合物,而是具有与高岭土相似的环形二维层状结构的物质。对此作出定论的是 Steadman 和 Youellm、Brindley 和 Nakahira 等研究,他们几乎同时提出了高岭土被加热生成莫来石这一过程中其结构的变化具有连续性,特别是 Brindley 等采用单晶 X 射线技术,以结晶旋转照相法和振动照相法说明了结构变化的连续性。对于像高岭土那样具有层状结构的黏土矿物来说,在 SiO_4 的二维联系的 Si-O 网络结构中,其底面的氧排列在脱水后无太大变化,大体以原样残留,Si 的配位环境也

没有发生变化,仍为四配位。因而,偏高岭土的 *a*、*b* 轴与高岭土的 *a*、*b* 轴一致,其面间隔仅有少许变化。但是,具有 OH 键的八面体层却随着脱水而有较大变化,由原来的 $Al(OH)_6$ 八面体层变成 AlO_4 四面体层,并且该层发生了较大的扭曲畸变。因为 Al^{3+} 与 OH 键被切断,Al^{3+} 扩散于保留 O^{2-} 的晶格中,并产生重新排列,所以,在相当于层的重叠方向的 *c* 轴方向上失去了周期性。Brindley 等根据 Rieke 测定的偏高岭土的密度值,计算出偏高岭土的层间隔等于 0.63nm,并提出了层间隔为 0.63nm 由四配位 Al^{3+} 构成的偏高岭土结构模型(见图 7.24)。用荧光 X 射线进行测定也发现偏高岭土中的 Al 处于四配位。

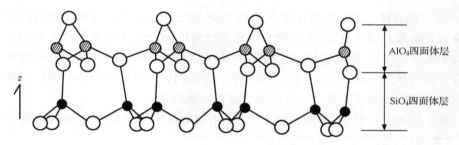

图 7.24　偏高岭土分子结构模型图(Brindley 和中平提供)

与 Brindley 等提出的偏高岭的分子结构稍微不同,Mitra 认为,Brindley 得到的面间隔偏小,他按收缩率进行计算,得出面间隔为 0.685nm。虽然存在这些问题,但目前对于具有环形的二维层状排列的状态已广泛地被人们所承认。

刘长龄等利用 X 射线衍射散射(WAXS)和径向分布函数(RDF)研究了高岭土经 600℃、700℃、800℃加热后微结构的变化,他测试了偏高岭土中原子间距随温度的变化(见表 7.11)。

表 7.11　不同温度下偏高岭土的原子间距　　　　　　(单位:nm)

原子对	热处理温度		
	600℃	700℃	800℃
Si—O [(SiO_4)]	0.161	0.162	0.162
O—O(相邻)	0.265	0.265	0.265
Al—O [(AlO_4)]	0.175	0.176	0.175
M-M	0.320	0.323	0.320
M—O, O—O(II)	0.421	0.415	0.413
Al—Al(II)	0.540	0.538	0.536

注:M 代表 Si 或 Al。

由表 7.11 可知,偏高岭土中 Si—O、Al—O 等键的键长在一定范围内变化,不像高岭土矿物那样是一确定值。因此,在近程范围内并不存在真正意义的重复结构单元,但是从远程范围内可以近似认为存在三类"重复结构单元",当然每类重复结构单元并不是严格的相同。这三类"重复结构单元"为:

(1) SiO_4 四面体和 AlO_4 四面体结构单元;

(2) SiO_4 四面体和 AlO_4 四面体各自组成的单六元环结构单元;

(3) SiO_4 四面体六元环和 AlO_4 四面体六元环共同组成的双六元环结构单元。

尽管 SiO_4 四面体、AlO_4 四面体是偏高岭土结构中最基本和最小重复结构单元,对其进行分子计算相对简单,但是它们并不能真正反映偏高岭土的环状结构环境,因此,它不适合作为偏高岭土的代表结构。

SiO_4 四面体、AlO_4 四面体单六元环和双六元环结构单元均能反映偏高岭土的环状结构和环境气氛,但考虑到双六元环结构单元所包含的原子数比单六元环结构单元多近一倍,使得采用半经验法计算双六元环结构所需时间和占有计算机内存资源为单六元环的 4～8 倍。基于此,我们选取了 SiO_4 四面体、AlO_4 四面体单六元环结构单元作为偏高岭土的分子结构代表模型。

在实际建模过程中,考虑到键长、键角不能取范围值及模型边界与内部的区别,为此我们进行了如下理想化假设:

(1) 认为偏高岭土中的每一种化学键均有唯一确定的键长,其值取键长的统计平均值;

(2) 认为偏高岭土中的每一类键角均有唯一确定的键角,其值取键角的统计平均值;

(3) 为了在分子轨道计算中保持势场平衡,将模型端部用 O^{2-} 用 OH 终止;

(4) 模型端部的键长与键角与内部的不同,通过分子轨道计算得到。

对刘长龄实测得到的偏岭土中每一类键长和键角进行统计平均,作为偏高岭土分子结构代表模型中的键长和键角,如表 7.12 所示。

表 7.12　偏高岭土分子结构代表模型中的键长和键角

SiO_4 单六元环结构单元的键长和键角					
键长/Å		键角/(°)			
$Si—O_{nbr}$	$Si—O_{br}$ *	$O_{br}—Si—O_{br}$	$O_{br}—Si—O_{nbr}$	$O_{nbr}—Si—O_{nbr}$	$Si—O_{br}—Si$ *
0.16931	0.1615	110.2564 *	106.8573	115.3440	159.8111
AlO_4 单六元环结构单元的键长和键角					
键长/Å		键角/(°)			
$Al—O_{nbr}$	$Al—O_{br}$ *	$O_{br}—Al—O_{br}$	$O_{br}—Al—O_{nbr}$	$O_{nbr}—Al—O_{nbr}$	$Al—O_{br}—Al$ *
0.17331	0.1755	98.0483	104.9156	131.2312	132.6833

注:① O_{br} 为桥氧(bridging oxygen),O_{nbr} 为非桥氧(nonbridging oxygen);② * 对应的数据是利用表 7.11 中数据通过余弦定理计算得到的。

　　模型中环上键的键长和键角取表 7.11 中相应试验数据,边界键的键长和键角是利用 Semi-empirical AM1 计算方法得到的。图 7.25 为偏高岭土的分子结构代表模型空间三维体图。

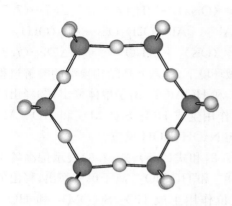

　　　(a) SiO$_4$四面体组成的单六元环结构单元　　　　　(b) AlO$_4$四面体组成的单六元环结构单元

图 7.25　偏高岭土的分子结构代表模型

　　2) 单六元环结构模型在高碱溶液中发生溶解反应的可能途径及分子结构模型

　　地聚合物是通过偏高岭土与高碱溶液反应制备的。在高碱(pH>14)环境下,97.5%以上的 Si(OH)$_4$ 和 Al(OH)$_4^-$ 是以 HOSiO$_3^{3-}$、HOAlO$_3^{4-}$ 存在,HOSiO$_3^{3-}$ 和 HOAlO$_3^{4-}$ 与 M$^+$(M$^+$ 代表 Na$^+$ 或 K$^+$)通过离子配位反应形成 HOSi(OM)$_3$ 或 HOAl$^-$(OM)$_3$。

　　偏高岭土的单六元环结构模型在 NaOH、KOH 溶液中溶解过程可用反应式(7.1)～(7.8)表示。

$$[Si(OH)_2O]_6 + 3NaOH \longrightarrow (OH)_3Si—[Si(OH)_2O]_3—Si(OH)_3 + HO—$$
$$Si \equiv (ONa)_3 + H_2O \qquad \Delta E1 \cdots (7.1)$$

$$[Si(OH)_2O]_6 + 3KOH \longrightarrow (OH)_3Si—[Si(OH)_2O]_3—Si(OH)_3 + HO—$$
$$Si \equiv (OK)_3 + H_2O \qquad \Delta E2 \cdots (7.2)$$

$$[Si(OH)_2O]_6 + 4NaOH \longrightarrow (OH)_3Si—[Si(OH)_2O]_3—Si(OH)_2—ONa + HO—$$
$$Si \equiv (ONa)_3 + 2H_2O \qquad \Delta E3 \cdots (7.3)$$

$$[Si(OH)_2O]_6 + 4KOH \longrightarrow (OH)_3Si—[Si(OH)_2O]_3—Si(OH)_2—OK + HO—$$
$$Si \equiv (OK)_3 + 2H_2O \qquad \Delta E4 \cdots (7.4)$$

$$[Al^-(OH)_2O]_6 + 3NaOH \longrightarrow (OH)_3Al^- —[Al^-(OH)_2O]_3—Al^-(OH)_3 + HO$$
$$—Al^- \equiv (ONa)_3 + H_2O \qquad \Delta E5 \cdots (7.5)$$

$$[Al^-(OH)_2O]_6 + 3KOH \longrightarrow (OH)_3Al^- - [Al^-(OH)_2O]_3 - Al^-(OH)_3$$
$$+ HO - Al^- \equiv (OK)_3 + H_2O \qquad\qquad \Delta E6\cdots(7.6)$$

$$[Al^-(OH)_2O]_6 + 4NaOH \longrightarrow (OH)_3Al^- - [Al^-(OH)_2O]_3 - Al^-(OH)_2$$
$$- ONa + HO - Al^- \equiv (ONa)_3 + 2H_2O \qquad\qquad \Delta E7\cdots(7.7)$$

$$[Al^-(OH)_2O]_6 + 4KOH \longrightarrow (OH)_3Al^- - [Al^-(OH)_2O]_3 - Al^-(OH)_2$$
$$- OK + HO - Al^- \equiv (OK)_3 + 2H_2O \qquad\qquad \Delta E8\cdots(7.8)$$

　　观察反应式(7.1)~(7.8)可知,在高碱环境下,单六元环结构模型的溶解过程分成三个阶段:①单六元环断开,$HOSiO_3^{3-}$ 和 $HOAlO_3^{4-}$ 离子单体释出;②释出的离子单体与 Na^+ 或 K^+ 发生阴阳离子配位作用生成 $HO-Si(OM)_3$ 和 $HO-Al^-(OM)_3$;③释出离子单体后的残环进一步与 $NaOH$、KOH 反应。

　　从式(7.1)~(7.8)可知,式(7.1)、式(7.2)和式(7.5)、式(7.6)表示偏高岭土在高碱环境作用下,单六元环断开,$HOSiO_3^{3-}$ 和 $HOAlO_3^{4-}$ 离子单体释出,释出的离子单体与 Na^+ 或 K^+ 发生阴阳离子配位作用生成 $HO-Si(OM)_3$ 和 $HO-Al^-(OM)_3$。

　　式(7.3)、式(7.4)和式(7.7)、式(7.8)不仅包括式(7.1)、式(7.2)和式(7.5)、式(7.6)的六元环断开、释出离子单体及离子配位反应,而且还包括残环与高碱溶液进一步反应过程。因此,$\Delta E3 - \Delta E1$、$\Delta E4 - \Delta E2$ 和 $\Delta E7 - \Delta E5$、$\Delta E8 - \Delta E6$ 为残环与高碱溶液进一步反应的焓变。

　　$HO-T(OM)_3$ 和离子单体释出后的残环的分子结构如图 7.26 和图 7.27 所示,图 7.28 和图 7.29 绘出了溶解前后键长和键角的变化。

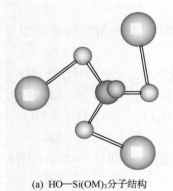

(a) $HO-Si(OM)_3$分子结构

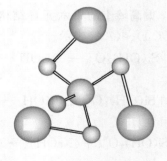

(b) $HO-Al^-(OM)_3$分子结构

图 7.26　$HO-T(OM)^3$ 分子结构(T 代表 Si 或 Al)

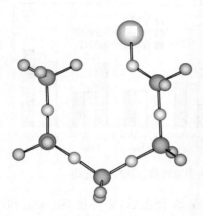

(a) (OH)₃Si—[Si(OH)₂O]₃—Si(OH)₂—ONa分子结构

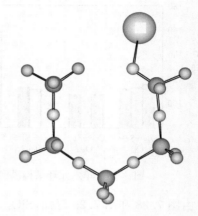

(b) (OH)₃Si—[Si(OH)₂O]₃—Si(OH)₂—OK分子结构

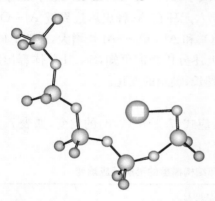

(c) (OH)₃Al⁻—[Al⁻(OH)₂O]₃—Al⁻(OH)₂—ONa分子结构　(d) (OH)₃Al⁻—[Al⁻(OH)₂O]₃—Al⁻(OH)₂—OK分子结构

图 7.27　离子单体释出后残环的分子结构

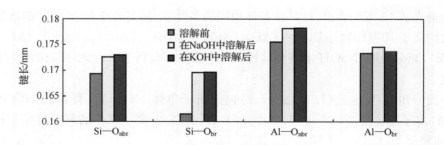

图 7.28　单六元环结构模型在高碱溶液中溶解前、后键长变化图

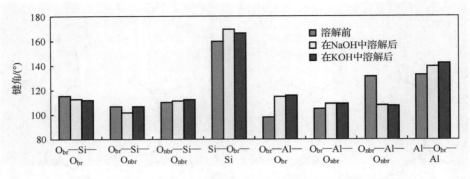

图 7.29　单六元环结构模型在高碱溶液中溶解前、后键角变化图

由图 7.28 和图 7.29 可知,SiO_4 单六元环在 Si 释出后,边界键 Si—O_{nbr} 和环上键 Si—O_{br} 均变长,环上键角 O_{br}—Si—O_{br} 减小,Si—O_{br}—Si 增大,表明 SiO_4 单六元环在溶解后六元环向内收拢;而 AlO_4 单六元环在 Al 释出后边界键 Al—O_{nbr} 和环上键 Al—O_{br} 变长,环上键角 O_{br}—Al—O_{br} 和 Al—O_{br}—Al 均增大,表明 AlO_4 单六元环在溶解后六元环向外张开。综合上述分析我们可知,Si、Al 单体释出后单六元环分子结构发生了重新调整,引起了键长、键角的变化。

3) 溶解反应的焓变

利用 Semi-emprical AM1 方法计算出反应式(7.1)～(7.8)的焓变,如表 7.13 所示。

表 7.13　高碱溶液环境下单六元环结构模型的溶解反应焓变

反应焓变/(kJ/mol)							
$\Delta E1$	$\Delta E2$	$\Delta E3$	$\Delta E4$	$\Delta E5$	$\Delta E6$	$\Delta E7$	$\Delta E8$
−60.8913	12.78671	−227.423	−156.296	−1292.28	−1066.31	−1342.31	−1059.24

由表 7.13 可以看出,在其他条件相同的条件下,偏高岭土与 NaOH 的溶解反应焓均高于 KOH,如 $|\Delta E1|>-\Delta E2$、$|\Delta E3|>|\Delta E4|$、$|\Delta E5|>|\Delta E6|$、$|\Delta E7|>|\Delta E8|$,充分说明,NaOH 溶液环境比 KOH 溶液更有利于单六元环结构发生溶解反应。

我们知道,反应式(7.1)、式(7.2)包括离子单体 $HOSiO_3^{3-}$ 释出和 $HOSiO_3^{3-}$ 与 M^+ 离子配位反应两个过程,其中式(7.1)、式(7.2)离子单体的释出过程是相同的,均释出 $HOSiO_3^{3-}$,不同之处是配位过程。式(7.1)为 $HOSiO_3^{3-}$ 与 Na^+ 配位,而式(7.2)为 $HOSiO_3^{3-}$ 与 K^+ 配位。考察 SiO_4 四面体单六元环结构发现,$|\Delta E1|>-\Delta E2$,这表明 Na^+ 与 $HOSiO_3^{3-}$ 发生离子配位过程比 K^+ 更为强烈。同样道理,$|\Delta E5|>|\Delta E6|$,说明 Na^+ 与 $HOAlO_3^{4-}$ 发生离子配位过程比 K^+ 更为强烈。以上

分析表明,碱金属阳离子的半径对离子配位反应影响很大,半径越小,越易发生离子配位反应。

$|\Delta E1|<|\Delta E5|$、$-\Delta E2<|\Delta E6|$、$|\Delta E3|<|\Delta E7|$、$|\Delta E4|<|\Delta E8|$说明在同种类碱溶液环境下,Al 比 Si 更易溶解到高碱溶液中。也就是说,偏高岭土中 AlO_4 单六元环比 SiO_4 单六元环更具有活性。

$|\Delta E7|-|\Delta E8|$表示 AlO_4 单六元环结构在 Na^+ 作用下,释出 $HOAlO_3^{4-}$ 离子单体、$HOAlO_3^{4-}$ 离子单体与 Na^+ 离子配位、NaOH 与残环结构进一步反应三个过程的总焓变与 K^+ 作用下总焓变的差。考虑到不论在 Na^+ 还是在 K^+ 中,离子单体的释出反应是相同的,均溶解、释出 $HOAlO_3^{4-}$,所以$|\Delta E7|-|\Delta E8|$等于离子配位反应的焓变差＋残环结构与碱溶液进一步反应的焓变差。AlO_4 单六元环结构模型在不同碱金属阳离子(Na^+ 或 K^+)作用下,离子配位反应的焓变差为$|\Delta E5|-|\Delta E6|=225.9751kJ/mol$;残环结构与碱溶液进一步反应的焓变差为$(|\Delta E8|-|\Delta E6|)-(|\Delta E7|-|\Delta E5|)=57.10202kJ/mol$,二者对于总焓变的贡献率见图 7.30。

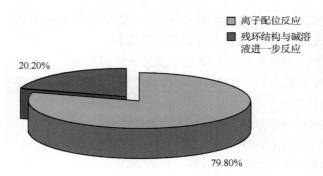

图 7.30　AlO_4 单六元环结构模型在 NaOH 和 KOH 两种溶液中溶解焓变差的贡献分布图

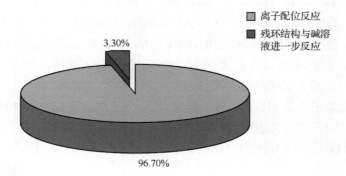

图 7.31　SiO_4 单六元环结构模型在 NaOH 和 KOH 两种溶液中溶解焓变差的贡献分布图

　　与之相似,对于 SiO_4 单六元环结构模型在 NaOH 和 KOH 两种溶液环境下,离子配位焓变差为 $|\Delta E1|+\Delta E2=73.67802kJ/mol$,残环与碱溶液进一步反应的焓变差为 $(|\Delta E4|+|\Delta E2|)-(|\Delta E3|-|\Delta E1|)=2.550692kJ/mol$,二者对于总焓变的贡献率见图7.31。

　　残环结构与碱溶液进一步反应与残环种类及碱溶液的种类有关,AlO_4 残环结构与 NaOH 反应的焓变 $|\Delta E7|-|\Delta E5|=50.03kJ/mol$,与 KOH 反应的焓变为 $|\Delta E8|-|\Delta E6|=-7.07kJ/mol$;$SiO_4$ 残环结构与 NaOH 反应的焓变 $|\Delta E3|-|\Delta E1|=166.5317kJ/mol$,与 KOH 反应的焓变 $|\Delta E4|-|\Delta E2|=143.50929kJ/mol$,表明 NaOH 比 KOH 更适合稳定残环。

　　2. 单体重构过程

　　偏高岭土的单六元环代表结构模型在高碱溶液中经溶解阶段释出 $HOT(OM)_3$ 单体,这些单体能量较高,活性较大,可以自由移动,它们之间不可避免地会发生相互碰撞。当撞击的角度和速率合适时,这些相撞的单体就有可能产生近程有效作用,形成以二聚体和三聚体为主导的分子结构,结果使得系统能量急剧降低,体系变得较为稳定,这种转变过程就是自由单体的重构。

　　1) 二聚体和三聚体重构的可能途径及分子结构模型

　　二个自由离子单体 $HOT(OM)_3$ 重构成二聚体的可能途径有三种,可用反应式(7.9)~(7.11)表示。

$$HO-Si(OM)_3 + HO-Si(OM)_3 \longrightarrow$$
$$OH-Si(OM)_2-O-Si(OM)_3 + MOH \qquad \Delta E9 \cdots (7.9)$$
$$HO-Si(OM)_3 + HO-Al^-(OM)_3 \longrightarrow$$
$$OH-Si(OM)_2-O-Al^-(OM)_3 + MOH \qquad \Delta E10 \cdots (7.10)$$
$$HO-Al^-(OM)_3 + HO-Al^-(OM)_3 \longrightarrow$$
$$OH-Al^-(OM)_2-O-Al^-(OM)_3 + MOH \qquad \Delta E11 \cdots (7.11)$$

　　Loswein 铝不相容原理告诉我们,四配位的 Al 之间不能直接相连。因此,反应式(7.11)不成立,所以仅存在式(7.9)、式(7.10)两种可能的重构方式,其重构分子的结构模型如图7.32所示。

　　三个自由离子单体 $HOT(OM)_3$ 相撞,发生分子结构重构有四种可能途径,可用反应式(7.12)~(7.15)表示,其重构的分子模型如图7.33所示。

$$3HO-Si(OM)_3 \longrightarrow OH-Si(OM)_2-O-Si(OM)_2-O-Si(OM)_3 + 2MOH$$
$$\Delta E12 \cdots (7.12)$$
$$2HO-Si(OM)_3 + HO-Al^-(OM)_3 \longrightarrow$$
$$OH-Al^-(OM)_2-O-Si(OM)_2-O-Si(OM)_3 + 2MOH \qquad \Delta E13 \cdots (7.13)$$

$$\text{HO—Si(OM)}_3 + 2\text{HO—Al}^-\,(\text{OM})_3 \longrightarrow$$

$$\text{OH—Al}^-\,(\text{OM})_2\text{—O—Si(OM)}_2\text{—O—Al}^-\,(\text{OM})_3 + 2\text{MOH}$$

$$\Delta E14\cdots(7.14)$$

$$2\text{HO—Si(OM)}_3 + \text{HO—Al}^-\,(\text{OM})_3 \longrightarrow$$

$$\text{OH—Si(OM)}_2\text{—O—Al}^-\,(\text{OM})_2\text{—O—Si(OM)}_3 + 2\text{MOH} \qquad \Delta E15\cdots(7.15)$$

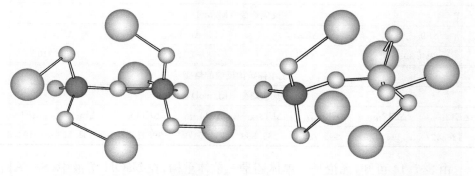

(a) Si—Si重构分子结构模型　　　　　　(b) Si—Al重构分子结构模型

图 7.32　二单体重构的分子结构模型

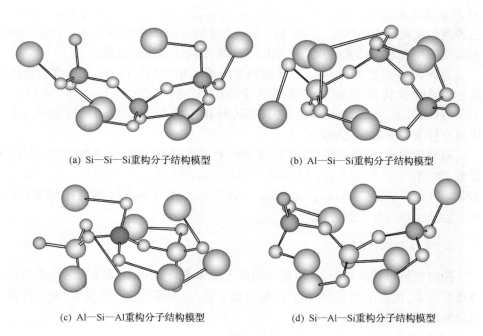

(a) Si—Si—Si重构分子结构模型　　　　　(b) Al—Si—Si重构分子结构模型

(c) Al—Si—Al重构分子结构模型　　　　　(d) Si—Al—Si重构分子结构模型

图 7.33　三单体重构的分子结构模型

2) 二单体或三单体重构反应的焓变

利用 Semi-empirical AM1 法计算反应式(7.9)～(7.15)的焓变值,列于表 7.14。

表 7.14　单体重构反应的焓变

二单体重构反应的焓变			
反应焓变/(kJ/mol)			
$\Delta E9_{(Na)}$	$\Delta E9_{(K)}$	$\Delta E10_{(Na)}$	$\Delta E10_{(K)}$
-253.303	-82.1472	-254.784	-56.2108

三单体重构反应的焓变							
反应焓变/(kJ/mol)							
$\Delta E12_{(Na)}$	$\Delta E12_{(K)}$	$\Delta E13_{(Na)}$	$\Delta E13_{(K)}$	$\Delta E14_{(Na)}$	$\Delta E14_{(K)}$	$\Delta15_{(Na)}$	$\Delta E15_{(K)}$
-126.427	-111.422	-198.736	-133.839	71.75179	99.33477	-151.533	-104.326

由表 7.14 可知,无论是二单体还是三单体重构,在 NaOH 溶液中,Si—Al 混杂重构反应的焓变比 Si—Si 同族重构要低(除 $\Delta E14_{(Na)}$ 外),如 $\Delta E10_{(Na)}$＜$\Delta E9_{(Na)}$、$\Delta E13_{(Na)}$＜$\Delta E12_{(Na)}$、$\Delta E15_{(Na)}$＜$\Delta E12_{(Na)}$。这表明在 NaOH 溶液中 Si—Al 混杂重构在热力学理论上应为主要的重构反应方式。同时我们观察三单体的三种混杂重构反应的焓变,发现 Al—Si—Si 重构反应的焓变最低为-198.736kJ/mol,这说明在三单体重构反应中 Al—Si—Si 重构应占主导地位。

与 NaOH 溶液相比,在 KOH 溶液中出现了相似的情况,Si—Al 混杂重构比 Si—Si 同族重构反应的焓变要低(除 $\Delta E14_{(K)}$ 和 $\Delta E10_{(K)}$ 外),如 $\Delta E13_{(K)}$＜$\Delta E12_{(K)}$、$\Delta E15_{(K)}$＜$\Delta E12_{(K)}$,这表明在 KOH 溶液中 Si—Al 混杂重构在理论上也应为一种重要的重构反应方式。

同时还发现,其他条件相同时,在 NaOH 溶液中的重构反应焓变比 KOH 中要低,如 $\Delta E9_{(Na)}$＜$\Delta E9_{(K)}$、$\Delta E10_{(Na)}$＜$\Delta E10_{(K)}$、$\Delta E12_{(Na)}$＜$\Delta E12_{(K)}$、$\Delta E13_{(Na)}$＜$\Delta E13_{(K)}$、$\Delta E14_{(Na)}$＜$\Delta E14_{(K)}$、$\Delta E15_{(Na)}$＜$\Delta E15_{(K)}$,表明 NaOH 溶液比 KOH 溶液更可能易于重构反应的进行。

3. 单体聚缩过程

随着溶解过程的进行,自由移动的离子单体不断释出,二单体和三单体的重构体逐渐增多,浓度不断增加,相互接触的概率变大,聚缩反应开始发生,地聚合物合成反应由此开始。

1) 聚缩反应的可能途径及分子结构模型

二单体重构体与三单体重构体之间发生聚缩形成大分子聚合体结构,其可能途径最多有三种:①形成链状结构;②形成层状结构;③形成网状结构。

下面以五个 Si 离子单体的聚缩为例,其三种可能聚缩途径可用反应式(7.16)～(7.18)表示,聚缩后分子结构模型如图 7.34 所示。究竟聚缩反应主要以哪种或哪几种途径进行,是本节重要讨论的一个内容。

$$5(HO)_3SiOM \longrightarrow MO-Si(OH)_2-[OSi(OH)_2]_3-O-Si(OH)_3 + 4MOH$$
$$\Delta E16\cdots(7.16)$$
$$5(HO)_2Si(OM)_2 \longrightarrow [O(OH)Si-(OM)]_5 + 5MOH \qquad \Delta E17\cdots(7.17)$$
$$5(HO)Si(OM)_3 \longrightarrow [(MO)_3Si_2O_2SiO_2[Si(OM)]_3]_2 + 3MOH + H_2O$$
$$\Delta E18\cdots(7.18)$$

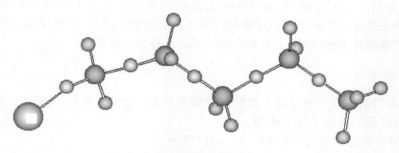

(a) 链状结构模型

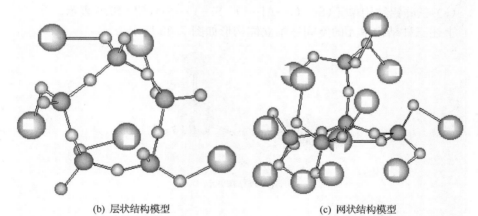

(b) 层状结构模型　　　　　　　　　　(c) 网状结构模型

图 7.34　五个 Si 单体聚缩后的分子结构模型

2) 聚缩反应的焓变

利用 Semi-empirical AM1 法计算出聚缩反应的焓变,如表 7.15 所示。

表 7.15　五单体聚缩反应的焓变

反应焓变/(kJ/mol)					
$\Delta E16_{(Na)}$	$\Delta E16_{(K)}$	$\Delta E17_{(Na)}$	$\Delta E17_{(K)}$	$\Delta E18_{(Na)}$	$\Delta E18_{(K)}$
302.1043	340.1313	-47.0816	-51.8067	-251.086	-92.6187

从表 7.15 可知,对于同种碱溶液,均有 $\Delta E18 < \Delta E17 \ll \Delta E16$,说明空间三维网状聚缩应该是最可能的聚缩途径。也就是说,从理论上讲,地聚合物最终的分子结构主要为空间三维的网状结构。

比较在不同碱溶液作用下三维网状聚缩反应的焓变发现,NaOH 溶液比 KOH 溶液更易于进行。也就是说,用 NaOH 溶液比 KOH 溶液可能更容易合成网状地聚合物。

7.4.2 地聚合物材料的分子结构本质

本部分利用 XRD、IR、MAS-NMR 方法研究地聚合物空间三维网状键接结构,分析其主要组成元素 Si 和 Al 的配位形式及空间键接状态,并根据这些测试结果,利用数理统计理论,提出了地聚合物的统计计算结构模型。

1. 技术术语

地聚合物结构是一种空间三维的复杂键接结构,为了便于分析、研究、理解这种复杂结构,我们提出了几个术语:

(1) 单硅铝结构单元(Si—O—Al),用 PS 表示;

(2) 双硅铝结构单元(Si—O—Al—O—Si),用 PSS 表示;

(3) 三硅铝结构单元(Si—O—Al—O—Si—O—Si),用 PSDS 表示。

上述三种结构单元的空间三维立体构形如图 7.35 所示。

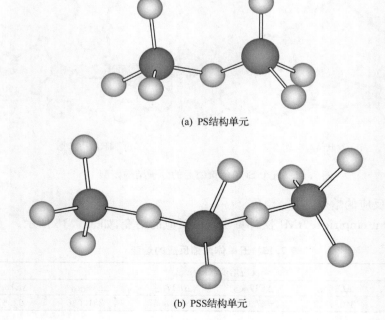

(a) PS结构单元

(b) PSS结构单元

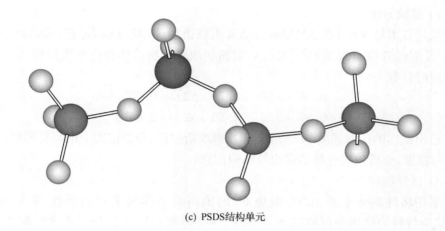

(c) PSDS结构单元

图 7.35　地聚合物三种结构单元的几何构形

根据已有的文献资料报道,地聚合物仅有三种分子结构:聚单硅铝结构、聚双硅铝结构、聚三硅铝结构。也就是说,有三类地聚合物,它们分别是由上述三种结构单元聚缩而成的三维网状结构。

根据地聚合物的化学组成,可将这三类地聚合物用一个化学分子式表示:

$$M_n \left[(SiO_2)_z — AlO_2 \right]_n W \cdot H_2O$$

其中:M 表示碱金属阳离子,如 Na^+ 或 $+K^+$ 等;n 为聚缩度;$z=1,2,3$,1 表示聚单硅铝结构,2 表示聚双硅铝结构,3 表示聚三硅铝结构。

2. X 射线衍射光谱(XRD)研究

地聚合物的制备原材料、配合比及采用的工艺条件与合成沸石晶体相似,二者的性能尽管有一些不同,但也有许多相近之处。本节通过 XRD 方法研究了地聚合物的组成与结构,并分析了地聚合物与同组成的沸石晶体之间的关系,从而初步揭示地聚合物的本质。

1) 技术原理

一束 X 射线作用晶体时,它在晶体中会产生周期性变化的电磁场,迫使原子中电子也做周期振动,每个振动的电子就成为一个新的电磁波发射源,以球面波方式散射出与入射 X 射线波长、频率、周期相同的电磁波。这些散射的电磁波相互干涉、叠加而在某个方向产生衍射谱线(XRD)。物质的 XRD 与物质内部晶体结构有关,每种结晶物质都有其特定的结构参数(晶体结构类型、晶胞大小、晶胞中原子、离子、分子的位置和数目等),因此根据某一待测样的 XRD,不仅可以知道物质的化学成分,还能了解它们的存在状态,相对含量。

2）试验方法

采用日本岛津产 DX-5A 型全自动 X 射线衍射仪，利用 CuK_α 靶、Kratky 狭缝系统，X 射线管功率为 $40kV \times 30mA$，对粉状地聚合物试样进行步进扫描，记录方法为定时计数

$$0.06° < 2\theta < 0.70°, \Delta 2\theta = 0.02°$$
$$0.07° < 2\theta < 2.50°, \Delta 2\theta = 0.05°$$

绘出试样的衍射强度与 2θ 角定量 X 射线衍射图，分析谱图上的特征峰对应的 d 值与强度，获得地聚合物的组成与结构信息。

3）试样制作

采用将纯高岭土经 750℃ 煅烧 6h 的偏高岭土作为主要的活性 Si-Al 质材料，其余材料均使用分析纯试剂，严格按三类地聚合物化学分子式进行配比，充分混合 5min，然后注入 $30mm \times 30mm \times 30\ mm$ 的模具中，静置 24h 拆模；将试件放入标准养护室中养护 28d，而后取出破碎、研磨；在 $60℃ \pm 5℃$ 烘箱中干燥 6h，用玛瑙钵磨细至全部通过 200 目标准筛，之后入干燥器 24h 即可进行 XRD 测试。

三类地聚合物的 XRD 谱线如图 7.36 所示。

从图 7.36 可以看出，三类地聚合物 XRD 谱线在 20°～40°，主要呈弥散的、馒头状，表明三类地聚合物结构主要为无定形态；同时我们还观察到少量结晶物质的尖锐特征峰（3.33Å、1.98Å、1.37Å），对其做鉴定分析，判断是石英晶体。比较偏高岭土的 XRD 谱线可知，这些石英晶体是由偏高岭土引入的，并且在地聚合化过程中石英晶体没有参与反应。

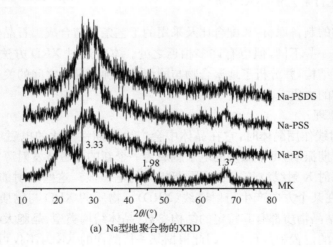

(a) Na型地聚合物的XRD

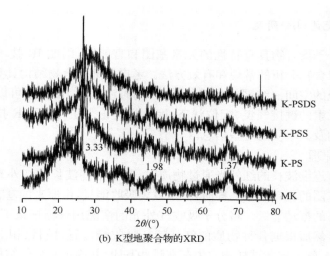

(b) K型地聚合物的XRD

图 7.36　偏高岭土(MK)与三类地聚合物的 XRD 谱线图

比较三类地聚合物的 XRD 谱线上弥散峰的半高点处的 2θ 值与同组成沸石晶体的相应特征峰对应的 2θ 值(见表 7.16),发现二者值相同或相近,差值不大于 $2.38°$。因此,初步推测地聚合物可能是同组成沸石晶体晶格发生畸变的相似物,但实际是否如此还有待于下面 IR 及 MAS-NMR 方法进一步研究。

表 7.16　三种地聚合物与同组成沸石晶体 XRD 谱线上特征峰对应的 2θ 值

物质名称	$(Na_2O+K_2O)/SiO_2$	SiO_2/Al_2O_3	$2\theta/(°)$
Na-PS	0.32	2.0	29.33
霞石(nepheline)晶体	0.50	2.0	29.46*
K-PS	0.32	2.0	27.57
K-F(zeolite Z)晶体	0.40	2.3	28.70*
Na-PSS	0.18	4.0	27.92
方沸石(analcime)晶体	0.25	4.0	26.30*
K-PSS	0.18	4.0	29.62
白榴石(leucite)晶体	0.25	4.0	27.24*
Na-PSDS	0.182	6.0	27.70
钠长石(albite)晶体	0.16	6.0	27.86*
K-PSDS	0.123	6.0	28.27
正长石(orthose)晶体	0.16	6.0	27.70*

注:带 * 数据取自 X 射线衍射标准手册。

3. 红外光谱(IR)研究

有机高分子聚合物具有特性的元素基团和官能团,因此 IR 技术是目前进行有机高分子聚合物分析的常规和有效方法。考虑到地聚合物结构具有与有机高分子聚合物相似的空间三维网络状键接结构,同时注意到 IR 技术可以深入到被测试物质组成元素的键接气氛、配位状态,因此从理论上讲,采用 IR 技术可以获得地聚合物结构及其本质的一些信息。

1) 技术原理

一束具有连续波长的红外光通过物质时,其中某些波长的红外光频率与物质分子中某个基团的振动频率一样时,分子就要吸收能量,由原来的基态振动能级跃迁到能量较高的振动能级。将分子吸收红外光的情况用仪器记录下来,就得到红外吸收光谱。然后根据各种物质的红外特征吸收峰位置、数目、相对强度和形状(峰宽)等参数,就可推断试样物质中存在哪些基团,并确定其分子结构。

2) 试验方法

采用美国尼高力公司生产的 750 型全自动傅里叶变换红外光谱仪,样品扫描次数 16,背景扫描数次 16,分辨率 4.0,增益 1.0,镜速率 0.6329,检测器 DTGS KBr。绘出试样的透过率与波数的红外吸收光谱,分析谱图上的特征吸收峰,获得地聚合物的组成与结构信息。

3) 试样的制作

先将试样、KBr 粉末、压芯及玛瑙研钵置于红外灯下驱除水分;然后取 2mg 左右试样在研钵中充分粉碎,将 200mg 已烘干的 KBr 分三次加入研钵中,混匀并研磨至粉末颗粒直径约为 $2\mu m$;而后将下压芯放入压模内,再用不锈钢小铲将混合粉料转移到下压芯上;然后放入压杆并轻轻转动几下,使粉料铺平;再取出压杆放入上压芯及压杆,装好压模,即可移到压机上压片,边用真空泵抽气加压至 $10T/cm^2$;停止抽气,拆卸压模,取出透明薄片,进行红外测试。

4) 结果与分析

(1) 三类地聚合物与偏高岭土的 IR 谱线。

偏高岭土与高碱溶液作用生成与偏高岭土层状结构有显著区别的地聚合物。为了掌握偏高岭土主要特征基团 SiO_4 和 AlO_4 在地聚合化之后的键接状态、配位环境,揭示三类地聚合物的 IR 光谱的特性,判断、推测偏高岭土在生成地聚合物过程中结构形成机理、反应本质,有必要对地聚合物和偏高岭土的 IR 谱线进行比较研究。通过比较偏高岭土的 IR 谱线与地聚合产物谱线的区别,确定三类地聚合物的 IR 谱线特征,并推断地聚合物形成过程的反应机理,揭示地聚合物的本质。偏高岭土与三类地聚合物的 IR 谱线如图 7.37 所示。

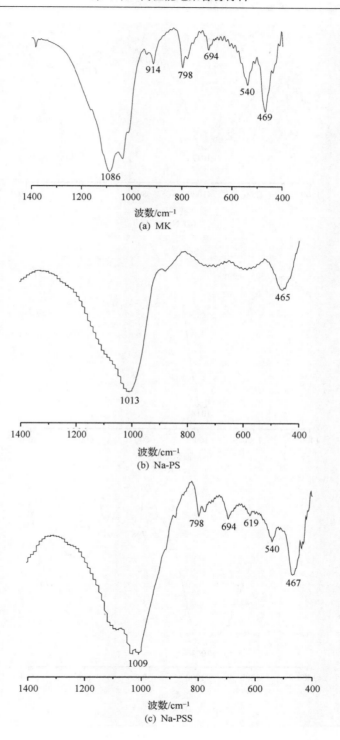

(a) MK

波数/cm⁻¹

(b) Na-PS

波数/cm⁻¹

(c) Na-PSS

波数/cm⁻¹

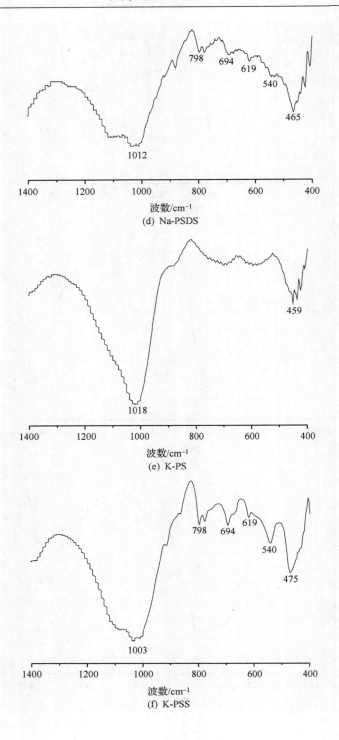

(d) Na-PSDS

(e) K-PS

(f) K-PSS

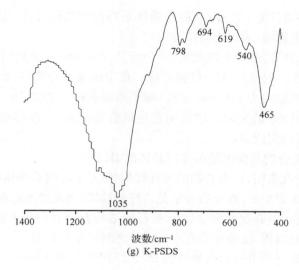

(g) K-PSDS

图 7.37　偏高岭土(MK)与三类地聚合物的 IR 谱线

图 7.37 IR 谱线图中主要特征峰的位置及对应基团的种类列于表 7.17。

表 7.17　偏高岭土和三类地聚合物 IR 谱线图中主要特征峰的位置及对应基团

基团种类	对应振动方式	波数/cm^{-1}						
		MK	Na-PS	Na-PSS	Na-PSDS	K-PS	K-PSS	K-PSDS
Si—O	伸缩振动	1086vs$^+$	10013vs*	1009vs*	1012vs*	1019vs*	1003vs*	1035vs*
Al(VI)—OH	伸缩振动	914m	vw	vw	vw	vw	vw	vw
Al(VI)—O	弯曲振动	798m	—	798w	798w	—	798w	798w
Si—O	伸缩振动	694m	—	694w	694vw	—	694w	694w
Al(IV)—O—Si	伸缩振动	—	—	619vw	619vw	—	619vw	619w
Si—O	面外弯曲振动	540m	—	540w	540vw	—	540w	540w
Si—O	面内弯曲振动	469s	465s	467s	465s	459s	475s	465s

注：+表示对称伸缩振动；*表示非对称伸缩振动；vs表示非常强峰；s表示强峰；w表示弱峰；vw表示非常弱峰。

从图 7.37 可以看出，三类地聚合物的 IR 谱线图中主峰均呈弥散状，表明地聚合物的结构为无定形，这与上节 XRD 测试结果是一致的。

对比偏高岭土与三类地聚合物的 IR 谱线发现：

① 偏高岭土 IR 谱线上的最强特征峰对应的波数为 1086 cm^{-1}，而地聚合物 IR 谱线上变成了 1003~1035 cm^{-1}，表明在地聚合化过程中，1086 cm^{-1} 波数处的峰向低波数方向移动。注意到 1086 cm^{-1} 对应于偏高岭土中 Si—O 对称伸缩振动峰，而 1003~1035 cm^{-1} 对应 Si—O 非均匀伸缩振动峰。特征峰向低波数移动，表明可能 AlO$_4$ 取代原来偏高岭土中均匀 Si—O—Si 链结构上的部分 SiO$_4$ 基团，造

成 SiO_4 周围的环境发生了改变,从而影响体系的内部结构气氛,致使 Si—O 的伸缩振动峰受到一定影响,表现出峰位移动。

② 偏高岭土的 IR 谱线上波数为 914 cm⁻¹、798 cm⁻¹,分别对应于六配位的 Al—OH 振动峰和六配位的 Al—O 振动峰。在生成地聚合物后,此峰减弱、消失,取而代之的是在波数约为 619 cm⁻¹ 处出现了弱吸收峰。查阅 IR 谱线卡片可知,此峰对应四配位 AlO_4 的振动。这表明在地聚合化过程中,残存在偏高岭土中的六配位 Al 转化成四配位 Al。

（2）三类地聚合物与同组成的沸石晶体的 IR 谱线。

上节 XRD 研究表明,地聚合物的特征峰的峰位 2θ 与沸石晶体相同或相近,只不过地聚合物是无定形的,而沸石为结晶良好的晶体,因此推测地聚合物是沸石晶体的无定形相似物,但究竟地聚合物与沸石的结构差别在何处? 其本质是什么? 须进一步深层次地剖析、比较地聚合物与沸石之间区别与联系。

三类地聚合物与同组成沸石晶体的 IR 谱线如图 7.38 所示。

比较 IR 谱线可知,地聚合物与同组成沸石晶体的 IR 谱线非常接近,主要特征峰的峰形与峰位基本吻合,只不过沸石晶体 IR 谱线上的主要红外吸收峰窄而尖,而地聚合物的相应的峰宽而钝。表明沸石晶体的空间三维网状结构上 SiO_4、AlO_4 的排列和键接程度比三类地聚合物更有规律性。

（3）三类地聚合物与同组成沸石晶体之间的相互转化。

XRD 和 IR 研究均表明,地聚合物与同组成的沸石晶体非常相似,因此许多研究者认为,地聚合物实质上就是沸石晶体形成过程中一个中间产物或者是沸石晶体的前身(precursor)。如果上述假设成立的话,那么地聚合物与沸石晶体之间应该在适合条件下能够相互转化。由于 Na 型地聚合物与 K 型地聚合物情况比较相似,我们在这里仅讨论 K 型地聚合物。

① 沸石晶体向地聚合物转化。

将三类 K 型沸石晶体在高能振动磨中快速磨细至全部通过 200 目标准筛,然后入干燥器 24h 即可进行 IR 测试。将此 IR 谱线与相应地聚合物的 IR 谱线进行比较,如图 7.39 所示。

由图 7.39 可知,转化后的沸石与相应的地聚合物的 IR 谱线上主要特征峰的峰形与峰位相近(峰强大小不同是由于制样时每类地聚合物加入量稍多或稍少造成的),这表明结晶良好的沸石可以转化为无定形态的地聚合物。

② 地聚合物向沸石晶体转化。

考虑到地聚合物是在较短时间内迅速生成,其结构还来不及进行调整,结果导致地聚合物的结构是无定形的,我们将地聚合物放入 70℃,浓度为 10% 的 KOH 溶液中,保持 4h,在此过程中地聚合物的结构将重新调整。重新调整后的地聚合物与同组成沸石晶体的 IR 谱线如图 7.40 所示。

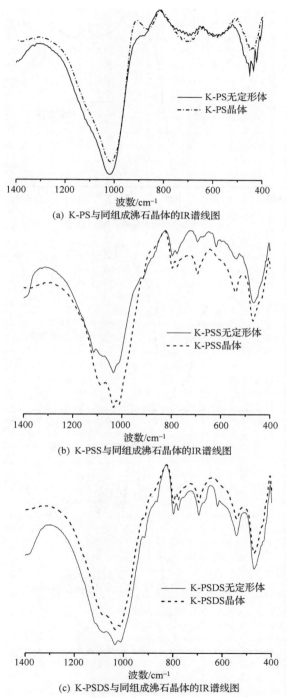

(a) K-PS与同组成沸石晶体的IR谱线图

(b) K-PSS与同组成沸石晶体的IR谱线图

(c) K-PSDS与同组成沸石晶体的IR谱线图

图 7.38 三类地聚合物与同组成沸石晶体的 IR 谱线

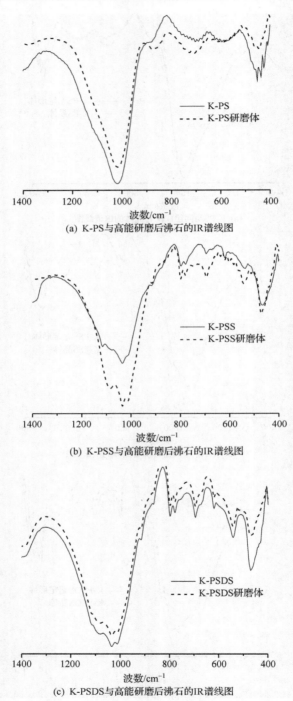

(a) K-PS与高能研磨后沸石的IR谱线图

(b) K-PSS与高能研磨后沸石的IR谱线图

(c) K-PSDS与高能研磨后沸石的IR谱线图

图 7.39　高能研磨后的沸石与同组成地聚合物的 IR 谱线

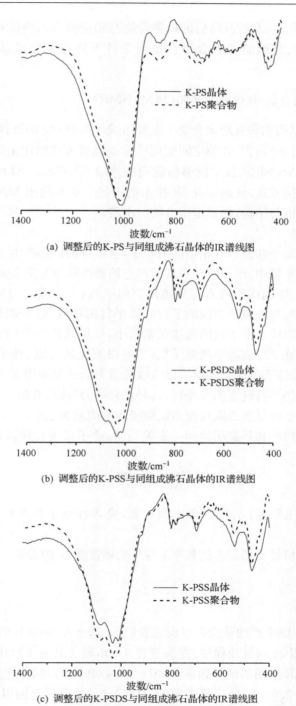

(a) 调整后的K-PS与同组成沸石晶体的IR谱线图

(b) 调整后的K-PSS与同组成沸石晶体的IR谱线图

(c) 调整后的K-PSDS与同组成沸石晶体的IR谱线图

图 7.40　调整后的地聚合物与同组成沸石晶体的 IR 谱线

由图 7.40 可知,重新调整后的地聚合物与相应沸石的特征峰峰形与峰位基本一致,这表明无定形的地聚合物在适当条件下可以转化成结晶良好的沸石晶体。

4. 固相魔角自旋-核磁共振研究(MAS-NMR)

尽管 IR 可以用来研究地聚合物中主要组成元素 Si、Al 的键接方式,并且取得了部分成功,但对于 ^{29}Si、^{27}Al 的空间配位状态及键接方式的定量研究尚未取得根本性的突破。MAS-NMR 技术能够精确而细致地获取 ^{29}Si、^{27}Al 的空间配位状态及它们之间的连接方式,从而弥补 IR 技术的不足。本节利用 MAS-NMR 方法研究地聚合物的组成与结构,揭示地聚合物的本质。

1) 技术原理

物质分子的原子核是带有正电荷的粒子,它本身的自旋产生了一个微小磁场。在无外加磁场的环境中,原子核的自旋所产生的磁矩取向是杂乱无章的,但它处于外电场时,它的磁矩取向则或者与外磁场方向一致(↑),或者与外磁场方向相反(↓)。原子核磁矩与外磁场方向的平行和反平行两种取向,分别相当于它的低能态和高能态两种能级。由于这两种能级差很小,如用波长很长(能量很低)的无线电波(射频)照射处于外磁场中的原子核,当电磁波能量与原子核的两个能级差能量相等时,处于低能态的原子核就可以吸收能量而跃迁至高能态,这时原子核的磁矩取向由与外磁场平行转变为反平行,这种现象称为"核磁共振"。

原子核中质子由低能级跃迁至高能级吸收的能量为 $\Delta E = h\nu$。

当辐射波的频率和外磁场达到一定关系时,质子将吸收此辐射能。根据量子力学计算结果

$$\Delta E = \frac{\gamma h H}{2\pi}$$

式中:h 为普朗克常量;γ 为一个比例常数,是各种原子核的特征数值,称为磁旋比。

由上面两式可导出辐射波的频率 ν 与外磁场强度 H 的关系

$$\nu = \frac{\gamma}{2\pi}H$$

2) 试验方法

采用瑞士-德国生产的带魔角自旋装置的 Bruker Avance-400(CP/MAS)型核磁共振谱仪,使用 zg 单脉冲程序,探头直径 4mm,转子转速 5000Hz±2Hz。样品的 ^{29}Si MAS-NMR 采用的谐振频率 $SF01 = 79.4866$MHz,脉冲宽度 $P1 = 4.50\mu s$,脉冲功率 $PL1 = 2.00$dB,循环延迟时间 $d1 = 1.5$s,参比样为四甲基硅烷(TMS);^{27}Al MAS-NMR 采用的谐振频率 $SF01 = 104.2635$MHz,脉冲宽度 $P1 = 0.75\mu s$,

脉冲功率 $PL1=2.00\text{dB}$，循环延迟时间 $d1=0.5\text{s}$，参比样为三氯化铝（$AlCl_3$）。

试验时，将约 2g 地聚合物粉末小心地移入圆柱形锆质陶瓷样品管中，然后用螺丝刀将样品管盖扭紧，接着将样品管插入装在磁铁两极间的样品管座内，然后进行测定。

3）试样制作

首先将硬化后的地聚合物破成小块，然后在 60℃±5℃ 烘箱中干燥 6h，用玛瑙钵研细至全部通过 200 目标准筛，入干燥器 24h 即可进行 MAS-NMR 测试。

4）结果与分析

（1） ^{27}Al MAS-NMR。

早期 ^{27}Al MAS-NMR 研究表明，对于铝酸盐矿物，四配位 Al^{3+} 的化学位移数为 $60\sim80\text{ppm}$；而对于铝硅酸盐矿物，四配位 Al^{3+} 的化学位移数为 $50\text{ppm}\pm20\text{ppm}$，六配位为 $0\text{ppm}\pm10\text{ppm}$，参比样为 $[Al(H_2O)_6]^{3+}$。常见几种铝酸盐和硅铝酸盐矿物中 Al 配位数及 ^{27}Al MAS-NMR 化学位移列于表 7.18。

表 7.18　常见几种铝酸盐和硅铝酸盐矿物中 Al 配位数及 ^{27}Al MAS-NMR 化学位移

矿物名称	化学分子式	Al 配位数	^{27}Al MAS-NMR 化学位移/ppm
钠微斜长石（anorthoclase）	$(Na,K)AlSi_3O_8$	4	54
正长石（orthoclase）	$KAlSi_3O_8$	4	53
透长石（sanidine）	$KAlSi_3O_8$	4	57
钾长石（K-Feldspar）	$KAlSi_3O_8$	4	54
霞石（nephiline）	$NaAlSiO_4$	4	52
铝酸钙（calcium aluminate）	$Ca_3Al_4O_7$	4	71
铝酸钠（sodium aluminate）	$NaAlO_2$	4	76
白云母（muscovite）	$KAl_3Si_3O_{11}\cdot H_2O$	6,4	−1,63
黑云母（biotie）	$K(Mg,Fe)_3AlSi_3O_{11}\cdot H_2O$	4	65
刚玉（corundum）	$\alpha\text{-}Al_2O_3$	6	0
莫来石（mullite）	$Al_2O_3\cdot SiO_2$	6,4	−2,57
高岭石（kaolinite）	$Al_4(Si_3O_{10})(OH)_8$	6	4

注：参比样为 $[Al(H_2O)_6]^{3+}$。

根据 Loeweistein Al 不相容原理可知，AlO_4 只能与 SiO_4 键接，AlO_4 自身不能直接相连，因此在地聚合物中，四配位的 Al 的键接方式只可能有五种：

① 本身呈孤立态，不与任何 SiO_4 相接，用 $AlQ^0(0Si)$；

② AlO_4 与 1 个 SiO_4 相接，用 $AlQ^1(1Si)$ 表示；

③ AlO_4 与 2 个 SiO_4 相接，用 $AlQ^2(2Si)$ 表示；

④ AlO_4 与 3 个 SiO_4 相接,用 $AlQ^3(3Si)$ 表示;

⑤ AlO_4 与 4 个 SiO_4 相接,用 $AlQ^4(4Si)$ 表示。

Al 这五种键接方式对应的 ^{27}Al MAS-NMR 化学位移列于表 7.19。

表 7.19　地聚合物中五种键接方式 ^{27}Al MAS-NMR 化学位移

键接方式	孤立状	组群状	链状或环状	层状或片状	网状
配位态	$AlQ^0(0Si)$	$AlQ^1(1Si)$	$AlQ^2(2Si)$	$AlQ^3(3Si)$	$AlQ^4(4Si)$
化学位移/ppm	79.5	74.3	69.5	64.2	40

注:参比样为 $[Al(H_2O)^6]^{3+}$。

三类地聚合物的 ^{27}Al MAS-NMR 谱线如图 7.41 所示。

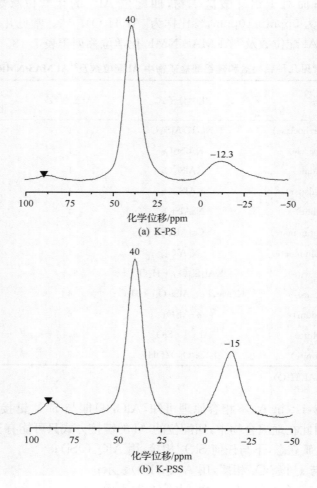

(a) K-PS

(b) K-PSS

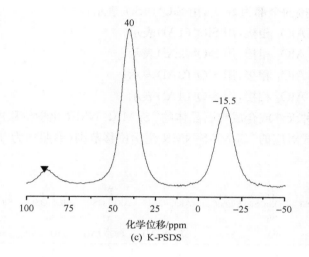

(c) K-PSDS

图 7.41　三类地聚合物的 ^{27}Al MAS-NMR（▼对应的峰是由于旋转边带造成的）

由图 7.41 可以看出，三类地聚合物的 ^{27}Al MAS-NMR 谱线上主要存在两个特征峰：一个特征峰的化学位移约 40ppm，对应四配位 Al；另外一个特征峰的化学位移约 -15ppm，对应六配位 Al。比较这两个特征峰的峰强可知，40ppm 峰比 -15ppm 峰强大得多，这表明三类地聚合物中 ^{27}Al MAS-NMR 基本呈四配位态，且与 SiO_4 键接成空间三维网状结构，不存在孤立状、组群状的低分子量的结构单元，这与前面的结论是一致的。

由上述分析可知，^{27}Al MAS-NMR 可有效判断 Al 的配位态及其与 SiO_4 键接方式，但是仅 ^{27}Al MAS-NMR 还不能够区分地聚合物究竟是 PS 型还是 PSS 或 PSDS 型。为了解决这个问题，下面我们结合 ^{29}Si MAS-NMR 分析，研究 SiO_4 的键接状态，然后综合这两种结果获得地聚合物结构特征。

（2）^{29}Si MAS-NMR。

在地聚合物中，不像 ^{27}Al 既有可能呈现四配位，还可能存在六配位，Si 仅存在四配位这一种状态。与四配位 Al 相似，SiO_4 四面体的键接方式也有五种可能：

① SiO_4 本身呈孤立态，不与任何 TO_4 相接，用 SiQ^0；

② SiO_4 与 1 个 TO_4 相接，用 SiQ^1 表示；

③ SiO_4 与 2 个 TO_4 相接，用 SiQ^2 表示；

④ SiO_4 与 3 个 TO_4 相接，用 SiQ^3 表示；

⑤ SiO_4 与 4 个 TO_4 相接，用 SiQ^4 表示。

考虑到 SiO^4 的键接不受限制，SiQ^4 键接方式又可分为五类：

① 与之键接的全部为 SiO_4，用 $SiQ^4(4Si)$ 表示；

② 与 1 个 AlO_4 相接，用 $SiQ^4(1Al)$ 表示；

③ 与 2 个 AlO_4 相接，用 $SiQ^4(2Al)$ 表示；

④ 与 3 个 AlO_4 相接，用 $SiQ^4(3Al)$ 表示；

⑤ 与 4 个 AlO_4 相接，用 $SiQ^4(4Al)$ 表示。

通过对多种天然或合成沸石晶体的 ^{29}Si MAS-NMR 化学位移进行统计得到上述九种键接方式对应的 ^{29}Si MAS-NMR 化学位移范围（参照样为 TMS）如图 7.42 所示。

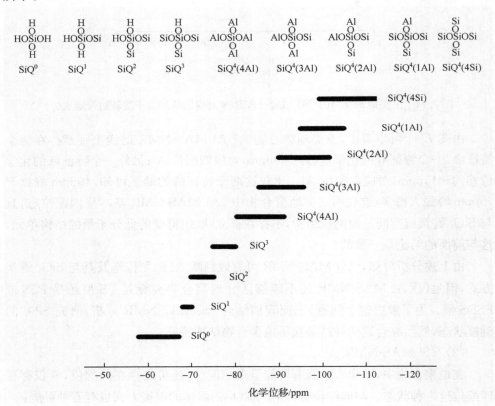

图 7.42　不同键接方式的 ^{29}Si MAS-NMR 化学位移范围

我们利用 MAS-NMR 技术对三类地聚合物中的 Si 键接方式进行了研究，如图 7.43 所示。

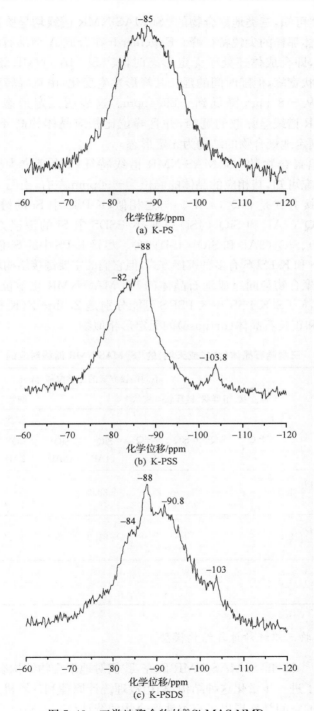

图 7.43　三类地聚合物的^{29}Si MAS-NMR

由图 7.43 可知,三类地聚合物的 ^{29}Si MAS-NMR 谱线均呈弥散的宽峰,并没有出现沸石晶体那样的尖锐特征峰。Engelhardt 在合成 A 型沸石时发现,在沸石晶体生成之前,即合成体还处于无定形态时,其 ^{29}Si MAS-NMR 谱线在 -85ppm 处出现了馒头状宽峰,但随时间的延长其峰形发生变化,由宽峰转变成尖峰,峰位也发生移动,从 -85ppm 降低到 -89.4ppm。这表明无定形态的沸石对应的 ^{29}Si MAS-NMR 谱线呈弥散的宽峰,并且峰位比相应晶体约高 $4\sim5$ppm。基于此,我们可以判定地聚合物的结构为无定形态。

K-PS 型地聚合物的 ^{29}Si MAS-NMR 谱线特征峰的峰位为 -85ppm,基于 Engelhardt 研究可知,其相应的晶体的峰位为 -90ppm 左右,由图 7.42 可判定 K-PS 中 Si 的键接方式是 $SiQ^4(4Al)$。与之相似,K-PSS 中 Si 的键接方式主要为 $SiQ^4(4Al)$、$SiQ^4(2Al)$ 和 $SiQ^4(4Si)$ 三种;K-PSDS 中 Si 的键接方式有 SiQ^3(少量)、$SiQ^4(4Al)$、$SiQ^4(2Al)$ 和 $SiQ^4(4Si)$ 四种。尽管 K-PS 中的 Si 仅存在一种键接方式,而 K-PSS 和 K-PSDS 有多种键接方式,但它们的主要键接结构均为空间网状。

将三类地聚合物与同组成沸石晶体的 ^{29}Si MAS-NMR 化学位移(见表 7.20)进行对比可知,K-PS、K-PSS 和 K-PSDS 可能分别是 Zeolite Z(K-F)晶体、白榴石晶体(leucite)和正长石晶体(orthose)的无定形相似物。

表 7.20　三类沸石晶体(合成或天然)的 ^{29}Si MAS-NMR 谱线对应的化学位移

类型	分子式	$\dfrac{Si}{Al}$	孤立状	组群状	链环状	层状	网状				
							SiQ^4				
			SiQ^0	SiQ^1	SiQ^2	SiQ^3	SiQ^4 (4Al)	SiQ^4 (3Al)	SiQ^4 (2Al)	SiQ^4 (1Al)	SiQ^4 (4Si)
沸石 Z(K-F)	$Na(AlSiO_4)$ $\cdot H_2O$	1.0	—	—	—	—	-88.9				
白榴石	$K(AlSi_2O_6)$ $\cdot H_2O$	2.0	—	—	—	—	-81.0	-85.2	-91.6	-97.4	-101.0
正长石	$K(AlSi_3O_8)$	3.0	—	—	—	—			-94.5	-96.8	-100.2

不同键接方式的化学位移/ppm

5. 地聚合物三维统计计算结构模型

综上所述,^{27}Al 和 ^{29}Si MAS-NMR 研究,我们对地聚合物结构有了一个比较清晰的了解。为了进一步量化这种结构,利用数理统计原理和计算机技术,并结合同组成沸石晶体的空间结构提出了三类地聚合物的统计计算结构模型。

1) MAS-NMR 谱线的计算机解析

由上一节的 ^{29}Si MAS-NMR 可知,除 K-PS 外,其余两类地聚合物中的键接方式有多种。为了正确、科学地揭示地聚合物内部的键接结构,必须确定出每种键接方式所占比例,为此我们采用计算机解析技术对 ^{29}Si MAS-NMR 谱线上的每一特征峰进行解析,并计算出其所占面积,从而可得到各自所占比例。^{29}Si MAS-NMR 解析图如图 7.44 所示,解析后计算出各种键接方式所占比例列于表 7.21。

根据表 7.21 列出的地聚合物中主要键接方式所占比例,利用统计学原理,可以计算出 K-PS、K-PSS 和 K-PSDS 三类地聚合物的 Si/Al 物质的量比分别为 1,2.055358∶1 和 2.857205∶1。

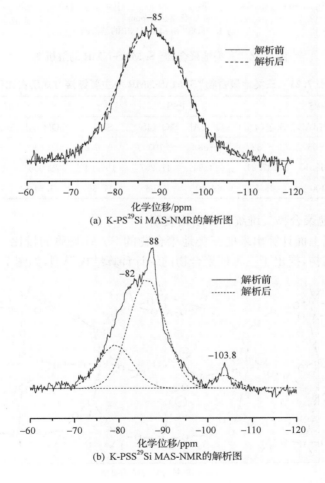

(a) K-PS^{29}Si MAS-NMR的解析图

(b) K-PSS^{29}Si MAS-NMR的解析图

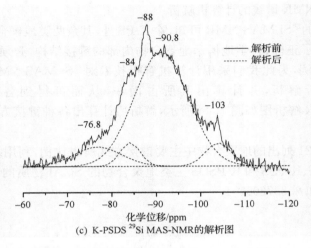

(c) K-PSDS ^{29}Si MAS-NMR的解析图

图 7.44 三类地聚合物 ^{29}Si MAS-NMR 的解析图

表 7.21 三类地聚合物 ^{29}Si MAS-NMR 中主要键接方式所占比例

地聚合物	K-PS	K-PSS					K-PSDS		
种类	$SiQ^4(4Al)$	$SiQ^4(4Al)$	$SiQ^4(2Al)$	$SiQ^4(4Si)$	SiQ^3		$SiQ^4(4Al)$	$SiQ^4(2Al)$	$SiQ^4(4Si)$
峰位/ppm	−85	−82	−88	−103.8	−76.8		−84	−90.8	−103
所占面积	1668.15	237.21	644.94	47.207	151.64		78.006	1008.5	96.764
所占比例/%	100	25.52	69.40	5.08	11.36		5.84	75.55	7.25

2）各种地聚合物三维统计算结构模型

我们根据上面计算出来的三类地聚合物的 Si/Al 物质的量比，并结合同组成沸石晶体的结构，提出了三种地聚合物的统计计算结构模型，如图 7.45 所示。

(a) K-PS统计计算结构模型

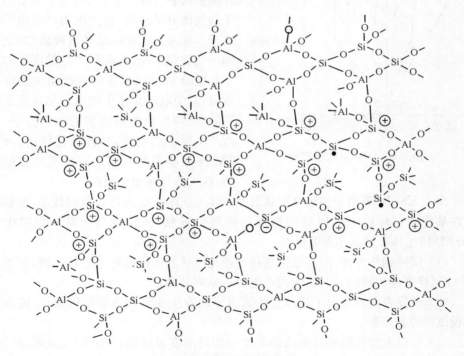

(b) K-PSS统计计算结构模型

(c) K-PSDS统计计算结构模型

图 7.45　三类地聚合物的统计计算结构模型

⊕ 对应的Si为$Si^4(2Al)$；　⊖ 对应的Si为$Si^4(4Al)$；　● 对应的Si为$Si^4(4Si)$

7.4.3　地聚合物形成过程原位定量追踪

环境扫描电镜(ESEM)是近几年发展起来的研究微观反应动态过程及其机制的一种先进精密仪器,通过其自带的能量散射 X 射线能谱分析仪(EDXA),ESEM 能定量追踪试样表面形貌及化学成分随反应时间的变化,为反应机理研究提供了重要的信息。

1. 工作原理

ESEM 工作原理可以用图 7.46 来描述。图中,由电子枪发射的高能入射电子束(1)穿过压差光阑(其作用是保证电子枪区高真空的同时,允许样品室内有气体流动,最高达 50Torr*,一般 1~20Torr(常规扫描电镜样品室中的压力在 10^{-3}~

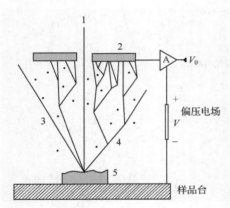

图 7.46　ESEM 工作原理

10^{-6}Torr))进入样品室,射向被测定的样品(5),从样品表面激发出信号电子:二次电子 SE(4)和背散射电子 BSE(3)。由于样品室内有气体存在,入射电子和信号电子与气体分子碰撞,使之电离产生电子和离子。如果我们在样品和电极板(2)之间加一个稳定电场,电离所产生的电子和离子会被分别引往与各自极性相反的电极方向,其中电子在途中被电场加速到足够高的能量时,会电离更多的气体分子,从而产生更多的电子,如此反复倍增。ESEM 探测器正是利用此原理来增强信号的,这又称气体放大原理。

由于 ESEM 采用了多级真空系统及气体二次电子探测器等专利技术,能够实现在某些特定环境下对样品的微观结构进行观察,使得其与像常规扫描电镜(SEM)相比具有以下几方面优点:

(1)试样制作方便,可直接将新拌或硬化试样放入样品台上进行观察,而不像 SEM 试样要经过清洗、干燥、表面导电等一系列处理;

(2)试样表面不会由于样品室内高真空而发生变形或微细结构破坏,能真实再现试样原始形貌;

(3)可以人为控制样品室内的温度和相对湿度来模拟现实环境,且可通过计算机程序锁定并记忆多个观察点位置,实现多点连续观测,使追踪无机胶凝材料水

---

* 1Torr=1mmHg=1.33322×10^2Pa。

化过程的动态变化成为可能,尤其在水化早期试样的结构,对水分非常敏感时更是如此。

2. 设备及试验参数

试验采用荷兰 Philips 公司生产的 XL30 型环境扫描电镜,带有美国 Kevex 公司生产的能量散射 X 射线能谱分析仪(EDXA)。仪器特性参数:工作距离 2.6～50nm,放大倍数 50～600000 倍,样品台 5 轴向位移自动控制,具有 20 个点定位记忆功能,气体二次电子检测器(GSED)的工作真空度范围 0.1～20Torr,样品室可使用水蒸气、CO_2 等气体,图像存储及照相数字化,半导体冷热台调温范围为室温到 ±30℃。

试验时所采用的工作参数:电子束激发电压 20keV,电流 100mA,工作距离 8nm,相对湿度保持在 80% 以上,放大倍数选择 3200、6400 和 10000 三个等级。因为要进行原位追踪试样的发展变化,所以为了达到此目的,我们将试样保持在样品室直至其内部结构基本完成时为止,之后再换另一试样。测试结果表明,这样操作制度基本可以实现定位。

考虑到地聚合化速率非常迅速,几小时内结构基本完成,之后发展相对比较缓慢,因此试验中所有地聚合物试样均从搅拌后 10min 开始测试,直至达到 28d 强度 80% 以上时终止测试,经过这个阶段的观察,可以比较全面掌握地聚合化过程。

3. 试样制作

将纯高岭土经 750℃煅烧 6h 获得的偏高岭土作为主要活性 Si-Al 质材料,采用去离子水,其余材料均使用分析纯试剂,三类地聚合物配合比列于表 7.22。试验时首先将片状 KOH 溶到 K_2SiO_3 溶液中,然后冷却至室温,而后徐徐加入偏高岭土,充分混合 1min 后迅速将新鲜试样注入样品室内的样品台上,进行选位追踪观察,并利用 EDXA 对选位的元素组成及其成分发展变化进行定量分析测试,以期获取地聚合物形成机理、反应机制。由于地聚合化过程进行速率非常快,为了观察水化全过程,尤其是初期,要求整个操作过程在 5～10min 内完成。

表 7.22　三类地聚合物基体的配合比及其砂浆试件的抗压强度

地聚合物类型	摩尔配合比			抗压强度/MPa							
	SiO_2/Al_2O_3	K_2O/Al_2O_3	H_2O/K_2O	1.5h	4h	6h	9h	13h	24h	3d	28d
K-PS	2.5	0.8	8.0	8.7	9.9	—	—	—	10.8	11.5	12.1
K-PSS	4.5	0.8	5.0	—	—	16.3	27.1	28.2	28.5	31.6	34.7
K-PSDS	6.5	0.8	10.0	—	—	15.7	26.4	—	28.3	30.8	32.1

注:①抗压试件的尺寸为 40mm×40mm×40mm;② 各种地聚合物浆体的砂率均为 33%。

4. 结果与分析

1) PS 型地聚合物

自拌合后 10min 开始对 K-PS 型地聚合物基体某一选区进行原位追踪，直至 4h，此时结构已基本完成（对应强度达到 28d 强度的 80％以上），如图 7.47 所示。

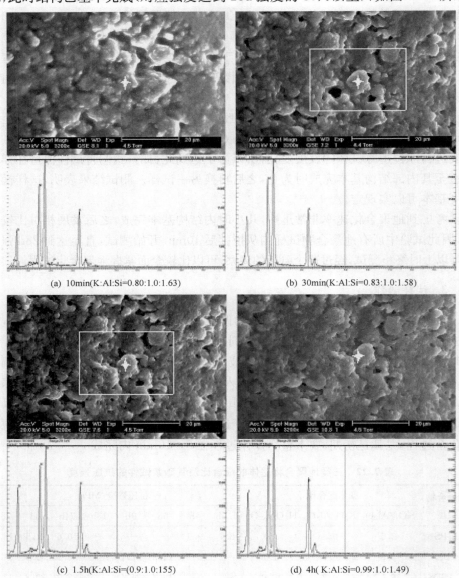

(a) 10min(K:Al:Si=0.80:1.0:1.63)　　　　(b) 30min(K:Al:Si=0.83:1.0:1.58)

(c) 1.5h(K:Al:Si=(0.9:1.0:155)　　　　(d) 4h(K:Al:Si=0.99:1.0:1.49)

图 7.47　K-PS 型地聚合物在同一位置不同水化龄期 ESEM 及 EDXA 变化图

十字交叉点为 EDXA 选位点

ESEM 变化图表示随龄期的发展,基体微结构的演化过程;EDXA 谱图对应于选区内某个偏高岭土颗粒(图中用白色"十"字标出)在地聚合化过程中化学组成的变化。为了明确起见,我们将 EDXA 谱线的分析结果也分别列出。

图 7.47(a)表示拌合后 10min 基体微结构,从图中可以看出,近似为球形的偏高土颗粒清晰可见,松散地堆在一起,颗粒间有较大空隙。30min 后,绝大部分颗粒的球状外形已不能清楚分辨,取而代之的是颗粒外部被一厚层胶体所包裹,构成比较致密的结构。当然由于时间还比较短,一些地方还没有被完全填实,遗留少许空洞,如图 7.47(b)白色选框中存在直径分别为 $5\mu m$ 和 $2\mu m$ 两个圆孔,为清楚起见,此选框进一步放大如图 7.48(a)和图 7.49(a)所示。1.5h 后,更多的凝胶状产物积淀在颗粒表层,并向外扩充,基体变得更为致密,图 7.47(b)中白色选框内的 $5\mu m$ 孔已被淹没,$2\mu m$ 孔也减小到 $1.25\mu m$(见图 7.47(c)中白色选框),图像进行一步放大可以更为清楚地观察这一细节(见图 7.48(b)和图 7.49(b))。4h 后,凝

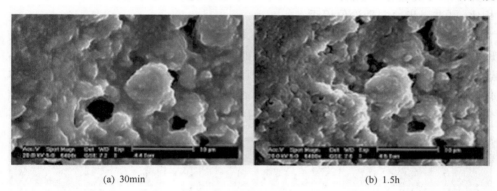

(a) 30min　　　　　　　　　　　　　　　　　　(b) 1.5h

图 7.48　K-PS 型地聚合物在同一位置(白色选框内)不同水化龄期 ESEM 变化图(×6400)

(a) 30min　　　　　　　　　　　　　　　　　　(b) 1.5h

图 7.49　K-PS 型地聚合物在同一位置不同水化龄期 ESEM 变化图

胶产物继续增多,孔隙也被进一步填充,$1.25\mu m$ 的孔缩减为 $1.15\mu m$(见图 7.47(d))。从总体形貌来看,任何龄期均未见结晶状产物,仅生成大量海绵状胶体,这是与硅酸盐水泥水化重要不同之处。从发展速率来看,1.5h 时基体的结构与 4h 时的结构没有太大差别,说明 K-PS 型地聚合物在 1.5h 时的聚合已达到相当程度。

　　比较 K-PS 基体内同一颗粒点在不同时刻的 EDXA 谱线及分析结果可知,随着地聚合化的进行,颗粒表面的反应产物 K/Al 不断增大,而 Si/Al 却逐渐减小。例如,10min 时颗粒点对应的 K/Al=0.80、Si/Al=1.63,达到 4h 后同一颗粒对应的 K/Al 上升到 0.99、Si/Al 减小到 1.49。基于此,可将 4h 水化产物的近似化学式表示为 $\pm 1.49SiO_2\!-\!(0.99K^+)\!-\!AlO_2\mp_n$。考虑到 K-PS 是单硅铝的 K 型地聚合物,其理论化学计量式为 $K_n\pm SiO_2\!-\!AlO_2°\mp_n$,其中 n 为聚合度。基于计量式可知,K-PS 的理论 K/Al=1.0、Si/Al=1.0。水化 4h 时,产物的 K/Al 与 Si/Al 相比,更进一步地向理论值逼近。

　　另外,水化 4h 时 K-PS 基体在同一区域(即图 7.47(d)所涵盖的整个区域)的K、Si、Al 三元素面分布图也被采集下来,如图 7.50 所示。从图 7.50 中可以看出,这三种元素在整个区域内分布均匀,没有产生在某处富集的现象,这表明最终的水化产物中不会有两种或以上的晶体物质,否则会出现元素在晶体处发生富集。结合 ESEM 形貌,推测最终水化产物是均匀的无定形物质。

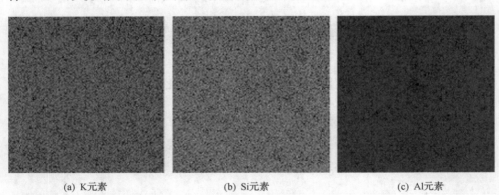

(a) K元素　　　　　　　　(b) Si元素　　　　　　　　(c) Al元素

图 7.50　K-PS 型地聚合物在 4h 时 K、Si、Al 三元素的面分布图

2) PSS 型地聚合物

　　与对 K-PS 型地聚合物操作相似,也从拌合后 10min 开始对 K-PSS 型地聚合物基体某一选区进行原位追踪,直至 13h,此时结构已基本完成(对应强度达到 28d 强度的 80%以上),如图 7.51 所示。ESEM 变化图表示随龄期的发展,基体微结构的演化过程;EDXA 谱图对应于选区内某个偏高岭土颗粒(图中用白色"十"字

标出）在地聚合化过程中化学组成的变化，为了明确起见，我们将 EDXA 谱线的分析结果也分别列出。

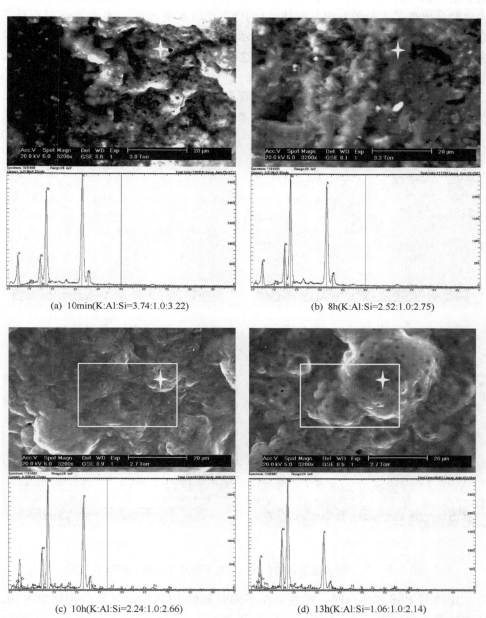

(a)　10min(K:Al:Si=3.74:1.0:3.22)　　　　　(b)　8h(K:Al:Si=2.52:1.0:2.75)

(c)　10h(K:Al:Si=2.24:1.0:2.66)　　　　　(d)　13h(K:Al:Si=1.06:1.0:2.14)

图 7.51　K-PSS 型地聚合物在同一位置不同水化龄期 ESEM 及 EDXA 变化图(×3200)

(十字交叉点为 EDXA 选位点)

　　图 7.51(a)表示拌合后 10min 基体微结构,从图中可以看出,大部分球形颗粒松散地堆在一起,存在许多大空隙。8h 后,颗粒的球状外形已不能清楚分辨,取而代之的是出现了大量的海绵状胶体,结构变得比较密实,但是一些地方还没有被完全充满,遗留少许空洞,如图 7.51(b)所示。10h 后,更多的胶体产物积淀在颗粒表层,并向外扩充,基体变得非常致密,这时已看不到大的空洞(见图 7.51(c))。图像进一步放大可以更为清楚地观察这一细节(见图 7.52(a)和图 7.53(a))。13h后,凝胶产物继续增多,球形颗粒被胶体厚厚包裹,基体更为致密(见图 7.51(d)、图 7.52(b)和图 7.53(b))。从总体形貌来看,任何龄期均未见尺寸规则的结晶状产物。

(a) 10h　　　　　　　　　　　　　　　　(b) 13h

图 7.52　K-PSS 型地聚合物在同一位置不同水化龄期 ESEM 变化图

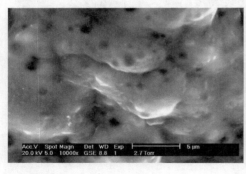 

(a) 10h　　　　　　　　　　　　　　　　(b) 13h

图 7.53　K-PSS 型地聚合物在同一位置不同水化龄期 ESEM 变化图

　　比较 K-PSS 基体内同一颗粒点在不同时刻的 EDXA 谱线及分析结果可知,随着地聚合化的进行,K/Al 和 Si/Al 均逐渐减小。例如,10min 时颗粒点对应的 K/Al＝3.74、Si/Al＝3.22,13h 后减小到 K/Al＝1.06、Si/Al＝2.14。考虑到 K-PSS 是双硅铝的 K 型地聚合物,其理论化学计量式为 $K_n\text{─}(SiO_2\text{─}AlO_2\text{─}SiO_2)_n$。

基于计量式可知,K-PSS 的理论 K/Al＝1.0、Si/Al＝2.0,与我们试验配制的 K-PSS 相比,基本接近。

另外,水化 13h 时 K-PSS 基体在同一区域(即图 7.51(d)所涵盖的整个区域)的 K、Si、Al 三元素面分布图也被采集下来,如图 7.54 所示。由图 7.54 可以看出,这三种元素在整个区域内分布均匀,没有产生在某处富集的现象,这表明最终的水化产物中不会有两种或以上的晶体物质,否则会出现元素在晶体处发生富集。结合 ESEM 形貌,推测最终水化产物是均匀的无定形物质。

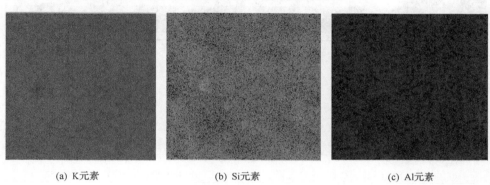

　　　(a) K元素　　　　　　　　　　　　(b) Si元素　　　　　　　　　　　　(c) Al元素

图 7.54　K-PSS 型地聚合物在 13h 时 K、Si、Al 三元素的面分布图

3) PSDS 型地聚合物

与上面两个过程相似,也从拌合后 10min 开始对 K-PSDS 型地聚合物基体某一选区进行原位追踪,直至 9h,此时结构已基本完成(对应强度达到 28d 强度的 80％以上),如图 7.55 所示。ESEM 变化图表示随龄期的发展,基体微结构的演化过程;EDXA 谱图对应于选区内某个偏高岭土颗粒(图中用白色"十"字标出)在地聚合化过程中化学组成的变化。为了明确起见,我们将 EDXA 谱线的分析结果也分别列出。

图 7.55(a)表示拌合后 10min 基体微结构,从图中可以看出,球形偏高岭土颗粒散乱地分布,存在许多大空隙,一些地方的颗粒表面罩有一层胶体状物质,经 EDXA 测试分析发现 Si 和 K 两元素占 95％左右,Al 含量很低。因此我们认定此胶体是原材料中 K_2SiO_3 胶体,而不是真正的水化产物。3h 后,出现了大量的海绵状胶体,紧紧地团聚在颗粒周围,空隙逐渐被填充、淹没,结构变得比较密实,但是一些地方还没有被完全充满,遗留少许空洞,如图 7.55(b)所示。6h 后,更多的胶体产物积淀在颗粒表层,并向外扩充,基体变得非常致密,这时已看不到大的空洞(见图 7.55(c)),图像进行一步放大可以更为清楚地观察这一细节(见图 7.56(a)和图 7.57(a))。9h 后,凝胶产物继续增多,球形颗粒被胶体厚厚包裹,基体变得更为均匀致密,如图 7.55(d)、图 7.56(b)和图 7.57(b)所示。从总体形貌来看,任何龄期均未见尺寸规则的结晶状产物。

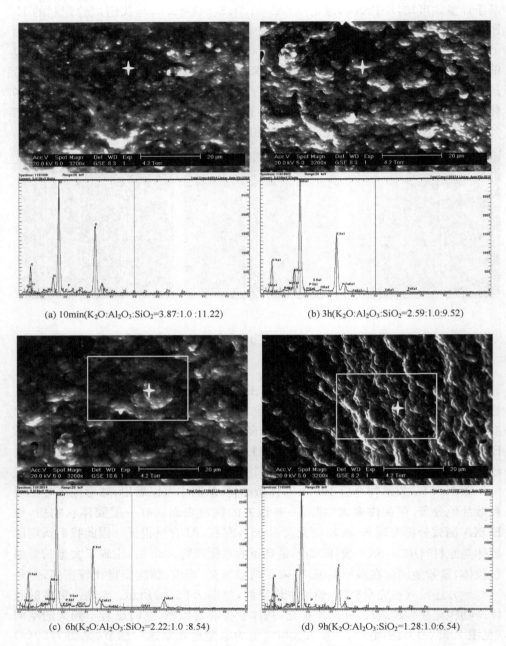

(a) 10min(K$_2$O:Al$_2$O$_3$:SiO$_2$=3.87:1.0:11.22)

(b) 3h(K$_2$O:Al$_2$O$_3$:SiO$_2$=2.59:1.0:9.52)

(c) 6h(K$_2$O:Al$_2$O$_3$:SiO$_2$=2.22:1.0:8.54)

(d) 9h(K$_2$O:Al$_2$O$_3$:SiO$_2$=1.28:1.0:6.54)

图 7.55　K-PSDS 型地聚合物在同一位置不同水化龄期 ESEM 及 EDXA 变化图

十字交叉点为 EDXA 选位点

(a) 6h　　　　　　　　　　　　　　　　　(b) 9h

图 7.56　K-PSDS 型地聚合物在同一位置（白色选框内）不同水化龄期 ESEM 变化图

(a) 6h　　　　　　　　　　　　　　　　　(b) 9h

图 7.57　K-PSDS 型地聚合物在同一位置不同水化龄期 ESEM 变化图

　　比较 K-PSDS 基体内同一颗粒点在不同时刻的 EDXA 谱线及分析结果可知，随着地聚合化的进行，K_2O/Al_2O_3 和 SiO_2/Al_2O_3 均逐渐减小，并变得相对稳定。例如，10min 时颗粒点对应的 $K_2O/Al_2O_3 = 3.87$、$SiO_2/Al_2O_3 = 11.22$，9h 后减小到 $K_2O/Al_2O_3 = 1.28$、$SiO_2/Al_2O_3 = 6.54$。考虑到 K-PSDS 是三硅铝的 K 型地聚合物，其理论化学计量式为 $K_n \pm SiO_2 - AlO_2 - SiO_2 - SiO_2 \frac{}{n}$。基于计量式可知，K-PSDS 的理论 $K_2O/Al_2O_3 = 1.0$、$SiO_2/Al_2O_3 = 6.0$，与我们试验配制的 K-PSDS 相比，基本接近。

　　另外，水化 9h 时 K-PSDS 基体在同一区域（即图 7.55(d) 所涵盖的整个区域）的 K、Si、Al 三元素面分布图也被采集下来，如图 7.58 所示。由图 7.58 可以看出，这三种元素在整个区域内分布均匀，没有产生在某处富集的现象，这表明最终的水化产物中不会有两种或以上的晶体物质，否则会出现元素在晶体处发生富集。结合 ESEM 形貌，我们推测最终水化产物是均匀的无定形物质。

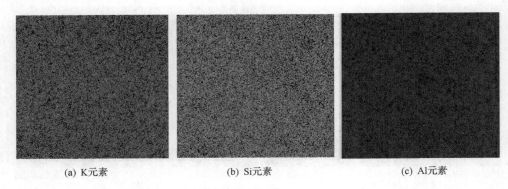

(a) K元素　　　　　　　　(b) Si元素　　　　　　　　(c) Al元素

图 7.58　K-PSDS 型地聚合物在 9h 时 K、Si、Al 三元素的面分布图

参 考 文 献

陈长琦，朱武，干蜀毅. 2001. 环境扫描电子显微镜的中真空系统特点及成像信号分析[J]. 真空与低温，
　　7(2)：122—124.

代新祥，文梓芸. 2001. 土壤聚合物水泥[J]. 新型建筑材料，6：34—35.

刘长龄，刘钦甫. 2001. 变高岭石的结构研究[J]. 硅酸盐学报，29(1)：63—67.

刘钦甫，陈济舟. 2000. 偏高岭石微结构的区别[J]. 中国矿业大学学报，29(6)：562—565.

邵曼君. 1998. 环境扫描电镜及其应用[J]. 物理，27(1)：48—52.

邵曼君. 2000. 环境扫描电镜原位研究纯 Fe 表面氧化过程[J]. 金属学报，36(3)：230—240.

沈淑娟，方绮云. 1988. 波谱分析基本原理及应用[M]. 北京：高等教育出版社.

王濮，潘兆橹，翁玲宝，等. 1984. 系统矿物学[M]. 北京：地质出版社.

姚新生，陈英杰，等. 1981. 有机化学波谱分析[M]. 北京：人民卫生出版社.

袁鸿昌，江尧忠. 1998. 地聚合物材料的发展及其在我国的应用前景[J]. 硅酸盐通报，2：46—51.

袁莉民. 2001. 对环境扫描电子显微镜(ESEM)的认识[J]. 现代科学仪器，2：53—56.

朱武，干蜀毅，王先路. 2001. 环境扫描电子显微镜的关键技术[J]. 真空，4：34—37.

Akolekar D, Chaffee A, Howe R F. 1997. The transformation of kaolin to low-silica X zeolite [J]. Zeolite,
　　19：356—365.

Alonso S, Palomo A. 2001. Alkaline activation of metakaolin and calcium hydroxide mixtures：influence of
　　temperature, activator concentration and solids ratio [J]. Materials Letters, 47：55—62.

Babushkin V T, Matveyev G M, Mchedlov-Petrossyan O P. 1985. Thermodynamics of Silicates [M]. Ber-
　　lin：Springer-Verlag：276—281.

Barbosa V F F, Kenneth J D, Mackenzie C T. 2000. Synthesis and characterization of materials based on in-
　　organic polymers of alumina and silica：sodium polysialate polymers[J]. International Journal of Inorganic
　　Materials, 2：309—317.

Cross A D, Jons R A. 1969. An introduction to practical infra-red spectroscopy [M]. 3rd edition. London：
　　Butter Worttls.

Davidovits J. 1989. Ceramic-ceramic composite material and production method [P]：USA patent, 4888311.

Davidovits J, Douglas C, John H, et al. 1990. Geopolymeric concretes for environmental protection [J].

Concrete International: Design & Construction, 12(7): 30—40.

Davidovits J, Davidovits M. 1991. Geopolymer: Ultrahihg-temperature tooling material for the manufacture of advanced composites [A]// 36th Annual SAMPE Symposium: 1939—1949.

Davidovits J. 1979. Synthesis of new high-temperature geopolymers for reinforced plastics/composites [A]// SPE PACTEC'79, Society of Plastic Engineers, Brookfield Center, USA: 151—154.

Davidovits J. 1980. Structural components using ferruginous, lateritic and ferrallitic solids [P]: France patent, FR2490626 A1, 820328.

Davidovits J. 1982. Mineral polymers and methods of making them [P]: USA patent, 4349386.

Davidovits J. 1984. Synthetic mineral polymer compound of the silico-alumina family and preparation process [P]: USA patent, 4472199.

Davidovits J. 1985. Early high-strength mineral polymer [P]: USA patent, 4509985.

Davidovits J. 1988. Geopolymer chemistry and properties [A]// Proceedings of the First European Conference on Soft Mineralogy, (1): 25—48.

Davidovits J. 1989a. Geopolymers and geopolymeric new materials [J]. Journal of Thermal Analysis, 35: 429—441.

Davidovits J. 1989b. Waste solidification and disposal method [P]: USA patent, 4859367.

Davidovits J. 1991. Geopolymers inorganic polymeric new materials [J]. Journal of Thermal Analysis, 37: 1633—1656.

Davidovits J. 1993a. CO_2-Green house warming: what future for portland cement [A]// Emerging Technologies on Cement and Concrete in the Global Environment Symposium, Chicago IL SKOKIE, IL: PCA, USA, 1993:21, SYM. 147.

Davidovits J. 1993b. Geopolymer cement to minimize carbon-dioxde greenhouse-warming [A]// Moukwa M A L. Ceramic Transactions, Cement-based materials: Present, Future and Environmental aspects, 37: 165—182.

Davidovits J. 1993c. Geopolymer-modified gypsum-based construction materials [P]: USA patent, 5194091.

Davidovits J. 1994a. Geopolymeric fluoro-alumino-silicate binder and process for obtaining it [P]: USA patent, 5352427.

Davidovits J. 1994b. Geopolymers: Man-made rock geosynthesis and the revolution development of very early high strength cement [J]. Journal of Materials Education, 16(2,3), 1994: 91—137.

Davidovits J. 1994c. High alkali cements for 21st century concretes [A]// Mehta P K. Concrete Technology, Past, Present, and Future [C]. Detroit: American Concrete Institute: 383—397.

Davidovits J. 1994d. Process for obtaining a geopolymeric alumino-silicate and products thus obtained [P]: USA patent, 5342595.

Davidovits J. 1994e. Properties of geopolymer cement [A]// Proceedings of the First International conference on Alkaline Cements and Concretes, KIEV Ukraine: 131—149.

Davidovits J. 1994f. Recent progresses in concretes for nuclear waste and uranium waste containment[J]. Concrete International, 16(12): 53—58.

Davidovits J. 1994g. Technical data sheet for geopolymeric cement type (Potassium, Calcium)-Poly(sialate-siloxo) [A] // Proceedings of Geopolymere' 99, GEOCISTM, GLOBAL WARMING, NASTS award 1994.

Davidovits J. 1995. Producing geopolymer cement free from Portland cement[P]: France patent, 2712882.

Davidovits J. 1996. Method for obtaining a geopolymeric binder allowing to stabilize solidify and consolidate toxic or waste materials[P]. USA patent, 5539140.

Davidovits J. 1998. Alkaline alumino-silicate geopolymeric matrix for composite materials with fiber reinforcement and method for obtaining same[P]. USA patent, 5798307.

de Jong B H W S, Schramm C M, Parziale V E. 1983. Polymerization of silicate and aluminate tetrahedral I glasses, melts, and aqueous solutions-IV. Aluminum corrdination in glasses and aqueous solutions and comments on the aluminum avoidance principle [R]. Geochimica et Cosmochimica Acta, 47: 1223—1236.

Gabelica Z, Davidovits J, Jakobsen H J. 1988. Geopolymerisztion of polysialates [A] // Geopolymer 88, 1(8): 6.

Hjorth J, Skibsted J, Jakobsen H H. 1988. ^{29}Si MAS NMR studies of portland cement components and effects of microsilica on the hydration reaction[J]. Cement and Concrete Research, 18: 789—798.

Ippmaa E, Magi M, Tamak M. 1982. A high-resolution ^{29}Si NMR study of the hydration of tricalcium silicate [J]. Cement and Concrete Research, 12: 597—602.

Kjellsen K O, Jenningst H M. 1996. Observations of microcracking in cement paste upon drying and rewetting by environmental scanning electron microscopy [J]. Advance Cement Based Materials, 3: 14—19.

Klinowski J. 1984. Nuclear magnetic resonance studies of zeolites[J]. Progress in NMR Spectroscopy, 16: 237—309.

Lippmaa E, Magi M, Samoson A, et al. 1980. Structural studies of silicates by solid state high-resolution ^{29}Si NMR [J]. Journal of Physics and Chemistry Society, 102: 4889—4893.

Lowenstein W. 1954. The distribution of aluminum in the tetrahedral of silicates and aluminates [J]. America Mineral, 39: 92—96.

Lyon R E, Sorathia U, Balaguru P N, et al. 1996. Fire response of geopolymer structural composites [A] // Proceedings of the First International Conference on Fiber Composites in Infrastructure (ICCI'96), Tucson, January 15-17, University of Arizona: 972—981.

Lyon R E, Foden A, Balaguru P N, et al. 1997. Fire-resistant Aluminosilicate composites [J]. Journal Fire and Materials, 21: 67—73.

Mouret M, Bascoul A, Escadeillas G. 1999. Microstructural features of concrete in relation to initial temperature-SEM and ESEM characterization [J]. Cement and Concrete Research, 29: 369—375.

Palomo A, Blanco-Varela M T, Granizo M L, et al. 1999. Chemical stability of cementitious materials based on metakaolin [J]. Cement and Concrete Research, 29: 997—1004.

Palomo A, Grutzeck M W, Blanco M T. 1999. Alkai-activated fly ashes: A cement for the future [J]. Cement and Concrete Research, 29: 1323—1329.

Phair J W, van Deventer J S J. 2001. Effect of silicate activator pH on the leaching and material characteristics of waste-based inorganic polymers [J]. Mineral Engineering, 14(3): 289—304.

Richardson I G, Brough A R, Brydson R, et al. 1993. Location of alumium in substitued C-S-H gels as determined by ^{29}Si and ^{27}Al NMR and EELS [J]. Journal of American Ceramic Society, 76(9): 2285—2288.

Rodger S A, Groves G W, Clayden N J, et al. 1988. Hydration of tricalcium silicate followed by ^{29}Si NMR with cross-polarization [J]. Journal of American Ceramic. Society, 71: 91—96.

Alonso S, Palomo A. Calorimetric study of alkaline activation of calcium hydroxide-metakaolin solid mixtures [J]. Cement and Concrete Research, 2000,31:25—30.

Skibsted J. 1989. High-speed ^{29}Si and ^{27}Al MAS NMR studies of portland and high alumina cements [A] //

Effect of microsilica on hydration reactions and products, Geopolymer '88, University of Technology Compiegne, France, 2: 179—196.

van Jaarsveld J G S, van Deventer J S J. 1997. The potential use of geopolymeric materials to immobilize toxic metals: Part I. Theory and Applications [J]. Minerals Engineering, 10(7): 659—669.

van Jaarsveld J G S, van Deventer J S J. 1999. The effect of metal contaminants on the formation and properties of waste-based geopolymers [J]. Cement and Concrete Research, 29: 1189—1200.

van Jaarsveld J G S, van Deventer J S J, Lorenzen L. 1998. Factors affecting the immobilization of metals in geopolymerized fly ash [J]. Metallurgical and Materials Transactions B, 29B(2): 283—291.

van Jaarsveld J G S, van Deventer J S J, Schwartzman A. 1999. The potential use of geopolymeric materials to immobilize toxic metals: Part II. Material and Leaching Characteristics[J]. Minerals Engineering, 12(1): 75—91.

Xu H, van Deventer J S J. 2000. The geopolymerisation of alumino-silicate minerals[J]. International Journal of Mineral Processing, 59: 247—266.

Young J F. 1988. Investigations of calcium silicate hydrate structure using ^{29}Si nuclear magnetic resonance spectroscopy [J]. Journal of American Ceramic Society, 71: C118—C120.

Su Z, Sujata K. 1996. The evolution of the microstructure in styrene acrylate polymer modified cement pastes at the early stage of cement hydration [J]. Advance Cement Based Materials, 3: 87—93.

Zampini D, Shah S P. 1998. Early age microstructure of the paste-aggregate interface and its evolution [J]. Journal of Materials Research, 13(7): 1888—1898.

结　语

　　《现代混凝土理论与技术》一书即将出版之际，作者认为本书反映了国家自然科学基金重点项目"高性能水泥基建筑材料的性能及失效机理研究"等的主要理论与技术方面的创新成果。目前作者正带领团队开展国家重点基础研究发展计划（973计划）项目"环境友好现代混凝土的基础理论研究"的研究工作，对不同等级现代混凝土材料结构形成过程中微结构时变特征及其与宏观行为的本构关系，在多场因素耦合作用下，不同等级现代混凝土材料损伤劣化机理的揭示，考虑物理化学与力学因素耦合作用下的多系列有害物质传输理论与传输模型，建立多场因素耦合作用下现代混凝土材料多尺度损伤劣化模型和多尺度服役寿命预测模型。为提高服役寿命预测科学性、可靠性与安全性，采用多场因素耦合作用下室内加速模拟试验与现场暴露试验同时并举的方法，建立室内外服役寿命预测的相互关系，特别强调研究工作必须是模型推导与试验验证相结合，建立微结构演变与宏观行为的关系。在此基础上不仅提高混凝土耐久性评价与服役寿命预测的安全性、科学性与可靠性，而且通过新的增韧技术达到服役寿命的大幅提升，以建立相对完整的服役寿命预测的新理论与新方法，在理论和技术两个方面实现自主创新。特别是建立可靠的、科学的服役寿命预测模型之后，还必须建立数据库和专家系统，以便工程设计单位科学而又快速应用。作者及其团队正在为实现此奋斗目标团结一致、尽心尽力地开展研究工作。在此，还要特别感谢中国科学院科学出版资金的资助！